# 植物组织培养与生物技术

陈劲枫 主 编
娄群峰
蔡 润 副主编
张万萍

科 学 出 版 社
北 京

## 内 容 简 介

本书系统地介绍了植物组织培养与生物技术的基本概念、基本原理、操作技术与研究方法。全书分为绪论、理论方法、技术应用、组培实践和附录5个部分，共22章。绪论部分阐述了基本概念、发展历史及应用；理论方法部分详细阐述了基本原理、相关技术操作、研究方法等内容；技术应用部分介绍了植物不同组织和器官的培养、脱毒苗技术、体细胞无性系变异、人工种子、遗传转化与品种改良等内容；组培实践部分选取了长江流域30余种重要的蔬菜、观赏植物、果树、药用植物、茶树和大田作物等，介绍了组织培养和现代生物技术应用研究的新成果、新动态及产业化进展；附录为植物组织培养中常用培养基配方。

本书可作为普通高等农林院校种植业类本科生及研究生的教材使用，也可作为相关行业从业者、科研工作者及推广人员的参考书。

**图书在版编目（CIP）数据**

植物组织培养与生物技术 / 陈劲枫主编. —北京：科学出版社，2018.8
ISBN 978-7-03-057325-4

Ⅰ. ①植… Ⅱ. ①陈… Ⅲ. ①植物组织-组织培养-生物工程
Ⅳ. ① Q943.1

中国版本图书馆CIP数据核字（2018）第092030号

责任编辑：王玉时 马程迪 / 责任校对：王晓茜
责任印制：吴兆东 / 封面设计：迷底书装

科 学 出 版 社 出版
北京东黄城根北街16号
邮政编码：100717
http://www.sciencep.com
北京厚诚则铭印刷科技有限公司印刷
科学出版社发行 各地新华书店经销
*
2018年 8月第 一 版 开本：889×1194 1/16
2025年 1月第六次印刷 印张：24
字数：777 000

**定价：98.00 元**

（如有印装质量问题，我社负责调换）

# 《植物组织培养与生物技术》编写委员会


**主　编**　陈劲枫（南京农业大学）

**副主编**　娄群峰（南京农业大学）

蔡　润（上海交通大学）

张万萍（贵州大学）

**编　者**（以姓氏笔画为序）

王三红（南京农业大学）
王冬良（安徽农业大学）
王志敏（西南大学）
王康才（南京农业大学）
邓　英（贵州省农业科学院）
李良俊（扬州大学）
李　季（南京农业大学）
杨有新（江西农业大学）
杨寅桂（江西农业大学）
宋　明（西南大学）
张万萍（贵州大学）
陈友根（安徽农业大学）
陈劲枫（南京农业大学）
武　喆（山西农业大学）
周庆红（江西农业大学）
周晓慧（江苏省农业科学院）
房婉萍（南京农业大学）
娄群峰（南京农业大学）
徐迎春（南京农业大学）
解　敏（安徽农业大学）
蔡　润（上海交通大学）
臧运祥（浙江农林大学）
潘俊松（上海交通大学）

**审　稿**　李式军（南京农业大学）

# 前 言

自 1902 年德国植物学家哈伯兰特（Gottlieb Haberlandt）第一次采用人工培养基培养植物叶肉细胞以来，经过 100 多年各国学者的不懈努力，植物组织培养及以植物组织培养技术为基础的生物技术得到了蓬勃发展，并广泛应用于作物优良种质的快速繁殖、脱毒苗木生产、种质离体保存、单倍体培养等生产实践中，取得了巨大的效益。随着现代分子生物学理论与技术的不断进步，植物组织培养与生物技术研究和应用得到了进一步的拓展，被认为是 21 世纪生命科学中最具活力的前沿领域和高科技支柱产业之一。我国和世界其他国家都非常重视植物组织培养与生物技术的相关研究，并在高等教育中开设相关专业课程，加强相关人才的培养。

2015 年 7 月 10 日，由科学出版社组织的《植物组织培养与生物技术》编写会在南京农业大学召开，来自南京农业大学、上海交通大学、贵州大学、西南大学、江西农业大学、浙江农林大学、安徽农业大学、山西农业大学、江苏省农业科学院、贵州省农业科学院等单位的编委和科学出版社的责任编辑参加了会议，确定了本书的结构体系和章节内容，明确了编写分工。2015 年 10 月 30 日在南京召开了第一次统稿会，编委会成员对每一章节的内容进行了讨论，提出了修改意见和建议。2016 年 1 月 15 日在贵阳召开了第二次统稿会，编委会成员讨论了各章节修改后的内容，提出了进一步的修改意见。2017 年 5 月 8 日在南京召开了定稿会，编委会成员针对前期各编委相互审稿提出的修改意见进行逐章说明、讨论，并提出进一步的修改意见，修改后由主编单位定稿，交李式军教授审稿。

本书由绪论、理论方法（第一至六章）、技术应用（第七至十六章）、组培实践（第十七至二十二章）和附录 5 个部分组成，创新性地增加了植物显微观察与组织学技术、植物组织培养实验设计与统计分析、植物遗传转化与品种改良等章节内容，更好地满足了学习需要，对丰富和完善植物组织培养与生物技术理论和技术体系具有重要意义。组培实践部分选取了长江流域具有代表性的 30 余种作物，分蔬菜、观赏植物、果树、药用植物、茶树和大田作物六大类，系统地介绍了其组织培养与生物技术的相关实践操作。编委对每一章节的内容都进行了仔细的推敲、确认，力求本书内容翔实，并注意体现相关研究和产业化应用的新进展，使本书具有更好的理论性、系统性和应用性。本书将对人才的培养与科学研究发挥积极的作用。

编写内容具体分工如下：绪论由陈劲枫编写，第一章由臧运祥编写，第二章由李良俊编写，第三章由张万萍编写，第四章由娄群峰、陈劲枫编写，第五章由潘俊松编写，第六章由李季、陈劲枫编写，第七章由杨寅桂编写，第八章由蔡润编写，第九章由陈友根编写，第十章由徐迎春编写，第十一章由解敏编写，第十二章由周晓慧编写，第十三章由周庆红编写，第十四章由宋明编写，第十五章由王康才编写，第十六章由潘俊松编写，第十七章由王志敏、邓英、李良俊、陈劲枫、杨有新、杨寅桂、张万萍、臧运祥编写，第十八章由王冬良、徐迎春编写，第十九章由王三红编写，第二十章由王康才编写，第二十一章由房婉萍编写，第二十二章由武喆编写，附录由陈劲枫等编写。全书由陈劲枫和娄群峰统稿、定稿，李式军审稿。

本书的面世是各位编委和责任编辑共同努力的结果。感谢李式军教授对全书进行系统的审阅，并提出了宝贵的修改意见，感谢南京农业大学张璐在本书校对工作中做出的贡献。尽管在编写过程中力求达到高等教育培养人才的要求，但限于编者的知识水平有限，书中不足之处在所难免，恳请同行和广大使用者批评指正，以便修订。

陈劲枫
2017 年 12 月 5 日

# 目　录

## 第三篇 组培实践

# 绪　论

1838～1839 年，德国植物学家施莱登（Matthias Jakob Schleiden）和动物学家施旺（Theodor Schwann）提出了**细胞学说（cell theory）**。该学说直到 1858 年才得以完善，论证了整个生物界在结构上的统一性及在进化上的同源性。在此基础上，1902 年，德国植物学家哈伯兰特（Gottlieb Haberlandt）第一次采用人工培养基成功地对多种分离的植物叶肉细胞进行了培养。虽然他培养的细胞并未分裂，更没有获得再生植株，但他却大胆预言离体的植物细胞能够进一步分裂发育成为完整的植物体，这就是后来成为组织培养基本理论的**细胞全能性（totipotency）**。**植物组织培养（plant tissue culture）**，简称植物组培，就是以植物能够被分解成不同部分（器官、组织、细胞），然后通过离体培养再生完整植株为前提逐步发展起来的。百余年来的发展，植物组织培养技术已成为极为重要的技术手段，尤其与以转基因为主要内容的生物技术的结合，在植物生理学、病理学、药学、遗传学、育种学、生物化学等多个学科的研究和应用中发挥着重要作用。在顶级学术刊物，如 *Nature Biotechnology*、*The Plant Cell*、*Plant Physiology* 等，以及应用专业刊物，如 *Crop Science*、*Hort Science*、*Plant Science* 等中都常有关于植物组织培养的文章发表。植物组织培养成为生物科学中最有生命力的领域之一。

## 一、基本概念

**植物细胞全能性**是指植物的每个细胞都包含着该植物的全部遗传信息，从而具备发育成完整植株的遗传潜力。也就是说，在适宜条件下，任何一个细胞都可以发育成一个新的完整个体。植物细胞全能性是植物组织培养的理论基础。

**植物组织培养**是指在无菌和人工控制的环境条件下，利用适当的培养基，对离体的植物器官、组织、细胞及原生质体进行培养，使其再生细胞或完整植株的技术。由于培养的植物材料已脱离了母体，因此植物组织培养又称为植物离体培养（plant *in vitro* culture）。

植物组织培养有广义和狭义两个概念。广义植物组织培养是指从植物体分离出符合需要的组织、器官、细胞、原生质体等，在无菌条件下，接种在含有各种营养物质及植物激素的培养基上进行培养，以获得再生的完整植株或生产具有经济价值的其他产品的技术。由于广义的植物组织培养在农业生产中的重要作用，早期人们也直接将其称为生物技术。实际上植物组织培养是生物技术的重要组成部分。

狭义植物组织培养是指用植物各部分组织，如形成层、薄壁组织、叶肉组织、胚乳等进行培养获得再生植株的技术，也指在培养过程中从各器官上产生愈伤组织的培养，愈伤组织经过再分化形成再生植物的技术。

**外植体（explant）**是植物组织培养中作为离体培养起始材料的器官或组织的片段。在继代培养时，将培养的组织切段移入新的培养基时，这种切段也称为外植体。无论是离体培养繁殖种苗还是进行生物技术研究，培养材料的选择都要从主要的植物入手，选取性状优良的种质或特殊的基因型。对材料的选择要有明确的目的，具有一定的代表性，以提高成功概率，增加其实用价值。通常选择生长健壮的、无病虫的植株上正常的器官或组织，因为它代谢旺盛，再生能力强。此外，靠近植株基部的部分有时比较容易成功。

植物组织培养采用微生物学的实验手段来操作植物的离体器官、组织和细胞。具体表现在：无菌条件、人工培养基、离体、继代繁殖、封闭的容器、人工控制的环境。植物组织培养具有如下三个特点。

第一，培养条件可以人为控制，不受地区、季节限制。一间 $30m^2$ 的培养室，可同时存放 1 万多个培养瓶，培育数十万株苗。组培采用的植物材料完全是在人工培养基和小气候环境条件下进行生长的。此过程没有自然中各种不利因素的影响，对植物生长非常有利，组培材料能够稳定地进行周年培养生产。

第二，生长周期短，繁殖效率高。根据不同植物不同部位的不同要求而提供不同的培养条件，因此培养物生长较快。组培中的植株也比较小，往往 20～30d 为一个周期。所以，虽然组培需要一定的设备及能源消耗，但由于植物材料能按几何级数繁殖生产，故总体来说成本低廉，且能及时提供规格一致的优质种苗或脱病毒种苗。

第三，管理方便，利于工厂化生产和自动化控制。植物组织培养是在一定的场所和环境下，人为提供一定的温度、光照、湿度、营养、激素等条件，极利于高度集约化和高密度工厂化生产，也利于自动化控制生产。它是未来农业工厂化育苗的发展方向。组培与盆栽、田间栽培等相比省去了中耕除草、浇水施肥、防治病虫等一系列繁杂的劳动，可以大大节省人力、物力及田间种植所需要的土地。

植物组织培养依据外植体来源可分为以下几类。

1. 胚胎培养（embryo culture） 是指以从胚珠中分离出来的成熟或未成熟胚为外植体的离体无菌培养。

2. 器官培养（organ culture） 是指以植物的根、茎、叶、花、果实等器官为外植体的离体无菌培养。例如，根的根尖和切段，茎的茎尖、茎节和切段，叶的叶原基、叶片、叶柄、叶鞘和子叶，花器的花瓣、雄蕊（花药、花丝）、胚珠、子房，果实等的离体无菌培养。

3. 组织培养（tissue culture） 是指以分离出植物各部位的组织，如分生组织（meristem）、形成层（cambium）、木质部（xylem）、韧皮部（phloem）、表皮（epidermis）、皮层（cortex）、胚乳组织（endosperm）、薄壁组织（parenchyma）、髓部（pith）等或已诱导的愈伤组织（callus）为外植体的离体无菌培养。

4. 细胞培养（cell culture） 是指以单个游离细胞（如用果酸酶从组织中分离的体细胞、花粉细胞或卵细胞）为接种体的离体无菌培养。

5. 原生质体培养（protoplast culture） 是指以除去细胞壁的原生质体为外植体的离体无菌培养。

**生物技术（biotechnology）**是以生命科学为基础，利用生物体系和工程原理生产制品和创造新物种的科学技术。Higgins（1985）在 *Biotechnology-Principle and Applications* 一书中将生物技术定义为依赖识别和催化知识的生物系统或过程的工业化应用。Ignacimuthu（1997）在 *Plant Biotechnology* 一书中将生物技术定义为现代科学技术在改良植物、动物、微生物或培养细胞中的应用。

通过生物技术可以获得的产品包括生物体本身和细胞或器官代谢的产品。前者包括全部或部分生物有机体（微生物、动物、植物），后者包括各种酶、代谢物等重要的医药、农业、食品、化工等产品。

生物技术是一门以遗传学（genetics）、生理学（physiology）、生物化学（biochemistry）、分子生物学（molecular biology）、细胞学（cytology）、微生物学（microbiology）、工程学（engineering）、统计学（statistics）、计算机科学（computer science）等为基础的科学。生物技术加上应用科学即可成为一门新的学科，如环境生物技术（environmental biotechnology）、食品生物技术（food biotechnology）、植物生物技术（plant biotechnology）等。可以说多学科配合及科学研究与技术应用的密切结合是生物技术的显著特点。

Kung（1989）在 *Plant Biotechnology* 中将植物生物技术（plant biotechnology）定义为通过调控生物系统解决农业产业化中存在的实际问题。植物生物技术有狭义和广义两个概念。狭义的植物生物技术概念强调通过来源于对植物细胞、分子生物学理解的技术调控生物系统解决农业产业化中存在的问题。广义的植物生物技术是指所有与生物体遗传、生化功能相关的技术，以及直接进行遗传改良的技术。在这个广义概念下，基础研究和应用科学与技术成为合作者，分别形成生物技术的上游和下游。

植物生物技术包括三个研究领域：受体系统（recipient system）、供体系统（donor system）和转化系统（transformation system）。受体系统可以简单理解为植物组织培养，任务就是通过培养获得组织器官或细胞的再生植株。供体系统可以简单理解为基因克隆与分子生物学，任务就是通过克隆获得基因。转化系统就是转基因，任务是研究建立有效的转化方法将基因导入植物体中。

## 二、发展历程

早期的植物组织培养也称为生物技术。植物组织培养是生物技术重要的组成部分。如果将植物组织培养和生物技术分作两个相对独立的概念的话，生物技术以 1831 年达尔文（Charles Darwin）（图 0-1）发表物种起源为标志的发展历史早于以 1902 年哈伯兰特的细胞全能性为标志的植物组织培养的历史。综合起来，生物技术和组织培养的发展历程大体可以分为三个时期。

### （一）初步尝试

生物技术的起源以达尔文在 1831 年发表《物种起源》和孟德尔（Gregor Mendel）（图 0-2）提出遗传因子为标志。经典遗传学是生物技术的重要基础。孟德尔发现了分离定律和自由组合定律，提出了遗传因子的概念；摩尔根（Morgan，1910）发现了连锁和交换现象。他们采用的统计与实验方法为生物遗传学从描述性科学向精确性科学的转变奠定了基础。

图 0-1 达尔文（Charles Darwin，1809～1882）

图 0-2 孟德尔（Gregor Mendel，1822～1884）

20 世纪初，在施莱登和施旺所发展起来的细胞学说的推动下，1902 年哈伯兰特（图 0-3）提出了高等植物的器官和组织为许多细胞组成的观点，以及植物细胞全能性的理论，即植物的体细胞在适当的条件下，具有不断分裂和繁殖，发育成完整植株的潜在能力。他成功分离并培养了多种植物的叶肉细胞（图 0-4），首次发表了植物离体细胞培养实验的报告。虽然没有获得细胞分裂和再生植株，但他预言培养中的植物细胞能够形成胚，进而形成完整植株。1922 年，哈伯兰特的学生 Kotte 和美国的 Robbins 在根尖培养中获得了组织培养的成功。Kotte 采用了添加无机盐、葡萄糖、蛋白胨、天冬酰胺及各种氨基酸的培养基。Robbins 用含无机盐、葡萄糖或果糖的琼脂培养基，培养出了长度为 1.45～3.75cm 的豌豆、玉米和棉花的茎尖，形成了一些缺绿的茎和根。

图 0-3 哈伯兰特（Gottlieb Haberlandt，1854～1945）

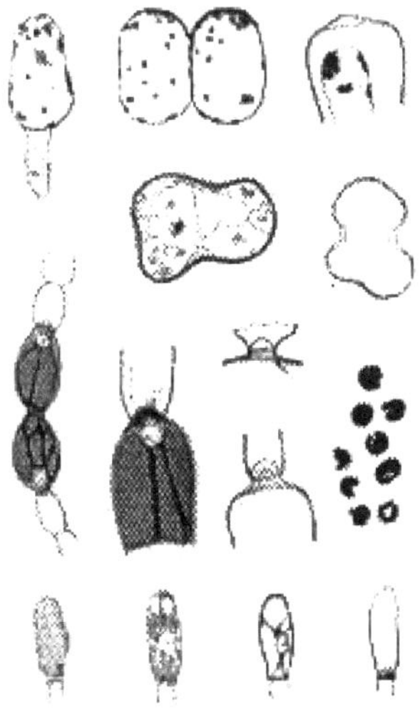

图 0-4 哈伯兰特分离培养的叶肉细胞

## （二）重要突破

自哈伯兰特的实验之后，美国的怀特（Philip White）（图 0-5）开展了大量的植物组织培养和动物组织培养研究。1934 年他建立了第一个活跃生长的番茄根无性繁殖系，并反复转移到新鲜培养基中继代培养，使根的离体培养实验获得了真正的成功，并在以后的 28 年里培养了 1600 代。这之后，他又以小麦根尖为材料，研究了光、温度、通气状况、pH、培养基组成等各种培养条件对生长的影响，并于 1937 年建立了第一个组织培养的综合培养基，其成分均为已知化合物，包括 3 种 B 族维生素，即吡哆醇、硫胺素和烟酸，该培养基后来被定名为 White 培养基，他也因此被称为“组织培养之父”。法国科学家伽师雷特（Roger Gautheret）（图 0-6）在研究山毛柳和黑杨等形成层的组织培养实验时，提出了 B 族维生素和生长素对组织培养具有重要意义，并于 1939 年连续培养胡萝卜根形成层时获得首次成功。1939 年怀特培养出了烟草冠瘿瘤组织。然而，快速发展的植物组织培养不久就被爆发的第二次世界大战打断了。

图 0-5 怀特（Philip White，1901～1968）

图 0-6 伽师雷特（Roger Gautheret，1910～1997）

第二次世界大战（1939～1945 年）期间，尽管科学研究（尤其在欧洲）非常困难，但植物组织培养仍然取得了一些进展，以植物形态建成为主要目标，对植物生长调节剂和其他因子进行了大量的测试。美国康奈尔大学的斯图沃德（Frederick C. Steward）开展了大量试验，通过对胡萝卜培养中添加椰汁等研究证实了植物细胞的全能性，奠定了植物组织培养等基本程序。Johannes van Overbeek 等通过在培养基中添加椰汁培养心形胚，获得了实生苗。Armin Braun 等报道肿瘤诱导与冠瘿瘤病有关。Folke Skoog 等进行的烟草组织培养实验通过培养组织、诱导器官形成获得器官建成。

1945年第二次世界大战结束后植物组织培养并没有立刻获得快速发展，但植物组织培养技术仍然取得了一些进展。Ernest Ball的报道极大地促进了旱金莲和羽扇豆茎尖培养的潜力。Albert Hildebrandt等改良了烟草和向日葵组织培养的培养基。Morel采用组织培养的方法，研究了植物组织与生物共生的关系。Herber Street等开始了一系列番茄离体根尖的营养实验。1944年，Avery等阐明了DNA是遗传信息的携带者。

## （三）快速发展

1950年以后，植物组织培养进入了快速发展时期，在取得组织培养技术快速进步的同时，在植物发育，尤其在植物生长调节剂效应等理论上取得了重要成就。1951年，斯库格（Folke Skoog）（图0-7）和崔徵在烟草茎切段和髓的培养及器官形成的研究中发现，腺嘌呤或腺苷可以解除培养基中生长素（auxin）——吲哚乙酸（indole-3-acetic acid，IAA）对芽形成的抑制作用，而能诱导形成芽，从而明确了腺嘌呤与生长素的比例是控制芽和根形成的主要条件之一。1957年，Skoog和Miller提出植物激素（phytohormone）控制器官形成的概念，指出通过改变培养基中生长素和细胞分裂素（cytokinin）的比值，可以控制器官的分化，即生长素和细胞分裂素比值高时促进生根、低时促进茎芽分化、相等时倾向于无结构方式生长。这种器官发生（organogenesis）的激素调控模式的建立为植物组织培养中完整植株的再生（regeneration）奠定了理论和技术基础。

图0-7 斯库格（Folke Skoog，1908～2001）

1953年，Watson和Crick提出了DNA双螺旋结构模型，阐明了DNA的半保留复制方式，奠基了分子生物学研究。

1960年，Cocking用真菌纤维素酶分离番茄幼根原生质体获得成功，为进一步开展原生质体培养和体细胞杂交创造了条件。1961年，Nirenbery等破译了遗传密码，逐步揭开了DNA编码的遗传信息是如何传递给蛋白质的这一奥秘。在人们不断探索如何能为离体组织提供足够营养的过程中，1962年Murashige和Skoog发表了促进烟草组织快速生长的MS培养基，其至今仍被广泛应用，成为植物细胞和组织培养历史中主要成就之一。Murashige是出生在夏威夷的日裔，1954年开始在威斯康星大学-麦迪逊校区做Skoog的博士研究生。他们以烟草髓组织为实验材料，以White培养基为对照，经过一系列有机成分/无机成分比例、各种不同的无机成分比较后发表的MS培养基是一个技术上的巨大成功，是世界范围内被广泛应用的基本培养基。1964年，Guha和Maheshwari成功地在毛叶曼陀罗花药培养中，由花粉诱导得到了单倍体植株，从而促进了花药和花粉培养的研究。

1970年，Power等首次成功地实现了原生质体的融合。1971年，Takebe等在烟草上首次由原生质体获得了再生植株，这不仅在理论上证明了无壁的原生质体同样具有全能性，而且在实践上为外源基因的导入提供了理想的受体材料。1972年，Stanley Cohen和Herbert Boyer开发了单个基因在生物体间移动的技术。Cohen一直在研究基因分离与克隆的方法，Boyer发现了限制性内切核酸酶，能够在特殊的DNA序列进行剪切，他们成功地在细菌细胞中复制了DNA，这项工作被誉为开创了现代遗传工程与生物技术。遗传转化方法的最终实现是在20世纪70年代后期，由Mary-Dell Chilton完成的。她第一个证明了植物冠瘿瘤是由在农杆菌质粒中一小段DNA的转化引起的。她利用农杆菌成功地进行了遗传转化（图0-8），将Stanley Cohen和Herber Boyer提出的想法变成了现实。1973年，Carlson等通过两个烟草

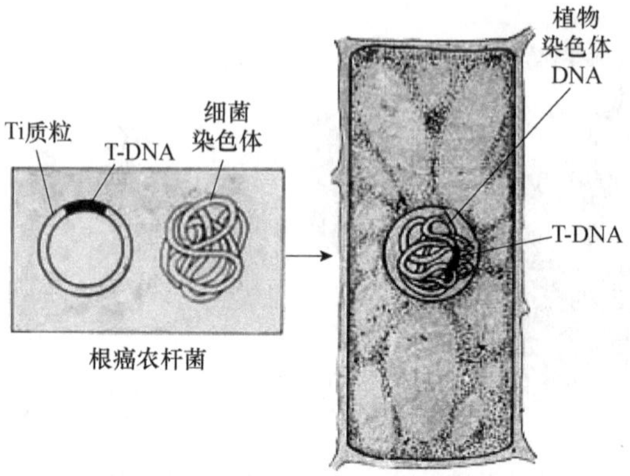


图0-8 农杆菌转化植物细胞示意图

物种之间原生质体融合，获得了第一个体细胞杂种，Cocking 等倡导的原生质体培养和体细胞杂交研究得到了迅速发展，已经能使矮牵牛和烟草属的杂种细胞增殖分化生成杂种植株。1978 年，Murashige 提出了“人工种子”（artificial seed）的概念。

1981 年，Larkin 和 Scowcroft 提出了体细胞无性系变异（somaclonal variation）的概念。1982 年，Zimmermann 开发了原生质体电融合法（electrofusion）。随着根癌农杆菌（*Agrobacterium tumefaciens*）和发根农杆菌（*A. rhizogenes*）成功地应用于植物遗传转化（genetic transformation）上，植物基因工程研究成为当时生物技术研究的重点和热点之一。1983 年，Zambryski 等利用根癌农杆菌转化烟草获得首例转基因植物。1985 年，Horsch 等建立了农杆菌介导的叶盘法（leaf discs），在许多双子叶植物中得到成功应用。1987 年，Vlein 报道了应用康奈尔大学 Sanford 等发明的基因枪法（gene gun method）将烟草花叶病毒吸附到钨粒表面（图 0-9），轰击洋葱表皮细胞。之后，这个方法在小麦、大麦、水稻、甘蔗、棉花、大豆、菜豆、甜橙、葡萄等多种作物上获得成功。20 世纪 80 年代中期大量开展的原生质体培养研究，相继在水稻、小麦、玉米、番茄、辣椒、草莓、苹果等多种植物培养中获得成功，此时期是植物原生质体培养研究的高潮阶段。

图 0-9　基因枪

进入 20 世纪 90 年代后，植物遗传转化在水稻、玉米、小麦等主要农作物上取得了突破性进展。以植物组织培养和遗传转化为主要内容的现代生物技术之所以日益受到重视，主要是由于传统育种存在两大局限：一是狭窄的遗传变异，二是物种间存在的杂交障碍。相比之下，植物组织培养和生物技术就有明显的优势。传统育种作用于整个生物体，而生物技术在细胞或分子水平上工作。另外，传统育种需要有性杂交来转移性状，而生物技术可以绕开有性杂交途径，通过基因转移或原生质体融合将需要的基因从毫无关系的生物体导入。1996年，国际上第一个商业化释放的转基因作物是番茄，随后转基因作物有了快速发展。

国际农业生物技术应用服务组织（International Service for the Acquisition of Agri-biotech Applications，ISAAA）发布的报告显示，自 1996 年首个转基因作物应用以来，全球转基因作物种植面积增加了 100 多倍，2014 年全球转基因作物面积达 1.815 亿 $hm^2$，转基因作物成为近年来应用最为迅速的作物，给种植者带来了很大效益。在目前的转基因作物中，大豆转基因面积超过 81%，棉花转基因面积超过 64%，玉米转基因面积超过 29%，油料转基因面积超过 23%。2014 年共有 28 个国家种植转基因作物，孟加拉国是新成员。2013 年 10 月，孟加拉国批准了 *Bt* 茄子的种植。在批准后不到 100d，120 户小农户于 2014 年 1 月开始种植了 12$hm^2$ *Bt* 茄子。美国是迄今最大的种植转基因作物的国家，2014 年种植面积达 7300 万 $hm^2$，种植的转基因作物包括玉米、大豆、棉花、油菜、甜菜、苜蓿、木瓜、南瓜等。一个令人瞩目的事件是，美国 2014 年 11 月批准了 Innate™ 土豆的种植。Innate™ 土豆中丙烯酰胺的含量比传统品种更低（在高温烹饪土豆时会产生丙烯酰胺，此物质对人类有潜在致癌性）。此外，因为 Innate™ 土豆在剥皮时不会变色并且黑斑挫伤更少而减少了 40% 的产量损失，所以提高了消费者的满意度。

## 三、主要应用

植物组织培养已有上百年的发展历史，但无论是研究还是应用，植物组织培养至今仍然非常活跃，这其中重要的原因是多年的研究实践建立了非常有效的技术方法。第一是能够从不同的植物部位形成再生植株，包括从配子体形成单倍体 / 双单倍体，分离原生质体并获得再生植株；第二是能够进行大规模的细胞悬浮培养；第三是掌握了植物细胞 / 组织的超低温保存方法；第四是建立了遗传转化方法实现了基因转移。相对于其他一些技术，植物组织培养技术更容易掌握使用，同时成本较低。因此，植物组织培养技术在农业和工业中都有很重要的应用。

### （一）农业生产相关的应用

1. 植物离体快速繁殖　这是在生产上应用最广泛且能产生较大经济效益的一项技术。植物离体快速繁殖的特点是繁殖系数大、繁殖速度快、苗木整齐一致，能够周年生产。植物快速繁殖在许多作物中得到了有效应用，其中最成功的一个例子是兰花。兰花种子小于 1mm，只含 100～200 个细胞。由于兰花种子没有胚乳，所以在自然条件下需要真菌共生才能发芽。20 世纪 50 年代，法国人 Georges Morel 采用马铃薯培养基培养兰花茎尖，通过拟原球茎（protocorm-like body）途径获得了大量小植株。这项技术称为“分生组织克隆”，在兰花繁殖中广泛应用而开创了“兰花工业”。

2．培育无病毒苗木　一些无性繁殖植物，如马铃薯、草莓、大蒜、香蕉等，由于长期无性繁殖，病毒在体内积累而引起种性退化，严重影响了产量和质量，对生产造成了巨大损失。由于病毒在植株体内依靠维管系统移动，在植物分生组织区域没有病毒，因此利用茎尖分生组织培养方法可脱除病毒。植物脱毒之后生长势明显增强，整齐一致，产量增加。通过茎尖培养的方法脱毒并不复杂，剥离茎尖是关键，一般需要在显微镜下操作，剥离 2～3mm 的茎尖。理论上讲，剥离的茎尖越小，病毒就越少，但茎尖越小培养就越困难。茎尖培养脱毒通常采用 MS 培养基。实践中为了进一步提高脱毒效果，还可以配合应用一些其他处理，如高温或化学物质处理等。

3．培育新品种或创制新物种　第一是培育远缘杂种。植物远缘杂交存在受精前和受精后障碍。对于受精后障碍，可以采用胚胎培养拯救杂种胚，获得远缘杂交的成功。第二是原生质体融合。通过原生质体融合，可以绕过有性杂交，克服有性杂交不亲和性，获得体细胞杂种，创造新物种或育成优良品种。第三是选择离体突变体。培养的细胞无论是愈伤组织还是悬浮细胞，由于处在分裂状态，易受培养条件和诱变因素（如射线、化学物质）的影响产生变异，产生对人类有用的突变体，从而育成新品种。第四是单倍体育种。单倍体育种就是采用组织培养技术培育花药、小孢子、未授粉子房等包含单倍体的细胞，进而获得单倍体 / 双单倍体的方法。其中以花药或小孢子培养获得单倍体最为有效，因而被广泛应用。单倍体培育具有高效、快速、一次性纯合等优点，已成为一种重要的育种手段，在许多作物育种中应用。

4．人工种子　人工种子是指植物离体培养中产生的胚状体或不定芽，被包裹在含有养分和保护功能的人工胚乳和人工种皮中，从而形成能发芽出苗的颗粒体。人工种子的研究已有近 40 年的历史，但目前仍处于探索阶段。一些难题仍然未能很好解决，如人工种皮、防腐、贮藏运输、在体外条件及类似土壤的底物中转化率较低、制作成本高等。但由于人工种子具有繁殖速度快、固定杂种优势、节约粮食等优点，相关研究仍在大量进行。人工种子技术的研究已逐渐由体细胞胚人工种子转向非体细胞胚人工种子。无论是体细胞胚人工种子，还是非体细胞胚人工种子，随着研究的深入，限制其应用的问题将逐步得到解决，对作物遗传育种、良种繁育和栽培等起到了巨大的推进作用。

5．植物种质资源的离体保存　植物种质资源（germplasm）又称为遗传资源或基因资源，是研究与生产的物质基础。种质资源越多，遗传改良的潜力就越大。因此，种质资源的保存对未来农业具有十分重要的意义。传统的种质资源保存有许多限制因素：一是种子活力随储藏期的延长逐渐丧失；二是无性繁殖作物在种子繁殖后会发生变异；三是常规田间保存耗资巨大，且往往达不到万无一失的目的。植物种质资源离体保存是指对离体培养的小植株、器官、组织、细胞或原生质体等材料，采用限制、延缓或停止生长的方法实现资源材料的保存，在需要的时候恢复生长，并再生植株的技术。植物种植资源离体保存是 20 世纪 70 年代冷冻生物学和植物组织培养结合发展起来的技术，此技术有许多优点，如占用空间少，节省人力、物力和地力，目前已被广泛地研究和应用。

### （二）工业 / 医药生产相关的应用

利用组织或细胞的大规模培养，可以生产人类需要的一些天然有机化合物，如蛋白质、脂肪、糖类、药物、香料、生物碱及其他活性化合物，为药物、染料、香料、食品等的生产提供新途径。利用细胞培养生产这些次生物质，不仅可以克服天然资源的不足，而且不受自然条件限制，还可以通过研究不断改进方法提高效率。日本三井石油化学工业公司（现三井化学公司）1983 年就使用 750L 植物反应器培养紫草细胞生产紫草宁。已从 200 多种植物的培养组织或细胞中获得了 500 多种有效代谢化合物，有 40 余种化合物在培养细胞中的含量超过原植物。例如，人参皂苷含量在愈伤组织为 21.4%，冠瘿组织为 19.3%，再分化根为 27.4%，都高于天然人参根的含量（4.1%）。特别是天然植物蕴藏量少、含量低，但临床效用高的成分，如紫杉醇（taxol）等，利用组织培养法进行大规模生产，具有巨大的经济效益和社会效益。表 0-1 统计了利用植物组织培养方法生产的部分药物。

表 0-1 植物组织培养产生的部分药用物质（徐忠东，2001）

| 药用植物 | 组织类型 | 药用成分 | 研究者 |
|---|---|---|---|
| 人参（*Panax ginseng*） | 愈伤组织，悬浮培养细胞 | 人参皂苷 | 朱蔚华，1978 |
| 三七（*Panax notoginseng*） | 愈伤组织 | 三七皂苷元 | Tomita et al.，1976 |
| 盾叶薯蓣（*Dioscorea zingiberensis*） | 愈伤组织 | 薯蓣皂苷 | 罗士韦，1978 |
| 獐牙菜（*Swertia bimaculata*） | 愈伤组织 | 獐芽菜苦苷 | 向凤宁等，1998 |
| 毛地黄（*Digitalis* sp.） | 愈伤组织 | 强心内酯 | Buchnex，1964 |
| 刺甘草（*Glycyrrhiza echinata*） | 悬浮培养细胞 | 海胆啶 | Furuya et al.，1976 |
| 颠茄（*Atropa belladonna*） | 愈伤组织 | 颠茄碱 | West et al.，1957 |
| 曼陀罗（*Datura stramonium*） | 愈伤组织，悬浮培养细胞 | 托平生物碱 | Sairm et al.，1971 |
| 三分三（*Anisodus acutangulus*） | 愈伤组织 | 莨菪碱，东莨菪碱 | 郑光植等，1976 |
| 烟草（*Nicotiana tabacum*） | 愈伤组织 | 烟碱 | Fabata et al.，1971 |
| 喜树（*Camptotheca acuminata*） | 愈伤组织 | 喜树碱 | Misawa et al.，1973 |
| 日本黄连（*Coptis japonica*） | 愈伤组织 | 盐酸小檗碱 | Furuya et al.，1972 |
| 罂粟（*Papaver somniferum*） | 愈伤组织，悬浮培养细胞 | 鸦片碱 | Furuya et al.，1972 |
| 长春花（*Catharanthus roseus*） | 愈伤组织，悬浮培养细胞 | 蛇根碱，阿吗碱 | Carew et al.，1977 |
| 日本粗榧（*Cephalotaxus harringtonia*） | 愈伤组织 | 粗榧碱 | Puha et al.，1971 |
| 云南萝芙木（*Rauvolfia yunnanensis*） | 愈伤组织 | 降压灵，利血平 | 郑光植等，1978 |
| 飞龙掌血（*Toddalia asiatica*） | 愈伤组织 | 喹啉，呋喃类生物碱 | 司书毅，2000 |
| 星花绣线菊（*Spiraea japonica*） | 愈伤组织 | 二萜生物碱 | 胡益明等，2001 |
| 黄麻（*Corchorus olitorius*） | 悬浮培养细胞 | 甾醇 | Tarng et al.，1975 |
| 番泻树（*Cassia senna*） | 愈伤组织 | 游离蒽醌 | Rai et al.，1978 |
| 大黄（*Rheum palmatum*） | 愈伤组织 | 蒽醌 | Furuya，1975 |
| 紫草（*Lithospermum erythrorhizon*） | 愈伤组织，悬浮培养细胞 | 紫草宁 | Tabata et al.，1974 |
| 苦瓜（*Momordica charantia*） | 果实，种子 | 胰岛素 | Khanna et al.，1974 |
| 油麻藤（*Mucuna pruriens*） | 悬浮培养细胞 | L-多巴 | Brain et al.，1976 |
| 彩叶苏（*Coleus blumei*） | 悬浮培养细胞 | 迷迭香酸 | Razzaque et al.，1977 |
| 商陆（*Phytolacca acinosa*） | 悬浮培养细胞 | 抗生素 | Misama et al.，1974 |
| 灰毛豆（*Tephrosia purpurea*） | 悬浮培养细胞 | 鱼藤酮 | Sharma et al.，1975 |
| 红豆杉（*Taxus chinensis*） | 悬浮培养细胞 | 紫杉醇 | 吴蕴祺等，1978 |
| 柴胡（*Bupleurum falcatum*） | 愈伤组织 | 花色素 | Hiraoka et al.，1986 |
| 肉桂（*Cinnamomum cassia*） | 悬浮培养细胞 | 黄烷酮 | Yazaki et al.，1993 |
| 来檬（*Citrus aurantiifolia*） | 愈伤组织 | 黄酮 | Berhow，1994 |
| 银杏（*Ginkgo biloba*） | 悬浮培养细胞 | 黄烷酮醇，藻蓝素 | Stafford et al.，1986 |
| 玫瑰茄（*Hibiscus sabdariffa*） | 愈伤组织，悬浮培养细胞 | 花色素 | 阮茜等，1996 |
| 紫苜蓿（*Medicago sativa*） | 悬浮培养细胞 | 异黄酮 | Edwards et al.，1991 |
| 水母雪莲（*Saussurea medusa*） | 愈伤组织，悬浮培养细胞 | 黄酮 | 赵德修等，1998 |
| 钩藤（*Uncaria elliptica*） | 愈伤组织，悬浮培养细胞 | 黄酮 | Das et al.，1993 |

## （三）生物种业、肥料、农药

1．生物种业（bio-seed industry） 生物种业是指以生物技术为代表的现代科技支撑的种业及种业科技。国际生物种业呈现出高技术、高投入、集约化发展的趋势。基因组学、蛋白质组学等前沿技术不断突破，引领生物育种技术的发展方向。现代生物育种表现出高通量、规模化、工厂化、信息化的特征。以企业为主导的全产业链集约化科技创新成为国际生物种业竞争的核心。大宗农作物和动物种业企业的兼并重组不断加速，产业集中度不断提高。特色林果花草种业呈现出精品化、专业化发展的特征。

我国生物种业及种业科技快速发展，在植物高产、优质、多抗新品种选育、杂种优势利用和生物技术育种等方面取得了显著成就，以杂交水稻、转基因抗虫棉等为代表的部分领域持续保持国际领先水平。农作物良种覆盖率达95%，在我国粮食增产中的贡献率达到40%。林果生物技术研究与应用目标主要集中在提高对生物和非生物胁迫的抗性、增加产量、改进采后货架期、增加营养品质等方面，然而转基因林果商业化生产面临着法规限制。

我国生物种业科技基本形成了基础研究、前沿技术和品种开发相结合的科技创新体系，但目前与国际先进水平相比，仍有较大差距。生物种业整体自主创新能力不足，以企业为主体的商业化育种体系尚未形成，生物种业的国际竞争能力较弱。

2．生物肥料（bio-fertilizer） 生物肥料泛指利用生物技术制造的、对作物具有特定肥效（或有肥效又有刺激作用）的生物制剂，其有效成分可以是特定的活生物体，如微生物、动植物组织或细胞，也可以是生物体的代谢物或基质的转化物等。生物肥料与化学肥料、有机肥料一样，是农业生产中的重要肥源。长期以来，化学肥料和化学农药的大量不合理施用，不仅耗费了大量不可再生的资源，而且破坏了土壤结构，污染了农产品品质和环境，影响了人类的健康生存。

生物肥料无公害，在未来绿色农业、生态农业的发展中有重要意义：①改善作物品质、提高作物产量。试验表明，施用生物菌肥，蔬菜硝酸盐含量平均降低19.09%，维生素C含量平均提高9.96mg/100g。②降低生产成本。生物肥料充分利用微生物的某种特征，其施用量一般不大，施用生物肥料的同时还可减少化肥的施用量，因而节约了施肥成本。③有效利用大气中的氮素或土壤中的养分资源。从目前的研究结果来看，虽然微生物的固氮效率因土壤条件的不同而有较大差异，但这种作用的存在无疑是氮肥工业的一个有力补充。④减少环境污染。施用生物肥料如固氮类生物肥料，不仅可适当减少化学肥料的施用量，而且因其所固定的氮素直接贮存在生物体内，相对而言，对环境污染的机会也就小得多。⑤能改善土壤的理化性质。施用生物肥料，由于减少了化肥对土壤养分、结构等方面的不良影响，同时又使微生物的活动能力得到增强，所以在一定程度上改善了土壤的理化性质。

3．生物农药 生物农药（bio-pesticide）是指利用生物活体（真菌、细菌、昆虫病毒、转基因生物、天敌等）或其代谢产物（信息素、生长素等）针对农业有害生物进行杀灭或抑制的制剂。生物农药又称为天然农药。传统农药造成的环境污染，其目标族群逐渐养成的抗药性，以及农药对于非目标族群的负面影响等因素促进了生物农药的发展。早在1690年烟草的水溶成分就用于对抗谷类害虫。

我国是最早应用杀虫剂、杀菌剂防治植物病虫害的国家之一，早在1800年前就已应用汞剂、砷剂和藜芦等。直到20世纪40年代初，植物性农药和无机农药仍是防治病害虫的有力武器。尽管生物农药已经有相当长的发展历史，但是生物农药的市场占有率仍然有限。一些因素限制了生物农药的成长：生物农药通常不具广效性，与化学农药相比效果较为缓慢，有效期限较短而成本较高。然而在当今提倡减少化肥和农药使用、发展有机农业的时代，生物农药具有良好的发展前景。

生物农药具有的优点包括：选择性强，对人畜安全；对生态环境影响小；利用天然可再生资源加工，可降低生产成本等。生物农药可分为植物源农药（如除虫菊酯）、动物源农药（如蜘蛛毒素）和微生物源农药（如苏云金菌剂）三类。

## 小　结

**植物组织培养**是指在无菌和人工控制的环境条件下，利用适当的培养基，对离体的植物器官、组织、细胞及原生质体进行培养，使其再生细胞或完整植株的技术，其基本理论是细胞全能性。植物组织培养是生物技术重要的组成部分。生物技术是以生命科学为基础，通过调控生物系统实现产业化应用的技术。

生物技术和植物组织培养的发展历程大致可分为三个时期：初步尝试（1930年以前）；重要突破（1930～1950年）；快速发展（1950年以后）。

植物组织培养与生物技术已有上百年的发展历史，但无论是研究还是应用，仍然是一个非常活跃的领域，在农业生产（如植物离体快速繁殖、无病毒苗培育、人工种子、种质资源保存等）、工

业 / 医药生产（如大规模细胞培养生产多种天然有机化合物）及生物制品（生物种业、生物肥料、生物农药）等多方面都有许多成功的、重要的应用。

## 复习思考题

1. 什么叫作植物组织培养？其理论基础是什么？
2. 细胞学说（cell theory）与细胞全能性（totipotency）的概念分别是什么？
3. 简述植物组织培养的主要特点。
4. 植物组织培养的形成和发展分为哪几个阶段？哈伯兰特单个细胞离体培养失败的原因是什么？
5. 植物组织培养在哪些方面有成功的应用？

## 主要参考文献


巩振辉，申书兴．2013．植物组织培养．2 版．北京：化学工业出版社

刘庆昌，吴国良．2010．植物细胞组织培养．北京：中国农业大学出版社

彭立新．2013．园艺植物生物技术．北京：中国农业出版社

石晓东，高润梅．2008．植物组织培养．北京：中国农业科学技术出版社

王蒂，陈劲枫．2013．植物组织培养．2 版．北京：中国农业出版社

夏海武，陈庆榆．2008．植物生物技术．合肥：合肥工业大学出版社

徐忠东．2001．植物组织培养生产药物研究进展．生物学杂志，18（6）：6，13~14

张献龙，唐克轩．2004．植物生物技术．北京：科学出版社

Germana MA. 2011. Anther culture for haploid and doubled haploid production. Plant Cell Tissue and Organ Culture, 104(3)：283~300

Gerszberg A, Hnatuszko-Konka K, Kowalczyk T, et al. 2015. Tomato (*Solanum lycopersicum* L.) in the service of biotechnology. Plant Cell Tissue and Organ Culture, 120(3)：881~902

Gong XQ, Liu JH. 2013. Genetic transformation and genes for resistance to abiotic and biotic stresses in Citrus and its related genera. Plant Cell Tissue and Organ Culture, 113(2)：137~147

Juturu VN, Mekala GK, Kirti B. 2015. Current status of tissue culture and genetic transformation research in cotton (*Gossypium* spp.). Plant Cell Tissue and Organ Culture, 120(3)：813~839

Rai MK, Shekhawat NS. 2014. Recent advances in genetic engineering for improvement of fruit crops. Plant Cell Tissue and Organ Culture, 116(1)：1~15

Silva JATD, Kim H, Engelmann F. 2015. Chrysanthemum low-temperature storage and cryopreservation：a review. Plant Cell Tissus and Organ Culture, 120(2)：423~440

Tanakal Y, Katsumotol Y, Brugliera F, et al. 2005. Genetic engineering in floriculture. Plant Cell Tissue and Organ Culture, 80：1~24

Trigiano RN, Gray DJ. 2000. Plant Tissue Culture Concepts and Laboratory Exercises. 2nd ed. Boca Raton：CRC Press

# 第一篇

## 理 论 方 法

# 第一章 植物组织培养的基本原理

植物组织培养是近百余年来根据植物细胞具有全能性这个理论，发展起来的一项无性繁殖新技术。植物组织培养又称为离体培养，是指从植物体分离出符合需要的组织、器官、细胞或原生质体等，在无菌条件下，接种在含有各种营养物质及植物激素的培养基上进行培养，以获得再生的完整植株或生产具有经济价值的其他产品的技术。植物细胞全能性理论是植物组织培养的核心理论。离体细胞具有生命的特征属性，在全能性的基础上提供合适的营养和环境条件，离体细胞将经历脱分化和再分化过程，形成完整的再生植株。

## 第一节 植物细胞全能性和细胞分化

### 一、植物细胞全能性

#### （一）植物细胞全能性的概念

植物细胞全能性是指每一个细胞都具有该植物的全部遗传信息，在适宜条件下，具有分化出植物有机体所有不同类型的细胞，形成不同类型的器官，甚至体细胞胚，直至形成完整再生植株的能力。

#### （二）植物细胞全能性理论提出的背景

1838 年，德国植物学家施莱登证实所有的植物体都由细胞组成；一年后德国动物学家施旺提出动物体也由细胞组成，并正式提出了细胞学说，指出细胞是一切动植物结构的基本单位。1902 年，在细胞学说基础上，德国植物学家哈伯兰特提出植物细胞全能性的理论，指出高等植物的器官和组织可以不断分割，直至单个细胞，细胞在适宜条件下，具有发育成完整植株的潜力，即植物细胞全能性。随着科学技术的发展，关于植物细胞全能性的概念也逐渐深化，20 世纪 70 年代，植物细胞全能性被解释为每一个细胞都具有该植物的全部遗传信息，具有发育成完整植株的能力。到 80 年代，植物细胞全能性进一步被解释为每一个细胞都具有该植物的全部遗传信息，在适宜条件下能够分化出各种类型的细胞，形成不同类型的器官甚至体细胞胚，直至形成完整再生植株的能力。

#### （三）植物细胞全能性理论的证实及应用

自从植物细胞全能性理论提出以后，科学家一直试图通过实验证实这一理论。1958 年，Steward 和 Reinert 分别在胡萝卜根韧皮部细胞的培养中获得了体细胞胚，并发育成完整植株，从而证实了植物细胞全能性理论。为了探明植物中所有体细胞是否都具有全能性，1970 年，Steward 用悬浮法培养了胡萝卜的单个细胞获得了可育植株，从而证明植物细胞全能性是客观存在的。自此，植物细胞全能性理论成为植物组织培养的理论基础，许多植物通过细胞培养得到了再生植株。不过，有些细胞在发育过程中可能丢失或增加一部分遗传物质，从而失去全能性，如筛管分子在发育过程中细胞核已解体，从而失去全能性。

植物组织培养不仅可以用于研究外植体（即被培养部分）在不受植物体其他部分干扰下的生长和分化规律，还能解决许多理论研究和生产中的实际问题。因此，国内外以植物组织培养为主要手段的植物生物技术发展十分迅速。1960 年，Kanta 首次在植物试管授精研究中获得成功，Morel 利用兰花的茎尖培养实现了脱毒和快速繁殖（简称快繁）。1964 年，Guha 和 Maheshwari 成功通过花药培养出曼陀罗单倍体植株，为通过单倍体育种技术加快常规杂交育种速度奠定了坚实基础。1970 年，Carlson 通过离体培养筛选得到烟草生化突变体，Power 等首次成功实现原生质体融合。20 世纪 80 年代中期，水稻、大豆、小麦等主要农作物原生质体植株再生相继获得成功。1983年，Zambryski等用根癌农杆菌介导法转化烟草，获得世界上首例转基因植物，使农杆菌介导法成为双子叶植物的主要遗传转化方法。这些技术都是在植物细胞全能性理论的基础之上建立和发展起来的。

## 二、植物细胞的分化与脱分化

植物细胞分化与脱分化关系到植物的生长与发育，是植物组织培养、细胞培养和细胞工程技术的重要基础理论之一。高等植物由一个受精卵发育成一棵完整植株，形态千差万别，正是细胞分化的结果。已有特定结构和功能的植物组织，在一定条件下，其细胞逐步失去原有的分化状态，转变为具有未分化特性的细胞，则是脱分化的结果。因此，分化与脱分化的实质是基因表达的问题，是基因选择性活化或阻遏的结果。

植物组织培养要解决的技术问题主要包括两个：一是使已分化并形成组织和器官的细胞，恢复到分化前的状态，即脱分化。二是使这些已脱分化的细胞再重新步入分化的轨道，进一步发育成完整的再生植株，即再分化。这些过程主要通过调节植物生长调节剂来影响细胞中不同基因的表达来实现。离体培养条件下，植物细胞全能性的表达是通过细胞的脱分化和再分化来实现的。

### （一）细胞分化与脱分化等的概念

1．细胞分化　细胞分化（cell differentiation）是指同一来源的细胞逐渐产生出形态结构、功能特征各不相同的细胞类群的过程，其结果是，在空间上细胞产生差异，在时间上同一细胞与其从前的状态有所不同。细胞分化的本质是基因组在时间和空间上的选择性表达，通过不同基因表达的开启或关闭，最终使细胞表现出所执行的特定功能。一般情况下，细胞分化过程是不可逆的。然而，在某些条件下，分化了的细胞也不稳定，其基因表达模式也可以发生可逆性变化，又回到其未分化时的状态，这一过程即为脱分化。

2．脱分化　脱分化（dedifferentiation）又称去分化，是指已分化的细胞在一定条件下失去原有的分化状态，恢复细胞分裂能力的过程。已经分化的植物器官、组织或细胞，当受到创伤或进行离体培养时，已停止分裂的细胞，可以重新恢复分裂能力，细胞改变原有的分化状态，失去原有的结构和功能，成为具有未分化特性的细胞。

3．再分化　植物离体培养过程中，脱分化的细胞或组织可以重新进行分化，形成一种或几种类型的细胞、组织或器官，甚至形成完整植株，这个过程称为再分化（redifferentiation）。

### （二）分化与脱分化植物细胞的结构变化

一般情况下，已分化细胞具有各种细胞器，但不同功能细胞的细胞器差异很大。细胞分化过程中，植物细胞都有一个液泡化的过程。薄壁细胞分化程度较低，具有同化、贮藏、分泌和吸收等功能。质体变化最大，尤其在贮藏组织和同化组织中存在很大差异。在分泌细胞及细胞壁的生长期，高尔基体和内质网数量多且十分活跃。不过，筛管分子比较特殊，分化完成后，细胞器消失。有些细胞则分化程度较高，存在不可逆分化，即终极分化（terminal differentiation），如植物细胞程序性死亡（programmed cell death，PCD），导管分子、糊粉层细胞及根冠细胞等，都属于终极分化。

在外植体脱分化形成愈伤组织的过程中，超微结构的变化主要发生于细胞质。培养前叶肉细胞的细胞质只有沿壁周围的薄层，各种细胞器散落其中，数量不多，培养后细胞质迅速增长，这是脱分化的重要特征。此外，脱分化过程中，细胞核体积增大，细胞器数量增多，逐渐在液泡内出现蛋白体，而后细胞核移至细胞中央，叶绿体转变成造粉质体，最后细胞核出现深裂瓣，形状不规则，核仁疏松，具核仁小泡，核孔多而明显，这时细胞已完成脱分化，并走向分裂。

### （三）细胞分化与脱分化的影响因子

植物细胞所具有的潜在遗传全能性，可受内外影响因子的调节，从而控制细胞的分化、脱分化及形态发生过程。

1．基因型　细胞分化是器官发生的基础，而形态发生是细胞分化的必然结果。许多研究结果表明，能否在人工诱导条件下完成细胞分化，与所使用材料的基因型密切相关，并取决于所用材料的基因障碍。这正是有些植物细胞、组织在离体条件下不能很好地生长及分化的原因。

2．植物激素　植物激素在细胞分化及形态建成中起着极为重要的作用。植物激素种类很多、功能各异，其中，生长素和细胞分裂素是启动细胞分化和脱分化的关键物质。在组织培养中，人们常用生长素和细胞分裂素诱导已分化的细胞脱分化。1957年，Skoog和Miller在植物组织培养中发现了生长素和细胞分裂素调控形态发生和植株发育的现象，并提出了“激素平衡”假说。大量实验证明通过改变生长素与细胞分裂素的比值可以显著提高植物细胞的全能性。该学说一直到现在仍被认为是植物形态发生的基础。一般认为生长素影响细胞壁的强度，促进细胞伸长，细胞分裂素则促进细胞分裂并影响分化方向，二者的配比是影响细胞脱分化和分化的关键。因此，不同植物材料因其自身内源激素水平不同，对外源激素的配比要求也不同。一般来说，生长素与细胞分裂素比值高，有利于长根；比值低有利于长芽；中间比值有利于愈伤组织的诱导生长。

3．物理因子　温度和光是影响植物细胞分化的重要环境因子，不同离体植物细胞分化对温度及光的要求不同。Rose 等（1986）发现温度对高粱的花药培养有较大影响。范慈惠等（1981）研究发现，百合芽在 B 培养基上，红光下培养 8 周后分化出愈伤组织和苗，蓝光下培养 12 周才产生愈伤组织，而白光下则未见形成愈伤组织。

#### （四）细胞分化与脱分化的调控机理

已有特定结构和功能的植物组织，在一定条件下，其细胞被诱导改变原有的发育途径，逐步失去原有的分化状态，重新进入细胞分裂状态，这一标志性的转变是在一系列的调控机制作用下完成的。所谓激素对细胞脱分化和分化的作用实际上就是调节细胞进入或离开细胞分裂周期的调控过程。1989 年，张丕方等通过观察烟草表皮薄层细胞的活体连续培养和 DNA 测定结果，提出脱分化过程发生在第一次有丝分裂之前，并认为植物细胞中的 $G_0$ 期细胞在接受外界信号后，经过一系列生理、生化变化，脱离 $G_0$ 期重新进入细胞周期的过程就是脱分化，细胞分裂是脱分化的结果而不是原因。因此，诱导细胞启动是脱分化的开始，进入细胞分裂是脱分化的完成。细胞在 $G_1$ 期通过一系列的机制来决定是否进入 S 期，细胞缺少外界生长信号或调控因子，就无法从 $G_0$ 期进入 $G_1$ 期，真核生物存在复杂的调节细胞周期的调控因子，它们之间相互制约或偶联形成复杂而精密的调控网络。在这些关键因子中，周期蛋白（cyclin）和周期蛋白依赖性激酶（cyclin-dependent kinase，CDK）是主要的调节因子。细胞周期运动的动力主要来自 CDK，其活性受周期蛋白和周期蛋白依赖性激酶抑制因子（cyclin-dependent-kinase inhibitor，CKI）共同调节。这些基因的存在可以解释为什么静止细胞可以转向无限制分裂过程。

植物激素是离体培养所必需的条件，因此与植物激素有关的基因被认为是启动细胞脱分化的关键基因。目前，已从不同植物中克隆出多个植物激素诱导表达的基因，不过，植物激素本身并不能直接作用于 DNA，而是需要受体蛋白及其他信号转导过程的共同参与。生长素受体研究表明，植物细胞感受生长素的信号是通过生长素受体活化来完成的，激活的受体可能引起某些特定的反应，如某些离子的吸收或释放，特定蛋白的磷酸化或去磷酸化等，进而引起一系列连锁信号的传导反应，最终导致生长素诱导的基因表达。

## 第二节　植物离体培养下的形态发生

植物离体培养过程中，来自于不同器官、组织的细胞脱分化后，一般先形成愈伤组织或直接形成一些分生细胞团，然后再分化形成不同的器官或体细胞胚，有些可以最终形成完整的再生植株。因此，愈伤组织是植物离体培养形态发生过程中的重要组织形式。

### 一、植物愈伤组织培养

离体培养条件下，多数植物都要经历愈伤组织阶段才能产生再生植株，因此，愈伤组织培养是植物组织培养中最常见的培养形式之一。此外，愈伤组织还是悬浮培养和原生质体培养的主要细胞来源。

#### （一）愈伤组织及分类

1．愈伤组织（callus）　一般是指植物体受到创伤刺激后，在伤口表面形成的细胞团，由薄壁细胞组成，可起源于植物体任何器官内各种组织的活细胞。在植物组织培养中，愈伤组织是指在离体培养条件下从植物器官、组织、细胞产生的一团不定形的疏松排列的薄壁细胞团。大量研究表明，几乎所有高等植物的各种器官和组织在适宜的离体培养条件下都能产生愈伤组织。

2．愈伤组织类型及特征　来源于不同植物或同一植物不同器官、组织的细胞经脱分化后形成的愈伤组织，在颜色、结构等方面都可能存在差异。显微观察结果表明，愈伤组织是由许多异质细胞集合而成的无特定形态结构的细胞群。根据愈伤组织的结构特点可以将其分为和致密两种类型（图 1-1）。

1）松散型：组织整体结构松散，细胞间隙大，

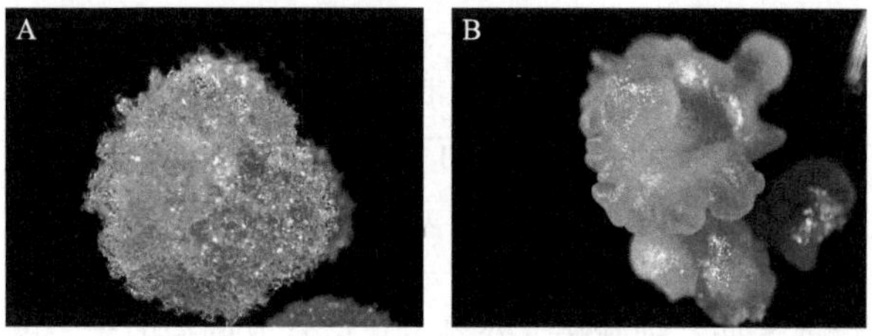


图 1-1 百慕大草（*Cynodon dactylon*）
种子离体培养愈伤组织类型（Zang et al.，2006）
A. 致密型愈伤组织；B. 松散型愈伤组织

细胞排列毫无次序，一般为白色，呈半透明状。这种类型的愈伤组织是进行悬浮培养的适宜材料，稍微经过机械振荡，即可使组织分散成单细胞或小的细胞团。

2）致密型：组织整体结构紧密坚实，细胞间隙小，表面光滑有光泽，一般为淡黄色或白色，容易转化形成胚性愈伤组织，再分化产生不同的器官或体细胞胚。

### （二）愈伤组织形成过程

离体培养条件下的植物细胞在脱分化过程中，大多数情况下会形成愈伤组织，其形成过程可分为诱导期、分裂期、形成期和分化期 4 个时期。

1. 诱导期（induction stage） 是指细胞准备进行分裂的时期，是愈伤组织形成的起点，又称启动期。此阶段，在一些刺激因素和外源激素的诱导作用下，外植体细胞内部发生一系列生理生化变化，合成代谢活动加强，迅速合成大量核酸与蛋白质。因植物种类、外植体的生理状况和外部因素不同，诱导期的长短也不同，如菊芋的诱导期只有 1d，而胡萝卜则要几天。

2. 分裂期（division stage） 是指细胞通过分裂不断产生子细胞的时期。此时，外植体的外层细胞迅速分裂，逐渐恢复到分生组织状态，细胞进行脱分化。处于分裂期的愈伤组织细胞分裂快，结构疏松，缺少有组织的结构，颜色浅而透明。

3. 形成期（formation stage） 是指外植体的细胞经过诱导、分裂形成了无序结构的愈伤组织的时期。在这一时期，愈伤组织内的细胞大而不规则、高度液泡化，没有次生细胞壁和胞间连丝，整个组织比较松散。此时改变诱导条件，愈伤组织的形态和物理性质可以发生一定改变。一般情况下，加入高浓度的生长素类物质，可使致密型愈伤组织变得松散；而降低生长素类物质浓度或加入高浓度的细胞分裂素，往往使愈伤组织变得致密。

4. 分化期（differentiation stage） 是指停止分裂的细胞发生生理代谢变化，由不同形态和功能的细胞组成愈伤组织的时期。分化期的愈伤组织细胞开始发生一系列形态和生理代谢变化，导致细胞在形态和生理功能上的分化，出现形态和功能各异的细胞。

虽然根据形态变化把愈伤组织的形成过程分为 4 个时期，但是同一组织块上往往可以存在不同时期的愈伤组织，尤其是分裂期和分化期的愈伤组织。

## 二、植物离体培养形态发生途径

植物离体培养形态发生途径主要有器官发生（organogenesis）和体细胞胚胎发生（somatic embryogenesis）两种类型。无论哪一条途径都有直接发生和间接发生两种方式，具体由植物种类、外植体类型、培养条件等多方面因素决定。即使同一个外植体上也可以同时存在器官发生和体细胞胚胎发生两种情况（图 1-2）。

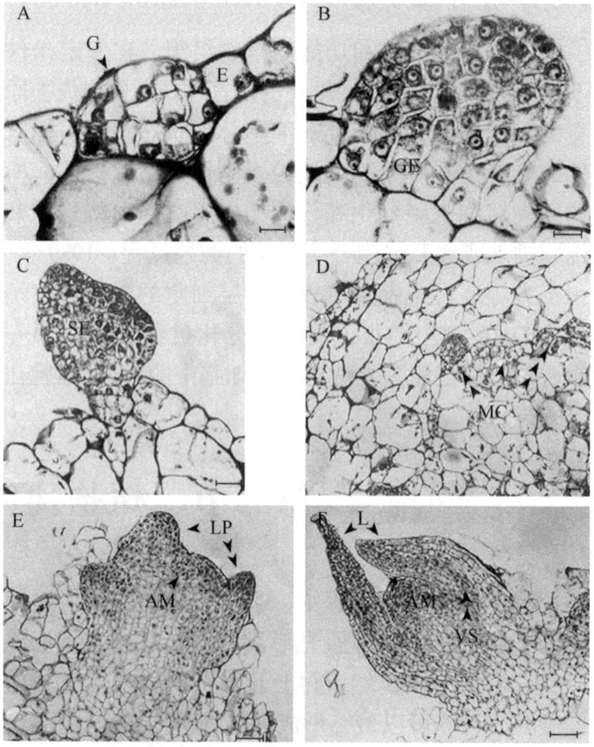


图 1-2 龙胆（*Centaurium erythrea*）根离体培养体细胞胚和不定芽发生的组织学（Suboti et al.，2007）
A. 表皮细胞（E）分裂后形成的类球形胚（G）；B. 来自于表皮细胞的球形胚（GE）；C. 体胚（SE）发育早期的子叶形胚；D. 根皮层形成的分生组织中心（MC）；E. 含有顶端分生组织（AM）和叶原基（LP）的不定芽；F. 含有顶端分生组织（AM）、叶片（L）和原维管束（VS）的芽

### （一）器官发生途径

1. 发生方式 植物的离体器官发生途径是指离体的植物器官、组织或细胞在适宜的组织培养条件下形成芽、根、叶、花及多种变态器官（如鳞茎、

球茎、块茎等）的过程。植物离体器官发生途径有两种不同的方式：一种是直接发生方式。外植体脱分化后直接形成一些由单个细胞或一小团分化细胞分裂而成的分生细胞团，随后在器官纵轴方向出现单向性（unipolarity），进一步分化形成不同的器官原基，逐步产生不定根或不定芽等器官。另一种是间接发生方式。外植体脱分化后先形成愈伤组织，然后再分化形成不同的器官。

2．植株再生方式　离体器官发生是植物再生完整植株的最主要方式之一。它不仅在大量无性繁殖植物上具有重要的应用价值，而且是利用生物技术对植物进行遗传改良的前提和基础。在离体培养中，通过器官发生途径再生完整植株有三种情况：①先产生芽，在芽的基部长出根而形成小植株，多数植物属于这种情况；②先产生根，在根的基部分化出芽而形成小植株；③愈伤组织的不同部位分别产生芽和根，然后形成维管组织把两者结合起来而形成小植株。

一般而言，离体培养中先形成芽，其基部很容易形成根，而培养物若先形成根，则往往抑制芽的形成。所产生的芽、根一般为不定芽（adventitious bud）、不定根（adventitious root）。此外，在组织培养过程中，常出现一些异常的结构，如芽或叶的类似结构、不正常的“玻璃化苗”等，一般是由植物生长调节物质水平过高或比例不协调所引起的。

### （二）体细胞胚胎发生途径

1．发生方式　植物的体细胞胚胎发生途径是指离体培养的植物器官、组织、细胞也可以经历一个与合子胚发生相类似的途径，发育成类似胚的结构的过程。这种新产生的类似胚的结构称为体细胞胚（somatic embryo）或胚状体（embryoid）。成熟的胚状体可以像合子胚一样长出根、芽，形成完整再生植株（图 1-3）。有些植物从体细胞胚的细胞还可以诱导产生体细胞胚，新形成的体细胞胚称为次生胚（secondary embryo）。植物体细胞胚胎发生有直接途径（direct pathway）和间接途径（indirect pathway）两种方式。直接途径是指从外植体某些部位的胚性细胞直接诱导分化出体细胞胚的再生方式。间接途径是指外植体先脱分化形成胚性愈伤组织（embryonic callus），再从愈伤组织的胚性细胞诱导分化出体细胞胚的再生方式。多数典型的胚性愈伤组织呈松散颗粒状，胚性细胞（embryonal cell）与分生细胞相似，通常较小、近圆形，具有较大的细胞核与核仁，能高度染色，细胞质浓厚，核酸与蛋白质的合成更为活跃，淀粉与可溶性糖的含量提高。

2．体细胞胚胎发生过程　不同种类的植物体细胞胚胎发生主要发育阶段是不一致的。一般而言，双子叶植物的体细胞胚胎发生经过原胚、球形胚、心形胚、鱼雷形胚和子叶形胚等阶段，单子叶植物则经过原胚、球形胚、盾形胚和子叶形胚等阶段。

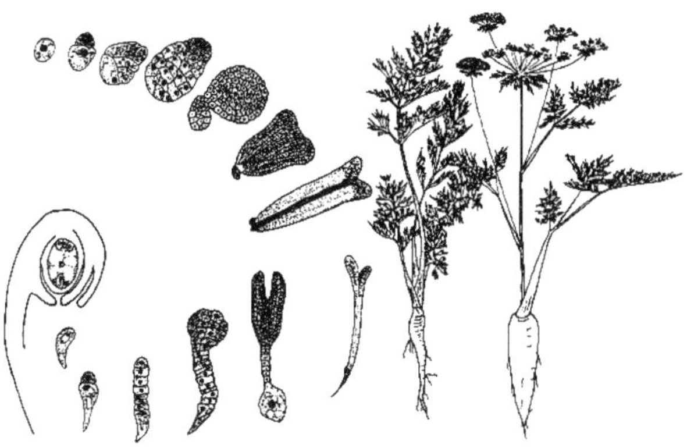

图 1-3　胡萝卜（*Daucus carota*）合子胚与体细胞胚胎发生过程比较示意图（Osuga et al.，1999）

3．体细胞胚胎发生的极性与生理隔离　植物体细胞胚胎发生具有两个明显的特点，即胚状体的双极性（double polarity）和生理隔离现象。

（1）体细胞胚胎发生的双极性　胚性细胞与合子胚一样，具有明显的极性，第一次分裂多为不均等分裂，顶细胞继续分裂形成多细胞原胚，基细胞进行少数几次分裂形成胚柄。细胞极性的建立对细胞分化和体细胞胚胎发生具有重要作用。

（2）体细胞胚胎发生的生理隔离　体细胞胚的维管组织呈独立的“Y”形，与母体组织或外植体的维管束系统无解剖结构上的联系，处于较为孤立的状态，即存在生理隔离。由于体细胞胚与愈伤组织的维管系统没有连接，最终会从培养物的表面脱落下来。Steward 等发现，体细胞胚与周围细胞缺少联系，处于孤立状态。在多种植物中都观察到，早期的胚性细胞与周围细胞还存在胞间连丝，但随着胚性细胞的发育，细胞壁加厚，胞间连丝消失或被堵塞。胚性细胞开始分裂，从二细胞到多细胞原胚始终被厚壁包围，与周围细胞形成明显的界限（图 1-4）。但生理隔离是相对的，并不是与周围组

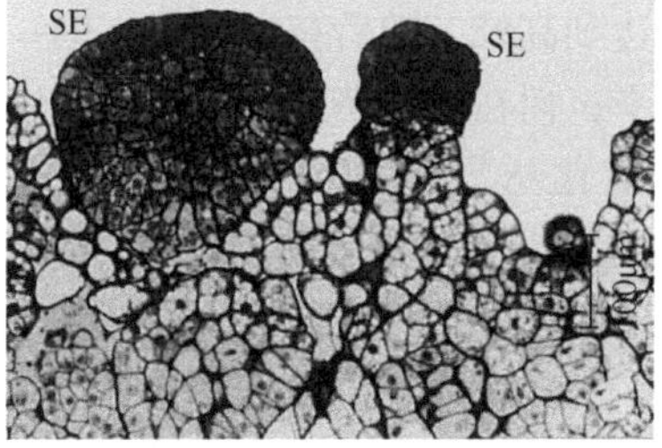


图 1-4　星花龙胆（*Gentiana cruciata*）下胚轴离体培养形成的球形胚（Mikuła et al.，2005）

SE 表示体胚

织完全隔离开。在体细胞胚诱导过程中，胚性细胞需要从周围细胞获取一定的物质、能量和信息。

## 三、体细胞胚胎发生过程中的生理生化变化

体细胞胚的形成和发育依赖于营养物质的有效供应和相关激素适时、适量的诱导。在体细胞胚胎发生的重要发育转折时期，都会出现淀粉和多糖的积累高峰，起到为新的发育阶段提供能量的作用；蛋白质、核酸等生物大分子是体细胞胚胎发生的分子基础；各种酶通过活性变化调节着生化物质的代谢；内源激素的不同水平对诱导体细胞胚的发生发育起着关键的作用。

### （一）内源激素

植物激素在植物体细胞胚胎发生过程中起着非常重要的作用。通过添加植物生长调节物质诱导体细胞胚的发生，其主要作用就是通过调节内源激素的水平来影响体细胞胚的发生发育。测定体细胞胚胎发生发育过程中内源激素的水平变化，对于研究如何通过添加外源植物生长调节物质促进体细胞胚的发生具有重要意义。

1．生长素　生长素用于启动细胞分裂和胚性潜力的诱导，促进体细胞胚的早期发育。多数植物细胞需要在含有2,4-D的培养基上才能诱导胚性细胞的发生。在植物体细胞胚胎发生的过程中，生长素含量的变化比较明显。胚性愈伤组织中吲哚乙酸（IAA）含量明显高于非胚性愈伤组织，从胚性愈伤组织发育到早期子叶形胚，内源IAA含量都维持在较高的水平，期间出现两次高峰，整个变化趋势呈“M”形。

2．细胞分裂素　高水平的细胞分裂素可能对细胞的分裂和生长有重要作用，但它并不参与胚的发生过程，如龙眼体细胞胚发育后期，玉米素（ZT）含量呈上升趋势。细胞分裂素对不同物种的体细胞胚诱导效应不同，不同植物的体细胞胚诱导过程中，内源细胞分裂素的含量变化也不同。在皇冠草的体细胞胚胎发生过程中，ZT含量逐渐升高，心形胚期达到高峰，随后有所下降，但一直都保持在较高水平；而在高羊茅胚性愈伤组织中不含ZT，但分化的黄化丛生芽中ZT含量急剧升高。因此，ZT可能对愈伤组织的诱导并不重要，而有利于诱导愈伤组织分化长芽。

3．赤霉素　胚性愈伤组织中内源赤霉素（GA）水平明显低于非胚性愈伤组织，整个体细胞胚胎发生过程中$GA_3$含量呈下降趋势，到子叶形胚达到最低，而向培养基中加入$GA_3$合成抑制剂，在一定程度上提高了柑橘体细胞胚的形成数量，因此赤霉素可能抑制体细胞胚的发生。不过，赤霉素对柚的体细胞胚胎发生则有促进作用。

4．脱落酸　脱落酸（ABA）在体细胞胚胎发生过程中总体呈上升趋势，但是比$GA_3$和IAA的水平低得多，在胚性愈伤组织和球形胚时期分别出现明显峰值，且在球形胚之后一直都维持一个较高的水平。ABA可能与体细胞胚性启动及体细胞胚胎发生、发育相关，可抑制体细胞胚早期萌发和畸形胚的发生，尤其对胚胎后期发育有较大的影响。

5．乙烯　组织培养是在密闭或半密闭的容器中进行的，因此累积的乙烯对培养物的生长分化会产生影响。在芹菜体细胞胚胎发生过程中，乙烯释放量逐渐下降。Tisserat和Murashige发现乙烯抑制胡萝卜愈伤组织的体细胞胚胎发生，而乙烯合成抑制剂$Co^{2+}$、$Ni^{2+}$可以促进其体细胞胚胎发生。

### （二）氨基酸、蛋白质与核酸

细胞的生长分化和发育均有赖于生物大分子的合成和它们之间的相互作用，而且细胞中这些大分子的代谢变化总是先于组织形态上可见的变化，其中核酸和蛋白质是两类最重要的生物大分子，它们的合成是体细胞胚胎发生的分子基础。

1．氨基酸　氨基酸在体细胞胚胎发生过程中起着非常重要的作用。胚性愈伤组织中游离氨基酸含量明显低于非胚性愈伤组织，至球形胚时期含量变化不大，子叶形胚时期含量开始回升。愈伤组织至胚性愈伤组织阶段游离氨基酸含量降低，而蛋白质氨基酸和总氨基酸的含量却在增加，这与此阶段细胞的分化需要合成大量蛋白质相吻合。

并不是所有的氨基酸含量都发生非常明显的变化，往往只有几种发生较大变化，它们可能是体细胞胚胎发生的关键氨基酸。作为多胺合成前体，外源精氨酸（Arg）可以启动细胞分裂，促进愈伤组织体细胞胚的发生。向太和等发现，水稻悬浮培养初期细胞内大量积累Arg，有利于提高细胞分裂和分化能力。而谷氨酸对陆地棉体细胞胚胎发生具有重要作用。

2．蛋白质　在植物形态发生过程中，从一种状态向另一种状态转变时需要蛋白质的大量合成，为愈伤组织形成和器官形态建成提供物质基础。蛋白质在体细胞胚胎发生过程中的含量变化与氨基酸相反，胚性愈伤组织中蛋白质含量明显高于非胚性愈伤组织，到球形胚时期达到高峰，进入成熟胚阶段又开始下降。胚性愈伤组织细胞内蛋白质含量明显提高，表明胚性愈伤组织代谢旺盛，可以将从培

养基中获得的有机与无机成分及时转变成能量和细胞物质，并大量积累蛋白质，用于细胞分化。

吴顺等报道，在水稻愈伤组织分化过程中，可溶性蛋白在胚性细胞形成和幼苗分化两个时期出现合成高峰。王亚馥等报道，在枸杞的培养中，可溶性蛋白含量在大量分生细胞团形成时期和芽形成时期出现两个峰值。赵洁等在石刁柏茎段脱分化过程中，发现可溶性蛋白含量呈现规律性变化。在脱分化开始时，新的可溶性蛋白还没有合成，细胞启动所需的物质来自细胞内原有的可溶性蛋白，因此可溶性蛋白含量呈下降趋势；在细胞分裂、增殖阶段，细胞内合成大量的可溶性蛋白，出现第一个峰值；随后，茎段开始产生愈伤组织，可溶性蛋白转变成结构蛋白等不溶性蛋白和其他物质，含量降低；紧接着，细胞内合成和积累大量蛋白质为茎段产生大量愈伤组织做准备，可溶性蛋白含量显著上升，出现第二个峰值。陈明霞等也发现可溶性蛋白在铁棍山药叶片、茎段愈伤组织发生过程中出现两个峰值。第一个峰值出现在愈伤组织旺盛生长期，随后，蛋白质含量缓慢下降，这与可溶性蛋白转化为贮藏蛋白和结构蛋白有关；第二个峰值出现在愈伤组织缓慢生长期至停滞期，主要原因是细胞合成的蛋白质含量超过了用于形成新的愈伤组织所需要的量。

3．核酸　胚性细胞不仅核大，核质比高，核仁明显，而且具有多核仁、核仁液泡，变化十分活跃。对小麦体细胞胚胎发生的超微结构的研究表明，早期的胚性细胞核大、核仁明显，一般具有两个以上的核仁，同时细胞中核糖体含量丰富，且以多聚核糖体形式存在，说明胚性细胞早期就有大量RNA和蛋白质的合成。Sengupta等也发现，胡萝卜体细胞胚胎发生过程中，RNA的快速合成始于胚性培养的第2～4小时，2d后细胞分裂加快，总RNA、蛋白质含量增加。崔凯荣等研究发现，小麦体细胞胚胎发生过程中，RNA合成峰值最先出现，蛋白质次之，分别在胚性细胞和胚性细胞团大量形成时期，而DNA的合成动态和愈伤组织生长曲线相符，在胚性愈伤组织生长速度最快时达到高峰。由此可见，RNA和蛋白质是胚性细胞形成的基础，而DNA主要是细胞分裂增殖的基础。

### （三）多胺

多胺（polyamine，PA）是生物体内的一类活性物质，具有多聚阳离子的性质，与核酸相互作用，参与DNA、RNA和蛋白质合成的调节，在转录和翻译水平上调控基因表达。多胺还与细胞分裂有关，细胞分裂最活跃的地方，多胺的生物合成也最活跃。植物细胞中主要有腐胺（putrescine，Put）、精胺（spermine，Spm）和亚精胺（spermidine，Spd）。大量研究结果表明，PA可能是一类新的植物激素或类似环腺苷酸（cAMP）的“第二信使”，具有促进细胞生长、分化、增殖和延缓衰老等作用。

邢更妹等研究发现，枸杞愈伤组织转入分化培养基后，PA含量随着胚性细胞的分化和分裂明显增加，特别是Put含量迅速增加。在水稻和云杉体细胞胚胎发生中也得到相似结果。Spd和Spm分别在体细胞胚胎发生早期和后期出现，因此Spd可能有利于胚性细胞的分化，而Spm则可促进体细胞胚的发育与成熟。适量的外源多胺可以提高内源多胺的含量，促进体细胞胚的发生。

早在1976年，Tabor就提出细胞中PA含量的增加大多先于DNA、RNA和蛋白质的大量合成。在枸杞和小麦的体细胞胚胎发生中获得同样的结果，枸杞继代愈伤组织转至分化培养基第1天，PA含量迅速增加，并很快形成第1个高峰，而核酸和蛋白质含量分别在第4天和第8天达到峰值。PA的生物合成与精氨酸脱羧酶（ADC）、鸟氨酸脱羧酶（ODC）和*S*-腺苷甲硫氨酸脱羧酶（SAMDC）有关，它们在体内的周转期很短，分别只有10min、30min、60min。因此，当细胞被转入分化培养基或受到不同信号刺激时，有可能在很短时间内调整自身的PA水平，进而调控核酸和蛋白质的合成。另外，PA在生理pH时带正电荷，可与带负电荷的核酸、酶、蛋白质和细胞功能团结合，参与核酸和蛋白质合成的调节，这为体细胞胚的发生奠定了分子基础。乙烯和PA在生物合成过程中是相互抑制的，具有共同前体*S*-腺苷甲硫氨酸（S-adenosylmethionine，SAM）。乙烯抑制胡萝卜体细胞胚胎发生被PA处理所拮抗，这说明PA通过参与乙烯合成的调控，促进体细胞胚的发生。

### （四）糖类、离子与次生代谢物

1．糖类　糖类与植物体细胞胚胎发生潜能的实现是密切相关的，不仅提供碳源、维持渗透压，可能还起到信号分子的作用。淀粉作为植物细胞内积累的一类重要生物大分子，经淀粉酶水解成葡萄糖后，参与细胞内各种生理、生化反应，以直接或间接的方式影响体细胞胚胎发生。

一般情况下，从非胚性愈伤组织到胚性愈伤组织阶段可溶性糖和淀粉的含量都会升高。在体细胞胚胎发生部位，胚性细胞体积较小、排列紧密，大量积累体积较大的淀粉粒，分布于细胞核周围或在细胞质聚集成团，非胚性细胞则基本不含淀粉粒。

随着胚性细胞分化发育，淀粉粒数量逐渐减少，体积也变小，待形成原胚时，淀粉已消耗殆尽。继续分化至球形胚时又有大量淀粉积累，至子叶胚期淀粉又逐渐减少。

高述民等报道，在大蒜体细胞胚胎发生过程中有两个多糖积累高峰，分别在胚性愈伤组织形成期和子叶胚期。而党参和石刁柏体细胞胚胎发生过程中的两次淀粉积累高峰分别在胚性愈伤组织形成后期和球形胚期。王亚馥等发现，小麦的淀粉积累高峰出现在胚性细胞形成期和球形胚期。虽然在不同植物中淀粉和多糖的积累高峰不尽相同，但是大多出现在重要发育转折时期，为新的发育阶段提供必要的物质和能量基础。

此外，淀粉与形态建成也有密切关系。体细胞胚胎发生途径为单细胞起源，首先要求细胞间隔离，因而细胞表面上果胶类物质颗粒在再生过程中由多变少至消失。胡萝卜与芹菜体细胞胚胎发生过程中积累的淀粉主要以支链淀粉的形式存在，并且一般是2～4个淀粉粒聚集在一起。

2．离子　有研究发现$Co^{2+}$、$Ag^{+}$、$Ni^{2+}$等金属离子是乙烯合成的抑制剂。张向东等发现，加$Co^{2+}$能降低乙烯释放量。齐力旺等研究发现，在落叶松体细胞胚胎发生过程中，$Co^{2+}$、$Zn^{2+}$、$Cu^{2+}$、$Mn^{2+}$等重金属离子具有重要的促进作用，落叶松的胚性愈伤组织中$Co^{2+}$的含量约为非胚性愈伤组织的12倍。

3．次生代谢物　张献龙等研究发现，在棉花体细胞胚胎发生过程中，胚性愈伤组织中次生代谢物质（叶绿素、花色素苷、类黄酮、总酚）含量均低于非胚性愈伤组织。这说明非胚性愈伤组织中次生代谢比较旺盛，从而可能影响主代谢速度和强度，阻碍细胞分化。可见，主代谢与次生代谢的失调可能是非胚性愈伤组织不能分化的原因之一。

### （五）活性氧

活性氧在生理代谢过程中起重要的调控作用。研究发现，氧化胁迫与细胞分化有关。徐竹筠等发现，胡萝卜愈伤组织在分化或形成体细胞胚阶段，过氧化物酶（POD）活性有增大趋势，因此认为POD活性的提高可能是组织进入分化期的前奏。李天然等发现，在胡萝卜胚性细胞出现后，POD的活性最高，但在体细胞胚形成以后，POD活性又急剧下降。

代西梅等在培养铁棍山药零余子过程中发现2个POD活性峰，分别在培养第9天和第21天时出现。开始接种时，会造成一定程度的机械损伤，组织结构的破坏导致了膜脂过氧化作用而抑制脱分化过程的进行，POD活性的上升可以解除由膜脂过氧化而导致的生长抑制，使脱分化过程顺利进行；待愈伤组织进入旺盛生长阶段，细胞内各种生理代谢正常，POD活性呈下降趋势；至第21天，第2个活性高峰的出现与POD作为吲哚乙酸氧化酶发生作用有关，分解生长素从而抑制细胞生长，使愈伤组织由快速生长期进入生长停滞期。

## 四、植物离体培养形态发生调控机制

### （一）激素对器官发生的调控

1．外源生长调节物质对内源激素水平的影响

在离体培养过程中，外植体的内源激素水平不断变化，生长素类物质存在着极性运输现象，由此导致其体内分布特异性的改变，这一变化与愈伤组织形成和器官发生密切相关。

猕猴桃叶柄在不含生长调节物质的基本培养基上培养，其内源细胞分裂素类物质水平不断下降，尤其表现在玉米素和9-呋喃核糖玉米素上，而生长素水平呈上升趋势，结果出现细胞分裂素水平由叶柄顶部向基部递减和生长素水平两端高中间低的新的分布特征。细胞分裂素的递减可能与外植体离体后细胞分裂素类物质糖基化或氧化代谢有关，而生长素的分布特点与外植体受伤物质释放有关。细胞分裂素和生长素在猕猴桃叶柄上的变化和分布特点也说明了叶柄基部易产生愈伤组织而在顶部易产生不定芽的原因。

2．内源激素对细胞脱分化和再分化的调控

一些研究发现，细胞在脱分化形成拟分生组织过程中需要较高水平的内源细胞分裂素和生长素的激发和诱导，而且较高水平的细胞分裂素对维持分生组织的发育是必需的，高水平生长素可以诱导愈伤组织产生，并可以保持愈伤组织继代增殖。将烟草细胞培养在含1mol/L ZT和1mol/L IAA的花芽诱导培养基上，经过8d培养就可以观察到花芽形态发生。分别取在花芽诱导培养基上培养1～8d的细胞，转移至基本培养基上或仅含1mol/L ZT或仅含1mol/L IAA或含1mol/L ZT和1mol/L IAA培养基上培养，结果发现经过4～5d花芽诱导，再转移至含有细胞分裂素（1mol/L ZT或1mol/L ZT和1mol/L IAA）培养基上的，有100%外植体形成花芽，而在仅含生长素（1mol/L IAA）的培养基或基本培养基上继续培养的，外植体很少有形态发生。形态观察结果表明，细胞在花芽诱导培养基上培养4d，正值形成亚表皮分生细胞区时期，这一时期需要高水平的生长素和细胞分

裂素。另外，外植体的亚表皮分生细胞继续发育是依赖于细胞分裂素的，一直持续到器官发生中心形成即节状维管出现为止，而对生长素的依赖较小。

对猕猴桃愈伤组织继代培养的研究也发现，与无器官发生能力的愈伤组织相比，具有器官发生能力的愈伤组织中内源苄基腺嘌呤（BA）和（diH）玉米素（zeatin，ZT）水平较高，而IAA和萘乙酸（NAA）含量没有差异。

3．生长素和细胞分裂素基因与器官发生的关系

与生长素和细胞分裂素合成有关的基因首先是在对农杆菌侵染植物及对其T-DNA的研究中发现的。农杆菌的T-DNA中含有两个与生长素合成有关酶的编码基因——*iaaM*和*iaaH*，分别编码色氨酸单加氧酶和吲哚乙酰胺水解酶，还有一个与细胞分裂素合成有关酶的编码基因*ipt*，编码异戊烯基转移酶。ipt是细胞分裂素合成中最重要的限速酶。

将*iaaM*、*iaaH*、*ipt*基因分别导入烟草和马铃薯外植体中，其内激素平衡和形态发生会产生明显变化。导入*iaaM*和*iaaH*的转化组织内源生长素含量大大增加，将转*iaaH*和*iaaM*基因的烟草叶柄培养在不含生长调节物质的培养基上，2周后可以形成根。转*ipt*基因的外植体，内源细胞分裂素含量大大增加，转化组织出现的肿瘤具有短而粗的变态茎，其上还长出小而密集严重变态的叶子。

## （二）与器官发生有关的基因和特异蛋白

愈伤组织的形成和器官发生是组织化的细胞脱分化和再分化的过程，而诱导细胞脱分化形成愈伤组织必须要启动和重新恢复细胞的分裂活动，在此过程中，有许多相关基因的表达水平发生显著变化（表1-1）。细胞分裂周期调节基因*cdc2*（cell division cycle 2），编码一个蛋白激酶P34cdc2，通过磷酸化作用调节，可以使分裂中的$G_1$期细胞进入S期和$G_2$期转入M期。胡萝卜子叶培养在不含2,4-D的培养基上，子叶细胞中P34cdc2蛋白含量较低且稳定，将其转入含2,4-D的培养基上而启动细胞分裂和脱分化形成愈伤组织时，该蛋白质含量随之升高，在已分化的细胞中其含量又降低，说明2,4-D可能通过调节P34cdc2蛋白合成在脱分化中起作用。在烟草原生质体培养中，发现了两个受生长素调节的特异蛋白ParA和ParB，都出现在细胞分裂由$G_0$期到S期转变的过程中，它们可能参与调节细胞分裂的起始。目前也发现了一些生长素和细胞分裂素调控的基因和特异蛋白。大豆胚轴中发现了受生长素特异性诱导的PGH1～4和SAuRs，它们与细胞伸长有关。此外，在甜瓜子叶中发现了一个分子质量为20～25kDa的多肽，与子叶器官发生密切相关；在大麦和鳞茎大麦胚和根诱导形成愈伤组织的过程中，发现了脱分化特异性表达的32个蛋白质。Boutilier等在油菜中克隆到与细胞增殖和形态建成相关的基因*BABY BOOM*（*BBM*），转化拟南芥和油菜后，可使其自发形成体细胞胚（图1-5）。Xu等发现，编码AMP脱氢酶的基因*EMBRYONIC FACTOR1*（*FAC1*）在体细胞胚胎发生过程中表达水平显著提高，可能是为体

**表1-1　植物器官发生相关关键基因列表**（Pulianmackal et al.，2014）

| 基因 | 愈伤组织形成过程中的功能 | 器官发生过程中的功能 | 文献来源 |
|---|---|---|---|
| *ALF4* | *ALF4*突变体中不形成愈伤组织 | 没有描述 | Sugimoto et al.，2010 |
| *ARR5* | 愈伤组织形成后期上调表达 | 在发育中的茎尖分生组织表达，但在器官原基中不表达 | Gordon et al.，2007；Atta et al.，2009 |
| *CLV3* | 在愈伤组织诱导培养基中培养表达水平轻微提高 | 在发育中的茎尖分生组织中上调表达 | Gordon et al.，2007；Atta et al.，2009 |
| *cuc* | 上调表达 | *cuc2*在茎尖分生组织和器官原基中上调表达；*cuc1/cuc2*异位过量表达提高芽诱导培养基中芽的诱导率；*cuc1cuc2*双突变体中芽再生率降低 | Cary et al.，2002；Daimon et al.，2003，2007；Motte et al.，2011 |
| *ESR* | 在愈伤组织诱导培养基中培养诱导*ESR1*表达 | 在转到芽诱导培养基上后*ESR1*瞬时表达水平提高，2d后降低；*ESR1*或*ESR2*过量表达提高了含有细胞分裂素培养基中芽再生率；*ESR1*与*ESR2*单突变或双突变体中芽再生率降低 | Banno et al.，2001；Ikeda et al.，2006；Matsuo et al.，2011 |
| *LBD* | 过量表达可以使无激素培养基上形成愈伤组织，突变则抑制愈伤组织的形成 | 没有描述 | Fan et al.，2012 |
| *PIN1* | 在愈伤组织形成早期上调表达，之后表达水平下降 | 在茎尖分生组织和器官原基中上调表达；*PIN1*～*4*突变体的芽再生率只有野生型的20% | Gordon et al.，2007；Atta et al.，2009 |

续表

| 基因 | 愈伤组织形成过程中的功能 | 器官发生过程中的功能 | 文献来源 |
|---|---|---|---|
| *PLT1* | 上调表达 | 下调表达 | Atta et al., 2009; Sugimoto et al., 2010 |
| *SCR* | 上调表达 | 没有描述 | Sugimoto et al., 2010 |
| *SHR* | 上调表达 | 没有描述 | Sugimoto et al., 2010 |
| *STM* | 愈伤组织诱导培养基上很少表达 | 在茎尖分生组织中上调表达；*STM-1* 突变体的芽再生率只有野生型的 15% | Barton and Poethig, 1993; Gordon et al., 2007; Atta et al., 2009 |
| *RCH1* | 上调表达 | 下调表达 | Atta et al., 2009 |
| *WOX5* | 上调表达 | 没有描述 | Sugimoto et al., 2010 |
| *WOX11/WOX12* | 上调表达 | 不定根形成过程中上调表达 | Liu et al., 2014 |
| *WUS* | 愈伤组织中不表达 | 在直接或间接器官发生过程中的愈伤组织中上调表达；*WUS-1* 突变体的芽再生率只有野生型的 5%；*WUS* 异位过量表达可以使外植体在不含激素的培养基上再生不定芽或体细胞胚 | Zuo et al., 2002; Gallois et al., 2004; Gordon et al., 2007; Atta et al., 2009; Chatfield et al., 2013 |
| *LEC2* | | 通过诱导生长素合成，从而诱导体细胞胚胎发生；以拟南芥未成熟合子胚为外植体，过量表达 *LEC2*，转基因植株可以在不含激素的培养基上自发产生体细胞胚，IAA 含量显著提高，而细胞分裂素与 ABA 含量降低 | Wójcikowska et al., 2013, 2015 |
| *ERF022* | | 通过抑制乙烯生成，从而诱导体细胞胚胎发生 | Nowak et al., 2015 |

细胞胚胎发生发育提供足够能量。Yamaguchi 等发现，周期蛋白依赖性激酶（cyclin-dependent kinase，CDK）通过控制细胞周期来调控器官发生的进程。此外，植物体细胞胚胎发生还与 DNA 甲基化密切相关。非胚性细胞的 DNA 甲基化程度高，胚性相关基因的表达受到抑制。随着 DNA 甲基化程度降低，胚性相关基因表达，胚性细胞形成。随着体细胞胚的形成与发育，DNA 甲基化程度逐渐升高，抑制胚性细胞相关基因的表达，体细胞胚得以发育和成熟。

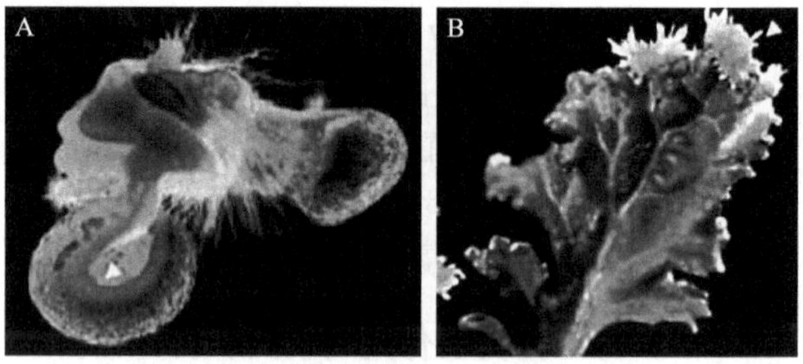

图 1-5 *BBM* 基因转化拟南芥（A）和油菜（B）后叶片边缘产生体细胞胚（Boutilier et al., 2002）

# 第三节 影响离体培养形态发生的因素

影响植物离体培养形态发生的因素很多。其内因主要是植物种类和基因型不同，也与外植体取材的部位、生理状态密切相关。外因主要是培养基、附加成分的种类和浓度、培养条件等。

## 一、植物种类和生理状态

### （一）植物种类和基因型

据不完全统计，被子植物中，已有近 40 科、100 多种的植物通过组织培养产生体细胞胚，但不同植物的体细胞胚诱导难易程度不同。即使是同一属的植物，因基因型不同，体细胞胚胎发生频率也可能存在显著差异。单子叶植物的诱导率显著低于双子叶植物。对于某些通过杂交获得的植物，如果两个亲本体细胞胚的诱导率高，那么它们的杂种后代的诱导率也相应较高。这种现象已在大豆、水稻和玉米花药培养中有过报道。

### （二）培养材料的生理状态

1．植株的发育阶段　植物个体发育一般经历幼年期、成熟期和衰老期。一般生理代谢旺盛而分化程度较低的组织有利于体细胞胚的诱导。幼年时期的组织与衰老时期的组织相比，具有较高的形态发生能力。以无菌苗的根为外植体所建立的宁夏枸杞的间接体细胞胚胎发生体系中，不同苗龄的根及根的不同部位由于存在生理状态上的差异，具有不同的胚性愈伤组织诱导率和体细胞胚胎发生能力，其中3～4周龄的根外植体诱导形成的胚性愈伤组织体细胞胚胎发生能力较强。

2．培养器官或组织类型　根据细胞全能性理论，植物体任何部位的细胞、组织和器官都能在人工培养条件下形成体细胞胚。由于不同组织、器官的生理状态、内源激素水平等不同，它们的体细胞胚诱导难易程度不同。例如，玉米的幼胚、胚乳、胚轴、幼胚的芽顶端分生组织、幼苗芽尖、幼叶、叶鞘、幼苗切断、茎节切断、节间芽组织、雄幼穗、雌幼穗、花粉、成熟胚、胚叶等都可以诱导产生体细胞胚，不过，不同外植体的体细胞胚胎发生能力存在明显差异，雌幼穗比雄幼穗易诱导，幼胚的体细胞胚诱导率普遍高于其他组织。

3．培养时间　愈伤组织培养时间过长或继代次数太多，往往会推迟或降低形态发生的能力，所以一般取处于旺盛生长期的愈伤组织来诱导体细胞胚的形成。但是，也有一些植物的愈伤组织需要经过多次继代培养后，才能诱导产生体细胞胚，如咖啡叶的愈伤组织需要培养70d才能产生体细胞胚。

## 二、培养基

### （一）营养物质

1．氮源　基本培养基成分及其状态等对体细胞胚的发生十分重要。可以用于植物体细胞胚诱导培养的基本培养基有White、MS、SH等多种培养基，最常用的是MS培养基。MS培养基的无机盐浓度大约是White培养基的10倍。MS培养基中较高浓度的$NH_4NO_3$对体细胞胚的发生具有较好的诱导效果。培养基中的氮素形态对体细胞胚胎发生起到重要作用，其中，还原性的铵态氮（$NH_4^+$）对体细胞胚的诱导是必不可少的，铵态氮和硝态氮的比例也非常重要。在胡萝卜培养中，以5～55mmol/L的硝酸盐作为唯一氮源时，平均每个培养物上只形成1个体细胞胚，而添加0.1mmol/L的氯化铵可以明显提高体细胞胚的诱导数量。在枸杞体细胞胚胎发生培养基中，随着铵态氮与硝态氮比例的提高，体细胞胚胎发生能力逐渐提高，当培养基中只有铵态氮时，体细胞胚胎发生频率最高。落叶松胚性愈伤组织中铵态氮与硝态氮的比值为29.9，而非胚性愈伤组织中只有2.8，比值相差10倍以上。除了$NH_4^+$的形式以外，椰汁、水解酪蛋白、酵母提取液，以及谷氨酸、L-脯氨酸、丙氨酸等还原型氨基酸均可作为还原氮源。

2．碳水化合物　碳水化合物既可以作为能源，又可以作为渗透调节物质对体细胞胚的诱导和发育起到重要作用，其种类和浓度都会影响体细胞胚的生长发育。蔗糖是体细胞胚胎发生的最有效还原碳源。在一些情况下，其他糖类的培养效果优于蔗糖，如高浓度的葡萄糖有利于胡萝卜的体细胞胚发育，乳糖和半乳糖更有效地刺激柑橘珠心体细胞胚胎发生。

3．活性炭　在培养基中添加活性炭可提高体细胞胚胎发生率。活性炭本身对体细胞胚的发生并没有诱导作用，而是通过吸收培养基中其他组织产生的抑制体细胞胚胎发生的物质来提高诱导率。适当浓度的活性炭可使失去体细胞胚胎发生能力的胡萝卜悬浮培养细胞恢复活性。在洋常春藤组织培养中，只有在培养基中添加活性炭时，来自成熟茎的愈伤组织才能发育成体细胞胚，否则只有愈伤组织的增殖。

4．金属离子　Kiyosue等在未加激素的MS培养基中分别添加$CoCl_2$、$NiCl_2$、$CuCl_2$、$ZnCl_2$、$CdCl_2$，均可诱导胡萝卜体细胞胚的形成。有人也发现$Mn^{2+}$、$Zn^{2+}$、$Cu^{2+}$等金属离子对小麦的体细胞胚胎发生有促进作用。适宜高浓度的$K^+$（20mmol/L）有利于野生胡萝卜的体细胞胚胎发生。$AgNO_3$也是体细胞胚胎发生中应用较多的盐类。在咖啡树离体培养中，30～60μmol/L $AgNO_3$能有效改善体细胞胚的产生率，而高浓度的$AgNO_3$则会抑制体细胞胚的形成（Fuentes et al.，2000）。Roustan等认为，$Ag^+$、$Co^{2+}$、$Ni^{2+}$等金属离子有抑制乙烯合成的作用，从而提高体细胞胚的发生率。

### （二）植物生长调节剂

1．生长素　大多数体细胞胚的诱导需要生长素。不过，有些材料，如烟草和曼陀罗的花药、莳萝和茴香的子房、四季橘和欧芹的愈伤组织，可以在无激素的培养基中诱导出体细胞胚。2,4-D是被广泛应用于诱导植物体细胞胚胎发生的一种生长素。2,4-D对胚性愈伤组织的产生非常重要，但又抑制体细胞胚的进一步发育，因此在诱导出胚性愈伤组织或早期体细胞胚后，要及时转至低浓度或去除2,4-D的培养基上，体细胞胚才能进一步发育和成熟。一般情况下，生长素诱导体细胞胚胎发生的作用大小为2,4-D＞NAA＞IBA＞IAA（谭鹏鹏，2009）。

2．细胞分裂素　对于多数植物来说，只用生长素是无法诱导出体细胞胚的，细胞分裂素与生长素的适当配比才是体细胞胚胎发生的关键因素。细胞分裂素对不同植物的体细胞胚诱导作用存在很大差异。例如，芹菜的体细胞胚胎发生需要低浓度的细胞分裂素，而咖啡、花生等植物的愈伤组织需要在细胞分裂素和生长素的高配比下才能高效诱导体细胞胚胎发生。细胞分裂素通过改变内源激素水平来调节体细胞胚胎发生。不同细胞分裂素，如6-BA、2ip、KT、TDZ和ZT等，对不同植物的诱导效果也不一样。

3．赤霉素　赤霉素（主要使用$GA_3$）对体细胞胚胎发生的诱导不是必需的，但对体细胞胚进一步发育成熟或促进根和小植株生长有较大作用。在花菱草的培养中，$GA_3$可以解除其体细胞胚的休眠。

4．脱落酸　培养基中加入一定浓度的ABA，不仅对体细胞胚的发生有促进作用，还可以防止畸形胚的产生，抑制体细胞胚过早萌发，增强储藏蛋白、胚胎发生晚期丰富蛋白（LEA）、胚胎发生特异蛋白和脂肪等胚中储藏成分的合成。

5．乙烯　组织培养过程中，累积于培养瓶内的乙烯对培养物体细胞胚的发生将产生不可忽视的影响。例如，乙烯抑制胡萝卜愈伤组织体细胞胚的发生，而乙烯形成酶抑制剂则促进其体细胞胚的发生。Roustan等发现，作为乙烯生成抑制剂的水杨酸（SA）在抑制乙烯产生的同时也促进胡萝卜体细胞胚胎发生；乙烯作用部位竞争抑制剂$AgNO_3$可使胡萝卜体细胞胚胎发生数量提高2倍，而乙烯利则使体细胞胚胎发生率降低。

### （三）物理性质

培养基的物理性质，如固态或液态、渗透压等，对体细胞胚的发生及发育也有明显的影响。Steward等在胡萝卜和石刁柏的研究中发现，新分离的组织需要在固体培养基上诱导形成愈伤组织，而体细胞胚的增殖则需要在液体培养基中进行。

不同凝固剂对不同植物的体细胞胚胎发生诱导率的影响也不同。Zimmerman（1988）和郑泗军等（1995）认为棉花组织培养中Gelrite作凝固剂效果较好。张巧等（2010）通过比较琼脂、Gelrite和Phytagel（植物凝胶）三种培养基凝固剂对棉花胚性愈伤组织增殖及体细胞胚胎发生的影响，发现Phytagel的效果最好，可显著改善陆地棉体细胞培养过程中的褐化问题，提高胚性愈伤组织增殖速度和体细胞胚胎发生率。

诱导体细胞胚胎发生往往需要维持一定的渗透压。提高培养基中蔗糖、琼脂的浓度或添加甘露醇、聚乙二醇（PEG）等均可提高植物体细胞胚的诱导率。例如，在小麦和胡萝卜等组织培养中，提高蔗糖浓度或添加PEG均能显著提高胚性愈伤组织的诱导率。

## 三、培养条件

### （一）温度

大多数植物的体细胞胚胎发生需要在适宜温度［(25±1)℃］下进行，但也有些植物需要低温处理。徐元红和朱四易在平贝母体细胞胚的诱导和植株再生中发现，未经过冷处理（0～5℃冰箱中处理60d）的体细胞胚不会发育成为针状苗。宁夏枸杞胚性愈伤组织经过2周的4℃低温处理可以显著提高体细胞胚的发生率。

### （二）光

多数植物体细胞胚胎发生对光的变化不太敏感，但也有些植物易受光的影响。有报道认为，花生体细胞胚诱导中光照明显抑制体细胞胚胎发生，而在大豆培养中则发现，连续弱光或黑暗条件下体细胞胚胎发生率低于强光照射的，但其正常胚比例较高。胡萝卜培养中强的白光和蓝光抑制体细胞胚胎发生，但低强度蓝光下体细胞胚的诱导率比黑暗条件下高，红光对心形胚发育有促进作用。还有研究表明，24h内以间隔红光处理可促进马利筋的体细胞胚胎发生。

诱导植物体细胞胚胎发生的因素很多，但它们的作用程度不尽相同，而且只有各种因素配合使用时才能快速、高效地诱导出体细胞胚。植物体细胞胚胎发生受细胞内外多种因子调控。各种因子通过转录与翻译水平复杂而精确地调控，使体细胞胚胎发生的相关基因在时间和空间上得以选择性激活和表达。大量研究表明，植物激素是诱导体细胞胚胎发生的决定性因子，但它们究竟是如何通过细胞信号转导而影响胚胎特异基因表达的，还有待深入研究。各种信号转导方面的突变体可能有助于揭示此类机制。有关光、低温、金属离子和活性氧对体细胞胚胎发生的作用的研究还较少。而关于生长素和细胞分裂素、蔗糖和ABA等双因子影响体细胞胚胎发生的研究是近几年才起步的，应给予更多关注。相信随着人们对于植物器官发生机制认识的深入，最终会揭示体细胞胚胎发生这一特定细胞分化过程的本质。

## 小　结

植物细胞全能性是植物组织培养的核心理论。随着研究的发展，植物细胞全能性的概念也在不断扩充与发展。在全能性的基础上，为细胞提供适宜的营养和环境条件，离体细胞经过脱分化与再分化，可以形成完整再生植株。

细胞分化是指细胞形成不同结构，引起功能或潜在发育方式改变的过程，是组织分化、器官分化和植株再生的基础。脱分化则是指已分化的细胞在一定因素作用下恢复细胞分裂能力，失去原有分化状态的过程。离体培养中，已分化的外植体细胞首先要经历脱分化过程恢复分生状态，然后通过再分化过程最终形成再生植株，从而实现其全能性。

离体培养植株再生主要有器官发生型和体细胞胚胎发生型两条途径，均有直接类型和间接类型两种发生方式。器官发生是指离体组织或细胞在适宜的条件下形成不定芽、不定根等器官的过程。体细胞胚胎发生是指离体条件下植物的体细胞通过与合子胚发生相类似的途径，发育成新个体的过程。

在植物离体培养中，外植体的基因型、生理状态、激素、培养条件等是影响离体形态发生的主要因素。

## 复习思考题

1. 什么是植物细胞全能性？简述其理论发展过程与实际应用情况。
2. 什么是植物细胞分化、脱分化与再分化？
3. 植物离体培养形态发生途径有哪些？
4. 植物体细胞胚胎发生过程中的生理生化变化有哪些？
5. 影响植物离体形态发生的因素有哪些？

## 主要参考文献


沈海龙. 2005. 植物组织培养. 北京：中国林业出版社

谭鹏鹏. 2009. 蝴蝶兰组织培养及体细胞胚发生技术研究. 南京：南京林业大学硕士学位论文

王蒂，陈劲枫. 2004. 植物组织培养. 北京：中国农业出版社

臧运祥，郑伟尉，孙仲序，等. 2004. 植物胚状体发生过程中主要代谢产物变化动态研究进展. 山东农业大学学报（自然科学版），35（1）：131~136

张巧，汪静儿，林君，等. 2010. 不同凝固剂对陆地棉体细胞胚胎发生和植株再生的影响. 棉花学报，22（1）：3~9

Atta R, Laurens L, Boucheron-Dubuisson E, et al. 2009. Pluripotency of *Arabidopsis* xylem pericycle underlies shoot regeneration from root and hypocotyl explants grown *in vitro*. Plant Journal, 57(4)：626~644

Boutilier K, Offringa R, Sharma VK, et al. 2002. Ectopic expression of BABY BOOM triggers a conversion from vegetative to embryonic growth. Plant Cell, 14(8)：1737~1749

Cary AJ, Che P, Howell SH. 2002. Developmental events and shoot apical meristem gene expression patterns during shoot development in *Arabidopsis thaliana*. Plant Journal, 32(6)：867~877

Chatfield SP, Capron R, Severino A, et al. 2013. Incipient stem cell niche conversion in tissue culture：using a systems approach to probe early events in *WUSCHEL*-dependent conversion of lateral root primordial into shoot meristems. Plant Journal for Cell and Molecular Biology, 73(5)：798~813

Chen JR, Wu L, Hu BW, et al. 2014. The influence of plant growth regulators and light quality on somatic embryogenesis in China rose (*Rosa chinensis* Jacq.). J of Plant Growth Regulation, 33(2)：295~304

Fan M, Xu C, Xu K, et al. 2012. LATERAL ORGAN BOUNDARIES DOMAIN transcription factors direct callus formation in *Arabidopsis* regeneration. Cell Research, 22(7)：1169~1180

Gordon SP, Heisler MG, Reddy GV, et al. 2007. Pattern formation during *de novo* assembly of the *Arabidopsis* shoot meristem. Development, 134(19)：3539~3548

Ikeda Y, Banno H, Ikeda Y, et al. 2006. The *ENHANCER OF SHOOT REGENERATION2* gene in Arabidopsis regulates *CUP-SHAPED COTYLEDON1* at the transcriptional level and controls cotyledon development. Plant Cell Physiology, 47(11)：1443~1456

Kuraś M.2005.Somatic embryogenesis of *Gentiana cruciata* (L.)：Histological and ultrastructural changes in seedling hypocotyl explant. *In Vitro* Cellular and Developmental Biology - Plant , 41(5)：686~694

Leljak-Levanić D, Bauer N, Mihaljević S, et al. 2004. Changes in DNA methylation during somatic embryogenesis in *Cucurbita pepo* L.. Plant Cell Reports, 23(3)：120~127

Li W, Liu H, Cheng ZJ, et al. 2011. DNA methylation and histone modifications regulate de novo shoot regeneration in Arabidopsis by modulating WUSCHEL expression and auxin signaling. PLoS Genet, 7(8)：e1002243

Liu JC, Sheng LH, Xu YQ, et al. 2014. WOX11 and 12 are

involved in the first-step cell fate transition during *de novo* root organogenesis in Arabidopsis. Plant Cell, 26(3): 1081~1093

Ma GH, He CX, Ren H, et al. 2010. Direct somatic embryogenesis and shoot organogenesis from leaf explants of *Primulina tabacum*. Biologia Plantarum, 54(2): 361~365

Matsuo N, Makino M, Banno H. 2011. Arabidopsis *ENHANCER OF SHOOT REGENERATION (ESR)1* and *ESR2* regulate *in vitro* shoot regeneration and their expressions are differentially regulated. Plant Science, 181(1): 39~46

Motte H, Verstraeten I, Werbrouck S, et al. 2011. *CUC2* as an early marker for regeneration competence in Arabidopsis root explants. Journal of Plant Physiology, 168(13): 1598~1601

Nowak K, Wójcikowska B, Gaj MD. 2015. *ERF022* impacts the induction of somatic embryogenesis in *Arabidopsis* through the ethylene-related pathway. Planta, 241(4): 967~985

Osuga K, Masuda H, Komamine A. 1999. Synchronization of somatic embryogenesis at high frequency using carrot suspension cultures: model systems and application in plant development. Methods in Cell Science , 21(2~3): 129~140

Perianez-Rodriguez J, Manzano C, Moreno-Risueno MA. 2014. Post-embryonic organogenesis and plant regeneration from tissues: two sides of the same coin? Frontiers in Plant Science, 5: 219

Pulianmackal AJ, Kareem AVK, Durgaprasad K, et al. 2014. Competence and regulatory interactions during regeneration in plants. Frontiers in Plant Science, 5(5): 296~300

Rodríguez-Sahagún A, Acevedo-Hernández G, Rodríguez-Domínguez JM, et al. 2011. Effect of light quality and culture medium on somatic embryogenesis of *Agave tequilana* Weber var. Azul. Plant Cell Tissue and Organ Culture, 104(2): 271~275

Samson NP, Campa C, Le Gal L, et al. 2006. Effect of primary culture medium composition on high frequency somatic embryogenesis in different *Coffea* species. Plant Cell Tissure and Organ Culture, 86(1): 37~45

Subotić A, Grubišić D. 2007. Histological analysis of somatic embryogenesis and adventitious shoot formation from root explants of Centaurium erythreae Gillib. Biologia Plantarum, 51(3): 514~516

Sugimoto K, Jiao Y, Meyerowitz EM. 2010. Arabidopsis regeneration from multiple tissues occurs via a root development pathway. Developmental Cell, 18(3): 463~471

Wójcikowska B, Gaj MD. 2015. *LEAFY COTYLEDON2*-mediated control of the endogenous hormone content: implications for the induction of somatic embryogenesis in *Arabidopsis*. Plant Cell Tissue and Organ Culture, 121(1): 255~258

Wójcikowska B, Jaskóła K, Gąsiorek P, et al. 2013. *LEAFY COTYLEDON2 (LEC2)* promotes embryogenic induction in somatic tissues of *Arabidopsis*, via YUCCA-mediated auxin biosynthesis. Planta, 238(3): 425~440

Zang YX, Hong SB, Murugesan D, et al. 2006. Plant regeneration of turf-type common bermudagrass *(Cynodon dactylon*) via somatic embryogenesis from seed-derived callus. Hort Environ Biotechnol, 47: 217~221

# 第二章 植物组织培养设备与无菌操作技术

## 第一节　实验室的规划与设计

植物组织培养要求在严格的无菌条件下进行；同时，培养材料的生长、分化和发育过程还要求有合适的温度、光照、湿度等条件，因而其技术要求很高。为了保障植物组织培养工作的成功，必须要设计和组建功能完备、布局合理与规范的实验室。

### 一、实验室构成

植物组织培养实验室（简称组培室），是植物离体操作和培养材料生长发育的场所，其必须具备相关材料的贮放、洗涤、培养基配制、外植体的灭菌接种、培养、培养材料生长发育观察、移栽驯化等功能。因此，植物组织培养实验室通常应包括洗涤室、准备室、灭菌室、接种室、培养室、生物学实验室、温室等。在实际应用中，可结合具体工作和条件合并部分实验室（如规模较小的试验研究型实验室），也可扩大部分实验室面积或增加实验室间数（如组培苗工厂化生产）。

#### （一）洗涤室

洗涤室专门用于植物材料及各种用具物品等的清洗与整理、干燥与保存。室内应配备 2 个以上的洗涤池用于分级清洗，配备清洗玻璃器皿的机器（如超声波清洗器等）、1 或 2 个洗涤液缸（用于清洗移液器、玻璃管、载玻片、盖玻片等）及各种洗涤剂、工作台、干燥架、电热鼓风干燥箱、蒸馏水发生器等。洗涤室要求地面光滑坚硬、耐湿，并有良好的排水设施，操作台面等要铺设橡胶垫。电热鼓风干燥箱用于烘干玻璃器皿；干燥架用于放置洗净干燥的培养器皿；有条件的可设置存放干净玻璃器皿的柜子或留有空间用于临时存放或运输培养器皿的各种塑料筐（或包装箱）。如实验室空间有限，洗涤室可与准备室合并，但要将洗涤设施设置在远离天平、冰箱等的区域。

#### （二）准备室

准备室通常又称为化学实验室，主要用于植物组织培养所需要的培养基及各种化学药剂配制所需药品的存放、称量、溶解、配制、分装等，植物材料的预处理及培养物的常规生理生化分析、重蒸水的生产等都应在准备室中进行。为了配制培养基，室内必须有一个较大的平面操作台，用于培养基配制，同时要配备存放各种化学试剂的药品柜。因此，准备室要求明亮、通风整洁，墙的内壁和工作台都需要采用耐腐蚀的材料。为了避免人员进出、通风换气时将杂菌带入，导致室内含菌量过高，准备室中也可安装紫外线灯，随时用于灭菌。

植物组织培养和试管苗生产也可单独设置药品存放室和称量室，尤其进行试管苗工厂化生产时，药品用量多，所需辅材也多，可根据各类药品存放要求单独放置、称量使用。药品存放室要求阴凉、通风、避光、干燥，配备药品柜满足药品分类存放的要求；同时，放置冰箱（或冰柜）存放要求低温保存的药品；有毒、有害化学药品应按有关规定单独存放和管理，以确保安全；称量室要求明亮、通风、干燥，设置固定平整的防震操作台面，放置 1/100g 普通天平、1/1000g 和 1/10000g 电子天平等，并配备相应电源。药品室、称量室及准备室要紧邻设置，以方便药品称量、溶液配制。

#### （三）灭菌室

按照高温高压容器的使用要求，一般应单独设置灭菌室。灭菌室主要进行培养基、培养器皿、器械、封口材料、污染材料等的消毒灭菌。要求相对独立，墙壁坚固、清洁、耐湿、耐高温、耐腐蚀。室内设有高温高压蒸汽灭菌锅及所需的二相或三相电源，设置临时摆放和存放培养基、器具的操作台和橱柜，配备钟表和计时器，有换气装置，最好有供水、排水设施。

### （四）接种室

接种室也称为无菌操作室，是植物组织培养过程中对植物材料进行消毒、分离接种、培养物的转移、试管苗的继代培养等的一个无菌操作室，接种室无菌程度的高低对植物组织培养的成功与否起着至关重要的作用，直接影响培养物的污染程度和培养效率。接种室的基本要求是：干燥、洁净、密闭、无菌、光线良好。接种室除了出入口外，其余应全部封闭，一般不安装风扇，保证没有空气对流，通风换气需借助空气调节装置进行。接种室的面积按工作量的大小、接种人员的多少及接种设备的情况而定，在工作方便的前提下，接种室宜小不宜大，一般每间15～20m$^2$为宜；为便于超净工作台的进入，接种室的门需稍大，一般安装成双扇滑门，以减少开门时的空气流动；要求地面、天花板及四壁采用防水、耐腐蚀材料，尽可能密闭光滑，易于清洁和消毒。室内干爽安静，清洁明亮，在适当位置安装1或2盏紫外线灯，用于灭菌消毒。由于平房容易潮湿，引起污染，所以条件允许时，接种室设置在楼房的二层以上。为减少工作人员进出时带进杂菌，接种室门口应设置缓冲间，供进出人员更换工作服、鞋、帽，缓冲间还要设置风淋除尘装置（图2-1）及紫外线灯，缓冲间和接种室之间可以玻璃相隔，以便于观察。另外，接种室内不应存放与接种无关的物品，防止形成紫外线灯照射不到的死角。

图2-1　设置有风淋除尘装置的缓冲间

接种室应配备超净工作台、实验台、空调、解剖镜、消毒器、酒精灯、接种器械（镊子、解剖刀、接种针、剪刀等）、医用推车等（图2-2）。

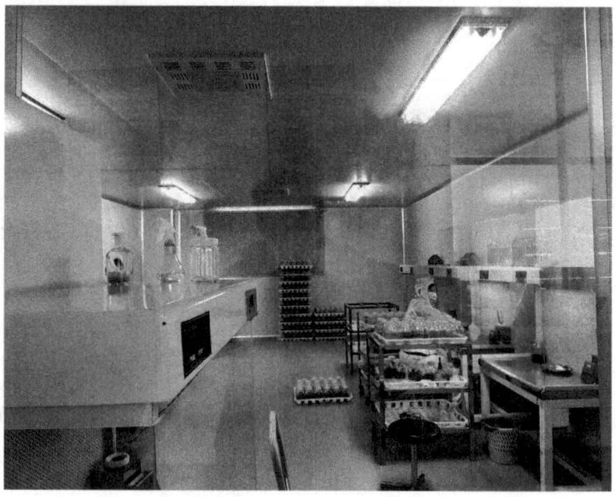

图2-2　接种室内景

### （五）培养室

培养室是放置接种离体植物材料的培养容器、使离体培养材料在人为控制的环境下生长、繁殖的场所。为满足培养材料生长、繁殖所需的温度、光照、湿度及无菌等条件，一般培养室可控制温度、光照、湿度等环境因子。为达到无菌条件，培养室应尽可能设置在楼房的较高楼层，墙面四壁可选用白色或浅色防霉油漆涂层，地面也应选用浅色水磨石或地砖铺装，以减少灰尘和杂菌污染的机会，同时也可提高室内的亮度。培养室的大小可根据培养规模及所需设置的附属设施而定，一般单个培养室不宜设计过大，单个较小的培养室更容易控制温度、光照、湿度及无菌等环境条件，尤其可根据不同植物材料培养要求控制相对特殊的环境条件，也有利于在培养材料较少时节能。为充分利用培养室空间，培养室内都设置4或5层的培养架用于摆放培养容器，培养架多采用组装式货架，尽量方便操作和安装日光灯。

培养室温度一般控制在25℃左右，且要求相对恒定。培养室的光照强度一般控制在1000～6000lx，常用日光灯、LED光源或其组合光源。培养室相对湿度一般以保持在70%～80%为宜。

培养室一般应配备空调、取暖器、温控仪等温度调节设备，日光灯、LED光源和自动定时器等光照调控设备，除湿器、加湿器等湿度控制设备及紫外线灯、光照培养箱、摇床、转床等设备（图2-3）。

### （六）生物学实验室

为观察和记录培养物的生长发育、分化状态，可设置生物学实验室。生物学实验室一般应具备细胞学研究和理化分析等功能，要求清洁、干燥、明亮。用于分离植物生长点，观察愈伤组织、胚性细

图 2-3　培养室内景

胞、不定芽、不定根等的形成过程，这部分实验室完成细胞学研究的功能，通常需配备各类显微镜、解剖镜及照相设备。为研究培养物在培养过程中生理、生化变化及细胞代谢产物的产生和变化，需要及时对培养物进行取样分析，这部分实验功能需要超低温冰箱、冰柜、普通冰箱、各类离心机、分光光度计、涡旋混匀器、水浴锅、电泳仪、凝胶成像系统等常用理化分析设备。

#### （七）温室

温室主要用于组培苗移栽大田前的驯化、炼苗。由于组培苗的生长全过程处于无菌、100% 相对湿度、有完全营养供给、基本恒温和恒定相对弱光条件下，与自然界多变的环境条件差异悬殊，组培苗从培养容器直接移栽大田，很难适应外界自然环境，成活率极低。因此，组培苗移栽大田前必须在温室、大棚等设施中，经人为控水、减肥、增光、变温等环境调控措施，使组培苗逐步从组培环境过渡到自然环境，逐步适应自然条件，有利于提高组培苗的移栽成活率。驯化温室的环境条件要求介于培养室和移栽大田之间，应具有较好的控温、保湿、遮光条件。一般要求驯化温室的温度能控制在15～30℃，空气相对湿度在 70% 以上，可遮光。驯化温室的面积依据科研和生产实际需要而定。驯化温室内应配有加温设备、遮阳网、弥雾设备、防虫网、移植床等。

### 二、实验室规划与设计

植物组织培养实验室规划设计应遵循科学、高效、实用、低耗的原则。总体要求是便于隔离灭菌、便于环境控制、便于操作。

植物组织培养实验室是实施植物器官、组织、细胞等离体操作和培养再生的场所，其对环境的清洁程度（无菌）及环境因子（温度、光照、湿度等）的调控能力要求都非常高。因此，植物组织培养实验室应建设在远离污染源的清洁、干燥、通风、温暖、光照条件好的地方；用于规模化生产的组织培养实验室（组培工厂）建设时，还要考虑交通便利，以利于培养物料和产品的运输。植物组织培养实验室规划设计重点要考虑实验室的性质和规模，实验室性质主要是指为生产实践服务的组培种苗繁殖应用或为开展细胞生物学、分子生物学研究服务两个层次，前者实验室所使用的物料多、种苗繁殖量大、周转周期短，在实验室规划设计时，实验室面积要求大，实验室各分室的功能要清晰明确，实验室布局应按操作流程顺序布局（参考第七章，图 7-9），尤其是组培苗驯化培育温室要紧邻培养室；后者实验室布局可以适当紧凑，但要保证环境洁净明亮，便于各类仪器设备的安放和使用。为此，设计植物组织培养实验室前，首先应对组织培养流程、工作中所需的基本仪器设备及其设置和使用要求进行全面了解，然后因地制宜地利用现有房屋或改建、新建实验室。在实验室布局规划时，应严格按组织培养流程进行，避免环节错排而引起日后工作的混乱、增加工作环节和成本。生产应用型组培种苗实验室的实质就是从培养材料到生产出合格商品苗的工厂化组培种苗生产流水线，实验室的各分室就是不同的生产车间，各分室必须按组培体系的顺序进行排列。

## 第二节　基本仪器与设备

### 一、常用仪器

植物组织培养中常用的仪器设备主要有以下几种。

#### （一）无菌操作设备

无菌操作设备包括超净工作台、高温高压蒸汽灭菌锅、电热鼓风干燥箱、灭菌器等。

1．超净工作台　超净工作台是无菌操作不可或缺的设备之一，主要由鼓风机、过滤器、操作台、紫外线灯和照明灯等部分组成。超净工作台根据风幕形成的方式，可分为垂直式和水平式两种；依使用方式又可分为单人单面、双人单面、双人双面等几种类型（图 2-4）。其工作原理是由鼓风机送风，风经过过滤器除去尘埃和真菌、细菌等微生物后，流经接种操作台面，形成流向操作台面外围的无菌风幕，防止带菌空气扩散至接种空间，保证了接种台面空间的无菌状态（图 2-5）。在一般的植物组织培养中，可以采用水平式或垂直式超净工作台，但进行植物遗传转化操作、农杆菌和大肠杆菌的接种时，最好采用垂直式超净工作台，避免细菌在空气中扩散。超净工作台使用较长时间后，微生物和灰尘会堵塞其中的过滤器，因此需要及时清洗或更换过滤器。超净工作台一般设置在接种室方便操作的位置。

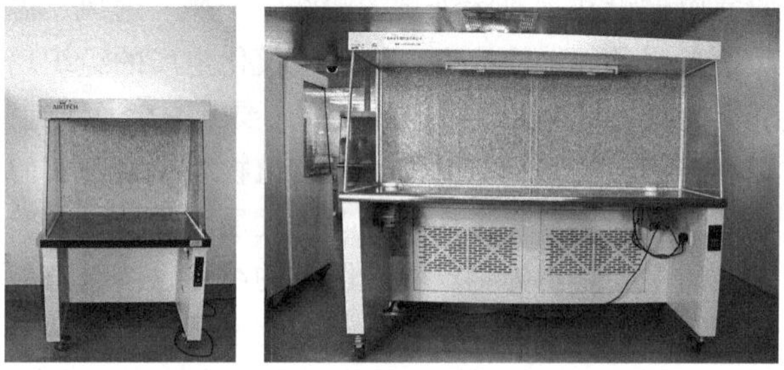

A　　B

图 2-4　单人单面超净工作台（A）和双人单面超净工作台（B）

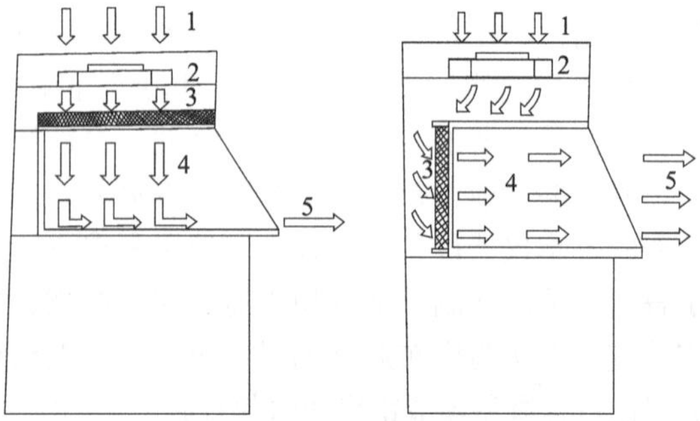


垂直式　　水平式

图 2-5　超净工作台垂直式和水平式风幕工作原理

1. 室内空气；2. 鼓风机；3. 空气过滤器；4. 过滤后的空气；5. 排出的空气

2. 高温高压蒸汽灭菌锅　高温高压蒸汽灭菌锅用于培养基、蒸馏水和各种器械的灭菌消毒。有大型、中型和小型三种。一般实验室中最常用的是中型立式全自动灭菌锅（图 2-6）和小型便携式压力蒸汽灭菌锅，大型卧式高温高压蒸汽灭菌锅在大型工厂化植物组织培养上使用。高温高压蒸汽灭菌锅在使用前一定要按要求加入适量的水，加水过多会使消毒包装物过于潮湿；加水太少则消毒未结束水已蒸发干净，不仅影响消毒效果，还容易损坏电热器和消毒锅。高温高压蒸汽灭菌锅应按照特种设备安装和管理要求，单独设置和严格管理。

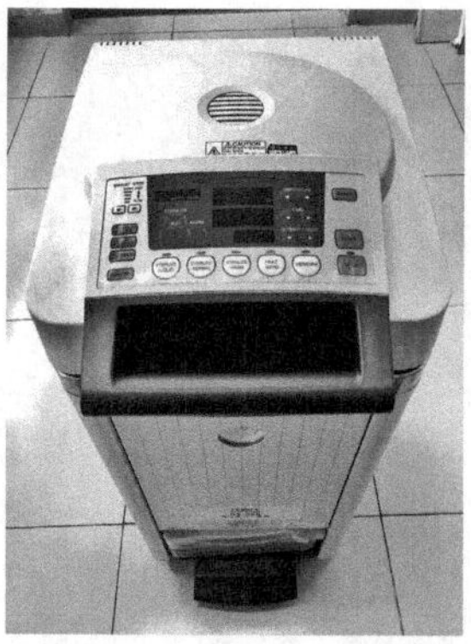

图 2-6　全自动高温高压蒸汽灭菌锅

3. 电热鼓风干燥箱　电热鼓风干燥箱（图 2-7）主要用于对洗净的玻璃器皿、金属器械等进行迅速烘干，一般以 60～80℃为宜。必要时，电热鼓风干燥箱可用于金属器械等的干热灭菌，一般用 150～180℃、烘 1～3h 即可。

图 2-7　电热鼓风干燥箱

4. 灭菌器　灭菌器一般放置在超净工作台上方便操作的一角，用于接种时剪刀、镊子等器械的随时灭菌（图 2-8）。灭菌器温度一般可达 300℃，将剪刀、镊子等器械插入 1～2min 即可达到灭菌效果。

图 2-8　灭菌器

## （二）培养室设备

培养室设备是为培养物创造适宜的温度、光照、湿度等环境条件及为放置培养容器的设备。主要包括以下6种。

1．空调、取暖器及温控仪　用于培养室内温度的控制。首先，根据培养室空间大小选择适宜功率的空调机。为保证冬季培养室的加温效果，培养室内通常需要设置取暖器，取暖器的电路上连接温控仪，根据设定的温度值，温控仪接通或断开取暖器电源，进行加热或停止加热。

2．加湿器和去湿机　为调节培养室内的空气湿度处于合适的范围，组培室内一般需配备加湿器和去湿机。一般春夏季节培养室湿度偏大时，可开启去湿机降低湿度；秋冬季节培养室湿度偏小时，需要使用加湿器提高培养室湿度，以防止培养基水分损失过快、过多，影响培养物的生长、繁殖。

3．定时器　定时器又称为电子钟，用于控制培养室的光照周期。将定时器连接于电源与培养室光源之间，通过设定定时器的光照和黑暗周期自动接通或断开光源电源，从而调控培养室内的光照周期。

4．培养架　用于放置培养容器、安装培养室光源（日光灯或LED光源）。通常用三角铁或合金材料制成。每个培养架的长度根据所采用的日光灯长度来确定，宽度一般为50～60cm，高度一般以4或5层为宜，每层高40cm左右，每层可用铁丝网或玻璃板分隔，培养容器放置于铁丝网或玻璃板上。用铁丝网分隔时，光照效果虽然不如玻璃板，但热量扩散效果好。而用玻璃作为隔板时，光照效果好，但容易造成局部温度过高。

5．摇床和旋转床　进行液体培养时，常用摇床或旋转床来改善培养基氧气供应状况。摇床做水平往复式振荡，其振荡速度可以调节，一般以100～120次/min为宜。旋转床做360°旋转，通常以1r/min为宜（图2-9）。

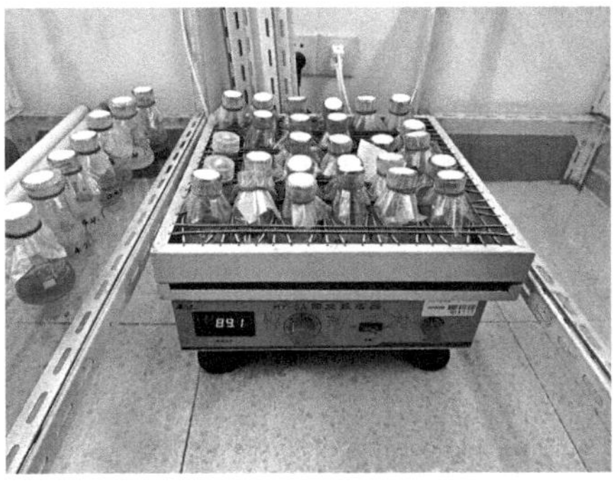

图2-9　摇床

6．恒温恒湿光照培养箱或人工气候室　可以控制温度、湿度和光照条件，在培养材料分化、繁殖需要特殊环境条件，且培养室难以满足时使用。

## （三）药品储存和配制设备

1．冰箱　用于培养基母液储藏、植物材料和植物切片材料的保存。可采用实验室专用冰箱或家用冰箱。

2．天平　组织培养实验室需要配备2或3台不同精度的天平，其中，普通天平用于大量元素母液配制和用量较大的药品的称量；1/10000g电子分析天平在微量元素、植物激素等微量称取时使用。所有天平均应设置在平整、干燥、空气流动小的操作台面上，同时要求电源稳定。

3．酸度计　酸度计用于调节培养基的pH，也可用pH试纸。酸度计一般要求可测定pH的范围为1～14、精确度0.01即可，使用前，应首先校正，使用后，酸度计的电极应及时进行冲洗，并将电极保持在蒸馏水中。pH试纸一般要求可测定pH的范围为5.4～7.0，要求存放于干燥、避光、密封的条件下，且开封的pH试纸存放时间不宜过长。

## （四）观察分析仪器

植物组织培养中，经常要观察和记录培养物的生长、形态和解剖学变化，确定生长状况、器官分化与形态建成过程。为此，需要进行照相、显微观察、显微摄影及组织切片等工作。常用的仪器主要包括以下6种。

1．照相机　记录较大的培养物的生长情况。

2．体视显微镜　用于组织形态分化的实体观察，不定芽（adventitious bud）、不定胚（adventitious embryo）的早期识别，植物茎尖的切取等工作。体视显微镜的放大倍数一般在5～80倍。

3．普通光学显微镜　用于植物组织切片的观察，以此来确定植物发育的进程，如不定芽、不定胚的分化过程及其他组织和器官的分化等。

4．倒置显微镜　用于细胞和原生质体的观察，细胞分裂与细胞团形成过程的确定。

5．荧光显微镜　用于花粉发芽和原生质体的活力测定。

6．电子显微镜　用于组织结构和细胞器变化过程的观察，脱毒苗中病毒的检查等。

上述显微镜要求安装照相装置，随时根据需要进行摄影记录，取得翔实的图片资料。照相设备包括照相机、近摄镜和接圈、翻拍架等。组织切片设备包括切片机、染色缸、烘片器等。

### （五）其他设备

1．离心机　在组织培养和细胞培养及原生质体分离时，常需用3000～4000r/min的普通离心机；分离细胞内含物、核酸、蛋白质及各种酶等，则需要12000～16000r/min的高速冷冻离心机。

2．蒸馏水、去离子水制备装置　用于制备培养基配制等所需的蒸馏水或去离子水，蒸馏水利用水的蒸馏和冷凝原理进行制备；去离子水是在自来水等流经离子交换柱时，自来水中的矿质离子被交换吸收而获得不含矿质离子的去离子水。需要时还可利用蒸馏水或去离子水进行重蒸馏来获得纯度更高的蒸馏水。

3．超声波清洗器　用于部分容积小、内壁难以清洗等玻璃器皿的超声清洗。

4．虹吸式自动冲洗装置　用于部分器皿的冲洗。

除此之外，电磁炉、微波炉、水浴锅、药品柜和晾干架等也都是植物组织培养中所需要的。

## 二、常用器皿和器械

### （一）培养器皿

目前，植物组织培养常用的培养器皿种类较多，形态各异，主要包括试管、锥形瓶、培养皿及各类专用培养瓶等，可根据培养目的、方式及培养容器的价格选择。植物组织培养常选用平底试管，规格一般为20mm×150mm和30mm×200mm，主要在重要材料保存、培养基配方研究或初代培养（污染发生率较高）时选用。锥形瓶常用规格有50mL、100mL、150mL、250mL和500mL等。锥形瓶的培养面积和受光面积比试管大，有利于培养物生长；每个锥形瓶内可以接种多个外植体，是试验研究中最常用的培养容器。培养皿常用规格的直径有40mm、60mm、90mm和120mm，适于细胞培养、原生质体培养、胚和花药培养、遗体转化及无菌发芽等，也常用于滤纸的灭菌、植物材料接种。近年来，许多植物组织培养耗材生产企业开发了多种专用培养瓶（如兰花、红掌、马铃薯的专用培养瓶等），专用培养瓶常用规格有200～500mL，多用于试管苗的大量繁殖、工厂化生产，其价格低廉，但瓶口较大，易污染。培养容器的封口材料，常用的有塑料膜、纱布包被棉花塞＋牛皮纸、铝箔、塑料瓶盖、配套专用培养瓶的透气盖、透气封口膜等，根据取材的方便程度、培养时间的长短、成本和操作是否方便等进行选择。

### （二）培养基分注器

培养基分注器用于将培养基定量地注入培养器皿中，常见的有注射器式、漏斗式、量筒式分注器等。使用培养基分注器的优点是：定量、高效，同时，应用分注器可以将培养基直接注入培养容器的底部，避免了人工分装培养基时容易出现的培养基黏附培养容器瓶口甚至外壁，导致污染等问题。

### （三）细菌过滤器

当培养基中含有高温灭菌易破坏的物质时，可以使用细菌过滤器过滤除菌。细菌过滤器有漏斗型、注射器型两种，常用的漏斗型过滤器中，5号砂芯玻璃漏斗可以滤去大部分细菌，6号砂芯玻璃漏斗可以除去全部细菌。对于较大量的溶液进行过滤除菌时，可以在漏斗下安装流水泵或真空泵进行抽气，提高过滤速度。注射器型过滤器是在注射器先端安装一个过滤装置，通过加压进行过滤，可用于少量溶液的除菌（如植物生长调节物质的除菌）。

### （四）金属器械

镊子、剪刀、解剖刀、解剖针等是植物培养工作中常用的金属器械。枪式镊子在接种和转移材料时方便且有效；分离茎尖时，因为植物材料较小，可采用小号医用眼科尖头镊子；医疗器械中的各种剪刀，如弯头剪刀、大剪刀和小剪刀，是材料分隔、切割的常用器具。解剖刀也是植物组织培养中的常用工具，有固定式和活动式两种，后者由于可以经常更新刀片，避免切割时对周围组织造成锯齿状损伤，故常被使用。解剖针常用于微小茎尖剥离、细胞等材料的转移等方面。

### （五）其他器械

培养基配制和材料消毒过程中，还需要其他玻璃器皿，包括各种烧杯、量筒、移液管、容量瓶、试剂瓶等，这些都应在试验过程中根据实际需要进行购置。此外，洗涤各种器皿时还需要盆、刷子等，玻璃器皿放置还需要筐等用具。

# 第三节 无菌操作技术

植物组织培养的操作技术要求很高，其中最重要的是操作过程能否保证无菌及防止真菌和细菌的污染。因此，熟练掌握植物组织培养的无菌操作技术是植物组织培养成功的关键。植物组织培养的无菌操作技术主要包括洗涤、灭菌和无菌操作（培养材料的接种）三个方面。

## 一、洗涤

洗涤是植物组织培养无菌操作的第一步，植物组织培养过程中所使用的全部用材、器具等均应经过认真清洗后方可进入下一步操作或使用。

### （一）洗涤剂

植物组织培养过程中使用的洗涤剂主要有肥皂、洗衣粉、洗洁精和重铬酸钾洗涤液等。肥皂溶液、洗衣粉溶液和洗洁精溶液都是很好的去污剂，肥皂和洗衣粉溶液加热后使用，其去污能力更强，尤其适用于油渍多的器具洗涤。重铬酸钾洗涤液是强氧化剂，去污能力很强，但对去除油脂类物质效果不佳。重铬酸钾洗涤液的配制方法很多，较常用的配制方法是：将43g重铬酸钾溶解于1L蒸馏水中，然后再缓慢加入1L浓硫酸溶液；或将150g重铬酸钾溶解于适量热水，冷却后缓慢加入浓硫酸450mL即成。在重铬酸钾洗涤液的配制过程中，只能将浓硫酸缓慢加入重铬酸钾溶液中，绝不能将重铬酸钾溶液加入浓硫酸中，否则易产生大量热量而来不及扩散，引起溶液溅出，造成人员伤害或腐蚀物品。重铬酸钾洗涤液可以加热到40～50℃后使用，其去污能力将明显增强。重铬酸钾洗涤液常用于洗涤载玻片、盖玻片、玻璃管、移液管等较难清洗的器皿，玻璃器皿用重铬酸钾洗涤液浸泡之前，应先用肥皂溶液和自来水冲洗干净，晾干后再放入重铬酸钾洗涤液浸泡12～24h，然后用铁钳或大镊子小心取出，用流水将器皿表面残留的重铬酸钾洗涤液冲洗干净后再进行后续洗涤。使用重铬酸钾洗涤液时务必注意做好防护措施，不要使皮肤、衣物与重铬酸钾洗涤液直接接触，以防烧伤皮肤，损坏衣物。重铬酸钾洗涤液可以反复使用，新配制的重铬酸钾洗涤液为深红褐色，可以反复使用至溶液呈蓝紫色为止；重铬酸钾洗涤液中的铬离子会造成环境污染，因此使用重铬酸钾洗涤液产生的废弃液应按有关规定妥善处理。

### （二）常用器具的洗涤

1．玻璃器皿的洗涤　在植物组织培养过程中经常使用各种玻璃仪器和器皿，这些玻璃仪器和器皿的清洁对培养的结果有重要影响，如果在操作过程中使用了不清洁的器皿，则会由于污染物和杂质的存在而影响培养效果或导致培养失败。因此，玻璃仪器和器皿的洗涤是植物组织培养的基本技术。一般情况下，附着在玻璃仪器和器皿上的污染物有灰尘、化学物质残留、油脂类物质等，针对不同性质的污染物，可分别选用不同的方法进行洗涤。

（1）新购买的玻璃器皿　新购买的试管、培养瓶、锥形瓶等玻璃器皿表面常附有游离的碱性物质，在洗涤前可先在自来水中浸泡2～4h，以便除去一些残渣、灰尘和部分可溶性化学物质。

对广口类的器皿如培养瓶、锥形瓶等，经自来水浸泡、冲洗后，如果还比较脏，可直接用毛刷蘸取适量的肥皂溶液或洗洁精溶液等普通洗涤剂反复刷洗器皿的内外壁，然后用自来水冲洗干净，再在1%左右的盐酸溶液中浸泡4～24h，用自来水冲洗后再用蒸馏水洗1或2次后，烘干即可。

对容量瓶等长口、大肚类的容器（属于难以清洗的特殊器皿）则需用刷子先将外表刷洗干净，然后将洗涤剂溶液灌入其中约2/3（或浸泡到一个较大的容器中）浸泡，再盖上瓶盖用双手拿稳容量瓶上下前后反复猛烈晃动，使得器皿内的液体呈涡旋状运动，可冲洗干净器皿内的杂质，然后再用稀盐酸浸泡、自来水冲洗干净，最后用少量蒸馏水淋洗1或2次，倒置器皿流尽内壁的水、烘干备用。

对刻度移液管和吸管等细长且内径较小的器皿，使用前洗至内壁不挂水珠即为清洁。一般洗涤方法为：先将移液管、吸管等玻璃管在洗涤液中浸泡适当的时间后，将尖端浸没在洗涤液中，用洗耳球对准移液管的粗端，配合合适的力度，用手来回反复地挤压洗耳球，使得洗涤液在管内快速往返运动，可清洗干净其中的杂质；之后采用同样的操作方法，将洗涤液分别换成自来水和蒸馏水清洗干净后尖端向下，倾斜放置在管架上，流尽管内的水即可备用，也可将移液管和吸管等直接放入盛有洗涤剂的超声波清洗机中，浸泡合适的时间后，启动超声波清洗机清洗干净，再用自来水和蒸馏水冲洗后，烘干备用。上述器皿洗涤后，如内壁还有污渍，则应倒尽残水，把移液管和吸管等放在重铬酸钾洗涤液中浸泡，容量瓶则可倒入适量的重铬酸钾洗涤液，倾斜转动，使洗液充分润洗内壁，再倒回原洗液瓶中，用自来水冲洗干净后再用蒸馏水润洗 2 或 3 次，烘干备用。使用重铬酸钾洗涤液时应避免引入大量的水和还原性物质，否则会因洗涤液被稀释而降低去污效果。

（2）用过的玻璃器皿　应养成将用过的玻璃器皿立即洗涤的习惯，因为用过的玻璃器皿可能的残留物种类和性质在当时是清楚的，用适当的方法进行洗涤很容易清除；但若时间久了，可能会黏结在器皿表面而不易洗净。洗涤的一般方法是用瓶刷、烧杯刷等专用刷在自来水、肥皂溶液、洗洁精溶液中刷洗。

对锥形瓶、烧杯、量筒、试管、广口瓶、培养皿、玻璃棒等，可先将其放在自来水中浸泡，用刷子除去瓶内残余的污物，用自来水冲洗 1 次，然后浸泡入肥皂溶液或洗洁精溶液 0.5h 以上，然后选用合适的毛刷，认真刷洗器皿，可基本除去器皿表面的灰尘、可溶性物质及一些不溶性物质。当经自来水和肥皂溶液或洗洁精溶液洗涤后，瓶壁内仍然残留有不溶性物质时，可参照新玻璃器皿采用重铬酸钾洗涤液浸洗，也可根据污染物的性质采用特殊的试剂清洗，例如，用盐酸-乙醇洗涤液或适当的酸可洗去难溶的氢氧化物、硫化物等；当有胶状或焦油状有机污垢用上述方法不能洗去时，可用丙酮、乙醚、苯浸泡，再用蒸馏水冲洗等。洗刷时，不能用秃顶的毛刷，也不能用力过猛，防止戳破仪器。经自来水冲洗干净的器皿，最后均应用蒸馏水淋洗 2 或 3 次，烘干后备用。洗干净的器皿应该是锃亮透明，内外壁水膜均匀，不挂水珠。

容量瓶、移液管、吸管类器皿，因其特殊的结构难以用刷子清洗内壁，应用肥皂溶液或洗洁精溶液浸泡、清洗，也可用超声波清洗机配合清洗；如污渍仍无法去除，可进一步采用重铬酸钾洗涤液清洗，必要时可先加热洗涤液再清洗。具体可参照新玻璃器皿的洗涤方法。

如果玻璃器皿粘有凡士林，可先用废纸擦去凡士林后，再用去油剂擦洗，最后用热肥皂溶液煮沸 0.5h，刷洗后并用自来水冲洗；带有石蜡的器皿，还可在玻璃器皿下垫几层废报纸，放入 60～70℃的烘箱中，加热 1～2h 至融化，用废报纸反复擦拭，除去部分石蜡，再将器皿浸泡入肥皂溶液中加热煮沸 0.5h，刷洗后可彻底除去石蜡；器皿上若粘有胶布或便笺纸之类的附着物，可先用酒精棉球擦拭，使乙醇溶解黏胶状物，再用肥皂溶液煮沸 0.5h，刷洗后用自来水冲洗干净即可。

石英和玻璃比色皿绝不可用强碱清洗，因为强碱会侵蚀抛光的比色皿。只能用肥皂溶液或 1%～2% 的去污剂浸泡，然后用自来水冲洗，若用一支绸布包裹的小棒或棉球棒刷洗，效果会更好。清洗干净的比色皿内外壁应不挂水珠。

若要重新利用装有污染组织或培养基的玻璃器皿，在清洗之前，应先密封并经高温高压蒸汽灭菌锅彻底灭菌后，清除残渣并立即清洗干净。即使带有污染物的培养容器是一次性消耗品，也应进行密封灭菌后按规定处理，而不能直接在实验室开盖处理，防止细菌和真菌在实验室中的扩散。如用过的玻璃器皿在管壁上或瓶壁上粘有干结的琼脂，应在清洗之前先将其加热融化，清除后再彻底清洗。

2．塑料器具的洗涤

（1）新购买的塑料器皿　近年来，聚乙烯、聚丙烯等原料制成的塑料器皿在组织培养中的应用越来越普遍。新购买的塑料器皿在第一次使用时，可先用 6mol/L 尿素（浓盐酸调 pH=1）清洗，接着依次用去离子水、0.5mol/L KOH 溶液和去离子水清洗，然后用 1～3mol/L EDTA 浸洗去除金属离子，最后用蒸馏水彻底清洗后晾干备用。

（2）用过的塑料器皿　塑料器皿使用后也应立即清洗干净。对于塑料量筒、培养皿等可直接用合适的刷子紧贴器壁刷洗，先洗去大块污染物、部分可溶性物质及灰尘，然后用合适的毛刷蘸取肥皂溶液或洗洁精溶液刷洗，也可经肥皂溶液或洗洁精溶液浸泡后刷洗或应用超声波清洗机清洗。难以洗涤的污垢，则可根据污垢的性质选用适当的洗液进行洗涤，如酸性（或碱性）的污垢可用碱性（或酸性）洗液洗涤；有机污垢用碱液或有机溶剂洗涤。

3．金属器械的洗涤　在植物组织细胞培养中经常使用镊子、剪刀、解剖针等金属器械，对于镊子和剪刀等较大的金属工具上附着的有机物质可直接在酒精灯上灼烧，除去表面的污染物，然后在肥皂溶液或洗洁精溶液中浸泡清洗；对于解剖针等尖锐工具也可在酒精灯上直接灼烧，然后在水中涮洗，再用蒸馏水冲洗干净。金属器械清洗干净后一定要烘干或擦干后置干燥处保存，以防受潮生锈。

4．细菌过滤器的洗涤　用过的细菌过滤器应先去除滤膜，再用双蒸水洗涤 3～5 次，置于干燥箱中烘干备用。

## 二、灭菌

灭菌是植物组织培养的关键技术之一。凡是暴露在空气中的物体或接触自然水源的物体，其表面都是带菌的。所以，未经灭菌处理的无菌室、培养室等空间及未经灭菌的金属器械、玻璃或塑料器皿、超净工作台等仪器设备表面、培养材料、培养基等都是带菌的，甚至操作人员身体的整个外表及其与外界相连的内部（如整个消化道、呼吸道等）都是有菌的。植物细胞组织培养要将离体器官、组织或细胞（原生质体）培养在专门设计的人工培养基上，该培养基营养丰富、全面，最适培养材料的生长发育，但这些营养物质尤其是培养基中的高浓度蔗糖十分有利于真菌、细菌等微生物生长，而且真菌、细菌等微生物的生长繁殖比离体培养材料的生长速度快，并能产生大量的有毒代谢产物，最终抑制离体材料的生长甚至导致死亡。因此，植物细胞组织培养对无菌条件的要求非常严格，在植物组织培养过程中，对所有需要无菌的材料、器具等的灭菌及无菌状态的保存均是极其重要的。

### （一）灭菌方法

植物组织培养过程中的灭菌是指采用物理或化学的方法，杀死物体表面或者空隙的一切细菌、真菌等不利于离体器官、组织、细胞生长发育的微生物的技术。物理灭菌的方法有用大量无菌水反复冲洗、湿热灭菌（常压或者高压蒸煮）、干热灭菌（烘烤或者灼烧）、射线灭菌（紫外线、超声波、微波）、离心沉淀除菌、过滤除菌等措施；化学方法是使用杀菌试剂如乙醇、次氯酸钠、过氧化氢、高锰酸钾、甲醛、来苏水等及各种抗生素进行杀菌。在进行灭菌时，应针对不同对象的特征特性及灭菌要求采用相应高效无害的方法。

### （二）灭菌操作

1．培养基、无菌水、工作服、口罩、帽子等　常用湿热灭菌法灭菌，即高温高压灭菌法。培养基在制备过程中使用的药品、水、器具都可能带有各种杂菌，因此培养基分装后应立即封口、灭菌。常用方法是放入高温高压蒸汽灭菌锅进行加热、加压灭菌。高温高压灭菌的原理是在密闭的灭菌锅内，因水蒸气压力的不断上升，致使水的沸点升高，在 1.1kg/cm$^2$ 的压力下，锅内温度能达到 121℃，而 121℃的蒸汽温度可以很快杀死各种细菌、真菌及其高度耐热的芽孢。一般少量的培养基在 121℃下只需 15～20min 就能达到彻底灭菌，如果灭菌的培养基量大，可适当延长灭菌时间。对高温高压后不易变质或分解的物品，如栽培介质、接种用具、无菌水、工作服、口罩、帽子等布制品可以延长灭菌时间，上述物品经洗净晾干后用牛皮纸（旧报纸也可）或耐高压塑料袋包裹好，放入高温高压蒸汽灭菌锅，在 1.1kg/cm$^2$ 的压力、121℃的温度下灭菌 30min 左右即可。

高温高压灭菌的功效主要取决于温度，而不是压力。在使用高温高压蒸汽灭菌锅时，应注意先排出锅内低温空气，最终使锅内全部是高温水蒸气，灭菌才能彻底。高温高压灭菌排出锅内低温空气有几种不同的做法，常用方法是灭菌开始时先关闭放气阀，待压力上升到 0.5kg/cm$^2$ 时，打开放气阀，放出冷空气，待压力表指针归零后再关闭放气阀，压力表又重新上升到 1.0kg/cm$^2$ 时开始计时，在 1.0～1.2kg/cm$^2$ 的压力下维持 15～20min 即可。培养基高温高压灭菌要求严格控制保压时间，既要保证灭菌彻底，又要防止因高温高压时间过长导致培养基成分的分解或发生化学反应而影响培养效果；另外，培养基中的琼脂在长时间高温高压后凝固性容易下降，甚至不能凝固。达到保压时间后，首先应停止给高温高压蒸汽灭菌锅加热，等压力降低到 0.5kg/cm$^2$ 以下时，才可缓慢放出高压蒸汽，降低高温高压蒸汽灭菌锅内压力，而灭菌锅压力急速下降会导致压力锅空间和培养基容器压力差过大，使培养基沸腾并从培养容器中溢出。当高温高压蒸汽灭菌锅的压力表指针降到零、灭菌锅不再往外排气时，才能打开灭菌锅，取出培养基，置于培养基保存室或无菌室在无菌条件下使之冷却、存放。

高温高压灭菌通常会使培养基中的蔗糖水解为单糖，从而改变培养基的渗透压，在 8%～20% 蔗糖范围内，高温高压灭菌后的培养基渗透压约升高 0.43 倍。培养基中的铁在高温高压灭菌时会催化蔗糖水解，可使得 15%～25% 的蔗糖水解为葡萄糖或果糖。培养基中添加 0.1% 活性炭时，高压下蔗糖水解也会增强。蔗糖的分解常会导致培养基 pH 降低。无论是固体培养基还是液体培养基，在灭菌前均应分装在较小的器皿中加塞封口，并且培养基的分装量不超过容器容积的 1/2。

2．金属器械　可采用火焰灼烧灭菌法灭菌。对于无菌操作所用的各种金属器械，如镊子、剪刀、解剖刀、解剖针、打孔器等，一般的消毒办法是先用 95% 的乙醇浸泡，使用前取出用火焰将乙醇灼烧完，待冷却后立即使用。金属器械不但在每次操作前要进行消毒，在操作期间也要经常灼烧消毒，不过灼烧消毒后要等金属器械冷却后才能使用，以免烫伤材料。金属器械也可擦拭干净后用铝箔纸包好或盛于铁盒内在 120℃的烘箱内灭菌 2h 或用布或牛皮纸包好后放在高温高压蒸汽灭菌锅中灭菌。

3．玻璃器皿及耐热器具　可采用湿热或干热灭菌法灭菌。玻璃器皿通常与培养基一起灭菌，若培养基已先灭菌，而玻璃器皿需单独进行灭菌时，也可采用干热灭菌法灭菌。具体方法是：将洗净的玻璃器皿等放入烘箱中，加热到120～140℃，0.5h以上，可杀死微生物达到灭菌目的。干热灭菌的缺点是烘箱中热空气循环不良及穿透很慢，因此灭菌前在烘箱内不要放置过多的玻璃器皿；干热灭菌的物品应预先清洗干净并干燥，工具要包扎，以免灭菌后取用时重新污染；灭菌时应该逐渐升温，达到预定温度后记录时间，灭菌后需待烘箱充分冷却后才能打开烘箱取出物品，如果尚未足够冷却而急于取出，外部的冷空气就会被吸入烘箱，有可能使玻璃器皿迅速热胀冷缩而炸裂，也可能重新受到微生物的污染。

4．不耐热的物质灭菌　一般采用过滤灭菌法。植物组织培养中经常会使用一些不耐热的化合物，这些化合物不宜采用高温高压灭菌，通常采用过滤法进行灭菌。过滤法灭菌的基本原理是将带菌的液体或气体通过网孔直径小于0.45μm的微孔过滤装置，细菌、真菌的孢子等有害微生物及其繁殖器官由于大于过滤器的微孔而被阻挡在过滤器的滤膜上不能被通过，液体、气体则可通过滤器微孔流入无菌瓶中。在需要过滤灭菌的液体量大时，为提高效率，常使用抽滤装置；液体量小时，可使用注射器协助过滤器工作，注射器使用前应先进行高温高压灭菌，然后将待过滤的液体装入注射器，将过滤器连接到注射器上，推压注射器活塞杆，促使溶液压出过滤器，获得无菌溶液。

植物组织培养中，常用的植物生长调节物质如赤霉素、玉米素、脱落酸、秋水仙素（colchicine）、尿素及某些维生素如维生素$B_1$、维生素$B_{12}$、维生素C、泛酸等，遇热时其结构容易被破坏而分解，不能利用高温高压进行灭菌，通常采用过滤法除去有害菌，再将其加入经灭菌过的培养基中。如果要制备半固态培养基，须待培养基冷却到即将凝固前（约40℃）再加入经过滤除菌的化合物；如制备液体培养基，则要等培养基冷却到室温后再加。过滤灭菌法也可先用装有0.65μm滤膜的过滤器进行初滤，初滤液再用0.45μm滤膜过滤器过滤，这样可减少直接用0.45μm滤膜过滤器微孔的堵塞，从而提高过滤灭菌的效率。

5．组培实验室环境灭菌　一般多采用熏蒸和紫外线照射灭菌法。

熏蒸灭菌是采用加热焚烧、氧化等方法，使化学药剂变为气体状态扩散到空气中，从而杀死空气和物体表面的有害微生物。该方法操作简便，灭菌时只需要把消毒的空间密闭即可。可用作熏蒸灭菌的化学消毒剂的种类较多，其杀菌原理是使有害微生物的蛋白质变性或竞争其酶系统或降低其表面张力，使有害微生物死亡或导致其细胞破裂、溶解而死亡。一般消毒剂浓度越高、熏蒸时间越长，杀菌效果越好。植物组织培养实验室常用的熏蒸剂有甲醛、乙醇、冰醋酸等。使用甲醛熏蒸时，应先关闭门窗等空气通道，将甲醛倒入广口容器中，加少量高锰酸钾氧化挥发熏蒸，室内广口容器的设置数量根据室内大小而定，保证甲醛气体能均匀扩散到室内即可，使用甲醛加高锰酸钾熏蒸时其腐蚀性、刺激性均较强，操作人员要注意防护。冰醋酸也可进行加热熏蒸，但效果不如甲醛。室内灭菌可定期用甲醛及高锰酸钾、冰醋酸加热熏蒸外，使用前还可用2%新洁尔灭溶液擦洗室内空间表面，并用70%乙醇喷雾，然后再用紫外线灯照射。

在组培实验室的接种室、超净台上及培养室内一般都要安装紫外线灯，用紫外线进行灭菌。有害微生物吸收紫外线后，其蛋白质和核酸发生结构变化而死亡。紫外线的波长一般为200～300nm，以260nm的紫外线杀菌能力最强，但是由于紫外线穿透物质的能力很弱，所以只适于空气和物体表面的灭菌，一般要求紫外线灯与照射表面的距离以不超过1.2m为宜。

组培室墙面、桌面、角落等，还可用70%乙醇、1%～2%来苏水或新洁尔灭溶液反复涂擦灭菌。

6．植物材料灭菌　植物材料的消毒多采用化学灭菌的方法。从露地或设施栽培条件下采集的植物材料的表面都不同程度地携带有各种真菌、细菌等微生物，这些微生物对于植物组织培养来说基本都是污染源，这些污染源一旦带入培养基或组织培养要求的无菌空间，便会造成培养基及培养环境的污染，将严重影响组织培养工作。为消除这些污染源，在植物材料进入无菌培养空间或接种到培养基上之前必须进行彻底的表面消毒，灭菌所用的消毒药剂的浓度、消毒时间因不同化合物及植物材料的特性而定（表2-1）；对于难消毒的材料，如表面带有茸毛的、粗糙不平的及地下器官等，在消毒前，一般先用肥皂溶液浸泡、清洗，自来水冲净，再在70%乙醇中浸10～30s，再浸入消毒剂；消毒剂中可加数滴吐温20，以增强消毒剂的杀菌效果。内部已受到真菌或细菌侵染的部分在组织培养研究中一般都要淘汰。或者先通过种子培养得到无菌种苗，然后再用其无菌器官或组织等建立无菌系。

**表 2-1 常用消毒剂的使用和杀菌效果比较**（李秀霞，2014）

| 消毒剂名称 | 常用浓度 | 消毒时间 | 去除的难易程度 | 杀菌效果 |
|---|---|---|---|---|
| 次氯酸钠 | 2.0% | 5～30min | 易 | 很好 |
| 次氯酸钙 | 9.0%～10.0% | 5～30min | 易 | 很好 |
| 乙醇 | 70%～75% | 0.1～1.0min | 易 | 好 |
| 过氧化氢 | 10%～12% | 5～15min | 最易 | 好 |
| 漂白粉 | 饱和溶液 | 5～30min | 易 | 很好 |
| 溴水 | 1.0%～2.0% | 2～10min | 易 | 很好 |
| 抗生素 | 4.0～50.0mg/L | 30～60min | 中 | 较好 |

不同的植物材料灭菌方法有所不同。植物的茎尖、茎段及叶片等多暴露于空气中，有的本身具有较多的茸毛、蜡质和刺瘤等，生长过程中又受到泥土、肥料及微生物的污染，所以消毒前先用较多自来水冲洗掉泥土、灰尘，然后用肥皂溶液、洗洁精溶液等进行浸洗，再用自来水将肥皂溶液、洗洁精溶液等冲洗干净并沥干水分后再进行消毒处理；消毒时先用 70% 乙醇浸泡数秒钟，然后用 2% 次氯酸钠溶液浸泡 10～15min，再用无菌水冲洗 3 次以上后方可进行切割、接种。对于果实、种子、有萼片和多数花瓣包裹的花蕾、苞片包裹的孕穗、多层鳞片包被的腋芽及其他主要取用内部组织的材料，可根据其清洁程度，先用自来水、肥皂溶液等浸洗 10～20min 并沥干水分后，然后用 70% 乙醇浸泡 10～15s，再用 2% 次氯酸钠溶液浸泡 10～15min，然后用无菌水冲洗 3 次以上，就可取出内部组织进行培养。对种皮太硬的种子，也可预先去掉种皮，再用 1%～2% 次氯酸钠溶液消毒 5～10min，经无菌水多次冲洗后取出接种。对于生长于土中的根及地下部器官，其消毒常较为困难，除先用自来水、肥皂溶液等浸洗外，还要同时采用软毛刷刷洗，并用刀切去损伤及污染严重的部位，吸水纸吸干后，用 70% 乙醇浸泡数秒钟，再用 2% 次氯酸钠溶液浸泡 5～10min 后用无菌水冲洗 3 次以上，最后用滤纸吸干水后接种。

## 三、无菌操作

这里的无菌操作仅指在培养材料接种过程的操作。培养材料接种时必须经过培养基封口开启和培养材料的接入过程，是极易引起污染的时间点，污染来源主要为接种室空气中的微生物、接种器械和工作人员本身所带的微生物，所以培养材料接种前，接种室、所有要使用的器械和操作人员均要进行严格的消毒。在无菌的接种室，衣服、手等不带有任何活着的微生物的操作人员使用经灭菌的器械，将经灭菌的培养材料进行切割并接种到无菌培养基上的操作过程就叫无菌操作。培养材料的切割是根据培养的需要，将经过表面消毒后的植物材料切碎或分离出所需器官、组织或细胞，用于接种的操作过程。整个接种过程均需在无菌条件下进行。

接种室内保持定期熏蒸消毒，并利用消毒剂溶液定期对设备、操作台面、墙壁、地板、灯等表面进行擦洗或使用紫外线灯照射消毒；在接种期间还可用 70%～75% 乙醇或 3% 来苏水喷雾杀菌，并使空气中灰尘颗粒沉降下来。在接种室放好经灭菌的接种所需要的酒精灯，储存有 75%、95% 乙醇的广口瓶或专用灭菌器，各种镊子、接种针、解剖刀，手术剪、火柴、培养基等。工作台面上的用品要放置有序、布局合理。酒精灯放置在超净工作台中央，右手使用的物品在右侧，左手使用的物品在左侧。工作忌忙乱而要有序；培养材料、培养基在未做处理和使用前，不要过早暴露于空气中，应分别使用不同吸管吸取营养液、细胞悬浮液及其他各种溶液，吸管不能混用。

接种前 30min，打开超净工作台的风机及台上的紫外线灯灭菌。操作人员进入接种室时应先穿上经灭菌的工作服，并戴上无菌口罩和工作帽；操作人员的双手必须进行灭菌，可用肥皂溶液充分冲洗，进行操作前用酒精棉球擦洗双手和前臂，特别是指甲处。然后用 70% 乙醇擦拭工作台表面，在操作期间还要经常用酒精棉球擦拭双手和台面及相关用具，避免交叉污染。然后在超净工作台上按照材料的特性对将接种的植物材料进行消毒处理。在对植物材料进行消毒处理的同时，点燃酒精灯，将镊子、解剖刀等用具浸入 95% 乙醇中，然后取出再置酒精灯火焰上从头至尾灼烧一遍，尤其是与外植体接触的尖端要反复过火，但灼烧过的器械要冷却后才能使用。暂时不使用的剪刀、镊子等均要浸泡在 95% 乙醇中，用时在火焰上灭菌或放入专用灭菌器灭菌，所有用具每次使用前均需灭菌。打开经灭菌的盛有培养基的锥形瓶或试管，应在酒精灯火焰上方，并对瓶口进行适度灼烧，可防止瓶口边沿沾染的微生物落入瓶内，整个接种过程中打开的锥形瓶或试管等培养容器均应保持倾斜状态，以免有害微生物落入瓶中造成污染。接种时每次取出少量经灭菌的培养材料，置于一个已灭过菌的培养皿中，迅速切取适当大小的外植体后立即将其接种到培养基上，材料接种好以后，应将瓶口在酒精灯火焰上灼烧一圈，然后迅速封口，注明材料名称及接种日期。操作人员接种时双手不能离开工作台，操作过程中禁止大声说笑，也不能走动、咳嗽等，以免污染。接种完毕后要及时清理台面并及时灭菌，可用紫外线灯照射30min。若需连续接种，接种室应在接种间隙，每天进行一次认真灭菌。

## 小　结

植物组织培养实验室，通常应包括准备室、洗涤室、灭菌室、接种室、培养室、生物学实验室、组培苗驯化温室等；主要配备超净工作台、高温高压蒸汽灭菌锅、烘箱、灭菌器等无菌操作设备；空调、加湿器、去湿器、光照培养箱等环境调控设备；各类天平、离心机、培养基分注器、电磁炉等溶液和培养基配制设备；各类显微镜、照相机等培养材料生长发育观察设备；各种玻璃器皿、金属器械等。植物组织培养实验室的布局设计应遵循科学、高效、实用、低耗的原则；总体要求是便于隔离灭菌、便于环境控制、便于操作。

植物组织培养全过程中，防止真菌、细菌污染的无菌操作技术是植物组织培养成功的关键。植物组织培养的无菌操作技术主要包括洗涤、灭菌和无菌操作三个方面。洗涤是植物组织培养无菌操作的第一步，植物组织培养过程中所使用的全部用材、器具等均应选用合适的洗涤剂，经过认真清洗后方可使用。植物组织培养的灭菌通常采用物理或化学的方法进行，物理灭菌的方法有湿热灭菌、干热灭菌、射线灭菌、离心沉淀除菌、过滤除菌等；化学灭菌的方法是使用乙醇、次氯酸钠、过氧化氢等杀菌试剂进行杀菌。培养材料的接种过程应严格按无菌操作的要求进行，否则极易造成培养基、培养材料、无菌室和培养室的污染。

## 复习思考题

1. 植物组织培养实验室应具备哪些功能？
2. 植物组织培养实验室通常应包含哪些部分？
3. 植物组织培养实验室需要哪些仪器设备？如何正确使用？
4. 如何科学设计植物组织培养实验室？
5. 植物组织培养的无菌操作包括哪些内容？
6. 如何正确洗涤新玻璃器皿和被污染的玻璃器皿？
7. 如何进行植物组织培养实验室的灭菌？
8. 植物组织培养的培养基怎样灭菌？
9. 怎样对植物组织培养的外植体材料进行洗涤和灭菌？
10. 植物培养材料接种时应注意哪些问题？

## 主要参考文献

巩振辉，申书兴．2013．植物组织培养．2版．北京：化学工业出版社：28~37

胡颂平，刘选明．2014．植物细胞组织培养技术．北京：中国农业大学出版社：10~30

李秀霞．2014．植物组织培养．沈阳：东北大学出版社：14~27

王蒂，陈劲枫．2013．植物组织培养．2版．北京：中国农业出版社：18~22

# 第三章 植物组织培养的培养基

培养基是植物组织培养中外植体赖以生存和发展的营养基础和物质基础，也是组织培养成功的重要因素之一。培养物通过与培养基接触，以异养的方式直接从培养基中吸收其生长发育所需的各类营养。在离体培养条件下，根据不同植物、不同外植体、不同培养目的需求选用不同的培养基。没有任何一种培养基可以适合一切类型的植物组织培养。

植物组织培养基种类众多，最早的培养基是Sacks和Knop在对绿色植物成分进行分析研究的基础上，根据植物从土壤中吸收的无机营养物质，设计出了由无机盐组成的Sacks和Knop溶液。在此基础上逐渐发展出其他培养基，如Gautherete提出的愈伤组织培养基。

## 第一节 培养基的成分及其作用

植物外植体培养必须从培养基中获取营养成分，培养基的作用相当于土壤。培养基可分为固体培养基和液体培养基，区别在于是否加入凝固剂。培养基的成分主要包括水、无机营养成分、有机营养成分、植物生长调节物质和其他组成成分等。

### 一、水

水是原生质体的重要组成成分，也是生物代谢的介质和溶剂，更是生命活动不可或缺的物质。培养基中95%都是水。在试验研究工作中，配制培养基为保证培养基母液及成分精确性常用去离子水、蒸馏水、重蒸水等。但在工厂化生产过程中为降低成本，通常用自来水代替蒸馏水。

### 二、无机营养成分

无机营养成分根据植物需要量分为大量元素和微量元素。

#### （一）大量元素

大量元素是指碳（C）、氢（H）、氧（O）、氮（N）、磷（P）、钾（K）、钙（Ca）、镁（Mg）、硫（S）等元素。它们是植物细胞中构成核酸、蛋白质、酶、叶绿体等不可缺少的元素。

1．氮　在细胞中参与核酸、叶绿素及多种生物酶的构成中，培养基中的氮素常以硝态氮（$NO_3^-$-N）和铵态氮（$NH_4^+$-N）的形式被植物吸收，先转化为氨基酸后再转化为蛋白质。一般认为，铵态氮的含量超过8mmol/L时容易伤害培养物，所以在配制培养基时常常同时添加两种形态氮源。$NO_3^-$-N和$NH_4^+$-N比例的不同常会导致不同的结果。培养基中$NO_3^-$-N与$NH_4^+$-N浓度比例为40mmol/L：20mmol/L时有利于栀子组培苗增殖，同时添加两种形态的氮源在未缓冲的培养基中还能起到控制pH的作用。但马铃薯和豌豆的原生质体培养，需要用谷氨酸和丝氨酸等有机氮来代替无机氮化物，以消除无机氮的毒害。

2．磷　磷参与植物细胞核酸及蛋白质合成、光合作用和呼吸作用中能量的储存和转化等生理生化过程，对生命活动的正常进行具有重要意义。培养基中的磷常以磷酸盐（$PO_4^{3-}$）的形式添加，如$KH_2PO_4$或$NaH_2PO_4$。

3．钾　钾是植物体内多种酶的活化剂，是调控细胞内pH和渗透势的重要物质，组织培养中钾能起到促进器官和不定胚分化的作用。此外，培养基中缺钾常会引起培养材料的玻璃化，并降低材料对培养基中磷酸盐的吸收速率。

4．钙　培养基中$Ca^{2+}$与组培材料的形态发生有关，培养基中缺钙或少钙常会引起木本植物茎尖坏死。

5．镁　培养基中的$Mg^{2+}$除了参与叶绿素的合成外，也参与某些愈伤组织形成体细胞的过程，还影响酶活性与新陈代谢。

### （二）微量元素

植物所需的微量元素主要包括铁（Fe）、锰（Mn）、铜（Cu）、锌（Zn）、硼（B）、钼（Mo）等。这些微量元素的添加量都很少，一般在$10^{-7}$～$10^{-5}$mol/L，添加量过多则会导致蛋白质变性、代谢障碍等毒害现象。

微量元素中，铁对叶绿素的合成起重要作用，为避免$Fe^{2+}$被氧化而生成$Fe(OH)_3$沉淀，培养基中的铁通常以硫酸亚铁与乙二胺四乙酸二钠合成的螯合铁（$Na_2EDTA+FeSO_4 \cdot 7H_2O$）形式存在。丽格海棠的叶柄外植体在无微量元素的培养基上只能产生愈伤组织，说明细胞分化和形态发生需要微量元素。培养基中的微量元素对甜叶菊的试管苗生长、增殖、生根都有重要作用，其中硼、锌、铜、铁的影响较为明显，尤其是锌不仅影响甜叶菊试管苗的生长，而且对试管苗的移栽成活率也有较大影响。增加培养基中锌的浓度，可以起到促进试管苗增殖和改善试管苗质量等的作用。

## 三、有机营养成分

有机营养成分是指植物生长发育所必需的有机碳、氢、氮等物质，包括糖类、维生素、肌醇、氨基酸等。组织培养中外植体在离体条件下自身含有的有机物较少，不能维持其正常生长、发育和分化。因此，培养基中除添加无机营养成分外，还必须添加有机营养成分。

### （一）糖类

所有的植物组织培养都需要有碳水化合物作为能源，只有当培养物通过光合作用能够满足自身生长发育所需的碳源时，才可以不另外添加。但在一般的培养过程中，外植体通常达不到这个条件，培养基中添加的碳源是糖类。糖是重要的有机营养成分，除了为外植体提供碳骨架和能源外，还具有维持培养基一定渗透势的功能。植物组织培养中常用的糖类物质有蔗糖、葡萄糖、果糖等，其中使用最广泛的是蔗糖，其降解产物葡萄糖和果糖极易被植物利用，一般使用浓度为2%～5%。浓度过低，不能满足细胞营养、代谢和生长的需要；浓度过高，可能会干扰正常的糖类代谢，同时导致细胞渗透压升高，不利于水分的吸收。特殊情况下，也需要高浓度的蔗糖，在幼胚培养、茎尖分生组织培养、花药培养和原生质体培养时需要10%甚至更高浓度的蔗糖。生产中为节省成本，有时也会选用食用白糖。马铃薯脱毒试管苗在以食用白糖作为碳源的培养基上比在以蔗糖作为碳源的培养基上生长得更好。果糖和蔗糖对铁皮石斛胚性愈伤组织生长的作用启动时间较早，而海藻糖则较晚；海藻糖和果糖对愈伤组织生长的作用持续时间较长，而乳糖、蔗糖和麦芽糖的作用持续时间较短。

### （二）维生素

维生素常以辅酶的形式参与植物体内酶的活动，对生长和分化起到良好的促进作用。大多数离体培养的植物不能合成维生素，影响其生长发育，因此培养基中需经常添加维生素。组培中最常用的维生素是盐酸硫胺素（维生素$B_1$）、烟酸（维生素$B_3$或维生素PP）、盐酸吡哆醇（维生素$B_6$）三种，此外抗坏血酸（维生素C）、生物素（维生素H）、核黄素（维生素$B_2$）等有时也会添加到培养基中。维生素的使用浓度一般仅为0.1～1.0mg/L，但其作用较广泛，如维生素C可防止培养基褐变；维生素$B_1$对愈伤组织的产生和生长有重要作用；维生素$B_6$能促进根的生长。

### （三）氨基酸

氨基酸作为一种重要的有机氮源，是蛋白质、酶、核酶等生物大分子的基本组成部分，还具有调节培养物体内平衡的功能，促进外植体根、胚、芽的分化。培养基中的甘氨酸、谷氨酸、谷氨酰胺、精氨酸、丝氨酸、酪氨酸、天冬酰胺、水解酪蛋白、水解乳蛋白等是重要的有机氮源，能直接被细胞吸收利用，对植物组织的生长也有良好的促进作用。丝氨酸和谷氨酸有利于花药胚状体或不定芽的分化，水解酪蛋白和水解乳蛋白是多种氨基酸的混合物，对胚状体或不定芽的分化有良好的促进作用。但是，如果单用一种氨基酸往往有抑制作用。

### （四）肌醇（环己六醇）

肌醇是植物的一种天然组分，素有植物“维生素”之称，是维持细胞膜功能的重要因子，在植物体内也起着第二信使的作用。添加到培养基中的肌醇能促进组织快速生长，有助于提高维生素$B_1$的效果，对愈伤组织形成及胚状体、芽的形成有促进作用，通常使用浓度为50～100mg/L。

## 四、植物生长调节物质

植物生长调节物质是培养基的关键物质，虽然用量极少，但在植物组织培养中对愈伤组织的诱导和器官分化起着重要的作用。植物生长调节物质包括生长素、细胞分裂素、赤霉素、脱落酸、乙烯、类固醇、多胺、三十烷醇、水杨酸等。其中生长素和细胞分裂素对调控植物组织和器官培养物的生长和形态发生最为重要，已人工合成并在生产上广泛使用。

### （一）生长素

生长素具有诱导外植体产生愈伤组织，启动分生组织和茎尖的起始生长，促进侧根、不定根的发生及器官生长等作用。在组培中，生长素常与细胞分裂素配合使用，可用于诱导愈伤组织及细胞悬浮的培养且可促进器官生长，并调控形态发生的方向。用于组培的生长素有IAA（吲哚乙酸）、IBA（吲哚丁酸）、PAA（苯乙酸）等及人工合成的2,4-D、NAA（萘乙酸）、NOA（萘氧乙酸）、4-CPA（4-氯苯酸）等，其中以IAA、NAA和2,4-D应用最为广泛。IAA稳定性差，在培养基中易被氧化并被迅速代谢，但与细胞分裂素配合使用可诱发某些植物形成愈伤或者茎枝和胚。2,4-D是最常用来启动愈伤的生长素，提高其浓度常会启动体细胞胚的发生。组培中根和芽的分化常受生长素和细胞分裂素比例的影响，但仅用IBA和NAA也能诱导生根，其中IBA生根效果更好。通常培养基中会添加多种生长素类物质以满足培养材料的生长分化需要。仅有2,4-D不能诱导石刁柏嫩茎初始愈伤组织的形成，但培养基中若再加入NAA则可以促进诱导胚性愈伤组织，其最佳激素组合为2,4-D 10mg/L＋NAA 0.5mg/L。单独使用NAA可促进花烛不定芽提早生根，且出根率高、根较粗壮、根毛多，有利于出瓶移栽；单独使用IBA可有效促进根系伸长，但根毛少；将NAA和IBA配合使用能达到最佳出根效果。

### （二）细胞分裂素

细胞分裂素能刺激细胞分裂、诱导愈伤组织及胚状体的形成和促进芽的分化。植物组织培养中，细胞的分化方向通常受到细胞分裂素和生长素浓度及比例的调控：细胞分裂素与生长素的比例较大时诱导芽的形成，反之则诱导根的形成。大多数双子叶植物的愈伤组织增殖也需要一种细胞分裂素和生长素的加入。组织培养中常用的细胞分裂素有KT（激动素）、6-BA（6-苄基氨基腺嘌呤）、2ip（异戊烯基腺嘌呤）、ZT（玉米素）等。当培养基中6-BA的浓度为3.5～4.5mg/L时，红蕉组培快繁芽的增殖率都在3倍以上，尤其当6-BA浓度为4.0mg/L时，增殖效果最好；经6-BA处理的组培苗在各种继代增殖培养基上均能分化出可用于正常继代增殖的芽体，但不同浓度的6-BA处理能够影响芽的生长分化，表现在较高浓度的6-BA处理后，芽的分化生长受到了较大程度的抑制，易形成不正常的芽体和愈伤组织。诱导松树丛生芽时，一般情况下6-BA的施用浓度在1.0～5.0mg/L最有效。控制诱导时间对促进愈伤组织分化并获得能继代生长的苗十分重要，一般为7～28d，诱导时间过长会增加变异的可能及外植体的愈伤化，产生的苗比较矮小，不利于后续步骤的进行。芦笋愈伤组织的诱导频率先随着6-BA浓度的升高而逐渐增大，但当6-BA浓度大于3mg/L时，出现了愈伤组织生长受抑制的现象，该现象在NAA浓度不变的条件下产生，这说明细胞分裂素和生长素的含量比例可能影响6-BA发挥作用。因此，当二者同时加入培养基时，不仅要考虑到细胞分裂素的含量，还要考虑其与生长素的含量比例。

### （三）赤霉素

赤霉素（$GA_3$）是组织培养培养基中的一种重要成分。$GA_3$通常会阻碍体细胞胚的形成及愈伤组织再分化成根和茎枝分生组织，但有助于已形成器官的生长和发育；赤霉素与生长素协同作用具有诱导离体成花、打破休眠等作用，当二者协同使用时，生长素与赤霉素的比值高有利于木质化，比值低有利于韧皮化。在培养基中添加100mg/L $GA_3$＋2mg/L NAA时，烟草品种‘中烟201’的种子萌发率高，且幼苗生长最好。

### （四）脱落酸

脱落酸（ABA）广泛分布在植物体内，常被认为是一种植物生长抑制剂。植物组织培养中，ABA会抑制愈伤组织生长，但能促进枝和根的形成。ABA对体细胞胚的正常生长必不可少，并且使体细胞胚的发育和结构更接近合子胚。

### （五）乙烯

植物组织受到机械损伤时会产生乙烯，因此组织培养分离外植体时必然导致乙烯的产生。培养基中的乙烯可刺激银杏、烟草、番茄等植物的外植体产生愈伤组织，但也会抑制甘薯、莴苣、水稻、玉米等的外植体愈伤组织的生长。同时，乙烯对培养物不定芽的诱导和形成也分别表现出促进和抑制两种截然相反的作用。由于操作中乙烯的浓度很难控制和维持恒定，一般不直接用于组培，常用的是乙烯利，该化合物被吸收后可在植物组织体内降解释放出乙烯，调节植物生长。

### （六）类固醇

植物类固醇的应用主要表现在引起植物生长方面，能促进细胞分裂，并能导致节间伸长、弯曲、开裂等。常用的类固醇包括油菜素内酯等。油菜素内酯最早从油菜花粉中提取出来，随后的研究发现了20余种同类物质，它们在各种高、低等植物中广泛存在。一定浓度的油菜素内酯能促进陆地棉愈伤组织的形成。低浓度的油菜素内酯促进子叶愈伤组织形成，高浓度则表现出抑制作用。适当浓度的油菜素内酯处理能促进子叶形成根，并能促进愈伤组织分化出苗。

### （七）多胺

各种植物均含有脂胺类化合物，为植物生长所必需。多胺是植物体内普遍存在的一类低分子质量的脂肪族含氮碱，常见的多胺有精胺、尸胺、亚精胺和腐胺等。多胺在组培中的应用主要表现为刺激细胞分裂、调控不定枝和根的形成、促进开花和胚发生及促进原生质体分裂、细胞形成和延缓衰老等。L-精氨酸是腐胺的前体物质，它能够延缓燕麦叶肉原生质体的衰老，尸胺、亚精胺和精胺也有相类似的效应，并且均比各自的前体物质效果好，4种多胺中，又以精胺的效果最强，亚精胺次之，腐胺和尸胺又次之。外加腐胺有利于单细胞培养中胚状体的同步发生，而多胺抑制剂处理可以降低体细胞胚胎发生的频率，施用多胺后又恢复到正常水平。

### （八）三十烷醇

三十烷醇是植物内源的生长调节物质，外施能直接或间接地调节一些植物生理生化过程，诱导多种生长反应。蜀葵外植体在含有三十烷醇的培养基上比在不含有三十烷醇的培养基上早3～4d产生愈伤组织，附加有三十烷醇的培养基上的愈伤组织生根的数目最多，侧根生长最旺盛，寿命也较长；而未施加三十烷醇的外植体，大部分不长根或根的寿命短，一般生根10多天后就枯竭死亡。三十烷醇对大赖草愈伤组织的促进效果因浓度不同而有所差异，其中以0.15mg/L效果最好，但是对碱茅愈伤组织处理的结果却有所不同：在接种后的第30天才会产生明显的生长趋势，三十烷醇的最佳浓度是0.5mg/L。

### （九）水杨酸

水杨酸是植物体内普遍存在的一种酚类化合物，是一种新的植物激素，在植物体内具有多种生理调节作用。例如，诱导植物提高抗病性、引起天南星科植物佛焰花序生热、抑制乙烯的生物合成、调节某些植物的光周期及影响黄瓜的性别分化等。在培养基中加入25mg/L水杨酸培养4周后，叙利亚枣外植体萌发的芽长度最长；与未经水杨酸处理组相比，处理后的愈伤组织干重显著提高，而且水杨酸和3mg/L的2,4-D配合使用效果最好。

### （十）茉莉酸

茉莉酸是一种新发现的植物内源激素，代表物有茉莉酸和茉莉酸甲酯。蒙古黄芪愈伤组织的干重随着培养基中添加的茉莉酸浓度的升高呈现先升高后降低的变化，干重最大值出现在茉莉酸甲酯浓度在1.0μmol/L和10.0μmol/L时，高浓度茉莉酸甲酯的处理能够抑制愈伤组织生长，而且处理效果因物种不同差异明显，如当茉莉酸甲酯浓度为200μmol/L和300μmol/L时，高山红景天愈伤组织的生物量最大值明显低于添加100μmol/L茉莉酸甲酯的处理，并且超过最佳浓度之后，茉莉酸甲酯浓度越高对愈伤组织生长的抑制作用越明显，在培养至20d时，生长速率开始明显降低，至培养后期则发生褐变甚至衰亡。所以，在培养基中加入茉莉酸甲酯时，需要考虑其浓度的设定。

### （十一）多效唑

多效唑是在20世纪80年代末发现并推出的一种植物生长调节剂，其作用机理主要是阻碍贝壳杉烯向异贝壳杉烯酸的氧化过程，该过程与赤霉素的生物合成有关，因此多效唑能够抑制赤霉素的生物合成，从而对植物生长有延缓的效果。多效唑加入小麦花粉愈伤组织的诱导及分化培养基中时，对其愈伤组织形成和绿苗的分化无明显影响，而且3mg/L的多效唑处理还能有效改善春性小麦花粉植株的生长状态；而在冬性小麦花粉植株的壮苗培养基中添加多效唑，可以防止花粉的老化，提高其移栽成活率。单独使用多效唑，对水稻绿芽生长有毒害作用，只有当多效唑与其他植物生长调节剂配合使用时，才具有增苗、壮苗的效果，其中以多效唑与6-BA配合使用效果最好，可明显抑制水稻试管苗地上部分植株的生长、降低植株高度和促进根系发育，对再生苗的发育影响较小。多效唑还可延长试管苗的保存时间，其作用有效期可达三个月。

## 五、其他组成成分

### （一）天然提取物

椰汁、香蕉汁液、马铃薯汁、苹果汁、番茄汁、柑橘汁、酵母及水解酪蛋白等天然提取物是一些成分比较复杂的化合物（大多含氨基酸、维生素、生长调节物质、酶等），它们对细胞和组织的增殖与分化有明显的促进作用。在甜叶菊试管苗的培养基中添加马铃薯汁、椰汁和香蕉汁液对试管苗的增殖具有一定的促进作用，其中香蕉汁液能明显改进试管苗的质量，试管苗茎秆粗壮、生长旺盛，但添加水解乳蛋白却抑制试管苗的增殖和生长；在试管苗生根阶段，添加有机质作用不明显。在诱导甘蔗愈伤组织分化的培养基中添加一定量的椰汁后，愈伤组织的分化率和芽长势均明显提高，当椰汁添加量达到15%时，愈伤组织的分化率可达100%。兰花的组织培养中加入香蕉汁液，可促进其生长并能稳定培养基的pH。由于天然提取物的具体成分大多不清楚，含量也不稳定，试验的重复性较差，应尽量避免使用。随着许多新的生长调节物质不断出现，天然提取物在组培中使用范围逐渐缩小，仅在培养一些难以培养的材料时使用。

### （二）凝固剂

在配制固体培养基时，常需要添加一定量的凝固剂使液态培养基凝固。凝固剂包括琼脂、吉兰糖胶、海藻胶、淀粉、果胶等，其中琼脂是目前植物组织培养中最常用的凝固剂。培养基中添加不同浓度的琼脂可使液态培养基转变为固态、半固态和固液混合等多种形态，满足外植体的不同培养需求（表3-1）。琼脂的用量一般为3～10g/L，若浓度太高，培养基会变得很硬，营养物质难以被培养的组织吸收利用；若浓度过低，凝固性不好。由于吉兰糖胶的透明度较琼脂好，很容易观察培养物（尤其是根系）生长状况及细菌污染情况，也是应用较为广泛的凝固剂，其用量一般为2～2.5g/L。

**表3-1 琼脂浓度和培养基pH对培养基凝固程度的影响**

（杜永光等，2005）

| pH | 琼脂浓度/（g/L） | | | | | |
|---|---|---|---|---|---|---|
| | 2.5 | 3.0 | 3.5 | 4.0 | 6.0 | 8.0 |
| 2.0 | 0级 | 0级 | 0级 | 0级 | 0级 | 0级 |
| 4.0 | 0级 | 1级 | 2级 | 2级 | 2级 | 3级 |
| 5.0 | 1级 | 2级 | 3级 | 3级 | 4级 | 4级 |
| 5.8 | 1级 | 2级 | 3级 | 3级 | 4级 | 4级 |
| 6.2 | 1级 | 2级 | 3级 | 3级 | 4级 | 4级 |
| 8.0 | 2级 | 2级 | 3级 | 4级 | 4级 | 4级 |

注：0级表示未凝固；1级表示轻微晃动培养基即碎裂；2级表示轻微晃动培养基不易碎裂；3级表示用力晃动培养基易碎裂；4级表示用力晃动培养基不碎裂

### （三）活性炭

植物组培时，有时需在培养基中加入一定量的活性炭。利用活性炭的吸附作用可以降低培养基中某些有害物质的影响，如通过吸附培养基中的酚类物质可防止组织褐化，利于形态发生和器官形成。活性炭会使培养基变黑，利于诱导植物生根。但活性炭的吸附选择性很差，既对有害物质进行吸附，也对有益物质进行吸附。有试验表明，在一定范围内，IAA、KT和2,4-D三种激素被吸附量均与活性炭用量呈线性相关。另外，活性炭的吸附能力受温度影响较大，温度低时吸附力强，温度高时吸附力减弱；而且大量活性炭的加入会减弱培养物凝固，因此，使用活性炭时要进行周全考虑，一般培养基中活性炭使用量为0.5%～3%。

### （四）抗生素

在培养某些灭菌较困难的植物材料时，培养基中常需要加入抗生素，以防止菌类污染，降低培养材料的损失。常用的抗生素有青霉素、链霉素、庆大霉素、卡那霉素、氯霉素、四环素、金霉素、土霉素等，用量为5～20mg/L。多种抗生素混合使用能有效抑制多种菌类造成的污染，但当抗生素的浓度达到能消除内生菌的水平时，一些植物的生长发育会受到抑制，且抗生素停用后，污染会更严重。

### （五）抗氧化剂

组织培养在切取外植体时常会使创面溢出一些酚类物质，其与空气接触后被氧化成醌类物质使培养物褐化，影响培养物的生长，甚至导致死亡。因此，有时培养基中还需要加入抗氧化剂，常用的有半胱氨酸、维生素C、谷胱甘肽、硫乙醇等。

### （六）pH

培养基的pH能直观反映溶液酸碱度，培养基过酸或过碱对材料的生长都不利。对大多数植物来说，灭菌之前培养基的pH调到5.0～6.0，灭菌后培养基pH为5.8～6.0。一般来说，当pH高于6.0时，培养基会变硬，低于5.0时琼脂不能很好地凝固。培养基的pH主要用1mol/L盐酸或氢氧化钠来调节。

# 第二节　培养基种类

## 一、根据培养基组分不同分类

### （一）基本培养基

培养基含大量元素、微量元素、维生素、氨基酸、糖类和水等基本成分（表 3-2），如 MS、B5、N6（表 3-2）White（表 3-3）、改良 MS、Heller、Nitsch、Miller、SH 及 MT 等培养基。

**表 3-2　一些经典培养基的配方**

| 类别 | | 组成 | 含量 /（mg/L） | | |
|---|---|---|---|---|---|
| | | | MS | B5 | N6 |
| 无机营养成分 | 大量元素 | 硝酸铵（$NH_4NO_3$） | 1650 | — | — |
| | | 硝酸钾（$KNO_3$） | 1900 | 2500 | 2830 |
| | | 硫酸铵［$(NH_4)_2 \cdot SO_4$］ | — | 134 | 463 |
| | | 二水氯化钙（$CaCl_2 \cdot 2H_2O$） | 440 | 150 | 166 |
| | | 七水硫酸镁（$MgSO_4 \cdot 7H_2O$） | 370 | 250 | 185 |
| | | 磷酸二氢钾（$KH_2PO_4$） | 170 | — | 400 |
| | | 二水磷酸二氢钠（$NaH_2PO_4 \cdot 2H_2O$） | — | 150 | — |
| | 微量元素 | 七水硫酸亚铁（$FeSO_4 \cdot 7H_2O$） | 27.8 | 27.8 | 27.8 |
| | | 乙二胺四乙酸二钠（$Na_2$-EDTA） | 37.3 | 37.3 | 37.3 |
| | | 四水硫酸锰（$MnSO_4 \cdot 4H_2O$） | 22.3 | 10.0 | 4.4 |
| | | 七水硫酸锌（$ZnSO_4 \cdot 7H_2O$） | 8.6 | 2.0 | 1.5 |
| | | 五水硫酸铜（$CuSO_4 \cdot 5H_2O$） | 0.025 | 0.025 | — |
| | | 二水钼酸钠（$Na_2MoO_4 \cdot 2H_2O$） | 0.25 | 0.25 | — |
| | | 六水氯化钴（$CoCl_2 \cdot 6H_2O$） | 0.025 | 0.025 | — |
| | | 碘化钾（KI） | 0.83 | 0.75 | 0.80 |
| | | 硼酸（$H_3BO_3$） | 6.2 | 3.0 | 1.6 |
| 有机营养成分 | 维生素 | 烟酸 | 0.5 | 1.0 | 0.5 |
| | | 盐酸硫胺素 | 0.1 | 10.0 | 1.0 |
| | | 盐酸吡哆醇 | 0.5 | 1.0 | 0.5 |
| | 甘氨酸 | | 2 | — | 2 |
| | 肌醇 | | 100 | 100 | — |

### （二）完全培养基

在基本培养基的基础上，根据试验目的，附加一些物质，如各种植物生长调节物质、其他的复杂有机附加物和天然提取物等。

**表 3-3　White 培养基配方**

| 成分 | 含量 /（mg/L） | 成分 | 含量 /（mg/L） |
|---|---|---|---|
| 硝酸钾（$KNO_3$） | 80 | 七水硫酸锌（$ZnSO_4 \cdot 7H_2O$） | 3 |
| 氯化钾（KCl） | 65 | 硫酸铁［$Fe_2(SO_4)_3$］ | 2.5 |
| 四水硝酸钙［$Ca(NO_3)_2 \cdot 4H_2O$］ | 300 | 四水硫酸锰（$MnSO_4 \cdot 4H_2O$） | 7 |
| 七水硫酸锌（$MgSO_4 \cdot 7H_2O$） | 720 | 盐酸硫胺素 | 0.1 |
| 硫酸钠（$Na_2SO_4$） | 200 | 甘氨酸 | 3 |
| 碘化钾（KI） | 0.75 | 盐酸吡哆醇 | 0.1 |
| 硼酸（$H_3BO_3$） | 1.5 | 烟酸 | 0.5 |
| 磷酸二氢钠（$NaH_2PO_4 \cdot H_2O$） | 16.5 | | |

## 二、根据培养基态相不同分类

### （一）固态培养基

培养基中添加凝固剂使其成为半固体状，广泛应用于外植体的建立，也较多地应用于愈伤组织或器官的常规培养或用来长期维持一个培养物。其优点是外植体只是部分接触培养基，使培养基中的效应物质产生一定的浓度梯度，从而有利于外植体的生长和分化。

### （二）液态培养基

液态培养基是指不加凝固剂的培养基，主要用于原生质体培养、细胞悬浮培养、培养根系生产次生代谢物及扩繁体细胞胚、分生组织结节等。由于外植体在液体培养基中能够与效应物质更好地接触，因此其生长速度比在固体培养基中要快。

### （三）固、液混合培养基

固、液混合培养基即培养基上部为液体，下部为固体。配制时先使下层培养基凝固，然后再倒入液体培养基。此类培养基常用于细胞、原生质体、微茎尖等的培养。

## 三、根据培养基盐分含量不同分类

### （一）高盐培养基

高盐培养基包括 MS、LS、BL、ER 等培养基。

MS 培养基应用最广泛，其特点是无机盐浓度高，尤其是钾盐、铵盐及硝酸盐，微量元素种类齐全，元素平衡好，缓冲性能好，其养分数量及比例均比较合适，广泛用于植物的器官、花药、细胞及原生质体的培养。

### （二）高硝酸盐培养基

高硝酸盐培养基包括 B5、N6、SH、KM-8P 等培养基。其特点是盐浓度较高，铵态氮含量较低，但硝酸钾含量高。例如，B5 培养基含有较高的硝酸钾盐、盐酸硫胺素和较低的铵态氮，适合南洋杉、葡萄及豆科与十字花科植物等的培养，N6、NLN（表 3-4）培养基适用于单子叶植物如水稻的花药培养，也适用于柑橘花药培养，在楸树和针叶树等的组织培养中使用效果也较好；SH 培养基是矿盐浓度较高的一种培养基，其中铵与磷酸是由磷酸二氢铵（$NH_4H_2PO_4$）提供的，这种培养基适合于某些单子叶及双子叶植物的培养。

**表 3-4 NLN 培养基配方**

| 成分 | 含量 /（mg/L） | 成分 | 含量 /（mg/L） |
|---|---|---|---|
| 六水氯化钴（$CoCl_2 \cdot 6H_2O$） | 0.025 | 磷酸二氢钾（$KH_2PO_4$） | 125 |
| 无水硫酸铜（$CuSO_4$） | 0.025 | 硝酸钾（$KNO_3$） | 125 |
| 乙二胺四乙酸铁钠（EDTA-FeNa） | 36.7 | 硫酸镁（$MgSO_4$） | 61 |
| 硼酸（$H_3BO_3$） | 10 | 生物素 | 0.05 |
| 硫酸锰（$MnSO_4 \cdot H_2O$） | 18.95 | 叶酸 | 0.5 |
| 二水钼酸钠（$Na_2MoO_4 \cdot 2H_2O$） | 0.25 | L- 谷胱甘肽（还原型） | 30 |
| 七水硫酸锌（$ZnSO_4 \cdot 7H_2O$） | 10 | 甘氨酸 | 2 |
| 四水硝酸钙［$Ca(NO_3)_2 \cdot 4H_2O$］ | 500 | 烟酸 | 5 |
| 肌醇 | 100 | 盐酸吡哆醇 | 0.5 |
| L- 丝氨酸 | 100 | 盐酸硫胺素 | 0.5 |

### （三）中等无机盐培养基

中等无机盐培养基包括 Nitsch、H、Miller 等培养基。此类培养基大量元素含量约为 MS 培养基的一半，微量元素种类减少，但含量较 MS 培养基高，维生素种类比 MS 培养基多，常用于胚、胚珠与花药培养。

### （四）低无机盐培养基

低无机盐培养基包括改良怀特培养基（White，1963）、WS 培养基（Wolter and Skoog，1966）、HB 培养基（Holley and Baker，1963）、克诺普液（Knop，1965）、贝尔什劳特液（Berthelot，1934）等培养基。此类培养基无机盐含量低，约为 MS 培养基的 1/4，有机成分也低，多用于生根培养及花卉培养。

## 四、根据培养基的用途不同分类

### （一）诱导培养基

诱导培养基又称为脱分化培养基，用作外植体诱导发生愈伤组织的培养基。

### （二）继代培养基

继代培养基为用于将诱导出的愈伤组织连续不断地生长下去的培养基。

### （三）分化培养基

分化培养基用于从愈伤组织诱导形成小苗（如幼芽或胚状体）。

### （四）生根培养基

生根培养基为诱导再生小苗生根的培养基。

## 五、根据培养植物种类不同分类

### （一）茄科培养基

茄科常用培养基有 H 培养基、NT 培养基、T 培养基、RA 培养基等。

### （二）禾本科培养基

禾本科常用培养基包括 AA 培养基、C17 培养基、CHB 培养基、W14 培养基、FHG 培养基、N6 培养基、KM-8P 培养基、正 14 培养基等。

### （三）兰科培养基

兰科植物常用培养基有 Knudson C 培养基、Kyoto 培养基、RM 培养基、VW 培养基等。

### （四）松科培养基

松科植物常用培养基包括 BL 培养基、DCR 培养基、GD 培养基、SH 培养基等。

### （五）蔷薇科培养基

蔷薇科植物常用培养基有 Hough 培养基、Norstog

培养基、Turkey 培养基等。

### （六）葡萄科培养基

葡萄科植物常用的培养基有 GS 培养基等。

### （七）锦葵科培养基

锦葵科植物培养基有 Steward 和 Hsu 培养基等。

### （八）十字花科培养基

十字花科植物常用 NLN 培养基等。

## 六、按培养物所属器官不同分类

### （一）生殖器官培养

生殖器官培养的常用培养基包括 C17 培养基、CHB 培养基、W14 培养基、FHG 培养基、N6 培养基、H 培养基、Nitsch-Nitsch 培养基、正 14 培养基和 T 培养基等。

### （二）原生质体培养

原生质体培养常用培养基包括 CPW 培养基、KPR 培养基、KM-8P 培养基、NT 培养基、RA 培养基等。

# 第三节　培养基的配制

实验中配制培养基时，称量的培养基化学成分的量通常都很小，在称量的过程中会造成称量误差，并且配制一次使用的培养基需要多次称量药品，称量误差会随着称量次数的增加而积累，导致培养基成分含量发生变化，并且多次称量在操作中也很麻烦。因此，人们常常将培养基的成分按一定比例配成浓缩液（俗称母液），需要的时候再按一定比例稀释即可，非常方便；母液在 10℃以下的环境中能够稳定存储较长的一段时间，但如果储存的时间太久，母液容易发生沉淀、变质等现象，此时需要重新配制母液。

母液吸取体积的计算公式：

$$V_0 = V_1/T$$

式中，$V_0$ 为所需母液的体积；$V_1$ 为所需要培养基的体积；$T$ 为母液的浓缩倍数。

## 一、培养基母液配制

配制培养基时，通常会先配制母液，即不同组分的培养基浓缩液。配制母液的目的是保证各物质成分的准确性及配制时的快速移取，且利于低温保存。母液的配制有两种方法：一种是配制成大量的单一化合物母液，如铁元素母液、碘元素母液分别单独配制，这样的好处是配制多种培养基时都可以用同一种母液；另一种方法是母液可分配为大量元素、微量元素、钙盐、铁盐、植物生长调节剂等，这种方法的好处是用于配制同一种培养基时十分省时省力，实验室里常用的 MS 培养基母液配制时常用此种方法（表 3-5）。由于 $Ca^{2+}$ 与 $SO_4^{2-}$、$PO_4^{3-}$ 易生成沉淀，配制母液时应需留意，保证让其在不同的母液中。一般情况下，有机营养成分单独配成母液，无机营养成分分开配制成大量元素和微量元素母液，铁盐、钙盐、植物生长调节剂、维生素等的母液均需分别单独配制。

表 3-5　MS 培养基母液（1L）的配制

| 药品名称 | 规定量 /mg | 浓缩倍数 | 称取量 /mg | 配制 1L 培养液吸取量 /mL |
|---|---|---|---|---|
| 硝酸铵（$NH_4NO_3$） | 1 650 | 20 | 33 000 | 100 |
| 硝酸钾（$KNO_3$） | 1 900 | 20 | 38 000 | 100 |
| 七水硫酸镁（$MgSO_4 \cdot 7H_2O$） | 370 | 20 | 7 400 | 100 |
| 磷酸二氢钾（$KH_2PO_4$） | 170 | 20 | 3 400 | 100 |
| 二水氯化钙（$CaCl_2 \cdot 2H_2O$） | 440 | 20 | 8 800 | 100 |
| 四水硫酸锰（$MnSO_4 \cdot 4H_2O$） | 22.3 | 100 | 2 230 | 10 |
| 七水硫酸锌（$ZnSO_4 \cdot 7H_2O$） | 8.6 | 100 | 860 | 10 |
| 硼酸（$H_3BO_3$） | 6.2 | 100 | 620 | 10 |
| 碘化钾（KI） | 0.83 | 100 | 83 | 10 |
| 二水钼酸钠（$Na_2MoO_4 \cdot 2H_2O$） | 0.25 | 100 | 25 | 10 |
| 五水硫酸铜（$CuSO_4 \cdot 5H_2O$） | 0.025 | 100 | 2.5 | 10 |
| 六水氯化钴（$CoCl_2 \cdot 6H_2O$） | 0.025 | 100 | 2.5 | 10 |
| 乙二胺四乙酸二钠（$Na_2$-EDTA） | 37.3 | 100 | 3 730 | 10 |
| 七水硫酸亚铁（$FeSO_4 \cdot 7H_2O$） | 27.8 | 100 | 2 780 | 10 |
| 烟酸 | 0.5 | 100 | 50 | 10 |
| 盐酸吡哆素 | 0.5 | 100 | 50 | 10 |
| 盐酸硫胺素 | 0.1 | 100 | 10 | 10 |
| 肌醇 | 100 | 100 | 10 000 | 10 |
| 甘氨酸 | 2 | 100 | 200 | 10 |

### （一）大量元素母液

大量元素母液浓度一般为原培养基浓度的 10、20 或 50 倍，有时也可用 100 倍，倍数不宜过高，也不宜过低。各成分应分别称取，完全溶解后，再混合，最后用蒸馏水定容，贴上标签，注明母液名称，记下配制时间、浓缩倍数，待用。

### （二）钙盐母液

钙盐单独配制和保存，以免长期贮存发生沉淀。一般配成10倍母液，准确称取$CaCl_2$或$CaCl_2 \cdot 2H_2O$药品，充分溶解后用蒸馏水定容。

### （三）微量元素母液

配成100倍液，准确称取药品后，分别溶解，混合后加蒸馏水定容。

### （四）铁盐母液

铁是用量较多的一种微量元素，因铁离子在水溶液中不稳定，易与$OH^-$结合发生沉淀，必须单独配制。目前，常用的铁盐为硫酸亚铁和乙二胺四乙酸二钠的螯合物，配制时配成100倍液，准确称取药品，分别完全溶解后混合，用蒸馏水定容。如果有市售商品螯合铁，也可直接购买使用。

### （五）植物生长调节剂

植物生长调节物质由于很难溶于水，因此配制的方法不同。细胞分裂素类物质如6-BA和KT可溶于少量的1mol/L的HCl中，再加水定容；生长素类如NAA等先溶于少量95%乙醇或1mol/L NaOH溶液后再定容；叶酸可加入少量稀氨水溶解（表3-6）。

**表3-6 植物生长调节剂母液的配制和保存**

| 种类 | 英文名称 | 中文名称 | 试管保存 | 母液保存 | 灭菌方式 |
|---|---|---|---|---|---|
| 生长素类 | IAA | 吲哚乙酸 | 冷冻 | 冷冻避光 | 过滤除菌 |
| | IBA | 吲哚丁酸 | 冷藏 | 冷冻避光 | 高压灭菌 |
| | NAA | 萘乙酸 | 常温 | 冷菌 | 高压灭菌 |
| | 2,4-D | 2,4-二氯乙酸 | 常温 | 冷菌 | 高压灭菌 |
| 细胞分裂素类 | KT | 激动素 | 冷冻 | 冷藏 | 高压灭菌 |
| | ZT | 玉米素 | 冷冻 | 冷冻避光 | 过滤灭菌 |
| | BA | 苄基腺嘌呤 | 常温 | 冷藏 | 高压灭菌 |
| 其他类 | $GA_3$ | 赤霉素 | 常温 | 冷藏 | 过滤灭菌 |
| | ABA | 脱落酸 | 冷冻 | 冷冻避光 | 高压灭菌 |

## 二、培养基的配制流程

培养基的配制需按照一定的次序进行，具体流程如下。

1）取出母液按顺序放好，根据母液吸取体积公式计算好要吸取的母液体积，分别吸取大量元素、微量元素、钙盐、铁盐及植物生长调节剂的母液待用。

2）取出蒸馏水，将烧杯装满1/3的蒸馏水，将母液按顺序加入，在加入过程中不断地搅拌。

3）加入蔗糖，除液体培养基外根据需要加入凝固剂，混匀，加蒸馏水至培养基的最终容积，定容。

4）调节pH，用1mol/L NaOH溶液和1mol/L HCl溶液来调节pH。可用酸度计或pH试纸进行测量，若使用酸度计测量pH，则该步骤应该在加入凝固剂（如琼脂）前进行，因为加入的凝固剂会导致酸度计灵敏度降低，测量出的pH不准确。而用pH试纸测量则可以在加入琼脂后再进行。

5）加入琼脂，并加热使之溶解，并持续搅拌防止沉淀糊底。加热过程中在烧杯口盖上玻璃片可以有效防止水分的蒸发。

6）在琼脂未凝固（凝固温度40℃）的前提下尽快将已配好的培养基分装到所选用的培养容器中，用试管装分装时培养液一般装至容器体积的1/4～1/3，然后根据不同需要选择棉花塞或耐高温的封口膜迅速封好瓶口，防止水分蒸发。

7）在高压灭菌锅121℃下灭菌15～20min。

8）灭菌后，等高压灭菌锅压力降至0℃时再打开灭菌锅，将器皿放置在超净工作台上待用。

9）高压灭菌后取出培养基，根据培养需要可直立或倾斜放置。注意在培养基未完全凝固时，不要移动器皿，灭菌后的培养基不要马上使用，放在超净工作台上3d后，若没有污染才可使用，否则会由于灭菌不彻底或封口材料破损等原因，造成培养材料的损失。

## 小 结

培养基中含有植物生长所需要的碳源、氮源、水、无机盐等全部营养成分，是植物组织生长分化的基质，是植物组织培养成功的关键。植物生长调节剂是培养基中的关键成分，在植物组织培养中起决定作用。培养基的种类有很多，但较常用的有 MS、B5、N6、White 和 NLN 培养基。没有任何一种培养基能够适合培养所有的植物材料。培养基中各类组分的浓度和配比直接影响到培养材料的生长分化，因此要根据培养材料的特点和培养目的，选择合适的培养基。配制培养基时，为了保证各物质成分的准确性及配制时的快速移取，应先配制一系列母液。一般情况下，有机营养成分单独配成母液，无机营养成分分开配制成大量元素和微量元素母液。铁盐和钙盐、植物生长调节剂、维生素等的母液均需分别单独配制。

## 复习思考题

1. 谈谈培养基的主要成分及其作用。
2. 常用的植物生长调节物质有哪些？各有什么作用？如何确定其使用浓度？
3. 简述培养基中常用的糖类物质及使用浓度。
4. 如何配制培养基母液？配制母液时有哪些注意事项？
5. 试述培养基的配制过程。
6. MS 培养基有哪些特点？
7. 培养基有哪些类型？如何选择合适的培养基？

## 主要参考文献


杜永光，郝丽珍，王萍，等．2005．植物组织培养中琼脂浓度和 pH 对培养基凝固程度的影响．植物生理学通讯，41（5）：623

郭仰东．2009．植物细胞组织培养实验教程．北京：中国农业大学出版社：174~178

侯义龙．2007．果蔬组织培养技术及其应用．北京：中国农业科学技术出版社：247~255

刘庆昌，吴国良．2010．植物细胞组织培养．2 版．北京：中国农业大学出版社：17~28

沈海龙．2009．树木组织微枝试管外生根育苗技术．北京：中国林业出版社：256~257

王蒂，陈劲枫．2013．植物组织培养．2 版．北京：中国农业出版社：30~36

王家福．2006．花卉组织培养与快繁技术．北京：中国林业出版社：37~241

王永平，史俊．2010．园艺植物组织培养．北京：中国农业出版社：35~36

袁云香．2013．金属元素与植物组织培养．咸阳：西北农林科技大学出版社：133~142

Carmona-Martín E, Regalado JJ, Padilla MG, et al. 2014. A new and efficient micropropagation method and its breeding applications in *Asparagus* genera. Plant Cell Tissue and Organ Culture (PCTOC), 119(3)：479~488

Krishna G, Reddy PS, Ramteke PW, et al. 2010. Progress of tissue culture and genetic transformation research in pigeon pea [*Cajanus cajan* (L.) Millsp.]. Plant Cell Reports, 29(10)：1079~1095

Le-Feuvre R, Trivino C, Sabja AM, et al. 2013. Organic nitrogen composition of the tissue culture medium influences *Agrobacterium tumefaciens* growth and the recovery of transformed *Pinus radiata* embryonal masses after cocultivation. *In Vitro* Cellular and Developmental Biology - Plant, 49(1)：30~40

Liu Y, Li Y, Liu J, et al. 2014. Test pigments in media for tissue culture and transformation. Plant Cell Tissue and Organ Culture (PCTOC), 118(3)：583~588

Pise M, Rudra J, Bundale S, et al. 2012. *Asparagus racemosus* cell cultures：a source for enhanced production of shatavarins and sarsapogenin. *In Vitro* Cellular and Developmental Biology-Plant, 48(1)：85~91

Rawat B, Rawat JM, Mishra S, et al. 2013. *Picrorhiza kurrooa*：current status and tissue culture mediated biotechnological interventions. Acta Physiologiae Plant, 35(1)：1~12

Regalado-Gonzalez JJ, Carmona-Martin E, Castro P, et al. 2015. Micropropagation of wild species of the genus *Asparagus* L. and their interspecific hybrids with cultivated *A. officinalis* L., and verification of genetic stability using EST-SSRs. Plant Cell Tissue and Organ Culture (PCTOC), 121(2)：501~510

# 第四章 植物显微观察与组织学技术

## 第一节 显微观察技术

显微观察技术广泛应用于现代科学的各个领域。生物学领域诸多重大的发现与显微观察技术的进步密不可分，其中被恩格斯誉为19世纪最伟大的三大发现之一——细胞学说，即是以显微观察技术的进步为基础的。显微观察技术在植物组织培养和生物技术研究中具有重要的应用价值，如组织培养过程中生物材料经历复杂多样的形态和结构变化过程，显微观察技术可为我们了解培养物的生长发育过程提供肉眼无法实现的准确判断，从而为组织培养提供科学的指导。

显微观察技术发展的核心内容之一是显微镜技术的发展。

### 一、显微镜的种类

显微镜的种类繁多，根据应用范围可分为生物显微镜、金相显微镜和工业检测显微镜三大类。根据照明光源的性质来分，可分为光学显微镜（optical microscope，OM）和非光学显微镜（如电子显微镜）两大类。光学显微镜大体分为单式显微镜和复式显微镜两类。本章主要介绍光学显微镜。

#### （一）单式显微镜

人的眼睛就像一个凸透镜，可以观察到物体1∶1的原大小。如果一个普通的透镜可以将物体放大的话，这样的简单透镜就是“单式显微镜”。日常所用的“放大镜”实际上就是利用凸透镜的放大原理做成的“单式显微镜”。

#### （二）复式显微镜

显微镜的光学部件由多个镜头组成，以达到目标对象细微结构特征的观察目的，这样的显微镜称为复式显微镜。第一台复式显微镜在1590年由荷兰眼镜制造商Z. Janssen父子试制，1665年Hooke（虎克）完善并利用复式显微镜观察软木塞上的微小气孔，发现了“细胞”，“细胞”一词就由此而来。

解剖显微镜和体视显微镜则用于观察稍大样品的三维特征，这类显微镜的放大倍数较复式显微镜要小。

根据结构和功能，其中复式显微镜又可分为以下三类。

1．普通型　主要用于一般常规镜检测、教学和研究用。

2．特种型　用于特定观察和研究用，如暗场、相差、偏光、荧光、倒置、显微摄影等用途。

3．高级型　又称为万能显微镜。

目前光学显微镜的大体分类如下。

光学显微镜
- 单式显微镜　包括放大镜、平台解剖镜等
- 复式显微镜
  - 普通型（小型）用于常规镜检测和教学等
  - 特种型（中型）用于特定或多用途的研究
  - 高级型（大型）用于联机多用途研究

### 二、显微镜的基本光学原理

显微镜是利用凸透镜的放大成像原理，将人眼不能分辨的微小物体放大到人眼能分辨的尺寸，用角放大率$M$表示它们的放大能力。因同一件物体对眼睛的张角与物体离眼睛的距离有关，所以一般规定像离眼睛距离为25cm（明视距离）处的放大率为仪器的放大率。

显微镜由两个会聚透镜组成，光路图如图4-1所示。物体AB经物镜成放大倒立的实像$A_1B_1$，

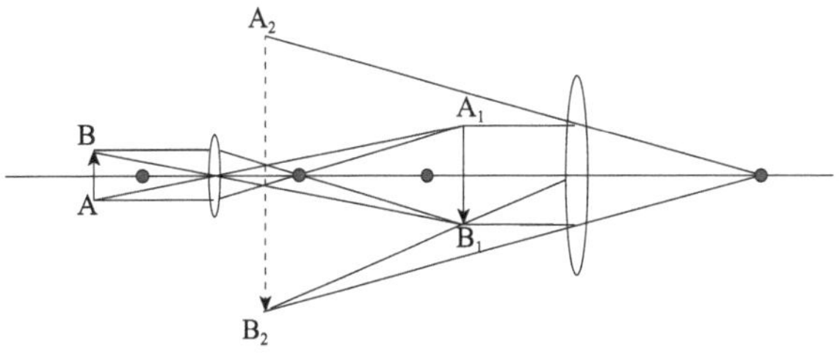


图4-1　显微镜放大原理光路图

$A_1B_1$ 经目镜后成放大的虚像 $A_2B_2$。

显微镜的光学技术参数包括分辨率、放大率、数值孔径、焦深、视场直径、工作距离等。部分参数介绍如下。

1．分辨率　分辨率又称为“鉴别率”或“分辨本领”，是衡量显微镜性能的一个重要参数。显微镜的分辨率大小由物镜的分辨率来决定的，而物镜的分辨率又是由它的数值孔径和照明光线的波长决定的。正常人眼能分辨 0.073mm 距离的两个点，若小于这个距离，就分辨不清是两个点，而被误认为是一点。因此，0.073mm 为人眼的最小分辨距离。显微镜的分辨率原理也是如此，光学显微镜的最小分辨为 0.4μm 左右，若小于 0.4μm，物镜不能分辨出来，看到的即为一个点。

2．放大率　放大率就是显微镜的放大倍数，是物镜放大倍数与目镜放大倍数的乘积，如目镜为 10 倍，物镜为 40 倍，则放大倍数为 40×10 倍（即为 400 倍）。应注意放大的倍数是指长度的比值而不是面积的比值。目前的显微镜最大可放大 2000 倍。

3．数值孔径　数值孔径也称为镜口率，简写为 NA 或 *A*，是物镜和聚光器的主要参数，与显微镜的分辨率成正比。干燥物镜的数值孔径为 0.05～0.95，油浸物镜的数值孔径为 1.25。

4．物镜的工作距离　物镜的工作距离是指所观察的标本对焦清晰时，物镜的前端透镜与标本的盖玻片表面之间的距离。物镜的工作距离与物镜的焦距有关，焦距越长（放大倍数越低），其工作距离越长。物镜在光学上是按照盖玻片的标准厚度（0.17～0.18mm）设计的。盖玻片过厚或过薄都会影响图像的清晰度。对于工作距离很短的物镜（如油浸系物镜），过厚的盖玻片有时会导致物镜无法取得标本的焦点，影响观察。

## 三、显微镜的基本结构

光学系统和机械系统两部分组成了显微镜的基本结构。光学系统主要包括物镜、目镜、聚光器、光阑和光源等部分。机械系统主要由镜座、镜柱和镜臂、载物台、镜筒、物镜转换器、调焦装置等部分组成。

### （一）光学系统

显微镜的光学系统主要部件介绍如下。

1．物镜　物镜是光学显微镜最关键的部件之一，显微镜成像的分辨率由物镜决定。普通光学显微镜的物镜一般位于显微镜筒的下方，由多片透镜组成。物镜的作用是放大实像并提高分辨率。多个物镜可共同镶在物镜转盘上，根据需要转动转盘可选择不同倍数的物镜。

根据放大倍数的不同，物镜可分为低倍物镜（＞10 倍）、中倍物镜（20 倍左右）、高倍物镜（40～60 倍）和油浸物镜（90～100 倍）。显微镜常用的镜头包括 5×、10×、20×、40× 和 100× 等不同放大倍数的镜头，其放大倍数信息刻在镜头表面。镜头的长度一般与其放大倍数成正比，即镜头越长其放大倍数越大。油镜镜头上常用英文单词“oil”或者“oel”标示，同时多数油镜镜头在其顶端有一条黑线显示。

根据物镜像差校正的程度，可分为消色差物镜、复消色差物镜、半复消色差物镜、平场物镜、特种物镜（带校正环物镜、带虹彩光阑物镜、相衬物镜、无应变物镜、无荧光物镜、无罩物镜、长工作距离物镜）。

2．目镜　目镜的结构比较简单，通常由上下两组透镜组成，上面的透镜叫作接目镜，下面的透镜叫作会聚透镜或场镜。目镜的长度越短，放大倍数越大。目镜的作用是将已被物镜放大的、分辨清晰的实像进一步放大，达到人眼能分辨清楚的程度。但是物镜所不能分辨的细微结构，虽然经过目镜的再放大，也还是不能分辨，因此目镜只能起放大作用，不能提高显微镜的分辨率。目镜实质上就是一个放大镜。显微镜的放大倍数是物镜放大倍数与目镜放大倍数的乘积。

3．聚光器　聚光器又称为集光器，一般位于显微镜载物台的下方，主要由聚光镜和可变光阑组成。聚光器的作用是将光源或反光镜射来的光线聚焦于被检标本上，使标本受到的光照均匀，以得到最强的照明效果。聚光镜可分为明视场聚光镜（普通显微镜配置）和暗视场聚光镜。聚光器的下端装有可变光阑，以控制光束的粗细。可变光阑也称为光圈，位于聚光镜的下方，由多张金属薄片组成，中心部分形成圆孔。通过转动对应的螺旋可调节圆孔的大小，从而调节光强度和使聚光镜的数值孔径与物镜的数值孔径相适应。

4．反光镜　反光镜是一个可以在水平与垂直两个方向上任意旋转的双面镜，一面是平面镜，另一面是凹面镜。反光镜的作用是将外界的光线反射到通光孔。平面镜反射光线的能力较弱，是在光线较强时使用；凹面镜具有汇聚光线的作用，可使光线增强，在光线较弱时使用。当用聚光器时一般用平面镜，不用时用凹面镜。

5．照明光源　显微镜照明形式分为透射式

照明和落射式照明两类。前者适用于透明或半透明的样品，绝大多数生物显微镜属于此类照明法；后者则适用于非透明的样品观察，光源来自上方，又称反射式照明，光学显微镜的照明光源位于聚光器的下方，配有可变电阻，可以改变光线的强度。显微镜的照明也可以用天然光源，天然光源的光线最好是散射光，不可利用直接照射的阳光。对人工光源的基本要求是有足够的发光强度，光源发热不能过多。

### （二）机械系统

机械系统的作用是固定与调节镜头、固定与移动标本等，其主要部件介绍如下。

1．镜座　镜座是显微镜基部呈圆形或者马蹄形的部分，作用是支撑整个显微镜。镜座上常装有照明光源和反光镜等部件。

2．镜柱和镜臂　连接镜座和镜臂的直立短柱即为镜柱，起到支持镜臂和载物台的作用。镜臂指从镜柱向上弯曲的部分，便于手持，镜臂的作用是支撑镜筒，分为固定和可倾斜两种。

3．载物台　又称为镜台，位于物镜的下方或上方，其作用是放置需要观察的载玻片标本或样品，形状有圆形和方形两种。载物台中心有一个通光孔。载物台上装有标本推进器，其上装有压片夹，用于固定标本，载物台下有推进器的调节螺旋，可调节标本左右和前后方向的移动。有的载物台的横纵坐标上都装有游标尺，读数精度为 0.1mm，游标尺可用来测定标本的大小，也可用来对被检部分做标记，以利于再次观察时快速找到目标视野。

4．镜筒　镜筒上端连接目镜，下端连接物镜转换器。根据镜筒的长度是否可变分为固定式和可调节式两种，镜筒长度（也称为机械筒长）不能变更的叫作固定式镜筒，能变更的叫作调节式镜筒，新式显微镜多为固定式镜筒。

镜筒有单筒和双筒两种。单筒又可分为直立式和倾斜式两种，双筒则都是倾斜式的。双筒显微镜可使用两眼同时观察，眼睛不易疲劳，视野效果更为清晰。双筒之间的距离可以调节以适应不同观察者的需要，同时其中有一个目镜设有屈光度（即视力）调节装置，便于两眼视力不同的观察者使用。

5．物镜转换器　物镜转换器固定在镜筒下端，有 3 或 4 个物镜接口，物镜应按放大倍数高低顺序排列。切换镜头时，应用手指捏住旋转碟旋转，不能用手指直接推动物镜，否则易造成光轴歪斜，影响成像质量。

6．调焦装置　调焦装置包括粗准焦螺旋和细准焦螺旋两种。有的显微镜粗准焦螺旋与细准焦螺旋装在同一个轴上，大螺旋为粗准焦螺旋，小螺旋为细准焦螺旋；有的显微镜两种调焦螺旋分开在不同位置，位于镜臂上方较大的一对螺旋为粗准焦螺旋，转动一周，镜筒上升或下降 10mm。位于镜臂下方较小的一对螺旋为细准焦螺旋，转动一周，镜筒上升或下降 0.1mm。

## 四、显微镜的使用

### （一）瞳距调节

使用双目显微镜时，初学者往往习惯仅用一只眼睛观察，而另一只眼睛闭着，这样长时间观察很容易导致眼睛疲劳，同时也不利于清晰地看到所观察的对象。不习惯于双目同时观察的原因主要是观察者不能使两个眼睛观察到的画面完全重叠，从而觉得不如一只眼睛看得清楚，产生这个问题的主要原因是没有调节好两个目镜的距离。每个人的瞳距都不完全一样，双目显微镜的两个目镜可以根据个人的需要进行调节，因此每个人在使用显微镜时，首先应根据自己两眼的间距，调节好显微镜双目镜的瞳距，使得两只眼睛在镜中看到完全重叠的画面。

### （二）屈光度调节

人眼睛的晶状体呈双凸透镜状，靠睫状肌的缩放而改变厚度，从而将外界物体反射的光线折射在视网膜上成像。眼睛折射光线的作用叫作屈光，用光焦度来表示屈光的能力，叫作屈光度。随着年龄的增长，人的两只眼睛的视力往往有所不同，即屈光能力有所差别，显微镜等光学仪器上考虑到了使用者在不方便配戴眼镜观看时两只眼睛视力的差异，所以都具有屈光度调节镜。

在使用显微镜时，可以调节调焦螺旋，先让自己的一只眼睛完全看清视野图像，再调节另一只眼睛的目镜，直到图像清晰，这样两只眼睛就可在镜中看到完全清晰一致的图像。

### （三）目镜和物镜的使用

使用显微镜观察物体时，应采取先低倍后高倍的调焦顺序。10 倍物镜是调焦时标准的常用低倍物镜。一般在 10 倍物镜下调焦至观察对象清晰后，镜头转换到更低或更高倍物镜后，只需要轻微调节细准焦螺旋对焦或不用调节就可以清楚观察到目标样品。

具体操作时，将标本（玻片或观察对象）放置于载物台上，用推片器弹簧夹夹住，并转动推片器螺旋使需要观察的部位位于通光孔正下方。从侧面观察，转动粗准焦螺旋直到物镜快接触到玻片标本为止（玻片标本离物镜镜头 1mm 左右）。然后通过目镜观察，同时反方向转动粗准焦螺旋，使标本慢慢离开物镜镜头，至成像清晰，必要时可稍稍转动细准焦螺旋，至图像更为清晰。需要进一步使用高倍物镜观察时，应在转换高倍物镜之前，将需要放大观察的目标区域移至视野中央，避免由于高倍物镜视野范围的缩小导致无法找到观察对象。

### （四）油浸物镜的使用

使用油浸镜观察样品前，首先通过低倍或高倍非油镜镜头找到要观察的样品区域，并使所要观察的目标位于视野正中心。转动粗准焦螺旋降低载物台，通过镜头转换器将油镜转到工作位置。加一滴香柏油在待观察的样品区域，转动粗准焦螺旋使载物台缓慢上升，至油浸镜头接触到香柏油且几乎与玻片标本相接。通过聚光镜增加光线强度。通过目镜观察，并慢慢调节准焦螺旋，使玻片与镜头间距离逐渐加大，至视野中的图像清晰，即可观察并记录。

使用油浸物镜后，要及时对镜头和标本玻片进行清洁，因为香柏油在空气中暴露时间过长后会变稠、变干，擦拭很困难，容易损坏镜头。不及时清洁也容易使香柏油粘上灰尘，擦拭时可能磨损透镜。清洁时，先用专用擦镜纸擦 2 或 3 次，去除大部分香柏油，再用二甲苯滴湿的擦镜纸擦拭 2 次，最后用干的擦镜纸擦干。

### （五）聚光器的调节使用

普通光学显微镜的聚光器位于载物台下，核心部件是一个大功率的透射镜，可将光线聚集到目标样品上，使物象呈现出明亮清晰的效果。使用聚光镜时，应使其焦点落在载物台的通光孔正中，并聚焦在目标样品上，以得到最大亮度。聚光器的调节方法分为以下 3 种。

1．调出轮廓清晰的多边形　将视场光阑和孔径光阑转到最小状态，转动聚光镜的上下调节旋钮，使聚光镜缓慢上升或下降，至视场中出现边缘清晰的多边形即可。

2．调节聚光器光轴至通光孔正中　视野中的多边形应该是在视野的正中心位置，若偏离正中位置，需要调节聚光器对中螺钉，使多边形出现在视野的中心位置。

3．多边形调成外切　逐渐放大视场光阑，使多边形正好外切于整个视场，即为最佳状态。这样聚光器的光轴调到了与照明光路及成像光路的光轴合轴。调节好后，不要再随意调节对中螺钉。

### （六）显微镜使用注意事项

1）移动显微镜时需使用双手进行。一般用右手握住显微镜的镜臂，左手托住基座底部再移动。

2）不得倾斜或倒置显微镜，以免目镜和其他部件脱落。

3）清洁显微镜镜头时应使用专用的擦镜纸。尤其是使用油浸物镜后，务必清洁镜头。

4）使用体视显微镜时，应将被观察对象放置于塑料 / 玻璃培养皿或其他透明的托盘中再置于镜下观察，避免显微镜底座被污染。

5）不使用显微镜时，请用防尘罩覆盖显微镜。

## 五、各种显微镜检技术介绍

### （一）普通光学显微镜检法

普通光学显微镜技术是最早用于研究生物体的显微镜技术，也是目前应用最广的显微镜检技术。生物样品一般不能直接在普通光学显微镜下观察，这是因为细胞内的各种组分对可见光的吸收程度差别很小，因此生物样品在普通光学显微镜下观察前必须经过制片并进行染色，使细胞内的各组分对可见光的吸收程度差别明显，利于镜下观察识别。

### （二）相差显微镜检法

光线通过相对透明的标本时，光的波长（颜色）和振幅（亮度）都没有明显的变化，用普通光学显微镜观察这样的标本时，其形态和内部结构往往难以分辨，因此必须进行染色才能观察。但是对于有些样品，染色易引起样品真实状态的改变。因此，对于这类未经染色或不适合染色的标本（如活细胞），可以利用相差显微镜进行观察。

相差显微镜是利用光的干涉现象，导致透明的物体表现出明显的明暗差异，使我们能看到在普通光学显微镜下看不清的样品的细微结构。光线通过折射率不同的介质时，其波长和振幅都会发生不同程度的变化，产生相位差。这种光的相位差可以通过相差显微镜的特殊装置——环状光阑和相板，利用光的干涉现象，转变为人眼可以察觉的明暗差，从而使原来透明的物体表现出可见的明暗差异，使我们能清晰地观察到普通光学显微镜下看不到的细胞内的细微结构。图 4-2 为黄瓜的染色体在相差显微镜下呈现的可见的形态特征。

图 4-2 相差显微镜下黄瓜有丝分裂中期的染色体（未经染色）

### （三）荧光显微镜检法

荧光显微镜的光源是紫外线，样品经紫外线照射后，发出荧光，在显微镜下呈现出肉眼可观察的形状及位置。植物细胞中的某些物质，经紫外线照射后可发出荧光，如叶绿体等。另外有些物质，经紫外线照射不能发出荧光，但是加入一些特定的荧光染料后，在紫外线下就能发出特定的荧光，从而实现对目标样品特定结构与特性的观察分析。荧光显微镜用于研究细胞内物质的分布及目标 DNA 序列的细胞或染色体定位等。例如，在研究目标 DNA 定位的研究中，常利用荧光染料标记目标 DNA 序列，再将标记好的 DNA 与制备的细胞或染色体制片进行杂交，杂交过程中该目标 DNA 序列基于碱基配对的原则，与制片上相对应的 DNA 配对结合，从而在荧光显微镜下观察检测目标 DNA 在制片上的位置。这种技术常常用于种间杂种的分析，如利用基因组原位杂交技术对种间杂种中两套染色体的鉴定与分析（图 4-3）。

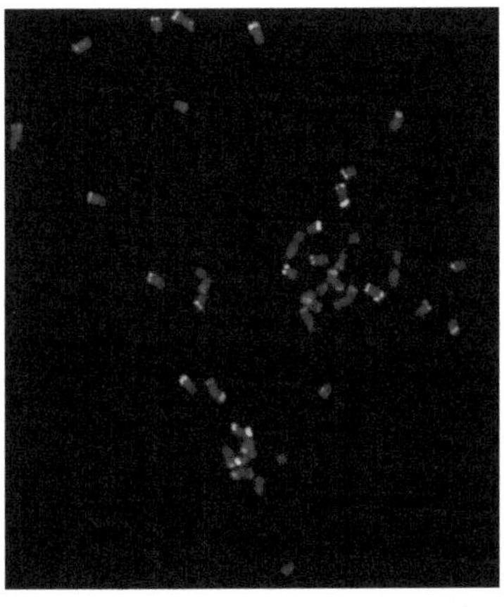

图 4-3 黄瓜与野生酸黄瓜种间异源四倍体的染色体组成分析

红色信号示黄瓜染色体，绿色信号示野生酸黄瓜染色体

### （四）倒置显微镜检法

倒置显微镜通常的结构是照明系统位于载物台的上方，物镜位于载物台下方，工作状态是镜头由下方往上接近标本，故称为倒置显微镜。这种显微镜显著增加了载物台上放置样品的高度，可放置各种培养皿、培养瓶等容器，便于观察活体细胞和组织。同时，对于一些培养物位于培养容器底部的材料，倒置显微镜更有利于观察到更为清晰的图像。

### （五）体视显微镜检法

体视显微镜（stereo microscope）也称为解剖镜，是一种采用双目镜头从两条光路成不同方位角同时对物体进行立体观察的显微镜。体视显微镜主要用于观察样品的三维结构，其光路为双光路，两个镜筒的光轴相当于人用双目观察样品时所形成的视角，从而产生立体的视觉效果（图 4-4）。体视显微镜的特点是工作距离大，视野宽，景深效果好，可直接观察实物，成像有立体感，适用于显微观察生物体的表面特征。体视显微镜的放大率不如常规显微镜，但是可以通过数码接口和图像分析软件连接计算机进行分析。体视显微镜可以对样品提供客观、真实、立体而清晰的成像，在生命科学研究中起着不可替代的作用。

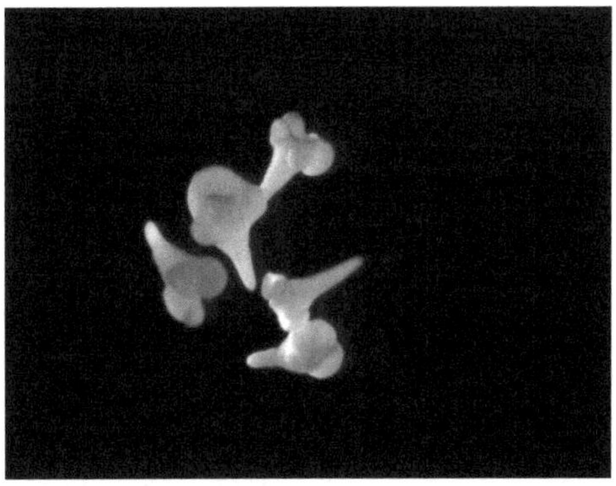

图 4-4 体视显微镜观察白菜小孢子培养形成的胚状体

### （六）电子显微镜检法

光学显微镜由于所用光波的波长限制，小于光波波长的物体因衍射而不能成像，导致了其无法对极微小的物体标本进行观察。最高级的光学显微镜的分辨率的限度约为 200nm。电子显微镜（electron microscope，EM）以电子射线代替光波进行物体的成像，其分辨率可达 0.1～0.2nm，放大倍数为几万至几十万倍，远高于最高级的光学显微镜，可以对样品的超微结构进行清晰的观察。电子显微镜显著提高样品分辨率主要是利用波长比普通可见光或紫

外线短得多的电子束作为光源。电子微粒以高速运动时，其行为类似光波的传播过程。在特定高压电场下，电子射线的波长可达 0.001nm（0.01A），约为可见光的十万分之一，极大地提高了对标本的分辨率。

按照结构和用途，电子显微镜可分为透射电子显微镜、扫描电子显微镜、反射电子显微镜和发射电子显微镜 4 类。生物样品常用到前两种电子显微观察技术。由于标本厚薄不同，所使用的电镜类型也有差异。很薄的标本常用透射电镜观察；厚一点的标本或者需要对标本的表面结构进行细微观察的可用扫描电镜进行观察。

透射电子显微镜（transmission electron microscope，TEM）是最常用的电子显微镜，常用于观察样品内部的细微物质结构。由电子枪、电磁透镜系统、荧光屏（或照相机）、镜筒、镜座、变压器、稳压装置、高压电缆、真空泵系统、操纵台等部分组成。由于电子需要穿过样本，因此透射电镜法的制片必须非常薄。透射电镜的标本制作步骤与光镜切片类似，主要包括固定、脱水、包埋、切片和染色等程序。首先进行标本取材，在戊二醛中固定，然后利用乙醇（或丙酮）脱水，环氧树脂包埋，最后利用超薄切片机切片。电镜图像的形成是样品中差异的组织结构对电子束的电子产生不同散射的结果。

扫描电子显微镜（scanning electron microscopy，SEM）主要用于显微观察样品表面的超微结构。具有分辨率高、景深长、视野广、显示三维立体结构、便于观察和标本制备简单等许多优点，在生物学及医学上比较多地用于观察和研究生物标本的表面形态和内部立体结构（图 4-5）。扫描电镜的电子枪和电磁透镜的结构原理类似透射电镜。扫描电镜的成像原理是利用聚焦得非常细的高能电子束在试样上扫描，通过对这些信息的接受、放大和显示成像，获得样品表面细微结构的图像信息。由于在扫描电镜标本的制作中，既要脱水又要基本保持其自然状态，因此要使用标本的临界冷冻干燥技术。干燥好的标本，经真空喷镀一层碳合金或放入离子镀膜机内镀铂和金，以增加标本的导电能力，加强反差和增强标本的稳定性。然后即可进行扫描电镜观察。

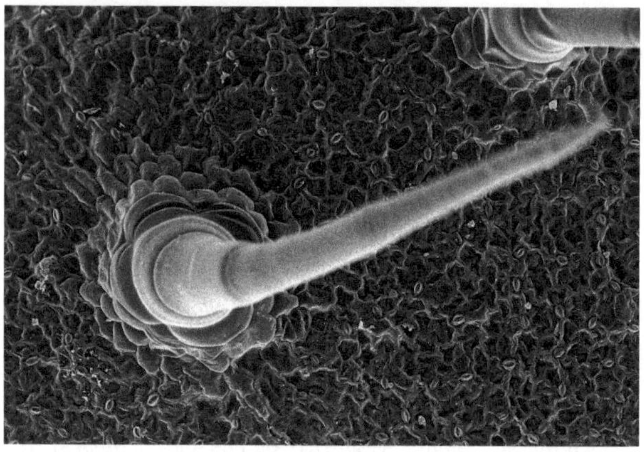

图 4-5　扫描电镜观察植物叶片表皮毛结构特征

# 第二节　材料的组织学技术

植物组织学是指对植物细胞、组织和器官的显微结构和相关特征进行研究的学科。组织学技术可用于观察植物组织培养过程中特定器官或结构的发生，如不定芽、不定根、体细胞胚胎等。

## 一、组织学常规制片技术

材料的显微观察常需要用到制片技术，制片技术总体分为两大类：切片法和非切片法。

### （一）切片法

切片法是植物组织学研究的基本方法，主要包括石蜡切片、冰冻切片、火棉胶切片、电镜技术的超薄切片等。新鲜材料取材后，需要经过固定、脱水等处理，然后用石蜡、火棉胶、树脂等包埋形成包埋块，经切片、脱蜡、染色、封片等过程，即可制成组织切片标本，用于组织的显微观察。

### （二）非切片法

非切片法是指不经过切片步骤而制成组织切片标本的方法，操作简单方便，适用于一些特定材料的制片观察，主要包括涂片法、压片法、整体制片法及扫描电镜样品制备法等。

1．涂片法　涂片法操作简便，常用于培养细胞的观察。主要做法是将新鲜的植物材料或者经过固定和处理的材料在载片上涂成均匀一层，经染色后盖上盖玻片镜检。

2．压片法　是将植物的器官或组织放置于载玻片上，盖上盖玻片，再利用大拇指将细胞压成一薄层，便于进行观察的一种制片方法。压片法的步骤包括取材、预处理、固定、解离、染色、压片、镜检和制成永久制片等。压片法简单易操作，常应用于活体细胞、较大细胞器的观察，也是植物染色体观察研究的常用制片方法。

3．整体制片法　将待观察的植物器官或组织经固定、脱水、染色等过程后封藏于盖玻片和载玻片内进行观察。适用于单细胞、微小生物体或分散的器官的整体制片观察。

4．扫描电镜样品制备法　扫描电镜常用于研究植物花、叶、果实、表面的超微结构。样品的制备主要分两大类，一类为含水量少的硬组织，如植物的花粉、孢子、种子等。此类样品一般含角质和纤维素等成分，通常只经过表面清洁、粘胶等简单过程即可进行观察。当要观察其断面或内部结构时，经断裂、解剖或酶消化、蚀刻等再粘胶、镀膜处理，即可进行观察拍照。另一类为含水分较多的软组织，如大多数的植物器官和组织等均属此类。对于此类样品，在金属镀膜前，一般都需经过清洁、固定、脱水、干燥等处理，否则易造成样品损伤或变形，影响结果的真实性。

## 二、切片法制作标本的基本程序

### （一）植物材料的取材

取材是组织学研究中非常关键的步骤，需要根据具体要求选取材料的来源和部位。取材时要注意以下事项。

1．取样的材料要新鲜　取新鲜生长的植物材料，取样后立即进行固定或其他处理。

2．组织块大小合适　切取的组织块既要保证组织的完整性，又不能太大，组织厚度一般在2～3mm，长度不超过10mm，以保证固定液迅速而均匀地渗入组织内部。

3．材料要清洁　切取的材料若有灰尘或其他杂质污染时，应用清水冲洗干净再取样固定。

### （二）材料的固定

1．固定的作用　植物样品从母体上取材后，细胞内各种活性物质的状态很快会发生变化，细胞原有的结构状态会发生变化，从而影响样品观察结果的真实性。因此取材后的样品应立即进行处理，以保证其结构维持在与活体尽可能接近的状态。从组织学的角度来讲，固定即是通过特定化学试剂（固定液）处理，使细胞/组织结构和状态保持在活体时固有的形态和结构的过程。固定的主要原理是利用化学试剂使组织和细胞中的物质凝固或沉淀，停止发生变化，尽量保持其为活体时固有的形态结构。

固定的作用：固定不仅可使组织和细胞保持在取样时的形态结构，还可使组织细胞中的各种物质凝固而产生不同的折射率，造成光学上的差异，有利于组织染色后的鉴别与观察；固定还会使组织硬化，有利于组织切片。从免疫组化技术的角度来看，固定还有一种重要的作用，即能保持组织或细胞内的抗原性，使抗原不失活，不发生弥散，以保证免疫组化染色时，阳性信号的特异集中。

2．固定的方法和常用的固定液　样品从母体取材后，应立即进行固定。通常将从母体上切取的材料直接置于固定液中固定，这个方法适用于小块的材料。若材料过大、过厚，固定液不能快速地渗入时，材料内部的细胞结构由于没有及时固定会失去其原有的结构状态，从而影响标本结构的观察，这时可以通过抽真空的方法使固定液快速渗入，达到及时固定的目的。

用于固定的化学溶液统称为固定液。根据配制原料不同，固定液可以分为简单固定液和混合固定液。简单固定液指仅包含一种化学药品的固定液，常用的简单固定液有以下几种。

1）甲醛（methanal）：是一种最常用的固定液，易挥发，有强烈刺激性气味。配制时，甲醛饱和水溶液（40%）用水稀释10倍即可。甲醛渗透力强，对组织的收缩作用小，固定均匀。经甲醛固定的组织、细胞核染色较好，但胞质着色较差。甲醛除单独使用外，还常与其他试剂配成混合溶液，以达到更好的固定效果。

2）乙醇（ethanol）：为无色液体，可与水以任何比例混合。固定用的乙醇浓度为无水乙醇或95%乙醇。乙醇穿透力强，固定时间常在1h以内。高浓度乙醇有使材料收缩的作用。70%乙醇可作保存液，用于材料的长期保存。

3）乙酸（acetic acid）：无色透明液体，有刺激性，温度低于17℃时凝结成冰状结晶，故又名冰醋酸。乙酸可以与水以任何比例混合，常用的乙酸固定液浓度为5%。乙酸具有强穿透性，单独使用时易导致原生质膨胀，故一般与乙醇、甲醛等其他固定液按一定比例配合使用。乙酸对染色体具有良好的固定作用，因此用于染色体固定的固定液中，常含有乙酸。

混合固定液指由几种药剂按比例配合而成，主要包括以下几种。

1）FAA固定液：又称万能固定液，其配方为福尔马林（37%～40%甲醛）5mL：冰醋酸5mL：70%乙醇90mL。FAA固定液适用于植物根、茎、叶、花及果实等组织，为植物组织最常用的固定液，在植物组织学研究上应用较广。FAA固定时间不受限制，短为24h，长至数月或数年，兼有保存剂作用。利用FAA固定的材料后期染色不受影响，但用于染色体的固定效果不佳。

2）卡诺氏固定液：该固定液由乙醇、冰醋酸和三氯甲烷（氯仿）组成，三种溶液的体积比为6：1：3。卡诺氏固定液为植物组织材料常用的固定液，固定液渗透迅速，可很好地固定细胞和染色质，尤其适宜于染色体的固定和显示。固定液中的乙醇可固定各种蛋白质、糖类，并有脱水和硬化的作用。冰醋酸能使蛋白质沉淀，对染色质固定良好。三氯甲烷可增加渗透力。卡诺氏固定液一般固定时间4～6h，小块组织可缩短到1～2h。

3．*固定后的处理*　材料固定后，在下一步操作前需要去除组织中渗入的固定液及由固定液产生的沉淀、结晶和色素等的过程称为固定后处理。主要包括以下几种方法。

1）流水冲洗：利用重铬酸钾、甲醛固定的组织，一般需要经过流水冲洗24h左右。

2）乙醇脱色：利用含有苦味酸的固定液固定后的组织，需要在70%乙醇中浸泡洗涤脱去黄色。

3）碘酒脱汞：氯化汞固定的组织常含有汞结晶，可用碘酒浸泡去除。

4）脱甲醛色素：甲醛固定时间较长的组织易产生黑色结晶，可用70%乙醇-浓氨水溶液除去。

5）组织漂白：锇酸固定后的组织呈现黑色，需要利用漂白液漂白后才能上色。

4．*材料固定需要注意的事项*　固定是组织制片技术的关键环节，固定的好坏直接影响后续的结果观察。固定时应注意以下事项。

1）不同的材料或观察对象对固定液的要求往往有所差异，应根据材料和研究目的的不同，选择合适的固定液。

2）取材动作快捷，材料从母体上取下后应立即固定，可以利用真空抽气法使固定液快速渗入组织内部，达到快速固定的目的，使用的固定液应为新鲜配制，最好现用现配。

3）组织块大小合适，保证样品目标部位取材完整，同时避免取样过大，包含过多不必要的组织，影响固定液快速渗入组织内部。

4）固定液的量应足够，保证组织块能悬浮于固定液中，避免固定过程中样品组织内水分渗出明显影响固定液的浓度，从而影响固定效果。

5）固定时间要合适，不同的固定液，其合适的固定时间有所差异，有些固定液固定超过规定时间后，会导致组织硬化或收缩，影响切片和染色，如卡诺氏固定液固定只需几小时即可。

### （三）脱水

1．*脱水的目的*　脱水的目的是除去固定后组织内含有的水分，以便于下一步的透明和浸蜡包埋。脱水的原理是利用特定溶剂将组织内的水分置换出来，这类溶剂统称为脱水剂。由于常用的透明剂如二甲苯及石蜡包埋剂与水不相溶，组织内部极少量水分的存在都会导致透明剂和包埋剂无法渗入，所以脱水是下一步进行透明和透蜡前的必需步骤，是制片过程的重要环节，脱水的彻底与否直接影响切片的质量。

脱水的过程应逐步进行。通常的做法是将脱水剂配成不同浓度的梯度溶液，从低浓度到高浓度逐级进行脱水，组织材料在由低浓度到高浓度的脱水剂中水分逐渐被脱水剂代替。不能指望利用高浓度的脱水剂一次性将组织中的水分彻底去除，这种做法极易引起组织强烈的收缩变形，影响切片效果。

2．*常用的脱水剂类型及使用方法*　脱水剂主要分为非石蜡溶剂的脱水剂和脱水兼石蜡溶剂的脱水剂两类。非石蜡溶剂的脱水剂有乙醇、丙酮等，经这类脱水剂处理的组织必须再经二甲苯透明后才可透蜡。脱水兼石蜡溶剂的脱水剂如正丁醇等，对组织进行脱水处理后即可直接透蜡，中间不需要经过二甲苯透明。几类常用脱水剂的使用方法如下。

1）乙醇（ethanol）：最为常用的脱水剂，可与水以任何比例混合，又可与透明剂相混，同时可使组织硬化，有利于切片。因为操作方法简便，价格低廉，使用较为普遍。但是乙醇的缺点是容易导致组织收缩和脆化，尤其是在高浓度时（95%以上）容易导致组织强烈的收缩和脆化。因此组织开始脱水时不能立即投入高浓度的乙醇中，而应从低浓度开始梯度脱水，一般可从50%乙醇开始，经70%、80%、95%到无水乙醇，进行逐级脱水。

2）丙酮（acetone）：脱水作用与乙醇相似，但其脱水能力比乙醇强。相比于乙醇，丙酮更易导致组织的收缩，一般不常用。丙酮主要用于快速脱水或固定兼脱水时。丙酮能使蛋白质沉淀，组织硬化。能与水、乙醇、三氯甲烷及苯以任何比例混合，但不与树胶、石蜡相混合，所以包埋前仍需要进行透明。

3）正丁醇（n-butylalcohol）：沸点 100～118℃，黄色液体，易挥发。正丁醇脱水能力弱，但对组织的收缩作用小，可与水和乙醇混合，能溶解石蜡，因此可不经过透明直接浸蜡。

4）叔丁醇（tert-butylalcohol，TBA）：又称三甲基甲醇、2-甲基-2-丙醇等，是无色结晶，有少量水存在时为无色挥发性液体，有类似樟脑的气味。叔丁醇的熔点为 25.55℃，沸点为 82.5℃，可溶于大多数有机溶剂，如醇类、酯类、酮类、芳香族及脂肪烃类，是一种被广泛利用的脱水剂。叔丁醇脱水不会导致组织收缩变硬，可不必经过透明剂，直接浸蜡。

5）环已酮（cyclohexanone）：沸点 140℃，无毒，可与苯、二甲苯、三氯甲烷等有机溶剂混合，也为石蜡溶剂，可代替无水乙醇脱水后直接入石蜡，组织不会变硬，不需再经二甲苯透明。

6）二氧六环（dioxane，二氧已环）：沸点 101℃，比重 1.0418，无色液体，可与水、乙醇、二甲苯、石蜡、树胶混合。作为石蜡溶剂，可适当加热以缩短熔蜡时间。二氧六环脱水具有以下优点：适用于多种固定液固定的组织，组织水洗后可直接进入二氧六环中脱水，不需经无水乙醇、二甲苯等步骤，避免组织因此而变硬变脆。不会使组织收缩及硬化，所以在组织内可停留较长时间。二氧六环的缺点为有毒，毒气无臭，吸入后无自我感觉。室内二氧六环达到 1∶1000 浓度时有中毒危险。使用时宜特别注意，切勿敞开瓶塞使毒气散出。易燃，不能蒸馏回收，可用氯化钙或无水硫酸铜吸去水分使用。

3．脱水注意事项

1）脱水应在有盖的玻璃容器中进行，避免脱水剂吸收空气中的水分，影响脱水效果。

2）在更换高一级浓度的脱水剂时，最好不要移动材料以免损坏，可用吸管吸出器皿中的脱水剂，再加入高一级脱水剂。

3）在低浓度脱水剂中，停留不宜太长，否则易使组织变软，材料更易解体。

4）在高浓度乙醇或无水乙醇等脱水剂中，停留的时间也不宜太长，否则会使组织变脆，影响切片。

5）如需过夜，材料可停留在 70% 乙醇中。

6）脱水必须彻底，否则不易透明，甚至使透明剂内出现白色混浊现象。

## （四）透明

1．透明的目的和意义　样品经过脱水剂（这里指非石蜡溶剂的脱水剂）处理后，虽然样品组织里所含有的水分已基本上除去，但是组织里残留着许多脱水剂，如乙醇，在进入浸蜡环节前需要将其去除，这一步骤称为透明。因为乙醇不能溶解石蜡，需要利用一种既能与乙醇混合，又能溶解石蜡的试剂，才能使石蜡浸入组织中去，这类物质称为透明剂。可用作透明剂的有二甲苯、苯、三氯甲烷、香柏油、苯酚、松节油和汽油等。虽然透明剂种类多，但以二甲苯最为常用，效果也最好。

二甲苯为透明无色液体，易挥发，具刺激性气味。二甲苯是一种良好的透明剂，能溶解石蜡，能与乙醇、丙酮等以任何比例混合，但不能溶于水。样品经充分脱水后放入二甲苯一定时间后便能达到透明目的。透明的时间应视组织的大小而定，小的组织可短至几分钟，大块的组织可达数小时不等。透明时要经常观察组织的透明情况，组织一经透明，就必须从二甲苯中取出。二甲苯易对组织造成硬化，如果放置时间过长，会引起组织变硬变脆，影响切片。如果组织在二甲苯放置较长时间仍不能完全透明，说明组织脱水不彻底，这样的组织会造成后续的切片不完整或者无法切片，要重新利用乙醇脱水或者重新取材处理。

2．透明的方法和步骤　透明应分级进行，以免造成样品的收缩。一般情况下，先将样品用 1/2 二甲苯＋1/2 无水乙醇处理，然后将材料转移至纯二甲苯中，一定时间后再转移材料至纯二甲苯中再处理一定时间，至完全透明。

3．透明注意事项

1）透明时，要保证放置透明剂的容器密封，以免空气中的水分进入。

2）更换透明剂时，动作要迅速，避免组织块离开溶液后的收缩干燥，同时避免吸收空气中的水分。

3）在透明过程中，若组织块出现白色雾状，说明材料中的水未被脱净，应重新利用无水乙醇进行脱水，然后再透明。

## （五）浸蜡和包埋

1．浸蜡和包埋的目的　在制作切片或超薄切片时，由于组织局部的软硬不均，制作厚薄均匀的切片较为困难。因此，在切片前有必要用特定物质浸透组织内部，使整个组织均匀硬化，以利于切成薄片，这种物质叫作包埋剂。浸蜡的目的即逐渐除去透明剂，并被包埋剂所代替。一般利用光学显微镜观察的切片，用石蜡、火棉胶、炭蜡、明胶等作包埋剂，常用的包埋剂是石蜡；电子显微镜则常用环氧树脂、聚苯乙烯树脂、异丁烯树脂及水溶性树脂作包埋剂。石蜡制片法是将材料经固定、脱水、透明、浸蜡后包埋在石蜡里面进行切片的方法。该方法适用范围广，制片技术成熟，能将材料切成极薄的片子（可切至2～8μm），并能制成连续的片子，因此在光学显微镜的制片中它是最常用的一种方法。

2．浸蜡和包埋的方法和步骤　组织完全透明后，移入65℃左右熔化的石蜡中，进行浸渍的过程称为浸蜡。浸蜡过程是使石蜡在透明剂的引导下，慢慢进入组织细胞的各个角落，最后使透明剂完全被石蜡取代，石蜡冷却硬化后，便起到支撑组织细胞结构的作用，保证切片时组织结构不会变形。一般所用的石蜡分软蜡（熔点40℃以下）和硬蜡（熔点40℃以上）。浸蜡过程一般是从低温到高温、从低熔点到高熔点逐渐进行。此外，根据石蜡的特点，冬季可用熔点较低的石蜡，夏季可用熔点较高的石蜡。整个浸蜡过程需在恒温箱内进行（按需要调整温度）。浸蜡时间应视组织块大小和种类相应调整，总时间为1～2d。材料浸蜡后再换至已熔化的纯蜡中，并将材料和溶化的石蜡一起倒入提前叠好的包埋纸盒中，用加热的镊子迅速将材料按一定的间隔和所需的切面摆放整齐，然后将纸盒平放入冷水中，使石蜡迅速凝固。最后从纸盒中取出蜡块保存备用。

### （六）组织切片

1．石蜡切片法　取已经包埋好的蜡块，用加热的解剖刀对包埋的材料进行修块，切去组织块多余的石蜡，但要保证材料四周都有石蜡包围。使每块组织占一块，石蜡块修成正方形或梯形，注意组织块切面的方向。准备好长方形的小木块，用于粘蜡块。木块粘蜡块的一端先粘上熔化的废蜡，然后用加热的解剖刀使石蜡块牢固地粘在小木块上，并用加热的解剖刀修去周围多余的蜡。使用切片机进行切片前，安装好切片刀并调整好切片刀的角度，调整距离和所要求的切片厚度，即可进行切片了。切下的切片不能用手取，因为人体体温易使蜡片软化导致其粘到手上。一般可用毛笔挑取后放于载玻片上进行展片和粘片。

2．展片和粘片　刚切下的蜡片往往成连续皱褶状，因此必须进行展片和粘片。在干净的载玻片上滴上一小滴粘贴剂并涂均匀，再滴上几滴蒸馏水，用解剖针或毛笔轻轻将蜡带置于液滴上，置于烘片台上，蜡带受热后慢慢展开即可，再用解剖针调整好蜡带在载玻片上的位置。然后用吸水纸吸去多余的水，以记号笔对玻片编号，于30～40℃温箱中烘干过夜。

常用的粘贴剂有以下几种。

1）明胶粘贴剂：该粘贴剂使用非常广泛。其配方如下：明胶（粉末状）1g＋蒸馏水（36℃，使明胶溶化）100mL＋石炭酸（结晶）2g＋甘油15mL，溶化，最后用滤纸过滤即可。使用时，粘贴剂不宜过多，一般在玻片上滴上1/4～1/3滴，用手指涂抹均匀，然后再在其上滴上蒸馏水或福尔马林即可用于展片。

2）蛋白粘贴剂：新鲜鸡蛋清25mL＋甘油25mL＋石炭酸0.5g。配制方法：分离出蛋清，加入甘油和石炭酸，剧烈摇晃产生大量泡沫，静置至泡沫上浮完毕，用纱布过滤出液体即可。蛋白粘贴剂易失效，最好现配现用。其使用方法同明胶粘贴剂。

### （七）染色

染色的目的是使不同组织或细胞通过染料的作用呈现出明显的差异，从而使我们能清楚地观察其结构特征。

1．染色前的处理　染色前，切片材料必须先经过脱蜡和复水两个程序。脱蜡即溶蜡。一般是利用有机溶剂将切片上的石蜡溶去。常用的脱蜡溶剂为二甲苯。脱蜡一定要彻底，否则会影响材料的染色。脱蜡后材料再移入乙醇中，最后至水中。由于染色剂为水溶液配制，脱蜡后的切片材料需要逐步复水才能染色。为了避免材料的变形，脱蜡后在乙醇中的无水材料应该从高浓度的乙醇逐步移入低浓度的乙醇，最后至水中，这个过程称为复水。

其顺序如下：二甲苯—1/2二甲苯＋1/2无水乙醇—无水乙醇—95%乙醇—80%乙醇—70%乙醇—50%乙醇—30%乙醇—水，进入染色。以上每步均需3～10min。

2．染色剂种类　根据化学性质的不同，可将染料分为碱性染料、酸性染料和中性染料。碱性染料的主要有色部分是正离子，具有一种有色的有机盐基，能与无色的乙酸盐、氯化盐、硫酸根等结合，一般溶于水或乙醇，如番红、苏木精等。酸性染料的主要有色部分是负离子，具有钠或钾的金属基，能与一种有色的有机酸根结合，溶于水和乙醇，如固绿、曙红等。中性染料也称为复合染料，其正负离子都有色，由碱性染料和酸性染料结合而成。其正负离子都有一个发色团。溶于水和乙醇，如吉姆萨等。

根据来源不同，染料可分为天然染料和人工染料。天然染料从自然界动植物中提取获得，主要有苏木精、洋红、靛洋红、地衣红等。人工染料大多是从煤焦油中提取的，种类达百余种，主要有番红、刚果红、橘红 G、固绿等。

植物组织制片中主要染色剂种类和作用如下。

1）苏木精（hematoxylin）：来源于豆科木本植物苏木，其分子式为 $C_{16}H_{14}O_6$，配制后经长期放置氧化成为有色可用的氧化苏木精，其分子式为 $C_{16}H_{12}O_5$。苏木精是细胞核的优良染料。由于细胞结构的差异，染色过程进行适当的分色处理，该染料可使细胞中不同结构分化得到由蓝到红不同的颜色。苏木精染色时需要进行媒染以增强染色剂与组织的亲和性，常用的媒染溶剂包括硫酸铝铵、硫酸铁铵、铜盐等。染色后出现的红蓝颜色与媒染剂的性质和染色后的处理方法有关，一般遇酸呈现红色，遇碱呈现蓝色。

2）番红（safranin）：碱性染料，通常指番红 O 或 Y。常用其 0.5% 或 1% 的乙醇溶液（50% 乙醇）染色细胞核。番红是植物组织制片中应用最方便的一种染料，常与固绿、亮绿、苯胺蓝做二重染色或与结晶紫、橘红 G 三重染色，来使细胞壁及细胞核等呈现差异的颜色。临时制片时可用番红 1% 的水溶液，可使木质化、栓质化的细胞壁及细胞核染成红色。

3）固绿：酸性染料，能使纤维素细胞壁和细胞质呈现蓝绿色。染色快，一般 10～30s 即可，且不易褪色。固绿不易溶于水，易溶于乙醇。一般利用 95% 乙醇作溶剂，配成 0.5%～1% 的染色液。固绿常与番红对染，也可再加入橘红 G 成为三重染色，再加入结晶紫成为四重染色。

4）洋红：来自于雌胭脂虫。从雌胭脂虫中提炼胭脂红后，加矾制成洋红。洋红可把细胞中某些部分染成红色。洋红在中性溶液中溶解度很小，需要溶解在酸性或碱性溶液中。

5）地衣红：从地衣中提取的一种染料，在植物组织细胞学制片中较为常用，对染色体的染色效果较好。配制时溶于 2.2% 的乙酸中，配成乙酸地衣红。

6）结晶紫：碱性染料，主要用于染细胞核及染色体，在植物学和细胞学制片中应用十分广泛。

3. 染色的方法与步骤　切片在染色前应进行脱蜡和复水处理。下面以番红-固绿染色为例，说明石蜡切片在染色环节的具体步骤。

1）切片在二甲苯中脱蜡，约 10min。

2）等量无水乙醇和二甲苯，5min。

3）经无水乙醇、95%、90%、80%、70%、50%、30% 浓度梯度的乙醇，各 5min。

4）蒸馏水 2～5min。

5）1% 番红水溶液染色，约 2h。

6）用水洗去多余染液。

7）50%、70%、80%、90%、95% 浓度梯度的乙醇，脱水 10min。

8）1% 的固绿（用 95% 乙醇配制）染色 10～40s。

9）95% 乙醇洗一下。

10）无水乙醇，脱水 5min。

11）等量无水乙醇和二甲苯混合液，5min。

12）二甲苯，5min。

13）中性树胶封藏。

## 小　结

显微观察技术在现代植物生物组织培养和生物技术领域中得到了广泛应用。显微观察的进步较大程度上依赖于现代显微镜技术的发展。显微镜是利用凸透镜的放大成像原理，将人眼不能分辨的微小物体放大到人眼能分辨的尺寸。显微镜由光学系统和机械系统两个部分构成，显微镜的光学技术参数包括数值孔径、分辨率、放大率、焦深、视场直径、覆盖差、镜像亮度与视场亮度、工作距离等。显微镜是精密仪器，在使用时应特别小心，使用前要熟悉其结构和性能，操作应规范。按照结构和用途，目前应用于植物显微镜检的显微镜类型包括普通光学显微镜、相差显微镜、荧光显微镜、倒置显微镜、体视显微镜和电子显微镜等。

植物组织学是指对植物细胞、组织和器官的显微结构和相关特征进行研究的学科。组织学研究需要用到制片技术，大体分为切片法和非切片法两类。切片法的过程相对复杂，具体包括取材、固定、脱水、透明、浸蜡和包埋、组织切片、染色和片子封藏等过程。获得理想的制片才能清晰地观察到目标样品的真实特征。实际操作时，需要根据材料的不同、观察目的的差异对每个环节作相应的调整优化。

## 复习思考题

1. 了解生物显微镜使用的注意事项。
2. 显微观察生物标本的基本操作步骤包括哪些环节？
3. 什么是植物组织学技术？
4. 植物组织培养显微镜检法包括哪几大类？各适用于哪些组织培养材料的观察？
5. 植物组织切片法的基本步骤有哪些？每个环节需要注意的事项有哪些？

## 主要参考文献

段国禄，施江．2008．植物制片标本制作和植物鉴定．北京：气象出版社

Correia, SM, Canhoto JM. 2010. Characterization of somatic embryo attached structures in *Feijoa sellowiana* Berg. (*Myrtaceae*). Protoplasma, 242(1~4)：95~107

Wang H, Li M, Yang Y, et al. 2015. Histological and endogenous plant growth regulators changes associated with adventitious shoot regeneration from *in vitro* leaf explants of strawberry (*Fragaria* × *ananassa* cv. ‘Honeoye’). Plant Cell Tissue and Organ Culture, 123(3)：479~488

# 第五章 植物转基因技术

在自然界的高等植物中，生殖隔离等因素严格限制了外源基因在不同种植物间的传递。然而，根癌农杆菌（*Agrobacterium tumefaciens*）通过长期进化形成的微妙的转基因机制，可将其一段DNA转入并整合到植物细胞的染色体上，从而享受由植物转化细胞源源不断产生的特殊养分，可谓基因转化的魔术师。农杆菌的基因转化功能被发现后，人们开始尝试利用农杆菌将外源基因转入植物，最初用原生质体作受体，效率低，后来采用“叶盘法”进行植物转化，简便高效，由此推动了植物基因工程遗传改良的应用进程。

人类于1983年首次获得了转基因植物，1986年首批转基因植物（转*CP*基因抗病毒）被批准进入田间试验。1994年5月美国Calgene公司（后来被Monsanto公司收购）转基因延迟成熟的番茄‘FLAVR SAVR’上市，这是首例作为食品进行商业化开发应用的转基因产品。1995年底，多种转基因作物被批准可以商业化种植。从1996年开始，转基因作物大规模商业化种植，至今已是第22年（1996～2017年），种植面积连续增长，为缓解世界人口增长与粮食需求的矛盾做出重大贡献。

植物转基因技术可以把从动物、植物或微生物中分离到的目的基因，如来源于苏云金杆菌（*Bacillus thuringiensis*）的*Bt*基因，通过多种途径分别转入植物的基因组中，使转化植株获得新的特性，培育出抗虫、抗病、抗除草剂的品种，改良作物品质或提高花卉观赏价值等。

不久的将来，通过转基因有望提高植物的抗寒、耐旱、耐盐等抗逆性能。同时转基因植物在工业和医药方面也有广泛的应用前景。例如，黄酮醇是强功能的抗氧化剂（一种保护体内细胞的化合物），增加对黄酮醇的摄入量可以防止心脏病与癌症的发生；转基因改良后的番茄表皮中黄酮醇含量提高了近80倍，且口味未变，重要的是，这种化合物可以在番茄的加工过程中保留下来。作为新型生物反应器，转基因植物比细菌、酵母、昆虫和其他动物培育细胞等常规生物反应器更安全和经济，而且在产量、运输与贮存方面更有优势，有望在疫苗和药物生产方面大规模应用。

## 第一节　植物基因的结构与表达

1909年，W. Johannsen根据希腊文“给予生命”的含义创造了“基因”（gene）这一名词，用其代替孟德尔提出的“遗传因子”（hereditary factor），表示遗传性状，不代表物质实体。随后，美国摩尔根学派的杰出工作，促进了基因学说的建立与发展。1953年Watson和Crick提出DNA双螺旋结构，开辟了划时代的基因分子生物学研究，基因的外延也逐渐扩展。如今，基因是指具有编码功能蛋白或RNA的核酸片段，为生物遗传的单位。

植物基因一般包括启动子（promoter）、转录区（transcriptional region）和终止子（terminator）等。启动子是指转录起始时RNA聚合酶结合的DNA片段，通常位于基因的5′上游区域。启动子区包括各种转录调控序列，如具有保守碱基序列的顺式作用元件（*cis*-acting element），相对应的转录因子与其特异结合，共同作用于RNA聚合酶，对转录起始和转录速率起决定或调节作用，增强或抑制基因的表达。真核生物的启动子区一般含有称为TATA box（Goldberg-Hogness box）的保守序列5'-ATAAA-3'，位于转录起始点上游25～35bp处，为RNA聚合酶的结合处之一，富含AT，易于DNA的解链并起始转录。另外，在转录起始点上游约70bp处有一段共同序列CCAATCT，称为CAAT box。

转录区含5'端非编码区（非翻译区，UTR）、外显子（exon）、内含子（intron）和3′端非编码区。转录产生的初级转录物要经过剪辑加工，去除内含子，并在5′端加帽（m7甲基鸟嘌呤核苷），3′端非编码区polyA位点（AAUAAA）加上polyA尾巴，最终形成成熟的mRNA分子。

植物生长发育与开花繁殖过程中，基因在不同器官和组织中特异表达，同时受外界环境信号的调控，诱导表达或关闭，如编码Rubisco小亚基的*rbcS*基因。外界信号中，光是影响植物生长发育的重要因子。在高等植物中存在精细的调控光形态建成（photomorphogenesis）的光信号接收和信号传导系统。黑暗生长的幼苗呈现出暗形态建成（skotomorphogenesis）表型：子叶闭合并呈钩状弯曲，下胚轴充分伸长，不能合成叶绿素和花色素苷，黄化表型。这样的植株形态可以减少种子在土壤中发芽后出土过程中所受到的阻力；黑暗下生长的幼苗见到光后，子叶迅速张开，下胚轴的伸长明显受到抑制，而叶绿素和花色素苷大量积累，期间相关的光诱导基因启动表达。这种由光信号决定的植株形态建成，有利于幼苗出土后接受阳光，并有效地进行光合作用，对于植物的生长和发育非常重要。

根据作用方式及功能，可将植物基因启动子分为3类：组成型启动子（constitutive promoter）、组织特异型启动子（tissue-specific promoter）和诱导型启动子（inducible promoter）。

组成型启动子控制的基因在表达上大体恒定，在不同组织、部位表达水平没有明显差异。例如，肌动蛋白（actin）和泛素（ubiquitin）等基因的启动子。转基因中使用最广泛的组成型启动子是花椰菜花叶病毒（CaMV35S）启动子，以及来自根癌农杆菌的胭脂碱合成酶基因nos启动子。

由组织特异型启动子调控的基因一般只在某些特定的器官或组织部位表达，受发育调节。例如，烟草基因*TA29*在花粉绒毡层细胞中特异表达。种子特异性表达启动子中研究较多的是胚乳特异性谷蛋白基因启动子。1986年，Takaiwa等克隆了第一个水稻谷蛋白基因，该基因转录起始点−261～−1bp有若干控制种子特异性表达的顺式作用元件，如AACAbox、种子凝集素box、未成熟种子核因子结合位点等；另外上游还有其他增强子和调节元件，如−300bp处的RY重复序列，为核蛋白结合位点。我们可以利用组织特异型启动子，使外源基因在特定的器官中高效表达。例如，Datta等利用水稻胚乳特异性谷蛋白基因启动子驱动八氢番茄红素合酶基因*PSY*，在水稻胚乳中成功合成维生素A原。

诱导型启动子是指在特定的物理或化学信号刺激下，该类型启动子可大幅度提高基因的转录水平，包括光照、热激、创伤、真菌和共生细菌诱导表达启动子等。植物通过诱导型启动子表达特定基因，在一定范围内适应光照、温度等环境的变化。当植物受病虫害侵犯时，受伤部位会立刻启动细胞程序性死亡，即产生过敏反应（hypersensitive response，HR）。HR通常会启动未受伤部位产生次级防御反应，从而对一般病虫害产生普遍抗性，这种现象称为系统性获得抗性（systematic acquired resistance，SAR）。烟草中SAR家族的基因至少包含12个成员，SAR也受水杨酸（SA）、INA（dichloroisonicotinic acid）和BTH（benzothiadiazole）等化学物诱导。在基因工程中使用诱导型启动子表达外源基因有独特的优势，转基因植株只有在添加诱导物后，转入的目标基因才能表达，前期对植株的生长发育没有影响。

## 第二节 植物遗传转化的方法

由于植物的离体培养再生体系相对完善和高效，在此基础上成功开发出多种遗传转化方法。目前，植物遗传转化的方法包括农杆菌介导转化法、基因枪介导法、电激法、花粉管通道法等。农杆菌介导转化法和基因枪介导法是两种主要的遗传转化方法。近年来，随着基因组编辑技术的飞速发展，如ZFNs（zinc-finger nucleases）、TALENs（transcription activator-like effector nucleases）和CRISPR/Cas（clustered regularly interspaced short palindromic repeats /CRISPR-associated proteins）系统等，极大地促进了植物遗传转化方法的研究与应用。近几年，通过遗传转化方法，将携带特异的向导RNA（guide RNA，gRNA）序列的CRISPR/Cas载体分别转入各种植物中，如拟南芥、水稻、小麦和番茄等，利用该体系对基因组的定点编辑功能，产生了相应的突变体（目标基因敲除或修复）。

### 一、农杆菌介导转化法

农杆菌介导转化法是当今最常用的植物基因转化方法，理论机理最清楚，技术方法最成熟。已有的转基因植物约80%是由农杆菌介导转化法获得的。农杆菌是一种革兰氏阴性土壤杆菌，有两种类型用于植物基因转化：一种是根癌农杆菌（*Agrobacterium tumefaciens*），含有 Ti（tumor-inducing）质粒，能诱导被侵染的植物产生冠瘿瘤；另一种是发根农杆菌（*A. rhizogenes*），含有 Ri（root-inducing）质粒，能诱导被侵染的植物细胞产生毛发状根。

树的根部和茎秆基部长出的瘤状物，称为冠瘿瘤（crown-gall nodule），早期被认为是植物自发产生的过度生长。1897 年，Cavara 首次报道从意大利那不勒斯皇家植物园的葡萄冠瘿瘤中分离出农杆菌，接种该菌可引起葡萄长瘤。此后大量的研究表明，正是由于根癌农杆菌侵染植物才引起肿瘤。根癌农杆菌广泛存在于双子叶植物中，据不完全统计，约有 93 属 643 种双子叶植物对其敏感。根癌农杆菌使植物根部产生肿瘤的特性是由 Ti 质粒介导的。Ti 质粒含有一段称为 T-DNA（transfer-DNA）的 DNA 片段，能被转移并整合进植物基因组中，使其携带的外源基因在植物基因组中得以表达。人们利用这种天然的载体系统，将外源基因导入植物细胞，并利用植物细胞的全能性，通过离体培养获得完整的转基因再生植株。由于农杆菌在基因工程研究上的重要性，2001 年首次完成了根癌农杆菌（*A. tumefaciens* C58）全基因组序列分析：基因组 5.67Mb，含 1 条环状染色体和 1 条线状染色体，以及 2 个大质粒，Ti 质粒 pTiC58（214.2kb）和 At 质粒 pAtC58（542.8kb）。

野生型的 Ti 质粒为共价闭合的环状双链 DNA 分子，约 200kb，含有 T-DNA 区（15～30kb）、毒性区（virulence region，Vir）、接合转移区（region encoding conjugation，Con）和复制起始区（origin of replication，Ori）4 部分。T-DNA 两端是 25～28bp 的正向重复序列，是转移识别的唯一信号，称为左边界（LB）和右边界（RB），对 T-DNA 的切除及整合过程具有重要意义，由 Vir 区基因编码的特异性内切酶分别在 LB 和 RB 的第 3 个碱基和第 4 个碱基之间产生缺口，形成单链 T-DNA，两边界对整合的作用不同，RB 序列与整合有关，而 LB 无关。

LB 和 RB 之间是生长素和细胞分裂素合成基因（*tms* 和 *tmr*）及冠瘿碱合成基因。生长素合成基因 *tms* 包括 *tms1*（*iaaM*，编码色氨酸单加氧酶）和 *tms2*（*iaaH*，编码吲哚乙酰胺水解酶），编码蛋白分别催化由色氨酸合成吲哚乙酸途径的第一步和第二步反应。细胞分裂素合成基因 *tmr* 只含 *ipt*，编码异戊烯转移酶，催化细胞分裂素合成过程的第一步反应。冠瘿碱为稀有氨基酸衍生物，有 4 种类型：章鱼碱（octopine）、胭脂碱（nopaline）、农杆碱（agropine）和琥珀碱（succinamopine），是农杆菌生长必需的物质。野生型 T-DNA 上的冠瘿碱合成基因包括 *nos*（编码胭脂碱合成酶）、*ags*（编码农杆碱合成酶）、*ocs*（编码章鱼碱合成酶）和 *acs*（编码农杆菌素碱合成酶）等。

Vir 区基因按几个 *vir* 操纵子的方式排列，包括 *virH*、*virA*、*virB*、*virG*、*virC*、*virD*、*virE* 和 *virF* 等转录单元，编码合成一系列蛋白质，分别负责 T-DNA 的加工、转移与整合。其中 *virA* 和 *virG* 为组成型表达，其余 *vir* 基因受诱导表达。*virA* 编码一种位于膜上的感应蛋白（sensor），与染色体基因编码的 ChvE 蛋白结合形成复合体，接收胞外的植物产生的信号分子，启动其他 *vir* 基因表达。*virG* 编码一种 DNA 结合活化蛋白 VirG，与 VirA/ChvE 复合体组成双元调控系统，VirA/ChvE 接收胞外信号，然后将 VirG 激活，再通过活化的 VirG 启动其他 *vir* 基因表达。*virB* 包含多个可读框（open reading frame，ORF），编码膜蛋白，组成农杆菌的Ⅳ型分泌系统（type Ⅳ secretion system，T4SS），提供 T-DNA 转运通道。*virC* 包含 2 个 ORF，编码 VirC1 和 VirC2，前者可以结合 T-DNA 右边的 OD 序列（overdrive sequence）。*virD* 包含 4 个 ORF，编码 VirD1～4，其中 VirD1 为 DNA 松弛酶，功能与 DNA 拓扑异构酶Ⅰ相似，解旋 DNA；VirD2 具有 DNA 内切酶活性。*virE* 含 2 个基因，其中 VirE2 是单链结合蛋白，与单链的 T-DNA 结合，保护和运送 T-DNA 复合物进入植物细胞核内。

根癌农杆菌转化植物的过程如下：当植物根部受伤时，向土壤分泌酚类化合物（如乙酰丁香酮），这些原本具有保护功能的化合物却起始了宿主与病原的识别、侵染过程，其引导农杆菌向植物受伤部位移动，附着在植物细胞表面；植物创伤信号（酚类化合物，糖类等）使跨膜蛋白 VirA 活化（自身磷酸化），然后将磷酸基转移到 VirG 保守的天冬氨酸残基上，使 VirG 活化，进而激活其他 *vir* 基因的表达；VirD1/VirD2 对 T-DNA 进行剪切，产生 T-DNA 单链（T-strand），VirD2（结合 T 链的 5′端）及 VirE2（单链 DNA 结合蛋白）与其结合形成 T 链复合物，通过植物细胞壁上由 VirB 组成的通道（T4SS）进入植物细胞内，VirD2 和 VirE2 上的核定位信号被转运蛋白识别，经过主动运输过程通过核孔进入细胞核内；在 VirD2 的帮助下，T-DNA 以单拷贝或多拷贝（串联形式排列）的形式随机整合到植物染色体上，完成 T-DNA 由农杆菌向植物的转移及整合过程（图 5-1）。农杆菌染色体上的许多基因也参与转化过程，包括 *chvA*、*chvB*、*chvD*、*chvE*、*acvB*、*pscA*（*exoC*）和 *att* 基因等。研究表明，T-DNA 优先整合到转录活跃区，而且在 T-DNA 的同源区与 DNA 的高度重复区，T-DNA 的整合频率也比较高。T-DNA 整合完成后，所带的生长素和细胞分裂素合成基因（*iaaH*、*iaaM* 和 *ipt*）表达，合成超量的生长素和细胞分裂素，促使转化细胞不断分裂而形成瘤，这些植物细胞表达冠瘿碱合成基因，不断合成冠瘿碱，但植物不能分解利用这些有机碱，由此分泌给胞外的农杆菌，而冠瘿碱是农杆菌唯一能用的碳源和氮源。农杆菌 Ti 质粒上有分解冠瘿碱的酶基因，将其分解为氨基酸和糖类。

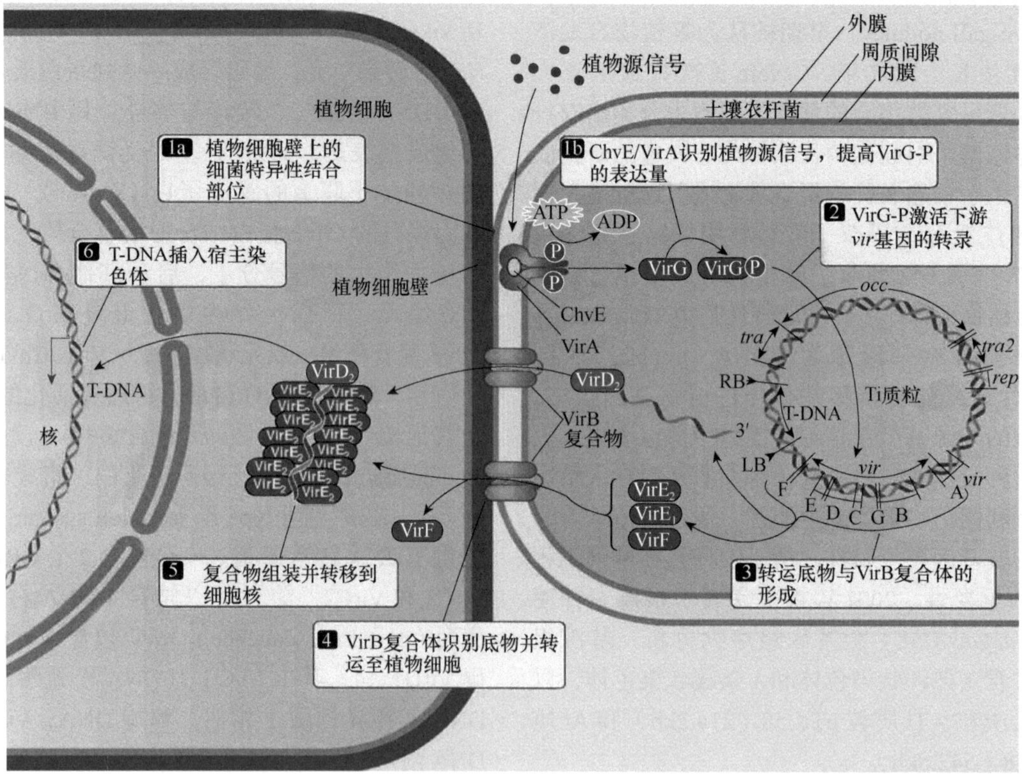


图 5-1 农杆菌转化的原理示意图（McCullen et al.，2006）

T-DNA 区内的基因表达调控序列与真核生物类似，不在农杆菌中表达，而在植物中表达。研究发现，T-DNA 转移只与两个边界序列有关，尤其右边界对 T-DNA 的准确转移是必需的，而边界序列之间的序列并不影响 T-DNA 的转移。因此，我们可以改造 Ti 质粒，用外源目的基因代替 T-DNA 区内的基因，利用农杆菌将其转入植物基因组中，获得期望的基因工程植株。

野生型 Ti 质粒约 200kb，不能在大肠杆菌（*E. coli*）中自主复制，重组操作难度很大；而 T-DNA 上的生长素和细胞分裂素合成基因及冠瘿碱的合成基因均与转化无关，而且会对转化细胞形成再生植株不利（会产生过多的生长素和细胞分裂素，冠瘿碱的合成会大量消耗精氨酸和谷氨酸），这些方面都需要改造或去除。为了更好地利用农杆菌，最初发展出共整合系统：将 T-DNA 克隆在 *E. coli* 质粒上，含有 *E. coli* 的选择标记和植物选择标记，重组质粒筛选在 *E. coli* 中完成，然后将其转入农杆菌，与 Ti 质粒发生同源重组，将外源基因整合到 Ti 质粒上，侵染转化植物细胞。随后又研究出更先进的，目前常用的双元载体系统：构建含 T-DNA（已插入外源基因）的穿梭质粒，该质粒在 *E. coli* 和农杆菌中均能自主复制，而根瘤农杆菌的 Ti 质粒的 T-DNA 区段完全去除，将重组穿梭质粒转入该农杆菌中，转化植物细胞。在双元载体系统中，穿梭质粒与卸甲改造的 Ti 质粒共存于农杆菌，侵染植物细胞时，Ti 质粒上的 *vir* 基因表达，将穿梭质粒上的 T-DNA 剪切下来并转移到植物细胞中。

过去人们认为农杆菌宿主局限于大多数双子叶植物。随着研究发现，农杆菌介导转化法同样可以在水稻、玉米和小麦等单子叶植物上取得成功，实验室条件下甚至可以介导转化酵母和真菌，基本不受原先认为的宿主限制。在农杆菌介导转化中，外源基因插入的拷贝数低，结构变异较小，遗传稳定性好，但也存在基因型差异情况。

发根农杆菌侵染植物是将其 Ri 质粒上的 T-DNA

插入宿主植物基因组中，转移机制与根癌农杆菌的类似，所不同的是 Vir 区和 T-DNA 区所含基因及其同源性不同。

## 二、基因枪介导法

基因枪介导法也称为基因枪轰击法或微粒轰击法（particle bombardment technology，biolistics），最早是由美国康奈尔大学的 Sanford 等及杜邦公司的 Klein 于 1983～1986 年发明，康奈尔大学先后申报了 3 个基因枪技术专利。其基本原理是将外源核酸包被在微细的金颗粒或钨颗粒（直径 0.6～1.6μm）表面，然后在高压气体（如氦气）的作用下将微粒高速射入受体细胞或组织，从而将附着其表面的外源目的基因引入受体细胞，并整合到基因组中，然后通过细胞和组织培养获得转基因再生植株。目前，已有许多种植物采用此技术获得了转基因植株。与农杆菌介导转化法相比，基因枪转化需要专门的仪器（如氦气驱动的基因枪 PDS-1000/He，Bio-Rad 产品），操作过程简便，其载体质粒的构建也相对简单，应用范围广，几乎不受植物范围和材料基因型的限制；转化受体类型多样，可以是植物悬浮培养细胞、愈伤组织、器官或胚胎等；可将目标基因导入植物细胞的细胞器。因此，基因枪介导法在目前转基因研究中应用较广，它在小麦中应用最多，其次是玉米和水稻。但基因枪转化的主要问题是转化效率比较低，插入外源 DNA 的片段大小不明确，嵌合体比例大，转入基因的拷贝数多（最高可达 14 个拷贝），容易引起基因沉默，遗传稳定性不理想，在实际应用中有一定局限性。目前，基因枪转化常用于动植物细胞或组织的基因瞬时表达分析。

以 PDS-1000/He 台式基因枪（Bio-Rad）操作为例简要介绍微弹轰击转化过程。该基因枪采用高压氦气作为动力，使包被外源 DNA 的微载体（microcarrier）高速穿透细胞，将目标 DNA 导入细胞内（图 5-2）。氦气的压力由不同承压能力的破裂盘（rupture diskr）控制，可选择钨颗粒或金颗粒作为微载体。基因枪介导法的具体操作过程如下。

1）实验前对破裂盘固定帽、微载体、载体膜（macrocarries）及其支架、终止屏（stopping screens）等进行清洗与灭菌等。用 70% 乙醇对基因枪腔体进行消毒。

2）称取 30mg 钨微粒或金微粒，用 1mL 70% 乙醇漂洗 15min，期间涡旋振荡 3～5min，离心后去除上清；然后用无菌水清洗微粒 3 次，最后用无菌的 50% 甘油 500μL 悬浮微粒备用。

3）外源基因包被微粒：涡旋微粒溶液，然后吸取 50μL，加入 5μL DNA（1μg/μL），50μL 2.5mol/L $CaCl_2$，20μL 0.1mol/L 亚精胺，混合液涡旋 2～3min，静置 1min，离心去上清；依次用 140μL70% 乙醇和无水乙醇清洗微粒，最后加入 48μL 无水乙醇悬浮微粒沉淀备用。

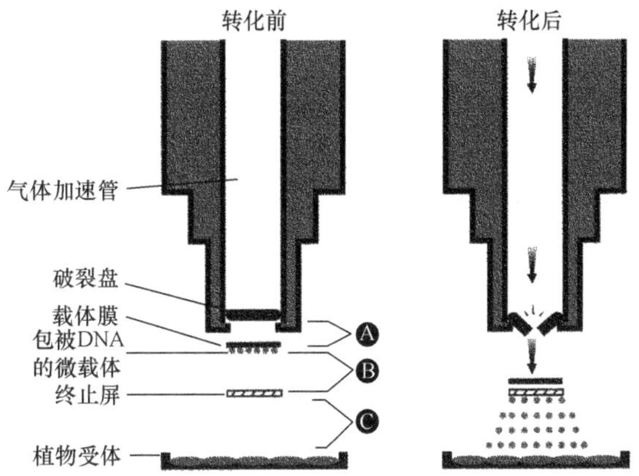


图 5-2　PDS-1000/He 基因枪转化示意图
该图引自 Bio-Rad 说明书；A 与 C 间的距离可适当调整

4）基因枪轰击：装好破裂盘，通过固定帽安装到气体加速管上，拧紧；调整适宜参数，包括破裂盘与微粒发射装置距离及终止屏位置等；将包被 DNA 的微粒溶液均匀加到发射装置内的载体膜上，装配好发射装置，包括放入终止屏；放入植物受体材料（胚性愈伤组织、胚状体、子叶、叶片、下胚轴和子叶节等），调整高度；关闭舱门，抽真空至设定值；一直按住发射开关，直到破裂盘冲破完成轰击，氦气压力表降为零时方可松开。

5）卸去真空，移出植物材料，接种到新的培养基中继续培养；拆卸装置并清洗或继续下个轰击实验。

## 三、电激法

电激法又称电穿孔法（electroporation），起源于 20 世纪 80 年代，通过电激仪对原生质体进行基因转化：在极短时间的高压电脉冲（如 5～10ms，750V/cm）作用下，会产生瞬时穿孔，此时外源 DNA 和 RNA 等大分子物质可以通过穿孔进入胞内，停止电脉冲后，原生质体膜会恢复完整。电激转化操作对受体细胞的活性影响很小，常用于微生物和动物细胞转化外源 DNA 或 RNA，简便高效。但植物原生质体培养的植株再生所需时间太长，而且电激仪非常昂贵，限制了电激法在植物转化上的应用。目前，该方法常用于目标基因在原生质体中的瞬时表达研究，转化率比 PEG（聚乙二醇）法高许多。在荧光显微镜或激光共聚焦显微镜下观察原生质体转化结果，效果非常理想。将电激参数等条件优化后，植物幼胚或悬浮培养细胞也可以作为受体，直接用于电激法转化，在水稻和小麦等植物上有成功的例子，拓宽了电激法在植物转化中的应用。

## 四、花粉管通道法

花粉管通道法（pollen-tube pathway method）是由中国科学院上海植物生理生态研究所周光宇等（1983）建立发展的。其主要原理是，在授粉后向子房注射目的基因的 DNA 溶液，利用植物在开花、受精过程中形成的花粉管通道，将外源 DNA 导入受精卵细胞，并进一步地整合到受体细胞的基因组中，随着受精卵的发育而成为带转基因的新个体。这一技术可以应用于任何开花植物。该方法的最大优点是不依赖组织培养人工再生植株，技术简单，不需装备精良的实验室，操作者易于掌握。花粉管通道法在我国有成功的事例，先后获得了小麦、棉花、玉米、水稻、大豆等转基因植株，具有很强的实用性。但是，目前通过花粉管通道法获得转基因植株的验证方面，缺乏严格的分子生物学证据，理论依据不充足，有待进一步深入研究。

# 第三节　植物转基因操作的过程

目前，除了拟南芥采用开花植株农杆菌蘸花法转化外，其他植物一般通过离体培养再生体系进行基因转化。不管通过哪种途径，各种植物的转基因操作过程大体上比较一致，包括目的基因的选择、基因转化和转化株筛选等。

## 一、植物遗传转化过程

植物遗传转化过程包括：①获取目的基因；②构建转化载体（目的基因与载体连接）；③目的基因导入受体；④转化植株的检测；⑤转基因植株的筛选和纯化。

转入植物的外源基因有抗虫、抗病、抗除草剂等抗性基因及改良作物品质的各种基因。综合各类植物转基因技术，受体包括子叶、叶片、茎段、茎尖、愈伤组织、不定芽、胚状体、悬浮细胞、原生质体、花器官、大小孢子、子房、胚等。

目前最常用的植物转化方法为农杆菌介导转化法，其所用的载体一般为双元表达载体（binary vector），常用的载体有：① pBI121（Clonetech，Palo Alto CA，USA），含 β- 葡糖苷酸酶基因（*GusluidA*）和新霉素磷酸转移酶基因（*npt Ⅱ*）。② pCAMBIA 系列，如 1300、2300 和 3300 系列，其中含不同的报告基因（reporter gene）和筛选标记。例如，pCAMBIA1303 含绿色荧光蛋白基因（*GFP*），潮霉素抗性基因（*Hyg*）；pCAMBIA3300 含抗除草剂草丁膦的 *Bar* 基因，不含报告基因。

植物转化中，有些载体带有报告基因，其编码容易被检测的蛋白质或酶。将它单独插在待测启动子序列后面或与目标基因融合表达，利用它的表达产物来标定目标基因的作用部位，检测启动子强弱及评价转化效率等。常用的报告基因有 *GUS*、荧光素酶基因（*luc*）、绿色荧光蛋白基因（*gfp*）等。GUS 可将 5-溴 -4-氯-3-吲哚-β-葡萄糖苷酸酯（5-bromo-4-chloro-3-indolyl glucuronide，X-Gluc）水解生成蓝色产物，使具 GUS 活性的部位或位点呈现蓝色，其颜色深浅在一定程度上反映出 GUS 活性，进而反映出转化效率的高低。

植物转化的载体一般带有各类选择标记基因，主要包括抗生素抗性基因和除草剂抗性基因两大类。在选择压力下，不含标记基因及其产物的非转化细胞、组织、器官和植株死亡，转化体由于有相应抗性，可继续存活。常用的抗生素抗性基因有新霉素磷酸转移酶基因 *nptⅡ*（抗卡那霉素）、潮霉素磷酸转移酶基因 *hpt*（抗潮霉素）、氯霉素乙酰转移酶基因 *cat*（抗氯霉素）等。抗除草剂基因如抗草铵膦基因（*Phosphinothricin*，*PPT*）。

一般情况下，农杆菌介导的植物转化程序（图 5-3）如下：①将具有双元表达载体（含目标基因）的根癌农杆菌保存菌液涂布在固体培养基平板上活化，挑取单克隆繁殖培养，用侵染液调至适合浓度备用；②准备待转化植物材料（无菌状态），将外植体（胚性愈伤组织、子叶、叶盘、下胚轴和子叶节等）进行预培养；③将预培养后的外植体转入侵染菌液中进行农杆菌侵染，轻缓振荡 20～30min，然后取出植物材料转入植物培养基中进行共培养（暗处理）；④共培养后，将植物材料转入诱导培养基中培养，诱导芽的分化，培养基中含有与选择压相对应的抗生素或除草剂等，以及抑制农杆菌生长的抗生素（头孢霉素或特美汀等）；⑤再生芽伸长培养，培养基含的抗生素同诱导培养基；⑥生根培养，抗生素同诱导培养基；⑦抗性再生植株的移栽与阳性植株检测，包括 PCR 检测和 Southern 杂交检测等；⑧阳性植株田间性状观察，自交，后代选择，挑取纯合的转化植株。

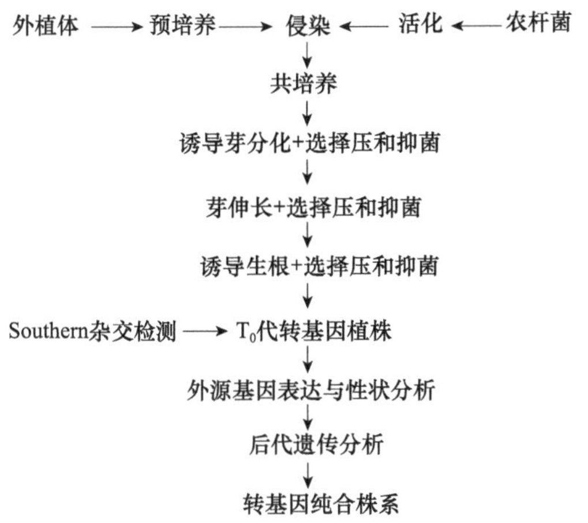


图 5-3 农杆菌介导转化程序

## 二、农杆菌转化的影响因素

通过植物离体培养，进行农杆菌介导的基因遗传转化，整个过程周期较长，涉及很多步骤。除了离体培养再生频率外，有几个因素对转化率有较大影响。

1．农杆菌活性 由于农杆菌染色体基因的作用直接影响 T-DNA 转移的效率，不同菌株有不同的宿主范围及特异性侵染的最适宿主。根据农杆菌产生的冠瘿碱的不同，将农杆菌分为：胭脂碱型（nopaline）、章鱼碱型（octopine）、农杆碱型（agropine）和琥珀碱型（succinamopine）。常用的根癌农杆菌菌株包括 GV3101（胭脂碱型）、EHA105（农杆碱型）和 LBA4404（章鱼碱型）。不同类型农杆菌菌株的毒力（侵染力）不同，会影响植物转化效率。菌株毒力强弱次序一般为农杆碱型＞琥珀碱型＞胭脂碱型＞章鱼碱型。为了确保侵染效率，侵染前都要先将农杆菌培养到菌株高侵染活力的生长时期，即对数生长期，一般选用 $OD_{600}$＝0.3～0.6 的菌液侵染植物材料。

2．预培养时间 对外植体预培养的作用是促进细胞分裂，使受体细胞处于更容易整合外源 DNA 的状态，同时有利于外植体与培养基的平整接触。外植体的预培养时间与转化效率有显著影响，只有处于细胞分裂 S 期（DNA 合成期）的细胞才有可能具有被外源基因转化的能力，时间过短细胞的分裂状态还不是最佳，影响转化；时间过长，不仅会影响转化效率，还会增大假阳性的概率。

3．侵染时间与共培养时间 农杆菌侵染及与外植体的共培养期间，要发生农杆菌的附着、T-DNA 的转移和整合，因此该环节非常重要。侵染时间过短，农杆菌附着较少，转化效率低；侵染时间过长，农杆菌过量附着，在后续的培养中农杆菌很难抑制，最终植物细胞受到毒害死亡。一般农杆菌附着外植体后，只有在创伤部位生存 8～16h 后菌株才能诱发冠瘿瘤，因此共培养时间必须长于 8～16h。但共培养时间也不宜过长，否则同样会出现农杆菌的过度生长。侵染时间和共培养时间是两个互相作用的因素，选定两者的最优组合才能获得较高的转化效率。

4．酚类物质的添加 T-DNA 的转化是随着农杆菌附着植物伤口开始，创伤反应对于转化是必要的。大多数双子叶植物组织受到创伤后，诱导植物细胞分泌某些酚类物质，这些酚类物质即称为创伤信号分子。农杆菌对这些酚类化合物具有趋化性，同时这些创伤信号分子诱导农杆菌 VirA 活化，以及启动 *vir* 基因系列的表达。乙酰丁香酮（acetosyringone，AS）是 *vir* 基因的天然诱导剂，在农杆菌侵染时添加 AS 可提高转化效率。

5．合适的选择压 为了便于筛选转化细胞而抑制非转化细胞的生长，一般在转化载体上加入选择标记基因，如常见的 *bar* 基因和 *nptII* 基因等，在选择培养基中加入相应的抗生素进行选择。在遗传转化中，合适的筛选压能起到初步的高效筛选，避免因筛选压过低增加很多工作量或因筛选压过高早早地将阳性转化细胞杀死。选择抗生素的浓度，即选择压，因不同的植物材料而不同，因此在制定选择方案之前必须先做抗生素敏感性实验，筛选合适的选择压，以刚好能抑制非转化外植体分化或植株生根为宜。此外，转基因植株的生根筛选是减少假阳性的一个关键步骤，过低的选择压会导致假阳性，浓度过高又会影响细胞生长初期的营养传递，进而影响转化细胞的正常生长。

## 三、转基因植株的检测

抗性再生植株获得后，要通过检测确认外源基因转入并整合到植物细胞的基因组中。在检测的初期，常用聚合酶链反应（polymerase chain reaction，PCR）法快速筛选出批量的转化再生植株，即通过转入 DNA 序列的特异引物，PCR 扩增相应片段。由于农杆菌会停留在植物细胞间隙中，农杆菌介导获得的转化株 $T_0$ 代植株上经常会携带转化时用的农杆菌，PCR 检测的假阳性很高，PCR 筛选出的植株要进行后续的核酸杂交检测验证。

核酸杂交是指具有一定互补顺序的核酸单链

在液相或固相体系中按碱基互补原则缔合成异源双链的过程。DNA 与 DNA 链、DNA 与 RNA 链或 RNA 与 RNA 链，只要具有一定的互补序列，均可在适当条件下发生杂交。它主要用来对特定 DNA 和 RNA 序列进行定性和定量检测。杂交检测包括 Southern 杂交、Northern 杂交和 Western 杂交检测等。

Southern 杂交，即 Southern 印迹，检测对象为 DNA，如基因组 DNA。提取转化植株的基因组 DNA，经过酶切后电泳分离，然后转移至硝酸纤维素膜或尼龙膜上，用经过荧光或同位素标记的外源基因特异探针杂交，检测外源 DNA 片段是否插入植物基因组中及插入的拷贝数，外源基因只有整合到植物的染色体上才能稳定遗传。

Northern 杂交，即 Northern 印迹，检测对象为 RNA（如 mRNA），用于分析外源基因转入后是否表达及表达量，即在转录水平分析外源基因的转录活性。提取转化植株相应器官或组织的总 RNA，经过电泳分离，然后转移至尼龙膜上，用经过荧光或同位素标记的外源基因特异探针杂交，检测外源 DNA 是否转录。

Western 杂交检测，即 Western 印迹，检测对象为蛋白质。若外源基因是编码蛋白，通过该蛋白的特异抗体进行 Western 分析，检测转化植株中外源基因是否正确翻译成蛋白质及含量。

经过检测确认转化的阳性植株，将其（$T_0$）种在可控环境下，如具有防虫网的温室内，在整个生长发育过程中进行田间性状观察，分析是否出现外源基因相应的表型，同时对转化株进行自交或杂交，通过后代选择，筛选出外源基因位点纯合的转化植株，做进一步的分析和利用。

# 第四节　植物转基因操作的实例

对于不同植物的遗传转化，在具体操作与转化成功率方面有很大差异，同种植物内的转化受基因型的影响也很明显。在拟南芥上开发出简单高效的蘸花法，使转化完全摆脱离体培养再生的限制，现今几乎所有的拟南芥转化均通过此方法完成，极大地促进了拟南芥的分子生物学研究。番茄是全球最重要的蔬菜之一，其遗传转化研究也相对较深入。据报道，某些番茄品种的农杆菌介导转化的成功率达 65%。下面分别介绍拟南芥的农杆菌蘸花法转化和番茄的高效转化体系，以供参考。

## 一、拟南芥转化——农杆菌蘸花法

1）拟南芥植株准备：将低温处理过的拟南芥种子撒播于浇过营养液的人工土中，用保鲜膜覆盖。2d 后光照，3d 后揭膜。培养室条件：相对湿度 80%，恒温 20～24℃，光照强度 80～200μmol/（$m^2$·s），光照 16h/ 黑暗 8h。拟南芥茎高约 3cm 时，去除其顶生花序，刺激腋生花序的生长。转化必须在去除顶生花序的 4d 后进行。

2）在转化前 3 天，接种含有双元载体的农杆菌（农杆菌 GV3101，双元表达载体 pCAMBIA1300）到 5mL 含有抗生素（利福平 40mg/L，卡那霉素 50mg/L）的 LB 液体培养基中，28℃下 220r/min 振荡培养 2d。2d 后，将 1mL 培养的农杆菌转移到 100mL 含有抗生素的 LB 液体培养基中，28℃ 220r/min 培养过夜，农杆菌液 OD600 在 1.2 ～ 1.6。

3）将农杆菌液转入离心管中，6000r/min，室温下离心 10min。弃上清，将农杆菌沉淀用相应体积的侵染液（5% 蔗糖和 50～500μL/L Silwet L-77 的水溶液）悬浮，使 $OD_{600}$=0.8 左右。

4）选取初果期的健壮植株，将已有果荚剪除，转化前浇足水。植株带盆钵一起倒扣于盛有农杆菌悬浮液的容器上方，将整个花序浸入上述农杆菌悬浮液中 20～30s，注意叶片尽量不与侵染液接触。同一个烧杯中的农杆菌悬浮液（200mL）可以转化 10 株或者更多。在此过程中，尽量避免将蛭石倒入农杆菌悬浮液中。或将农杆菌悬浮液直接喷洒至整个植株，盖上透明的塑料盖子或保鲜膜以保持湿度，避光培养，第 2 天可开盖，正常光照培养，1 周后再喷洒 1 次。

5）将盆钵取下，植株横放，用塑料袋罩住保湿，暗培养 24h。过后将拟南芥植株正常培养，大约 3 周后收取成熟种子。

6）转化子的筛选。①种子消毒：用 70% 乙醇浸泡 10min，期间不停振荡悬浮种子（或先 70% 乙醇浸泡 2min，再用 1% 次氯酸钠溶液处理 15min）；然后用无菌水洗 4 次。②处理后的种子用顶层琼脂（top agar）（0.1% 琼脂水溶液）均匀涂布在固体筛选培养基（1/2MS，含相应抗生素，不含蔗糖）表面。一块 150mm 直径的平皿最多种 1500 棵。③ 4℃处理 2～3d，移入 22℃恒温室培养。④观察种子在固体筛选培养基上的生长情况，挑选转化子移栽至人工土壤中培养。一般卡那霉素筛选能够直观地通过黄绿苗来判断，而且一般萌发后2～3d即可判断出来，而潮霉素抗性的转化子不能通过黄绿苗判断，需要在萌发后5～7d通过幼苗的发育判断。

## 二、农杆菌介导的番茄转化

**材料**：番茄品种‘Micro-Tom’，外植体为子叶；农杆菌GV3101；载体pBI121（Clonetech，Palo Alto CA，USA），含CaMV 35S启动子控制的*gus*报告基因和卡那霉素（Kan）抗性基因*npt Ⅱ*（http://ptrc.ucr.edu/tomato.html）。

1．接种　将番茄种子用75%乙醇浸泡30s，1% NaClO溶液（含0.1%吐温20）浸泡10～15min，无菌水冲洗3～5次，每次3min，将其接种于发芽培养基上，25℃，16h/8h（光/暗）培养1周，光照强度60μmol/（$m^2$·s）。发芽培养基配方：0.5×MS盐（只含大量元素与微量元素，下同）+Gamborg $B_5$维生素（只含有机成分，下同）+蔗糖20g/L+琼脂0.8%，pH 5.8。

2．预培养　取1周苗龄的番茄幼苗（子叶刚脱壳，呈暗绿色），在湿润的无菌纸垫上，用锋利的解剖刀切下子叶，分别去除子叶顶端和基部（各1～2mm），然后中间对半横切，将其背面朝上平摆在培养皿中预先放置滤纸的培养基上，封好培养皿，24℃光照培养，时间48h。预培养的培养基配方：MS盐+Gamborg $B_5$维生素+玉米素1.0mg/L+葡萄糖30g/L+琼脂0.8%，pH 5.8。

3．摇菌、侵染及共培养　挑取含pBI121的农杆菌单克隆接种于2mL细菌培养基（YEP+利福平Rif 25mg/L+Kan100mg/L）上，在250r/min，28℃条件下振荡培养48h。吸取此菌液0.2mL重新接种于100mL含相应抗生素的YEP液体培养基中，相同条件下振荡培养2d。将菌液离心（5000r/min，10min），取10mL MS液体培养基洗沉淀物2次，然后用MS液体培养基重悬，调$OD_{600}$至0.6。每40mL侵染液添加20μL乙酰丁香酮母液（74mmol/L）。

将预培养2d的子叶外植体放于侵染液中侵染20min，期间置于黑暗条件下50r/min摇动。侵染结束后，取出外植体，用无菌滤纸吸干水珠，将其背面朝上接种于覆盖滤纸的共培养培养基（MS盐+Gamborg $B_5$维生素+ZT 1.0mg/L+葡萄糖30g/L+琼脂0.8%，pH 5.8）上，封好培养皿，于黑暗条件下共培养2d，温度为（25±1）℃。

4．选择培养　将共培养2d后的外植体用40mL头孢霉素Cef（250mg/mL）溶液清洗5min，用无菌滤纸吸干水珠，子叶背面朝上接种于含抗生素的芽诱导培养基上，（25±1）℃，光照强度60μmol/（$m^2$·s），16h/8h（光照/黑暗），每2周继代2次，2周后再生芽开始出现。含抗生素的芽诱导培养基配方：MS盐+Nitsch维生素+肌醇100mg/L+叶酸0.5mg/L+ZT 2.0mg/L+Kan 100mg/L+羧苄青霉素Carb 500mg/L+Cef 250mg/L+葡萄糖30g/L+琼脂0.8%，pH 5.8。

5．伸长及生根培养　待长出肉眼可见的丛生芽后，转接于伸长培养基（MS盐+Nitsch维生素+肌醇100mg/L+叶酸0.5mg/L+Kan 100mg/L+carb 500mg/L+Cef 250mg/L+蔗糖30g/L+琼脂0.8%，pH 5.8），待芽长到至少2cm时（约4周），从伸长芽基部切下，转入生根培养基（MS盐+Nitsch维生素+肌醇100mg/L+叶酸0.5mg/L+IBA 2.0mg/L+Kan 50mg/L+Carb 250mg/L+Cef 125mg/L+蔗糖30g/L+琼脂0.8%，pH 5.8）中进行生根培养。

6．移栽炼苗　将根系发达的再生苗从培养瓶中取出，清洗根系残留的培养基，并移栽至灭过菌的人工土壤中，置于（25±2）℃，16h/8h（光/暗）培养箱中，盖上透明的保湿罩子，1周之后取下罩子。成活后按常规番茄幼苗栽培管理，留种。

# 第五节　转基因植物的安全性评价

随着社会和科学的发展，为了满足人类的需求，通过遗传改良的生物越来越多，这些转基因生物（genetically modified organisms，GMO）是否会对人和环境产生有害或不利影响，人们意见不一，转基因植物应用的争论更是特别激烈。转基因植物通过传粉，可能会产生基因漂移，“污染”相近植物的遗传物质或形成“超级杂草”，引发生态灾难。转基因植物的广泛应用可能会扰乱现有的生态平衡（包括害虫及其天敌的种类与数量），影响生物多样性，威胁野生物种。

在转基因植物的研究与应用上，发生的Pusztai事件、帝王蝶（monarch butterfly）事件和StarLink玉米事件加剧了公众对GMO的误解和恐慌，严重打击了转基因植物的研究与应用，促使各国加强了对GMO安全性的评价与管理。

Pusztai事件：1999年英国苏格兰Rowett研究所Arpad Pusztai在媒体上报道用转雪花莲凝集素（GNA）基因的马铃薯饲喂大鼠，使大鼠体重和器官重量减轻，免疫系统破坏。Rowett研究所审查报告称Pusztai的实验证据不够充分，不能得出转基因马铃薯使得大鼠发育减缓、免疫系统遭到破坏的结论。英国皇家学会评审报告声称Pusztai的工作漏洞百出，“无论是设计、操作还是分析都有问题”，不能确定转基因与非转基因马铃薯的成分差异，未做双盲测定，实验动物数量少，缺乏统计意义，统计方法不当，结果一致性差，“并没有确凿的证据能表明食用转基因马铃薯会影响健康”。三名荷兰科学家批评Pusztai的实验有几处错误，如肠道异常可能是由于转基因马铃薯和非转基因马铃薯的营养差异，而与基因修饰过程无关；每组只有6只大鼠，样品数目太少；只喂食单一的马铃薯食物使大鼠处于蛋白质匮乏状态等。

帝王蝶事件：1999年5月，美国康奈尔大学研究组报道，*Bt*玉米花粉以较高浓度撒在马利筋叶上，然后让帝王蝶幼虫取食，4d后有44%的幼虫死亡。*Science*、*Nature*期刊拒绝发表该文章，审稿人指出这并不代表田间的情况。加拿大圭尔夫大学Mark Sears教授认为，康奈尔大学的研究没有说服力，研究是在实验室内完成的，且没有公开其使用的花粉数量。美国国家环境保护局（EPA）组织昆虫专家研究发现，玉米花粉大而重，扩散不远，在田间所有花粉只落在10码[①]以内；玉米地里可发现150个花粉/$cm^2$草叶，玉米地边缘有80～100个花粉/$cm^2$，玉米地以外5m的草叶上只找到1个花粉/$cm^2$；帝王蝶通常不吃玉米花粉，在玉米散完粉后才大量产卵；所调查的美国中西部种植的*Bt*玉米占25%，但帝王蝶的群体数量很大；帝王蝶因杀虫剂而死亡的数量大大超过玉米花粉。EPA的研究结论是转基因玉米对帝王蝶不是一种威胁。

StarLink玉米事件：苏云金芽孢杆菌的*Cry9C*基因转入玉米，即StarLink玉米。1998年，美国国家环境保护局（EPA）批准只作为家畜饲料和工业用途。2000年未经许可进入了食品中，引起了食用该食品的一部分人产生过敏反应。

虽然受到几大事件引起的极大冲击，转基因植物的研究与应用仍然不断向前发展，却未发生任何由转基因食品引起的安全事故，由此展现出了强劲的优势。世界卫生组织指出：“当前在国际市场上可获得的转基因食品已通过了风险评估，不太可能对人体健康有风险。而且，在它们被批准的国家普通人群中，还没有发现食用这些食物会影响人体健康。”

## 一、转基因植物的主要安全问题

在人类文明发展中，转基因研究和应用的经历时间相对较短，对其带来的科学、社会与环境等系列问题还需我们不断探索。在与常规植物和常规食品相比同样安全，甚至在更多安全保障的基础上，管理和利用转基因植物或GMO，是缓解当今社会发展造成的粮食压力与环境恶化问题的重要技术之一。

转基因植物的主要安全问题包括：①转基因植物扩散问题；②转入植物的外源基因扩散问题；③转入植物的其他标记基因（如抗生素性基因）扩散问题；④转基因植物是否会影响生物的多样性，即生物“入侵”问题，是否威胁野生物种，以及对地球环境与生态的其他影响；⑤转基因植物是否会改变与之相关物种（害虫）的进化速度；⑥转基因植物中标记基因的毒性问题；⑦转基因植物或其代谢成分作为食物是否会引起食用者产生不良反应，特别是有无长期积累的可能；⑧转基因植物是否对农业和国际贸易产生一些不可预测的影响。其中，⑥和⑦涉及转基因食品的安全性，目前市场上的GMO都是经过最严格的食品安全性评价。①～⑤主要是关于转基因植物对环境和生态的安全性，人们已开展大量的相关研究与监测，并相应提供了有效的、可行的技术与对策。

针对人们担忧的转基因植物筛选常用的抗生素抗性标记问题，可以采取相应的安全性策略：①通过位点专一性重组系统切除法、染色体内同源重组诱导缺失法等技术，在转基因植物大田释放前剔除抗性标记基因；②采用安全性的标记，如甜菜碱醛脱氢酶（BADH）等化合物解毒酶基因及木糖异构酶基因（*xylA*）、磷酸甘露糖异构酶基因（*pmi*）等糖类代谢酶基因。

## 二、转基因食品安全性评价的基本原则

当今的转基因食品只有通过严格的安全评价才能进行商品化阶段，随着科技的不断发展，安全评价过程也不断完善。目前，世界经济合作与发展组织、世界粮食及农业组织、世界卫生组织及大多数国家，认同如下若干转基因食品安全评估原则。

1. 预防原则（precautionary principle） 1992

---

① 1码≈91.44cm。

年，联合国《里约环境与发展宣言》将预防原则纳入其中，克服目前科学认识的局限性。以科学原理为基础，采取对公众透明的方式，结合其他的评价原则，对转基因生物及其产品研究和试验进行风险评估，防患于未然。

2．实质等同性原则（substantial equivalence） 1993年，该概念由经济合作与发展组织最先提出，目前已成为判定转基因食品与其对照食品在健康和营养特征上相似性的国际标准。实质等同性原则是指转基因食品与相应的传统食品具有实质等同性，就认为其同样安全。实质等同性分析是对转基因食品相对于传统食品的安全性进行比较，是一种动态过程。比较内容包括生物学特性、主要营养成分、天然有毒物质、抗营养因子和过敏原等。不实质等同的转基因食品上市前必须经过更广泛的试验和评估。

3．个案原则（case by case） 由于转基因生物及其产品中导入的基因来源、功能各不相同，受体生物及基因操作也可能不同，即使是同样的基因与受体，其插入位点的不同也可能带来未知的变化。因此，必须对每一种转基因新产品逐个进行评价，不能简单地全盘通过或者全盘否定，这也是目前大多数国家采取的评估原则。

4．科学透明原则（scientific and transparency principle） 对转基因生物及其产品的评价应建立在科学、客观和透明的基础上，应该充分应用现代科学技术的研究手段和成果对转基因生物及其产品进行科学检测、分析和评价，不能用不科学的、臆想的安全问题或现代科学技术无法解决的问题来要求对转基因生物及其产品进行评价。

5．逐步原则（step by step） 逐步原则的理解可以在两个层次上进行，其一：对转基因产品管理是分阶段审批，在不同的阶段要解决不同的安全问题；其二：由于转入目的基因的安全风险是多方面的（如毒性、致敏性、抗营养成分或天然毒素等），因此评价也要分步骤进行。逐步原则可以提高效率，在最短的时间内发现可能存在的风险。在实验室研究、中间试验、环境释放和生产性试验等几个阶段分步进行评估，通过安全评估后才能开始下一阶段试验。

根据国际食品法典委员会的标准，通过食物成分营养评价、流行病学研究、致敏性评价、毒理学评价及生物信息学和分子生物学技术等方法对转基因食品进行安全性评价，其具体内容包括：①基因的表达物质（非核酸物质）毒性的评价；②可能致敏性的评价；③转基因食品中的关键成分；④转基因食品中代谢物的评价；⑤转基因食品的加工方式；⑥转基因食品营养的改变；⑦转基因食品外来化合物积累的评价；⑧标记基因的耐药性；⑨植物因基因修饰而改变的特性可能对健康所产生的毒性（非预期效应）。

## 三、转基因食品安全的国际立法概况

关于转基因食品对人类的潜在危险，国际社会与公众一直高度关注。1992年在联合国环境与发展会议上签署了《21世纪议程》和《生物多样性公约》两个纲领性文件，关注生物技术安全问题。经过多轮协商，2000年1月在加拿大蒙特利尔通过了《（生物多样性公约）卡塔赫纳生物安全议定书》最终文本，它将生物技术的有益性和安全性结合起来，向人类敲响了警钟。议定书体现了国际合作原则和损害预防原则，规定了事先知情同意程序，对生物技术产品的国际贸易做了进一步的限制，为各国处理转基因产品建立了国际性框架。

世界各国陆续建立了对转基因生物及其食品的管理法规。由于各国农业、环境和生物多样性的差异，只有本国确认该转基因食品安全后才能进行商业化生产应用。美国于1986年制定了《生物技术法规协调框架》，对转基因产业政策及协调部门职责分工进行了说明。美国相继颁布一系列的农业转基因法律，有关转基因事务由多部门共同监管，包括美国食品药品监督管理局（FDA）、美国农业部（USDA）、美国环境保护局（EPA）、职业安全与健康管理局（OSHA）、美国国立卫生研究院（NIH）5个部门，管理分工比较明确，从转基因科学实验到商业化阶段，各部门严格执行法律，实行责任追究制度，未出现重复监管或监管空白的情况。

欧盟采用“预防原则”作为其管制转基因食品的理论基础。其管制并不是建立在转基因食品的风险已有科学证据证明的基础上，而是根据“可能”产生的风险及“其他合理因素”采取预防措施。在预防原则基础上，欧盟于2003年对转基因食品的立法进行了新的修订。通过了两部新条例，即1829/2003号《转基因食品及饲料管理条例》和1830/2003号《有关转基因生物追溯性及标识办法以及含转基因生物物质的食品和饲料的追溯性条例》，前者重新规定了转基因食品管制的审批和执行制度，后者规定转基因食品和饲料的追溯性制度和标识制度。1829/2003号条例建立统一的审批与执行制度，所有转基因食品都必须经过正常审批程序加以评估；不再赋予各成员国自行根据新的科学信息和新风险评估结果暂时或禁止转基因食品流通销售的权力，而是交由欧洲食品安全局统一评估。1830/2003号条例则建立了一项全新的“转基因食品追踪制度”和更加严格的标签制度。

## 四、我国农业转基因生物安全性评价管理

为了加强农业转基因生物安全管理，保障人体健康和动物、植物、微生物安全，保护生态环境，促进农业转基因生物技术研究，由中华人民共和国农业部颁发的《农业转基因生物安全管理条例》于2001年5月23日开始施行，以及《农业转基因生物安全评价管理办法》自2002年3月20日起施行。在中华人民共和国境内从事农业转基因生物的研究、试验、生产、加工、经营和进口、出口活动，必须遵守该条例。由国务院农业行政主管部门负责全国农业转基因生物安全的监督管理工作，国务院建立农业转基因生物安全管理部际联席会议制度，由农业、科技、环境保护、卫生、外经贸、检验检疫等有关部门的负责人组成，负责研究、协调农业转基因生物安全管理工作中的重大问题。适用条例的农业转基因生物是指利用基因工程技术改变基因组构成的生物及其产品。

根据管理条例，我国对农业转基因生物实行标识制度，设立农业转基因生物安全委员会，负责农业转基因生物的安全评价工作；从事农业转基因生物研究与试验的单位，应当具备与安全等级相适应的安全设施和措施，确保农业转基因生物研究与试验的安全，并成立农业转基因生物安全小组，负责本单位农业转基因生物研究与试验的安全工作。

农业转基因生物试验，一般应当经过中间试验、环境释放和生产性试验三个阶段。中间试验，是指在控制系统内或者控制条件下进行的小规模试验。环境释放，是指在自然条件下采取相应安全措施所进行的中规模的试验。生产性试验，是指在生产和应用前进行的较大规模的试验。农业转基因生物在实验室研究结束后，需要转入中间试验的，以及从上一试验阶段转入下一试验阶段的，试验单位应当向国务院农业行政主管部门报告和申请，经农业转基因生物安全委员会进行安全评价合格的，由国务院农业行政主管部门批准转入下一试验阶段。

生产性试验结束后，可以申请领取农业转基因生物安全证书，经安全评价合格后获得安全证书。转基因植物进入生产前，必须提交品种审定申请和转基因品种安全证书。品种审定要进行品种试验，包括区域试验和生产试验，规模逐渐扩大，检验品种的丰产性、适应性和抗逆性等。通过审定后，经过公告，颁发品种证书。

最后阶段是向国务院农业行政主管部门申请生产许可证，在指定的区域种植，配备相应的安全管理与防范措施。经营转基因植物种子、种苗的单位和个人，应当取得国务院农业行政主管部门颁发的种子经营许可证。在中华人民共和国境内销售列入农业转基因生物目录的农业转基因生物，应当有明显的标识。

安全评价工作按照植物、动物、微生物三个类别，以科学为依据，以个案审查为原则，实行分级、分阶段管理。按照对人类、动物、植物、微生物和生态环境的危险程度，将农业转基因生物分为4个等级：安全等级Ⅰ，尚不存在危险；安全等级Ⅱ，具有低度危险；安全等级Ⅲ，具有中度危险；安全等级Ⅳ，具有高度危险。从事安全等级为Ⅰ和Ⅱ的农业转基因生物实验研究，由本单位农业转基因生物安全小组批准；从事安全等级为Ⅲ和Ⅳ的农业转基因生物实验研究，应当在研究开始前向农业转基因生物安全管理办公室报告。安全等级Ⅱ、Ⅲ、Ⅳ的转基因生物，在废弃物处理和排放之前应当采取可靠措施将其销毁、灭活，以防止扩散和污染环境。发现转基因生物扩散、残留或者造成危害的，必须立即采取有效措施加以控制、消除，并向当地农业行政主管部门报告。农业转基因生物在贮存、转移、运输、销毁和灭活时，应当采取相应的安全管理和防范措施，具备特定的设备或场所，指定专人管理并记录。

## 小　结

概述了植物基因的基本特征，介绍目前常用的植物遗传转化方法，重点陈述了农杆菌介导的植物遗传转化的基本原理与操作过程及影响转化效率的因素，并列举植物转化的具体例子；转基因植物的安全性评价的基本原则及我国转基因生物管理的基本条例。

# 复习思考题

1. 简述植物基因的结构特征。
2. 简述植物遗传转化的常用方法。
3. 简述农杆菌介导的植物遗传转化的原理与过程及影响因素。
4. 简述转基因食品安全性评价的基本原则。

# 主要参考文献


崔娜，姚佳羽，张杨，等．2017．植物中 CRISPR/Cas 系统的应用研究进展．西北植物学报，37（1）：0196~0202

关媛．2008．黄瓜果刺形成相关基因的定位与克隆．上海：上海交通大学博士学位论文：51~63

王关林，方宏筠．2002．植物基因工程．北京：科学出版社：452~453

王继磊，刘迪秋，丁元明，等．2010．*Bt* 转基因抗虫植物研究进展．生物学杂志，27（4）：75~78

吴乃虎．1998．基因工程原理．2 版．北京：科学出版社：10~37

杨绪勤．2014．黄瓜果瘤和果实无光泽性状基因的定位与功能分析．上海：上海交通大学博士学位论文：42~60

张献龙．2012．植物生物技术．2 版．北京：科学出版社：195~201

Chetty VJ, Ceballos N, Garcia D, et al. 2013. Evaluation of four *Agrobacterium tumefaciens* strains for the genetic transformation of tomato (*Solanum lycopersicum* L.) cultivar Micro-Tom. Plant Cell Reports, 32(2)：239~247

Fraley RT, Rogers SG, Horsch RB, et al. 1983. Expression of bacterial genes in plant cells. Proceedings of the National Academy of Sciences of the USA, 80(15)：4803~4807

Goodner B, Hinkle G, Gattung S, et al. 2001. Genome sequence of the plant pathogen and biotechnology agent *Agrobacterium tumefaciens* C58. Science, 294(5550)：2323~2328

Herreraestrella L, Depicker A, Montagu MV, et al. 1983. Expression of chimaeric genes transferred into plant cells using a Ti-plasmid-derived vector. Nature, 303(5914)：209~213

Mccullen CA, Binns AN. 2006. Agrobacterium tumefaciens and plant cell interactions and activities required for intertingdom marcomolecular transefer. Annu Rev Cell Dev Biol, 22：101~127

Pinto LMN, Ziegler DR, Fiuza LM. 2014.The use of transgenic plants in insect control. *In*：Sahayaraj K. Basic and Applied Aspects of Biopesticides. New Delhi：Springer India：319~329

Wood DW, Setubal JC, Kaul R, et al. 2001. The genome of the natural genetic engineer *Agrobacterium tumefaciens* C58. Science, 294(5550)：2317~2323

# 第六章 植物组织培养实验设计与统计分析

## 第一节　实验设计的概念和原理

### 一、实验设计的概念

一个科学而完善的实验设计，能够合理地安排各种实验因素，严格地控制实验误差，并且能够有效地分析实验数据，从而用较少的人力、物力和时间，最大限度地获得丰富而可靠的资料。反之，如果实验设计存在缺点，就必然造成浪费，降低研究结果的价值。实验设计作为相对独立的一门学科，既是应用数学的一个新分支，也是实验优化的一个重要组成部分。20 世纪 20 年代，英国学者 R. A. Fisher 运用均衡排列的拉丁方，解决了长期未能解决的实验条件不均匀的问题，提出了方差分析法，创立了实验设计（design of experiments）。

在实验设计的发展道路上，Fisher 创立的传统实验设计是第一个里程碑。正交表的构造和开发是第二个里程碑，日本学者田口玄一开发的田口式正交表实验设计是突出的代表，而我国研创的正交实验法与日本田口式正交表实验设计法相比，指导理论正确合理、程序更简单、优化效率更高、教育推广和普及更便利，从而使多因素优化从欧美式的艰深方法中跳出，演化成简单易行、行之有效的工作。20 世纪 90 年代初，田口玄一开发的稳健实验设计是第三个里程碑。它为实验设计开拓了更加广阔的应用领域，为优质产品的设计和开发提供了非常有效的工具。这是一种带有重大创新思想的实验优化方法。这种方法能以较短的开发周期开发出类似的一组或一系列的稳健、高质量、在使用中具有优良可靠性的产品。到了 20 世纪 90 年代中期，田口教授在将马哈拉诺比斯距离（Mahalanobis distance）成功用于医疗诊断、地震预报等方法面的基础上，建立了马哈拉诺比斯-田口方法（MTS），主要用于产品检测、医疗诊断、灾害预防预测、声音识别等多个领域。田口教授认为 MTS 将是 21 世纪实验优化领域的最大技术，提醒人们对 MTS 重点进行研究和应用。

Fisher 最初从农作物产量实验中提出实验设计方法，这里以组织培养实验为例说明几个实验设计的基本概念。在黄瓜子叶节再生实验中，考察水解酪蛋白施加量对黄瓜子叶节再生率（再生芽 / 外植体）的影响。每升培养基施加水解酪蛋白的质量为 0g、0.5g、1.0g、1.5g、2g。这个实验中水解酪蛋白施加量是实验因素（factor），它取上述的 5 种水平。按照每一种施加量的水平所做的操作称为一种处理（treatment），共 5 种处理，其中添加量为 0g 的处理称为空白处理，通常作为对照（control）。培养子叶节的培养瓶就是实验单元，子叶节的再生率就是实验指标，也称为响应变量（response variable）。

实验指标的测量值与指标的真实值之间往往存在着偏差，称为实验误差，简称误差。误差可分为三类，即系统误差、随机误差和过失误差。系统误差产生于所用的仪器、试剂、环境、实验者个人的因素和方法本身。系统误差的出现是有规律的，其产生的原因是可知或者是能掌握的。随机误差是指在同一测量条件下，多次测量同一量值时，绝对值和符号以不可预知的方式变化的误差。随机误差来源于随机的因素，所以它有时是正误差，有时是负误差。由于随机误差的变化不可预知，所以这类误差不能修正，但是随机误差是具有统计（或概率）规律的误差，是可以控制的。超出在规定条件下预期的误差称为过失误差或者寄生误差，这是由于工作粗心、过度疲劳或者情绪不稳定等原因引起的。过失误差是应该避免而且可以避免的，同时如果测量结果中包含了过失误差，即所有的异常值都应当剔除。

### 二、实验设计的类型、要素及基本原则

根据实验设计内容的不同，可以分为专业设计和统计设计。实验的统计设计使得实验数据具有良

好的统计性质（如随机性、正交性、均匀性等），由此可以对实验数据做所需要的统计分析。实验的设计和实验结果的统计分析是密切相关的，只有按照科学的统计设计方法得到的实验数据才能进行科学的统计分析，得到客观有效的分析结论。反之，一大堆不符合统计学原理的数据可能是毫无作用的，统计学家也会对它束手无策。因此对实验工作者而言，关键是用科学的方法设计好实验，获得符合统计学原理的科学有效的数据。

## （一）实验设计的类型

1．演示实验　实验目的是演示一种科学现象，中小学的各种物理、化学、生物实验课所做的实验都是这种类型的实验。只要按照正确的实验条件和实验程序操作，实验的结果就必然是事先预定的结果。对演示实验的设计主要是专业设计，其目的是使实验的操作更简便易行，实验的结果更直观清晰。

2．验证实验　实验目的是验证一种科学推断的正确性，可以作为其他实验方法的补充实验。本书中讲述的很多实验设计方法都是对实验数据做统计分析，通过统计方法推断出最优实验条件，然后对这些推断出来的最优实验条件做补充的验证实验，给予验证。

验证实验也可以是对已提出的科学现象的重复验证，检验已有实验结果的正确性。例如，1996年7月5日由英国罗斯林研究所的伊恩·威尔穆特教授等通过体细胞克隆法培育的第一只克隆羊“多莉”问世后，世界各地的生物学家纷纷做验证实验，最初许多验证实验是失败的，不少人对其正确性产生怀疑，但随着时间的推移，越来越多的验证实验宣告成功，并且创造出克隆牛、克隆猪等一系列克隆产品。这种验证实验着重于实验条件，而不是统计技术。

3．比较实验　实验目的是检验一种或几种处理的效果，如对生产工艺改进效果的检验，对一种新药物疗效的检验，其实验的设计需要结合专业设计和统计设计两方面的知识，对实验结果的数据分析属于统计学中的假设检验问题。

4．优化实验　实验目的是高效率地找出实验问题的最优化实验条件，这种优化实验是一项尝试性的工作，有可能获得成功，也有可能不成功，所以常把优化实验称为试验（test），以优化实验为目的的设计则称为实验设计。优化实验的内容十分丰富，可以划分为以下的几种类型。

1）按实验因素的数据不同可以划分为单因素优化实验和多因素优化实验。

2）按实验的目的不同可以划分为指标水平优化和稳健性优化。指标水平优化的目的是优化实验指标的平均水平，如增加化工产品的回收率、延长产品的使用寿命及降低产品的能耗。稳健性优化是减小产品指标的波动，使产品性能更稳定，用廉价的、低等级的元件组装出性能稳定的、高质量的产品。

3）按实验的形式不同可以划分为实物实验和计算实验。实物实验包括现场实验和实验室实验两种情况，是主要的实验方式。计算实验是根据数学模型计算出实验指标，在物理学中有大量的应用。

4）按照实验过程的不同可以分为序贯实验设计和整体实验设计。序贯实验是从一个起点出发，根据前面实验的结果决定后面实验的位置，使实验的指标不断地优化，形象地称为“爬山法”。整体实验是在实验前就把所要做的实验位置确定好，要求设计的这些实验点能够均匀地分布在全部可能的实验点之中，然后根据实验结果寻找最优化的实验条件。正交设计和均匀设计都属于整体实验设计。

5．探索实验　对未知事物探索性的科学研究实验称为探索实验，具体包括探索研究对象的未知性质，了解其组成、属性和特征及与其他对象或现象的联系等。探索实验在工程技术领域属于开发设计，其设计工作既要依靠专业技术知识，也需要结合使用比较实验和优化实验的方法，由此可以大幅度减少实验次数。

## （二）实验设计的要素

实验因素、实验单元和实验效应是实验设计的三要素，其中实验效应用实验指标反映。

1．实验因素　实验设计的一项重要工作就是确定可能影响实验指标的实验因素，并根据专业知识或前人的实验结果初步确定因素水平的范围。因素水平选取得过于密集，实验次数就会增多，许多相邻的水平对结果的影响十分接近，将会浪费人力、物力和时间，降低实验的效率；反之，因素水平选取过少，则因素的不同水平对实验指标的影响规律就不能真实地反映出来，就无法得到有用的结论。按照实验因素的数目可以分为单因素实验、双因素实验和多因素实验。研究水解酪蛋白对黄瓜子叶节再生率的影响属于单因素实验。如果同时考虑水解酪蛋白和抗氧化剂α-硫辛酸对黄瓜子叶节再生率的影响时，就属于双因素实验。

此外，在实际操作中，应该尽量选择数量因素，即对其水平值能够用数值大小精确衡量的因素，如温度、光照等，少用或不用品质因素，如试剂的品牌、设备的种类等。

2．实验单元　接受实验处理的对象就是实验单元。在生物实验中，实验单元也称为受试对象，从统计学的角度来看，在进行组织培养实验设计时，需要考虑受试对象的生态型、基因型、年龄、生活状态等差异。

3．实验效应　实验效应是反映实验处理效果的标志，它通过具体的实验指标来体现。与对实验因素的要求一样，要尽量选择数据化的实验指标。

### （三）实验设计的基本原则

Fisher 提出了实验设计的三个原则：随机化原则、重复原则和局部控制原则。近一个世纪以来，实验设计得到了迅速的发展和完善，这三个原则仍旧是指导实验设计的基本原则。同时，研究者通过理论研究和实践经验对这三个原则也给予了进一步的发展和完善，把局部控制原则细化为对照原则和区组原则，提出了现代实验设计的 4 个基本原则，分别是随机化原则（randomization）、重复原则（replication）、对照原则（contrast）和区组原则（block）。

1．随机化原则　随机化是指每个处理以概率均等的原则，随机地选择实验单元。例如，开展子房培养实验时，以 40℃和 45℃两种温度预处理黄瓜子房，将 100 个子房材料分为两组，40℃处理 40 个，45℃处理 60 个。在实际操作时，100 个子房按任意的顺序编成 1～100 号，从中随机挑取 40 个编号的子房分配给 40℃处理组，60 个分配给 45℃处理组。如果违背随机的原则，如将上述个体较大的子房分配给某一处理，无论有意还是无意都必然会影响实验的正确性，给结果带来偏差。随机化实验就是避免此类偏差的有效手段。

随机化原则的另外一个作用是有利于应用各种统计分析方法，因为统计学中的很多方法都是建立在独立样本的基础上的，用随机化原则设计和实施的实验就可以保证实验数据的独立性。由于主观因素造成不同程度偏差的实验数据，通过统计方法是不能弥补其先天不足的。

2．重复原则　由于实验的个体差异、操作差异及其他影响因素的存在，同一处理对不同的实验单元所产生的效果也是有差异的。通过一定数量的重复实验，该处理的真实效应就会比较确定地显现出来，可以从统计学上对处理的效应给予肯定或否定。从统计学的观点来看，重复数量越多或者说样本量越大，实验结果的可信度就越高，但是这样需要花费更多的人力和物力。实验设计的核心内容就是如何用最少的样本例数保证实验结果具有一定的可信度，以节省人力、物力和时间。

在实验设计中，“重复”一词有以下两种不同的含义：独立重复实验和重复测量。独立重复实验是指在相同的处理条件下对不同的实验单元做多次实验，这是人们通常意义下所指的重复实验，其目的是为了降低由样品差异而产生的实验误差，并正确估计这个实验误差。如果实验单元是均匀的、可以分割的样品，如愈伤组织，可以将样品分成 $k$ 份，对每份样品分别做实验，以排除操作误差。但在很多实验场合，对同一个样品做多次重复实验是不可实现的，通常采用多次测量的方式获得在非同一实验条件下的多次独立实验数值，这些数值间存在相互关联，对于这种重复测量实验的结果需要采用特殊的统计分析方法。

3．对照原则　对照原则是主要用于比较实验的一个原则，只有高度的可比性，才能对实验观察的项目做出科学结论。对照组在实验中可以看作一种处理，在统计分析中作为实验因素的一个水平。对照的种类有很多，常用的分为以下几种。

1）空白对照。对照组不施加任何处理因素。例如，促进子叶节再生，添加水解酪蛋白的质量为 0g、0.5g、1.0g、1.5g、2g，其中添加量 0g 就是空白对照。这种方法简单易行，但也存在一定的缺陷，如试剂、设备或者实验对象的差异，会影响实验效应的测定。

2）实验条件对照。对照组不施加处理因素，但施加与处理因素相同的实验条件。例如，进行农杆菌介导的植物转基因实验时，对照组的外植体要使用不含重组质粒的农杆菌进行侵染、共培养等操作。凡是对实验效应产生影响的实验条件，都应该采用这种方法，特别是植物组织培养的相关实验。

3）标准对照。用现有的标准方法或者常规方法作对照，这是工程技术实验的常用方法。在组织培养实验中也有许多技术和参数标准，因此设立标准对照实验组也是必要的。

4）安慰剂对照。常用于医学实验。

5）历史或中外对照。用实验结果与历史上或者国外同类实验结果相比较。

4．区组原则　一组实验总希望在相同或者近似相同的条件下进行，以便能在比较中得到正确结论。可是在很多实际场合下，相同的条件很难得到。实验中常采用的分区组方法，即把实验单元分成若干个小组，使每组内的实验条件相同或近似相同，而组与组之间在实验条件上允许较大差异，这样的小组在实验设计中称为区组。例如，一项组培实验将使用到 20 台光照培养箱，但它们的光照强度、湿度控制很难达到完全相同或近似相同。若将这 20 台光照培养箱按照不同型号分为几个区组，使区组内差异较小，而区组间允许差异可大一些。这样，可以将区组间的差异估计出来，从而有可能把区组对实验结果的干扰排除或者减少到最低限度，保证统计分析结果的正确性。

实验设计的 4 个原则之间有密切的关系，区组原则是核心，贯穿于随机化原则、重复原则和对照原则之中。有时仅把随机化原则、重复原则和对照原则称为实验设计的三个原则，这并不意味着区组原则不重要，而是说明区组原则是贯穿于这三个原则中的一个原则。

# 第二节　实验设计方法

实验设计是离散优化的基本方法，它是从正交性、均匀性出发，利用拉丁方、正交表、均匀表等作为工具来设计实验方案、实施广义实验，直接寻找最优点。实验设计时，方案的编制与数据的处理常常表格化，这样的应用分析非常方便。本节将针对简单比较实验、单因素优化及多因素优化实验的实验设计方法及其在植物生物技术实验中的应用进行简单介绍。

## 一、单因素实验设计

### （一）简单比较实验

比较实验的实验目的是水平比较，例如，百合茎尖离体保存的最适温度是 4℃还是 10℃，胡萝卜体细胞胚培养的最适糖浓度是 1% 还是 3%，而两个处理间的水平对比属于统计学中两个总体均值是否有显著差异的 $t$ 检验问题，关于 $t$ 检验的方法是统计的内容，本书中不再详细重复讲述这些方法的原理和公式。$t$ 检验问题适用于不同的使用条件，在不同的条件下得到的检验结果是不同的。在做两个处理的水平对比时，要正确判断实验的条件。通过一个例子来说明影响两个总体均值 $t$ 检验的使用条件。

在黄瓜小孢子培养优化实验中，研究某种培养基添加物 G 对小孢子再生率的影响。将 18 个培养瓶随机分为添加 G 的处理组和不添加 G 的对照组，处理组和对照组各 9 个培养瓶，每个培养瓶内小孢子再生率如表 6-1 所示。

**表 6-1　小孢子再生率（‰）**

| 处理组 | 对照组 | 处理组 | 对照组 |
|---|---|---|---|
| 7.7 | 6.5 | 9.2 | 8.2 |
| 8.8 | 6.1 | 10.1 | 7.0 |
| 8.9 | 8.2 | 8.5 | 9.7 |
| 8.3 | 8.3 | 8.9 | 8.8 |
| 9.3 | 8.3 | | |

从表 6-1 中，我们可以计算出，不添加 G 的小孢子平均再生率是 7.9‰，而添加 G 后的平均再生率为 8.85‰，平均多出 8.85‰−7.9‰＝0.95‰ 的再生率。如果需要看这个差异是否显著，就需要做两个处理的水平比对，即 $t$ 检验。

$t$ 检验通常有 $P$ 值法和临界值法来检验结论。$P$ 值是检验的显著性概率值，表示判定结论所犯错误的概率（如上述实验结论是添加 G 对提高小孢子再生率显著有效），而这个“错误”是指 G 无效果但是却判定其有效果的错误，即弃真错误，又称第Ⅰ类错误。在显著性检验中，对给定的显著性水平 α，当 $P \leqslant \alpha$ 时就拒绝原假设。

对于上述实验，我们先做出双样本等方差的假设，显著性检验结果如表 6-2 所示。单侧检验结果显示，$P$ 值＝0.023＜α＝0.05，因此拒绝原假设，认为添加物 G 是有效果的。双侧检验结果中，$P$ 值＝0.047 同样＜α＝0.05，同时我们可以观察发现，双侧检验 $P$ 值都是单侧检验 $P$ 值的 2 倍，因此只需要将单侧检验的 $P$ 值乘以 2，就能得到双侧检验的 $P$ 值。再看临界值法，在本单侧检验中临界值是 1.745，$|t|$＝2.151＞临界值＝1.745，因此拒绝原假设，认为添加物 G 有效。双侧检验结果同样显示，对给定的显著性水平 α＝0.05，两种判断的结果是一致的。但在实际实验中，我们更趋向于用 $P$ 值法，因为首先 $P$ 值的数值与 α 无关，更改 α 不需要重新计算；其次 $P$ 值表示概率，所以可以进行比对，在不同的统计量和自由度下，可以用 $P$ 值来反映检验的效果；最后，$P$ 值是犯弃真错误的概率，由 $P$ 值可以更准确地看出检验的效果。

**表 6-2　$t$ 检验：双样本等方差假设**

| | 处理组 | 对照组 |
|---|---|---|
| 平均值 | 8.855 555 556 | 7.9 |
| 方差 | 0.455 277 778 | 1.32 |
| 观测值 | 9 | 9 |

续表

| | 处理组 | 对照组 |
|---|---|---|
| 合并方差 | 0.887 638 889 | |
| 假设平均差 | 0 | |
| df | 16 | |
| *t* 检验 | 2.151 513 315 | |
| *P*（*T*≤*t*）单尾 | 0.023 527 443 | |
| *t* 单尾临界 | 1.745 883 676 | |
| *P*（*T*≤*t*）双尾 | 0.047 054 886 | |
| *t* 双尾临界 | 2.119 905 299 | |

上述检验中，单侧检验和双侧检验的结果是一致的，但是这个一致性不具有普遍意义，例如，我们进行双样本异方差假设，结果如表 6-3 所示。单侧检验时，*P* 值＝0.025＜α＝0.05，认为添加物 G 有效。但双侧检验时 *P* 值＝0.0508＞α＝0.05，认为添加物 G 无效。可见等方差和异方差的假设会对检验结果产生影响，单侧和双侧检验也会对检验结果产生影响，因此正确选择检验条件是非常重要的。

**表 6-3　*t* 检验：双样本异方差假设**

| | 处理组 | 对照组 |
|---|---|---|
| 平均值 | 8.855 555 556 | 7.9 |
| 方差 | 0.455 277 778 | 1.32 |
| 观测值 | 9 | 9 |
| 假设平均差 | 0 | |
| df | 13 | |
| *t* 检验 | 2.151 513 315 | |
| *P*（*T*≤*t*）单尾 | 0.025 407 846 | |
| *t* 单尾临界 | 1.770 933 396 | |
| *P*（*T*≤*t*）双尾 | 0.050 815 692 | |
| *t* 双尾临界 | 2.160 368 656 | |

正确选择检验条件需要借助统计检验。在上述检验中，等方差和异方差的假设条件的选择需要通过统计方法判断两个处理的方差是否相同，即 *F* 检验，如表 6-4 所示。这里我们需要做的是双侧检验。*P* 值＝0.076×2＝0.142＞α＝0.05，因此认为两个处理下的方差无显著差异，因此实验结果应采用等方差检验。

**表 6-4　*F* 检验：双样本方差分析**

| | 处理组 | 对照组 |
|---|---|---|
| 平均值 | 8.855 556 | 7.9 |
| 方差 | 0.455 278 | 1.32 |
| 观测值 | 9 | 9 |
| df | 8 | 8 |
| *F* 检验 | 0.344 907 | |
| *P*（*F*≤*f*）单尾 | 0.076 667 | |
| *F* 单尾临界 | 0.290 858 | |

选择正确的检验条件同样需要专业知识判断。例如，在选择单侧或双侧检验时，双侧检验的 *P* 值是单侧检验的 2 倍，而 *P* 值越小检验就越显著，因此单侧检验的效率比双侧检验高。显而易见，单侧检验是根据专业知识判断认为添加物 G 最多是无效，而不会对小孢子再生造成不利影响，因此认为上述实验中，采用单侧检验是合理的。因此也说明单侧检验是结合了专业信息和样本的信息而做出的判断，检验的效率比双侧检验要高。

样本量的大小对检验结果的影响也是重要的，并且会产生多方面的影响。统计学的许多方法都是建立在总体服从正态分布的基础上，因此首先要求样本数据服从正态分布，即进行正态性检验。实际应用中当样本量较大时，正态性检验的效率也比较高。同样样本量较大时，显著性检测的效率就高，它可以把细微的差异检查出来。但是这并不是必需的，很多场合不同处理间的细微差异在专业角度并没有意义。这时对统计检验往往不是关心两个处理间是否存在差异，而是关心差异是否达到了某个界线。

### （二）单因素完全随机化实验设计

在组织培养实验中，我们经常会遇到这样的问题，在温度、光照、水和营养等各种因素错综复杂的作用下，要确定哪种因素对结果的影响大，哪种因素对结果的影响小，因素间是不是有着互相作用，怎样去优化实验条件等问题，这就需要应用一些统计手段。方差分析（analysis of variance，ANOVA）是用来判断各因素水平间是否有显著差异的统计方法，可以将不同因素、不同水平组合下的实验数据作为不同总体的样本数据，找出对实验指标影响大的因素及其影响程度。最为简单的便是单因素方差分析。举个例子说明，研究氮元素对胡萝卜体细胞胚形成的影响，分别用 5 种不同浓度 $NH_4Cl$ 的培养基独立进行实验，每种浓度实验 4 次，那么这里的因素是氮元素，具有 5 种水平，指标就是体细胞胚的形成率，数据如表 6-5 所示。

**表 6-5　氮元素对胡萝卜体细胞胚形成的影响**

| $NH_4Cl$ 浓度 /（mmol/L） | 5 | 10 | 15 | 20 | 25 |
|---|---|---|---|---|---|
| 体细胞胚形成率 /‰ | 0.86 | 0.96 | 0.80 | 0.76 | 0.83 |
| | 0.89 | 0.95 | 0.83 | 0.81 | 0.90 |
| | 0.91 | 0.93 | 0.88 | 0.84 | 0.94 |
| | 0.90 | 0.94 | 0.84 | 0.82 | 0.85 |

数据检验需计算出数据的偏差，而偏差分别受

到因素的影响和随机误差的影响，即组间和组内的偏差，因此单因素方差分析时首先计算出偏差平方和，如表 6-6 所示。在方差分析中，组间的自由度也就是因素的自由度，是因素水平数减 1，本案例中因素水平数是 5，所以因素自由度是 4。总体自由度是数据个数减 1，本案例为 20−1＝19。而组内的自由度即误差的自由度，等于总体自由度减去因素自由度，因此为 19−4＝15。组间和组内的均方误差＝偏差平方和 / 因素自由度或误差自由度，而 $F$ 值＝组间均方误差 / 组内均方误差＝10.34。查表得 $F$ 临界值，即 $F_{0.05,(4,15)}=3.05$，显然 $F>F_{0.05,(4,15)}$，所以认为因素各水平间（即各浓度间）的差异显著。$P$ 值法也显示，在显著水平 $\alpha=0.05$ 时，因素各水平间有显著差异。上述数据还能够做进一步的多重比较，用 $t$ 检验来判断每两种浓度之间的差异是否显著。

**表 6-6 单因素方差分析**

| 误差来源 | 偏差平方和 | 自由度 | 均方误差 | $F$ 值 | $F$ 临界值 | $P$ 值 |
|---|---|---|---|---|---|---|
| 组间 | 0.44 | 4 | 0.011 | 10.34 | 3.05 | 0.000 317 |
| 组内 | 0.016 | 15 | 0.001 07 | | | |

单因素方差分析只研究一种因素对实验结果的影响，显然，在组织培养实验中，实验结果是由多个因素的综合作用形成的，有时某两个或几个因素之间会存在交互作用。虽然可以采用固定其他因素，研究变化因素的方法，对所有影响因素分别研究，但这种方法不仅效率低，而且往往遗漏最好的组合。因此，在同时检验几种因素的影响时，需要进行多因素实验。多因素方差分析的思路和方法相同，我们这里着重介绍双因素方差分析。在氮元素对胡萝卜体细胞胚形成的影响的实验中我们采用两种不同基因型（genotype）的胡萝卜材料，如表 6-7 所示。

**表 6-7 氮元素和不同基因型对胡萝卜体细胞胚形成的影响**

| $NH_4Cl$ 浓度 /（mmol/L） | 体细胞胚形成率 /‰ | | | |
|---|---|---|---|---|
| | 基因型 I | | 基因型 II | |
| 5 | 0.86 | 0.89 | 0.91 | 0.90 |
| 10 | 0.96 | 0.95 | 0.93 | 0.94 |
| 15 | 0.80 | 0.83 | 0.88 | 0.84 |
| 20 | 0.76 | 0.81 | 0.84 | 0.82 |
| 25 | 0.83 | 0.90 | 0.94 | 0.85 |

由表 6-8 可知，$NH_4Cl$ 浓度因素的 $P$ 值＝0.000 996 ＜$\alpha$＝0.05，说明不同浓度对胡萝卜体细胞胚形成的影响有显著差异。而基因型因素的 $P$ 值为 0.092 95 ＞0.05，表明不同基因型对体细胞形成率无影响。当然在实际应用中会遇到 $P$ 值仅约大于 0.05 这种情况，这时虽然不能拒绝原假设，但是也不应该豁然接受原假设，而是需要做进一步的检验，如加大样本量或者做进一步的统计分析。同时，我们也能够进一步用 $P$ 值来表示各因素对实验的影响程度，$P$ 值越小可以认为该因素越重要，反之，就表示这个因素越不重要。

**表 6-8 可重复双因素方差分析**

| | 偏差平方和 | 自由度 | 均方误差 | $F$ 值 | $F$ 临界值 | $P$ 值 |
|---|---|---|---|---|---|---|
| 基因型间 | 0.003 38 | 1 | 0.003 38 | 3.448 98 | 4.964 603 | 0.092 95 |
| $NH_4Cl$ 浓度间 | 0.044 27 | 4 | 0.011 068 | 11.293 37 | 3.478 05 | 0.000 996 |
| 交互作用 | 0.002 87 | 4 | 0.000 717 | 0.732 143 | 3.478 05 | 0.590 413 |
| 误差项 | 0.009 8 | 10 | 0.000 98 | | | |
| 总计 | 0.060 32 | 19 | | | | |

表 6-8 中的交互作用即几个因素之间联合起作用。交互作用分为三种情况：无交互作用、正交互作用和负交互作用。本案例中，交互作用的 $P$ 值＝0.590 413＞0.05，可以认为基因型因素和 $NH_4Cl$ 浓度因素间无交互作用（表 6-9），这时也能将该项合并入误差项，算法如下。

偏差平方和＝0.0098＋0.00287＝0.01267

自由度＝10＋4＝14

均方误差＝0.01267/14＝0.000905

基因型因素 $F$ 值＝0.00338/0.000905＝3.7348

$F$ 临界值＝$F_{0.05(1,14)}$＝4.60

基因型因素 $P$ 值＝FDIST（3.734 8,3,14）＝0.036688

$NH_4Cl$ 浓度因素 $F$ 值＝0.011068/0.000905＝12.2298

$F$ 临界值＝$F_{0.05(4,14)}$＝3.11

$NH_4Cl$ 浓度因素 $P$ 值＝FDIST（12.2298314）＝0.000335

**表 6-9 无交互作用双因素方差分析**

| 误差来源 | 偏差平方和 | 自由度 | 均方误差 | $F$ 值 | $F$ 临界值 | $P$ 值 |
|---|---|---|---|---|---|---|
| 基因型间 | 0.003 38 | 1 | 0.003 38 | 3.734 8 | 4.60 | 0.036 688 |
| $NH_4Cl$ 浓度间 | 0.044 27 | 4 | 0.011 068 | 12.229 8 | 3.11 | 0.000 335 |
| 误差项 | 0.012 67 | 14 | 0.000 905 | | | |
| 总计 | 0.060 32 | 19 | | | | |

把交互作用这个不显著的因素合并到误差项里，可以增加误差项的自由度，从而增加其他因素的显

著性，这是多因素方差分析的通常做法。至于哪些项可以合并没有统一的标准，只要该项合并后可以减小其他项的 $P$ 值或者均方误差小于误差项。需要注意的是，原则上每次只能合并一个 $P$ 值最大的项，而不能同时合并几个不显著的项。当然，在正交实验设计中，合并误差项后其他因素的偏差平方和是不变的，因此可以同时把几个显著性很低的项合并到误差项中。

## 二、多因素实验设计

### （一）随机完全区组实验设计

在很多实验中，如田间种植实验、组织培养室进行培养条件实验等，由于土壤性质或者不同的原材料的差异，往往给实验数据引入误差。为了避免这些因素的影响，可以将需要进行实验的因素的 $n$ 个水平（$n$ 个处理）随机地安排在尽可能均匀的一块地或一批材料中进行实验。例如，假设我们想确定 4 种不同蔗糖浓度的培养基对烟草叶片原生质体再生培养的影响。因为仅有一个因素，即蔗糖浓度，所以一个完全随机单因素实验设计就是分别在 4 种培养基上培养原生质体，记录原生质体的再生率。在这种设计情况下，完全随机实验存在一个潜在的严重问题：实验中受试的烟草叶片原生质体来源于不同烟草叶片或者不同的植株，那么会对再生率数据的观察值的变异性产生影响。因此实验结果中的误差不仅反映出随机误差，也反映出不同来源原生质体间的变异性。在研究中，我们更希望使实验误差尽可能小，也就是说希望从实验误差中剔除掉受试单元间的变异性。那么需要每种来源的原生质体均在 4 种培养基上受试一次，实验设计如表 6-10 所示，这种实验设计称为随机完全区组设计。“完全”是指每一个区组（不同来源原生质体）包含了所有的处理（不同蔗糖浓度培养基）。如果需要比较 $a$ 种处理并有 $b$ 个区组，随机完全区组设计如图 6-1 所示。在每个区组内，每种处理有一个观察值，且进行实验时各个处理的顺序是随机的，因此区组表示了关于随机性的一种限制。

**表 6-10　蔗糖浓度影响再生率的随机完全区组实验设计**

| 蔗糖浓度 | 不同来源原生质体再生率 | | | |
|---|---|---|---|---|
| | 1 | 2 | 3 | 4 |
| 1 | 0.082 | 0.083 | 0.085 | 0.089 |
| 2 | 0.083 | 0.082 | 0.087 | 0.088 |
| 3 | 0.081 | 0.083 | 0.084 | 0.086 |
| 4 | 0.086 | 0.085 | 0.089 | 0.091 |

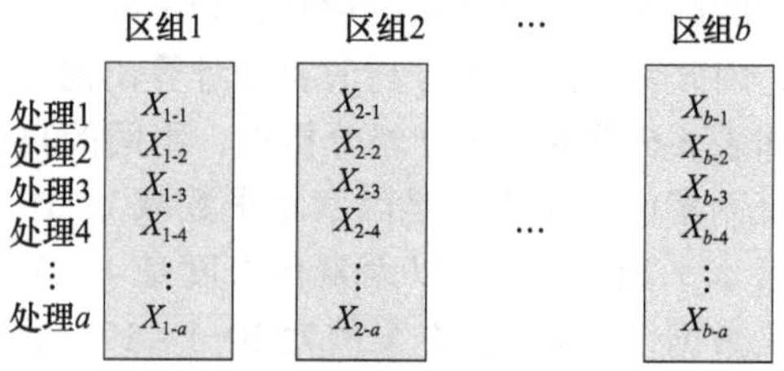


图 6-1　随机完全区组实验设计

在组织培养实验中，实验通常的目的是验证各个处理间的差异，即否定各个处理均值相等的假设。如上述蔗糖浓度影响烟草原生质体再生实验，通过无重复双因素方差分析研究表 6-10 中的实验数据。分析结果如表 6-11 所示，在 $\alpha=0.05$ 时，$F$ 值 $=14.43>F$ 临界值 $=3.86$，因此否定原假设，说明不同蔗糖浓度处理对烟草原生质体再生率有着差异性的影响。当然，有时我们也有兴趣比较区组均值，如果区组间没有大的差异，那么在将来的实验中区组化就不是必要的了。同样是上述蔗糖浓度影响烟草原生质体再生实验，经分析发现，在 $\alpha=0.05$ 时 $F$ 值 $=30.93>F$ 临界值 $=3.86$，说明不同来源的烟草原生质体会影响处理均值。如果我们没有采用随机化区组设计，而将表 6-10 中的数据作为完全随机化单因素设计的分析（表 6-12），那么无论是 $P$ 值分析，还是临界值分析都反映出各个处理间无显著差异，事实上这是一个错误的结果。

**表 6-11　蔗糖实验随机化完全区组设计的方差分析**

| 差异源 | 偏差平方和 | 自由度 | 均方误差 | $F$ 值 | $P$ 值 | $F$ 临界值 |
|---|---|---|---|---|---|---|
| 处理（蔗糖浓度） | 3.85E-05 | 3 | 1.28E-05 | 14.43 | 0.000 871 | 3.86 |
| 区组（原生质体来源） | 8.25E-05 | 3 | 2.75E-05 | 30.93 | 4.52E-05 | 3.86 |
| 误差 | 8E-06 | 9 | 8.89E-07 | | | |
| 总计 | 0.000 129 | 15 | | | | |

**表 6-12　蔗糖实验随机化单因素设计的方差分析**

| 误差来源 | 偏差平方和 | 自由度 | 均方误差 | $F$ 值 | $P$ 值 | $F$ 临界值 |
|---|---|---|---|---|---|---|
| 组间 | 8.25E-05 | 3 | 2.75E-05 | 7.09 | 0.005 3 | 3.49 |
| 组内 | 4.65E-05 | 12 | 3.87E-06 | | | |
| 总计 | 0.000 129 | 15 | | | | |

### （二）拉丁方实验设计

随机化完全区组设计是应用最广的实验设计之一。适用随机化完全区组设计的情况很多，例如，实验中仪器或设备的单元间存在运行特性的不同，各批材料、操作人员及时间等都是实验变异性的常见干扰源，也都是典型的区组化因素，它们都可以通过区组化而被系统地控制。随机化完全区组设计可以减少由一个已知的、可控的、多于变量的变异所引起的实验剩余误差。但在很多情况下实验中会有两个甚至多个多余因素需要被剔除，例如，石斛人工种子是由原球茎包埋形成的，实验者将研究 5 种不同人工种皮配方对人工种子萌发率的影响。每批石斛原球茎只够 5 次实验使用，同时有多个操作人员参与实验，因此在实验设计中有两个多余因素需要被消除：原球茎和操作人员。最合适的实验设计应该是对每批石斛原球茎的每种人工种皮配方恰好实验一次，同时对于每种配方的 5 个操作人员恰好实验一次，这种实验设计称为拉丁方设计。拉丁方设计是按正方形排列的，5 种配方用拉丁字母 *A*、*B*、*C*、*D* 和 *E* 表示，不同批次原球茎（列）与操作人员（行）对处理是正交的，萌发率观察数据如表 6-13 所示。

**表 6-13　人工种皮配方拉丁方实验设计**

| 原球茎批次 | 操作人员 | | | | |
|---|---|---|---|---|---|
| | 1 | 2 | 3 | 4 | 5 |
| | 种子萌发率 /% | | | | |
| 1 | $A=48$ | $B=42$ | $C=38$ | $D=46$ | $E=48$ |
| 2 | $B=34$ | $C=46$ | $D=58$ | $E=56$ | $A=70$ |
| 3 | $C=36$ | $D=74$ | $E=52$ | $A=54$ | $B=42$ |
| 4 | $D=48$ | $E=60$ | $A=54$ | $B=58$ | $C=44$ |
| 5 | $E=42$ | $A=62$ | $B=46$ | $C=46$ | $D=62$ |

拉丁方设计用来消除两个多余的变异性来源，也就是说实验设计从两个方向来系统地区组化，拉丁方表格的行与列实际上就是表示了总随机化约束。一般来说，第一行和第一列按照字母顺序构成的拉丁方称为标准拉丁方，表 6-14 中所用的设计即标准拉丁方。标准拉丁方通常可将第一行按字母顺序排列，然后依次将上一行的字母向左移动一位。

**表 6-14　标准拉丁方**

| | 3×3 | 4×4 | 5×5 | 6×6 | 7×7 | *p*×*p* |
|---|---|---|---|---|---|---|
| 字母排列 | *ABC* | *ABCD* | *ABCDE* | *ABCDEF* | *ABCDEFG* | *ABC*…*P* |
| | *BCA* | *BCDA* | *BAECD* | *BCFADE* | *BCDEFGA* | *BCD*…*A* |
| | *CAB* | *CDAB* | *CDAEB* | *CFBEAD* | *CDEFGAB* | *CDE*…*B* |
| | | *DABC* | *DEBAC* | *DEABFC* | *DEFGABC* | . |
| | | | *ECDBA* | *EADFCB* | *EFGABCD* | . |
| | | | | *FDECBA* | *FGABCDE* | . |
| | | | | | *GABCDEF* | *PAB*…（*P*−1） |
| 标准方数 | 1 | 4 | 56 | 9 408 | 16 942 080 | — |
| 拉丁方总数 | 12 | 576 | 161 280 | 818 851 200 | 61 479 419 904 000 | *P*!（*P*−1）!× 标准方数 |

我们回到石斛人工种皮配方的实验中，方差分析见表 6-15。结果显示不同人工种皮配方对石斛人工种子的萌发率的影响有着显著的差异（$F=7.74>F$ 临界值$=3.26$）。同时表明不同操作人员之间也存在差异（$F=4.73>F$ 临界值$=3.26$），因此对该因素的区组化是一个必要的预防措施。方差分析还表明，由不同批次的原球茎制备的人工种子，其萌发率没有显著差异，所以在以后的相关实验中可以不考虑这一变异性来源。

**表 6-15　石斛人工种子的种皮配方拉丁方实验设计的方差分析**

| 变异来源 | 自由度 | 偏差平方和 | 均方误差 | *F* 值 | *F* 临界值 |
|---|---|---|---|---|---|
| 原球茎批次 | 4 | 250.56 | 83.52 | 1.83 | 3.26 |
| 操作人员 | 4 | 645.76 | 215.2533 | 4.73 | 3.26 |
| 配方 | 4 | 1056.96 | 352.32 | 7.74 | 3.26 |
| 实验误差 | 12 | 500.48 | 45.49 | | |
| 总变异 | 24 | 2453.76 | | | |

## （三）正交设计

在多因素的实验中，为了得到正确的结论，对每个因素的各水平都进行全面搭配的实验才是最好的方法。全面实验比较适合于因素不多，每个因素实验的水平数较少的情况。例如，一个三因素的实验，每个因素要比较三个水平，做全面实验就至少需要 3×3×3=27 次实验，如图 6-2 所示。如果对实验误差进行估计，每个实验至少要重复一次，总共就要进行 54 次实验。但是在实际的实验

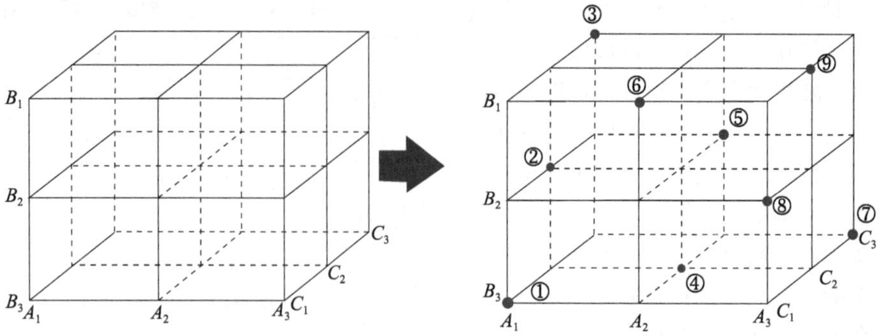


图 6-2　三因素实验的全面实验设计（左）和正交设计（右）示意图

中常常要考虑更多个因素，全面实验的数目将变为一个天文数字，如在一项研究水稻愈伤组织再生培养基配方的实验中，实验者希望研究不同浓度的2,4-D、NAA、糖、铵盐、pH和固化剂对水稻愈伤组织再生的影响，一共有6个因素，每个因素取5个水平并重复一次，则全面实验数目是$2\times5^6=$31250次，这实际上是不可能实现的。在多因素多水平的实验设计中如何尽可能多地考虑多种因素，每种因素水平数要多些，但同时又要使实验次数少？能否在这些为数不多的实验中找出规律，从而达到实验目的？这些都是我们希望能通过实验设计而解决的问题。

正交设计就是在实验因素的全部水平组合中，挑选部分有代表性的水平组合进行实验，通过对这部分实验结果的分析全面了解实验的情况，找出最优的水平组合，如图6-2所示。正交设计的基本工具是正交表，它是数学工作者已经制作好的规格化的表格，如表6-16所示。字母L是正交表的代号，L右下角的数字4，表示有4个横列，即采用这张正交表安排实验时，不进行重复将要安排4个实验组。括号内右上角的指数3，表示该正交表有3个纵列，每一纵列即一种因素的考察，即用这张表安排实验最多可考察3个因素。括号内的底数2，表示该表中每一列的因素只有2个水平，如表6-16中的“*A*”和“*B*”。有时不同的因素安排有不同的水平，如

**表 6-16　$L_4(2^3)$ 正交表**

| 实验组 | 因素 | | |
|---|---|---|---|
| | 1 | 2 | 3 |
| 1 | *A* | *A* | *A* |
| 2 | *B* | *A* | *B* |
| 3 | *A* | *B* | *B* |
| 4 | *B* | *B* | *A* |

表6-17所示的$L_8(4^1\times2^4)$正交表，这里纵列“1”所代表的因素具有*A*、*B*、*C*和*D*这4个水平，而后纵列“2～5”这4个因素只具有*A*和*B*两个水平。通过正交表安排实验可以看到，全部的实验是同时设计好的，属于整体设计。

**表 6-17　$L_8(4^1\times2^4)$ 正交表**

| 实验组 | 因素 | | | | |
|---|---|---|---|---|---|
| | 1 | 2 | 3 | 4 | 5 |
| 1 | *A* | *A* | *B* | *B* | *A* |
| 2 | *C* | *B* | *B* | *A* | *A* |
| 3 | *B* | *B* | *B* | *B* | *B* |
| 4 | *D* | *A* | *B* | *A* | *B* |
| 5 | *A* | *B* | *A* | *A* | *B* |
| 6 | *C* | *A* | *A* | *B* | *B* |
| 7 | *B* | *A* | *A* | *A* | *A* |
| 8 | *D* | *B* | *A* | *B* | *A* |

我们以黄瓜子房培养实验为例，来说明如何采用正交表来安排实验和分析实验结果，实验设计和结果分析的流程如下。

1．明确实验目的　　黄瓜是重要的蔬菜作物，获得黄瓜纯系（或自交系）对于提高黄瓜育种进程具有非常重要的意义，通过子房培养获得黄瓜单倍体，进而得到双单倍体是获得纯系的一条重要途径。那么黄瓜子房培养实验设计的目的就是要获得一种胚状体发生率最高的黄瓜子房培养方法。

2．确定实验因素和因素水平　　根据前人的研究报道，认为黄瓜子房培养中对胚状体发生率影响最显著的有5个因素，包括黄瓜基因型、子房的生长状态（开花后天数）、热激温度和培养时所采用的生长素（NAA）和细胞分裂素（6-BA）的浓度。我们可以按照表6-18将相关因素及其水平陈述出来。

**表 6-18　因素及因素水平**

| 因素 | 基因型 | 子房状态（花后天数） | 热激温度 /℃ | NAA 浓度 /（mg/L） | 6-BA 浓度 /（mg/L） |
|---|---|---|---|---|---|
| 水平 1 | type Ⅰ | 1 | 30 | 0.02 | 0.05 |
| 水平 2 | type Ⅱ | 2 | 35 | 0.04 | 0.1 |
| 水平 3 | type Ⅲ | — | — | — | — |
| 水平 4 | type Ⅳ | — | — | — | — |

3．实验的安排与实施　正交设计首先要看因素的水平，选取与因素水平相同的正交表，然后看因素的数目，因素的个数不能超过正交表的列数，允许有空白列。通过对实验因素的分析可以看出，黄瓜子房培养实验需要考察的因素有 5 个，基因型因素安排了 4 个水平，其他因素安排了 2 个水平，可以采用表 6-17 中的 $L_8$（$4^1 \times 2^4$）来安排实验计划。

4．实验结果的分析　实验结束后，将不同实验组中的黄瓜子房胚发生率记录到表 6-19 中，并进行分析。

**表 6-19　结果与数据分析**

| 因素 | | 1 | 2 | 3 | 4 | 5 | 胚发生率 /% |
|---|---|---|---|---|---|---|---|
| 实验组 | 1 | *A*（type Ⅰ） | *A*（1d） | *B*（35℃） | *B*（0.04mg/L） | *A*（0.05mg/L） | 37.7 |
| | 2 | *C*（type Ⅲ） | *B*（2d） | *B* | *A*（0.02mg/L） | *A* | 39.6 |
| | 3 | *B*（type Ⅱ） | *B* | *B* | *B* | *B*（0.1mg/L） | 30.0 |
| | 4 | *D*（type Ⅳ） | *A* | *B* | *A* | *B* | 35.3 |
| | 5 | *A* | *B* | *A*（30℃） | *A* | *B* | 37.1 |
| | 6 | *C* | *A* | *A* | *B* | *B* | 36.6 |
| | 7 | *B* | *A* | *A* | *A* | *A* | 21.7 |
| | 8 | *D* | *B* | *A* | *B* | *A* | 37.9 |
| 数据处理 | i | 74.8 | 131.3 | 142.6 | 133.7 | 136.9 | |
| | ii | 51.7 | 144.6 | 133.3 | 142.2 | 139.0 | |
| | iii | 76.2 | — | — | — | — | i+ii+iii+iv=275.9 |
| | iv | 73.2 | — | — | — | — | |
| | R | 24.3 | 13.3 | 9.3 | 8.5 | 2.1 | |

# 第三节　常用统计分析软件介绍及应用举例

随着计算机应用软件的推广，实验数据的统计分析工作变得相对简单，关键是选择正确的分析方法，对分析结果做正确的解释。Excel 是通用的办公软件，包含数据分析功能，能够做 *t* 检验、方差分析及回归分析等基本的统计分析，是菜单式的界面，使用方便，最大的优点是能在普通计算机上运行，大多数实验设计问题的数据分析都可以用 Excel 的数据分析功能解决。少数实验设计问题的数据分析则需要更专业的统计分析软件，如 SPSS、minitab、MATLAB 等。

## 一、Excel

在当今众多的数据分析软件中，微软公司的 Excel 以其强大的功能、良好的可操作性赢得了全世界的一致认可。Excel 是一个快速制表、将数据图表化以进行数据分析和管理的工具集成。Excel 可以管理、组织纷繁复杂的数据，并对数据进行分析处理，最后以图表、统计图形的形式给出分析结果。尤其重要的是，Excel 提供了超强的统计分析程序，范围涵盖了最基本的统计分析。本章节中将对 Excel 中的分析工具和统计函数的统计分析功能加以简要介绍。

### （一）Excel 的统计分析功能

Excel 软件的“分析工具库”中提供了很多个数据分析工具（图 6-3）。在进行统计分析时使用分析工具可以节省步骤。只需为分析工具提供必要的数据和参数，分析工具就会使用统计函数，在输出表格中显示相应的结果。其中，有些工具在生成输出表格时还能同时生成图表。

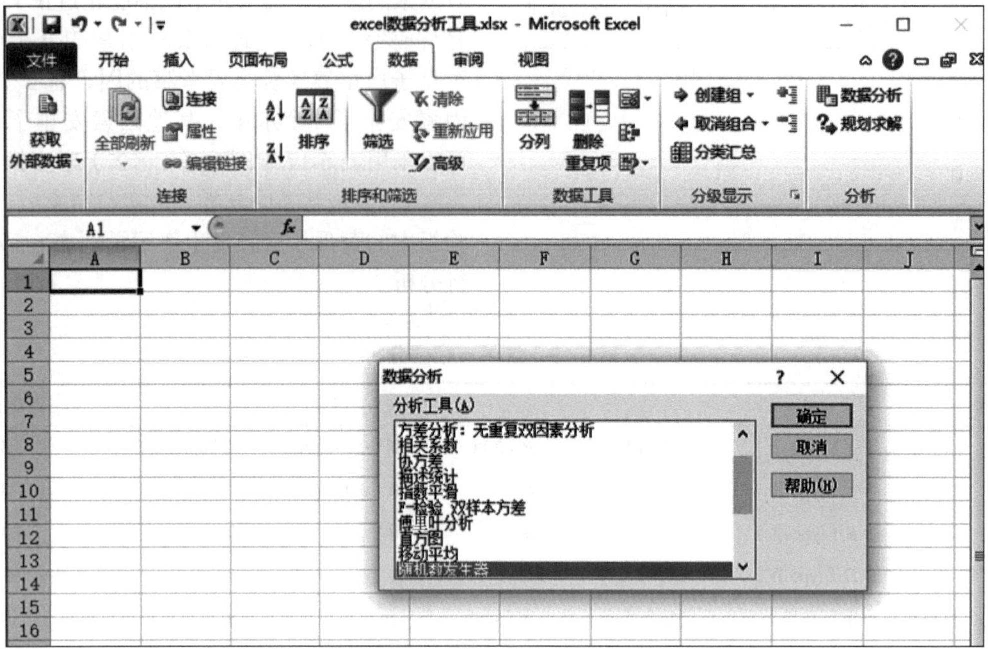


图 6-3 Excel 数据分析的操作界面

1．假设检验　利用 $F$ 检验分析工具、$t$ 检验分析工具、$z$ 检验分析工具，可以进行总体均值、方差的假设检验。

（1）两个总体均值检验　①利用“$z$ 检验：双样本平均差检验”分析工具，可以在两个总体方差已知时，进行两个总体均值的假设检验；②利用“$t$ 检验：双样本等方差假设”分析工具，可以在两个正态总体方差未知但相等时，进行两个总体均值的假设检验；③利用“$t$ 检验：双样本异方差假设”分析工具，可以在两个正态总体方差未知且不相等时，进行两个总体均值的假设检验；④利用“$t$ 检验：成对双样本均值分析”分析工具，可以进行均值的成对检验。

（2）两个总体方差检验　利用“$F$-检验 双样本方差”分析工具，可进行两个总体方差的检验。

2．方差分析　利用方差分析工具可进行单因素和双因素的方差分析。

（1）单因素方差分析　利用“单因素方差分析”分析工具，可以对两个以上总体均值的显著性差异进行检验。

（2）双因素方差分析　①利用“方差分析：无重复双因素分析”分析工具，可以对两个因素各自对实验结果影响的显著性进行检验；②利用“可重复双因素分析”分析工具，可以对两个因素各自对实验结果及两因素交互作用对实验结果影响的显著性进行检验。

3．相关、回归分析　利用“相关系数”分析工具和“协方差”分析工具，可以对两个及两个以上变量间的相关关系进行分析计算。利用“回归分析”分析工具，可以建立简单线性回归和多元线性回归模型，并可对模型的有效性进行检验分析。

4．描述统计计量计算　利用 Excel 分析工具中的“描述统计”分析工具，可以计算常用的集中趋势测度、离散程度测度、数据分布测度及其他基本统计量。①集中趋势测度：平均值、中位数、众数。②离散程度测度：极差（全距）、标准误差（相对于平均值）、标准偏差、方差。③数据分布测度：峰值、偏斜值。④数据统计：最小值、最大值、总和、总个数。

5．参数估计　利用“描述统计”分析工具，可以计算正态分布下方差未知的样本均值极限误差，从而实现单一总体均值的区间估计。

6．数据排位　“排位和百分比排位”分析工具可以产生一个数据列表，在其中罗列给定数据各个数值的大小次序排位和相应的百分比排位，用来分析数据中各数据值间的相互位置关系。

7．时间序列分析　利用“指数平滑”分析工具，可对时间序列基于前期预测值导出相应的新预测值，进行趋势分析。利用“移动平均”分析工具，可对时间序列数据进行移动平均处理，进行数据的趋势分析。

8．统计绘图、制表　利用 Excel 分析工具库中“直方图”分析工具，可以进行频数分布处理和绘制直方图。

9．抽样　利用“随机数发生器”分析工具，可以按照用户选定的分布类型，在工作表的特定区域生成一系列独立随机数。利用“抽样分析”分析工具，可以输入区域为总体构造的一个样本。当总体太大而不能进行处理或绘制时，可以选用具有代表性的样本。如果确认输入区域中的数据是周期性的，还可以对一个周期特定时间段中的数据进行采样。

10．数据变换　利用“傅里叶分析”分析工具，可以对数据进行快速傅里叶变换（FFT）和逆变换，变换后的数据用于相关系数检验和分析。

### （二）利用 Excel 进行方差分析

方差分析最简单的形式就是单因素方差分析。单因素方差分析可用于检验两个或两个以上总体均值相等的原假设。方差分析有三个基本假设：每个总体都应服从正态分布。也就是说，对于因素的每一个水平，其观察值是来自服从正态分布总体的简单随机样本。各个总体的方差必须相同。也就是说，各组观察数据是从具有相同方差的总体中抽取的，观察值是独立的。

1．单因素方差分析　为了分析某一个因素 $A$ 对所考察的随机变量的影响，我们可以在实验时让其他因素保持不变，而只改变因素 $A$ 的状态，这样的实验叫作单因素实验，因素 $A$ 所处的状态叫作水平（表 6-20）。

**表 6-20　不同水平下的样本观测值**

| 水平 | $A_1$ | $A_2$ | … | $A_i$ |
|---|---|---|---|---|
| 观察值 | $X_{11}$ | $X_{21}$ | … | $X_{i1}$ |
| | $X_{12}$ | $X_{22}$ | … | $X_{i2}$ |
| | … | … | … | … |
| | $X_{1n}$ | $X_{2n}$ | … | $X_{in}$ |

Excel 分析工具中具有方差分析模块，具体方法如下：①建立“方差分析”工作表，如图 6-4 所示；②打开“数据分析”中的“方差分析：单因素方差分析”，弹出的对话框如图 6-5 所示；③首先选择图 6-4，即单元格 B3～F6 区域的数据为数据输入区域，图 6-4 中的左侧区域；由于不同因素水平采集的数据是按列分布，所以分组方式选择“列”；④设置显著性水平 $\alpha$ 为 0.01，在 Excel 的“数据分析”工具中，显著水平 $\alpha$ 默认设置为 0.05；⑤选择分析结果输出区域，如图 6-4 所示的右侧区域或者将分析结果输出至新的工作表。

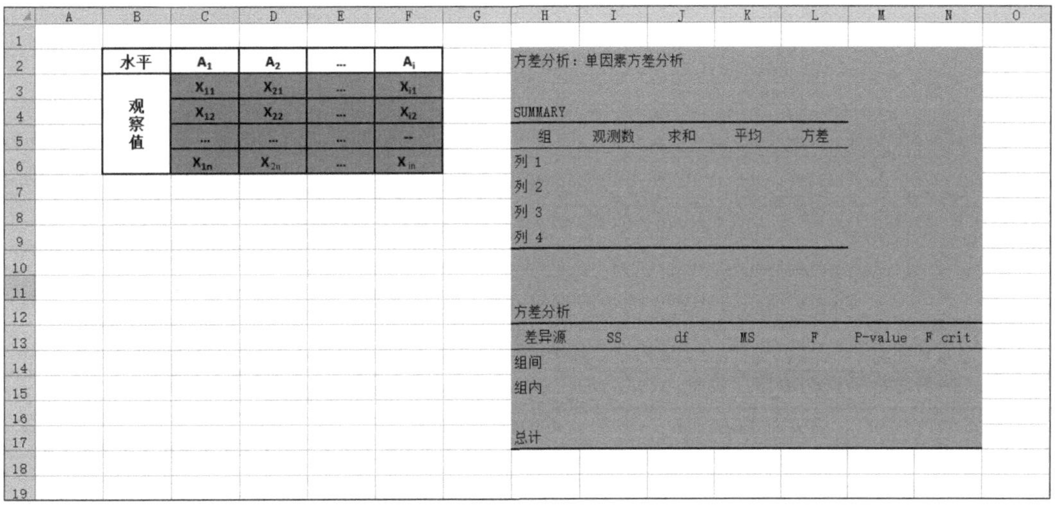


图 6-4　Excel 中建立的“方差分析”工作表和结果输出表

2．双因素方差分析　双因素方差分析分为可重复的双因素方差分析和无重复的双因素方差分析。可重复的双因素方差分析是用来分析影响某一特定结果的两个不同的特征值之间关系的一种方法，其与无重复双因素分析相比具有以下几点区别：通常调查者对两个因素都感兴趣；每个因素的每组值都不止一个观察值；除了每个因素的影响外，分析者也应注意到因素之间的相互作用，这些因素的不同组合可能带来不同影响。例如，进行草莓茎尖培养脱毒实验时，研究人员不但关心培养基中添加的细胞分裂素 6-BA 的浓度，而且希望了解茎尖外植体最佳的取材长度，实验数据的采集如表 6-21 所示。

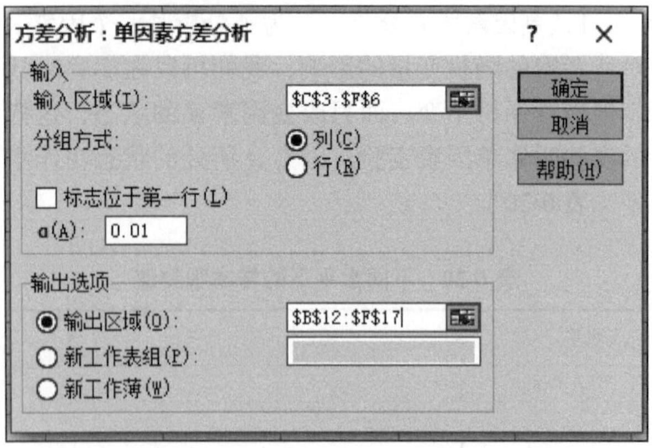


图 6-5 “方差分析：单因素方差分析”对话框

具体步骤如下：①建立“可重复方差分析”工作表，输入相关数据，如图 6-6 所示；②在弹出的“数据分析”对话框中选择“方差分析：可重复双因素分析”选项，单击“确定”按钮，进入“方差分析：可重复双因素分析”对话框，如图 6-7 所示；③选择单元格 C6～F15 区域的数据为数据输入区域，图 6-6 中的左侧区域；④设置每一样本的行数为 3，即在 6-BA 因素水平中，每个水平有三个观察值；⑤设置显著性水平 $\alpha$ 为 0.05；⑥选择分析结果输出区域，如图 6-6 所示的右侧区域或者将分析结果输出至新的工作表。

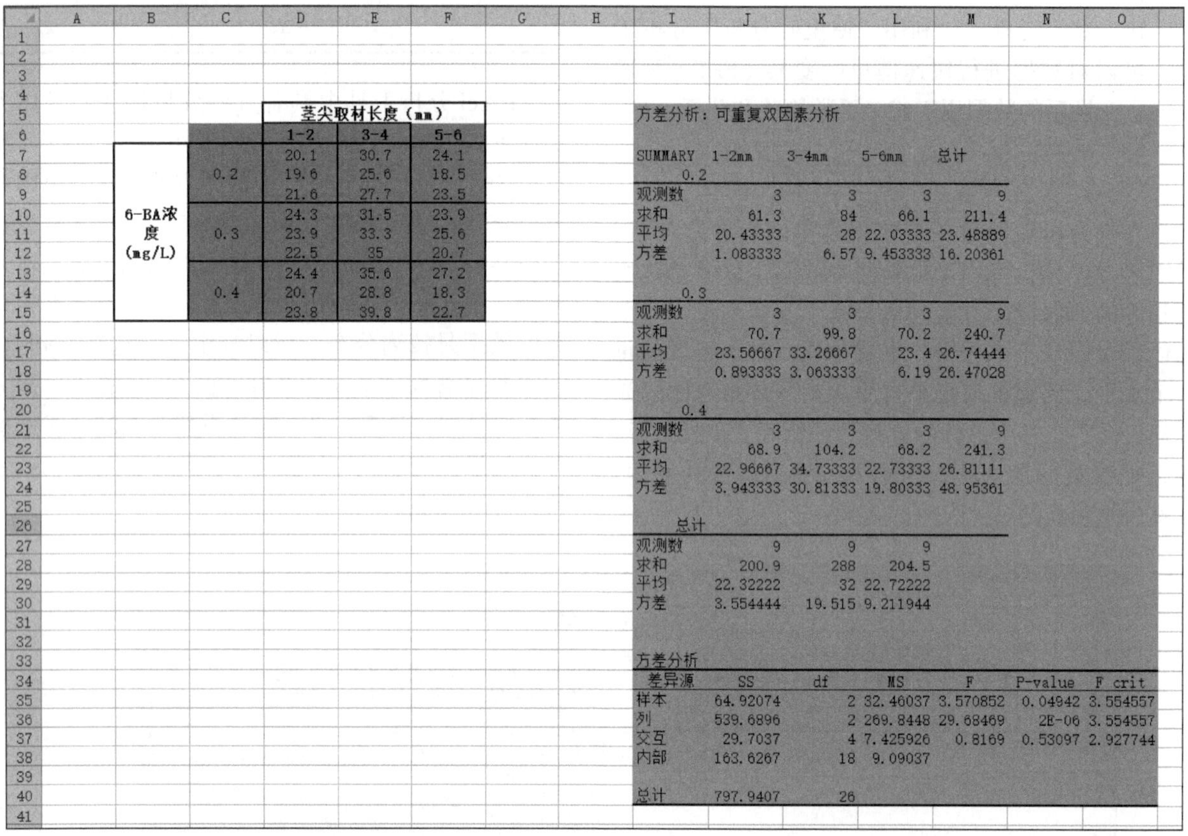

| 6-BA浓度(mg/L) | | 茎尖取材长度（mm） | | |
|---|---|---|---|---|
| | | 1-2 | 3-4 | 5-6 |
| | 0.2 | 20.1 | 30.7 | 24.1 |
| | | 19.6 | 25.6 | 18.5 |
| | | 21.6 | 27.7 | 23.5 |
| | 0.3 | 24.3 | 31.5 | 23.9 |
| | | 23.9 | 33.3 | 25.6 |
| | | 22.5 | 35 | 20.7 |
| | 0.4 | 24.4 | 35.6 | 27.2 |
| | | 20.7 | 28.8 | 18.3 |
| | | 23.8 | 39.8 | 22.7 |

方差分析：可重复双因素分析

| SUMMARY | 1-2mm | 3-4mm | 5-6mm | 总计 |
|---|---|---|---|---|
| 0.2 | | | | |
| 观测数 | 3 | 3 | 3 | 9 |
| 求和 | 61.3 | 84 | 66.1 | 211.4 |
| 平均 | 20.43333 | 28 | 22.03333 | 23.48889 |
| 方差 | 1.083333 | 6.57 | 9.453333 | 16.20361 |
| 0.3 | | | | |
| 观测数 | 3 | 3 | 3 | 9 |
| 求和 | 70.7 | 99.8 | 70.2 | 240.7 |
| 平均 | 23.56667 | 33.26667 | 23.4 | 26.74444 |
| 方差 | 0.893333 | 3.063333 | 6.19 | 26.47028 |
| 0.4 | | | | |
| 观测数 | 3 | 3 | 3 | 9 |
| 求和 | 68.9 | 104.2 | 68.2 | 241.3 |
| 平均 | 22.96667 | 34.73333 | 22.73333 | 26.81111 |
| 方差 | 3.943333 | 30.81333 | 19.80333 | 48.95361 |
| 总计 | | | | |
| 观测数 | 9 | 9 | 9 | |
| 求和 | 200.9 | 288 | 204.5 | |
| 平均 | 22.32222 | 32 | 22.72222 | |
| 方差 | 3.554444 | 19.515 | 9.211944 | |

方差分析

| 差异源 | SS | df | MS | F | P-value | F crit |
|---|---|---|---|---|---|---|
| 样本 | 64.92074 | 2 | 32.46037 | 3.570852 | 0.04942 | 3.554557 |
| 列 | 539.6896 | 2 | 269.8448 | 29.68469 | 2E-06 | 3.554557 |
| 交互 | 29.7037 | 4 | 7.425926 | 0.8169 | 0.53097 | 2.927744 |
| 内部 | 163.6267 | 18 | 9.09037 | | | |
| 总计 | 797.9407 | 26 | | | | |

图 6-6 Excel 中建立的“可重复方差分析”工作表和结果输出表

**表 6-21 草莓茎尖培养脱毒苗产出率（%）**

| 6-BA 浓度 /( mg/L ) | 茎尖取材长度 /mm | | |
|---|---|---|---|
| | 1～2 | 3～4 | 5～6 |
| 0.2 | 20.1 | 30.7 | 24.1 |
| | 19.6 | 25.6 | 18.5 |
| | 21.6 | 27.7 | 23.5 |
| 0.3 | 24.3 | 31.5 | 23.9 |
| | 23.9 | 33.3 | 25.6 |
| | 22.5 | 35 | 20.7 |
| 0.4 | 24.4 | 35.6 | 27.2 |
| | 20.7 | 28.8 | 18.3 |
| | 23.8 | 39.8 | 22.7 |

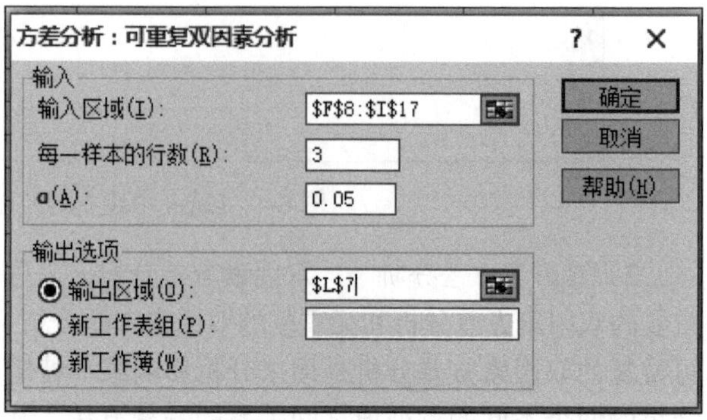


图 6-7 “方差分析：可重复双因素分析”对话框

## 二、SPSS

SPSS（statistical product and service solutions），意为统计产品与服务解决方案。自 20 世纪 60 年代 SPSS 诞生以来，为适应各种操作系统平台的要求经历了多次版本更新，各种版本的 SPSS 大同小异，在本节中我们选择 IBM SPSS Statistics 22.0 作为统计分析应用实验活动的工具。

### （一）SPSS 的运行模式和主要窗口介绍

启动 SPSS 后看到的第一个窗口便是数据编辑窗口，如图 6-8 所示。在数据编辑窗口中可以进行数据的录入、编辑及变量属性的定义和编辑，是 SPSS 的基本界面。主要由以下几部分构成：标题栏、菜单栏、编辑栏、变量名栏、观测序号、窗口切换标签和状态栏。

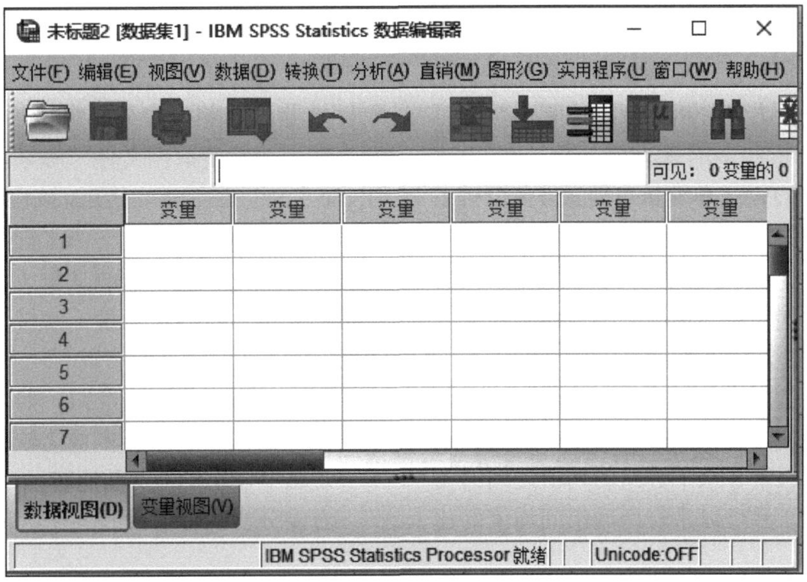


图 6-8　数据浏览界面

**标题栏：**显示数据编辑的数据文件名。

**菜单栏：**通过对这些菜单的选择，用户可以进行几乎所有的 SPSS 操作。关于菜单的详细的操作步骤将在后续实验内容中分别介绍。

为了方便用户操作，SPSS 软件把菜单项中常用的命令放到了工具栏里。当鼠标停留在某个工具栏按钮上时，会自动跳出一个文本框，提示当前按钮的功能。另外，如果用户对系统预设的工具栏设置不满意，也可以用［视图］→［工具栏］→［设定］命令对工具栏按钮进行定义。

**编辑栏：**可以输入数据，并显示在内容区指定的方格里。

**变量名栏：**列出了数据文件中所包含变量的变量名。

**观测序号：**列出了数据文件中的所有观测值。观测的个数通常与样本容量的大小一致。

**窗口切换标签：**用于“数据视图”和“变量视图”的切换，即数据浏览窗口与变量浏览窗口。数据浏览窗口用于样本数据的查看、录入和修改。变量浏览窗口用于变量属性定义的输入和修改。

**状态栏：**用于说明显示 SPSS 当前的运行状态。SPSS 被打开时，将会显示“IBM SPSS Statistics 就绪”的提示信息。

在 SPSS 中大多数统计分析结果都将以表和图的形式在结果观察窗口中显示。窗口右边部分显示统计分析结果，左边是导航窗口，用来显示输出结果的目录，可以通过单击目录来展开右边窗口中的统计分析结果。当用户对数据进行某项统计分析，结果输出窗口将被自动调出。当然，用户也可以通过双击后缀名为 .spo 的 SPSS 输出结果文件来打开该窗口。

### （二）采用 SPSS 进行方差分析

在现实的生产和经营管理过程中，影响产品质量、数量或销量的因素往往很多。例如，农作物的产量受作物的品种、施肥的多少及种类等的影响；某种商品的销量受商品价格、质量、广告等的影响。由此引入方差分析的方法。

方差分析也是一种假设检验，它是对全部样本观测值的变动进行分解，将某种控制因素下各组样本观测值之间可能存在的，由该因素导致的系统性误差与随即误差加以比较，据以推断各组样本之间是否存在显著差异。若存在显著差异，则说明该因素对各总体的影响是显著的。

方差分析有3个基本的概念：观测变量、因素和水平。观测变量是进行方差分析所研究的对象；因素是影响观测变量变化的客观或人为条件；因素的不同类别或不同取值则称为因素的不同水平。在上面的例子中，农作物的产量和商品的销量就是观测变量，作物的品种、施肥种类、商品价格、广告等就是因素。在方差分析中，因素常常是某一个或多个离散型的分类变量。

根据观测变量的个数，可将方差分析分为单变量方差分析和多变量方差分析；根据因素个数，可分为单因素方差分析和多因素方差分析。在SPSS中，有One-way ANOVA（单变量单因素方差分析）、GLM Univariate（单变量多因素方差分析）；GLM Multivariate（多变量多因素方差分析），不同的方差分析方法适用于不同的实际情况。本节仅练习最为常用的单变量单因素方差分析。

单变量单因素方差分析也称为一维方差分析，对两组以上的均值加以比较。检验由单一因素影响的一个分析变量由因素各水平分组的均值之间的差异是否有统计意义。并可以进行两两组间均值的比较，这称为组间均值的多重比较。主要采用One-way ANOVA过程。

采用One-way ANOVA过程要求：因变量属于正态分布总体，若因变量的分布明显是非正态，应该用非参数分析过程。若对被观测对象的实验不是随机分组的，而是进行的重复测量形成几个彼此不独立的变量，应该用Repeated Measure菜单项，进行重复测量方差分析，条件满足时，还可以进行趋势分析。

假设海棠茎段培养实验为了研究4周幼苗的不同节位茎段的芽分化率是否存在显著差异，在不同取材培养的培养板中分别随机抽取几个进行统计，调查数据放置于数据文件“海棠茎段培养分化率统计.sav”中。在SPSS中实验该检验的步骤如下。

选择菜单“分析”→“比较平均值”→“单因素ANOVA”，依次将观测变量（芽分化率）移入因变量列表框，将因素变量（取材节位）移入因子列表框。

单击“两两比较”按钮，如图6-9和图6-10所示，该对话框用于进行多重比较检验，即各因素水平下观测变量均值的两两比较。

方差分析的原假设是各个因素水平下的观测变

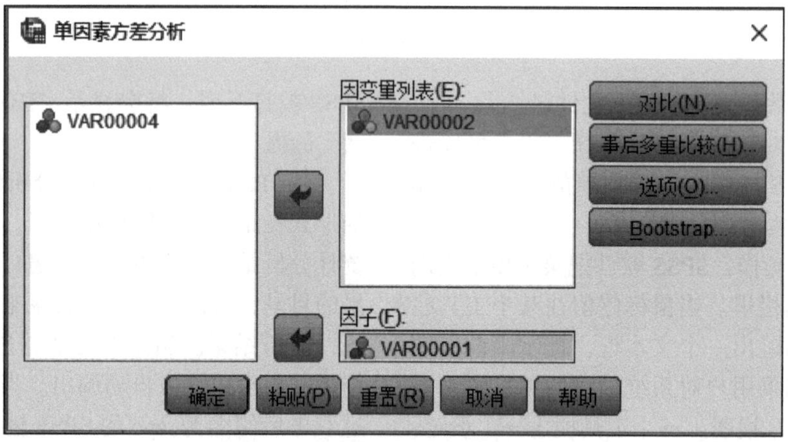


图6-9 单因素ANOVA对话框

量均值都相等，备择假设是各均值不完全相等。假如一次方差分析的结果是拒绝原假设，我们只能判断各观测变量均值不完全相等，却不能得出各均值完全不相等的结论。各因素水平下观测变量均值的更为细致的比较就需要用多重比较检验。

假定方差齐性选项栏中给出了在观测变量满足不同因素水平下的方差齐性条件下的多种检验方法。这里选择最常用的LSD检验法；未假定方差齐性选项栏中给出了在观测变量不满足方差齐性条件下的多种检验方法。这里选择Tamhane检验法；Significance level输入框中用于输入多重比较检验的显示性水平，默认为5%。

单击“选项”按钮，弹出选择子对话框，如图6-11所示。在对话框中选中“描述性”复选框，输出不同因素水平下观测变量的描述统计量；选择“方差同质性检验”复选框，输出方差齐性检验结果；选中“均值图”复选框，输出不同因素水平下观测变量的均值直线图。

在主对话框中点击“确认”按钮，可以得到单因素分析的结果。实验结果分析：表6-22给出了不

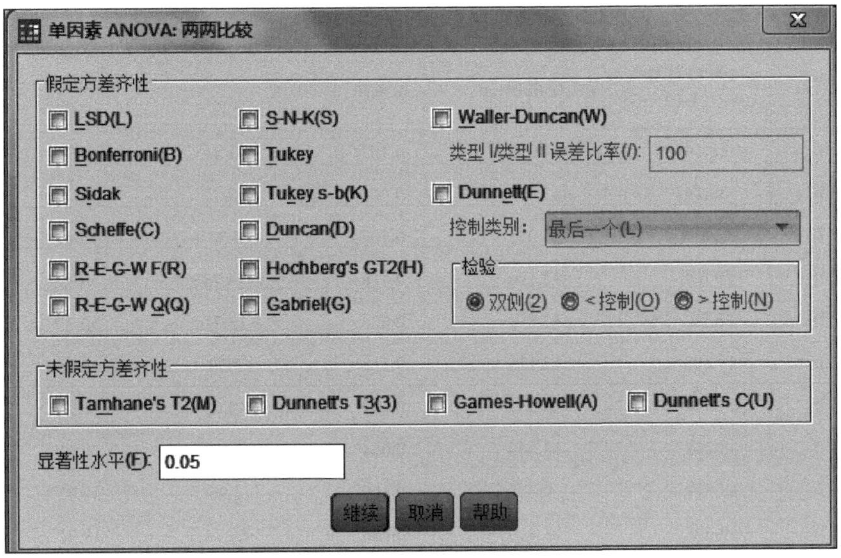


图 6-10　两两比较对话框

图 6-11　选项子对话框

**表 6-22　不同节位茎段芽分化率描述统计量**

| 节位 | $n$ 样本数 | 平均值 | 标准差 | 标准误 | 对于均值的 95% 置信区间 | | 最小值 | 最大值 |
|---|---|---|---|---|---|---|---|---|
| | | | | | 上界 | 下界 | | |
| 第一节 | 10 | 157.90 | 22.278 | 7.045 | 141.96 | 173.84 | 120 | 194 |
| 第二节 | 9 | 176.44 | 19.717 | 6.572 | 161.29 | 191.60 | 135 | 198 |
| 第三节 | 7 | 196.14 | 30.927 | 11.689 | 167.54 | 224.75 | 145 | 224 |
| 总和 | 26 | 174.62 | 27.845 | 5.461 | 163.37 | 185.86 | 120 | 224 |

同节位茎段芽分化率的基本描述统计量及 95% 的置信区间。

表 6-23 给出了 Levene 方差齐性检验结果。从表中可以看到，Levene 统计量对应的 $P$ 值（Sig. 列）大于 0.05，所以得到不同节位茎段芽分化率满足方差齐性的结论。

**表 6-23　不同节位茎段芽分化率方差齐性检验表**

| Levene 检测 | 自由度 1 | 自由度 2 | 显著性 |
|---|---|---|---|
| 1.262 | 2 | 23 | 0.302 |

表 6-24 是单因素方差分析，输出的方差分析表解释如下：总离差平方和（SST）=19384.154，组间平方和（SSR）=6068.174，组内平方和或残差平方和（SSE）=13315.979，相应的自由度分别为 25、2、23；组间均方误差（MSR）=3034.087，组内均方误差（MSE）=578.956，$F$ 值=5.241，由于 $P$=0.013<0.05，说明在 $\alpha$=0.05 显著性水平下，$F$ 检验是显著的，即认为各个节位茎段芽分化率并不完全相同。

**表 6-24　单因素方差分析结果**

| | 平方和 | 自由度 | 平方均值 | $F$ 值 | 显著性 |
|---|---|---|---|---|---|
| 组间 | 6 068.174 | 2 | 3 034.087 | 5.241 | 0.013 |
| 组内 | 13 315.979 | 23 | 578.956 | | |
| 总和 | 19 384.154 | 25 | | | |

如前所述，拒绝单因素方差分析原假设并不能得出各节位茎段芽分化率均值完全不等的结论。各节位茎段芽分化率均值的两两比较要看表 6-25 所示的多重比较检验结果。表中上半部分为 LSD 检验结果，下半部分为 Tamhane 检验结果。由于方差满足齐性，所以这里应该看 LSD 检验结果。表中的 mean error 列出了不同节位茎段芽分化率的平均值之差。其中后面带“*”号的表示分化率有显著差异，没有带“*”号的表示没有显著差异。可以看出，第一节和第三节茎段的芽分化率存在显著差异，而第一节与第二节、第二节与第三节并没有什么显著差异。这一结论也可以从表中 Sig. 列给出的 $P$ 值大小得到印证。

**表 6-25　多重比较检验结果**

| | （I）节位 | （J）节位 | 平均误差（I-J） | 标准误 | 显著性 | 95% 置信区间 | |
|---|---|---|---|---|---|---|---|
| | | | | | | 下界 | 上界 |
| LSD | 第一节 | 第二节 | −18.544 | 11.055 | 0.107 | −41.41 | 4.33 |
| | | 第三节 | −38.243（*） | 11.858 | 0.004 | −62.77 | −13.71 |
| | 第二节 | 第一节 | 18.544 | 11.055 | 0.107 | −4.33 | 41.41 |
| | | 第三节 | −19.698 | 12.126 | 0.118 | −44.78 | 5.39 |
| | 第三节 | 第一节 | 38.243（*） | 11.858 | 0.004 | 13.71 | 62.77 |
| | | 第二节 | 19.698 | 12.126 | 0.118 | −5.39 | 44.78 |
| Tamhane | 第一节 | 第二节 | −18.544 | 9.635 | 0.199 | −44.05 | 6.96 |
| | | 第三节 | −38.243 | 13.648 | 0.054 | −77.10 | 0.61 |
| | 第二节 | 第一节 | 18.544 | 9.635 | 0.199 | −6.96 | 44.05 |
| | | 第三节 | −19.698 | 13.410 | 0.436 | −58.31 | 18.91 |
| | 第三节 | 第一节 | 38.243 | 13.648 | 0.054 | −6.96 | 77.10 |
| | | 第二节 | 19.698 | 13.410 | 0.436 | −18.91 | 58.31 |

## 小　结

实验设计是实验过程的依据，是实验数据处理的前提，也是提高科研成果质量的一个重要保证。实验设计的一项重要工作就是确定可能影响实验指标的实验因素，并根据专业知识或前人的实验结果初步确定因素水平的范围。随机化是指每个处理以概率均等的原则，随机地选择实验单元。如果违背随机的原则无论有意还是无意都必然会影响实验的正确性，给结果带来偏差。通过重复实验可以从统计学上对处理的效应给予肯定或否定。从统计学的观点来看，重复数量越多或者说样本量越大，实验结果的可信度就越高，但是这样需要花费更多的人力和物力。实验设计的核心内容就是在保证实验结果具有一定的可信度的前提下，如何用最少的样本例数，节省人力、经费和时间。它是从正交性、均匀性出发，利用拉丁方、正交表、均匀表等作为工具来设计实验方案、实施广义实验，直接寻找最优点。简单比较实验、单因素实验及多因素优化实验的实验设计方法在植物生物技术实验中均得到了广泛的应用。

## 复习思考题

1. 什么是实验设计？介绍实验设计的几种类型。
2. 举例说明实验设计的三个要素。
3. 说明对照原则在实验设计中的应用。
4. 研究者通过预实验发现影响黄瓜遗传转化效率的因素包括基因型、外植体类型、共培养时间、激素使用浓度等。根据本章学习到的知识，设计两种以上的实验策略，获得最佳的遗传转化方法。
5. 以下为不同热激处理下黄瓜子房培养获得单倍体植株数量的统计表。请分别用 Excel 和 SPSS 软件分析，哪种黄瓜最适合进行子房培养？是否存在一个通用的最佳热激温度？

| | 南水 2 号 | | 南水 3 号 | | 宁运 3 号 | |
|---|---|---|---|---|---|---|
| | 30℃热激处理 | 35℃热激处理 | 30℃热激处理 | 35℃热激处理 | 30℃热激处理 | 35℃热激处理 |
| 单倍体数量 | 13 | 12 | 14 | 12 | 12 | 12 |
| | 13 | 11 | 15 | 11 | 11 | 14 |
| | 12 | 11 | 12 | 13 | 12 | 15 |
| | 12 | 10 | 12 | 11 | 12 | 17 |
| | 10 | 12 | 14 | 12 | 14 | 14 |

# 主要参考文献

田口玄一. 1987. 实验设计法. 魏锡禄，王世芳译. 北京：机械工业出版社

田口玄一. 1990. 开发设计阶段的质量工程学. 中国兵器工业质量管理协会译. 北京：兵器工业出版社

Little TM, Hills FJ. 1983. 农业试验设计和分析. 李耀鍠，高学曾译. 北京：农业出版社

Montgomery DC，2009. 实验设计与分析. 6版. 傅珏生，张健，王振羽，等译. 北京：人民邮电出版社

Montgomery DC. 1984. Design and Analysis of Experiments. 2nd ed. New York：John Wiley and Sons

# 第二篇

# 技 术 应 用

# 第七章 植物组织培养技术

植物组织培养对于研究植物形态发生、器官形成、植株再生、脱除病毒和离体快繁具有重要作用。本章主要介绍植物分生组织培养、非分生组织培养、植物离体快速繁殖技术及其商业化应用。

## 第一节 植物分生组织培养

植物分生组织是植物体内具有持续分裂能力的细胞群，主要存在于植物的生长部位，分为顶端分生组织、侧生分生组织和居间分生组织。顶端分生组织（图 7-1）位于根、茎及分枝的顶端，细胞分裂和生长使根、茎不断伸长，形成侧枝、叶、侧根和生殖器官；侧生分生组织位于根和茎侧方的周围，靠近器官的边缘，包括形成层和木栓形成层，能使根和茎不断增粗；居间分生组织是夹在已经分化了的组织区域之间的分生组织，它是顶端分生组织在某些器官中局部区域的保留，主要位于茎的节间，当顶端分化抽穗后，居间分生组织仍能使茎急剧长高。

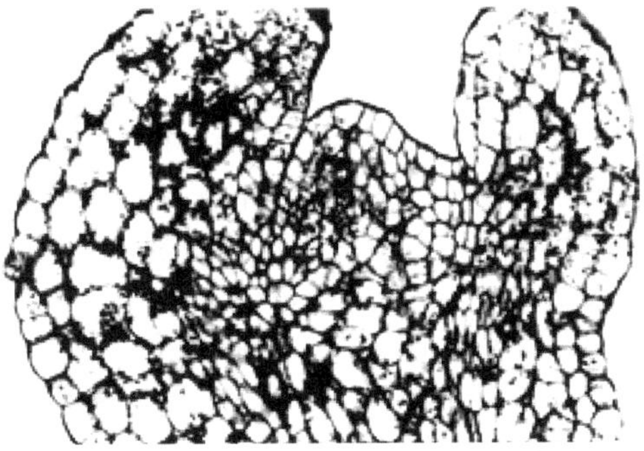

图 7-1 顶端分生组织（Tylicki，2008）

植物分生组织培养（meristem culture）是指对分生组织进行离体培养的技术，包括植物茎尖、根尖和形成层的组织培养。其中以茎尖培养研究最为深入，茎顶端分生组织有连续分化器官的能力，离体培养能形成再生植株；茎尖分生组织中维管系统尚未发育完善，病毒不能进行细胞间转移，无法侵入分生组织细胞中，利用茎尖分生组织进行离体培养可以获得无病毒的植株。因此，分生组织培养广泛应用于植物的形态建成、植株再生和脱除病毒的理论与生产研究。在此以茎尖的培养介绍植物分生组织培养。

### 一、外植体的分离与接种

茎尖培养的外植体是茎顶端的分生组织，该组织细胞小而等径，具有薄壁，细胞核位于中央并占有较大的体积，液泡小而分散，原生质浓厚，代谢能力强，分裂旺盛，生命力强，位于茎顶端圆锥区，长度不超过 0.1mm，其下方为叶原基。

#### （一）外植体消毒与茎尖分离

1．外植体消毒　植物的茎叶部分暴露于空气中，易受到泥土、肥料等所带杂菌的污染，消毒前要先将材料用自来水冲洗，一般冲洗 10min，如材料表面粗糙或有茸毛，冲洗时间为 1～2h，必要时使用洗衣粉或洗洁精溶液或用毛刷刷洗。消毒时先用 70%～75% 乙醇浸泡 10～15s，用无菌水清洗 2 或 3 次，按材料的老嫩和坚硬程度分别采用 2%～10% 次氯酸钠溶液浸泡 10～15min，如材料表面有茸毛或较粗糙，消毒后再用无菌水冲洗 3 或 4 次。

2．茎尖分离　带顶芽或腋芽的茎段经灭菌处理后，在超净工作台上将它们置于放大倍数为 8～40 倍的体视显微镜下，用镊子固定，再用解剖刀（针）将叶片及叶原基剥除，切取所需长度的茎尖。为了得到脱毒苗，通常切取的茎尖越小越好，但是茎尖越小，培养成活率越低，一般要求茎尖长度为 0.2～0.5mm，但为了快速繁殖，可切取数毫米的较大茎尖。

### （二）外植体接种

外植体分离后要及时接种到培养基上。组织培养外植体接种时的敞口过程极易引起污染，所以接种时要先对空间与用具进行严格消毒，再将已分离的茎尖放入培养基中。在接种过程中为了防止交叉污染，已用过或已污染的滤纸不能再用，接种器械要经常灼烧灭菌，使用后的器械要在70%乙醇中浸泡。接完种后，将管口在火焰上再灼烧数秒消毒，并用棉塞塞好，包上包口纸。

## 二、培养方式与培养条件

### （一）培养方式

组织培养有固体培养和液体培养两种培养方式（图7-2）。茎尖培养多数是以固体培养方式进行，但对于一些在固体培养基上易形成愈伤组织的植物茎尖外植体，最好采用内置无菌滤纸做支架进行液体培养。

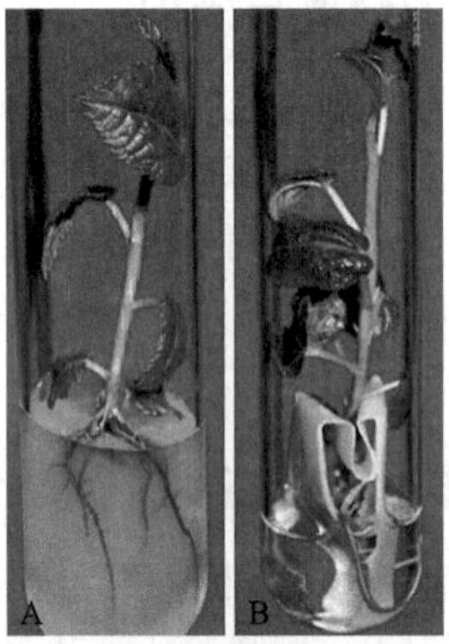


图7-2　固体培养与液体培养滤纸桥技术（Sharma，2015）
A．固体培养；B．液体培养

### （二）培养基与培养条件

茎尖培养常使用MS培养基和B5培养基，其中MS培养基适用于双子叶植物，B5培养基适用于单子叶植物。研究发现，培养基中的无机盐浓度高不利于茎尖和芽的分化，不加肌醇的1/2 MS培养基较适合植物的茎尖培养。多数植物茎尖培养在25℃、1000～3000lx光照、16h/8h明暗交替或24h光照条件下培养，有利于茎尖的生长和分化；但有些植物需要特殊的培养条件，如在光照下易褐化的植物须在黑暗条件下培养，有些植物需要更高或更低的温度。

## 三、茎尖培养生长状况与增殖途径

### （一）生长状况

在植物茎尖离体培养过程中由于培养基与培养条件的差异，可能出现不同的生长状况，因此需要不断筛选并优化培养基配方及培养条件。①生长太慢：茎尖未见显著增大，但颜色逐渐转绿，最后形成绿色小点，其原因可能是茎尖处于休眠状态或生长素浓度偏低或培养温度偏低。②生长过旺：茎尖明显增大，基部产生愈伤组织，茎尖难以伸长，色泽较淡，这可能是生长素浓度偏高或使用了2,4-D或光照太弱、温度过高。③生长正常：茎尖色泽逐渐转绿，基部逐渐膨大，有时形成愈伤组织或胚状体，茎尖逐渐伸长，最终形成小枝，说明培养基配方及培养条件适宜，此时可转入无生长调节剂或生长素浓度很低的培养基中，小枝则继续生长并形成根系，发育成完整植株。

### （二）增殖途径

茎尖分生组织在培养过程中，可能发生的增殖途径有3种：①芽萌发形成小枝增殖；②芽形成愈伤组织增殖；③芽产生不定器官或胚状体增殖。其中芽萌发形成小枝增殖途径变异小、易成苗，是茎尖培养获得脱毒苗和再生植株的理想方式。培养基中植物生长调节物质的种类与浓度决定植物茎尖培养发育的方向。生长素类物质（NAA、IAA）或细胞分裂素或两者按一定比例加入培养基中有利于茎尖的生长和芽的萌发；2,4-D常诱导茎尖形成愈伤组织，以快速繁殖和脱毒为目的的茎尖培养应避免使用；2,4-D在形成胚状体的过程中主要起两方面作用，在胚状体诱导阶段中主要起促进作用，而在胚状体形成阶段起抑制作用，而此时NAA、IAA和6-BA将起重要作用。然而，对于较大的茎尖外植体，在不含任何植物生长调节剂的培养基中也能形成完整的植株。

# 第二节　植物非分生组织培养

植物非分生组织是分生组织逐渐丧失分裂的能力，进一步生长和分化，衍生形成的其他各种组织，也称为成熟组织（mature tissue）或永久组织（permanent tissue）。它们可以具有不同的分化程度，有些组织的细胞与分生组织的差异极小，也能进行分裂；而另一些组织的细胞则有很大的形态改变，功能专一，并且完全丧失分裂能力。非分生组织进行培养时，须经过脱分化，以恢复细胞的分裂能力，形成愈伤组织，再在愈伤组织上形成新的丛生芽，并诱导其生根再生成植株。

## 一、愈伤组织培养

植物愈伤组织（callus）原意为植物体局部受到创伤刺激后，在伤口表面薄壁细胞组成的新生组织。而在生物技术科学中指植物任何器官内各种组织的活细胞在离体条件下，经细胞脱分化和不断增殖而形成的无特定结构的组织。植物愈伤组织培养（callus culture）是指在离体条件下，诱导植物外植体形成一团无序生长的薄壁细胞及其继代培养的技术。愈伤组织培养可用于研究植物的脱分化、再分化、生长发育、遗传变异和次生代谢产物的生产等，还可作为悬浮培养细胞及原生质体培养的来源。

### （一）愈伤组织的形成、生长和分化

1．诱导脱分化　高等植物所有活组织都具有细胞的全能性，在适当的条件下都能诱导形成愈伤组织。在适宜的培养基、外源激素和培养条件下，外植体细胞脱离母体的生理制约，细胞出现细胞质增加、原生质体流动活跃及储藏物质如淀粉等的消失、细胞中 RNA 含量迅速增加、核糖体数量增加、线粒体嵴膜数量增多、细胞内合成代谢迅速加强、呼吸作用加强、蛋白质和核酸代谢活跃等一系列的生理生化变化，细胞开始分裂，随后迅速分裂，形成一团无序并具旺盛分裂能力的薄壁细胞，即外植体被诱导脱分化。但此时外植体的体积大小改变不大，外植体完全失去原来的形态结构，形成异质组织。诱导期的长短与植物种类、外植体的生理状况及外部因素有关。例如，菊芋只需 1d，胡萝卜需几天；菊芋贮藏后，诱导期会延长；植物在弱光下生长比在强光下生长的易于诱导。

植物外植体在不同的培养条件下可能被诱导形成不同的愈伤组织：①胚性愈伤组织（embryonic callus，EC）。淡黄色有明显颗粒状的愈伤组织，体积较小，质地坚硬，多次继代之后会发生褐化，但在发育后期可产生不同形态的胚状体。②非胚性愈伤组织（non-embryonic callus，NEC）。黄色或白色愈伤组织，体积较大、质地疏松、增长速度较快，愈伤组织在发育后期没有诱导出胚状体，因此称为非胚性愈伤组织（NE）；其中，白色愈伤组织多次继代会发生褐化和水渍化。这两种愈伤组织能通过培养基中激素的调节进行转换。

2．分裂增生与继代培养　分裂增生是指外植体外层细胞脱分化后开始分裂，不断分裂增生子细胞而形成愈伤组织的过程。分裂期间，愈伤组织的形态结构和生理生化都发生了较大的变化，其主要特点是：外植体外层细胞开始迅速分裂，中央细胞常不分裂，由于分裂不均匀，形成了中间静止的芯；此时细胞分裂快，结构松散、缺少有组织的结构，颜色浅而透明；细胞质变浓，核仁和核增大，液泡变小，RNA 含量增高，表明合成和代谢旺盛进行；细胞壁形成很快，次生壁也迅速形成。标志着细胞处于分裂的高峰时期。

愈伤组织在适宜的条件下生长迅速，培养一段时间后原培养基中的养分耗尽，有毒代谢物质积累，导致愈伤组织生长停止、组织老化或发生分化，甚至变黑、死亡。因此，愈伤组织在外植体上形成以后，在尚未出现老化现象之前，应及时从外植体上分离下来，转入继代培养基上进行继代培养。继代培养时若连同外植体一起培养，则愈伤组织会出现老化、黏化等不正常分化的现象，从而影响愈伤组织的产量和质量，这可能是由于残存的外植体在死亡过程中会产生某些有毒物质造成的，因此在继代培养时分离出愈伤组织是必要的措施。一般情况下，从外植体上分离的愈伤组织须经过 4～6 周的培养才能得到充分的发育。为了增殖发育良好的愈伤组织，继代培养是有效的措施。

3．器官分化　愈伤组织在原有的培养基上继续培养或转入有利于分化的培养基中，愈伤组织细胞就有可能发生分化而形成新的器官。首先部分细胞分裂逐渐减慢直至停止，内部或表层局部细胞开始分裂，形成由分生组织形成的各种类型的细胞，如薄壁细胞、分生细胞、管胞、石细胞、纤维细胞、色素细胞、毛状细胞、细胞丝状体等瘤状结构，即生长中心，接着分化出管胞状细胞，再分化产生芽和根，最后发育成完整的植株。

### （二）影响愈伤组织培养的因素

植物愈伤组织的形成受外植体、培养基成分、植物生长调节剂、光照条件、温度条件等多种因素的影响。

1．外植体　大量研究表明，几乎所有高等植物的各种器官（如根、茎、叶和花等）及各种组织（如皮层、茎髓和形成层等）离体后在适合条件下都能产生愈伤组织。理论上所有的植物都可被诱导产生愈伤组织，但实际上不同植物种类被诱导的难易程度存在极大的差异，对于同一种植物而言，外植

体组织分化的程度越高脱分化越难，幼嫩材料要比老龄材料更容易被诱导产生愈伤组织，幼叶、幼芽、幼茎和成熟胚是诱导愈伤组织的常用材料。

2．培养基　植物愈伤组织形成的主要介质为培养基，这也是愈伤组织成功的必要条件。目前植物愈伤组织的培养基主要有MS、H、B5、N6、White等5类培养基，每种培养基的营养成分和盐浓度均不同。研究发现，豆科类植物愈伤组织一般使用MS培养基生长较好，而在N6培养基中的生长受到明显的抑制。在愈伤组织培养时，不同的植物愈伤组织培养基也有所不同，无机盐浓度较高的MS、LS和B5培养基有利于愈伤组织的诱导，但盐浓度过高会导致外植体褐变，不利于愈伤组织的增殖和分化。培养方式上，液体培养优于固体培养。

3．植物生长调节剂　植物生长调节剂是愈伤组织诱导过程中的重要影响因子之一，在植物愈伤组织培养中，外源激素对它的影响主要是把信号传给内源激素调控遗传物质，产生脱分化、再分化等作用；由于不同植物物种的遗传差异，愈伤组织诱导所需要的植物生长调节剂种类、剂量的配比不同，因此导致愈伤组织诱导成败的原因主要不是外植体的来源和种类，而最为重要的是培养基中植物生长调节剂的种类和浓度，这是探讨高效率进行植物愈伤组织诱导和分化的关键所在。用于诱导愈伤组织的植物生长调节剂有2,4-D、NAA、IAA、KT、ZT和6-BA等，其中2,4-D诱导效果最好。

4．培养条件　光照条件是影响植物愈伤组织形成的重要因子之一。光照和黑暗培养条件对植物愈伤组织的影响截然不同。研究发现，光照条件下，长春花组织培养细胞生长速度较快；导致这种现象的原因主要在于光照在诱导分化时可激活某些酶的活性和光诱导的叶绿体或叶绿体代谢产物。同样也有研究报道显示黑暗对愈伤组织的生长是有利的。

植物愈伤组织诱导受温度的影响，植物愈伤组织培养的适宜温度一般为15～32℃，不同植物的愈伤组织培养的适宜温度有所不同。拟南芥适宜培养温度一般为23℃，而矮牵牛适宜培养温度为25℃，夏天无［*Corydalis decumbens*（Thunb.）Pers.］适宜培养温度为16℃。

## 二、薄层组织培养

植物薄层培养（thin layer culture）最初是指从植物外植体表皮部位（包括表皮层细胞和数层薄壁细胞）撕下的数层细胞（1～7层）在合适的培养基上进行培养，现也包括外植体横切成大约1mm厚的薄片进行离体培养。因此，对植物薄细胞层组织的离体培养统称为薄层培养。

### （一）植物薄层培养

植物薄层组织无维管组织和形成层，很少或无内源激素，对外界因素调节反应敏感，在适宜的条件下进行培养，可被诱导发生细胞分裂，再生形成器官或其他组织。最早是Tran在1970年以烟草的表皮组织为材料，从薄层培养中获得了根和芽的分化。1973年，Tran又在烟草的开花植株茎表皮薄层培养中，通过调节生长素和细胞分裂素的比例及糖的浓度，在外植体上直接诱导出花芽、营养芽、根及愈伤组织，得到了不同的形态发生。此后利用薄层培养系统进行了大量的研究工作，在研究中证明了薄层培养系统确实是一个可控制的良好实验系统，可能形成：①不定芽或胚状体；②愈伤组织，经再分化形成完整的植株。例如，Dhir（2014）对乌桕茎节薄层细胞培养获得的不定芽（图7-3）。

图7-3　乌桕茎节薄层细胞培养（Dhir，2014）

A．薄层细胞接种；B．外植体边缘出现不定芽；C．外植体芽的发育

### （二）影响薄层细胞培养器官形成的因素

影响薄层细胞培养器官形成的因素主要有外植体的生理状态与部位、培养基与培养条件等。

1．外植体的生理状态与部位对形态建成的影响

Aghion（1965）通过研究完整的茎段发现来自靠近顶部茎的外植体经诱导形成花芽，而来自基部茎段的外植体仅形成营养芽；Tran同样证实，体外诱导的花芽数随外植体来自花茎的部位升高而逐渐增加。切取外植体表皮和亚表皮、厚角组织、薄壁组织、维管组织、形成层和髓进行体外培养，再生芽时仅在表面组织（表皮和亚表皮）形成。李文安等（1989）发现烟草不同器官薄层离体培养形成花芽时受植株生长发育时期的影响，植株处于营养生长时期，茎表皮薄层无花芽分化能力，随着植株营养生长转向生殖生长，在抽薹、现蕾、开花、结籽不同发育的阶段，主茎上不同部位的茎表皮出现花芽的频率不同。植株现蕾时，只有接近顶端第1节的茎薄层出现花芽分化，随植株的发育，逐渐延伸到第4节、第5节；植株果实成熟时，主茎薄层分化花芽能力又减弱，花芽分化的趋势却向花序分枝、

花柄、果柄延伸，使它们的薄层组织有分化花芽的能力。

2．培养基与培养条件对形态分化建成的影响　在培养基中，植物激素与糖的浓度对形态分化建成起着重要的作用。当生长素/细胞分裂素的比值降低时，诱导出营养芽，没有花芽形成；在无糖的培养基上不能形成花芽，而形成营养芽。在培养过程中光照条件下诱导花芽的形成，而黑暗下诱导营养芽的形成；不同光质对形态建成的影响不同，红光促进花芽分化，黑暗或近红光则有利于根的形成。此外，薄层细胞培养器官的形成还受温度、水势等的影响。

# 第三节　植物离体快速繁殖

## 一、植物离体快速繁殖的优势与特点

### （一）植物离体快速繁殖的概念

植物离体快速繁殖（plant rapid propagation *in vitro*）是指利用组织培养技术，在人工控制的营养和环境条件下，对植物外植体进行离体培养，使其在短期内获得大量再生植株的快速繁殖植物的方法。应用这项技术可以使一个植株或一个组织在一年内生产出几万到几百万甚至上千万株苗，是传统常规育苗所无法比拟的。因此，植物离体快速繁殖技术常应用于苗木的快繁、种质资源的保存、濒危植物的拯救和基因工程植株的繁殖，在农业领域乃至其他领域的应用达到商业化水平，显示出这项技术的先导性、实用性和经济价值。

### （二）植物离体快速繁殖的发展简史

1902年，著名植物学家Haberlandt提出“高等植物的器官、组织可以不断分割，直至单个细胞（即植物体细胞），且在适宜的条件下，具有不断分裂和繁殖，并发育成完整植株的潜力”的植物细胞全能性理论。这一观点由White（1943）从烟草愈伤组织中发现的芽和Gautheret（1939）培养胡萝卜根形成层获得的成功而得到证实。20世纪40年代，Skoog和崔澂在烟草茎切段和髓培养及器官形成的研究中发现，腺嘌呤或腺苷可以解除培养基中生长素（IAA）对芽形成的抑制作用，从而能诱导形成芽。Miller等于1957年发现植物激素可以代替腺嘌呤促进发芽，并且效果可增加几万倍。从而使控制器官发生（oganogenesis）的激素模式变为激动素与生长素的比例关系，有力地推动了植物组织培养的发展，为植物组织培养中完整植株的再生（regeneration）建立了理论基础。

1952年，Morel和Martin通过茎尖分生组织的离体培养，从已受病毒侵染的大丽花中首次获得了无病毒植株，为植物离体快速繁殖奠定了基础。1960年，Morel首次将组织培养技术应用于兰花的无性繁殖，此后组织培养开始被应用于植物工厂化快速繁殖中；Takebe等（1971）在烟草上首次由原生质体获得了再生植株。20世纪80年代中期以来，在快繁兰花技术高效益的刺激下，观赏植物、果树和其他园艺植物、森林植物、药用植物及工业原料植物快繁的研究和工厂化生产发展迅速。发展至今，有些植物已经形成了较为成熟、完善的工厂化生产技术路线，被广泛应用在商业生产上，形成了完整的植物离体快速繁殖工厂化生产模式，试管苗在国际市场上已产业化，目前工厂化生产比较成熟的有兰花、香蕉、甘蔗、桉树、葡萄、苹果、柑橘、草莓和马铃薯等。

### （三）植物离体快速繁殖的特点

1．人为控制培养条件　组织培养采用的植物材料完全是在人为提供的培养基中和微气候环境条件下进行生长的，摆脱了大自然中四季、昼夜条件变化和灾害性气候的不利影响，且条件均一，对植物生长极为有利，便于稳定地进行周年培养生产。

2．生长周期短，繁殖率高　植物组织培养根据不同植物不同部位的不同要求而提供适宜的培养条件，生长较快，往往20～30d为一个周期，繁殖率高。所以，虽然植物组织培养需要一定设备及能源消耗，但由于植物材料能按几何级数繁殖生产，总体来说成本低廉，且能及时提供规格一致的优质种苗或脱病毒种苗。

3．管理方便，利于工厂化生产和自动化控制　植物组织培养是人为提供一定的温度、光照、湿度、营养、激素等条件，既利于高度集约化和高密度工厂化生产，也利于自动化控制生产，是未来农业工厂化育苗的发展方向。它与盆栽、田间栽培等相比省去了中耕除草、浇水施肥、防治病虫害等一系列繁杂劳动，可以极大地节省人力、物力及田间种植所需要的土地。

4．使用材料经济、保证遗传背景一致　组培材料仅使用植物体茎、根、叶、花、子叶、下胚轴等的小块组织，这就保证了材料的生物学来源单一和遗传背景一致，有利于组培的成功，而且所需材料少、获取方便、培养效果好、速度快，在实际应用中具有独特的价值。

## 二、植物离体快繁的器官形成与增殖方式

在组织培养过程中，接种外植体的生长、分化与再生受植物种类、外植体类型和培养基组成的影响，使植物组培快速繁殖器官形成增殖的方式不同，一般可分为5种类型：短枝发生型（short branch organogenesis）、丛生芽发生型（clustered bud organogenesis）、不定芽发生型（adventitious bud organogenesis）、胚状体发生型（embryoid organogenesis）和原球茎发生型（protocorm organogenesis）。

### （一）短枝发生型

短枝发生型是指外植体的芽或茎段，在适宜培养环境中萌发、生长，基部形成根，从而获得完整植株（图7-4），再将其剪成带芽茎段，继代培养后再成苗的繁殖方法。该方法与扦插繁殖（cutting propagation）类似，故又称为微型扦插。它一次成苗，遗传性状稳定，培养过程简单，移栽成活率高。花卉、葡萄、马铃薯等多种植株的试管苗繁殖常用此方法。

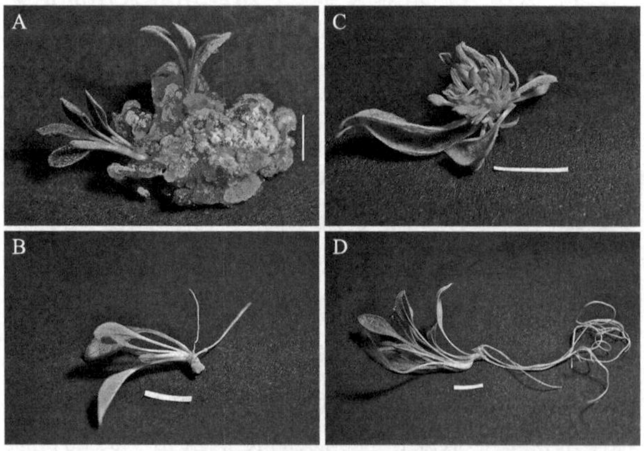


图7-4　鹿草（*Stemmacantha carthamoides*）的芽（短枝）经5周培养形成完整植株（Skala，2015）

A．从根愈伤组织形成的不定芽；
B，D．培养3周后形成的完整植株；C．从叶片形成的不定芽

### （二）丛生芽发生型

丛生芽发生型是指外植体的顶芽或腋芽在适宜培养环境中，不断发生腋芽而成丛生状芽，将单个芽转入生根培养基中，诱导生根成苗的繁殖方法。将丛生苗分割成带芽茎段，继代培养，重复芽-苗增殖培养，可获得大量无根小苗。无根小苗转移到生根培养基后，经培养得到完整小植株（图7-5）。

图7-5　*Ceropegia bulbosa* 组织培养形成的丛生芽（Dhir，2014）

A．成簇生长的丛生芽；B．从茎段上截下来的茎芽繁殖

丛生芽发生型是大多数植物快繁的主要方式，它不经过愈伤组织，能使无性系后代保持原品种的特性，在生产中普遍应用。适宜这种方式快繁的植物，其外植体可用顶芽、侧芽或带芽茎段。如果仅切取顶芽尖端分生组织部分，则可产生无病毒植株；如果顶芽具有较强的顶端优势，侧芽萌发就受到抑制，则产生分枝较少的丛生苗，影响繁殖速度。可采用除去顶芽或适当增加细胞分裂素的办法予以克服。此外，增加继代次数，使细胞分裂素在器官中逐渐积累，也可以削弱顶端优势现象。

### （三）不定芽发生型

不定芽发生型是指外植体在适宜培养基和培养条件下，经过脱分化形成愈伤组织，然后经过再分化诱导愈伤组织产生不定芽或外植体不形成愈伤组织而直接从其表面形成不定芽（图7-6箭头所示），将芽苗转移到生根培养基中，经培养获得完整植株的繁殖方法。有时将从愈伤组织途径再生不定芽的方式称为器官发生型，而将外植体直接再生不定芽的方式称为器官型。以不定芽发生型快繁的植物，外植体的类型可涉及多种器官，如茎、叶、根、花等的组织。

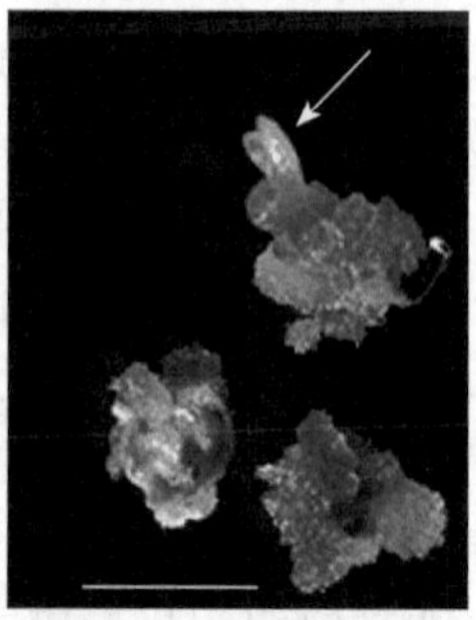

图7-6　烟草的不定芽（Rashid，2010）

不定芽发生型也是许多植物快繁的主要方式。由于不定芽形成的数量与腋芽数目无关，其增殖率

高于从生芽发生型。但经过愈伤组织途径或多次继代培养后，易导致细胞分裂不正常，增加变异植株的发生频率。例如，香蕉继代次数控制在 8 代之内，再生植株的变异率则可控制在 3% 左右。需要注意的是，表现嵌合性状的植株，通过不定芽方式再生时，往往导致嵌合性状发生分离而失去原有价值。例如，观赏植物色彩镶嵌的叶子、带金边或银边的植物，通过不定芽途径再生植株时，可能会失去这些具有观赏价值的特征。因此，这类植株快繁时，应通过从生芽途径进行。

### （四）胚状体发生型

胚状体发生型是指外植体在适宜培养条件下，经诱导产生的愈伤组织发育成类似合子胚的体细胞胚或外植体表皮细胞直接发育成体细胞胚。体细胞胚具有胚芽和胚根的两极原基，不经生根培养基即可直接形成完整小植株（图 7-7）。胚状体发生途径具有成苗数量大、速度快、结构完整的特点，因而是外植体增殖系数最大的途径。但胚状体发生和发育情况复杂，通过胚状体途径快繁的植物种类远远少于通过短枝型、从生芽型和不定芽型途径快繁的植物种类。

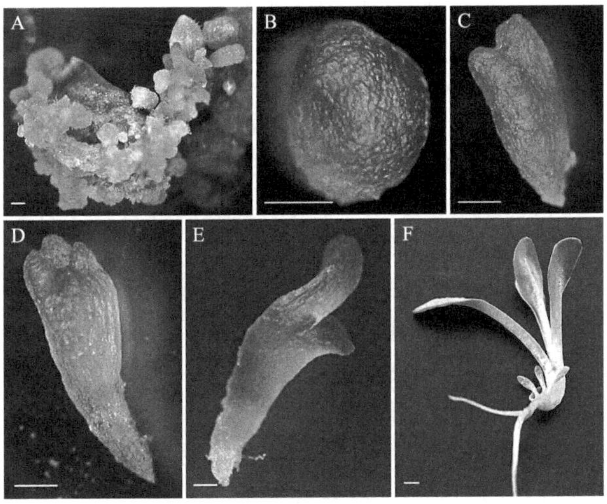


图 7-7　麻花艽胚状体途径成苗（Yang et al.，2014）

A. 胚状体愈伤组织；B. 球形胚；C. 心形胚；D. 鱼雷形胚；E. 子叶形胚；F. 幼小植株

体细胞胚再生的小植株与从生芽或不定芽再生的小植株相比，具有两个显著差异：①胚状体多起源于单细胞。体细胞胚很早就具有明显的根端和苗端的两极分化，极幼小时也是一个根芽齐全的微型植物，无须诱导生根。②生理隔离。胚状体发育的小植株与周围愈伤组织或母体组织间没有结构上的联系，出现生理隔离现象，小植株独立形成，易于分离。而从生芽或不定芽发育的小植株，最初由分生细胞团形成单极性的生长点，发育成芽，致使芽苗与母体组织或愈伤组织紧密联系，如维管组织、皮层和表皮组织等。转移生根时，需切割才能分开。

### （五）原球茎发生型

原球茎发生型是兰科植物的一种快繁方式，它是指茎尖或腋芽外植体经培养产生原球茎（即扁球状体，基部生假根）的繁殖类型。原球茎是缩短的、呈珠粒状的、由胚性细胞组成的、类似嫩茎的器官，它可以增殖，形成原球茎丛。由茎尖或腋芽外植体诱导产生原球茎，切割原球茎进行增殖或停止切割使其继续培养而转绿。产生毛状假根，叶原基发育成幼叶，将其转移培养生根，形成完整植株（图 7-8）。原球茎繁殖体系是兰花有效的大规模无性繁殖方法，形成了兰花工业，获得了巨大的经济效益。兰花的这种快繁体系也是植物快繁技术在生产上应用的第一实例。此外，在兰科植物的组织培养中，还可以通过外植体诱导产生类似于原球茎的器官，即类原球茎或拟原球茎（protocorm-like body，PLB）。

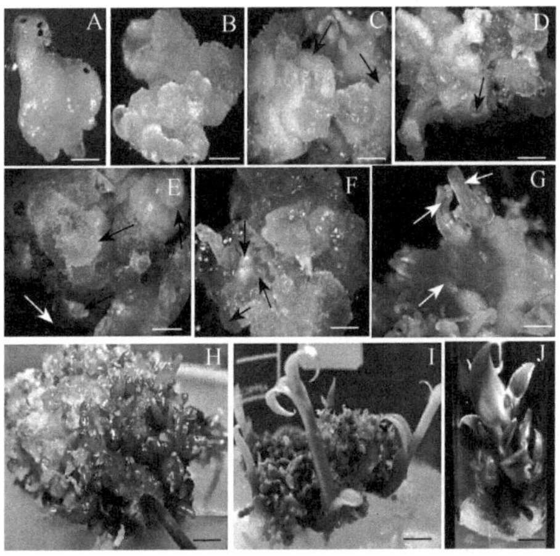


图 7-8　兰花原球茎发生途径成苗（Tony, 2010）

A～E. 愈伤组织形成；F. 早期原球茎；G. 形成芽；H. 形成根；I，J. 形成小植株。箭头为球茎发生部位

## 三、植物离体快繁的程序

植物离体快速繁殖过程十分复杂。Murashige（1978）提出，将商业化的快速繁殖过程分为：无菌培养体系的建立、繁殖体的增殖、芽苗的生根和小植株的移栽驯化 4 个阶段。Debergh 和 Maene（1981）建议增加一个阶段，即供体植株选择及为它们创造有利于启动离体培养环境条件的阶段。但由于不同植物繁殖方式的不同，其快速繁殖的程序存在很大差异。例如，以短枝发生型方式繁殖的植物，其繁殖体的增殖和芽苗的生根是同时进行的，草本植物组培苗对环境的适应能力较木本植物强，其移栽驯化所需时间短，易由异养转变为自养，成苗率高。

## （一）无菌培养体系的建立

无菌培养体系的建立包括母株和外植体的选取、无菌培养物的获得及外植体的启动生长，为外植体在适宜培养环境中以某种器官发生类型进行增殖创造条件。

1．母株和外植体的选择　母株选择：获得外植体的母株应选择性状稳定、生长健壮、无病虫伤害的成年植株。在大田或野外选取母株时应特别注意该区域内的病虫害种类和状况，尤其要注意有无病毒病的症状及其他异常情况，母株最好来自预先在控制条件下培养的健壮无病毒单株，无菌发芽的材料也是取材的对象。

外植体选择：虽然每种植物器官和组织都可以作为外植体进行植株快繁，但在实际应用中应考虑被繁殖植物的种类及外植体的年龄、部位、大小和外观形态（表 7-1），要求外植体再生能力强、遗传性稳定、来源丰富、灭菌容易、大小适当。通常木本植物、较大的草本植物多采用带芽茎段、顶芽或腋芽作为快繁的外植体；易繁殖、矮小或具短缩茎的草本植物则多采用叶片、叶柄、花茎、花瓣等作为快繁的外植体。外植体的取材要在晴天，最好是上午进行，不要在雨天、阴天或露水未干时取材。取样后除去不用的部分，且必须进行严格的清洗，消毒灭菌。

**表 7-1　选择外植体时需要考虑的因素及说明**

| 考虑因素 | 说明 |
|---|---|
| 外植体的年龄 | 外植体的年龄越小，分化的程度越低，组培的成功率就越高，因此尽量选择幼嫩的植物组织或器官作为外植体 |
| 外植体的大小 | 外植体太小和太大都不合适，太小的极容易死亡，太大的不容易消毒，要选择大小适中的外植体，一般茎段长度为 0.5～1.0cm 或面积为 0.5mm$^2$ 左右或重量为 5～10mg，太小的所带叶原基太少影响分生组织发育，同时影响成活率。如果以脱毒为目的，分生组织应不小于 0.3mm，芽应不小于 0.7mm |
| 外植体的部位 | 选择植物的芽尖、根尖或幼茎作为外植体，这些部位的组织分裂能力强，容易形成愈伤组织 |
| 外植体的外观形态 | 由于外植体的消毒工作非常重要，因此要选择那些表面相对光滑容易消毒的外植体 |

2．外植体的灭菌与无菌培养物的获得　植物组织培养体系是在无菌条件下确立的，无菌和防止污染的意识必须牢固地建立，而外植体灭菌则是进入组织培养的首道关口，无菌外植体的获得是组织培养成功的前提，取自田间或温室的材料毫无例外地都带有大量的细菌和霉菌，必须进行彻底的灭菌，实践证明最有效的灭菌方法是化学灭菌。灭菌后的外植体一般为每一培养瓶中接种一块材料，避免相互污染，对接种 15d 以上仍未见污染并且成活的外植体，可转移至促使其启动生长的培养基中。

茎尖、茎段和叶片的灭菌。灭菌前外植体用清水冲洗，茸毛较多的外植体用肥皂溶液洗涤后再用清水冲洗，吸水纸吸干表面水分，放置在超净工作台上。将外植体浸泡在 0.1%～0.2% 氯化汞溶液中 2～10min 或先在 70% 乙醇中浸泡数秒，然后在 10% 次氯酸钙溶液中浸泡 10～20min 或先在 70% 乙醇中浸泡数秒，再在 2% 次氯酸钠溶液中浸泡 15～30min 进行灭菌。灭菌后倒掉灭菌液，用无菌水冲洗外植体 3～5 次，置外植体于无菌滤纸上吸干表面水分，适当分割后接种。

根、块茎、鳞茎的灭菌。这类材料生长在土中，灭菌较困难，且挖取时易受损伤，所以灭菌前应仔细清洗，对凹凸不平及鳞片缝隙处，须用软刷清洗，并切除损伤部位。灭菌时应增加灭菌时间或增大灭菌剂的浓度，如将外植体浸泡在 0.1%～0.2% 氯化汞溶液中 5～12min 或在 70% 乙醇中浸泡数秒，然后用 6%～10% 次氯酸钠溶液浸泡 5～15min 进行灭菌，灭菌后的操作步骤同茎尖、茎段和叶片的灭菌。

种子的灭菌。用 10% 次氯酸钠溶液浸泡 20～30min 或用 0.1%～0.2% 氯化汞溶液浸泡 5～10min 进行灭菌。灭菌后无菌水冲洗 3～5 次，接种。

3．抑菌培养基　灭菌剂处理过的外植体，只进行了表面灭菌，不能除掉所有病菌，特别是无法去除侵入组织内部的病菌。因此，在培养基中加入抗生素类物质，防止初代培养材料的污染。但抗生素在使用中还存在以下问题：①抗生素抑菌谱不一，尚没有一种抗生素对所有的细菌都有效，而且药效短；②抗生素一般不稳定，遇酸、碱或加热都易分解失去活性；③单一抗生素抑菌，易产生抗药性，一旦停止使用，污染率又显著上升；④高浓度的抗生素会影响植物的生长。所以适用的抗生素种类及浓度的确定，要在实践中摸索。此外，还须保证培养基、接种器械和超净工作台无菌，并使接种室内的环境保持清洁。对已污染的组培材料，应灭菌后再清洗，防止真菌孢子在空气中弥漫和繁殖。

4．外植体的启动生长

（1）启动生长培养基　培养基种类及其中的细胞分裂素和生长素的种类、适宜浓度的组合对外植体的启动生长最重要（表 7-2），不同植物外植体的启动培养基是不同的，没有通用的培养基，需要优化筛选，MS 培养基是使用最广泛的基本培养基。通常细胞分裂素和生长素这两类物质如果浓度相同，则有利于诱导愈伤组织；刺激腋芽生长时细胞分裂素的适宜浓度一般为0.5～1.0mg/L，生长素水平则很低，一般为0.01～0.1mg/L；诱导外植体形成不定芽时，需要细胞分裂素类物质的浓度较高，生长素类物质的浓度较低；对于愈伤组织的形成，增加生长素的浓度，并补充一定浓度的细胞分裂素是十分必要的。

**表 7-2 常用的植物生长调节剂的类型与作用**

| 调节剂 | 名称 | 浓度范围 /（mg/L） | 作用 |
|---|---|---|---|
| 生长素类 | 2,4-D、NAA、IBA 等 | 0.01～5 | 促进细胞的伸长和分裂，促进愈伤组织和根的形成 |
| 细胞分裂素类 | KT、6-BA、ZT 等 | 0.5～10 | 促进细胞的横向生长和分裂，促进芽的分化和形成 |

（2）启动生长时间 一般外植体启动生长的完成需要4～6周，获得的培养产物转移到繁殖体增殖培养基中进行增殖。然而，有些外植体可能启动生长较难，需要在启动生长阶段停留较长时间，必须将外植体转移到新鲜的原培养基上培养，1次/月，继续诱导启动。

（3）启动生长的方式 外植体启动生长的方式主要有：①腋芽被刺激后直接生长；②茎段、叶片、花芽、子叶和其他器官外植体的伤口处产生不定芽；③外植体切口表面产生愈伤组织。菊花比月季花较易分化出不定芽；香石竹的叶片、茎尖、茎段、花瓣、子房、花托等外植体均可得到再生植株，而非洲菊的再生植株则多从花托、茎尖和花芽外植体中产生。

### （二）繁殖体的增殖

外植体完成启动生长后，获得的培养材料进行增殖，不断分化产生新的丛生苗、不定芽和胚状体，甚至完整的新植株，这是植物快繁的重要环节，需大量的工作时间。

1．增殖培养基 增殖率是植物商业性快速繁殖的重要指标。外植体在每次继代培养中，应能产生最大数量的有效繁殖体。因此，需进行适宜增殖培养基配方的确定。增殖培养基的确定因植物种类、品种和培养类型的不同而异。通常，增殖基本培养基与启动生长阶段相同，而细胞分裂素和矿物元素的浓度水平则高于启动生长培养基，其最佳浓度应通过实验进行确定。MS培养基适合多种植物的培养。

2．增殖体的切割 为了保证每次继代培养能获得同样的效果，增殖茎段应具有最小组织量，即携带一个茎节。但从初代培养物中切割的茎段一般都有2～4个茎节，这些茎段可以垂直插入培养基中（插入深度不应淹没茎节）或水平放入培养基表面，以刺激侧芽的萌动。如果出现顶芽发育而抑制其他腋芽增殖的现象，应将顶芽茎段切除，对其基部进行再培养。

3．培养材料的增殖 植物组培快繁器官形成增殖有短枝发生型、丛生芽发生型、不定芽发生型、胚状体发生型和原球茎发生型等5种方式。每种植物采用哪种方式进行快繁，既取决于培养目的，也取决于材料自身的遗传特点。但一般大多数植物采用短枝发生型或不定芽发生型的增殖途径，再以芽繁殖芽的方式进行增殖；兰科植物、百合科植物等则采用原球茎发生型的增殖途径，以保障繁殖材料的遗传稳定性。增殖后形成的丛生苗或单芽苗分割后，转移到新培养基中继代培养。在繁殖体增殖阶段，每4～8周继代一次。

一个芽苗增殖产生小苗的数量一般为5～25个，可进行多次继代增殖，满足生产或其他需求。有时芽苗随着培养时间的延长而出现衰退，表现为不能生长、茎尖褐化、进入休眠，甚至失去再生潜能，降低培养基中生长调节剂的浓度并避免基部愈伤组织的产生等可降低芽苗的衰退。如果实在无法降低其衰退，则需重新进行外植体的接种。

### （三）芽苗的生根

当芽苗增殖到一定数量后，就要将试管人工异养环境中的芽苗及时转到生根培养基中诱导生根，转变成在温室或大田能自养生存的植株。它可分为诱导、生根和伸长三个阶段，从而形成新植株。这个阶段芽苗的生根可在试管内进行，也可在试管外温室环境中进行。

1．试管内生根 试管内生根是用1/4～1/2 MS培养基，去除细胞分裂素，提高生长素水平，培养1～2d，然后选择强壮的试管芽苗移至无生长素的培养基中，辅以黑暗或弱光条件，效果很好。另外，延长在增殖培养基中的培养时间、有意降低一些增殖倍率，减少细胞分裂素的用量（将增殖与生根合并为一步），也可以诱导生根。

2．试管外生根 试管外生根是将试管苗作为微型插穗，直接扦插于无菌基质上生根形成小植株的方法。将芽苗基部浸入0.1～10mg/L NAA或IBA溶液快速浸蘸，然后植入培养基质中，喷雾保持高湿度，几天后可生根。试管外生根技术已用于不少植物的小植株产业化生产。例如，牡丹试管外生根的初步研究表明，其成活率高于试管内生根，但相关技术还需进一步完善。用此法生根时，芽苗可以先在生长素中快速浸蘸或在含有相对高浓度生长素的培养基中培养5～10d，然后在温室中栽入培养基质（如珍珠岩：蛭石=2：1）或蛭石中，并辅以小拱棚的高湿度环境，几天后芽苗可在其基部自行生根。另外，这个阶段还应进行芽苗的选择，淘汰明显不正常、畸形、有病的芽苗。对有休眠特性的植物可以利用低温处理来刺激其生长和增殖。生根培养一般转接一次就能完成，持续时间为2～4周。

### （四）移栽驯化

移栽驯化是指生根试管苗经炼苗过渡到田间环境的过程。试管苗通过移栽驯化，完成从异养到自养的转变，适应自然环境而独立生存。

1．移栽前的炼苗　移栽前将试管苗在试管不开口的情况下移到自然光照下锻炼2～3d，让试管苗接受强光的照射，使其壮实起来，然后再开口炼苗1～2d，经受自然湿度的锻炼，从而完成了从不开口锻炼→开口锻炼→降湿→增光锻炼的炼苗过程，可转入移栽驯化。

2．移栽驯化管理　移栽的培养基质为蛭石、珍珠岩、粗沙、泥炭等按比例组成的混合物，采用高压灭菌。移栽驯化操作过程中注意重点是防伤苗、保湿、防病、保证适合的光照温度。从试管中取出生根的小苗，用自来水清洗根部黏着的培养基，以防残留培养基滋生杂菌，清洗时防止伤根；栽前基质要浇透水，栽后轻浇薄水。

水分管理。试管苗是在高湿的环境中生长的，其茎叶表面防止水分散失的角质层几乎全无，根系也不发达，移栽后应采用加覆塑料薄膜、经常喷雾的方法提高空气湿度，减少叶面蒸腾。在移栽后5～7d，空气相对湿度要求90%以上，尽量接近培养瓶的湿度水平，保证小苗的水分供需平衡；之后，可逐渐降低湿度，使小苗适应湿度较低的条件；约15d以后小植株形成新的功能根系，可揭去拱棚的薄膜，逐渐减少浇水，促使小苗健壮生长。

温度、光照管理。试管苗是在营养丰富且含糖的培养基中进行异养生长的，移栽后要通过自身的光合作用来维持生存。试管苗移栽以后要保持一定的温度条件，移栽小植株生长所需的适宜温度与植物种类有关，喜温性植物以25℃左右为宜，喜凉性植物则以18～20℃为宜；温度过低幼苗生长迟缓或不易成活；温度过高幼苗水分蒸发太快，水分失衡，并会促使菌类滋生。光照管理的初期应用较弱的光照，加盖遮阳网，以后逐渐加强光照，如1500～4000lx，甚至10000lx，后期可直接利用自然光照，增强抗性，促其成活。

在移栽小植株的驯化管理阶段，还应防止菌类滋生，适当喷一定浓度的杀菌剂可有效保护移栽小植株的正常生长。经过驯化移栽成功的小植株进一步生长发育的管理与正常田间管理方法相同。

## 四、影响植物离体快繁的因素

植物外植体经启动生长、增殖、生根和移栽驯化4个阶段的生长发育，产生大量再生植株是一个相当复杂的演变过程，其影响因素也多种多样。在植物快繁的研究中，应力争使各种影响因素控制在最佳的参数状态，最大限度地生产试管植株，以获得最大的经济效益。

### （一）外植体

植物快繁起始外植体的状况，如外植体的来源、生理年龄、大小及预处理等是决定植株繁殖速率和再生植株质量的重要因素。

1．外植体来源　尽管细胞全能性是所有植物细胞都具有的特性，但全能性的表达常局限于某些特殊的细胞，即拟分生组织细胞，致使不同组织或器官的细胞再生能力差异很大。具有拟分生组织的外植体，如茎尖、带芽茎段等是植物快繁的最佳外植体，因其形态已基本建成、生长速度快、遗传性稳定。无拟分生组织的外植体，如叶片、根段、花器、子房、子叶等组织，如果在适当刺激下能产生拟分生组织，也是植物快繁的合适材料。但是，由于培养技术和条件的限制，有些植物的一些组织或器官，如厚叶莲花掌的叶、非洲菊的花梗和花瓣，仍然无法获得再生植株，对这类植物进行快繁时，确定合适的外植体来源十分重要；有的植物可从多种组织或器官中获得再生植株，如香石竹等，这类植物的外植体种类的确定应以采集和灭菌是否容易为标准。

2．外植体生理年龄　植物同一植株的不同器官和同一器官的不同部位都具有不同的生理年龄。沿植物主轴，越接近基部生理发育年龄越小，远离发育上的成熟，不易形成花器官，但易分化，再生能力强。越接近顶端的器官，生理年龄越老，接近发育上的成熟，易形成花器官，但分化和再生能力弱。嫩叶再生能力高于老叶，木本植物幼树嫩枝、老树基部萌蘖枝再生能力强。

3．外植体大小　培养成活的外植体数及其生长速率和繁殖率与外植体的起始大小密切相关。外植体越小，成活率和繁殖率就越低，茎尖离体成活的临界大小应为携带 1 或 2 个叶原基，0.2～0.3mm，叶片、花瓣等约为 5mm$^2$；茎段则约为 0.5cm。因此，除非是进行脱病毒植株繁殖，否则不宜将外植体切割得太小。当然，外植体也不宜过大，否则易造成污染和遗传变异。

### （二）培养基

根据培养的植物种类、组织或器官及培养目的的不同，人们已设计了许多种培养基的配方。正常情况下，普通的基本培养基配方都能适合启动生长和增殖培养，而生根培养对营养配方的要求则较为次要。另外，植物生长调节剂的种类、浓度及其配比是影响植物快繁的重要因素。

1．基本培养基　MS 培养基是植物组织培养中应用最广泛的培养基。这种培养基中的无机盐含量足以满足多种植物启动与增殖培养的营养需求，但对生根培养及对某些植物，如乌饭树（*Vaccinium bracteatum*）、越橘、捕虫堇（*Pinguicula moranensis*）等，MS 培养基的无机盐含量就显得过高，应以 1/4 MS 或 1/2 MS 的培养基为宜。有些植物快繁时，则需其他培养基，如南美棯（*Feijoa sellowiana*）的嫩茎在 Knop 培养基上的生长和增殖都好于 MS 培养基；牡丹试管苗生根的基本培养基主要有 MS、WPM、White 和 B5 等 4 种培养基，其生根率从高到低依次为 WPM、MS、White 和 B5 培养基。

对多数植物来说，蔗糖和葡萄糖是良好的碳源，其浓度为 2%～4%，可满足阶段启动和增殖培养的需求，生根培养所需糖浓度较低，为 1%～3%。在植物大规模离体快繁时，常用白糖代替蔗糖，再生植株未见明显差异，可有效降低生产成本。

2．植物生长调节剂　植物生长调节剂是完成启动、增殖和生根培养过程所必需的物质，其浓度的高低及其种类的配合决定着植物的快繁过程是否能顺利进行。高浓度（1～10mg/L）的细胞分裂素和低浓度（0.1～1mg/L）的生长素配合（或无须生长素），可以使腋芽和茎尖外植体启动生长，形成丛生芽或单芽，并进行增殖生长。但应随着继代增殖次数的增加，逐步降低细胞分裂素的浓度，甚至在进入生根培养前，不用细胞分裂素。细胞分裂素与生长素浓度的比值接近 1 的配比时，可使各种植物器官启动生长，形成不定芽，并促进增殖生长。在含有丰富还原氮的培养基上，附加生长素，特别是 2,4-D，可诱导外植体启动生长，产生胚状体，将其转移到低浓度或无生长素的培养基上使其成熟、萌发和生长。

生根培养常单独使用低浓度的生长素或与低浓度细胞分裂素配合使用。例如，牡丹试管苗试管内生根困难，且小植株移栽成活率低，甚至全部死亡。试管苗不定根发生需要生长素类物质诱导，吲哚丁酸（IBA）是诱导生根最有效的植物生长调节剂。其使用方法主要有 3 种：① IBA 持续诱导生根法。试管苗在含有 IBA 0.5mg/L 的琼脂培养基（生根诱导培养基）上持续培养，诱导不定根发生。② IBA-活性炭（IBA-AC）诱导生根法。试管苗先在含 IBA 的培养基上培养一段时间以诱导根原基的发生，再转移到含活性炭的培养基上持续培养以促进根原基生长。③ IBA 速蘸-AC 诱导生根法。将试管苗基部浸入 IBA 溶液中一定时间，再转接到含 AC 的培养基上持续培养。IBA-AC 法的生根率高，是最有效的生根方法。此外，ABA、多效唑（PP333）、矮壮素（CCC）等植物生长调节剂对促进试管苗生根、壮苗、提高成活率等也有一定的作用。

3．培养方式　不同的培养材料可选用不同的培养方式。以原球茎或胚状体方式增殖的材料，可选用液体培养方式进行培养，如兰花增殖后的原球茎分切后，在液体培养基中振荡培养（22℃、连续光照），形成新的原球茎，然后继续以同样方法增殖或转移到固体培养基中，可得到小苗。但大多数材料的培养还是用固体培养基培养。培养基的 pH 一般为 5.8～6.0。

### （三）培养条件

组织培养过程中不同的阶段对光照、温度、湿度和气体成分等培养条件有不同的要求，是影响植物离体快繁成败的重要因素。

1．光照　光照强度和光照时间的不同影响着外植体组织的生长和器官发育。多数研究发现在芽的分化阶段，在黑暗培养条件下芽的增殖率明显要高于有光培养。在植物快繁的启动生长与增殖期间，光照强度应为 1000～4000lx；而在生根时，可将光照强度增至 3000～100001x。离体培养时增加光照强度可能阻滞培养材料生长，导致轻微减绿。但这种植株碳水化合物积累多，组织充实，易适应外界环境，移栽后比在低光照强度下所得的植株成活率高。大多数植物每天 14～16h 的光照、8～10h 的黑暗即可满足其生长发育的需求，但连续光照对有些植物可起到促进苗增殖和健壮的作用，块茎和其他储藏器官的形成则要求较长（约 3 个月）的黑暗时期，因为它们在正常形成时是短日照。进行大规模离体快繁时，也可以考虑利用自然光进行组培苗生产，以降低生产成本。

2．温度　离体材料培养和快繁的温度要求应参照植物本身对生长发育的要求确定。高温（约27℃）适合热带品种，低温（约20℃）有利于高山植物，多数植物在（25±2)℃下都能正常地被诱导、增殖和生根，低于10℃会停止生长，高于35℃会抑制正常生长和发育。

植物组织培养时，对外植体或试管苗进行低温或高温处理，可促进器官分化，提高诱导频率，增加无病毒植株的获得率。例如，先将植物原始材料置于较高温度（35～40℃）条件下，经不同时期处理可以提高无病毒外植体的发生率；或将试管内发育的鳞茎或球茎小植株在移栽前，预先进行4～6周2℃的低温处理，才能使之正常生长；或在试管苗培养期间，在一定范围内降低温度，减慢其生长速度，可提高试管苗质量。例如，香石竹在18～25℃随温度降低，试管苗生长速度减慢，但其质量有所提高，玻璃化现象减少；当温度高于25℃时，引起试管苗叶和嫩梢呈水晶透明或半透明水渍状，整株矮化肿胀、失绿，脆弱易碎，组织畸形，部分试管苗呈现玻璃化或半玻璃化现象。牡丹试管苗在室温10～25℃下无玻璃化，随温度升高玻璃化严重。

3．湿度　培养环境的湿度对组培苗生长发育的影响相对较弱，因试管苗是在较密闭的容器中生长，容器内相对湿度几乎达100%，可满足其生长发育。但如果培养环境中相对湿度过低，则培养基易失水、干裂，因此环境中的相对湿度应为70%～80%。试管苗移栽后，应充分浇水（栽培基质以不积水为宜)，并覆盖小拱棚，增加试管苗生长环境的空气湿度，满足其由异养转变为自养所需的水分。

4．气体　培养基经高温灭菌及试管苗生长，培养瓶中会产生乙烯并积累，乙烯浓度过高（5～6μL/L）时，可抑制试管苗的生长。因此，需及时转接试管苗，并选择通透性好的封口材料。进行液体培养时，培养物浸没在液体中会导致其缺氧，致使生长停止、死亡。因此，需进行振荡培养，促进氧气交换，达到培养物高效增殖的目的。

### （四）继代培养

在植物快繁过程中，经继代培养可不断分化产生新的丛生苗、不定芽及胚状体，甚至完整的新植株，是植物快繁的重要环节。

1．驯化现象　以芽苗或不定芽方式增殖的植物，培养多代后仍能保持其旺盛的增殖力，但会出现驯化现象，即开始继代培养时，需较高浓度生长调节物质，随继代时间延长，加入生长调节物质的量减少或不加入就可以使其生长。所以，在继代培养中，应注意调整培养基激素浓度。对生长速度快或繁殖系数高的植物，继代时间应缩短（15d左右)，反之，继代时间应加长（30～40d）。

2．增殖能力下降　以培养细胞或愈伤组织方式继代增殖的植物，形态发生能力易随继代时间延长而减弱或丧失，原因是：①愈伤组织培养时逐渐丧失了成器官中心（拟分生组织)；②内源激素减少；③染色体畸变积累。可通过外源生长调节物质的增加，筛选具有形态发生能力的细胞团，缩短继代时间等措施防止其再生能力的丧失。但最好的办法还是重建细胞系。此外，繁殖体增殖阶段中的增殖率、污染、玻璃化等因素，特别是污染率显著影响着试管苗生产的效率和经济效益。

### （五）移栽

移栽驯化的成功与否直接影响着植物快繁的成本、工作效率及经济效益，如葡萄试管苗移栽成本占总成本的56%～78%。盲目移栽驯化，将导致快繁工作的前功尽弃。高湿、恒温、弱光下生长的异养试管苗，出瓶移栽后导致其死亡的原因及克服方法有以下几种。

1．根系结构差异　良好的根系结构是移栽成苗的关键，根系结构不完善的试管苗移栽后，易造成死亡。死亡原因及克服方法为：①不生根。一些植物，特别是木本植物的试管苗不生根，无法移栽，可采用嫁接法解决。②根与输导系统不连接。从愈伤组织诱导产生的根与已分化芽的输导系统不相通，可将芽切割下来转移到生根培养基中，重新诱导根的形成。③根无根毛或很少。许多试管植株再生根上无根毛，将小苗移栽前置入振荡状态的液体培养基中培养，有时可促进根毛发育。④根无吸收功能或极低。有些试管苗再生根的吸收功能无或很低，移栽前将试管苗在培养液中培养一段时间（如1个月)，可恢复根的吸收功能。

对于根系易受损伤，移栽难以成活的植物需采取特殊处理，增加小苗成活机会。Beruto和Curir（2007）采用两步法移栽，试管苗成活率达70%～90%，该方法是：①在培养瓶中装入研磨的草炭和珍珠岩混合基质（体积比为1∶1)，经121℃，0.13MPa灭菌40min，每200mL基质中加入30～40mL灭菌的去离子水润湿，小心植入生根小植株，拧上盖并裹上塑料膜，在组织培养室中培养4周，期间注意避免试管内水气积累，加强气体交换。②在花盆（直径10cm）中装入复合基质（含草炭 80%、浮石 15%、膨润土 2%、缓释肥 3%），将小植株植入花盆复合基质中，浇透水，覆盖塑料膜，在不加温的温室内养护 2 周，期间浇水避免干旱。该程序虽比较烦琐，但符合小植株适应环境的生理生化和组织结构变化的渐进过程，容易调控关键影响因素，从而大幅度提高了试管苗的成活率。张倩等（2012）为降低上述移栽风险，又提出无菌容器一步育苗法（生根和移栽一步法）移栽牡丹试管苗，即在特制的微型容器内填装栽培基质，然后置于培养瓶内，加入液体培养基，灭菌，接种无根试管苗。经过培养使之形成微型容器苗，炼苗后不经过移栽过程直接进入驯化阶段，使用此法不定根得到了有效的保护，“明星”牡丹品种的小植株成活率至少比试管内生根提高了 15%。此外，小植株长势也影响移栽成活率。小植株健壮，根系发达，移栽成活率也高，新生根长 1.5～2.0cm，根尖嫩白，在瓶内未转接之前移栽比较合适。

2．叶表皮组织　叶表皮组织不发达或结构不正常的试管苗，易失水、光合能力有限，移栽后也易死亡，表现为：①叶表的角质层和蜡质层不发达或无。对试管苗和温室苗的扫描电镜观察发现，试管苗叶表光滑，无或极少有结构状的表皮蜡，而温室苗成熟叶（如香石竹）上下表面均覆盖一层 0.2μm×0.2μm 的棒状蜡粒，且幼叶也具有少而小的蜡状结构。②叶无表皮毛或极少。试管苗叶柄和叶脉中存在有寿命极短的球形有柄毛和多细胞黏液毛，但单细胞毛和刺毛较温室苗少，致使其保湿和反光性差，易失水。③叶解剖结构稀疏。试管苗、温室苗和大田苗的叶栅栏细胞厚度和叶组织间隙存在明显差异，但上下表皮细胞长度差异不显著。经强光锻炼和未经锻炼的试管苗茎解剖结构也存在差异。未经锻炼植株的茎维管束被髓射线分割成不连续状，导管少，茎表皮排列松散、无角质、厚角组织少。而经锻炼植株的茎维管束发育良好，角质和厚角组织增多，自我保护作用增强。④气孔开口大，不关闭。显微镜下观察发现，试管苗气孔始终处于开放状态，保卫细胞变圆，气孔开张很大。例如，葡萄试管苗气孔开口很大，甚至出现气孔开口的横径大于纵径。由于气孔的过度开放，气孔口横径的宽度过大，超过了两个保卫细胞膨压变化的范围，导致气孔无法关闭。这种过度开放的气孔，要经过逐步炼苗，降低其开张度后，才能诱导关闭。⑤叶片存在排水孔。长期高湿环境中，试管苗叶片出现排水孔，导致移栽后极易失水干枯。⑥光合作用能力极低。试管苗栅栏组织少而小，细胞间隙大，影响叶肉细胞中 $CO_2$ 的吸收和固定。气孔不关闭，导致叶片脱水而对光合器官造成持久伤害。含糖培养基中，糖对植物卡尔文碳素循环呈现反馈抑制，$CO_2$ 又不足，使叶绿体内囊体膜上存在过剩电子流，造成光抑制和光氧化，致使光合作用低下。由于培养基中加有蔗糖，小苗体内吸收后，无机磷大幅度下降，减少了无机磷的循环，使核酮糖二磷酸羧化酶呈不活跃状态，无力固定 $CO_2$ 或极少固定。同时，由于蔗糖的刺激，促使试管苗的呼吸速率增强，呼吸作用大于光合作用。

为了增强叶表皮组织，克服上述不利因素，可采用：①驯化锻炼。使试管苗健壮、坚实，形成表皮正常组织结构，恢复气孔功能。试管苗的驯化锻炼过程为，出瓶移栽前先打开瓶口进行 2～3d 的湿度锻炼，然后移栽到高湿、弱光、温度适宜并略低的环境中，并逐步降低空气相对湿度，增加光照强度，直至小植株适应自然环境。一般移栽初始的光照强度为日光强度的 1/10，其后每 3d 增加 10%，开始 3d 湿度为饱和湿度，其后每 3d 降低 10%，直至与大气相同。②瓶内培育壮苗。试管苗能否从异养过渡到自养，其自身生活力起决定性作用。凡生活力强、健壮、有较发达根系的试管苗易移栽和成活。在培养基内添加 PP333、CCC 等植物生长延缓剂也是培育壮苗的有效途径。

# 第四节　植物离体快繁的商业化应用

植物离体快繁最重要的用途是进行植物的商业化生产，即将植物无性繁殖从田间移入室内，以每年数万倍、数十万倍，甚至数百万倍的速度繁殖植物，进行商业化销售。植物快繁的商业化应用始于 20 世纪 60 年代的美国兰花工业，80 年代已被认为是能够带来经济利益的产业，目前世界上建立了许多大中型植物快繁商业化公司或实验室，实现了植物生产的工厂化。

## 一、商业化生产规模与流程

### （一）试管苗生产规模的确定

试管苗商业化生产规模应根据市场的需求量来确定，要有计划地进行生产，避免试管苗销售难而造成的经济损失。试管苗的生产过程是在无菌条件下进行的，生产规模的确定是以无菌工作台和培养架的数量来衡量的。一般情况下，一个单人无菌工作台可按每年约生产 50 万株苗的量来计算，一个 1.2m×0.6m×2.0m 的 6 层培养架可年繁殖试管苗 1.5 万～2 万株；一个年生产量达 100 万株的木本植物组培苗生产工厂，需要 3～5 个无菌操作工作台，40～50 个培养架。无菌接种室的面积与放置超净工作台的数量有关，一个超净工作台占地面积一般为 5～6m$^2$；培养室的面积大小由培养架数量和通道来决定，一个培养架（1.2m×0.6m×2.0m）占地面积为 1.5～2.0m$^2$。年生产量达 100 万株的试管苗工厂，接种室面积应为 18～30m$^2$，培养室面积则为 100～120m$^2$。

接种室的每台超净工作台上需配备相应的操作用具，如各种剪刀、镊子、酒精灯、灭菌器等；高压灭菌锅应为中型立式灭菌锅，需 2 或 3 台；培养容器（多为 150mL，玻璃、罐头瓶或耐高温高压的塑料瓶）的数量取决于生产规模，一个 6 层培养架（1.2m×0.6m×2.0m）可放置 900 个左右的锥形瓶或 600 个左右的罐头瓶，除培养架上所需培养容器的数量外，还需增加 10%～15% 周转用的培养容器。

### （二）商业化实验室的设计

根据已确定的生产规模和组织培养的生产程序，试管苗生产的实验室应尽量布局合理，使生产程序能连续、有效地进行。商业化实验室由办公室、储藏室、洗涤室、培养基配制室、灭菌室、准备室、接种室、培养室和观察室等组成（图 7-9）。

| | | | | | |
|---|---|---|---|---|---|
| 培养室保存材料 | 培养室1生产车间 | 培养室2生产车间 | 培养室3生产车间 | 办公室 | 储藏室 |
| 走廊 | | | | | |
| 观察室 | 接种室 | 准备室1 | 灭菌室 | 配制和称量室 | 洗涤室 |

图 7-9 实验室平面布局图

### （三）商业化生产的配套设施

商业化实验室每天都有大量的试管苗出瓶移栽，需有相应配套的设施，包括过渡培养室、露地炼苗场及温室。过渡培养室具有先进的光照、温度和湿度调控设备系统，内装喷灌设施和可移动苗床等。每平方米苗床可栽种 800 株试管苗，一茬苗的过渡周期为 10～15d，一般年 100 万株苗的过渡培养室，建造面积应为 400～600m$^2$。如果用单坡塑料大棚代替调控温室，可大幅度降低试管苗生产成本。过渡培养室锻炼的试管苗有些可直接进入市场，有些还需移入露地炼苗场做进一步驯化培养，以提高成活率，露地炼苗场可以是完全露天，也可以建遮阴棚或防雨棚。露地炼苗场既是二次过渡培养场地，也是种苗等待进入市场的存放地，其面积的大小视需要而定。

### （四）商业化生产的流程

试管苗商业化生产的流程是以植物离体快速繁殖程序为基础建立起来的，目前多种植物的试管苗已成为其田间大面积栽培所用苗木的来源，如香蕉、葡萄、草莓、马铃薯及以兰花、非洲菊为主的多种花卉等都以植物离体快速繁殖程序为基础建立了适宜的快繁流程。

## 二、商业化生产及效益分析

### （一）试管苗增殖率的估算

试管苗的增殖率多数以芽或苗为单位，但原球茎或胚状体因难以统计，多以瓶为单位。增殖率的计算有理论计算和实际计算两种方法。增殖率的理论值是指接种一个芽或一块增殖培养物，经过一段时间培养后得到的芽或苗数。增殖率的实际值是指接种一个芽或一个苗，经过实际繁殖周期，得到的实际芽或苗数（表 7-3）。

**表 7-3 试管苗快速繁殖理论增殖与实际增殖差异**

| 作物种类 | 理论繁殖数 / 万株 | 实际繁殖数 / 万株 |
|---|---|---|
| 一个葡萄芽 | 23～220 | 3 |
| 一株葡萄试管苗 | 53 | 3.1 |
| 一株马铃薯试管苗 | 150 | 40 |

造成实际增殖数与理论增殖数出现很大差异的原因是：①污染淘汰；②出售、转让和实验所用；③移栽死亡；④培养容器等设备的限制。

试管苗理论值的计算公式如下。

$$Y = mXn$$

式中，$Y$ 为年繁殖数；$m$ 为无菌母株苗数；$X$ 为每个培养周期增殖的倍数；$n$ 为全年可增殖的周期数。

试管苗实际增殖数的计算则需在生产实践中，通过经验的积累而获得。

### （二）生产计划的制订和实施

1．生产计划的制订　生产计划的制订是进行试管苗规范化生产的关键，生产量不足或过剩，都会带来直接的经济损失。商业化生产计划的制订是依据市场对试管苗的种类、品种及数量的需求及趋势，以及实验室具备的生产条件和规模来确定的。首先应提出全年销售目标，再根据实际生产中各个

环节的消耗，制订出相应的全年生产计划，一般生产数量应比计划销售的数量增加20%～30%，即

销售计划＝实际生产数量 ×（1－损耗）× 移栽成活率

式中，损耗一般为5%～10%。销售计划和生产计划应按月份做出，并依据当年总计划进行确认或调整。

生产日期则根据销售计划拟定。刚出瓶的试管苗由于不能成为商品苗出售，所以试管苗的出瓶日期应比销售日期提前40～60d。试管苗的成活及质量与其苗龄有一定相关性，过小或老化的试管苗不应进入市场销售，以确保企业信誉。当然，根据市场需求制订的生产计划在实际生产过程中还应根据市场变化及时调整，促进试管苗的适时生产和有效销售。

2．生产计划的实施　生产计划实施的步骤为：①准备繁殖材料。繁殖材料必须是来源清楚、无检疫性病害、无肉眼可见病毒症状、具有典型品种特性的优良单株或群体。当外植体增殖形成5～10个繁殖芽或苗时，需及时进行品种危害性病毒检测，淘汰带病毒材料。②合格繁殖材料的快速增殖。当其增殖达到所需基数后，存架增殖总瓶数的控制就成为影响试管苗效益的关键因素。存架增殖瓶数过多，易产生人力和设备不足，增殖材料积压并老化，影响出瓶苗质量和移栽成活率，增加生产成本；反之，则造成母株不足，延误产苗时期，不能完成生产计划，造成经济损失。

存架增殖总瓶数＝月计划生产苗数 / 每个增殖瓶月可产苗数

月计划生产苗数＝每个操作人员每天可接苗数 × 月工作日 × 人员数

控制试管苗生产中的增殖总瓶数，便于在一个周期内全部更新一次培养基，使增殖材料处于不同生长阶段的最佳状态，提高其质量。根据增殖总瓶数及操作员工的工作效率，还可计算生产过程中需投入的人力，保证商业化生产顺利地进行。

### （三）产品质量监控

商业化生产的试管植株必须进行产品质量的跟踪监控，如接种状况、污染率、生长情况、生根苗数量、出瓶苗质量等，并建立试管苗出瓶标准。根据出瓶苗的质量等级、移栽的气候条件，估算移栽成活率，并以估算结果为依据，控制和调整生产节奏及进度。

### （四）商业化生产效益分析

试管苗的商业化生产以经济利益为目的，成本核算十分重要。通过成本核算可以了解：①生产过程中的各种消耗；②管理工作的质量；③各项技术措施的效果；④产品价格的制订标准。

试管苗的商业化生产既有可周年在室内生产的工业特点，又有在温室和田间种植的农业特征，受气候和季节等的影响，还存在种类间、品种间的繁殖系数和生长速度的差异，故成本计算方法比较复杂。试管苗商业化的生产成本应包括：①人工费用。管理人员、技术人员及操作人员的工资和奖金。②生产物资费用。培养基配制所需的各种药品、低值易耗品、当年消耗品等。③设备折旧费用。试管苗生产所用的各种固定资产的折旧费。④水电费用。商业化生产环节中消耗的水电费。⑤其他费用。办公费、培训费、差旅费、种苗费、宣传推广费等。

## 三、降低商业化生产成本的措施

组培快繁虽然有很多优点，但与常规繁殖相比，存在苗木成本高的问题。成本直接影响商品的竞争力，所以只有降低成本，组培快繁才有生命力。针对试管苗生产所需费用，应采取相应措施来降低生产成本，增强产品竞争力，提高试管苗经济效益。

### （一）提高劳动生产率

试管苗生产中的人工费用占比最高，国外人工费用占试管苗总成本的70%左右，国内也占40%～50%，并呈明显的上升趋势。一个熟练的操作人员每天可转接150瓶（马铃薯，每瓶20株苗）左右或200～250瓶（葡萄，每瓶3或4株），且污染率低。为了降低人工成本，应按工作性质进行操作人员分工，实行岗位责任制或定额管理、计件工资。

### （二）减少设备投资，延长使用寿命

商业化生产中必须投资的设备，如超净工作台、高压灭菌锅、培养架等，应正确使用，及时维修，延长使用寿命；对非必须使用的设备，如酸度计、可调控温室等，可使用替代品，降低生产成本。

### （三）降低消耗

试管苗生产中使用量最大的是培养器皿，如用150mL的玻璃锥形瓶，投资量大、消耗多（如每月损耗为5%左右），而使用耐高温高压的塑料培养器皿或罐头瓶，可降低生产成本。另一项支出是日光灯管，由于照明时间长（有时是24h照明），易损坏。水电费，特别是电费，也是一项大的支出，应尽量利用自然光照和温度，培养室可建成自然采光的节能培养室。此外，充分利用培养室空间，合理

安排培养架和培养瓶，减少使用面积，使用低耗能光源设备来保持室内合适温度。

### （四）降低污染，提高繁殖率和成活率

污染严重影响繁殖速度、增加成本，试管苗商业化生产中污染率应控制在5%以内。在继代培养中芽增殖速度慢和繁殖系数低的植物，一般不能投入大规模生产，用于生产的材料必须通过一系列的实验筛选，找出繁殖系数高而稳定的培养基及培养生根、移栽等适宜的条件，提高繁殖率和成活率，提高试管苗质量，并进行成本核算。

### （五）简化培养基

在苗木工厂化生产过程中，需要消耗大量的培养基。在培养基中，琼脂、蔗糖、蒸馏水、植物激素、肌醇所占成本比例较高。无机盐虽然价格低，但有的用量也较大，所以用化学纯的即可。成本最高的是琼脂，占总成本的50%以上。为了节省琼脂，可以采用浅层液体静止培养，也可将固体培养和液体培养相结合，达到既省琼脂又能加速试管苗生长的目的。另外，生根培养基用马铃薯来代替琼脂，凝固力好，虽然杂质较多，但不影响根的分化和生长；可用自来水代替蒸馏水，白糖代替蔗糖，能有效降低成本。

### （六）组织培养快速繁殖结合常规繁殖

对于脱毒的品种、稀有或引进的品种和新培育的优良品种可通过组培扩繁到一定数量后，再作为原种苗，应用常规方法扩大繁殖。这样通过一级、二级繁种，很快增加了商品苗的数量，并降低了每棵苗的成本，同时借助常规繁殖优势，使苗木健壮生长。

## 四、商业化生产应注意的问题

在组织培养快速繁殖过程中，经常出现遗传稳定性差、玻璃化苗、污染严重、成本高等问题。这些问题若得不到彻底解决，将严重影响组培快繁技术的商业化应用。

### （一）遗传稳定性

植物组织和细胞培养中，细胞、组织和再生植株均会出现各种变异，且具普遍性，涉及的植物性状也相当广泛。

1．影响遗传稳定性的因素　①基因型。由于植物的基因型不同，发生变异的频率也不相同，一些植物通过组培培养不易发生遗传性的变异，而另一些植物易发生变异。例如，甘蔗的2个品系再生植株的变异频率分别为12.1%和34.8%；在金叶连翘的组培中，有很多叶变成绿色，变异频率达40%；嵌合体植物通过培养后，变异更大，如金丝君子兰经组培后往往变成普通的君子兰；单倍体和多倍体比二倍体更容易发生变异。②继代次数。试管苗继代培养次数和时间是造成遗传变异的关键因素之一，随着继代次数和时间的增加，变异频率呈上升趋势。例如，香蕉诱导不定芽产生过程中，继代5次时的变异率为2.14%，10次为4.2%，20次后则为100%，因而香蕉继代培养不能超过一年。蝴蝶兰连续培养4年后，植株退化，不开花，因此原球茎应两年更换一次茎尖。③器官发生方式。离体器官5种发生方式中，以茎段、茎尖等形成的丛生芽、单芽、不定芽的方式繁殖，不易发生变异或变异率极低。例如，葡萄茎段快繁，经过5～8年继代培养，其变异频率与常规方法相同，数万株中只有一株产生变异。菊花茎尖、腋芽培养，变异率较低，而花瓣诱导的变异率较高。

2．提高遗传稳定性的措施　①应尽量采用不容易发生变异的体细胞增殖途径，以减少或避免植物个体或细胞发生变异。采用茎尖培养启动腋芽生枝、不定芽生枝、体细胞分化胚状体的繁殖方式，都可有效地减少变异。②缩短继代时间，限制继代次数，继代一定次数后，更新外植体后再进行继代培养。③采用适当的生长调节物质和较低的浓度，减少或不使用易引起诱变的物质。④对试管苗和移栽苗进行定期观察，及时剔除生理、形态异常的苗，并进行多年跟踪检测，调查再生植株开花结实特性，以确定其生物学性状和经济性状是否稳定。

### （二）污染

组织培养是在无菌条件下进行的，在培养过程中若有真菌、细菌等微生物的侵染，在培养容器中滋生大量菌斑造成污染，使培养材料不能正常生长和发育，组培将无法进行，不仅使当代的试管苗数量减少，且严重影响增殖繁殖率，是影响植物快繁商业化生产任务按时完成的主要原因。

1．引起污染发生的原因　①培养基及各种接种器皿灭菌不彻底。高压蒸汽灭菌的温度、压力、时间和正确使用情况及过滤灭菌中过滤膜孔径、过滤灭菌器械的灭菌处理、过滤灭菌操作等均影响培养基的灭菌效果。②外植体材料。通常多年生的木本植物材料比1～2年生的草本材料带菌多，老的材料比嫩的带菌多，田间生长的材料比温室的带菌多，带泥土的材料比清洁的带菌多，一年中以雨季的材

料带菌多，一天中以中午阳光最强时的材料带菌少。③操作环节。接种室不清洁、干燥、密封，没有经常用紫外线灯照射、甲醛熏蒸、70% 乙醇喷雾杀菌等，操作不熟练。④环境不清洁。培养室要求清洁、密闭，每天用 70% 乙醇喷雾除菌、降尘，每周用少量甲醛熏蒸灭菌，如有空气过滤装置效果更好。培养室相对湿度太高时，污染加重。⑤超净工作区域不清洁。培养材料的细菌性污染是指在培养基表面或材料表面出现黏液状物体、菌落或浑浊的水渍状，有时甚至出现泡沫发酵状的现象。细菌污染中以芽孢杆菌（*Bacillus*）最普遍、最严重，常由高压灭菌锅未排尽冷空气、灭菌压力或温度不够、灭菌持续时间不够长等因素造成。培养材料的真菌性污染是指在培养材料表面或培养基上出现菌丝，继而很快形成黑、白、黄、绿等孢子层。这种污染多是由空气、瓶口及瓶塞的真菌孢子所引起的。

2．控制污染的措施　由于造成污染的原因复杂，应具体分析，针对引起植物组培过程中污染的原因采取有效的控制方法。①灭菌前应充分排尽灭菌锅内的冷空气，当灭菌锅压强达 $1.03\times10^5$～$1.38\times10^5$Pa、温度为 121～126℃时，应保持灭菌时间为 20～30min；②接种器具每次使用后应用酒精灯灼烧或灭菌器灭菌；③污染的外植体材料应及时淘汰，如果种源有限，对外植体材料可进行二次灭菌；④操作人员接种时应用 75% 乙醇擦拭双手和培养瓶表面，操作区内，不要放入过多待用培养瓶，防止气流被挡住；⑤接种环境应定期用福尔马林等熏蒸灭菌，经常用紫外线灯照射灭菌；⑥超净工作台应定期对初过滤器进行清洗和更换，提前 15～20min 打开，并用 75% 乙醇擦拭整个工作台；⑦抗生素的应用，在培养基中加入抗生素后，一般在可以在短期内抑制细菌的生长和繁殖，对植物组织器官无明显毒害作用。用链霉素、庆大霉素在 1～2 代培养中均能抑制细菌的发生。

### （三）玻璃化

玻璃化是试管苗的一种生理失调症状，表现为试管苗叶片、嫩梢呈水浸透明或半透明状。玻璃化苗的叶片皱缩成纵向卷曲，脆弱易碎，叶表缺少角质层蜡质，仅有海绵组织，没有功能性气孔。玻璃化苗由于体内含水量高，干物质、叶绿素、蛋白质、纤维素和木质素含量低，角质层、栅栏组织发育不全，因而光合能力和酶活性降低，组织畸形，器官功能不全，分化能力降低，生根困难，移栽后不易成活。

1．玻璃化苗形成的原因　玻璃化苗是在芽分化启动后的生长过程中，由碳水化合物、氮代谢和水分状态等发生生理异常所引起的，主要原因：①培养基的琼脂和蔗糖浓度。琼脂和蔗糖浓度与试管苗玻璃化程度呈负相关，即琼脂或蔗糖浓度越高，试管苗的玻璃化比例越低。琼脂和蔗糖浓度影响着培养基的渗透势，渗透势不适时，试管苗的玻璃化程度增加。琼脂浓度还影响着培养瓶内的空气湿度，高湿条件下，试管苗生长快，玻璃化发生频率相对较高。②培养温度。培养温度与玻璃化程度呈正相关，即培养温度越高，玻璃化程度越高。温度影响着试管苗的生长速度，一定范围内的高温，试管苗的生产和代谢受到影响，促进玻璃化的产生。③生长调节剂的浓度。高浓度的细胞分裂素可促进芽分化，也使玻璃化发生比例提高。试管苗正常生长所需的激素水平失衡，如细胞分裂素与生长素的比例失调，导致玻璃化发生。但不同植物发生玻璃化的激素水平是不一致的，例如，香石竹在 6-BA 为 0.5mg/L 时，就有玻璃化发生；而非洲菊在不定芽诱导中，6-BA 的浓度可达 5～10mg/L，不定芽增殖培养阶段，6-BA 的浓度则只能是 1mg/L。④乙烯浓度。非受伤的物理和化学胁迫可加速乙烯的合成，促使玻璃化的发生。⑤光照。植物在光照时间 l0～12h/d、光照强度 1500～2000lx 的条件下，能够正常生长和发育。当光照不足再加上高温时，则易引起试管苗过度生长，加速玻璃化发生。⑥含氮量。培养基含氮量高，特别是铵态氮含量高，易引起玻璃化发生。

2．玻璃化苗形成的机理　试管玻璃化苗的产生是由于内源激素乙烯在代谢调节中所起的关键性启动作用。试管苗在胁迫培养环境中，如水势不当、通气不畅、生长调节剂浓度过高、温度过高等，导致乙烯的产生。培养瓶空气中过剩的乙烯，抑制了试管苗体内乙烯的生物合成，但诱发了其他激素质和量的改变及酶类变化，例如，降低了苯丙氨酸解氨酶和酸性过氧化物酶的活性，从而发生蛋白质、纤维素和木质素的合成障碍及降解，叶绿素分解黄化，壁压降低，细胞过分吸水，导致玻璃化苗形成。另外，培养瓶中气体组成的改变，也影响着磷酸戊糖途径、光呼吸途径的进行。当磷酸戊糖途径受阻时，细胞壁再生受抑制，戊糖化合物减少，核酸、蛋白质合成受阻；当光呼吸途径被抑制时，减弱了光呼吸对光合的保护作用，过剩的同化力损坏了光合作用所需的细胞器，降低了光合作用，阻碍了乙醇酸的转化，加重了乙醇酸对植物的毒害作用，从而导致试管苗玻璃化的发生。

3．防止玻璃化苗形成的措施　①提高培养基硬度，降低培养基水势；②提高培养基中蔗糖含量或加入渗透剂，降低培养基渗透压；③利用可透气性瓶塞材料，降低培养瓶中过饱和湿度，增加气体交换；④减少培养基中含氮化合物、生长调节物质的用量；⑤增加光照强度，适当降低培养温度，并进行昼夜变温处理；⑥一些添加物或抗生素可减少或防止玻璃化发生，如马铃薯汁、活性炭可降低油菜玻璃化苗频率；CCC、PP333 可减少重瓣丝石竹（*Gypsophila elegans*）玻璃化的发生；聚乙烯醇可防止苹果砧木玻璃化；青霉素 G 钾可防止菊花玻璃化；青霉素可降低芥菜玻璃化等。

### （四）褐化

褐化（browning）是指培养材料向培养基中释放褐色物质，致使培养基和培养材料逐渐变褐而死亡的现象。褐化的发生是由于组织中多酚氧化酶（polyphenol oxidase）被激活，酚类化合物（phenolic compound）被氧化形成褐色的醌类物质（quinone）。醌类化合物在酪氨酸酶（tyrosinase）的作用下，与培养材料组织中的蛋白质发生聚合，引起其他酶系统失活，导致代谢紊乱，生长受阻。

1. 影响褐化发生的主要因素　①植物种类和品种。不同植物体内所含单宁及其他酚类化合物的数量不同，发生褐化的频率和严重程度也相差很大。一般木本植物酚类化合物的含量较草本植物高，更易发生褐化，组织培养难度更大。②外植体年龄、大小和取材时间。外植体越老化，木质素含量越高，越易褐化。外植体材料越小，越易发生褐化。生长季节的外植体含有较多的酚类化合物，也易发生褐化。③外植体损伤。外植体切口越大，酚类物质被氧化面越大，褐化程度越严重。消毒灭菌剂也可使外植体受伤而引起褐化，如次氯酸钠使不易发生褐化的植物产生褐化。④光照。外植体取材前进行母株遮光处理，可有效抑制褐化发生，这是因为氧化过程中的许多反应受酶系统控制，而酶系统的活性又受光照影响。⑤温度。其对褐化的发生影响很大，低温可减轻褐化发生，因为低温抑制酚类化合物氧化，降低多酚氧化酶活性。⑥培养时间过长。接种材料转移不及时，导致褐化发生，甚至全部死亡。⑦培养基成分。培养基中无机盐浓度和细胞分裂素浓度过高，易导致材料褐化。

2. 防止褐化的主要措施　①在春冬季节选择适当的外植体，即外植体应具有较强的分生能力；②选择适宜的培养基，调整激素用量；③控制温度和光照，在不影响正常生长和分化的前提下，应降低温度，减少光照；④培养基中添加抗氧化剂和其他抑制剂或吸附剂，如抗坏血酸、硫代硫酸钠、柠檬酸、半胱氨酸及其盐酸盐、亚硫酸氢钠、氨基酸、聚乙烯吡咯烷酮、活性炭等或用抗坏血酸和柠檬酸等抗氧化剂进行材料的冲洗处理；⑤加快继代转瓶速度，如山月桂（*Kalmia latifolia*）茎尖接种 12～14h 后转入液体培养基，然后每天转接一次，连续一周，可完全控制褐化发生。

### （五）黄化

黄化是指试管苗幼苗整株失绿，全部或部分叶片黄化、斑驳的现象。这种现象在组织培养中常见。

1. 影响黄化发生的主要因素　①培养基成分。培养基中铁元素含量不足，矿物质营养不均衡，激素配比不当，糖用量不足或已耗尽。②培养条件。培养瓶通气不良，乙烯含量升高。温度不适，光照不足。③ pH。pH 变化过大。④抗生素类。培养基中添加一些抗生素类物质，如青霉素、链霉素、头孢霉素等。

2. 控制黄化发生的主要措施　①检查培养基配制过程，保证培养基成分添加正确；②调节培养基组成和 pH；③控制培养室温度，增加光照，使用透气瓶塞改善瓶内通气情况；④减少或不用抗生素物质。

## 小　结

植物组织培养是指对植物进行离体培养的技术，包括分生组织培养和非分生组织培养，应用植物组织培养技术对植物分生组织、愈伤组织和薄层组织进行离体培养，可以使植物器官再生，能在短期内获得大量再生植株，常用于无毒苗木的快繁、种质资源的保存、濒危植物的拯救和基因工程植株的繁殖，进而产生了植物离体快速繁殖技术，这是传统繁殖方法无法比拟的，已在植物繁殖中占有重要的地位。

植物离体快速繁殖技术最重要的用途就是应用于农业生产中的种苗繁殖，将农作物的种苗生产从田间移入室内，使农作物的种苗在人工控制的条件下工厂化大量繁殖。植物快速繁殖商业化应用始于20 世纪 70 年代的美国兰花工业，目前世界上已建立了许多大中型植物快繁商业化公司或实验室，兰花、香蕉、草莓、马铃薯等多种作物实现了植物生产的工厂化，取得了显著的经济效益和社会效益。

## 复习思考题

1. 植物分生组织培养与非分生组织培养有何异同？
2. 茎尖分生组织在培养过程中，可能发生的增殖途径有哪几条？如何进行茎尖培养？
3. 愈伤组织培养与薄层培养有何异同？
4. 影响愈伤组织培养的因素主要有哪些？
5. 植物器官离体快繁的增殖方式有哪几种？
6. 简述植物离体快繁的程序。
7. 简述植物离体快繁商业化应用的意义及降低商业化生产成本的措施。

## 主要参考文献


李浚明. 2002. 植物组织培养教程. 北京：中国农业大学出版社：39~43

李文安，徐瑞娟，陈永宁. 1989. 烟草的不同器官薄层培养形成花芽的研究. 实验生物学报，22（4）：386~391

王蒂，陈劲枫. 2013. 植物组织培养. 北京：中国农业出版社：62~66，146~168

Ahmed R, Anis M. 2014. Rapid in vitro propagation system through shoot tip cultures of *Vitex trifolia* L.–an important multipurpose plant of the Pacific traditional Medicine. Physiology and Molecular Biology of Plants, 20(3)：385~392

Dhir R, Shekhawat GS. 2014. *In vitro* propagation using transverse thin cell layer culture and homogeneity assessment in *Ceropegia bulbosa* Roxb.Journal of Plant Growth Regulation, 33(4)：820~830

Palama TL, Menard P, Fock I, et al. 2010.Shoot differentiation from protocorm callus cultures of *Vanilla planifolia* (Orchidaceae)：proteomic and metabolic responses at early stage.Bmc Plant Biology, 10(1)：82

Rashid SZ. 2010. Ectopic expression of *ARR1 ΔDDK* in tobacco：alteration of cell fate in root tip region and shoot organogenesis in cultured segments. Plant Biotechnol Rep, 4(1)：53~59

Skala E. 2015. Rhaponticum carthamoides regeneration through direct and indirect organogenesis, molecular profiles and secondary metabolite production. Plant Cell Tissue and Organ Culture, 123(1)：83~98

Sharma S. 2015. High-frequency clonal propagation, encapsulation of nodal segments for short-term storage and germplasm exchange of *Ficus carica* L. Trees, 29(2)：345~353

Thorpe TA. 2012. History of plant cell culture. In：Loyola-Vargas VM, Vázques-Flota F. Plant Cell Culture Protocols. Totowa：Humana Press

Yang L, Wang HT, He T. 2014. Determination of gentiopicroside contents during somatic embryogenesis in *Gentiana straminea* Maxim. Acta Physiologiae Plantarum, 36(7)：1947~1951

# 第八章 植物脱毒苗的培养技术

目前，由植物病毒造成的植物病害现象在世界范围内普遍存在，严重影响着植物的生长。而受病毒侵染的植物种类也越来越多，其中以营养繁殖为主的植物感染病毒的现象更为突出，病毒可经带毒的无性繁殖材料传至下一代，并逐代积累，导致植物产量和品质下降，种性退化。自1952年Morel等通过茎尖培养获得第一株大丽花脱毒苗以来，植物脱毒培养技术便在诸多植物上得到了应用和发展，有些已形成规模化和工厂化生产。通过植物脱毒苗培养技术获得无毒植株，进一步扩繁并应用于生产，是目前解决植物病毒危害最行之有效的方法。

脱毒苗培育技术是植物组织培养技术的重要组成部分，在农业生产的科学化、现代化中具有巨大的应用潜力。通过组织培养实现脱毒试管苗的商业化生产，在果树、蔬菜、花卉领域已十分普遍，如马铃薯、甘薯、大蒜、香蕉、柑橘、苹果、葡萄、百合、草莓、矮牵牛、香石竹、月季、菊花、牡丹、五彩芋、山茶、甘蔗等已广泛应用。脱毒种苗的生产不仅可以显著提高产品的产量与质量，还能减少农药的施用，改善生态环境。植物现有的脱毒技术多种多样，各有优缺点，应用的趋势是将不同的方法结合起来，从而更有效地防止植物病毒的扩散和危害，保持植物的优良种性。

## 第一节 植物脱病毒的意义

### 一、植物病毒的危害

#### （一）植物病毒的特性

病毒是一类结构简单的生物，由核酸和蛋白质组成，核酸（RNA或DNA）组成髓心，外覆蛋白质壳，只在电子显微镜下才能观察到。病毒侵入植物体内，通过改变细胞的代谢途径，使植物正常的生理机能受到干扰和破坏，造成种性退化（产量降低、品质劣化）、抗性降低，导致变色、畸形、坏死甚至植株死亡。自从1892年俄国微生物学家Dimini Iwanowsky首次发现烟草花叶病毒以来，在世界各地发现的植物病毒累计多达千种，分布广泛。这些病毒能够侵染多种植物，已严重影响到果树、蔬菜、花卉、林木等农林作物的健康生长发育，其危害程度仅次于真菌病害。

植物病毒的分类主要依据病毒的基本特征，即构成病毒基因组的核酸类型（DNA或RNA）、核酸是单链还是双链、核酸多分体现象、病毒粒子是否存在脂蛋白包膜、病毒形态等。大部分病毒的粒子为杆状、线状、球状，少数为弹状、杆菌状和双联体状等。不同形态的病毒，其大小也各有差异，以纳米（nm）为计量单位表示。线状病毒长480～1250nm，宽10～13nm，病毒粒子有不同程度的弯曲；杆状病毒长130～300nm，宽15～20nm，两端平齐，病毒粒子刚直；球状病毒也称为多面体病毒，直径在16～80nm；杆菌状病毒长58～240nm，宽18～90nm（图8-1）。

植物病毒具有系统侵染的特点，在植物体中除生长点外的各部分均可带毒，但不同的器官、组织、部位带毒量差异较大，即病毒在寄主体内呈不均匀分布。一般主要分布在与植物维管束直接相连或相近的组织，而植物茎尖和幼嫩的分生组织病毒分布很少或不存在。

#### （二）植物病毒的传播和侵染

1．植物病毒的传播　植物病毒是一种严格寄生性的细胞内专性寄生物，其生存发展必须通过在寄主间的转移来完成，植物病毒从某一植株转移或扩散到另一植株的过程称为传播。植物病毒在寄主

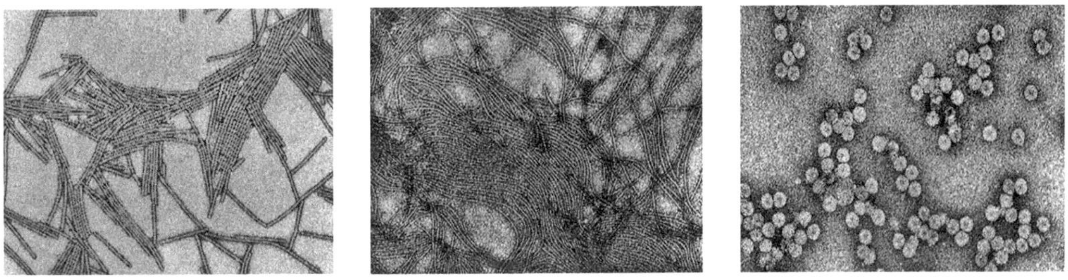


图 8-1 植物病毒形态的电镜图（樋口春三，1988）

活体外的存活期一般较短，其近距离传播主要依靠活体接触摩擦，远距离传播则依靠寄主的繁殖材料和昆虫介体等。根据自然传播方式的不同，可以分为介体传播和非介体传播两类。

（1）介体传播　介体传播是指病毒依附在其他生物体上，借其活动而进行传播和侵染。植物病毒的介体种类很多，主要有刺吸式口器昆虫、线虫、真菌、螨类、菟丝子等，其中依赖昆虫来完成传播是介体传播的主要方式。作为介体的昆虫绝大多数具刺吸式口器，蚜虫居首位，飞虱、蓟马次之。昆虫在吸食时吐出唾液，然后把病毒和细胞汁液一起吸入体内，传染其他植物个体；线虫主要在土壤中通过接触植物根部传播病毒。随着全球气候的变暖，昆虫种类发生变化，虫口密度加大，植物病毒病的发生也日趋严重。例如，近年来由褐飞虱传播的水稻矮缩病和烟粉虱传播的番茄黄化曲叶病毒病在世界范围内暴发流行，给水稻和番茄生产造成了巨大损失，严重时会造成绝收。

（2）非介体传播　非介体传播是指病毒传递过程中没有其他有机体介入的传播方式，由病毒和植株的直接接触完成传播过程，因此也称为接触传播。主要有：①自然接触传播，如风、雨等促使植物地上部分接触及根在地下接触等；②汁液摩擦传播，这是试验研究中常用的接种方法，用感染株汁液在另一寄主体表面摩擦，通过微伤侵入；③人为接触传播，移苗、整枝、摘芽、打杈、修剪、中耕除草等农事操作均可传毒；④无性繁殖、嫁接及菟丝子的“桥接”传播，通过嫁接传播，是将带毒植株作接穗，以无病株为砧木，使病毒传播蔓延；菟丝子能从一种植物缠绕到另一种植物上，可以看作一种变相的嫁接，把病毒从病株传到健康植株；⑤种子和花粉传播，约有 1/5 的已知病毒可以种子传毒，病毒寄主以豆科、葫芦科、菊科植物为多；由花粉直接传播的病毒数量并不多，现在已知的只有十几种，多数是木本寄主。

2．植物病毒的侵染　病毒是极小的生物体，它不能靠自身的能力主动侵入植物细胞，只能借助外力，通过植物细胞的微伤或刺吸式口器昆虫的口针，把病毒送入植物细胞内，细胞间通过胞间连丝感染，不同器官间通过维管束传播，很快侵染整棵植株。病毒进入植物细胞后在增殖的过程中，病毒的核酸起决定性作用。植物病毒的核酸，大多数都是由 RNA 组成，也有少数是 DNA。病毒粒子进入植物细胞，脱掉外壳蛋白质后，核酸就开始复制增殖，同时合成蛋白质外壳，并组装成新的病毒，消耗寄主大量的养分，破坏其组织结构（图 8-2）。

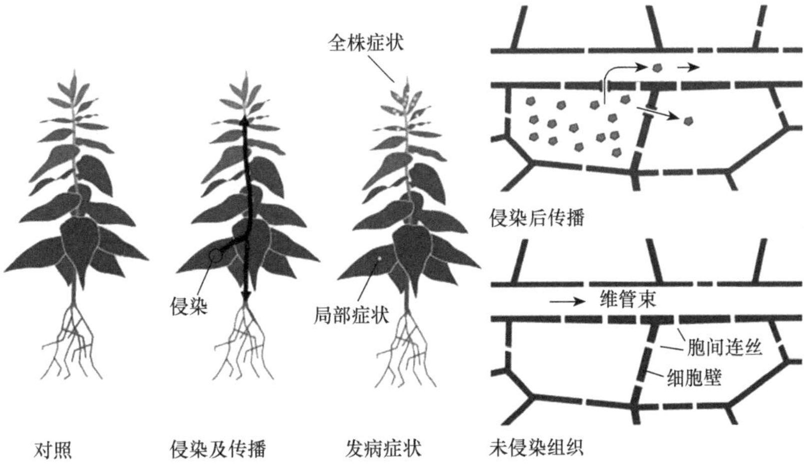


图 8-2 植物病毒的侵染和传播

### （三）植物病毒的危害

据近年的统计，植物病毒病在全世界引起的年均经济损失约600亿美元，仅次于真菌病害，高于其他病原菌引起的病害，植物感染病毒病后主要表现为植物体矮小变色、叶片卷曲、枝条萎缩，最大危害是导致植物产量和品质的大幅度下降，并且会通过无性繁殖或者种子传给下一代，继续传播和扩散造成更大的危害，最终导致植物完全退化，失去生产价值（图8-3）。

番茄黄化曲叶病毒病（TYLCV）　菊花褪绿斑驳病毒病（ChCMV）　豆类黄花叶病毒病（BYMV）　草莓轻型黄边病毒病（SMYEV）

图8-3　植物病毒侵染后症状

迄今为止危害植物的病毒已超过500种，采用生物学、物理、化学等常规方法来防治病毒对植物的危害很难达到预期的效果。因此，世界范围内病毒病的发生发展越来越严重，对粮食作物、园艺作物、经济作物和林木生产造成巨大的损失。例如，最早记载的病毒病是关于马铃薯的退化症，其症状主要表现为产量逐年降低，植株矮小并伴有花叶、卷叶、薯块变小等现象，每年造成生产上大面积减产10%～30%，并限制了栽培面积的进一步扩大；草莓病毒病的危害会导致植株生长缓慢、果实变小、品质差、产量低，可造成30%以上的减产，使草莓生产受到极大的影响；据报道，最近几年出现并逐步发展的苹果锈果病也造成我国苹果减产15%～45%；葡萄扇叶病毒使葡萄果实成熟期推迟1～2周，品质下降，同时减产10%～15%。

由于病毒在母株体内可以蔓延并逐代积累，造成的危害就更加严重，因此自发现病毒病以后，人们就在不断地寻找防治病毒病的方法。因与细胞共生，在体内可以通过维管束蔓延到各个器官，在体外可在不同个体间不断传播，所以病毒病不同于真菌和细菌病害，不能用杀菌剂和抗生素进行防治，植物一旦染病就只能采用拔除病株的措施来控制病害蔓延。

## 二、植物脱毒苗培育的意义

### （一）植物脱毒的概念

植物（尤其是无性繁殖作物）在长期的生长发育和世代交替过程中容易感染和积累多种病毒，而除去病毒获得优良种质最有效的途径是采用脱病毒处理。植物脱病毒（virus elimination）是指通过人工操作，采用物理、化学或者生物学等的方法将植物体内病毒脱除而获得无病毒植株的过程。脱去病毒健壮生长的种苗称为脱毒种苗或无毒种苗（virus-free plant or seedling）。

植物脱毒的方法有多种，包括物理、化学和生物学方法，主要有茎尖脱毒法、热处理脱毒法、冷冻脱毒法、微体嫁接脱毒法、抗病毒化学药剂脱毒法等，其中茎尖脱毒法因效果最理想而得到广泛应用，同时针对不同的材料也可以选取最方便实用的方法。

### （二）脱毒苗培育的意义

随着种质资源交换范围的扩大，生态条件的改变，侵染植物的病毒种类也越来越多，侵染范围日益扩大，侵染程度日趋严重。受病毒危害的植物种类很多，如粮食作物中的水稻、马铃薯、甘薯等，经济作物中的大豆、百合、大蒜等。而园艺植物受病毒的危害程度更为严重，如草莓能感染60多种病毒和类菌质体，苹果能感染36种病毒。植物被病毒侵染后，不能正常生长发育、品质变差、产量降低。而通过脱毒培育的无病毒苗，可使作物恢复原有种性、抗逆性增强、生长健壮整齐、光合作用增强、品质和产量明显提高。

培育无病毒苗是目前能控制、缓减植物病毒病发生的有效途径，具有重大的经济价值和实用价值。目前已有不少生产部门将此作为常规良种无性繁育的一个重要方法，并建立规范的无病毒良种繁育体系和大规模的无病毒苗生产基地，进行优质脱毒苗的规模化生产。我国是世界上从事植物脱毒和快繁最早、发展最快、应用最广的国家之一，目前已建立了马铃薯、甘薯、草莓、苹果、葡萄、香蕉、菠萝、番木瓜、甘蔗等植物的无病毒苗生产基地，每年可提供大量脱毒种苗。脱毒苗培育技术不仅促进了优质农产品的生产，同时因为该技术属于技术与劳动密集型生产活动，所以还可以增加社会就业机会。

脱毒苗的培育在植物病理学上也有重要用途，它丰富了植物病理学的内容，从过去消极地砍伐病枝、销毁病株，到病株的脱毒再生，是一个积极有效的预防途径。同时由于减少了化学药剂的使用量，进而减少了化学药剂对环境、人、畜造成的污染和危害，对生态环境的保护、健康农产品的生产和农业的可持续发展也具有十分重要的意义。

# 第二节　茎尖脱病毒培养

## 一、茎尖脱病毒培养的原理

### （一）病毒在植物体内的分布

1934 年，White 提出“植物体内病毒梯度分布学说”，虽然病毒侵入植物体后是在整株范围内扩展的，但病毒在不同组织和部位的分布和浓度存在很大差异。器官成熟部位的病毒粒子浓度比刚建成的植物组织高，细胞分裂旺盛的分生组织是不带病毒的。通过电子显微镜和荧光抗体技术已经证实了植物茎尖、侧芽等分生组织不带病毒，在一定范围内存在一个特殊无毒区。Hollings（1964）切取不同大小的（0.1～1.0mm）茎尖提取汁液接种也证实了香石竹斑驳病毒在香石竹茎尖中呈阶梯分布。病毒在植物体内不均匀分布的机理还不十分清楚，目前主要有以下几种假说：①能量竞争，分生组织 DNA 复制旺盛，细胞分裂快，需要大量的能量满足自身增殖，而病毒的扩增也需要核酸、蛋白质及相关能量，难以与植物本身细胞分裂所需的能量竞争；②传导抑制，分生组织维管束组织不健全，不能及时把病毒输送到分生组织；③激素抑制，细胞分裂初期生长素和细胞分裂素等激素含量较高，抑制了病毒的运输和增殖；④酶缺乏，植物分生组织中病毒核酸复制和蛋白质外壳组装的酶系统还没有形成；⑤抑制因子，分生组织中有抑制病毒繁殖的抑制因子。

### （二）茎尖脱毒培养的理论依据

茎尖培养（meristem culture）也称为分生组织培养或生长点培养，是利用细胞的再生特性，在组织培养条件下加速繁殖材料的个体生产，提高繁殖系数的培养技术。根据植物体内病毒梯度分布学说，病毒的数量随植株部位及年龄而异，越靠近植物顶端分生区域病毒浓度越低，离顶端越远的区域病毒浓度越高，植株顶端 0.1～0.5mm 生长区域组织几乎不含或含极少量病毒。因此，利用植物的茎尖或根尖离体培养，可有效获取无病毒再生材料（图 8-4）。

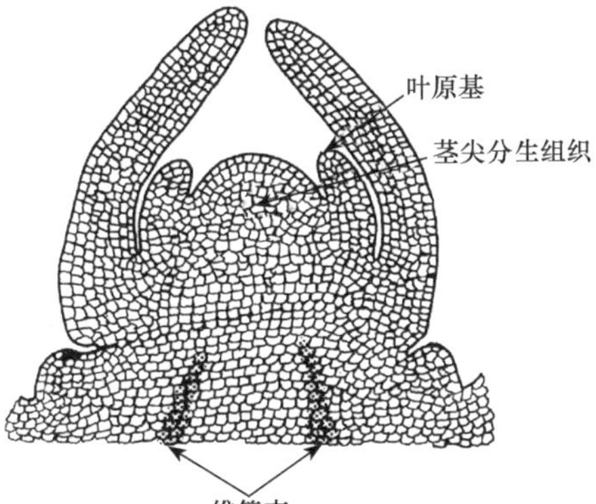

茎尖模式图

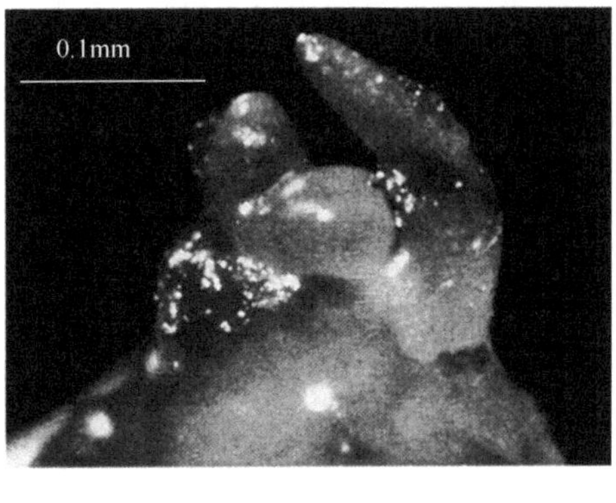

茎尖实体图

图 8-4　植物茎尖分生组织（樋口春三，1988）

## 二、茎尖脱毒培养的方法

### （一）茎尖脱毒培养的基本程序

茎尖脱毒培养的程序包括外植体取样与消毒、茎尖剥离与接种、茎尖培养、诱导生根和驯化移栽等几个基本环节。

1. 外植体取样与消毒　进行茎尖组织培养时，首先是要选择比较健壮的植株获取无菌外植体，它关系到后期培育的脱毒苗的质量。一般情况下，选择田间或盆栽的较健壮的植株作为采样母本植株。采样前1～2周，对选定的目标植株喷洒1或2次多菌灵等植物杀菌剂。选取材料时最好在晴好天气的上午进行，剪取目标植株茎的顶芽（或侧芽）梢端3～5cm，去掉梢上大叶片。首先用自来水浸泡约1h，用流水冲洗，有的还需用洗涤剂洗涤，接着用70%乙醇消毒30s左右，然后用消毒剂消毒处理，常用的消毒剂有次氯酸钠、漂白粉等，消毒时间根据材料、消毒剂的浓度不同进行调整，较嫩的或茎尖包被较紧实的外植体，消毒处理可相对轻些，较成熟的或茎尖包被较松散的外植体，表面消毒处理浓度相对加大、时间加长。注意掌握好消毒时间，过长会造成材料的损伤，过轻又达不到消毒的作用。经消毒剂处理后立即用无菌水冲洗3～5次。这些消毒方法，还需在工作中灵活运用，对不易消毒的外植体，可再增加一种适当浓度的其他种类消毒剂如0.1%～2%新洁尔灭等进行表面消毒，消毒效果会更好。

2．茎尖剥离与接种　一般剥离的茎尖大小为0.1～1.0mm，剥离时需在超净工作台上借助解剖镜进行。剥取茎尖时，把茎芽置于解剖镜下，一手用细镊子将其按住，另一手用解剖针（或刀）将叶片和叶原基剥掉，当半圆球形顶端分生组织暴露后，用解剖刀将球形生长点分生组织（为了提高成活率也可以带有1或2个叶原基的分生组织）切下接种于培养基上。剥离茎尖时速度的快慢及机械损伤程度直接关系到接种后的培养是否能够成功，切割时生长点受伤程度过大或切取操作时间过长，均容易造成外植体失水干瘪，从而导致离体培养时茎尖褐化死亡。因此，剥离茎尖时可使用冷光源或在衬有湿滤纸的无菌培养皿内进行操作，防止超净工作台的气流和解剖镜上钨灯散发的热量使茎尖变干。

3．茎尖培养　茎尖组织培养是脱毒培养中非常重要的环节。常用的培养基为MS（1/2 MS）+0.5mg/L 6-BA（0.1mg/L NAA或0.1mg/L IAA）+30g/L蔗糖+8g/L琼脂，温度在（25±2）℃，光照2000lx，每天光照16h培养，一般情况下1～2个月茎尖会生长10～20mm，为了增殖可以继代培养，能够分离生长出更多的丛生芽，但是继代培养的代数不宜太多，以免对无毒苗移栽生长不利，继代以25～30d一次为宜，继代培养基MS或1/2 MS中只加少量BA即可。为了茎尖培养达到较好的效果，必须进行培养基及附加物试验，特别是附加不同生长调节剂的组合和浓度试验，这是因为不同类植物乃至于同类植物的不同品种对生长调节剂的要求不同，对生长调节剂的浓度和种类需求上都有细微差别，这需要在具体研究工作中不断探索总结，特别要注意的是生长素和细胞分裂素类激素浓度不宜过高，尤其生长素类不加或少加，防止产生变异苗，改变原来的优良种性。

4．诱导生根　茎尖培养多数先生出芽，经多次继代繁殖后，在炼苗前需要诱导幼苗生根，有的植物在培养繁殖过程自然生根，有的植物则需要配制与茎尖培养时期不同的培养基，即生根培养基来诱导幼苗生根。生根培养基多数为MS或1/2 MS，一般不加植物生长调节剂，个别难生根的植物可以加少量的IBA或其他生长素类激素，诱导生根后才能炼苗移栽。

5．驯化移栽　脱毒苗的驯化移栽是脱毒苗培养至关重要的环节。脱毒苗要从培养基封闭的条件下移栽到开放的土壤环境中，从无菌条件“异养”到大自然“自养”，需要一个适应环境的锻炼过程。一般移栽前可以先在不附加生长调节剂的培养基上提高光照度，进行炼苗，使试管苗生长粗壮，同时将培养室温度逐渐调整至与外界温度相一致，减少温差变化大造成的死苗；之后，打开培养瓶盖先在室内自然环境中适应几天，然后取出苗洗净根部的培养基，移栽到温室，保温保湿遮光条件下炼苗（图8-5）。

### （二）外植体的选择

外植体的选择直接决定着茎尖自身的营养状况及生理状态。外植体取样时，宜在萌动初期或生长较活跃的枝梢上采集饱满健壮、内在营养状况好的芽，有利于外植体茎尖接种后脱毒成活。茎的顶端分生组织是指茎的最幼龄叶原基上方的部分，最大直径约0.1mm，最大长度约0.25mm。茎尖外植体是指顶端分生组织及其下方的1或2个幼叶原基。一般情况下植物的顶芽生长点是最好的外植体，但是每棵植株只有一个顶芽，所以可取侧枝的嫩梢或侧芽作为外植体。不同植物选取外植体的部位不同，草莓在果实收获后6～7个月后大量生出的匍匐茎可以作为外植体，块根（茎）类植物培育发芽后选取芽为外植体，葱、蒜、百合等鳞茎类稍经培养后，剥去鳞片选取幼芽作为外植体。取芽的时间也很重要，树木类的顶芽和侧芽应在春季取材，外植体最佳取材时期通常是初始发育和生长旺盛的时期。

### （三）茎尖大小与脱毒关系

茎尖大小与脱毒的成功率直接相关。一方面它关系到茎尖培养的成活率，另一方面又决定成活茎尖的脱毒率。一般情况下，茎尖取材大，茎尖离体

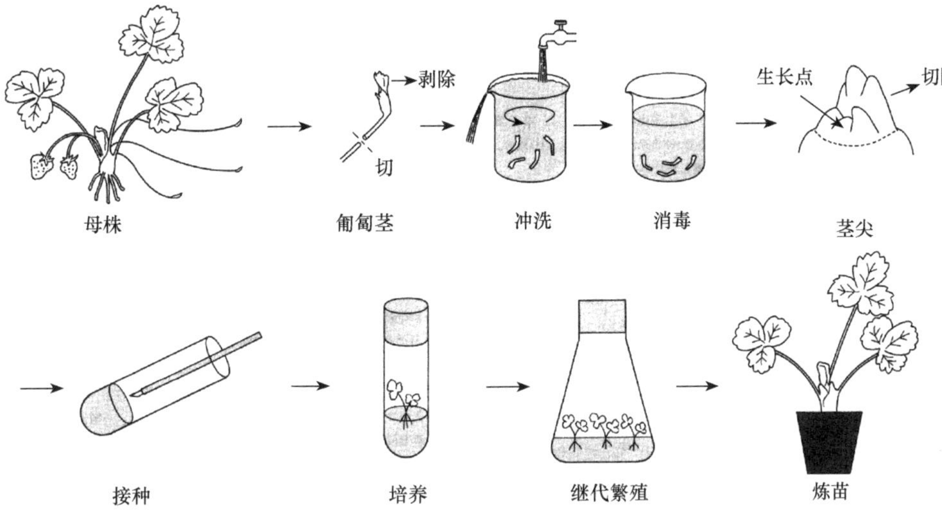


图 8-5　草莓茎尖脱毒苗培养过程（樋口春三，1988）

培养时外植体容易成活，带有微小叶原基的茎尖离体培养生长快，成苗率也高，但茎尖过大易造成脱毒不彻底。草莓切取茎尖为 0.2～0.3mm 时，脱毒率为 100%，而切取茎尖为 1.0mm 时，脱毒率仅为 50%。与此同时，在切取茎尖时也不是越小越好，太小不利于成活（表 8-1）。

**表 8-1　植物茎尖大小与脱毒效果之间的关系**（胡颂平等，2014）

| 植物种类 | 病毒 | 茎尖大小 /mm | 脱毒效果 | |
|---|---|---|---|---|
| | | | 成活率 /% | 脱毒率 /% |
| 宜兴百合 | 黄瓜花叶病毒（CMV） | <0.3 | 0 | 0 |
| | | 0.3～0.5 | — | 40 |
| 东方百合 | 各种花叶病毒 | 0.1 | 0 | 0 |
| 马铃薯 | 马铃薯 X 病毒 | 0.3 | 20 | 16 |
| | | 0.2 | 68 | 56 |
| 蒜 | 花叶病毒 | <0.2 | 0 | 0 |
| | | 0.5～0.6 | 100 | 90 |
| 葡萄 | 葡萄病毒 A | 0.1 | 0 | 0 |
| | | 0.2 | 75 | 12 |
| | | 0.4 | 100 | 0 |
| 欧李 | 苹果褪绿叶斑病毒（ACISV） | 0.3～0.4 | — | 71.6 |

Shabde 和 Murashige（1977）指出，在许多植物中，不带叶原基的茎尖培养不仅成活率低还有可能在培养过程中不能正常生长，不能发育成完整的植株。但有些植物不带叶原基，茎尖培养仍能正常进行。叶原基的存在不仅会影响茎尖的大小，而且较大的叶原基很可能已经感染病毒，从而降低脱毒率。因此，在采用茎尖培养脱毒选取外植体材料时，要兼顾脱毒率、成活率及茎尖能否发育成完整植株的能力。以茎尖小到足以脱除病毒，大到足以生长发育成完整的再生植株为前提，一般切取长度为 0.2～0.5mm、带有 1～2 个微小叶原基的茎尖作为培养材料。

# 第三节　其他脱病毒的方法

## 一、热处理脱病毒法

热处理（heat treatment）也称为温热疗法（thermotherapy），是植物病毒脱除中应用最早和最普遍的方法之一。1889 年印度尼西亚的爪哇就有人发现，将患枯萎病（病毒病）的甘蔗放在 50～52℃

的热水中保持30min，就可以去除甘蔗中的主要病毒，使甘蔗能够正常生长，之后这个方法得到了广泛的应用，世界上很多国家每年在栽种前把大量甘蔗茎段放到50℃左右的大水锅中进行脱毒处理。自1954年对马铃薯卷叶病毒（potato leaf roll virus，PLRV）用热处理脱毒取得成功以来，除黄化型病毒（yellowing viruses）以外，这种处理方式对多种病毒也脱毒成功。

### （一）热处理脱毒法的原理

热处理之所以能去除病毒，主要是利用某些病毒在高温下不稳定的特性，选择一个适当高于宿主正常生长的温度范围（35～55℃）及处理时间，使寄主植物体内病毒运行速度减慢或使其失活，从而降低病毒浓度。由于病毒和植物细胞对高温的耐受性不同，适当的高温可延缓病毒扩散速度并抑制其增殖，但不会对植物细胞造成影响。

由于病毒外壳蛋白质分子结构的差异，不同种类的病毒常常具有不同的钝化温度，表现出不同的抗热能力。对于热脱毒的机理有不同的假说，有人认为是利用不同病毒受热处理后的蛋白变性差异，使病毒活性丧失的原理而进行的；Kassunis（1954）对热处理脱毒技术的解释认为高温破坏了植物体内病毒粒子的合成，粒子不能合成或合成很少，病毒的繁殖受阻，以致寄主植物体内病毒含量不断降低，这样持续一段时间，病毒自行消失，从而达到脱毒的目的。

### （二）热处理脱毒的方法

热处理脱毒有两种方法：热风处理法和温汤处理法。

1．*热风处理法*　将生长的植物材料移入温室或人工培养箱，使其在35～40℃生长几小时、数天或数月不等，使病毒钝化或病毒的增殖速度和扩散速度跟不上植物的生长速度而达到脱除病毒的目的，这种方法即为热风处理法。热风处理是植物脱毒中最常用的方法之一，包括待脱毒材料的准备、热处理和嫁接等工序。该方法对活跃生长的茎尖效果较好，既能消除病毒，又能使寄主植物有较高的存活机会，草本植物热处理大多采用这种方法。

2．*温汤处理法*　将带病毒的植物材料置于一定温度的热水中浸泡一定的时间直接使病毒钝化或失活即为温汤处理法。温汤处理通常采用50～55℃处理10～50min或35℃处理30～40h等，热处理过度（温度和时间）对植物体的损害较大，有时会导致植物组织窒息或呈水渍状，因此处理时必须严格控制温度和处理时间。该种方法适合于甘蔗、木本植物和休眠器官，尤其是种子的处理。

热处理初期温度宜从低向高逐渐上升直至设定温度，使处理植物材料逐渐适应温度的变化。热处理结合变温处理有助于脱除病毒，减轻对处理材料的物理损伤。但并非所有病毒都对热处理敏感，热处理也不能除去所有的病毒，同时不同植物种类、器官、生长阶段的待脱毒材料的热处理所需温度范围及高温处理时间也不尽相同。

热处理脱毒技术操作简单，且不需要耗费过多的人力、物力。自1936年Kunkel首次利用热处理技术获得脱除桃树黄萎病毒的无毒植株以后，该方法在木本植物中便得到广泛应用，如将葡萄蔓放在38℃的人工气候箱内30min即可除去葡萄扇叶病毒。大部分植物热处理的适宜温度在35～38℃，超过40℃就对宿主植株的生长有一定的影响，不同植物的处理时间有所差异。由于热处理对草本植物伤害较大，草本植物受损后生长难以恢复，所以热处理在草本植物中的使用较少。因此，热处理脱毒主要应用在木本类果树和林木部分病毒病的脱毒处理上，草本植物包括大部分的蔬菜、粮食作物和花卉，一般需要应用其他方式脱毒。

## 二、热处理结合茎尖培养脱毒法

热处理结合茎尖培养脱毒法在单独用热处理或单独用茎尖培养都不能奏效时使用。因为有的病毒可以侵染到茎尖分生区域，用热处理结合茎尖培养可以有效地使茎尖内的病毒失活、浓度降低或无毒的区域扩大，这样能够大大提高茎尖的成活率和脱毒率。

热处理可在切取茎尖之前的母株上进行，在热处理之后的母体植株上，可以切取较大的茎尖（长约0.5mm）进行培养，该法可以使母株快速生长，茎尖生长速度远远高于病毒繁殖和扩散速度，游离的外植体可以比不经热处理的大一点，这样则既可保证高的脱毒率，又可提高茎尖培养存活率和植株再生率。也可先进行茎尖培养，然后再用试管苗进行热处理，也能获得较多的无病毒个体。

这种方法已成功地用来对马铃薯、葡萄、菊花、香石竹和草莓进行脱毒。例如，马铃薯的两种常见病毒马铃薯S病毒（PVS）和马铃薯X病毒（PVX），单独用热处理或茎尖培养都不能同时将这两种病毒脱除，而利用热处理结合茎尖培养则可以同时脱除这两种病毒。相同品种热处理时间不同效果也不同，马铃薯品种‘White Rose’，未经热处理的茎尖培养可获得最高脱毒率为15%，经热处理8

周后再茎尖脱毒培养脱毒率可达50%，热处理18周脱毒率几乎达100%；张金文等（1995）对葡萄试管苗热处理（37℃）3个月后，结合茎尖培养脱除葡萄扇叶病毒；草莓热处理则以35℃、4h为宜。热处理结合茎尖培养脱毒法虽然比用单独方法好，但是不足之处是脱毒时间相对较长。

## 三、超低温处理脱毒法

超低温处理是利用液氮超低温（-196℃）对细胞的选择性杀伤，得到存活的茎尖分生组织，再经组织培养技术获取脱毒苗的方法。其脱毒的理论依据为：传播病毒的顶端组织，多数为分生组织以下的分化组织，这些组织的细胞液泡较大，胞液中含有的水分较多，在超低温过程中易结成冰晶致死，而分生组织细胞处于活跃的分裂状态，细胞小液泡也小，含水分较少，抗冻性强，不易被冻死，超低温处理后的植株材料经离体培养诱导产生的再生植株不含病毒。

超低温处理对细胞的选择性致死使得带病毒的植物细胞几乎全部死亡，存活的只有分生区和部分幼嫩叶原基细胞，而这些存活的细胞恰恰不含或只含少量病毒。因此，超低温处理后再生的植株脱毒率很高（表8-2）。

**表8-2 超低温处理与茎尖剥离培养脱毒的比较**

（Wang et al.，2009）

| 植物材料 | 病毒名称 | 茎尖成活率/% | | 脱毒率/% | |
|---|---|---|---|---|---|
| | | 茎尖剥离 | 超低温处理 | 茎尖剥离 | 超低温处理 |
| 香蕉 | CMV | 100 | 76 | 4 | 34 |
| 香蕉 | BSV | 100 | 76 | 76 | 90 |
| 葡萄 | GVA | 75 | 60 | 12 | 96 |
| 马铃薯 | PIRV | 55 | 87 | 56 | 85 |
| 马铃薯 | PVY | 55 | 87 | 62 | 93 |
| 李属根状茎 | PPV | 85 | 50 | 19 | 50 |
| 木莓 | RBDV | 60 | 30 | 0 | 35 |
| 柑橘 | HLB | 69 | 85 | 25 | 98 |
| 甘薯 | SPCSV | 100 | 87 | 100 | 100 |
| 甘薯 | SPFMV | 100 | 87 | 10 | 100 |
| 甘薯 | SPLL | 100 | 85 | 10 | 100 |

虽然超低温处理的试验方法很多，但是总体步骤可以概括如下：①建立特定植物材料组织培养体系；②获取带病毒植物茎尖；③茎尖脱水处理；④茎尖干燥处理；⑤液氮超低温处理；⑥茎尖复苏和再生；⑦再生植株的繁殖和检测；⑧脱毒植株的获得和生产应用。

## 四、茎尖微体嫁接脱毒法

### （一）茎尖微体嫁接脱毒的原理

茎尖微体嫁接脱毒是在无菌条件下，借助体视显微镜将切取的茎尖嫁接到试管中培养的砧木苗上，待其愈合发育为完整植株，从而达到脱毒目的的方法。该法是把极小的茎尖接穗（<0.2mm）嫁接到实生苗砧木上（种子实生苗不带毒），然后连同砧木一起在培养基上进行培养，接穗在砧木上很容易成活，因此其特点是可以培养很小的茎尖，且易于脱除病毒。自20世纪70年代中期提出并成功应用于柑橘的脱毒培养以来，该技术已在苹果、桃等多种果树上获得成功。该方法是对茎尖分生组织培养脱毒苗有效的补充和完善。

### （二）茎尖微体嫁接脱毒的方法

茎尖微体嫁接是组织培养和嫁接相结合的一种方法，在无菌条件下进行。茎尖微体嫁接主要包括3个步骤：①试管砧木的准备。植物病毒一般不易通过种子传播感染，由种子生长而来的实生苗自身不带毒。因此，在培养瓶中无菌播种发芽生长的苗可用作砧木，也可以用脱毒培养获得的无性繁殖材料作为砧木。②接穗准备与茎尖嫁接。在超净工作台上，将要脱毒的植物茎尖剥出作为接穗，一般在0.2mm左右。将砧木幼苗的上胚轴和子叶去掉，根系也进行适当截断后，在离上胚轴顶端约0.5cm处向下斜切一深达木质部、长2～3mm的斜切口，从茎顶部往下竖切一刀或两刀，挑去切下部分，形成“L”形或倒“T”形切口。然后再借助体视显微镜，从待脱毒样品上取约0.2mm茎尖，小心放于“L”形或倒“T”形砧木苗切口处，使其尽可能多地与切面形成层部分接触，然后移入培养基中。③嫁接苗培养。嫁接后将其置于光照强度1000～4000lx、光照时间16h/d和温度25～28℃的条件下培养。嫁接1周左右后接穗和砧木均产生愈伤组织，2～3周后完全愈合，5～6周后接穗可以发育成具有4～6枚叶片的新梢。

茎尖微体嫁接脱除病毒的关键：①剥离技术。嫁接的成活率与接穗大小呈正相关，而脱毒率与接穗大小呈负相关，一般取小于0.2mm的茎尖嫁接，既可以脱除多数病毒，同时又能保证成活率。苹果茎尖微体嫁接成活率与茎尖大小的关系见表8-3。②培养基。需考虑砧木和接穗对营养组成的不同要求，配制最适宜的培养基，方能收到良好效果。③接穗取材时间。从田间取样作接穗进行茎尖微体嫁接，依据取样的不同季节和时期成活率也不同。一般春天的上午从新梢上取材，嫁接的成活率明显高于其他季节和时间取材的成活率；用离体培养的新梢茎尖作接穗时，嫁接成活率与季节无关。

**表 8-3 苹果微体嫁接茎尖大小与脱毒成功率**（王蒂和陈劲枫，2013）

| 茎尖大小 /mm | 嫁接茎尖 / 个 | 成功茎尖 / 个 | 成功率 /% |
|---|---|---|---|
| 茎圆锥（0.08～0.03） | 20 | 3 | 15 |
| 茎圆锥带 2 片叶原茎（0.1～0.2） | 20 | 13 | 65 |
| 茎圆锥带 4 片叶原茎（0.3～0.4） | 20 | 15 | 75 |
| 茎圆锥带 6 片叶原茎（0.6～0.8） | 20 | 18 | 90 |

茎尖脱毒后再微体嫁接能够提高微小茎尖的成活率，脱毒效果也很好。但是费时费力，技术也不易掌握。据 Murashige（1975）和 Donts（1979）报道，茎尖脱毒后再微体嫁接成苗率都在 50% 以下，随着技术不断地改进和成熟，成苗率有所提高，相对草本植物而言，此技术在果树上的应用较广泛。

## 五、抗病毒药剂脱毒法

人们在长期的研究中发现一些化学试剂可以延迟或抑制病毒复制，最初这些化学物质主要在医学领域用于动物病毒的防治，后来逐渐建立起以这些试剂为基础的植物病毒脱除技术体系。其脱毒的理论依据为：植物材料通过抗病毒药剂处理，体内病毒复制及转移被抑制，新生的植物材料很可能不带病毒，再结合病毒检测，繁殖脱毒材料，可获取无病毒苗。虽然目前尚未开发出对植物病毒有完全抑制或消灭作用的化学药剂，但已研制出一些对植物病毒的复制和扩散有一定抑制作用的化学药剂，如碱基类似物 DHT、孔雀绿、硫脲嘧啶、8-氮鸟嘌呤、蛋白质和核酸抑制剂及抗生素类等。

抗病毒醚（ribavirin），又称三氮唑核苷或病毒唑，是人工合成的、对植物病毒的复制和扩散有抑制作用的核苷类抗病毒剂，它对 DNA 或 RNA 植物病毒具有广谱抑制作用，是目前植物中应用最广、最成功的化学抗病毒试剂。Cassells 等（1982）的研究表明，在马铃薯茎尖和原生质体培养中，培养基中加入抗病毒醚能抑制病毒复制、阻碍病毒在植物体内的增殖与扩散，从而得到少病毒或无病毒苗。Hansen 等（1983）进行苹果茎尖培养时，在培养基中添加了抗病毒醚，脱除了枝条褪绿的叶斑病毒。山家弘士（1986）用加有抗病毒醚的培养基对感染苹果茎沟病毒的试管苗进行培养，发现在培养基中加入的抗病毒醚浓度无论高低都能脱除病毒。对于抗病毒药剂，只有少数药剂有明显效果，多数药剂效果并不明显，且脱除的病毒种类有限，如果使用不当，药害现象比较严重，目前此种脱毒处理还处于探索阶段。

## 六、其他植物组织脱毒法

### （一）愈伤组织培养脱毒法

通过植物器官或组织离体培养脱分化诱导获取愈伤组织，然后诱导愈伤组织再分化产生新个体，以此获得脱毒苗的方法，即为愈伤组织培养脱毒法。其脱毒的主要理论依据为：愈伤组织细胞小、分裂增殖速度快、无维管束等组织分化，而病毒复制速度较慢，赶不上细胞的繁殖，病毒扩散不到新分化的再生植株上。据森氏（1970）报道，用感染烟草花叶病毒的烟草髓部组织诱导出的愈伤组织，经过 4 代继代培养，用荧光抗体法检测，发现已没有病毒反应的特异荧光，表明愈伤组织细胞内已不存在病毒，即病毒会在愈伤组织的继代培养过程中逐渐消失。近藤（1967）在香石竹愈伤组织的继代培养中也发现了这种现象。

该方法已在马铃薯、天竺葵、草莓、大蒜等植物上先后获得了成功。但由于愈伤组织脱毒后容易造成植株遗传性不稳定，再分化产生的再生植株中可能会出现变异植株，影响种性；而且，有些植物的愈伤组织虽然可以不断地继代培养，但是再分化产生再生植株非常困难。因此，对于无性繁殖作物而言，为了保持其优良种性，该方法在病毒脱毒上一般很少单独使用，如果既培养脱毒苗又要筛选新的变异植株，或者在脱毒苗中严格筛选除去变异株，也可以考虑应用此方法。

### （二）花药或花粉培养脱毒法

花粉是高等植物的花粉母细胞经过减数分裂形成的雄性孢子，并通过进一步发育形成花粉粒。花药或花粉粒培养是指由花粉粒脱分化，诱导愈伤组织形成，再分化诱导根、芽等器官的分化，形成完整植株。由于经过愈伤组织生长阶段，加上减数分裂花粉粒形成阶段属于高度活跃、不断分化生长的细胞，又因为性细胞很少带病毒，因此由花粉或花药愈伤组织诱导出的再生植株很少或几乎不含病毒。1974 年，大泽胜次等利用草莓花药培养法获得大量草莓无病毒植株。据报道，花椰菜花器官的分生组织培养可以脱除芜菁花叶病毒和花椰菜花叶病毒。

刘文萍等（1992）用唐菖蒲花蕾进行离体培养脱除了烟草花叶病毒（脱毒率为60%）。实践证明花药或花粉培养可以对某些病毒起到根治作用。

但由于大多数无性繁殖作物为杂合体，采用花药培养诱导单倍体，再经加倍则获得纯合体，在一定程度上改变了原来的遗传特性，导致产量和质量下降，因此花药或花粉培养脱毒一般适用于自花授粉作物或自交不亲和作物的亲本无病毒苗的繁殖。

### （三）珠心胚培养脱毒法

因为病毒通过维管组织移动，而珠心组织与维管组织没有直接联系，一般不带或带少量病毒，故可以通过珠心组织培养获得无病毒植株。此方法大多利用在果树作物上，且多用在柑橘、甜橙、柠檬类果树上。普通作物受精产生的种子绝大多数只形成一个胚，而柑橘的种子常形成多胚。多胚中只有一个胚是受精后产生的有性胚，而其余是珠心细胞形成的无性胚，一般称为珠心胚。1976年，Millins通过珠心组织培养获得了柑橘、葡萄的无病毒植株。珠心胚培养获得的无毒苗可基本保持母本原有的优良种性，但仍存在一定的不足，如珠心培养苗不易度过童期，开花结果相对较迟等。

# 第四节 脱毒苗的鉴定

通过不同途径的脱毒处理所获得的新植株，用作原原种或原种使用前，必须经过严格的病毒检测和农艺性状鉴定，有的植物病毒脱毒处理后不能一次性完全检测出来，甚至需要经过一段时间的隔离培养后再重复检测几次，除去假脱毒苗，鉴定出真脱毒苗，才可作为无病毒种源进行保存和田间生产应用。目前，植物脱毒苗鉴定方法有多种，常用的有以下几大类。

## 一、田间直接观测法

田间直接观测法即直接观察待测植株生长状态是否异常，茎叶上有无特定病毒引起的可见症状，从而判断病毒是否存在。脱毒苗在田间生长旺盛，叶色浓绿，均匀一致，株型舒展，而带毒株则长势弱小，叶片薄并呈淡绿色有条斑、株型紧缩、植株矮化、叶脉坏死、叶卷皱、植株束顶、块根块茎等器官缩小。

通过脱毒处理获得的无病毒材料，尤其是通过热处理和愈伤组织诱导获得的无病毒材料有可能产生变异。因此，获得无病毒材料后，不仅要对是否脱去病毒进行鉴定，还必须在隔离的条件下对其农艺性状进行鉴定，确保无病毒苗的经济性状与原亲本的性状一致，没有发生变异。脱毒苗农艺性状的鉴定主要是在田间以原亲本为对照，相间种植，选择没有发生变异的优良单株作为原原种，进一步扩大繁殖成原种和生产用苗。症状诊断时要注意区分病毒病症状与植物的生理性障碍、机械损伤、虫害及药害等之间的差异。

## 二、指示植物鉴定法

指示植物鉴定法就是利用病毒在其他植物上产生的枯斑和某些病理症状，作为鉴别病毒种类的标准。指示植物鉴定法是病毒检测中最传统和最常用的一种方法，最早是由美国的病毒学家Holmes（1929）发现的，他用感染TMV的普通烟草的粗汁液和少许金刚砂相混，然后在心叶烟的叶片上摩擦，2～3d后叶片上出现了局部坏死病斑。因为在指示植物上的病斑数与侵染性病毒的浓度成正比，说明指示植物能直观反映被测植物是否含有病毒。这种方法条件简单，操作方便，故一直沿用至今，仍为一种经济而有效的检测方法。

因为病毒的寄主范围不同，所以应根据不同的病毒选择合适的指示植物。此外，要求所选的指示植物一年四季都可栽培，并在较长时期内保持对病毒的敏感性，容易接种，在较广的范围内具有同样的反应。指示植物鉴定法按选用的鉴别寄主是草本植物还是木本植物，可分为草本指示植物鉴定法和木本指示植物鉴定法。

### （一）草本指示植物鉴定法

草本指示植物种类较多，常用的有茄科（如马铃薯、辣椒、烟草等）、豆科（如菜豆等）、藜科、苋科（如千日红等）、葫芦科（如黄瓜等）、蔷薇科（如草莓等）等植物。

草本指示植物鉴定法对依靠汁液传播的病毒，可采用摩擦损伤汁液传播鉴定法。1929年，Holmes最早使用该方法，由于该方法简单易行，后来逐渐被人们接受，并不断地改进。该方法要在有防虫网的温室中进行接种鉴定，防止昆虫介体和非生物介体传播其他病毒，影响判定结果。选取被鉴定的植物1～3g，放在研钵中加10mL水及少量磷酸盐缓冲液（pH7.0）进行研磨，然后用纱布滤去残渣，滤汁中加入少量500～600目金刚砂作为指示植物叶片的摩擦剂，用棉球蘸取少许摩擦剂，在叶面上轻轻涂抹2或3次进行接种，使叶片表面造成小的伤口，而不破坏表层细胞，然后用清水冲洗叶面。接种后，温室内的温度应保持在15～25℃，2～6d后即可见症状出现。如有病症显现，可以认为没有脱除病毒，是有病毒植株。如果没有病症，则初步判断为无病毒植物，也许有少量病毒，症状还没有显现，要反复多次接种鉴定，确认无病毒后，才能进一步扩大繁殖，为生产提供无病毒健壮苗。对于草莓等无性繁殖的草本植物采用汁液接种法鉴定比较困难，一般采用小叶嫁接法进行接种鉴定，具体操作过程见图8-6。取待测草莓带有叶柄的嫩叶或带有叶片的幼小分枝作为接穗，指示植物（砧木）切去中间小叶，在两叶中间切开，插入接穗后包扎，在保湿保温条件下恢复生长，观察判断待测植株是否带毒。

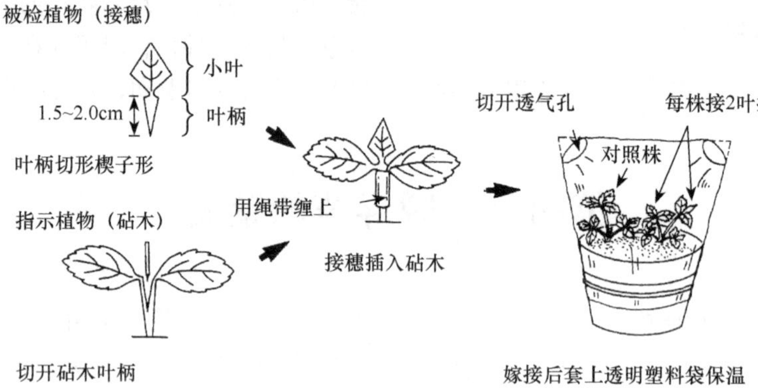


图8-6　草莓病毒指示植物小叶嫁接法示意图（大泽胜次，1996）

## （二）木本指示植物鉴定法

大部分木本果树植物，因种类不同，感染的病毒种类也不尽相同，鉴定和检测病毒的指示植物也各不相同。经过多年试验和筛选，目前国际上各类植物病毒都有一套通用的木本指示植物。苹果、梨和柑橘常用的木本指示植物及其鉴定的病毒种类如表8-4所示。

**表8-4　常用的木本指示植物及其所鉴定的病毒种类**（巩振辉和申书兴，2013）

| 病原植物 | 指示植物 | 病毒种类 |
| --- | --- | --- |
| 苹果 | 大果海棠 | 褪绿叶斑病毒、鳞皮病毒、矮缩病毒 |
| | 弗吉尼亚小苹果 | 茎痘病毒、茎沟病毒 |
| | 司派 | 茎痘病毒、衰退病毒、反卷病毒 |
| | 苏俄苹果 | 褪绿叶斑病毒 |
| | 兰蓬王 | 花叶病毒、软枝病病毒、扁枝病病毒、小果病 |
| 梨 | 杂种榅桲 | 脉黄化病毒、衰退病毒、树皮坏死病 |
| | 哈代 | 环纹花叶病毒、裂皮病毒、树皮坏死病 |
| | 鲍斯克 | 痘病毒 |
| | 威廉姆斯 | 粗皮病毒、裂皮病毒、疱状溃疡病 |
| | 考密斯 | 衰退病毒、裂皮病毒 |
| | $A_{20}$ | 环纹花叶病毒、脉黄化病毒、疱溃疡病毒 |
| 柑橘 | 墨西哥来檬、酸橙、葡萄柚、甜橙 | 柑橘衰退病毒 |
| | 兰普来檬、香橼 | 柑橘裂皮病毒 |
| | 香橼、得威特枳橙、温州蜜柑 | 温州蜜柑矮缩病毒 |
| | 邓肯葡萄柚、墨西哥来檬、甜橙、香橼 | 柑橘环斑病毒、柑橘鳞皮病毒 |

木本指示植物鉴定一般采用嫁接法进行检验。常用的嫁接方式主要有以下几种：①指示植物直接嫁接法。该法与上述草莓嫁接法相似，先选择好木本指示植物，然后直接在指示植物基部嫁接待检植株的芽片或枝条。②双重芽接法。1954年，Gropley首次利用该方法检测苹果软枝病病毒。木本植物的实生苗是经过授精获得的种子萌发成的苗，很少带病毒，经过观察判定后可以作为指示植物。先在实生苗基部（砧木）嫁接1或2个待测植株（接穗）的芽片，再在嫁接接穗的上方2cm左右处嫁接

指示植物的芽片，嫁接成活后待植株正常生长发育一段时间，观察指示植物是否呈现病毒病症状，判定被检测植物是否成功脱除病毒（图 8-7A）。③双重切接法。一般以实生苗作为砧木，在砧木上先嫁接上待测接穗，再在待测植物上嫁接指示植物（图 8-7B），嫁接后套上塑料袋保温保湿，有利于接口愈合成活，正常生长后，根据指示植物是否有病毒症状，判定被测植物是否脱毒成功。

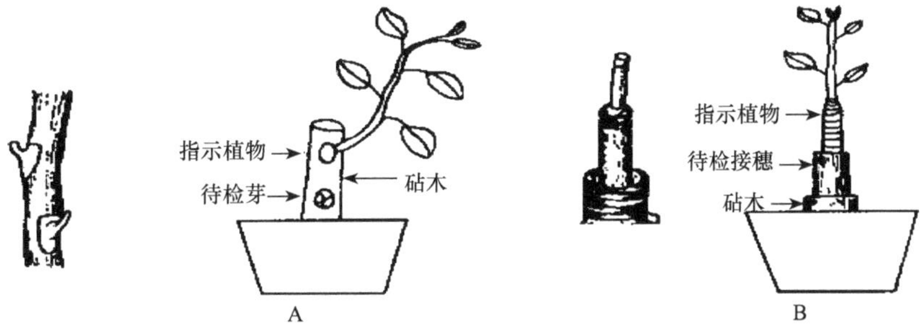


图 8-7 双重芽接法鉴定（A）和双重切接法鉴定（B）（王国平和洪霓，2005）

## 三、抗血清检测法

植物病毒是由蛋白质和核酸组成的核蛋白体，因而是一种较好的抗原（antigen），注射动物后会产生抗体，抗体是动物在外来抗原的刺激下产生的一种免疫球蛋白，抗体主要存在于血清中，这种抗原和抗体所引起的凝集或沉淀反应就叫作血清反应，故含有抗体的血清称为抗血清（antiserum）。由于不同病毒产生的抗血清都有各自的特异性，因此用已知病毒的抗血清可以来鉴定未知病毒的种类。

抗血清检测法是以蛋白质为基础的检测方法，该方法的技术关键在于有高纯度抗血清、高效率试验体系和高精密度的判定仪器。将植物病毒提取并纯化后，注射到动物（如兔、小白鼠、鸡等）体内，一定时间后取血，就可获得抗血清。根据注入的植物病毒抗原产生相应抗体的种类，进而判定被测植物是否含有该种病毒。目前已经有商业化的试剂盒产品，其特异性高，检测速度快，一般几小时甚至几分钟就可以完成，血清学检测易于操作，广泛应用于生产。所以，抗血清检测法成为植物病毒鉴定中最有用的方法之一。

常用的抗血清检测法主要有酶联免疫吸附测定（enzyme-linked immunosorbent assay, ELISA）法、免疫电镜技术检测（immune-electron microscopy，IEM）法和直接组织免疫杂交分析检测（direct tissue blot immuno-assay，DTBIA）法，其中 ELISA 法是常用于植物病毒检测的方法。ELISA 法的原理是把抗原与抗体的免疫反应和酶的高效催化作用结合起来，形成一种酶标记的免疫复合物。结合在该复合物上的酶，遇到相应的底物时，催化无色的底物产生水解，形成有色的产物，用酶标仪测定反应后的底物溶液的吸光值来判定是否含有病毒，也可以用肉眼观察或用比色法定性、定量判断结果。它具有灵敏度高、特异性强、安全、快速及易观察结果的优点，而且可以同时检测大量样品。近几年来，此方法已广泛应用于植物病毒的检测上。

## 四、核酸检测法

对脱毒苗的检测，采用田间直接观察和指示植物鉴定植物病毒的方法简单、易行、直观，但是如果脱毒后仍含有一定量的病毒，表型症状又表现不明显，再经过几代繁殖后病毒会很快积累。虽然抗血清检测法能较好地解决病毒生物学鉴定中的问题，但由植物病毒抗原提取，再注入动物中激发抗体产生，再获得特异性抗血清，最后进行检测，其过程复杂，植物和动物干扰因素多，易影响检查结果。而核酸检测技术是一种十分有效的植物病毒检测方法，该方法主要包括双链核酸电泳技术、核酸分子杂交技术、聚合酶链反应（PCR）技术和基因芯片（gene chip）技术等，其中核酸分子杂交技术和 PCR 技术比较常用。

双链核酸（dsRNA）电泳技术：植物病毒的遗传物质多数为核糖核酸单链（ssRNA）或双链（dsRNA），即使是单链在复制时也会有双链存在，植物病毒侵染植物后，会大量繁殖，植物体内会积累病毒的双链核酸（dsRNA）。采集被测植物幼嫩茎叶捣碎，直接提取双链核酸（dsRNA）进行电泳、染色，与不同特异性病毒已知的带型标记进行比较，判定是否带有相应的病毒。该方法与其他核酸检测方法相比，操作相对简单易行，但是，直接从植物体中提取双链核酸（dsRNA）进行电泳，如果被测植物中含量低，提取得少，很难检测出病毒，灵敏度相对较低。

核酸分子杂交技术：两条互补核酸单链的碱基可相互配对形成双链。两条不同来源的核酸单链在一定的条件下（适宜的温度及离子强度等）可通过碱基互补配对原则产生双链，此过程称为核酸杂交，有高度特异性。提取植物病毒RNA或DNA并纯化，在反转录酶条件下，PCR扩增合成cDNA或cRNA，合成前对核苷酸进行光敏生物素（biotin）地高辛（digoxigenin）、放射性标记物（$^{32}P$、$^{35}S$）等标记，根据被检测植物病毒RNA或DNA的保守序列为模板制备探针。核酸杂交是基因工程常用的方法，将病原RNA或DNA用限制性内切核酸酶酶切，然后进行琼脂糖凝胶电泳，经过变性处理后，将凝胶上的RNA或DNA转移到膜上，然后用标记的探针与其杂交，根据碱基互补配对原则会发生结合。洗掉未杂交上的探针，用X放射自显影仪检测杂交信号，如果转移到膜上的病原RNA或DNA与探针有相同或部分同源序列，能够杂交上，放射自显影后就会检测到杂交信号。

聚合酶链反应技术：PCR是以提供的特定DNA片段为模板，在寡核苷酸引物和DNA聚合酶作用下，模拟自然DNA复制的一种体外快速扩增基因或DNA序列的一种分子生物方法。以变性（94～95℃）、复性（50～70℃）、延伸（72℃）等三种温度变换为一个循环，每循环一次基因扩增一倍，新增基因又可作为模板用于下一步扩增，可在短时间内快速复制，DNA片段呈指数级增长。由于植物病毒的核酸多数为RNA，所以在PCR中，必须在逆转录酶条件下先转录成一条DNA单链，再以该单链为模板复制出另一条DNA单链，形成cDNA双链，以此为模板不断扩增达到检测用量的cDNA，该方法即为反转录PCR（reverse transcription PCR，RT-PCR）技术。目前许多植物病毒已经制备成cDNA标记条带（Mark），检测时只需要提取被检测植物的病毒，通过RT-PCR技术与已知病毒的cDNA比较就会测出某种病毒存在与否。

PCR技术根据使用模板、引物和扩增方式等的不同，又可分为以下几种：①多重RT-PCR（multiplex RT-PCR）技术，即在提取被检测的病毒反应物中加入几种已知病毒的引物，同时扩增出几个病毒条带进行比较，可检测出几种病毒；②免疫捕获RT-PCR（IC-RT-PCR）技术，是把RT-PCR和抗原抗体免疫反应相结合的技术，比常规的RT-PCR技术更灵敏；③荧光定量RT-PCR技术，能够检测出病毒DNA的反应量；④杂交诱捕反转录PCR酶联免疫（HC-RT-PCR-ELISA）技术，是RT-PCR反应结合酶联免疫吸附测定法；⑤简并引物PCR（PCR with degenerate primer）技术，是根据分离出病毒基因的保守序列设计简并引物，以此引物扩增出DNA的片段，再经过酶切，然后通过RFLP技术把病毒区别开。PCR技术无须制备抗体，检测所需病毒量也较少，具有灵敏、快速、特异性强等优点，是目前较精确及广泛应用的病毒检测方法。

### 五、电子显微镜检测法

电子显微镜的出现将人们的视野从宏观带到了微观和超微观世界。通过电子显微镜不但可以直接判断病毒存在与否，而且可以观察到病毒的大小、形状和结构，初步判断出植物病毒的种类和含量，是一种较为先进的直接的检测病毒手段。但与此同时，由于电子射线穿透力较低，要求待测植物样品做成超薄切片，而超薄植物切片的制作过程难度高，电子显微镜设备价格也很昂贵，因此电子显微镜检测法在脱毒苗实际生产鉴定中较难得到推广。

## 第五节　脱毒苗的移栽与繁殖

脱毒苗是经过细致的剥离培养程序及严格的病毒检测获得的，但并不具有额外的抗病性，如果繁殖过程中没有严格的防护措施，它们有可能很快被二次感染，前功尽弃。因此，脱毒苗一旦经过筛选培育出来，就应认真地进行炼苗移栽和防护繁殖，并做好无病毒原种的保存和生产利用。

### 一、炼苗和移栽

#### （一）炼苗

从组织培养室移出的组培苗在移栽前需要进行锻炼，以适应外部环境。炼苗初期将培养瓶上的扎口绳或皮筋松开，只去掉外层的聚丙烯膜，保留内层的白纸，不要将瓶口包扎物全部去掉，因为此时的组培苗茎、叶等组织器官表面还没有长出角质层，若暴露于空气中，极易因失水而导致死亡。角质层的生长是一个循序渐进的过程，让组培苗初步接触空气，可诱导植株长出角质层。2～3d后移去瓶口包扎物，让组培苗与外界空气充分接触，2～3d后，组培苗对外界环境已逐渐适应，此后进行组培苗出瓶炼苗和移栽。小心地用镊子最好用竹木镊子或在镊子尖部套上橡胶管，夹持组培苗，将苗从瓶中移出，用流水慢慢冲净植株根部的培养基，注意切勿伤及根部的根毛，更不能用手搓动根部。培养基一定要用流水冲洗干净，否则易引起根部病菌感染，影响脱毒苗的成活率。

### （二）苗床

使用无土育苗基质，要求基质理化性质稳定，具有良好的保水保肥能力，透气性好，pH5.5～6.5，多次使用过的基质必须灭菌。一般将2或3种基质混合后使用，如将草炭、蛭石按体积比2∶1或将草炭、珍珠岩按体积比3∶1混合后使用，并用普力克1000倍液浇透，以杀死基质中残存的病原菌。在苗床上铺设加温线，然后将基质平铺约10cm厚。用竹竿或钢管做好小拱棚，还可搭设遮阳网，利于保温保湿。在小拱棚外的塑料大棚或温室所有通风口加上防虫网，入口处设立缓冲间，防止蚜虫和叶蝉等病毒介体传毒。

### （三）移栽

经过炼苗驯化，脱毒苗便可从培养瓶中取出，洗净后可以移栽到苗床中进行生长。用竹签按株距10cm×10cm在基质上插洞，将幼苗根部轻轻放入洞中，尽量使根系舒展，然后盖上基质，稍压实。移栽完后用喷雾器喷水，冲洗幼苗叶片上黏着的基质，使苗床基质保持湿润，盖上塑料膜和无纺布，使内部温度保持在25～28℃，湿度85%～95%。移苗后为促进缓苗，幼苗的生长环境需要保持高湿度，但高湿度容易滋生病害，为减少病害的发生，应适当进行通风换气，并逐天增加通风透气的时间。

## 二、原原种苗繁殖

脱毒试管苗出瓶移栽后的幼苗被用作原原种苗。移栽初期非常重要，稍有不慎可能会造成全部蔫死，所以要做到基质消毒，环境保温保湿，待根系有吸收能力并达到壮苗后，才可以按常规育苗管理。原原种苗生长发育后，会生出丛生芽、分枝或匍匐茎等次生苗条，与母株分离生根成苗，这类苗称为原种苗。不同作物原种苗的繁殖方式也不同，主要有以下几种：①嫁接繁殖，在具有防虫网、缓冲间等严格防护条件的原原种圃内采集无毒接穗与培育好的无毒砧木嫁接，嫁接苗在消毒的基质中培育成苗；②扦插繁殖，从无毒母株上剪取枝梢或带有芽的节段，在原种繁殖圃消毒的基质上保温保湿条件下扦插，首先促进生根，然后发芽成苗，对于难生根的枝条，扦插前用生根溶液浸泡后再扦插，根据不同植物对扦插枝条的木质化程度要求不同，因此可以分绿枝、半木质化、木质化枝条扦插；③匍匐茎繁殖，成熟植株去掉花芽会生长出许多匍匐茎，在结节点处会生不定根并长出芽，剪接后会独立成苗（如草莓、甘薯）；④微型块根（茎）繁殖，有些植物是通过变态根或茎的营养器官繁殖，如马铃薯、姜、蒜、甘薯等，在适宜的条件下，切割带芽点的部位培育成苗。原原种苗一般多在科研单位的隔离网室内保存；由原原种繁殖的原种苗多在县级以上良种繁育基地保存；由原种再次繁殖的苗木作为生产用脱毒苗提供给栽培单位。这些原原种或原种材料，保管得好可以保存利用5～10年，在生产上就可以发挥较大的经济效益。

## 三、脱毒苗的繁殖体系

脱毒苗应用到农业生产时，最重要的是防止病毒重新侵染植株，建立一套严格的脱毒苗良种繁殖体系。同时在繁育过程的各个阶段都要对种苗进行严格的病毒检测，一经发现感染，可再利用原原种进行繁殖。无病毒原种的繁殖目前还没有完善统一的标准，一般参照普通良种繁殖制度进行，只是在繁殖过程中加强隔离、消毒等，同时进行反复严格的病毒检测，严防病毒的二次感染。

脱毒苗能在田间生产获得预期的效果，建立健全的繁殖体系尤为重要，脱毒苗的田间繁殖主要经过以下几个阶段。首先是原原种繁殖：原原种繁殖原种几代后会出现退化现象，要从试管苗中不断更新补充新的原原种，用原原种不断繁殖原种苗。其次是原种苗繁殖：用同样的方法扩大繁殖系数繁殖生产用苗。最后是生产用苗繁殖：用原种苗繁殖的生产用苗再次扩大倍数繁殖生产用苗提供给用户。繁殖时必须在土壤消毒、有防虫网和缓冲间的条件下进行，防止非管理人员随意进入，注意昆虫媒介和人为操作的传毒，避免二次感染。脱毒苗繁殖体系的主要过程归纳为：试管苗→原原种苗→原种苗→生产用苗。

# 小　结

本章节介绍了植物脱毒苗的基本概念，植物病毒的特征和种类，植物病毒如何侵染植物及其传播途径，最终致使植物发生病害，造成农产品损失。药物防治病毒病易造成环境污染和农产品安全，且至今没有能有效防治病毒病的农药。因此，植物脱毒苗培养具有重要意义。

根据植物材料和外植体的不同，季节和条件的差异，分别介绍了几种植物脱毒方法，如茎尖脱毒法、热处理脱毒法、热处理结合茎尖培养脱毒法、超低温处理脱毒法、茎尖微体嫁接脱毒法、抗病毒药剂脱毒法和其他植物组织脱毒法，其中茎尖脱毒法应用最为广泛，效果最好。

脱毒苗的鉴定是脱毒苗培养的必要环节。脱毒苗的鉴定方法主要有：田间直接观测法、指示植物鉴定法、抗血清检测法、核酸检测法、电子显微镜检测法等，根据具体条件，选择最适的鉴定方法。

经过培养和鉴定的脱毒苗要炼苗、移栽和田间繁殖，这一环节非常重要，如果炼苗和移栽处理不到位，脱毒成活率会很低或全部死亡。生产用苗繁殖过程中若没有严格控制栽培和防虫条件，会造成二次感染，也会造成较大损失。所以，要严格建立脱毒苗繁殖体系，为生产提供优良健壮的脱毒苗。

## 复习思考题

1. 什么是植物脱毒苗？培养脱毒苗有何意义？
2. 植物病毒如何侵染植物？植物病毒主要通过哪些途径进行传播？
3. 培育脱毒苗主要有哪些方法？
4. 简述茎尖培养脱毒法的主要过程。
5. 植物茎尖培养脱毒法的原理是什么？
6. 植物茎尖大小与脱毒率及成活率有何关系？
7. 脱毒苗检测主要有哪些方法？如何选择合适的方法？
8. 如何通过建立脱毒苗繁殖体系来实现脱毒苗的田间大量繁殖？

## 主要参考文献

巩振辉，申书兴．2013．植物组织培养．2版．北京：化学工业出版社：158~178

胡颂平，刘选明．2014．植物细胞组织培养技术．北京：中国农业大学出版社：294~318

李胜，李唯．2007．植物组织培养原理与技术．北京：化学工业出版社：38~47

刘庆昌，吴国良．2010．植物细胞组织培养．2版．北京：中国农业大学出版社：70~96

邱静，汤浩茹，曹会娟，等．2014．园艺植物茎尖冷冻疗法脱毒的技术研究．植物生理学报，50（1）：1~6

王蒂，陈劲枫．2013．植物组织培养．2版．北京：中国农业出版社：169~184

王国平，洪霓．2005．果树的脱毒与组织培养．北京：化学工业出版社：84~222

许智宏．1998．植物生物技术．上海：上海科学技术出版社：244~269

于丽杰，韦鹏霄，曾小龙．2015．植物组织培养教程．武汉：华中科技大学出版社：72~86

郑春明，罗君琴，吕伟德．2011．植物组织培养技术．杭州：浙江大学出版社：146~169

大澤勝次．1996．図集　植物バイテクの基礎知識．東京：農山漁村文化協会：95~105

高山覚．1997．図解　バイオテクノロジー．東京：農業図書株式会社：20~31

樋口春三．1988．植物組織培養の世界—専門家のためのその技法と実際．東京：柴田ハリオ硝子株式会社：100~115

Andretlink P, Fuchs M. 2005. Transmission specificity of plant viruses by vectors. Journal of Plant Pathology, 87(3)：153~165

Feng C, Yin Z, Ma Y, et al. 2011. Cryopreservation of sweetpotato (*Ipomoea batatas*) and its pathogen eradication by cryotherapy. Biotechnology Advances, 29(1)：84~93

Hohn T. 2007. Plant virus transmission from the insect point of view. Proceedings of the National Academy Sciences of the USA, 104(104)：17905~17906

Iwanami T, Ieki H. 1994. Elimination of citrus tatter leaf virus from shoots of potted citrus plants by ribavirin. Annals of the Phytopathological Society of Japan, 60(5)：595~599

Milosevic S, Subotic A, Bulajic A, et al. 2011. Elimination of TSWV from *Impatiens hawkerii* Bull. and regeneration of virus-free plant. Electronic Journal of Biotechnology, 14(1)：3~4

Szyndel MS, Kozera B, Misterek E. 1994. The elimination of viruses from garlic (*Allium sativum* L.) plants by thermotherapy and meristem tip culture. Acta Agrobotanica, 47(1)：83~88

Wang QC, Panis B, Engelmann F, et al. 2009. Cryotherapy of shoot tips：a technique for pathogen eradication to produce healthy planting materials and prepare healthy plant genetic resources for cryopreservation. Annals of Applied Biology, 154(3)：351~363

# 第九章 植物原生质体培养及体细胞杂交

就植物而言，原生质体（protoplast）是指去除细胞壁的裸露细胞组织。由于其细胞结构的特殊性，原生质体已经用于细胞生理现象的研究，如细胞壁如何实现营养物质的吸收与交换、细胞壁的合成调控机制等。植物原生质体有别于完整细胞的独特功能，鼓舞了科学家对原生质体的分离研究，包括园艺植物在内的近400种植物已成功实现原生质体的分离。此外，马铃薯和番茄的原生质体融合再生植株让育种学家看到了种间杂交育种的无限可能。

## 第一节　植物原生质体培养基本概念及意义

### 一、原生质体定义

原生质体一词来源于原生质（protoplasm），由原生质构成的各种结构统称为原生质体，原生质则是指维持细胞生命活动的物质基础。不同类型细胞间的原生质的化学组成可能不尽相同，但都具有类似的组成成分（水、蛋白质、脂类和矿物质）。由原生质特化而来的细胞核、细胞质和细胞膜基本构成原生质体。因此，原生质是组成成分的名称，而原生质体则是结构构成的名称。一般来说，一个动物细胞就是一个原生质体；对于植物而言，去除了细胞壁的完整圆球形组织则是植物的原生质体。

### 二、原生质体研究简史

早在细胞学说提出之前，人们对细胞结构的认识还很不清晰，对细胞结构的描述往往没有统一术语。1835年法国生物学家杜雅丁（Dujardin）就曾将原生动物的细胞称为原肉质（sarcode）。1839年捷克斯洛伐克植物生理学家浦金野（Purkinje）将植物细胞内含物定义为原生质。随后，德国生物学家冯·莫尔（Hugo von Mohl）确认无论是动物细胞还是植物细胞，其内含物质都是类似的。至此，原生质一词在形态结构和物质组成上才有了较为明晰的认识。1879年，德国植物学家施特拉斯布格（Strasburger）进一步指出细胞内黏稠状、含微小颗粒的胶体物质就是原生质，其可以划分为细胞质和细胞核。“原生质体”一词首次使用是在1880年，Hanstein通过质壁分离，把和细胞壁分开的那部分物质称为原生质体。1892年首次从藻类（*Stratcotesalcides*）中获得原生质体。

早期通过质壁分离的方法在高渗糖溶液中获得原生质体，这种方法因耗时、耗力、产量低等原因限制了原生质体的使用。1960年，英国植物学家Cocking等使用从疣孢漆斑菌（*Myrothecium verrucaria*）中提纯制备的纤维素酶制剂，第一次大量获得番茄幼根根尖细胞原生质体，开创了采用化学方法获得大量原生质体新途径。虽然初期由于纤维素酶提纯方法简陋等原因，原生质体质量受到一定影响，但该方法具有取材简单、实用性广、易获得大量均一原生质体等优点，被沿用至今。

原生质体研究的热潮开始于20世纪80年代早期，研究范围从原生质体的分离、培养和融合拓展到原生质体的遗传操作技术。随后10年，建立了较为全面的原生质体植株再生体系。20世纪90年代，建立了基于原生质体的遗传转化体系，并对原生质体融合（protoplast fusion）进行了深入的研究。

现今，人们已经可以从许多植物的不同组织器官及培养细胞系中制备大量有活力的原生质体，其中拟南芥、烟草和玉米叶肉原生质体已成为使用最多、应用最为广泛的一类原生质体材料，在园艺植物中已从一年生蔬菜的培养中获得了原生质再生植株。

### 三、原生质体基本性质

植物原生质体是由双层脂质分子包裹的裸露细胞，其决定了原生质体和植物完整细胞相比具有独特的理化性质。认识这些性质，有助于深刻了解原生质体的分离及培养过程。

### （一）物理特性

1．张力　由于原生质体裸露在溶液中形成渗透差，造成原生质体的伸缩；溶液渗透势低时原生质体就会吸胀，当胞膜张力达到极限时细胞便会破裂。因此，在原生质体分离和培养过程中，一定要根据其特性使用等渗溶液。

2．黏性　原生质体黏性是随植物生长发育和外界条件改变而变化的。黏性增加造成原生质体代谢活力降低，与外界物质的交流减少，不利于原生质体的培养和转化。

3．流动性　原生质体内含物在显微镜下可以观察到沿质膜呈环形流动。温度升高时流动加速，缺氧时流动减慢甚至停止。因此，原生质体流动性是显微镜观察原生质体生活力的重要方法之一。

### （二）化学性质

原生质体体内含丰富的蛋白质、核酸和糖类等大分子物质，这些物质决定了原生质体所具有的胶体性质。

1．蛋白质带电性　由于存在蛋白质等，原生质体颗粒外层易形成一层双电层，这保证了原生质体的稳定性。双电层的存在使原生质体间不会因电荷吸引而相互凝聚，进而沉淀。蛋白质亲水性使原生质体外周形成一层水合膜，避免原生质体间相互沉淀。蛋白质的亲水性和带电性决定了原生质体的稳定性，破坏其带电性和亲水性会导致原生质体凝聚沉淀，甚至破裂。

2．吸附作用　原生质体的球形表面积大，容易吸附分子聚集在表面，一方面有利于新陈代谢物质的吸附，另一方面有利于外源核酸分子的导入。

## 四、原生质体分离培养的意义

植物原生质体在形态上是由一层质膜包被着的、能正常进行生命活动的“裸露细胞”。这个除去细胞壁保护后的裸露细胞，由于脂质双分子层的流动性，成为一个理想的单细胞系统（single cell system），是植物生理学、细胞生态学、分子遗传学等基础理论研究的完美材料。同时，作为一个优良的受体材料，在细胞杂交、分子遗传育种、分子作物改良等应用科学领域得到了广泛运用。

### （一）理论研究

1．细胞生理与发育　虽然去除了细胞壁，但整个细胞仍能进行正常的生命活动，具有完备的生物学功能。在细胞壁合成调控、物质跨膜运输、细胞膜透性和极性、外界生物或非生物胁迫感知及信号转导等方面，原生质体在材料上具有独特性。保卫细胞原生质体就是研究气孔开闭运动的理想材料；生殖细胞原生质体的获得为研究花粉萌发、受精后发育过程和形态结构的调控、精子识别及花粉壁形成等生殖发育过程提供了材料支撑。

2．基因表达调控研究　在人为控制下，原生质体容易从外界摄入外源基因。高效率导入连接有发光蛋白标记的单一目的基因，经培养后，可观察目的蛋白在亚细胞器中的表达情况，为研究目的基因的功能提供依据。将荧光蛋白分子的两个互补片段或两个可能存在物理接触的基因连接，导入原生质体中进行融合表达，通过检测产生的荧光强度来判断两个基因是否存在物理互作、彼此是否存在调控关系，这项技术称为双分子荧光互补技术（bimolecular fluorescence complementation，BiFC）。同时，可导入多种基因形成蛋白复合体，用于更为复杂的真核细胞基因表达调控规律的研究。

### （二）应用科学研究

1．体细胞杂交　一直以来，育种学家都希望突破种间有性杂交障碍，如雄（雌）性不育、多胚性等育种难题。通过人为诱导的方式，将种缘关系较远的两种原生质体融合为杂种细胞，进而培育出新的杂种品种。结合分子标记技术将远缘物种或近缘品种中有益标记片段向栽培种转移，培育新品种。体细胞杂交方法能有效克服远缘杂交不亲和、子代不育等问题，实现品种的高效改良。

2．无性系变异和突变体材料获得　去除了保护的细胞，对外界影响更为敏感，更易产生变异。体细胞或组织培养过程中的特定环境、多激素调节往往容易诱导原生质体产生变异，形成无性系突变材料。一些植物甚至可以通过定向突变的方法获得有益突变体，为定向选育提供原始材料。由于以原生质体为材料的突变体具有获得相对方便、变异容易且无嵌合体存在等特点，渐渐成为良种选育的一条新思路。

3．高效遗传转化系统　虽然大部分园艺作物已能够进行愈伤组织的遗传转化，但是由于其效率的低下，已严重阻碍了园艺作物分子育种的步伐。原生质体易于从外界摄入DNA，可通过精细操作获得大量转基因原生质体，且避免愈伤组织遗传转化过程容易发生的嵌合体现象，为再生具有新性状植物材料提供了可能。

4．种质资源保存　不同种质之间体积差异巨大，空间占用和能耗影响了种质资源保存的效率。原生质体超低温保存不仅可以满足实验室日常种质保存需要，而且避免了低温胞内冰晶给种质资源造成的伤害。

# 第二节　植物原生质体分离与纯化

## 一、原生质体分离

### （一）植物细胞壁降解机理

植物细胞壁分为初生壁（primary wall）、次生壁（secondary wall）和胞间层（middle lamella）。初生壁的主要成分是纤维素（cellulose）、半纤维素（hemicellulose）、果胶（pectin）及少量结构蛋白（structural protein）。胞间层主要是由果胶构成，将两层细胞壁粘连在一起。次生壁主要成分是纤维素，常伴有木质素（lignin）。果实软化就是细胞壁降解和崩塌的过程，首先细胞壁内部结构发生变化，胞间层的果胶被降解，细胞壁相互分离；原果胶（protopectin）在原果胶酶（protopectinase）的作用下被降解为可溶性的果胶物质，微纤维丝间果胶和纤维素类物质溶解，微纤维结构变得松弛无组织化，细胞壁变薄；随后，纤维素酶（cellulase）、多半乳糖醛酸酶（polygalacturonase）等细胞壁降解酶活性增加，纤维素和半纤维素等物质开始降解，最终果实软化、腐败。作用于果实软化过程中的酶已被应用于原生质体分离并取得很好效果。

### （二）原生质体分离常用的酶

1．果胶酶（pectinase）　主要从根霉（*Rhizopus* sp.）和黑曲霉（*Aspergillus niger*）中提取，用于分解胞间层中的果胶，促使细胞的分离。常见商品酶有离析酶 R-10（macerozyme R-10）和离析软化酶 Y-23（pectolyase Y-23）。其中 Y-23 活性较强，R-10 次之。

2．纤维素酶（cellulase）　主要从绿色木霉（*Trichoderma viride*）中提取的一类复合酶。常见商品化酶有 Cellulase Onozuka RS 和 Cellulase Onozuka R-10，RS 活性较 R-10 活性强，应用范围要广，在植物和微生物的原生质体分离中常使用。

3．半纤维素酶（hemicellulase）　降解细胞壁中的半纤维素。常见商品酶为 H2125。

一般来说，分离叶肉和悬浮细胞的原生质体时，只需纤维素酶和果胶酶即可。酶的用量和酶解时间可适量降低。分离愈伤组织原生质体时，加上半纤维素酶分离效果更好，酶的用量和酶解时间可适当增加。分离小孢子原生质体时，加上蜗牛酶（snail enzyme）效果显著。

### （三）分离方法

1．机械法　机械法是由 Klercker 在 1892 年建立的，其主要做法是将藻类细胞置于高渗的糖溶液中使质壁分离，再对细胞壁切除，释放出原生质体，这一方法实现的前提条件是需将细胞壁切除才能释放出完整的原生质体。因此，取材限定在较大液泡化组织的细胞中（如黄瓜的中皮层、甜菜的根组织、洋葱的鳞片）。该方法费时费力、原生质体产量不高，因此一直没有被大规模运用。

2．酶解法　1960 年，Cocking 获得纤维素酶提取的新方法，从疣孢漆斑菌培养物中分离提纯纤维素酶。1968 年，商业化的纤维素酶和离析酶出现。Takebe 利用“二步法”依次使用离析酶和纤维素酶从烟草叶肉细胞中分离得到叶肉细胞原生质体。Power 和 Cocking 进一步发现，同时使用两种酶，在时间和效果上要好于“二步法”。该方法已在多种植物组织中分离出了原生质体（表 9-1）。

**表 9-1　不同材料的原生质体酶解液组成**

| 材料 | 酶解条件 |
|---|---|
| 玉米幼叶 | 0.1% 纤维素酶，0.01% 离析酶，0.6mol/L 甘露醇，10mmol/L MES，1mol/L $CaCl_2$，0.1% BSA，5mmol/L β- 巯基乙醇 |
| 小麦幼叶 | 1.5% 纤维素酶，0.5% 离析酶，0.4mol/L 甘露醇，20mmol/L KCl，20mmol/L EMS，10mmol/L $CaCl_2$，0.1% BSA，5mmol/L β- 巯基乙醇 |
| 水稻幼叶 | 2% 纤维素酶，0.7% 离析酶，0.4mol/L 甘露醇，20mmol/L KCl，20mmol/L EMS，10mmol/L $CaCl_2$，0.1% BSA，5mmol/L β- 巯基乙醇 |
| 葡萄愈伤组织 | 2% 纤维素酶，0.5% 离析酶，0.5mol/L 甘露醇 |
| 拟南芥 | 1.5% 纤维素酶，0.4% 离析酶，0.4mol/L 甘露醇，20mmol/L KCl，20mmol/L EMS，10mmol/L $CaCl_2$，1mmol/L β- 巯基乙醇 |

### （四）影响原生质体分离的因素

1．起始材料（取材）　材料的选取是原生质体分离和培养的基础和关键。材料的基因型（种、品种）、组织类型和生理状态等是影响原生质体分离与培养的决定性因素。

基因型：不同基因型材料的差异不仅表现在不同科、属、种间，在同一种内的不同品种间的差异往往也很大，尤其在粮食作物（稻类、豆类）、木本植物上表现明显。苹果原生质体培养再生植株过程中，仅有三种基因型品种获得再生植株，这种明显差异称为顽拗现象，可能与原生质体分离和培养过程中的氧化胁迫有关。Yasuda（2007）发现甘蓝型油菜叶片在酶解反应液中积累的过氧化氢含量是正常叶片的1.5倍，过氧化氢可能是造成原生质体死亡的因素之一。Papadakis（1999）在葡萄原生质体中也检测到活性氧成分（reactive oxygen species，ROS），结果表明在原生质体分离和培养过程中，原生质体内的氧化还原平衡被打破，而清除机制并没有被启动，大量活性氧（自由基）类物质被积累，细胞生命活动被抑制，活性下降；严重时会导致自由基攻击质膜，最终细胞程序化死亡。谷类植物的叶肉原生质体在非还原状态培养极其不稳定，24h后细胞会被大量溶解。因此，在原生质体的游离时，往往会加入β-巯基乙醇、谷胱甘肽（GSH）和二硫苏糖醇（DTT）等还原剂来抑制自由基的发生。

组织类型：植物材料的器官或组织对原生质体的游离和培养也很重要。植物的根、子叶、下胚轴、愈伤组织、胚性细胞悬浮物，这些材料获得的原生质体产量高、质量好，有利于原生质体的游离和培养（图9-1）。最为常见的原生质体游离材料是幼嫩的叶片，叶肉细胞排列疏松，稍施外力即可将酶液充满胞间；同时叶片易于取材，且对植物伤害较小。禾本科植物原生质体材料主要来源于叶片、叶鞘、芽尖、根、胚芽鞘、胚轴及细胞悬浮液。木本植物的幼叶、幼胚、胚性愈伤组织均可作为原生质体游离起始材料，实验室常用愈伤悬浮细胞系或胚性悬浮培养物作为起始材料。这些材料较其他组织或器官对酶的伤害更耐受，且产量高、易培养、分化潜力大。蔬菜作物的原生质体取材可来源于植物真叶、子叶、幼根、下胚轴及花茎组织，这些材料也可取自种子萌发的无菌苗。蔬菜幼嫩叶片淀粉含量少、分化慢且不稳定，而下胚轴分离原生质体起始分裂早且稳定，下胚轴分离的原生质体效果好于幼叶、真叶分离的原生质体，常用下胚轴作为分离起始材料。

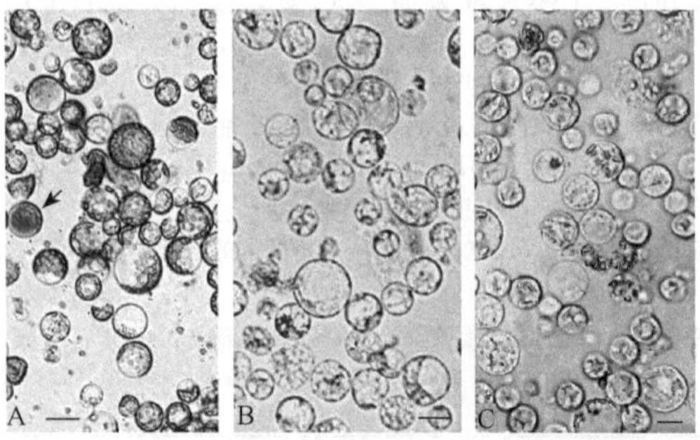


图9-1 来源于不同器官的原生质体

A. 胡萝卜叶片的原生质体（箭头为积累花色素的原生质体）；B. 胡萝卜胚轴的原生质体（Grzebelus，2012）；C. 水稻茎的原生质体（Zhang et al.，2011）

生理状态：生理状态决定了原生质体的得率及培养的难易程度。幼嫩器官或组织要比衰老器官更容易产生原生质体。水稻（*Oryza sativa*）幼茎酶解效果要好于叶片，主要是由于幼茎含薄壁细胞，分离得到的原生质体较大，中央液泡明显。来源于组培苗的材料要好于自然生长状态。幼嫩愈伤组织的分离效果明显好于老的愈伤组织，这是由于老的愈伤组织易形成巨型细胞，细胞壁厚，不易被消化。

2．酶解前处理　酶解前处理的目的是改变细胞壁生理状况，增加细胞膜强度，以获得均一、得率高的原始材料，同时，使酶液直接接触细胞壁，便于酶解。因此，酶解前处理通常做到以下几点。①预培养。低温处理后的原生质体不易破裂，产量高，状态一致。玉米（*Zea mays*）叶片避光处理一周后，叶绿体显著降低，有利于外源DNA片段的荧光观察。②材料消毒。微生物侵入容易感染原生质体，造成原生质体的破裂。材料消毒是预处理的重要一步。70%乙醇擦拭后，清水漂净、晾干。③机械损伤。对材料进行切割，通常撕去表皮或切成小块（1～2mm$^2$），前者对细胞间隙较大的材料比较适宜，操作简便，但对于一些细胞致密组织，则难以使酶液充满胞间；后者虽对材料损伤较大，但结合真空抽取，效果明显。在拟南芥叶肉细胞原生质体游离中，将叶片切割成1～2mm宽的长条，浸入酶液后，抽真空5min，2～3h便可获得大量原生质体，大大缩短酶解时间。可通过观察到组织下沉或材料水渍化情况，判定酶液是否充满组织。④高渗溶液处理。明显减少了分离后原生质体的破裂现象，保持了原生质体的完整性，减轻了原生质体的聚集和自融合现象。

3．酶解条件　原生质体分离很大程度上还取决于酶的活性、浓度、pH和作用时间等。大多数植物在分离原生质体所采用的纤维素酶和果胶酶的浓度分别是1%～3%和0.1%～1.5%。一些组织会加入少量的辅助酶，以加快酶解过程。愈伤组织原生质体分离时常加入半纤维素酶，根尖原生质体分离时加入崩溃酶，花粉原生质体分离时加入蜗牛酶。

一般来说，酶都有其最适 pH，常见纤维素酶的最适 pH 为 5～6，离析酶的最适 pH 为 4～5。酶解时将 pH 调至 4.8～6.2 为宜，过低会造成原生质体破裂。最适酶解温度通常为 25～30℃。光照会引起质膜损伤，导致原生质活力下降，因此需保证酶解过程在暗环境下进行。酶解时间取决于材料的来源，一般为 0.5～24h。具体酶解时间需经 3～5 次优化酶解体系后确定。

4．*稳定剂*　细胞酶解后，细胞膜比较脆弱，稳定剂可替代细胞壁功能，延缓细胞膜变性。常见的稳定剂有甘露醇、蔗糖、山梨醇、$CaCl_2$，这些物质都具有保护质膜的作用。此外，还可加入 MES、BSA 和 PVP。MES 和 BSA 可稳定 pH，进而增强质膜稳定性；PVP 可以吸附酚类物质，阻碍酶解过程原生质体的褐化和老化。

5．*多酚类物质*　合成多酚类化合物是植物，尤其是木本植物应对机械伤害和抵御微生物入侵的有效手段。植物快速并大量合成的多酚类物质使细胞壁木质化，可达到固化植物细胞壁的目的，最终通过减少细胞壁损伤来实现对细胞壁的保护并抑制微生物的侵染。大多原生质体分离都是先通过切割材料来增加酶解液与细胞壁的接触，木本植物迅速并大量合成的多酚类物质会影响原生质体的分离。苯丙氨酸氨裂合酶（phenylalanine ammonia-lyase，PAL）抑制剂可有效减少多酚类物质的合成，其中使用较多的有氨基茚磷酸（2-aminoindane-2-phosphonic acid，AIP）、2-氨基氧-3-苯基丙酸、（2-aminooxy-3-phenylpropionic acid，AOPP）和 *O*-苯甲基羟胺（*O*-benzylhydroxylamine，OBHA），AIP 显著提高了愈伤组织原生质体的质量和得率。在 150μmol/L AIP 中，美国榆（*Ulmus americana*）愈伤组织原生质体得率从对照的 11.8% 提高到 65.3%，而其他两种抑制剂的抑制效果并不明显（图 9-2）。

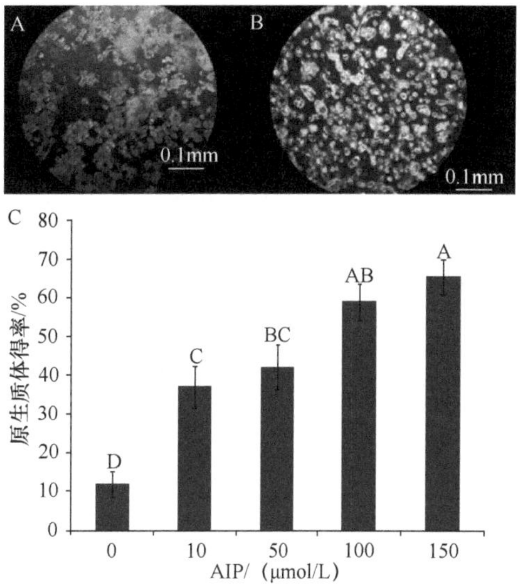


图 9-2　AIP 对美国榆愈伤组织原生质体分离的影响（Jones et al.，2012）

A．未添加 AIP 的愈伤组织原生质体分离；B．添加 AIP 后愈伤组织原生质体分离；C．不同 AIP 浓度对美国榆愈伤组织原生质体得率的影响

## 二、原生质体纯化

细胞酶解后，除完整未损伤的原生质体外，还有许多杂质（如细胞碎片、叶绿体、维管束成分及未被消化的细胞组织）。原生质体纯化的第一步是去除酶液和未被消化的细胞组织碎块，常用 50～70mm 镍丝网进行过滤。去除不宜过滤的杂质常用三种方式。①沉降法。将滤出液置于离心管中，低速（150mol/L 以下）离心 3～5min，此时原生质位于离心管底部，残渣悬浮于上清液中；弃去上清液，用清洁培养基重悬后再次离心富集，重复三次。常见清洁培养基 W5 的 pH 为 5.7，成分为：154mmol/L NaCl、125mmol/L $CaCl_2$、5mmol/L KCl、2mmol/L MES。②漂浮法。其原理就是应用比重大于原生质体的蔗糖高渗溶液，离心后原生质体悬浮于上层，残渣浮于管底，离心后将悬浮于蔗糖溶液中的原生质体再次漂洗，重新悬浮，获得原生质体纯体。③界面法。其原理是采用几种密度不同的溶液，离心后使完整的原生质体处于两液相的界面，常见的界面法是使用蔗糖-甘露醇密度梯度离心，这种方法得到的原生质体浓度较高。温州蜜柑（*Citrus unshiu*）的原生质体经不连续的蔗糖梯度超速离心后，在 0.7mol/L 甘露醇-15% 蔗糖界面、15% 蔗糖-33% 蔗糖界面及 33% 蔗糖-45% 蔗糖界面各形成一条带，即 I、II、III（图 9-3）。分层 I 主要是胞质体和少量具核的原生质体，由于胞质体没有细胞核而不能被 DAPI 染色，进一步固相培养没有获得细胞分裂产物。分层 II 聚结大量完整原生质及还有极少数核质体。分层 III 可见绝大多数核质体及碎片。此外，在管底有大量碎片。

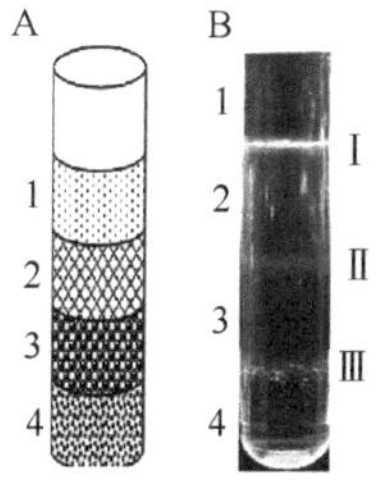


图 9-3　温州蜜柑原生质体不连续梯度离心（Xu，2005）

从上到下分别为：0.7mol/L 甘露醇；含 15% 的蔗糖；含 33% 的蔗糖；含 45% 的蔗糖

A．不连续梯度离心示意图；B．温州蜜柑的原生质体不连续梯度离心

## 三、活力检测

原生质体活力检测方法有形态观察法、二乙酸荧光素法、酚藏花红染色法、伊文斯蓝染色法，其中二乙酸荧光素（fluorescein diacetate，FDA）法最为常见。

1）形态观察法。主要观察质体形态及胞内环流。有活力的原生质体形态规则完整，颜色鲜艳；无活力原生质体胞内浑浊，无色泽且透光。

2）二乙酸荧光素法。FDA法的原理是FDA本身无极性、无荧光，可自由穿越细胞膜，并积累在活细胞中，被活细胞脂酶酶解产生荧光素。在荧光显微镜下可以观察荧光产生；而荧光素无法在死细胞中积累。因此，无活力的原生质体无荧光产生。

3）酚藏花红染色法。其原理是活性原生质体染色后在荧光显微镜下可观察到红色；而无活性原生质体无色。

4）伊文斯蓝染色法。其原理就是死细胞或受损细胞可吸收伊文斯蓝，而完整活细胞不吸收或积累该物质，因此不能染色。

# 第三节　原生质体培养

新分离的原生质体在自然状态下会生长出厚薄不一的不完整细胞壁，利用这一特点，可以将原生质体培养成一个完整的细胞。原生质体培养即在适宜的培养条件下（培养基、培养方法）使细胞壁再生，继而启动细胞分裂，并持续分裂直至形成细胞团，形成愈伤组织或者胚状体，分化发育成苗，最终少量形成完整植株。

## 一、原生质体培养方法

分离纯化后的植物原生质体对光敏感，原生质体培养初期都要在黑暗或弱光条件下培养，且低温有利于原生质体的培养。常见的原生质体培养方法有平板培养法、液体浅层培养法、固-液双层培养法等。不同材料来源的原生质体培养方法不尽相同，培养获得的细胞团也有差别。

### （一）平板培养法

平板培养法是将原生质体悬浮液与冷却至适宜温度的固化剂（如琼脂糖、海藻酸钠等）等量混匀，铺于培养皿底部，凝固后封口暗培养，5～8d后原生质体分裂，约3周可见细胞团。该方法培养的原生质体分布均匀，能有效阻止原生质体的聚集和粘连，显著提高原生质体的分裂频率，易获得单细胞株系，可定位观察单个原生质体发育。此方法操作过程中对温度较敏感，过高时原生质体易破损；过低时原生质体分布不均。利用平板培养的原生质体较其他方法生长缓慢。

### （二）液体浅层培养法

液体浅层培养法是将稀释均匀的纯化原生质体转入已平铺在培养皿底部的液体培养基上，暗培养5～10d后原生质体分裂。此方法操作简单，适用于较易分裂的原生质体，对原生质体伤害较小，便于转移培养，并通过补充新的培养基来防止有害物质过多积累。液体浅层培养法的缺点是原生质体分布不均匀，培养后期原生质体易粘连聚集而发生沉淀，不利于定点观察生长状况，且易失水。

### （三）固-液双层培养法

固-液双层培养法用固体培养基将原生质体包埋于培养皿底部，再在固体培养基上加入相同成分的液体培养基，暗培养生长。固-液双层培养是对液体浅层培养的改进。培养过程中，液体培养基中的营养成分可以被下层固体中的原生质体吸收利用，同时，原生质体产生的有害代谢物可被液体培养基吸收，尤其在液体培养基中添加吸附剂时，这种吸附作用更明显。固-液双层培养的烟草原生质体分裂率显著高于液体浅层培养时的分裂率。一些药用植物常采用多种培养方式联合培养，五加科、天南星科等植物原生质体较适合液体浅层和固-液双层的联合培养方式。

### （四）薄层海藻酸盐技术和超薄层海藻酸盐技术

薄层海藻酸盐技术（thin alginate layer，TAL）和超薄层海藻酸盐技术（extra thin alginate film，ETAF）是以海藻酸钠（sodium alginate，SA）为固化剂的改进培养方法，近来在原生质体培养中应用较多，这两种技术都将原生质体固化在薄层海藻酸盐中，再转入液体培养基中培养。由于植板效率高、培养时间短、操作简便，在原生质体培养中运用较多。ETAF 较 TAL 方法，在形式上更简单、耗时少、耗材易得、操作简化（图 9-4）。

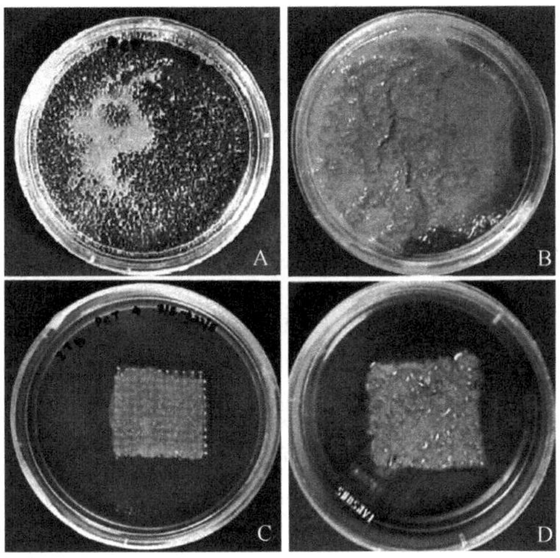


图 9-4 玫瑰（*Rosa rugosa* Thunb.）原生质体培养的不同方法（Pati et al.，2008）

A. 液体培养法；B. 固体培养法；C. TAL；D. ETAF

## 二、影响原生质体培养的因素

### （一）植物基因型

植物基因型与原生质体培养存在一定的相关性，细胞分化及再分化能力较弱的基因型材料，其原生质体培养较困难。大田作物（水稻、棉花、甜菜）和木本植物（苹果、柑橘）等植物原生质体的持续分裂和植株再生受基因型影响明显。

一至二年生草本植物原生质体培养要好于木本植物，木本植物中多酚类物质含量丰富的蔷薇科植物原生质体培养较为困难。油菜的原生质体培养，甘蓝型要优于芥菜型，芥菜型又优于白菜型。

### （二）供体生理状态

研究发现，供体的生理状态与原生质体是否可以高效培养关系密切。以叶片为初始材料的原生质体培养，常常受到植株生长状态的制约，在生长环境较差的条件下，无论采用何种培养基和培养方法都难以获得原生质体分裂材料。马铃薯、甘蓝、木薯、大豆和陆地棉等植株，必须栽培在温度、光强、光周期和营养成分等能严格控制的条件下，才能获得原生质体的分裂材料。即便生长在温湿可控的环境中，新采集的叶片往往需要在适当的培养基中进行预处理，才可获得持续有效分裂的原生质体的材料。以试管苗、胚性愈伤组织、胚根、子叶和胚轴为供体材料，其培养时间的长短，对原生质体的产量和活力有很大影响，进而影响原生质体的培养。一般情况下，苗龄短，原生质体产量低，培养效率不高；苗龄长，分离困难，活力随苗龄的增加而降低，持续有效分裂能力差。

### （三）酶解条件

酶解温度和酶解时间对原生质体活力有决定性影响，提高酶解温度可促进酶解效率，同时温度过高会钝化原生质体酶的活性，影响原生质体的活力。酶解时间短，原生质体产量低；酶解时间长会造成原生质体膜稳定性变差，电导率随之增大，膜渗透性增加，原生质体破裂较多。市售的商品酶往往含有核酸酶、蛋白酶和木聚糖酶等杂质，这些杂质可以影响质膜的稳定性从而降低原生质体的活力。

### （四）初植密度

原生质体对培养体系密度较为敏感，密度过高或过低都会影响其分裂。初植密度过低，胞内代谢物易扩散到培养基中，造成胞内代谢物浓度过低而影响生长和分裂；初植密度过高，原生质体对空间和营养物质的竞争，会造成营养不良和弱势个体的破损。因此，在原生质体培养中需合理调整培养密度，这对提高植板效率和原生质体培养质量都十分重要。一般初植密度以 $5\times10^3$～$5\times10^5$ 个 /mL 为宜。以甜橙（*Citrus sinensis*）为例，原生质体初植密度小于 $4\times10^4$ 个 /mL，细胞分裂频率较高，75% 的细胞能转化为体细胞胚；随着初植密度升高，细胞会形成群落，这些群落往往会粘连在一起，不利于细胞分离和进一步生长，愈伤组织分离和植株再生也较为困难。看护培养时适当降低初始密度，可获得高质量的培养物。柑橘（*Citrus reticulata*）原生质体看护培养时，低初植密度较高初植密度细胞分裂转化效率高。

### （五）自由基

高渗透压下的原生质体酶解过程，是一个逆境忍耐的过程。此外，原生质体培养过程中相对密闭的空间和培养基局部的微环境（高光强和高、低温）对原生质体也存在一定的逆境胁迫。原生质体体内氧化还原平衡被打破，产生大量活性氧（reactive oxygen species，ROS）无法清除，这些 ROS 超过一定量后，开始破坏细胞内的大分子活性物质，攻击细胞膜导致细胞膜透性下降，原生质体的再生能力受到抑制。烟草（*Nicotiana tabacum*）和葡萄（*Vitis vinifera*）原生质体培养过程中，降低细胞内活性氧自由基的含量，能提高原生质体的活力和植板率；而细胞内 ROS 含量增加，原生质体再生能力显著降低。原生质体培养过程中常通过添加抗氧化剂来消减ROS带来的损伤，常见的抗氧化剂有维生素C、多胺类、谷胱甘肽（GSH）和维生素E等。维生素C是最常见的抗氧化剂，对质膜完整性有重要保护作用；GSH是细胞内最主要、含量最丰富的自由基清除物质，在胁迫下维持细胞膜结构的完整性和防御因自由基积累而引起的膜脂过氧化；维生素E由于脂溶性特性，在植物组织培养中应用很少；多胺类物质具有重建细胞壁、促进细胞分裂的作用。原生质体培养过程中，通常需要根据原生质体中ROS的含量和原生质体的生理状态，选择培养基中抗氧化剂的种类和含量。

### （六）培养基成分

原生质体的培养中，常用的培养基有改良的MS、BS、$KM_8P$和N6等培养基。不同种类和不同来源的原生质体在生理状态和代谢特性方面存在很大差异，培养基中的无机盐、碳源、氮源和有机添加物应根据原生质体的需要进行选择或改良。无机盐是构成培养基的主要成分，一般较高浓度的$Ca^{2+}$有利于原生质体培养。培养初期一定浓度的$NH_4^+$对原生质体培养有促进作用，而在培养过程中一直维持高浓度的$NH_4^+$会抑制山桃、猕猴桃和草莓等原生质体分裂。碳源是原生质体培养基的重要组成部分，碳源作为细胞骨架物质，在原生质体的成活、分裂和生长过程中具有决定作用。葡萄糖和蔗糖的作用还与作物种类和基因型有一定相关性。多数原生质体使用单一碳源时，葡萄糖的培养效果明显优于蔗糖，葡萄糖在原生质体培养中能有效地促进原生质体的分裂和细胞团、愈伤组织的生长。在葡萄糖浓度和蔗糖浓度两种碳源进行配比时，随着葡萄糖浓度的升高和蔗糖浓度的降低，原生质体培养的效果趋好，尤其是在较高的葡萄糖浓度与较低的蔗糖浓度相配比时，效果最好；而在较高的蔗糖浓度与较低的葡萄糖浓度配比中原生质体的分裂频率较高，但是原生质体的植板率会降低。碳源还有渗透压调节的作用，但不同的植物在原生质体培养时最适渗透稳定剂是不同的。紫草（*Lithospermum erythrorhizon*）原生质体培养中葡萄糖可同时起到碳源和渗透稳定剂的作用；枇杷（*Eriobotrya japonica* spp.）原生质体培养中葡萄糖和山梨醇组合，既可提供合适的碳源，又可稳定渗透压；马铃薯（*Solanum tuberosum*）和木薯（*Manihot esculenta* Crantz）原生质体培养中可使用蔗糖作渗透压稳定剂；禾谷类植物叶肉原生质体，常用甘露醇为渗透压稳定剂。培养基的pH一般为5.6～6.0。当培养基pH低于5.0时，原生质体分裂率下降。在液体培养中，原生质体完全浸没在培养液中，pH通过调节液体培养基的渗透压稳定剂活性来影响原生质体的分裂和生长。培养基中附加的水解酪蛋白、麦芽糖提取物、椰汁等天然有机物质可促进原生质体的分裂、分化和再生。在原生质体培养后期补充水解酪蛋白或者氨基酸等有机氮化合物，降低$NH_4^+$浓度，有利于原生质体的分裂。

### （七）生长调节剂

生长调节剂在原生质体的分裂和再生中起到重要作用。不同的植物类型、培养条件等因素的影响，对生长调节剂的种类和浓度要求也不尽相同，生长素和细胞分裂素是原生质体生长和分裂所必需的。景艳春（2007）在新疆杨（*Populus alba* var. *pyramidalis* Bunge）原生质体培养的研究中，发现杨树原生质体的分裂频率和植板率都会随着2,4-D浓度的升高而提高，2,4-D是新疆杨叶片原生质体培养所必需的，其通过启动原生质体细胞分裂并进一步促进原生质体细胞的持续分裂。但多数原生质体培养中2,4-D的浓度过高或过低都会影响原生质体分化，过高会抑制愈伤组织分化，过低容易造成培养初期的原生质体愈伤组织褐化。在一些物种中，单一生长调节剂种类对促进原生质体的分裂和生长的作用不如多种生长调节剂组合使用的效果好。吕长平（2006）在刺葡萄（*Vitis davidii* var. *davidii*）原生质体培养中，在仅含有ZT的培养基中发生第一次分裂的时间虽然较早，分裂频率也较高，但出现小愈伤组织的时间较迟；在仅含有2,4-D的培养基中发生第一次分裂的时间则较迟，分裂频率也较低，但出现小愈伤组织的时间较早；而在2,4-D和ZT组合使用时，其初次发生分裂的时间、分裂频率、植板率和小愈伤组织出现的时间都要好于单一激素使用时的效果。

### （八）培养方法

培养方法对原生质体的植板效率、生长周期影响较大。Pati（2008）分析了不同培养方法对玫瑰原生质体植板效率和分裂状态的影响，其中TAL和ETAF两种方法要优于其他方法。液体培养和固-液培养过程都容易造成原生质体的聚集和低氧胁迫效应；平板培养的效率在一定程度上取决于操作者的操作技巧是否娴熟；TAL法较容易转移到再生培养基中，气体交换顺畅，培养第二天可观察到第一次分裂；ETAF法便于观察和记录，转移再生培养基方便，培养第一天可观察到第一次分裂（表9-2）。

**表 9-2　玫瑰原生质体不同培养方法比较**（Pati et al.，2008）

| 培养技术 | 第 1 周 | 第 2 周 | 第 3 周 | 4～5 周 | 植板效率 /% |
|---|---|---|---|---|---|
| 液体培养 | 第二次分裂 | 8 细胞阶段 | 20～25 细胞阶段 | 幼小愈伤组织 | 60.77±1.28 |
| 固-液培养 | 第二次分裂 | 10 细胞阶段 | 20～25 细胞阶段 | 幼小愈伤组织 | 65.27±2.05 |
| 平板培养 | 无数黄色圆点可见 | 20～25 细胞阶段 | 30～35 细胞阶段 | 幼小愈伤组织 | 不可行 |
| TAL 法 | 8～10 细胞阶段 | 30～40 细胞阶段 | 可转移的愈伤组织 | | 80.37±1.98 |
| ETAF 法 | 8～10 细胞阶段 | 30～40 细胞阶段 | 可转移的愈伤组织 | | 80.36±1.59 |

## 三、原生质体再生

### （一）细胞壁再生

纯化后的原生质体一般可自行合成部分细胞壁。来源于已分化的初始材料，其原生质体相比于未分化材料的原生质体合成细胞壁的能力要弱。检测细胞壁常用 CFW（Calcofluor White）法。CFW 为二苯乙烯类化合物，是一种非特异性的荧光染料，能非特异性地结合糖苷键连接多糖如几丁质、葡聚糖、纤维素等，在荧光显微镜下被染色的细胞发出明亮的蓝色荧光。蚕豆（*Vicia faba*）悬浮培养细胞原生质体在培养后 10～30min 即能合成细胞壁，而蚕豆叶肉细胞原生质体在培养 12～24h 后才可见细胞壁合成。陆地棉（*Gossypium hirsutum*）原生质体刚刚游离时，细胞壁被酶解，因此 CFW 不能染色细胞；原生质体培养 6h 后，开始观察到被染色的细胞，说明细胞自身开始合成细胞壁至细胞壁基本形成大约需要 24h，CFW 染色可见较为完整的细胞壁；培养至 48h 进行第一次分裂，CFW 染色可见清晰的细胞分裂。棉花原生质体细胞壁再生发生在游离后 48h，尤其在游离后 24h，是细胞壁再生的主要时期（图 9-5）。进一步研究还发现，多达 400 个基因参与原生质体细胞壁再生过程，其中富脯氨酸蛋白等起着重要作用。

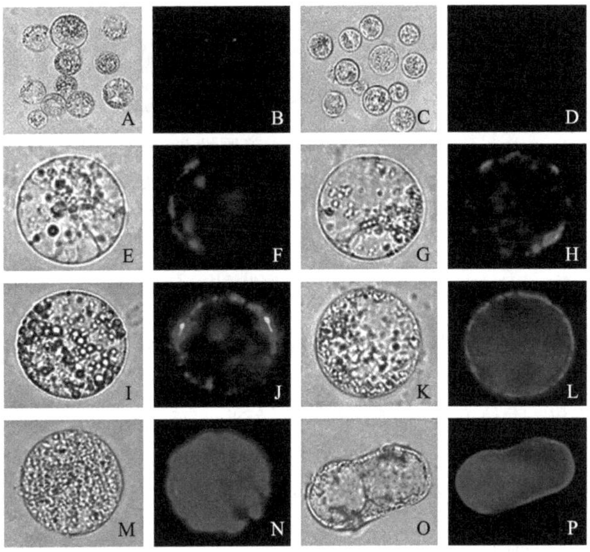


图 9-5　棉花原生质体细胞壁再生过程（Yang et al.，2008）

A, C, E, G, I, K, M, O 为未染色的棉花原生质体细胞；B, D, F, H, J, L, N, P 为 CFW 染色后的棉花原生质体细胞；A，B．游离后 0h 的原生质体；C，D．游离后 3h 的原生质体；E，F．游离后 6h 的原生质体；G，H．游离后 12h 的原生质体；I，J．游离后 18h 的原生质体；K，L．游离后 24h 的原生质体；M，N．游离后 36h 的原生质体；O，P．游离后 48h 的原生质体

细胞壁的形成直接影响了原生质体的分裂。不能再生细胞壁的原生质体将难以进行分裂。而细胞壁发育不完全的原生质体常常会“出芽”生长或体积膨大，“出芽”现象是判断细胞壁再生是否完整的指标。

### （二）原生质体增殖及其影响因素

植板密度对原生质体分裂影响较大。山杏（*Armeniaca sibirica*）原生质体在 $0.1\times10^5$ 个 /mL 植板密度时启动分裂，$0.5\times10^5$ 个 /mL 时，分裂效率和植板效率最高。随着植板密度增加，褐化现象开始加重，分裂效率和植板效率显著下降，至 $8.0\times10^5$ 个 /mL 时，原生质体停止分裂。

原生质体初始分裂时间取决于材料来源和基因型。一般情况下，原生质体可在 2～8d 进行第一次分裂，湖北海棠（*Malus hupehensis* pamp Reld.）悬浮细胞原生质体培养 1～2d 后开始复制，5～6d 后第一次分裂，8～10d 有 2 或 3 次分裂，15～20d 形成多细胞团，40～50d 可观察到小愈伤组织形成，分化能力较强的胚性愈伤组织或胚性悬浮细胞有利于原生质体的培养与再生。美国榆悬浮细胞原生质体培养 2d 后细胞壁基本合成，6d 后约有 30% 的细胞第一次分裂，14d 形成多细胞团（图 9-6）。并非所有原生质体都进行分裂，木本植物的叶肉细胞相对难以分裂，即便得到高质量和高产量的叶肉细胞原生质体，多数基因型材料原生质体也难以再生。

原生质体再生与倍性变异密切相关，多种基因型原生质体在培养中能形成愈伤组织，但仅有少数可以再生出植株。在细胞系的倍性检测中发现，难以再生植株的细胞往往发生染色体嵌合现

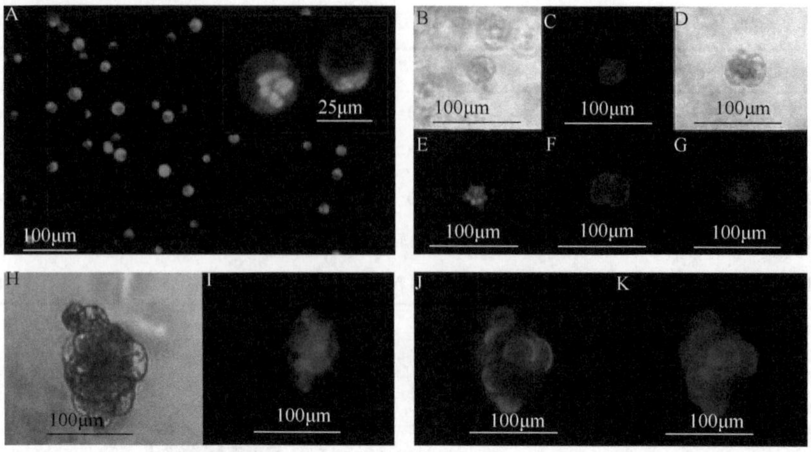


图 9-6 美国榆愈伤组织原生质体培养细胞分裂过程（Jones et al.，2012）

A. FDA（荧光素二乙酸酯）染色后的原生质体；B. 明场中培养 2d 的原生质体；C. CFW 染色培养 2d 的原生质体；D. 明场中培养 6d 原生质体第一次分裂；E. FDA 染色培养 6d 的原生质体；F. CFW 染色培养 6d 的原生质体；G. FDA 和 CFW 染色培养 6d 的原生质体；H. 明场中培养 14d 原生质体；I. FDA 染色培养 14d 原生质体；J. CFW 染色培养 14d 原生质体；K. FDA 和 CFW 染色培养 14d 原生质体

象，为原基因型的多倍体；而大多数与原基因型倍性一致的细胞系经诱导能再生出植株。因此，原生质体再生培养应尽量做到：筛选组织培养中不易发生倍性变异的基因型材料；选择分化能力强的胚性悬浮细胞系作为起始材料；原生质体培养中结合形态特征观察，添加植物生长调节等物质抑制细胞倍性的改变。

### （三）植株再生

可持续分裂的原生质体能再升植株。新鲜斜升秦艽（*Gentiana decumbens*）原生质体经琼脂糖固-液双层培养，48h 之内可再生新的细胞壁，3～5d 经历第一次分裂，第二次分裂在培养开始后 5～7d，7～9 周获得大量繁殖体，进一步培养获得愈伤组织，15 周后可诱导子叶生长，在含 2% 蔗糖 MS 培养基上较容易培养成再生植株。再生植株在 MS 培养基上生长旺盛，除了叶片较正常条件下生长的植株要宽外，无其他形态差异（图 9-7）。

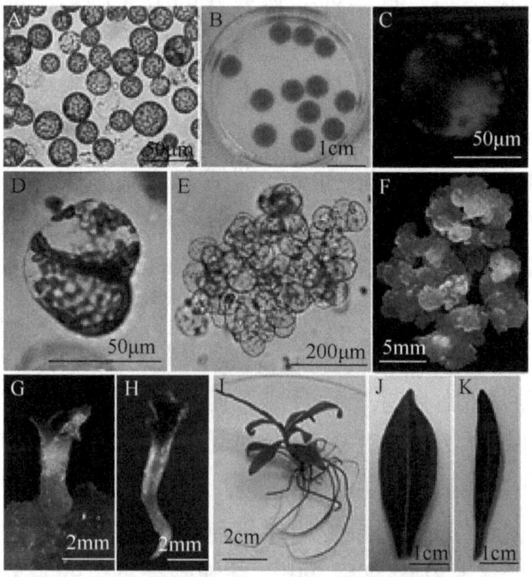


图 9-7 斜升秦艽的原生质体植株再生（Tomiczak，2015）

A. 新分离的叶原生质体；B. 原生质体培养；C. CFW 染色细胞壁再生；D. 原生质体第一次细胞分裂；E. 原生质体培养 7 周后的细胞；F. 愈伤组织增殖；G. 子叶阶段；H. 成苗阶段；I. 再生植株；J. 再生植株的叶形态；K. 正常植株的叶形态

## 第四节 体细胞融合

有性杂交由于具有便捷、高效等特点，一直是植物育种家最常使用的育种手段。然而，在生产实践中，种间杂交不亲和、远缘生殖隔离等缘故限制了有性杂交的使用，阻隔了物种间遗传物质的转移和重组；无性繁殖和不育植物更难以通过有性杂交实现遗传育种的目的。筛选来源更广的育种方式是丰富种质资源，保持和促进生物多样性的现实需求。原生质体培养和植物再生过程优于完整单细胞的培养和再送，为体细胞遗传和作物遗传改良提供了无限的可能性。

### 一、体细胞杂交的概念、意义及类型

#### （一）体细胞杂交的概念及意义

植物体细胞杂交（somatic hybridization），又称为

原生质体融合，是指通过物理和化学方法使两个原生质体进行融合，经培养获得具有双亲全部或部分遗传物质的方法。原生质体融合具有以下几点意义。

1. 种质创新　体细胞杂交材料抗性通常高于双亲，有利于将野生品种的抗性特征融合到栽培种。体细胞杂交在园艺植物育种中得到了很好的应用。甘蓝型油菜就是通过白菜型油菜和甘蓝体细胞杂交获得的；无籽不育的柑橘三倍体是通过柑橘、甜橙及小柑橘的原生质体融合获得的四倍体杂种，再与二倍体亲本回交获得。因此，杂交得到的稳定遗传杂种可能成为育种新材料或种质新资源。

2. 缩短育种时间，提高效率　自然条件下，木本植物从播种到开花结实周期较长；有性杂交由于操作熟练程度和过程不可控等因素限制了杂交效率，导致质量不稳定。原生质体融合过程精确、可控，可消除有性杂交的不利因素，大大缩短育种时间，快速、大量获得无性系植株。

3. 克服远缘杂交不亲和　远缘杂交不亲和一直是有性杂交的阻碍，原生质体融合可突破这种障碍。将含有不同农艺性状的两个远缘原生质体融合到一起，细胞核和细胞质遗传物质重组获得新杂种。番茄和马铃薯的融合植株就是通过体细胞杂交克服远缘杂交不亲和的例子。

虽然体细胞杂交较常规育种有着显著优势，可以获得一些新种质或新资源，但现阶段的原生质体融合多数是种内杂种，种间原生质体融合获得植株的较少，染色体组不亲和可能限制了原生质体融合及植株再生。因此，需将体细胞杂交和常规育种相结合，发挥各自独特的作用。

## （二）体细胞杂交的类型

根据两个原生质体融合特性，将其分为对称融合（symmetrical fusion）、不对称融合（asymmetrical fusion）和微原生质体融合（microplate fusion）三种类型。

1. 对称融合　是指种间或种内进行完整原生质体融合，产生细胞核与细胞核，细胞质与细胞质间重组的对称杂交技术，原生质体融合后的个体称为融合体，同种原生质体间的融合称为同源融合，其融合体为同核体（homokaryon），非同种原生质体间的融合称为异源融合，其融合体称为异核体（heterokaryon），对称融合重组双亲优良性状时，无法排除不良性状。

2. 不对称融合　通过处理使一方亲本细胞核失活，同时使另一方细胞质基因组失活，融合后细胞只会有一方亲本核基因（图 9-8）。

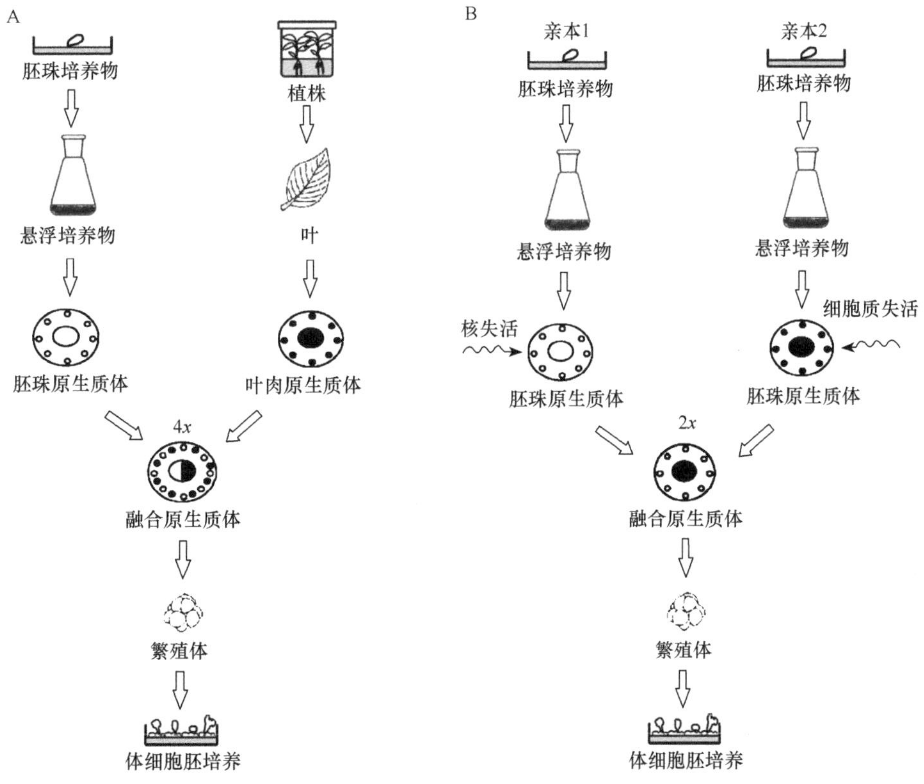


图 9-8　对称融合和不对称融合示意图（Grosser，2010）

A. 对称融合示意图；B. 不对称融合示意图

3．微原生质体融合　又称为微核融合，该技术是将微核化处理后的植物细胞作为供体，并与受体原生质体融合，实现部分基因转移的技术。该技术主要用于克服生殖隔离、转移多基因性状或未知基因性状、获得单倍体或二倍体附加系等。

## 二、融合方式

### （一）自发融合

原生质体在分离过程中，相邻的原生质体会相互吸引融合在一起，形成同核体，这一过程称为原生质体的自发融合（spontaneous fusion）。分化能力强的细胞制备得到的原生质体易形成多核融合体，有些同核体由多达 40 个原生质体经胞间连丝扩展和粘连在一起。

### （二）诱导融合

来源不同的两种原生质体难以自发融合，需通过一定的促融因素诱使它们发生融合，这一过程称为诱导融合（induced fusion）。根据融合原理不同，可分为物理诱导融合和化学诱导融合。

1．物理诱导融合法　物理诱导融合是通过对原生质体施加高频交流电压，促进原生质体产生电泳效应，沿电场方向排列成串珠状；再施以瞬间直流高压脉冲电，使相邻粘连排列的原生质体膜发生瞬间可逆穿孔，使得原生质体膜粘连，细胞质连为一体。电融合方法包括两个阶段：第一阶段是原生质体成串珠状，将装有原生质体悬浮液的融合槽施加高频率交流电场（一般为 0.5～1.0MHz），原生质体因偶极化后沿电场线方向泳动，与电场方向排列成串珠状；第二阶段是原生质体融合，用多次瞬间直流高压脉冲电，相连的原生质体被瞬间直流高压脉冲电击穿后，因质膜具有可塑性而迅速连接闭合，恢复成质膜嵌合型融合体（图 9-9）。

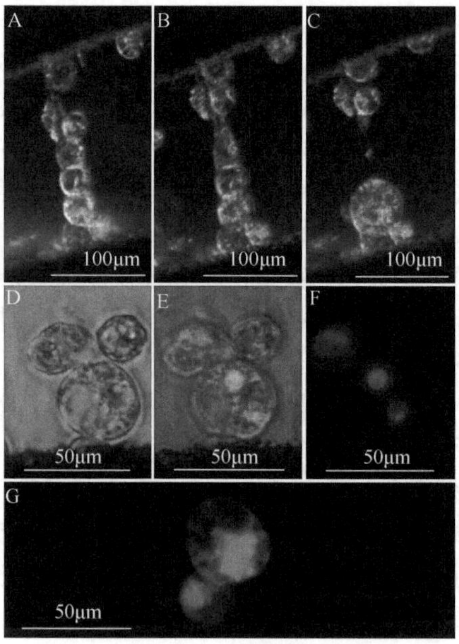


图 9-9　美国榆愈伤组织原生质体电融合过程（Jones et al.，2012）

A．交变电场下原生质体串；B．短时间直流高压电场下原生质体串；C．直流电脉冲后原生质体开始融合；D～G．DAPI 染色后，在明场和紫外光下的异核体

原生质体的成串效果与交流电场及其作用时间有关。电场越大，原生质体运动越快，串珠形成也就越快。原生质体融合交流（AC）电场强度为 50～250V/cm，常选择 100V/cm，此电场强度下原生质体接触紧密。不同原生质体的 AC 电场作用时间长短不一，通常为 10～60s，作用时间加长，形成串珠加长，造成双核融合率减少，多核融合体增加。因此，原生质体电融合常采用高的电场强度和短的作用时间。

原生质体成串以后，施以瞬时直流高压脉冲电，击穿原生质体质膜实现融合。原生质体的融合与直流脉冲场强有一定关系。多数原生质体融合的直流脉冲场强为 1000～1250V/cm，在这个区间的原生质体融合率随着脉冲场强增大呈上升趋势。低于 1000V/cm，发生融合较少；高于 1250V/cm，电击后大量胞质体变形，离心后得到的胞质体比较脆弱，在随后的培养过程中易破裂。脉冲时间常为 30～60μs，若脉冲时间过短，即便是增加直流电压，融合率也难以提高。

由于质膜的可塑性，单次直流脉冲虽可击穿细胞膜但未必会使相邻原生质体发生融合，往往需要增加脉冲次数。脉冲次数超过 3 次时，原生质体会因过度电击而被破碎，反而导致原生质体融合率下降和融合体活力降低。因此，脉冲次数不可过多，以 2 或 3 次为宜。

2．化学诱异融合法　化学诱导融合法就是将分散的原生质体通过融合剂紧密黏着而产生融合细胞，这种融合方法具有非特异性、费用低、能够产生大量融合产物等优点，但也存在对细胞有毒、具有非选择性和融合效率低等缺点。

（1）$NaNO_3$ 融合法　该方法是通过钠离子消除原生质体表面裸露质膜上的负电荷，原生质体相互聚集、质膜靠近而融合。这种融合方法依靠原生质体自身发生，其融合率低、异核体极少产生；一旦原生质体活性发生变化导致吸收能力发生改变就会造成融合困难。

（2）高 pH- 高 $Ca^{2+}$ 融合法　该方法使用钙离子中和原生质体质膜表面电荷，促进原生质体聚集；同时碱性环境下质膜电荷改变，诱导相邻细胞发生融合。该操作较为简单，可实现种间融合，在叶肉原生质体融合中效率较高。高pH对原生质体有一定的伤害，植物种类的差异使得所采用的钙离子浓度和pH范围有所不同。将一定比例的两种烟草叶肉原生质体混合在融合诱导缓冲液中（$CaCl_2$、甘露醇、甘氨酸-NaOH缓冲液，pH9～11），50～200g离心30min；37℃水浴温育1h，原生质体迅速聚集；在10min内原生质体会发生融合，其融合率可以达到50%。

（3）聚乙二醇融合法　聚乙二醇（PEG）分子带有大量负电荷与水分子以氢键形式结合，使溶液中自由态水分子消失，因脱水引发邻近的原生质体间紧密接触，形成大小程度不一的凝集物，促使异源原生质体间的粘连。该方法没有特异性，任何两个活性较强的原生质体都可融合到一起，突破了种间甚至界间的限制。由于这种方法重复性好，在早期原生质体融合研究中采用较多。其融合过程是将两种一定比例的原生质体混合液，用25%～55%（$m/V$）的PEG（相对分子质量为1500～6000）温育处理10～40min，并逐渐降低PEG的浓度。

PEG相对分子质量、原生质体的密度和生理状况等都影响融合效果。PEG相对分子质量小于1000的原生质体基本不粘连；大于6000因溶液黏稠、流动性差而操作困难，融合效果也不好。PEG具有的一定毒性，对原生质体的活性有较高要求。原生质体的密度对融合效率影响较大，密度过低，原生质体结合的机会少，融合效率低；密度过高，容易造成多重融合发生，不利于双核异质体的形成。添加融合促进剂（二甲基亚砜），能有效提高原生质体融合的效率。

（4）PEG结合高pH-高$Ca^{2+}$融合法　该方法综合了PEG和高pH-高$Ca^{2+}$两种方法的优点，在体细胞杂交育种中广泛使用，也是当前化学诱导融合中最有效的一种方法。在高$Ca^{2+}$和高pH溶液的作用下，将与质膜结合的PEG分子洗脱，可进一步加剧电荷平衡失调，促使两种原生质体上的正负电荷连接起来，形成具有共同质膜的融合体，从而提高融合效率。其步骤是将一定比例混合的原生质体悬浮液滴于载具上，静置5min待形成薄层原生质体后，从周围（一角）加入等量的PEG，静置观察，待大量二聚体产生后，加入高$Ca^{2+}$-高pH液稀释1～3次，再用培养液洗涤2或3次，培养液悬浮培养融合体。

原生质体融合随着PEG浓度的提高，其融合率也逐渐增高。PEG浓度为25%～40%时，异源融合效果最好；超过40%时，多元融合率随着PEG浓度增高而有所提高。延长融合处理时间，可明显提高细胞的融合率，但是处理时间过长，融合细胞活力将迅速下降；超过30min，原生质体会发生皱缩、细胞变小、颜色变深。甘露醇浓度以0.4～0.6mol/L为宜，过低会造成原生质破碎，融合率降低；过高原生质体皱缩明显。原生质体密度在（0.5～2）×$10^5$个/mL时，融合效果最为适宜；密度过大往往会造成多聚体出现。25～30℃是原生质体融合的最佳温度。

无论化学融合法还是电融合法，要想实现原生质体个体间的融合就必须要质膜相互作用产生膜脂重排、融合，最后产生融合细胞。质膜的带电性为原生质体融合提供了突破口，质膜所带负电荷的多寡与原生质体粘连程度密切相关，较易发生原生质体粘连的作物（如胡萝卜、谷子等），其质膜表面负电性一般较弱；而不易发生原生质粘连的作物（如烟草等），其质膜表面负电性一般较强。因此，不管哪种促融方法都是试图通过操纵质膜所带负电荷来实现原生质体融合的。

### （三）融合细胞植株再生

原生质体在促融作用下，部分凝集细胞的质膜粘连形成多核细胞。培养过程中多核细胞又进行核融合，成为单核的杂种细胞，而那些不能形成单核的融合细胞在培养中逐渐死亡。因亲缘关系远近和细胞有丝分裂的同步化程度等因素，会得到几种不同类型的融合产物：异源融合的异核体、含有双亲不同比例的多核体、同源融合的同核体、不同细胞质来源的异胞质体。亲缘关系对融合体的发育影响很大，种内和种间融合的异核体大多数能形成杂种细胞，得到可育的杂种植株。有性杂交不亲和的远缘种属间融合，有时也能形成异核体，但在其后的分裂中，染色体往往丢失，难以得到异核体杂种植株，即使得到再生植株，植株也往往不育，如马铃薯和番茄融合植株。

融合体植物再生分3个过程：①细胞壁再生。与原生质体细胞壁再生过程相似，但稍滞后。②核融合。异核体发育面临两种可能，一种是双亲细胞核的有丝分裂正常且同步，产生的子细胞含有双亲全部遗传物质；另一种是双亲细胞核的有丝分裂不同步或同步性差，复制过程必然会造成双亲之一的染色体被排斥、丢失，子细胞只含有一方遗传物质，不能发生真正的核融合。③细胞增殖。有些植物的融合细胞形成杂种细胞后，如果培养条件合适，则继续分裂成细胞团或愈伤组织，直至形成再生植株。有些植物的杂种细胞则中途停止分裂，逐渐死亡。

棉花原生质体融合后，静置20min以便球形化；将融合产物转移到10mL离心管中，加入$KM_8P$液体培养基，80r/min离心5min；收集原生质体，加入$KM_8P$液体培养基调节密度至$10^6$个/mL，封口后在培养箱中28℃恒温暗培养。每两个星期添加2mL新鲜培养基以降低渗透压，促进细胞分裂和愈伤组织形成。融合细胞植物再生培养与原生质体培养差异不大。当原生质体恢复分裂并形成肉眼可见小愈伤组织时，用镊子将小愈伤组织挑出，光下进行看护培养，以获得活性较好的再生愈伤组织。再生愈伤组织转入分化培养基中进一步增殖，在愈伤组织表面产生体细胞胚。形态正常的体细胞胚转移至1/2 MS培养基上生根发芽，再生植株（表9-3）。

**表9-3 棉花融合实验过程中所采用的培养基**

（付莉莉，2009）

| 培养基 | 成分 |
|---|---|
| $KM_8P$ | $KM_8P$基本培养基＋NAA 0.5mg/L＋2,4-D 0.05mg/L＋KT 0.2mg/L＋葡萄糖90g/L，pH5.8 |
| 诱导培养基 | MSB＋2,4-D 0.1mg/L＋KT 0.1mg/L＋葡萄糖30g/L，pH5.8 |
| 分化培养基 | MSB＋IBA 0.5mg/L＋KT 0.15mg/L＋Gln 1g/L＋Asn 0.5g/L＋葡萄糖30g/L，pH5.9 |
| 1/2 MS | 1/2 MS＋Gln 1g/L＋Asn 0.5g/L＋葡萄糖15g/L，pH6.0 |

## 三、体细胞杂种选择

根据选择时期，将体细胞杂种选择分为杂种细胞选择和杂种植株选择。

### （一）杂种细胞选择

1．互补筛选法　互补筛选法是利用双亲细胞在生理或遗传方面所产生的互补作用来进行筛选，在选择压力培养基上只有具有互补作用的体细胞杂种才能生长发育。

2．物理特性筛选法　物理特性筛选就是利用亲本原生质体物理特性的差异筛选杂种细胞，常见方法有：①可见标志物筛选法，如寻找融合杂种细胞和双亲细胞在颜色上的差异等，借以区分杂种和混合群体细胞；②荧光素筛选法，对形态学上无法区分的异核体，可以通过分别向亲本原生质体导入两种荧光素，融合后通过荧光区分杂种细胞。

### （二）杂种植株选择

1．形态学鉴定　利用杂种植株和双亲在表型上的差异进行比较，如株形、叶形、叶色和表皮毛等，杂种植株形态上往往介于双亲之间，与亲本有区别。

2．细胞学鉴定　以亲本染色体为对照，对杂种细胞染色体数目、长短、形态变化及分裂时染色体配对情况进行鉴定。

3．生物化学鉴定　利用双亲本生物化学的一些特性进行鉴定，通常根据同工酶在杂种植株中产生杂合酶的活性来进行区分。

4．分子生物学鉴定　通过分子图谱技术进行杂种细胞中指纹图谱的鉴定，常见方法有RAPD（随机扩增多态性DNA）、AFLP（扩增片段长度多态性）、RFLP（限制性片段长度多态性）和SSR（简单重复序列）。

总之，无论是形态学还是从遗传物质特性进行鉴定，其单一指标往往受环境等因素影响，难以准确反映其差别，综合利用多种方法可提高筛选精确度。

## 小　结

本章较系统地介绍了植物原生质体分离、培养及基于原生质体的体细胞杂交的相关内容。重点介绍了植物原生质体分离的基本原理和过程，分析了与原生质体分离的密切因素：材料的选择和预处理、酶解方法、时间和条件等。常用的原生质体培养方法有平板培养法、液体浅层培养法和固-液双层培养法等。影响原生质体培养成功的因素主要有培养基的成分、渗透压、植板密度和培养条件等。原生质体再生过程包括细胞壁的再生、细胞分裂和愈伤组织形成及植株再生等主要过程。

植物原生质体融合可分为自发融合和诱导融合两种。前者是同核体融合，无应用价值；后者可形成真正杂种，其主要方法有盐类融合法、高pH-高$Ca^{2+}$融合法、聚乙二醇（PEG）融合法、PEG结合高$Ca^{2+}$-高pH融合法和电融合法。着重论述了PEG结合高$Ca^{2+}$-高pH融合法和电融合法两种融合方法的具体过程及影响因素。简要介绍了融合细胞植株再生和杂种细胞的选择。随着植物体细胞杂交技术的不断完善，体细胞融合再生植株的植物种属范围不断扩大，植物体细胞杂交技术将被广泛运用。

## 复习思考题

1. 原生质体分离在选材上如何考虑及如何预处理。
2. 试述影响原生质体分离的因素。
3. 原生质体的培养方法有哪些？各有何优缺点。
4. 试述影响原生质体培养的因素。
5. 简述植物体细胞杂交的概念和意义。
6. 简述原生质体融合的方法。
7. 简述植物体细胞杂交的一般步骤。
8. 试述 PEG 结合高 $Ca^{2+}$- 高 pH 融合法和电融合法两种融合方法的具体过程及影响因素。

## 主要参考文献


蔡小东. 2006. 柑橘雄性不育胞质杂种创造及相关基础研究. 武汉：华中农业大学博士学位论文

曹文娟，蔡小东. 2012. 植物原生质体顽拗现象及其生理和遗传基础研究进展. 湖北农业学报，51（10）：1954~1959

付莉莉. 2009. 棉花原生质体“供—受体”融合及遗传转化研究. 武汉：华中农业大学博士学位论文

巩振辉，申书兴. 2013. 植物组织培养. 2 版. 北京：化学工业出版社

黄振. 2015. 青杨悬浮细胞系建立与原生质体培养研究. 北京：北京林业大学博士学位论文

李浚明. 2002. 植物组织培养教程. 北京：中国农业大学出版社

刘晓光，赵绵，刘孟军，等. 2005. 果树原生质体培养研究进展. 分子植物育种，3（6）：895~900

彭邵锋，陆佳，陈永忠，等. 2013. 木本植物原生质体培养体系研究进展. 中国农学通报，29（1）：1~6

彭小群，唐然，解新明. 2015. 禾本科植物原生质体分离研究进展. 中国农学通报，31（1）：252~257

孙敬三，朱至清. 2006. 植物细胞工程实验技术. 北京：化学工业出版社

孙玉强. 2005. 棉花原生质体培养和原生质体对称融合研究. 武汉：华中农业大学博士学位论文

王蒂，陈劲枫. 2013. 植物组织培养. 2 版. 北京：中国农业出版社

徐小勇. 2006. 柑橘原生质体融合及体细胞杂种核质遗传研究. 武汉：华中农业大学博士学位论文

Conde P, Santos C. 2006. An efficient protocol for *Ulmus minor* Mill. Protoplast isolation and culture in agarose droplets. Plant Cell Tissue and Organ Culture, 86(3)：359~366

Grzebelus E, Szklarczyk M,Baranski R. 2012. An improved protocol for plant regeneration from leaf- and hypocotyl-derived protoplasts of carrot. Plant Cell Tissue and Organ Culture, 109(1)：101~109

Jones AMP, Chattopadhyay A, Shukla M, et al. 2012. Inhibition of phenylpropanoid biosynthesis increases cell wall digestibility, protoplast isolation, and facilitates sustained cell division in American elm (*Ulmus americana*). Bmc Plant Biology, 12(1)：75

Karolina T, Anna M, Elwira S, et al. 2015. Autotetraploid plant regeneration by indirect somatic embryogenesis from leaf mesophyll protoplasts of diploid *Gentiana decumbens* L. f. *Vitro* Cellular and Developmental Biology, 51(3)：350~359

Kim JB, Bergervoet JEM, Raemakers CJJM, et al. 2005. Isolation of protoplasts, and culture and regeneration into plants in *Alstroemeria*. *Vitro* Cellular and Developmental Biology, 41(4)：505~510

Pati P, Sharma M, Ahuja P. 2005. Extra thin alginate film：an efficient technique for protoplast culture. Protoplasma, 226(4)：217~221

Pati P, Sharma M, Ahuja P. 2008. Rose protoplast isolation and culture and heterokaryon selection by immobilization in extra thin alginate film. Protoplasma, 233(1-2)：165~171

Xu XY, Liu JH, Deng XX. 2006. Isolation of cytoplasts from Satsuma mandarin (*Citrus unshiu* Marc.) and production of alloplasmic hybrid calluses via cytoplast-protoplast fusion. Plant Cell Reports, 25(6)：533~539

Yang X, Tu L, Zhu L, et al. 2008. Expression profile analysis of genes involved in cell wall regeneration during protoplast culture in cotton by suppression subtractive hybridization and macroarray. Journal of Experimental Botany, 59(13)：3661~3674

Zhang Y, Su J, Duan S, et al. 2011. A highly efficient rice green tissue protoplast system for transient gene expression and studying light chloroplast-related processes. Plant Methods, 7(1)：30

# 第十章 植物体细胞无性系变异及应用

1959 年，Braun 首次观察和报道了植物细胞离体培养过程中出现的变异现象，但直到 1981 年，Larkin 和 Scowcroft 首次提出“体细胞无性系变异”这一术语，才开始引起人们对该领域研究的兴趣。到目前为止，已经证实体细胞无性系变异是各种再生途径组织培养过程中的普遍现象，几乎可以在所有的植物种类上发生，且出现的频率比较高，一个组织培养周期内的无性系变异概率一般在 1%～3%，有时甚至高达 90% 以上，远远高于自然突变频率。体细胞无性系变异为植物品种改良和新品种的选育提供了新的思路。目前，通过对体细胞无性系变异的选择，已在小麦、水稻、玉米、高粱、甘蔗、番茄、马铃薯、甜椒、草莓等多种作物上培育出具有优良性状的新品种。本章主要介绍植物体细胞无性系变异的概念及筛选方法、体细胞无性系变异的遗传学机理、影响植物体细胞无性系变异的因素、体细胞无性系变异在作物育种上的应用等。

## 第一节 植物体细胞无性系变异的概念及筛选

### 一、植物体细胞无性系变异的概念

#### （一）植物体细胞无性系变异的定义

植物体细胞无性系变异（somaclonal variation，SV），泛指在植物细胞、组织和器官离体培养过程中，受到非生物因子的诱导，进而导致培养细胞和再生植株中产生遗传变异（genetic variation）或表观遗传变异（epigenetic variation）的现象。

遗传变异是指由遗传物质的变化引起的变异，在有性世代和无性繁殖世代中可稳定保持变异。遗传变异的来源有 3 个：基因重组、基因突变和染色体变异。

表观遗传变异，也称为发育变异（developmental variation），即由于外部因素影响，导致基因表达的改变，从而引起表型上的变异，但不涉及 DNA 序列的变化。表观遗传变异能够在代与代之间传递，但在有性世代，即使在无性世代都不能稳定保持。主要包括 DNA 甲基化、组蛋白修饰、染色体重塑、转座子的激活和 RNA 干涉（基因沉默）等。

#### （二）体细胞无性系变异的性状表现

植物体细胞无性系变异所涉及的农艺性状（如抗病、抗虫、抗逆性、品质优劣、产量变化等）相当广泛，在形态学、生长习性、细胞遗传学、生化水平及分子生物学水平上都有体现。具体包括根、茎、叶、花、果实的形态、生长势、成熟期、育性、抗逆性、抗病性、次生代谢物（如各主要成分的组成、含量等）、染色体数目及结构、DNA 结构等各个方面。

1．农艺性状的变异　在农作物上，从墨西哥小麦品系‘Yaqui 50E’的不成熟胚培养获得的再生植株中观察到大量的体细胞无性系变异，如数量性状（如植株高度、分蘖数等）和质量性状（如籽粒颜色、α-淀粉酶、麦醇溶蛋白等）的变异植株。从甘蔗体细胞再生植株中观察到叶耳长度、有无茸毛，分蘖能力，直立性，茎秆直径、长度、重量及茎秆糖含量发生变异，还筛选到抗斐济病和霜霉病的株系或兼抗的再生植株，并发现群体的抗病性增强。凌定厚和马镇荣（2000）通过离体培养在胞质型的水稻雄性不育系中获得了育性可恢复的变异。

在观赏植物上，徐彬等（2006）在花烛品种‘Sonate’离体培养中发现由愈伤组织再生的无菌苗中出现了上部叶色变异现象，表现为黄绿相间的部分嵌合体（sectorial chimera）。通过两种增殖方式（间接器官发生和腋芽增殖）对该变异株系进行培养，获得了三种性状的叶色突变株系，即花叶苗、黄化苗和天鹅绒绿色叶片苗（图 10-1）。

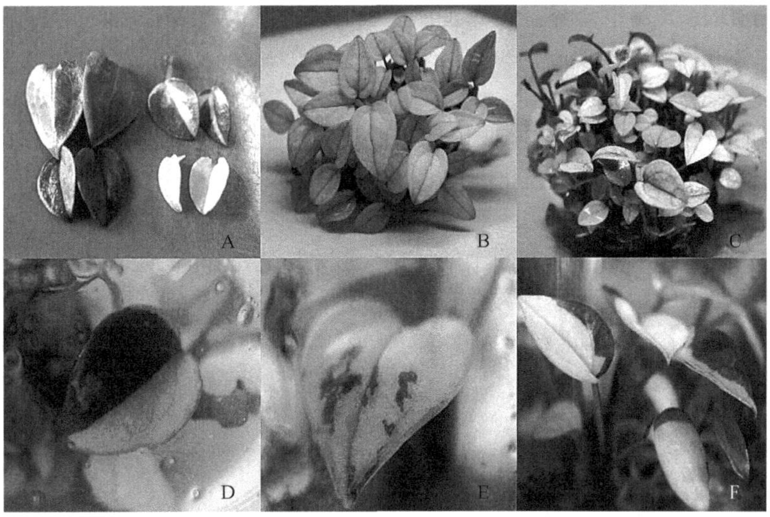


图 10-1　花烛变异株系的表现型（徐彬等，2006）

A. 正常苗（左上）、天鹅绒绿色苗（左下）、花叶苗（右上）和白化苗（右下）的叶片；B. 生长势旺盛的黄化苗株丛；C. 由同一块愈伤组织再生出的天鹅绒绿色苗、花叶苗和黄化苗；D～F. 不同斑纹的花叶

吕海燕等（2009）以一个突变矮牵牛自交系离体的根、叶与花瓣为外植体进行离体再生的过程中发现异常苗，芽表现为茎秆联合（图 10-2A）。离体培养产生的线形茎联合生长的异常植株，自出瓶前到成苗，一直表现出茎联合，形似仙人掌，随植株的生长，联合茎变厚、变宽，而且联合茎顶端无限增生生长点（图 10-2B）。人为除掉大部分生长点，单个生长点则能形成单个正常茎。若异常植株茎联合在开花上，则直接表现为雌蕊的线性联合生长，花萼、花瓣与雄蕊成排地着生在联合生长的雌蕊两侧。

图 10-2　矮牵牛突变自交系离体再生产生的异常植株（吕海燕等，2009）

A. 茎秆联合（箭头）生长的异常苗；B. 移栽长大后的异常植株

2. 次生代谢物成分及含量的变异　薛启汉等（1998）在以薄荷品种‘73-8’的幼嫩茎段为外植体的培养过程中，发现薄荷无性系不仅在单株鲜重、开花期、分枝数和落叶对数等农艺性状上存在广泛变异，而且在出油率和含油量上也有较大变异。

3. 染色体数目及结构的变异　宋锡全等（2000）对小麦及其 4 种近缘属间禾草进行了长时间（0.5～5.7 年，个别 8.6 年）的愈伤组织培养，在继代过程中染色体数目的变异在染色体倍性低的簇毛麦（*Haynaldia villosa*，$2n=2x=14$）及新麦草（*Psathyrostachys juncea*，$2n=2x=14$）倾向于数目的增多；染色体倍性高的小麦（*Triticum aestivum*，$2n=6x=42$）趋向于数目的减少；而倍性居中的羊草（*Leymus chinensis*，$2n=4x=28$）既有增多也有减少；染色体倍性最高的高冰草（*Agropyron elongatum*，$2n=6x=70$）最为稳定，但也有减少的趋势。愈伤组织的胚性主要与二倍体及亚二倍体的总水平相关。马国斌等（1999）用子叶、真叶和未成熟子叶分别作外植体，诱导出甜瓜再生植株的根尖细胞染色体数目均存在明显变异。

在玉米组织培养中发现染色体结构变异有染色体缺失、随体断裂、染色体粘连、染色体凝集、同源染色体联会、环状染色体等，其中以染色体粘连和染色体缺失出现较多。张恩让等（2004）对大蒜，冯霞等（2005）对多年生黑麦草的染色体研究都观察到类似现象。

染色体交换引起的变异在烟草、番茄、紫鸭跖草、大豆等植物中均有报道。

4. DNA 结构的变异　研究表明，至少有部分细胞在愈伤组织的培养过程中发生了 DNA 结构的变异，主要包括单基因突变、基因扩增和丢失、基因重排、转座子的激活、高频率的单拷贝 DNA 序列甲基化、假定的基因沉默等。其中后面的三种变异属于表观遗传变异。

1983 年，Evans 和 Sharp 在 230 株番茄再生植株中发现有 13 株发生不同的单基因突变。细胞质基因的突变，如在小麦、玉米、油菜等的组织培养中证实线粒体DNA（mtDNA）发生变异。在体细胞无性系变异中，线粒体基因组发生变异的频率显著高于叶绿体基因组。

转座子的丢失和重新插入会直接影响相邻结构基因的表达及相邻染色体的顺序，在玉米的组织培养和再生过程中分别检测到亲本并不存在有活性的Ac和Spm（Ac和Spm是玉米的两个转座子系统），说明转座子与体细胞无性系变异存在一定的关系。

1990年Brown等在水稻再生植株的后代中发现高频率的DNA甲基化，1991年又在玉米的愈伤组织和再生植株中发现了DNA甲基化和碱基序列变化。

## 二、植物体细胞无性系突变体的筛选

体细胞无性系变异发生的频率较高，如果筛选出稳定遗传的突变体，就有可能在实践中选育出优良品种。但体细胞无性系变异的类型复杂，往往没有方向性，并且有些变异无法稳定地在再生植株及其后代中表现，而用于植物育种目标的变异则必须是优良性状，因此对变异进行有效的筛选与鉴定就至关重要。

体细胞无性系突变体的筛选大致分为3个步骤：起始材料的选择、突变体的选择和突变体的鉴定。

### （一）起始材料的选择

植物体细胞无性系突变体筛选最常用的起始材料是原生质体和悬浮培养的细胞。离体条件下先诱导外植体产生愈伤组织，进行细胞悬浮培养几个周期，获得细胞悬浮培养物。

对于未建立起原生质体分离和植株再生体系的植物，则可采用愈伤组织或幼胚为材料从中选择突变体。愈伤组织是分离突变体最简单的细胞材料，具有独特的优势。

### （二）突变体的选择

常用的筛选方法主要有直接选择法（大田筛选突变的再生植株）、间接选择法（外加选择压力筛选），还可通过生化及分子生物技术对产生变异的无性系进行分析和检测。4种筛选手段各有优缺点，可以互相补充，因此往往是2或3种方法联用，以期得到明确、稳定的体细胞无性系变异及突变的再生植株。

1．直接选择法　是在田间栽培的大量再生植株中筛选优良变异的单株。此法工作量大，但较简单直观，是筛选农艺性状变异最有效和最主要的方法。

2．间接选择法　通过向培养基中加入氯化钠、真菌毒素、除草剂和抗生素等选择压力或采用干燥、冷热和冰冻等环境处理，获得抗性愈伤组织或抗性细胞系，然后培养再生植株获得抗性突变株，该法主要用于抗逆性选育。

3．生理生化检测筛选　得到的突变体一般要进行生理生化的鉴定，为进一步育种应用奠定基础，主要包括色素、同工酶谱及可溶性蛋白分析等。不过该方法所能检测的范围有限，仅能检测很小一部分变异。冯建荣等（2000）分析了‘春香’‘明晶’‘新明星’3个草莓品种愈伤组织诱导苗过氧化物酶同工酶的变异情况，发现经组织培养后变异的差异。

4．分子水平检测筛选　直接对变异体的DNA进行分析筛选。常用分子标记的方法，有限制性片段长度多态性（restriction fragment length polymorphism，RFLP）、扩增片断长度多态性（amplified fragment length polymorphism，AFLP）、随机扩增多态性DNA（random amplified polymorphic DNA，RAPD）、简单序列重复或微卫星（simple sequence repeat，SSR）、内简单序列重复（inter-simple sequence repeat，ISSR）、相关序列扩增多态性（sequence related amplified polymorphism，SRAP）、特定序列扩增（sequence characterized amplified regions，SCAR）、选择性扩增多态微卫星位点（selective amplified microsatellite polymorphic loci，SAMPL）等。

突变体选择的具体方法如下。

1．负选择系统　突变体产生后，在培养基中加入10mL/L的5-溴脱氧尿嘧啶。它渗入正常细胞合成DNA的胸腺嘧啶中，用光照射，正常细胞死亡，突变细胞因DNA合成停止，DNA中无5-溴脱氧尿嘧啶的渗入，光照后仍能存活。将存活的突变体细胞立即转入相应的补充培养基中，就可继续生存，该系统杀死的是正常细胞，而不作用于突变细胞，这样选择突变体细胞的系统就是负选择系统。

2．正选择系统　此系统直接作用于突变体，最适于抗病突变体的选择。突变体产生后，在最适培养基中加入突变体所抗的某种毒物，使正常细胞停止生长而死亡，抗此毒物的突变体细胞继续生长，从而可将其选择出来。

在水稻抗病育种中，用病菌毒素或病菌毒素结构类似物为选择剂，已筛选出不少抗病植株。例如，用水稻种子愈伤组织与白叶枯病病原菌菌丝体共培养，在N6培养基上，诱导生出具有抗白叶枯病的植株。用水稻成熟胚、幼穗愈伤组织与稻瘟病的粗毒素共培养，在N6培养基上筛选出抗稻瘟病的植株。经遗传分析，证明其抗病性是可以遗传的，这说明利用病菌毒素或其类似物作为选择剂，从培养物中筛选抗病突变体是可行的。

3. 原位选择　该系统适用于抗除草剂和抗病毒突变体的筛选。一般选用单倍体植株，用500rad γ射线照射后喷洒除草剂或接种病毒。敏感细胞受害坏死，抗性突变细胞保持原色，在受害细胞间形成绿岛，取下绿色组织灭菌后进行培养，并诱导其形成愈伤组织和再生植株，然后用秋水仙素处理，使其成为二倍体，就可获得具抗性的突变体。

4. 耐盐和抗金属离子突变体的筛选方法　耐盐突变体的筛选方法是在培养基中加入天然的化学盐类选择剂（NaCl和$Na_2SO_4$）。所选出的耐盐细胞系大多数是通过逐步提高盐浓度而获得的，在选择时间长短和产生突变体的细胞或植株之间存在着一种正相关性。国内外均已得到了对NaCl抗性稳定的水稻再生植株，并且表现一定的抗性稳定性。

筛选抗金属离子体细胞无性系突变体时，要求对土壤中的重金属有抗性，但对这几种有害物质的摄入量要低于安全水平。现今已筛选出抗铜、抗镉的水稻细胞系，并得到了再生植株。

5. 抗旱、温度敏感型突变体的筛选方法　干旱时细胞内脯氨酸含量急剧上升，苯丙氨酸含量则显著下降，因此可利用这一指标进行抗干旱突变体的筛选。有人用聚乙二醇为选择剂，选出了具耐旱特性的番茄细胞系，但经继代培养后，细胞的耐旱特性逐渐丧失了。耐低温突变体的筛选主要是以悬浮细胞培养为实验材料，在0～2℃条件下培养，然后从存活的细胞系中进行耐低温突变体的筛选。由高粱的愈伤组织得到了比对照植株耐热、耐干旱的再生植株和种子，可惜的是这些抗旱高粱单株的种子产量比对照植株明显降低，因此无法直接用于生产。水稻等少数作物获得了不同程度的耐寒细胞系，其中只有烟草得到了再生植株，然而再生植株的抗寒性无法通过有性世代进行传递，由再生植株后代重新诱导的愈伤组织，对低温丧失了抗性。

### （三）体细胞无性系突变体的鉴定

在选择培养基上，将表现出目标性状的体细胞无性系突变体的细胞或组织置于正常培养基上继代培养几次，如果仍能表现出所选择的目标性状，即可初步确定为突变细胞或组织。鉴别从变异细胞或组织再分化形成的植株是否为突变植株时，可用再生植株进行鉴定，也可用再生植株开花结实后的种子进行鉴定。

由于体细胞无性系变异可能在不同水平（如整株植株、细胞水平、分子水平）上发生，其检测手段也具有多样性。常采用形态检测、细胞遗传学（或核型）检测、次生代谢物（如花青素或黄酮等色素）含量和种类检测、分子检测等方法进行检测。

1. 形态检测　形态检测是最常规的体细胞无性系变异检测方法。但利用形态学观察很难立即区分变异是遗传变异还是表观遗传变异。

2. 细胞遗传学检测　即对染色体数目和形态特征进行检测。

3. 次生代谢物含量和种类检测　对次生代谢物含量和种类检测主要在大规模细胞培养产生植物次生代谢物（如药用成分、香料成分、花青素或黄酮等色素等）中进行。在对一般体细胞无性系变异的检测中则较少应用。

4. 分子检测　目前越来越多地采用同工酶和分子标记对体细胞无性系变异进行检测。虽然同工酶和分子标记具有较高的多态性，而且高度遗传，在植株的全生活周期都可以进行，但其灵敏度依赖于基因组中特异探针或引物样本的存在数量。

对同工酶而言，只有外显子的碱基变化导致某种酶的氨基酸组成不同并影响到在电场中的迁移率时才有效。否则，就无法检测到体细胞无性系变异。Ryan和Scowcroft（1987）报道了麦粒β-淀粉酶带型的变化，在149株幼胚愈伤组织再生植株中，22株存在一些酶带的缺失。麦醇溶蛋白和谷蛋白也可作为标记来研究无性系变异，在再生植株中也多次检测到这两种蛋白谱带在质量和数量上的变化；在苜蓿和马铃薯的再生植株中，也观察到了其他一些可溶性蛋白图谱的变化（Baertlein and McDaniel, 1987）。但佘建明等（1990）对水稻原生质体再生植株及其后代的酯酶和过氧化物酶同工酶分析，均未发现酶带变化，而它们的农艺性状却有较大的表型变异。因此，酶虽然能揭示一部分变异，但由于它们受环境和个体发育的影响，其变异不够稳定，而且只有可溶性蛋白才能进行分析，所能检测到的范围也相当有限。

而应用分子标记及分子原位杂交等分子生物学技术分析体细胞无性系变异的遗传稳定性将更有效。詹亚光等（2006）以成年欧美杂种山杨（*Populus tremula*×*P. tremuloides*）优良无性系为材料，通过组织培养方法获得体细胞无性系，对再生植株的AFLP分析表明由激素诱导的再生植株中，AFLP谱带发生了变化，表明发生了体细胞无性系分子水平变异。王炜等（2016）对小麦体细胞无性系的SSR位点变异进行了分析。田韦韦（2017）利用流式细胞技术和毛细管电泳-AFLP（CE-AFLP）技术，对

10 份文心兰体细胞无性系条纹突变体进行了倍性分析和遗传多样性检测。

近年来，许多作者采用两种标记如 RFLP 与同工酶、RFLP 与 RAPD 或 RAPD 与 SSR 等方法来对培养物与再生植株的变异进行检测。

对 DNA 甲基化状态变化检测则必须采用能识别相同 DNA 碱基序列但序列内碱基甲基化状态不同的成对限制性酶（isoschizomers，同裂酶）。Cai 等（1996）采用成对限制性内切酶消化及随机扩增（coupled restriction enzyme digestion and random amplification，CRED-RA）技术对甲基化多态性进行鉴定和作图。

尽管分子标记与表型变异相对应情况较少，但分子标记技术仍然是分析体细胞无性系变异的有用工具。

5．突变体植株的遗传学鉴定　再生出的变异株，必须经有性繁殖，在后代中能表现出稳定的表型变异者，才是突变体。一般是让再生植株发育成熟，自交获得种子，对再生植株及其后代用生化技术测定并观察后代的表型变化，以鉴定其是否真正发生了所需要的遗传突变。再生植株后代经遗传学鉴定确认以后，可转入常规育种程序，如区域化试验直至其确实认定为优良的新品种后，才可推广使用。

## 第二节　植物体细胞无性系变异的遗传学原理

体细胞无性系变异分为两种来源：外植体预先存在的变异和培养过程中产生的变异。预先存在的变异包括核内复制造成的细胞间染色体倍性差异、体细胞突变及 DNA 甲基化状态的变化等。由不定芽再生导致的嵌合体的分离是最明显的预先存在变异。培养过程中产生的变异包括染色体数目和结构的变化、点突变、体细胞染色体交换及姐妹染色单体交换、DNA 复制和缺失、转座子的活化、DNA 甲基化、细胞质 DNA 的改变及表观遗传变异。

从变异形成的遗传基础来看，又分为细胞学变异和分子水平变异两个层次。

### 一、体细胞无性系的细胞学变异

组织培养中广泛存在着染色体数目和染色体结构的变异。

#### （一）染色体数目变异

染色体数目变异包括倍性变异和非倍体变异。主要原因是多级纺锤体出现、染色体不分离或滞后及核裂等。在大麦品种 ‘Himalaya’（$2n=2x=14$）的愈伤组织细胞中，观察到了单倍体（$2n=x=7$）、三倍体（$2n=3x=21$）、四倍体（$2n=4x=28$）和八倍体（$2n=8x=56$）等细胞，说明愈伤组织中的细胞具有遗传多态性。例如，四倍体马铃薯（$2n=4x=48$）的叶片、茎段和块茎的再生植株中，大约有 10% 的非倍体变异。而陈劲枫（1997）对栽培黄瓜（$2n=14$）与野生种酸黄瓜（*Cucumis hystrix*，$2n=24$）种间杂交的杂种胚进行培养，筛选到一种可育的异源双二倍体杂种植株（*Cucumis hytivus*，$2n=38$），其为体细胞无性系的染色体数目的变异类型。

#### （二）染色体结构变异

染色体的断裂和重组也是植物组织和细胞培养物中经常观察到的一种现象。由于染色体的断裂和重组，不仅可以使断裂或重组位点处的基因及其功能丢失，而且可以使邻近的、通常能够转录的那部分基因的功能发生变化或使未能表达的静止基因得以表达。例如，染色体的重组可以使控制性状的显性等位基因丢失或停止表达，从而使隐性等位基因得以表达。另有研究表明，处于愈伤组织阶段的植物细胞，在分裂过程中染色体常发生不均等分裂，尤其是多倍体植物。例如，马铃薯是四倍体植物，有 48 条染色体，如果外植体来源于茎、叶、块茎等器官，再生植株有 10% 为非整倍体；如果再生植株来源于原生质体，非整倍体的概率更大，有时可达 90%。在八倍体的草莓组培苗中也发现了大量的非整倍体变异，这表明在体细胞变异中，表现型的变异绝大多数是由于染色体变异所致。主要是由于染色体断裂后经过修复和重新连接所形成的易位、倒位、缺失和重复。在小麦、水稻和大麦的再生植株中均发现有易位系的存在。在三倍体黑麦草组培苗中发现染色体相互易位、缺失、倒位。在一种二倍体马铃薯组培苗中，不仅观察到了染色体数目变异，还发现了染色体缺失和互换等染色体结构变异。六倍体小麦幼胚培养获得的再生植株中，有 70% 的植株具有正常六倍体染色体组，但观察到染色体结构发生变异，包括缺失、互换、着丝粒合并、等臂染色体等。

DNA 复制过程中的同源染色体重组、缺失、倒位和插入常造成基因重排，即 DNA 分子内部核苷酸顺序的重新排列。在玉米栽培系A188的培养细胞中发现，玉米贮藏蛋白基因位点有高频率的基因重排出现，小麦幼胚愈伤组织继代6次后获得的再生植株的mtDNA发生重排，并且培养时间越长，再生植株mtDNA变异程度越大。由此可见，尽管mtDNA有很大的保守性，但组织培养也可使mtDNA发生较大的变异。

## 二、体细胞无性系的DNA分子水平变异

体细胞无性系在DNA分子水平上可发生基因突变、基因的扩增和丢失、DNA甲基化变化、转座子的活化、细胞器DNA的变化、基因沉默及表观遗传变异等现象。

### （一）基因突变

基因突变是指基因序列中碱基发生了改变，导致由一种遗传状态转变为另一种遗传状态。植物组织和细胞经离体培养后，在愈伤组织的脱分化和再分化过程中常常会引起基因突变。小麦体细胞无性系麦醇溶蛋白发生变化可能是由基因突变所致。从水稻花粉白化苗的再分化所产生的再生植株全为白化苗，说明花粉白化苗的形成是不可逆的，可能是基因突变的结果。Evans和Sharp（1983）研究发现，在番茄组织培养中，230株再生植株中有13株变异体是因为基因突变造成的，既可能有显性突变，也可能有隐性突变。

### （二）基因的扩增和丢失

基因扩增是细胞内某些特定基因的拷贝数专一性地大量增加的现象，是细胞在短期内为满足某种需要而产生足够基因产物的一种调控手段。最近的研究表明：在正常的组织培养条件下，植物基因组会发生扩增和丢失，并且在20世纪80年代初就被认为是体细胞无性系变异的原因之一。以生物素标记的480bp DNA重复序列作为探针，发现小黑麦杂种再生植株当代7R染色体短臂端粒位置上的这种重复序列发生扩增，而且扩增至少遗传了3代。

在水稻中，用DNA重复序列进行的研究发现，一些重复序列在组织培养中有显著的选择性扩增，愈伤组织的DNA重复序列与叶片相比有5～70倍的拷贝数差异，而不同品种叶片间的差异只有2～3倍。在亚麻的卫星DNA和小麦的rDNA研究中也观察到了类似的结果。在土豆和六倍体小黑麦的rDNA分析中，还观察到经组织培养而造成拷贝数下降的现象。

基因丢失是指在细胞分化过程中通过丢失某些碱基序列而使基因失活。就目前的研究而言，体细胞无性系中核糖体DNA（rDNA）及其间隔序列与一些重复序列，比较容易发生DNA序列的丢失。观察到小黑麦再生植株lR染色体上间隔区序列减少80%。在小麦品种‘ND7532’的再生植株中观察到rDNA间隔数目减少，并且进一步试验表明这种变异与离体培养有关，但并未检测到‘ND7532’再生植株籽粒麦谷蛋白和醇溶蛋白谱带的变化。

### （三）DNA甲基化变化

分子生物学研究已证明，DNA甲基化变化是基因表达调控的一种方式。玉米体细胞无性系的有些再生植株与对照相比发生DNA超甲基化，有些则是甲基化的趋势发生了改变。在玉米的组织培养中，甲基化变化在基因组中的分布不是随机的，甲基化对无性系变异起重要作用。比较了大麦由组织培养形成的双单倍体（DH）群体和由球茎大麦的染色体消失法所得DH群体的DNA甲基化差异，结果发现，由甲基化引起的RFLP变化96%来自组织培养法的DH群体，说明组织培养的确引起了DNA甲基化变化。水稻无性系的甲基化变化与包括管家基因在内的RFLP变化密切相关，说明甲基化确实与DNA水平的变异有关。

### （四）转座子的活化

转座是指一段DNA序列可以从原位上单独复制或断裂下来，环化后插入另一位点，并对其后的基因起调控作用。转座子（transposon，Tn）是存在于染色体DNA上可自主复制和位移的基本单位。转座子常常被定位到特定的基因中，造成该基因突变。转座子在植物基因组中广泛存在，通常处于沉默状态，但在一定的条件下可以被激活，导致转座的发生。

1981年，Larkin和Scowcroft首先提出，转座子的活化可能是无性系变异的原因之一。以后一些学者对这一观点进行了更为深入的推断。其主要论点包括：在组织培养过程中，由于细胞分裂速度快，异染色质复制落后，结果引起细胞分裂后期形成染色体桥和染色体断裂。在断裂部位的DNA修复过程中，属于异染色质部分的转座子发生去甲基化而被激活，转座子活化后发生转座，引起一系列的结构基因活化、失活和位置变化，造成无性系变异。我国学者朱至清（1991）提出，也可能首先是转座子受组织培养中理化因素的诱导而被激活，然后由转座子的转座引起染色体断裂和结构变异及结构基因的活化与失活等。

虽然转座子如何参与体细胞无性系变异过程尚无直接试验证据，但 Peschke 等（1987）在玉米再生植株中检测到活性 Spm（玉米的一个转座子系统）的存在。在玉米的组织培养过程中还发现另一种激活的转座子系统 Mu，并且认为转座子的激活可能起源于染色体断裂、重排及碱基去甲基化等。

植物离体培养会激活一些转座子的活性，如水稻中反转座子 Tos17 就是在组织培养过程中被激活，研究发现在组织培养过程中该转座元件发生去甲基化被激活，并且其临近基因组区域的甲基化模式也发生了可遗传性的改变。

碱基的去甲基化可能是激活的转座子的结果，而不是原因。转座子激活与 DNA 甲基化水平有关，植物离体培养过程产生 DNA 甲基化变化，DNA 去甲基化可以激活转座子，从而造成转座子的移位，也就是说植物可以通过 DNA 甲基化变化影响转座子的活性，而转座子可以进一步影响到基因功能的改变。

在苜蓿的组织培养后代中，也观察到因转座子的活化而引起的花色变异。转座子被激活可能会使核基因及细胞质基因发生一系列明显变化，因此转座子是引起体细胞无性系变异的另一重要原因。转座子引起的体细胞无性系变异不能在后代中稳定遗传。例如，在小麦再生植株后代中，与转座子有关的小穗形状变异在种子后代中就不能稳定遗传。

### （五）细胞器 DNA 的变化

Day 和 Ellis（1984）在小麦花药培养中经常出现大量的白化苗，对这些白化苗和对照植株叶片叶绿体 DNA 进行分析，发现 80% 叶绿体基因丢失。有关无性系再生植株线粒体 DNA 的变异也有一些报道。

### （六）基因沉默

基因沉默是指生物体中特定基因由于种种原因不表达。基因沉默产生的变异最初由 Oono（1985）发现，他观察到水稻初级再生植株的矮化变异是个纯合子，能通过有性生殖保持，他还发现这一突变显示低频率的复原，复原不能在再生植株的杂交后代中保持。若用 DNA 甲基化抑制剂处理矮化类型可诱导正常表型的复原。这一结果显示，矮化变异是可逆的，是基因沉默的结果。Kaeppler 等（1993）分析了玉米的白色穗轴变异，也证明了基因沉默在这一系列变异中的重要性。

### （七）表观遗传变异

常见的表观遗传变异为组织培养中的复幼（rejuvenation）现象，即培养物由于环境原因，取自成龄源植株的外植体会因适应这种环境而一步步向幼龄方向变化，因而组织培养物可以是从成龄向幼龄状态的任何一种发育状态。再生植株也会因培养物所到达的发育阶段不同而表现出不同的发育状态。这种状态可能经过一段时间后保持，也可能消失。桉属（*Eucalyptus*）再生植株着生无柄叶片，这种典型的幼龄习性会随着时间的推移而停止表达。另一个表观遗传变异的特例是组织或细胞适应化作用[或驯化（habituation）]，即失去对生长素、细胞分裂素等的异养需求而变为自养。其他的表观遗传变异如移栽后生长势变强可能与幼态性逆转或病毒脱除有关。短暂矮化（transient dwarfism）也可能属于表观遗传变异，这可能与体内残存培养基中的生长调节物质有关，在大田或温室中生长一两个季节后，会恢复正常的生长习性。

需要特别指出的是，随着表观遗传学的发展，如前所述，DNA 的甲基化变化、植物转座子的活化、基因沉默，已被归为表观遗传变异。

到目前为止，关于体细胞无性系变异机理虽然提出了不少观点，但都只能对其中的某些现象进行解释，而不能解释无性系变异的所有现象。无性系变异的各种细胞学和分子生物学证据又是相互关联的，如 DNA 甲基化变化与转座子、转座子与染色体断裂等。另外，对不同材料的研究还经常出现对立的结果，说明体细胞无性系变异是极其复杂的。

## 第三节　影响植物体细胞无性系变异的因素

植物体细胞无性系突变体可分为自发性变异和诱导性变异两种，影响这两类变异的因素有所不同。

**自发性无性系变异：**由胚状体或原生质体产生的再生植株在形态、性状等方面与原来亲本性状不同的变异，称为自发性无性系变异。可能与取材部位及同一部位不同体细胞的自发变异有关；也可能与在组织培养条件下培养基中的不同组成物质及其含量的影响有关。此外，机械损伤和温度等物理因素及细胞的代谢产物等皆可引起细胞的自发性突变。

**诱导性无性系变异**：在植物组织或体细胞培养过程中，如果有目的地利用物理、化学因素对培养的植物组织或体细胞进行处理，诱导其发生遗传变异，然后根据育种目标对变异材料筛选、鉴定以培育新品种或新种质，这就是诱导性无性系变异育种。

## 一、影响体细胞自发性无性系变异的因素

### （一）外植体的来源、遗传组成

外植体的类型、生理状态等因素都明显影响体细胞无性系变异的频率。一般而言，培养特异化程度高或衰老的组织比培养分生组织或幼龄外植体产生变异的概率大。顶芽、侧芽分生组织的变异率低，而其他组织高。体细胞无性系变异常见于愈伤组织培养中，因为已经分化的细胞经历脱分化和再分化过程，很容易发生变异。例如，源于水稻花药的愈伤组织变异频率较高，平均为4.38%，而源于幼穗及成熟种子的频率较低，在1.3%～3.13%。源于天竺葵植株茎干的再生植株表型与对照植株没有明显差异，而源于根和叶柄的再生植株在形态上更容易产生变异。由悬浮培养的马铃薯原生质体再生出的植株产生的变异，要比由叶肉原生质体再生出的植株产生的变异多。但体细胞无性系变异并不局限于愈伤组织培养，其他的再生模式，如直接不定芽发生和体细胞胚胎发生都可产生变异。

体细胞无性系变异对物种和基因型有依赖性。不仅不同物种的变异率有所差异，同一物种的不同品种产生的体细胞无性系变异数量也是不同的。在香蕉的培养中，有的品种平均变异率是3%，但有的品种却高达20%。1984～1990年，连续7年，在起源于水稻体细胞及其花药培养的$R_1$代与$R_2$代无性系中，共发现雄性不育突变111例，其中$R_1$代34例，$R_2$代77例，突变频率在$R_2$代（2%）高于$R_1$代（1%）。不同品种之间的水稻雄性不育诱导频率也不相同，如‘IR54’变异频率最高，而‘IR36’等品种则没有雄性不育突变体。

另外，植物的倍性也是一个重要的因素。多倍体和染色体数目比较多的植物的变异率比二倍体和单倍体高。因为多倍体染色体组可以缓冲染色体数目变异（如非倍体变异）引起的不平衡，所以它们的突变体比单倍体和二倍体更易成活，但单倍体和二倍体更利于变异基因的表达。

### （二）植物的繁殖世代

一般而言，长时间的继代培养会提高细胞遗传异常的频率，使愈伤组织和细胞的变异率增加，再生能力降低甚至完全丧失。变异率随继代次数和培养时间的增加而增加。一般认为，这是培养时间延长，突变连续积累造成的。例如，经历5～9次继代培养分化出来的水稻植株中，发生雄性不育突变的频率比仅经历4次以下继代培养的高10多倍。经历4～6代愈伤组织分化出来的植株中，发生雄性不育突变的频率比仅经历3次以下继代培养的高3倍多。

### （三）培养基的成分

培养基的基本成分和培养基中所使用的植物生长调节物质（如生长素和细胞分裂素等）都会引起体细胞发生无性系变异。2,4-D和激动素都会引起染色体数目和结构的变异。在非洲大蕉的微繁技术培养中，过量使用细胞分裂素会导致芽原基异常。生长调节剂如果使用量不合适，会导致再生植株的表型变异，极低浓度（<0.01mg/L）的乙烯就会引起试管苗生长的严重异常。范树国等（2000）的研究表明，在水稻中，凡是通过颖花直接出芽产生的再生植株均不能产生雄性不育，只有通过脱分化、再分化产生的再生植株才能产生雄性不育变异。这说明外植体的脱分化、再分化是产生雄性不育变异所必需的，而导致脱分化的关键因素是2,4-D。所以，可以说2,4-D是导致雄性不育变异的因素之一。

### （四）变温处理

研究表明，变温处理，如冷藏2～5d（或数十天）后，将玉米的愈伤组织转至28～30℃下培养，其变异程度提高。

### （五）植株的再生方式

通过愈伤组织分化不定芽的方式再生的植株变异较多，而通过分化胚状体途径再生的植株变异较少。这说明植株再生方式对变异有影响。

## 二、影响体细胞诱导性无性系变异的因素

诱导性无性系变异的因素主要有两类：一类是物理诱变（辐射诱变）因素，另一类是化学诱变因素。

### （一）物理诱变因素

主要有紫外线、X射线、α射线、β射线、γ射线、中子、质子等。紫外线是穿透力较弱的非电离射线，因能量较低不能引起被照射物质的离子化，称为非电离诱变因素。紫外线对植物单细胞薄层悬浮液和原生质体的诱导效果较好，照射后应避光培养，以

免发生光复活作用。其余诱变因素都能引起被照射物质的离子化，称为电离诱变因素。随着辐射诱变技术和离体培养技术的不断发展，辐射诱变在离体培养中得到了越来越广泛的应用，并取得了许多有价值的成果。

### （二）化学诱变因素

与物理诱变相比，化学诱变损伤小、诱导频率较低，但有利突变较多。

根据对DNA的作用特点，化学诱变因素主要有三类：①第一类是碱基类似物。该类物质能在不影响DNA复制的情况下改变原来的碱基组成，如5-溴脱氧尿嘧啶是胸腺嘧啶的结构类似物、2-氨基嘌呤是嘌呤的结构类似物，培养基中加入这类物质，可使细胞在DNA复制时发生碱基替代的突变。②第二类是烷化剂。常用的烷化剂有硫酸二乙酯、乙基磺酸酯、甲基磺酸乙酯、亚硝基二乙胺、环氧乙烷、乙烯亚胺、芥子气、氮芥等。它们的主要作用是使构成DNA的碱基烷化，造成碱基错误配对而突变。③第三类是能结合到DNA分子中的化合物。该类物质通过引起DNA分子遗传密码的阅读顺序发生改变而导致突变。例如，亚硝酸可使构成DNA的碱基发生氧化脱氨基作用，使胞嘧啶变成尿嘧啶、腺嘌呤变成次黄嘌呤、鸟嘌呤变成黄嘌呤，从而在细胞DNA复制时造成碱基转换或颠换而突变。羟胺（$NH_2OH$）专门作用于胞嘧啶，使其羟化后不再与G配对而与A配对，结果原来的G-C变成A-T，造成突变。

# 第四节　植物体细胞无性系变异的优缺点及在育种中的应用

由于体细胞无性系变异主要是引起单基因突变和细胞器基因突变，不少体细胞无性系变异对植物性状改良有益，且可稳定遗传。所以明确的策略就是把最有利用价值的品种引入细胞培养中，利用体细胞无性系变异进一步改进现有的品种。例如，可用来改善现有品种的株高、株型、叶型、穗型、籽粒大小和颜色、生长势、成熟期、抽穗期、主要品质成分含量，以及用于抗病性、抗盐性、抗寒性、抗除草剂等单个性状的改良，还可以利用组织培养中产生的营养缺陷型生化突变体来研究生化代谢途径。因此，人们把植物体细胞无性系变异视为一项新的实用化的细胞工程育种新方法。它能提高突变育种的效果，缩短育种年限，并能广泛获得具有各种不同优良性状的突变系。

## 一、体细胞无性系变异用于植物品种改良的优缺点

### （一）优点

1）诱变群体大，变异频率高，变化幅度大，筛选方便。

2）体细胞无性系变异遗传稳定、后代稳定，试验重复性好，诱变条件可控，不受季节限制，效率高，选育周期短，成本低。

3）可以在单细胞上进行，避免出现嵌合体。

4）可以在保持原有优良品种特性不变的情况下，改进个别农艺性状。

5）与辐射诱变相结合，可成为高敏细胞诱变育种方法，提高植物品种改良的效率。

6）可通过在培养基中加入一定的选择压力而筛选到特定的突变体。

7）因其存在细胞质突变，因此有可能选择到新的细胞质雄性不育系。

8）体细胞无性系变异提供了植物基因变异的快捷途径，可以拓宽种质资源，加快育种进程，特别是对常规育种较为困难的作物。

因此，始于20世纪70年代末的体细胞无性系变异为植物改良提供了新的途径和方法，已成为细胞工程育种的一个重要分支，是作物品种选育的重要手段。利用细胞培养技术从高等植物的细胞中已经筛选到了许多性状优良的作物品种，并被广泛应用。

### （二）缺点

1）畸变率高。

2）依赖于基因型。

3）变异并不总是稳定和遗传。

## 二、体细胞无性系变异在作物品种改良中的应用

目前体细胞无性系变异在作物品种的改良中主要应用在以下方面。

（1）*在育种理论研究中的应用*　对作物遗传规律进行研究是育种的理论基础。利用体细胞无性系变异来研究细胞培养、诱变中的遗传规律，不用

占用耕地，不受地理、气候等条件的影响，可以缩短研究周期，提高工作效率。对于育种工作者来说，无疑可以节省大量空间、时间，加快育种进程。

（2）选育优质作物、抗性新细胞系、品系 由于体细胞无性系变异广泛，后代稳定，并能基本保持原品种的优良性，这为优良品种改良提供了优越条件。例如，以国际著名优质米‘Bosm ati 370’成熟胚为材料，采用体细胞无性系变异技术与常规育种相结合，成功地育成一种特种米——黑珍珠。通过选择抗氨基酸或氨基酸类似物的突变体，可以选择出过量合成某些必需氨基酸的突变类型，人们曾用这种方法来提高作物种子中某些相对缺乏的氨基酸含量，改善营养品质。耿瑞双等（1995）通过离体选择抗赖氨酸和苏氨酸的玉米突变体，不仅获得了积累游离苏氨酸和赖氨酸等氨基酸的突变型，也选择到一种种子蛋白组分发生改变的高甲硫氨酸突变体和高赖氨酸体细胞无性系突变体。

除了粮食作物外，还在棉花、烟草、甘蔗、亚麻等经济农作物，香蕉、苹果、葡萄、草莓等果树，辣椒、芹菜、马铃薯、番茄、石刁柏等蔬菜，牧草、草坪草等草坪植物，杨树等林木，薄荷等药用植物上都选育出了新品系。

向培养基中添加适当浓度的 NaCl、甘露醇、病原菌产生的毒素、除草剂等，以此为选择压，对体外培养物进行逐代选择，从而得到抗盐、抗旱、抗病、抗除草剂的细胞系，并再生出植株。也可以利用逐渐低温的选择方法或用脯氨酸的类似物——羟基脯氨酸作为渗透调节剂，改善植物的渗透调节能力来提高植物的抗寒性。金润州等（1989）在组培时采用 15℃临界温度筛选出水稻的抗寒突变体，已经在生产上推广应用。用水杨酸来诱导棉花、小麦、水稻等的愈伤组织，已获得抗病、抗逆突变体。以上各种方法都有成功选育出新品种的例证。

（3）创造新种质 在植物组织培养中，也会出现一些在形态特征、生长习性、抗性等方面与原来亲本差别较大的变异体，这些变异体不适合直接通过筛选培育成作物新品种，但可以作为自然基因库中很少或根本不存在的种质资源保存，为品种改良提供中间材料，用于以后的育种工作。另外还可以有目的地利用物理化学诱变、诱导因素对培养的植物组织或体细胞进行处理，创造在某方面有突破的新种质。

1）新抗病资源的筛选。1987 年美国 Repaport 教授把芹菜再生植株栽种在带镰刀菌萎蔫病的土壤中，结果筛选出两个抗镰刀菌萎蔫病的抗性突变体，收到明显的增产效果。1986 年，凌定厚等在水稻抗胡麻叶斑病突变体筛选中获得 3 个抗病资源。1977 年，Krans 等用 *Rhizoctonia solani* 病原物接种匍匐剪股颖（*Agrostis stolonifera*）的愈伤组织，从再生植株中筛选出了抗病的变异体。Croughan 等获得了狗牙根（*Cynodon dactylon*）的新种质‘Brazos-R3’，对秋季黏虫（*Spodoptera frugiperda*）具有显著抗性。

2）新的雄性不育系的筛选。目前水稻雄性不育源单一，一旦病害流行，其后果不堪设想，而体细胞无性系变异中常产生雄性不育株，这为雄性不育源的开发开辟了新途径。

但体细胞无性系变异应用于生产上仍然存在一些困难：一是受组织培养技术的限制，不能应用于再生体系尚未建立的植物；二是选出的细胞系的变异特性，并不是都能在后代中继续表达或稳定遗传；三是发生的变异如果不显著，那么抗性变异系在生产上的应用价值就不大；四是到目前为止，体细胞无性系变异仍是一个随机的过程，有关体细胞无性系变异遗传机制的研究大多局限在细胞水平上，很难在分子水平上解释，因此很难预测自然发生的体细胞无性系变异。

## 小 结

体细胞无性系变异是指植物细胞、组织和器官在离体培养过程中发生变异，进而导致培养细胞和再生植株中产生可遗传变异或表观遗传变异的现象。体细胞无性系变异在形态学、生长习性、细胞遗传学、生化水平及分子生物学水平上都有体现。体细胞无性系突变体的筛选分为起始材料的选择、突变体的选择和突变体的鉴定 3 个步骤。突变体选择的具体方法有负选择系统、正选择系统、原位选择、耐盐和抗金属离子突变体的筛选、抗旱、温度敏感型突变体的筛选等。体细胞无性系突变体的鉴定方法有形态检测、细胞遗传学检测、次生代谢物含量和种类检测、分子检测、遗传学鉴定等。植物体细胞无性系变异的遗传学原理有细胞学上的变异——染色体数目和染色体结构的变异；DNA 分子水平的变异——基因突变、基因的扩增和丢失、DNA 的甲基化变化、植物转座子的活化、细胞器 DNA 的变化、基因沉默和表观遗传变异。植物体细胞无性系突变体可分为自发性变异和诱导性变异两种，影响自发性无性系变异的因素有外植体的来源、遗传组成、植物的繁殖世代、培养基的成分、变温处理、植株的再生方式。诱导性无性系变异的因素主要是物理诱变因素和化学诱变因素。植物体细胞无性系变异在育种中的应用表现为：在育种理论研究中的应用，选育优质作物、抗性新细胞系、品系，创造新种质等方面。

## 复习思考题

1. 简述植物体细胞无性系变异的概念及类型。
2. 简述植物体细胞无性系突变体筛选的方法。
3. 体细胞无性系变异的机理有哪些？
4. 影响植物体细胞无性系变异的基本因素有哪些？
5. 利用植物体细胞无性系变异育种方法，设计获得耐弱光（或抗病）优良黄瓜株系的基本程序。

## 主要参考文献

鲍智娟. 2009. 表观遗传变异与植物体细胞无性系变异. 生物学通报，44（12）：7~10

陈英. 1991. 植物体细胞无性系变异与育种. 南京：江苏科学技术出版社

顾敏霞，张丽，邵丽达，等. 2013. 体细胞无性系变异在草坪草改良上的研究进展. 核农学报，27（4）：430~436

卢少云，郭振飞，陈永传. 2003. 狗牙根的组织培养及其矮化突变体研究初报. 园艺学报，30（4）：482~484

吕海燕，宁国贵，胡惠蓉，等. 2009. 牵牛突变自交系离体培养及变异植株稳定性观察. 华中农业大学学报，28（56）：746~749

宋锡全，夏光敏，陈惠民. 2000. 小麦族几种近缘植物细胞在长期离体培养中的染色体变异. 植物生理学报，26（1）：33~38

王蒂，陈劲枫. 2013. 植物组织培养. 2版. 北京：中国农业出版社：186~197

徐彬，辛伟杰，王广东，等. 2006. 花烛离体培养叶色变异株系的相关性状. 植物学通报，23（6）：698~702

许智宏. 1985. 植物体细胞的遗传变异. 遗传，7（6）：37~40

张恩让，程智慧，周新民. 2004. 大蒜体细胞无性系的染色体变异研究. 西北农林科技大学学报：自然科学版，32（9）：73~76

邹雪，肖乔露，文安东，等. 2015. 通过体细胞无性系变异获得马铃薯优良新材料. 园艺学报，42（3）：480~488

Chen J, Staub JE, Tashiro Y, et al. 1997. Successful interspecific hybridization between *Cucumis sativus* L. and *Cucumis hystrix* Chakr. Euphytica, 96(3)：413~419

Evans DA, Sharp WR.1983. Single gene mutation in tomato plants regenerated from tissue culture. Science, 221(4614)：949~951

Kaeppler SM, Kaeppler HF, Yong R. 2000. Epigenetic aspects of somaclonal variation in plants. Plant Molecular Biology, 43(2~3)：179~188

Larkin PJ, Scowcroft WR.1981. Somaclonal variation a novel source of variability from cell cultures for plant improvement. Theoretical and Applied Genetics, 60(4)：197~214

Peschke VM. Phillips RL, Gengenbach BG. 1987. Discovery of transposable element activity among progeny of tissue culture-derived maize plants. Science, 238(4828)：804~807.

Skirvin RM, Mcpheeters KD, Norton M.1994. Sources and frequency of somaclonal variation. Hortscience, 29(11)：1232~1237

Smith MK, Drew RA.1990. Current applications of tissue culture in plant propagation and improvement. Functional Plant Biology, 17(3)：267~289

# 第十一章 人工种子

种子，是能够生长出下一代的生物器官。植物学的种子通常是指由胚珠发育而来的真种子、由子房壁发育的果皮包裹的果实、植物的营养器官，这三者是作物在自然条件下进行传播的材料。植物人工种子则是人工通过植物组织培养技术创造的种子繁殖材料，从1978年人工种子构想的提出，至今已对多达100种植物进行了人工种子的研究。

## 第一节 人工种子的概念、结构与意义

### 一、人工种子概念

人工种子（artificial seed），又称为合成种子（synthetic seed）或体细胞胚种子（somatic seed），是指利用细胞全能性将植物离体培养产生的体细胞胚或具有发育成完整植株能力的分生组织包埋在含有营养物质和具有保护功能的外壳内，形成能在适宜条件下发芽成苗的颗粒物。人工种子与自然真种子有类似结构，人工种子主要由体细胞胚（繁殖体）、人工胚乳和人工种皮三部分组成，最外一层是由有机物质构成的薄膜，其包裹着胚乳和体细胞胚，避免水分丧失和外力冲击，中间则是由营养物质和植物生长调节剂构成的胚乳部分，最内层则是胚状体（繁殖体）。

Murashige是最早提出人工种子构想的植物学家，并认为人工种子应是“胶囊包裹着的单一体细胞胚”，即是将组织培养获得的胚状体包裹在含有丰富营养物质的胶囊中，使其具有种子的生物学特性并用于作物生产。Lawkence（1981）在芹菜和莴苣上实现了人工种子的制作。随后的研究发现，由于植物种类特性、诱导繁殖体的方法及作物遗传稳定性的不同，人工种子繁殖体种类越来越广泛。任何繁殖体只要能够发育成完整植株，无论其是否具有和真种子类似的结构都可以称为人工种子。根据其材料来源，人工种子又可分为：①裸露或休眠的繁殖体，不经包埋成球状，可直接播种发芽形成完整植株，如鸭茅草干燥胚状体、休眠的微鳞芽或微块茎；②经种皮包裹的繁殖体；③水凝胶包裹的繁殖体，如将胚状体、不定芽等混入凝胶中，可用流质播种法播种；④液胶包裹的繁殖体，如将含水的顶芽、腋芽和小鳞芽等包埋在液胶中形成种子（图11-1）。

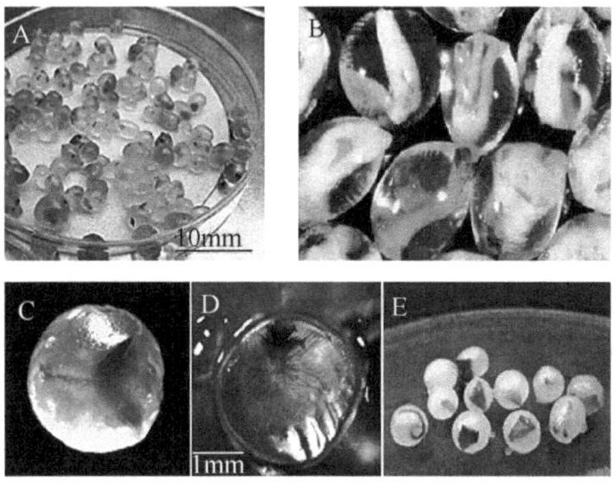


图11-1 不同繁殖体的人工种子

A. 非洲白蔘茎（Maria et al.，2001）；B. 夏栎幼苗（Christine，2003）；C. 万代兰丛生芽（Saikat，2013）；D. 苔藓茎（Rube'n，2007）；E. 胡黄连组培苗叶、茎（Mishra，2010）

### 二、人工种子的结构

完整的人工种子由体细胞胚（繁殖体）、人工胚乳和人工种皮三部分组成（图11-2）。

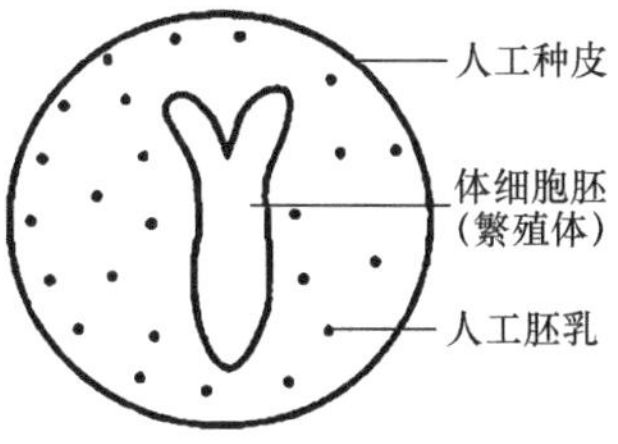


图11-2 人工种子结构示意图

体细胞胚（繁殖体）是由组织培养获得的类似于合子胚的结构。人工种子发展早期，包埋体主要以体细胞胚为主。体细胞胚在结构和形态发生过程与合子胚类似，具有胚根和胚芽的双极性，经原胚、球形胚、心形胚、鱼雷形胚及子叶形胚等阶段发育而来。体细胞胚区别于合子胚的特点在于：①体细胞胚是组织或细胞培养的产物，区别于无融合生殖的胚；②源于非合子细胞，以区别于由卵和精子结合而形成的合子胚；③有类似合子胚的完整结构，与外植体的维管束组织无联系，以区别于组织培养器官发生的再生过程。由于很多植物的体细胞胚获得比较困难，且体细胞胚易受高频率变异的影响，极大地制约了人工种子的商业化应用。随着组织培养技术及人工种子包埋技术的发展，开始采用吸芽、原球茎、茎尖、节间和腋芽等体细胞胚作为包埋材料。根据人工种子来源不同将繁殖体分为以体细胞胚为材料包裹制作而成的人工种子，称为体细胞胚人工种子；以不定芽、腋芽、茎节段、原球茎、发根和愈伤组织等制作而成的人工种子，称为非体细胞胚人工种子。

人工胚乳是支持体细胞胚（繁殖体），为其进一步发育提供营养的胶囊状物质，其成分与组织培养基相类似。根据体细胞胚（繁殖体）发育特点，向人工胚乳基质中加入不同物质，给予人工种子更优越的生活特性。一般人工胚乳含有丰富的碳水化合物、矿物质元素、维生素、植物生长调节剂、有益微生物制剂、杀虫剂、除草剂及防腐剂等。

人工种皮，除了避免失水与营养物质流失外，还要做到通气和防止机械损伤等作用。因此，人工种皮常是一些胶质的化学薄膜，常见的有海藻酸钠材料。

## 三、人工种子的意义

人工种子除了有与自然种子同样的结构及生物活性外，还有一些自然种子所无法比拟的优点。

### （一）高效快捷的生产方式

自然种子往往受到自然环境的影响，产量和品质难以稳定，常常会大余大缺。对于一些果树和林木植物要几年甚至几十年才进入第一次繁殖阶段，成苗周期长，阻碍了土地的高效利用。人工种子的培养物多数是通过组织培养方式获得的不定芽或胚状体，能在很短的时间内达到规模生产的需要，便于人工控制，不受季节性限制，产量和品质的稳定性能得到保证。果树和林木的人工种子可显著节省时间，提高种子产量及改善种子品质，节约大量种苗土地资源。体细胞胚可常年在实验室生物反应器内大规模、工厂化生产。现阶段在实验室条件下，1L 体积的培养基可产生 10 万个体细胞胚，工厂化的 12L 生物反应器在适宜条件下 20d 可生产出 1000 万个胡萝卜体细胞胚的人工种子。人工种子生产的工序自动化、生产的过程程序化，相比组培苗快繁更能降低成本和节省劳力，可为种苗生产开辟一条新途径。

人工种子是由无性繁殖产生的材料，相比于天然种子更易于工厂化生产和贮存。人工种子可制作成统一的规格，有利于农业机械化的应用；人工种子来源均一，遗传稳定性高，易获得发芽整齐一致的芽苗，有利于农业生产管理的规范化、标准化。

### （二）固定杂种优势

天然种子杂种优势只能在杂种第一代上有表型，杂种第二代由于基因型杂合往往会导致性状分离。因此，在新品种选育过程中，一旦获得基因型优良的育种材料，可通过诱导繁殖体的方式制成人工种子，使得优良育种材料得以快速繁殖，不用通过三系配套和多代选择等复杂育种过程。人工种子和常规育种相结合，大大缩短育种周期，简化育种过程。

### （三）特殊种质资源保存新手段

可使自然条件下不结实或种子昂贵的植物种质资源得以快速保存，对一些同源或异源多倍体变异材料（如远缘杂交种质，需无性繁殖的名贵、稀有种质，后代不育的孤雌生殖材料，生物工程株系等），通过人工种子技术进行繁殖保持和大量生产，短时间内提供足够的种源。

### （四）提高种子抗逆性

人工胚乳可根据不同植物的生长特性和生产需求来配制营养物质和添加物，加入生长调节剂、除虫剂、除草剂和杀菌剂等提高人工种子抗逆性和耐贮性。通过包膜技术，添加固氮细菌肥料，有利于促进人工种子生长发育，实现作物高产、稳产。

人工种子独特的优点，促使多国开展人工种子的研发，欧美等地区和国家相继开发了多种作物的人工种子。我国 20 世纪 70 年代后期开始研发，并取得较大进展，在农作物、园艺植物、药用植物和林木植物上获得了一大批人工种子材料。

# 第二节 人工种子的制备

人工种子的制备过程包括体细胞胚（繁殖体）的生产、包裹制作、萌发和植株成苗（图 11-3）。人工种子生产的核心是体细胞胚的生产，体细胞胚的经典生产流程分为选取目标植物、从适合外植体诱导愈伤组织、体细胞胚的诱导、体细胞胚的同步化及体细胞胚的分选等过程。

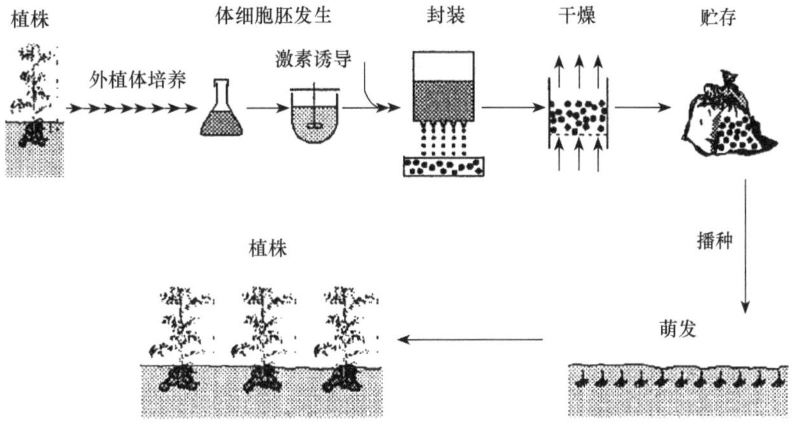


图 11-3 人工种子的制备过程（Patel et al.，2000）

## 一、体细胞胚（繁殖体）的诱导与筛选

### （一）体细胞胚（繁殖体）的来源

体细胞胚是保证人工种子具有发芽力及转换为正常植株的关键。不同种类的植物及外植体的不同类型，其诱导体细胞胚的难易程度不同，直接决定了人工种子的应用。单子叶植物相对于双子叶植物而言体细胞胚较易发生，禾本科植物则诱导较难。同种植物的不同品种间体细胞胚诱导差异也较大。总体上幼嫩、生理活性状态良好的器官或材料相对较容易。一般来讲，体细胞胚的来源大体分为 5 类：①外植体表皮细胞形成的体细胞胚，这类体细胞胚形成需由愈伤组织经垂周和平周分裂而得；②由花粉离体培养产生的体细胞胚，与二倍体体细胞胚发育程序相似；③愈伤组织产生的体细胞胚，其形状往往多种多样，主要以多子叶胚和喇叭状胚为主；④悬浮培养的单细胞产生的体细胞胚和愈伤组织成胚过程大体相似；⑤原生质体形成的体细胞胚，这类成胚方式特别适合基因工程研究。

### （二）体细胞胚诱导

高质量的体细胞胚需达到以下几点要求：胚芽、胚根同时生长，同步化程度高，分选后大小一致，迅速出芽，成苗整齐，抗逆性强。以非洲白蓡（*Mondia whitei*）为例，在植物生长调节剂（2,4-D、毒莠定）诱导下，约 2 周叶片边缘生长出松散型胚性愈伤组织；随后有大量白色或绿白色愈伤组织长出；6 周后松散型胚性愈伤组织经植物生长调节剂诱导分化出白色球形胚；8 周后成熟心形胚和鱼雷形胚出现（图 11-4）。一些植物生产出的胚状体多数质量低，虽可观察到胚状体的发生，但难以成株；有些胚状体根系发育不良，有些则是后期停止发育，胚轴部分细胞死亡。究其原因，除了基因型外，培养基、培养条件及植物生长调节剂对体细胞胚诱导影响较大，形态上往往表现为子叶不对称、多子叶、子叶畸形和胚轴肥大肉质化等不正常现象，使体细胞胚质量难以达到要求，人工种子转化率低。

培养基中的碳源除了作为能源和渗透调节物质外，对体细胞胚转化有一定的促进作用。蔗糖和果糖能促进体细胞胚转化，蔗糖在体细胞胚发育中可能具有两个方面的作用：能量物质和渗透调节。非洲白蓡体细胞胚发育过程各时期胚的诱导也受蔗糖调节，蔗糖浓度提高，成胚频率增大。当蔗糖和毒莠定浓度分别为 40g/L 和 25μmol/L 时，成胚频率可达 100%。在某些植物中麦芽糖可诱导停滞的体细胞胚进一步发育成熟。培养基中的硝酸铵和氯化铵等还原态氮对体细胞胚诱导效果要好于硫酸铵；高浓度无机氮对胡萝卜体细胞胚胎发生有益，降低氮

图 11-4　非洲白蔘体细胞胚胎发生过程（Baskaran et al.，2015）

A. 松散型胚性愈伤组织；B. 体细胞胚形成；C. 胚发育的各个时期：球形胚、心形胚、鱼雷形胚和子叶形胚；D. 体细胞胚的各个时期及成苗

和硝酸铵的浓度有利于棉花、番木瓜和薯芋体细胞胚的发育成熟。天然提取物（椰汁）对未成熟胚也有促进效果。光照对体细胞胚胎发生的影响因植物种类而异，烟草和可可体细胞胚胎发生要高光强，胡萝卜和咖啡则要求全暗条件培养。

### （三）体细胞胚的同步化筛选

体细胞胚在发生过程中往往存在不同步的现象，这不仅给研究胚胎发生分化机制带来了巨大阻力，也给人工种子的生产制作带来了不少麻烦，只有同步化了的细胞才可能成批生产出成熟的胚胎，细胞分裂和分化过程若不同步，则会导致体细胞胚产生不同步。因此，人工种子的生产制作过程，需要对体细胞胚胎发生过程进行同步化控制，并筛选纯化。

当前，对体细胞胚的同步化处理和筛选的方法有：①激素调节法。通过调节培养基的植物生长调节剂配比来控制胚发生过程，激动素和2,4-D可促进胚发育和成熟。②低温诱导法。对早期胚进行低温处理，通过延缓维管蛋白合成和纺锤体的形成，使细胞统一滞留于分裂中期，待恢复正常温度，可实现细胞的整齐分裂。③阻断法。将悬浮培养细胞除去某些必需成分，使细胞生长停止以控制分裂周期或在培养早期加入阻断剂（如DNA合成抑制剂），阻断细胞分裂来控制分裂周期。④渗透调节法。根据胚胎在发育过程中因发育阶段的不同而具有不同渗透势的特点，通过调节渗透势来达到调节细胞发育的目的。⑤物理分选。通过大小、密度等物理特性选用不同孔径的滤网来分选体细胞胚，这种方法简单实用，与其他方法配合使用效果更好。

## 二、人工胚乳的制备与筛选

胚乳是种子萌发和生长发育所必需的。人工胚乳必须具有与天然胚乳相似的营养物质和结构特点。人工胚乳的制备首先是筛选出适宜不同外植体材料生长的培养基，然后将筛选出的培养基添加入包埋介质中。来源不同的繁殖体对营养物质、生长调节剂等需求差别较大，MS、N6、B5和SH等基础培养基都曾被修改后用来作为人工胚乳的基本培养基，现常用作人工胚乳的基本培养基有MS和改良MS培养基。繁殖体不同对基本培养基的要求也不同，胡萝卜人工种子包埋于MS培养基的萌发率要高于1/2 MS和1/4 MS，水稻人工种子包埋于1/4 MS培养基的萌发率要高于MS培养基。

人工胚乳中提供的能量物质主要是糖类，常用蔗糖、麦芽糖、果糖和淀粉等。蔗糖应用最为广泛，在多数人工种子中促进转化成苗的效果较好，这跟蔗糖不仅是繁殖体生长的碳源物质，还是包被体系中的渗透调节物质有关。淀粉在人工胚乳中的应用也比较广泛，不同来源的淀粉对人工种子的萌发影响不一样，苜蓿属（*Medicago*）体细胞胚人工种子更喜欢含马铃薯淀粉的培养基。对木薯（*Manihot esculenta*）淀粉物理结构分析发现，淀粉分子多孔状的结构对海藻酸钙胶囊的结构致密性有改善作用，可提高胶囊内的透气性、保水性和吸水性，增强人工种子的萌发能力。

植物生长调节剂主要是促进生长发育，常用的生长素类物质有IAA、BA和2,4-D等，细胞分裂类物质有6-BA、KT等。柑橘的体细胞胚人工种子在不含KT的MS培养基中不能萌发。金线莲（*Anoectochilus roxburghii*）人工种子中添加单一调节剂6-BA可明显促进萌发，添加NAA和$GA_3$可促进其生根且利于幼苗成活，NAA与6-BA或$GA_3$配合使用效果最好。但番石榴（*Psidium guajava*）合子胚诱导的鱼雷形胚用2%海藻酸钠和100mmol/L活性炭包埋，在不含生长调节剂的MS培养基中能达到最大植株转株率。沈大棱（1991）等认为复合生长素预处理对微不定芽所制成的人工种子生根影响巨大。在1/4 MS培养基上的出根率及根的长度明显大于在含0.5mg/L NAA的1/4 MS培养基上的人工种子，说明生长素可以诱发根原基的形成，却不利于其进一步发育成根。根的形成和生长发育必须存在不同浓度的生长素，根发育早期需要的生长素浓度较低，根形成期则需要的生长素浓度较高；而在根的进一步发育中，本身已积累了足够的内源生长素，再施加外源生长素不但不能促进其继续生长，反而有抑制生长的作用。在人工胚乳中可以添加一定浓度的生长素，随着种子的萌发，生长素通过渗漏和利用而逐渐消耗，这样有助于种子生根。

此外，人工胚乳中添加一些金属离子、防腐剂、杀虫剂、杀菌剂和除草剂等物质可提高人工种子的抗逆性。金属离子与海藻酸钠发生离子交换形成胶体，其中$Ca^{2+}$、$Cu^{2+}$和$Al^{3+}$与海藻酸钠形成的圆形胶囊的外壳有弹性，而$Fe^{2+}$、$Zn^{2+}$和$Mn^{2+}$形成胶囊的外壳较软。一定浓度的金属离子对繁殖体有毒害作用，$Al^{3+}$可抑制多种繁殖体的生长；而正常条件下$Ca^{2+}$对繁殖体的萌发与转化有一定的促进作用。Antonietta（2007）研究发现4℃条件下，在人造胚乳中添加低浓度的甲基托布津可使土壤中的人工种子转株率显著提高。活性炭在木本植物中通过吸附有毒物质可明显提高体细胞胚的发生及发育，但加入的活性炭过多会大大降低人工种子的萌发率。

## 三、人工种子的制备

### （一）人工种皮

人工种子除了具有高质量的种胚和适合生长的人工胚乳外，还需一层外膜物质将人工胚乳和胚包裹起来，这层外膜物质相当于天然种子的种皮部分。除了保护和支撑胚及人工胚乳外，人工种子的种皮还需具有如下特点：①对包裹物无毒害，具有生物相容性；②利于贮藏，保水透气；③防止外力破坏，利于运输播种；④可降解，对环境友好。常见的可作为人工种皮的材料有海藻酸钠、明胶、果胶酸钠、树脂、琼脂和聚氧乙烯等物质，海藻酸钠是较常采用的材料之一，其处理技术相对成熟。利用海藻酸钠为内种皮具有无毒害、有生物活性、成本低和防损伤等优点，但生产过程中经海藻酸钠包裹后，人工种皮保水性差、易渗透、易干燥且吸水回涨困难，一些材料包埋后出现体细胞胚发芽率低，不耐贮藏现象，这可能是由于处理后的胚囊透气性差，体系内缺氧，抑制了胚呼吸进而影响了胚的生活力。为了克服海藻酸钠的不利因素，人们通过添加物来优化处理工艺，改进人工种子质量。香蕉的人工种子使用5%海藻酸钠和2%甲基纤维素作为内种皮，3%海藻酸钠和2%甲基纤维素作为外种皮包埋香蕉体细胞胚，其生活力显著提高。

人工种子还存在表面粘连、强度小、易受土壤环境影响等问题。涂抹外种皮可缓解上述不利情况，常见外种皮材料为Elvax 4260，该材料具有成膜性好、制备工艺对人工种子的萌发影响不大、有效保水保肥、强度适宜不影响种子萌发、通透性好、抗寒抗旱性强、可生物降解、对环境友好等优点。但由于Elvax™4260材料价格昂贵，成膜工艺复杂，包被效果仍不尽如人意等，其在生产上并没有得到广泛应用。人们又采用乙烯壳聚糖、丙烯酸树脂等材料涂抹海藻酸钠包被人工种子，获得一定效果，但在成膜时间和浓度控制上仍离生产要求较远。

人工种皮的质量与被选择材料本身性质相关外，还与材料的分子质量、成膜工艺密切相关。对人工种皮的选择，单一材料组成显然不能满足人工种子复杂的生长条件，新复合材料的使用及组合包埋方法将会极大地提高人工种子的生产效率和使用范围。要想彻底解决人工种子的包被材料问题，不仅要在海藻酸钠基础上进行技术优化和革新，更要通过新材料筛选来发展新的包被技术。

### （二）人工种子的包埋技术

早期人工种子的包埋主要采用液胶包埋法和干燥包埋法。Drew 最早在胡萝卜人工种子上使用液胶包埋法获得 3 棵小植株。液胶包埋法可将体细胞胚及其类似物悬浮在流体胶中直接播种于基质，这种方法方便快捷，但成活率相对不高。

干燥包埋法是将体细胞胚经干燥后用聚氧乙烯等复合材料包裹制成人工种子的方法，这类包埋方法的不足之处在于成活率太低，经改良后的干燥包埋法成活率有所提高。体细胞胚可通过两种方式进行干燥：在密闭环境下缓慢失水 1～2 周或在开放环境中过夜快速失水。失水的速率取决于胚的活性，未成熟胚可缓慢失水 1～2 周，大多数成熟胚则只能迅速干燥。添加激素或者渗透调节物质也可模拟干燥脱水，增加人工种子耐旱性，提高种子萌发率和转化率。在姜的人工种子制作中，蔗糖诱导耐旱要比空气脱水的种子萌发率和转化率高。0.5～0.75mol/L 蔗糖诱导的人工种子植株转化率可达 86%。榆叶梧桐（*Guazuma crinita*）在蔗糖（15%）、甘油（25%）、乙烯基乙二醇（15%）、二甲基亚砜（13%）和聚乙二醇 4000（2%）混合溶液中处理 15～60min 后储存在液氮中，存活率达到 80%。一般高渗透压处理可增加植物繁殖体内源 ABA 诱导休眠，从而增加耐旱性。将早期高丽参（*Eleutherococcus senticosus*）的子叶形胚在高浓度蔗糖（9%）培养基中诱导培养出的体细胞胚转移至低浓度蔗糖培养基上后很难再萌发，检测发现高浓度蔗糖诱导后体细胞胚中的 ABA 浓度要远高于低浓度蔗糖培养的体细胞胚。ABA 处理甘蔗（*Saccharum officinarum*）胚和龙舌兰（*Agave americana*）原球茎后，都可获得极高的繁殖体存活率，即便在 36℃条件下仍可存活 5d。

近来随着包被技术的发展，海藻酸钠包被技术成为最常用的包被技术之一。早期海藻酸钠离子交换包被技术是将繁殖体加入海藻酸钠形成胶状体后，将胶状体滴入 $CaCl_2$ 溶液中停留 5～30min，至表面完全结合成硬囊，无菌水冲洗终止交换反应，晾干后即成人工种子。通常海藻酸钠的使用浓度为 0.2%～5%，多数植物最佳萌发浓度为 2%～2.5%，该浓度的人工种子大小均匀，硬度适中，透明而有弹性。海藻酸钠浓度过低，形成人工种子的时间较长，种子颗粒不匀，大小不一且形状各异；浓度过高，则颗粒均匀、大小整齐，但会导致人工种子硬度太大，且呈乳白色、不透明，存在不同程度的拖尾现象，阻碍人工种子的萌发。$CaCl_2$ 的适宜浓度为 0.5%～4%。包被时间因植物来源不同，时间略有不同。

Patel 等（2000）提出了一种新型的海藻酸钠包被体系。具体步骤是将繁殖体悬于 $CaCl_2$ 和羧甲基纤维素混合液中，再滴入海藻酸钠溶液进行离子交换，形成一个类似空心胶囊的结构，空心胶囊里的繁殖体由于被液体包被，相对于原来的海藻酸钠包被方法可以被更好地保护。运用新的包被技术，胡萝卜胚性愈伤组织培养 14d 后，能在空心胶囊液体中 100% 萌发，有 13% 的萌发体能突破胶囊。马铃薯胚性愈伤组织 50% 可在空心胶囊中萌发，81% 的不定芽可突破胶囊生长（图 11-5）。

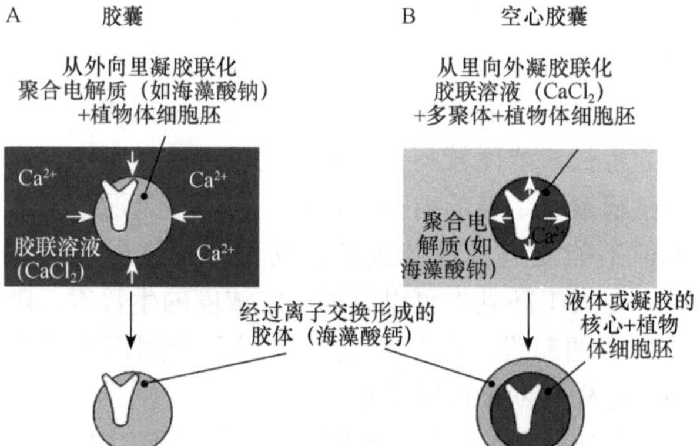


图 11-5　海藻酸钠传统包被技术和 Patel 包被技术
（Patel et al.，2000）
A. 海藻酸钠传统包被技术；B. Patel 包被技术

## 第三节　人工种子的贮藏与植株成苗

人工种子和自然种子一样，也需要运输贮藏。与自然种子不同，人工种子含水量丰富易失水干缩，人工胚乳含糖量高易腐败，运输过程中的机械损伤易造成人工种皮破损而降低萌发率。因此，人工种子的运输贮藏较自然种子对环境和措施要求更加严格。人工种子植株成苗与自然种子差异不大，在适宜的无菌条件或有菌条件下均可植株再生成苗。

### 一、人工种子的贮藏

人工种皮材料及其包埋技术决定了人工种子

的贮藏，不同包埋材料的人工种子贮藏要求差异也较大，以常用的海藻酶钠为包埋材料的人工种子，其贮藏方法常用低温法、干燥法、液态石蜡法或几种贮藏方法相结合，低温法、干燥法和液体石蜡法由于操作简便、萌发率高，在生产中应用较多。

### （一）低温法

低温法是将人工种子贮藏在冰点以上，通过温度抑制体细胞胚的生活力，达到延缓萌发的目的。不同材料对温度的敏感程度不一样，一般低温贮藏温度在2～6℃。人工种子在低温条件下一般可贮藏1～2个月，茶枝柑（*Citrus reticulata*）人工种子贮藏1个月萌发率仍很高，大麦花粉胚人工种子可贮藏6个月，马铃薯茎尖材料的人工种子贮藏390d后仍可萌发。低温可延长人工种子的贮藏时限，但由于长时间贮藏，包埋体内含氧量下降，易失水致使种球变干，体细胞胚存活率降低，对萌发率影响较大。

超低温保存技术在种质资源保存方面迅速发展，并取得了一定应用。超低温保存技术采用较多的是液氮迅速冷冻法，经液氮冷冻后的植物活细胞内的物质代谢和生命活动处于几乎完全停止的状态，而繁殖体的遗传性状和形态发生潜能并未改变或丢失。结合干燥预处理后，浸入液氮保存，可使人工种子寿命延长数倍。

### （二）干燥法

干燥法是在适宜条件下，将人工种子进行干燥处理，保持细胞结构，提高酶活性，增强体细胞胚活性，这一过程与自然种子在进入休眠前有一个生长停止、水分丧失和贮藏组织成熟及种皮硬化过程类似，干化的人工种子和自然种子一样具有较长的贮藏寿命。在高温条件下缓慢干化人工种子可获得较高的萌发率和转化率，鸭茅（*Dactylis glomerata*）人工种子干化处理后21d仍可萌发。ABA可诱导体细胞胚产生蛋白质、多胺和脯氨酸等物质积累，在干化过程中保护体细胞胚，从而提高人工种子的萌发率和植株转化能力，胡萝卜体细胞胚经ABA诱导后再经干化处理可延长贮藏时间。对体细胞胚的干化也提高了人工种子的贮藏，甘蔗体细胞胚干燥至含水量10%，其转化率可达到50%左右；经ABA诱导后体细胞胚干燥至含水量12%～15%，10d后干化胚萌发率为71%，而未经ABA诱导干化处理的体细胞胚几乎失去了生活力，ABA可明显提高干化后体细胞胚的萌发率。此外，蔗糖和脯氨酸预处理也可提高人工种子干化的耐受力。Rai（2008）用含有ABA（1mg/L）和高浓度蔗糖（9%）的MS培养基对番石榴体细胞胚进行短期保存，约90%的体细胞胚像合子胚休眠一样维持在静止状态，将体细胞胚转移到含有3%蔗糖的培养基后，也能够正常转化成植株。

### （三）液体石蜡法

液体石蜡由于具有无毒、惰性等特点，常被用来贮藏菌类和愈伤组织，人工种子可在液体石蜡中保存5年之久，多数人工种子在液体石蜡中短时间保存1～2个月，萌发率影响不大。结合低温条件，液体石蜡贮藏的苎麻（*Boehmeria nivea*）种子可达120d，这是由于低温抑制体细胞胚萌发，液体石蜡防止种球失水复干，故而达到延长贮藏的效果；但在正常条件下，液体石蜡贮藏的人工种子随时间的延长生活力下降，这是因为石蜡比水有更高的含氧量，常温下人工种子得到养分和水分便可萌发生长，短时间对人工种子生长发育影响不大，外观上难以观察，随时间的推移，种乳内营养物质和水分消耗殆尽，石蜡又无法排出由呼吸作用产生的$CO_2$，生活环境越来越不利于体细胞胚的生长，幼苗生长出现无真叶、无根，生长缓慢等的现象会大量出现，严重的则会导致幼苗褐化坏死。

## 二、人工种子植株成苗

人工种子植株成苗通常在无菌条件和有菌条件两种情况下植株再生。无菌条件下的植株再生是把包好的人工种子接于MS或1/2 MS培养基中，待成苗后移栽（图11-6）；有菌条件下的植株再生就是把人工种子直播在蛭石和砂混合基质中生长成苗。这两种方式均要求温、湿度和光照相对较为适宜以利于成苗，一般温度为（25±1）℃，光照10h，光照强度为1500lx，保持一定的湿度，防止人工种子内的水分很快丧失而使种球变硬变小，影响种子萌发。人工种子成苗的转化率受封装的凝胶强度和培养基等因素限制。人工种子在蛭石、珍珠岩等基质上成苗率较高，在人工种皮内补充灭菌剂有利于有菌条件下成苗，先锋霉素、多菌灵、氨苄青霉素或羟基苯甲酸丙酯等添加到基质中有一定程度的抑菌作用。在半夏（*Pinellia ternata*）人工种子制作基质中加入1%多菌灵、0.2%次氯酸钠及0.1%壳聚糖，其萌发率可提高至80%。

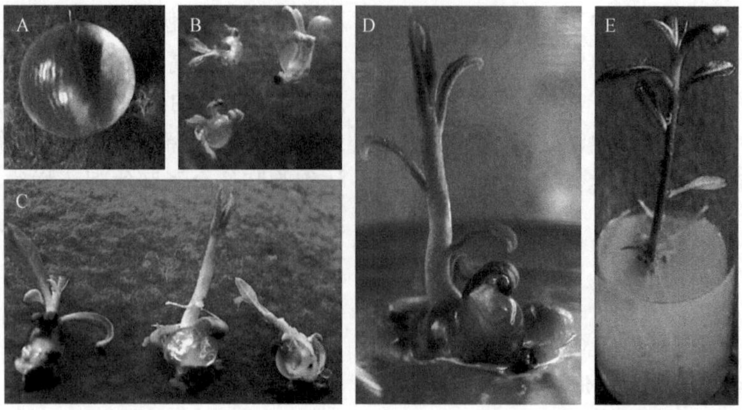


图 11-6 阿江榄仁（*Terminalia arjuna*）人工种子在试管中的成苗过程（Gupta et al.，2014）

A．封装的人工种子；B．茎尖萌发；C～E．成苗过程

## 小 结

尽管目前在实验室条件下人工种子技术取得了较大的进展，但其在生产上的应用尚待进一步研究与完善，人工种子的质量和成本是阻碍其发展的重要因素。完整的人工种子由体细胞胚（繁殖体）、人工胚乳和人工种皮三部分组成。本章从外植体材料的选择、体细胞胚的诱导与形成及其同步化筛选、人工胚乳的制备、人工种皮的选择、包埋方法、贮藏及发芽等方面详细论述了人工种子的制作过程及其影响因素。其中，高质量的体细胞胚能否发生、植物对人工胚乳的营养需求、培养基筛选（糖类、抗生素、生长调节剂）、人工种皮的研制及包埋方法，以及人工种子的贮藏和发芽是人工种子制作的关键过程。

## 复习思考题

1. 简述人工种子的概念和意义。
2. 简述人工种子的优点和生产上的局限性。
3. 简述人工种子的制作流程。
4. 怎样制作高质量的体细胞胚？
5. 人工种子的贮藏有哪些方法？

## 主要参考文献

陈晓东，赖钟雄．2011．果树人工种子研究进展．中国农学通报，27（2）：84~89

高荣岐，张春庆．2009．种子生物学．北京：中国农业出版社

巩振辉，申书兴．2013．植物组织培养．2 版．北京：化学工业出版社

纪才圭，毛家犀，鞠耐霜，等．1991．人工种子的种皮强度．复旦学报（自然科学版），30（4）：388~392

李浚明．2002．植物组织培养教程．北京：中国农业大学出版社

沈大棱，马超勇，李瑶，等．1991．水稻人工种子的研制．复旦学报（自然科学版），30（4）：361~367

孙敬三，朱至清．2006．植物细胞工程实验技术．北京：化学工业出版社

王蒂，陈劲枫．2013．植物组织培养．2 版．北京：中国农业出版社

王文国，王胜华，陈放．2006．植物人工种子包被与储藏技术研究进展．种子，25（2）：51~57

张建彬，王璐，彭宵，等．2014．大花蕙兰类原球茎的离体培养及人工种子制作与萌发的研究．种子，33（6）：10~13

Aquea F, Poupin MJ, Matus JT, et al. 2008. Synthetic seed production from somatic embryos of *Pinus radiata*. Biotechnology Letters, 30(10)：1847~1852

Baskaran P, Kumari A, Staden JV.2015. Embryogenesis and synthetic seed production in *Mondia whitei*. Plant Cell Tissue and Organ Culture, 121(1)：205~214

Gupta AK, Harish, Rai MK, et al. 2014. *In vitro* propagation, encapsulation, and genetic fidelity analysis of *Terminalia arjuna*：a cardioprotective medicinal tree. Appl Biochem

Biotech, 173(6): 1481~1494

Ipekci Z, Gozukirmizi N.2003. Direct somatic embryogenesis and synthetic seed production from *Paulownia elongata*. Plant Cell Reports, 22(1): 16~24

Mishra J, Singh M, Palni LMS, et al. 2011. Assessment of genetic fidelity of encapsulated microshoots of *Picrorhiza kurrooa*. Plant Cell Tissue and Organ Culture, 104(2): 181~186

Patel AV, Pusch I, Mix-Wagner G, et al.2000. A novel encapsulation technique for the production of artificial seeds. Plant Cell Reports, 19(9): 868~874

Raju CS, Aslam A, Shajahan A.2016. Germination and storability of calcium-alginate coated somatic embryos of mango ginger (*Curcuma amada* Roxb. ). Horticulture Environment and Biotechnology, 57(1): 88~96

Sakhanokho HF, Pounders CT, Blythe EK. 2013. Alginate encapsulation of begonia microshoots for short-term storage and distribution. The Scientific World Journal, (2): 1~7

Sharma S, Shahzad A, Teixeira JA.2013. Synseed technology-A complete synthesis. Biotechnology Advances, 31(2): 186~207

# 第十二章　植物种质资源离体保存

植物种质资源的离体保存（germplasm conservation *in vitro*）是指对离体培养的小植株、器官、组织、细胞或原生质体等材料，采用限制、延缓或停止其生长的处理方法将其保存，在需要时可重新恢复其生长，并再生植株的方法。常用的离体保存方法包括限制生长保存和超低温保存。植物种质资源离体保存的优点表现为：①所占空间小，节省人力、物力及土地；②便于种质资源的交流与利用；③需要时可使用离体培养方法进行快速繁殖；④避免病毒或病菌的感染及自然灾害等引起的种质丢失；⑤可以保存有性繁殖困难或种子敏感性高的植物。

## 第一节　限制生长保存

限制生长保存（slow growth conservation *in vitro*），是通过改变植物培养物生长的外界环境，使植物的生长速度降至最低状态但不死亡，从而延长继代培养时间、减少操作和节省劳力，达到中、短期保存种质的目的。限制离体培养物生长速度的方法主要有改变培养的环境条件，包括温度、光照和培养容器中的气体条件等；改变培养基成分，如添加生长调节物质和渗透调节物质等。

### （一）改变培养的环境条件

1．温度　植物的生命活动通常会随着环境温度的降低而减弱甚至几乎停滞，所以可通过降低植物保存的温度来部分或完全抑制保存材料的生长以达到保存种质的目的。低温保存（low temperature conservation）是限制生长保存中最简单、最有效和最常用的方法。大量研究结果表明，不同植物甚至同一种植物的不同品种对低温的敏感性不尽相同。一般情况下，耐寒物种可在 −3℃保存，温带物种可在 0～5℃保存，亚热带物种在 10℃左右保存，而热带植物可在 15～20℃条件下进行保存。因此，在利用低温保存离体种质资源时，正确选择适宜的低温条件是成功保存的关键。低温保存的植物材料类型主要有试管苗、愈伤组织、花粉、茎尖等。

2．光照强度　通常植物材料在适合的弱光或短日照下，因光合作用减弱，碳水化合物积累减少，其生长速度会有所减缓。因此，通过调节植物保存环境的光照强度也是限制生长常用的保存方法之一。通常采用的光照强度不可过弱，时间不可过短，应既能控制植物材料的生长量最小，又能维持其自养而不致死亡。但也有强光利于离体材料保存的报道，如在姜种质保存中，长光照或全光照条件下保存 14 个月后，仍有 50% 的存活率，而黑暗条件的存活率仅为 20%。因此，不同植物类型、同一植物不同品种对光照的敏感性也可能存在差异。

3．环境中的氧含量　通过降低种质资源保存环境周围的大气压力或氧含量，可抑制培养物细胞的新陈代谢，延缓植物的生长速度，并能防止培养基过快干涸和材料褐化，从而达到种质资源离体保存的目的。常用的方法是将材料和环境中的氧气进行有效隔离，即在材料上覆盖一层硅酮等矿物油或液体培养基，使材料与环境中的氧气隔离。此外，保存材料的容器类型和不同的封口材料因其不同的透气性能也会影响材料保存环境中的气体成分及其氧含量，从而影响保存效果。

### （二）改变培养基成分

1．基本培养基成分　离体培养材料在生长发育过程中所需的养分主要由培养基供给，如果养分供应不足或不当，则会减缓生长速度。因此，通过调整培养基中的养分水平，可有效抑制细胞生长，从而达到保存种质的目的。此外，培养基中碳源的种类及含量也会影响离体培养物的保存效果。例如，百合鳞茎在添加 50～90g/L 蔗糖的培养基中可保存

11 个月以上；红根草试管苗在无糖的培养基上植株形态和色泽较差，但保存时间更长。

2．生长调节物质　通过在培养基中添加不同浓度的生长抑制剂或生长延缓剂，降低培养材料的生长速度，也可延长种质资源离体保存的时间。生长抑制剂是一类天然的或人工合成的外源激素，具有抑制细胞生长的生理活性。生长延缓剂可抑制细胞分裂，使细胞生长速度减慢。常用的生长调节物质有脱落酸（ABA）、矮壮素（CCC）、多效唑（PP333）、丁酰肼（B9）等，也可使用马来酰肼（MH）、缩节胺（DPC）、膦甘酸等物质。但由于保存材料自身的遗传基础、生理状况、内源激素水平和培养条件的差异，其所需的生长调节物质及其浓度也各不相同。

3．添加渗透调节物质　通过在培养基中添加渗透调节物质提高保存材料生长环境的渗透压，可减缓培养材料的吸收作用，抑制培养材料的生长，从而达到保存种质的目的。其作用机理是提高培养基的渗透势负值、降低细胞膨压，使细胞吸水困难、新陈代谢减弱，从而延缓细胞生长。常用的渗透调节物质有蔗糖、甘露醇或山梨醇等。通常培养基中添加的高渗化合物在保存早期对培养物存活率的影响不大，但随着保存时间的延长，对延缓培养材料生长的作用就会愈加明显。此外，虽然不同植物培养材料保存所需的渗透调节物质含量不同，但其保存时间、存活率、恢复生长率等指标及受培养基中高渗物质含量影响的变化趋势基本一致。

通过限制生长进行植物无性系的离体保存，因其保存的材料范围广、不受保存材料生长季节的限制、方法简便易行、材料恢复生长快，而适用于现代化种质库的管理。但是在进行植物种质资源离体保存时，不同植物、不同基因型或同一品种的不同材料所采用的保存方法也不尽相同。在具体的种质资源离体保存实践中，通常是将两种或两种以上的方法综合使用，更有助于延长种质资源离体保存的年限。

# 第二节　超低温保存

超低温保存是指将植物离体材料包括分生组织、胚、花粉、愈伤组织、原生质体、悬浮细胞或茎尖（芽）等，经过一定的方法处理后置于液氮（−196℃）或液氮蒸气相（−180～−150℃）的超低温条件下进行保存的方法。植物材料在超低温的环境下，细胞的生长活动和新陈代谢基本停止，可达到长期保存种质的目的。

## 一、超低温保存的基本原理

### （一）细胞冰冻结冰与伤害理论

生物材料在冰冻过程中，随着温度的降低，细胞外的溶液浓度较低而先达到冰点形成冰晶，但细胞内的溶液未达到冰点尚未结冰，造成细胞内外产生蒸汽压差而导致脱水。如果降温速率不超过细胞内脱水导致的冰点下降速度，细胞内的水分就会不断地向细胞外扩散，细胞原生质浓缩，细胞内溶液的冰点降低。这种逐渐除去细胞内水分，有效避免在细胞内形成冰晶的过程称为保护性脱水（protective dehydration）。但过度脱水可能造成细胞内有害物质的积累，如蛋白质分子间形成的二硫键会破坏蛋白质和酶的结构，并使膜的完整性受到伤害，细胞内结冰而造成机械损伤。

### （二）溶液的玻璃化理论

冰晶核的形成和生长是细胞结冰的两个必备条件。当溶液温度降低时，如果没有均一晶核或晶核生长缺乏足够的时间，则溶液呈不结冰的液态。但当温度继续下降，溶液中晶核开始形成，这时的温度为晶核形成的温度。如果温度下降的速度太慢，晶核就会生长成为尖锐的冰晶，但如果温度下降的速度足够快，晶核就会很少或几乎不形成或还未生长，溶液就会进入无定形的玻璃化状态（vitrified state）（是一种透明的“固态”），这时的温度为玻璃化形成的温度。在植物组织达到玻璃化状态时，细胞不会受到伤害。

在超低温条件下，植物材料之所以能长期保存并可以在离开保存环境后恢复生长，就是在冰冻过程中避免了细胞内水分结冰，并且在解冻过程中防止细胞内水分的次生结冰。但是，由于植物细胞含水量较高，在冷冻（freezing）过程中，会有冰晶形成和过度脱水，在解冻（thawing）过程中也会重新形成冰晶并遭受温度冲击（thermal shock），保存难度大。如果直接将保存材料投放到液氮中，由于细胞内水分结冰，会引起组织和细胞死亡。因此，植物种质在超低温保存中需采取如下措施：①选择细胞内自由水少、抗冻能力强的植物材料；②采取预处理措施，提高植物材料的抗冻能力；③在冷冻过程中尽量减少冰晶的形成，避免组织细胞过度脱水；④在解冻过程中避免冰晶的重新形成及温度冲击导致的渗透胁迫（osmotic stress）等。

## 二、超低温保存的基本程序

超低温保存的基本程序包括植物材料的选取与准备、预处理、降温冰冻处理、解冻、再培养与活率鉴定、遗传稳定性检测等（图 12-1）。

### （一）植物材料的选取与准备

由于植物的特性，包括基因型、抗冻性、细胞、组织和器官的年龄、生理状态等不同，适宜进行超低温保存的材料类型也各不相同。目前成功进行超低温保存的材料类型有种子、茎尖分生组织、花粉、胚轴、愈伤组织和体细胞胚等。此外，材料大小、取材部位也会影响超低温保存的效果。因此，根据植物的种类，选择合适的离体培养物类型，并适时取材（表 12-1）。

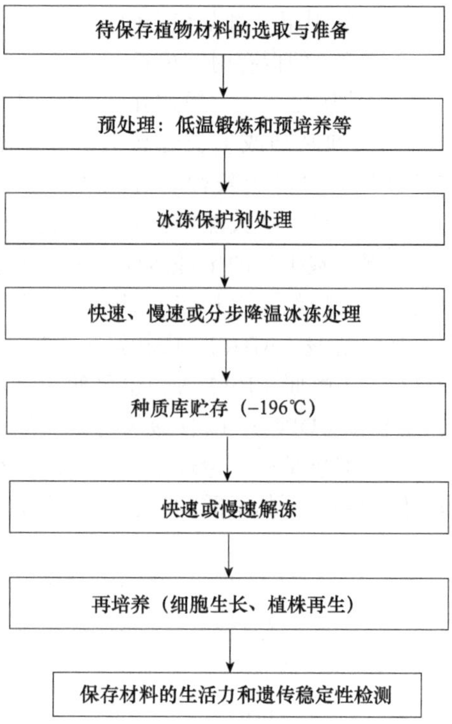


图 12-1　植物离体材料超低温保存的基本程序

**表 12-1　超低温保存材料类型的优缺点及适用物种**（陈晓玲等，2013）

| 外植体材料类型 | 优缺点 | 适用物种 |
| --- | --- | --- |
| 种子 | 超低温保存操作简单，可大大延长种子寿命 | 珍稀、濒危、野生正常性种子、中间性种子（番木瓜、茶、杏、杨桃、柑橘、油棕）、短寿命种子、顽拗性种子（橡胶） |
| 茎尖分生组织 | 超低温保存的一种理想材料，可维持遗传稳定性；所需保存空间较小 | 适用植物范围广，包括温带和热带植物 |
| 休眠芽（枝条） | 超低温保存操作简单，可避免超低温保存后进行组织培养的污染问题；但需专用仪器设备，如程序降温仪等，来精确控制降温速度，取材时间受季节限制，所需保存空间较大，化冻复苏后需要熟练的嫁接技术 | 耐寒木本植物，如温带、亚温带植物（苹果、桑、李、柿、核桃、柳树、榆木），热带植物还未见报道 |
| 花粉 | 超低温保存操作简单，可保持特定的基因型，解决杂交育种时的花期不遇或地理隔离等问题，也可避免每年种植同一父本材料；取材时间受季节限制 | 短寿命的三核型花粉（禾本科、十字花科、菊科等）、顽拗性种子植物（没有其他长期保存方案） |
| 合子胚（胚轴） | 超低温保存操作简单，体积小、具有形态发生潜力的芽尖和根尖，解冻复苏后能生长成正常植株 | 正常性种子（花生）、非正常性种子（椰子、佛手瓜、榛子、咖啡、橄榄、杏、茶、柑橘、木菠萝、棕榈） |
| 愈伤组织和体细胞胚 | 相对容易，方法简单，需要预先建立完善的胚性愈伤组织诱导组培体系，在超低温保存前需要确定愈伤组织维持高度扩繁和再生能力的状态。有的物种需要使用程序降温仪对降温速度进行精确控制，但在超低温保存后是否能维持较高的遗传稳定性，尚存在争议 | 很多物种，如冷杉属、云杉属、松属、栎属、柑橘属、油棕、苹果、草莓、洋橄榄、甜樱桃、芦笋、甘薯、水稻等 |

### （二）预处理

预处理的目的是提高新分裂细胞的比例和减少细胞内自由水的含量，在冷冻过程中使细胞不易受害。预处理的方法主要有低温锻炼和预培养等。低温锻炼是将离体培养物置于一定的低温环境中，增加细胞膜系统的稳定性，提高其抗寒能力。预培养的方法通常是将离体材料在合适的培养基中培养一段时间，使细胞达到旺盛的分裂生长状态后，置于加入冰冻防护剂的培养基中再培养。冰冻防护剂的作用原理是其在水溶液中可产生强烈的水合作用，提高水溶液的黏滞性，降低细胞内盐浓度和冰晶的形成，使细胞免受冻害。常用的冰冻防护剂有糖类、甘油、二甲基亚砜（DMSO）、脯氨酸、聚乙二醇、乙酰胺、糖醇和福美氧化硫等。

### （三）降温冰冻处理

降温冰冻处理的关键在于降温速度，其主要方式有 4 种：快速冰冻法、慢速冰冻法、两步冰冻法和逐级冰冻法。

1．快速冰冻法　快速冰冻法（rapid freezing method）是将预处理后的植物材料直接置于液氮中保存，降温的速度可达 100～1000℃/min。这种方法可迅速越过细胞内冰晶生长的临界温度，使细胞进入玻璃化状态（vitrified state），避免细胞在冰冻过程中损伤。高度脱水的植物材料如种子、球茎、块根、花粉等及抗寒性较强的木本植物的枝条或芽，经过冬季的低温锻炼，可采用快速冰冻法。

2．慢速冰冻法　慢速冰冻法（slow freezing method）是在冰冻保护剂的存在下，以 0.1～10℃/min 的速度进行降温冰冻。因降温速度较慢，可使细胞内的自由水充分散出，避免在细胞内部形成冰晶体，从而达到脱水效果。细胞体积较大、含水量较高的不抗寒植物材料，如细胞愈伤组织或悬浮细胞系可采用此方法。

3．两步冰冻法　两步冰冻法（two step freezing method）是一种改良的慢速冰冻法，其特点是第一步以 0.1～5℃/min 的速度进行降温，降至 −40～−30℃或 −100℃时，平衡 0.5～3h，此时细胞内的水分减少到最低限度；第二步是将材料迅速置于液氮中保存。

4．逐级冰冻法　逐级冰冻法（stepwise freezing method）是将植物材料经过冰冻保护剂处理后，通过不同的温度等级降温至 −40℃，如 −10℃、−15℃、−25℃、−35℃或 −40℃等，每个温度处理 4～6min，然后再置于液氮中保存。

### （四）解冻

解冻是将保存的植物材料从液氮中取出，使其融化，以便进行下一步的恢复再生培养。解冻是再培养成功的关键。目前常用的解冻方法有快速解冻和慢速解冻两种方法。

1．快速解冻法　快速解冻法（rapid thawing）是将冷冻材料取出后，迅速放入 35～45℃（一般可为 37℃）的温水浴中，待材料中的冰晶完全融化，解冻速度为 500～700℃/min。此法的优点是融冰速度快，细胞内的水分来不及再次形成冰晶已完全融化，避免细胞次生结冰伤害，适用于大部分冷冻保存材料。

2．慢速解冻法　慢速解冻法（slow thawing）是将冷冻材料取出后置于 0℃、2～3℃或室温下进行缓慢解冻。一些自然或缓慢降温下高度脱水的超低温保存材料常用慢速解冻法，如木本植物的冬眠芽、花粉和胚等。因为这些材料经历了低温锻炼的过程，细胞内的水分已最大限度地渗透到细胞外，如果解冻速度太快，细胞吸水过猛，细胞膜就会受到强烈的渗透胁迫，从而引起细胞膜破裂，导致材料死亡。

### （五）再培养

超低温保存的材料解冻后需要给予合理的再培养条件使其恢复生长。一般解冻后，需要对保存材料进行洗涤，即用培养基冲洗几遍，去除冰冻防护剂后，再接种到新鲜的培养基上进行培养。但有的材料在洗涤后会降低成活率，需直接接种于新鲜培养基上，通常情况下，解冻后的材料在黑暗或弱光条件下培养 1～2 周后，再转入正常光照下继续培养。

### （六）活率鉴定

超低温保存后存活率鉴定与所采用的超低温保存技术、材料类型及其再生方式有关。其检测评价指标主要有存活率（细胞活力快速染色法、再培养法等）、再生率（茎尖、胚等）、萌发率（花粉、种子等）、坐果率、结实率（花粉）和嫁接成活率（休眠枝条、冬芽等）等（表 12-2）。在研究中广泛采用的是细胞活力染色法，主要为以下两种方法。

**表 12-2　超低温保存后材料存活检测方法**（陈晓玲等，2013）

| 存活评价指标 | 适用材料类型 | 优缺点 |
|---|---|---|
| 存活率（细胞活力快速染色法，如 TTC、FDA 染色法等） | 所有外植体类型 | 快速鉴定；测定值可能高于实际存活率或再生率，且进行快速染色鉴定后的样品已无存活能力，不能继续进行长期保存及活体细胞再生行为的后续观察 |
| 存活率（再培养法） | 茎尖分生组织、合子胚（胚轴）、愈伤组织和体细胞胚 | 体现实际存活状况；但在组织培养过程中面临污染的危险，部分存活组织有可能不能再生 |
| 再生率 | 茎尖分生组织、合子胚（胚轴）、愈伤组织和体细胞胚 | 体现实际再生状况；但周期长，在组织培养过程中面临污染的危险 |
| 萌发率 | 花粉、种子 | 花粉萌发率可能高于实际坐果率或结实率 |
| 坐果率、结实率 | 花粉 | 周期长，受气候、环境因素影响 |
| 嫁接成活率 | 休眠枝条或冬芽 | 需要熟练的嫁接技术，受气候、环境因素影响 |

1. TTC 法　即氯化三苯四氮唑还原法，作为指示剂用的氯化三苯四氮唑在脱氢酶的作用下还原生成红色的三苯基甲臜（TTF），根据活细胞着色深浅程度可鉴定保存材料的活性，可利用分光光度计进行定量测定。

2. FDA 染色法　即荧光素二乙酸酯染色法。FDA 本身不发荧光，渗入活细胞内经过酯酶的脱脂化作用生成荧光素，在紫外线的激发下有活力的细胞会产生荧光。因此，它可以作为鉴定活细胞的一种方法。该方法是先配 0.1% 荧光素染料后，与一滴解冻后的细胞悬浮液相混合，然后分别放于普通光学显微镜和紫外光显微镜下观察计数。

## 三、超低温保存的主要方法

超低温保存的方法依据不同的原理可以分为两类。一类是依据冷冻脱水的原理，结合程序降温的传统保存技术。它需要通过程序降温仪或连续降温冰冻装置等仪器设备来控制降温速度，其存活关键在于降温冷冻环节，而非脱水环节。另一类则是依据植物细胞玻璃化原理，采取快速降温方式的保存技术，其实验条件要求相对比较简单，不需要昂贵的程序降温仪，存活关键在于脱水环节，而非降温冰冻环节。主要包括包埋-干燥法、玻璃化法，以及在这些方法基础上改良的预培养-干燥法、包埋-玻璃化法等。

### （一）程序降温法

此方法基于冰冻保护剂和慢速降温程序，主要通过预培养、冰冻保护剂处理、控制降温速度和转移温度等关键环节，实现材料的超低温保存。此外，在该方法的基础上，对能忍受较大降温速度的植物材料可采用简化保存法，即采用非连续性降温的电控冰冻室或不能精确控制降温速度的超低温冰箱等设备代替程序降温仪，将植物材料降至一定温度后投入液氮中保存。

### （二）干燥法

将保存的植物材料置于空气、硅胶、烘箱内或真空中进行干燥，使其适度脱水，通过控制脱水速度和程度来提高材料的抗冻性，然后投入液氮中保存。一般情况下，采用干燥法将植物材料的含水量从 72%～77% 降低到 27%～40% 后再放入液氮中保存，但不同植物材料的最适脱水温度可能有所不同。此方法主要用于种皮较厚的种子、胚轴和体细胞胚等的超低温保存。

### （三）预培养法

将保存的植物材料在含有冰冻保护剂的培养基上预培养一段时间，使其脱水，然后置于液氮中保存。常用的预培养是在含有阶梯浓度的蔗糖、二甲基亚砜或聚乙二醇培养基上进行培养，适用于胚、体细胞胚和顶端分生组织等的保存。

### （四）预培养-干燥法

将预培养法和干燥法相结合，即将植物材料先放在含冰冻保护剂的培养基上预培养一段时间，然后进行干燥，最后置于液氮中保存。

### （五）包埋-干燥法

将植物材料用海藻酸钠包埋技术处理后，用无菌空气或硅胶使包埋丸缓和脱水至适宜的含水量后（一般降至 20% 左右，以鲜重为基础），再将包埋丸迅速置于液氮中保存。该方法具有程序简单、操作容易、恢复生长快、材料存活率高、避免冷冻保护剂对细胞的毒害作用等优点，可应用于植物茎尖、体细胞胚和细胞悬浮液等的超低温保存。

### （六）包埋-脱水法

将植物材料用海藻酸钙包埋成小球后，置于高浓度蔗糖的培养液等冰冻保护剂中进行脱水，然后直接放入液氮中保存。该方法适用于茎尖、细胞悬浮液和体细胞胚等。

### （七）玻璃化法

将植物材料用冰冻保护剂进行预处理后，再经高浓度玻璃化保护剂处理，然后直接投入液氮中保存。玻璃保护剂是指大分子冰冻保护剂的高浓度溶液或混合液。如玻璃化液 PVS2，其主要由 30% 甘油、15% 二甲基亚砜、15% 乙二醇和 40% 蔗糖（pH 5.8）组成。有些植物材料可不进行冰冻保护剂的预处理，而直接使用玻璃化溶液处理。此方法可用于原生质体、体细胞胚、顶端分生组织和细胞悬浮系等离体材料的超低温保存。

### （八）小滴玻璃化法

将含有冰冻保护剂处理的材料进行预处理，然后将其滴于铝箔上使之成为水滴，最后将粘有小水滴的铝箔直接投入液氮中进行保存。此技术发展较晚，但已成功在马铃薯、苹果和芦笋茎尖的超低温保存中得到应用。

## 四、影响超低温保存的主要因素

影响超低温保存的因素有很多，其程序中的各种处理，如预处理中的低温锻炼、预培养、脱水方式、降温冰冻方式、解冻方法和恢复培养条件等都是影响超低温保存存活率和再生率的重要因素。

### （一）保存材料的特性

保存材料的基因型、类型、抗冻性及器官、组织和细胞的年龄、大小等均会影响超低温保存的效果。不同基因型的植物离体材料对超低温保存的反应各不相同；种间甚至同种的不同品种（系）间的冻后存活率均可能存在显著差异。

1．保存材料的类型　保存材料的类型主要有种子、茎尖分生组织、花粉、体细胞胚、胚轴、原生质体、愈伤组织和悬浮细胞等。一般而言，超低温保存宜选择遗传稳定性好、容易再生且抗冻性强的植物材料，如茎尖、腋芽原基、胚、幼龄植株等有组织的材料，其遗传稳定性好、细胞体积小、液泡小、细胞质较浓、含水量较低且易于再生，故抗冻性强。但由于植物分生组织的细胞质分布均匀稠密，对低温冰冻极为敏感，冰冻过程中的损伤效应特别突出，而且分生组织必须保持结构的完整性才能快速分化，局部冰冻损伤会影响冻后的正常分化。因此，植物分生组织的超低温保存较细胞培养物保存难度大。愈伤组织和悬浮细胞存在普遍的遗传不稳定现象，且有些植物的愈伤组织和悬浮细胞经过长时间保存，再生能力较差，因此含有较大液泡的愈伤组织和悬浮细胞并不是理想的离体种质保存材料。

2．保存材料的大小　由于不同植物及其保存材料的大小对冰冻保护剂的敏感程度不同，对于利用保护剂进行超低温保存的材料而言，其大小常常影响到材料的存活。选择保存材料的大小既要保证所取材料可以在培养基上生长，又要有尽量小的体积，以利于冰冻。如果所取材料太小，会增加切取材料的难度和对材料的伤害，不利于冻后材料生长的恢复，甚至不经任何处理直接转移到培养基上也难以成活；所取材料太大，则会影响预培养结果，尤其是减慢冰冻和解冻的速度，造成材料结晶伤害，降低冻存效果，甚至导致失败。例如，植物茎尖顶端分生组织易受机械损伤，需要有叶原基保护，但切取的叶原基数目太少容易损伤顶端分生组织，切取的叶原基数目过多又不利于保护剂的渗入。

### （二）保存材料的生理状况

对保存材料进行低温锻炼或预培养可以调整植物材料的生理状况，增加细胞膜系统的稳定性，从而增强细胞的抗寒能力。对于能经受长期低温、具有较强抗寒力的离体材料，通过不同时期和不同时间的低温锻炼，可提高离体保存材料的存活率。充分的低温驯化需结合预培养才能提高存活率，单独的低温驯化并不能完全诱导离体材料产生很强的脱水和耐冻力。不同植物所要求的低温锻炼时间、蔗糖浓度及其预培养时间也不尽相同。

### （三）冰冻保护剂的合理使用

植物离体超低温保存时，应根据材料特性选择适宜的冰冻保护剂。冰冻保护剂的使用能减少超低温保存时冰冻对细胞造成的损伤。冰冻保护剂的浓度和处理时间都会影响冻后材料的存活率和再生率。对植物材料来说，二甲基亚砜（DMSO）是最好的冰冻保护剂，培养细胞的适宜浓度一般是5%～8%。此外，不同类型的材料对冰冻保护剂的反应也不同，通常情况下，由于单一冰冻保护剂各有优缺点，所以冰冻保护剂一般都是按一定配方配合使用，以使各种成分充分发挥保护作用，其较单独使用效果更佳。例如，使用10% DMSO＋8% 葡萄糖＋10% 聚乙二醇组成的复合冰冻保护剂，枣椰树的愈伤组织成活率可接近100%。

### （四）降温速率的有效选择

不同的离体材料，其采取的降温速度、预冻温度与预冻温度处理的时间也各不相同。对于细胞类型一致、成熟度高的材料，如原生质体和悬浮细胞等可采用慢速降温冰冻，以使细胞内水分有充足的时间流到细胞外，避免细胞内结冰，达到良好的脱水效果。通常，在利用缓慢降温保存时，降温速率越低，成活率越高。但像花粉、分生组织等组织、器官的冻存，根据其含水量的多少、组织块的大小，多采用快速降温法，以使冻存的组织器官获得最佳的冻后恢复生长能力。

### （五）冰冻材料的解冻及其后续处理

采用适宜的解冻方法，可避免植物材料在解冻过程中其细胞内产生次生结冰，从而避免细胞膜体系受到伤害。相比之下，冻存材料的解冻操作比较简单，一般情况下，采取快速解冻。解冻后材料上会残留有高浓度的冰冻保护剂，因此通常会对材料进行洗涤。洗涤液的渗透压过低，细胞由于复水太快可能会造成细胞吸胀损伤；洗涤液的渗透压过高，细胞会因继续失水而受伤害。因此，经过玻璃化法或小滴玻璃化法保存的茎尖、腋芽等解冻后，通常采取室温条件下使用1.2mol/L蔗糖的MS液体培养基进行洗涤的方法。此外，解冻后的恢复培养是检验超低温保存效果的有效方法。因此，恢复培养的培养基选择和培养条件也是进行超低温保存的重要因素。

# 第三节　离体保存种质的遗传完整性

植物种质资源离体保存的目的是保持材料性状的遗传稳定性。在植物离体保存过程中，会出现不同程度的遗传变异。因此，对植物种质资源离体保存过程中发生的遗传变异情况进行检测是非常必要的。

## 一、影响离体保存种质遗传完整性的主要因素

影响离体保存种质遗传稳定性的因素很多，主要有保存方法、保存时间、培养基成分和离体培养物的类型等。在离体保存过程中及植物材料在恢复生长和再培养阶段，都需要对保存的材料提供特殊的培养基或培养条件，如低温锻炼、含激素的培养基、含渗透物质的培养液等，这些措施都有可能增加植物材料的变异率。通常认为，在添加了生长抑制剂或渗透物质的培养条件下，保存材料发生变异的可能性较高，表现为染色体畸变和基因突变等。因此，培养基中应尽量减少易导致染色体畸变和基因突变物质的使用量，特别是2,4-D等生长调节剂，高浓度的2,4-D影响有丝分裂的纺锤丝和着丝粒的生理功能，造成分裂细胞染色体的异常分裂，从而导致非整倍体的形成。

此外，采用限制生长保存方法时，不管采用何种培养基配方，随着保存时间的延长及继代次数的增加，变异的可能性也随之增大，因此要尽量减少离体种质保存过程中的继代次数。此外，不同的离体培养物类型对基因的稳定性也有影响，例如，没有分生组织的叶片或茎端比具有分生组织的茎尖、腋芽等变异率高，受到伤害的离体培养物较没有受到伤害的离体培养物变异率高等。

## 二、离体保存种质遗传完整性的检测方法

### （一）形态学方法

主要通过比较保存前后的植物材料的形态发生能力和形态特征，如植物的株高、叶形、果形、花色等，来鉴定其遗传稳定性是否发生改变。它是最基本的也是最直观的评价方法。但由于离体保存过程中，植物材料的生长受到限制，常会导致形态发生某些改变，恢复培养后形态正常，所以很难单独用形态学标记对保存材料进行检测。

### （二）细胞学方法

主要是指对保存材料的染色体核型（如染色体数目、大小、随体、着丝点位置等）、带型（如C带、N带、G带等）和结构（如倒位、易位、重复、缺失等）及数目的变异进行评价，但一些植物的染色体比较小，进行分带有一定的困难，并且可用的细胞学标记数目有限，一般主要研究其染色体数目的变异情况。

### （三）生化分析法

主要对植物材料保存前后的同工酶和储藏蛋白进行比较分析。同工酶和储藏蛋白是基因表达的产物，可根据其保存前后的谱带差异反映植物DNA组成上的差异。但由于其为基因表达加工后的产物，仅是DNA全部多态性的一部分，而且其特异性易受环境条件和发育时期的影响，在实际应用时有一定的限制。目前，常用的同工酶有过氧化物酶（POD）、超氧化物歧化酶（SOD）及酯酶（EST）同工酶等。

### （四）分子标记法

与形态学、细胞学和生化标记相比，分子标记具有数量多、多态性高、不受植物生长发育和取材限制、检测手段快速简便等优点，并且有些分子标记具有共显性特点，可对植物基因型是否纯合进行检测。利用分子标记在分子水平上对保存材料的遗传稳定性进行检测的应用越来越多。目前，常用的分子标记有基于分子杂交的分子标记，如限制性片段长度多态性（restriction fragment length polymorphism，RFLP）等；基于PCR技术的分子标记，如随机扩增多态性DNA（random amplified polymorphic DNA，RAPD）、简单重复序列（simple sequence repeat，SSR）等；基于限制性酶切和PCR技术的DNA标记，如扩增片段长度多态性（amplified fragment length polymorphism，AFLP）；以及基于DNA芯片技术的分子标记技术，如单核苷酸多态性（single nucleotide polymorphism，SNP）等四大类。

# 第四节 植物超低温种质保存实例

## 马铃薯茎尖的超低温保存

马铃薯（*Solanum tuberosum*）是全世界仅次于水稻、小麦和玉米的第四大粮食作物。马铃薯也是超低温保存研究的模式植物之一，我国早在20世纪80年代，在黑龙江省克山建立了国家马铃薯种质资源中心，该中心以组织培养的形式保存了2000多份马铃薯栽培种和野生种资源。秘鲁的国际马铃薯中心（International Potato Center，CIP）自1995年启动了马铃薯的超低温保存研究以来，已成功地保存了上千份马铃薯种质资源。

20世纪70年代末，马铃薯在超低温保存方法的研究较多。主要的超低温保存方法有两步降温法、包埋-干燥法、玻璃化法、小滴冷冻法、小滴玻璃化法和包埋-玻璃化法等。这里以快速降温法、玻璃化法和小滴玻璃化法为例进行简要介绍。

### （一）快速降温法

Grout和Henshaw（1978）成功使用快速降温法进行了马铃薯茎尖的超低温保存，其具体方法如下。

1．材料选取与培养　将马铃薯茎尖置于滤纸上，并放于含3%（*m*/*V*）蔗糖和1.0mg/L BA的MS培养基中保湿培养72h，每日光照时间16h，光照强度为4000lx，培养温度为20℃。

2．降温处理　将处理后的茎尖置于MS培养基［含3%（*m*/*V*）蔗糖和10%（*V*/*V*）DMSO］中继续培养1h，然后用无菌注射器将茎尖转入液氮中保存。

3．解冻与再培养　在35℃条件下，迅速将保存后的茎尖转入MS培养基（含BAP）中，待茎尖从注射器中浮出后，在室温下转至相同的MS培养基（含BAP）中培养5d，每日光照时间16h，光照强度为500lx，培养温度为20℃。

### （二）玻璃化法

Sakar和Naik（1998）首次报道了使用玻璃化法对马铃薯进行超低温保存。其具体方法如下。

1．材料选取及预培养　选取继代30d的马铃薯试管苗，无菌条件下剥取0.5～0.7mm的茎尖，在液体培养基MS＋8.7μmol/L $GA_3$＋0.3～0.5mol/L蔗糖＋0.2mol/L甘露醇上进行预培养2d，每日光照时间16h，光照强度为40μmol/（$m^2$·s），培养温度为24℃。

2．玻璃化处理　首先，在24℃条件下将预培养的茎尖转入20%的加载液PVS2（MS溶液＋30%甘油＋15%乙二醇＋15%二甲基亚砜＋0.4mol/L蔗糖，pH 5.8）中处理30min，然后在冰浴条件下，转入60%的PVS2处理15min，再转入100%的PVS2中处理5min。最后将处理后的材料置于含有0.7mL PVS2的冷冻管中投入液氮中保存，每个冷冻管中装5个茎尖。

3．解冻与再培养　冷冻管在35℃水浴中解冻1min后，浸入含1.2mol/L蔗糖的MS溶液中卸载洗涤30min。将解冻后的茎尖转至MS＋0.2mol/L蔗糖＋5.8μmol/L GA3＋1.0μmol/L BAP＋6g/L琼脂的半固体培养基上进行恢复培养1周，每日光照时间16h，光照强度为40μmol/（$m^2$·s），培养温度为24℃。最后将茎尖转入正常培养基MS＋0.09mol/L蔗糖＋2.9μmol/L GA3＋6g/L琼脂中培养，每日光照时间16h，光照强度为40μmol/（$m^2$·s），培养温度为24℃。

### （三）小滴玻璃化法

小滴玻璃化法是在滴冻法和玻璃化法基础上发展的超低温保存技术。Halmagyi等（2005）首次成功地使用此方法进行了马铃薯的超低温保存，具体步骤如下（图12-2）。

1．材料选取及培养　将马铃薯块茎置于不含激素的MS培养基中培养，培养条件为每日光照时间16h，光照强度为39.06μmol/（$m^2$·s），培养温度为24℃。选取继代1～2个月的马铃薯试管苗，在无菌条件下，利用双目解剖镜切取1～6mm的茎尖。将切取的茎尖置于液体MS培养基中（含0.4mg/L $GA_3$、0.5mg/L ZT、0.2mg/L IAA）中培养24h。

2．预培养与玻璃化处理　将处理后的茎尖转到含0.5mol/L蔗糖的MS培养基中培养24h，培养温度为24℃。将预培养后的茎尖在室温下用PVS2玻璃化液处理10～30min。用吸管吸取0.4μL的玻璃化液滴到0.6cm×1.5cm大小的铝箔条上，将脱水后的茎尖转到玻璃化液滴里，然后装入预冷的冷冻管中，投入液氮。

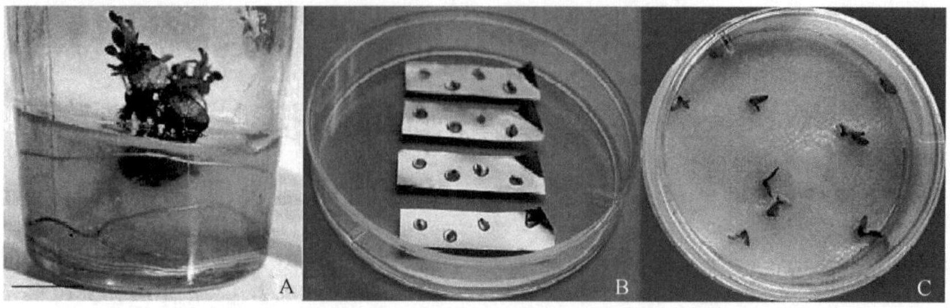


图 12-2 马铃薯茎尖的小滴玻璃化法（Halmagyi et al., 2005）

A. 用于保存的马铃薯茎尖；B. 经 PVS2 处理的茎尖；C. 超低温保存后的茎尖恢复生长

3．解冻与再培养　将取出的铝箔条在室温下快速进入液体 MS 溶液至室温。将解冻后的茎尖转至半固体 MS 培养基中培养 20d 后，再转至固体 MS 培养基中培养，培养温度为 24℃。

## 小　结

植物种质资源的离体保存方法主要有限制生长保存和超低温保存。限制生长保存方法简便实用，适用于植物种质的中、短期保存。限制离体培养物生长速度的方法有低温、调节光照强度、降低氧含量、添加生长抑制剂和提高渗透压等。超低温保存是进行植物种质长期保存的有效方法，它的基本程序包括植物材料的选取与准备、材料的预处理、降温冰冻处理、冷冻贮存、解冻、恢复生长与活率鉴定等。尽管这两种离体保存方法特别是超低温保存在大规模实践应用中还存在一些问题，但随着科学技术的发展，植物离体保存的技术也将日趋成熟和完善，并将发挥越来越重要的作用。

## 复习思考题

1. 植物种质资源离体保存的方法有哪些？各有何特点？
2. 试述限制生长保存的主要方法及其特点。
3. 超低温保存的原理是什么？
4. 超低温保存的基本操作程序有哪些？
5. 影响超低温保存效果的因素有哪些？

## 主要参考文献

陈辉，陈晓玲，陈龙清，等．2006．百合种质资源限制生长法保存研究．园艺学报，33（4）：789~793

陈晓玲，张金梅，辛霞，等．2013．植物种质资源超低温保存现状及其研究进展．植物遗传资源学报，14（3）：414~427

陈振光．1996．园艺植物离体培养学．北京：中国农业出版社

陈志林，李开绵．2007．植物种质资源的超低温保存．南方农业学报，38（3）：231~237

胡颂平．2014．植物细胞组织培养技术．北京：中国农业大学出版社

李浚明，朱登云．2005．植物组织培养教程．北京：中国农业大学出版社

王蒂，陈劲枫．2013．植物组织培养．2 版．北京：中国农业出版社

周红玲，郑加协，陈石．2010．植物种质资源限制生长保存研究进展．中国园艺文摘，26（10）：66~68

Anja K, Velimatti R, Erjoachim K. 2011. Potato shoot tip cryopreservation. A Review. Potato Research, 54(1)：45~79

Bouafia S, Jelti N, Lairy G, et al. 1996. Cryopreservation of potato shoot tips by encapsulation-dehydration. Potato Research, 39(1)：69~78

Grout BWW, Henshaw GG.1978. Freeze preservation of potato shoot-tip cultures. Annals of Botany, 42(181)：1227~1229

Halmagyi A, Deliu C, Coste A.2005. Plant regrowth from potato shoot tips cryopreserved by a combined vitrification-droplet method. Cryo Letters, 26(5)：313~322

Sarkar D, Naik PS.1998. Cryopreservation of shoot tips of tetraploid potato (*Solanum tuberosum* L. ) clones by vitrification. Annals of Botany, 82(4)：455~461

Ulrich JM, Finkle BJ, Moore PH, et al. 1979. Effect of a mixture of cryprotectants in attaining liquid nitrogen survival of callus cultures of a tropical plant. Cryobiology, 16(6)：550~556

# 第十三章 植物单倍体培养

植物细胞减数分裂后形成雌雄配子，其染色体数只有体细胞的一半。这种携带单套染色体数的细胞称为单倍体细胞，将其在离体的条件下培养成植株，即为单倍体植株。换言之，单倍体（haploid）即是指体细胞中含有本物种配子染色体数的细胞或个体。单倍体培养在植物倍性育种、种质资源创制、遗传改良及物种进化等方面具有重要的意义。自然界中单倍体的自然发生包括孤雌生殖、孤雄生殖、无融合生殖（无配子生殖）及体细胞减数分裂等形式，频率都很低，通常在 0.01% 以下，在现代植物育种中应用不多。因此，育种家一直致力于人工诱导产生单倍体，主要有两种诱导途径：一是利用离体培养植物花粉或花药获得单倍体植株；二是离体培养未受精子房及胚珠产生单倍体植株。单倍体培养技术是现代育种中重要的方法和手段。单倍体植株经加倍后即可获得纯合的二倍体，在育种上可大大缩短杂交后代的选择和纯化进程。另外，花粉花药培养还广泛应用于作物的遗传转化和基因组学等方面的研究。

## 第一节 植物单倍体的起源

### 一、自发单倍体的发生途径

植物从低等到高等进化的过程也是细胞多倍化的过程。大多数低等植物，如真菌、苔藓等都是单倍体，而高等植物一般为二倍体或多倍体。自然界中高等植物自发产生单倍体的频率极低，几乎都是由于生殖过程的不正常产生的，发生途径一般分为以下 4 种。

#### （一）孤雌生殖

由胚囊中未受精的卵细胞（大孢子）分裂形成单倍体胚，进一步发育成单倍体植物，这是自然产生单倍体的主要形式。现已在禾本科、茄科、葫芦科、兰科、百合科和十字花科等 36 科 370 多种植物中发现了孤雌生殖（parthenogenesis）现象。

#### （二）孤雄生殖

孤雄生殖（patrogenesis）即在植物授粉过程中，精核进入胚囊后，卵细胞退化解体，精细胞单独发育成植株。例如，在烟草、金鱼草、栽培大麦、月见草属植物的活体内都曾经发现雄核发育成了单倍体植株。

#### （三）无融合生殖（无配子生殖）

由胚囊中卵细胞外的其他细胞，发育成的单倍体植物。由反足细胞和助细胞发育成单倍体幼胚，常常和受精卵形成的二倍体幼胚在同一子房内一起发育，形成双胚或多胚种子。无融合生殖（apomixia）常见于柑橘属、高粱属等植物。

#### （四）体细胞减数分裂

在植物的根尖或珠心组织中的体细胞有时会发生减数分裂的现象，形成单倍体细胞，但概率非常小，只是偶有发生。例如，在葱属、大麦、棉花和玉米等作物的根尖组织或珠心组织中曾发现体细胞减数分裂（somatic meiosis）现象。

### 二、人工诱导单倍体的产生

人工诱导单倍体发生形式主要有离体孤雌生殖（gynogenesis）和离体孤雄生殖（androgen- esis）两种。其中离体孤雌生殖是指离体培养未受精的子房或胚珠，诱发卵细胞单性发育成植株，诱发效率一般较低。离体孤雄生殖是指离体培养花粉或花药，诱导小孢子发育成单倍体植株，诱发频率相对较高。

#### （一）离体孤雌生殖

20 世纪 50 年代末，植物胚胎学家最早开始进行未授粉胚珠培养获取单倍体植株的探索，然而以失败告终。60年代初，Tulecke对银杏（*Ginkgo biloba*）未授粉的子房进行离体培养，获得未分化的愈伤组织，Mitsuoka对水稻（*Oryza sativa*）未授粉的子房进行培养获得了二倍体和四倍体植株，但未能得到单倍体植株。20世纪七八十年代，Uchimiya等从未传粉的玉米（*Zea mays*）子房和茄子（*Solanum melongena*）的胚珠诱导出愈伤组织，还观察到单倍体细胞的分裂，表明雌配子体人工诱导单倍体植株是可能的。Jensen等对未授粉棉花（*Gossypium hirsutum*）胚珠进行培养，观察到极核的融合和分裂，但也没能诱导出植株。直到1976年，San首次利用大麦（*Hordeum tabacum*）未授粉子房培养获得了单倍体植株，随后对小麦和烟草的未授粉子房进行培养相继获得了单倍体植株。

### （二）离体孤雄生殖

离体孤雄生殖是指人工诱导花粉花药培养。自1964年印度学者Guha和Maheshwari培养曼陀罗花药成功获得单倍体植物后，花粉花药培养技术迅速发展，许多作物的花粉培养获得了成功，如白菜、小麦、水稻、玉米等。此后，花药培养和小孢子（花粉）培养成为人工获取植物单倍体的主要途径。迄今为止，世界范围内利用花粉（药）获得单倍体的植物遍布42属，种类达250种以上。

### （三）人工诱导单倍体植株的其他方法

此外，人工诱导单倍体也可通过远缘杂交、延迟授粉、X射线照射花粉授粉、化学或物理处理等方法获得。例如，通过给甘蓝型油菜授以白菜的花粉可获得少量的单倍体；利用植物生长调节剂处理柱头或子房可诱导单倍体产生。另外，Ravi和Chan（2010）开发出一种通过种子来生成单倍体拟南芥的简单方法，该方法涉及对一种着丝点特异性组蛋白（centromere-specific histone H3，CENH3）用基因工程方法进行处理，生成在与野生型杂交后其基因组被从合子中除掉的品系。这样产生的单倍体植物只有来自野生型亲代的染色体。CENH3在真核细胞着丝点上起普遍作用，所以理论上这种方法可以推广到所有植物。

# 第二节　植物花药和小孢子培养

## 一、花药、花粉培养的概念

花药（anther）是花丝顶端膨大呈囊状的部分，是花的雄性生殖器官，由药隔（2*n*）和花粉粒（1*n*）组成。未成熟花粉粒（pollen grain）也称为小孢子（microspore），是由花粉母细胞经减数分裂形成的。它的染色体数目为体细胞的一半，为单倍体细胞。花药培养（anther culture）是将发育至一定阶段的花药培养在人工培养基上，诱导其小孢子改变发育进程，形成单倍体胚或愈伤组织，进而分化成苗的过程，属于器官培养。小孢子培养（isolated microspore culture）是将发育至一定阶段的小孢子从花药中分离出来，成为分散或游离状态，离体培养条件下经历脱分化、再分化后再生成苗，属于细胞培养。两者的共同点是利用小孢子染色体数目的单倍性，培养诱导其产生单倍体植株，这是花药和小孢子培养被广泛应用于植物遗传育种的主要原因。

小孢子与花药培养相比具有较明显的优势，如没有药壁等二倍体组织的干扰，培养出的材料是纯合的单倍体，单倍体产量高，并可观察雄核发育的全过程等。但从培养技术上，小孢子培养技术较为复杂，培养难度较大。

## 二、在植物遗传育种中的应用

单倍体植株经诱导加倍后为纯合的双单倍体（double haploid，DH），在育种上应用价值很大。一是对有性杂交育种的后代进行单倍体诱导，加倍后形成的纯合双单倍体可大大缩短其选择纯化的时间，常规育种需4～6年获得纯系，而小孢子培养仅需1～2年；二是单倍体育种提高了目标基因型的选择效率，特别是对双显性和双隐性个体的选择；三是对单倍体植株进行单倍体诱变，由于不受显隐性的影响，在诱变当代就能获得突变个体，加倍后成为稳定的纯系。由于单倍体细胞内每一种基因都只有一个，单倍体植株还是基因研究的良好材料，DH群体是构建遗传图谱和进行QTL定位的优良的永久性群体。

## 三、雄核发育途径

### （一）活体植物雄配子形成的基本过程

一般活体植物雄配子的形成过程是花药分化

出孢原组织（archesporium）→形成花粉母细胞（pollen mother cell，PMC）→经减数分裂形成四分孢子（tetraspore）→形成单核花粉粒→经有丝分裂形成二核花粉粒（营养核和生殖核）→生殖核经有丝分裂形成3核成熟花粉粒（1个营养核和两个生殖核）或称雄配子体（gametogony）（图13-1）。

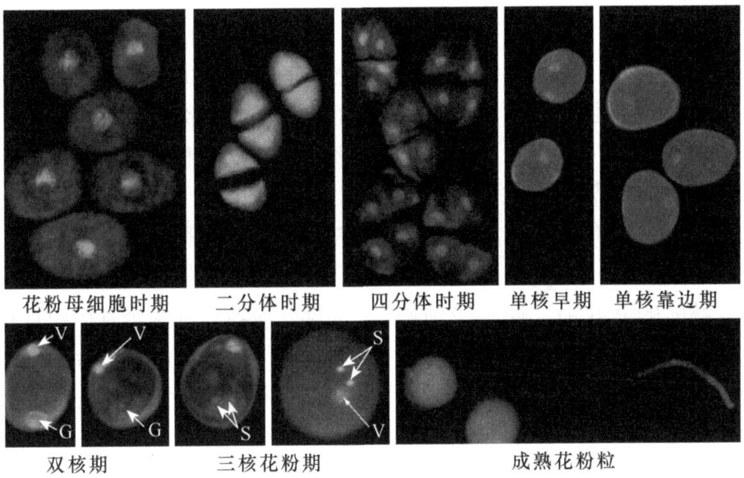


图13-1　玉米雄配子体发育途径（Joseph，1989）
V. 营养核；G. 生殖核；S. 精细胞

### （二）离体小孢子发育途径

在离体条件下，由于人为改变了小孢子原来的生活环境，小孢子的正常发育途径受到抑制，而高效的雄核发育通常依赖于离体培养和理化诱导。雄核最适诱导的时期是在第一次有丝分裂或之前，根据对多种植物小孢子第一次有丝分裂情况的观察，可将雄核发育分为发育不对称和发育对称两种发育途径。发育不对称途径是指小孢子经过一次不均等的有丝分裂形成两个子细胞：一个体积较小的生殖细胞（generative cell，G）和一个体积较大的营养细胞（vegetative cell，V）；生殖细胞继续分裂产生两个精细胞，这两个精细胞用于完成有性生殖的双受精过程。而在诱导条件下，小孢子的配子体发育途径停止，经过外部诱导因素的刺激，小孢子恢复雄核发育潜能（即胚性），随后经过连续的细胞分裂形成多核结构，多核结构发生细胞化（cellularization），形成多细胞结构，进一步的分裂使得多细胞结构突破花粉壁，形成单倍体愈伤组织和胚胎。在适宜的小孢子发育时期（如单核期）对小孢子进行诱导处理可以刺激小孢子通过A、B、C三个不同的途径进行雄核发育，产生多核结构和多细胞结构。

1. A途径　A途径是单核期小孢子第1次有丝分裂时细胞核不对称分裂，产生两个细胞核，一个营养核和一个生殖核，而营养核（A-V）、生殖核（A-G）或两种类型的核（A-VG）都进行持续的细胞核分裂，但只有营养核形成多核结构或多细胞结构，而生殖核形成的多核结构或多细胞结构最终消亡，该发育途径出现在少数植物品种，如鹰嘴豆中。

2. B途径　B途径是单核期小孢子的第一次细胞核分裂时，产生两个对称的、类似的营养核，营养核经过持续的对称分裂形成多核结构或多细胞结构，这是目前单倍体胚胎形成的主要途径，很多植物品种都是以这种途径进行雄核发育。

3. C途径　C途径则是营养核和生殖核进行持续的有丝分裂和融合产生具有二倍体染色体数的愈伤组织和胚胎，该发育途径无法形成单倍体愈伤组织和胚胎。

另外，通过对小孢子形成花粉植株的形态发生过程进行观察，还发现一些异常行为，如核融合、核同步分离、核内有丝分裂等。这种细胞学上的变异可以解释有时花药培养中产生部分多倍体或混倍体植株的原因，同时也为作物改良提供细胞学依据。

## 四、离体雄核发育的启动机理

### （一）雄核发育与P花粉的形成

在离体培养条件下，小孢子或雄配子体会偏离正常的发育途径，形成形态不同于正常花粉的胚性花粉粒。在玉米、小麦、烟草、辣椒和芸薹属作物的花药培养胚状体发生的组织学和细胞学研究表明，通过不对称的小孢子有丝分裂产生的早期双核花粉中的营养核，并由其分裂产生胚性花粉是大多数植物小孢子发育的重要方式。这类花粉经乙酸洋红压片观察，在光学显微镜下表现为花粉体积小，细胞质稀薄，核位于花粉粒中心，染色浅或不着色，有液泡和两个清晰着色的核。此类花粉因具有潜在的胚胎发生能力，所以称为 P（potential embryogenic pollen）花粉。

关于小孢子胚胎发生的起源，有些学者认为只有 P 花粉在离体条件下才能诱导胚胎发生，而这种能力早在供体植株花药内就已经决定，并可通过调节供体植株的生长环境提高此类花粉的数目，从而提高花药培养的效果。但另外也有人认为花药在离体培养条件下通过不同的预处理，可使花药内大量花粉转化为有胚胎发生潜能的 P 花粉，使花粉预处理后培养效果明显提高。

### （二）雄核发育与饥饿处理

众多研究表明，对花粉进行短期的饥饿处理，再供给发育所需营养，对小孢子胚胎发生是非常重要的。饥饿作用是如何改变小孢子发育方向的呢？ Zarsky 等（1992）研究了饥饿作用对花粉营养核 DNA 复制的影响。发现花粉在正常发育过程中，小孢子完成有丝分裂形成雄核和营养核后，雄核在很短的时间内就进入 S 期，开始 DNA 的复制，使 DNA 的含量达到 2C 水平。相反，营养核 DNA 在整个孢子体花粉发育过程中，一直保持 1C 水平，即停止在 $G_1$ 期或 $G_0$ 期。但是，如果对未成熟花粉进行一种饥饿处理，则雄核 DNA 完成复制后，大部分花粉粒的营养核也随之开始 DNA 的复制。此结果表明，对小孢子胚胎发生的诱导，最关键的过程之一是对停滞在 $G_1$ 期营养核的去抑制作用。饥饿还会引起核体积减小，这间接说明配子体核糖体形成的中止。核糖体形成的中止再结合蛋白质和 RNA 含量的减少，表明在饥饿花粉中携带配子体发育途径的信息分子退化或消失。饥饿引起 $Ca^{2+}$ 的重新分布及结构的变化从而导致营养细胞的去抑制作用，使之进入 S 期，这是花粉胚胎发生的前提。Tassi（1992）在非洲菊的愈伤组织上也发现，连续 5d 的饥饿处理会诱导蛋白质和碳水化合物含量的减少，但是谷氨酰胺脱氢酶及蛋白酶的活性达到对照的 5 倍和 2 倍。

因此，饥饿作用的机制可能是使本来停止在 $G_1$ 期的营养核重新启动，开始 DNA 的复制和进一步的发育，这种去抑制作用需要一系列生理、生化过程共同作用才能实现。它首先诱发内源激素 ABA 含量增加，进而导致 mRNA、蛋白质和糖等一系列相应的生理生化变化，最终启动营养核 DNA 的复制。

## 五、影响花药和小孢子培养的主要因素

### （一）供体植株的基因型

材料的基因型是花药和小孢子培养是否成功的关键。其培养力的大小是受多基因控制的数量性状，因而不同植物种类或同种植物不同品种，其诱导形成花粉植株的难易程度差异较大。张凤兰等（2001）对甘蓝型油菜小孢子培养胚状体发生能力研究表明，多数 $F_1$ 的胚产量与具高胚发生能力的亲本相近，部分 $F_1$ 的胚产量与双亲值接近；小孢子胚状体的发生能力由具加性效应特点的两个基因位点控制。通过遗传改良的方法有望扩大小孢子胚胎发生的基因型范围。

供体植株的基因型主要影响单倍体的产生途径（愈伤组织或胚状体）、发生频率、形成时间及植株的再生能力等。孙海鹏等（2000）对两个不同花粉胚胎发生能力的大麦基因型进行离体花药培养发现，两者早期雄核发育过程无明显区别，其出愈率的差异性发生在小孢子形成多核花粉之后，表明不同大麦基因型胚胎发生能力并非受到小孢子脱分化启动能力控制，而是取决于其多核花粉愈伤组织的诱导能力。耿建峰等（2007）对 54 个大白菜材料进行花粉培养，结果有 37 个材料诱导出胚；有研究表明，大白菜出胚率较高的品种每个花蕾平均产胚可达 320 多个，最少的产胚量仅为 0.6 个，并且这种差异会遗传给后代，且具有较强的杂种优势。曾爱松等（2015）以 6 份耐寒结球甘蓝杂交 $F_1$ 为材料进行小孢子培养研究，发现供试材料中有 5 份材料获得胚状体，材料间出胚量差异较大。

### （二）培养基成分

1．基本培养基　培养基是花药小孢子培养中影响小孢子启动和再分化的重要条件。一般较适用的基本培养基有 MS 培养基（适用于双子叶植物花药培养）、H 培养基（适用于烟草）、N6 培养基（适用于禾谷类作物）、FHG 培养基（适用于大麦）、B5 培养基（适用于豆科）、NLN 培养基（适用于十字花科作物）等。目前还没有一种可以普遍应用于植物游离小孢子培养的培养基。Máarup 等（2012）在诱导山茶的小孢子胚过程中，发现 MS 培养基诱导率要高于 N6 培养基，液体 MS 培养基也适合洛神葵游离小孢子培养。Nitsch 等（2011）将 4 种培养基用于马蹄莲游离小孢子培养，结果表明，NLN 培养基中小孢子成胚率最高。杨安平等（2008）研究认为 NLN 培养基对甘蓝小孢子膨大有利。另外，小孢子诱导培养基中一般要求低浓度氨态氮，同时

加入有机氮来补充其氮源。

2．糖　蔗糖可以为培养物提供碳源和调节培养基的渗透压，维持培养物的正常生长发育。糖的种类对花药和小孢子培养效果也会产生一定的影响，如进行粳稻花粉培养时用麦芽糖诱导得苗率更高，栽培大麦、野生大麦和春小麦花药培养上都先后发现麦芽糖是最好的碳源，芸薹属作物一般采用高浓度蔗糖作为碳源，而蔗糖和麦芽糖配合使用诱导辣椒的出胚率最高。就浓度而言，单子叶植物比双子叶植物需要更高的蔗糖浓度，如烟草、甜椒等双子叶植物花药培养所需蔗糖浓度为3%，而禾本科水稻、玉米、小麦等单子叶植物花药培养常用蔗糖浓度为6%～15%。3细胞结构的花粉需高渗条件，如油菜小孢子培养时，蔗糖的浓度可达13%～17%。

3．氨基酸和其他物质　花药小孢子培养基中添加氨基酸是有益的，如大麦和小麦中添加谷氨酰胺对其花粉植株的形成和生长有明显的促进作用。低浓度铵盐的N6培养基比较适用于水稻小孢子的培养，铁对烟草小孢子胚的发育是非常关键的，在无铁或少铁的培养基中，其小孢子胚的发育往往会在球形胚阶段停止生长，Benoît等（2009）在油菜小孢子培养基中添加乙烯合成抑制因子AVG和$CoCl_2$，结合高温处理，可提高其出胚率。Chiancone等（2006）研究发现将亚精胺添加到柑橘小孢子培养基中，可提高其出胚率。

4．植物生长调节物质　植物生长调节物质种类、水平和配比对绝大多数植物的花药和小孢子培养起着重要作用，它直接影响着花粉细胞的分裂、生长和分化，常用的有NAA、6-BA、2,4-D、TDZ、KT等。生长素类常诱导细胞脱分化形成愈伤组织，特别是2,4-D与IAA配合使用，既有利于愈伤组织的诱导，又有利于胚胎发生；分裂素（常用6-BA）诱导愈伤组织再分化和胚状体的形成。另外，多效唑能明显改善愈伤组织的质量，对胚胎发育有利。王五宏等（2013）认为6-BA和NAA最有利于诱导结球甘蓝小孢子发生胚状体。高海娜（2012）研究表明在甘蓝培养基中添加0.02mg/L TDZ，可以提高出胚率和子叶型胚诱导率。

5．活性炭　活性炭特有的结构可以吸附培养基中的有害物质（如乙烯、酚、醌类物质及琼脂中的杂质）来提高外植体的培养质量，如在玉米花培中加入0.5%的活性炭可提高愈伤组织和胚状体的诱导率一倍左右，还能促进分化的幼苗健壮，根系发达。朱允华等（2003）在菜心小孢子培养中，加入0.5g/L活性炭能促进胚胎发育。但不同植物进行小孢子培养时对活性炭的反应不同，应注意使用的浓度，否则会起到反作用。

## （三）花粉发育时期

1．小孢子发育时期　小孢子发育时期通常分为四分体时期、单核期、双核期、三核期及成熟花粉粒时期，由于核在小孢子中的位置变化，所以又将单核期分为单核早期、单核中期、单核晚（靠边）期三个时期。小孢子的发育时期是影响花培效果的重要因素。只有处在一定发育阶段的小孢子才能感受外界刺激从而改变其配子体发育途径，转向产生愈伤组织和胚状体。研究认为，单核中期之前的花粉过于幼嫩，双核早期之后的花粉太过成熟。对于大多数植物来说，胚胎发生的激发启动大致发生在单核中期至单核靠边期这一短暂的发育过程中。而且不同植物适于小孢子培养的时期不同，因此取材时期非常重要。对于不同基因型的植物来说，其最适阶段稍有差异（表13-1），可以通过使用染色剂如乙酸洋红、4′,6-二脒基-2-苯基吲哚（DAPI）来确定发育时期。应根据不同植物品种选择对应时期的花蕾。严准等（1996）的研究结果表明，在初花期所取得花蕾营养水平高，小孢子分化程度低，代谢很旺盛，有利于提高胚的诱导效率。姜立荣（1997）报道大白菜游离小孢子所处的最佳诱导时期是单核后期。Maarup等（2011）选取洛神葵植物直径为0.8～1.0cm的花蕾，发现此时的花蕾包括98%单核期小孢子及2%双核期小孢子。

**表13-1　不同植物诱导胚胎发生的最佳小孢子发育时期**

（改编自王蒂等，2013）

| 发育时期 | 物种 |
|---|---|
| 减数分裂期 | 草莓、番茄 |
| 四分孢子期 | 葡萄 |
| 单核早中期 | 石刁柏、油菜、大麦、天仙子、马铃薯、小白菜 |
| 单核晚期 | 荔枝、茄子、青椒、小麦、大白菜 |
| 单核早期至晚期 | 烟草、萝卜 |
| 单核早期至双核期 | 梨、水稻、甘蓝、甜瓜 |
| 四分孢子期至双核期 | 玉米 |

2．小孢子发育时期的确定　小孢子发育时期可从花蕾大小、花药长度等外观上进行鉴别，如油菜小孢子培养时，一般取2～3mm长度，且花瓣不显露的花蕾作为材料。栗根义等（1993）发现大白菜小孢子培养的最佳时期是单核晚期，此时的花蕾长度为2.0～2.5mm。刘冬等（1997）研究发现在芥菜花蕾长度为3mm时，小孢子胚胎发生率最高，这时花药中绝大部分小孢子处于单核靠边期。王怀

名等（1992）在花椰菜的花粉培养中发现花药呈淡绿至淡黄色，长度为2.5～3.0mm时的花蕾单核靠边期所占的比例较大。张恩慧等（2012）研究发现甘蓝花蕾长度为4.5～5.4mm，处于单核靠边期的小孢子比例高、容易诱导出胚状体。鹰嘴豆花蕾长度和小孢子发育时期的相关性如图13-2所示。

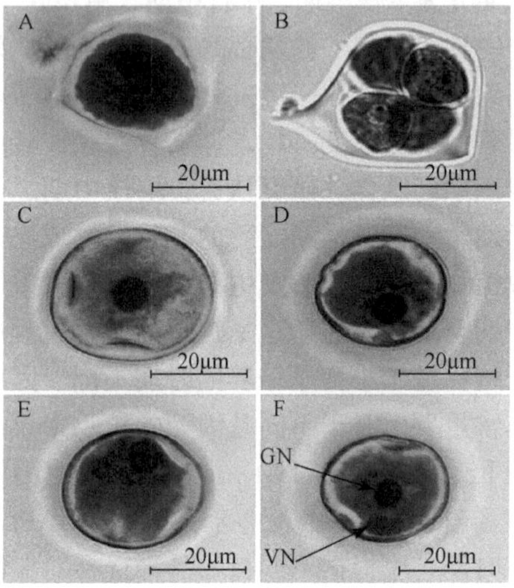


图 13-2　鹰嘴豆花蕾长度和小孢子发育时期的相关性（Croser et al.，2011）

A. 花粉母细胞时期，<2.45mm；B. 四分孢子期，2.45～2.85mm；C. 单核早期，2.85～3.4mm；D. 单核中期，2.85～3.4mm；E. 单核晚期，2.85～3.4mm；F. 双核期，>3.4mm；GN为生殖核；VN为营养核

### （四）预处理

在分离小孢子前对花蕾进行预处理能显著提高小孢子胚胎产量。预处理的方法主要包括低温、高温、射线和甘露醇等预处理或预培养方式，其目的是从生理生化上改变细胞的生理状态、改变其分裂方式和发育途径。

1．低温处理　花药在培养前进行低温预处理能够显著提高诱导效果，即将材料置于低温条件下（0～14℃）处理一段时间后再进行接种培养，前期培养仍需在低温下，一段时间后再移至正常温度下进行培养。不同材料低温预处理的温度和时间不同。例如，水稻在5～10℃条件下处理3～12d为宜，小麦1～5℃处理2～7d。Hu和Kasha（1997）发现，将小麦的幼穗放置在0.4mol/L甘露醇中于4℃保存4d，能够延缓小孢子第一次分裂，保持小孢子处于单核期，促进小孢子胚胎发生。轩正英等（2005）认为，大白菜花蕾采集后在4℃条件下低温预处理1～2d后，利于细胞脱分化，提高出胚率。罗玉秀等（2010）研究发现4℃低温处理可以提高甘蓝型油菜胚状体一次成苗率。

2．高温处理　小孢子分离纯化后高温处理一定时间后再转至常温培养，有利于提高胚状体的诱导频率。Hiramatsu（1995）对叶用芥菜进行小孢子培养，认为32.5℃热激处理1～3d效果最好，可以显著提高胚胎的诱导率。Takahata和Keller（1991）认为，青花菜的小孢子先在33.2℃条件下培养1d，再在25℃条件下培养，胚发生率最高。顾祥昆等（2013）认为35℃热激处理3d有利于芥菜出胚。热激的作用机制可能是改变了小孢子的发育途径，阻止小孢子向成熟花粉粒的方向发展，促使其沿着胚胎发育途径发展，最后形成小孢子胚。

另外，离心处理和饥饿处理等理化方法也对某些植物的花药和小孢子培养具有一定的促进作用。

### （五）培养条件

1．温度　不同植物花药培养所需培养温度不同，但一般以25℃为宜，一般不会超过28℃。目前，对小麦和水稻小孢子培养研究较多，对大多数材料来说，培养的适宜温度是（28±0.5）℃，出愈率和绿苗率较高。

2．光照　一般认为花药培养过程中愈伤组织诱导期间进行暗培养或散射光培养较好，红光条件下，小孢子发育要比白光下快。对某些烟草品种，连续的光照可以提高单倍体植株形成的频率；强光有利于小麦的绿苗分化，但会抑制愈伤组织的形成。

3．花药壁　花药壁的绒毡层是小孢子发育所需营养的主要来源。研究表明，花药壁对花粉胚的发育具有促进作用，如在烟草和天仙子花药培养中，只有紧贴花药壁的绒毡层的花粉粒才能顺利发育成花粉胚。

## 六、花药培养方法

花药培养的具体方法可分为以下步骤。

### （一）取材

在健壮生长的植株上选取一定大小的花蕾，用乙酸洋红压片镜检，观察确定花粉的发育时期，根据镜检结果采集适宜时期的花蕾作为接种材料。

### （二）材料灭菌

在超净工作台上，先将花蕾用75%乙醇浸泡30s，再用10%次氯酸钠（NaClO）消毒15～20min，无菌水冲洗3～5次。

### （三）接种培养

在超净工作台上，用小镊子将花药从花蕾中取出，直接接种到诱导培养基上，操作动作要轻，避免损伤花药产生药壁愈伤组织。接种的花药首先进行暗培养，待愈伤组织形成后转入光照条件下培养，促进器官分化（图 13-3）。

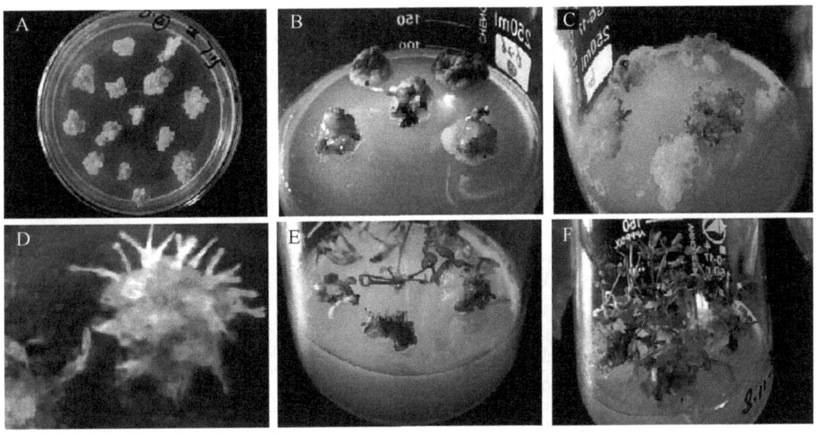

图 13-3 多叶苜蓿花药培养技术体系的建立（武自念等，2013）

A. 胚性愈伤组织的诱导；B，C. 愈伤组织分化不定芽；D. 分化培养后产生根状物；E，F. 分化芽的复壮培养

## 七、花粉培养

### （一）小孢子的分离

小孢子培养需将小孢子从花药中分离出来，以单个小孢子为外植体进行离体培养，采用的方法主要有自然散落法、挤压法和机械游离法。

1．挤压法　把消毒过的花蕾，置于无菌碾钵中碾磨，或是用玻璃棒将消毒后的花药轻压，挤出小孢子，经级联过筛，除去组织碎片，低速离心，使小孢子沉淀，清洗几次后，制成小孢子悬浮液用于培养。此方法简便易行，不需专门装置，也可对单花蕾或单花药进行少量分离，因此近年来一直在禾本科、十字花科等作物上应用。

2．机械游离法

（1）磁搅拌法　将花药接种于盛有培养液或渗透压稳定剂的锥形瓶中，置磁力搅拌器上低速旋转至花药透明。该法分离花粉比较彻底，但对花粉有不同程度的机械损伤，且所需时间长，所以至今用得不太普遍。

（2）小型搅拌法　小型搅拌器的雏形就是厨用搅拌混合器，通过旋转刀具的高速转动带动花蕾、穗子切段或花药高速运动而破碎，从而使小孢子游离出来。可一次处理大量材料，如油菜的花序。目前在油菜、玉米、大麦、小麦等禾谷类作物中应用较广。为便于灭菌，搅拌用刀具、容器室、容器盖均需耐高温材料制成。

### （二）小孢子的纯化

小孢子分离出来以后，需经过纯化才能获得纯净的花粉。一般做法是将分离出的小孢子用一定孔径的尼龙网膜过滤到离心管里，500～1000r/min 下离心 2～3min，去掉上清液，将管底小孢子用清洗液重新悬浮后再次离心，倒出上清液，向离心管中加入液体培养基，用血细胞计数器计数，将小孢子调整到一定密度，进行分装培养。

### （三）培养方式

1．平板培养（plate cultivation）　即花粉置琼脂固化培养基上进行培养，诱导产生胚状体，进而分化成植株。

2．液体培养（liquid cultivation）　即小孢子悬浮在液体培养基中进行培养。由于液体培养容易造成培养物通气不良，影响细胞分裂和分化，需将培养物置于摇床上振荡，使其处于良好的通气状态。

3．双层培养（double layer culture）　即小孢子置固体-液体双层培养基上培养。一般在培养皿中铺加一层琼脂培养基，待其冷却并保持表面平整，然后在其表面加入少量液体培养基。

4．看护培养（nurse cultivation）　即配制好小孢子粒悬浮液和琼脂固体培养基后，将完整的花药或小孢子的愈伤组织放在琼脂培养基上，将圆片滤纸放在花药或愈伤组织上，然后将小孢子置于滤纸的上方，如应用此法培养番茄小孢子形成了无性繁殖系。

5．微室培养（micro-chamber culture）　即把悬浮小孢子的液体培养基用滴管取一滴滴在盖玻片上，然后翻过来放在凹穴载玻片上密封。这种培养方法的优点是便于培养过程中进行活体观察，可以把一个细胞生长、分裂、分化及形成细胞团的全过程记录下来。缺点是培养基太少，水分容易蒸发，培养基中的养分含量和 pH 都会发生变化，影响小孢子细胞的进一步发育。如该方法曾用于诱导油菜小孢子形成多细胞团，但未能继续发育。

6．条件培养基培养（conditioned medium culture）

即将花药接种在培养基上一段时间后，去掉花药并离心，用所得上清液（即条件培养基）再接种小孢子进行培养。由于条件培养基和失活的花药提取物中含有促进花粉发育的物质，有利于小孢子培养成功。

### （四）移栽驯化

花粉植株需采取逐步过渡方式，使其适应从异养到自养的过程。移栽的关键是保持较高空气湿度（80%～90%，1～2 周）和低土壤湿度。图 13-4 为胡萝卜小孢子培养中愈伤组织和胚胎形成的细胞学观察。

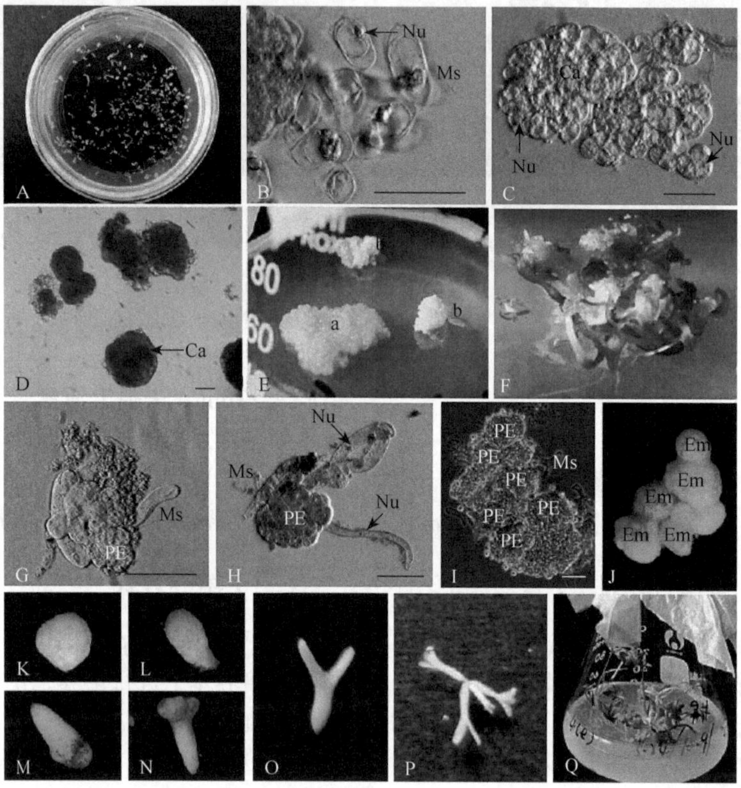


图 13-4　胡萝卜小孢子培养中愈伤组织和胚胎形成的细胞学观察（Li et al.，2013）

A．肉眼可见的小胚胎或愈伤组织；B．椭球体或球体小孢子；C．多聚细胞团和小愈伤形成；D．生长中的愈伤组织；E．愈伤组织的颜色变异；F．愈伤组织分化出根和芽；G，H．孢子体积增大 4 倍并形成前期胚胎；I．前期胚胎分化；J．球形多聚胚；K～N．单个球形胚、鱼雷形胚和早期子叶形胚；O．单个子叶胚；P．多聚子叶胚；Q．胚发育成的再生植株；Nu．细胞核；Ms．小孢子；Ca．愈伤组织；PE．前期胚胎；Em．胚胎

## 第三节　未授粉子房和胚珠培养

多数被子植物的成熟胚囊中，含有 1 个单倍体的卵细胞、2 个单倍体的助细胞、3 个单倍体的反足细胞、1 个由两个极核融合形成的 2*n* 中央细胞。通过对未受精的子房或胚珠进行离体培养，可以诱发单倍体。对于那些花药或花粉培养难以成功的植物来说，是人工获得单倍体的一条重要途径。Noeum（1976）首次利用大麦（*Hordeum vulgare*）未授粉子房培养出单倍体植株，随后我国学者用未授粉的小麦（*Triticum sativum*）及烟草（*Nicotianata bacum*）子房培育出单倍体植株。据统计目前利用未授粉子房或胚珠进行过离体培养，成功获得单倍体植株的物种已遍布 10 科 25 种，其中在禾本科、茄科、百合科、葫芦科及菊科等物种中研究较多。研究表明，通过未受精的子房或胚珠培养，胚囊中的单倍体细胞都有可能诱导形成单倍体植株，但以哪一类细胞为主则因不同植物种类而异，如向日葵主要是从卵

细胞发育而来，水稻主要是从助细胞发育而来，而葱属植物主要起源于反足细胞。

## 一、未授粉子房和胚珠离体培养中雌核发育的胚胎学研究

Noeum 在 1979 年提出“雌核发育”一词来描述离体条件下胚囊细胞不经受精而发育成单倍体胚和植株的过程，类似于孤雌生殖，但又不同于孤雌生殖。孤雌生殖是体内发育，在假受精的刺激下，仅仅针对卵细胞的发育。而雌核发育是体外发育，并未授粉和受精，不仅包括卵细胞的发育，还包括助细胞和反足细胞的无配子生殖，甚至还包括大孢子起源的胚胎发生。未授粉子房和胚珠培养为研究孤雌生殖或无配子生殖的细胞胚胎学提供了稳定的实验体系。

### （一）胚珠中胚囊的发育

胚囊在深藏于胚珠的珠心组织中，研究其在体外的发育并非易事，但借助植物切片和显微观察技术，研究人员发现，在烟草和百合的雌核发育中，大孢子不产生胚囊，直接形成胚；在异株女娄菜中，去除胎座的胚珠经离体培养可形成大孢子和胚囊；对大麦、烟草、水稻和异株女娄菜的单核胚囊和后期胚囊进行培养，此配子体一般发育正常，为蓼型胚囊。

### （二）胚胎发生的雌核发育模式

胚囊组成细胞在离体条件下都有发育的可能，并存在多种胚胎学发育模式。雌核发育研究中，胚多数是由卵细胞孤雌生殖发育而来，如向日葵、甜菜、异株女娄菜、玉米、韭菜和洋葱等。部分原胚来源包括卵细胞的孤雌生殖和反足细胞的无配子生殖，如大麦、玉米、烟草和草莓等。烟草的单倍体形成被认为是由成熟的卵细胞或大孢子母细胞形成的；在水稻中，助细胞的无配子生殖是原胚的主要来源，反足细胞也偶尔分裂成类似原胚的结构，而卵细胞仅能进行异常的游离核分裂。

### （三）早期胚胎发育的途径

孤雌生殖的早期发育与合子的胚胎发育较为相似，卵细胞或助细胞第一次分裂都如体内合子典型的分裂一样，在水稻、向日葵和甜菜中均发现有球形胚。对向日葵受精后的卵细胞和离体培养孤雌生殖诱导的幼胚进行细胞学超微结构和组织化学的研究发现，合子胚与孤雌生殖产生的原胚在 DNA 和 RNA 的合成、细胞器的活动均相似。然而，极性转化、自体吞噬泡、细胞壁加厚和不完全细胞壁向心生长仅在孤雌生殖胚中看得到，但该胚的进一步发育常是异常的。

### （四）雌核发育植株形成的途径

虽然雌核发育的早期发生是形成原胚，但后期却经胚状体或愈伤组织两种途径再生植株。在烟草、大麦、青稞和薏苡等植物中，只观察到胚状体途径；在百合、杨树、非洲菊及马铃薯中只有愈伤组织途径；而水稻、玉米、黄花烟草、小麦、凤梨、草莓及甜菜等植物中两种途径都存在。在水稻中，通过外源激素的调节，雌核发育可显著提高胚状体发生频率，减弱愈伤组织化倾向。这表明虽然雌核发育的起源是稳定的，但其后期发育途径则是可以通过改变培养条件而调节的。此外，在雌核发育过程中原胚还存在着败育和各种异常现象。

## 二、未受精子房培养

未受精子房培养是指将开花前的子房从母体上分离下来，在无菌条件下进行培养，并发育成幼苗的过程。子房是雌蕊基部膨大的部分，由子房壁、胎座和胚珠组成。子房存在性细胞和体细胞两种细胞，它们都可以产生胚状体和愈伤组织，进一步发育成植株。因此，若想通过子房培养获得单倍体植株，就必须设法控制不同组织的细胞分裂，为单倍体的分裂创造良好条件。

1．外植体制备　一般选用开花前 1～5 天的大田种植植株的子房，单子叶植物的幼龄子房包裹在颖壳里，而颖花又严密包裹在叶鞘里，子房无菌，因此只需用 75% 乙醇擦拭幼穗表面，在超净工作台上剥取子房直接接种。双子叶植物的花蕾用饱和漂白粉溶液浸泡 15min，无菌水冲洗后除去花萼和花冠，将子房接种在培养基上进行培养。

2．培养条件　用于未授粉子房培养的培养基有 MS、B5、Miller、N6、Nitsch 等，基本培养基的选择虽然不是诱导植物孤雌生殖的决定因素，但培养基的成分对离体子房的生长发育和成熟有很大的影响。研究表明，$NH_4^+$浓度明显影响棉花未受精胚珠离体纤维的诱导率，如在仅含有无机盐和蔗糖的简单培养基上培养离体子房，子房虽能正常生长，但形成的胚比自然条件下的要小，在培养基中添加 B 族维生素后，可获得正常大小的果实，若再添加生长素 IAA，离体条件下形成的果实会更大一些。未受精子房培养一般以蔗糖作为碳源，不同植物所需浓度有差异，具体见表 13-2。在某些植物上发现提高蔗糖浓度往往能抑制体细胞愈伤组织增生，促

进雌核发育，如向日葵、杨树等。另外，要想诱导未受精子房中的胚囊核单倍体组织发生，需要在培养基中加入一定浓度的外源激素，如大麦未受精子房培养中，加入 2,4-D 0.5mg/L＋NAA 1.0mg/L＋KT 1.0mg/L，可诱导单倍体细胞产生胚状体。

**表 13-2 不同植物未受精子房培养蔗糖浓度**

| 植物种类 | 蔗糖浓度 | 植物种类 | 蔗糖浓度 |
|---|---|---|---|
| 水稻 | 3%～6% | 甜菜 | 8% |
| 大麦 | 6%～10% | 韭菜 | 9% |
| 百合 | 6%～8% | 黄瓜 | 3% |
| 小麦 | 6%～10% | 甜瓜 | 4% |
| 烟草 | 2% | 西葫芦 | 3% |
| 非洲菊 | 3%～6% | 杨树 | 10% |
| 洋葱 | 10% | | |

## 三、未受精胚珠培养

1．外植体制备　未授粉胚珠培养时，胚囊发育各时期均可诱导培养，但以接近成熟时期的八核胚囊更易成功，由于胚囊的分离和观察都较难，通常以开花的其他习性或形态指标与胚囊发育的相关性来确定取材时期，如未受精胚珠培养是在开花前 2 天摘取子房，利用 70% 乙醇表面消毒 30s，5% 次氯酸钠溶液灭菌 10min，无菌水冲洗 4～5 次，无菌条件下剥离，用解剖刀沿纵轴切开子房，取出一个个未受精胚珠，或将带有胎座部分的胚珠一起取下接种。与未受精子房相比，未受精胚珠培养的难度更大一些，对培养基和培养条件的要求更高一些。

2．培养条件　培养基多用 White、Nitsch、MS、N6 等，培养基要求附加 NAA、BA 等激素诱导未受精胚珠发育成单倍体植株。例如，对辣椒未受精胚珠培养，愈伤组织诱导培养基为 MS＋0.5mg/L NAA＋1.0mg/L BA，芽诱导培养基为 MS＋1mg/L IAA＋2mg/L BA。离体培养发育中，培养基的渗透压非常关键，尤其是对刚分离接种的胚珠，一般采用的蔗糖浓度为 5%～6%。

## 四、影响未受精子房和胚珠培养的因素

### （一）基因型

在植物未受精子房和胚珠培养过程中存在着明显的基因型依赖。王丽花等（2007）进行非洲菊未授粉胚珠的离体诱导和植株再生研究发现，不定芽分化率与基因型密切相关，不同品种的分化频率为 4.8%～19.6%。朱献辉等（2008）研究发现，参试的所有辣椒品种的愈伤组织诱导率都不相同，最高为 25%，并在水稻、向日葵、草莓、甜瓜、黄瓜等作物的未受精子房和胚珠培养中都发现有基因型差异。

### （二）接种前外植体的预处理

为了提高培养效率，通常对试验材料进行低温、黑暗、高温热激等预处理或预培养，目的是从生理生化上改变细胞的生理状态、改变其分裂方式和发育途径，有利于其形成单倍体植株（祝仲纯等，1979）。阎华等（1988）将向日葵花序在 4℃冰箱中预处理 24h 或 48h，发现能明显地提高孤雌生殖的诱导率，同时还能有效地抑制珠被产生愈伤组织。Kwack 等（1988）以中国南瓜的胚珠为外植体，研究体细胞胚发育途径时发现，胚珠用 5℃冷处理 2d 后，其再生频率提高。但 Metwally 等（1998）将开花前 1 天的美洲南瓜（西葫芦）未授粉胚珠做低温预处理试验，发现不经低温预处理时得到的胚珠诱导植株数和胚珠诱导愈伤率都是最高的，分别是 11% 和 5.3%；经低温预处理得到的这两项指标反而要低，如 4℃处理 2d，两项指标分别是 3.9% 和 2.1%。

人们也对未受精子房和胚珠进行了高温热激研究。Gemesne（2002）和陈小鹏等（2005）的研究发现，高温预处理有效地启动了黄瓜雌核的发育，其中以 35℃条件下热激 3d 效果最佳，雌核诱导率可达 17.8%，植株再生率高达 7.1%。对西葫芦的研究也证明高温热激预处理对西葫芦胚胎发育非常有效（郭永强，2004）。35℃热激 5d 能显著促进雌核发育的启动（徐静，2007；葛志东，2009）。翟庆慧（2009）在南瓜上的研究表明，未受精离体雌核的诱导需要黑暗热激预处理，以在 35℃条件下热激处理 6d 效果最好。高温热激处理对葫芦科作物的未受精子房和胚珠培养具有促进作用。

### （三）接种胚囊的发育时期

接种胚囊的发育时期是影响离体雌核培养成功与否和诱导率高低的重要因素。在玉米上的研究表明，成熟的玉米子房比幼嫩子房更易于诱导单倍体产生，还可不经愈伤组织直接出苗。大麦则是八核至成熟胚囊有着较高的诱导频率。朱献辉等（2008）认为辣椒未受精子房愈伤组织诱导以花药发育单核靠边期的子房诱导率最高。对烟草的研究发现，烟草从大孢子母细胞至成熟胚囊期均能诱导单倍体植株（潘莉和杨铁钊，2000；

Musial，2001）。

在葫芦科作物方面，陈学军等（2000）发现开花当日西葫芦未受精胚珠活力较高，其愈伤组织诱导率也最高。Gemesne（2002）在对6种不同基因型的黄瓜进行了取材时期和预处理方式的研究后发现，雌花开放前6h时胚囊刚好形成，此时胚的诱导频率最高。葛志东（2009）研究表明开花前1天胚珠再生植株诱导率最高，开花当天次之，开花前2天最低。Kutar等（2002）研究发现西葫芦在除未受精胚珠除子叶胚和无定型胚之外的其余各时期的胚离体培养均能诱导出单倍体再生植株。孙守如等（2009）发现，南瓜开花前1天的子房最适宜于胚的诱导。

### （四）培养基

培养基的种类、碳源的种类及浓度、外源激素的种类及浓度等诸多因素都是影响未受精子房及胚珠离体培养的重要因素。常用培养基有Miller、N6、MS等，如N6培养基能有效削弱向日葵的体细胞增生、促进其雌核发育；洋葱多采用BS或改良BS培养基，葫芦科作物未受精子房的离体培养常采用MS培养基或其改良型。

就外源激素来说，目前所使用的外源激素主要有IAA、IBA、KT、NAA、6-BA、ZT、CTA3、MCPA、2,4-D、6-BAP等。烟草子房培养采用IAA与KT两种激素，而胚珠培养以IAA加非激素物质——活性炭有利于直接出苗。陈学军（2000）、谢冰等（2005）认为在西葫芦未受精胚珠培养过程中，理想的外源激素有NAA、BA和2,4-D三种。陈小鹏（2005）在黄瓜未授粉子房的胚状体诱导试验中发现加入TDZ后，其诱导率显著提高。王文和（2001）的研究表明，2,4-D是刺激草莓雌核离体发育所必需的。韩丽华（2004）则用细胞分裂素Zip、6-BA和IBA成功地诱导出了厚皮甜瓜的胚状体植株。一般认为高浓度的植物生长调节剂能刺激体细胞愈伤组织的形成，但对胚囊中单倍体成员细胞的发育却有着明显的抑制作用。中等水平浓度比较适宜诱导植物离体雌核的发育。

蔗糖是未受精子房和胚珠的离体培养诱导应用最多、也是比较成功的碳源。使用的浓度因植物种类而异，低的为2%～3%，高的达到10%～14%。潘莉等（1999）对烟草子房培养进行研究认为高浓度的蔗糖对胚状体的诱导有抑制作用。谢冰（2005，2006）对西葫芦的研究表明成苗阶段培养基的碳源浓度对健全胚状体成苗有较大的影响，胚状体成苗率最高时需要的碳源是20g/L蔗糖或葡萄糖，这样再生植株生长健壮，驯化、移栽成活率也高。

### （五）培养条件

在已报道的研究中，离体雌核培养所用的培养温度基本上处于22～28℃。在光照方面，不但光照的方式有许多种，光照强度也存在较大的差异。吴克贤等（1984）认为杨树的未受精子房光照培养效果最佳。在水稻上则相反，黑暗条件被认为是水稻雌核发育、胚状体形成的有利条件。陶自荣等（1988）在马铃薯未授粉子房诱导培养中发现，子房诱导培养阶段需在散射光或黑暗条件下进行，而分化阶段则需用日光灯每天照射8h。在水稻、草莓及黄瓜的未受精子房诱导中，研究者大多采用了前期黑暗（约1周），后期恒定光周期的光照方式，而且发现变温培养效果优于恒温培养，因此可以理解为黑暗是大多数植物离体雌核发育和胚状体形成的有利条件。

# 第四节　单倍体植株鉴定和染色体加倍

## 一、单倍体植株鉴定

单倍体植株的获得常通过花药和小孢子培养及未受精子房或胚珠离体培养诱导孤雌生殖。无论是小孢子培养还是大孢子培养，单倍体植株的诱导频率都是比较低的，且再生出的植株往往是单倍体、双单倍体及其他倍性植株的混合群体。需要对获得的再生植株的倍性进行快速而准确的鉴定，以便尽早筛选出单倍体植株。目前鉴定植株倍性的方法主要有直接鉴定法和间接鉴定法。

### （一）直接鉴定法

染色体直接计数法是对植株旺盛分裂细胞进行染色体直接计数，能够准确直观地鉴定植株染色体倍性。具体方法：取植物根尖、茎尖和居间分生组织等旺盛分裂组织，采用秋水仙素处理，卡诺固定液固定2～24h，酸或酶软化，然后染色压片，最后在显微镜下对染色体进行计数。该方法对植物制片技术要求较高，操作烦琐复杂，但不失为一种最精准的鉴定方法。另外，由于植物倍性化后，细胞分裂间期的细胞核仁数目随倍性发生改变，可据此判断倍性关系，在细胞分裂间期取待测植株的幼叶、茎尖，采用去壁低渗法制片，显微镜下统计每个细胞的核仁数目来判断其相应倍性水平。

### （二）间接鉴定法

1．*形态学鉴定*　根据植株器官如根、茎、叶、花、果实、种子的形态、颜色等在各倍性之间的差异可对其倍性进行识别。一般情况下单倍体较之相应的二倍体植株根茎偏细、叶片小而薄、叶色浅等，可用来初步判断其倍性水平。例如，单倍体西瓜植株瘦弱、叶片窄小、花小柱头长、花粉粒小、不结实。利用形态学鉴定单倍体简单、直观，但部分材料需在植株生长发育较晚时期才能鉴定，使育种材料不能得到充分利用。

2．*细胞学鉴定*　叶片保卫细胞的大小、单位面积上的气孔大小及数目，花粉形态大小与倍性具有高度相关性。植物染色体倍性发生改变后，遗传特性和遗传行为改变，必然发生细胞形态的改变，用细胞学进行倍性鉴定可靠程度较高，尤其是利用保卫细胞内叶绿体数量进行倍性鉴定在许多植物上得到广泛应用和验证。

3．*分子水平鉴定*　主要通过用流式细胞计数法测量DNA的相对含量及进行RFLP、AFLP、RAPD、指纹图谱、原位杂交及GISH、FISH技术等进行倍性鉴定。流式细胞仪也称为倍性分析仪，可以定量地测定某一细胞中的DNA、RNA或某种特异蛋白的含量。随着倍性的增加，DNA含量呈倍性增加趋势，据此可判断其倍性水平，是较准确鉴定单倍体植株的方法。例如，陈斌等通过流式细胞仪清楚地得出花培辣椒植株每份材料叶片的DNA含量峰值的变化，快速检测出单倍体、二倍体、三倍体或单倍体加二倍体的混倍体，并与坐果结籽的鉴别结果相一致。流式细胞仪的工作原理是用染色剂对细胞进行染色后测定样品荧光密度，荧光密度与DNA含量成正比，DNA含量柱形图直接反映出不同倍性的细胞数，近年来在倍性分析中应用越来越广泛。流式细胞计数法快速鉴定植物的染色体倍性水平，不受植物取材部位和细胞所处时期的限制，取材部位可以是叶片、茎、根、花、果皮和种子等，特别是在离体培养过程中，试管中的芽或植株很小或很幼嫩时，仅用1cm$^2$的样品就能鉴定出材料的倍性，其制样简单，灵敏度、分辨率及准确性较高，数据的重复性好，测试速度快，并且DNA含量变异可在分布图上直观地看出，特别适用于样品较多的倍性检测分析；其缺点是设备昂贵，要求维护人员有较高的专业水平，同时其对群体细胞的准确性高，但对单个细胞及混倍体的区别不够精确。

随着分子生物技术的发展，原位杂交技术、指纹图谱技术的日趋成熟也为植物倍性的鉴定提供了全新的途径，GISH、FISH技术的应用不仅能鉴定细胞的倍性，而且能鉴定其亲本的来源；此外RAPD、RFLP、AFLP技术也已成功地应用到本领域的研究中。

## 二、小孢子和花药植株的染色体加倍

单倍体植株弱小且高度不育，没有直接的利用价值，要充分利用单倍体，只有将其加倍成纯合的二倍体植株，才能应用于育种。

### （一）体细胞无性系变异途径加倍

体细胞变异（somaclonal variation）是指离体培养过程中发生的遗传变化，包括染色体倍性的变化，其机制可能是在离体培养过程中，单倍体愈伤组织发生一定频率的核内有丝分裂（intranuclear mitosis：没有核分裂的染色体复制）形成二倍体细胞。将单倍体植株的茎段置于含有一定比例的生长素和细胞分裂素的培养基上诱导愈伤组织形成。在愈伤组织生长的过程中就会有大量的纯合二倍体细胞产生，并进而分化出纯合的二倍体植株。植物花粉培养比花药培养的单倍体植株自然加倍率高很多，如在白菜小孢子培养中，70%以上的花粉植株可以自然加倍。

### （二）化学试剂（秋水仙素）诱导加倍

单倍体植物染色体加倍用得最多的是化学诱变法，常用的诱变剂有秋水仙素、氨磺乐灵（oryzalin）、氟乐灵（trifluralin）、甲基氨草磷（amiprophos methyl，APM）等除草剂（herbicide）。其中秋水仙素应用最广泛。

1．*浸泡法*　将再生小植株从试管中取出，无菌条件下用秋水仙素直接浸泡，再转移至新鲜培养基中培养，如用0.2%～0.4%秋水仙素水溶液浸泡烟草小植株24～48h，加倍率可达35%。

2．*生长锥处理法*　用秋水仙素水溶液直接浸生长点；或将其滴到棉球上然后将棉球置于顶芽或腋芽，诱导分生组织染色体加倍；或将适宜浓度的秋水仙素调和在载体羊毛脂（lanolin）中，然后将羊毛脂涂抹在单倍体植物的顶端分生组织上诱导染色体加倍。例如，用0.5%秋水仙素浸泡黄瓜单倍体幼苗生长点2h，得到了纯合的双单倍体植株；用秋水仙素水溶液处理茄子40～42h（每隔4h滴加一次溶液），加倍率为87.5%；用0.2%～0.4%秋水仙素调和羊毛脂，处理烟草24～48h，加倍率为25%。

3．培养基处理法　将单倍体植株的任何一部分作为外植体，种植在附加一定浓度秋水仙素的培养基中培养一段时间后，转入无秋水仙素的培养基中继续培养。周伟军等（2002）将52份甘蓝型油菜品系（品种）花药中分离出的单核晚期小孢子接种在含10～800mg/L秋水仙素的NLN液体培养基中，处理16～90h后，再转入无秋水仙素的相同培养基诱导胚状体，发现用10mg/L秋水仙素处理小孢子48h，10份材料的双单倍体植株变幅为37.10%～90.12%，平均为65.44%；50mg/L处理48h，8份材料的加倍率为48.72%～97.81%，平均为88.56%，但该处理药用量大，对小孢子毒性大，胚状体再生率低。

## 小　结

单倍体培养主要包括花药培养、小孢子培养、未受精子房和胚珠培养，其中，花药和小孢子培养是人工诱导单倍体的主要途径。从组织培养类型上来讲，花药培养是器官培养，小孢子培养是细胞培养，但两者培养的目的都是获得单倍体植株。离体条件下，小孢子发育有对称和不对称发育两种途径。单倍体植株获得可通过胚胎发生和愈伤组织两种途径。影响花药小孢子培养的主要因素有植株基因型、生理状态、花粉发育时期、预处理方法、培养基成分和培养条件等，其中基因型的影响是最主要的。通过对未受精的子房和胚珠进行离体培养，可以诱发单倍体，这对于那些花药、小孢子培养难以成功的植物来说，是人工获得单倍体的一条重要途径。基因型、生长环境和植物激素等因素都会影响未受精子房和胚珠的培养。单倍体植株的加倍主要通过秋水仙素溶液诱导，单倍体植株的倍性可通过植株形态、细胞学和分子水平进行有效鉴定。

## 复习思考题

1. 名词解释：单倍体、花药培养、小孢子培养、未受精子房及胚珠培养。
2. 花药小孢子培养在植物遗传育种中的应用有哪些？
3. 花药培养和小孢子培养有何异同？
4. 影响花药和小孢子培养的主要因素有哪些？
5. 影响未受精子房和胚珠培养的主要因素有哪些？
6. 如何进行单倍体植株的倍性鉴定？
7. 如何对单倍体植株诱导加倍？

## 主要参考文献


巩振辉，申书兴．2013．植物组织培养．2版．北京：化学工业出版社：223~236

李书宇，陈伦林，邹小云，等．2013．甘蓝型油菜小孢子培养及技术简化研究．江西农业大学学报，35（6）：1147~1151

孙继峰，方智远，袁素霞，等．2015．不同温度预处理对青花菜小孢子胚胎发生的影响．园艺学报，42（3）：563~568

唐懿．2011．苦瓜花药培养及培养过程中内源激素研究．雅安：四川农业大学博士学位论文

王蒂，陈劲枫．2013．植物组织培养．2版．北京：中国农业出版社：85~103

王文和．2006．未授粉子房和胚珠离体培养诱导植物雌核发育研究进展．植物学报，22（s1）：108~117

武自念，魏臻武，郑曦．2013．多叶苜蓿花药培养技术体系的建立．中国农业科学，46（10）：2004~2013

谢淼，秦丽颖，潘俊松，等．2005．黄瓜花器形态发生、小孢子发育与花药培养．西北植物学报，25（6）：1096~1100

曾爱松，高兵，宋立晓，等．2015．耐寒结球甘蓝小孢子培养及其发育过程．中国农业大学学报，20（2）：86~92

张晓强，杨阳，金樑，等．2015．植物体外雄核发育途径及其影响因素．云南农业大学学报（自然科学），30（2）：303~310

Li JW, Si SW, Cheng JY, et al. 2013.Thidiazuron and silver nitrate enhanced gynogenesis of unfertilized ovule cultures of *Cucumis sativus*. Biology Plantarum, 57(1)：164~168

Mccormick S.1993.Male gametophyte development.Plant Cell, 5(10)：1265~1275

Mohammadi PP, Moieni A, Ebrahimi A, et al. 2012.Doubled haploid plants following colchicine treatment of microspore-derived embryos of oilseed rape (*Brassica napus* L.). Plant Cell Tissue and Organ Culture, 108(2)：251~256

Ravi M, Chan SW. 2010.Haploid plants produced by centromere-mediated genome elimination.Nature, 464(7288)：615~618

Rekha HR, Rakhi C.2013.Establishment of dedifferentiated callus of haploid origin from unfertilized ovaries of tea［*Camellia sinensis* (L.) O.Kuntze］as a potential source of total phenolics and antioxidant activity. *In Vitro* Cellular and Developmental Biology-Plant, 49(1)：60~69

Seymour DK, Maloof JM.2012.Rapid creation of *Arabidopsis* doubled haploid lines for quantitative trait locus mapping. Proceedings of the National Academy of Sciences, 109(11)：4227~4232

Wang H, Dong B, Jiang J, et al. 2014.Characterization of *in vitro* haploid and doubled haploid *Chrysanthemum morifolium* plants via unfertilized ovule culture for phenotypical traits and DNA methylation pattern. Frontiters in Plant Science, 5：1~9

# 第十四章 植物胚胎培养及离体授粉

高等植物种间或属间远缘杂交时，会遇到由于花粉不亲和性而不能在异种植物柱头上萌发，或花粉管生长受到抑制不能进入子房的受精前障碍；或者即使受精，由于胚乳发育不良或胚与胚乳之间不亲和，胚在早期败育；也会遇到植物所结的种子发育不良、不能萌发等问题。通过植物胚胎培养可以在胚乳发育不良时，把胚在早期及时取出培养，则有可能获得杂交的成功。植物胚胎培养包括胚培养、胚乳培养、胚珠和子房的离体培养。Hanning（1904）最早开展了在无菌条件下进行十字花科辣根菜、萝卜成熟胚培养并获得成功。Laibach（1925，1929）用宿根亚麻 × 奥地利亚麻（*Linum Perenne* × *L. austriacum*）种间杂种的幼胚，成功获得了种间杂种，首次证实了这种方法在实际应用中的价值。

## 第一节　植物胚培养

植物胚培养（embryo culture）是指胚和胚器官（子房、胚珠）在离体条件下培养发育成完整植株的技术。其中胚挽救（embryo rescue）技术是对营养或生理原因造成难以播种成苗或在发育早期阶段就败育或退化的胚进行早期离体培养的方法。从植物胚培养 100 多年的历史来看，植物胚培养在实践应用中除了用于克服植物远缘杂交不育、不同倍性间杂交不育、育种中杂种胚的早期夭折、珠心胚干扰、打破种子休眠、提高种子发芽率等育种工作中的难题以外，在研究胚发育过程中与胚胎发育相关的影响因素，以及在胚胎发育有关的代谢和生理生化变化等理论研究领域也有一定的应用。

### 一、胚培养的应用及意义

植物胚培养的应用及意义主要有以下几个方面。

#### （一）克服杂种败育

远缘杂交是培育植物新物种或新类型的重要手段之一，而植物二倍体和四倍体间的杂交是获得三倍体的一个重要途径。在远缘杂交或二倍体与四倍体的杂交中，往往由于杂种胚与胚乳间遗传生理不协调，产生受精障碍、胚乳不能正常发育或提早退化，导致杂种胚饥饿而早期败育夭折。利用胚胎培养或分离早期幼胚培养，将早期幼胚在发生败育夭折前取出，进行离体培养，在试管中培养成再生植株，可防止远缘杂交中优良种质的丢失，获得远缘杂种，这已在许多农作物和园艺作物上实现。在野生夏菊和栽培秋菊的杂交研究中发现，杂交后代在自然状态下的发育往往由于幼胚发育停止而不能获得杂交后代，通过胚挽救技术在幼胚时期就可以获得具有耐热、抗虫、色彩美、花型好等兼具亲本优良性状的杂交新品种。国内外学者已将胚挽救技术应用于无核葡萄品种作母本与其他优良无核或者有核品种杂交，从而提高了新的无核品种选育效率（图 14-1）。

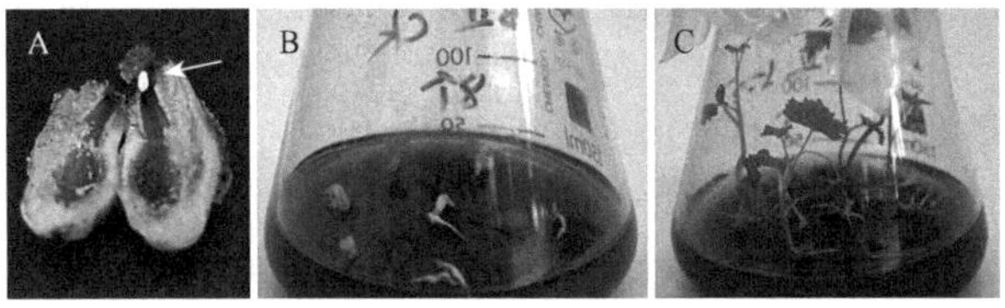


图 14-1　无核葡萄底来特胚挽救成苗（唐冬梅等，2009）
A. 经过离体培养在胚珠内获得发育胚（箭头指示）；B. 发育胚萌发；C. 胚萌发成苗

#### （二）打破种子休眠，缩短育种周期

植物种子成熟后，一般都存在一定时间的休眠期。引起种子休眠的原因有很多种，可能是由单一的原因造成，也可能由多重原因导致。有些植物的种子休眠是由于果实成熟后胚的发育尚未完成，如银杏种子脱离母体后，胚龄幼小，仍继续吸收胚乳营养，4～5 个月后才能成为成熟胚。有些植物种子的休眠是由于虽然种胚已发育完全但必须经过一个

较长时间的后熟过程，如桃、苹果、梨、樱桃、三叶草及一些杂草的种子。有些植物种子的休眠是由于种皮不透水，种胚不能吸胀，如黄秋葵、大葱、菠菜、紫云英、苜蓿、三叶草的种子。有些植物种子的休眠是由于种皮透气性差，迫使种子处于休眠状态，如黄瓜、豌豆的种子。有些植物种子的休眠是由于种皮太坚硬，具有机械约束力，使种胚不能向外伸展，如杏、桃、李、苋菜的种子。有些植物的种子休眠是由于种子中存在抑制种子萌发的物质，如向日葵、莴苣、甜菜、苹果、柑橘、葡萄、鸢尾的种子。通过幼胚培养，用含有糖和无机盐的培养基进行胚培养，可促使这些植物的幼胚达到生理和形态上的成熟而提早萌发形成植株。通过胚培养可使鸢尾的生活周期由2～3年缩短到1年以下；蔷薇属一般1年才能开花，通过胚培养则可以在1年中繁殖2代；而自然情况下9个月才能萌发的垂枝山楂，通过胚培养48h即开始萌发。

### （三）克服种子的自然不育性，提高种子发芽率

长期营养繁殖的植物，虽然具有形成种子的能力，但种子生活力较低，萌发成苗率低下，胚培养有可能促进这类种子萌发和形成幼苗。例如，芭蕉属有许多结实的品种，自然情况下胚不能萌发，如果取出胚，在简单的无机盐培养基中就能很快使其萌发形成幼苗；芋的块茎在自然条件下所结种子不能萌发，对其胚进行离体培养，可促进其萌发形成幼苗。

### （四）诱导胚状体及胚性愈伤组织

利用幼胚或其他胚胎组织，通过离体培养可以产生次生胚状体，可用于快速无性繁殖，已在山楂等难以育苗的植物上获得成功。此外，幼胚或其他胚胎组织也是人工诱导胚性愈伤组织的优良外植体，可为细胞悬浮培养、原生质体分离、融合或遗传转化提供很好的材料。

### （五）克服珠心胚的干扰

一些植物具有多胚现象，如柑橘、葡萄、芒果等，除了正常合子胚外，还常常由珠心组织发生多个不定胚，这些不定胚可以侵入胚囊，使合子胚发育受阻，从而影响杂交育种的效率。利用幼胚培养技术，在离体条件下，分离出合子胚进行培养，即可排除不定胚的干扰，从而提高杂交育种的效率。

### （六）种子生活力测定

木本植物种子由于后熟期较长，常常需要较长时间的层积处理才能打破休眠。Rahavan（1977）研究发现，对一些经沉积处理和未经沉积处理的木本植物的种胚进行离体培养，种子萌发速率基本一致。因此，种胚培养可以用于木本植物种子生活力的快速测定。

## 二、胚培养的类型

植物在受精后就开始胚的发育。胚的发育主要经历原胚、球形胚、心形胚、鱼雷形胚和成熟胚等时期。从对养分的需求上来讲，胚发育过程可分为两个时期：①异养期（heterotrophy period），即在胚发育早期，胚主要依靠胚乳及周围的母体组织提供养分。②自养期（autotrophy period），开始于心形胚后期，此时胚在代谢上已能由基本的无机盐和糖合成生长所需要的物质。由于胚处在胚囊中，胚囊可以供给胚发育所需的特殊营养物质，且胚发育越小，培养时就需要更多、更复杂的营养物质。

胚培养主要有两种类型：成熟胚培养（mature embryo culture）和幼胚培养（immature embryo culture）。

### （一）成熟胚培养

成熟胚是指子叶期后至发育完全的胚。成熟胚培养是指在无菌条件下对成熟胚进行离体培养的技术。成熟胚培养容易成功，一般在含有大量无机元素等比较简单的培养基上就能萌发生长。其生长依赖胚乳、子叶的贮藏营养，不受季节性限制，实质是胚的离体萌发过程，只要提供合适的生长条件并且打破休眠，即可萌发成幼苗。进行成熟胚培养主要用于研究种子萌发时胚乳（或子叶）与胚的相互关系，以及胚乳（或子叶）对幼苗初期生长的营养作用；研究成熟胚生长发育过程中的形态建成，以及各种生长物质对其形态建成的影响；也可用于打破种子休眠，缩短育种周期。

### （二）幼胚培养

幼胚是指子叶期以前具胚结构的胚。幼胚培养是指在无菌条件下对未成熟胚进行离体培养的技术。Tukey（1933）最早对桃、梨的幼胚培养进行了研究，之后在黄瓜、芥菜、大白菜、小麦、百合、枣、银杏等多种植物中获得了成功。幼胚培养有效地解决了杂种胚败育及种子不能萌发或萌发率低的问题，为植物远缘杂交育种开辟了一条新途径。此外，在胚珠以外的环境中进行胚培养，也为研究胚在各个时期的营养需要提供了一条很好的途径。

幼胚离体培养中常见的生长发育方式有以下三种。

1．胚性发育（embryonal development） 幼胚接种到培养基上以后，仍然按照在活体内的发育方式发育，最后形成成熟胚（有时甚至可能类似种子），然后再按种子萌发途径出苗形成完整植株，这种途径发育的幼胚一般一个幼胚将来就是一个植株。以冬枣幼胚培养成苗过程为例，见图 14-2。

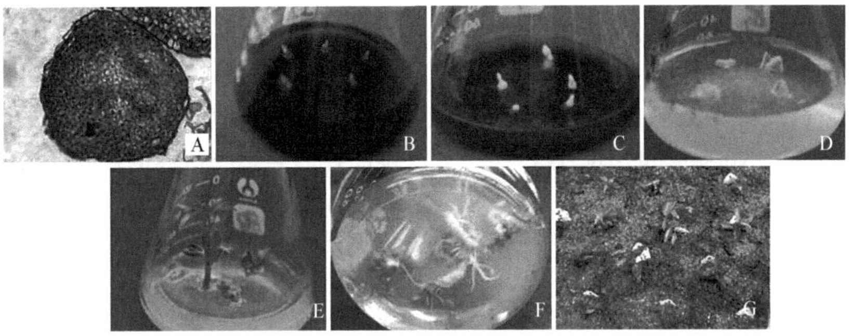

图 14-2 冬枣 15～20d 幼胚培养成苗过程（梁春莉等，2014）

A．幼胚接种前的解剖学特征（球形胚后期）；B．带胚乳幼胚合点端接入培养基；C．幼胚萌发后胚根向上；D．萌发后的幼胚胚根向下接入分化培养基；E．长成的幼苗；F．幼苗生根；G．幼苗驯化移栽

2．早熟萌发（early mature sprouting） 幼胚接种后，离体胚不继续胚性生长，而是在培养基上以幼小胚的形态早熟萌发形成畸形苗，苗的根、茎、叶俱全，但子叶中几乎无营养积累而极端瘦弱，这通常称为早熟萌发。早熟萌发形成的幼苗往往畸形瘦弱，甚至造成死亡。在培养中适当调整培养基配方可以防止早熟萌发。在大多数情况下，一个幼胚萌发育成一个植株，但有时会由于细胞分裂产生大量的胚性细胞，之后形成许多胚状体，从而可以形成许多植株，这种现象就是所谓的“丛生胚现象”。

3．愈伤组织（callus） 在许多情况下，幼胚在离体培养中脱分化，形成愈伤组织，主要是由于培养基中成分不适宜。一般来讲胚形成的愈伤组织大多为胚性愈伤组织，这种胚性愈伤组织可再分化出胚状体或不定芽，最后分化形成植株。

## 三、培养方法

### （一）成熟胚的培养

成熟胚培养技术要求不严格，外植体大多为受精后的果实或种子（带种皮）。

1．材料的选择与灭菌 取成熟或未成熟种子用 70% 乙醇浸泡几秒钟，再用 5% 次氯酸钠溶液浸泡 20～30min，无菌水冲洗 4～5 次，在无菌条件下剥取种胚，接种于适当的培养基上进行培养。

2．培养基 成熟胚由于具有较多的营养积累，形态上已有胚根和胚芽的分化，故对培养基和培养条件要求不高，在只含有大量元素的无机盐和糖的培养基上，一般可萌发成苗。常用培养基有 MS、White 等基本培养基，对微量元素和激素没有特殊要求，可以附加谷氨酰胺作为氮源，以及植物天然浸提物（YE）以促进胚的生长。同时添加低浓度生长素促进胚根的发育，硫氨素促进胚根的伸长，添加赤霉素促进有后熟作用的种子萌发。pH 一般为 5.4～7.5，常用 5.8 左右。

3．培养条件 种胚的生长发育与光、温因子有一定的关系。多数植物胚的生长以每天 12h 光照为宜。培养温度以 25～30℃为宜，少数植物例外，如马铃薯的胚以 20℃为宜，棉胚以 32℃为宜。适当的光照有利于胚芽生长。

### （二）幼胚的培养

幼胚在离体培养时比成熟胚培养困难，在培养条件方面也比成熟胚有更高的技术和条件要求。胚龄越小，对营养的要求越高，培养难度越大。随着胚龄的增加，对营养的要求逐渐降低，培养的难度也逐渐降低。

1．材料的选择与灭菌

（1）取材时期 取材时期是幼胚培养成功的关键，大多数幼胚培养成功的实例表明，适宜于幼胚发育的时期多为心形胚至鱼雷形胚时期。需要在解剖镜下观察，摸索植物的授粉天数与胚胎发育的对应关系。

（2）操作 取回大田或温室里授粉受精后的植物子房，用 70% 乙醇进行表面消毒，再用 5% 次氯酸钠溶液浸泡 15～20min，用无菌水冲洗 4～5 次，即可用于胚的分离和培养。

2．幼胚的分离及培养

（1）幼胚的分离 幼胚的分离是操作的关键技术。幼胚是一种半透明、高黏稠状组织，分离过程极易失水干缩，因此操作要迅速。在无菌条件下，切开子房，取出胚珠，剥离珠被，取出完整的幼胚，置培养基上进行培养，操作时要避免损伤。分离较小的幼胚时需在较高倍解剖镜下进行，胚柄参与幼胚的发育，取材时应带上胚柄。

（2）幼胚的培养　了解培养对象的特性，注意是否需要特殊处理，如休眠、春化作用、胚萌发温度等。常用的培养基有 Tukey、Rijven、Nitsch、Roppaport、MS、White、Norstog 和 SBH 等。

3. 培养条件　培养温度以 25～30℃为宜，少数植物例外。光对胚胎发育有抑制作用，一般黑暗或弱光下有利于幼胚的培养。

### （三）培养方式

李继侗（1933）在银杏培养中发现了胚乳提取物能够促进银杏离体胚的生长。这一发现对后人使用植物胚乳汁液、幼嫩种子及果实提取液等天然物质促进培养物生长具有启示作用。Ziebur 等（1951）报道，在进行大麦幼胚离体培养时，培养基上加入来自同一物种另一种子的离体胚乳，对胚的生长有明显促进作用。对谷类胚胎嫁接的研究发现，当大麦胚移植到小麦的胚乳上时，比在大麦胚乳上生长得更好。Kruse（1974）在某些属间杂交中发现，若把杂交未成熟的胚放在事先培养的大麦胚乳上培养，能显著提高获得杂种植株的频率。大麦（*Hordeum vulgare*）与黑麦（*Secale cereale*）属间杂交，采用这种方法有 30%～40% 的杂种幼胚可以发育成苗，而用传统的胚培养法只有 1% 能成功。de Lautour 等（1980）改良了胚乳看护培养，把车轴草与山蚂蟥的杂种离体幼胚嵌入双亲之一的胚乳中，然后置培养基上进行培养，获得了成功。Holm 等（1994）在大麦小孢子饲养条件下，培养大麦合子胚取得了成功。

## 四、影响胚培养的因素

### （一）外植体

1. 基因型　同一作物不同基因型的胚培养效果不同。李映红（1986）在对向日葵幼胚培养研究时发现，不同品种表现出了明显的差异，其中以‘三道眉’和‘白葵杂一号’反应较为良好。

2. 胚龄　胚龄（即开始授粉至取出胚进行培养的时间）或胚的发育指数（胚长与种子长之比）是胚培养成功的关键因素之一。通常胚龄越小，培养的难度越大，受精后的合子胚或只分裂几次的原胚一般较难培养成功。对不同胚龄桃幼胚培养的研究表明，胚龄大小直接影响胚培养成苗率的高低和胚培苗的生长势（Hesse，1955）。

3. 低温处理　胚的低温处理也是影响桃、杏、李、樱桃和梅等核果类果树胚培养成功的一个关键因素。这些核果类果树的幼胚与其成熟种子一样，需要通过一定时间的低温处理完成休眠才能正常生长。杨增海等（1983）开展了低温处理对 9 个桃品种的早熟胚培养的影响研究，结果表明桃胚需要低温处理的最适时间因不同品种胚的发育时期长短不同而异，胚发育期短的需要低温处理时间长，反之则短。多数桃幼胚培养需要 1～5℃低温处理 70～100d 才能打破休眠。董义虎等（1988）对已转接在培养基上的圆杏品种的胚分别进行不同天数的 1～5℃低温处理，结果表明，80～90d 的低温处理圆杏胚能够通过休眠。

4. 胚柄　胚柄位于原胚的胚根一端，是一个“短命”的结构。研究表明，胚柄参与幼胚的发育过程，当胚发育到球形期时，胚柄也发育到最大程度。在幼胚培养中，胚柄的存在会显著地刺激胚的进一步发育，提高幼胚的存活率。例如，在红花菜豆中，较老的胚，不管有无胚柄的存在，均能在培养基中生长；但幼胚培养时不带胚柄会显著降低形成小植株的频率，可见胚柄对胚的早期正常生长发育是必要的。研究还发现，胚柄中具有较高的赤霉素活性，红花菜豆心形胚时期胚柄的赤霉素的活性比胚体高 30 倍。培养基中添加一定浓度的赤霉素（5mg/L）能有效地替代胚柄的作用。

5. 接种方式　不同的接种方式对胚的萌发率具有一定的影响。郑先波等（2005）在西瓜成熟胚培养时，发现胚平放可提高胚培养效果。祁业凤等（2004）在冬枣坐果后 20d 幼胚培养中将胚平放在培养基上，其成苗率仅为 3.7%。而梁春莉（2014）在冬枣极早期幼胚培养中采用胚珠合点端接种的培养方式，正常萌发胚比率为 63.2%，萌发后幼胚胚根均朝上，子叶朝下；而将珠孔端插入培养基内，胚珠合点端褐化严重，胚的萌发率降为 0。

### （二）培养基

1. 无机盐　成熟胚的培养基较简单，主要有 Turkey、Randolph、White 等培养基。以大量元素和微量元素的无机盐为基本成分。幼胚培养的培养基为常用的 MS、B5、Nitsch、Rijven、Rangaswang 及 Norstog 等。Monnier（1978）研究荠菜幼胚培养时发现，提高 MS 培养基的 $K^+$ 和

$Ca^{2+}$浓度，降低$NH_4^+$浓度，可有效地促进幼胚的存活和生长。李映红（1986）在向日葵幼胚培养中发现所用培养基MS、White、B5和Nitsoh中，B5培养基最适宜向日葵的幼胚培养。

2．碳水化合物 培养基中的碳水化合物主要来自于糖类，其中蔗糖是效果最好的碳水化合物之一。糖在胚培养中具有三个方面的作用：①调节培养基的渗透压；②作为碳源和能源；③防止幼胚的早熟萌发。在自然条件下，原胚最初是生存于充满高渗胚乳液的胚囊中，所以在离体培养时，若将幼胚接种在低渗透压的培养基中，常常会出现幼胚生长停顿及早熟萌发等异常现象。随着胚龄的增长，培养基的渗透压应有所不同。适宜原胚培养的蔗糖浓度一般为8%～12%，随着胚龄的增长，培养基中的渗透压应逐渐降低。成熟胚在低浓度蔗糖（2%）的培养基中生长很好。Paris等（1953）对曼陀罗胚离体培养时，发现心形胚前期的幼胚以8%的蔗糖浓度为宜，而心形胚后期的幼胚，蔗糖浓度可降至4%左右，到鱼雷胚期，则只需0.5%～1%。对向日葵幼胚培养，发现幼胚长度为1000～1100μm时要求17.5%的糖浓度；2000～2500μm时糖浓度为16%；5000～5500μm时为12.5%；10000μm时要求6%；成熟胚时要求0.5%，说明随着胚的长大，其环境渗透压应逐渐降低。

3．植物生长调节剂 成熟胚生长一般不需要外源激素即可萌发，加入一定量的激素可显著加快培养物的生长，并利于休眠种胚的萌发。而对幼胚培养而言，外源激素和植物内源激素之间保持某种平衡，是维持幼胚胚性生长的关键。培养基中添加适宜种类和适宜浓度的激素会促进幼胚的正常生长发育。如果激素浓度低，则不能促进其生长；如果激素浓度过高，将会使幼胚发生脱分化形成胚性愈伤组织而影响其正常发育。夏培蓓等（2011）研究发现在IBA浓度为1.5mg/L的培养基中，白纳格葡萄胚珠的发育率最高，达到67%；过高的IBA浓度反而会抑制胚珠的发育。唐冬梅等（2009）研究发现，在ER培养基中添加$GA_3$和IAA对无核葡萄胚珠发育起抑制作用，认为幼胚的离体发育受多种无机物、有机物和生长调节物质的共同调控。

4．其他成分 培养基中加入氨基酸或其复合物有益于幼胚的生长。据研究发现，加入单一氨基酸时，以谷氨酰胺效果最好，其常用浓度为500mg/L。水解酪蛋白被广泛用于幼胚培养，所用浓度因植物种类或基因型而异，如栽培大麦最适浓度为500mg/L，紫花曼陀罗为50mg/L。

维生素对发育初期的幼胚培养是必需的，但随着胚龄的增长，当胚能够合成自身需要的维生素时，培养基中加入维生素可能对其形态发生有抑制作用。常用于幼胚培养的维生素有硫胺素（$VB_1$）、吡哆醇（$VB_6$）、烟酸、泛酸钙和生物素等。

为了提高胚培养的效果，有时在培养基中可添加一些天然提取液，如椰汁、酵母提取液、大麦胚乳、麦芽、马铃薯块、大豆等提取物。Malsubara（1962）曾将多种植物的种子、胚乳等组织的乙醇提取物用于幼胚的培养，发现曼陀罗和佛手瓜属的种子及幼嫩的黄花羽扁豆种子的提取液比椰汁的效果更好，对幼胚培养均有不同程度的促进作用。此外，成分复杂的酪朊水解物或酵母提取物，通常也具有促进胚生长的作用。

在胚培养中，通常在培养基中加入活性炭，其可以吸附胚培养中释放的有毒物质或过量的抑制胚生长的物质，从而使幼胚顺利地发育至成熟，成苗。梁春莉（2014）对冬枣极早期幼胚培养中发现低浓度（1g/L）的活性炭对胚萌发、正常胚形成有促进作用，高浓度的活性炭效果则相反。

### （三）环境条件

1．培养基pH 培养基pH对幼胚的胚性发育也有重要的影响。通常幼胚培养的pH为5.2～6.3，具体最适pH因植物种类不同而异，如桃为5.8，番茄为6.5，紫花曼陀罗心形早期的胚培养最适pH为5.0～7.5，荠菜胚珠液的pH约为6.0，而其离体胚在pH为5.4～7.5的培养基中都能正常生长。

2．温度 对大多数植物胚的培养来说，温度保持在25～30℃较为合适。在25～30℃时柑橘、苹果、梨胚培养较为合适。热带兰花杂种胚需要30℃，而在20℃条件下马铃薯胚培养较好，桃胚培养则需要变温条件下进行。种子具休眠性的植物幼胚培养，在给予适宜温度之前要求一定的低温处理，如桃的幼胚培养需在2～4℃条件下处理40～60d，然后再转入25℃条件下培养效果较好。

3．光照 由于胚在母体植株上被包围在胚珠里，故一般认为在黑暗或弱光下培养幼胚较合适。离体培养条件下进一步发育的幼胚对光的需求，因植物种类而异。例如，棉花幼胚先在暗条件下培养，然后在弱光条件下培养较好。荠菜胚培养，每天给予12h的光照比全黑暗条件好。将坐果后50d的冬枣胚接种后先暗培养10d，再置于光下，可使胚轴很快延长并发根，生根率提高65.8%。

# 第二节 植物胚乳培养

胚乳培养（endosperm culture）是指在无菌条件下对胚乳组织进行离体培养，使其发育成完整植株的技术。胚乳培养的研究最早始于1933年，Lampe和Mills首次进行了玉米胚乳的培养；1949年La Rue用玉米胚乳培养获得了愈伤组织；Srivastava（1973）首次用自养被子植物罗氏核实木（*Putranjiva roxburghii*）的成熟胚乳培养获得了三倍体再生植株，证实了三倍体胚乳细胞的全能性。到目前为止，已有40多种植物进行了胚乳培养，其中苹果、柚、橙、檀香、枸杞、猕猴桃、玉米、大麦、小黑麦、水稻、马铃薯、梨、核桃等的胚乳培养得到了再生植株。在裸子植物中，胚乳在受精前就已形成，由雌配子体发育而成，故它是单倍体组织；而在被子植物中，胚乳是双受精的产物之一，由两个单倍的极核和一个单倍的精子结合而成，所以是三倍体组织。但是由于胚囊类型不同，参加融合的极核数目不同，因而胚乳的倍性也不同，如待宵草型胚囊只有一个极核与精细胞融合，胚乳核为$2n$；贝母型胚囊两个极核，其中一个是$n$，另一个是$3n$，与精细胞融合后胚乳核为$5n$。

## 一、胚乳培养的应用及意义

胚乳培养的应用及意义主要体现在以下几个方面：①其是获得植物三倍体的重要途径。在过去几十年间，很多研究已经充分肯定了胚乳细胞在离体条件下可以无限增生和进行器官分化。由于被子植物胚乳细胞是三倍体，人们设想由它所形成的植株可能也是三倍体。因此，在植物育种工作中，人们一直期望可以用胚乳培养的方法，来代替四倍体和二倍体杂交来生产三倍体。胚乳培养不仅为人工获得植物三倍体提供了一条重要途径，在三倍体无籽果实等新品种选育及遗传研究上也有重要的研究价值。②胚乳植株染色体的不稳定性，为染色体工程研究提供了有效途径。胚乳培养除能获得三倍体以外，还能产生各种非整倍体，从中可以筛选出单体、三体等珍贵的遗传材料。③其为研究淀粉、蛋白质和脂肪等产物的生物合成及代谢提供了良好的实验系统。在自然条件下，胚乳细胞以淀粉、蛋白质和脂类的形式贮存着大量的营养物质，以供胚胎发育和种子萌发之需。因此，胚乳也是研究这些代谢过程的一个理想系统。

## 二、培养方法

在胚乳培养中，除少数寄生或半寄生植物可以直接由胚乳分化器官以外，绝大多数被子植物的胚乳，无论是未成熟的还是成熟的，都需要首先经历愈伤组织阶段，然后在分化培养基上，进行胚状体或不定芽的分化。初生胚乳愈伤组织的形态，一般为白色致密型，如红江橙（图14-3），少数为白色或淡黄色松散型（如枸杞），也有的为绿色致密型（如猕猴桃）。胚乳培养分带胚培养和不带胚培养两

图14-3 红江橙胚乳愈伤组织诱导和三倍体植株再生（陈如珠等，1991）

$A_1$. 细胞期胚乳和胚；$A_2$. 胚乳愈伤组织；B. 电镜下的胚乳愈伤组织；$C_1$. 胚状体（embryoids）和芽原基（shoot-buds）；$C_2$. 各时期胚状体；D. 扫描电镜下的芽原基；E. 胚状体再生的小植株；F. 芽原基长成的芽；G. 移栽成活的嫁接苗；H. 幼叶细胞染色体数，$2n=3x=27$

种方式，通常带胚比不带胚的胚乳更容易诱导愈伤组织。尤其是用干种子的胚乳培养时，由于胚乳的生理活性十分微弱，在诱导其脱分化前，必须借助原位胚的萌发使其活化。

### （一）胚乳外植体的制备

胚乳培养前要观察确定适宜胚乳培养的发育时期。选择胚乳发育适宜时期的果实（或种子），用70%乙醇表面消毒，再用饱和漂白粉灭菌10～15min，用无菌水冲洗3～4次。在无菌条件下切开幼果，取出种子，剥开种皮，小心分离出胚乳组织（带胚或不带胚），接种在培养基上培养。

### （二）培养基与培养条件

胚乳培养常用的基本培养基有MS、White、LS、MT等，其中以MS使用较多。常用碳源为蔗糖，浓度为3%～5%。添加适当激素，如2,4-D或NAA 0.5～2.0mg/L，BA或KT 0.1～1.0mg/L，对胚乳愈伤组织的诱导和分化是必要的。同时加入细胞分裂素和生长素，愈伤组织正常生长，其效果显著优于使用单一的生长素或细胞分裂素。还可适当添加有机物，如水解酪蛋白和酵母提取物也有助于愈伤组织的诱导和分化。适宜培养温度为25℃左右。对光照的要求因物种而异。

### （三）胚乳愈伤组织再生植株

1．愈伤组织的诱导　胚乳培养的形态发生可通过愈伤组织形成和器官发生。除少数植物可以直接从胚乳分化出器官外，大多数被子植物的胚乳，无论是未成熟还是成熟的，都首先形成愈伤组织，然后分化成植株。胚乳在25～27℃和黑暗条件下或散射光条件下6～10d后，外观显得膨大而光滑，往往在切口处形成乳白色的突起，并不断增殖成团块，成为典型的愈伤组织，这时，应及时转接到分化培养基上培养。否则愈伤组织会停止生长，直至老化死亡。

2．愈伤组织再分化诱导培养　把正在生长的愈伤组织及时进行分化培养。用于分化培养的基本培养基主要有White和MS培养基，添加BA或KT或ZT 0.5～3.0mg/L和NAA 0.05～0.5mg/L，或IAA 0.5～2.0mg/L。有些作物（如柚子）添加适量赤霉素是必要的，分化培养需提供充足的光照。

3．胚乳苗的生根培养　有些胚乳植株可直接由胚状体或不定芽形成，但有些胚乳植株需将不定芽移至生根培养基上进行生根培养，才能长成完整植株。用于生根培养的基本培养基有White、1/2 MS等，添加NAA 0.5mg/L或IBA 1～5mg/L，有的也可不加任何激素。在贴近愈伤组织处切下不定芽，插入生根培养基中，光下培养10～15d后，就会在芽的切口处长出白色的根。

4．胚乳再生植株的染色体特性　胚乳培养再生植株的染色体研究结果表明，其染色体有二倍体、三倍体、多倍体或非整倍体。例如，苹果胚乳愈伤组织绝大部分细胞染色体（约80%）为多倍体和非整倍体，而三倍体细胞仅占2.5%～3.9%。红江橙胚乳愈伤组织诱导培养的再生植株有79.4%的细胞染色体数目为$2n$=26～27，证实为三倍体植株（图14-3）。胚乳培养的植株，其染色体的不稳定性可能在培养过程中因游离核的增殖或细胞分裂的异常行为造成。这种染色体数目的变化，对于采用无性繁殖的园艺植物的育种具有较大的利用价值。

### （四）三倍体后代的特征

由胚乳培养获得的三倍体植株具有植株茎秆粗壮、叶片大而肥厚、叶色浓、花型大或重瓣、果实大但结实率低等形态特征。在胚乳培养中也常常发生染色体倍性的混乱现象，即多数胚乳培养具有多种数目的染色体细胞组成。黄贞光等（1982）报道，来源于猕猴桃同一植株的胚乳，可以培养出三倍体和二倍体两种倍性的植株。影响胚乳细胞培养染色体稳定性的因素主要有胚乳的类型、胚乳愈伤组织发生的部位及培养基中外源激素的种类和水平。

## 三、影响胚乳培养的因素

### （一）胚乳的发生类型和发育时期

被子植物双受精完成后，一般是先进行核分裂，形成游离的胚乳核（核型胚乳期），然后细胞质分裂形成胚乳细胞（细胞型胚乳期）。胚乳培养的关键是要选择合适的胚乳发育时期。大量的研究表明，游离核时期的胚乳一般较难以产生愈伤组织和分化成器官；细胞型时期的胚乳较容易培养成功，而处于旺盛生长状态的细胞型胚乳是培养取材最适合时期，愈伤组织诱导频率可高达60%～90%，如处于这一时期的葡萄、苹果和桃的胚乳，愈伤组织诱导频率皆高达90%～95%。可以通过对授粉后不同天数的胚珠进行显微观察，确定胚乳适宜的发育时期。不同植物授粉受精后，胚乳进入细胞型胚乳期的时间差异较大，但在同一种物种上还是相对稳定的，如玉米授粉后进入细胞型胚乳期的时间为8～12d、水稻4～7d、小麦8d、大麦10～12d、梨20d、苹果8～10d、黄瓜7～16d、大白菜12～14d、甘蓝15～17d。

成熟期的胚乳在一般情况下，愈伤组织的诱导频率很低，甚至不能产生愈伤组织。例如，种子发育中后期的苹果胚乳，愈伤组织的诱导频率不超过5%；接近成熟的葡萄胚乳几乎不能产生愈伤组织；完全成熟的猕猴桃种间杂种胚乳在离体条件下不能生长和增殖。而不少木本植物，特别是一些大戟科、桑寄生科和檀香科植物，它们的成熟胚乳不仅能产生愈伤组织，而且其中有些还能进行不同程度的器官分化，或是产生完整的再生植株。

### （二）植物激素

不同植物对激素的反应存在着差异。在单子叶植物的胚乳培养中，为了诱导愈伤组织，在培养基中必须补充一定浓度的2,4-D，有时也用其他生长素如NAA和IAA。例如，中华猕猴桃胚乳只有在高浓度的玉米素（3mg/L）与2,4-D（0.5mg/L）配合下，才能较好地诱导胚乳愈伤组织的形成；柑橘只有在添加BA（0.5mg/L）、2,4-D（2mg/L）和水解酪蛋白CH（1000mg/L）的培养基上，胚乳才表现膨大，产生致密且生长旺盛的愈伤组织。

在胚乳愈伤组织的芽分化培养中，单子叶植物往往要去掉2,4-D或降低生长素浓度，并添加适当浓度的细胞分裂素后才能促进愈伤组织的分化，进一步长成胚乳植株。在马铃薯胚乳愈伤组织分化和小苗的生长过程中，$GA_3$表现出有益的作用。柑橘胚乳的胚状体发育需要把$GA_3$的浓度提高到15mg/L。

### （三）胚在胚乳培养中的作用

胚乳培养分为带胚培养和不带胚培养两种方式。带胚培养胚乳比不带胚的胚乳组织容易形成愈伤组织，当愈伤组织形成后，除去胚并不影响胚乳组织的增殖。胚对胚乳培养的影响，与胚乳的生理状态或胚乳的年龄有关。处于旺盛生长期的未成熟胚乳，在诱导培养基上没有胚的存在就能形成愈伤组织，这在大麦、柚、橙、苹果、猕猴桃等未成熟胚乳的培养中已被证实。而成熟的胚乳，特别是干种子的胚乳培养时，由于其生理活动十分微弱，在诱导其脱分化前，必须借助于胚的萌发使其活化。胚对胚乳组织的增殖促进作用，被认为是某种“胚性因子”在起作用，如蓖麻胚乳组织中，培养之前先用不同浓度的$GA_3$或IAA处理，发现用1～2mg/L $GA_3$浸泡36h的胚乳组织，在无胚的情况下可形成愈伤组织并分化出绿色芽体，故推测这种“胚性因子”可能是赤霉素。

### （四）培养条件

一般适宜的培养温度为25℃左右。对光照的要求因物种而异，如玉米胚乳适合暗培养，蓖麻胚乳在1500lx的连续光照条件下培养较好，但多数胚乳需在10～12h/d的光照条件下培养。

# 第三节 植物胚珠和子房培养

## 一、胚珠培养

胚珠是种子植物的大孢子囊，是孕育雌配子体的场所，也是种子形成的前身。胚珠培养（ovule culture）是指在无菌的条件下将受精或未受精的胚珠进行离体培养，使其生长发育形成幼苗的技术。根据胚珠培养的目的不同，可将胚珠培养分为受精胚珠培养和未受精胚珠培养两种形式。

### （一）胚珠培养的意义及应用

利用胚珠培养技术，对杂交种在胚珠时期开始培养，可防止杂种胚早期败育，获得杂种植株。未受精的胚珠培养及未受精的胎座或子房培养，可作为试管授精的技术基础，并且未受精的胚珠培养与花药培养一样，能诱导出大孢子或卵细胞增殖，形成单倍体植株，可用于单倍体育种。胚珠培养技术还可用于合子及早期原胚的离体培养过程、种子的发育机理等研究中。

在无菌条件下最早分离和培养胚珠的是White，他于1932年在金鱼草中进行实验，但未能得到种子或植株，之后Withner（1942）培养兰花的胚珠，得到了成熟的种子。Maheshwari（1958）在胚珠培养方面做出了重要的贡献，他培养授粉后5～6d的罂粟胚珠（胚囊内含有2个细胞的原胚和少量胚乳核），在添加0.4mg/L KT的White培养基中，获得了植株。这项技术之后在印度德里大学得到了发展和完善。王烨等（2015）通过离体培养黄瓜未受精胚珠也获得了黄瓜单倍体植株（图14-4）。通过胚珠培养获得成功的植物已有多种（表14-1）。

图 14-4 黄瓜未受精胚珠离体培养及单倍体植株再生（王烨等，2015）

A. 未受精子房的预培养；B. 培养 7d 后的未受精子房；C. 剥离的胚珠；D. 胚珠上形成突起，发育为球形胚；E. 心形胚；F. 幼胚；G. 发育出子叶和胚根的胚；H. 单倍体再生植株；I. 移植田间

**表 14-1 通过胚珠培养获得成功的部分植物**

| 植物名称 | 开花前天数 /d | 授粉后天数 /d | 胚发育阶段 | 基础培养基 | 研究者 |
|---|---|---|---|---|---|
| 洋葱（*Allium cepa*） | — | 13 | 心形胚 | Nitsch | Guha et al.，1966 |
| 油菜（*Brassica campestris*） | — | 1～2 | 合子胚 | Nitsch | Kameya et al.，1970 |
| 四季橘（*Citrus microcarpa*） | — | 50 | 球形胚 | White | Rangaswamy et al.，1959 |
| 柑（*Citrus reticulata*） | — | 55 | 球形胚 | White | Sabbarwal et al.，1963 |
| 白花菜（*Gynandropsis gynandra*） | — | 4 | 球形胚 | Nitsch | Chopra et al.，1963 |
| 凤仙花（*Impatiens balsamina*） | — | 6 | 球形胚 | Nitsch | Chopra et al.，1963 |
| 罂粟（*Papaver somniferum*） | — | 6 | 合子胚 | Nitsch | Maheshwari et al.，1958 |
| 葱莲（*Zephyranthes candida*） | — | 5 | 球形胚 | Nitsch | Sachar et al.，1959 |
| 葱莲（*Zephyranthes candida*） | | 2 | 合子胚 | Nitsch | Kapoor et al.，1959 |
| 陆地棉 × 种棉 | — | 4～6 | — | BT | 时香玉等，1999 |
| 红麻 × 玫瑰麻 | — | 15 | — | MS | 赵立宁等，1998 |
| 欧亚种葡萄（无核）（*Vitis vinifera* L.） | — | 35～70 | — | Nitsch | 唐冬梅等，2009 |
| 巴西橡胶树（*Hevea brasiliensis* Muell. Arg.） | 2～3 | — | — | MB | 杨晓泉等，1997 |
| 玉米（*Zea mays* L.） | — | 1 | 心形胚 | 半固体 NBM | 陈亮等，2012 |

## （二）胚珠培养的方法

1．材料的选择和灭菌　将子房（授粉或未授粉）进行常规表面消毒，在无菌条件下解剖，剥离子房，小心纵切开子房，将胚珠一个个取出来，或者将带有胎座部分的胚珠一起取下接种到培养基上进行培养。

2．培养条件

（1）培养基　常用 Nitsch 或 White 培养基。加蔗糖 5% 左右，同时添加一些植物生长调节物质（如 0.2～0.5mg/L KT）、水解酪蛋白、黄瓜汁、番茄汁等，可大大提高成功率。根据研究，在离体胚珠的发育中，培养基的渗透压起着重要的作用，特别是对非常幼嫩的胚珠，其作用尤为重要。在矮牵牛中，授粉后7d的胚珠处于球形胚期，若把它们剥离下来，置于含有蔗糖（浓度为4%～10%皆可）的培养基上培养，它们即能发育为成熟种子。若胚珠内含有合子和少数胚乳核，最适的蔗糖浓度为6%；若在受精之后，则为8%。在白车轴草（*Trifolium repens*）中，只有在培养基中添加了黄瓜或西瓜幼果（开花后10d）的果汁时，授粉1～2d后处在合子期或双细胞原胚期的胚珠在培养中才能发育为成熟种子。若加入黄瓜汁后再加$GA_3$（10mg/L），则能进一步促进这些非常幼嫩的胚珠发育成种子。Wakizuka和Nakajima（1974）还发现，要想由授粉后不久（2d）剥离下来的矮牵牛胚珠得到发育充分的能发芽的种子，黄瓜汁（5%）也是必不可少的。

（2）胚珠授粉后的天数　授粉后天数直接影响培养的结果。一般受精后不久的胚珠从胎座上剥离下来培养较困难，而通常要受精5～6d后的胚珠才能顺利培养发育成种子。

（3）附带物　当胚珠带有胎座部分或子房部分时，往往有利于胚珠的成活与发育，这种情况下，即使是受精后3d左右的胚珠，也能培养成活并发育获得成熟的种子。在罂粟离体胚珠（含有合子或双细胞原胚）培养中，即使培养基里补加了水解酪蛋白、椰汁、腺嘌呤或激动素，胚仍不能进行分化。然而，若是培养连在胎座上的胚珠，合子就能发育成一个正常分化的胚。在离体培养中胎座组织对胚珠生长和发育具有促进作用，如在白菜花的胚珠培养时，将原胚时期的单个胚珠接种在Nitsch培养基上，胚珠未能生长发育，而将胚珠连同胎座一起接种在Nitsch培养基上，则获得了成熟种子；在茄子胚珠培养中，带胎座的胚珠大多能形成愈伤组织，而不带胎座的胚珠则培养不久即褐化死亡。因此，在进行单个胚珠培养不能成功时，可考虑带有胎座或子房一起进行培养。

（4）培养条件　大多数植物培养温度都在25℃左右，但不同物种要求不同，如扶郎花以23℃为宜，向日葵在29℃培养则更为有利。光照条件因植物种类不同而异，一般在光照条件下培养，但向日葵等在暗培养条件下效果更好。

## 二、子房培养

子房是雌蕊基部膨大的部分，由子房壁、胎座、胚珠组成。子房培养（ovary culture）是指在无菌条件下将子房从母体上分离下来，放在人工配制的培养基上，使其进一步生长发育成为幼苗的过程。根据授粉与否，子房培养可分为未授粉子房培养和授粉子房培养。授粉子房培养的主要目的是克服杂种胚的早期败育，获得杂交种子或植株。未授粉子房培养的目的有两个：一是将胚囊中的单倍性细胞诱导成单倍体植株，用于单倍体育种；二是为离体授粉奠定基础。

1942年，Larue首次对番茄、落地生根属（*Kalanchoe*）、连翘属（*Forsythia*）和驴蹄草属（*Caltha*）植物授粉的花连带一段花梗进行了培养，在无机盐培养基上得到了正常的果实。Nitsch（1949，1951）建立了较完整的子房培养技术，在一种合成培养基上培养了小黄瓜、草莓、番茄、烟草和菜豆等的离体子房，由已授粉的花中剥离下来的小黄瓜和番茄的子房发育成了成熟的果实，尽管这些果实比自然形成的果实要小，但是也获得了有生活力的种子。Johro（1963）和Maheshwari（1966）分别将葱莲、洋葱等受精后不久的子房接种在只含有无机盐和蔗糖的培养基上进行培养，得到了成熟的种子。近些年来通过授粉子房培养获得成功的植物主要有玉米、水稻、大白菜×甘蓝等（表14-2）。Nitsch等（1969）在水稻上进行了未授粉子房培养的尝试，并得到了植株，但这些植株属于二倍体和四倍体。Uchimiya等（1971）从未授粉玉米子房培养中获得了愈伤组织和分化的不定根，但也不是单倍体的。Noeum（1976）在未授粉的大麦子房培养中首次获得了单倍体植株。之后，孔凡伦等（1990）相继在大麦、烟草、小麦、向日葵、水稻、玉米、百合、青稞、荞麦、白魔芋、杨树等数十种植物上获得了单倍体植株。

**表14-2　通过子房培养获得成功的部分植物**

| 植物名称 | 授粉后时间 | 胚发育阶段 | 基础培养基 | 研究者 |
|---|---|---|---|---|
| 埃塞俄比亚芥×白菜型油菜 | 5～10d | — | MS | 石淑稳等，1995 |
| 埃塞俄比亚芥×甘蓝型油菜 | 7～12d | — | MS | 石淑稳等，1995 |
| 埃塞俄比亚芥×芥蓝型油菜 | 10～17d | — | MS | 石淑稳等，1995 |
| 白菜×白芥 | 6～8d | — | White | 巩振辉等，1995 |
| 水稻 | 2～3d | — | MS，MT | 韦鹏霄等，1996 |
| 芥蓝×诸葛菜 | 14～18d | — | MS | 殷家明等，1998 |

续表

| 植物名称 | 授粉后时间 | 胚发育阶段 | 基础培养基 | 研究者 |
|---|---|---|---|---|
| 白菜型油菜 × 甘蓝 | 9～12d | — | MS，B5 | 张国庆等，2003 |
| 白菜型油菜 × 羽衣甘蓝 | 15d | — | MS | 周清元等，2003 |
| 玉米 | 15～22h | — | N6 | 汤飞宇等，2004 |
| 4*x* 大白菜 ×2*x* 结球甘蓝 | 6～8d | 小球形胚 | White | 顾爱霞等，2006 |
| 4*x* 菜心 ×4*x* 芥蓝 | 6～8d | 小球形胚 | Nitsch | 张成合等，2006 |
| 4*x* 菜心 ×2*x* 芥蓝 | 6～8d | 小球形胚 | Nitsch | 张成合等，2006 |
| 大花穗兰 × 墨兰 | 90～100d | — | VW | 曾碧玉等，2013 |

## （一）培养方法

1．子房外植体的制备　子房培养的程序和方法与胚珠培养相似。取开花前（未授粉子房）和授粉后（授粉子房）适当天数的花蕾或子房，用 70% 乙醇表面消毒 30s，用 2% 次氯酸钠消毒 10～15min，无菌水冲洗 4～5 次，然后在无菌条件下，将子房接种到培养基上进行培养。

2．培养子房的发育　子房存在两种细胞，即性细胞和体细胞，它们都可产生胚状体或愈伤组织，进一步发育成不同倍性的植株。胚囊里雌配子体的核是由大孢子母细胞经过减数分裂发育而来的，产生的植株是单倍体。如来源于体细胞，即由珠被和子房壁表皮二倍体组织产生的植株，属于二倍体植株。子房培养时所选择的培养基、培养条件及附属花器官等对子房培养都有一定的影响。培养基的选择，应根据植物种类、基因型、取材时间、培养目的等具体情况而定。袁素霞等（2015）对 7 个基因型百合未受精子房的离体培养研究发现，MS、BDS 和 CBM 三种基础培养基均可诱导百合未授粉子房胚胎形成，以 BDS 培养基诱导的膨大胚珠数及胚性胚珠数均最多；且开花前 1 天的花蕾较适合百合未授粉子房的离体培养；培养中大多数胚性胚珠中只含有 1 个胚胎，位于珠孔端、合子端或极核处，少数胚性胚珠中含有双胚胎（图 14-5）；所有供试基因型中，以 Robina 在 BDS 培养基中的胚胎诱导率最高，每花蕾达 223.7 个；6 个供试基因型获得了再生植株（图 14-6）。

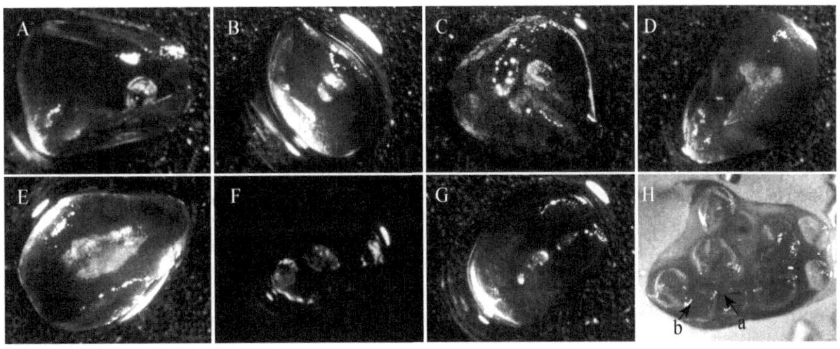


图 14-5　百合未授粉子房培养胚珠内胚胎的发育（袁素霞等，2015）
A．球形胚（位于珠孔端）；B．球形胚（位于极核处）；C．球形胚（位于合子端）；D．子叶胚；E．棒状胚；F．双胚胎胚珠（分别位于珠孔端和极核处）；G．双胚胎胚珠（分别位于珠孔端和合子端）；H．含胚胎胚珠（a）和无胚胎胚珠（b）

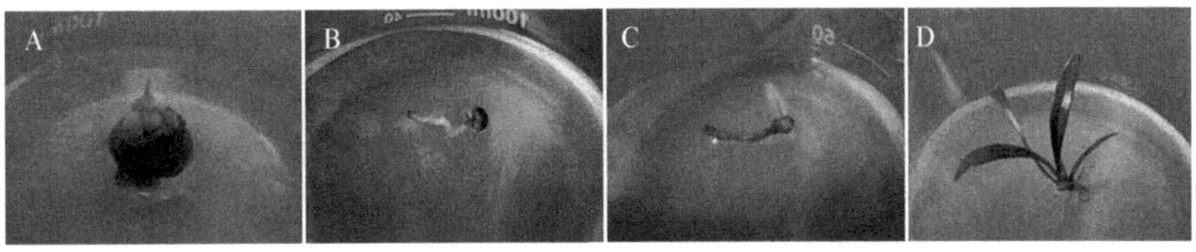


图 14-6　百合未授粉子房离体培养雌核胚胎萌发及植株再生（袁素霞等，2015）
A～C．萌发胚；D．再生植株

### （二）影响子房培养的因素

1．培养基　子房培养常用的培养基有White、N6、MS、B5和BDS等。如果要其性细胞和体细胞通过诱导形成胚状体或愈伤组织，并分化成植株，则对培养基的成分也有一定的要求。蔗糖浓度因不同植物材料而异，多为3%～10%，一般在诱导培养阶段蔗糖浓度要高一些，分化培养时蔗糖浓度低一些。如为了从未受精子房诱导来源于胚囊核的单倍体组织，在培养基中加入一定量的外源激素是必要的。百合未授粉子房培养中单独使用2,4-D诱导频率为18.87%，2,4-D＋6-BA诱导频率为33.73%，2,4-D＋KT诱导频率为47.76%。而在荞麦未授粉子房培养时，2,4-D单独使用诱导频率为7.6%，2,4-D＋KT诱导频率为1.8%。在胡萝卜子房培养中，培养基中加入酪朊水解物和酵母提取物，可诱导产生多胚。

2．附属花器官　附属花器官（花被、萼片等）对子房生长发育有一定的促进作用，如在蜀葵子房（球形原胚时期）培养时，只有带有完整萼片子房才能生长膨大和结籽，培养基中加入IAA、IBA、GA、KT等生长调节物质也不能替代萼片的作用。

3．单倍体的来源和发育途径　子房培养得到的单倍体植株可能由助细胞或胚囊的无配子生殖细胞产生，也可由非正常发育的大孢子四分体产生。大量研究表明，多数胚起源于卵细胞，如甜菜（Ferrant and Bouharmont，1994）、洋葱（Musial et al.，2001，2005）、向日葵（Gelebart et al.，1987）、大麦（Huang et al.，1982）和烟草（*Nicotiana tabacum*）（Wu and Chen，1982）等。部分原胚来源于助细胞和反足细胞，如大麦（Noeum，1979）和水稻（Zhou et al.，1986）。

# 第四节　植物离体授粉

植物的离体授粉（*in vitro* pollination）也叫作离体受精（*in vitro* fertilization），是指在人工控制条件下使离体的胚珠或子房完成授粉、受精形成果实或种子的过程。植物的离体授粉技术一般包括“离体胚珠受精”“离体子房授粉”“离体雌蕊授粉”和“体外受精”等方面。该技术应用在克服植物受精不育障碍，如花粉在柱头上不萌发、萌发后花粉管不能进入胚囊，或者虽能受精，但杂种胚不能发育成熟等问题上都有较为重要的作用。

## 一、植物离体授粉的意义

植物离体授粉的意义和作用主要有以下几点：①克服杂交不亲和性。远缘杂交中，除了遇到杂种不能发育成熟、胚胎提前败育等受精后的障碍以外，还常常遇到花粉在柱头上不能萌发、花粉管生长受到抑制而不能进入胚珠等受精前的障碍。受精后的障碍可通过胚胎培养予以克服，而受精前的障碍，则要借助离体授粉加以解决。②诱导孤雌生殖。单倍体在遗传育种中具有重要价值，目前虽有延迟传粉、远缘杂交、用经辐射处理的花粉授粉，以及对子房进行物理和化学处理等方法诱导孤雌生殖，但获得单倍体的频率都很低。自从Hess等（1974）利用离体授粉技术诱导孤雌生殖并获得成功以来，离体授粉已成为人工获得单倍体的一个有效手段。③双受精及胚胎早期发育机理的研究。利用离体受精技术，可以系统研究卵细胞通过受精而被激活的机制，钙在受精中的作用、卵细胞如何防止多精受精以及早期胚胎发育过程中的基因表达等问题。

近年来，随着植物雌雄配子体分离技术的日趋成熟，人们已可以高效地获得单个的卵细胞，应用已开发出的单对原生质体微电融合技术，实现了真正意义上的离体授精。该技术由Kranz等于20世纪末首先在玉米上建立，这样人们仅把精卵离体融合后进行的培养过程叫作离体受精，而其他的方法称为离体授粉。

## 二、离体授粉的方法

### （一）离体胚珠授粉

离体胚珠授粉，就是离体培养条件下，对未受精的胚珠进行人工授粉，并形成种子或植株的过程。离体胚珠授粉是Kanta等（1963）在子房内授粉的基础上提出的。他们将带有胎座的罂粟胚珠接种在Nitsch培养基上，并把成熟的花粉直接撒在胚珠的表面，完成了受精，得到了种子。以后有许多研究者进行了离体胚珠授粉研究，在花菱草、葱莲、矮牵牛、麝香石竹、甘蓝（图14-7）、水仙等植物上获得了成功（表14-3）。

操作方法如下。

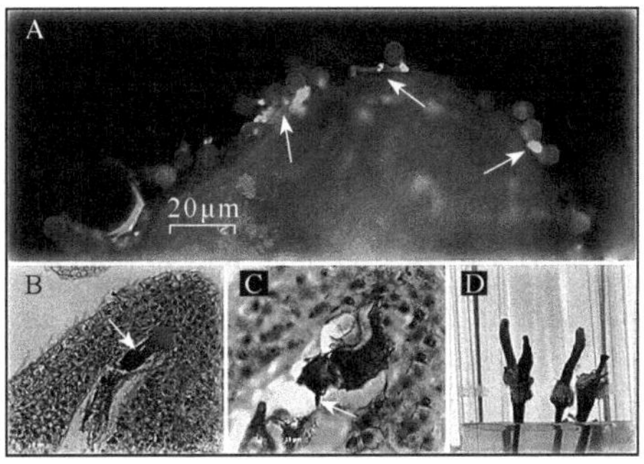


图 14-7 甘蓝 × 白菜杂交的离体授粉
（Sosnowska and Cegielska-Taras，2014）
A. 在切开的甘蓝子房内授粉 24h 后白菜花粉粒萌发（箭头）；B. 授粉后 48h，白菜花粉管穿入甘蓝胚囊（箭头）；C. 授粉后 72h 白菜雄性配子进入甘蓝卵细胞（箭头）；D. 甘蓝 × 白菜离体授粉后 5d 膨大的子房

1. 取胚珠 取开花前一天的花蕾，表面消毒，在无菌条件下，除去花托、花被、雄蕊，剥取带胎座的胚珠或切去胎座的单个胚珠（裸露胚珠），接种在培养基上。

2. 人工授粉（受精） 取当天开花的花蕾，表面消毒，在无菌条件下收集花粉。授粉方法有两种：一是在接种好的胚珠表面直接撒上无菌的花粉；二是预先培养花粉，即把花粉撒播于培养基上，然后把带有胎座的裸露胚珠，接种于花粉培养基上进行授粉。例如，罂粟的未授粉胚珠培养于 Nitsch 培养基上，撒上花粉粒，15min 内花粉萌发，花粉管生长迅速，2h 内就在胚珠的外表布满了花粉管，并使许多胚珠发生了受精。利用此方法，还成功地进行了甘蓝 × 大白菜的种间杂交。

表 14-3 离体胚珠授粉获得成功的部分植物

| 植物名称 | 科别 | 研究者 | 植物名称 | 科别 | 研究者 |
|---|---|---|---|---|---|
| 罂粟 | 罂粟科 | Kanta et al.，1963 | 金鱼草 | 玄参科 | Usha，1965 |
| 蓟罂粟 | 罂粟科 | Kanta et al.，1963 | 甘蓝 | 十字花科 | Kameya et al.，1967 |
| 黄花烟草 | 茄科 | Kanta et al.，1963 | 月夜花矮牵牛 | 茄科 | Rangaswamy，1967 |
| 花菱草 | 罂粟科 | Kanta et al.，1963 | 女娄菜 | 石竹科 | Zenkteler，1967 |
| 矮牵牛 | 茄科 | Wangner et al.，1973 | 油菜 × 白菜 | 十字花科 | Kameya et al.，1970 |
| 紫花矮牵牛 | 茄科 | Shivanna，1965 | 黄水仙 | 石蒜科 | Balakova et al.，1977 |
| 香石竹 | 石竹科 | Zenkteler，1965 | 大蒜 | 百合科 | 蒋仲仁等，1982 |
| 麝香石竹 | 石竹科 | Zenkteler，1965 | 枣 | 鼠李科 | 郝慧等，2005 |

根据钙离子、硼离子对花粉萌发和花粉管生长的促进作用，研究人员对芸薹属及烟草属的植物胚珠受精采用了以下改进方法：①将离体胚珠置于含有 0.01% $CaCl_2$、0.01% $H_3BO_3$、6% 蔗糖和 4% 琼脂的培养基中浸一下，再把无菌的花粉授于胚珠上，接种在蔗糖含量为 5% 的 Nitsch 培养基上；②将花粉播于配好的培养基上（含有 0.01% $CaCl_2$、0.01% $H_3BO_3$、2% 蔗糖和 10% 琼脂），将待接种的胚珠于 0.1% $CaCl_2$ 溶液中稍浸片刻后接种于已播有花粉的培养基上，培养 1～2d 后进行检查，发现已有花粉管进入胚珠时，可将其移入含有甘氨酸、烟酸、维生素 D、维生素 $B_6$ 各 1mg/L、蔗糖含量 2% 的 Nitsch 液体培养基中进行培养，以后定期取样观察，当形成胚时，再将其移入含蔗糖 5%、琼脂 0.8% 的 Nitsch 培养基上进行培养。

## （二）离体子房授粉

离体子房授粉（*in vitro* ovary pollination）是指通过人工的方法把花粉直接引入子房，使花粉粒在子房腔内萌发并完成受精，最后获得具有生活力的种子的技术。子房内授粉可分为两种类型，即活体子房内授粉和离体子房内授粉。把花粉直接送入子房，使花粉管不经过柱头和花柱组织，实现受精作用，是克服诸如孢子体型不亲和等受精前障碍，获得远缘杂种的有效途径。活体子房内授粉是指被授粉的子房并不离体，仍然在活体植株上，对其用花粉悬浮液进行授粉，使活体子房发育并形成成熟种子的过程。活体子房内授粉工作开展得较多，早在 1926 年 Dahlgrerl 就在卵形党参中将花粉授于活体子房顶部的切口处，成功地实现了受精；之后在虞美人、罂粟、花菱草等植物上也获得了成功。离体子房授粉工作开展得相对较少，Inomata（1979）利用离体子房授粉方法，获得油菜和甘蓝的种间杂种。王劲等（1997）利用脱外壁的烟草花粉，给离体培养的子房授粉，获得了烟草种子。

活体和离体子房内授粉方法基本相同，一般采用两种方法。

1. 直接引入法 用锋利的刀片在子房壁或子房顶端上开个切口，把花粉悬浮液滴于切口处。

2．注射法　选择适宜时期的花蕾，去除雄蕊用70%乙醇对子房表面进行消毒，然后在子房上切2个注射孔，一个在子房顶端，另一个在其对面靠近子房基部，用注射器吸取花粉悬浮液2mL左右从基部注射孔注入。当悬液从近子房端的注射孔溢出时，表明子房腔内已充满了花粉悬液。此时，用凡士林封闭2个注射孔，将子房接种于培养基上。

花粉悬液的配制：花蕾消毒后，无菌条件下取出花药，用100～200mg/L的硼酸溶液附加5%蔗糖液调配花粉悬液，每滴悬液含有100～300粒花粉。

### （三）离体雌蕊授粉

离体雌蕊授粉，是一种接近于自然授粉的试管授精技术，Dulieu（1963，1966）首先在烟草上获得成功，后又在金鱼草及玉米上获得了成功。叶树茂（1980，1983）在小麦离体柱头授粉试验中获得了89.1%以上的结实率，并培育出试管苗和成年植株；在节节麦×普通小麦、普通小麦×黑麦草的杂交试验中，用离体柱头授粉方法也得到了杂种种子和植株。具体操作方法如下，在花药尚未开裂时切取母本花蕾，消毒后在无菌条件下除去花瓣、雄蕊，保留萼片，将整个雌蕊接种于培养基上，在培养的当天或次日，在其柱头上授以无菌的父本花粉。

### （四）体外受精

植物体外受精是指在无菌条件下，精细胞与卵细胞的体外融合，是真正意义上的试管授精。早在1985年，胡适宜等就提出了雌、雄性细胞体外融合的植物受精工程设想，但直到1991年Kranz等才在玉米上首次实现了如同动物体外受精那样，在离体条件下完成精卵结合，并将受精所产生的人工合子培养并再生植株。

植物的体外受精大致可分为三个步骤。①雌、雄配子的分离和纯化。分离雄配子通常采用研磨法、酶解法和渗透压冲击法，使花粉粒或花粉管破裂，释放出精核。精核从花粉（三细胞花粉）或花粉管（二细胞花粉）中释放出来后，一般用过滤离心的方法进行纯化，除去花粉或花粉管的碎屑、营养核及其他内含物，获得纯的精核。分离雌配子比分离雄配子的难度要大得多。主要有酶解法，即酶解分离出胚囊后，再延长酶解时间，使卵细胞释放出来；酶解-压挤法，即胚珠酶解后再轻压挤出细胞；酶解-解剖法，即胚珠酶解后，再从胚珠中解剖卵细胞；显微解剖法，即在解剖显微镜下从胚珠中直接分离出卵细胞。②雌、雄配子的诱导融合。诱导精、卵融合的方法与植物原生质体的融合方法相同，主要有电诱导融合、高钙-高pH诱导融合和PEG诱导融合等方法。③人工合子培养。Kranz（1991）将微量的人工合子置于微室中，以玉米悬浮细胞作为饲养物，合子分裂率高达79%，经胚胎发育途径再生植株。目前小麦的人工合子，玉米卵和高粱、薏仁、小麦、大麦精细胞的人工合子也已培养到多细胞阶段。

在实际应用中，活体子房内授粉适用于子房较大的植物，因为这种方法能使花粉萌发后不需经过柱头和花柱组织进入子房，可以克服柱头和花柱组织上存在的两性不亲和性。但这种方法仍然是在原植物体上进行的，对子房易脱落的植物不适用。

离体柱头授粉由于从授粉开始到果实成熟都是在试管内进行，同时培养基的组成和培养条件也可控制，解决了子房脱落和因胚乳发育不良使胚败育等问题。但由于整个受精过程仍然是通过柱头进行，所以不能克服因柱头和花柱组织造成的不亲和性的障碍。离体子房和胚珠授粉则具有较大的优越性，因这两种方法是将花粉直接授于子房或胚珠上，整个受精过程都是在人工控制的试管里进行，所以它既可排除柱头和花柱组织对于受精的障碍，又可克服活体子房的脱落。

## 三、影响离体授粉的因素

虽然离体授粉技术在不少植物上已获成功，但客观来看，已有的试验结果与自然界植物的授粉结实的结果相距甚远。影响离体授粉的因素除不同植物具有各自的遗传特性外，主要有子房或胚珠的年龄、授粉方式、花粉萌发状况、母体组织、培养基和培养条件等。归纳起来，影响离体授粉的主要因素如下。

### （一）基因型的影响

玉米材料不同来源的单系进行试验，结果表明，基因型对离体授粉培养成功率有明显影响，单交种作母本的组合显著地高于自交系作母本的组合。水稻中粳稻的诱导频率一般高于籼稻，杂交组合比定型品种诱导率高。烟草（*Nicotiana tabacum*）品种‘NC89’的胚状体诱导率达86.67%，‘辽烟1号’只有43.33%，而黄花烟草（*Nicotiana rustica*）品种‘甘肃黄花烟草’的仅为8%。非洲菊切花型品种间愈伤组织的诱导频率有很大差异，‘Fresultane’为8%、‘SuperGerbera’为12.5%、‘K9-8’为43.3%；盆栽型17个基因型中有4个不能诱导愈伤组织，7个的诱导率高于3%。甜菜（*Beta vulgaris*）不同基因型愈伤组织的诱导率为1%～7.6%，有两个栽培品种和一个野生型材料没有获得再生植株，但不同基因型之间的差异只在特定的培养基上才表现出来。

### （二）外植体的发育阶段

外植体的发育程度是一个重要的影响因素。外植体的发育时期不同，即胚珠和子房的发育程度不同，对培养的反应各异。未受精胚珠与子房培养的接种时期有一个较广的范围，而以接近成熟的胚囊较易诱导成功。植物开花时，绝大部分雌配子体已发育成熟，适于受精，但有的则在开花前发育成熟适于受精（葡萄等），还有的则是在开花后 1～3d 成熟（黄水仙、烟草、罂粟等）。例如，对罂粟开花当天的子房授粉，平均单果结籽 60.6 粒，对开花后 1d 的子房授粉，平均单果结籽 1922.2 粒；黄花水仙取开花后 2d 的胚珠、烟草取开花后 1～3d 的胚珠受精效果最好。

大麦成熟胚囊的胚珠可诱导出单倍体，从单核至成熟胚囊的各期，大麦子房均可产生雌核发育胚，其中以八核至成熟胚囊期的诱导频率较高。接种水稻大孢子时期的子房不能诱导雌核发育愈伤组织，而单核至成熟胚囊期的子房均能产生雌核发育愈伤组织，且以单核至四核时期诱导率较高。烟草、黄花烟草和洋葱从大孢子母细胞至成熟胚囊期均能诱导单倍体植株。大卫百合孢原细胞至大孢子母细胞时期的子房离体培养也可产生单倍体植株。玉米、黄瓜等植物只能从雌配子体晚期或成熟胚囊期的胚珠与子房培养诱导孤雌生殖。

### （三）花粉粒数量及萌发力

外植体能否受精与所授花粉粒多少密切相关。玉米的相关实验结果表明，授粉数较多的与较少的相比较，两者结果相差十多倍，对某些花粉萌发困难的种属（如芸薹属植物），有必要采取措施提高其萌发力，如有些植物（如芸薹属植物）的花粉离体萌发比较困难，直接影响离体授粉的效果。对这类植物，研究者大多使用以钙、硼、蔗糖等不同因子预处理外植体以提高花粉的萌发力，如用 0.01% $CaCl_2$ 和 0.01% $H_3BO_3$ 浸蘸胚珠，然后再将无菌花粉撒在胚珠上，可有效地提高受精率。

### （四）培养基及培养条件

植物的雌、雄配子体对外界的营养条件非常敏感，基本培养基的种类、激素的种类和浓度、渗透压、pH 等均会直接影响外植体的成活率，适宜于胚珠培养的营养条件不一定适合于花粉管萌发及生长，植物的雌雄配子体对营养要求有其差异，这一点在培养过程中尤其要予以重视。常用于离体授粉的培养基有 Nitsch、White 和 MS 等。研究发现，$NH_4^+$ 浓度明显影响棉花未受精胚珠离体纤维的诱导率，向日葵的未受精胚珠培养分化过程中需要高浓度的 $KNO_3$（5g/L）。另外，B 族维生素、水解酪蛋白等营养成分有利于胚珠的培养，$C_aCl_2$、$H_3BO_3$ 对花粉的萌发和花粉管的生长有促进作用。研究还发现将离体胚珠在 1% $C_aCl_2$ 溶液中蘸一下，然后立即用花粉进行授粉，再把授粉的胚珠转到 Nitsch 培养基上，可获得具有萌发力的种子，如不用氯化钙处理则不能形成种子，可见 $Ca^{2+}$ 具有刺激花粉萌发和花粉管生长的作用。百合子房培养时将维生素 B 的浓度提高到 4mg/L，烟草未受精子房离体培养时增加 B 族维生素、肌醇和甘氨酸的使用量也可以提高出苗率。而在甜菜子房培养时添加 0.5% 的活性炭对愈伤组织的诱导不利。洋葱幼花培养中添加腐胺（2mmol/L）和亚精胺（0.1mmol/L）有利于胚的诱导，在培养后期单独加 0.1mmol/L 亚精胺还可促进胚发育成植株。培养基中添加 100g/L 的椰汁有利于大麦单倍体的诱导。培养基中的蔗糖浓度一般为 4%～5%，而玉米适合的蔗糖浓度为 7%。

影响离体授粉效果的培养条件主要是温度。一般认为，培养温度接近该植物自然授粉温度时，离体授粉效果最好。个别的物种对温度要求严格，如水仙属植物在环境条件降至 15℃而不是通常的 25℃，能显著增加子房的结籽数，而罂粟则需要较高的温度。培养物一般都在黑暗或光照较弱的条件下培养，但 Zenkteler（1969，1980）发现，培养物无论在光照还是黑暗条件下培养，离体授粉的结果没有差别。

### （五）授粉方式

不同授粉方式对离体授粉的效果不同，如花菱草子房培养中以注射法效果优于引入法，前者单果结籽 24.8 粒，后者 8.8 粒。烟草以在胎座上一个位点集中授粉效果好。不同材料、不同的外植体类型要进行探索，以确定最佳方式。

### （六）保留母体组织的影响

一般来说，保留柱头、花柱及花萼等母体组织有利于子房、胚珠的离体授粉。迄今，大部分胚珠离体授粉的成功事例，都是在保留胎座的情况下获得的，不仅可提高结实率，还可增加种子数量。叶树茂（1978）在烟草实验中发现，保留柱头和花柱，试管授精良好，平均有 80% 的子房能结种子。去掉部分柱头，对产生种子影响不大，但全部去掉柱头和花柱，子房结实率则较低。事实上，保留较多的母体材料，也就是使外植体尽可能地少受伤，以减少在无菌操作过程中存在的如消毒等因素造成的负面影响。

### （七）培养前预处理的影响

接种前的低温预处理可能有利于某些植物未受精胚珠与子房离体培养时形成单倍体植株，如向日葵花序在2～4℃冰箱中预处理24h或48h，能明显提高孤雌生殖的诱导频率，同时抑制珠被产生愈伤组织。4℃的低温处理对甜菜未受精胚珠诱导单倍体植株也有促进作用。水稻子房接种后给以6d的低温（12～13℃）处理，成功诱导出单倍体植株。黄瓜未受精子房培养前进行35℃高温预处理可以提高单倍体的诱导率。从15℃恒温栽培的洋葱植株取出花蕾，用未受精子房进行培养，诱导率是10℃或12.7～25℃非恒温栽培植株的10倍。

## 小　结

植物胚胎培养是指在无菌条件下对植物的胚、胚乳、胚珠和子房进行离体培养的技术。植物胚培养主要包括成熟胚培养和幼胚培养两类。成熟胚培养的主要目的是打破种子休眠，促进种子萌发；幼胚培养的主要目的是克服远缘杂种败育，解决一些早熟和极早熟的果树因种胚发育不完全而不能萌发或萌发率低等问题。成熟胚培养比较容易，所要求的培养基成分也比较简单，一般只需含大量元素的无机盐和糖即可；幼胚培养相对比较困难，而且胚龄越小，培养的难度越大，所要求的营养和培养条件也越高。

通常被子植物胚乳细胞是两个极核与一个精核的受精产物，是三倍体的，通过胚乳培养可以获得三倍体植株。依据授粉与否，胚珠和子房培养分为授粉胚珠、子房培养和未授粉胚珠、子房培养。授粉胚珠、子房培养的目的与幼胚培养相同；未授粉胚珠、子房培养是获得单倍体的一种途径，也是离体授粉的基础。

离体授粉，也叫作离体受精，通常是指在离体培养条件下，对子房或胚珠进行授粉并形成种子的过程。离体授粉技术为克服某些植物的自交不亲和性及远缘杂交不亲和性提供了新途径。

## 复习思考题

1. 植物胚培养的意义是什么？
2. 胚乳培养主要可应用于哪些方面？
3. 子房培养的类型及意义是什么？
4. 离体授粉的方法有哪些？
5. 哪些因素影响离体授粉？

## 主要参考文献

蔡荣旗．1992．黄瓜受精胚珠离体培养的研究．天津农业科学，1：14~16

陈亮，王大铭，于莹，等．2012．玉米受精胚囊的离体胚胎发生及植株再生研究．玉米科学，20（3）：39~42，47

陈如珠，李耿光，张兰英．1991．红江橙胚乳愈伤组织诱导和三倍体植株再生．植物学报，33（11）：848~854

陈振光．1996．园艺植物离体培养学．北京：中国农业出版社：14~21

董义虎，王杰君，李兰，等．1988．低温处理对杏胚培养的影响．落叶果树，（2）：7~9

巩振辉，申书兴．2007．植物组织培养．北京：化学工业出版社：90~103

李俊明．2002．植物组织培养教程．2版．北京：中国农业大学出版社：141~154

梁春莉，赵锦，刘孟军．2014．冬枣极早期幼胚培养成苗技术研究．园艺学报，41（10）：2115~2124

刘庆昌，吴国良．2010．植物细胞组织培养．2版．北京：中国农业大学出版社：58~65

祁业凤，刘孟军．2004．枣胚培养影响因素研究．果树学报，21（1）：25~28

沈海龙．2005．植物组织培养．北京：中国林业出版社：176~197

石晓东，高润梅．2009．植物组织培养．北京：中国农业科学技术出版社：67~86

唐冬梅，王跃进，赵荣华，等．2009．无核葡萄胚挽救中影响胚发育的因子．中国农业科学，42（7）：2449~2457

王蒂，陈劲枫．2013．植物组织培养．2版．北京：中国农业出版社：67~84

王烨，顾兴芳，张圣平，等．2015．黄瓜未受精胚珠

离体培养及单倍体植株再生．园艺学报，42（11）：2174~2182
王玉柱，孙浩元，杨丽．2004．核果类果树胚培养研究进展和育种成效．果树学报，21（1）：59~63
夏培蓓，伍新宇，吴玉霞，等．2011．白木纳格葡萄败育型胚珠培养研究．新疆农业科学，48（7）：1201~1204
袁素霞，李佳，明军，等．2015．百合未授粉子房离体培养胚胎形成及植株再生．植物学报，50（3）：378~387
曾碧玉，许传俊，张庆美，等．2013．大花蕙兰与墨兰种间杂交子房培养研究初报．亚热带植物科学，3：238~240
郑先波，栗燕，宋尚伟，等．2005．无籽西瓜成熟胚无菌萌发条件研究．河南农业科学，（2）：54~60
Sosnowska K, Cegielska-Taras T. 2014. Application of *in vitro* pollination of opened ovaries to obtain *Brassica oleracea* L. × *B. rapa* L. hybrids. *In Vitro* Cellular & Developmental Biology-Plant, 2(50)：257~262

# 第十五章　植物细胞培养

植物细胞培养（plant cell culture）是指对植物器官或愈伤组织上分离出的单细胞或小细胞团进行培养，形成单细胞无性系或再生植株的技术。细胞培养的意义及应用表现为（图 15-1）：①进行细胞生理代谢及各种不同物质对细胞代谢影响的研究；②通过单细胞的克隆化，即“细胞系”（cell line），可以把微生物遗传技术用于高等植物，进行农作物改良；③细胞增殖速度快，适合大规模悬浮培养。应用到发酵工业，生产一些特有产物，如植物次生代谢产物，包括各种药材的有效成分等，用于医药业、酶工业及天然色素工业，这是植物产品工业化生产的新途径。

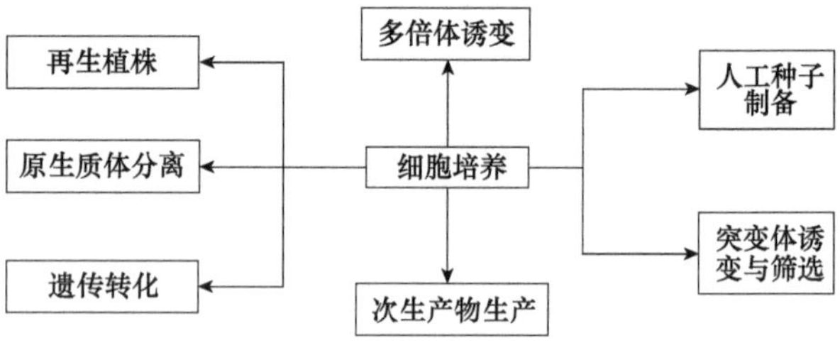


图 15-1　细胞培养的应用示意图（王蒂等，2013）

## 第一节　植物细胞培养基本概念

### 一、单细胞培养

#### （一）单细胞的分离

在进行植物细胞培养时一定要根据培养目的来选择合适的材料。如果细胞培养的目的是诱导体细胞胚，则应该选择幼嫩的胚性强的植物材料，如幼胚、成熟胚、幼嫩的花器官、幼叶等；如果细胞培养的目的是生产次生代谢产物，则应选择这种物质含量高的器官或组织，如人参细胞培养选择人参皂苷含量高的肉质根为外植体；如果为遗传转化、育种、细胞生物学研究等目的，则根据遗传转化、育种和细胞生物学研究的目标有针对性地选择材料。

1. *从植物器官中分离*　可以通过机械法和酶解法从完整的植物器官中分离单细胞，其中叶片是分离单细胞最好的材料。

（1）*机械法*　通过机械磨碎、切割等操作获得游离细胞的方法，称为机械法。现用于分离叶肉细胞的方法是先把叶片组织轻轻研碎，然后通过过滤和离心将细胞纯化。具体过程为：在研钵中放入10g 叶片和 40mL 研磨介质（20μmol 蔗糖＋10μmol $MgCl_2$＋20μmol Tris-HCl 缓冲液，pH7.8）轻轻研磨，将匀浆用两层细纱布过滤，滤液经低速离心，取试管底部沉淀，得到纯化细胞。与酶解法相比，机械法分离细胞的特点为细胞不受酶的伤害，不会发生质壁分离。但只有在薄壁细胞组织排列松散、细胞间接触面很少时，机械法分离叶肉细胞才能成功，因此该法不适用于所有植物。

（2）*酶解法*　选择专一性水解酶，如果胶酶（pectase），温和条件下处理叶片，降解细胞间中胶层（mesohyl layer），使细胞彼此分开获得游离细胞的方法，称为酶解法。Takebe 等（1968）最早报道了烟草叶片通过果胶酶处理分离叶肉细胞的方法：取烟草植株上充分展开的叶片进行表面消毒，无菌水冲洗干净，镊子撕去下表皮，解剖刀将撕去下表皮的叶片切成 4cm 见方小块，放入经过过滤灭菌的酶液（含 0.5% 果胶酶＋0.8% 甘露醇＋1% 硫酸葡聚糖钾）中，用真空泵抽气，使酶液渗入叶肉组织内。摇床上保温培养，每 30min 更换 1 次酶液，将第一次 30min 后换出的酶液弃掉，第二次 30min 后，酶液中主要分离出海绵细胞（sponge cell），第三和第四次以后主要分离出栅栏细胞（palisade cell）。酶液中加入硫酸葡聚糖钾可作为质膜（plasma membrane）稳定剂，降低酶液中核糖核酸酶的活力，保持质膜稳定，提高游离细胞的产量。用于分离细胞的果胶酶不仅能降解中胶层，还能软化细胞壁。因此，用酶解法分离细胞时，必须对酶溶液给予渗透压保护，防止细胞胀裂。该法的特点是：能得到较均匀一致的海绵组织细胞或栅栏组织细胞，但在有些物种中，特别是大麦、小麦、玉米等单子叶植物中，很难通过酶解法使细胞分离。因为与双子叶植物相比，这些植物的叶肉细胞较长，并在若干地方发生收缩，细胞间可能形成一种互锁结构，阻止细胞的分离。

2．从愈伤组织中分离　从培养的愈伤组织中分离单细胞是应用最广泛的方法。通过培养植物外植体诱导产生愈伤组织，并经多次继代培养使其大量增殖且组织松散，再通过机械振荡或者酶解使细胞分离从而获得游离细胞（图 15-2）。增加愈伤组织的松散度是获得高质量悬浮培养细胞的先决条件，可以通过控制培养基的成分以及继代的次数和方式来改善愈伤组织的疏散程度，如在培养基中添加生长素（2,4-D）或少量的水解酶（纤维素酶和果胶酶等）或酵母提取物等。另外，在半固体培养基上继代培养 2～3 代，一定程度上也可以提高愈伤组织的疏散程度。但即使最好的细胞悬浮培养体系中也绝对不是只由单细胞组成，还包含小的细胞团。培养过程中振荡的作用是对细胞团施加一定的缓和压力，使之破碎成小细胞团或单细胞，使细胞或细胞团在培养基中均匀分布，促进培养基和容器内气体交换，保证细胞正常呼吸代谢。

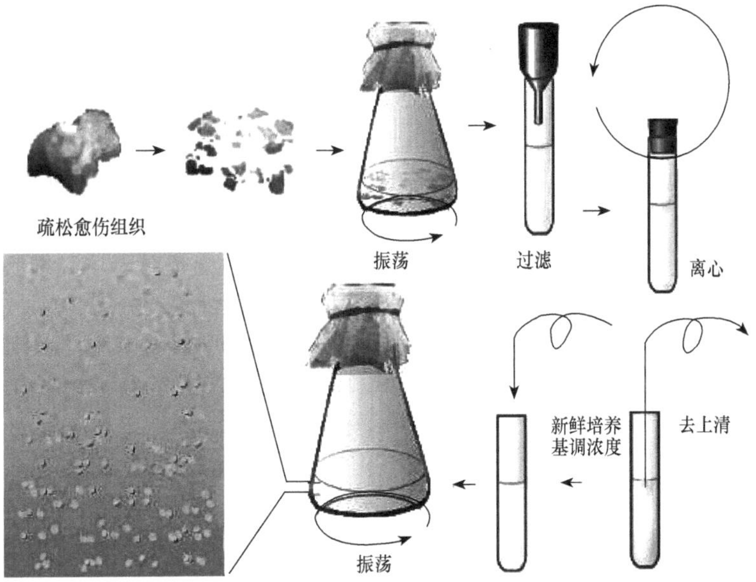


图 15-2　从培养的愈伤组织中分离单细胞并进行悬浮培养

### （二）植物细胞培养基

基本培养基的选择原则和制备方法与植物组织和器官培养基本相同。常用的基本培养基有 MS、B5、SH、LS、NT、TR、VR、SS、SCN、SLCC 等。其中 MS、B5、SH、LS 培养基最常用。当植物细胞培养的目的是植株再生时，适宜用 MS 和 LS；B5 培养基及其衍生出来的其他培养基适用于植物细胞的悬浮培养和愈伤组织培养，Nitsch 培养基通常也被采用。同时根据不同的培养目的在培养基中加入其他一些成分，如酵母提取物、水解酪蛋白、椰汁、吡哆醇、泛酸、生物素、叶酸和 L-谷氨酰胺等。

### （三）单细胞培养

单细胞培养就是对分离得到的单个细胞进行培养，诱导其分裂增殖，形成细胞团，再通过细胞分化形成芽、根等器官或胚状体，直至长成完整植株的技术。单细胞培养对获得单细胞克隆（细胞株）是非常重要的。由于培养中细胞在遗传和生理生化上会出现变异，形成的植株也就表现出一定的差异，在理论上和实践上都具有重要意义。

单细胞培养难度较大，必须采用一些特殊的培养技术才能保证成功，如平板培养法、看护培养法、微室培养法和条件培养基培养法等。

1．平板培养　平板培养是指将一定密度的悬浮单细胞接种到一薄层固体培养基中进行培养的技术。由于其具有筛选效率高、筛选量大、操作简单等优点，故广泛用于遗传变异、细胞分裂分化及细胞次生代谢物合成的细胞筛选等各种需要获得单细胞克隆的研究中。具体做法（图 15-3）如下：先对含有游离细胞和细胞团的悬浮培养物过滤，除去较大细胞团，得到游离单细胞悬浮液，对其计数后离心收集已知数目的单细胞。用液体培养基将细胞密度（cell density）调至最终植板密度的2倍。再将与上述液体培养基成分相同且含0.6%～1%琼脂的培养基灭菌后，冷却到35℃并置于35℃恒温水浴中保温。将这种培养基与上述细胞悬浮培养液等体积混合均匀，迅速注入并使之平铺于培养皿中（约1mm厚）。封口膜封口，置于倒置显微镜下观察。在培养皿外的相应位置上用记号笔标记各个单细胞，以便保证以后能获得纯单细胞系，最后将培养皿置于25℃黑暗条件下培养。经20d后，部分单细胞即可长出肉眼可见的愈伤组织（细胞团），计数每只培养皿中出现细胞团的数目，计算植板率（plating rate）（发生分裂的细胞占接种细胞的百分数）。当细胞团长到一定大小时，应及时进行继代培养。

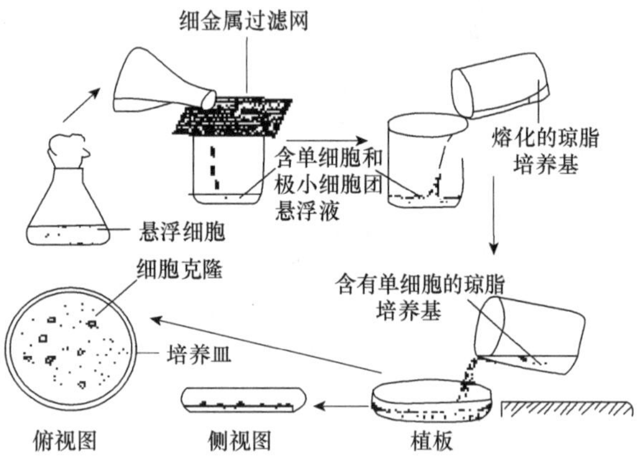


图15-3 单细胞平板培养流程图（王蒂等，2013）

培养过程中应注意：①选用的培养基无论是条件培养基还是合成培养基，目的是能够在低的起始密度或接种密度下使细胞生长。平板培养中细胞起始密度和培养基成分是两个相互依赖的因子，是单细胞培养成功与否的关键。起始细胞密度也称临界密度（critical density），较低时细胞不分裂，较高时产生的细胞团会重叠难以得到单细胞克隆。起始密度较低时，对培养基的要求相对复杂，除了一般完整培养基外，还需添加有机物，如椰汁、酵母浸出液和水解酪蛋白等，也可采用条件培养基来降低起始密度。②不可选用处在静止期过久的细胞，只有处在分裂旺盛期的细胞才有较高的分裂能力。③适宜的起始密度因不同的植物种类而异。一般细胞起始密度为$10^3$～$10^5$个/mL，如烟草细胞的适宜起始密度为（0.5～1.0）×$10^4$个/mL。④接种细胞时固体培养基的温度要严格控制，一般不超过35℃，温度低凝固快而使细胞分布不均匀，温度过高对细胞产生伤害。

2．看护培养　看护培养是指用同种或异种材料的愈伤组织作为看护组织来培养细胞的一种方法，即把单细胞放在有滤纸隔离的一块活跃生长的愈伤组织上进行培养。具体做法如下：固体培养基上放置一块活跃生长的愈伤组织，再在愈伤组织上放置一小片滤纸，待滤纸湿润后将细胞接种于滤纸上。当培养细胞长出微小细胞团后，将其直接转到琼脂培养基上，促进其生长。愈伤组织和所要培养的细胞可以属于同一个物种，也可以是不同的物种。一个直接接种在培养基上不能分裂的离体细胞，在看护愈伤组织的影响下就可能发生分裂。由此可见，看护愈伤组织不仅给单细胞提供了营养成分，还提供了促进细胞分裂的其他活性物质。愈伤组织刺激细胞分裂的反应，还可通过另一种培养方式来证实，即把两块愈伤组织放在琼脂培养基上，在它们的周围接种若干单细胞，结果可以看到，首先发生分裂的细胞是靠近这两块愈伤组织周围的细胞，表明活跃生长的愈伤组织所分泌的代谢产物对于促进细胞分裂是十分有利的。

饲养层（feeder layer）培养是在看护培养基础上改进而来的，是将饲养细胞（feeder cell）用射线辐射处理，然后将饲养细胞和培养细胞混合植板。经过照射的细胞对于培养细胞起到一个饲养作用，有利于培养细胞的分裂，这一技术在一些低密度原生质体培养中成功应用。Horsch等（1980）将平板培养与饲养层培养技术相结合，建立了双层滤纸植板培养方法，即在培养皿中倒入琼脂培养基，待其凝固后将饲养细胞平铺在培养基上，然后在饲养细胞层上平展一张滤纸形成看护层，再将滤纸制成的圆碟置于看护层上，将培养细胞置于其中。

3．微室培养　微室培养是将细胞放到人工制造的一个小室中进行培养的方法。优点是培养过程中可以进行活体连续显微观察，把一个细胞的生长、分裂和形成细胞团的全部过程记录下来。因此，微室培养是细胞学研究的优良实验体系。具体方法如下：先由悬浮培养液中取出一滴只含有单细胞的培养液，放在一张无菌载玻片上，在这滴培养液四周与其隔一定距离加上一圈液体石蜡（paroline），构成微室的“围墙”。在“围墙”左右两侧再各加一滴液体石蜡，再在每滴液体石蜡上放一张盖玻片作为微室的“支柱”，然后将第三张盖玻片架在两个支柱之间，构成微室的“屋顶”，使含有细胞的培养液被覆盖于微室之中（图15-4）。构成“围墙”的液体石蜡能阻止微室中水分丢失，且不妨碍气体交换，最后把有微室的整张载玻片放在培养皿中培养。当细胞团长到一定大小后，揭掉盖玻片，将其转到新鲜的液体或半固体培养基上培养。Vasil等应用微室培养法，由一个离体的烟草单细胞培养开始，获得了完整的开花植株。现在微室培养的方法可使用特制的凹穴载玻片与盖玻片做成单细胞培养的小室进行培养。

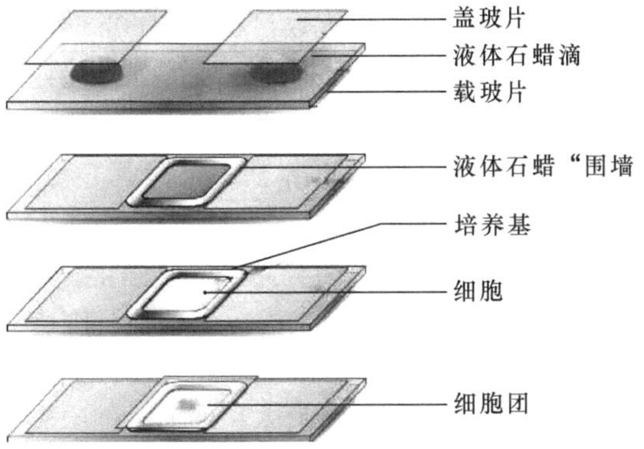


图 15-4 微室培养法

4．条件培养基培养 条件培养基培养是在看护培养和平板培养的基础上发展起来的单细胞培养方法，具有看护培养和平板培养的特点。当合成培养基中的细胞或细胞培养物由于起始密度太低而不能发生分裂时，可采用条件培养基进行培养。条件培养基是指含有植物细胞培养上清液或静止细胞的培养基。在培养基中加入高密度的细胞进行培养，一定时间后这些细胞就会向培养基中分泌一些物质，使培养基条件化。

条件培养的基本过程如下。

（1）植物细胞培养上清液或静止细胞悬浮液的制备。首先将群体细胞或者细胞团接种于液体培养基中进行细胞悬浮培养，然后通过离心法得到植物细胞培养上清液和细胞沉淀。将得到的细胞沉淀用X射线照射或其他方法处理，得到没有生长繁殖能力的细胞，即为静止细胞或称为灭活细胞。将这些细胞悬浮于一定量的无菌水中，得到静止细胞悬浮液。

（2）条件培养基的制备。将液体培养基中培养了4～6周的高密度细胞滤掉，把植物细胞培养上清液或者静止细胞悬浮液与50℃左右的琼脂培养基混合均匀，分装于无菌培养皿中，水平放置冷却，即为条件培养基。

（3）接种。条件培养的接种有多种方式，是仿照看护培养和平板培养建立起来的：①将一小片滤纸置于条件培养基上，在滤纸上方接种单细胞；②将单细胞直接接种于条件培养基的表面；③含有单细胞的固体培养基铺在条件培养基的上面。

（4）培养。将上述已经接种的条件培养基在适宜的条件下进行培养，使单细胞生长繁殖，形成细胞团。

（5）继代培养。选取生长良好的细胞团，转移到新鲜的固体培养基进行继代培养，获得由单细胞形成的细胞系。

在液体培养中，Torres（1989）设计了一种装置（图15-5A），把高密度细胞悬浮培养物（看护培养物）装在一个透析管内，用线绳悬挂在锥形瓶内，瓶内装有低密度细胞培养基。看护培养物产生的代谢物可扩散到低密度培养基中，增加了后者促进细胞生长的活性物质含量。这样，在低密度细胞培养基中原先不存在的一些必需的活性物质被看护细胞通过生物合成活动释放到培养基中，丰富了合成培养基的成分，满足低密度细胞群体对生长条件的要求。另一种条件化培养方法是将培养皿分成小室（图15-5B），高密度植板的饲养细胞有助于低密度培养的细胞的生长，也可用于原生质体培养。

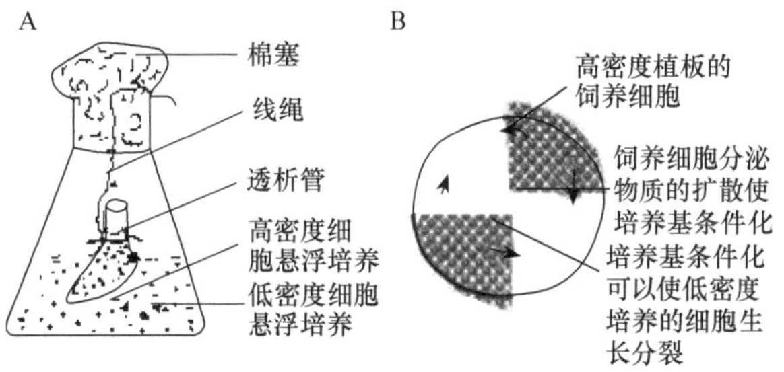


图 15-5 两种条件化培养基培养低密度细胞的方法（王蒂等，2013）

A．悬浮培养；B．平板培养

## 二、细胞悬浮培养

细胞悬浮培养（cell suspension culture）是指将游离的单细胞或小的细胞团，按一定的细胞密度，悬浮在液体培养基中进行培养的方法。植物细胞的悬浮培养是在愈伤组织的液体培养基础上发展起来的。自20世纪50年代以来，从试管的悬浮培养发展到大容量的发酵罐培养，从不连续培养发展到半连续和连续培养。80年代以来，植物细胞培养作为生物技术的一个组成部分，正在发展成为一门新兴的科技产业。其主要优点是：①能提供大量的比较均匀一致的细胞；②增殖速度快；③适宜大规模培养，成为细胞工程中独特的产业。

### （一）悬浮细胞的来源

悬浮培养一般采用愈伤组织作为起始细胞来源。用于建立悬浮体系的愈伤组织应具备：①较好的松散性，容易打散；②较强的增殖和再生能力；③较高的均匀一致性。为了获得符合条件的良好愈伤组织，首先必须选择适宜的外植体材料。胚、胚轴、子叶是最常用的外植体，特别是幼胚。因为胚外植体建立的愈伤组织细胞活力强、增殖速度快、分化能力强。其次是培养基的附加成分，其对疏散型愈伤组织的诱导具有较大影响，其中生长素的浓度最为重要。大多数情况下，主要使用较高浓度的生长素（如2,4-D）配合一定浓度的细胞分裂素（如6-BA）。有时为了使愈伤组织具有良好的生理状态，还需附加一定浓度的特殊蛋白质和氨基酸等有机物质（如水解乳蛋白、水解酪蛋白、脯氨酸、谷氨酰胺）及水解酶（果胶酶、纤维素酶）。此外，愈伤组织培养阶段还必须进行必要的选择和继代，因为直接由外植体诱导的愈伤组织，若不经过继代则很难获得均匀一致的疏松性。只有在继代培养中不断选择那些疏松性好、细胞状态好的细胞继续继代培养，才能获得大量均匀一致、疏松易碎、适合于建立悬浮细胞系的愈伤组织。

悬浮细胞培养体系必须满足3个基本条件：①分散性好，细胞团较小，一般在30～50个细胞以下。②均一性好。细胞形状、细胞团大小及其生理状态大致相同，悬浮系外观为大小均一的小颗粒，培养基清澈透亮，细胞色泽呈乳白或淡黄色。③生长迅速。悬浮细胞的生长量一般2～3d甚至更短时间便可增加1倍。

### （二）悬浮细胞的培养类型

细胞悬浮培养分为分批培养（batch culture）、半连续培养（semi-continuous culture）和连续培养（continuous culture）。

1．分批培养　分批培养是指把细胞分散在一定容积的培养基中进行培养，当培养物增殖到一定量时，转接继代，建立起单细胞培养物。在培养过程中除了气体和挥发性代谢产物可以同外界环境交换外，一切都是密闭的。当培养基中主要成分耗尽时，细胞停止分裂和生长。分批培养所用的容器一般是100～250mL锥形瓶，每瓶装20～75mL培养基。为了使分批培养的细胞不断增殖，必须及时进行继代。继代方法可以是取出培养瓶中一小部分悬浮液，转接到成分相同的新鲜培养基中（约稀释5倍）。也可以用纱布或不锈钢网进行过滤，滤液接种，这样可提高下一代培养物中单细胞比例。培养用的液体培养基，虽因物种而异，但凡适合愈伤组织生长的培养基，除去琼脂，均可作为悬浮细胞培养基。

在分批培养中，细胞数目会不断发生变化，呈现出细胞生长周期。在整个生长周期中，细胞数目、鲜重、干重增加的变化过程大致呈“S”形曲线（图15-6）。初期增长慢，称为延滞期（lag phase），特点是细胞很少分裂，细胞数目不增加。这一时期，细胞调整其状态适应新环境，经历细胞周期中的合成期，为细胞分裂准备营养物质；中期生长快，称为指数增长期（exponential phase），细胞分裂活跃，数目迅速增加，细胞数目在20～50h就可增加一倍；直线生长期（linear phase），是细胞增殖的最快时期，单位时间内细胞数目增长大致恒定，细胞数目达到最高峰；随后培养基中某些营养物耗尽，或有毒代谢物积累，细胞增长逐渐变慢进入缓慢期（retard phase）；最后生长趋于完全停止，进入静止期（stationary phase）。在指数生长期，细胞分裂速率远大于鲜重的增加，细胞体积变小，但容易结团；而在直线生长期，细胞体积增加，细胞分裂速率小于鲜重的增加，但很少结团（图15-7A和B）。

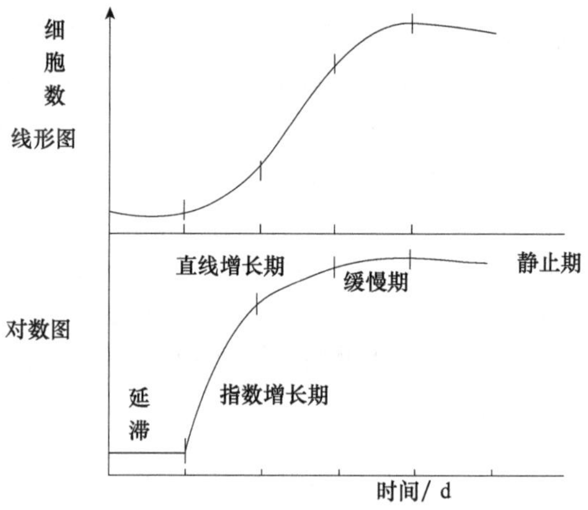


图15-6　细胞生长周期（王蒂等，2013）

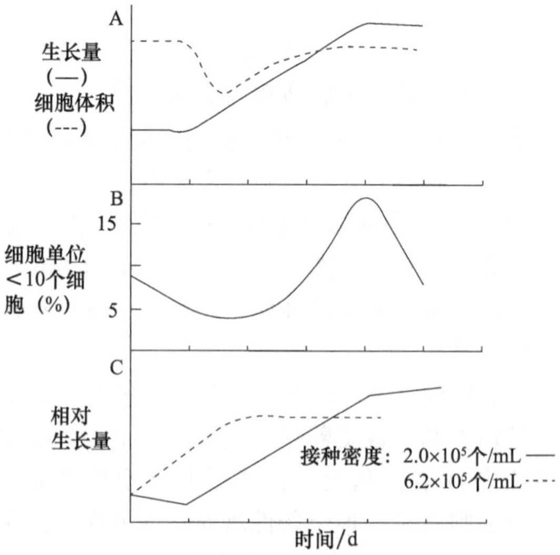


图15-7　分批培养中细胞体积（A）、细胞团大小变化（B）及接种密度（C）对相对生长量的影响（王蒂等，2013）

分批培养中，影响细胞生长周期的因素有以下几方面。

（1）继代时期　指数期和直线期的细胞作为

继代培养细胞时可缩短延滞期和细胞周期。静止期的细胞数量和质量均下降，如果继代不及时，细胞往往会出现生活力下降甚至死亡，影响整个悬浮细胞系状态。因此，当细胞生长进入缓慢期时就要及时继代。

（2）*初始细胞密度* 较高的初始接种密度缩短了延滞期及整个细胞周期，降低每个细胞生长周期中细胞增加的倍数；较低的初始细胞密度则使延滞期和细胞生长周期变长（图 15-7C）。通常，悬浮细胞的起始密度一般为（0.5～2.5）$\times10^5$ 个 /mL，经过 4～6 次增殖，细胞密度达（1～4）$\times10^6$ 个 /mL。许多细胞系经历 18～25d 就能完成此增殖过程。使用储备的静止期细胞，时间会延长，而使用对数生长期细胞，则只需要 6～9d。因此，可根据培养目的的不同调整细胞接种密度。如只是一般继代培养，则可适当低密度接种，延长培养周期，减少继代培养的操作；如希望在较短时间内获得大量活跃生长的细胞，则可适当提高接种密度，缩短继代培养时间。

（3）*细胞生长速率* 细胞繁殖一代所需的最短时间，因物种不同而异，烟草（*Nicotiana tabacum*）为 48h，蔷薇（*Rosa multiflora*）为 36h，菜豆为 24h。在接种细胞密度均为 $1\times10^5$ 个 /mL 时，烟草细胞培养周期一般是 10d，而蔷薇是 12d。在一个细胞周期中，当细胞生长进入缓慢生长直至静止期时，往往是细胞次生代谢产物积累的时期，应尽可能维持此阶段细胞活性，延长生产周期，以提高次生产物积累量。为了达到这一目的，近年来在传统分批培养的基础上，发展了饲喂分批培养（fed-batch culture），即当细胞生长快进入缓慢期时，在培养系统中添加一定量的有利于目的产物合成的培养基，提高目的产物的积累量。

分批培养对于研究细胞的生长代谢并不是一种理想的培养方式。在分批培养中，由于细胞生长和代谢的方式、培养基成分的不断改变，没有一个稳定的生长期，相对于细胞的数目、代谢产物和酶的浓度也不能保持恒定。这些问题在某种程度上，可通过连续培养加以解决。

2. *半连续培养* 半连续培养是利用培养罐进行细胞大量培养的一种方式。在半连续培养中，当培养罐内细胞数目增殖到一定量后，倒出一半的细胞悬浮液于另一个培养罐内，再分别加入新鲜培养基继续进行培养，并且频繁地进行再培养。半连续培养能够重复地获得大量均匀一致的培养细胞供生化研究之用。例如，利用大规模半连续培养方法培养烟草细胞，在培养 5d 后，每天可收获和取代 50% 的细胞培养物。

3. *连续培养* 连续培养是利用特制的培养容器进行大规模细胞培养的一种方式，特点是培养中由于不断注入新鲜培养基，排掉旧的培养基，保证养分的充足供应，不会出现悬浮培养物发生营养亏缺的现象，延长了细胞培养周期和目的产物的积累时间，增加目的产物的产量，故培养装置是比较复杂的。同时，由于系统进入稳定状态后，细胞生长速度及产物浓度等趋于恒定，便于对系统进行检测。此外，可使细胞长久地保持在对数和直线生长期中，细胞增殖速度快，适于大规模工厂化生产。该方法又分为封闭型和开放型两种。

（1）*封闭型连续培养* 是指培养过程中，排出的旧培养基由加入的新鲜培养基进行补充，进出数量保持平衡，从而使培养系统中营养物质的含量总是超过细胞生长的需要。悬浮在排出液中的细胞经机械方法收集后再放回到培养系统中。因此这种培养方式随培养时间延长，细胞密度不断增加。

（2）*开放型连续培养* 为了不使限制细胞生长的因子出现，创造一个稳定的培养细胞生长的环境，必须建立一套自动控制系统来调节培养基注入的数量和培养液的总体积。在开放型连续培养中，注入的新鲜培养液的容积与流出的培养液容积相等，其中细胞的密度也保持恒定，并通过调节流入和流出的速度，使培养细胞的生长速度一直保持在一个稳定状态。为了保持开放型连续培养中细胞增殖的稳定性，可采取两种方法加以控制：①浊度恒定式（图 15-8A）。在浊度恒定培养中，新鲜培养基是间断注入的，对受细胞密度增长所引起的培养液浑浊度加以控制。可以选定一种细胞密度，当超过这个细胞密度时，使细胞随着培养液一起排出，以保持细胞密度的恒定。在浊度恒定的连续培养装置中，有一个细胞密度观测窗，用一只比浊计或分光光度计来测定培养液中细胞的浑浊度。新鲜培养液流入量与旧培养液流出量都受光电计自动控制。培养液中细胞密度增加时，光透过量减少，从而给培养液入口一个信号，加入一定量的新培养液，同时流出等量的旧培养液，保持体积不变。当光透过量增加时，自动停止新鲜培养基的注入和旧培养液的流出。②化学恒定式（图 15-8B）。在化学恒定式培养中，为使细胞密度保持恒定状态，可采用两种方法，一种是以固定速度注入新鲜培养基，将培养基内的某种营养成分（如氮、磷或葡萄糖）的浓度调节成为一种生长限制浓度，从而使细胞的增殖保持稳定状态。在这种培养基中，除生长限制成分以外的其他成分的浓度都高于细胞生长所需要的浓度，而生长限制因子被调节在一定水平上，它的任何增减都可

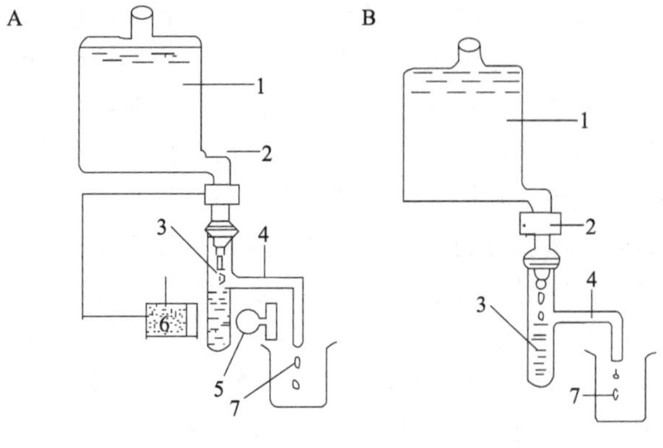


图 15-8 连续培养装置（陈忠辉，1998）

A. 浊度恒定法培养；B. 化学恒定法培养；1. 培养基容器；2. 控制流速阀；3. 培养室；4. 排除管；5. 光源；6. 光电源；7. 流出物

由细胞增长速度的增减反映出来。另一种是控制培养液进入的速度，使细胞稀释的速度正好和细胞增殖的速度相同，因此培养液中细胞密度一直保持恒定状态。

连续培养是植物细胞培养技术中的一个重要进展，这种培养技术对于植物细胞代谢调节的研究，各个生长限制因子对细胞生长的影响，次生物质大量生产等都有重要意义。与分批培养相比，连续培养除可用于大规模商业化生产外，还具有许多优点，如可长时间维持悬浮培养体系的无菌状态，在机械故障时细胞所受伤害较小，自动化程度高，相关培养条件（温度、光照、培养基中的营养成分和生长调节物质、通气方式及搅拌速度等）可控性强。

### （三）悬浮细胞的继代

悬浮培养细胞进入静止期时应定期进行继代培养，否则会引起细胞大量死亡和解体。有植物甚至一到静止期，就需马上继代培养，有的在静止期之前细胞增殖减慢时即可继代。为了加速细胞增殖，有时甚至在对数生长期末就需继代。最适周期一般为1～2周，但实际所需时间和接种量应视不同细胞系而定。继代时间为1周的细胞系，可用1∶4的接种量，继代时间为2周的可用1∶10的接种量。接种时，可用口径稍大的移液管进行，待培养瓶中大的细胞团下沉后，立即吸取溶液上部单细胞和小细胞团接种。

### （四）培养细胞的同步化

一个悬浮培养体系中细胞的大小、形状、DNA含量都存在很大差异。此外，每个细胞所经历的时期也不同，表明细胞悬浮培养大多是不同步的，这就使得研究细胞的生化、生理、遗传和其他方面的代谢具有很大难度。因此，通过控制悬浮培养体系的各种生长条件以获得高度同步化的细胞就非常必要。同步培养（synchronous culture）是指在培养基中大多数细胞都能同时通过细胞周期的各个阶段，同步性的程度以同步百分数表示。实现悬浮培养细胞同步化的方法有物理方法和化学方法。

1．物理方法　细胞的物理特性（如单细胞或细胞团的大小等）和培养条件（光照、温度等）可被成功地监控以获得高度同步化。

（1）分选法　通过细胞体积大小分级，直接将处于相同周期的细胞进行分选，然后将同一状态的细胞继代培养于同一培养体系中，保持相同培养体系中的细胞具有较好的一致性。这种方法的优点是操作简单，分选后细胞维持了自然生长状态，因而不会有其他处理所带来的对细胞活力（cell vitality）的影响。常规的细胞分选是采用不连续梯度离心的方法。细胞在较高渗透压浓度的蔗糖或多聚糖溶液中，由于体积和质量的差异，在离心过程中会在溶液里形成不同的细胞层，处于同一层的细胞在生理状态和细胞周期上均相对一致。将不同层的细胞分别收集在一起接种，即可获得较好的同步化细胞系。通过这种方法成功分选获得胡萝卜悬浮细胞系，同步化达90%。流式细胞仪也可对悬浮培养细胞进行精细分选。

（2）低温处理　该法根据低温刺激能提高培养细胞同步化程度的原理而设计。其步骤如下：将10mL细胞培养物转移到100mL新鲜液体培养基中；将培养物在27℃、155r/min条件下振荡培养，直至细胞分裂达到静止期；继续培养40h后，将培养物在4℃条件下低温处理3d；加入10倍的27℃温育的新鲜培养基，27℃、155r/min条件下振荡培养24h；重复低温处理3d后，在27℃条件下培养，2d后细胞处于同步化生长状态。

2．化学方法　化学方法的原理是使细胞遭受某种营养饥饿即饥饿法，或者通过加入某种生化抑制剂阻止细胞完成其生长周期即抑制法。

（1）饥饿法　先对细胞断绝供应一种细胞分裂所必需的营养成分或激素，使细胞停滞在 $G_1$ 期或 $G_2$ 期，当重新在培养基中加入这种限制因子时，静止细胞就会同时进入分裂。控制因子一般为N、P、C和植物激素等。长春花（*Catharanthus roseus*）悬浮培养中，先使细胞受到磷酸盐饥饿4d，然后再把它们转入含磷酸盐的培养基中，获得了较高同步性。烟草悬浮培养细胞受细胞分裂素的饥饿后也会获得同步。

（2）抑制法 是指利用生化抑制剂暂时阻止细胞周期的进程，使细胞积累在某一特定时期，当抑制作用被解除后，细胞就同步进入下一时期。①DNA合成抑制法。一般使用DNA合成抑制剂，如5-氨基尿嘧啶、5-氟脱氧尿苷、羟基脲、胸腺嘧啶脱氧核苷等。当细胞受到这些化学药物处理后，由于这些核苷酸类似物的存在，阻止了DNA合成，细胞周期只能进行到$G_1$期，细胞都滞留在$G_1$期和S期的边界上，除去抑制剂后，细胞就进入同步分裂。5-氟脱氧尿苷已用于控制大豆、烟草、番茄等悬浮培养细胞的同步化。由于应用这种方法取得的细胞同步性只限于一个细胞周期，故细胞的同步化程度更高。②有丝分裂抑制法。加入抑制有丝分裂中纺锤体（spindle）形成的物质，使细胞分裂停滞在有丝分裂中期，以达到同步化培养。秋水仙素是最有效的有丝分裂抑制剂。在玉米指数生长期加入0.02%秋水仙素，4～8h后悬浮培养物有丝分裂指数提高，经10～12h达到有丝分裂中期高峰。应注意的是，秋水仙素处理时间不能太长，防止其导致染色体加倍。

### （五）培养基的振荡

悬浮培养中，为了改善液体培养基中培养材料的通气状况，需进行培养基的不断振荡。振荡方法有：①旋转式摇床。旋转式摇床至今仍是分批悬浮培养中应用最广泛的设备。摇床载物台上装有瓶夹，其转速可控制。对大多数植物细胞来说，以转速30～150r/min、冲程2～3cm为宜，转速过高或冲程过大都会造成细胞破裂。②慢速转床。该转床是1952年Steward进行胡萝卜细胞培养时设计的。转床的基本结构是在一根略微倾斜（12°）的轴上平行安装若干转盘，转盘上装有固定瓶夹，转盘向一个方向转动，培养瓶也随之转动，瓶中的培养物交替地暴露于空气或液体培养基中，转速1～2r/min，培养时若需照光，在床架上可安装日光灯。③自旋式培养架。适用于大容量的悬浮培养。转轴与水平面成45°角，转速为80～110r/min，这种装置上可以放置两只10L的培养瓶，每瓶可装4.5L的培养液。

## 三、植物细胞固定化培养

### （一）植物细胞固定化培养的概念

植物细胞固定化培养（immobilized culture）主要利用包埋法来固定植物细胞，将植物细胞固定在各种不同的凝胶、薄膜及多聚物的网孔内，使细胞固定不动，而培养基可以在细胞间流动，为细胞生长和生物物质合成提供所需营养进行细胞大量培养的方法。1966年，Mosbach等首次报道了一种地衣（*Umbillicaria pustulata*）被埋在聚丙烯酰胺凝胶里的完整细胞固定化方法。1979年，Brodelius首次将固定化技术应用到高等植物细胞培养中，他们用藻酸盐将海巴戟（*Morinda citrifolia*）、长春花（*Catharanthus roseus*）和毛地黄（*Digitalis lanata*）的细胞固定起来进行培养，培养的海巴戟细胞合成了蒽酮类化合物，长春花的细胞利用前体合成吲哚类生物碱，毛地黄细胞将毛地黄素（digitoxin）转化为地高辛（digoxin）。

目前，已有多种植物细胞培养物进入中试阶段并实现了工业化生产。但植物细胞固定化培养也存在一些问题。例如，培养中的细胞遗传和生理的高度不稳定性，目标物的产量低，放大培养困难，植物细胞的生长速度慢等，使得作为商业目的的植物细胞培养成本过高，为此寻找一条把植物细胞固定化作为次生代谢产物生产的生物催化剂的新途径很有必要。与液体悬浮培养相比，固定化培养具有较多优点：①固相细胞接触紧密，生长缓慢，细胞拟组织化，从而有利于次生物的积累。②细胞包埋在聚合物中得到保护，可以减少剪切力的损伤作用。③固相培养更有利于连续培养及生物转化过程的实现。④高密度的细胞群体，可建立细胞间的物理、化学联系，细胞位置相对固定，有利于物化梯度的建立，更有利于产物的合成。⑤环境条件易于控制，次生代谢物易于释放。

### （二）植物细胞的几种固定化方法

根据固定细胞的介质及原理，可将固定化方法归纳为三大类：包埋、吸附和共价结合。以包埋技术为主。

1．包埋固定 包埋是植物细胞固定的常用技术，是利用高分子物质的截留作用，将植物细胞夹裹在高分子材料中达到固定植物细胞的技术。用于植物细胞包埋固定的介质较多，包埋介质不同，其包埋方法也各异。

（1）藻酸盐法 该方法是常用的植物细胞固定化技术。藻酸盐是由一种葡萄糖醛酸和甘露糖醛组成的多糖，糖中的羧酸基和钙离子或其他多价阳离子之间形成离子键，从而形成藻酸盐胶。培养后用离子复合剂（如磷酸、柠檬酸、EDTA）处理这种凝胶后，能使该胶溶解并从胶中释放出植物细胞。

用藻酸钠小批量固定植物细胞时，先在含少

量钙离子的合适介质中制备5%的藻酸钠溶液，在120℃条件下灭菌20min（灭菌时间不要过长，否则易使凝胶性能变弱）。同时，用离心或过滤方法从悬浮培养物中收集细胞。然后将2g鲜重的细胞和8g藻酸钠溶液放在无菌小烧杯中混匀，后倒入一注射器中。该注射器预先放在一个锥形瓶中，瓶中盛有50mmol/L氯化钙溶液50～100mL，当注射器中黏性悬滴慢慢滴进钙溶液后，经磁力搅拌后形成球状小珠。让形成的小珠在该液中停留30～60min，以便使钙离子进入球的中心。小珠的大小可用不同的针头来调节，一般可制成2～5mm直径的小珠。用过滤方法收集小珠，经无菌溶液充分洗涤（如3%蔗糖溶液）后转到合适的培养基中（至少应含有5mmol/L $CaCl_2$，以保证小珠的完整性）备用。

（2）*甲叉藻聚糖法*　甲叉藻聚糖在钾离子存在下能形成强力凝胶，固定植物细胞。少量制备时，选用低熔点（5%浓度时，30～35℃）的甲叉藻聚糖，先在0.9%氯化钠溶液中制备3%甲叉藻聚糖液，在120℃条件下灭菌20min。这里用氯化钠作溶剂是因为钾离子存在时（培养基中都含有较多钾离子），甲叉藻聚糖基本不溶解。然后将2g鲜重的细胞悬浮于35℃条件下熔化的甲叉藻聚糖中，将此混合液滴入含有0.3mol/L氯化钾的介质中，可形成小球，并在此液中静止30min。然后，过滤收集小珠，经洗涤后转移到合适的培养基中培养。由于培养基中都含有足够的钾，因而能保证小珠的稳定性。

（3）*琼脂糖法*　琼脂糖具有稳定性，不需要平衡离子的作用，可在任何介质中作凝胶，一般选用熔点较低的琼脂糖。琼脂糖经过化学修饰（如引入羟乙基）之后，可以在较低温度下凝结成胶，即称为低熔点琼脂糖凝胶。用于固定植物细胞的做法如下：先在培养基中制备3%琼脂糖液，高压灭菌（120℃条件下灭菌20min）后冷却到35℃。将2g细胞悬浮在8g琼脂糖中混匀后，制备均匀小珠或圆柱状凝胶。

（4）*聚丙烯酸胺凝胶法*　丙烯酸胺的单体对植物细胞有毒，而聚丙烯酸胺的毒性低，可进行植物细胞固定化培养，一种方法是在固定化之前，将植物细胞与藻酸钠混合，然后加入丙烯酸胺的单体溶液，聚合后，得到有活性的固定化植物细胞。

（5）*膜包埋固定*　许多膜状结构的物质（醋酸纤维、聚碳酸硅、聚乙烯等）均可用于植物细胞的包埋。当悬浮液中的细胞与这些材料（通常是球形或直径约1cm的纤维管束）混合时，细胞就迅速结合到网中并生长于网孔中，从而通过物理束缚或基质材料的吸附作用被固定。纤维膜具有渗透性，培养液中的营养物质及次生产物前体可通过纤维膜渗透到网孔的培养细胞中。这种植物细胞固定化方法比较简单，纤维膜通过清洗还可再次利用，因此是近年来应用较广的一种固定化方法。

2．吸附固定　吸附固定是利用细胞与载体间非特异性物理吸附或生物物质的特异吸附作用将植物细胞吸附到固体支撑物上的一种植物细胞固定化方法。

3．共价结合　共价结合是将植物细胞与固体载体通过共价键结合进行细胞固定化的技术。首先利用化学方法将载体活化，再与植物细胞上的某些基团反应形成共价键，将细胞结合到载体上。

此外，植物细胞固定化方法还有聚氨基甲酸乙酯泡沫自然吸附法等。

## 四、悬浮培养细胞的植株再生

在所用培养基适当、继代培养及时的情况下，悬浮培养细胞能保持相当长时间的植株再生能力。据报道，水稻悬浮细胞每3d继代1次，悬浮培养18个月后，其植株再生率仍高达90%。

由悬浮培养细胞再生植株的途径有两种：一种是由悬浮细胞直接形成体细胞胚，如在胡萝卜的细胞悬浮培养中，在含有2,4-D的MS液体培养基中进行悬浮振荡培养，悬浮培养细胞团能够高频率（80%）直接形成体细胞胚。悬浮培养细胞首先活跃分裂，形成球形胚，之后经过心形胚、鱼雷形胚，最后发育成具有子叶和幼根的成熟胚，在培养条件适当的情况下继续发育形成正常植株。另一种是先将悬浮培养细胞（团）转移到半固体或固体培养基上，使其增殖形成愈伤组织，然后再由愈伤组织再生植株。Liu等（2001）报道，在甘薯细胞悬浮培养中，将小细胞团转移到同悬浮培养所用培养基成分相同但加入琼脂的MS培养基上进行培养，小细胞团迅速增殖形成胚性愈伤组织，并形成体细胞胚；将具有体细胞胚的胚性愈伤组织进一步转移到添加ABA的MS培养基上，体细胞胚发育成熟，并发芽形成完整植株。

## 五、影响悬浮细胞培养的因素

### （一）培养基

适合愈伤组织培养的培养基，不一定完全适合悬浮细胞的培养，但能诱发愈伤组织的培养基可以作为确定最适悬浮细胞培养基的依据。同时还要研究生长素及细胞分裂素的配比对细胞聚积性（cell accumulation）的影响，选择使细胞容易分离的培养基。一般来说，N6、MS、B5培养基适合单子叶植物细胞悬浮培养，MS、B5、LS、SL等培养基适用于双子叶植物。悬浮细胞培养基中需附加水解酪蛋白、椰汁、脯氨酸等，而条件培养基更适合于单细胞和低密度细胞培养。悬浮培养细胞往往要比固体培养需要更高的硝态氮和铵态氮（达 60mmol/L）。在活跃生长的悬浮培养物中，无机磷酸盐消耗很快，不久会变成一个限制细胞分裂生长的因素。例如，烟草悬浮培养物培养在 MS 无机盐培养基中，3d 后，磷酸盐的浓度几乎下降为零。即使培养基中磷酸盐的浓度提高到原水平的 3 倍，5d 内也会被细胞全部耗尽。因此，为了进行高等植物的细胞悬浮培养，特别设计了含磷量高的 B5 和 ER 两种培养基。

### （二）细胞密度

培养基的成分和起始细胞密度对单细胞培养成败有重要影响。起始密度就是细胞培养最低的有效密度，即能使细胞分裂、增殖的最低接种量，低于这个密度细胞便不能分裂，甚至很快解体死亡。不同植物要求不同的起始密度，如烟草为（0.5～1.0）×$10^4$个 /mL；茄子为 4×$10^5$个 /mL（花粉）。在条件培养基或看护培养下，可以将培养细胞的起始密度降低。进行单细胞培养时，必须在基本培养基中加入细胞分裂素、赤霉素和几种氨基酸才能使细胞发生分裂。例如，Kao 等配制了 KM8P 培养基，其中含有无机盐、蔗糖、葡萄糖、14 种维生素、6 种核酸碱和 4 种三羧酸循环中的有机酸，即使起始细胞密度降低到 25～50/mL，植板的细胞也能发生分裂。若以水解酪蛋白（250mg/L）和椰汁（20mg/L）取代氨基酸和核酸，有效植板细胞密度则可降到 1～2/mL。

### （三）培养周期

培养周期的长短取决于起始细胞密度、滞后期的长短和生长速率等因素。分批培养中细胞繁殖一代所需的最短时间，即对数生长期中细胞数目加倍所需的时间，因不同物种而异。一般来讲，这个时间都长于植株上分生组织细胞数目加倍所需的时间，烟草为 48h；蔷薇为 36h。

在对数生长期的末期立即进行继代培养，可以加速细胞增殖；缩短两次继代的时间间隔，如每 2～3d 继代 1 次，则可使细胞一直保持对数生长。当细胞刚进入静止期时，即悬浮液达到最大干重产量之后，需尽快进行继代，处在静止期的细胞悬浮液保存时间太长，会引起细胞的大量死亡和解体。

### （四）植物生长调节剂

细胞培养使用激素时，除了考虑它们对启动细胞分裂和促进细胞分裂速度的影响外，还要考虑它们对悬浮培养细胞分散性的影响。细胞悬浮培养时，常表现一种自然的聚集现象，即群集现象（clustering），这种群集现象影响单细胞无性系的形成。例如，培养颠茄（*Atropa belladonna*）细胞时发现，细胞分散性与 KT 浓度有关。当加入 2mg/L NAA 时，培养细胞的分散性取决于 KT 的浓度，KT 浓度为 0.1mg/L 时，分散性最好。培养基中加入 2,4-D、少量水解酶（纤维素酶和果胶酶）或加入酵母提取液类物质，能够增加细胞的分散度。

### （五）pH 和 $CO_2$ 浓度

常用的培养基缓冲能力很弱，不适合细胞悬浮培养。悬浮培养时，pH 有相当大的变动。如 pH 为 4.8～5.4 的培养基，在细胞培养时 pH 会迅速增加。硝态氮和铵态氮之间进行调整可作为稳定 pH 的一种方法。也可加入一些固体的缓冲物，如微溶的磷酸氢钙、磷酸钙或碳酸钙，它们也可稳定培养液的 pH；在低密度细胞培养中，$CO_2$ 对于诱导细胞分裂可能有重要意义。例如，在假挪威槭（*Acer pseudoplatanus*）和其他一些植物的悬浮培养中，培养瓶内保持一定的 $CO_2$ 分压，可使有效细胞密度从约 1×$10^4$个 /mL 下降到 600 个 /mL。

### （六）培养条件

光的波长及光照强度对悬浮培养细胞具有影响。高光照强度能够提高烟草的绿色愈伤组织由来的单细胞植板效率，但抑制无叶绿素的培养物的细胞生长。

一般来说，（26±3）℃的温度适合于植物生长。过高、过低的温度均不利于悬浮细胞的增殖。

# 第二节 悬浮液培养细胞生长和活力的测定

## 一、悬浮液培养细胞生长的测定

准确、快速、可靠地对悬浮培养细胞生长的测定对悬浮细胞生长动力学的精确评估，对生物反应工程的有效设计是至关重要的。有许多方法可用于悬浮培养细胞生长的测定，如细胞计数、细胞密实体积和沉淀体积、细胞鲜重和干重、细胞有丝分裂的指数、细胞植板率和其他参数。然后，描述细胞增殖效率的参数可以被确定，如分裂指数、植板率、生长指数、比生长速率、细胞加倍时间等。

### （一）细胞计数

悬浮培养中存在着大小不同的细胞团，由培养瓶中直接取样很难获得可靠的细胞计数。为提高细胞计数的准确性，可先用铬酸（5%～15%）或水解酶（果胶酶0.25%和纤维素酶0.5%）对细胞和细胞团进行处理，增加细胞分散性。Street等计数槭树（*Acer* ssp.）细胞的具体方法如下：把1份培养物加入2份8%三氧化铬溶液中，70℃下加热2～15min，然后将混合物冷却，用力振荡10min，用血细胞计数器进行细胞计数。酶处理时不需要加热，25℃、100r/min振荡30min，可保持悬浮细胞的活力。细胞计数是测定悬浮培养细胞生长的最有效方法，且与其他指标（如培养基电导率）有很好的相关性。

### （二）细胞密实体积和沉淀体积

细胞总体积和密实体积（packed cell volume，PCV）可在无菌条件下快速测定培养细胞的生长。将已知体积的、均匀分散的悬浮液10mL放入15mL刻度的离心管中，在1000～2000*g*下离心5min，可以得到细胞密实体积，以每毫升培养液中细胞总体积的毫升数表示。也可使悬浮培养物自然沉淀，用以测定细胞沉淀体积（settled cell volume）。

### （三）细胞鲜重和干重

把悬浮培养物倒在下面架有漏斗的已知重量的尼龙丝网上，用水洗去培养基，真空抽滤细胞上多余水分，再称量即可得到细胞鲜重。用已知重量的干尼龙丝网按上述方法收集细胞，60℃下干燥12h，再称量，可得细胞干重来表示。细胞干重以每毫升培养物或每$10^6$个细胞的重量来表示。

### （四）细胞有丝分裂的指数

有丝分裂指数（MI）是指在一个细胞群体中，处于有丝分裂的细胞占细胞总数的百分数。有丝分裂指数高低，表明细胞分裂速度的快慢。有丝分裂指数只反映群体中每个细胞用于分裂所需时间的平均值。在一个分裂活跃的悬浮培养物中，分裂指数可以初步反映细胞分裂的同步化程度。一个迅速生长的细胞群体，其有丝分裂指数为3%～5%。测定有丝分裂指数的方法比较简单，对于愈伤组织一般采用孚尔根染色法，先将愈伤组织用1mol/L HCl在60℃水浴中水解后染色，然后在载玻片上按常规方法镜检，随机检查500个细胞，统计其中处于分裂间期和处于有丝分裂各个时期的细胞数目，计算分裂指数。悬浮培养的细胞先离心固定，然后将固定的悬浮液滴于载玻片上，染色并做镜检。虽然有丝分裂指数的测定是研究细胞生长的有用技术，但它受许多因子的影响，如完成一个细胞周期所需的时间、有丝分裂持续的时间、非周期性和死细胞的百分数、细胞群体中同步化的程度等。因此，往往单独测定有丝分裂指数还不能精确反映某一培养物的细胞分裂的同步化程度。

### （五）细胞植板率

利用平板法培养单细胞时，常以植板率来表示能分裂长出细胞团的细胞占接种细胞总数的百分数。植板率的计算公式如下：

$$\text{直板率}=\frac{\text{每个平板形成的细胞团数}}{\text{每个平板接种的细胞总数}}\times 100\%$$

其中每个平板上接种的细胞总数，等于铺板时加入的细胞悬浮液的容积和每单位容积悬浮液中细胞数的乘积。每个平板上形成的细胞团数，则可以在实验末期直接测定。理想的结果应该是在较低的细胞密度条件下能得到尽可能高的植板率。

### （六）其他生长参数

1．生长指数　生长指数（growth index，GI）是指一段时间内悬浮细胞的积累量与初始接种量的比值。鲜重一般反映细胞生长情况，干重则在一定程度上反映细胞质量。

$$\text{生长指数（GI）}=\frac{W_F-W_O}{W_O}$$

式中，$W_F$和$W_O$分别表示最终和开始时细胞的量，鲜重或干重。

2．比生长速率　比生长速率（specific growth rate）可通过不同时间细胞密度（$x$）的自然对数与起始密度（$x_0$）的自然对数之差与培养时间（$t$）的比来衡量。

$$\text{比生长速率}（\mu）=\frac{\ln x-\ln x_0}{t}$$

3．细胞数量和重量加倍时间　细胞数量和重量加倍时间（doubling time）指悬浮培养细胞增殖使细胞数目或重量增加一倍所需时间。相对于微生物培养，植物细胞的加倍时间较长，一般为15～30d。目前报道的加倍时间最快的为烟草细胞（15d）。

$$加倍时间(dt)=\frac{\ln 2}{比生长率(\mu)}$$

由于在悬浮培养中总存在着大小不同的细胞团，因而通过由培养瓶中直接取样很难进行可靠的细胞计数。如果先用铬酸（5%～8%）或果胶酶（0.25%）对细胞和细胞团进行处理，使其分散，则可提高细胞计数的准确性。

培养初期，细胞体积、鲜重、光密度、细胞计数与细胞干重表现出很好的线性关系，因此这些指标常常用于测定细胞的生长；静止期，由于细胞团聚、降解及形态的差异性，这种相关性表现出很大的偏差。随着培养体系中细胞数目的增加，培养基电导率逐渐降低。通过监测培养过程中电导率的降低来测定悬浮培养细胞的生长具有一定的优点：①可连续、原位或在线监测细胞生长；②不需要取样和化学分析；③经济有效；④不受细胞团大小、生长形态及悬浮物黏度影响。故电导率测定法是一种精确、可靠、可重复的测定方法。

## 二、培养细胞活力的测定

细胞活力的测定是依据细胞的物理特性（如细胞膜的完整性、细胞质环流等）和细胞的代谢活性（如四唑盐的还原、荧光物质的水解等）。一些染料常被用于测定细胞膜完整性，如伊凡蓝、甲基蓝、台盼蓝、中性红、酚藏花红等，这些染料可透过有损伤细胞膜而使死细胞染色，并用显微技术或分光光度法分析染色情况，测定细胞活力。酶活性作为细胞代谢活力指标，用于测定细胞活力，如一些还原酶和酯酶等。

1．四唑盐还原法（TTC/MTT 法） 活细胞由于呼吸作用可产生还原力，可将三苯四唑氯化物（TTC）或四甲基偶氮唑盐（MTT）还原成红色染料，据此测定细胞呼吸效率，反映细胞代谢强度。一般可在显微镜下观察视野中被染色细胞的数目，计算出活细胞百分率。也可以将还原的 TTC 红色染料用乙酸乙酯或乙醇提取出来，用分光光度计进行测定（MTT 570nm，TTC 485nm），计算细胞相对活力。这个方法使观察结果定量化，但单独使用时，有些情况下不能得到可靠结果。

2．荧光素二乙酸酯法（FDA 法） 荧光素二乙酸酯（fluorescein diacetate，FDA）法可以对活细胞百分数进行快速目测。用丙酮制备 0.5% 的 FDA 储备液，置于 0℃下保存。当进行细胞活力测定时，将 FDA 储备液加入细胞悬浮液中，加入的数量以使最终浓度为 0.02% 为准。为了保持细胞的稳定性，可适当加入一种渗透压稳定剂。保温 5min 后，用一台带有适当的激发片和吸收片的荧光显微镜对细胞进行检查。FDA 既不发荧光也不具有极性，能自由地穿越细胞膜进入细胞内部。在活细胞内 FDA 被酯酶分解，产生有荧光的极性物质——荧光素（fluorescein）。由于荧光素不能自由穿越细胞膜，从而在活细胞中积累，而死细胞中不能积累（图 15-9）。所以，在荧光显微镜下观察到产生荧光的细胞，表明是有活力的细胞，相反则是无活力细胞。细胞活力以发绿色荧光的活细胞百分数表示。

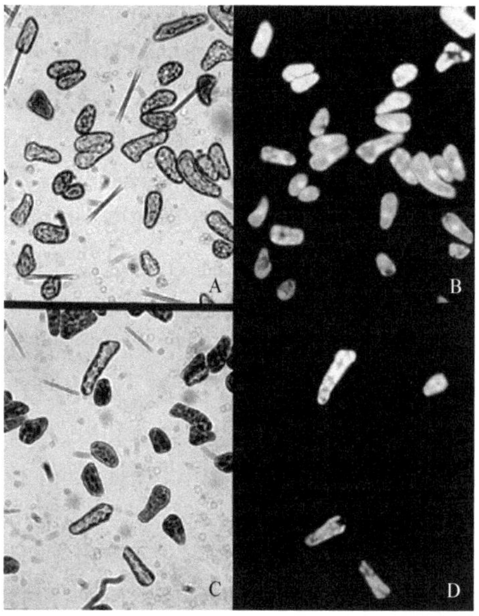


图 15-9 细胞活力的测定（伊凡蓝染色法和荧光素二乙酸酯法）（王蒂等，2013）

A，C．2 种染料染色，明场；B，D．仅 FDA 染料染色，暗场

3．伊凡蓝染色法 这种方法是 FDA 的互补法。当用伊凡蓝（Evans blue）的稀溶液（0.025%）对细胞进行处理时，只有死细胞和活力受损伤的细胞能够吸收这种染料，而完整的活细胞不能摄取或积累这种染料。因此，凡是不染色的细胞均为活细胞。但染色时间不宜过长，否则活细胞也会逐渐积累染料而染上颜色。细胞活力以未染色的活细胞数占总观察细胞数的百分数来表示。也可以用分光光度法测定，即将伊凡蓝溶液加入 1mL 悬浮培养细胞中，使其最终浓度为 0.025%，室温下温育 15min 后充分清洗多余染料，然后用 50% 乙醇（含 1% SDS）60℃下处理着色细胞 30min，重复两次。收集两次上清液，1875$g$ 离心 15min，将上清稀释至 7mL，在 600nm 处测定吸光值，计算细胞相对活力。

4．相差显微镜观察法 在相差显微镜下观察细胞质环流和正常细胞核的存在与否来鉴别细胞的活性。

# 第三节　植物细胞规模化培养与天然产物生产

植物的很多次生代谢产物是药物、染料、香精和色素等的重要来源，只是这些天然产物的数量太少，难以满足人类的需要，大规模人工合成还存在很多困难。不过，鉴于在整体植物中存在的某些此类化合物，在培养的细胞中也同样存在，因此随着细胞培养技术的发展，人们正在探索借鉴微生物发酵的办法，通过植物细胞的大量培养来生产这些化合物，或是利用培养细胞对外供的前体化合物或中间产物进行生物转化。植物细胞大量培养是利用植物细胞体系，通过现代生物工程手段，进行工业规模生产，以获得各种产品的一门新兴的跨学科技术，其目的是利用生物反应器为次生代谢产物的生产获得大量遗传稳定、同步分裂、增殖迅速并且能大量积累次生代谢产物的细胞。

利用生物反应器技术培养植物细胞需注意以下几方面：①营养成分的有效供给。为加快植物细胞的生长速度，培养基中除添加碳源和氮源外，还可加入适当的植物生长调节剂；②保证长时间的无菌状态；③创造剪切力（shear）较低、足够的氧气和传质、混合性能良好的微生态环境；④严格控制植物细胞生长、分化和次生代谢物质合成与积累的关系，可利用动力学评估来确定最佳环境及操作模式；⑤探索物理、化学等因素对植物细胞代谢物的产量及质量的影响；⑥生物反应器需要较高的硬件配置等。

## 一、培养系统

### （一）悬浮培养系统

1．机械搅拌式反应器　机械搅拌式反应器是具有搅拌装置的反应器（图 15-10），常用于微生物发酵。植物细胞培养采用该系统可以直接借鉴其经验进行研究和控制。其主要优点是混合效果好，并能够避免细胞团沉降，提高悬浮效果，适用于对剪切力耐受能力较强的植物细胞系。剪切力是指反应器内流体运动对细胞和细胞团的切割与破损力。但由于个体大、细胞壁僵硬且具有较大的液泡，大多数植物细胞对剪切力比较敏感。如果将搅拌器的桨叶由叶轮式改为螺旋式，既保持了较好的搅拌效果，而且其剪切力也不会破坏植物细胞。另外，通过对细胞在搅拌式反应器中进行长期驯化，也可以提高细胞对剪切效应的耐受程度。程龙等（2008）将两个相同的通气搅拌式生物反应器通过 0.22mm 微孔膜进行分隔、耦合，组合成一个能使全部物质发生通透而不同细胞间不能互相接触的耦合式生物反应系统，并利用美丽镰刀菌（*Fusarium mairei*）与东北红豆杉（*Taxus cuspidate*）悬浮细胞的耦合培养使紫杉醇大量分泌到胞外。

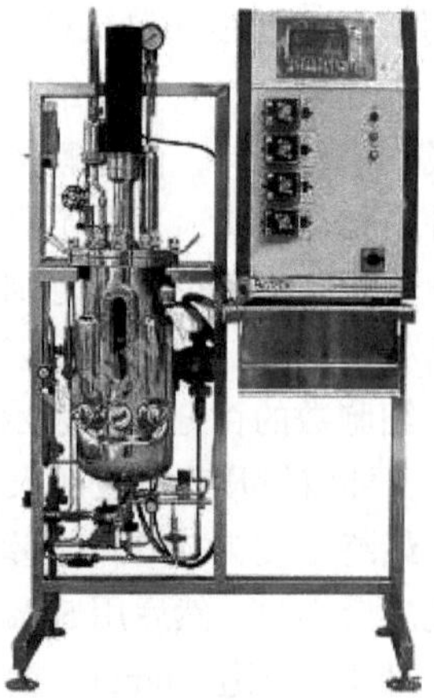

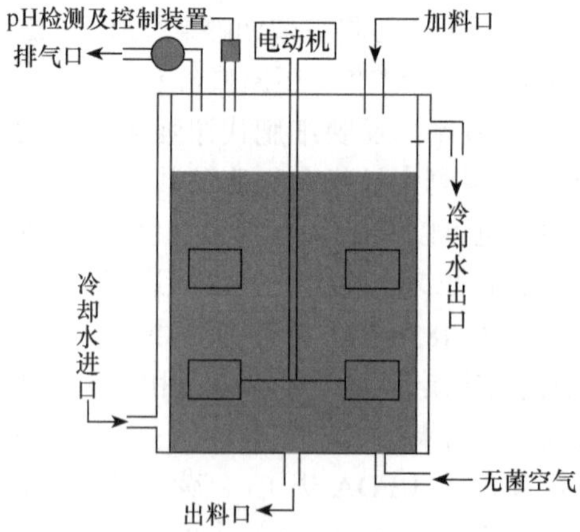


图 15-10　机械搅拌式反应器

2．非机械搅拌式反应器　针对机械搅拌式反应器对植物细胞的剪切作用较大的问题，发展了利用气流和气泡进行搅拌的非机械搅拌式反应器。鼓泡式反应器（图 15-11）利用从反应器底部通入的无菌空气所产生的大量气泡进行供氧和搅拌，而气升式反应器利用通入反应器的无菌空气形成的上升气流来进行供氧和搅拌，包括内旋式和外旋式两种（图 15-12）。它们均无搅拌装置，优点是剪切力较低，对植物细胞的伤害较小；缺点是搅拌不均匀，尤其是在细胞密度较高时混合效率下降，并且过量通气对细胞的生长有阻碍作用。

在利用生物反应器进行细胞大量培养时，尽管悬浮培养的植物细胞有很多特点与微生物细胞相似，但还有若干特点与微生物细胞不同，例如：①植物细胞个体大，直径为 20～150μm，相当于微生物细胞的 10～100 倍；②植物细胞有形成聚集体的倾向，在液体培养基中不可能像微生物细胞那样均匀的分散；③植物细胞生长速度慢，生长周期比微生物发酵时间长；④培养中的植物细胞的细胞壁非常脆弱，虽具有很大的抗张力，但是难以承受反应器中搅拌器产生的巨大的剪切力。因此，在进行植物细胞大量生产时，不能简单地沿用微生物发酵的设备和方法，而必须使生物反应器的构造和操作程序能充分适应植物细胞的这些特点。Thanh 等（2014）针对人参（*Panax ginseng*）细胞悬浮培养的特点，对 5L 气球型气升式生物反应器的参数、通气量、接种密度等进行了优化，建立了生产人参皂苷的 500L 容量的大型滚筒式和气球式生物反应器，它们分别可生产 187kg 和 400kg 的鲜物质量、6.2kg 和 13.3kg 的干物质量，以及 7.86mg/g DW 和 7.75mg/g DW 的总皂苷，适当通风，尤其是高氧气传递系数可能是气球型生物反应器在生物量的积累上更优越的原因，这些结果对商业化生产植物细胞有用代谢产物有很大的帮助。

图 15-11　球型鼓泡式反应器

120° 圆锥形和 60° 圆锥形鼓泡式反应器，总体积为 3L

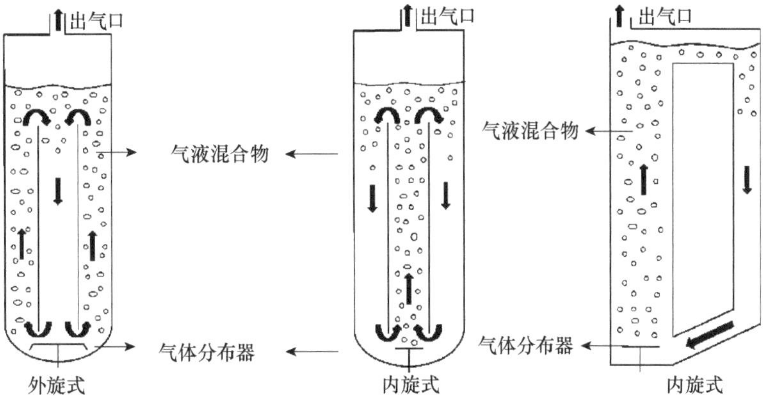


图 15-12　气升式反应器模式图

利用悬浮培养系统进行植物细胞大量培养的优点是有利于细胞与培养基中的营养物质和气体充分接触；温度、pH、养分浓度等培养条件易于控制；适于在连续密闭的系统中进行，减少了污染的概率；缺点是大的剪切力对植物细胞具有伤害作用。另外，由于植物细胞本身的生长和次生代谢产物的合成要求的条件不完全相同，悬浮培养收获的是快速生长的细胞，其中的次生代谢产物含量较低，因此在生产中应当采用“两步法”：第一步先扩大细胞生物量，第二步再促进次生代谢产物的合成。这两步通常应在不同的生物反应器中进行。

### （二）固定化培养系统

利用物理或化学手段将游离细胞限制于特定空间或表面的培养技术称为细胞固定化培养，所依据的原理是密集而有一定分化程度的、生长缓慢的细胞能比分散而无结构的、生长迅速的细胞积累更多的次生代谢产物。如果把细胞固定在支持物上，使它们之间密切接触，并形成一定的理化梯度，这样就形成了类似整体植株分化组织的状态，通过培养基的循环供应，一方面可以保障细胞的营养需要，另一方面又可以避免由于代谢产物的累积而对细胞代谢造成的反馈抑制。为了提高次生代谢产物的生产效率，固定化培养通常设计成连续培养系统，经固定的细胞就像是生物催化剂，新鲜培养基流进去，含有产物的培养基流出来，再进行产物的分离提纯。

固定化培养系统中植物细胞的固定方式可分为包埋式固定和吸附式固定两大类。

1. 包埋式固定　将细胞包埋在多孔载体内部而制成固定化细胞的方法。可分为凝胶包埋法和半透膜包埋法。凝胶包埋法是应用最广的方法，将细胞固定在凝胶的微孔中进行生长、繁殖和新陈代谢，所用载体主要有琼脂、藻酸盐、明胶、聚丙烯酰胺、光交联树脂等。半透膜包埋法是利用生物高分子材料将细胞包裹成数微米至数百微米的微小球囊，培养基的养分和代谢产物等小分子物质可以通过细胞外面的微囊半透膜进行交换。常用的生物高分子材料有多聚赖氨酸/海藻酸、海藻酸/壳聚糖/海藻酸等。

2．吸附式固定　将细胞吸附在固体吸附剂表面而使细胞固定化的方法。吸附法制备固定化植物细胞，是将植物细胞吸附在多孔陶瓷、多孔玻璃、多孔塑料等的大孔隙或裂缝之中，或吸附在中空纤维的外壁。吸附法制备固定化植物细胞操作简便易行，对细胞的生长、繁殖和新陈代谢没有明显的影响，但吸附力较弱，细胞容易脱落，使用受到一定限制。

### （三）固定化细胞培养的反应器

目前已有应用于辣椒（*Capsicum annuum*）、毛地黄（*Digitalis lanata*）、雷公藤（*Tripterygium wilfordii*）、咖啡（*Coffea arabica*）及胡萝卜（*Daucus carota*）等植物细胞固定化培养的报道。植物细胞的固定化培养生物反应器主要有流化床生物反应器及填充床生物反应器等。

1．流化床反应器　利用培养液和无菌空气流动的能量将固定化植物细胞悬浮在液体培养基中（图 15-13）。优点是固定化细胞和气泡在培养液中悬浮翻动，混合效果好；缺点是剪切力较大，放大比较困难。

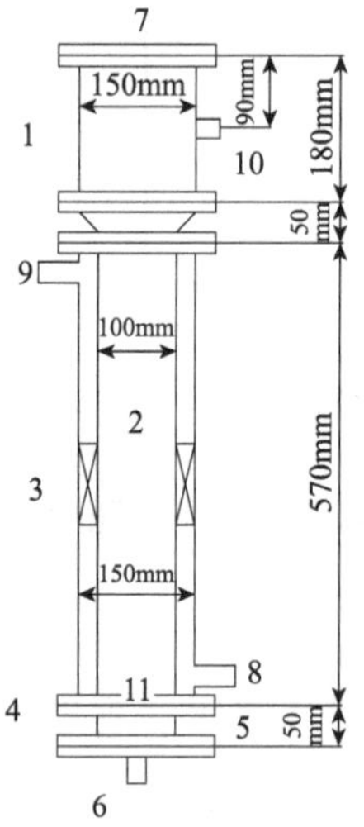

图 15-13　磁流化床反应器模式图

1. 三相分离器；2. 流化床床体；3. 线圈；4. 液相入口；5. 气体分布室；6. 气体入口；7. 气体出口；8. 循环水入口；9. 循环水出口；10. 出料口；11. 气体分布板

2．填充床反应器　将固定化植物细胞置于填充床反应器中堆叠在一起，静置不动，通过培养基的流动提供所需的养分和氧气，同时带出各种代谢产物（图 15-14）。优点是单位体积细胞密度大，细胞能紧密接触，次生物质产量较高；缺点是混合效果差、传质效率低，培养条件不易控制，底层细胞受压容易破碎。

3．膜反应器　将植物细胞固定在具有一定孔径和选择透性的膜上，营养物质可以通过膜渗透到细胞中，细胞产生的次生代谢产物通过膜释放到培养液中（图 15-15）。根据细胞在膜上的位置，膜反应器分为两种：一种是细胞固定在膜的外表面，培养基从中空纤维管的内膜中循环通过；另一种是将细胞裹在超滤膜内侧，让养分和产物可通过膜交换，而细胞始终留在膜内。优点是膜设备可重复利用，

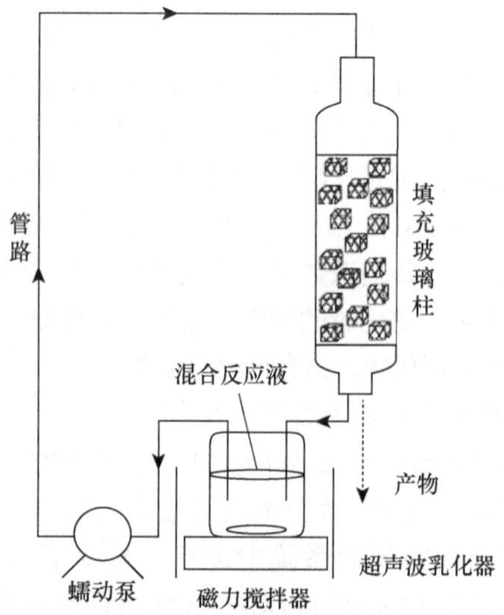


图 15-14　填充床反应器模式图

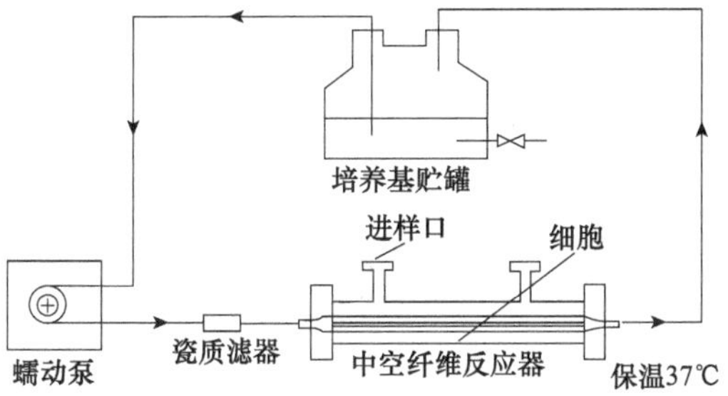


图 15-15　中空纤维反应器模式图

降低了成本；膜设备中流体流动与放大关系不大，减小了放大的困难；利用膜的分离功能使产品的生产与分离可同时进行，降低了产品的反馈抑制。缺点是氧气和二氧化碳排出比较困难；膜会阻碍产物的扩散；构建膜反应器的成本较高。

最近又发展起来一种两相培养系统，这种培养系统是在培养体系中加入水溶性或脂溶性的有机物，或者是具有吸附作用的多聚化合物（如大孔树脂），使培养体系形成上、下两相，细胞生长与次生物质合成在水相中进行，次生物质从细胞中分泌出来后转移到有机相。这样不仅减少了产物的反馈抑制作用，使其含量提高，而且通过有机相的不断回收及循环使用，有可能实现植物细胞的连续培养，使培养成本下降。建立植物细胞两相培养系统一般来说必须满足以下几个条件：①添加的有机物质或多聚化合物均对植物细胞无毒害作用，不影响细胞的生长与次生物质的合成；②产物能较容易地被有机物质吸附或者被有机相溶解；③两相能较容易分离，这对于大规模培养尤为重要；④有机物质或多聚吸附物不吸收培养基中的有效成分。

由于不同的培养系统和反应器都有各自的特点，进行植物细胞大量培养时，要结合植物细胞的特点来选择合适的反应器。一般来说，应该考虑的因素包括反应器的供氧能力；反应器内流体的剪切力对植物细胞的影响；高细胞浓度时的混合效果；控制培养条件的能力；控制细胞聚集的能力；放大的难易程度。对于特定的植物细胞和特定的反应器来说，以上条件不可能同时满足，要从多方面进行综合考虑，力争取得良好的效果。

### （四）生物反应器的放大

生物反应器的放大是指在反应器的设计与操作上，将用于植物细胞培养和次生物质生产实验室的小型反应器及其培养参数放大为工业规模的反应器和相应的培养参数，使得细胞和次生物质在放大前后分别具有相似的生长和生产模式。

1．放大的原理与标准　生物反应器放大时由于培养体积加大，流体动力学发生变化，就会出现气-液两相间物质交换不足、反应器内温度不均一、热量不能及时排出等问题。在没有把握的时候，需要经过多级的中间实验，每级只放大很低的倍数，采用所谓的逐级实验放大方法。

以机械搅拌式反应器为例，放大时必须遵循以下标准：①几何相似。要求反应器在放大前后的几何尺寸比例要大致相似。②搅拌功率恒定。放大前后反应器内单位体积的搅拌功率要保持恒定，保证良好的混合效果。③传氧速度恒定。放大前后要有恒定的传氧系数。传氧系数对于机械搅拌式反应器的放大是一个非常关键的参数。④桨叶叶端速度恒定。这样可以保证放大前后反应器对植物细胞的剪切力保持不变。⑤混合时间恒定。混合时间是指在一个给定的反应器中，从开始混合到特定混合程度所需的时间。混合时间对反应器内维持均匀的环境十分重要。

2．反应器参数的检测与控制　生产过程中，为了达到稳产、高产，降低原材料消耗，节省劳动力，实现安全生产，必须利用各种传感器和其他检测手段对反应器的参数进行检测和控制。应重点检测、控制的参数如下。

（1）温度　不同的植物细胞都有各自细胞生长和产物合成的最适温度，所以反应体系的温度必须控制在最适温度范围内。可利用循环冷源或热源对温度进行调控。

（2）pH　不同的植物细胞都有各自细胞生长和产物合成的最适 pH 范围。可利用加入酸碱调节剂的方法对其进行调节。

（3）空气流量　为了保证混合效果和溶氧速率，必须有一定的空气流量，但如果流量过大，会引起泡沫增多等不良现象，可通过减小或加大空气入口和出口的阀门来调节。

（4）搅拌转速　对混合时间、传氧速率、剪切力大小等都会产生影响，因此测量和控制搅拌转速具有重要意义，可通过改变驱动电机马达进行控制。

（5）溶氧浓度　细胞生长和代谢都需要一定水平的溶解氧浓度，可通过调节通气量、压强和搅拌转速将溶氧浓度保持在合适的范围内。

（6）泡沫高度　植物细胞培养时，会有不同程度的泡沫产生，如果泡沫过高，会减少细胞的有效反应空间，甚至从排气口溢出，严重影响正常生产。加入消泡剂或者调节压强、搅拌转速和通气量可控制泡沫高度。

（7）压强　反应器内适度的压强是保证溶氧

浓度、混合效果和气-液两相间物质传递的重要因素，调节尾气阀门的开度可改变反应器内的压强。

## 二、培养技术

### （一）高产细胞系的建立和选择

Gibson等发现细胞自身特性对培养细胞生长质量的影响最大，培养基成分的影响居于第二位。一般认为，次生代谢产物高的外植体诱导出的愈伤组织，其次生代谢产物的含量也相应地高。因此，实现植物细胞次生代谢产物大规模工业化生产的首要条件是获得生长快、次生代谢产物合成能力强的细胞系。由于植物细胞生产次生代谢产物的能力往往不高且不稳定，为了降低植物细胞大量培养的成本和提高生产率，有必要对相关细胞系进行诱变和筛选，以获得目的产物含量大幅度提高的高产细胞系。高产细胞系的建立主要包括以下步骤。

1．基因型选择　如果在某种植物的提取物中发现了目的代谢产物，那么首先要做的工作是大量收集这种植物的种质资源，以从中筛选目的代谢产物含量最高的植株或基因型。

2．外植体选择　不同外植体诱导愈伤组织的能力和诱导的愈伤组织合成次级代谢产物的能力均不同，所以外植体的选择非常重要。一般认为，次生代谢产物高的外植体诱导出的愈伤组织，其生产次生代谢产物的能力也高。

3．愈伤组织选择　得到愈伤组织后的最初几代培养中有可能发生体细胞无性系变异，生产次生代谢产物的能力并不稳定，经过几周甚至几年的继代培养，才能得到遗传稳定的愈伤组织。

4．培养条件优化　筛选最佳培养条件，包括培养基组成，如用于脱分化、再分化的矿质元素组成、碳源选择、激素配比等，培养条件如温度、光照、通气等。

5．高产细胞系诱导　有时候通过愈伤组织筛选并不能得到理想的高产细胞系，这就需要对现有的细胞系进行诱导。诱导方法有物理诱导和化学诱导两种。物理诱导主要是采用X射线、γ射线、中子、α粒子、β粒子、紫外线等辐射植物细胞；化学诱导主要是采用秋水仙素、对-氟苯丙氨酸（PFP）、5-甲基色氨酸、草甘膦和生物素等化学诱变剂来处理植物细胞，也可以用环境胁迫作为选择压来诱导对环境胁迫具有抗性的细胞系。

6．高产细胞系筛选　主要包括目测法和测定法，前者是指从愈伤组织的颜色来初步判断其目的代谢产物含量高低的一种筛选方法，适用于目的产物为色素或虽为无色物质，但加入某种物质后能产生颜色反应的植物细胞，后者是指用植物化学或生物化学的方法如高效液相色谱法（HPLC）、放射免疫法（RIA）、酶联免疫法（ELISA）、流式细胞测定法（flow cytometry）和薄层色谱分析法（TLC）等测定次生代谢产物的含量，从而筛选出含量高的细胞系。

到目前为止，在高产细胞系的筛选上尚无一种普遍的、行之有效的方法，需要根据所培养的植物细胞种类分别进行研究。

### （二）高产细胞系的增殖培养

高产细胞系的增殖培养又称为“种子”培养，是指对高产细胞系进行多次扩大繁殖，以便获得足够多的细胞用作大量培养时的接种材料。增殖培养并不是要收获代谢产物，而是以获得大量快速增长的细胞为主要目的，所以一般采用悬浮培养。根据培养方式的不同，可以分为分批培养、半连续培养和连续培养3种类型。

### （三）大规模培养体系的建立

大规模培养体系的建立是指用生物反应器进行细胞培养，并对各项培养参数进行优化，为目的次生代谢产物的工业化生产做好准备。

利用植物培养细胞生产次生物质的基本策略可总结如图15-16所示。

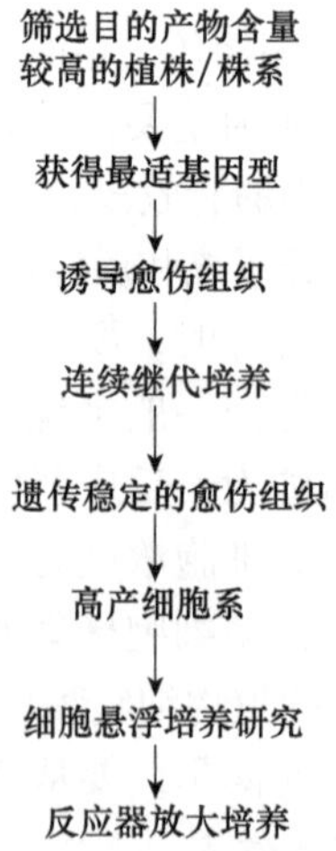


图15-16　利用植物培养细胞生产次生物质的基本策略（Bourgaug et al.，2001）

### （四）影响植物细胞大量培养与次生物质生产的因素

1．植物细胞特性　植物细胞生产次生代谢产物的能力不仅与基因型有关，还与培养细胞的分化程度存在正相关，在生长迅速、高度分散的细胞悬浮培养系统中，细胞所处的环境既无极性也无梯度，虽然可以获得迅速增长的生物量，但只有在细胞生长的相对静止期才能积累较多产物，这说明慢速生长、分化或部分分化的组织或组织团块，才能生产较多的次生物质。

2．外植体和愈伤组织生理状态的影响　许多研究者都从高产的植株采集培养材料，希望高产特征能传递到培养的细胞当中。但是含量高的部位或组织并不一定是真正合成产物的地方，可能只是产物运输或积累的地方。这是一个不太容易判断的情况，在实际操作时，要多取几个部位或组织进行比较培养，最后选择产物合成部位的组织作为诱导愈伤组织的起始外植体。

在选择愈伤组织时，要考虑到细胞的分散性。一个良好的悬浮细胞培养体系必须细胞分散性好、细胞团小、生长迅速、均一性好。因此，一般用颗粒细小、疏松易碎、外观湿润、亮白或淡黄色的愈伤组织，用于进一步的单细胞分离和大量培养。

3．营养条件　不同的植物细胞在生长和次生代谢产物生产方面对培养基中营养条件的要求各不相同，营养物质的种类不适宜、浓度过高或者过低都会影响到次生代谢产物的产量和质量，所以为了取得最佳的培养效果，很有必要对培养基中的碳源种类及浓度、氮源总量及 $NO_3^-$-N 与 $NH_4^+$-N 的比例、磷元素的浓度、激素的种类及配比甚至无机营养进行筛选优化。

4．培养条件　不同的植物细胞生长可能对温度、光质、光强、pH、溶氧速度等培养条件有不同的要求，特定植物细胞在增殖生长阶段和生产次生代谢产物阶段所需的培养条件可能也不相同。所以，在培养和设计反应器时要为不同的植物细胞和细胞生长的不同阶段设定不同的培养条件，为细胞生长和次生代谢产物的合成创造最佳的环境条件。

5．合成前体　前体是指处于目的次生代谢产物合成途径上游的物质，可以在相关酶的催化下转化为目的产物。所以在培养体系中加入目的产物的前体物质，可以大大增加酶促反应的速度，从而提高目的次生代谢产物的产量。

6．激发子诱导剂　植物次生代谢产物在很多情况下是受诱导合成的，而在正常条件下的合成量很小。所以根据植物对外界刺激所产生的防御反应，尝试用微生物或其他物质诱导植物细胞合成和积累次生代谢物。激发子的类型很多，可分为生物激发子和非生物激发子两种，前者包括真菌菌丝体、酵母提取液、植物细胞壁碎片、植物生长调节剂等，后者有紫外照射、金属离子等。

7．抑制剂　有些目的次生代谢产物在合成时存在支路途径，这样并不是所有的前体物质都会转化为目的产物。如果在培养基中添加支路途径的抑制剂，则可使代谢流更多地流向目的次级代谢产物。

8．目的代谢产物　当目的产物积累到一定程度后，就会对酶促反应过程产生反馈抑制作用，因此如何能及时将目的代谢产物从培养体系中移走，对于提高目的产物的产量是至关重要的。

## 三、目的产物的分离纯化

目的次生代谢产物分离纯化的步骤首先是将产物从细胞中释放出来，然后采用一定的溶剂进行提取，再利用现代生化分离技术，使目的产物与杂质分开，而获得符合研究或使用要求的具有一定纯度的次生代谢产物。

### （一）产物的释放

在大多数情况下，植物细胞的次生代谢产物贮存在液泡中，释放量很少或根本不释放。由于悬浮培养系统收获的是植物细胞，可以通过细胞破碎的方法将次生产物释放出来。而固定培养系统收获的是培养液，因而不能采用细胞破碎的方法，只能在收获之前将代谢产物从细胞中诱导释放出来。

细胞破碎的方法包括机械破碎法、物理破碎法、化学破碎法和酶促破碎法等。

1．机械破碎法　是利用外力产生的高剪切力使细胞破碎的方法。按照所使用的器械不同，可分为捣碎法、研磨法及匀浆法。

2．物理破碎法　是利用温度、压力和超声波等物理因素使细胞破碎的方法。其中，利用温度、压力突然变化使细胞破碎的方法分别称为温度差破碎法和压力差破碎法；利用超声波的高强度声能输入产生的冲击波和剪切力使细胞破碎的方法称为超声波破碎法。

3．化学破碎法　是利用化学试剂改变细胞膜透性或破坏细胞膜结构的方法。有机溶剂可以改变细胞膜透性，如苯、甲苯等；而表面活性剂可以破坏细胞膜结构，如十二烷基磺酸钠（SDS）、Triton X-100 等。

4．酶促破碎法　是利用生物酶将细胞壁和细胞膜消化溶解的方法。常用的酶有纤维素酶、半纤维素酶和果胶酶等。

### （二）诱导产物释放的方法

次生代谢产物要从液泡释放到细胞外，必须穿过液泡膜和细胞膜两道障碍。因此，诱导产物释放的关键是瞬时增加二者的通透性，使产物能够从细胞中释放出来，同时还要保持细胞的活力。方法如下。

1．改变培养条件　包括改变pH、激素成分和离子成分等。一些次级代谢产物是与$H^+$通过反向运输跨膜传递的，细胞膜两侧的pH差可控制运输的方向；激素也对代谢产物的运输具有调控作用；细胞代谢过程中产生的氧化酶能分解某些分泌出来的次生代谢物，如加入重金属离子抑制这些氧化酶的活性，则可提高次生代谢产物的产量。

2．理化方法　二甲基亚砜（DMSO）等有机溶剂能与细胞膜中的有机成分脂类等相互作用，引起膜透性的增加。但DMSO对细胞活性有一定破坏作用，浓度过高的处理可引起细胞内蛋白质的渗出，这种现象可通过在低浓度DMSO中进行预培养得以避免或减轻。甘露醇等有机渗透剂产生的高渗作用能使膜通透性发生改变，导致物质的渗漏。超声波、电穿孔、高压电场脉冲和高压冲击等物理方法也可以增加膜的渗透性。

3．激发子　不仅能够促进植物细胞次级代谢产物的合成，还可以通过促进代谢产物载体蛋白的合成来促进次级代谢物的释放。由于激发子能促进代谢物的合成和分泌，又能保持细胞结构的完整，因此被认为是一种较好的方法。

### （三）产物的分离和纯化

目的次生代谢产物从细胞中释放出来以后，必须同培养基和其他杂质分离开来并进行纯化。根据产物性质的不同，可以采用不同的分离纯化方法。

1．过滤法　是压力推动的分离方法，采用多孔介质来分离直径不同的组分。根据孔径大小，该方法所用滤膜可分为三类。微孔膜（微滤）孔径为0.1～10μm，主要用于分离固体颗粒如细胞、细胞碎片和蛋白质沉淀物等；超滤膜（超滤）孔径为0.001～0.1μm，主要用于分离蛋白质、多糖和核酸等大分子物质；反渗透膜（反渗透）孔径为＜0.001μm，主要用于抗生素、氨基酸等小分子物质脱除水分。

2．离心法　所依据的原理是不同组分之间由于密度不同，因而具有不同的沉降速度。根据离心力（用分离因数$\alpha$表示）的大小，该方法可分为低速离心（$\alpha<3000$）、高速离心（$3000\leqslant\alpha\leqslant50000$）和超速离心（$\alpha>50000$）。生物技术产品分离所用的大部分是高速离心机。

3．萃取法　在包含目的产物的混合液中加入与其互不相溶或不完全混溶的液体（萃取剂），利用溶质和杂质在两种液体之间不同的分配关系而实现分离的方法称为萃取法，也叫作抽提法。具体的萃取方法有：①有机溶剂萃取。以有机溶剂为萃取剂。按溶质在两种液体之间的分配原理不同，分为物理萃取和化学萃取。物理萃取是利用溶质在两种液体的溶解性质不同而进行萃取；化学萃取是通过萃取剂和溶质之间的化学反应如络合反应等，使溶质进入萃取剂。常用的有机溶剂有乙醇、甲醇、氯仿等。由于有机溶剂对蛋白质和酶等生物活性分子有破坏作用，所以该方法并不适合这些物质的分离。②双水相萃取。向水中加入两种不同的水溶性高分子化合物，当满足分相条件（如一定的化合物浓度）时，可分成两相，称为双水相。常用的双水相系统有聚乙二醇/葡聚糖和聚乙二醇/无机盐系统，其萃取依据是溶质在两水相间的选择性分配。由于不含有机溶剂，并且聚乙二醇对蛋白质有稳定作用，所以双水相系统适合酶等蛋白质类生物大分子的萃取。③水蒸气蒸馏萃取。有些代谢产物可以随水蒸气蒸馏而保持完整，可采用此方法，如大蒜素、丹皮分等挥发性物质。④超临界萃取。利用超临界流体进行萃取的方法。超临界流体是物质处于临界温度和临界压力之上的一种流体状态，具有气-液两重性的特点，其萃取能力与有机溶剂相当，主要取决于流体密度。超临界流体具有显著的非理想流体的特性，当压力或温度变化时，密度会发生明显改变，因此可通过调节压力和温度来控制其对溶质的萃取和释放。常用的超临界流体为$CO_2$，具有无害、无腐蚀、价格便宜等优点。

4．沉淀法　是指通过改变溶液参数或添加某种物质使目的产物从溶液中沉淀析出的方法，常用的沉淀法如下：①盐析沉淀。在溶液中加入一定浓度的中性无机盐，破坏蛋白质等生物大分子表面的水分子层，使其疏水区域暴露出来，蛋白质分子在疏水作用力下相互聚集而沉淀，称为盐析沉淀，沉淀后可用脱盐处理进行纯化。②等电点沉淀。当溶液pH等于蛋白质等两性物质的等电点时，两性物质的溶解度最小。通过调节溶液pH到等电点附近而使两性物质沉淀的方法称为等电点沉淀。③溶析沉淀。在溶液中加入与水互溶的有机溶剂，使水的活度降低，目的产物的溶解能力下降而沉淀的方法称为溶析沉淀。常用的有机溶剂有乙醇、丙酮、异丙醇、甲醇等。④金属盐沉淀。利用植物次生代谢产物与某些金属离子反应，形成沉淀而与杂质分离的方法。常用的金属盐有铅盐、钾盐和钡盐等。生成金属盐沉淀后，再采用适当的方法使金属离子生成更难溶的金属盐而释放出目的次生代谢物质。

5．层析法　也叫作色谱法，所依据的原理是混合液中不同组分在固定相和流动相（也称洗脱相）之间有不同的分配系数，当流动相经过固定相时，各组分以不同的速度移动，从而使目的产物得到分离。分配系数指一种物质在两种互不相溶溶剂中的溶解达到平衡时，该物质在两种溶剂中的浓度比。分配系数与该物质的分子大小形状、极性等因素有关。常用的层析法如下：①柱层析。利用吸附剂对不同物质的吸附力不同而使各组分分离的方法。吸附剂装入层析柱后，将含有目的代谢产物的混合液灌入柱中让其进入柱身，然后用洗脱剂洗脱，首先被洗脱的是吸附力较弱的，然后才是吸附力较强的，这样就会把不同的组分分离开来。②纸层析。利用各组分在两相中的分配系数不同而使各组分分离的方法。以滤纸为支持物，以滤纸纤维的结合水为固定相，与水不相溶的有机溶剂为流动相。有机溶剂在滤纸上流动经过样品时，样品各组分就会在两相之间不断地进行分配。由于各组分的分配系数不同，所以移动速率不同，从而达到分离的目的。③离子交换层析。利用离子交换剂的可解离基团对各种离子亲和力不同而达到分离目的的方法。蛋白质等两性分子在溶液的pH偏离其等电点时，会带有一定的电荷，可利用此方法进行分离。离子交换剂按可解离基团的性质，分为阳离子交换剂和阴离子交换剂；按承载可解离基团的基质，分为离子交换树脂、离子交换纤维素和离子交换凝胶等。④亲和层析。利用生物大分子与其底物、辅基、抗体等的专一性结合而达到分离目的的方法。适用于酶类物质的分离。⑤凝胶层析。以多孔凝胶为固定相，利用流动相中所含组分的相对分子质量不同而达到分离的方法。大分子物质不能进入凝胶微孔而通过凝胶颗粒间的孔隙快速流出，小分子物质因为进入凝胶微孔而流速较慢，从而达到分离的目的。

#### （四）产物的浓缩与干燥

目的次生代谢产物分离出来之后，可能仍然含有一部分杂质或者浓度太低，达不到进一步加工的要求，所以还需要进行浓缩。常用的浓缩方法是蒸发浓缩，通过加热或者减压的方法使溶剂部分蒸发而使产物的浓度提高。有些产物还要求进一步通过干燥降低溶剂的含量而制成干粉，以便于贮存和运输。干燥方法有真空干燥、冷冻干燥、气流干燥等，其原理都是将溶剂由液态甚至固态变为气态迅速蒸发而得到干燥的产品。

## 第四节　生 物 转 化

生物转化（biotransformation，bioconversion）也称为生物催化（biocatalysis），是指利用植物离体培养细胞或器官、动物、微生物及其细胞器等对外源化合物进行结构修饰而获得有价值产物的生理生化反应，其本质是利用生物体系本身所产生的酶对外源化合物进行酶催化反应。它具有反应选择性强（立体选择性、位置选择性）、反应条件温和、副产物少、不造成环境污染和后处理简单等优点，并且可以进行传统有机合成不能进行或很难进行的化学反应。

与微生物及其产生的酶进行的生物转化相比，植物生物转化系统的独特之处在于植物中具有许多微生物中不存在的独特的酶，它们可以催化特定的反应，生成许多复杂的化合物，甚至是新化合物，而用化学的方法来合成这些化合物步骤烦琐且费用昂贵，因此利用植物细胞及从植物细胞中分离出的酶来进行药物生产或新药研制开发具有极大潜力。

### 一、生物转化的原理

生物转化的本质是一种酶促反应，因而其转化原理就是利用植物细胞内酶类的作用特点对外源底物进行结构修饰。自然界中存在许多可以进行生物转化的化合物，如芳香族化合物、类固醇、生物碱、香豆素、萜类、木脂体等。根据其转化特点，可将生物转化反应分为糖基化反应、羟基化反应、氧化还原反应和水解反应等多种类型。

#### （一）糖基化反应

糖基化反应主要有两种：一种是在羧酸和糖片段之间发生酯化反应，另一种是羟基和糖片段之间的糖基化反应。糖基化反应可以使得许多外源化合物的理化性质与生物活性发生较大的变化，如将不溶于水的化合物转变为水溶性化合物（图15-17）。微生物细胞和化学合成很难完成这个反应，植物细胞可使外源底物如酚、苯丙酸及它们的类似物发生糖基化反应。丁酸是肿瘤细胞体外增殖的有效抑制剂，对急性白血病有很好的防治效果，但由于在哺乳动物体内的半衰期较短而受到限制，利用灰叶烟草（*Nicotiana plumbaginifolia*）的悬浮培养细胞将丁酸糖基化后转化为6-*O*-丁酰基-D-葡萄糖后，它的半衰期大大延长。

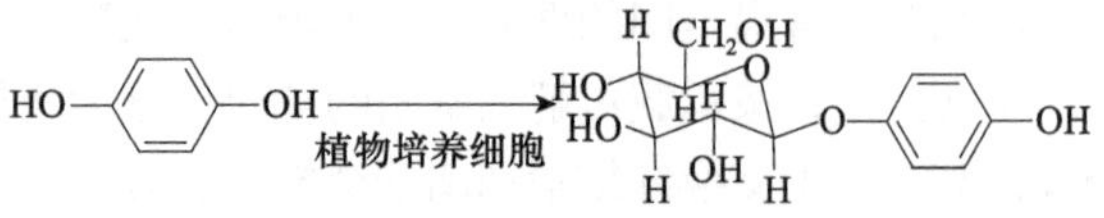


图 15-17 糖基化反应

## （二）羟基化反应

植物细胞培养物通过在分子中的不同部位进行立体选择性氧化反应转化外源底物，植物细胞可以在C═C双键丙烯位上引入羟基基团，并且具有区域选择性和立体选择性，甚至能区分不同的手性对映体，利用这个特点可以在外源底物分子的不同位置引入羟基对其进行生物转化（图 15-18）。例如，银杏细胞悬浮培养体系对紫杉烷类化合物 sinenxan A 进行生物转化时，可以将底物选择性地进行 C-9 位的羟基化，反应生成的羟基均为 α 构型。长春花的悬浮培养细胞可将香叶醇、橙花醇以及左旋和右旋香芹酮通过其戊基侧链羟基化为一系列的单羟基化异构体，再转化为抗真菌的代谢物 5-β-羟基新二羟基香芹醇。利用商陆培养细胞对 6-β-santonin 进行选择性还原及羟基化反应，可为其进一步化学结构改造提供有价值的中间体。

图 15-18 羟基化反应

## （三）羟基的氧化反应

醇可以被植物细胞转化成相应的酮（图 15-19），而一些植物细胞具有手性对映体的选择性氧化能力，这对于手性化合物的生产是非常有用的。烟草培养细胞可以对单环和双环单萜醇进行选择性的氧化，这些细胞能够识别甲烷-2-醇、双环庚烷-2-醇、双环庚烷-3-醇衍生物的对映结构体，从而对其羟基基团进行选择性氧化。长春花细胞悬浮培养物可选择性地氧化和还原脱氢表雄酮的 C-3 和 C-17 位，使其转化为 androst-4-ene-3、17-dione 和 17B-hydroxyandrost-4-en-3-one。

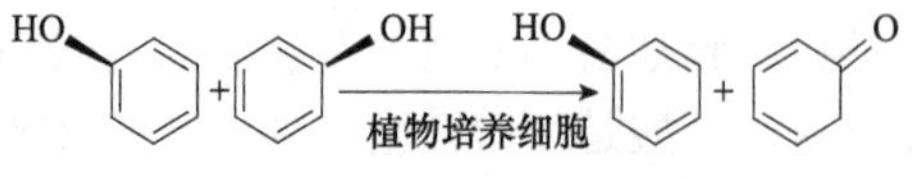


图 15-19 羟基的选择性氧化反应

## （四）羰基的还原反应

植物培养细胞可以将酮和醛还原为相应的醇，在这个反应中，氢可以定向地从背面攻击羰基，使之发生还原反应，产生在羟基基团位置上具有（*S*）-手性的醇（图 15-20），如（1*R*,4*S*）-薄荷酮和（1*R*,4*R*）-葛缕薄荷酮可以被烟草细胞立体选择性地还原，但烟草细胞只能选择性地将 *p*-薄荷-2-酮转化为相应的醇，而不能转化 *p*-薄荷-3-酮。

图 15-20 羰基的还原反应

## （五）水解反应

手性对映体选择性的水解作用对于外消旋混合物的旋光拆分十分有用，少根紫萍培养细胞就是通过对（*RS*）-1-苯乙基乙酸及其衍生物的对映体选择性水解生成 *R* 构型醇的（图 15-21）。长春花、桔梗悬浮细胞培养体系也可以通过水解反应对天麻素进行生物转化，生成苷元即对羟基苯甲醇。植物细胞还可以利用选择性水解对目的化合物进行纯化。鹿角苔等苔藓植物的悬浮细胞可以将 *R*2 乙酰衍生物转化成 *R*2 醇，但对 *S*2 乙酰衍生物却没有作用。

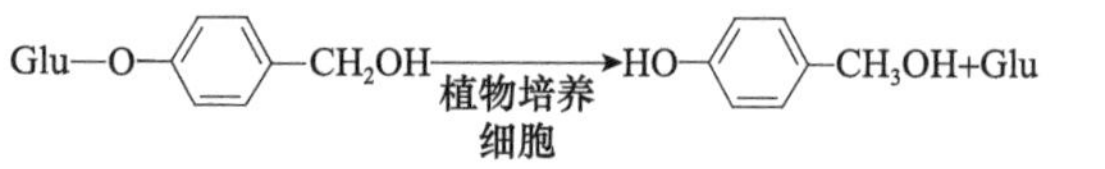


图 15-21 水解反应

## （六）环氧化反应

C═C双键可经氧化反应形成环氧化物质，这对于具有细胞毒性的倍半萜的结构修饰是非常有用的，如可以用于具有细胞毒性的倍半萜烯的结构修饰。乙酸松油脂能够在烟草悬浮细胞培养体系中环氧酶的作用下，C═C双键发生环化作用生成环氧化物（图 15-22），此环氧化物可继续水解生成二醇。胡椒薄荷的悬浮细胞能将（−）-（4*R*）-异胡椒酮转化生成三个羟基化衍生物和两个环氧化衍生物。

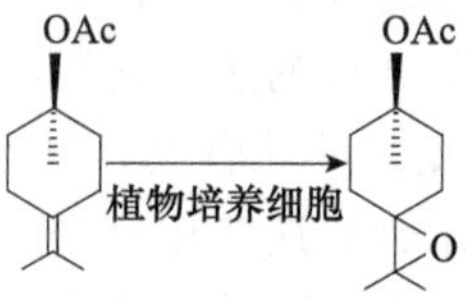


图 15-22 环氧化反应

## （七）C═C 双键的还原反应

植物培养细胞的酶系统可以给底物的C═C双键加氢，将其还原成饱和的C—C单键（图 15-23），如烟草的培养细胞可以将香芹酮靠近羰基的C═C双键选择性地还原，但如果第1位碳原子被甲基、乙基修饰的话，这个C═C双键不能被还原。长变胞藻的细胞培养物能够产生2种烯酮还原酶，可以还原芹酮的C═C双键，该反应具有部位特异性。

图 15-23　双键还原反应

除了以上这些基本的反应类型外，还有硝基还原反应、共轭反应、聚会反应、甲基化/去甲基化反应、酯化反应和加氧反应等许多反应类型。在一个生物转化过程中，可能不止一个反应类型起作用，而是多个反应类型的联合作用。

## 二、生物转化的方法

除了植物细胞悬浮培养系统和固定化植物细胞培养系统可以用来进行生物转化外，另外一种非常重要的植物生物转化系统是毛状根转化系统。

### （一）悬浮细胞转化系统与固定化细胞转化系统

在培养体系中加入目的产物的前体物质，可以大大提高目的次生代谢产物的产量。这实际上就是应用了生物转化的原理，通过对前体物质的修饰作用来生产目的代谢产物。

长春花、银杏、桔梗、东北红豆杉、商陆等植物的悬浮细胞可以通过羟基化作用、C═C双键的还原作用、羧基的还原作用、分子重排和水解作用，将便宜的、广泛存在的植物产物桉烷肉酯类化合物山道年转化为11种具有重要生物功能的化合物，其中有4种为植物本身不能合成。用藻酸钙包埋的茶固定化细胞可以通过对羧基的手性选择性还原，将2-苯甲酰基吡啶转化为具有止痛和抗痉挛功能的α-苯基-2-吡啶甲醇。

### （二）毛状根转化系统

毛状根转化系统也叫发状根转化系统。发根农杆菌感染植物后，其Ri质粒中的T-DNA会整合到植物细胞基因组DNA中，T-DNA中的生长素合成酶基因在植物细胞内表达。高浓度的生长素诱导植物感染细菌处的细胞分化出多分枝且生长迅速的不定根，这种不定根称为毛状根。

目前，诱导药用植物毛状根的常用菌株有A4，ATCC15834，R1601，LBA9402，R1000，C58C1，1.2556，R1600，ACCC10060等，在已诱导出毛状根的药用植物中，27%使用的是A4菌株，20%使用发根农杆菌ATCC15834，14%使用R1601，其余菌株的使用均在10%以内，不同植物对于不同菌株的敏感性差异较大。部分学者利用农杆菌ATCC15834、C58C1、A4、R1601等诱导出木本或藤本药用植物的毛状根，如杜仲、绞股蓝、南方红豆杉等。

对于有用次生产物在根部合成的植物来说，由于毛状根具备根系统的特征，次生代谢途径能够得到完整表达，其次生代谢产物的含量不低于甚至高于正常根系统所产生的次生代谢产物。通过对所获得的大量毛状根无性系的筛选，可以获得快速生长和次生代谢产物含量高的毛状根无性系（图15-24）。

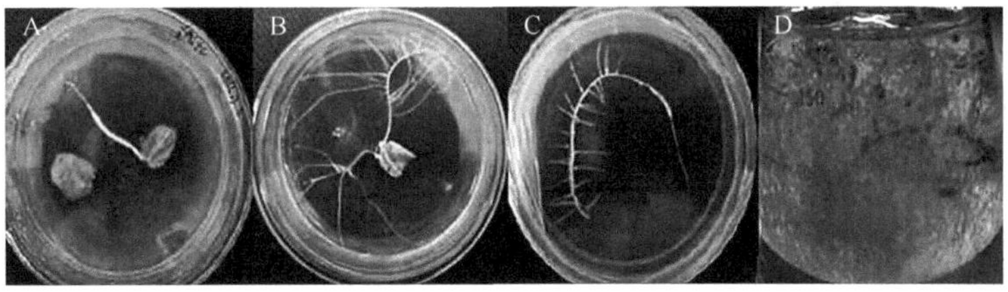


图 15-24　三叶鬼针草毛状根诱导及扩繁（谌金吾，2015）

A. 毛状根刚长出；B. 毛状根生长伸长；C. 毛状根在选择性培养基上继代培养；D. 毛状根在1/2 MS培养基大量生长

利用毛状根进行植物次生代谢物质生产，其本质是器官培养。相对于细胞培养来说，毛状根的生长速度更快；分化程度高，产生次生物质能力更强；培养过程中，不需要加入激素，属于生长激素自养型；很多情况下，不需要光照；由于起源于单个细胞，毛状根的遗传和生化合成稳定性高，次生物质产量稳定；可通过基因工程方法，增加次生物质的合成能力。许多来自植物根部的次生代谢物质被证明不能由细胞培养系统生产，而可以通过毛状根培养系统来生产，但对于有效成分产生在茎、叶等地上部分的植物则不宜采用毛状根培养系统。

由于结构特征和代谢产物定位合成的特点，毛状根大量培养所用的生物反应器类型与细胞培养有所不同。毛状根大量培养系统常用的反应器有液相反应器、气相反应器和混合反应器3种类型。

1．液相反应器　毛状根浸泡在培养基中。常用的有上节介绍的搅拌式反应器、气升式反应器等，缺点是由物质传输限制所引起的$O_2$缺乏会限制毛状根生长。

2．气相反应器　毛状根固定在反应器中，营养液（培养基）通过喷雾的形式供给毛状根，常用的有薄雾反应器和喷淋床反应器等。其中薄雾反应器的液滴大小在0.5～30μm，喷淋床反应器的液滴要大些。气相反应器的缺点是如果没有人工管理，毛状根将无法在反应器中保持均匀分布。

3．混合反应器　将上述两种反应器结合起来使用。毛状根首先在液相反应器中进行培养，使其均匀分布，并固定在反应器内。培养两周，待根团密度增加到一定程度后，将反应器转换为喷淋床反应器，使毛状根暴露在气体中，这样就充分利用了液相反应器和气相反应器的优点而克服了二者的缺点。

毛状根培养系统更多地用于生物转化，生产在植物根部合成的有用次生代谢产物。毛状根培养体系内的酶系统较为复杂，可以发生羟基化、糖基化、葡糖化、氧化还原、氢化、水解、甲基化、乙酰化、异构化和酯化等多种生物反应，若向其中投入不同的底物，可经过多种反应进行结构修饰，最终获得或产量更高或活性更好或毒性更小的天然活性化合物。目前已经有多种药用植物毛状根作为生物转化体系被深入研究。

早在20世纪90年代初，就有学者利用人参毛状根进行生物转化，将毛地黄毒苷配基作为底物投入人参毛状根培养体系，结果发生了多种反应并获得了5种酯化产物及6种糖苷化产物。野生濒危植物毛喉鞘蕊花的毛状根可以将甲醇、乙醇和丙醇分别转化为相应的β-D-吡喃葡萄糖苷，胡萝卜的毛状根则可以选择性地还原手性酮，将苯乙酮转化为*S*-苯乙醇。何首乌悬浮培养的毛状根可以将对苯二酚转化为4-羟基苯β-D-吡喃葡萄糖苷（熊果苷），用于皮肤美白。紫花曼陀罗毛状根培养体系中添加对羟基苯甲醇，通过生物转化可形成天麻苷，该反应的转化率可以达到59.75%。

## 三、影响植物生物转化的因素

同生产次生代谢产物一样，利用植物细胞培养和毛状根培养进行生物转化的效率也受到转化系统、细胞系/毛状根系、培养基和培养环境等条件的影响，但外源底物是生物转化不可忽视的一个重要影响因素。

### （一）细胞活力

由于许多底物对培养的细胞有毒害作用，因此有必要降低底物毒性，提高产量。Yokoyama等提出在酚类物质葡萄糖基化期间，糖可以增加细胞活性，如在用长春花细胞将氢醌转化为熊果苷时加入6%（质量浓度）的蔗糖可以大大提高细胞活力，且熊果苷的产量可以提高2～3倍，提高的量仅依赖于糖的浓度；用山梨醇也有同样的效果。外源性加入的糖并不被代谢且其浓度保持不变，出现上述结果的原因可能与这些糖充当了羟基自由基的清除剂有关。抗氧化物在酚类转化时可以提高细胞活性，从而提高产量；Yokoyama在上述的培养体系中加入抗氧化物如抗坏血酸、没食子酸、半胱氨酸及茶鞣酸，在它们浓度为200mg/mL时可提高氢醌转化为熊果苷的转化率。若在含有7%蔗糖的培养基中加入这些抗氧化剂可进一步提高熊果苷的产量，另外植酸亦可在一定程度上提高熊果苷产量。

### （二）物种、细胞系

不同植物的转化能力是不同的。Abata等比较了7种植物将外源性的酚类物质（如香豆素、类黄酮、蒽醌、酚酸）葡萄糖化的能力，其中尤以曼陀罗将香豆素葡萄糖化的能力最大，而日本野桐仅能转化白蜡树亭，不能转化香豆素。有些日本野桐的细胞系仅能将羟基苯甲酸的异构体葡萄糖基化而不能转化香豆素、类黄酮、蒽醌或山梨醇。

同一物种的不同细胞系转化能力也不相同。比较长春花的两个细胞系A和B将氢醌转化为熊果苷能力的不同，发现B系通过诱导生成熊果苷合成酶而使产量达到A的5倍。

不同生长时期的细胞其转化能力也不同。Yokoyama等发现处于后指数期的长春花细胞产物表达量最高。

### （三）底物结构

由于植物细胞或毛状根的酶系统具有手性选择性，因而外源底物能否被顺利转化与其立体结构有很大的关系。例如，烟草的培养细胞利用羟基氧化反应可以将（1*S*，2*S*，4*R*）-莰醇或（1*S*，2*R*，4*R*）-异莰醇转化为相应的酮，但不能转化（1*S*，2*R*，4*S*）-莰醇或（1*S*，2*S*，4*S*）-异莰醇。另外，植物细胞或毛状根对外源底物的转化效率还与底物的极性有关。底物极性越大，对植物细胞的毒性越大，就越容易被植物细胞转化，这是因为植物细胞对外源底物具有解毒功能。

### （四）底物浓度

尽管植物细胞对于外源底物具有解毒作用，但如果外源底物的浓度超过植物细胞的承受能力，同样会引起植物细胞的功能紊乱甚至死亡。因此，对于特定的植物细胞或毛状根生物转化系统，必须摸索研究其最适底物浓度范围，以获得最大的转化效率，如利用长春花悬浮培养的细胞将乙酸香叶酯转化为香叶醇，最适底物浓度为80～200mg/L，低于80mg/L或高于200mg/L，转化效率会大大降低。

### （五）培养基的pH

用烟草细胞培养可将香芹酮和长叶薄荷酮转化成相应的饱和酮，接着可进一步将它们还原为相应的醇。香芹酮还原酶和长叶薄荷酮还原酶的最适pH分别为7.5和6.5，如果改变转化环境中的pH，则这些酶的活性就会受到影响，使得转化率甚至产物都会发生改变。

## 小　　结

植物细胞培养是将机械法、酶解法及从愈伤组织中分离得到的单细胞，在人工配制的培养基上进行培养的方法。随着培养基及培养技术的发展，不仅能通过细胞继代培养使细胞无限增殖，而且能使高等植物的单细胞在离体条件下，通过诱发细胞分裂形成细胞团，经再分化形成具根、芽的完整植株，并建立了细胞培养的专门技术。

单细胞培养主要包括平板培养、微室培养、看护培养和条件培养基培养。单细胞培养比愈伤组织培养更为困难，对培养和培养环境的要求更为苛刻，看护培养和条件培养基培养更有利于单细胞的培养。因为制作条件培养基的细胞和用作看护培养的愈伤组织在生长过程中，能释放促进细胞分裂的一些特殊代谢物，从而有利于单细胞的分裂和生长。

细胞悬浮培养包括分批培养、半连续培养和连续培养，目前已发展到全自动控制的大容量生物反应器大规模工业化生产的连续培养。在悬浮培养中，希望建立一种细胞增殖速度快、有用成分含量高、分散程度好的游离细胞悬浮物，因此在进行大规模生产之前，必须使愈伤化的细胞具有最大限度地分散，再从中筛选出增殖速度快，有用成分高的细胞株。这项技术不仅为研究细胞生长分化提供了一个独特的实验系统，同时因为这些细胞较为均匀一致，细胞增殖速度快，便于进行大规模培养，在植物产品工业化生产上也有巨大的应用潜力，也在大规模地制造人工种子，加快优良物种的繁育中有重要的应用价值。

## 复习思考题

1. 简述植物单细胞的分离方法。
2. 植物单细胞培养有哪些主要方法？
3. 在进行植物单细胞培养时应注意哪些问题？
4. 简述细胞悬浮培养的方法及影响因素。
5. 何谓植物细胞固定化培养？为什么要进行植物细胞的固定化培养？
6. 简述植物细胞培养的主要用途。
7. 何谓分批培养？分批培养有何特点？
8. 何谓同步化培养？目前实现悬浮培养细胞同步化主要有哪几种方法？

## 主要参考文献

陈士云．1995．植物细胞的两相培养技术．植物生理学通讯，31（4）：297~303

高文远，贾伟．2005．药用植物大规模组织培养．北京：化学工业出版社

梁世中，高建华，高孔荣，等．1996．气升环流式反应器大规模培养紫草细胞．药物生物技术，3（4）：229~234

吕晋慧，孔冬梅．2008．园艺植物组织培养．北京：中国农业科学技术出版社

钱子刚．2007．药用植物组织培养．北京：中国中医药出版社

王蒂，陈劲枫．2013．植物组织培养．北京：中国农业出版社

许继宏等．2003．药用植物培养技术．北京：中国农业科学技术出版社

薛莲，孟琴，吕德伟．2002．用吸附法固定化培养紫草细胞．植物生理与分子生物学学报，28（5）：369~374

郑裕国，薛亚平．2007．生物工程设备．北京：化学工业出版社

# 第十六章 植物遗传转化与品种改良

随着人口和社会需求的快速增长，而耕地反而不断减少，全球粮食问题日益突出，这促使农业技术不断革新。传统杂交育种技术在第一次绿色革命浪潮中达到高峰，粮食快速增产，同时也出现了化肥和农药污染环境等问题。由于种质资源的缺乏，物种间遗传物质的交流受限制等原因，加上传统育种周期长、效率不够理想，其发展遇到了技术瓶颈，难以满足快速增长的社会需求。在分子生物学研究快速发展的基础上，以转基因为核心之一的现代生物技术推动了新的农业革命，突破物种间的限制，通过遗传转化将外源基因导入待改良的生物材料中，能够快速和定向改良其生物性状，已经成为有效缓解全球粮食和生态危机的重要手段之一。发达国家在20世纪90年代就充分认识到转基因生物工程的重大意义，投入大量资金和人力，加速研究开发，取得了巨大成功。

20世纪50～90年代，中美洲危地马拉棉花农业工人发生严重的杀虫剂中毒事件，最终导致拉美棉花产业的崩溃。我国和其他一些国家的棉花生产受棉铃虫的危害非常严重，大量使用杀虫剂使棉铃虫耐药性迅速增加，导致减产或绝收，并伴随严重的环境污染和人畜中毒事件，棉农不得不放弃种植棉花。转*Bt*抗虫棉品种的应用大幅度减少了杀虫剂的使用，田间许多有益和无害的昆虫免遭杀戮，棉花产量稳定。因此，转基因抗虫棉花受到了广大棉农的欢迎，挽救了棉花产业，是应用转基因植物缓解全球环境生态问题的典型案例之一。

通过基因工程，可以提高植物抗病虫、耐旱、抗寒、抗盐碱等性能，提高产量，改善品质，具有非常广阔的应用前景。因此，发展和应用转基因植物是时代要求，也是科学发展的必然。

## 第一节　转基因植物生产现状

自从1996年转基因番茄产品率先进入市场以来，有许多人持怀疑和观望的态度。但这并没有遏制住转基因技术的迅速推进。转基因植物已进入商业化种植的第22年（1996～2017年），除2015年外，种植面积取得连续增长（图16-1）。2016年，全球共26个国家的1800万农民种植了1.851亿公顷的转基因作物，比2015年的1.797亿公顷增长了3%，即540万公顷；比1996年的1700万公顷增加了110倍。至2016年底转基因作物累计种植面积达21亿公顷，实现了巨大的、可持续的社会经济和环境效益。包括2011年欧盟的研究在内，许多组织证实转基因作物是安全的，可使农药用量大幅度减少，农业和环境效益可观。转基因作物在提高农作物产量、安全生产、保护生物多样性等方面做出了很大贡献，减轻了贫困和饥饿，减少了农业对环境的影响，有助于减缓气候变化及减少温室气体排放。研究数据表明，1996～2015年转基因作物在多方面产生了重大效益：采用转基因技术使农药使用共减少了8.1%，作物产量提高5.74亿吨，产值增加1678亿美元；发展中国家比发达国家的产量和利润增益高。该结论印证了以往全球年度研究得出的一致性结果，1996～2013年转基因作物产生的收益约1333亿美元，其中30%是由于生产成本减少（减少耕犁、农药喷洒以及劳动力）获得的收益，70%来自4.414亿吨产量收益。

2016年，26个种植转基因作物的国家中，19个为发展中国家（包括新加入的孟加拉国），7个为发达国家。排名前十位的国家（美国、巴西、阿根廷、加拿大、印度、巴拉圭、巴基斯坦、中国、南非和乌拉圭）转基因作物种植面积均超过100万公顷，其中8个为发展中国家，为将来转基因作物的多样化持续发展打下了广泛的基础。

当今全球4种主要转基因作物是大豆、玉米、棉花和油菜。最近5年大面积种植的转基因作物还包括甜菜和苜蓿，以及小面积种植的南瓜、木瓜、茄子和白杨。目前有几十种新的转基因作物性

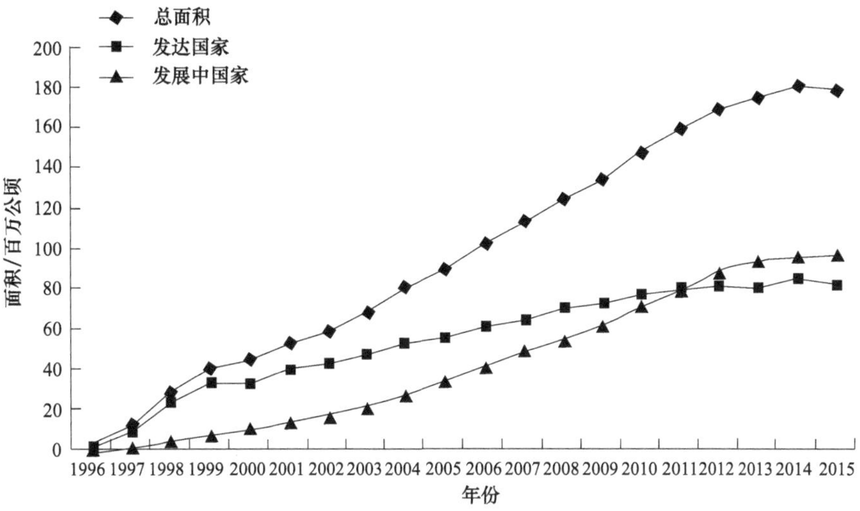


图 16-1 全球转基因作物种植面积（James，2016）

状已经通过田间试验，其中 1/4 为新作物，包括苹果、香蕉、亚麻荠、木薯、柑橘属、鹰嘴豆、豇豆、花生、芥末、木豆、马铃薯、大米、红花、甘蔗和小麦。新性状包括改良抗旱，耐盐，增产，氮高效利用，营养强化和粮食质量的提高、病虫害抗性等方面。

孟加拉国在 2013 年 10 月 30 日首次批准了转基因作物（*Bt* 茄子）的种植，2014 年 1 月 22 日开始商业化种植转基因作物。2014 年，越南批准种植转基因玉米，印度尼西亚批准了种植耐旱甘蔗。印度 *Bt* 棉花种植面积创历史新高，达到 1160 万公顷，是 2002 年开始商业化的 5 万公顷的 230 倍，采用率为 95%，比 2013 年的 1100 万公顷有所增加。Brookes 和 Barfoot 的最新估算显示，2002～2013 年，这 12 年间 *Bt* 棉花使农村收入增加了 167 亿美元，仅 2013 年的收入就达到 21 亿美元，与 2012 年基本相同。澳大利亚因为严重干旱而减少了约 20 万公顷的转基因棉花种植面积，但转基因品种的采用率仍然高达 99%；棉花种植面积的减少由耐除草剂油菜的增加弥补，该国油菜的种植面积增加了 50%，达到 34 万公顷。2014 年美国批准了防褐变的 Innate ™马铃薯于 2015 年开始种植。马铃薯是世界第四大重要的主食，批准商业种植转基因马铃薯将影响深远，有望在不远的将来应用转基因抗病马铃薯减少全球马铃薯由于病害造成的巨大损失。例如，由疫霉菌造成的马铃薯枯萎病曾造成了爱尔兰 1845 年的大饥荒，目前每年造成的损失也高达 75 亿美元。

妇女和儿童最易受维生素 A 缺乏（VAD）的影响，会引起幼儿失明及免疫能力低下。世界卫生组织（WHO）报告称 2009～2012 年全世界每年有 1.9 亿～2.5 亿学龄前儿童仍然受 VAD 的影响。补充维生素 A 能够将 5 岁以下儿童的死亡率降低 24%～30%。富含 β-胡萝卜素的黄金大米（GR）是由菲律宾国际水稻研究所（PhilRice）和国际水稻研究所（IRRI）开发的。多点测试结果表明，黄金大米中β-胡萝卜素水平满足需求，但稻米产量相对较低，增加产量成为当前黄金大米研究的焦点。在 IRRI，黄金大米的性状转入许多材料，从中筛选更优品系。黄金大米有潜力为维生素 A 缺乏的国家提供富含β-胡萝卜素的碳水化合物主食。

## 一、美国和加拿大转基因作物的发展态势

从转基因作物商业化应用开始，美国一直处于领跑位置。2016 年美国转基因作物的栽培面积约为 7300 万公顷（比 2015 年增加 3%，占全球种植面积的 39%），其中玉米 3505 万公顷，大豆 3184 万公顷，棉花 370 万公顷，苜蓿 123 万公顷，油菜 62 万公顷，甜菜 47 万公顷，抗病毒木瓜和南瓜各 1000 公顷。三种主要作物（大豆、玉米和棉花）的转基因品种应用率分别为 94%、92% 和 93%。

2013 年，转基因耐旱玉米 DroughtGard ™（MON 87460）首次在美国种植 5 万公顷，2014 年种植 27.5 万公顷，2015 年种植 81 万公顷，2016 年快速增至 117.3 万公顷，这说明通过生物技术解决玉米耐旱性已被美国农民高度接受。2014 年美国批准了 Innate ™马铃薯和 HarvXtra ™苜蓿于 2015 年开始种植，2016 年 Innate ™马铃薯栽培面积达 2500 公顷，HarvXtra ™苜蓿种植面积达 2 万公顷。防褐变的 Innate ™马铃薯的天冬酰胺含量较低，高温油炸产生的丙烯酰胺（潜在的致癌物质）含量更低，而且去

皮后不会褪色，有利于减少搬运和贮藏损失。转基因苜蓿 HarvXtra ™的木质素含量减少 22%，更易于消化且更高产。

加拿大 2016 年转基因作物种植面积为 1155 万公顷，全球排名第四，比 2015 年增加 5%，其中油菜 753 万公顷，大豆 208 万公顷，玉米 149 万公顷，甜菜 8000 公顷，并开始种植低木质素苜蓿 809 公顷。

## 二、巴西转基因作物的发展态势

总体上来看，巴西的转基因作物扩张非常快，从 2003 年开始发展转基因作物，2011 年成为全球种植转基因作物的第二大国家。巴西 2016 年转基因作物种植面积达到了 4910 万公顷（占全球 27%），比 2015 年（4420 万公顷）增加 11%，全球排名第二，仅次于美国。巴西已经具备转基因作物的自主研发和生产能力，快速高效的审批制度使得巴西能够快速进行转基因品种审批。由此，最近 5 年巴西成为全球转基因作物的增长引擎，未来有望缩小与美国的差距。巴西种植大豆、玉米和棉花的总面积为 5260 万公顷、其中转基因品种占 93.4%，大豆 3270 万公顷、玉米 1570 万公顷和棉花 80 万公顷。巴西于 2016 年开始商业化种植 HTT 大豆 Cultivance ™和本国产的抗病毒豆类。转基因甘蔗有望在 2017 年推向市场。年预算为 10 亿美元的巴西农业研究组织——巴西农业科学院（EMBRAPA）于 2015 年获批商业化种植本国产的转基因抗病毒豆类，其与巴斯夫（BASF）合作开发的耐除草剂大豆在商业化种植前需要等待欧洲的进口审批。

## 三、中国转基因作物的发展态势

中国在 2016 年种植了 279 万公顷转基因作物，其中主要为抗虫棉（278 万公顷），比 2015 年（总面积 365 万公顷）降低许多。数据表明，中国农民自 1996 年引入转基因技术以来获益 162 亿美元。转基因棉花采用率从 2013 年的 90% 增加到 2016 年的 95%。2016 年在广东、海南以及广西等地共种植了 8550 公顷抗病毒木瓜，比 2013 年的 5800 公顷增加近 50%，转基因木瓜采用率为 90%。另外，2013～2016 年我国共种植了 543 公顷 *Bt* 白杨。除了 710 万直接受益于转基因棉花的农民外，另外 1000 万农民间接受益于 2200 万公顷棉铃虫中间寄主作物的种植（这些作物受益于广泛种植 *Bt* 棉花而使虫害减少）。因此，仅受益于转基因 *Bt* 棉花的中国农民实际上远远超过了 710 万。有数据显示，1997～2015 年我国农民从 *Bt* 棉花等转基因作物中获得收益约 186 亿美元。

在全世界，大米是主粮，而玉米是最重要的饲料作物，转基因玉米和转基因大米对中国、亚洲和世界上其他地区具有重大意义，中国对 *Bt* 玉米、耐除草剂玉米、植酸酶玉米及转基因大米的研究和商业化应用，对自身乃至全世界的粮食和饲料需求均有巨大的贡献潜力。我国是转基因产品的消费大国，进口玉米不断增加（其中 90% 为转基因玉米），并且消费的大豆占全球总产量的 1/3，其中进口大豆占全球出口总量的 65%（转基因大豆占 90%）。但国内转基因主粮作物的生产至今尚未实施，等待农业部的最后审批。

我国非常重视转基因作物的研究与应用，2008 年开始启动转基因生物新品种培育重大专项，提高了转基因作物研发的优先级别，分离克隆了一大批重要性状的功能基因，研发了转基因抗虫水稻、*Bt* 棉花、转植酸酶基因玉米等产品，完成了技术和成果储备。目前，农业部启动了一项国家公共信息媒体宣传活动，旨在提高公众对转基因作物的认识，包括它们对我国带来的好处和收益。

## 四、非洲的转基因作物种植

目前，转基因作物在非洲的商业化种植面积相对较小，种植国家数量和种植面积处于不断波动状态，但总体上也在缓慢发展。2016 年至少有 4 个非洲国家（布基纳法索、埃及、南非和苏丹）上市了一种转基因作物。2016 年南非和苏丹的转基因作物面积达 280 万公顷，其中南非 270 万公顷（玉米、大豆和棉花），苏丹 10 万公顷（棉花）。南非的转基因作物应用率在非洲大陆居领先地位，其 2016 年转基因作物面积比 2015 年增加了约 16%。

随着非洲大陆逐渐认识和接受转基因技术的应用，越来越多的非洲国家开始尝试种植转基因作物。对于 3 种新的转基因作物，香蕉、豇豆和高粱，肯尼亚、马拉维和尼日利亚等国家已批准其环境释放，布基纳法索、埃塞俄比亚、加纳、尼日利亚、斯威士兰和乌干达等 6 个国家即将完成多点试验，为商业化种植做准备。由于非洲的旱灾非常严重，抗旱作物品种尤为重要。在非洲节水玉米项目（WEMA）中，南非有望在 2017 年发布其首批转基因复合性状耐旱、抗虫（*Bt*）玉米，随后是肯尼亚、乌干达、莫桑比克和坦桑尼亚。坦桑尼亚进行了抗旱玉米的限制性田间试验，而莫桑比克批准复合性状（抗旱和 *Bt* 抗虫）转基因玉米进入限制性田间试验。

## 五、欧盟国家的转基因作物种植

20 世纪 90 年代开始，欧盟建立并执行非常严格的转基因作物审批制度，制约了转基因研究及应用，进而影响其经济发展。2015年10月，欧盟中19个国家通过投票决定终止种植转基因作物，有5个国家（西班牙、葡萄牙、斯洛伐克、捷克和罗马尼亚）选择继续种植。目前，被允许在欧盟几个国家商业化种植的转基因作物是抗虫 *Bt* 玉米。2016年，欧盟有4个国家种植了136 363公顷 *Bt* 玉米（'MON810'），与2015年相比面积增加了17%。西班牙是目前为止欧盟最大的 *Bt* 玉米种植国，约占欧盟 *Bt* 玉米总种植面积的94.7%，其余国家中葡萄牙种植7069公顷，斯洛伐克种植138公顷和捷克种植75公顷，罗马尼亚在2016年没有种植转基因玉米。由于欧盟总体倾向反对转基因作物商业化应用，对转基因玉米需要非常繁杂、苛刻的欧盟农民报告程序，对农民的激励作用降低，造成捷克的种植面积不断走低，而罗马尼亚2016年停止种植 *Bt* 玉米。

### 六、全球转基因作物的批准应用情况

1994～2016年，全球共有40个国家/地区（39国＋欧盟28国）批准转基因作物用作粮食或饲料以及环境释放，共涉及26种转基因作物和392个转基因事件的3768项监管审批。其中1777项审批是关于转基因作物用于粮食（直接使用或进行加工处理），1238项关于转基因作物用于饲料（直接使用或进行加工处理），753项关于转基因作物种植或环境释放。批准转基因作物用作粮食的国家和地区中，日本位居第一（297项转基因作物事件），其次为美国（182个，不包括复合性状事件）、加拿大（135个）、墨西哥（158个）、韩国（137个）、中国台湾（124个）、澳大利亚（104个）、新西兰（96个）、欧盟（88个）和菲律宾（88个）等。转基因玉米获批的事件最多（218个），其次是棉花（58个）、马铃薯（47个）、油菜（38个）和大豆（35个）。

获得最多国家和地区批准的转基因作物事件是耐除草剂玉米'NK603'（获26个国家/地区＋欧盟28国的54次批准），其次是耐除草剂大豆'GTS-40-3-2'（27个国家/地区＋欧盟28国53次批准），抗虫玉米'MON810'（26个国家/地区＋欧盟28国52次批准），抗虫玉米'*Bt*11'（24个国家/地区＋欧盟28国50次批准），抗虫玉米'TC1507'（24个国家/地区＋欧盟28国50次批准），耐除草剂玉米'GA21'（23个国家/地区＋欧盟28国49次批准），抗虫玉米'MON89034'（24个国家/地区＋欧盟28国48次批准），耐除草剂大豆'A2704-12'（23个国家/地区＋欧盟28国42次批准），抗虫玉米'MON88017'（22个国家/地区＋欧盟28国41次批准），抗虫棉花'MON531'（21个国家/地区＋欧盟28国41次批准），耐除草剂玉米'T25'（20个国家/地区＋欧盟28国40次批准），以及抗虫玉米'MIR162'（21个国家/地区＋欧盟28国的40次批准）。

## 第二节 转基因在作物品种改良中的作用

随着转基因作物商业化进程的快速发展，转基因技术体现了符合全球市场需求的强大优势，也悄然改变了我们的生活方式。转基因技术是建立在多学科基础研究的基础上的，如遗传学、分子生物学和基因组学等，这些学科近年的发展非常迅猛，同时也推动了转基因的研究与应用。例如，重要性状遗传调控机制的深入揭示，发掘出更多的功能基因用于转基因操作，使转基因品种能够不断更新换代。第一代转基因作物主要是耐除草剂、抗病虫和抗逆等类型，以提高其对生物和非生物胁迫的抗性；第二代产品以品质改良为主，如提高生物产品的赖氨酸、维生素和不饱和脂肪酸等营养成分含量，降低或去除过敏原、胰蛋白酶抑制因子和植酸等抗营养因子，使转基因产品营养更全面、口感更佳；第三代以开发功能型转基因产品为主，如以植物细胞或株体为生物反应器生产药物或疫苗，以及用于生物燃料、环境修复等，全面应用于医药、能源、化工和环境等各个领域。下面对目前成功用于遗传转化的外源基因进行简要介绍，如耐除草剂基因等，抗虫 *Bt* 基因单独在第三节中描述。

### 一、耐除草剂作物

在作物栽培过程中，作物面临各种杂草与其竞争水肥、阳光和空间，而且会显著增加病虫的危害，严重影响作物的产量与产品质量，据估计会减产30%～45%。通常使用除草剂或人工除草。由于高昂的人工成本，以及大面积机械化生产，喷洒除草剂除草是首选甚至是唯一的选择。但常用的除草剂草甘膦（glyphosate）和草铵膦（glufosinate，又称草丁膦）均属于非选择性除草剂，不能直接在作物生长期喷施。因此，耐除草剂的品种成为必然的选择，其种植面积长期高居首位。2016年耐除草剂

作物的种植面积达8650万公顷，占全球转基因作物面积的47%。

草甘膦和草铵膦均是有机磷类广谱灭生性除草剂，但作用机制不相同。草甘膦的有效成分为*N*-phosphonomethyl-glycine，它是5-烯醇式丙酮酰莽草酸-3-磷酸合酶（5-enolpyruvylshikimate-3-phosphate synthase，EPSPS）的抑制剂。在莽草酸途径倒数第二步中，EPSPS催化磷酸烯醇式丙酮酸（phosphoenolpyruvate，PEP）的烯醇式丙酮酸基团转移到3-磷酸莽草酸（shikimate-3-phosphate，S3P）的5-羟基上形成5-烯醇式丙酮酰莽草酸-3-磷酸（5-enolpyruvylshikimate-3-phosphate，EPSP）。草甘膦是PEP的类似物，它可与EPSPS形成十分稳定的复合物，完全抑制莽草酸途径，进而阻断植物合成必要的芳香族氨基酸，如酪氨酸、苯丙氨酸和色氨酸等，导致杂草等植物枯死。从细菌（如*Agrobacterium* sp. CP4菌株）中分离的EPSPS合成EPSP的酶活性与植物的相同，但空间构象上差异较大，与草甘膦的亲和力降低，可以保持酶活性，转细菌*EPSPS*基因的植物能够在喷洒草甘膦的情况下存活。

草铵膦的有效成分为phosphinothricin（PPT），一种谷氨酸盐类似物，它是谷氨酰胺合成酶（glutamine synthetase，GS）的不可逆抑制剂。GS催化合成谷氨酰，而且是植物重要的铵解毒酶，铵来源于硝酸盐还原、氨基酸降解和光呼吸释放等。草铵膦抑制GS活性，使植物体内谷氨酰含量减少，铵过量积累，将抑制光合作用，最终灭杀杂草等植物。抗草铵膦的基因包括*bar*和*pat*基因。前者来源于土壤的链霉菌（*Streptomyces hygroscopicus*），后者来源于*S. viridochromeogenes*，两者均编码草铵膦乙酰转移酶（phosphinothricin *N*-acetyltransferase），分子质量不同，但催化活性相同，使草铵膦的自由氨基乙酰化，达到解毒效果。将*bar*或*pat*基因转入植物中，将使其能够耐受草铵膦的处理。

### 二、转植酸酶基因玉米

植酸（phytic acid），即肌醇六磷酸，是植物籽实中磷存在的重要形式，谷实类饲料中植酸磷占总磷的比例一般为50%～80%。单胃动物体内缺少分解植酸的植酸酶，使植物中的磷消化率很低，仅有30%能被畜禽利用。植酸具有很强的螯合能力，能与很多阳离子（如$Ca^{2+}$、$Mg^{2+}$、$Zn^{2+}$、$Fe^{2+}$和$Mn^{2+}$等）、氨基酸和淀粉等形成难以消化的络合物，导致饲料中多种营养物消化率下降。饲料中加入植酸酶后，能显著提高矿物元素、肌醇、淀粉和氨基酸的消化率。将来源于食品工业所用的一种黑曲霉的植酸酶基因转入植物中，控制其在特定部位和时间表达，能够使植物籽实的植酸含量显著降低，提高营养成分的消化率。我国在转植酸酶基因玉米的研发上起步很早，10年前就获得相应的转基因产品，处于国际领先水平，前期的安全性试验已经完成，有待加快启动推广应用，这十分有利于养殖业的快速和健康发展。

## 第三节　转基因植物应用的实例之一（*Bt*抗虫）

病虫害是农业生产的主要威胁之一，其中虫害更突出，平均使作物减产15%～20%。通过喷洒大量杀虫剂控制虫害，可使产量损失控制在10%左右。但大部分杀虫剂没有选择性，会波及天敌，而大量使用杀虫剂易使害虫产生抗性，造成农产品和水源污染，严重影响环境和生态。因此，农业安全生产需要高效可行的虫害综合治理。苏云金芽孢杆菌（*Bacillus thuringiensis*，*Bt*）在生成芽孢过程中，会伴随合成具有生物活性的蛋白质晶体（简称Bt蛋白），能在一些特定昆虫体内通过活化形成毒性蛋白，进而杀死昆虫。Bt蛋白毒杀的特异性很高，对植物、人类和脊椎动物等非靶标生物没有毒性，而且其生物降解很彻底。苏云金芽孢杆菌最早（1901年）从感病的家蚕体液中分离获得，可毒杀鳞翅目（Lepidoptera）昆虫。1904年开始使用无公害的杀虫剂Bt，但其易降解，药效不够持久稳定，需要不断喷洒才有效果，在杀虫剂中使用比例很小。通过基因工程把*Bt*基因转入植物，使其不断合成Bt杀虫蛋白，可起到防虫效果，避免或减少了杀虫剂的不良影响。从1996年首次商业化应用转*Bt*抗虫棉至今，*Bt*转基因作物已经在全球大规模商业化种植，包括转*Bt*的棉花、玉米、大豆、茄子、马铃薯和苜蓿等，充分展示了基因工程的经济、社会和环境效益。

### 一、Bt蛋白分类

具有杀虫活性的Bt蛋白为伴孢晶体（parasporal crystal），称为δ-内毒素（δ-endotoxins）或杀虫晶体蛋白（insecticidal crystal protein，ICP），其活性强，甚至超过有机磷的毒性，而且选择性很强，ICP由*cry*和*cyt*编码，这些基因统称为*Bt*，其位于苏云金芽孢杆菌的质粒上，不同菌株合成不同的毒蛋白，作用于不同的靶标生物。目前从不同Bt亚种中分离出400多种*Bt*基因，编码的ICP对鳞翅目、鞘翅目（Coleoptera）、双翅目（Diptera）等多种昆虫和无脊椎动物［螨类（acaridan）、线虫（nematode）、原生动物（protozoan）等］有特异毒性。

从1998年开始，国际上根据*Bt*编码的ICP氨基酸序列同源性标准进行分类命名，每种毒性蛋白名字唯一，具有溶胞作用的ICP归为Cyt类，其余为Cry类，对应基因分别为*cyt*和*cry*。ICP的名字按四元等级区分：氨基酸同源性小于45%的ICP按阿拉伯数字编号的第一分类等级区分，如Cry1和Cry2；氨基酸同源性在45%～78%的加上第二分类等级编号，大写英文字母表示，如Cry1A和Cry1B；氨基酸同源性为78%～95%的增加第三分类等级，小写英文字母表示，如Cry1Aa和Cry1Ab；氨基酸同源性大于95%的添加第四等级，用阿拉伯数字编号，如Cry1Aa1和Cry1Aa2。目前，*Bt*基因有476种，其中*cry*有58群，449种；*cyt*有2群，27种（http://www.lifesci.sussex.ac.uk/home/Neil_Crickmore/Bt/）。

## 二、Bt蛋白杀虫机理

由*Bt*编码的ICP本身没有杀虫活性，称为原毒素（protoxin）。含伴孢晶体（原毒素）的Bt菌芽孢被敏感昆虫取食摄入，原毒素在昆虫肠道的碱性环境下溶解，并被中肠内的蛋白酶分解为40～70kDa的毒性蛋白，它能与中肠上皮柱状细胞的微绒毛（microvilli）上的受体特异结合，毒性蛋白的插入使膜产生穿孔，造成微绒毛解体和中肠上皮细胞破裂，释放出细胞内含物供给苏云金芽孢杆菌孢子萌发与生长所需，使昆虫失去消化功能，败血死亡。毒性蛋白与膜上受体结合的特异性决定了该毒性蛋白的靶标对象，不同菌株来源的Bt蛋白的毒杀对象有差异。人类和脊椎动物等的消化道不呈碱性，Bt蛋白很容易被肠道中的蛋白酶完全降解，而且包括其他非靶标生物的肠道细胞膜上没有与毒性蛋白特异结合的相应受体，在其中Bt蛋白没有丝毫生物活性，即Bt蛋白对其他生物安全无毒。

## 三、*Bt*转基因植物的抗虫性与应用

由于Bt蛋白能够毒杀鳞翅目害虫，人们开发出Bt杀虫剂，即喷施Bt菌液防治害虫。但由于杀虫效果不够稳定，需要频繁使用。转基因技术的出现，使Bt的应用得到重大突破，将*Bt*基因转入植物，让植物自身合成Bt毒性蛋白，杀灭取食的害虫，显著减少了杀虫剂的使用，十分有利于保护生态环境。

1987年最早报道了*Bt*转基因植物，将*Bt*基因分别转入烟草和番茄，转化植株对鳞翅目幼虫表现出一定抗性。早期转化用的*Bt*基因直接来源于苏云金芽孢杆菌，没有经过改造，由于基因元件和偏好密码子等方面的差异，细菌基因在植物中的表达不够稳定，合成的Bt蛋白量很少，只占植物细胞中可溶性蛋白的0.001%或更低，导致转基因植株的抗虫性很低，不利于商业化生产应用。从1990年开始，人们通过人工改造合成*Bt*基因，使其在转基因植物中能高效表达。在不改变Bt蛋白氨基酸序列的基础上，去除不利于植物表达的序列，如富含A/T序列、反向重复序列等，使用植物偏好的密码子，采用植物强表达启动子，如CaMV35S启动子或Ubi（ubiquitin）启动子，然后将改造过的*Bt*基因转入植物，使其高效表达，占可溶性总蛋白的0.01%～0.2%，显著提高了抗虫性能，促进了转*Bt*作物大规模商业化应用。例如，经改造的*cry1A*（*b*）和*cry1A*（*c*）转入棉花（*Gossypium hirsutum*），Bt杀虫蛋白占细胞可溶性总蛋白的0.05%～0.1%。

苏云金杆菌各种菌株含的*Bt*基因有所不同，与昆虫中肠上皮细胞膜上特异结合的受体会有差异，这决定了Bt蛋白作用的靶标昆虫种类。将作用于同一目标昆虫的中肠上皮细胞膜上不同特异受体的*Bt*基因同时转化植物，可以延缓害虫对Bt作用产生抗性。

1996年首次商业化应用转*Bt*抗虫棉（简称*Bt*-棉），如今已发展到多种作物（*Bt*-作物），包括玉米、马铃薯和水稻等。早期所有商业化应用的*Bt*-棉含有的*Bt*基因为*cry1Ac*。因为Cry1Ac毒性蛋白对多种棉花害虫的作用非常强，如烟草夜蛾（*Heliothis virescens*）、棉红铃虫（*Pectinophora gossypiella*）和棉铃虫（*Helicoverpa armigera*）等。第二代的*Bt*-棉植株同时含有*cry1Ac*和*cry2Ab*，提高了抗虫性，且阻止或延缓害虫对其产生抗性。商业化种植的*Bt*-马铃薯含*cry3A*基因，可抗科罗拉多马铃薯甲虫（*Leptinotarsa decemlineata*）。在商业化应用的*Bt*-玉米中，大部分含*cry1Ab*，还包括*cry1Ab*、*cry1Ac*、*cry9C*和*cry1F*，可抗欧洲玉米螟（*Ostrinia nubilalis*）。另外，转*cry3Bb1*玉米对玉米根虫（*Diabrotica* spp.）有抗性。

我国从1991年开始*Bt*转基因研究，中国农业科学院国内首次合成第一个*Bt*基因*cry1A*，获得烟草、甘蓝等转基因抗虫植株。为了打破跨国公司在

中国对 *Bt*-棉的垄断，我国投入大量资金与人力展开攻关，快速获得了 *Bt*-棉品种。我国的棉花种植历史悠久，20 世纪 90 年代暴发的棉铃虫（*Helicoverpa armigera*）灾害使棉花种植面积快速减少，大量使用农药防治抗药性超强的棉铃虫给种棉地区带来灾难性的后遗症，人畜中毒，土壤和水源严重污染。*Bt*-棉的推广应用重新恢复了棉花的种植面积，环境也逐渐得到了改善。

1997 年我国首次批准了 *Bt*-棉的 2 个品种进行商业化种植。中国农业科学院棉花研究所培育的 1 个品种在山西、安徽、山东和湖北种植；孟山都公司（Monsanto）的 1 个品种（'NC33B'）批准在河北种植。我国自主研发的 *Bt*-棉品种于 1999 年扩大到长江中下游棉区，2003 年增加了其他 5 个省份，至今已在包括黄淮海、长江中下游和新疆棉区的所有主产省份种植。2000 年后，每年增加许多改良的 *Bt*-棉品种，如 2005～2006 年，每年均有 20 多个 *Bt*-棉新品种提供给种植户，以满足各种栽培条件的需求。2014 年我国 390 万公顷 *Bt*-棉花，采用率占 93%，控制了棉铃虫的危害，显著减少了杀虫剂的使用，生态环境得到明显的改善。与非转基因棉花对比，种植 *Bt*-棉在农药用量以及其他生产投入上显著减少，农药使用量降低 60% 左右，喷洒农药频率是前者的 1/3，节约了劳动力投入和农药开支，有利于种植者的健康和生态环境，而且棉花产量与收入也有所提高，*Bt*-棉的平均单产超过非转基因棉花的单产，全国范围平均增产可达 8% 左右。我国 *Bt*-棉的大面积种植应用是全球公认的转基因作物商业化种植的成功范例之一。

林拥军实验室通过人工改造合成 *Bt* 基因 *cry1C** 和 *cry2A**，分别将其转入水稻'明恢 63'中，获得的转基因株系以及用其配制的 $F_1$ 植株对水稻鳞翅目害虫有很强的抗性，包括二化螟（*Chilo suppressalis*）、三化螟（*Tryporyza incertulas*）和稻纵卷叶螟（*Cnaphalocrocis medinalis*）。与常规水稻品种相比，*Bt* 转基因水稻增产很少（3.5%），但在保护环境和安全方面优势明显。早期试验显示，种植通常的水稻品种所用的杀虫剂数量和开支分别是 *Bt* 转基因水稻用量的 8～10 倍。

从 *Bt* 转基因作物的出现到如今大规模商业利用，减少了杀虫剂的使用，既降低了生产成本，又有利于保护有益昆虫与其他生物，也保障了种植者的健康，但人们也担心 *Bt* 转基因作物的大量种植是否存在环境安全性问题，如 Bt 蛋白残留的影响是否会引起其他生物种群的剧烈波动。由于 Bt 蛋白的降解较快，残留少，实际上对环境的影响很小。大量的研究数据以及各国的 GMO 管理部门的安全监测与评估结果均表明，*Bt* 作物对非靶标生物种群和土壤生态系统没有显著影响。

## 四、*Bt*-作物抗虫性的维持与害虫综合治理

随着 *Bt*-作物的广泛种植，靶标害虫对 Bt 产生抗性是 *Bt*-作物应用面临的重大威胁。虽然在大田中害虫对 Bt 毒性蛋白不容易出现明显的抗性，但实验室条件下可使昆虫后代对 Bt 的抗性提高，甚至达上千倍。1985 年，McGaughey 最早报道在实验室条件下印度谷螟（*Plodia interpunctella*）经 15 代选择压筛选，对 Bt 蛋白产生了很强的抗性。在田间对 Bt 农药产生抗性的昆虫，早期报道的只有小菜蛾（*Plutella xylostella*），且在多个地点发生。逐渐出现的昆虫抗性引起了人们的广泛重视，采取了多种防控策略和措施，阻止或延缓昆虫的抗性产生，尽量延长 *Bt*-作物品种的使用期。

研究发现，昆虫对 Bt 的抗性基因一般为隐性遗传，抗性位点纯合时表现出抗性，抗性机制多样化。昆虫在 Bt 蛋白作用过程的几个关键环节发生某个变化就有可能产生抗性。其中包括 Bt 原毒素（晶体蛋白）在肠道内溶解，原毒素被中肠里的蛋白酶水解成毒性蛋白，然后与上皮细胞膜上的受体特异结合，毒性蛋白的结合插入使膜产生孔洞，引起细胞裂解等关键过程。昆虫中肠 pH 与蛋白水解酶的差异会影响 Bt 蛋白的作用特异性和杀虫活性。一般情况下，Bt 晶体蛋白只有在碱性条件下才能完全溶解，这是 Bt 晶体蛋白发挥生物活性的前提，假如不溶解或溶解很少，则几乎没有活性。而昆虫肠道的蛋白酶对原毒素的水解也很重要，水解不充分，产生有活性的 Bt 蛋白量少，若过度水解或完全把 Bt 蛋白降解，均会严重影响其毒杀活性。与 Bt 蛋白特异结合的受体变化也是昆虫产生抗性的最重要因素，受体的种类与特异结合位点分别决定了该昆虫是否为特定 Bt 的靶标生物及其敏感性。目前研究较多的受体包括 N 氨肽酶（aminopeptidase N，APN）和类钙黏蛋白（cadherin-like protein）等。若昆虫的 APN 与 Bt 特异结合有关的氨基酸残基发生改变，或者 APN 上带的糖基受修饰，会影响两者的结合，从而降低昆虫对 Bt 的敏感性。昆虫上皮细胞上的受体数量减少，受体上的 Bt 结合位点发生变化或数量减少均会显著提高昆虫对 Bt 的抗性。

在上述研究的基础上，针对昆虫抗性形成，除了采用常规的害虫综合治理手段，人们还提出相应的预防策略与措施，如下所示。

1）*Bt*-作物中超表达 *Bt* 基因，尽可能杀死含杂合抗性基因的全部靶标害虫，阻止纯合抗性基因害虫的产生。

2）针对同种害虫，使用两种不同作用位点的Bt毒性蛋白进行轮作，降低抗性产生频率，害虫对这两种Bt不能有交互抗性，否则效果等同于一种Bt。

3）在同一植株中聚合两种*Bt*基因，昆虫对两种不同类型的Bt蛋白同时产生抗性的频率非常低，有效阻止抗性个体产生。

4）在*Bt*-作物区旁边种植一定面积的非转基因品种，建立庇护所，适度保留靶标害虫的敏感群体，与抗性基因杂合体或抗性个体自由随机杂交，降低抗性基因频率，杂合体后代对Bt敏感，取食*Bt*-作物将被杀灭。庇护所植株不用杀虫剂，或用Bt杀虫剂除外的农药防治其他害虫。高剂量Bt/庇护所策略是保持*Bt*-作物抗性最常用的方法，得到美国农业部（USDA）强烈推荐，实践也证明了其有效性。

5）结合防治其他害虫，适量喷洒不同类型的杀虫剂，消除靶标害虫的抗性杂合体或抗性个体。棉铃虫对不同生物毒素存在负交互抗性现象。位于昆虫中肠上皮细胞膜上的腺苷三磷酸结合盒式转运蛋白（ATP-binding cassette transporter protein，ABCC2）很可能是Bt毒性蛋白Cry1Ac的受体，其变异导致了后者不能与之结合，使棉铃虫对Bt的抗性提高1000倍以上，但同时增加了对阿维菌素（abamectin）的敏感性。阿维菌素也是一种杀虫剂，由阿维链霉菌（*Streptomyces avermitilis*）产生。棉铃虫ABCC2具有代谢排除阿维菌素的生物学功能，其变异会引起该解毒功能丧失，显著降低对阿维菌素的抗性。

# 第四节 转基因植物应用实例之二（抗PRSV木瓜）

侵染植物的病毒种类有几百种，病毒病的发生会使作物的产量和品质严重下降，甚至绝收。由于缺少有效的防治药剂，病毒病的发生与暴发流行一直是种植业的巨大威胁之一。抗病毒病的作物品种很少，通常情况下只能通过使用无病毒种苗，去除感病毒植株，以及用防虫设施或喷洒杀虫剂控制传播病毒的介体昆虫等措施减缓病毒病的危害。通过基因工程途径解决作物病毒病危害是最有效方法之一，其中转基因抗病毒病木瓜品种近20年来大面积商业化应用是成功的典范之一，可以推广到其他作物。

木瓜（*Carica papaya*）在我国也称为番木瓜，是全世界热带和亚热带地区广泛种植的一种草本果树，是深受人们喜爱的热带水果，富含维生素A和维生素C，也可用于烹饪美味的菜肴，同时还是重要的工业原料。木瓜播种后9～12个月开始果实成熟，可连续结果，植株逐年长高，可达8～10m，存活可至20年，但最有商品价值的时期为前2～3年，随后由于植株过高不利采收，加上病虫害加重的影响，产量和品质下降明显。

根据联合国粮食及农业组织的统计数据（FAOSTAT，2015），1993～2013年，木瓜平均总产量排名全世界前5名的国家是印度、巴西、尼日利亚、墨西哥和印尼，第1和第5的平均总产量分别为264.5万吨和60.3万吨；木瓜平均单产最高的国家是印尼，61.6t/hm$^2$；我国大陆和台湾平均总产量分别为3.3万吨和13万吨，平均单产分别是9.2t/hm$^2$和43.3t/hm$^2$。

## 一、木瓜环斑病毒及其危害

木瓜环斑病毒（papaya ringspot virus，PRSV）是木瓜上危害最大、流行最广的病毒，天然的木瓜品种不抗该病毒。PRSV侵染木瓜后，引起叶片花叶和褪绿，新叶畸形，果实表面产生典型的环状褪绿斑。生长早期感病，植株叶片褪绿畸形，株型矮缩，几乎不能正常结果；植株结果期发病，会使果实品质变差，糖度下降，显著缩短持续结果时间，产量下降明显。PRSV分为两种类型：可侵染葫芦科植物和木瓜的PRSV-p，以及只侵染葫芦科植物的PRSV-w。该病毒属于马铃薯Y病毒组（potyvirus），其基因组RNA链含有10326个核苷酸。不同地理来源的PRSV-p的外壳蛋白（coat protein，CP）氨基酸序列差异较大（达12%）。PRSV可被多种蚜虫传播，而且是以很快的非持久性传毒方式传到寄主植物上。

由于没有抗PRSV的木瓜品种，一旦有植株感染该病毒，经大量存在的蚜虫传播，会很快在整个木瓜种植区流行，造成毁灭性的危害。PRSV引起的病毒病严重制约了全世界木瓜产业的发展，甚至几乎毁灭一些国家或地区的木瓜种植业。

## 二、转基因抗PRSV木瓜的发展与应用

18世纪左右，木瓜引入夏威夷岛种植。1950年中期，木瓜生产成为美国夏威夷农业的支柱产业之一，产值仅排在蔗糖和菠萝之后。随着出口开放，‘Kapoho’和‘Sunrise’等改良品种的种植面积扩

大，夏威夷成为美国最大的木瓜产地，60% 以上的鲜果外销，以美国大陆和日本为主。在 20 世纪 40 年代首次报道在夏威夷瓦胡岛（Oahu island）发现 PRSV，于 50 年代开始流行，严重影响其木瓜产业，被迫将木瓜工业转移到 Puna 发展，因为那里没有 PRSV，但始终受其潜在威胁，最终于 1992 年 Puna 也开始出现该病毒，短短 5 年后（1997 年），Puna 的木瓜产量几乎下降一半。

美国 Gonsalves 研究组从 1978 年开始研究如何治理木瓜 PRSV，最初用病毒的弱毒株进行交叉保护试验，但效果不理想。由分子生物学、病毒学和生物技术研究人员及育种家组成的研究组，包括 D. Gonsalves、J. Slightom、R. Manshardt、M. Fitch 等，从 1986 年开始尝试转基因抗病方法，将弱毒突变株 PRSV HA5-1 的 *CP* 基因通过基因枪转入木瓜品种 'Sunset' 中，获得抗 PRSV 的转化株 '55-1'（1991 年），并通过 1992 年的小面积田间试验进一步确认其抗性：田间非转基因对照全部感染 PRSV，而 '55-1' 植株均表现出非常好的抗性。同年 5 月该岛上商业化种植的木瓜发现 PRSV 感染，1994 年引起大流行，夏威夷的木瓜生产面临严重危机。该研究组获得转基因抗病毒木瓜的时间节点非常关键，刚好可以用于控制已经开始肆虐的 PRSV，促进了转基因木瓜的商业化应用。育种家将抗病毒转化株 '55-1' 与 'Sunset' 回交，培育出纯合的转基因品系，定名为 'UH SunUp'（'SunUp'），将 'SunUp' 与 'Kapoho' 杂交的 $F_1$ 定名为 'UH Rainbow'（'Rainbow'）。'SunUp' 为红肉品种，'Rainbow' 为黄肉。在美国，获得美国政府许可的转基因抗 PRSV 木瓜自 1998 年开始商业化生产上市，包括 'SunUp' 和 'Rainbow' 及来源于 'Rainbow' 的抗性品种，但只允许在夏威夷种植，产品可以在全美销售或出口到国外。随着转基因抗病毒木瓜种子的供应量加大，2001 年夏威夷的木瓜产量基本恢复到 1992 年的水平。由 PRSV 引起的夏威夷木瓜生产的严重危机促使了转基因抗性木瓜品种的快速商业化应用。大面积种植抗性木瓜，使 PRSV 毒源减少，而且蚜虫在抗性植株上取食停留，传毒能力明显下降，起到很好的缓冲效果，使非转基因品种也可以正常种植，并有较稳定的收获，产品可以出口到转基因食品受管制的国家。

在夏威夷种植的转基因抗病毒木瓜对来源于夏威夷岛外的 PRSV 毒株敏感，不能将其应用于其他地区。中国台湾研究人员利用农杆菌介导转化，将来源于台湾毒株 YK 的 *CP* 基因导入木瓜中，从不同抗性程度的转化株系中筛选获得对 PRSV 不同地理来源的毒株具有广谱免疫抗性（Bau et al.，2003）的植株（图 16-2），在免疫抗性植株体内检测不到 CP 蛋白，说明该抗性由 RNA 介导。

图 16-2　对木瓜环斑病毒（PRSV）不同毒株具有广谱免疫抗性的转基因木瓜品系 '19-0-1'（Bau et al.，2003）

每幅图左边植株为转基因木瓜品系 '19-0-1'，右边植株为非转基因对照。植株分别接种不同 PRSV 毒株（接种 7 周后的植株图片）：A. 来源于台湾的 YK 毒株；B. 来源于夏威夷的 HA 毒株；C. 来源于泰国的 TH 毒株；D. 来源于墨西哥的 MX 毒株

澳大利亚研究人员将改造后不能翻译的 PRSV CP 编码区用基因枪介导转化木瓜，获得对 PRSV 免疫的转化品系，并经过温室内重复接种试验和 18 个月大田试验确认。Northern 杂交显示，在免疫抗性品系内的病毒 *CP* 基因转录本被降解。这说明免疫品系的抗性表型来源于转录后基因沉默（post-transcriptional gene silencing，PTGS）机制引起的目标 RNA 降解，包括 PRSV 的 RNA。研究表明，将病毒基因转入植物，会诱发植物的基因沉默（RNA 沉默）防御机制，将与转入基因同源的病毒 RNA 降解，从而产生对该病毒的抗性。

300 多年前木瓜从印度传入我国，目前在我国大陆的 6 个省或自治区广泛种植，经济价值很高，但由于种植和管理较粗放，病虫害影响很大，特别是 PRSV 造成的毁灭性危害，我国大陆地区的木瓜单产很低，差距较大，使种植户收入不理想。我国南方很多地区，木瓜零星种植在房前屋后，常年生长，PRSV 毒源一直存在，随着蚜虫的大量生长繁殖，很容易引起木瓜大面积种植区的 PRSV 流行，特别是后期几乎全部植株都感染病毒。研究人员尝试了各种方法防治该病害，如防治蚜虫、弱毒株交叉保护、筛选抗性材料等，效果始终不理想。受美国转基因木瓜研究组研究的启发，我国也开始转基因木瓜研究。不同研究组分别克隆了 PRSV 中国分离株的 CP、复制酶（replicase，RP）的基因，构建其相应的植物表达载体，分别通过农杆菌介导、基因枪和花粉管导入法将 PRSV 的基因转化木瓜，获得了转化植株。虽然有夏威夷转 *CP* 基因抗性木瓜品种的成果先例，但我国早期获得的转 PRSV 的基因的木瓜（包括转 *CP* 基因）抗性不稳定，保护效果达不到应用的要求。广东研究组将 PRSV 变异的复制酶（*RP*＋）基因转入木瓜，从转化株后代筛选出对 PRSV 持久高抗的株系。经过各个阶段的生物安全评价，华南农业大学李华平研究组培育的转 PRSV *RP*＋基因品种‘华农 1 号’于 2006 年获得农业部颁发的“农业转基因生物安全证书（生产应用）”，可用于商业化生产（广东省），随后的发展非常快，2009 年广东省木瓜种植面积约 95% 使用该转基因品种。2010 年该转基因品种获批扩大至我国木瓜适宜种植区商业化应用。转基因抗病毒木瓜成为我国商业化应用的首例转基因果树作物，为我国的木瓜生产做出了巨大贡献。2013～2014 年，我国分别种植了 5800 万和 8500 万公顷转基因抗病毒木瓜。目前，我国市场上国内木瓜 80% 以上鲜果来源于转基因木瓜品种。

## 小 结

本章简述了世界范围转基因植物生产现状与发展趋势。虽然纷争不断，转基因植物的广泛应用无疑是解决日趋紧张恶化的全球粮食与环境生态问题的重要手段之一，并取得了有目共睹的成就，有望将来获得更大发展。本章概述了全球近年转基因植物商业化应用的现状，包括使用转基因作物的国家和种植面积、新批准应用的转基因事件等。对转基因在品种改良方面，列举了实际应用的例子，一是转 *Bt* 基因抗虫植物，另一个是转基因抗病毒病木瓜，介绍了转基因抗虫和抗病的原理，以及防止害虫产生 Bt 抗性的策略。

## 复习思考题

1. 简述目前转基因植物大规模应用的特点与趋势。
2. 简述转 *Bt* 基因植物抗虫的基本原理，*Bt* 基因改造的策略。
3. 转基因抗病毒病植物的抗病毒的原理，有哪些基因已成功用于转化植物抗病毒？

## 主要参考文献


国际农业生物技术应用服务组织．2017．2016 年全球生物技术 / 转基因作物商业化发展态势．中国生物工程杂志，37（4）：1~8

Bau HJ, Cheng YH, Yu TA, et al. 2003. Broad-spectrum resistance to different geographic strains of *Papaya ringspot* virus in coat protein gene transgenic papaya. Phytopathology, 93(1)：112~120

Gonsalves D.1998. Control *of Papaya ringspot* virus in papaya：a case study. Annu Rev Phytopathology, 36：415~437

Huang J, Hu R, Rozelle S, et al. 2005. Insect-resistant GM rice in farmers' fields：assessing productivity and health effects in China. Science, 308(5722)：688~690

Imran M, Asadl S, Barboza AL, et al. 2017. Genetically transformed tobacco plants expressing synthetic *EPSPS* gene confer tolerance against glyphosate herbicide. Physiology and Molecular Biology of Plants, 23(2)：453~460

James C．2014．2013 年全球生物技术 / 转基因作物商业化发展态势．中国生物工程杂志．34（1）：1~8

James C．2015．2014 年全球生物技术 / 转基因作物商业化发展态势．中国生物工程杂志．35（1）：1~14

James C．2016．2015 年全球生物技术 / 转基因作物商业化发展态势 . 中国生物工程杂志．36（4）：1~11

Lelley T, Balázs E, Tepfer M.2003. Ecological impact of GMO dissemination in Agro-Ecosystems. Druck：Facultas Verlags-und Buchhandels AG：141~172

Lines RE, Persley D, Dale JL, et al. 2002. Genetically engineered immunity to *Papaya ringspot* virus in Australian papaya cultivars. Molecular Breeding, 10：119~129

McGaughey WH, Whalon ME.1992. Managing insect resistance to *Bacillus thuringiensis* toxins. Science, 258：1451~1455

Raybould A, Quemada H.2010. *Bt* crops and food security in developing countries：released benefits, sustainable use and lower barriers to adoption. Food Security, 2：247~259

Tang W, Chen H, Xu C, et al. 2006. Development of insect-resistant transgenic indica rice with a synthetic *cry1C** gene. Molecular Breeding, 18：1~10

Wang XB, Xiang C, Huang JK. 2015. Adoption and uptake pathway of GM technology by Chinese smallholders：evidence from *Bt* cotton production. AgBioForum, 18(1)：55~70

Xiao YT, Liu KY, Zhang DD, et al. 2016. Resistance to *Bacillus thuringiensis* mediated by an ABC transporter mutation increases susceptibility to toxins from other bacteria in an invasive insect. PLoS Pathogens, 12(2)：e1005450

# 第三篇

# 组 培 实 践

# 第十七章 蔬菜作物组织培养与生物技术

## 第一节 白　　菜

白菜类蔬菜是指十字花科芸薹属芸薹种以叶球、嫩茎或嫩叶为产品的一类蔬菜，在中国栽培历史悠久，品种资源丰富，栽培面积和消费量居我国各类蔬菜之首，主要包括大白菜、小白菜等。大白菜（*Brassica rapa* ssp. *pekinensis*）又名结球白菜，为我国的原产和特产蔬菜，全国各地普遍栽培，以华北地区为主要产区。小白菜（*Brassica rapa* ssp. *chinensis* var. *communis*）又名不结球白菜、青菜等，主要以嫩叶（叶丛）为食用部位，原产于我国，在我国南北方尤其是长江流域广泛栽培。传统的育种方法耗时长，需要多代连续自交才能获得纯合自交系，且工作量大。与之相比，游离小孢子培养技术则缩短了育种周期，提高了育种效率。近年来，小孢子培养和转基因技术在大白菜、小白菜等白菜类蔬菜上已得到广泛应用。

### 一、白菜游离小孢子培养

游离小孢子培养是创制双单倍体的有效手段。自1982年德国学者Lichter首次报道甘蓝型油菜游离小孢子培养成功后，小孢子培养在结球甘蓝、大白菜、花椰菜、小白菜、黑芥、叶芥、青花菜、萝卜等十字花科作物上获得了成功。1989年，日本学者Sato首次培养春早熟大白菜获得了小孢子胚和再生植株。1992年，曹鸣庆等开始进行大白菜和小白菜的游离小孢子培养研究。自此，国内学者也开始了对白菜小孢子培养方面的研究，并应用到新品种培育中，姚秋菊等利用游离小孢子培养技术育成了大白菜一代杂种‘豫新58’。

#### （一）小孢子的游离及培养

1．小孢子的发育时期　小孢子发育时期通常分为单核期、双核期和三核期，单核期又分为单核早期、单核中期和单核靠边期。通常最适宜白菜小孢子培养的时期为单核靠边期。

2．预处理　选取2.5～3.5mm长的花蕾，于4℃冰箱低温处理1～2d。

3．小孢子游离　将花蕾用70%乙醇浸泡30s，用1% NaClO消毒10～15min，无菌水冲洗5次。然后将花蕾置入10mL试管中，加入B5液体培养基1mL，用玻璃棒挤出小孢子。将小孢子悬浮液用300目滤网过滤，收集滤液于10mL玻璃离心管中，在800r/min下离心5min，沉降小孢子，弃去上清液。再加入B5液体培养基5mL，重新悬浮小孢子，离心，重复2次。

4．小孢子的培养　加入NLN-13培养基，按每皿6～8个花蕾的小孢子密度，将悬浮液分装到直径为60mm的培养皿中，每皿2.5mL培养基，用parafilm膜封口。于33℃恒温培养箱培养2d，然后转入25℃条件下暗培养。经过15～20d培养后出现肉眼可见的胚状体（图17-1）。

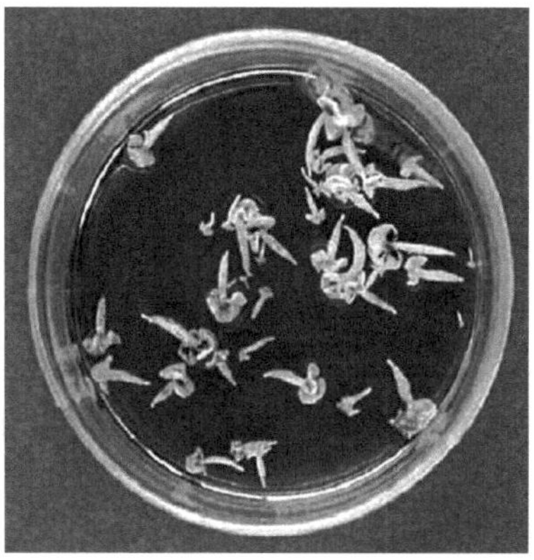

图17-1　NLN培养基培养4周后获得的小白菜小孢子胚（Gu et al.，2003）

#### （二）小孢子胚状体发生及植株再生

将子叶型胚状体接种到MS+3%蔗糖+0.01g/L活性炭+1.2%琼脂粉的固体培养基上，于培养室中（温度25℃，光照强度45μmol/（$m^2\cdot s$），光照

16h，黑暗8h）培养15d左右，胚状体由黄转绿，并长出小芽，再转移到B5固体培养基上培养15d左右，逐渐长成幼苗。最后转入1/2 MS培养基上生根。

影响白菜小孢子培养胚发生的因素很多，供体材料的基因型、生长环境、取材时期、小孢子发育时期、培养基、活性炭、$AgNO_3$及激素6-BA、NAA、ZT等都会对小孢子胚发生产生不同程度的影响。白菜类蔬菜小孢子胚胎发生过程中，染色体自然加倍率较高，一般为50%～70%。

## 二、白菜遗传转化

白菜遗传转化方法有农杆菌介导法、电融合法、基因枪法、显微注射法、花粉管通道法等，其中以农杆菌介导的转化方法为主。1995年，Jun等以大白菜子叶-子叶柄为转化受体，通过农杆菌介导的转化方法成功获得了转基因植株。农杆菌介导白菜遗传转化的过程，大致可分为预培养、共培养、选择培养和生根培养等阶段。

### （一）材料准备

将白菜种子用70%乙醇浸泡1min，1% NaClO溶液（加1滴吐温20）浸泡10min，无菌水冲洗3～5次，然后播种在MS固体培养基（MS＋蔗糖30g/L＋琼脂粉0.8%，pH5.8）上，置于组织培养室[（25±1）℃，16h光/8h暗]培养8～10d。

### （二）预培养

待子叶展开刚见真叶时，切下子叶-子叶柄或胚轴作为外植体，于MS固体培养基（激素种类、浓度与基因型有关）上预培养2～3d。有一些基因型不需要预培养，可以直接用于侵染。

### （三）摇菌、侵染及共培养

挑取含重组质粒载体的农杆菌单菌落接种于2mL含相应抗生素的LB液体培养基上，在28℃条件下振荡（200r/min）培养1d。吸取此菌液0.1mL重新接种于100mL含相应抗生素的LB液体培养基中，相同条件下振荡培养0.5～1d，菌液$OD_{600}$至0.8～1时为止。将菌液5000r/min离心10min，用侵染液（MS＋蔗糖30g/L＋乙酰丁香酮25mg/L）重新悬浮。

将预培养后的外植体放入侵染液中侵染10～15min，期间置于黑暗条件下50r/min摇动。结束后，取出外植体，滤纸吸干水珠，接种于覆盖滤纸的共培养培养基（MS＋相应激素＋$AgNO_3$ 4mg/L＋蔗糖30g/L＋乙酰丁香酮25mg/L＋琼脂粉0.8%，pH5.8）上，黑暗条件下共培养2～3d。

### （四）选择培养

将共培养后的外植体用40mL头孢霉素（250mg/L）溶液清洗3～5次，用滤纸吸干水珠，接种于芽诱导选择培养基（MS＋相应激素＋相应抗生素＋Cef 250mg/L＋$AgNO_3$ 4mg/L＋蔗糖30g/L＋琼脂粉0.8%，pH5.8），于培养室中[温度为（25±1）℃，光照强度为45μmol/（$m^2$·s），光照16h，黑暗8h]培养，每两周继代1次。培养1个月左右，可见有抗性的丛生芽。

### （五）生根培养

待再生芽长到1～2cm时，从芽基部切下，转入生根培养基（1/2 MS＋相应抗生素＋Cef 125mg/L＋蔗糖30g/L＋琼脂粉0.8%，pH5.8）中进行生根培养。

### （六）炼苗及移栽

待转化苗根系发达后，将培养瓶盖子打开一部分，于培养箱中炼苗3～5d，然后取出植株，清洗根系残留的培养基，移栽至灭菌的栽培基质中，置于人工气候室或培养箱[（25±1）℃，16h光照/8h黑暗]中培养。

### （七）转基因植株鉴定

转基因植株的鉴定方法有多种，可以通过PCR方法，以目的基因的特异序列为引物，扩增相应片段，从而判断目的基因是否已导入白菜基因组中。如果表达载体含有*GUS*或*GFP*等报告基因，也可以通过报告基因来鉴定。

影响白菜遗传转化效率的因素有很多，如基因型、外植体及其生理状态、培养基等。不同基因型的白菜离体再生能力差异较大，对农杆菌的敏感程度也不同。选择合适的外植体和适宜的苗龄是转化成功的重要因素。外植体在侵染之前经过预培养可以提高转化效率，但不同基因型外植体的最适预培养时间是不同的，一般为2～3d。农杆菌的类型与菌液浓度、侵染时间也会影响转化频率。菌液浓度过低或侵染、共培养时间过短，外植体周围农杆菌生长稀少，转化效率低。相反，则易引起农杆菌过度生长，外植体的伤口细胞受到农杆菌的伤害而褐化死亡。提高培养基中琼脂粉浓度、添加$AgNO_3$、在共培养培养基中添加乙酰丁香酮等都可以提高转化效率。

# 第二节 芥 菜

芥菜（*Brassica juncea* Coss）是十字花科芸薹属的一类重要作物，分为根芥、茎芥、叶芥、薹芥四种类型。我国南方大部分省（自治区、直辖市）芥菜资源特别丰富，栽培广泛。通过组织培养进行体细胞无性变异筛选可获得突变体，利用组织培养与常规育种相结合的方法来辅助芥菜育种，不仅解决了大株留种困难、性状鉴定时需牺牲亲本等问题，也可解决育种过程中遇到温度过高、水分不足或病虫害等不良自然条件而无法正常收获种子时的种质资源保存和繁殖的问题。

## 一、芥菜的组织培养

### （一）芥菜离体培养体系的建立

1．外植体类型　通常用芥菜的子叶、叶片及下胚轴为外植体，它们的再生频率较高。此外，茎段、茎尖分生组织、花序轴、花托、花丝等也可作为外植体培养离体植株。

2．培养基和培养条件　常用的培养基是MS和B5培养基。不同基因型及不同的外植体类型所用激素种类、浓度及组合有一定的差异。在实际应用中，诱导愈伤组织和不定芽分化多采用不同浓度BA和NAA的组合，其中BA浓度为0.5～6mg/L，NAA浓度为0.1mg/L。诱导生根的激素NAA最佳浓度为0.5mg/L。另外培养基中添加5～20mg/L $AgNO_3$可提高外植体再生植株的频率。芥菜的离体培养条件为：温度（25±5）℃，光照强度3000lx，生根培养基为1/2 MS（MS，B5）＋0.1mg/L NAA。

3．植株的再生途径　通过组织培养获得再生植株有三条途径。

（1）直接的芽再生途径　通过离体器官如腋芽、花茎、子叶、下胚轴、花器等直接再生芽。

（2）愈伤组织途径　由离体器官、组织、细胞等外植体高度分化形成愈伤组织，然后再分化成芽及生根，获得再生植株。

（3）无性胚途径　由外植体产生愈伤组织，通过悬浮培养或直接产生胚状体，并发育成完整植株。

4．主要影响因素　芥菜类蔬菜离体培养能否取得成功，主要受基因型、外植体类型、植株的生理状态等因素的影响。

（1）基因型　基因型是影响植株再生的主要因素之一，在相同的培养条件下，有的基因型外植体再生率很高，有的再生率却很低。

（2）外植体类型　一般认为下胚轴与子叶具有较高的细胞全能性，是应用最多的外植体。花丝外植体的花芽分化频率类似下胚轴。

（3）植株的生理状态　外植体的供体植株在不同的生长季节、不同生理阶段及植株的预处理等都会影响离体培养中器官的形态发生。研究表明，当以不同种类的外植体进行培养时，其最适宜的苗龄差异较大。刘佩瑛（1996）研究发现，一般情况下，子叶与下胚轴作外植体时，以5～6d苗龄为好；而Anuradha等（1986）发现离体根培养中以9d叶龄的幼苗反应最为明显。

### （二）芥菜游离小孢子培养

游离小孢子培养是指不经过任何形式的花药预培养，直接从花蕾或花药中获得游离的、新鲜的小孢子群体进行培养的方法。

1．小孢子的游离及培养

（1）小孢子的发育时期　小孢子发育时期通常分为单核期、双核期和三核期，单核期又分为单核早期、单核中期和单核晚期。通常最适宜小孢子培养的时期为单核晚期或双核早期。邓英（2010）研究表明，芥菜花蕾的瓣药（花瓣长/花药长）比为2/3可作为小孢子发育时期的外部形态指标，选取花蕾时可省去镜检。

（2）预处理　花药接种前，从植株上选取10～20cm长的花枝，保持水分带回实验室存于4℃冰箱低温处理1～4d。

（3）小孢子游离　将花蕾用75%乙醇浸泡30s，用0.1% $HgCl_2$消毒5～10min，无菌水冲洗5次。然后将花蕾置入10mL试管中，加入B5-13冲洗液1mL，用玻璃棒挤破花蕾散出小孢子。将小孢子悬浮液用300目滤网过滤，收集滤液于10mL离心管中，在1000r/min下离心5min，沉降小孢子，弃去上清液。再加入B5-13冲洗液5～7mL，重新悬浮小孢子，离心，重复3次。

（4）小孢子的培养　加入NLN-13培养基，按每皿6个花蕾的小孢子密度，将悬浮液分装到直径为60mm的培养皿中，每皿3mL NLN-13培养基，用Parafilm膜封口。放入33℃恒温培养箱高温培养

2d，然后转入25℃下黑暗培养，每天10:00将培养皿放在倒置显微镜下观察游离小孢子胚胎发生过程。培养20d后统计小孢子胚数目。

NLN-13（蔗糖含量为130g/L）培养基用孔径为0.45μm和0.22μm微孔滤膜推滤，pH为5～8。B5-13（蔗糖含量为130g/L）培养基在116℃下灭菌30min，灭菌前pH为5.8。

2．小孢子胚状体发生及植株形成　将子叶型胚状体接种于B5+6-BA 0.2mg/L +NAA 0.02mg/L固体培养基上（B5含2%的蔗糖和7%的琼脂），置光照培养箱中培养（培养温度为25℃，光照3000lx，光照16h，黑夜8h），一周后转绿，20d后逐渐成苗，在该培养基上每10～15d继代一次，形成较多的幼苗，最后转入MS+NAA 0.1mg/L生根培养基上生根（图17-2）。

3．再生植株倍性鉴定　利用流式细胞仪技术分析DNA含量，流式细胞仪分析细胞的DNA含量是通过检测插入DNA双螺旋结构碱基对的核酸荧光染料被激发后的荧光强度得以实现的。取幼嫩叶片，DAPI染色，上机。定义正常二倍体的DNA单峰处在电压值为200道的位置，与正常二倍体细胞位置一致的单峰为双单倍体，DNA单峰处在电压值为100道位置的为单倍体（图17-3）。

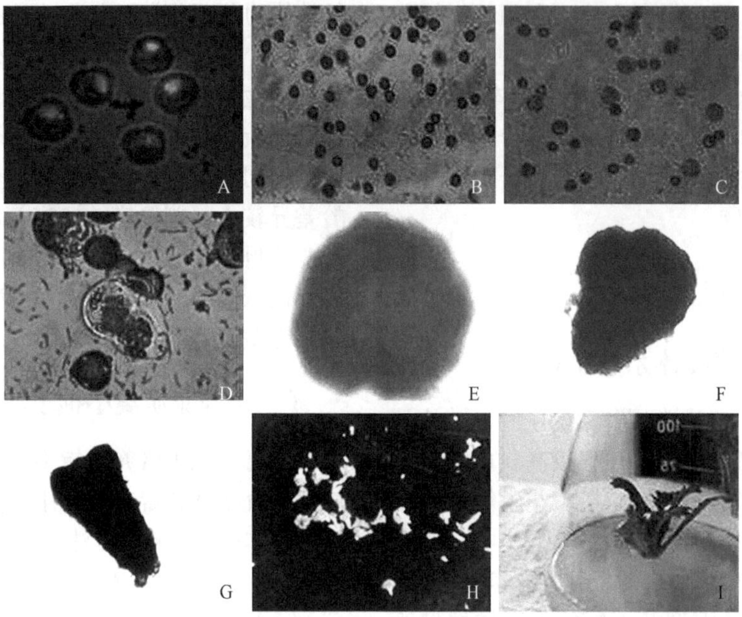


图17-2　叶用芥菜小孢子培养获得植株的过程

A．单核靠边期的小孢子；B．游离小孢子；C．33℃高温热激24h后；D．分裂的小孢子；E．球形胚；F．心形胚；G．鱼雷形胚；H．子叶形胚；I．再生植株

4．染色体加倍　在芥菜小孢子群体中，流式细胞仪检测自然加倍率80%以上，一般不进行加倍处理，直接应用。

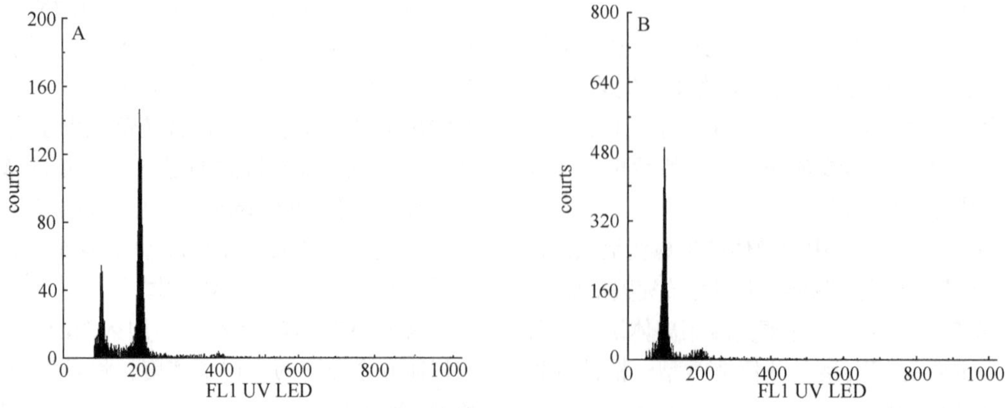


图17-3　流式细胞仪倍性鉴定

A．二倍体及双单倍体DNA峰值图；B．单倍体DNA峰值图

## 二、芥菜原生质体培养与体细胞杂交

### （一）原生质体培养

1．外植体材料　通常用试管苗叶片和无菌苗下胚轴作为游离原生质体的材料。

2．原生质体游离　取5～10d苗龄的无菌苗下胚轴，纵切两半（叶片切成0.1mm的细条），置于酶液中在25℃黑暗条件下振荡培养（30～80r/min）过夜，酶液含1%～2%纤维素酶（CalbiochemNovabiochem，Co.）、0.5%离析酶（CalbiochemNovabiochem，Co.）和0.25～0.55mol/L甘露醇，0.2% $CaCl_2 \cdot 2H_2O$，pH5.8，抽滤灭菌。

3．原生质体的收集与培养　游离好的原生质体同酶液一起用0.16mol/L $CaCl_2 \cdot 2H_2O$溶液稀释后，经300目的不锈钢筛过滤，以800r/min离心3min，除去上清液，用2mL 0.16mol/L $CaCl_2 \cdot 2H_2O$重悬，再缓慢加入5mL的蔗糖液，原生质体混合液漂浮在蔗糖液上，以800r/min离心3min，去掉原生质体层上下的溶液。原生质体再用0.16mol/L $CaCl_2 \cdot 2H_2O$悬浮，离心洗涤。最后用培养基离心洗涤一次，去掉上清液便得到纯化的原生质体。

原生质体在25℃黑暗条件下培养（用液体浅层法），密度为$5 \times 10^5$/mL。培养基为DPD液体培养基，附加NAA 0.2～1.5mg/L、6-BA 0.6～1.0mg/L、2,4-D 0.25～0.5mg/L、2%蔗糖、2%葡萄糖、8%甘露醇，抽滤灭菌。

### （二）芥菜体细胞杂交

随着多种植株原生质体培养的成功及细胞融合方法的改进，体细胞杂交取得了巨大的成功。

1．原生质体融合　芥菜原生质体融合的常用方法主要有PEG法和电融合法。PEG法操作程序较复杂，各个操作细节都影响效果。对融合影响的主要因素有原生质体的生理状态、纯度、密度，PEG种类、分子质量和浓度（15%～45%）、$Ca^{2+}$浓度、处理时间、洗液成分和诱导融合的程序等。其中，PEG的分子质量和浓度是诱导成功融合中的关键因素。电融合法与PEG法比较，电融合法有许多优点，诱导仅发生在质膜接触部位，对细胞毒害作用小，大大提高了融合频率（60%～80%）。电融合在保持原生质体的活力，减少细胞膜的损害和原生质体的畸变和破裂等方面都要好于化学融合，但是电融合法需要昂贵的电融合仪，因此目前仍不如化学法适用普遍。原生质体分离，融合与培养的过程如图17-4所示。

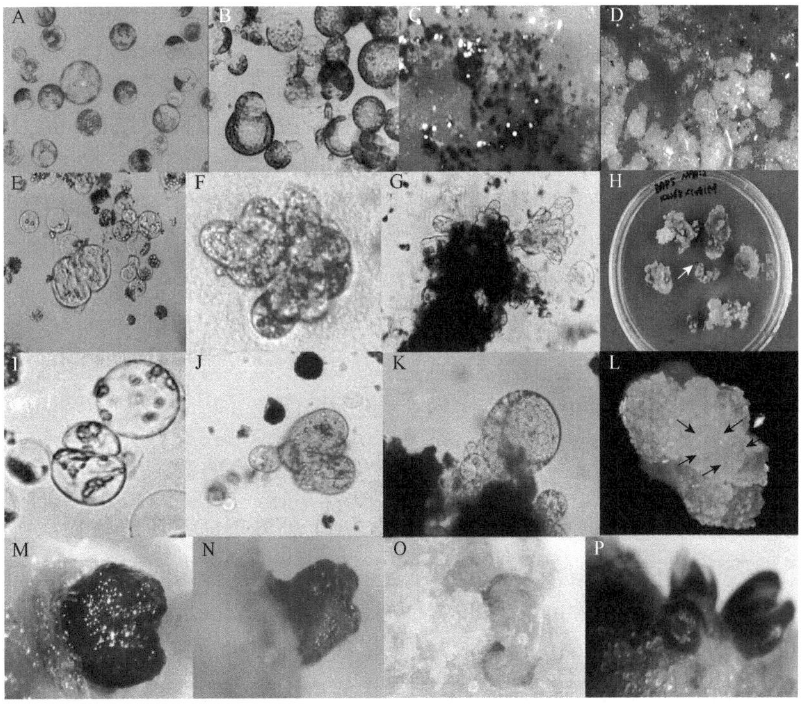


图17-4　油菜与芥菜原生质体分离、融合与培养的过程（Lian et al.，2012）

A．叶片提取的原生质体；B．原生质体融合；C．微小的愈伤组织；D．嵌入半固体培养基的小愈伤组织不会褐化；E．培养3d后细胞均等分裂；F，G．经多次均等分裂后形成细胞团；H．培养5周后形成愈伤组织；I．培养3d后细胞不均等分裂；J，K．细胞不均等分裂形成细胞团；L．细胞不对称分裂导致长着小瘤的愈伤发育；M．心形胚；N．早期鱼雷形胚；O．浅绿色具两极性胚；P．胚转变成芽

2. 杂种植株鉴定　获得再生植株后，进行进一步鉴定，以证明杂种的真实性，对杂种除了进行形态特征、染色体记数、蛋白质分析外，多采用分子鉴定。

## 三、芥菜遗传转化

### （一）芥菜再生体系建立

高效再生体系是外源目的基因导入受体植株的前提和基础。很多实验表明，子叶和叶片是芥菜转基因体系中比较理想的转化受体。外植体的培养中，BA/NAA 低比值（30/1）比高比值（10/1）更有利于愈伤的形成和芽的分化。叶用芥菜和茎用芥菜的子叶和叶片在 MS＋6-BA 3.0mg/L＋NAA 0.1mg/L 的培养基上获得了很高的分化频率（李彤，2008）。

### （二）芥菜遗传转化的方法

芥菜外源基因的遗传转化方法主要有农杆菌介导法、真空渗入法和花粉管通道法，应用最多的是农杆菌介导法。

1. 农杆菌介导法　农杆菌 Ti 或 Ri 质粒介导法是迄今植物基因工程应用最多、最理想的方法。

2. 花粉管通道法　是指在授粉后向子房注射含目的基因的 DNA 溶液，利用植物在开花、受精过程中形成的花粉管通道，将外源 DNA 导入受精卵细胞，并进一步地被整合到受体细胞的基因组中，随着受精卵的发育而成为带转基因的新个体。

3. 真空渗入法　将适宜转化的健壮植株倒置浸于装有携带外源目的基因的农杆菌渗入培养基的容器中，经真空处理，造伤，使农杆菌通过伤口感染植株，在农杆菌的介导下，发生遗传转化。

### （三）芥菜遗传转化的基因

芥菜的遗传转化主要用抗 TuMV 病毒基因及抗虫 *Bt* 基因。与光感受器相关的基因也被陆续克隆并以超表达的形式转入植物体进行研究，主要有 *cry1* 和 *cry2*。

# 第三节　生　　姜

生姜（*Zingiber officinale* Rosc.），为姜科姜属多年生草本植物，在亚热带大陆性气候条件下作一年生栽培。生姜供食用的部分为其根状茎，主要靠少数品种长期无性繁殖，致使姜体内积累多种病毒、病菌，导致生姜种质退化、抗逆性减弱、品质变劣、产量降低，有些地方姜瘟病盛行，严重制约了生姜的生产和发展。随着植物组织培养技术的不断发展，利用生姜的芽、茎尖及茎尖分生组织等进行离体快繁、脱毒、脱菌、试管姜和多倍体诱导等的研究逐渐增多。

生姜组织培养研究开始于 20 世纪 70 年代的离体快繁研究，Hosoki 和 Sagawa 用生姜的初生芽离体培养 2～3 个月，每个初生芽平均可出 6 个芽；Inden 等（1988）报道的生姜茎尖培养快繁体系，预计一年能产生 750 万株以上的植株，此外 Bhagyalakshmi 和 Singh（1988）、Wang（1989）、Balachardran 等（1989）、潘学峰等（1998）都对生姜的离体快繁进行了研究。在脱菌脱毒研究中，Lange 等（1987）利用茎尖培养去除了生姜的根结线虫病，郭启高等（1999）进行了生姜脱菌及离体快繁的研究，高山林等（1999）对生姜组织培养脱病毒进行了研究。在其他方面如生姜体细胞胚再生植株，离体种质资源保存，液体培养产生小块茎及脱毒组培苗诱导形成脱毒试管姜，愈伤组织再生小植株，脱菌人工种子包衣，以及利用组织培养技术诱导四倍体生姜也展开了很多研究。现就生姜组织培养基本培养技术——离体快繁技术进行介绍。

## 一、外植体的选择

通常可用生姜的茎尖、幼嫩叶片、花芽、幼嫩的根、根状茎等作为外植体培养，其中茎尖的应用最为广泛。

## 二、材料的消毒

生姜属于地下块茎植物，所携带的细菌和真菌较多，往往在茎尖的消毒灭菌过程中，污染率很高，这是生姜组培快繁技术难点之一。要想降低污染率，提高生姜茎尖诱导率、成活率，必须对生姜茎尖采用复合因子进行消毒灭菌处理，并根据不同的基因型对抗生素有一定的选择性，可在培养基中添加一定浓度的抗生素，进行诱导培养，才会获得较理想的培养效果。

将供试品种的姜块在自来水下冲洗干净，然后将姜块置于（25±2）℃的室内催芽，取长度2～3cm的姜芽，用自来水冲洗干净；无菌条件下，分别用70%乙醇（30s）和0.2%次氯酸钠（15～25min）进行外植体灭菌，灭菌的外植体用无菌水冲洗5～6次，灭菌过程要搅拌振荡多次，随后将灭菌材料在无菌滤纸上吸去表面残留水分，剥离姜芽后接种于附加不同激素的诱导培养基上。

## 三、培养基及培养条件

不同基因型生姜材料对植物激素的种类、浓度和配比的敏感性不同，诱导分化的能力也有差异。在进行生姜组织培养中，应该根据生姜种性特点，选择相应的植物激素种类与浓度进行合理的调控，才能达到较好的培养效果。

常用的培养基为MS培养基，诱导愈伤组织和不定芽可采用不同浓度BA与2,4-D或NAA的组合，其中BA浓度为1～6mg/L、NAA浓度为0.1～1mg/L；诱导生根的激素NAA最佳浓度为0.1～0.5mg/L；蔗糖30g/L，琼脂5.5g/L或卡拉胶7g/L左右，pH5.8左右。离体培养条件为：温度（25±2）℃，1000～1200lx，光照时间10～12h/d。

## 四、材料的接种与培养

### （一）丛生芽的诱导

将消毒后剥离剩1～2个叶原基0.5～1mm大小的生姜茎尖，接种到以MS为基本培养基添加6-BA 2.0mg/L和NAA 0.1mg/L激素组合的培养基上，每瓶接种3～4个茎尖（图17-5）。

### （二）继代快繁

诱导出的丛生芽在每月的继代过程中可不断地进行分割，接种到MS+6-BA 3.0mg/L+NAA 0.1mg/L激素组合的培养基上培养，可有效地加快姜组培苗繁殖速度，扩大繁殖群体（图17-6～图17-8）。

图17-5　接种7d后的姜茎尖

图17-6　培养60d后生姜茎尖增殖

图17-7　茎尖培养形成丛生芽

图17-8　分割丛生芽进行快繁

### （三）生根与移栽

丛生芽长到1.5～2cm以上的小试管苗，可进行单株分割后接种到MS+NAA 0.1mg/L的培养基上进行成苗培养（图17-9）。当姜试管苗带根长到5～6cm时进行移栽（图17-10）。移栽前揭封口膜缓苗3d后，用流水冲净试管苗基部的培养基，移栽于腐质土、蛭石或珍珠岩等栽培基质中（图17-11、图17-12）。

图17-9　单苗培养

图17-10　移栽前生姜组培苗

图17-11　移栽到珍珠岩：蛭石=1：1的基质上的生姜组培苗

图17-12　生姜组培苗大田生长情况

# 第四节　蒜

蒜（*Allium sativum* L.）为百合科葱属作物，俗称大蒜，原产于欧洲南部和中亚地区。因蒜具有很高的营养价值和经济效益，在我国各地广泛栽培。目前，在生产上蒜主要依靠无性繁殖，但无性繁殖不仅繁殖系数低，还容易造成病毒的积累和传播，导致品种退化，严重影响大蒜的产量和品质。因此，采用组织培养技术进行大蒜品种改良具有十分重要的意义。自1973年Harvanek和Novak开展大蒜愈伤组织芽形成的相关研究后，科学家相继在大蒜脱毒育苗、病毒检测和单倍体育种等方面做了较深入的研究。

## 一、大蒜脱毒苗培育

大蒜病毒病是大蒜“种性退化”的主要原因，其发病率可达到90%以上，表现为蒜头逐年减小、品质降低。大蒜病毒主要包括洋葱黄矮病毒（onion yellow dwarf virus，OYDV）、大蒜褪绿条斑病毒（garlic chlorosis streak virus，GCSV）、大蒜潜隐病毒（garlic latent virus，GLV）和大蒜花叶病毒（garlic mosaic virus，GMV）等。单独感染上述病毒可使大蒜产量降低20%～60%，混合感染则可能降低80%，其中前两种病毒的危害性最大。目前，培育大蒜脱毒苗是防治大蒜病毒病的最有效方法。

### （一）大蒜脱毒方法

大蒜脱毒培养的方法主要包括茎尖培养、花序轴培养、鳞茎茎盘培养和体细胞胚培养4种。脱毒后，大蒜的生长势强、鳞茎增大，大蒜和蒜薹产量均可提高50%以上。

1．茎尖培养脱毒　病毒在大蒜鳞茎的分布并不均匀，其数量随与分生组织顶部距离的增加而增加，在分生组织顶端只有极少量病毒甚至没有病毒。

（1）培养方法　将大蒜鳞茎储藏于4℃左右条件下30d左右，打破休眠。蒜瓣表面用自来水冲洗，并用75%乙醇和升汞消毒后，切取带一个或不带叶原基的茎尖，接种在含有6-BA和NAA等的培养基上。培养基一般含蔗糖30g/L、琼脂7～8g/L，pH5.8～6.0。培养温度为（25±2）℃，光照强度为1200～2000lx，每天光照12～16h。培养30d后，茎尖开始分化并形成侧芽，100d后开始出现丛生芽。茎尖培养产生的芽数与大蒜的基因型和培养条件有关，如培养基中添加2.0mg/L的6-BA和0.6mg/L的NAA可增加芽的数量。

（2）影响脱毒苗的主要因素

1）培养基。目前，在B5、MS和LS等培养基中均有大蒜成功进行茎尖培养的报道。在培养基中适当添加无机盐离子（如$Co^{2+}$、$Cu^{2+}$、$K^{+}$、$Ca^{2+}$等）可促进茎尖分生组织生长、分化；B5培养基与一定浓度的6-BA和NAA配合能提高茎尖分生组织的芽分化率和生根率，如B5培养基与3mg/L 6-BA和0.1mg/L NAA配合，再加上30mg/L腺嘌呤和0.5mg/L KT培养基可促进大蒜茎尖形成多芽；1/2 B5培养基中添加0.05mg/L NAA、0.01mg/L 6-BA和0.2%活性炭有利于分生组织的生根。

2）茎尖大小。脱毒培养要求的茎尖通常为0.1～0.9mm，而0.3～0.5mm的茎尖培养可使大蒜花叶病毒脱毒率达到70%。

3）热处理或茎尖培养结合热处理。先将幼苗置于30℃、16h/d光照环境下1周，然后36℃培养2周，再升温至38℃维持2～3周，处理后的茎尖再进行剥离和培养，脱毒率可达到85%～100%；鳞茎置于37℃恒温条件下干热处理4周，脱毒率可达到84%～100%；50℃的热水浸泡30min处理也可以明显提高脱毒效果。

2．花序轴培养脱毒　由于多数病毒不能通过分生组织和种子进行传播，且花序轴顶端的分生组织具有很强的腋芽萌发潜力，花序轴离体培养的效果要优于茎尖离体培养，其操作步骤也更为简单。因此，花序轴离体培养是一种高效的脱毒技术。当大蒜进入生殖生长，蒜薹总苞达到8～10cm后，于晴天采摘蒜薹。蒜薹若不能及时处理，需放入4℃的冰箱中保存备用。将蒜薹总苞段用消毒后的器具切下，纱布包裹后先用70%乙醇表面消毒1min，再用0.1%升汞灭菌15min，无菌水冲洗4～5次后，在超净工作台上将外层苞叶剥去，横切花序轴顶部，去除花茎部分（花丝），将花序轴接种于诱导培养基上。花序轴初代培养的培养基和继代培养基组成成分不尽相同，初代培养基以B5培养基添加蔗糖、6-BA、NAA、GA等物质为主，继代培养基由MS培养基添加上述物质组成。汪盛松等（2013）研究认为MS培养基添加6-BA和NAA有助于不定芽的诱导，但也有人认为 6-BA 不利于试管鳞茎的形成。

3．茎盘培养脱毒　大蒜茎盘（鳞茎基部）也是大蒜组培脱毒的理想外植体。由于大蒜基部营养叶离体培养形成的鳞茎仍可能感染病毒，Ayabe 和 Sumi（1998）建立了一种新的大蒜组培脱毒方法——茎盘培养法（stem-disc culture，图 17-13），其操作流程如下：将大蒜鳞茎放入 4～6℃冰箱中保存 30d 以打破休眠，剥去外层保护叶后，将带有茎盘的鳞茎基部先用流水冲洗 30min，在 75% 乙醇中消毒 1min，再用升汞消毒 15min，无菌水冲洗 3～4 次后，于超净工作台上切取 4mm 左右的鳞茎基部，十字法切下分成 4 份，接种到固体培养基上，于 25℃、2500～3000lx 光照 16h/d 条件下培养。约 1 周后外植体出现圆顶结构并开始形成愈伤组织，2 周后开始分化出绿芽，3 周后茎的长度可达到 1cm 左右。

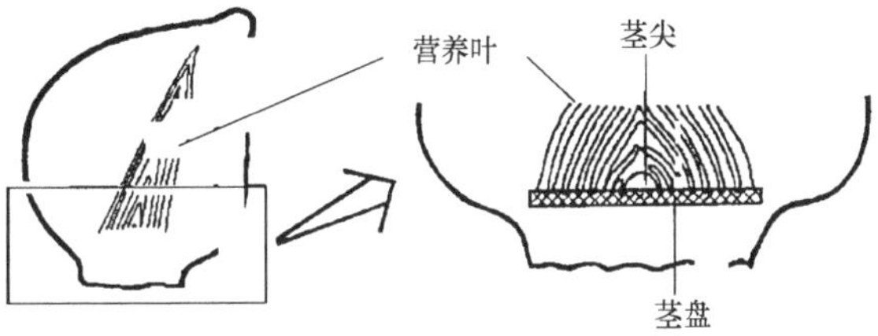

图 17-13　大蒜茎盘示意图（Ayabe and Sumi，1998）

培养基的组成、鳞茎低温贮藏时间、培养条件等均影响茎盘培养芽分化。通过改变外源激素的种类和含量，可以调控芽的分化数量。有些生长调节物质对茎盘分化具有抑制作用，例如，当培养基中 NAA 浓度达到 1g/L 时，愈伤组织基本不能分化出绿苗。低温预处理天数与再生鳞茎的数目成正比，当茎盘低温贮藏 8 周以上时，平均每个鳞茎可分化出 25 个芽，其中 95% 的芽可以形成再生鳞茎，茎盘室温贮藏则达不到此效果。

与茎尖培养脱毒相比，茎盘培养具有培养周期短、分化效率高、基本不需要添加生长调节物质等几个优点。另外，Ayabe 和 Sumi 在 1998 年又发展出一种茎盘圆顶培养法（stem-disc culture）（图 17-14），在大蒜茎盘培养脱毒早期可长出多个圆顶状结构，其内部细胞和形成过程均与大蒜鳞茎的茎尖培养相似，进行培养分化出脱毒苗后，最后长成完整植株，这种培养方法具有较高的繁殖效率，每个鳞茎经过脱毒可产生 15～20 个植株，无毒期可达 3 年。

4．体细胞胚培养脱毒　上述脱毒培养技术虽然已应用于实际生产中，但仍有繁殖系数低、费力耗时的缺点。利用大蒜外植体非分生组织生产脱毒试管苗或试管鳞茎，并利用体细胞胚胎发生途径来

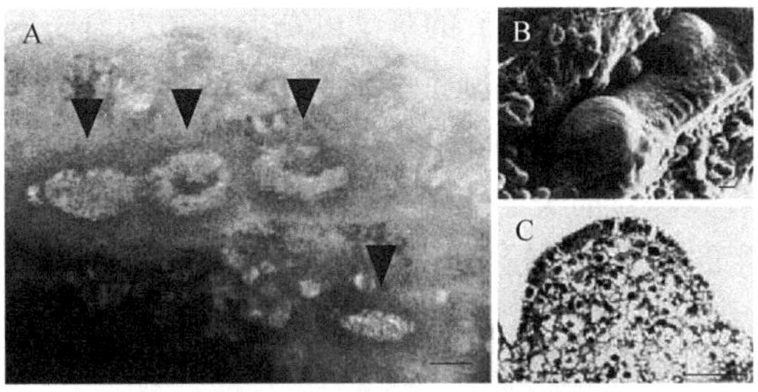

图 17-14　大蒜茎盘圆顶结构图（Ayabe and Sumi，2001）
A．在显微镜下观察到的大蒜茎盘经培养 5d 后形成的圆顶状结构；B．大蒜茎盘外植体上形成的圆顶状结构扫描电镜图；C．大蒜茎盘圆顶状结构组织学观察

繁殖大蒜的技术称为体细胞培养脱毒，其优点为再生植株数量多、速度快、结构完整、遗传稳定性高。另外，将体细胞胚加工成丸粒状人工种子，可进行工业化规模化生产，具有广阔的发展前景。

目前，用大蒜茎尖、根尖、叶尖、营养叶、蒜瓣、花茎、花原始体、鳞芽、气生鳞茎等几乎所有器官进行离体培养都可以获得愈伤组织。在适宜的培养基上诱导再生后可形成体细胞胚和再生植株。

（1）愈伤组织和胚状体诱导的影响因素

1）营养条件。大蒜体细胞胚培养的基本培养基以 MS、B5、LS、N6 培养基为主，另外还有 AE、BDS 等培养基及上述培养基的改良培养基。大多数学者认为，$NO_3^-$ 和 $NH_4^+$ 在一定浓度条件下有利于愈伤组织生长和分化。例如，高述民（2001）认为增加 $NH_4^+$ 和 $NO_3^-$ 比例，大蒜体细胞胚形成率和胚 / 愈伤组织块比也将增加。同时，有机成分对大蒜出胚的影响较大，一定浓度范围内的维生素 $B_1$ 可增加体胚形成率和胚 / 愈伤组织块比，较高浓度的生长素 $B_6$ 也可能具有一定的促胚效应。培养基中添加蔗糖和葡萄糖对大蒜愈伤组织的诱导无明显差异，其中蔗糖浓度通常为 3% 左右。酪蛋白水解物比乳蛋白更有利于胚状体发生。

2）外植体。外植体的来源及其所处发育阶段是影响胚性愈伤组织形成和体细胞胚胎发生的重要因子。外植体的来源不同，胚性愈伤组织诱导率也不同。其中根尖、发芽叶基、茎盘带茎尖是较为合适的外植体。茎盘（带茎尖）、叶基部的胚性愈伤诱导率在 50% 左右，而根尖一般在 60% 以上，甚至可达到 93%～100%。根也可以作为外植体诱导形成愈伤组织，且无论带有顶端分生组织的根部切段还是中间切段均可以有效诱导分化出愈伤组织（图 17-15）。发芽叶单独培养不能形成愈伤组织，只有与储藏叶一起培养才能诱导出愈伤组织，这可能是因为储藏叶含有必要的激素和生物活性因子。外植体的大小对诱导胚性愈伤组织的成功率也有较大

影响，利用2～3mm的茎盘可诱导出胚性愈伤组织，而5～6mm的茎盘则不能形成愈伤组织，这可能与大小不同的外植体的生命活性和内部生理平衡的不同有关。目前关于大蒜各器官组织诱导体细胞胚胎发生的研究报道较少，需要更加深入、系统的研究。

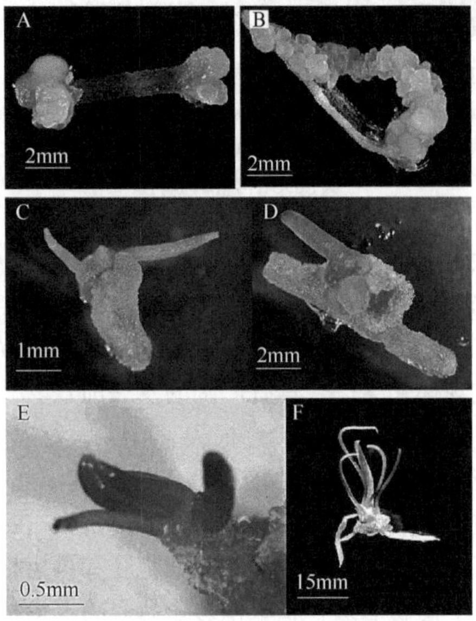


图 17-15　大蒜根部切段外植体诱导形成的愈伤组织和再生植株（Zheng et al.，2003）

A. 在外植体切段边缘形成的愈伤组织；B. 在整个外植体上形成的愈伤组织；C. 在再生培养基上培养3周后从非顶端的根部切段外植体一侧形成的愈伤组织；D. 在再生培养基上培养3周后从非顶端的根部切段外植体中间形成的愈伤组织；E. 在再生培养基上培养2周后从愈伤组织分化出的幼茎；F. 在再生培养基上培养2个月后形成的再生植株

3）植物生长调节物质。大蒜的体细胞胚性愈伤组织的诱导需要生长素、细胞分裂素等植物生长调节物质。不同的外植体需要植物调节物质的种类及其配比不同，如IAA、2,4-D、KT、NAA、6-BA等激素均可用于大蒜的体细胞胚培养。在不同的研究中，由于品种、试验条件、外植体等条件的不同，需要的植物生长调节物质种类和配比也不相同。

此外，不同大蒜品种（图17-16）、温度、光照、pH等培养条件，维生素、碳源等营养物质及气体、大蒜体内活性物质等其他因素也有可能对大蒜体细胞胚性培养的成败有所影响，但目前有关这些因素的重要性和影响机理等方面的研究还较少。

图 17-16　不同品种大蒜鳞茎诱导生根对比（Scotton et al.，2013）

A. Jonas；B. Amarante-Embrapa；C. Cajuru 2315

（2）愈伤组织的分化　不同来源的愈伤组织分化能力不同，一般来说，分裂活动比较旺盛的外植体愈伤组织的分化能力强于分裂活动较弱的外植体。愈伤组织的分化所需的激素含量和种类也不同，如不定芽在B5培养基中需要高浓度的KT（2～4mg/L）才能发生，而在LS培养基中，则需较低浓度的6-BA（0.25mg/L）；从花茎诱导出来的愈伤组织在含2,4-D的培养基中无法分化出芽和根；根尖形成的根瘤分生组织可在0.5mg/L NAA或0.5mg/L～1.0mg/L NAA＋1.0mg/L KT的MS培养基上再生长出完整植株。

## （二）大蒜病毒检测

大蒜由于花粉败育，田间只能进行无性繁殖。一旦大蒜植株感染病毒后，以染病植株为母体的鳞茎也含有病毒，通过垂直传播感染后代植株，造成大蒜病毒在大蒜植株中不断累积。大蒜感染病毒后，其产量和品质均有所下降，有时甚至减产一半。因此，大蒜的病毒检测对大蒜的高产优质栽培十分重要。

目前，普遍应用的植物病毒检测方法有形态观察法（目测法）、指示植物法、电子显微镜技术、血清学检测法和分子生物学法。随着新技术的发展，目前基因组水平的检测已经成为大蒜病毒检测比较可靠快速的方法（图17-17）。

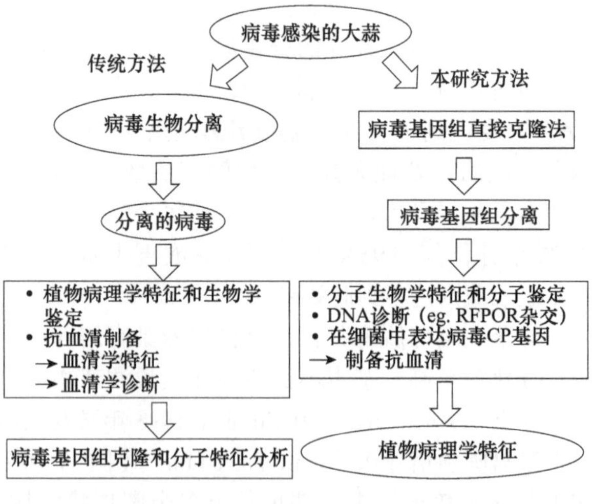


图 17-17　检测大蒜病毒的策略和方法（Sumi et al.，2001）

1. 形态观察法　由于大蒜感染病毒后，其形态发生变化，主要表现为花叶、扭曲、植株矮小、褪绿条斑和叶片开裂等症状。目测法简单快速，但对症状不明显的病毒种类识别度不高，同时易受气候、生育期和田间水肥条件的影响，精准度较低。

2. 指示植物法　指示植物受到病毒感染后，能快速表现出特定的染病症状。因此，可将染病大蒜的组织研磨后涂抹在指示植物上，并通过组织培养、媒介传播等方法使病毒在指示植物中传播，通过观察指示植物表现出的局部或者整株症状确定病毒的种类和侵染力。大蒜鉴别病毒的指示植物主要是茄科、藜科、十字花科和百合科等植物，例如，利用蚕豆（*Vicia faba*）和千日红等寄生植物可分离出大蒜潜隐病毒（GLV）和大蒜花叶病毒（GMV）；在昆诺藜上可观察到大蒜普遍潜伏病毒（GCLV）的病斑。指示植物法不需要复杂的仪器，但灵敏度低，易受外界条件影响，对特定病毒的针对性差，适用于大蒜病毒的田间初步判断。

3．电子显微镜法　目前，电子显微镜技术已经成为病毒研究不可替代的方法之一，主要包括电镜负染检测法、电镜超薄切片染色法、免疫电镜检测法等。电子显微镜法的优点是检测时间短，观测结果比较直接，但电子显微镜仪器较为昂贵，且操作较为复杂，而且对病毒的检测只能精确到科或属，在一定程度上制约了电子显微技术在大蒜病毒检测中的广泛应用。

4．血清学检测　血清学检测的原理是用已知病毒的抗血清与待测植物结合，通过查看是否发生免疫反应来判断植物是否感染病毒。自1992年Mssiaen等利用血清反应首次在大蒜中检测出大蒜花叶病毒（GMV）后，血清学检测已经广泛应用于大蒜的病毒研究，其主要方法有免疫扩散法、免疫电泳法、荧光免疫法、斑点免疫结合测定法、免疫胶体金技术和酶联免疫吸附法等。血清学检测法较为先进，但也有局限性，如一些特殊种类的病毒由于其核酸没有外壳蛋白包裹无法适用于血清学检测；病毒在感染植株上的均匀程度和季节变化引起的不确定性变化均影响血清学检测法的准确性。

5．分子生物学法　分子生物学技术的原理是提取待测植株的核酸，来检测其中是否含有DNA病毒和RNA病毒。目前比较常用的方法包括多聚酶链反应技术（PCR）、核酸斑点杂交技术（NASH）和双链RNA电泳技术（dsRNA）、实时荧光定量PCR技术及逆转录PCR法（RT-PCR）等技术。Hu等（2015）发展出一种多重PCR的技术可以同时检测多个大蒜的病毒（图17-18）。Gimenez等（2015）利用扩增片段长度多态性（Amplification fragment length polymorphism，AFLP）结合甲基敏感性扩增片段（methylation sensitive amplified polymorphism，MSAP）技术不仅可以检测通过离体培养获得的脱毒苗以及大田培养的脱毒苗的遗传变异情况，还可以检测这些无毒苗的表观多态性（图17-19）。该方法主要优点是特异性强，准确率高，不受病毒的种类限制；缺点主要在于DNA和RNA的提取技术难度较大，费用较为昂贵。

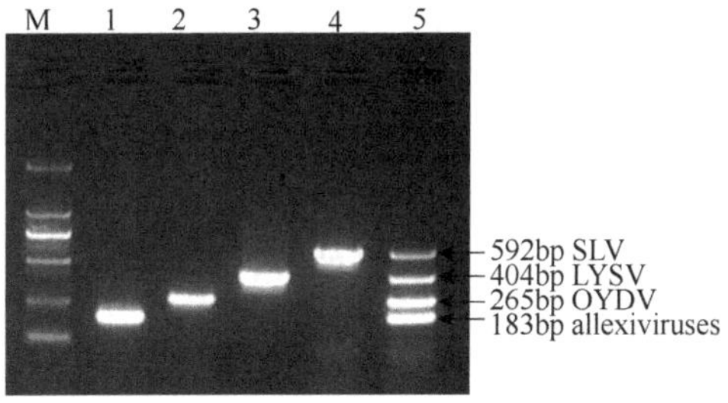


图17-18　单一PCR和多重PCR检测大蒜病毒的比较（Hu et al.，2015）

M为marker；第1～4泳道为单一PCR分别检测4种大蒜病毒，1．青葱X病毒属病毒（Allexivirus）；2．洋葱黄矮病毒（OYDV）；3．韭葱黄条病毒（LYSV）；4．葱潜隐病毒（SLV）；第5泳道：多重PCR同时检测四种大蒜病毒

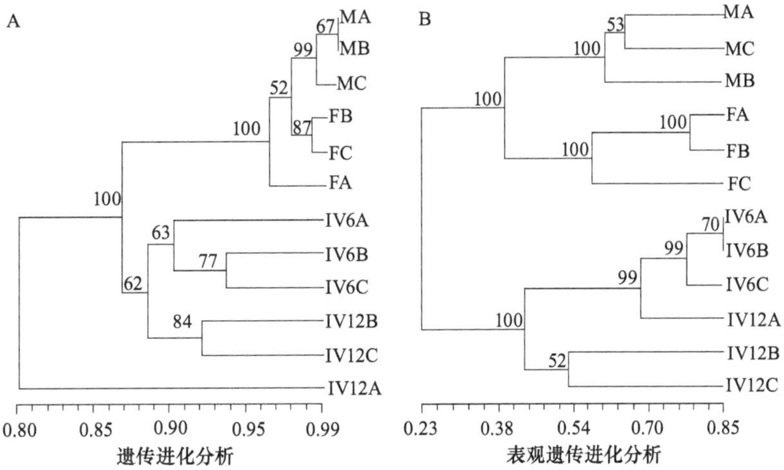


图17-19　对利用AFLP和MSAP技术获得的大蒜无毒苗的数据进行UPGMA聚类分析情况（Gimenez et al.，2015）

A．AFLP；B．MASP

## 二、大蒜单倍体育种

### （一）花药培养

利用花药培养技术可获得大蒜的单倍体植株，并通过人工染色体加倍获得纯合二倍体或多倍体，筛选和保存优良突变，并利用多倍体的相对“巨大性”和某些营养成分含量高的特点改良大蒜品质，培育大蒜新品种。另外，花药培养所产生的非单倍体植株也为大蒜育种提供新种质。

1．取材和消毒　在春季大蒜抽薹（bolting）时，选取田间生长健壮的带有1～2cm花径的花苞，用1%乙酸洋红染色，观察花粉发育时期。当花粉发育到单核期时采集花苞。先用流水冲洗干净，再用75%乙醇进行表面消毒30～60s，然后在超净工作台上用0.1%氯化汞消毒6～10min，无菌水冲洗3～5次。

2．接种和培养　用镊子或解剖针剥开花苞，将花药接到N6基本培养基上。愈伤组织诱导的激素浓度为3mg/L，2,4-D 2mg/L 6-BA。愈伤组织继代的培养基为N6＋0.5mg/L 2,4-D＋1mg/L 6-BA。在25℃、16h/d光照下，接种25d后形成愈伤组织。在分化培养基上，B5培养基的出芽率高于LS和MS培养基，并且较高的含量的KT（2～3mg/L）有利于不定芽的形成。

### （二）未受精子房培养

1．培养基　愈伤组织诱导培养基为B5＋2mg/L 6-BA＋1mg/L NAA，诱导愈伤组织分化不定芽的适宜培养基为B5＋3mg/L 6-BA＋1mg/L-1NAA；生根培养基B5＋0.05mg/L NAA，发育成完整植株（刘颖颖等，2013）。

2．接种与培养方法　在田间取生长中后期的蒜薹，流水冲洗1h后，在超净工作台上75%乙醇消毒30～60s，0.1%升汞消毒5min，无菌水冲洗3～4次后，切除蒜薹下段，放入MS培养基中培养。一段时间后在无菌条件下去除气生鳞茎继续培养至开花前1～2天，剥去花瓣及雄蕊，即可得到未受精子房。将生长状况良好的未受精子房先后置于诱导培养基、分化培养基和生根培养基上培养，得到再生植株。

## 三、倍性鉴定

大蒜单倍体倍性鉴定主要有田间观测法、染色体计数法、保卫细胞计数法及流式细胞仪法。田间观测法是利用单倍体植株的组织和器官较小、植株矮小并有高度不育性的特点来初步判断其倍性。染色体计数法是通过制作待测植株分生组织切片进行染色，显微镜下对染色体数目进行计数，从而判断植株的倍性，是最精确的鉴定方法，但大蒜染色体制片比较困难。保卫细胞计数法是取植株叶片的下表皮制片，在显微镜下观察每个气孔保卫细胞的个数，与已知倍性的植株对比来判断待测植株的倍性。流式细胞仪法是根据待测植株和已知倍性植株的DNA峰值出现的位置来判断植株的倍性，方法快捷可靠（刘颖颖等，2013）（图17-20）。

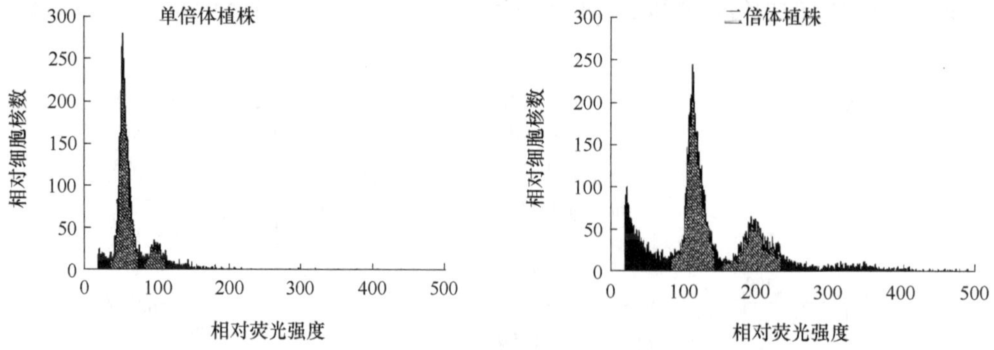


图17-20　大蒜单倍体和二倍体植株DNA含量分布图（刘颖颖等，2013）

# 第五节　百　　合

百合（*Lilium.* spp）是单子叶植物亚纲百合科（Liliaceae）百合属（*Lilium*）多年生草本球根植物，是著名的观赏花卉，也是一种重要的药食两用植物。中国是世界百合种质资源的分布中心，约有47种、18

个变种，占世界百合属总数的一半以上。但由于人类活动的影响，一些分布地区窄或生态适应性差的百合种质资源受到严重威胁。传统的百合繁殖方法主要有常规分球、分珠芽鳞片扦插、鳞片包埋等，这些方法繁殖系数较小，而且经多代分殖以后，常造成种性退化，甚至病毒积累，影响产量和质量。利用组织培养技术，能够加快百合的繁殖速度，迅速去除病毒和更新品种，缩短其生育周期。另外，百合杂交育种中还存在着基因库贫乏、种间杂交不亲和等局限性，而胚培养、花药培养等技术可克服这些弊端。

## 一、百合快速繁殖

### （一）外植体类型及灭菌

百合的鳞片、根尖、叶片、子房、种子、花梗、花瓣、珠芽、花柱、花丝、花药、胚、腋芽、芽尖等都可作为组织培养的外植体（表 17-1，图 17-21～图 17-23）。

**表 17-1　百合组织培养获得成功实例**

| 百合种类 | 外植体 | 培养基类型 | 培养条件 | 作者、年限 |
|---|---|---|---|---|
| “OT”杂种系百合 Baywatch | 鳞片、花器官 | 不定芽诱导：MS＋0.5mg/L NAA＋0.5mg/L 6-BA＋0.2mg/L 2,4-D。诱导小鳞茎 MS＋0.1～0.5mg/L NAA＋1.0mg/L 6-BA。诱导小鳞片分化不定芽：MS＋0.2mg/L NAA＋0.005mg/L TDZ。生根：1/2 MS＋0.1mg/L IBA | 光照强度 2500lx，光照时间 12h/d，温度（25±2）℃ | 任建青等，2014 |
| 东方百合西伯利亚 | 鳞片 | 最佳分化诱导：MS＋1mg/L 6-BA＋0.4mg/L NAA。最佳继代增殖：MS＋ 0.5mg/L 6-BA＋0.2mg/L NAA。试管苗移栽：50% 珍珠岩＋50% 泥炭土 | 培养室温度控制在 22～26℃，湿度为 70%～90%，光照强度为 1800～2100lx，光照时间为 12h/d | 王艺等，2013 |
| 观赏百合 | 鳞片 | 鳞片分化小鳞茎：MS＋0.5mg/L 6-BA＋0.05mg/L NAA。小鳞茎继代：MS＋1.0mg/L 6-BA＋0.05mg/L NAA | 培养室温度为（25±1）℃，光照 12～16h/d，光照强度为 1000lx | 李清河等，2014 |
| 绿花百合 | 鳞片 | 不定芽诱导：MS＋1.0mg/L 6-BA＋0.1mg/L NAA。增殖：MS＋1.0mg/L 6-BA＋0.1mg/L NAA。生根：MS＋0.2mg/L NAA | 培养温度为（23±2）℃，光照强度为 1000～1500lx，日光照时间 12h/d | 杜帅等，2014 |
| 野生香百合 | 球根鳞片 | 诱导小鳞茎：MS＋1.0mg/L 6-BA＋0.4mg/L NAA。继代增殖：MS＋lmg/L BA＋0.1mg/L NAA。壮苗培养：MS＋0.5mg/L BA＋0.1mg/L NAA。生根培养：1/2 MS＋0.5mg/L IBA | 光照 2000～3000lx，光照时间 l4h/d | 陈景红，2014 |
| 兰州百合 | 球根鳞片 | 初代培养：MS＋1.5mg/L 6-BA＋0.8mg/L $GA_3$＋1.0mg/L 2,4-D。诱导不定芽：在 MS＋1.0mg/L 6-BA＋0.1mg/L NAA。生根培养：MS＋0.1mg/L IBA＋0.6mg/L NAA | 温度为 26～28℃，光强 2200lx，光照周期为 12h/d | 张红岩等，2015 |
| 丽江野生紫斑百合 | 鳞片 | 愈伤诱导：MS＋0.5mg/L TDZ＋0.5mg/L NAA。不定芽增殖：MS＋1.0mg/L 6-BA＋0.5mg/L NAA。最佳生根：1/2 MS＋1.5mg/L IBA | 温度（25±2）℃，光照强度为 1000～2000lx，光照 16h/d | 吴英英等，2013 |
| 野生通江百合 | 种子萌发的无菌苗 | 愈伤组织诱导：MS＋1.0mg/L 6-BA＋1.0mg/L NAA。不定芽及增殖：MS＋2.5mg/L 6-BA＋0.1mg/L NAA。诱导不定芽生根：MS＋1.0mg/L IBA | 温度（25±2）℃，光照强度 1200lx，光照时间 14h/d | 易欣等，2013 |
| 菠萝百合 | 胚珠 | 启动培养：MS＋0.01mg/L NAA 及 MS＋0.01mg/L 6-BA。初次继代培养：MS＋1mg/L 6-BA＋1mg/L NAA。二次继代培养：MS＋0.05mg/L 6-BA＋1mg/L NAA。生根培养：MS＋0.1mg/L NAA | 光照强度 1500～2000lx。光照时间 10～12h/d。温度为（25±2）℃ | 赵和文等，2015 |
| 东方百合品种明星 | 饱满花蕾 | 初代诱导培养：MS＋3.0mg/L 6-BA。不定芽继代增殖：MS＋1.0mg/L 6-BA。无菌叶诱导不定芽：MS＋3.0mg/L 6-BA＋0.3mg/L NAA | 光照强度为 2000lx，光照时间 12h/d，温度为 26～28℃ | 樊砚等，2013 |
| 百合 | 花托 | 不定芽诱导培养：MS＋1.0mg/L 6-BA＋0.3mg/L NAA ＋ 90g/L 蔗糖。最佳的生根：1/2MS＋0.2mg/LNAA | 温度（24±2）℃，光照时间 11h/d，光照强度为 1100lx | 夏九成等，2013 |

不同品种、外植体类型及取材时期，消毒剂浓度和处理时间有一定差异。以鳞片为外植体时，采用 15% 的 84 消毒液，灭菌 15min，再用 0.1% 升汞灭菌 5～6min，无菌水冲洗 3～5 次，消毒效果较好；以顶芽和叶片为外植体时，用饱和漂白粉溶液静置灭菌 10min，灭菌效果较好；花瓣和花托的最佳灭菌方法是先用 75% 乙醇消毒 30s，再用 0.1% 升汞消毒 8min，灭菌时要不断摇动，最后用无菌水清洗 4～5 次。

### （二）培养基

1．茎尖培养　愈伤组织诱导培养基为 MS＋0.4mg/L KT＋1.0mg/L 2,4-D，不定芽诱导培养基为

图 17-21　以叶和球茎鳞片为外植体获得的东方百合再生苗（Liu and Yang，2012）

A．由叶片诱导形成的新球茎；B．由叶片诱导形成的侧芽；C．伸长的侧芽；D．由球茎鳞片作为外植体诱导形成的新球茎；E．由球茎鳞片长出的侧芽；F．根部定植后的新茎；G．温室中驯化成苗的百合

图 17-22　用百合叶片作为外植体经组织培养后间接诱导成苗的过程（Jin，2014）

A．在添加有 9.05μmol/L 2,4-D 的 1/2 MS 培养基上由叶片外植体诱导形成的愈伤组织；B．由黄色的愈伤组织分化生长出的茎；C．在生根培养基上定植的百合组培苗；D．在土壤中定植的百合组培苗

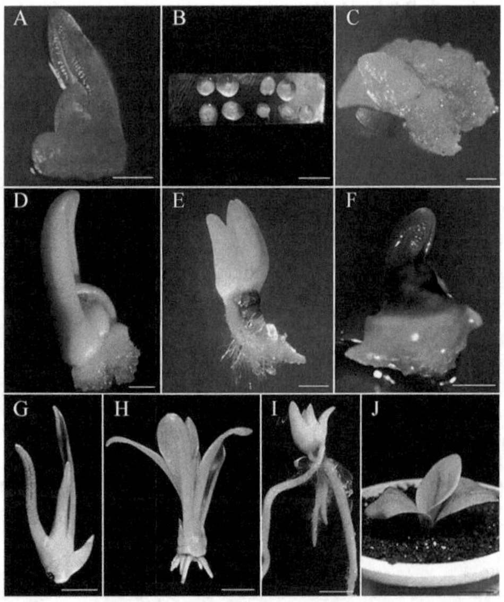


图 17-23　利用由冻存的东方百合茎尖形成的胚状体结构诱导成苗的过程（Bi et al.，2015）

A．用于冻存的东方百合茎尖（品种：'Siberia'）；B．在锡箔纸上制成的茎尖液滴；C．培养 6 周后的类胚状体结构；D．培养 6 周后在茎基部类胚状体结构再生成茎的形态；E．培养 6 周后的再生成茎；F．培养 2 周后冻存后的死亡茎尖；G．在茎伸长培养基上培养 8 周后由再生茎长成的新茎；H．在生根培养基上培养 4 周后的再生根情况；I．在不含生长调节物质的基本培养基上培养 8 周后由类胚状体结形成的小苗；J．由类胚状体结形成的小苗在土壤中培养 3 个月后的情况

MS＋1.0mg/L KT＋0.5mg/L IBA。

2．胚培养　胚分化不定芽的诱导培养基为 MS＋1.0～2.0mg/L 6-BA＋0.1～0.2mg/L NAA；继代增殖培养基为 MS＋1.0～2.0mg/L 6-BA＋0.1～0.4mg/L NAA，蔗糖含量 6%～8%，pH5.8。

3．未授粉子房培养　CBM、MS 和 BDS，2mg/L 2,4-D＋2mg/L 6-BA 和 2mg/L 2,4-D＋2mg/L KT。

4．花药花粉培养　大部分品种花药培养的基本培养基为 MS 培养基、改良 MS 培养基，也有用 N6 培养基的。附加的生长调节物质以 2,4-D、KT、NAA 为主，添加浓度与品种有关。例如，百合品种'Pollyanna'进行花药培养时，诱导愈伤组织的培养基为 MS＋3.0mg/L 2,4-D＋3.0mg/L KT；分化培养基以改良 MS 培养基（将维生素 $B_1$ 提高到 4.0mg/L）＋NAA（2.0/4.0mg/L）为宜。

5．生根培养　生根培养基用 1/2 MS＋0.5～1.0mg/L NAA（0.25mg/L IBA，1.0mg/L IAA），适量添加活性炭有利于生根。

## （三）培养条件

百合在 20～25℃时有利于鳞茎的发生，一般为

（22±3）℃；适当的低温处理（5℃处理30d）可以缩短鳞茎形成时间，并有利于小鳞茎的膨大（张延龙等，2006）；光照时间为8～16h/d，光强1000～3000lx，一定时间的暗培养有利于胚状体或鳞茎的形成。花药花粉诱导愈伤培养阶段连续黑暗，温度为24～26℃。

### （四）再生途径

诱导分化植株再生的途径有4种：一是器官型，即通过腋芽发育和不定芽的产生形成丛生芽的过程；二是器官发生型，即外植体脱分化形成愈伤组织再分化出器官的方式；三是鳞茎型，即鳞片近轴面或在边缘直接形成带根的小鳞茎；四是胚状体发生型，即外植体按胚胎发生方式形成胚状体或先形成愈伤组织、再经愈伤组织形成胚状体再生植株的过程，包括花药培养和花粉培养。

## 二、百合脱毒培养

长期的营养繁殖会使得百合体内的病毒积累日趋严重，造成百合生长发育不良和品种退化。已报道的14种百合病毒病中，百合潜隐病毒（lily symptomless virus，LSV）、百合花叶病毒（lily mosaic virus，LMV）、郁金香碎花病毒（tulip breaking virus，TBV）、黄瓜花叶病毒（cucumber mosaic virus-lily strain，CMV）和百合斑驳病毒（lily mottle virus，LMoV）（图17-24）等是常见的病毒病原。目前，研究者在百合脱毒培养方面已经做了大量的研究工作，可以通过茎尖培养脱除百合植株内病毒。

图17-24 百合斑驳病毒的表型（Kong et al.，2009）
A. 健康植株（左）和被百合斑驳病毒侵染后的病株（右）；B. 被百合斑驳病毒侵染后的病株叶片表型

### （一）百合脱毒培养方式

1．冷处理与茎尖培养　这类脱毒培养方式有两种，一种是百合材料冷处理后再取茎尖培养可以脱毒。例如，东方百合品种‘索邦’和‘西伯利亚’的新鲜种球4℃冷藏处理一个月后取出消毒，剥除内鳞片，切取约0.2mm茎尖，接种到培养基中，另一种是采用无菌茎尖超低温处理后培养的方式脱毒，其基本步骤为：无菌茎尖培养→预培养→装载→脱水→液氮处理→化冻→去装载→恢复培养。

2．热处理与茎尖培养　百合热处理与茎尖培养相结合的脱毒方式主要有三种：一种是先对百合材料进行热处理，然后切取茎尖进行培养。徐品三（2009）将种球37℃热处理20d后再进行组织培养，LSV脱毒率达95%以上；Maliogka等（2009）将花丝培养结合37℃热处理28d后，切取0.8～1.0mm的茎尖再生芽脱毒效果最好，脱毒率达80%以上；珠芽经50℃热水处理40min，培养30d后，切取0.8～1.0mm茎尖培养，脱毒率达100%。第二种方式是先剥取茎尖培养无菌苗，再对无菌苗进行高温处理。切取0.2～0.5mm的茎尖结合65℃热处理30min再进行脱毒培养，LSV的脱毒效果优于单一的茎尖培养。第三种方式是黑暗和变温热处理相结合的试管鳞茎培养脱毒。将组培苗置于智能光照培养箱中进行变温热处理。起始温度为白天26℃ /14h，夜间24℃ /10h，每天升高1℃，直至温度升高到白天38℃ /14h，夜间32℃ /10h。全暗培养一个月后，将经过热处理的组培苗取出后切取茎尖培养，每隔30d左右更换一次培养基。

3．热处理＋抗病毒药剂＋茎尖培养综合脱毒技术　热处理后的茎尖培养在附加了病毒唑（virazole）、硫尿嘧啶（2-thiouracil）或DHT（2,4-dioxohexahydro-1，3，5-triazine）等抗病毒药剂的培养基中，其脱毒效果极其明显且操作更加简单，此法也是目前生产无毒百合种球的最佳途径。郑丽娜（2009）选取经过低温处理、芽长4～8cm的种球，剥去外层鳞片，留带有3～5个内层鳞片的鳞茎盘，放入培养箱中预处理后，每天经38℃ /16h光照和25℃ /8h黑暗热空气处理4周，选择表现正常的个体剥取0.8～1.0mm的茎尖接于加病毒唑（9～12mg/L）的分化培养基（MS＋1.0mg/L 6-BA＋0.1mg/L KT＋0.2mg/L NAA）上培养，CMV、LSV和LMoV的一次性脱毒率可达到80%以上。此脱毒方法具有操作简便、培养周期较短、脱毒率高等优点。

### （二）提高百合脱毒率的方法

1．茎尖的大小　通常用0.2～0.5mm的茎尖分生组织进行培养的脱毒效果好且易成活。

2．百合品种和感染病毒的种类　不同品种的再生子球中，‘香华丽’的LSV和TBV检出率较高，分别是50%和59%，‘卡萨布兰卡’中的LSV脱毒率达76%，‘魅丽’百合中的CMV能全部脱去。

3．脱毒培养的代数　通常随着脱毒培养代数的增加，病毒脱除率越高。百合无菌苗茎尖经过1次茎尖培养+4次继代脱毒处理后，CMV和LSV的脱除率都能达到100%。

## 三、百合胚培养

为克服远缘杂交不亲和而造成胚败育，采取胚培养的方法可获得杂种植株。百合胚培养通常以幼胚（授粉后一定时间）、胚珠、胚乳、子房（未开放的花蕾）等为外植体进行培养。

1．幼胚　采取百合种间杂交授粉后30～50d的幼果，取其幼胚进行离体培养。

2．胚乳和胚珠　选择授粉25～75d后的果实，灭菌后于无菌环境下剥取胚乳或胚珠进行培养。通常胚珠发育正常且颜色为绿色，而内部胚乳不明显或无法进行分离时可直接进行胚珠培养；当胚乳发育正常而胚在胚乳内不明显时，剥离胚珠外层种皮采用胚乳培养。

3．未授粉子房　选取开花前1天的花蕾，接种于培养基中。在培养过程中，大多数胚性胚珠中只含有1个胚胎，位于珠孔端、合子端或极核处，少数胚性胚珠中含有双胚胎。

## 四、百合花药和花粉培养

该方法是获得单倍体植株的主要途径之一，最早是进行麝香百合的花药培养获得了单倍体植株。冷处理后的麝香百合早、中期单核小孢子培养在N6培养基上，经过暗培养均产生了愈伤组织，其中单倍体和二倍体细胞均有（图17-25）。Arzate-Fernandez等（1997）在亚洲百合杂种系'Connecticut King'的花粉培养中，17.6%的中、晚期单核小孢子产生了愈伤组织，根尖染色体鉴定表明有5/11为单倍体植株。

图17-25　百合花药培养（Arzate-Fernandez et al.，1997）
A．百合在添加有2mg/L的2,4-D的N6培养基上培养5～6个月后从花丝+花药的愈伤组织上长出的根；B．在上述N6培养基上培养8个月后长出的鳞茎；C．转移到不含激素的培养基上培养5个月后长出的再生植株；D．驯化10个月后的百合成苗；E，F．分别从原株（第1和2泳道）及从花丝+花药作为外植体诱导分化长出的再生植株（第3～8泳道）的电泳检测情况；G．再生植株的染色体镜检情况

花药培养通常以小孢子处于单核早、中期的花蕾为材料，用0.1%升汞消毒5min后用无菌水冲洗5遍，剥出花药接种于培养基中。不同品种百合花药诱导愈伤组织时适宜培养基均不同，表现出较大的基因型差异。附加的生长调节物质以2,4-D、KT、NAA为主，添加浓度与品种有关。

# 第六节　石刁柏

石刁柏（*Asparagus officinalis* L.），又名芦笋，属百合科天门冬属多年生宿根草本植物。芦笋嫩茎质地细腻，有丰富的蛋白质、维生素、微量元素和多种活性成分，如活性酶、芦笋多糖、脂肪酸、皂角苷和丰富的黄酮类化合物芦丁等，被称为蔬菜之王，具有抗肿瘤、提高免疫功能、抗疲劳、保肝和降血脂等功能。目前全世界有60多个国家种植芦笋，我国是芦笋生产与芦笋罐头第一生产大国和出口国，主要种植区在浙江、山东、福建、河北、四川、湖北等20多个省份，主要出口欧美和亚洲部分国家。

我国石刁柏引种栽培时间短，育种工作起步晚，缺乏具有自主知识产权的芦笋品种，生产上使用的种子几乎全部依赖进口，严重制约着我国石刁柏产业的发展。石刁柏是典型的雌雄异株植物，常规品种中雄株和雌株各占1/2，雄株与雌株相比具有产量高、品质好、抗病性强等优点。因此，全雄育种成为芦笋育种的主要方向。但由于石刁柏遗传的复杂性，其亲本的优良性状难以在子代中保存，通过组织培养技术获得大量组培苗以保存亲本的优良品质，为保存芦笋种质资源和遗传育种开辟了新途径。

石刁柏的快繁主要通过营养外植体的组织培养、花药和小孢子培养和原生质体培养等几种方法。

## 一、石刁柏的组织培养

### （一）外植体选择和处理

1．茎尖　切取茎尖1～2cm，剥掉鳞片后用自来水清洗10min，无菌条件下75%乙醇浸泡2min左右，用无菌水冲洗1次，再用次氯酸钠灭菌15min，无菌水洗3次，剪掉石刁柏嫩茎表皮，并切成薄片。

2．腋芽　取顶部紧凑、色泽好、幼嫩曲直的带腋芽茎段，自来水清洗之后在70%乙醇溶液中浸泡5min，然后再在0.2%升汞消毒10min，剥去鳞片，取带0.5cm左右茎段的腋芽作为外植体。

3．茎段　选取生长健壮、无病毒植株嫩梢，用75%乙醇表面消毒10s，再用0.1%升汞消毒10min左右，然后用无菌水冲洗3～5次，在无菌条件下将嫩茎切成1.5cm左右的茎段作为外植体。

### （二）快繁的主要途径和方法

石刁柏快繁的主要途径有器官发生型和不定芽型。

1．器官发生型　器官发生型即由外植体脱分化形成愈伤组织，愈伤组织再分化成再生植株（图17-26）。这种途径繁殖速度快，对培养基要求不高，但再生植株的遗传稳定性较差。具体培养方法如下。

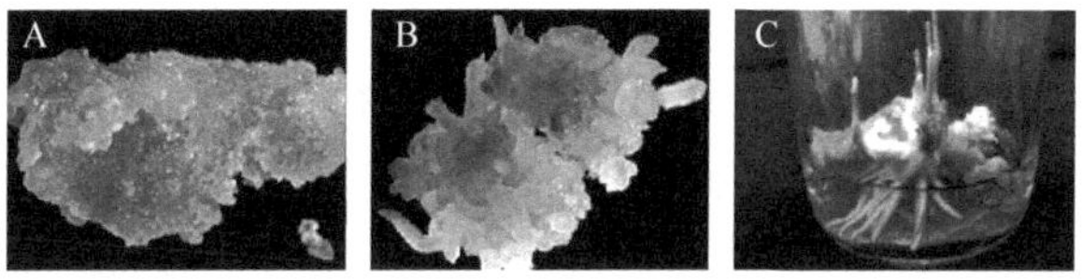

图17-26　芦笋的组织培养（体视显微镜观察）（鹿志伟等，2015）

A．培养14d后诱导产生的愈伤组织；B．愈伤组织诱导14d后的胚状体；C．胚状体诱导30d后的组培苗，在26℃，每天光照时间为16h

（1）茎尖培养　愈伤诱导培养基为MS+1.0mg/L KT+2.0mg/L 2,4-D，pH5.8，培养条件为26℃，光照16h/d，光照强度2500lx（图17-27）。不同基因型形成愈伤组织的时间不同，多数在10～15d长出愈伤组织（图17-27）；30～40d愈伤组织增

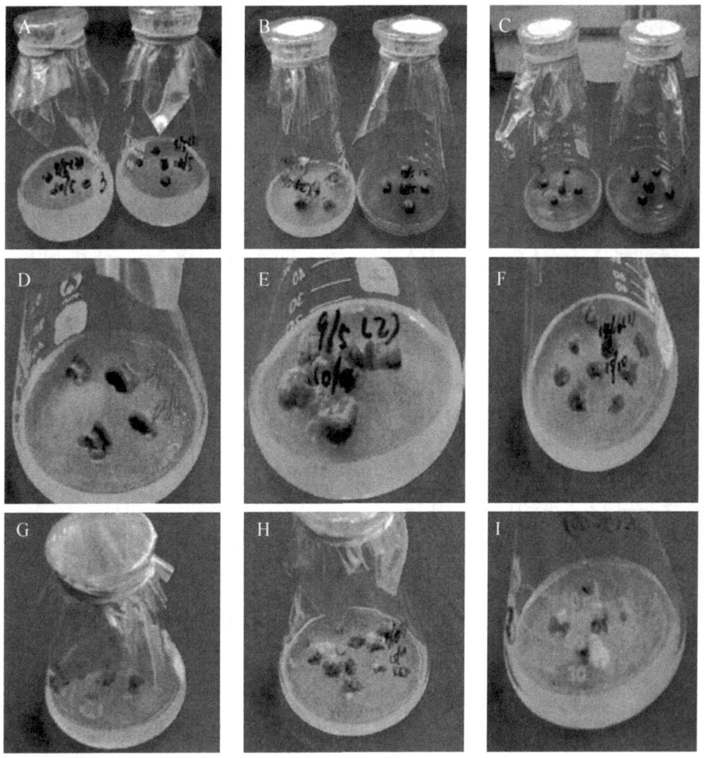

图17-27　2,4-D对石刁柏愈伤组织诱导的影响（鲁旭东等，2006）

A．1号培养基上的外植体；B．2号培养基上的外植体；C．3号培养基上的外植体；D，E．7号培养基上诱导的初始愈伤组织；F，G．8号培养基上诱导的非胚性愈伤组织；H，I．8号培养基上诱导的胚性愈伤组织

大可进行分化培养，分化培养基为MS＋0.6mg/L 6-BA＋0.4mg/L NAA，25d左右出现绿色幼芽；再转接至生根培养基中，生根培养基为1/2 MS＋0.5～2.5mg/L IBA＋0.05～0.3mg/L 6-BA，IBA与6-BA的比例会影响生根，通常IBA与6-BA的比例为10：1时根的分化及生长较好。生根培养基中还可添加一定量的PP333、VB1等物质促进生根。

（2）腋芽培养　接种在培养基为MS＋0.1μg/mL 6-BA＋0.05μg/mL NAA，培养3d左右，腋芽微微翘起，15d后腋芽的芽眼处形成芽簇，同时也有部分分生组织脱分化形成愈伤，愈伤组织继续培养再分化出许多芽点。将这些芽点转接到MS＋0.1μg/mL 6-BA＋0.05μg/mL NAA培养基中，约4周后，可形成长7～8cm的嫩茎，再将嫩茎转接到MS＋1.5μg/mL IBA＋0.1～0.5μg/mL KT培养基中进行生根培养，3周左右可生根（图17-28）。

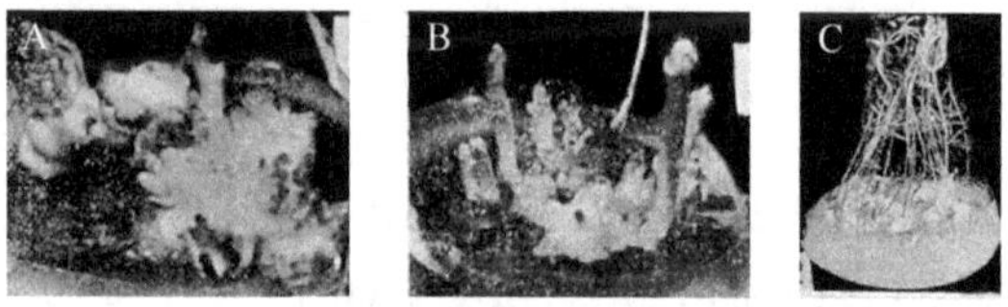


图17-28　石刁柏离体腋芽快速无性快繁的过程
（周维燕等，1981）
A．茎段诱导形成愈伤组织；B．诱导芽的形成；C．9周后形成小植株

2．不定芽型　不定芽型即通过诱导顶端分生组织产生不定芽，再生成植株的方法。此途径不定芽成苗容易，对培养基的要求不严格，且后代遗传稳定性较好。石刁柏茎尖及带腋芽的茎段或者地下茎的芽段均可通过此种途径快速繁殖。

将茎尖或带腋芽茎段接种到MS＋1.5mg/L 6-BA＋2mg/L IBA或MS＋0.1mg/L 6-BA＋0.1mg/L NAA上可诱导出芽，15d左右形成丛生小芽，可将其转接至MS＋0.2mg/L 6-BA＋0.01mg/L NAA或MS＋0.3～0.5mg/L 6-BA＋0.1mg/L KT＋0.1mg/L NAA进行增殖培养，再转接至1/2 MS＋0.5～2.5mg/L IBA＋BA 0.05～0.25mg/L培养基上进行生根培养，培养条件为光照14h/d，光照强度为2000～4000lx，温度为（26±2）℃（图17-29）。

## 二、石刁柏花药培养

石刁柏遗传特性较特殊，为典型雌雄异株植物（$2n=2x=20$），其雌雄性是由一对等位基因*Mm*控制，雄性基因（*M*）为显性主效基因，石刁柏雌株为纯合型基因型为*mm*，而雄株为杂合型，基因型为*Mm*，雄株生长旺盛、寿命长、抗病性强，产量

图17-29　由石刁柏块茎芽外植体快繁获得再生植株
（Carmona-Martin et al.，2014）
A．石刁柏根部；B．用于快繁的石刁柏块茎芽的形状；C．切好备用的离体培养用石刁柏块茎芽；D．石刁柏块茎芽诱导情况；E．石刁柏块茎芽诱导形成外植体情况；F．石刁柏块茎芽快繁形成的植株驯化情况

和品质明显优于雌株，传统育种方式很难获得雄系植株。因此，生产上培育全雄系的品种是实现石刁柏优质高产的有效途径。

目前，石刁柏超雄株的获得可以通过两性株自交、雄性系两性株子房培养、小孢子培养和化药培养等方法。利用两性株自交的方法需要先获得两性株，然后自交后代再经过多代的测交才能分离，获得新品系的程序复杂，周期长且效率低。利用雄株的花药或小孢子进行离体培养，可以得到由*M*和*m*两种配子花粉发育而来的单倍体植株，这种植株经染色体加倍后，获得基因型为*mm*的纯雄株即为“超雄株”（*MM*）和*mm*的纯雌株，再将两者杂交即可获得基因型为*Mm*的全雄系。

1972年，Pelletier首次利用石刁柏花药离体培养获得了愈伤组织。在此基础上，Dore于1974年和1979年利用花药离体培养技术，首次获得超雄株（*M*）和纯合的二倍体雌株，通过组培进行大量繁殖超雄株与纯系的雌株，进行田间杂交后，选育出早熟高产的杂交组合。1981年我国开始了石刁柏花药培养的研究，目前已获得石刁柏花药培养的单倍体植株。

### （一）取材与灭菌

石刁柏花药的采集时期对愈伤组织的诱导效率影响较大。石刁柏雄花花期较长，可从4月延续至9月下旬，部分品种可延续到11月，通常以4月中旬

到5月上旬采集的花药愈伤组织诱导能力最强。采集花药时选择发育正常、生长健壮、无病虫害的一级侧枝上处于单核中、晚期的花蕾为好，此时花蕾饱满，长度为1.5～2.5mm，颜色呈深绿，花药为淡黄色。取材通常在8:00～9:00进行。取回的花蕾进行适当的低温处理可有效提高花药愈伤组织或胚状体的诱导率，低温预处理的时间及温度因品种不同而异，一般处理温度为4～10℃，时间在15d以内，最常用的4℃条件下冷藏4d。花蕾灭菌时用70%乙醇浸泡7s左右，再用1.0%升汞溶液（可加2滴吐温80）浸泡10min左右，最后用无菌水冲洗4次，用灭菌好的滤纸吸干水分剥取花药（图17-30）。

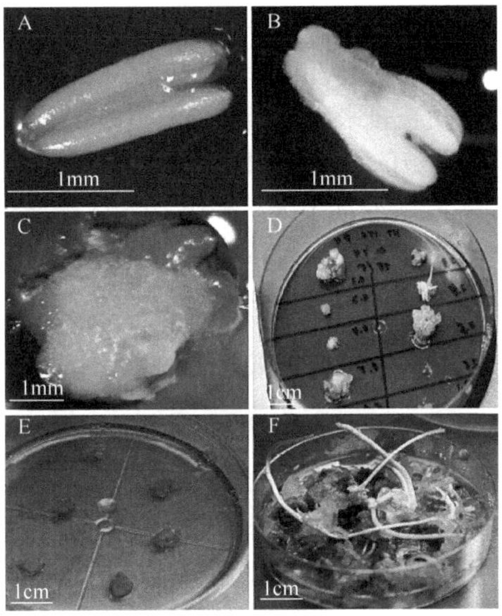


图17-30 石刁柏花药培养的不同阶段（Regalado et al., 2015）

A. 未形成愈伤组织的花药；B. 愈伤组织分化小于2mm时的花药；C. 愈伤组织分化大于2mm时的花药；D. 愈伤组织分化大于2mm时的花药在PM培养基上继代培养的情况；E. 利于愈伤组织进一步分化的继代培养；F. PM培养基上愈伤组织分化成芽的情况

### （二）培养基及培养条件

石刁柏花药愈伤诱导培养基常用MS，并且1/2 MS的效果更好。添加NAA和6-BA的组合诱导效果最好，有时也用2,4-D替代NAA。通常2,4-D浓度在0.5～1.0mg/L，6-BA在0.1～1.0mg/L，NAA在0.1～1.0mg/L时适合愈伤组织的诱导。石刁柏花药培养形成的愈伤组织有致密型和松散型两种形态，致密型愈伤组织大部分是由花粉粒发育而来，松散型愈伤组织由花药体细胞发育而来。通常选取培养30～40d的致密型愈伤组织进行分化培养可得到较多的芽。芽分化培养基为MS＋0.5～1.0mg/L 2,4-D＋0.5mg/L NAA。花药愈伤组织再分化出芽所需时间因培养基和品种而不同，最快的芽分化速度是在培养后8～10周。最后将芽切割转接到MS＋0.1mg/L KT＋0.2mg/L NAA培养基中诱导生根，形成完整植株。

离体花药对温度比较敏感，不同种类和基因型的植株，其花药培养所需的温度差异明显，一般为25～28℃。石刁柏花药培养诱导愈伤组织阶段适宜光强为1000～2000lx，每天光照16h左右。

## 三、石刁柏的小孢子培养

在现代植物育种中，游离小孢子培养是遗传转化、突变体筛选和研究胚发育的重要手段，同时，利用小孢子培养获得双单倍体（doubled-haploid progenies，DH）已经成为单倍体育种的一个重要途径。小孢子培养优于孤雌生殖法、远缘杂交和化学物理诱变等方法，可以大量且稳定地产生单倍体，具有操作简便、效率高和成本低等特点，是获得石刁柏单倍体最为理想的方法。

### （一）小孢子培养的取材和处理

小孢子发育时期包括四分体、单核和双核期，不同发育时期的材料对诱导小孢子分裂的效果差异很大。石刁柏花药培养以单核早期至双核早期的花粉较为适宜，采集石刁柏花药中长度在1.5～2.0mm的花蕾，此时的小孢子一般处于单核中期，愈伤组织的诱导率一般可达30%。

采集适期的花蕾或花药进行特定的胁迫处理，如低温、甘露醇、热激和秋水仙碱处理等，使小孢子由配子体途径向孢子体途径转变。花蕾在6℃暗处理3d，用70%乙醇表面消毒1min，然后用无菌去离子水洗3次，每次3min。花蕾再用0.1% $HgCl_2$表面消毒8min，然后用无菌去离子水洗3次，每次3min。把灭菌后的花蕾切成条状，置于100mL液体培养基中，在28℃以60r/min振荡暗培养3～5d。培养基组成为：MS＋5000mg/L肌醇＋800mg/L谷氨酰胺＋100mg/L丝氨酸＋0.3%蔗糖。培养基中添加适量的2,4-D、BA和NAA。小孢子的培养密度直接影响着成胚的数量，一般（1.5～2.5）$\times 10^5$个小孢子/mL培养基为宜（图17-31）。

### （二）愈伤组织的分化和植株形成

将从小孢子上形成的愈伤组织转移到添加有500mg/L的酪朊水解物、500mg/L肌醇以及不同激素配比的MS固体培养基上，进行胚状体的诱导。待小孢子分化出的胚状体1～2mm时，转移到含有IBA（0.3mg/L）的MS培养基上，在28℃、12h光/12h黑

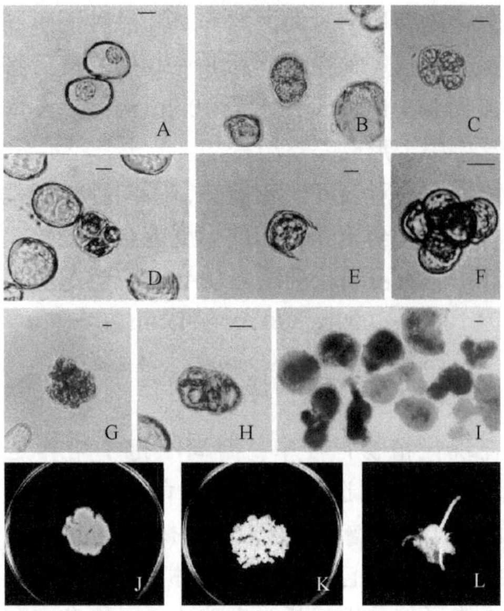


图 17-31 石刁柏小孢子培养形成植株的过程（Zhang et al.，1994）

A，B．含有细胞质的小孢子和第一次分裂；C，D．等份和非等份分裂的四分体小孢子；E．花粉壁破裂；F．紧凑愈伤组织；G．松散愈伤组织；H，I．球形和其他形状的胚；J．在 MS 培养基上生长的紧凑型愈伤；K．愈伤组织形成的胚；L．幼芽形成的小植株体

暗条件下连续培养至再生植株形成（图 17-31）。以上培养基均含有 0.8% 的琼脂和 0.3% 的蔗糖，pH5.8。

### （三）细胞学检查

取约 1.5cm 长的再生植株根尖，用 0.05mg/L 的秋水仙素处理 1.5h，再在 28℃条件下用 1mol/L 的 HCl 处理 15min 以诱导染色体的加倍。最后用乙醇洗涤 10min，乙酸洋红染色后压片镜检（图 17-32）。

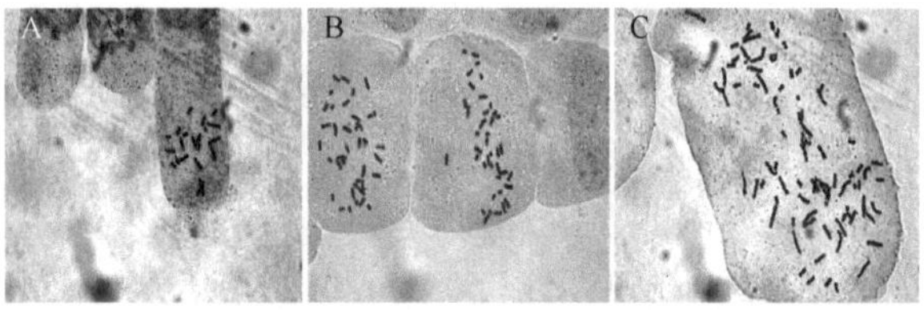


图 17-32 不同品种石刁柏根部染色体镜检情况（Carmona-Martin and Regalado，2015）

A．二倍体细胞（$2n=8x=80$；品种为‘Baitoru’）；B．四倍体细胞（$2n=4x=40$；品种为‘Morado de Heutor’）；C．通过氯化胆碱处理后获得的八倍体细胞（$2n=8x=80$；品种为‘Morado de Huetor’）

## 四、原生质体培养

### （一）原生质体培养材料

1．种子　种子经 10% 的漂白粉液浸泡消毒 15min，无菌水洗 4 次，(26±2)℃的黑暗条件下发芽。培养 15d 后取芽（长 1～2mm）置于 MS＋1mg/L NAA＋1000mg/L 谷氨酰胺＋1mg/L BA＋0.6% 琼脂＋3% 蔗糖的培养基上，培养 4～6 周后得到易于分离的松散的愈伤组织，作为分离原生质体的基础材料。

2．无菌茎尖和腋芽　用无菌石刁柏茎尖和腋芽诱导愈伤组织，转接在 MS＋2mg/L 2,4-D＋0.22mg/L KT 的培养基上继代培养，取转接后 8d 的愈伤组织作为分离原生质体的起始材料。

3．拟叶　将生长健壮又旺盛的石刁柏拟叶，于无菌蒸馏水中磨细，用 64μm 尼龙筛过滤，除去组织片和末分离的细胞。将细胞悬液离心 3min（800r/min），用蒸馏水洗涤一次，再将细胞悬浮于蒸馏水或培养液中保存，作为分离原生质体的材料应在 3h 内使用。

4．嫩茎　从田间取回 10～20cm 长的嫩笋，剥掉鳞片后在自来水下轻轻清洗 10min，再剪去顶端被鳞片包被的部分，无菌切段后用 75% 乙醇灭菌 2min，无菌水冲洗 1 次，再用 10% 次氯酸钠灭菌 15min 后用无菌水冲洗 5 次，削去嫩笋表皮，并切成薄片用于原生质体分离。

### （二）原生质体分离方法

1．机械法　在高渗的糖溶液中使细胞发生质壁分离，首先将植物细胞放入溶液中，等原生质体收缩成球形之后用机械法磨碎组织，使原生质体从伤口挤出。石刁柏嫩茎原生质体分离的最佳渗透压物质为 0.8mol/L 的葡萄糖溶液。

2．酶法　破碎由无菌实生苗诱导的愈伤组织细胞壁所需的酶为 1% 纤维素酶＋1% 果胶酶＋3mol/L MES［2-（*N*-吗啉）-乙烷磺酸］＋7mol/L $CaCl_2$＋0.6mol/L 葡萄糖＋0.6mol/L 山梨醇＋0.6mol/L 甘露醇，酶解时间 3h。破碎无菌腋芽和茎尖诱导的愈伤组织细胞细胞壁时，所需的酶为 0.2% 果胶酶＋2% 纤维素酶＋CPW（101mg/L $KNO_3$＋27.2mg/L $KH_2PO_4$＋246mg/L $MgSO_4·7H_2O$＋1.48g/L $CaCl_2·2H_2O$＋13% 甘露醇），酶解时间为 7h 左右，石刁柏嫩茎原生质体分离的最佳酶组合和浓度为：0.3% 纤维素酶和 1% 果胶酶。石刁柏原生质体酶解的适宜温度为（26±2）℃，适宜 pH 为 5.8，遮光（图 17-33）。

### （三）原生质体纯化方法

1．漂浮法　采用渗透压的方法，使原生质体漂浮在溶液表面，得到上层原生质体溶液，还需要过滤掉大组织片和小碎片，但是高渗透液常对原生质体产生破坏作用。

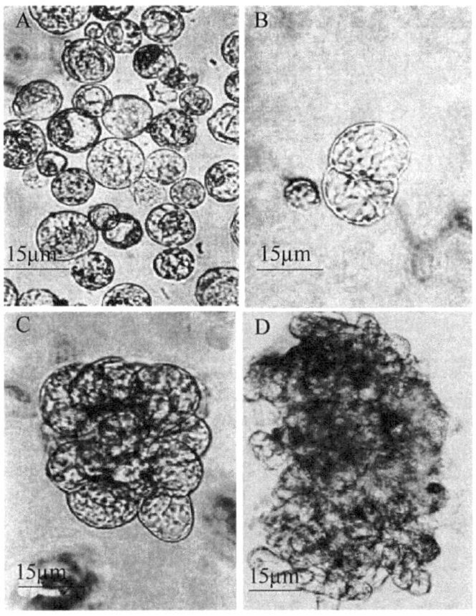


图 17-33 石刁柏原生质体（Dan and Stephens，1991）

A．由在 MSF 培养基上培养的愈伤组织分离得到的原生质体；B．分离 1d 后用琼脂糖包埋培养的原生质体的第一次分裂情况；C．分离 5d 后用琼脂糖包埋培养的原生质体形成的细胞簇；D．分离 1 周后用琼脂糖包埋培养的原生质体的形成的细胞簇

2．沉降法　在一定渗透压的溶液中低速离心，经过 38μm 的不锈钢网过滤原生质体的酶液混合物，去除残留的碎片，然后在 100～500*g* 下离心 2min，下部沉积完好的原生质体，但由于原生质体沉积在试管底部，相互挤压，也会造成原生质体完整性的破坏。

3．界面法　采用两种比重不同的溶液进行原生质体的纯化，使原生质体处于两液相的界面之中。在含 0.45mol/L 甘露醇、原生质体悬浮液、0.45mol/L 蔗糖的溶液中，使原生质体分层分离出来。

### （四）原生质体培养方法

在适合的营养、激素、渗透压、pH 的条件下，具有活力的脱壁原生质体很快就可以开始细胞壁的再生，接着细胞分裂形成肉眼可见的细胞团，当细胞团生长到 3～4cm 大小时，转移到分化培养基上进行分化培养，诱导器官发生，最后形成具有根、茎、叶的完整植株。

1．液体浅层培养法　取分离纯化好的石刁柏原生质 L 体溶液 1mL 培养在液体培养基中，培养基的组成为 MS（其中 $NH_4NO_3$ 和 $KNO_3$ 由 KCl 替代）＋L-谷氨酰胺 877mg/L＋L-精氨酸 288mg/L＋L-天门冬氨酸 266mg/L＋L-甘氨酸 75mg/L＋1.0mg/L NAA＋0.5mg/L ZT＋0.2mg/L 2,4-D＋0.4mol/L 甘露醇＋5% 椰汁，培养温度 25℃左右，每天光照时间为 12h，光照强度为 4500lx。培养 15d 左右培养液中可观察到小细胞团（即愈伤组织），此时在培养液中加入含 MS 大量元素及有机成分＋$B_6$ 微量元素＋NAA 1mg/L＋ZT 0.5mg/L 进行稀释培养。培养一个月后，将小细胞团接种到含 MS＋2,4-D 0.2mg/L＋KT 0.2mg/L 的培养基中进行增殖培养，然后再转接到含 MS＋6-BA 1～2mg/L＋NAA 1mg/L 的培养基上进行分化培养，培养 20d 左右出现许多绿点，转接到 MS＋0.1mg/L KT＋0.1mg/L BA 培养基上，愈伤组织的绿点增加，愈伤组织生长旺盛；然后继续转接到 MS＋2mg/L BA＋0.1mg/L NAA 的培养基上，愈伤组织上的绿点形成芽簇，另有部分形成的胚状体结构脱落到培养基上，并且萌动生长；之后再转接到未加入任何生长激素的 MS 培养基上培养一段时间后形成完整植株。

2．微滴聚丙烯膜培养法　将聚丙烯膜漂浮于 5mL 培养基上，然后膜的上方滴上 50μL 含石刁柏原生质体的溶液。培养基内含 0.3% 的琼脂，使成半固化状态。在微滴聚丙烯膜上培养 40d 后，转移到 MS＋0.1mg/L KT＋0.04mg/L NAA＋3% 蔗糖＋0.5% 琼脂的半固体培养基上进行分化培养，约 30d 后分化出芽，再将芽转移至 MS＋0.1mg/L NAA＋0.1mg/L 2iP＋5μmol/L 嘧啶醇的培养基上进行生根培养，约 3 周后即可形成达到移栽标准的完整小植株。

## 第七节　芋

芋［*Colocasia esculent*（L.）Schott］属天南星科（Araceae）芋属（*Colocasia*）多年生湿生草本植物。芋在温带和亚热带常作一年生栽培，冬季地上部枯死，以球茎或根状茎在地下越冬。其球茎富含淀粉、粗纤维、粗脂肪、蛋白质，质地滑软，营养丰富，属生理碱性食物，可作蔬菜或粮用，被推荐为功能食品。芋在我国栽培历史悠久，有许多优良地方品种，如江西‘红芽芋’、福建‘福鼎芋’、莱阳‘蚬河芋’、广西‘荔浦芋’等深受人们的喜爱，是一种重要的蔬菜和粮食作物，也是淀粉和酒精的原料，并可作为外贸出口商品。

芋的繁殖方式为球茎营养繁殖，用种量大、繁殖系数低，难以在短期内获得大量种苗，而且易感染病毒，造成种性退化，严重影响芋头的产品质量，制约了芋的生产及其产业的发展。利用茎尖培养能够脱除种芋病毒，获得无毒或少毒再生植株，并在短时间内快速增殖，实现无毒种芋规模化生产。从20世纪70年代末开始，日本、美国、哥斯达黎加、菲律宾、巴布亚新几内亚等国的科学家先后研究了芋花叶病毒对芋产量的影响，并采用茎尖离体培养和热疗法相结合的方法来生产芋脱毒苗。我国于20世纪90年代初，曹欢欢、毕可华、柯卫东等进行了芋茎尖培养去病毒的研究，发现脱去芋花叶病毒的试管苗生长强健，叶色浓绿，不仅产量高而且品质也有所改善。

## 一、芋茎尖培养脱毒

我国芋头种植区已经鉴定感染芋的病毒有芋花叶病毒（dasheen mosaic virus，DMV）、芋脉褪绿病毒（taro chlorotic vein virus，TCVV）、芋杆状病毒（bacilliform virus）、芋羽状斑驳病毒、芋瘦小病毒（colocasia bobone disease virus，CBDV）、芋弹状病毒（dasheen bobone virus）、芋Alomae病、芜菁花叶病毒（turnip mosaic virus，TuMV）、黄瓜花叶病毒（cucumber mosaic virus，CMV）、烟草花叶病毒（tobacco mosaic virus，TMV）等多种病毒。其中芋花叶病毒分布最广，危害最大，严重影响芋头的产量和品质。目前，利用茎尖培养是感病植株获得无病毒植株的最有效手段。

### （一）茎尖剥离与接种

选择优良种株球茎，去泥土后用清水洗净，剥去表皮，切取健壮顶芽和侧芽，放入盛有70%乙醇和饱和漂白粉的小烧杯中，用一层白纱布盖上瓶口，用橡皮筋将纱布扎紧，浸泡10～15min，浸泡过程中要常常摇动小烧杯，浸泡结束后，置自来水下流水冲洗15～20min；再用75%乙醇快速浸泡20～30s，倒掉乙醇，用无菌蒸馏水冲洗3次；然后移入超净工作台内，用0.1%升汞液浸泡8～10min，浸泡过程中要不时轻轻摇动，使材料与升汞液充分接触，以达到彻底灭菌的目的，消毒完毕，倒掉升汞液，用无菌蒸馏水漂洗3～5次；用灭菌滤纸吸干材料表面水分，在体视解剖镜下将顶芽或侧芽的茎尖轻、准、快速剥离，并切取0.3～0.5mm的生长点，迅速接种于培养基中进行培养。

### （二）培养基与培养条件

1．培养基　不同生长时期使用的培养基不同（表17-2），接种初代培养基为MS+2.0mg/L 6-BA+0.1mg/L NAA的固体培养基，培养基蔗糖浓度为30g/L，冷凝脂浓度为6g/L，调pH为5.8，并在121℃，1.1kg/cm$^2$的压力下灭菌；继代培养基为MS+2.0mg/L 6-BA，培养基蔗糖浓度为30g/L，冷凝脂浓度为6g/L，调pH为5.8；生根培养基为1/2 MS+0.5mg/L NAA+0.2mg/L IBA+0.5g/L活性炭，培养基蔗糖浓度为30g/L，冷凝脂浓度为6g/L，调pH为5.8。

**表17-2　芋脱毒快繁培养基种类主要成分**

| 培养基种类 | 主要成分 |
|---|---|
| 扩增培养基 | MS、2.0mg/L 6-BA、0.1mg/L NAA、30g/L 蔗糖、6g/L 冷凝脂 |
| 继代培养基 | MS、2.0mg/L 6-BA、30g/L 蔗糖、6g/L 冷凝脂 |
| 生根培养基 | 1/2MS、0.5mg/L NAA、0.2mg/L IBA、0.5g/L 活性炭、30g/L 蔗糖、6g/L 冷凝脂 |

2．培养条件　接种后置于（25±2）℃，光强2000～3000lx，光照时间14h/d的培养条件下进行培养，约15d茎尖可发育成正常的芽，一段时间后可获得无菌试管苗。

### （三）茎尖培养脱毒

若第一次获得的试管苗脱毒不够彻底，可将试管苗37℃处理1d，在体视显微镜下切取芋单芽长约0.3mm的茎尖接种到MS+2mg/L KT+0.5mg/L NAA固体培养基上，半个月左右茎尖可发育成正常的芽；将萌发的芽转入生根培养基1/2 MS+0.1～0.5mg/L NAA中培养，即可得到芋脱毒苗。还利用茎尖玻璃化法超低温保存再次脱毒，再次切取芋茎尖再生苗单芽长约1mm的茎尖；预培养3d，采用60%的冰冻保护剂PVS2［30%（*m*/*V*）甘油+15%（*m*/*V*）乙二醇+15%（*m*/*V*）二甲基亚砜+0.4mol/L蔗糖，pH5.8］在（25±2）℃脱水60min，再用100% PVS2在0℃脱水90min，更换新的PVS2后，直接投入液氮1d；从液氮中取出后，茎尖在37℃水浴中解冻。解冻后用附加1.2mol/L蔗糖的MS+2mg/L KT+0.5mg/L NAA液体培养基在（25±2）℃下洗涤3次，每次10min。洗涤后的茎尖先暗培养5d［温度为（25±2）℃］再转入正常的光周期下［光照时间14h/d，光强1500～2000lx，培养温度（25±2℃）培养］，半个月左右茎尖可发育成正常的芽；将萌发的芽转入生根培养基1/2 MS+0.1～0.5mg/L NAA中培养，即可得到芋脱毒苗。

### （四）脱毒效果

茎尖培养的脱毒效果取决于：①茎尖大小。合适的茎尖应为带1～2个叶原基的顶端分生组织。比较不同大小的茎尖脱毒及成活情况可知，茎尖越小，脱毒率越高，但相应的成活率则越低；茎尖越大，成活率越高，但相应的脱毒率则下降。试验中以0.5～1.0mm的茎尖较适宜，其成活率高达100%，脱毒率达81.7%。但叶原基的存在是芋头茎尖成活的必要条件，因为茎尖生长和发育所需的内源激素是由叶原基提供。②病毒种类和感染数量。不同病毒被脱除的难易程度差异较大，主要原因是其分布的范围不同。

### （五）病毒鉴定

芋头病毒检测技术经历了传统生物学鉴定、免疫化学方法和核酸分子鉴定方法三个阶段。传统的生物学鉴定方法以其简便、直观的特点为芋头的鉴定提供了形态学毒力指标；免疫化学检测技术快速、灵敏，提供了植物病毒蛋白质分子水平的检测技术，适用于大量样品的检测，是目前主要的检测方法，并有商业检测试剂盒；核酸分子标记技术为准确鉴定病毒提供了更加精确可靠、快速有效的分子检测方法，以分子生物学技术为基础的检测方法灵敏度高、快速、特异性强，也是检测病毒的理想方法。

在生产实践中，使用核酸分子标记技术的方法可参考芋花叶病毒（DsMV）RT-PCR检测：引物（5′-GGGCTTGGGTGATGATGGA-3′，5′-GCCTTTCAGT-GTTCTCGCTTG-3′），扩增的目的片段长度为310bp。PCR体系采用25μL反应体系进行，包括cDNA 1.5μL，上、下游引物各1μL（10μmol/L），dNTPs 0.5μL（10mmol/L），10×PCR Buffer 2.5μL，$MgCl_2$ 2μL（25mmol/L），Taq DNA酶1U，dd $H_2O$ 15.5μL。PCR反应程序：94℃预变性5min；94℃变性30s，56℃退火30s，72℃延伸5min，36个循环；再72℃延伸5min。琼脂糖凝胶电泳进行鉴定。

## 二、芋脱毒苗的快繁

### （一）增殖与生根

1．增殖　将初代培养的不定芽或丛生小植株进行病毒检测后，如无病毒可分切成带有2～3个芽的丛生芽块，接入增殖培养基中培养30d。待到重新萌发的不定芽或丛生小植株长到1～1.5cm时，再进行分切转接，如此反复继代培养增殖。

2．生根　当增殖至一定数量后，将生长健壮且具有2～3片叶的试管苗，转接到生根培养基（表17-2）中，7d后芋试管苗开始生根，再继续培养15d，试管苗开始长出大量的白根，长至4～5片叶时即可移栽。

### （二）炼苗与移栽

1．炼苗　2月下旬至3月初，当芋试管苗长至5～6cm，且根系发达时，应及时出瓶移栽。出瓶前，先将试管苗由培养室移至普通实验室，在室温条件下，逐步打开瓶盖，接受散射光照射，进行炼苗，炼苗时间以1～3d为宜。

2．移栽　试管苗选择在阴天或下午移栽，假植前用镊子将试管苗轻轻地从瓶内取出，放在事先准备好的25℃左右温水中，将根部黏附的培养基洗净，并剪短过长根系，并用50%多菌灵可湿性粉剂800倍液进行漂洗。将洗好的幼苗及时用72穴育苗盘栽植，基质采用泥炭土和珍珠岩按照8∶2的比例配制而成。试管苗栽植后浇透定根水，然后用塑料小拱棚进行扣棚保湿。栽前3天湿度控制在95%以上，早晚将拱棚揭开小口通风5～10min；中午严格控制温度及光照，若光照过强，应在大棚上加盖遮阳网。3d后逐渐延长通风时间，1周后每隔2d喷洒1次稀薄营养液，隔5d喷1次1000倍50%多菌灵可湿性粉剂800倍液。

合格苗标准：苗龄25d左右；真叶3～4片/株；苗高15～20cm；子叶完整，叶色深绿；叶片无病斑；茎粗叶肥；根多根密根粗壮。秋季得脱毒原原种芋，脱毒原原种芋在隔离条件下种植（1km内无天南星科植物种植）得脱毒原种芋。

经鉴定为无病毒的试管苗进行茎段快繁后，每年春季试管苗在温室中经过炼苗，即可移栽定植于网室中，再覆盖小拱棚，在保温保湿的小环境中小苗很快长出新根和新叶，除去小拱棚，配合优良的栽培管理措施，最终获得脱毒的微型芋，为原原种。在网棚或防虫网等隔离条件下，利用其在大田中进行原种及合格种芋繁殖，以备商品芋生产所需（图17-34）。

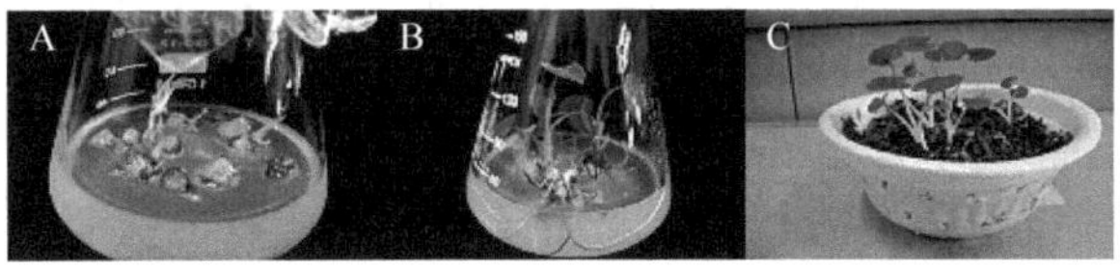

图17-34　红芽芋离体快繁（洪森荣，2013）

## 三、试管芋生产

常规脱毒芋种芋繁育工序烦琐，生产风险大，成本高，而利用脱毒芋试管苗直接进行试管微球茎诱导与脱毒种芋繁殖，可缩短试管苗培养周期和种芋繁育周期，减少炼苗移栽风险，节省人工、能源。试管芋具有大种芋生长发育的特征特性，且已脱毒，种芋微型化，可长期保存，有利于种质交换。对于解决种芋退化问题，提高芋生产效益具有重要意义。试管芋的生产步骤如下。

### （一）试管壮苗培育与增殖

经脱毒培育的试管苗切成带1～2片叶的茎段接种于固体MS培养基中，在温度（25±2）℃，光照时间为14h/d，光强2000lx条件下进行培养，形成壮苗并增殖。

### （二）微型芋诱导

当壮苗在MS液体培养基上培养25～30d后，苗长至6～7片叶时，将壮苗培养瓶中的培养基倒出，添加新的高糖含量的液体MS培养基（MS+8%蔗糖+1.0mg/L BA+0.5mg/L NAA），培养温度30℃，光照12h/d，再培养2～3个月，即可形成试管芋。试管苗越大越有利于试管芋的形成，试管苗株高在4.5～6.0cm的试管苗，诱导的试管芋重在0.59～1.09g的比例达95.8%。

## 四、染色体加倍

在生产实践中，还可以利用秋水仙素诱导芋染色体加倍，如秋水仙素直接浸泡块茎芽眼、植物生长点以及腋芽生长点等，并采用染色体数目测定和流式细胞仪检测的方法。芋多倍体诱导的组织选用芋的单芽和球茎片。利用0.1%秋水仙素附加2.00%二甲基亚砜浸泡芋单芽或者球茎切成的薄片72h后；无菌水冲洗后，将单芽分别接种在MS+2mg/L KT+0.5mg/L NAA固体培养基上培养，培养条件为：光照时间14h/d，光强约2000lx，培养温度25℃；培养60d后，将形态上发生变异的单芽切下来，并接种到MS+2mg/L KT+0.5mg/L NAA固体培养基上，继代培养3～4次后，即可得到多倍体丛生芽，培养条件为：光照时间14h/d，光强约2000lx，培养温度25℃；当多倍体丛生芽长到2～3cm时，可将单芽切下来转接至生根培养基1/2 MS+0.1～0.5mg/L NAA中培养，即可得到多倍体试管苗，培养条件为：光照时间14h/d，光强约2000lx，培养温度25℃（图17-35）。

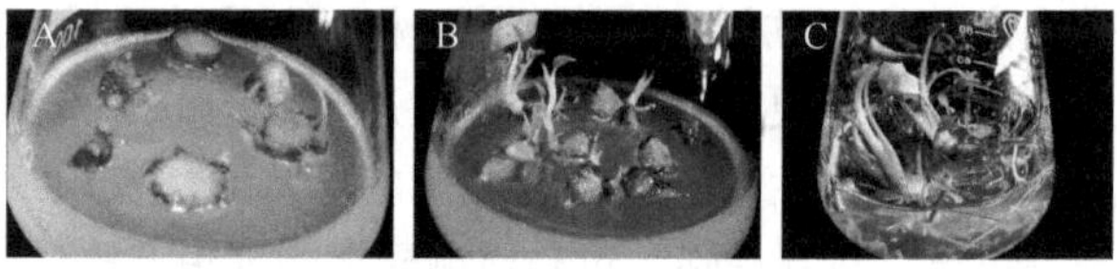

图17-35　球茎片诱导多倍体（洪森荣，2013）

# 第八节　魔　　芋

魔芋（*Amorphophallus konjac*）是天南星科魔芋属多年生草本植物。魔芋作为一种药膳兼用的新兴蔬菜和轻工原料，国内外市场需求不断增加。但因长期无性繁殖，繁殖系数低，具有商品价值的器官形成需3～4年，周期过长，种芋退化严重，容易受到多种病虫害的侵害，但由于抗病品种很少且缺乏针对性药剂防治，导致用种短缺，极大地制约了魔芋产业的发展。因此，建立魔芋组织培养快繁技术，不仅可以解决魔芋用种和种苗短缺的问题，还可以培育魔芋脱毒苗和对品种进行提纯复壮，增强抗性，提高产量和繁殖系数。在已有的文献报道中，魔芋离体培养技术主要是先诱导愈伤组织，再分化和生根培养形成完整植株。最早的关于魔芋组织培养的报道是在20世纪50年代，Morel等（1951）从花魔芋球茎诱导出了愈伤组织并获得少量再生植株。

## 一、魔芋组织和器官培养

1. 外植体　　魔芋以叶鞘、花序、叶柄、茎尖、球茎切块、球茎芽苞、球茎薄壁组织、根状茎等为外植体，均可诱导出愈伤组织。其中诱导难易程度为：球茎切块>球茎薄壁组织>根状茎>球茎芽苞>叶柄，球茎切块愈伤组织诱导率达83%～100%，而叶片和根则很难诱导成功。王自布等（2016）比较了花魔芋和白魔芋不同外植体诱导分化形成愈伤组织的能力，发现块茎的诱导率最高（图17-36）。另外，将球茎分为主芽、皮上芽苞、侧芽、皮下组织和主芽基部5个部分，各部分细胞的分化程度不一，其中皮下组织和主芽基部易形成愈伤组织（成愈率在50%以上），皮上芽苞组织容易直接分化出芽（分化率最高为100%）。叶柄虽然诱导率低，但形成的愈伤组织是一种呈瘤状

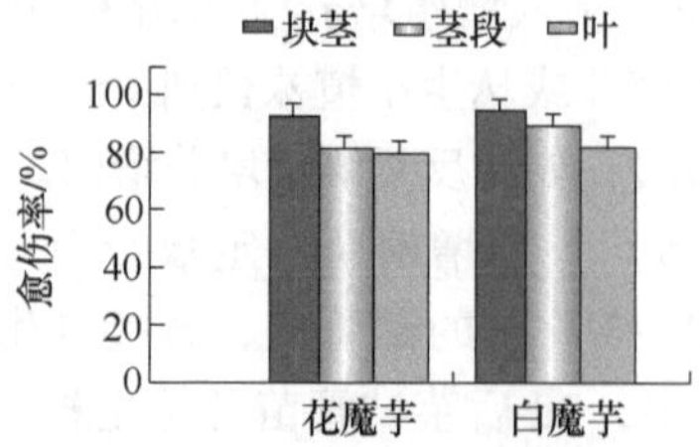

图17-36　不同外植体诱导形成愈伤组织的能力比较（王自布等，2016）

结构的组织，这种愈伤组织较其他类型外植体诱导的愈伤组织更易继代增殖，分化培养能产生拟球茎。

2．外植体灭菌　不同外植体灭菌难易程度不同，根状茎不易灭菌且容易受到灭菌剂的影响导致褐变坏死。种芋作为外植体，先在添加适量洗衣粉的自来水中浸泡清洗，用牙刷将主芽附近刷洗干净，晾干，然后切取带芽的顶心块（2cm×2cm×2cm），并将其表皮刮洗干净，放在干净的烧杯中，并在烧杯上盖一层纱布，在自来水下冲洗1～2h。75%乙醇浸泡外植体30s，然后用无菌水清洗3次，每次1min，再用0.1%升汞浸泡，每次1min。球茎的灭菌消毒时间以12min为宜，茎段灭菌时间以10min为宜，茎尖和叶片灭菌时间以8min最好；无菌水清洗5次。

3．培养基和培养条件　魔芋愈伤组织分化适宜培养基通常为MS＋1.0～2.0mg/L 6-BA＋0.01～0.2mg/L NAA，不同的外植体和不同的愈伤组织类型，其分化率差异较大。主芽和主芽基部组织在MS＋2mg/L 6-BA＋0.2mg/L NAA＋0.3g/L活性炭的培养基上分化率最高，分别为50%和80%；侧芽和皮下组织在MS＋1.0mg/L BA的培养基上分化率最高分别为50%和72.2%；而皮上芽苞在培养基MS＋1.5mg/L 6-BA＋0.15mg/L NAA上分化率可达100%。胡悦等（2012）利用魔芋的球茎和顶芽作为外植体，在MS＋0.6mg/L NAA＋0.6mg/L 6-BA的培养基上愈伤组织诱导率达99%。而在MS＋0.6mg/L NAA＋2.4mg/L 6-BA的培养基上，顶芽可以分化出腋芽，成功率达90%，但球茎则没有分化（图17-37）。腋芽在MS＋0.1mg/L NAA＋2.4mg/L 6-BA培养基上培养30d后，腋芽可以成功地分化出侧芽（图17-38）。Hu（2014）发现魔芋芽鞘外植体愈伤组织的发生具有多位点和多形态的特点，而且不同处理条件下外植体脱分化的启动与愈伤组织诱导的效果差异较为明显。当培养基组成为MS＋2.0mg/L NAA＋1.0mg/L 6-BA或者MS＋1.0mg/L KT＋2.0mg/L 2,4-D时，魔芋芽鞘外植体愈伤组织的诱导效果最佳。Asokan等（1984）在添加有2.0～10.0mg/L BA＋0.1～0.3mg/L NAA的培养基上从花杆莲（花麻蛇）魔芋（*Amorphophallus rivieri* Durieu）外植体诱导出的小球茎愈伤组织上诱导出幼茎。然后再在MS＋3.0mg/L ZT＋0.01mg/L $GA_3$＋0.3mg/ L NAA的液体培养基中诱导出侧芽，并最终分化长成再生苗。

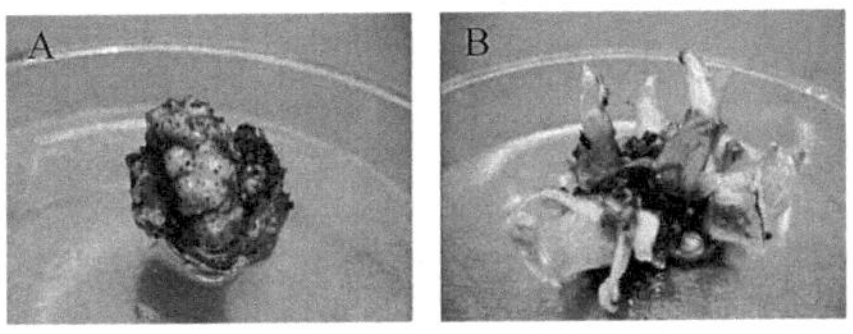


图17-37　魔芋球茎和顶芽外植体诱导愈伤组织和腋芽的形成（胡悦等，2012）

A．球茎愈伤组织；B．以顶芽为外植体形成的腋芽

图17-38　魔芋腋芽增殖形成的侧芽（胡悦等，2012）

适宜的培养温度为（25±2）℃。愈伤组织诱导和继代培养在黑暗条件进行，暗培养比光照培养的愈伤组织诱导率提高36%～71%，而且还可降低褐变率；芽分化和生根时控制光周期为12h光照/12h黑暗，光照强度为2000lx。

4．成苗途径　魔芋植株再生方式有四种：①愈伤组织→不定芽→基部生根→再生植株；②愈伤组织→小块茎（拟球茎）→主芽萌动→再生植株；③愈伤组织→体细胞胚→再生植株；④潜伏芽→不定根→再生植株。其中，第一种再生方式最为普遍，但体细胞胚途径发生频率极低，而且不能成苗，因而在魔芋离体繁殖中的价值不大。魔芋愈伤组织经过几次切割继代培养后失去了愈伤组织状态，而形成拟块茎（球茎）结构，拟块茎即使不转入分化培养基而经过一段时间的培养也会在其中央长出芽，这种小球茎继续培养可形成发达根系的植株。Hu等（2005）利用花杆莲（花麻蛇）魔芋（*Amorphophallus rivieri Durie*）的叶柄外植体在添加有5.37μmol/L的NAA和4.44μmol/L的6-BA的MS培养基上诱导形成愈伤组织，然后再转移至0.54μmol/L NAA和4.44μmol/L 6-BA的MS培养基上诱导形成小球茎状结构（corm-like structure）（图17-39）。在含有13.57μmol/L 2,4-D和8.88μmol/L6-BA或者24.18μmol/L NAA和6.66μmol/L 6-BA的培养基上虽然可以观察到体细胞胚的形成，却未能成功诱导出小植株（图17-40）。然而，愈伤组织经过分化形成分生细胞后，可以成功形成芽原基和球状结构，然后进一步分化出的小球茎通过再培养形成再生植株。

5．生根与移栽　将生长到2cm左右的不定芽带少量愈伤组织割下，接种到生根培养基上，促使生根。由于魔芋芽是叶芽，且仅1片复叶，茎的

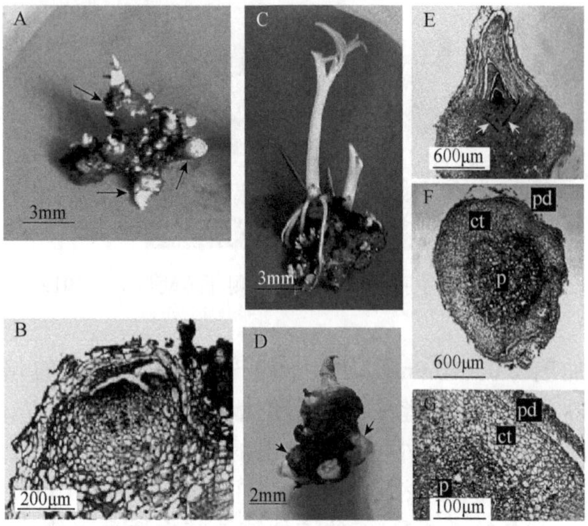


图 17-39 魔芋愈伤组织诱导的小球茎状结构的再生（Hu et al.，2005）

A. 由愈伤组织诱导形成的小球茎状结构（箭头所指处）；B. 愈伤组织上形成的球状体结构；C. 在小球茎状结构长出的具有完整根系的小苗；D. 在分化培养基上培养 3 周后在小球茎状结构基部形成的小球茎（箭头所指处）；E. 小球茎状结构纵切面；F. 小球茎状结构横切面；G. 小球茎状结构横切面放大图

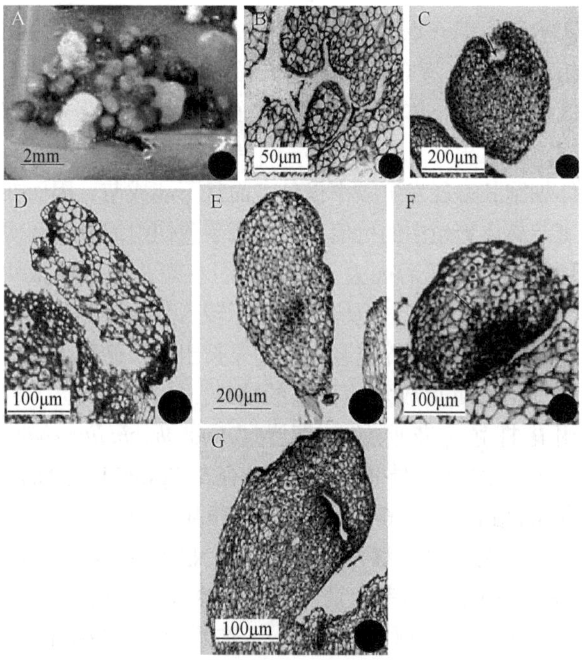


图 17-40 魔芋体细胞胚性诱导（Hu et al.，2005）

A. 培养 6 周后形成的胚性愈伤组织；B. 单个球状胚；C. 心形胚；D. 未发展出顶端分生组织的子叶状胚；E. 带有单个初生子叶的体细胞胚；F. 带有移位顶端分生组织的子叶胚；G. 子叶未完全展开的胚

生长点在叶柄基部内。因此，将分化形成的植株在长到出叶期时连带少量愈伤组织一起切下来，转入培养基 1/2 MS＋0.1mg/L NAA 中，7d 后可见不定根突起，21d 后在叶柄基部的茎上长出 5～8 条白色带有根毛不定根的完整根系，生根率为 100%（图 17-41）。

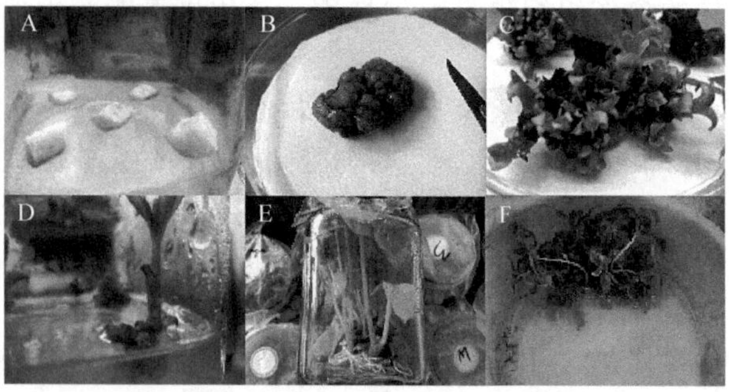


图 17-41 魔芋组织培养过程（胡建斌，2008）

A. 接种的组织块；B. 愈伤组织；C. 愈伤组织分化的不定芽；D. 不定芽形成植株；E. 植株生根；F. 移栽前组培苗消毒

6．影响外植体褐变的因素及防治措施 褐变是魔芋初代培养中不可忽视的严重问题，魔芋组织培养中的褐变问题与魔芋种龄、琼脂浓度、温度和光照等因素有关（李剑美等，2006；李川等，2012）。

（1）种龄 种龄越大褐变率越高，3 年种龄魔芋外植体褐变率比 1 年种龄高 32%。

（2）琼脂浓度 琼脂浓度为 4.5g/L 时的褐变率最低，仅为 6%，比不加琼脂和琼脂浓度为 7.0g/L 时的褐变率低 8～16 倍。

（3）温度、光照 30～40℃高温及≥2000lx 光强对魔芋的褐变率大大提高，而温度为 25～30℃、光照强度为 1500lx 时，褐变率最低，仅为 6%。花药培养时，温度应控制在 26℃以下，当温度超过 27℃时，褐变率明显上升；随光照强度的增加，花药的褐变率呈显著性上升，光照强度在 200lx 以下时，褐变率较低且变幅较小。有研究认为，花魔芋培养温度应控制在 28℃以下，且不同基因型的魔芋对培养温度的反应差异很大。

（4）控制褐变措施 选择处于旺盛生长状态、年龄较小、体积适宜的外植体作培养材料，切割时尽可能减小伤口面积；由于液体培养基有利于酚类物质的扩散，所以一般选固体培养基，但加入琼脂的量要适宜；温度要控制好，不要太高或太低。光照强度要适宜，接种后可以进行一段时间的暗培养；可以在培养基中添加适量的抗氧化剂或吸附剂以减少褐变，如抗坏血酸、柠檬酸、半胱氨酸、聚乙烯吡咯烷酮、活性炭等。

## 二、体细胞无性系变异与突变体选择

体细胞无性系变异是植物组织培养中普遍存在的现象。现有的魔芋组织培养技术是以愈伤组织培养为基础的，而愈伤组织培养则易诱发无性系变异。

魔芋愈伤组织的继代次数对再生植株的核型并没有影响，即使多次继代后，再生植株的染色体形态学指标仍保持原始材料的特征。但再生植株中存在着丰富的变异，为有用突变体的筛选提供了可能。RAPD 变异频率在 6.7%～15.6%，ISSR 变异频率则在 9.4%～18.0%，且初代植株的基因组变异频率最大。再生植株的染色体变异主要表现为倍性变化，即随着继代次数的增加，正常的二倍体细胞数目减少，而亚二倍体、超二倍体和亚单倍体细胞数目增加。

吴金平等（2005）以花魔芋愈伤组织为材料，应用甲基磺酸乙酯（ethyl methylsulfonate，EMS）诱变获得了抗软腐病的新材料。研究还发现，用 0.4% EMS 处理预培养 4d 的愈伤组织或用 0.6% EMS 处理预培养 6d 的愈伤组织均可获得较高的存活率，对存活后的愈伤组织进行软腐病菌接种，经过 6 个月继代培养与筛选，得到了少量生长正常并能与病菌共存活的愈伤组织。

## 三、多倍体诱导

多倍体育种即通过人为的诱导促使作物的染色体发生加倍，使植物发生有益突变，从而达到作物高产、优质及提高抗病抗逆能力的目的。多倍体育种已成为魔芋优质高产育种重要方法之一。

### （一）离体诱导多倍体的方法

在以上离体培养的基础上，结合秋水仙素处理进行诱导。在超净台上用 0.01% 的秋水仙素浸泡愈伤组织 12h，用无菌水洗 4 次，再转接到无秋水仙素的培养基中培养，30d 后愈伤组织成活率为 56.67%。用 0.2% 秋水仙素浸泡 2.0～3.0cm 长的不定芽，置于摇床上（转速为 80～100r/min）浸泡 5d 后，取出用无菌水洗 4 次，每次 5min，无菌滤纸吸干，然后再将这些处理过的材料转入分化培养基上培养，诱变处理过的不定芽恢复其正常生长后，将其转入生根培养基上使其生根。观察不定芽生长情况，45d 后统计不定芽成活率及变异率。

### （二）活体诱导多倍体的方法

以不同浓度秋水仙素溶液浸泡处理根状茎和滴液处理根状茎顶芽，浸泡法以浓度为 0.2% 的秋水仙素处理 3d 效果最好，成活率和变异率均相对较高，分别为 33.67% 和 54.55%；根状茎浸泡法诱导变异率较高，但成活率相对较低。生长点滴液法以 0.2% 的秋水仙素处理 7d 效果最好，成活率和变异率分别为 43.33% 和 23.08%。以花魔芋球茎切块为外植体建立浅层（深约 5mm，约 10mL）液态培养体系。

## 四、魔芋遗传转化

利用组织培养进行有用突变体的筛选和种质资源的保存也取得了一些有价值的结果。以抗病和品质改良为目的的转基因技术取得了较快发展，如抗病基因和抗除草剂基因等已实现成功转化。

魔芋遗传转化方法有基因枪法、农杆菌介导法。李贞霞（2004）用基因枪法介导建立了魔芋遗传转化体系。周盈等（2006）和陈磊等（2015）分别以潮霉素抗性基因和卡那霉素抗性基因为选择标记，建立了根癌农杆菌介导的花魔芋遗传转化体系。$NH_4NO_3$、乙酰丁香酮和共培养时间等都对转化效率具有较大的影响，这些影响转化效率的因素亦是魔芋转基因研究的关键。魔芋转化效率较低，阳性植株少且苗龄不一，降低了田间移栽的成活率。而魔芋组织培养中形成的拟球茎具有可贮运和田间种植出苗率高等优点，如果使转化后的抗性愈伤组织直接形成拟球茎而不是使其再生成植株，则可采用拟球茎集中种植，进而提高成活率。

# 第九节　水 生 蔬 菜

水生蔬菜是指在淡水中生长的、其产品可供作蔬菜食用的维管束植物。中国栽培的水生蔬菜主要有莲藕、茭白、慈姑、荸荠、水芹、芡实、芋、菱、莼菜、豆瓣菜、蒲菜、水雍菜等十余种。生产上，莲藕、慈姑、荸荠等的产品器官都是根（球）茎等地下贮藏器官，都进行无性繁殖，但繁殖系数较低，用种量大，生产成本高。同时，因长期无性繁殖，病毒病的发生危害严重，造成种性退化，严重影响产品的产量和品质。近年来对莲藕、荸荠、慈姑等组织培养的研究均已取得显著成效。

## 一、莲藕茎尖组织培养

莲藕（*Nelumbo nucifera* Gaertn）又称为藕、莲、荷、水芙蓉等，属睡莲科多年生水生草本植物。

原产中国和印度，在我国栽培有3000多年历史。莲藕的栽培种可分为藕莲、子莲和花莲三种类型。其中，藕莲和子莲属于水生蔬菜，藕莲以其肥大的根状茎供食用，富含淀粉、维生素、矿质营养等，可作菜炒食、煮食做汤、作水果生食，亦可加工作盐渍藕、保鲜藕和速冻藕等出口外销，还可糖渍或加工制成藕粉，莲藕未膨大根状茎（俗称莲鞭、藕带）可制成泡菜或作菜炒食；子莲一般较耐深水，花常单瓣，有红花及白花两种类型，结实率高，莲子大，但藕细小且品质差，子莲的种子脱除种皮后可制成干莲子或去除莲子胚（俗称莲心）后供食用，是我国人民喜爱的滋补食品，莲芯可入药；花莲属于水生花卉，又称观赏莲、荷花，其花大色艳，清香四溢，主要供观赏，而其藕细质劣且种子少甚至不结实，是中国十大名花之一。

### （一）外植体及其消毒

在莲藕的组织培养中，通常选取萌发初期的顶芽，首先在自来水下冲洗干净，然后分别用70%～75%的乙醇浸泡30s和2%的次氯酸钠溶液消毒10～15min，再用无菌水冲洗3～4次。经消毒的莲藕顶芽用解剖刀小心剥去外层叶鞘，并切取长0.3～0.5cm的茎尖接种于培养基上。

### （二）无菌系的建立

李良俊等以莲藕‘美人红’茎尖为外植体，探明MS＋1.6mg/L 6-BA＋30g/L蔗糖的液体培养基适宜茎尖转绿和分化，分化率达58.1%；然后将分化幼苗转入MS＋0.3mg/L 6-BA＋30g/L蔗糖的液体培养基，经50d培养，生长量平均可增加19.2倍，繁殖系数达4.47。汤泳萍等以广昌‘太空莲36号’子莲的顶芽或侧芽为外植体，研究发现适宜外植体分化的培养基为MS＋1.5～2.0mg/L 6-BA＋0.05mg/L NAA＋0.2%活性炭。培养苗适宜生长的温度为26～28℃、光照强度为2000～3000lx、光照时间为10h/d。

### （三）培养苗的快繁

以1展开叶＋1未展开叶带1芽的莲藕茎尖培养苗作快繁外植体，在MS＋0.5mg/L 6-BA＋0.2mg/L KT＋0.05mg/L NAA的培养基中，经30～40d培养，繁殖系数最大。而子莲培养研究发现，以25d为周期进行芽的继代增殖，可有效控制芽褐变和小叶枯黄等问题。莲藕组培苗快繁时应用红、白光配合，有利于培养苗的生长和繁殖系数的增加（图17-42）。

图17-42 莲藕培养苗形成的丛生芽

### （四）组培苗的生根、驯化、移栽

将继代培养苗，接入MS＋0.1mg/L 6-BA＋2.0mg/L NAA＋5%蔗糖的液体生根培养基中，经30～40d，一般都可长出较为发达的根系（图17-43），可进行驯化后移栽。

将生根后的培养苗连培养瓶一起，从培养室移至驯化温室，保持25℃左右的温度，并适当遮阴、保湿，闭瓶锻炼和驯化2周，使渐近田间环境条件（图17-44）。然后将经驯化的培养苗，从培养瓶中小心取出，用自来水冲洗干净，栽入3～5cm深的浅水灭菌土壤或育苗基质中，保持25℃左右，并适当遮阴，经15d左右培养苗即可成活长出新叶，成活组培即可移栽大田。组培苗大田定植一般行距1m、株距0.5m左右，移栽初期应保持浅水，待组培苗在田间长出立叶后，田间管理工作同一般大田莲藕栽培。

在露地条件下，培养苗移栽下田需要气温保持在15℃以上的适宜生长期100d左右，才能结出较大的新藕，供下年做种。如在长江流域一般以5～7月移栽下田为宜。

图17-43 莲藕培养苗驯化生根

图17-44 莲藕培养苗驯化

## 二、慈姑茎尖组织培养

慈姑（*Sagittaria sagittifolia* L.），别名剪刀草、燕尾草，是泽泻科慈姑属多年生水生草本植物，原产中国。慈姑以膨大的球茎供食用，营养丰富，富含淀粉、蛋白质、磷等矿质营养，可煮食、炒食。在我国华南地区和长江流域栽培普遍，江苏里下河地区和太湖地区及珠江三角洲等地为主产区。

### （一）外植体及其消毒

选取慈姑顶芽，置自来水下冲洗30min，用70%乙醇浸泡30s后，在2%的次氯酸钠溶液中浸泡消毒20min，用无菌水清洗3～5次，在无菌操作台上剥去外层鳞片，切取大小为0.3～0.5cm的茎尖用于初代培养。

### （二）无菌系的建立

慈姑茎尖外植体在MS+1.0～2.0mg/L 6-BA+0.3～1.0mg/L NAA+30g/L蔗糖、pH为5.8的培养基上启动萌发生长快，在培养温度为（25±2）℃、光照强度1500～3000lx、每天光照时间12h的条件下，经30～40d即可长成健壮的培养苗（图17-45）。

图17-45 慈姑无菌苗

### （三）培养苗的快繁

慈姑茎尖培养苗的增殖快繁的适宜培养基为MS+2.0～3.0mg/L 6-BA+0.1～0.5mg/L NAA+蔗糖30g/L，pH为5.8～6.0，培养温度为25～28℃，每天光照10～14h，光照强度为2000～3000lx有利于培养苗的快速繁殖。慈姑培养苗继代快繁的周期一般以25～30d为宜，其繁殖速度快，培养苗健壮。

### （四）组培苗的生根、驯化、移栽

将快繁苗接种到1/2 MS+0.2mg/L 6-BA + 0.2mg/L NAA生根培养基上，培养20d左右，在培养苗短缩茎的基部可以分化出多条根系（图17-46），且培养苗生长健壮。当根长达到1～2cm时，即可将培养瓶移至驯化温室中打开瓶盖，适当遮阴，保持温室温度28℃左右，进行炼苗2～3d，随后用镊子小心取出培养苗，洗去根部的培养基，栽植于育苗基质中，注意保温、保湿、遮阴，7～10d后慈姑培养苗的成活率可达95%以上。慈姑培养苗成活后逐步去除遮阴，进入常规管理，长江中下游及其以南地区在7月下旬前大田定植培养苗，都可获得优质高产（图17-47）。

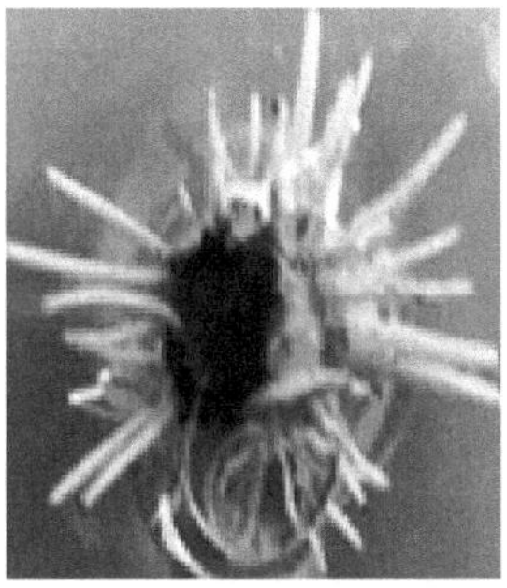

图17-46 慈姑组培苗生根

图17-47 慈姑组培苗移栽驯化

## 三、荸荠茎尖组织培养

荸荠［*Eleocharis tuberosa*（Roxb）Roem. et Schult］别名马蹄、地栗，是莎草科荸荠属多年生浅水性草本植物，原产中国。以其地下球茎供食用，生食、熟食均可，也可加工罐藏和提取淀粉，具有健胃、祛痰、解热等功效。在我国南方多利用低洼水田或沼泽地进行栽培，并常与慈姑、莲藕和席草等轮作。广西桂林、浙江余杭、江苏里下河地区、太湖地区等地为著名产区。

### （一）外植体及其消毒

以荸荠顶芽为外植体。将选取的荸荠球茎用洗衣粉溶液浸泡，自来水充分刷洗，去除泥沙和腐败芽鞘；然后用刀片切取少量带荸荠球茎组织的芽尖，在流动自来水下冲洗30min，在超净工作台上用70%～75%的乙醇浸泡10s左右，再用2%次氯酸钠溶液浸泡、消毒6～10min；最后用无菌水充分冲洗3～5次。

### （二）无菌系的建立

经消毒的荸荠茎尖剥除外层芽鞘，取内部长0.3cm左右的茎尖，接种于MS+0.2～1.0mg/L BA+0.1mg/L NAA+3%蔗糖，pH5.8的液体培养基中，在培养温度24～26℃，每天光照时间10h，光照强度为1500～2500lx的条件下，第三天即能看见外植体明显伸长膨大，并开始转绿。2周左右，荸荠叶状茎生长形成培养苗，并开始形成分蘖。

### （三）培养苗的快繁

荸荠培养苗的快速繁殖一般取初代培养的无菌

苗进行分株增殖。取出的培养苗，剪除上部大部分叶状茎，对叶状茎基部的短缩茎或芽丛切割成2～3分蘖（或丛芽）接入增殖培养基：MS＋0.4mg/L玉米素或MS＋1.5mg/L 6-BA＋0.01mg/L NAA＋3%蔗糖（pH5.8）的液体培养基。30d左右，即可形成大量丛生芽，繁殖系数大（图17-48）。李良俊等研究发现，荸荠组培苗快繁应用粉红色光、黄色光和白光配合，形成的分蘖苗质量较好，叶状茎粗壮，叶色浓绿色，繁殖系数高。

图17-48 荸荠丛生芽

## （四）荸荠试管球茎的诱导

将荸荠试管苗转入成分为MS＋2mg/L 6-BA＋1mg/L NAA＋3～4mg/L水杨酸＋8%～12%蔗糖（pH5.8）的液体培养基中，培养20d以上，培养苗可形成大量匍匐茎；继续培养20d以上，匍匐茎的顶端节位开始膨大形成荸荠试管球茎，并进一步萌发（图17-49、图17-50）。

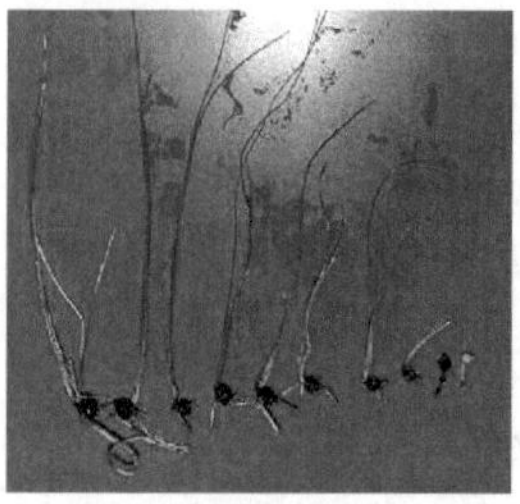

图17-49 荸荠试管球茎

图17-50 荸荠试管球茎萌发

## （五）组培苗的生根、驯化、移栽

将快繁增殖得到的荸荠试管苗在上述试管球茎诱导培养基中培养20d左右，可形成健壮生根植株，将该植株连培养瓶移至驯化温室放置2d，第3天拧松瓶盖，露少量空隙，使培养瓶内部与外界空气连通，2d后完全揭开瓶盖，保持空气湿度，3～5d后即可取出组培苗，用自来水将根部培养基冲洗干净后，移栽入苗床，培养苗成活率可达60%以上。培养中形成的荸荠试管球茎可直接移栽入苗床，当试管球茎重量达100mg以上时，试管球茎的移栽成活率可达80%（图17-51）。

图17-51 荸荠驯化苗

# 主要参考文献


陈景红．2014．丹东野生香百合的组织培养和快繁技术研究．中国林副特产，129（2）：25~26

杜帅，李丹，杜喜春，等．2014．绿花百合组培快繁技术研究．现代园艺，4：12~13

樊砚，农艳丰，甘金佳，等．2013．东方百合‘明星’品种的花器官培养．农业研究与应用，4：26~29

洪森荣，尹明华，王艾平．2013．江西铅山红芽芋脱毒苗球茎愈伤组织诱导及其再生体系的建立．植物研究，6：738~745

洪森荣，尹明华，王艾平．2014．江西铅山红芽芋胚性愈伤组织的包埋玻璃化超低温保存．植物科学学报，32（1）：80~87

胡建斌，柳俊．2008．魔芋属植物组织培养与遗传转化研究进展．植物学通报，1：14~19

贾艳丽，吴磊，卢长明．2013．白菜高效遗传转化体系研究进展．中国油料作物学报，35：16~24

李川，员艳，杨松杰．2012．降低魔芋球茎组培褐变的技术研究．中国农学通报，28（31）：243~246

刘颖颖，刘世琦，薛小艳，等．2013．大蒜未受精子房离体诱导单倍体的研究．园艺学报，6：1178~1184

王蒂，陈劲枫．2013．植物组织培养．2版．北京：中国农业出版社

王自布，杞文瑞，梁慧，等．2009．魔芋不同外植体组培快繁及其再生体系的研究．分子植物育种，14（3）：699~703

夏九成，郑毅，吕会，等．2013．利用百合花器官诱导试管苗快繁技术研究．北方园艺，（1）：102~104

谢松林，王仙芝，牛立新，等．2010．百合杂种系间杂交障碍的克服及3种幼胚离体培养方法的比较研究．西北植物学报，30（8）：1573~1578

徐品三，刘华夏．2009．无病毒百合组培种球快速繁殖体系的建立．中国农学通报，25（9）：174~178

姚秋菊，蒋武生，原玉香，等．2008．游离小孢子培养育成早熟大白菜新品种‘豫新’．园艺学报，35（6）：929

易欣，周颂东，何兴金．2013．野生通江百合高频率再生植株的研究．四川大学学报（自然科学版），50（1）：193~198

张红岩，周兴，莫勇生，等．2015．兰州百合组织培养及快速繁殖技术研究．广西科学院学报，31（1）：49~53

赵和文，陈峥，崔金腾，等．2015．菠萝百合组织培养技术研究．北京农学院报，30（2）：71~75

周维燕，孟新法．1981．石刁柏离体腋芽快速无性繁殖的研究（初报）．北京农业大学学报，7（04）：89~94

Arzate-Fernandez AM, Nakazaki T, Okumoto Y.1997. Efficient callus induction and plant regeneration from filaments with anther in lily (*L. Longiflorum*). Plant cell Reports, 16：836-840

Ayabe M, Sumi S.2001. A novel and efficient tissue culture method - "stem-disc dome culture" - for producing virus-free garlic (*Allium sativum* L. ) Plant Cell Rep, 20：503~507

Bi WL, Yin Z F, Luo L, et al. 2015. Plant regeneration from shoot regrowth and de novo embryo-like structures from cryopreserved shoot tips of *Lilium* spp. *In Vitro* Cell Dev Biol Plant, 51(4)：390~398

Carmona-Martin JE, Regalado Y, Padilla IMG, et al. 2014. A new and efficient micropropagation method and its breeding applications in *Asparagus genera.* Plant Cell Tiss Organ Cult, 119(3)：479~488

Dan Y, Stephens CT. 1991. Studies of protoplast culture types and plant regeneration from callus-derived protoplasts of *Asparagus officinalis* L. cv. Lucullus 234. Plant Cell Tiss Organ Cult, 27：321~331

Elmira JY, Kevin C. 2013. Improvement in efficiency of microspore culture to producedoubled haploid lines of Ethiopian mustard. *In Vitro* Cell Dev Biol Plant, 49(6)：682~689

Fan MZ, Xu CY, Xu K, et al. 2012. LATERAL ORGAN BOUNDARIES DOMAIN transcription factors direct callus formation in *Arabidopsis* regeneration. Cell Res, 22(7)：1169~1180

Gao Y, Ren X, Ruan S, et al. 2012. Genetic transformation of Chinese cabbage (*Brassica rapa* ssp. *pekinensis*) with floral-dip method. Agr Biot, 1(4)：22~24, 27

Gimenez MD, Yanez-Santos AM, Paz RC, et al. 2016. Assessment of genetic and epigenetic changes in virus-free garlic (*Allium sativum* L. ) plants obtained by meristem culture followed by in vitro propagation. Plant Cell Rep, 35(1)：129~141

Han LW, Ge Y, Yao L, et al. 2015. Transformation of soft rot resistant *aiiA* gene into Chinese cabbage (*Brassica rapa* ssp. *pekinensis*) by the pollen-tube pathway. Integr J Agr Biol, 17(3)：668~670

Hu JB, Xie CH, Yan HB, et al. 2005. Histological observations of morphogenesis in petiole derived callus of *Amorphophallus rivieri* Durieu *in vitro* electronic resource. Plant Cell Rep, 24(11)：642~648

Hu X, Lei Y, Wang P, et al. 2015. Development of a multiplex reverse transcription-PCR assay for simultaneous detection of garlic viruses. J Integr Agr, 14(5)：900~908

Hu XP.2014. Research on callus induction from coleoptile explants of *Amorphophallus.* Agr Sci Technol, 15(12)：2085~2087, 2107

Jin S, Wang J, Wang X, et al. 2014. Direct and indirect shoot and bulblet regeneration from cultured leaf explants of *Lilium pumilum*, an endangered species. *In Vitro* Cell Dev Biol Plant, 50：69-75

Lian Y J, Zhao X M, Lin G Z, et al. 2012. Protoplast isolation and culture for somatic hybridisation of rapid cycling *Brassica rapa* with "Anand" CMS and *Brassica juncea.* Plant Cell Tiss Organ Cult, 109(3)：565~572.

Liu X, Yang G.2012. Adventitious shoot regeneration of oriental lily (*Lilium orientalis*) and genetic stability evaluation based on ISSR marker variation. *In Vitro* Cell Dev Biol Plant, 48(2)：172~179

Lo′pez-Anido F, Cointry E. Asparagus.2008. In：Prohens J, Nuez F. Vegetables II：Fabaceae, Liliaceae, Umbelliferae, and Solanaceae. New York：Springer：87~119

Regalado JJ, Carmona-Martin E, Madrid E, et al. 2015. Production of "super-males" of asparagus by anther culture and its detection with SSR-ESTs. Plant Cell Tiss Organ Cult. DOI 10.1007/s11240-015-0880-6

Scotton DC, Benedito VA, Molfetta JB, et al. 2013. Response of root explants to *in vitro* cultivation of marketable garlic cultivars. Horticult Brasil, 31(1)：80~85

Yang KZ, Wang HZ, Shan X, et al. 2014. Requirement of A-type cyclin-dependent kinase and cyclins for the terminal division in the stomatal lineage of *Arabidopsis.* J Exp Bot, 65(9)：2449~2461

Zhang CJ, Wang HL, Ma Y, et al. 1994. Regeneration of haploid plants from isolated microspores of asparagus (*Asparagus officinalis* L. ). Plant Cell Rep, 13：637~640

# 第十八章 观赏植物组织培养与生物技术

观赏植物（ornamental plant）的组织培养技术主要用于无性系快速繁殖、脱毒苗培养等。细胞工程、基因工程等生物技术主要用于观赏植物的新品种培育。本章主要介绍唐菖蒲、牡丹、蝴蝶兰、国兰、菊花、红掌等重要观赏植物的组织培养与生物技术。

## 第一节 唐 菖 蒲

唐菖蒲（*Gladiolus hybridus* Hort.）是鸢尾科唐菖蒲属多年生草本球根花卉，又称为剑兰、扁竹莲、菖兰等，原产地为南非好望角、地中海沿岸及小亚细亚地区。唐菖蒲具有很高的观赏价值，有世界“切花之王”的美誉。生产上常用分球法繁殖，繁殖率低，易造成病虫害危害，且经多代繁殖后常出现花朵变小、植株变弱、品种退化、切花品质降低的现象，极大地影响了切花的商业生产。组织培养技术不仅能经济高效地保存种质资源，还能够迅速去除唐菖蒲病毒和更新品种，缩短生育周期，促进商品化生产。

### 一、唐菖蒲组织和器官培养

#### （一）唐菖蒲离体培养体系建立

1．外植体类型　唐菖蒲可选的外植体种类有很多，如球茎侧芽、子球茎、花蕾、花托、花瓣及叶片等（图 18-1，图 18-2）。一般常用的外植体有球茎和叶片，其中唐菖蒲子球的中部切片为最佳外植体。在花茎的选择方面，以品种‘Rose Supreme’5 叶期和品种‘Advanced Red’7 叶期的花茎为外植体较好。

2．外植体灭菌　将洗净后的外植体用 70% 乙醇浸摇 30～60s，饱和漂白粉上清液灭菌 10～20min（视材料老嫩而异），无菌水漂洗 4～8 次，即可按无菌操作方法切块（段）接种。

以唐菖蒲的球茎为例：先取球茎，除去外皮，在加有数滴洗涤剂的清水中浸泡 10～20min，然后用自来水冲洗 20～60min，吸干水分，再用 70% 乙醇浸泡 0.5～2min，0.2% 次氯酸钠溶液浸泡 10～15min，剥取芽眼，用 10% 漂白粉上清液消毒 15～25min，再用无菌水冲洗 3～5 次，无菌滤纸吸干后备用。

3．培养基和培养条件　基本培养基为 MS、N6。生长素宜用 NAA 和 IAA，用 2,4-D 时，用量控制在 0.1～0.2mg/L。一般在诱导幼苗分化阶段，激素用量可稍高。

唐菖蒲诱导形成愈伤组织培养基为 MS＋2mg/L 2,4-D＋0.2mg/L BA，采用 MS＋6mg/L NAA 和 MS＋6mg/L TDZ。诱导非胚性（NEC）和胚性（EC）愈伤组织诱导率分别达 65.53% 和 71.88%，生根培养基 1/2 MS＋0.5mg/L IBA 的生根率为 87.50%；最佳诱导分化培养基为 MS＋2mg/L BA＋0.2mg/L 2,4-D，最佳继代培养基为 MS＋1mg/L BA＋0.1mg/L 2,4-D，并且 MS＋0.5mg/L BA＋SA 0.5mg/L 培养基对提高唐菖蒲继代苗的增殖效果最好，可达 110%，MS＋2.0mg/L $AgNO_3$ 培养基对唐菖蒲继代苗的生长促进效果最好。

子球接种方式以横切为宜，正反面对不定芽再生均无影响，而纵切接种只产生不定根。倒接（形态学下端向上）是最佳接种方式。

在接种后，培养材料最好经过 5～7d 的暗培养，这样有助于侧芽伸长，提高繁殖系数。培养温度（22±2）℃，每天光照 10～12h，光照强度为 1500～2000lx。

4．生根与移栽　将继代培养的试管苗从基部切断，除掉周围的愈伤组织，接种到生根培养基 MS＋0.5mg/L IBA，生根率达到 91.81%，单苗根数为 18.97。

组培苗在生根培养基上生长 15d 左右，苗高 3～4cm，根长在 0.5～1.5cm。移栽前 4～6 周，将其

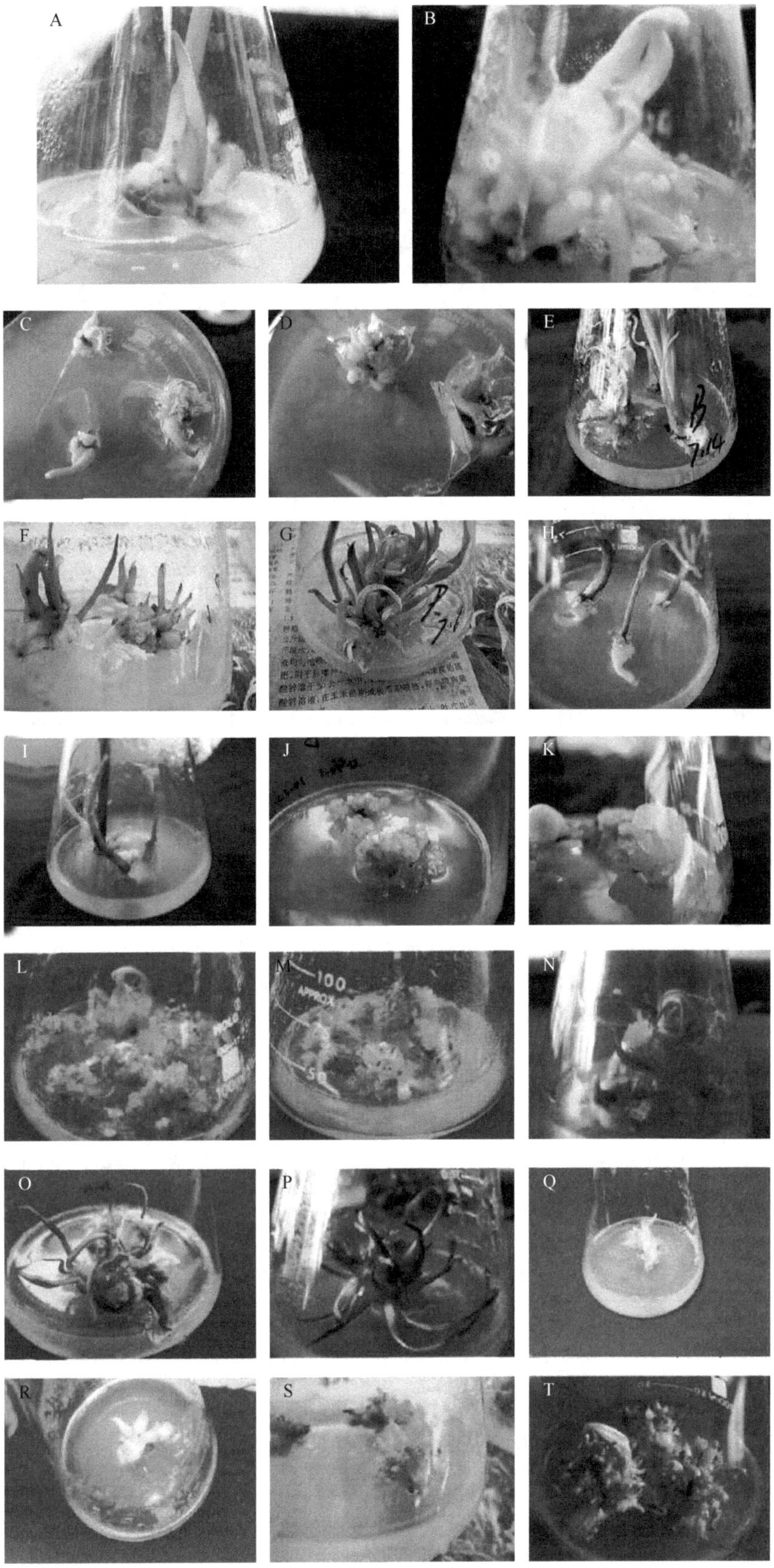

图 18-1 用唐菖蒲子球离体培养建立再生体系的全过程图（陈君梅，2008）

A，B. 子球萌发侧芽；C～G. 侧芽增殖继代；H，I. 试管苗子球的诱导；J～L. 愈伤增殖与保存；M～P. 愈伤诱导成苗；Q，R. 单芽增殖；S，T. 再生芽丛

图 18-2 用唐菖蒲（普瑞西拉）花序建立再生体系的全过程图（陈君梅，2008）

A. 花瓣未分化；B. 雄蕊未分化；C，D. 花托脱分化；E～I. 花茎直接诱导成芽；J，K. 再生芽继代增殖；L. 低浓度 NAA 诱导生成的根；M. 高浓度 NAA 诱导生成的根；N. 再生苗在培养基中形成的子球和根；O. 移栽成活的再生苗

移至室温环境进行炼苗，温度控制在 2～3℃，使组培苗逐步适应外界环境条件而提高移栽成活率。移栽时，为避免细菌感染，导致小苗腐烂死亡，小心洗净根部的培养基，将其移栽至经灭菌处理的腐叶、细砂按体积计以 1∶3 的比例配制成的移栽基质中。保持环境温度 18～22℃，空气相对湿度 80%～90%，移栽过程中适当遮光，避免过高的日光照射。

目前唐菖蒲组织培养成功的实例如表 18-1 所示。

**表 18-1 唐菖蒲组织培养获得成功实例**

| 种类 | 外植体 | 培养基类型 | 培养条件 | 参考文献 |
|---|---|---|---|---|
| 唐菖蒲品种奥斯卡（Oscar） | 茎尖 | 最适合唐菖蒲试管苗生长 MS+0.5mg/L NAA+1.0mg/L 6-BA | 温度为 24℃，湿度为 78%，光照强度 1400～1600lx，光照时间 10～12h | 申芸萍，2014 |
| 唐菖蒲品种 Advanced red | 子球、花柱、子房和花丝 | 诱导非胚性（NEC）和胚性（EC）愈伤组织形成的最佳诱导培养基分别为 MS+6mg/L NAA 和 MS+6mg/L TDZ；生根最适培养基 1/2MS+0.5mg/L IBA | 温度为（25±1）℃，光照强度为 30～40μmol/（$m^2$·s），光照时间为 12h/d | 徐哲等，2009 |
| 唐菖蒲栽培品种 Rose Supreme 和 Advanced Red | 花茎 | 直接诱导愈伤组织及不定芽再生的最佳培养基为 MS+2mg/L BA+0.4mg/L IBA；生根培养基 MS+0.5mg/L IBA | 温度（25±2）℃，光照时间 12h/d，光照强度 3000lx | 郝红云等，2007 |
| 唐菖蒲品种 Advanced red | 子球、无菌根 | 直接诱导不定芽再生的最佳培养基为 MS+0.6mg/L 2,4-D+1.1mg/L6-BA +1.5mg/L $AgNO_3$；最佳生根培养基为 MS+0.5mg/L IBA | 温度（25±1）℃，光照强度 2000～3000lx，光照时间 12h/d | 张智乾等，2008 |

续表

| 种类 | 外植体 | 培养基类型 | 培养条件 | 参考文献 |
|---|---|---|---|---|
| 超级玫瑰 | 子球茎 | 丛生芽继代增殖在MS+0.5mg/L6-BA+0.1mg/L NAA上，增殖系数最高；效果最佳生根培养基1/2 MS+0.1mg/L NAA | 光照强度为1500～2000lx，14h光照/10h黑暗，温度25～28℃ | 艾丽皎等，2005 |
| 超级玫瑰（rose supreme） | 无菌球茎 | 胚状体诱导培养基为MS+1.0mg/L 2,4-D+0.2mg/L TDZ | | 车代弟等，2008 |
| 青骨红（Traderhom） | 子球 | 最佳唐菖蒲诱导形成愈伤组织培养基为MS+2mg/L 2,4-D+0.2mg/L BA；最佳诱导分化培养基为MS+2mg/L BA+0.2mg/L 2,4-D；最佳继代培养基为MS+1mg/L BA+0.1mg/L2,4-D | 温度为（22±2）℃，光照强度1500～2000lx，光照时间为10～12h | 蒲秀琴，2011 |
| 青骨红（Traderhom） | 幼嫩叶片 | 最佳愈伤诱导培养基为MS+0.1mg/L 2,4-D+0.5mg/L BA；最佳芽诱导培养基为MS+0.5mg/L NAA+2mg/L BA+2mg/L KT；最佳生根培养基为1/2 MS+0.5mg/L IBA | 培养温度为（25±1）℃，每天14h光照，10h黑暗，光照强度为1500lx | 廖林楠等，2005 |
| 唐菖蒲切花粉友谊 | 花粉 | 100g/L蔗糖+100mg/L $H_3BO_3$+150mg/L $CaCl_2$+50mg/L $Fe_2(SO_4)_3$+50mg/L $KNO_3$+100mg/L $MgSO_4 \cdot 7H_2O$ | 培养温度为25℃ | 黄蓓丽等，2009 |
| 唐菖蒲品种普瑞西拉（Pricilla） | 花茎、花柄、花托、雌蕊、雄蕊、花瓣 | 花茎、花柄、花托的切块接种在MS+1mg/L 6-BA+1mg/L NAA培养基上，可直接诱导愈伤组织和丛生芽的生成；丛生芽继代增殖在MS+0.5mg/L 6-BA+0.1mg/L NAA培养基上，增殖效果最好；生根培养时以MS+0.1mg/L NAA的培养效果最佳 | 23～25℃，冷光灯照16h/d、光照强度2000lx | 陈君梅等，2009 |
| 玛加烈、青骨红、Nove、紫墨玉 | 花瓣 | 诱导培养基为MS+0.5～2.0mg/L 6-BA+0.1～0.5mg/L NAA；分化培养基为MS+0.5～1.0mg/L 6-BA+0.025～0.1mg/L NAA；生根培养基为1/2 MS或1/2 MS+0.2mg/L IAA | 温度（26±2）℃，光照时间10～12h/d，光照强度1500～2000lx | 赵秀梅等，1999 |
| 超级玫瑰（rose supreme） | 子球茎 | 最佳芽分化培养基为MS+0.2mg/L NAA +2.0mg/L BA+0.8mg/L KT；最佳生根培养基为MS+0.5mg/L IBA | | 车代弟等，2004 |
| 白花女神，普瑞西拉，江山美人，新秀 | 子球 | 芽增殖培养基为MS+0.5mg/L 6-BA+0.1mg/L NAA；最适诱导培养基配方为MS+1.0mg/L 6-BA+1.0mg/L NAA；最适合再生芽增殖继代的培养基为MS+0.5mg/L 6-BA+0.1mg/L NAA；最佳生根培养基为MS+0.1mg/L NAA | 温度为23～25℃，每日冷光灯照16h，光照强度2000lx | 陈君梅，2008 |
| 超级玫瑰 | 休眠子球茎 | 不定芽诱导培养基为MS+0.5mg/L 6-BA +0.1mg/L NAA；增殖培养基为MS+0.5mg/L 6-BA +0.1mg/L NAA | 培养室温度（26±2）℃，光周期14h光照/10h黑暗，光照强度1500～2000lx | 艾丽皎，2005 |
| 哈尔滨市当地和从吉林引入的品种成品系26份 | 花蕾 | 诱导培养基为MS+0.1mg/L NAA+3.0mg/L 6-BA+100mg/L腺嘌呤；生根培养基为MS+0.5mg/L IBA | 培养温度24℃，每日光照10h | 刘文萍等，1992 |

### （二）脱毒培养

唐菖蒲的繁殖是通过营养体（种球）繁殖，随着生产栽培时间的延长，病毒危害程度越来越严重，种类越来越多。病毒的侵染会使唐菖蒲植株矮化，叶片出现褪绿、条纹或皱缩，叶缘呈锯齿状，花朵变小，花色变淡，花朵变形，根部腐烂等，带毒种球则表现斑驳、个变小或畸形等（图18-3，图18-4）。不同浓度粗毒素胁迫对愈伤组织生长的影响见图18-5。种性的退化，使产量和质量受到

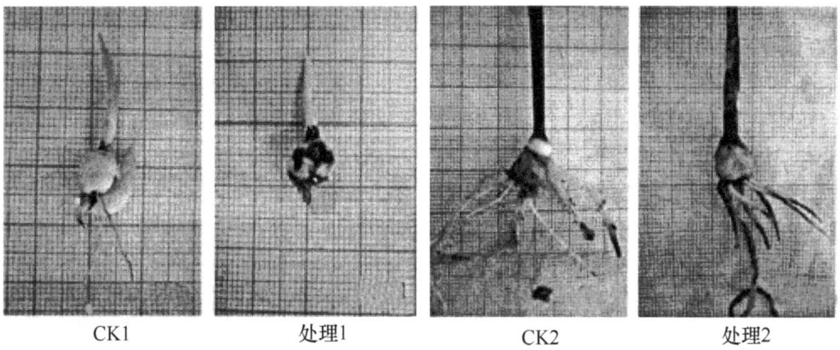


图18-3 根腐病菌粗毒素引起唐菖蒲球茎及根部的症状（胡颖慧，2012）

CK1为唐菖蒲子球经无菌水处理7d的状态；CK2为唐菖蒲幼苗经无菌水处理7d的根部状态；处理1为唐菖蒲子球经粗毒素处理7d的症状；处理2为唐菖蒲幼苗经粗毒素处理7d根部的症状

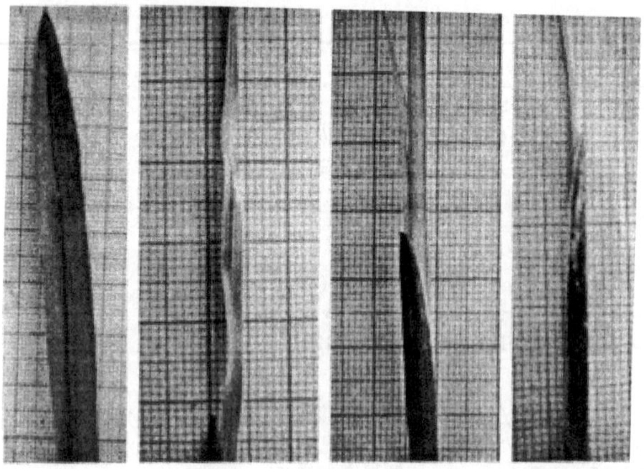

CK1　　处理1　　CK2　　处理2

图 18-4　根腐病菌粗毒素引起唐菖蒲幼苗症状（胡颖慧，2012）

CK1 为唐菖蒲幼苗经无菌水处理 7d 后的叶尖状态；CK2 为唐菖蒲幼苗经无菌水处理 7d 后的鞘叶状态；处理 1 为唐菖蒲幼苗经粗毒素处理 7d 后叶尖的症状；处理 2 为唐菖蒲幼苗经粗毒素处理 7d 后鞘叶的症状

很大影响，甚至完全失去观赏价值。通过茎尖培养的方法可以脱除病毒，恢复原品种的优良特性，是解决唐菖蒲退化问题的可靠途径。

冷处理和热处理都是茎尖脱毒培养的常用方法。

（1）冷处理与茎尖培养　取唐菖蒲球茎，在 2℃环境条件下贮藏 2～3 个月，剥离茎尖前温室放置几周，剥外皮后，用自来水冲洗，75% 乙醇浸泡数秒，0.2% 次氯酸钠溶液中消毒 15min，无菌水冲洗 5～6 次，然后剥离 1～2mm 茎尖，再接种培养，形成芽，产生完整的植株。

（2）热处理与茎尖培养　取唐菖蒲子球，42℃恒温箱放置 5d，剥去种皮后，用自来水冲洗，75% 乙醇浸泡数秒，0.2% 次氯酸钠溶液中消毒 15min，无菌水冲洗 5～6 次，剥去顶部生长尖外的鳞片，切取生长尖顶部小于 $0.5mm^3$ 的组织，接种培养，形成芽，产生完整的植株。

### （三）组织培养中的玻璃化现象

玻璃化现象是指培养物呈半透明水迹状、畸形，不能移栽成活。具体解决方法如下：①适当提高培养基中蔗糖含量或加入渗透剂，降低培养基中的渗透势，减少培养基中植物材料可获得的水分，降低培养瓶内部环境的相对湿度；②适当降低培养基中的细胞分裂素和赤霉素的浓度，适当增加矿质元素，如铁、铜、锰、钙、钾、磷等；③增加自然光照，改善培养器皿的气体交换状况；④减少培养基中含氮化合物的用量；⑤降低培养温度，进行变温培养。

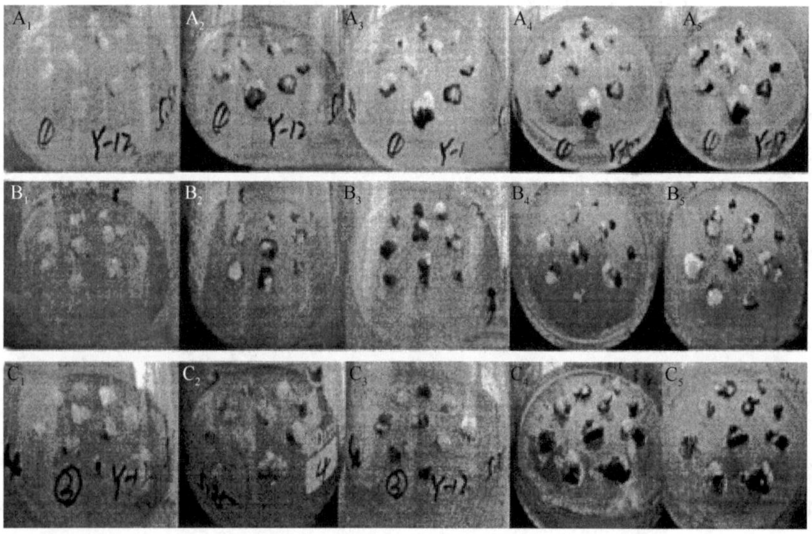


图 18-5　不同浓度粗毒素胁迫对愈伤组织生长的影响（胡颖慧，2012）

$A_1$～$A_5$ 分别为粗毒素浓度 10% 胁迫 0d、5d、10d、15d、20d；$B_1$～$B_5$ 分别为粗毒素浓度 30% 胁迫 0d、5d、10d、15d、20d；$C_1$～$C_5$ 分别为粗毒素浓度 50% 胁迫 0d、5d、10d、15d、20d

## 二、花瓣无性系与离体诱变

体细胞无性系变异是植物组织培养中普遍存在的现象。由于现有的唐菖蒲组织培养技术是以愈伤组织培养为基础的，而愈伤组织培养则易诱发无性系变异。

在没添加任何化学诱变剂的情况下，由花瓣愈伤组织所获得的无性系群体中也发生了较高频率的变异。花瓣愈伤组织在经过 8 个月的继代培养后，变异率为 2%；在半致死剂量的秋水仙素及 EMS 诱导条件下诱变率分别为 57.6% 与 5.15%。可见，花瓣愈伤组织经过化学药剂诱变后变异率明显增大。

由花瓣愈伤组织可直接再发育成花瓣，由花瓣诱导的再生植株在幼苗发育过程中明显携带花瓣中原有色素现象；秋水仙碱和 EMS 诱导愈伤组织的半致死剂量分别为 0.5mg/L、9.0mg/L；$M_1$ 代 ISSR 分析表明：花瓣无性系变异率为 2.13%，秋水仙素处理花瓣愈伤组织的变异率为 57.6%，EMS 处理花瓣愈伤组织的变异率为 5.15%，子球无性系未获得变异植株；$M_2$、$M_3$ 代的性状观察结果证明变异单株分别在花色、植株形态、子球形成能力、出苗期等方面存在一定差异；ISSR 标记的 $M_1$ 代变异株与 $M_2$、$M_3$ 代性状观察结果符合率为 85.1%。

## 三、多倍体诱导

由于体外培养环境的特殊性，体外培养过程本身就是一个诱变过程，所以经常会出现频率较高的体细胞无性系变异，如果在体外培养过程中施加一定剂量的诱变剂，则可以进一步增加再生植株的变异频率，获得更多的变异材料。

有研究采用混培法进行唐菖蒲愈伤组织多倍体诱导。按 0.1mg/L 浓度将秋水仙素加入到培养基中，然后进行多次继代培养，将愈伤组织接入到该培养基中培养。在高温灭菌后的继代培养基处于液态时，放入 20mL 秋水仙素母液，且在无菌条件下再分别倒入锥形瓶中，配制培养基。选取预培养的结构致密、颗粒较小的花瓣胚性愈伤组织，接种于上述培养基中。为了获得诱变处理的半致死剂量，需要对驯化移栽 3 周后的愈伤组织的存活情况进行统计。

唐菖蒲愈伤组织的存活率随着秋水仙素处理的浓度和时间的不同而变化。秋水仙素处理浓度上升时，愈伤组织的成活率由 96.37% 下降到 8.9%；在同等浓度条件下，处理时间不断增加，其存活率明显下降，愈伤组织接近半致死率是 51.52%。

唐菖蒲倍性植株可溶性糖及可溶性蛋白含量、CAT 活性均较二倍体有大幅度增加，表明四倍体植株较二倍体具有更强的生长优势和抗逆性，同时也说明唐菖蒲多倍体基因剂量效应的明显存在。

## 四、唐菖蒲遗传转化

唐菖蒲的转基因研究起步相对较晚，目前有关报道较少，且多采用基因枪法。第一例报道是采用微粒子轰击唐菖蒲的子球切片，细胞悬浮物和愈伤组织等，获得了转基因唐菖蒲植株。在国内，郑洋等以唐菖蒲愈伤组织为转化受体，将植物 *NPR1* 基因通过农杆菌介导转化唐菖蒲，获得了经 PCR 检测为阳性的植株。

农杆菌介导法侵染外植体：取 200μL 保存于 −70℃冰箱的农杆菌，转接到 30mL 附加卡那霉素和利福平的 YEB 液体培养基中，28℃ 200r/min 培养至 $OD_{600}$ 值 0.6～0.8。取 10mL 菌液，4℃ 600r/min 离心 5min。收集菌体，去上清液，加入新配制的 1/2MS 培养基重悬菌液即成为转化唐菖蒲的侵染液。选择生长良好，质地疏松均一的胚性愈伤组织，将其切成 0.5cm 的方块，接种在分化培养基中，预培养 0～5d。侵染时间为 15～20min，添加 100μmol/L AS，用无菌滤纸吸干外植体周围菌液，转接到分化培养基上，光照条件下共培养 3d。当抗性植株长到 3～5cm 时，转入生根培养基上进行生根培养。

# 第二节　牡　　丹

牡丹（*Paeonia suffruticosa*）为芍药科（Paeoniaceae）芍药属（*Paeonia*）落叶小灌木，是原产于中国的传统名花，被誉为“花中之王”。多种牡丹结实率低甚至不结实，且种子有休眠特性，生根萌芽率极低，用种子繁殖难以获得优良植株，所以生产上主要采取分株、压条、嫁接、扦插等无性繁殖方式。但常规的无性繁殖方式不但需要大量的繁殖材料，而且受季节限制，无法满足牡丹的产业化和商品化生产需求。应用组培技术可以缩短繁育周期，保持母株的优良性状，还可能在大量的繁殖后代中得到一定数量的突变体（图 18-6）。

## 一、牡丹组织和器官培养

1．外植体　牡丹外植体类型和生理特征严重影响植株的再生。不同品种对培养的条件要求都有较大差异。牡丹外植体的部位不同，其分化程度

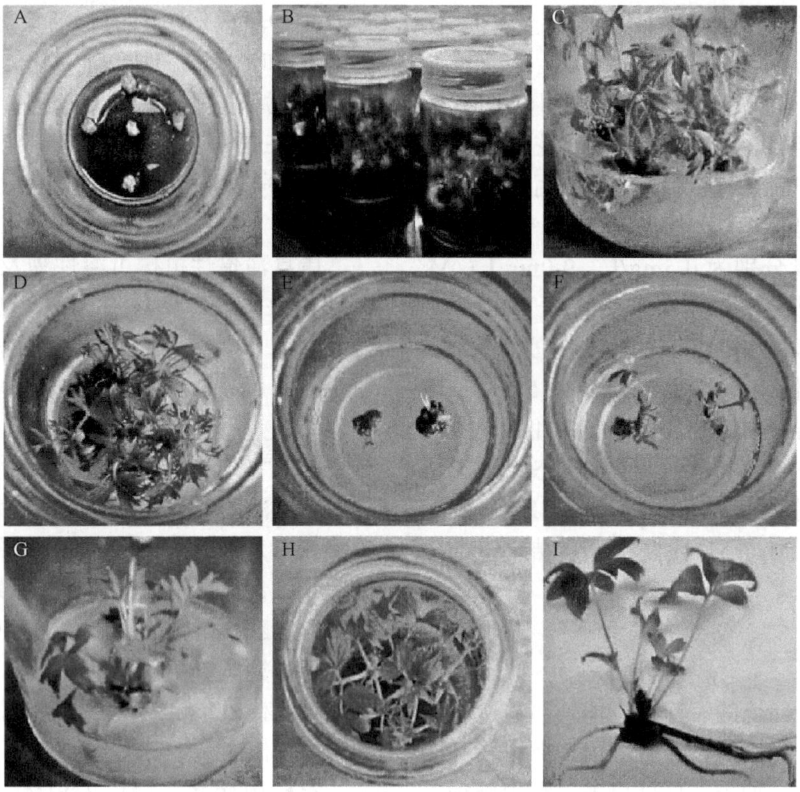


图 18-6　牡丹组织培养（殷丽青等，2012）

A. 鳞芽萌动；B. 鳞芽叶片展开；C，D. 丛芽增殖；E，F. 愈伤组织分化不定芽；G. 不定芽增殖；H. 壮苗；I. 生根

的差异也较大，一般来说，幼嫩组织较容易形成愈伤组织。目前，牡丹组织培养外植体主要采用鳞芽、茎尖、幼叶、叶柄、花瓣、胚等。研究表明在所有外植体中，萌蘖芽的分化能力最强，最高可达 94%，其次为腋芽，可达 71%，而花芽的分化率仅有 16%，心皮和雄蕊诱导率为 0（李艳敏等，2004）。

不同时期的外植体对牡丹组织的培养结果有较大影响。相同的牡丹品种，利用 2 月将要萌动的芽作为外植体时，不仅成活率和分化率高，而且萌动早，生长迅速，植株健壮，无畸形；采用 8 月和 11 月的休眠芽则较难分化，取幼嫩枝条不仅很容易被菌类等污染，而且外植体易褐变死亡，成活率极低。

2．外植体灭菌　采用土芽、顶芽和鳞芽外植体时，先用自来水将外植体表面冲洗干净，或者再用适量洗洁精和 84 消毒液，浸泡 20min，用毛刷轻轻洗净鳞片包裹的尘土，用自来水冲洗 10min。在无菌条件下，先用 75% 乙醇消毒 30s，再用 0.2% 次氯酸钠溶液浸泡 10～15min，无菌水冲洗 6 次即可。

3．培养条件和培养基　用镊子及手术刀小心取出鳞片里面的嫩芽，接种到诱导培养基中；培养室温度为（22±1）℃，空气相对湿度为 90%，光照时间 12h/d，光照强度 2000lx。每 30d 统计幼芽萌发及生长情况。诱导培养 30d 后，植株高度达到 4～5cm 时，将诱导苗用手术刀切去基部组织，转接入继代培养基，培养一段时间后，取株高达 2cm 的丛生芽接种到生根培养基中去。

不同的外植体和不同的愈伤组织类型，其分化率差异大。所需的培养基条件也不同，鳞芽的诱导培养基可选用 MS＋0.5～1.0mg/L 6-BA＋0.5mg/L KT＋0～0.5mg/LIAA＋0.2～0.5mg/L $GA_3$（刘改秀等，2012）；叶片的诱导培养基可选用 MS＋2mg/L 6-BA＋0.5mg/L NAA（贾小平等，2010）；花瓣的诱导培养基可选用 MS＋2.0mg/L 2,4-D ＋1.5mg/L 6-BA＋0.3mg/L NAA（朱向涛等，2012）。可选用继代培养基为 MS＋0.5～1.0mg/L 6-BA ＋0.3mg/L KT＋0.2mg/L $GA_3$，生根培养基为 1/2MS＋4.0mg/L IBA＋1.0mg/L IAA。

4．生根与移栽　牡丹试管苗移栽时间，通常在幼苗长出数条短根系后。移苗前打开瓶盖炼苗 3～5d，栽培基质为园土、珍珠岩、木屑、鸡粪、马粪，以 2：2：3：2：1 的比例混合，严格保持温度为（25±1）℃，湿度大于80%，可用塑料薄膜遮盖，以后逐渐除去薄膜，1周后，浇营养液，促进试管苗生长，成活率高达80%。

5．影响外植体褐变的因素及防治措施　外植体褐化主要是酚类物质在多酚氧化酶作用下发生氧化作用形成酮类物质所致。因牡丹外植体中含有大量的酚类物质，极易褐化，因此在牡丹组培中，褐变也是一个长期存在的问题。不添加防褐剂，外植体培养1h后，就有部分组织出现褐化，培养3d后，褐色物质逐渐向培养基渗透，有70.8%的外植体发生褐化，随着培养时间的推移，褐色物增多，外植体叶尖、叶柄坏死。培养7d后，部分培养材料基部的培养基全部变褐色，外植体逐渐死亡。为了防治外植体褐化，主要的措施有以下几个方面。

1）冬春季节植物体内多酚氧化酶活性较弱，同时这个时期幼嫩外植体中酚类物质含量较低，因而褐变较轻。可以将外植体置于流水下冲洗，使其体内的酚类物质渗出。

2）外植体表面消毒剂的选择以及消毒时间的控制对于牡丹的褐化也有重要影响。研究表明，乙醇的消毒效果较好，但对外植体伤害较为严重，容易引起褐化，次氯酸钠的伤害要小一些。消毒时间越长，外植体污染的概率越低，但褐化也会越严重。

3）高温和强光照能提高多酚氧化酶的活性，加速牡丹外植体的褐变，故在选取接穗时候可对植株进行低温遮光预处理，控制褐化。在诱导培养时可以适当降低培养室温度来减轻褐化。

4）外植体分泌的有毒物质在固体培养基中很难扩散，导致外植体坏死，故可以采用液体培养的方法。将外植体置于液体培养基的滤纸上，外植体分泌的有毒物质很快扩散，对其毒害将大大降低，故能有效减少褐变。

5）无机盐离子浓度过高也会引起酚类物质的大量产生，从而引起褐化，故可以在初代培养过程中减少无机盐的用量。

6）外植体褐化主要是酚类物质氧化导致的，故可以在培养基中添加抗氧化剂如硫代硫酸钠、维生素C、半肌氨酸，硝酸银，吸附剂如活性炭和聚乙烯聚吡咯烷酮（PVPP）等，以减轻褐变（图18-7）。

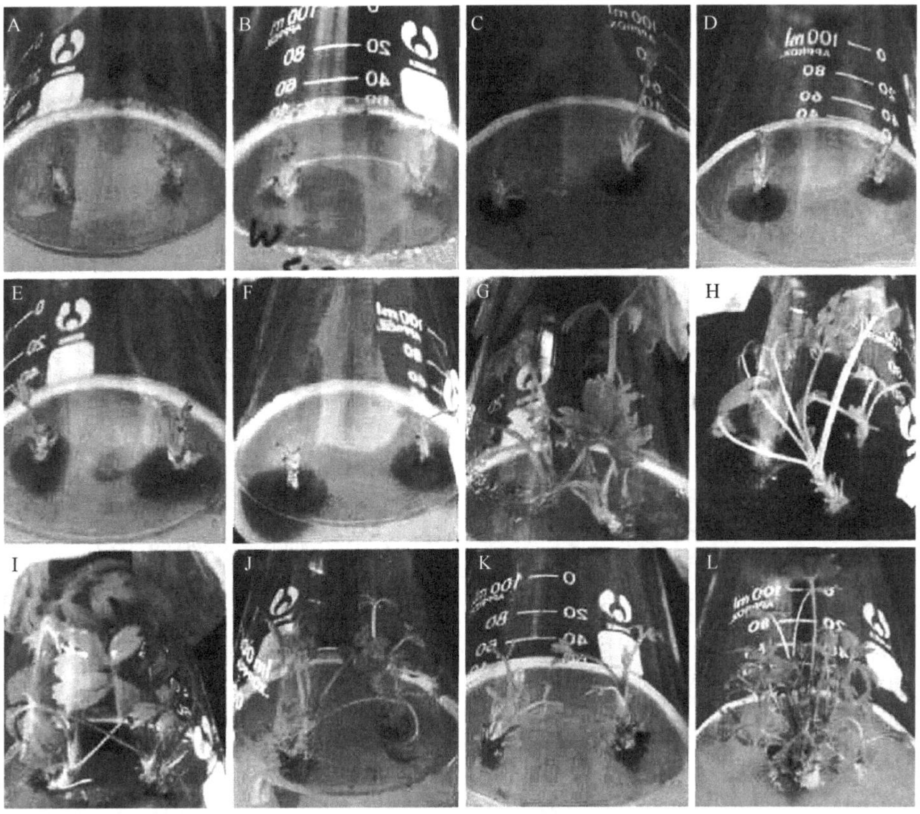


图18-7　防褐剂对牡丹品种‘乌龙捧盛’组培中褐化发生、组培苗生长和增殖的影响（李萍等，2008）

A～F. 不同防褐剂对褐化发生的影响（A. 活性炭2.0g/L中处理4d，然后转入对照培养基中；B. 硝酸银2.0mg/L；C. 硝酸银4.0mg/L；D. PVPP 1.00g/L；E. 维生素C 100mg/L；F. 对照）；G～L. 不同处理中组培苗的生长和增殖情况（G. 活性炭2.0g/L中处理4d，然后转入对照培养基；H. 活性炭2.0g/L处理；I. 硝酸银8.0mg/L处理；J. PVPP 0.50g/L处理；K. 维生素C 25mg/L处理；L. 硝酸银2.0mg/L处理）。A～F. 继代培养7d；G～L. 继代培养30d

7）为了防止外植体分泌有毒物质大量积累，从而导致褐变，可以缩短转瓶周期。

6．影响外植体玻璃化的因素及防治措施　玻璃化是牡丹组织培养过程中的另一个常见问题。牡丹玻璃苗表现为叶柄较粗，叶片呈充水状肥厚，有的纵向卷曲，有的皱缩，而且脆弱易碎，表面无角质层蜡质，整个植株与受冻害牡丹苗植株极其相似。玻璃化组培苗，随着培养时间的延长，会从外部逐渐坏死。

解决牡丹玻璃化的方法有以下几个方面。

1）在固体培养基中增加琼脂和蔗糖的浓度，降低培养基的衬质势和渗透势，可造成细胞吸水阻遏，造成水分胁迫。

2）提高培养基中 $Ca^{2+}$ 的浓度可以减少幼苗从培养基中获得的水分，从而降低玻璃化发生。

3）适当降低温度可以减少牡丹玻璃化的发生。

4）对组培材料进行适当的补光。可加速组培苗的木质化有利于减轻牡丹玻璃化的发生率。

5）伴随继代次数的增加，幼苗出现玻璃化的概率也会提高，因此牡丹组培过程中继代次数不宜过多，以 2～3 次为最佳。

## 二、体细胞胚诱导与发生

在组织培养过程中常常伴随着体细胞无性系变异，体细胞胚胎发生具有数量多、繁殖速度快、结构完整、植株再生率高和不受季节影响等特点，是植物大规模无性繁殖的一种主要手段，有关牡丹体细胞胚胎发生的研究较少，且体细胞胚诱导率较低。

以牡丹‘凤丹’体细胞胚为例，用合子胚、胚轴和子叶为外植体进行离体培养，研究了种胚发育时期不同质量浓度蔗糖处理及不同的培养基对牡丹体细胞胚胎发生的影响，结果表明，花后 110d 是体细胞胚直接诱导合适的发育时期，诱导率为 33.00%，3 种外植体中，种胚的诱导率最高；利用质量浓度为 90g/L 的蔗糖溶液处理种胚 2h，体细胞胚诱导效果最好，在 MS＋2.0mg/L 2,4-D＋2.0mg/L 6-BA 培养基上获得较高的体细胞胚，诱导率为 38.33%。

# 第三节　蝴　蝶　兰

蝴蝶兰（*Phalaenopsis orchid*）为兰科蝴蝶兰属植物，其花形酷似蝴蝶，花姿高雅，花色丰富艳丽，花期持久，有“洋兰皇后”的美称。目前世界各国蝴蝶兰大规模商品化生产广泛应用的繁殖方法是种子的无菌播种及组织培养快速繁殖，同时也采用细胞工程、基因工程等生物技术进行新品种培育。

## 一、蝴蝶兰组织和器官培养

### （一）蝴蝶兰的再生途径

蝴蝶兰的再生途径总体上可分为原球茎（protocorm-like body，PLB）途径和丛生芽途径。蝴蝶兰的组培通常用种子、花梗腋芽和花梗休眠芽作为外植体。根据外植体的来源不同，可将蝴蝶兰的再生途径分为 10 种（图 18-8）。其中种子再生途径曾被用于蝴蝶兰的种苗繁殖，近年来仅用于育种目的；而源于花梗休眠芽或花梗腋芽外植体的再生芽途径获得的后代不但植株变异很少，性状比较整齐，而且成苗速度也较其他方式快，是目前蝴蝶兰商品化种苗生产中主要采用的繁殖途径。一般取蝴蝶兰新鲜、腋芽饱满的花梗先进行无菌培养，产生单株小苗；再进行试管苗茎尖培养，诱导为原球茎体；经原球茎培养，继代扩大增殖，可培养成蝴蝶兰小植株。

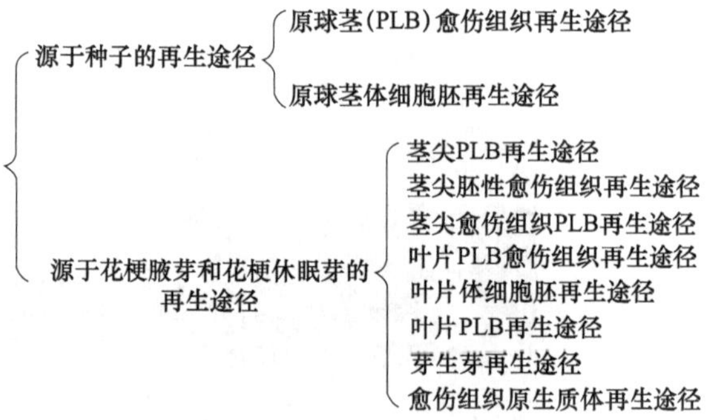


图 18-8　蝴蝶兰的再生途径

### （二）蝴蝶兰的组培方法

1．消毒

（1）种子的消毒　一般取蝴蝶兰自花授粉 3～4 个月的果实，先用稀释的洗洁精溶液擦洗蒴果表面，并用自来水冲洗干净；再用 10% 次氯酸钠浸泡 15min，然后在超净工作台上用 75% 乙醇消毒 1min，并用 2% 次氯酸钠消毒 3min，用灭过菌的蒸馏水冲洗 2～3 遍，取出放在无菌的培养皿中备用。

（2）花梗休眠芽或花梗腋芽的消毒　剪取花梗节，于超净工作台中，先用酒精棉球擦拭、表面灭菌 30s 后，以每个腋芽为单位切割为 1～2cm 的节段，在洗洁精溶液中浸泡10min后，用毛笔蘸着洗洁精液将腋芽部位小心地刷洗一次，最后在自来水下冲洗30min，然后在超净工作台上，将每个花梗芽先用无菌水浸洗一次，再用2%次氯酸钠消毒7～10min，最后无菌水浸洗5～6次，用解剖刀将花梗两端接触过次氯酸钠的部位切去1～3mm，按其生长方向接种于灭菌后的启动培养基中。

2．培养基　常用MS培养基。由于蝴蝶兰再生途径十分多样，因此培养基中添加的成分有所不同。其中花梗腋芽为外植体的培养基为：MS＋3.0～5.0mg/L BA＋2g/L 胰蛋白胨＋30g/L 椰汁＋35g/L 蔗糖＋12g/L 琼脂，pH5.0～5.4。

整个培养过程中需使用的培养基有诱导原球茎的培养基，增殖培养基，诱导分化、再生植株的培养基，壮苗培养基等。

3．接种

（1）种子的接种　在超净工作台上，切开蒴果，将种子移入有少量无菌蒸馏水的培养瓶中，轻轻摇动使之分散均匀，然后用无菌吸管将种子分移到培养基上，并使之均匀地分布于培养基表面。

（2）花梗芽的接种与培养　在超净工作台中，按花梗芽的生长方向接种于灭菌后的启动培养基中。

（3）根尖、根段、茎尖、叶片、花葶节间　分别切取花梗芽诱导的无菌苗的根尖2～3cm、1cm长的叶片、带有1～2片叶的茎尖、2～3cm长的花葶节间，将其切成0.5～0.8cm进行接种。

（4）茎尖的脱毒接种培养　切取由花梗腋芽培养形成的试管苗的茎尖，长度为（3±0.1）mm，采用30mg/L的病毒唑进行化学脱毒，或者采用36℃热处理进行脱毒。

4．培养过程

**蝴蝶兰组织培养的流程：**花梗芽的消毒和接种→初代培养出丛生芽→接种茎尖到诱导培养基上诱导原球茎→经2～4周的培养，即可见到原球茎的形成→分割原球茎转入增殖培养基进行继代培养→诱导原球茎再生成植株→将新形成的1cm高小苗转移到壮苗培养基及较大容器内培养3～6个月→生根培养→幼苗长到约10cm高时移栽出瓶。

**培养条件：**温度：25～28℃；光照10～12h；光强1500～2000lx。

（1）初代培养　试管苗的培养如下。花梗芽：MS＋5.0mg/L BA培养基上，4个月，苞叶处形成丛生小芽；种子：MS＋5.0mg/L BA培养基上，60d，形成4cm高实生苗。

（2）原球茎的诱导

1）试管苗茎尖培养：切取蝴蝶兰试管苗茎尖0.3mm，接种于MS＋3～6mg/L BA＋椰汁，温度25～28℃，光照8～10h；14d后茎尖膨大，呈浅绿色半球状，3个月后，可诱导原球茎。

2）原球茎的诱导培养：取试管苗的嫩叶，接种到MS＋4～6mg/L BA＋0.5～1.0mg/L IBA＋2g/L胰蛋白胨＋40g/L椰汁，25～28℃，光照10h，1500～2000lx，逐渐出现愈伤组织状的早期原球茎。

（3）原球茎继代培养　将原球茎切割成数小块，转移到新鲜的初代培养基上，添加15%椰汁＋0.5mg/L IAA＋6.0mg/L BA；继代培养50～60d转接一次，增殖倍数为10～12，实现蝴蝶兰生产的工厂化育苗。

（4）生根与炼苗

1）生根：MS＋0.5mg/L IAA，70多天后，长成具4～5条根的小苗，可出瓶种植。

2）炼苗：置于室温7～10d后，打开瓶盖2d。

5．幼苗移栽　从培养瓶中取出带有3～4片叶、3～4条根、10cm高的组培苗，将根部培养基冲洗干净，移栽到泥炭或蛭石中（或用水苔将根包住），注意保湿、弱光，并定期浇水施肥，以促进生长。

## 二、体细胞融合

乔永旭等（2008）以蝴蝶兰无菌苗的嫩叶、花瓣及根尖为材料，1g蝴蝶兰材料加入10mL酶解液（含1.0%纤维素酶R-10，1.0%果胶酶，0.5mol/L甘露醇），酶解3h，可以分离得到大量活性原生质体。在电融合仪处理下，邻接原生质融合成杂种细胞。

## 三、多倍体诱导

崔广荣等（2010）对蝴蝶兰类原球茎用0.10%秋水仙素处理3d，最高诱变率可达30.0%，获得了蝴蝶兰的多倍体植株，其在形态、细胞组织学上与二倍体差异明显，细胞核变大，染色体数目加倍。同时研究发现，用6mmol/L $NaN_3$处理2d，用0.4% EMS处理2～4d，可获得显著的变异植株。

## 四、基因工程

蝴蝶兰转基因的转化受体材料一般是原球茎、愈伤组织或幼胚。如Belarmino和Mii（2000）用两种农杆菌介导，以蝴蝶兰的悬浮细胞为受体材料并成功转化；陈文辉、林益贤等（2000）利用农杆菌介导的转化法对蝴蝶兰原球茎进行了转化研究。蝴蝶兰的转化方式有基因枪直接注入法、农杆菌介导的转化法、聚乙二醇（PEG）法、电击法和花粉管通道法等。

# 第四节 大花蕙兰

大花蕙兰（*Cymbidium* spp.）是兰属植物的人工杂交的品种群，由兰属中的大花附生种、小花垂生种及一些地生兰经过一百多年的多代人工杂交育成。作为杂交亲本的原生种有近20种。大花蕙兰叶长碧绿，花朵硕大，花姿粗犷，色泽艳丽，是世界著名的“兰花新星”。目前大花蕙兰的栽培品种已有近2万个。

大花蕙兰的组织培养始于20世纪60年代，Morel采用大花蕙兰的茎尖，在含有细胞分裂素的KC培养基上进行培养，茎尖分生组织膨大形成类原球茎，并分化出根和叶，首次获得兰花无病毒小植株。Wimber对Morel的方法进行改进，采用液体振荡培养的方法大大加快了原球茎的增殖速度，短期内可以获得大量再生植株，此后该方法在生产上得到了广泛的应用。

## 一、大花蕙兰组织、器官培养

### （一）外植体

大花蕙兰组织培养的外植体有种子、茎尖、茎节段、幼根等材料。

1. 种子　某些种类未成熟的种子比成熟的种子更容易萌发；播种前对种子进行超声波处理、0.1mol/L NaOH溶液预处理，可提高种子的萌发率。

2. 茎尖及茎节段　带1～2个叶原基的茎圆锥体成活率最高，中间部位侧芽的成活率及生长率也较高。虽然顶芽和侧芽是极好的外植体，但芽的来源有限。

3. 根　切取大花蕙兰的幼根作为外植体，经消毒处理后剪成0.3～0.6cm长的根段，作为诱导原球茎的外植体材料，其原球茎的最高诱导率为83%。

4. 花梗　作为外植体诱导原球茎。

### （二）消毒

在2～4月，选取大花蕙兰假鳞茎上新生侧芽，从基部与假鳞茎相接处切断，长5～10cm，在70%乙醇中蘸3～4s，立即投入6%次氯酸钠溶液中灭菌20min，在超净工作台上，剥出5mm左右的茎尖，放入2%次氯酸钠溶液中再次灭菌2min，将消毒后的茎尖切成2mm×1.5mm的组织块，接种到培养基上，每瓶只接种1块外植体，减少相互感染的机会。

### （三）培养基

适合大花蕙兰的基本培养基大致有MS、Fonnesbech、VW、KC、White、Kyoto、Reinent&Monr、Lindeman及美国Hydroponic公司出品的Hyponex培养基等。Hyponex培养基操作简单，且使用量较节约。

### （四）初代培养

在Fonnesbech基本培养基中加入1.0mg/L KT＋5.0mg/L 6-BA＋0.5mg/L NAA＋10%椰汁，将培养物置于摇床上，转速为160r/min，进行液体振荡培养。适用温度25℃，每天光照12h，光照强度2000lx。2周左右，可观察到外植体膨大，6周左右形成绿色原球茎。

1. 培养容器　肚大口小的密闭性较好的玻璃瓶和塑料瓶有利于减少大花蕙兰瓶苗的污染。据报道，以高分子树脂膜培养器内植入岩棉作为培养基支持体并使用液体培养基的方法，使得大花蕙兰试管苗的生长势明显提高，生根和根长显著增加，同时作为培养基支持体的岩棉块，其下部相互独立，每一小块岩棉上仅培养1株试管苗，移栽时可以携带块将植株逐个分离，直接上盆移栽驯化，从而减轻试管苗移栽时对植株根系的伤害。

2. 环境条件　大花蕙兰组织培养时所采用的条件是：培养温度23～25℃。日光灯加光，光强1500～2000lx，光照时间12～14h/d，外植体诱导阶段进行弱光培养更有利于诱导。

### （五）继代培养

在原球茎分化出茎叶之前将其取出切成数小块，转移到增殖培养基上（与初代培养基相同）。用液体振荡培养可大大加速繁殖速度。每30～40d分割原球茎一次。

### （六）育苗

将已出现叶原基或长出幼叶的原球茎转移到含有10%的香蕉匀浆的Knudsone固体培养基后，3个月左右长成10～20cm的完整植株。

### （七）试管苗的移栽及管理技术

试管苗生长至 3～5cm，根 2～3 条时即可移栽。炼苗 3～4d，取出试管苗后用自来水冲洗掉根部的琼脂培养基，再定植。

置于散射光下，温度 20℃左右，湿度 90% 以上，保持良好的通风条件。

## 二、原生质体的提取

沈前华等（1996）以大花蕙兰的叶片为材料，在 1% 纤维素酶＋0.3% 果胶酶＋0.2% 半纤维素酶＋11% 甘露醇的组合中酶解，经（25±1）℃，30r/min 处理，筛网过滤，离心洗涤，漂浮纯化，获得的原生质体产量最高，可达到 $10^6$ 个鲜重。许传俊等（2014）报道，大花蕙兰的叶片、根经过 90min 质壁分离预处理后，在温度 28℃，于摇床上 50r/min 振荡酶解 6h，叶、根分别在酶解液为 2.0% 纤维素酶＋0.1% 果胶酶＋0.2% 离析酶＋0.2% 崩溃酶和 2.0% 纤维素酶＋0.3% 果胶酶＋0.1% 离析酶＋0.1% 崩溃酶中得到最高产量的原生质体。

## 三、多倍体诱导

王木桂等（2010）研究了秋水仙素处理对大花蕙兰类原球茎增殖、分化和四倍体诱导的效应，结果表明，当处理浓度为 0.05%、时间为 5d 时，四倍体诱导率最高，为 23.7%。季必霞等（2011）以大花蕙兰无菌苗丛芽为材料，0.05% 秋水仙素处理 24h 的条件下，诱导率高达 28.2%；多倍体苗外部形态、叶绿体数目、气孔数目和大小与二倍体差异大，加倍后的细胞核明显变大，染色体倍数增加。

## 四、转基因

大花蕙兰的受体材料是原球茎或者愈伤组织，也有使用大花蕙兰茎段诱导的体细胞胚作为转化受体。张瑜等（2008）以大花蕙兰的原球茎为转化的靶材料；吴开云（2008）将抗病基因导入大花蕙兰试管苗基部切块进行转化试验；Yang 等（1999）将提取的外源基因导入了大花蕙兰的愈伤组织中，并成功获得转化株。

适用于大花蕙兰的转化方式主要是基因枪直接注入法，少数为农杆菌介导转化法。

1．抗性基因　张瑜（2008）曾报道从拟南芥的 RNA 中克隆到耐寒基因（COR）的转录激活因子 ICE1，连上启动子构建植物表达载体，转入大花蕙兰，得到转化植株。吴开云（2008）独创性地采取参数池研究策略，在预培养基添加抗坏血酸（ascorbic acid，ASA）显著提高了大花蕙兰基因转化的效率，最佳 ASA 浓度为 100μmol/L，当 $OD_{600}$ 值在 0.2 时大花蕙兰转化阳性率最高。侵染液和共培养基 pH 为 5.2 时，转化子阳性率最高。最佳侵染时间为 20min，最佳的预培养时间为 4d，较长的共培养时间如 6d 和 9d 的转化率显著提高。

2．功能基因　邵寒霜等（2000）将促进植物提前开花的 *Lfy* 基因转入兰花，构建了一个适合在单子叶植物中高效表达的表达载体。

3．报告基因　Yang 等（1999）利用基因枪转化法，成功地将 *GUS* 基因转入大花蕙兰，得到大花蕙兰的转化子和转基因植株。

# 第五节　国　　兰

国兰又称为中国兰（*Chinese orchids*），是兰科兰属（*Cymbidium*）中的地生兰类，包括春兰（*Cymbidium goeringii*）、蕙兰（*C. faberi*）、建兰（*C. ensifolium*）、墨兰（*C. sinense*）、寒兰（*C. kanran* Mak）等，主要分布在我国的云南、四川、福建、广东、广西、湖南、江西等省（自治区）。国兰花香馥郁、叶姿飘逸，深受人们喜爱，其栽培历史已有千年之久，被誉为“花中君子”，是珍贵的观赏花卉。

自然条件下，国兰采用分株法繁殖，周期长、繁殖率低。而运用组织培养的技术手段，对其快繁、品种复壮、加快优良品种的培育、挽救珍稀濒危种类等方面都具有十分重要的意义。

## 一、国兰的组织、器官培养

国兰的组织培养一般有两条培养途径：一是用种子经非共生萌发产生原球茎，二是对茎尖、侧芽、花芽等外植体培养形成类原球茎。

### （一）外植体

1．种子　国兰种子的非共生萌发率普遍较低。余迪求等（1996）用建兰种子成功诱导出原球茎并建立了无性繁殖系。

2．茎尖、侧芽　春兰、建兰、墨兰等均可用茎尖诱导出大量的类原球茎，类原球茎发育成根状茎后进一步长成幼苗。侧芽也被用在墨兰、素心兰、素心建兰等地生兰的组培中。一般认为茎尖优于侧芽，处于中上部的侧芽诱导成功率高于基部。外植体的大小以带有1～2个叶原基、长1～2mm的芽为宜。茎尖和侧芽是高质量的外植体，但其对母株伤害极大，且外植体来源有限。

3．花芽　除了花梗腋芽，花梗节尖亦可作为合适的外植体。在国兰组培方面，张志胜和欧秀娟（1995）用下山墨兰的花芽诱导出了原球茎，诱导率为5%。曾宋君等以仙殿白墨（*Cymbidium sinense*）及其与象牙白（*C. eburneum*）、西藏虎头兰（*C. tracyanum*）杂交的$F_1$代花芽，在MS、KC、VW、N6、White、B5培养基上均成功诱导出原球茎，其中以MS效果最佳。贾勇炯等（2000）以彩心建兰的嫩花枝上部茎节切段作为外植体，诱导出了花芽和营养芽。花芽可伸长并开花，营养芽可被诱导产生簇生原球茎，进而分化形成多数兰苗。

4．其他外植体　利用根和幼叶作外植体可减轻对母体的损伤。1965年，Wimber首先在蕙兰属一个品种的幼叶上诱导出原球茎。王求清等用春兰成年植株的根状茎成功诱导出完整植株。

## （二）外植体的消毒和预处理

1．蒴果　先用70%乙醇浸泡2min，再用0.1%升汞灭菌20min。

2．种子　用0.1mol/L氢氧化钠浸泡种子10～30min，能使春兰、线叶春兰（*C. goer* var. *serratum*）、寒兰等种子的萌发率提高10倍以上。李丽等发现用10%次氯酸钠溶液处理春兰种子20～25min时发芽率最高。用磁性搅棒搅动浸泡在无菌水中的种子或对种子进行超声波处理等物理方法也可提高种子发芽率。

3．茎尖、侧芽　把外植体先在1%多菌灵中浸泡10min，再放入1%次氯酸钙溶液中浸泡10min，最后转入1%次氯酸钙溶液中浸泡3min。用芽端诱导时，其启动的难度并不大，主要问题是诱导启动后褐化非常严重。因此，如何减少褐化是培养的关键。将外植体用150mg/L柠檬酸和抗坏血酸溶液处理1h可以有效防止褐化的发生。另外，直接在培养基中加入活性炭、PVP、MBP，加大接种的外植体体积，减少外植体伤口面，适当降低培养温度和暗培养等也可达到减少褐化的目的。

## （三）培养基

用于国兰离体培养的基本培养基种类繁多，其中以MS、VW、KC的应用最为广泛。附加3g/L Hyponex和4g/L蛋白胨的培养基对中国兰的无菌播种较合适。一般用于原球茎诱导增殖的培养基有改良MS、White、VW、KC、Kyoto等。蔗糖浓度以0.5%～3%为宜。对于培养基中无机盐的要求，春兰以无机盐浓度低、氨态氮含量低的培养基为好，而对于蕙兰、寒兰则应采用无机盐浓度较高的培养基。

## （四）植物激素

张菊野等（1993）认为，6-BA能促进建兰原球茎的发生与分化，NAA有利于原球茎增殖与根的形成。当添加2.0mg/L 6-BA +0.2mg/L NAA时，建兰的原球茎既能增殖又能分化，成苗率较高且根系健壮。在根状茎的增殖阶段，1.0mg/L 6-BA +0.5mg/L NAA组合对素心兰根状茎增殖效果明显，而0.5mg/L 6-BA +0.5mg/L NAA则适于四季兰。IBA促进春兰根状茎生长的效果较NAA好，低浓度6-BA的存在可促进其增重与新生长点的产生。根状茎绿芽分化阶段需要较高的细胞分裂素浓度和较低的生长素浓度，且二者比例要合适。0.2mg/L NAA +2.0mg/L 6-BA组合能有效地促进素心建兰根状茎分化芽，而傅雪琳等认为，5.0mg/L 6-BA +0.5mg/L NAA组合对墨兰较为适当。

## （五）活性炭

翁锦周等（2006）发现，向培养基中加入1.0g/L活性炭对诱导墨兰原球茎的效果最好。2g/L活性炭还能加速墨兰根状茎的加粗生长及分蘖。这是因为低浓度的活性炭可吸附培养过程中外植体所分泌的酚、醌类等有害物质，有利于原球茎、根状茎及苗的生长，而明显抑制芽的分化。

## （六）无机离子和辐射

在国兰的组织培养中，无机离子与射线辐射对根状茎的生长发育也有作用。在培养基中加入低浓度的$La(CH_3COO)_3$（乙酸镧）促进墨兰根状茎增粗，加快顶芽生长。硝酸银可大大加快春兰和墨兰杂交种根状茎的分化频率。$AgNO_3$对墨兰根状茎的成苗也具有一定的促进作用。用低剂量的$^{60}Co$ γ射线照射墨兰根状茎绿芽可有效地促进其分化。

## （七）培养方式

利用半固体培养或液体培养进行国兰的原球茎增殖，利用固体培养分化和生根，可增加繁殖系数，降低污染，减少成本，有利于大规模生产。例如，春兰、建兰原球茎生长与分化成苗在液体培养时有较好结果，其原因是振荡培养通气好，原球茎与液体可充分接触，能更好地吸收营养。春兰根状茎增殖阶段，固体培养优于液体培养，而诱芽阶段反之。

### （八）培养条件

培养基的培养温度、湿度、pH、光照时间、光质等环境条件对原球茎、根状茎的生长与分化都有一定程度的影响。培养温度以（25±3）℃为最好，温度过高杂菌容易发生，培养物生长受阻。培养室相对湿度一般保持在70%～75%。国兰对pH比较敏感，以5.1～5.4为宜。建兰原球茎增殖较为适宜的pH是4.8～5.4，以5.1最佳。在春兰原球茎生长与分化的研究中发现，红光有利于原球茎芽的诱导，而长时间的照射将导致其生长受阻。

### （九）脱毒

墨兰原球茎顶端分生组织经过20mg/L三氮唑核苷处理，可以获得100%的无病毒苗。

## 二、试管开花

试管开花是指用组织培养的方法，使植物开花的过程在培养容器中完成。法国的Costantin最早进行了兰科植物的试管开花研究，发现无菌根的兰花可开花。其他研究者发现，6-BA、TDZ和多胺均能促进兰花花芽发端和花芽的发育。目前对国兰试管开花方面的研究还较少，仅见到关于建兰和春兰试管开花现象的报告。郑立明等在春兰和大花蕙兰杂交株系中发现了长有花蕾的原球茎，进而成功的诱导其开花。

## 三、多倍体诱导

多倍体诱导在墨兰、蕙兰、建兰及各种兰属杂交兰上均有研究（李智等，2010）。在建立离体再生体系基础上，利用秋水仙素溶液为诱变剂，采用浸泡法对蕙兰进行多倍体诱导效果较好，以0.5%秋水仙素溶液浸泡处理48h为佳，诱变产生的植株经染色体鉴定，其染色体数目为$2n=4x=88$，属四倍体类型，诱导率高达13.3%。四倍体蕙兰在二倍体的适宜增殖培养基上增殖，在MS+1.0mg/L IBA的生根培养基上生根，增殖与生根情况良好，移栽成活率为60%。

# 第六节 菊 花

菊花（*Chrysanthemum morifolium*）为菊科多年生宿根花卉，花色繁多，品种丰富，是目前世界上栽培最广的切花及盆花之一，不仅是世界著名的四大切花之一，还是公园花展和家庭装饰的主要花卉，具有极高的观赏价值。传统生产上菊花的繁殖一般采用扦插、分株等方法，但是这种繁殖方式系数低、速度慢，受外界环境条件影响严重，不能满足当前市场的需求。一些名贵品种扦插不易生根，致使生长弱，开花晚，无法大量繁殖生产，以满足市场需要。而利用组织培养技术，不仅可对品种进行脱毒复壮，保持其优良性状，而且能在较短时间里大量扩繁。目前菊花的组织培养快繁技术已经成熟。

## 一、菊花的组织、器官培养

### （一）外植体

菊花可再生植株的器官有很多，如茎尖、茎段、侧芽、叶、花序轴、花瓣等。若以快速繁殖为目的，应采用茎尖和侧芽，其次是花序轴；若以育种为目的，则应采用花瓣；若以脱毒为目的，则必须用茎尖。菊花的初代培养最好在9月进行。

### （二）组培材料的灭菌

取组培材料，放入烧杯中，先用自来水冲洗10min；然后在已灭菌的超净台上，用75%乙醇浸泡30s后，用无菌水冲洗2，再用2%次氯酸钠消毒10min，用无菌水冲洗4～5次；最后放入已灭菌有滤纸的培养皿中，无菌的条件下进行剥离和接种。

### （三）培养过程

1. 以无菌苗的叶片为外植体　将叶片切成5mm×5mm的小块，接种于MS+0.2mg/L NAA+2mg/L BA的固体培养基上。4周后产生愈伤组织，6周后愈伤组织表面产生大量的不定芽。切割带芽的愈伤组织，转接到MS（1/2 MS）基本培养基上培养，经2周芽体伸长。当芽伸长至具有4～8片叶、高2cm以上时，切下苗，转接到1/2 MS+0.1～0.5mg/L NAA培养基上，培养10～15d，产生不定根，形成完整植株。

2. 以茎段为外植体　以顶端已现蕾的菊花枝条，去掉顶端的花蕾和叶片，再将其剪成带1个侧芽、长约1cm的茎段，经消毒处理后，接种到

MS＋1mg/L BA ＋ 0.1mg/L NAA ＋30g/L 蔗糖＋6g/L 琼脂的培养基上，茎段上的侧芽萌动后，新芽顶端长出的花蕾可形成菊花幼苗。

3．以花托为外植体　将直径 10mm 的花蕾消毒后，用镊子除去花蕾中的花，露出花托，再用刀切取凸出的半圆形花托作为外植体接种到 MS＋2～16mg/L BA 培养基上，首先长出枝，然后切取枝条移入 MS＋1mg/L IAA 的培养基中生根。培养条件为 25℃，10h，3000lx 光照。

4．以菊花花瓣诱导的胚性愈伤组织　用含 0.2% 琼脂糖的 KM8P 培养基进行薄层漂浮看护培养，培养基添加 0.3mg/L 2,4-D＋1.0mg/L NAA＋0.2mg/L ZT，原生质体培养密度为（4～5）×$10^4$ 个 /mL，25℃暗培养。1 个月后形成小愈伤组织，转移到 MS＋1.5mg/L NAA＋0.3mg/L ZT 获得愈伤组织，转接到 MS＋0.5～2.0mg/L IBA＋1.5～4.5mg/L 6-BA（或 1.0～2.5mg/L ZT）培养基上，30～40d 分化产生不定芽，不定芽转入 1/2 MS＋0.1mg/L NAA＋ 0.02mg/L 6-BA，2～3 周形成具根的再生小植株，部分再生植株已开花。

### （四）生根与移栽

在增殖培养基中培养 30d，芽苗达 3cm 时，将单株嫩芽切下，插入生根培养基中培养。生根培养使用 100mL 的锥形瓶，以利于培养大苗壮苗。生根培养基中不加 6-BA，因为 6-BA 利于生芽，NAA 利于生根。一般培养 2 周，即可生根；生根培养 4 周根长＞1cm 时，出瓶移栽。移栽前，将芽苗生根的锥形瓶移至种苗移栽培养室内炼苗 6d，前 3 天将瓶口打开一半，后 3 天将瓶口完全打开，以使芽苗逐步适应培养室环境。移栽至经消毒成分为田园土、沙、腐叶及腐熟的猪粪（5：2：2：1）的基质中，栽植的株行距为 4cm×6cm；培养室温度控制在 24～26℃，相对湿度控制在 80% 左右，适当遮阳。

移栽时，用镊子将小苗轻轻取出，在清水中将依附于小苗根部的培养基洗净，轻轻栽于培养箱的基质中；使用小型营养钵，每钵 1 株，栽后放置于架上培养；栽后开始阶段覆膜保湿；移栽 7d 后，芽苗即可成活；当苗长到一定大小时，根据生产目的移至棚、室或花圃进行栽培管理。

### （五）脱毒苗培养

在温室中选取生长健壮的菊花，剪下其茎尖段，放入无菌容器内封口。在无菌室内或超净工作台上将材料取出，用清水反复冲洗 4～5 次，洗去表面的泥土与杂质，然后将洗净的材料放到 75% 乙醇溶液中消毒，消毒时间为 30～60s。然后用蒸馏水洗净，再将材料放入 10% 的漂白粉滤液消毒 8min，再用无菌水冲洗 3～5 次，滤纸吸干。再将材料转入 2% 次氯酸钠溶液消毒，不低于 5min，再用无菌水冲洗 3～5 次，滤纸吸干。最后将材料放入无菌的三角瓶中封口待用。

1．脱毒培养　在超净工作台上，将灭过菌的材料放入无菌培养皿中，用解剖针剥去可见的生长点，周围可见的小叶在解剖镜下只剩下 1～2 个叶原基，取下只有 0.2～0.3mm 的生长点，放入提前准备好的培养基中培养。然后将装有材料的培养基放入光照箱中进行培养。要求在黑暗或散射光下培养，温度 28℃。待培养外植体出现愈伤组织后更换培养基，对其进行继代培养，并在光照灯下补充光照，光照强度 1000～4000lx，温度 23～25℃。待出芽后将其转入到另外的生根培养基中促使生根。

2．脱毒率鉴定　采用病毒的汁液感染法。受检植株上取下叶片，置于等容积的缓冲液（0.1mol/L 磷酸钠）中，将叶片研碎。在指示植物的叶片上滴上此溶液，观察 1 周后得到结果。

3．移栽　幼苗移栽前先炼苗 2～3d，即移栽前先把培养基瓶的塞子打开，放在 25℃左右的温室中，增加组培苗对外界环境的适应能力。移栽时仔细洗去附着在幼苗上的培养基，然后移植于适宜的基质中，浇足定根水，盖上薄膜保持温度，避免阳光直射，并注意通风换气，温度控制在 18～20℃。1～2 周后揭掉薄膜，每隔 3～5d 叶面喷施营养液，1 个月即可上盆或定植于田间。

## 二、远缘杂交幼胚拯救

Anderson 等（1990）成功地对菊花的杂交胚进行了离体培养。李辛雷（2004）对菊属不同种植物进行了远缘杂交与胚拯救，结果表明，影响胚发育途径的关键因素是基因型、胚龄与激素。杂交父母本基因型差异小，合适的胚龄均有利于子房直接萌发及子房先形成愈伤组织而后萌发成苗；培养基中添加 KT 2.0mg/L ＋IAA 2.0mg/L 有利于子房直接萌发成苗，BA 2.0mg/L＋ NAA 2.0mg/L 有利于先形成愈伤而后萌发成苗。

## 三、原生质体融合

诱导菊花原生质体融合主要有 PEG 法和电融合法，也可以将两种方法结合起来使用。Lee 等（1995）利用电融合法获得了菊花与智利喇叭花（茄科）的科间杂种（*D. grandiflorum*× *Salpiglossis sinuate*）；Furuta 等（2004）同样利用电融合法获得了菊花与大籽蒿的属间杂种（*D. grandiflorum*×*Artemisia sieversiana*）。时颂（2013）发现诱导悬浮细胞培养初始接种愈伤组织最优的外植体取材为茎段或叶片，最佳的光照强度为 1200lx。将叶片分别接种在两种培养基 0.2mg/L KT ＋1.0mg/L 2,4-D 和 1.0mg/L 6-BA ＋0.5mg/L 2,4-D 上，均能产生质地较为疏松，增殖速度快的愈伤组织，适于做悬浮培养的初始材料。

## 四、单倍体诱导

菊花花药培养采用 MS 培养基，蔗糖为 9%，常采用 IAA、NAA、2,4-D 和 BA、KT、ZT 等配合使用。一般认为，花药培养在诱导愈伤组织和胚胎期间进行暗培养或给以散射光处理比较好。

## 五、多倍体诱导

利用原生质体融合技术诱导同种材料的原生质体融合，获得融合细胞，培养、再生植株，从而获得多倍体材料。

## 六、基因工程

目前多采用菊花叶盘再生体系及转基因：在 MS＋2.0mg/L 6-BA ＋1.0mg/L NAA 培养基上诱导菊花愈伤组织；分化培养基为 MS＋2.0mg/L 6-BA ＋0.2mg/L NAA；再生芽在 1/2 MS＋0.2mg/L NAA 培养基上经过 9d 左右可诱导出根。利用根癌农杆菌介导菊花叶盘遗传转化法，叶盘预培养 1d，根癌农杆菌 $OD_{600}$＝0.6，侵染 10min，共培养 3d 和延迟筛选时间 2d，菊花遗传转化率最高。

# 第七节　非　洲　菊

非洲菊（*Gerbera jamesonii* Bolus）又名扶郎花、灯盏花、太阳花等，属菊科扶郎花属多年生宿根草本花卉。因其花朵硕大，花色丰富艳丽，花枝挺拔，具有较高的观赏价值；既可作盆栽观赏又可作切花生产，而且在温暖条件下能周年开花，产花量高，切花的瓶插寿命长，具有较高的经济价值，非洲菊现已成为国际市场畅销名花之一。

非洲菊属于杂种起源，杂合性高，系异花授粉，采用实生繁殖的分离系数大，且种子寿命短，发芽率低。同时，非洲菊是基生叶，无法进行扦插繁殖，而分株方法的繁殖系数太低，一株母株每年只能分生 5～6 株，成本高，效率低，品种易退化，不能满足市场需求。因此，在生产实践中主要是采用组织培养技术进行非洲菊种苗的生产。

## 一、非洲菊组织、器官培养

### （一）外植体的选择

1．外植体类型　花托是非洲菊组织培养中较为合适的外植体材料；同时，在材料充足的情况下，茎尖也是比较理想的外植体材料。

2．外植体的大小　一般选择的外植体大小可以在 0.5～1cm$^2$。叶片切成 4mm×4mm；以幼芽作为外植体的合适大小为 0.1～0.5cm，叶柄的切段约为 0.5～0.8cm 最为适宜；花托小切块直径为 0.5～0.7cm 效果最好。

### （二）培养基

1．基本培养基　大多是以 MS 为基本培养基，也有人用 B5、SH 等基本培养基，同样具有较好的效果。

2．碳源　非洲菊愈伤组织的诱导以 30g/L 或 40g/L 的碳源浓度为最好。

3．植物生长调节物质　以花蕾为外植体，当 6-BA 与 KT 分别是 5.0mg/L 和 6.0mg/L 时，诱导的不定芽长度最大。但是在诱导花托愈伤组织方面，2.5mg/L 6-BA ＋1.0mg/L 2,4-D＋0.2mg/L NAA 时愈伤组织诱导率最高。IBA 对非洲菊生根有良好的作用，其效果以 1.0mg/L 最好，生根率可达到 100%，根的数量多且粗细均匀，幼苗生长状况良好。

4．诱导分化培养基　MS 基本培养基（微量元素以 Nisth 的微量元素替代）诱导分化作用显著地优于 MS、1/2 MS、RM、N6 等基本培养基。B5 为基本培养基效果优于 1/2 MS 和 MS。

### （三）愈伤组织的诱导

非洲菊愈伤组织的诱导以茎尖为最好，茎段次之，而叶柄形成愈伤组织的能力最差。花托接种到诱导培养基一周后开始膨大，未去除干净的小花体积增大、伸长，进一步培养则有愈伤组织产生，一个月后愈伤组织生长并分化出小芽，进而形成丛芽。

### （四）继代增殖培养

SH 为愈伤组织继代最佳基本培养基。每次继代培养时间约为 4 周，芽丛的发生力可保持半年左右。细胞分裂素 BA 和生长素 IAA 较适合愈伤组织生长，且 BA/IAA 为 10∶1 时效果较好；在培养基中加一些有机物，如谷氨酸（Glu）和水解乳蛋白（LH）等，能明显改善愈伤组织的生长状况；非洲菊花托芽苗继代繁殖的最佳配方是 MS＋8mg/L KT＋0.8mg/L NAA。

### （五）生根培养

一般待非洲菊幼苗长到 2cm 或更长时再接种在生根培养基中，易于生根。生根培养基绝大多采用 MS 为基本培养基。应注意控制 NAA、IAA 和 IBA 3 种激素和无机盐的使用浓度，一般 IAA 浓度在 1.0～2.0mg/L 才能保证较高的生根率、生根数和植株的健壮生长。

### （六）移栽管理

移栽前要先打开瓶口炼苗 2～3d；用镊子将试管苗轻轻取出，用水将根部的培养基清洗干净；在苗床中加入防菌药剂或移栽后每 3～4d 喷 800 倍多菌灵或 1000 倍代森锰锌防护；前期勤喷雾保持相对湿度 90% 以上，遮阴保湿 7d 左右，并保持 20℃左右的温度，后逐渐降低至自然温度；移栽 2 周以后，每周浇 2～3 次水，施用 1 次营养液或复合肥，浓度应为先稀后浓；炼苗生长 1 个月后待苗木生长健壮，即可定植。

## 二、单倍体诱导

非洲菊花药培养难成功，但通过胚珠培养则获得了单倍体植株，称为雌核发育途径。阎华等（1988）认为黑暗培养较光照培养利于孤雌生殖，主要表现在对孤雌生殖胚状体的发育有促进作用。

## 三、多倍体诱导

王晓红（2003）用非洲菊南燕杂交 $F_1$ 代种子无菌萌发的种子苗作外植体，在非洲菊的种子苗诱导出丛生芽和部分愈伤组织之后、芽增殖之前用 0.05% 的秋水仙碱溶液处理 12h 诱变效果最好，并成功地诱导出多倍体植株及部分嵌合体。变异植株表现出叶大而厚、叶多、花叶、根粗等外部形态，多倍体植株表皮气孔面积增大一倍以上，单位面积的气孔数量明显减少，染色体数目加倍，核仁增大，核仁数量增多。通过根尖组织压片技术进行染色体鉴定，经分离纯化，成功筛选出了两个非洲菊四倍体植株（$2n=4x=100$）DC4-3 和 CC4-1。并通过 ISSR 分子标记辅助，筛选出的 3 个 ISSR 引物可有效区分二倍体及四倍体植株，其检测结果与染色体鉴定结果基本一致。

# 第八节　香　石　竹

香石竹又名康乃馨，属石竹科多年生宿根草本花卉，为世界著名切花之一。香石竹凭借其花型优美、花色娇艳、气味芳香深受消费者青睐，常用于各种花束、花篮、胸花以及花环等高档花卉礼品中，成为我国应用最普遍最广泛的花卉之一。香石竹不易用种子繁殖，易产生品种混杂，不能保持原品种优良品质。生产中往往采用掰侧芽扦插来扩大繁殖，无法满足市场需求。对香石竹进行茎尖组织培养，不仅能保持亲本优良性状，短期内大量快速繁殖，而且组培脱毒是病毒综合防治中的重要措施。香石竹组织、器官培养如下。

### （一）取样与接种

选取生长健壮植株上 2～3 对嫩叶，自来水冲洗滤纸吸干水分，用 70% 乙醇消毒 30～60s，无菌水洗涤 3～4 次，2% 次氯酸钠灭菌 6～10min，无菌水冲洗 8～10 次。在超净工作台上借助解剖镜剥取茎尖外植体，即用解剖刀轻轻剥去外层嫩叶，使茎尖裸露，用解剖刀切下 0.3～0.4mm 茎尖，迅速接种到培养基上。此外，香石竹的花瓣和子房也可以作为外植体。

### （二）培养过程

1．茎尖培养　采用改良的 White 培养基，将无机盐浓度提高 5 倍，加入 2mg/L NAA，2～3 个月后，茎尖长成中央呈绿色的愈伤组织块，切割转到含 1mg/L NAA 的同样培养基上继代培养，可分化出许多生长点。将其切割成 50mg 小块，转接到无激素的 MS 培养基上，可长出完整植株。大多采用 MS＋0.5mg/L 6-BA＋0.2mg/L NAA 诱导嫩茎增殖。

2．花瓣和子房培养　表面灭菌后，接种到 MS＋1mg/L 6-BA＋1.5mg/L 2,4-D＋1.5mg/L NAA＋5% 蔗糖的琼脂培养基上，约 15d 后长出嫩黄绿色愈伤组织，并逐渐长大。将其转入MS+3mg/L 6-BA+1.5mg/L 2,4-D+1.5mg/L NAA或MS+6mg/L 6-BA+1mg/L NAA的培养基上继续培养，20d后愈伤组织转为绿色，并分化出暗绿色芽，进一步长成有根苗。子房产生的绿色愈伤组织转入MS+6mg/L 6-BA+1mg/L NAA的培养基上，约30d分化出浅绿色纤细丛生芽，以后逐渐生根，形成完整植株。

3．生根培养基　切成单个或小丛的香石竹嫩茎，很容易在加有少量NAA和IBA（0.1～1.0mg/L）的MS或1/2 MS等培养基上生根。将分离的茎尖放到1/3 MS液体培养基中，在旋转摇床（180r/min）上振荡培养。约30d后在液体培养基里浮现无数侧枝，将其转移到固体培养基生根。

采用瓶外生根技术，把壮苗生根合为一体，既可节省快繁时间，又可降低成本；壮苗可省去炼苗环节，直接移栽入耕作土地，省时、省事、省钱，是一项较实用的新技术。

### （三）玻璃化控制

控制香石竹继代试管苗玻璃化的培养基为：MS+0.2mg/L BA+6.0mg/L琼脂+30g/L蔗糖，pH 5.8～6.0，培养条件为：温度23℃，光照2000～4000lx，每天光照10h。

### （四）脱毒技术

采用38～40℃高温处理香石竹苗6～8周，分离0.25～0.5mm长的茎尖，可脱去香石竹条斑病毒、花叶病毒和环斑病毒等；在38℃下培养30d，可去掉斑驳病毒，培养2个月可脱去所有病毒。虽有报道说热处理不能脱除有些病毒，但结合茎尖培养就能脱去这些病毒。

在分化培养基中诱导丛生芽，从生芽进行继代培养，小苗达到一定数量后，将其中一部分移植出来进行病毒检测。将无毒幼苗一部分继续繁殖，另一部分作低温保存。脱毒材料在MS+2～3mg/L 6-BA+0.2mg/L NAA或其他培养基上进行快速繁殖；继代时可将嫩茎分丛，或将嫩茎切成带节茎段，转接新鲜培养基上增殖。增殖时应选择带有最后一对幼叶而无顶端下组织的约0.35mm的茎尖作为培养材料。

通过严格的病毒学鉴定的脱毒株系为脱毒原原种，如采取严格的保护措施，在5～8年内仍能保持无毒状态。脱毒苗栽培繁殖过程中，应考虑土壤、粪肥和灌溉水消毒，防蚜虫传毒等保护措施。原原种应种植在防蚜虫网室内，以防再感染。大规模生产地由于长年种植，环境中病毒潜伏，易发生再度感染，可根据情况及时淘汰与更新生产用植株。

## 第九节　红　　掌

红掌（学名）又名安祖花、大叶花烛、火鹤芋、台灯花灯，为天南星科花烛属多年生常绿草本植物。红掌花朵独特，佛焰苞明艳华丽，色彩丰富，极富变化，花期长，可维持3个月之久，鲜切花可维持20d以上，是当前国际流行的盆花及切花名贵花卉。红掌的传统繁殖方式有分株繁殖、扦插、播种和组织培养，唯有组织培养方法可以大量繁殖，形成工厂化生产，并保持红掌无性系的优良性状，为红掌的最佳繁殖方法。红掌组织、器官培养如下。

### （一）外植体

一般以刚展开的叶片为外植体。当展叶两周时，叶片、叶柄诱导愈伤组织效果好。生产中可利用增殖过程中的丛生芽无菌苗茎段为新的外植体来源诱导愈伤组织，完成红掌组织培养能够达到快速高效繁殖的目的。

### （二）消毒处理

流水冲洗30～60min后，用70%乙醇浸泡30s，然后用2%次氯酸钠浸泡叶片6min、叶柄和茎段各8min，无菌水冲洗4～5次。

### （三）培养基

适合红掌愈伤组织诱导的培养基为改良MS+1.0mg/L 6-BA+1.0mg/L 2,4-D。不定芽分化培养基为改良MS+1.0mg/L 6-BA+0.3mg/L NAA，不定芽分化率为58.25%。不定芽生根培养基为改良MS+0.5mg/L IBA+0.3mg/L NAA，生根率达到100%（王慧瑜等，2013）。培养基中加入5g/L琼脂，并且添加0.2%PVP能够有效地降低褐变率，进而得到较高的愈伤组织诱导率。同时，暗培养条件更有利于红掌叶片愈伤组织的诱导及抑制外植体褐化。

继代培养中，随继代次数的增多，芽增殖系数提高，当增殖继代5次时芽分化系数最高，五代以后分化系数增加不明显，丛芽生长状态变差。在无激素的MS培养基中添加8ml/L椰汁，可以有效促进不定芽的伸长和加粗生长，使丛生芽得到复壮。

对于增殖培养得到的不定芽，经无激素培养基复壮培养后，再进行增殖培养，可以提高下个增殖周期中丛生芽分化数目和芽体质量的稳定性；复壮培养后再进行生根培养，可以显著提高生根率和苗木质量。

### （四）光照条件

光照条件在红掌增殖培养过程中是必不可少的环境条件之一。光培养不但对愈伤组织的诱导有利，而且对不定芽的生长有明显的促进作用，以光照强度1000～15001x的自然散射光为最好。而暗培养不利于红掌愈伤组织的发生并且不利于不定芽的生长。

### （五）生根

最佳的生根培养基为1/2 MS＋0.5mg/L NAA，生根率可达100%，生根质量好。在珍珠岩：水苔：腐殖土＝1：2：1栽培基质中，红掌4个品种的组培苗均生长良好，移栽成活率达96%。

## 主要参考文献


艾丽皎，李名扬．2005．唐菖蒲球茎芽高频再生体系的建立．西南农业大学学报（自然科学版），27（6）：844~846

陈君梅，张显．2009．唐菖蒲花序再生体系的建立．西北农林科技大学学报（自然科学版），37（4）：139~144

崔广荣，张子学，胡能兵，等．2010．蝴蝶兰类原球茎液体培养中用秋水仙素诱导多倍体．浙江大学学报，36（1）：49~55

段鹏慧，李兴泽，王云山．2009．红掌愈伤组织分化培养相关影响因素的研究．中国农学通报，25（24）：341~343

郝红云，义鸣放．2007．菖蒲花茎愈伤植株再生途径的优化．华中农业大学学报，26（2）：246~250

李萍，成仿云，张颖星．2008．防褐剂对牡丹组培褐化发生、组培苗生长和增殖的作用．北京林业大学学报，30（2）：71~76

廖林楠，孙萍，徐香玲．2005．唐菖蒲组织培养初探．哈尔滨师范大学自然科学学报，21（2）：84~86

乔永旭，张永平，王桂兰，等．2008．蝴蝶兰的原生质体提取方法及优化．植物生理学通讯，6：1177~1180

孙春青，戴忠良，潘跃平．2014．睡莲不同杂交组合幼胚愈伤组织诱导研究．江西农业学报，26（1）：49~52

王木桂，曾瑞珍，谢利．2010．大花蕙兰四倍体的离体诱导和鉴定．西北植物学报，30（1）：56~62

徐哲，郝京辉，何秀丽．2009．唐菖蒲的愈伤组织诱导和植株再生．植物生理学通讯，45（5）：473~477

许传俊，陈益辉，李爱贞．2014．大花蕙兰原生质体分离纯化．亚热带植物科学，43（3）：212~215

张建华，张建凤．2012．几种植物生长调节剂及硝酸盐对唐菖蒲继代苗芽增殖的影响．青海大学学报（自然科学版），30（5）：20~22

张瑜，向殿军，殷奎德．2008．农杆菌介导的大花蕙兰转*ICE1*基因．中国农学通报，24（12）：40~43

张智乾，何秀丽，义鸣放．2008．菖蒲离体直接再生技术的研究．华中农业大学学报，27（1）：110~116

张自由，连青龙，辛海波，等．2011．农杆菌介导的唐菖蒲遗传转化体系的建立．中国农业大学学报，16（6）：70~75

郑春明．2011．植物组织培养技术．杭州：浙江大学出版社

Bi WL, Yin ZF, Guo L, et al. 2015. Plant regeneration from shoot regrowth and de novo embryo-like structures from cryopreserved shoot tips of *Lilium* spp. *In Vitro* Cell Dev Biol Plant, 51：390~398

Buathong R, Saetiew K, Phansiri S, et al. 2013. Tissue culture and transformation of the antisense DFR gene into lotus (*Nelumbo nucifera* Gaertn. ) through particle bombardment. Scientia Horticulturae, 161：216~222

Jin SM, Wang J, Wang XW, et al. 2014. Direct and indirect shoot and bulblet regeneration from cultured leaf explants of *Lilium pumilum*, an endangered species. *In Vitro* Cell Dev Biol Plant, 50：69~75

Kong BH, Yu JL, Chen HR, et al. 2009. Production of antiserum to recombinant coat protein for detecting Lily mottle virus in Yunnan, China. J Phytopathol, 157：362~369

Liu XM, Yang GC.2012. Adventitious shoot regeneration of oriental lily (*Lilium orientalis*) and genetic stability evaluation based on ISSR marker variation. *In Vitro* Cell Dev Biol Plant, 48：172~179

Maliogka VI, Skiada FG, Eleftheriou EP, et al. 2009. Elimination of a new ampelo virus (GLRaV-Pr) and *Grapevine rupestris stem pitting associated virus* (GRSPaV) from two *Vitis vinifera* cultivars combining *in vitro* thermotherapy with shoot tip culture. Scientia Horticulturae, 123：280~282

Pan YZ, Zhao YY, Liu XL, et al. 2011. Different explants of *Lilium lanciofium* have different potential to differentiate and regenerate in tissue culture. Agricultural Science and Technology, 12(10)：1437~1440

# 第十九章 果树组织培养与生物技术

## 第一节 苹　　果

苹果属蔷薇科（Rosaceae）苹果属（*Malus*）植物，是世界重要的果树作物。组织培养在苹果离体快繁、脱毒苗生产、种质资源保存、遗传转化和种质创新等方面中具有广泛的应用。应用苹果组织培养技术，不仅可以加快苹果育苗速度及品种的复壮，还能缩短育种时间，创造苹果新种质。

### 一、苹果的快繁与脱毒

#### （一）苹果离体快繁

苹果离体快繁技术可以快速获得大量苗木，在矮化砧木和优良品种快速繁殖上应用较广泛，对推动苹果矮化密植和快速推广优良品种具有重要意义。苹果快繁的操作步骤如下。

1．茎尖分离及灭菌　苹果茎尖培养可分为普通茎尖培养和微茎尖培养两种类型，后者将在苹果脱毒部分专门讲述，在这里专指普通茎尖培养。在生长季节，选取苹果腋芽饱满的嫩枝，将其切成1.5cm大小的茎段（每个茎段至少含有1个腋芽），去除叶片，剥去茎段腋芽的鳞片，流水冲洗2h，然后用1%次氯酸钠（加2～3滴Tween-20）消毒20min，无菌水冲洗3次以上。经消毒的腋芽从茎段取下，接种在初代培养基上。

2．初代培养　初代培养所用的基本培养基大多为MS培养基，附加1.0～4.0mg/L 6-BA＋0.1～1.0mg/L NAA。根据苹果基因型不同，也有选择DKW、WPM等基本培养基的。在培养基中加入聚乙烯吡咯烷酮（polyvinylpyrrolidone，PVP）、谷氨酰胺、半胱氨酸、抗坏血酸、柠檬酸或活性炭等物质可以有效降低组织褐变率。

3．继代增殖培养　继代增殖培养的过程中，影响试管苗分化的主要因素是培养基中不同激素种类、浓度配比及培养条件。继代培养基一般用MS培养基附加0.5mg/L 6-BA＋0.05mg/L NAA，培养温度为25～28℃，光照时间为10h/d，光照强度为2000lx。

4．生根和驯化移栽　当试管苗长到2～3cm时转移到生根培养基中诱导生根。苹果生根培养常用MS或1/2 MS基本培养基并附加0.3～1.0mg/L IBA。当组培苗根长到3cm以上，根数超过4条，至少有4片叶子时，开始炼苗。先将组培苗置于室内，自然光由散射光到直射光闭瓶炼苗6d，再开瓶炼苗3～6d，将组培苗从瓶中取出，用清水将根部残留的培养基冲洗干净后，移栽入蛭石：草炭：营养土体积比为2：2：1的基质中，移栽成活率可达80%以上（图19-1）。

图 19-1　苹果离体快繁（Dobránszki and de Silva, 2010）

A．在珍珠岩和活性炭的液体培养基中；B．在含琼脂的固体培养基中；C，D．芽的增殖；E，F．生根培养；G，H．试管苗的驯化

### （二）苹果脱毒苗的繁育

危害苹果的病毒有多种，世界上报道的苹果病毒病有39种，危害我国苹果病毒主要有6种，即苹果褪绿叶斑病毒（apple chlorotic leaf spot，ACLSV）、苹果茎沟病毒（apple stem grooving virus，ASGV）、苹果茎痘病毒（apple stem pitting virus，ASPV）、苹果花叶病毒（apple mosaic virus，ApMV）、苹果绿皱果病毒（apple green crinkle virus，AGCV）和苹果锈果类病毒（apple scar skin viroid，ASSVd）等，前三者病毒侵染苹果后植株不表现明显症状，称为潜隐性病毒（latent virus）；后三者病毒侵染苹果后感病植株表现出明显症状，容易被识别，称为非潜隐病毒（non-latent virus），我国许多苹果产区常常受这两类病毒的复合侵染。防治苹果病毒病的关键是培育无病毒苗木，苹果脱毒技术主要有热处理、茎尖培养、热处理结合茎尖培养、病毒抑制剂结合茎尖培养和微体嫁接脱毒等。

1．热处理　热处理脱毒主要是依据病毒和寄主细胞对高温忍耐性不同，选择适当的温度和处理时间抑制病毒繁殖、延缓其扩散速度，使寄主细胞的生长速度超过病毒扩散速度。热处理后，进行嫩梢嫁接或茎尖培养，培养出的新植株、器官或组织可能不含病毒。

在早春，将盆栽苹果苗移入温室，待长出3～5片新叶时，放入热处理箱中，37℃恒温处理30d，或32℃与37℃每8h变换一次，变温处理60d，脱毒率可达80%以上。通常恒温处理病毒脱除率高，但材料死亡率也较高；采用变温脱毒可以降低苗木死亡率，但病毒脱除率相对较低。热处理后，从盆栽苗嫩梢上采集生长旺盛2～3cm长的顶梢，经次氯酸钠消毒和无菌水冲洗后，在解剖镜下剥取1.0mm的茎尖进行培养，可获得无病毒苹果苗。

2．茎尖培养　病毒在受感染的苹果体内并非均匀分布，其浓度常因器官部位不同而有很大差异，如旺盛生长的茎尖通常没有或很少带有病毒，采用茎尖培养是脱除苹果病毒的有效方法。

从苹果母株上截取新梢，经消毒灭菌后，在解剖镜下切取0.1～0.2mm大小的茎尖接种到合适的培养基上进行培养，可成功脱除苹果ACLSV、ASGV、ASPV和APMV等病毒。若对试管苗再进行二次茎尖培养，可以提高脱毒效果。不同苹果病毒脱除的难易程度不同，如苹果褪绿叶斑病毒较易脱除，苹果茎痘病毒次之，苹果茎沟病毒最难脱除。

茎尖组织的分化率与所切取的茎尖大小呈正相关，病毒脱除率与茎尖大小呈负相关。茎尖长度大于0.2mm时难以脱除病毒。由于单独微茎尖培养操作难度大，若结合热处理，不仅可增加脱毒效果，而且显著降低了操作难度，提高了茎尖成活率，用此方法切取的茎尖长度可大至1.0mm。

3．茎尖微体嫁接　微体嫁接是将苹果茎尖微体作为接穗，嫁接到试管中由种子培养出不带病毒的实生砧木上，获得无病毒苗木的一种新技术。20世纪70年代初，Murashige等最先应用茎尖微体嫁接在柑橘上脱除病毒。微茎尖嫁接的成活率和脱毒率受茎尖大小、病毒种类和接穗来源等因素影响。由于苹果富含酚类物质，伤口易氧化，操作难度较大，对于一些不易生根的苹果脱毒苗，可以通过茎尖微体嫁接技术提高出苗率。

4．病毒抑制剂结合茎尖培养　目前最常用的脱毒药剂为嘧啶和嘌呤类似物、抗生素和氨基酸等，如在苹果茎尖培养的培养基中加入病毒抑制剂茶蔗子毒素、板蓝根或三氮唑核苷，可脱除苹果褪绿叶斑病毒。采用这种脱毒方法可用较大茎尖培养，具有易成苗的优点，但在培养基中添加抑制剂容易产生药害，导致脱毒苗发生变异。

### （三）苹果脱毒植株检测

应用比较普遍的检测方法有指示植物法、血清学法和核酸分子生物学技术。

1．指示植物法　指示植物是指对某一种或几种病毒及类病毒反应敏感，一经感染能快速表现症状的植物，如昆诺藜（*Chenopodium quinoa*）、苋色藜（*Chenopodium amaraticolor*）和西方烟（*Nicotiana occidentalis*）可作为苹果茎沟病毒（ASGV）、苹果褪绿叶斑病毒（ACLSV）的草本指示植物。弗吉尼亚小苹果（Virginia Crab）、司派227、光辉和苏俄苹果（R12740-7A）是苹果常用的木本指示植物。其中，弗吉尼亚小苹果可检测茎痘病毒和茎沟病毒，司派227和光辉可检测茎痘病毒，苏俄苹果可检测褪绿叶斑病毒。鉴定时可在大田或温室进行，也可采用试管嫁接方法。利用指示植物方法进行脱毒效果检测具有简便易行、成本低等特点，但所需时间长、灵敏性差。

2．血清学法　血清学法是目前苹果病毒检测常用的方法，包括三类：沉淀反应法、凝聚反应法和标记抗体反应法，其中，以标记抗体反应法中的酶联免疫吸附法（Enzyme Linked Immunosorbent Assay，ELISA）和斑点免疫检测法（Dot immunobinding assay，DIA）目前应用得最多。血清法检测的基础是制备相应病毒外壳蛋白抗血清或抗体，目前已成功制备苹果 ACLSV、APMV、ASGV 和 ASPV 等病毒外壳蛋白抗血清，但对于多数苹果病毒，还未能成功制备出特异的抗血清，且由于类病毒没有外壳蛋白，该方法在应用范围上受到一定的限制。

3．核酸分子生物学技术　随着分子生物学技术的发展，分子生物学方法已经成为苹果病毒检测的重要方法，主要包括以下几种。

（1）核酸分子杂交技术　包括斑点杂交（dot blot hybridization）、核酸吸印转移杂交（Southern blot hybridization 或 Northern blot hybridization）和原位杂交（*in situ* hybridization）等。

（2）聚合酶链反应（PCR）技术　包括反转录 PCR 技术、免疫捕捉 RT-PCR 和实时荧光定量 PCR 等。该检测技术灵敏度高、专一性强，检测水平可达飞克级（femtogram，fg，$1fg=10^{-15}g$），适合大规模的样品检测。

（3）酶联免疫与 PCR 相结合方法（PCR-ELISA）　该方法是在 PCR 基础上结合分子杂交技术和免疫学技术的一种病毒检测手段，即在微孔板上固定探针，与抗原（生物素、地高辛或荧光素等）标记的 PCR 待检靶序列进行杂交，加入酶标抗体与靶序列的抗原免疫结合，然后加入酶底物进行酶促显色，通过光密度测定进行定量。该技术避免了 PCR 产物电泳及染色过程，已经在诊断苹果茎沟病毒等果树病毒中得到应用。

（4）双链 RNA（dsRNA）技术　该技术主要用以检测果树 RNA 病毒。健康的植株体内一般不存在双链 RNA（dsRNA），dsRNA 是病毒侵入寄主植物后产生的病理产物，病毒复制过程中以单链 RNA（ssRNA）为模板合成 dsRNA，所以 dsRNA 可作为病毒检测的标志。双链 RNA 技术简便快捷、灵敏度高，整个检测过程两天就可完成，既可以有效检测未知的病毒，又不受寄主的影响，因而逐渐被广泛用于果树病毒的检测中。

## 二、苹果原生质体培养

苹果原生质体研究开始于 20 世纪 80 年代。原生质体培养技术的发展为苹果新品种选育开辟了一条新途径，并为细胞融合及遗传转化提供了再生系统。

### （一）分离材料

选择适宜的材料是成功分离、培养原生质体的关键因素，主要包括基因型、材料类型及材料生理状况等三个方面。

1．基因型　基因型直接影响原生质体的分离培养效果，筛选适宜的基因型材料是原生质体分离培养成功的关键因素。不同基因型分离原生质体产量和活力差别很大，并直接影响到原生质体再生植株的发生，通常苹果实生杂交后代及砧木类型较栽培品种容易成功。

2．材料类型　分离苹果原生质体常用的材料是愈伤组织、悬浮细胞及叶肉。由愈伤组织及细胞悬浮系分离原生质体虽然较易获取愈伤组织，但再生成植株的报道较少。叶片是分离苹果原生质体的重要材料，大部分苹果原生质体再生植株是由叶片作为分离材料获得的。另外，也有用果肉、茎段、子叶作为起始分离材料的，但能再生成株的情况较少。

3．材料生理状况　选择原生质体分离材料时，要特别注意材料所处的生理状态。取继代不同时期的愈伤组织及悬浮系分离原生质体的效果不同，如继代 10～15d 比继代 16～30d 的花粉愈伤组织分离得到的原生质体产量和活力较高。Hurwitz 等的试验表明，诱导出的愈伤组织继代培养 3～4 个月，分离原生质体效果较好，超过 6 个月就不能有效分离出原生质体。用叶片作为分离原生质体材料时，多取幼叶作为分离材料，在弱光照或黑暗条件下生长的叶片有利于原生质体的分离。生根试管苗叶片较未生根试管苗的叶片分离出的原生质体活力高。

### （二）原生质体的分离

1．酶的种类　分离苹果原生质体的酶有纤维素酶、半纤维素酶、果胶酶、离析酶及崩溃酶等，其中以纤维素酶和果胶酶最为常用。纤维素酶主要有 Cellulase Onozuka RS、Cellulase Onozuka R-10；半纤维素酶主要有 Hemicellulase、Rhozyme HP150；果胶酶主要有 Pectolyase Y-23、Pectinase 和 Maceozyme R-10。

2．酶液配制　原生质体分离时需选择合适的渗透压，以使细胞发生轻度的质壁分离为宜，起到保护原生质体的作用。酶液配制常用甘露醇作为渗透压稳定剂，在酶液中加入 1% PVP，可有效抑制苹果原生质体的褐变，加入适量的 PVP、MES 还能稳定酶液在酶解过程中的 pH 变化；加入适量 $CaCl_2$ 具有保护质膜的作用。

3．原生质体分离与纯化　苹果原生质体分离材料可以用幼叶、子叶或悬浮细胞等。叶肉原生质体分离，取继代繁殖试管苗叶片，用锋利的解剖刀将叶片切成约 2mm 宽的长条（不带叶脉），加入酶液进行酶解。若以子叶为材料，取放置 4℃冰箱半个月以上的成熟果实，在无菌条件下解剖出种子并去内外种皮，播种于附加 0.5mg/L BA 的 MT 固体培养基上，置于 26℃培养箱中使种子萌发，子叶膨大。将子叶切成 0.5～1.0mm 薄片用于分离原生质体。悬浮培养细胞原生质体的分离通常取已充分稳定的悬浮细胞系。

材料与酶液的体积比例一般为 1：10，分离苹果黄化茎尖和幼叶原生质体，可以用 2% Cellulase Onozuka RS＋1% Hemicellulase＋0.3% Pectinase 的酶混合液；分离苹果悬浮细胞原生质体可以用 2% Cellulase Onozuka RS＋0.1% Pectolyase Y-23 酶混合液。加入酶液后抽真空，可以促进酶解液充分进入材料组织，提高酶解效果。在 25～28℃黑暗或弱光下，低速振荡（30～50r/min）进行酶解。酶解所需时间因供体材料及酶液组成不同而异，一般以 16～20h 为宜。

酶解后，通过 100 目和 320 目不锈钢筛网过滤，除去未酶解完全的材料及大细胞团。原生质体纯化方法主要有离心沉淀法、漂浮法和界面法等，纯化后的原生质体用原生质体培养基再洗涤 2～3 次，测定原生质体产量及活力。

### （三）原生质体培养

1．培养方式　苹果原生质体培养主要采用液体浅层培养，但有些情况下，液体浅层培养原生质体易聚集在一起，从而降低了形成细胞团的数量，影响愈伤组织的生长。固体培养主要采用琼脂和琼脂糖包埋，具有易于观察原生质体生长过程及防止原生质体聚集等优点。在苹果原生质体培养中，也采用固、液双相培养的方式。

2．培养基及培养条件　苹果原生质体培养常用 MS、KM8P 或 MT 等基本培养基，或在此基础上的改良培养基，并添加一定浓度及配比的细胞分裂素和生长素。高浓度的 $NH_4^+$ 不利于原生质体的培养，以有机氮代替铵盐作为氮源在苹果的原生质体培养上取得了较好效果。当原生质体产生细胞壁，并开始分裂后，要及时降低培养基渗透压，将持续分裂形成的细胞团转至增殖培养基，形成愈伤组织后转移到诱导芽分化培养基上。在培养基中添加复合有机成分如 100mg/L CH，有利于苹果原生质体再生植株。为了防止组织褐化，可以在培养基中添加维生素 C、PVP 等。

苹果原生质体培养通常在 25～28℃黑暗或弱光照条件下进行培养，光质对原生质体愈伤组织的分化也有影响，红光诱导愈伤组织分化的效果较好。

3．原生质体植板密度　苹果原生质体培养时，植板密度要求至少 $5\times10^4$ 个 /mL，若植板密度低，原生质体内含物外渗，原生质体易变褐或死亡。苹果茎源原生质体的植板密度要比叶肉原生质体的植板密度高，MS 较 KM8P 培养基需要较高的植板密度。

### （四）原生质体再生植株

苹果原生质体再生植株大多是通过诱导愈伤组织，经器官分化途径获得的。原生质体在培养过程中形成细胞团，转移至增殖培养基形成愈伤组织后，不定芽诱导就成为原生质体植株再生的关键问题。较高的细胞分裂素 / 生长素比有利于芽的分化。Patat-Ochatt 等在‘金冠’苹果原生质体培养时，在 MS 培养基中加入 1.0～2.0mg/L BA 和 0.05～0.1mg/L NAA（或 IBA）可诱导产生不定芽，其中 IBA 有利于茎源原生质体的植株分化，而 NAA 有利于叶肉的原生质体植株分化。在有些苹果基因型原生质体培养中，用 TDZ（苯基噻二唑基脲）替代 BA 能够显著增加分化不定芽的频率。用 50mg/L 水解酪蛋白替代 MS 培养基中的 $NH_4^+$，并附加维生素 B 类混合有机物质，有利于诱导苹果原生质体再生植株。当原生质体再生植株芽长至 2～3cm 时，转移到附加 3mg/L IBA 的 1/2 MS 培养基中培养 1 周，然后转至无激素 MS 培养基上 3 周，诱导生根，形成完整的原生质体再生植株（图 19-2）。

## 三、苹果遗传转化

苹果童期长，遗传背景复杂，常规杂交育种育种周期长、选择效率低。遗传转化不仅可以大大缩短育种周期，在不改变多数优良性状的前提下，仅对个别或少数几个性状进行改良，还可以打破物种间的界限，将来源于其他物种的有益基因转化苹果。1989 年 James 等首次采用农杆菌介导的叶盘共培养法将 *nptII* 基因导入苹果‘绿袖’（Greensleeves）。程家胜等（1992）在国内报道了利用农杆菌介导法，用‘绿袖’苹果作为受体植株，获得转基因的苹果试管苗。近 30 年来，苹果转基因研究获得了很大进展。

### （一）遗传转化方法

苹果遗传转化的方法主要有农杆菌介导法和基因枪法。

1．农杆菌介导法　农杆菌介导法是苹果遗传转化最常用的一种方法，与其他遗传转化方法相比具有操作简单、成本低、转移外源基因多为单拷贝和获得稳定转化体的频率高等优点，但也存在不同农杆菌菌株致病力差异较大，对不同基因型的外植体敏感性不同等缺点，需要针对不同外植体和农杆菌侵染条件进行优化。

图 19-2 富士苹果原生质体的分离、愈伤组织的诱导及再生植株（Saito and Suzuki，1999）

A. 从悬浮细胞中分离出的原生质体；B. 原生质体在再生培养基上培养 1 个月，分化出愈伤组织；C. 愈伤组织培养 1～2 个月，分化出不定芽状结构；D. 不定芽状结构外形；E. 培养 2 个月，从愈伤组织中分化出不定芽；F. 芽的增值；G. 原生质体再生植株

2．基因枪法　又称为微弹轰击法(microprojectile bombardment)，此法在单子叶植物中应用较多。Gercheva 等（1994）研究了基因枪遗传转化中不同的加速压对‘皇家嘎啦’苹果离体叶片再生频率的影响，但迄今有关苹果功能基因的遗传转化还未见报道。

## （二）影响苹果遗传转化的主要因素

1．基因型　苹果不同基因型对遗传转化效率影响很大。据国内外报道，农杆菌介导法获得苹果转基因植株的主要品种有‘绿袖’‘元帅’‘皇家嘎拉’‘嘎拉’‘金冠’‘澳洲青苹’‘王林’以及砧木‘M26’‘M7’等。通常是苹果再生效率越高的基因型，转化频率也越高。

2．外植体生理状态　在苹果遗传转化研究中，一般取 20～30 日龄试管苗顶部 2～3 片平展、幼嫩、正在扩展的叶片进行接种转化。离分生组织最近的叶片比苗基部的叶片易受农杆菌侵染。受体材料细胞壁孔隙度的增加有助于农杆菌 T-DNA 进入细胞，从而提高转化效率。预培养使植物组织代谢活跃，促进细胞分裂，更易整合外源 DNA。

3．菌株类型　农杆菌的侵染能力与转化效率有直接联系，也是影响遗传转化成功与否的主要因素之一。目前，在苹果上应用的农杆菌菌株类型主要有章鱼碱型的 LBA4404，琥珀碱型 A281、EHA101 和 EHA105，胭脂碱型 C58 和 pGV 类。有研究表明，在苹果遗传转化中，农杆菌 EHA101、EHA105 的转化效率比 LBA4404 高。

此外，影响苹果遗传转化效率条件还有农杆菌菌液浓度、侵染时间，受体材料与农杆菌共培养条件和时间以及转化体选择培养条件等。

## （三）遗传转化主要应用

目前为止，通过遗传转化改良苹果性状主要包括抗生物和非生物逆境、促进矮化和生根、提早开花结实、提高果实品质和耐贮运性等方面。

1．提早开花结实　苹果童期长，是杂交育种的一大障碍，通过遗传转化技术将开花相关基因导入苹果基因组中，可以促进苹果提前开花，缩短童期。例如，Kotoda 等（2006）和 Flachowsky 等（2012）分别将 *MdTFL* 基因的反义基因和 *MdTFL* 基因的干涉载体（RNAi）（图 19-3），转化苹果，抑制 *MdTFL* 基因的表达，促进苹果提前开花。Flachowsky 等（2007）将欧洲桦 *BpMADS4* 基因转化苹果，转基因株系移栽温室最早 3～5 个月开花，平均在 8～10 个月开花。超表达苹果 *FLOWERING LOCUS T*（*MdFT*）基因，转基因植株在离体培养时就开始开花。

图 19-3 转 *MdTFL-RNAi* 基因促进‘Pinova’苹果提早开花（Flachowsky et al.，2012）

A～C. 转基因株系 T759，T773 和 T775 与非转基因 PinS 对照；D，E. 不同转基因株系表现出不同的开花特点；F. 将 T776 转基因株系顶花芽去掉（白箭头所示），在基部又出现新的腋花芽（黑箭头所示）

2．促进矮化和生根　有些苹果砧木采用扦插和压条繁殖生根较困难，将植物激素合成与代谢相关基因导入苹果中可以影响其生长习性、分枝和生根等性状。例如，Trifonova 等（1994）将细胞分裂素合成关键酶异戊烯基转移酶 *ipt* 基因导入澳洲青苹中，转基因植株表现出“灌木状”。Holefors 等（1998）、Zhang 等（2006）将 *rolA*、*rolB*、*rolC*、*rolA* 基因转化苹果砧木 M26、M9、M29 和八棱海棠（*Malus micromalus* MAKINO）中，获得的转化植株树体矮小，节间明显缩短，而且生根能力增强。

3．抗病虫害　*Bt* 基因和 *CpTI* 基因是苹果抗虫转基因育种的两个主要基因。Bt 是苏云金芽孢杆菌（*Bacillus thuringiensis*）中分离出的杀虫结晶蛋白（insecticidal crystal protein，ICP）的简称，主要抗鳞翅类和鞘翅类昆虫。*CpTI* 是豇豆胰蛋白酶抑制剂基因，对于许多害虫具有广谱性抗性。世界首例转基因苹果导入的就是 *Bt* 基因。苹果转基因抗病育种，如将天蚕体内分离出来的细胞溶解酶蛋白 cecropin B、attacin A 和 attacin E 的基因，人工合成的细胞溶解酶类似物 SB-37、Shiva-1 的基因导入苹果，获得抗苹果火疫病（*Erwinia amylovora*）的转基因植株。将 β-1,3-葡聚糖酶基因、内切几丁质酶基因、芪合酶基因（stilbene synthase gene）、*PGIP*（多聚半乳糖醛酸酶抑制蛋白）和 *NPR1* 基因导入苹果获得抗苹果黑星病（*Venturia inaequalis*）、白粉病（*Podosphaera leucotricha*）等真菌性病害的转基因植株。

4．耐非生物胁迫　将一些目的基因导入苹果，增强其对干旱、盐碱、低温和缺铁黄化等非生物胁迫的抗性。例如，将苹果液泡 *MdNHX1* 基因、转录因子 *CBF* 基因转化苹果 M26 砧木和栽培品种‘嘎啦’，分别提高了转基因植株对盐和低温胁迫的能力。将 *IRT*、*FRO2* 基因转入八棱海棠，转基因植株对铁的吸收能力明显增强。

5．耐储运品种　选育耐储藏的苹果品种，可以延长货架期，减少生产和贮运过程中的损失。Dandekar 等（2004）将苹果乙烯合成关键酶如 ACC 氧化酶（1-aminocyclopropane-1-carboxylate oxidase）*ACO* 基因、ACC 合成酶 *ACS*（ACC synthase）基因的反义基因转化‘皇家嘎拉’苹果，可提高苹果耐贮运性。

6．品质育种　Igarashi 等（2016）通过 RNAi 转基因技术抑制苹果内源 6-磷酸山梨醇脱氢酶（S6PDH）基因的表达，提高苹果果实蔗糖的积累；抑制多酚氧化酶（PPO）基因的表达，防止苹果果肉褐化现象等。

# 第二节　柑　　橘

柑橘为芸香科（Rutaceae）柑橘亚科（Aurantioideae）柑橘属植物，是世界上重要的果树之一。柑橘离体培养在种质资源保存、无性系快繁、无病毒苗木培育和分子育种等方面发挥重要作用。组织培养技术在柑橘很多方面已经形成了较为成熟的体系。

## 一、柑橘脱毒

在柑橘生产中易感染一种或多种病毒。危害柑橘主要病毒或类似病毒病害如柑橘衰退病（citrus tristeza virus，CTV）、碎叶病（citrus tatter leaf virus，CTLV）、黄龙病（huanglongbing，HLB）、温州蜜柑萎缩病（satuma dwarf virus，SDV）和裂皮病（citrus exocortis viroids，CEV）等。长期的无性繁殖，使病毒代代相传，且接穗、砧木的远距离运输加剧了病毒的扩散。柑橘感染病毒后，轻则引起树势衰退、产量下降，果实品质变差，重则整株甚至整片树体死亡。利用茎尖微芽嫁接、热处理和胚珠珠心培养等方法可以脱除柑橘的病毒。

### （一）茎尖微芽嫁接脱毒

茎尖微芽嫁接脱毒是目前获得无病毒柑橘常用的方法，美国佛罗里达州凡是从外地引入柑橘种质时，都必须经过这一步脱毒处理。主要技术步骤如下。

1．砧木和接穗准备　选取充实饱满的柑橘砧木种子，用无菌水冲洗干净，放入 45℃温水中浸泡 5min，再用 55℃热水浸泡 45min，常规消毒处理后于无菌条件下剥去种皮，接种于 MS+15% 椰汁+3% 蔗糖培养基上，每瓶 2～3 粒种子，置于暗室（28±1）℃培养，2 周后可见芽苗，作砧木用。当幼苗生长到 3cm 高时，再从田间或温室内生长强健的柑橘新梢上采集接穗，取其新梢分生组织剥去幼叶，浸入 0.25% 漂白粉中消毒 5min，切下 0.1～0.2mm 带 2～3 叶原基的茎尖用以嫁接。接穗用湿热空气处理（50℃，45min），可以提高脱毒效果。

2．嫁接方法 无菌条件下取出砧木，切去过长的根，去掉子叶，切去上胚轴顶端，留1～1.5cm，并切开一个倒“T”形切口。在无菌条件下借助解剖镜，将微茎尖立即移接到砧木的倒“T”形切口上，使两者形成层贴合紧密（图19-4）。为防止病毒交叉感染，每次操作后应将嫁接工具消毒灭菌。嫁接好的植株移栽到新鲜培养基上，27℃、16h/d光照条件下培养，2～4周便可抽出新梢。

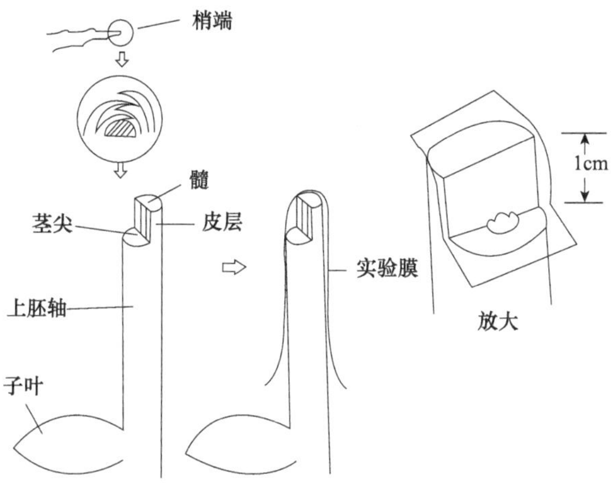


图19-4 茎尖微嫁接法示意图（沈德绪等，1998）

茎尖微芽嫁接方法技术要求高，而且需要在无菌条件下操作和培养。为了降低技术难度，日本奥代（1983）、高原利雄（1986）等发明了一种简易茎尖嫁接方法，这种方法与茎尖微芽嫁接不同在于砧木并不是取自试管苗培养基上的无菌苗，而是将种子直接播种在营养钵内，待实生苗的上胚轴伸长至4～5cm，取经热处理生长出的新梢顶芽或侧芽0.8～1.0mm的茎尖，不需要无菌条件就可进行嫁接，也能有效脱除病毒。

### （二）热处理脱毒

选择生长健壮的植株用于热处理脱毒。将需要脱毒处理的植株置于温室或恒温培养箱中，白天温度35～44℃，夜间温度27～34℃，持续处理3～4个月，可使病毒钝化。根据柑橘品种和病毒种类不同，所选择的温度和处理时间有一定的差异。

热处理脱毒在实际应用中存在一定的局限性，与生长点培养、微芽嫁接等结合可获得更好的脱毒效果。

### （三）无病毒苗鉴定

目前，鉴定柑橘无病毒苗的方法有抗血清法、电子显微镜法、PCR检测法、ELISA法以及指示植物鉴定法等。鉴定选出的无病毒苗可以用于建立原种母本园。

## 二、柑橘的胚胎及花药培养

### （一）柑橘胚胎培养

柑橘胚培养包括成熟胚培养和未成熟胚培养。成熟的珠心胚或合子胚培养对培养基和培养条件无严格要求，在含有大量元素的无机盐和蔗糖的基本培养基上，20～25℃条件下均易萌发生长。对于发育早期的幼胚较难培养成功，除了需要选择合适的基本培养基外，还需要添加氨基酸、维生素和生长调节剂等，并调整适宜的培养基pH和渗透压，以利于胚的分化和发育。

1．合子胚离体培养 大多数柑橘品种具有多胚现象（polyembryony），合子胚通常只有一个，其余为珠心胚。多胚类柑橘珠心胚会抑制合子胚的发育，使合子胚在竞争上处于劣势，从而导致合子胚退化或败育。在杂交育种中，为了排除珠心胚的干扰，可以在合子胚发育早期取出幼胚进行离体培养，这样可以有效获得杂种植株。

（1）分离时期 柑橘授粉50d后球形胚开始形成，珠心胚尚未侵入胚囊时是进行合子胚离体的最佳时期。也有研究发现不同杂交组合合子胚最适的分离时期不同。

（2）培养方法 采集幼果，用自来水冲洗干净，经75%乙醇表面消毒，在无菌条件下取出种子，借助解剖镜准确分离合子胚。接种于附加20mg/L腺嘌呤（Ad）、400mg/L水解乳蛋白（LH）、10%椰汁（CM）和10%蔗糖的改良White培养基上。25℃，光照1000～3000lx，培养4周左右，可见双子叶胚形成。将双子叶胚转接于附加0.25mg/L ZT、5～10mg/L $GA_3$、2%蔗糖的MT培养基上，诱导形成芽。芽长到2～3cm时，再转入附加0.2mg/L IBA的改良White培养基上诱导生根。

处于不同发育阶段的幼胚，在离体培养条件下，有几种不同的发育方式：①胚胎发育。幼胚继续进行胚性生长，从球形胚、心脏形胚、鱼雷形胚到子叶形胚完成正常的胚胎发育过程。②形成愈伤组织。幼胚发生细胞增殖而形成愈伤组织，并由愈伤组织再分化形成多个胚状体或芽原基。③早熟萌发。幼胚不继续进行胚性生长过程，而是直接萌发成幼苗，这种早期即萌发成苗的现象称为“早熟萌发”（pregermination）。幼胚未经充分发育，萌发成的苗大多畸形瘦弱，易早期死亡，在培养过程中需要避免。

2．珠心组织及胚珠培养　柑橘的珠心组织有倾向于自然形成不定胚的特性，利用柑橘珠心组织或胚珠培养可以直接或间接诱导不定胚的发生。柑橘很多类型具有胚珠败育特性，通过对败育胚珠和未受精胚珠的珠心组织进行分离培养，可以诱导不定胚的发生。20 世纪 70 年代初，以色列研究者培养‘沙莫蒂’（Shamouti）的珠心组织，获得胚性愈伤组织，这种胚性愈伤组织可以长期继代，并保持体细胞胚胎发生能力，容易再生植株。

幼果经过无菌消毒后，在无菌条件下剥取胚珠，切取珠心组织，接种于附加 500mg/L 麦芽浸出液的 MT 固体培养基中诱导愈伤组织。将愈伤组织转入不添加任何附加物的 MT 基本培养基中，培养诱导胚性愈伤组织，在胚性愈伤组织继代培养过程中，将蔗糖浓度提高至 50g/L，可诱发体细胞胚的发生。然后将体细胞胚转移至含 0.5～8.0mg/L GA 的培养基中，培养 3～4 周，促进柑橘体细胞胚的萌发，形成完整植株。

由于柑橘病毒只局限于寄主的维管组织中，而珠心胚与母体之间没有任何维管连接，所以从柑橘珠心胚培养得到的实生苗通常不带病毒，然而通过珠心或胚珠培养获得的实生苗会出现返幼性状（rejuvenation），如多刺、结果晚等，且容易变异。

3．胚乳培养　胚乳是三倍体组织，通过柑橘胚乳培养可获三倍体植株。目前已获得柚（*C. grandis*）、锦橙（*C. sinensis*）、凤梨甜橙（*C. sinensis*）和红江橙（改良橙）（*C. sinensis*＋*C. reticulata*）等柑橘的胚乳三倍体植株。培养方法如下。

（1）胚乳的选取时期　选择合适发育时期的胚乳是培养成功的关键。王大元等（1978）研究发现，在 7 月下旬前后，胚乳已经完全形成细胞组织时是取出培养的关键时期，过早或过晚都无法获得胚乳。陈如珠等（1991）研究指出，刚形成细胞的胚乳，其愈伤组织的诱导率不及细胞形成的中后期。

（2）试材预处理　幼果在 4～7℃低温下，预处理 16～19d，能显著提高胚乳愈伤组织诱导率。幼嫩种子在 MT 分别附加 NAA、$GA_3$ 和 BA 的 3 种培养基中预培养 2～6d，愈伤组织的诱导率也明显提高。

（3）愈伤组织的诱导　柑橘的胚乳愈伤组织诱导过程中常受珠心胚及多胚的干扰，接种时，应在解剖镜下剥去珠皮和珠心组织，仅将胚和胚乳取出进行接种培养。无菌条件下取出幼果种子的胚乳，此时胚乳为半透明固体，质地坚韧且有弹性，将其接种于附加 2mg/L 2,4-D、5mg/L 6-BA 和 1000mg/L CH 的 MT 培养基上培养，20d 后产生愈伤组织，降低 6-BA 浓度至 0.25mg/L 可促进胚乳快速生长。带胚培养对胚乳愈伤组织的诱导有促进作用，但要防止将胚和胚乳两类愈伤组织相互混淆。

（4）胚乳愈伤组织分化培养与植株再生　根据愈伤组织形态结构和发生时间上的差异，选出胚乳愈伤组织进一步继代培养，或转移到分化培养基上诱导胚状体，并使之形成完整小植株。例如，将红江橙的胚乳愈伤组织转移到附加 2～4mg/L GA 的 2MT 培养基（无机盐提高一倍的 MT 培养基）上培养，诱导形成胚状体；再转移到含 10mg/L GA 的 2MT 培养基上培养，形成子叶期胚状体；将 GA 浓度提高到 15mg/L，子叶期胚状体发育成完整植株。

（5）胚乳植株的鉴定　主要是通过细胞学鉴定方法观察根尖染色体数目。柑橘胚乳植株染色体数为 $2n=3x=27$，同时也会产生一些染色体数目接近三倍体的非整倍体植株。

（6）胚乳三倍体苗的嫁接与移植　离体培养的小植株移植入土不易成活，利用试管苗嫁接技术可以提高成活率。选用甜橙或柠檬等新鲜的种子，经消毒、去种皮，播种于不含激素的 MS 培养基上，在无菌条件下进行黑暗培养，当其上胚轴长至约 4cm，转移到光照条件下，待胚轴转绿后，即可用作砧木进行嫁接。胚乳诱导再生植株生长至 3～4cm，切取茎段或顶芽作接穗，在无菌条件下嫁接于试管中的砧木上，接口用封口膜包扎，然后进行液体培养，成苗率达 90% 以上。试管嫁接成活苗后即可进行移植。

### （二）柑橘的花药培养

花药培养的主要目的是诱导花粉发育成单倍体植株，易发现单倍体突变，并经染色体加倍可迅速而简便地获得纯合体，对柑橘遗传育种研究有重要意义。

1．材料的选择　研究表明，不同柑橘品种对花药培养的反应极为不同，目前仅有四季橘（*C. madurensis*）、枳壳（*Poncirus trifoliata*）和宜昌橙（*C. ichangensis*）等少数柑橘获得了花粉再生植株。

选择生长健壮、能提供优良遗传性的亲本，采集发育良好、正常的花蕾。在接种前，用乙酸洋红或 $I_2$-KI 染色压片，在显微镜下观察，确定花粉发育时期。一般以单核中、晚期的花粉粒诱导产生愈伤组织和胚状体的频率较高，不同柑橘品种可能存在差异。

2．培养方法　离体花蕾低温（3～4℃）预处理对花粉胚状体和愈伤组织的形成具有明显的促进作用。经低温预处理的花蕾，经消毒和无菌水清洗后，在无菌条件下取出花药，接种到花药培养基上。操作时用镊子夹花丝部分，尽量避免损伤花药，否则损伤处易产生大量体细胞愈伤组织，影响花粉的发育。接种时花药应平放，使其与培养基充分接触。

柑橘花粉再生植株的诱导一般不经过愈伤组织阶段，通常先是诱导小孢子启动分裂形成胚状体，这个过程需要40～80d；然后将胚状体转到适宜的培养基上培养30～40d，诱导胚状体分化成小植株。柑橘花药培养常用MS、White、Nitsch、MT、N6和SJ-1等基本培养基，并添加细胞分裂素类如BA、细胞激动素类（KT）、玉米素（ZT）、2,4-D及GA等生长调节剂和椰汁、水解乳蛋白（LH）等生理活性物质。

培养基中不同激素配比对胚状体诱导具有重要影响。在生长素和细胞分裂素之比为1∶1条件下，能诱导胚状体发生，生长素比例高时，有利于花药壁形成愈伤组织，阻碍胚状体形成。培养基中激素含量绝对值对胚状体形成也有影响，如四季橘花药培养中合适的2,4-D含量为0.05～0.1mg/L，超过1.0mg/L时不能产生胚状体。

高浓度的蔗糖对花药壁的愈伤组织产生有一定抑制作用，并有利于花粉的发育。柑橘花药培养最适的蔗糖浓度范围一般在10～90g/L，不同的柑橘材料有所差异，如特罗维塔甜橙以10g/L低浓度最好，枳则以30g/L为最好，酸橙以70～90g/L高浓度下胚状体形成良好。花粉植株诱导产生后，应降低蔗糖浓度才有利于继续生长。

3．培养条件　花药培养与外界环境条件有密切关系，尤其是温度和光照。

（1）温度　据陈振光等（1983）的研究，四季橘花药在20～25℃离体培养，能诱导胚状体产生，当温度为26～30℃时，无论光照或黑暗条件下，均无胚状体产生。不同的柑橘种类，最适培养温度也有差异，如枳花药培养最适温度为28℃，酸橙为18～24℃，特罗维塔甜橙在24℃。

（2）光照　光照对胚状体的形成也有明显影响，花药培养初期，一般需要黑暗的条件，如四季橘花粉胚状体的诱导率在黑暗条件下明显高于光照条件，光照条件对花药壁体细胞愈伤组织的产生有明显的抑制作用。

花药培养获得的植株为单倍体植株，不能进行减数分裂，且不能结实，在育种上没有利用价值，因此要通过秋水仙素处理使其染色体加倍形成二倍体植株。

## 三、柑橘的原生质体培养与融合

柑橘原生质体培养与融合研究始于20世纪70年代，自以色列Vardi等（1977）用‘沙莫蒂’甜橙珠心愈伤组织分离出原生质体获得再生植株以来，迄今全世界已获得橙类、金柑、橘类、柠檬类及柑橘近缘种等原生质体再生植株，在果树乃至木本植物中处于领先地位。

原生质体融合能有效克服柑橘育种杂交不亲和、性器官败育和珠心胚干扰等问题。Ohgawara等（1985）在世界上得到首例柑橘属间体细胞杂种，为柑橘不同种、属遗传重组和遗传改良提供了新途径。在我国，通过原生质体化学诱导、电场诱导以及非对称融合技术获得了一批柑橘种间和属间杂种。

### （一）原生质体分离与培养

目前柑橘原生质体培养只能从胚性愈伤组织中再生植株，还不能从叶肉组织或非胚性愈伤组织中获得原生质体再生植株。

1．胚性细胞系培养　柑橘胚性细胞系常由珠心组织诱导培养而来。选取适宜大小的幼果，于4℃下暂时保存。在超净工作台上将果实表面用次氯酸钠消毒，取出未成熟种子，去掉种皮，取幼胚置于MT附加麦芽提取物（ME）固体培养基上培养。在幼胚培养的过程中发现愈伤组织后，将部分愈伤组织挑出来，在不加任何激素的MT基本培养基上继代保存。经过不断继代培养可筛选获得浅黄色、生长势中等的胚性愈伤。

2．胚性愈伤组织原生质体分离　取生长在固体培养基上的柑橘愈伤组织转入液体MT培养基附加0.5mg/L ME、1.5g/L谷氨酰胺、30g/L蔗糖，于27℃悬浮培养（110r/min），建立悬浮系。当细胞处于对数生长期时（培养12～15d）继代培养，继代3次后，用于原生质体分离。

吸取1g愈伤组织悬浮培养物于6cm培养皿中，吸干培养基，加入1.5mL酶液（1%纤维素酶R-10＋1.5%离析酶R-10＋12.8%甘露醇＋0.12% MES＋0.36% $CaCl_2$，pH5.6，用0.22μm醋酸纤维微孔滤膜过滤除菌）和等体积的0.7mol/L EME培养基（MT＋0.7mol/L蔗糖＋1.5g/L ME），在28℃酶解16～20h，得到原生质体分离混合物。

3．叶肉原生质体分离　通常柠檬、橙类叶肉原生质体分离比柚类、橘类相对容易。在超净工作台上取出无菌条件下生长的柑橘叶片，用灭菌手术刀片先将叶片切成2mm宽的条状，之后放入预先加入了1.5mL左右0.6mol/L EME（MT＋0.6mol/L蔗糖＋1.5g/L ME）培养基的培养皿中，并加入等体积的上述酶液，培养皿用Parafilm封口后，28℃暗条件下酶解18～24h。

4．原生质体的纯化　将酶解后的原生质体用145μm、75μm、35μm孔径的尼龙网逐级过滤，除去未完全酶解的材料和细胞团，滤液离心4～6min（1000r/min），弃上清，沉淀物用13%甘露醇-26%蔗糖界面法100*g*离心2～3min。用吸管将两液面间的原生质体吸出，用1.0mL CPW-13M培养基重悬浮备用。

5．原生质体培养　原生质体培养时，在MT固体培养基上平铺一薄层原生质体悬浮液，植板密度约为$8\times10^4$～$8\times10^5$/ mL。柑橘原生质体培养时有一个较长的停滞期，植板后10～14d第一次细胞分裂，随后形成细胞团和愈伤组织，当愈伤组织达1～2mm时，把它们分开转移到附加4%蔗糖的MT培养基上，促进生长。当生长到7mm左右时转移到用2%甘油为唯一碳源的MT培养基上，诱发大量胚状体。将胚状体转移到MT＋4%蔗糖＋1500mg/L ME培养基上培养，待胚状体形成较大子叶且形态正常时，转移到MT＋2%蔗糖＋0.02～0.05mg/L NAA培养基上，促进生根和胚轴延伸，直至形成完整植株。

### （二）柑橘原生质体融合及植株再生

1．柑橘原生质体融合　柑橘原生质体融合主要采用"叶肉原生质体＋胚性愈伤组织原生质体"融合模式，融合方法有PEG化学融合法和电融合法等，但以前者最为常用。

（1）PEG化学融合　进行原生质体融合时，首先在灭菌的培养皿中滴加100μL待融合的两个等量原生质体混合液，静置10min。待原生质体沉积到培养皿底部时，将200μL 40% PEG融合液缓慢滴加在原生质体的两侧，使两者慢慢融合，室温下静置15～20min。然后轻轻地加入200μL高钙-高pH的PEG融合液，静置15min，再缓缓加入200μL MT培养基于中央，随后每隔5min加入数滴培养基，每次逐渐增加体积，同时吸去部分融合液，最后原生质体培养在约500μL MT培养基中。

（2）电融合　近年来，电诱导融合法的应用越来越多。其原理是：原生质体放在有低导电率融合液的融合小室中，小室的两极加有高频、不均匀的交流电场，电场发生的双向电泳和电场产生的力作用于原生质体，原生质体两极的电场强度不一致，使其表面电荷偶极化而具有偶极子的性质，从而使得原生质体沿电场线运动，原生质体相互接触排列成珍珠串（图19-5）。再施以一次或多次直流方波脉冲，使相接触的原生质体的质膜发生可逆性电击穿，最终导致融合。整个融合过程大致可以分为原生质体膜接触、质膜融合、圆球化和核融合几个阶段。电融合方法各种参数易控制，便于掌握，且融合速度快，同步化程度高，融合率高，但所需的仪器比较昂贵，电场诱导融合前首先必须对融合参数进行优化。

2．融合原生质体的培养　将融合的原生质体培养于添加0.6mol/L蔗糖的无激素MT培养基上，26℃连续光照培养。培养20d后，出现停滞现象，添加适量的含0.15mol/L蔗糖的无激素MT培养基。1～2个月后，获得淡绿色球形胚状体，将其转入MT培养基附加500mg/L ME、40mg/L AD或MT培养基附加10mmol/L半乳糖＋5mmol/L谷氨酰胺的固体培养基上培养。待其发育成子叶形胚状体，转移到含1～10mg/L $GA_3$的MT培养基上培养，直至发育成植株。

3．融合体的鉴定　在诱导原生质体融合过程中，除大量的未融合的亲本原生质体外，还可形成同核体（同源融合体）、异核体（异源融合体）、异胞质体或称共质体等。在不同类型的融合体中，形成不同遗传组成的同源多倍体细胞、杂种细胞、胞质杂种等多种变异类型，必须从这些混合体中选出真正异源原生质体融合的杂种细胞，才能达到体细胞杂交的目的。一种简便挑选杂种细胞的办法是利用双亲细胞形态和色泽的差异识别融合体，不过这种方法仅适用于遗传、生理和生化上有差异的物种。目前杂种细胞的筛选大多利用亲本原生质体在选择培养基上的发育障碍和杂种原生质体的功能互补进行选择，然而在实际应用中仍存在局限性。对于发育形成的再生植株可通过叶片形态、染色体计数、遗传标记如同工酶、RAPD、RFLP、AFLP和SSR等进行体细胞杂种的鉴定。

## 四、柑橘的遗传转化

柑橘遗传背景高度杂合，童期长，而且多数类型种子具有多胚性，传统育种方法进展缓慢，而基因工程育种具有高效、定向和不受植物世代影响等优点，为柑橘品种改良和新品种选育提供了新的手段。

自1990年用PEG介导法获得了第一株粗柠檬转基因植株和农杆菌介导法获得华盛顿脐橙转基因植株以来，柑橘遗传转化取得了长足的发展。柑橘遗传转化转入的外源基因主要包括：标记基因、报告基因、缩短童期相关基因、抗病相关基因、抗非生物逆境相关基因、改善果实品质相关基因等。

1．标记和报告基因　Hidaka等通过根癌农杆菌介导法将带有标记基因（*npt-II*和*hpt*基因）的载体转化到柑橘的悬浮培养细胞，并获得再生转基

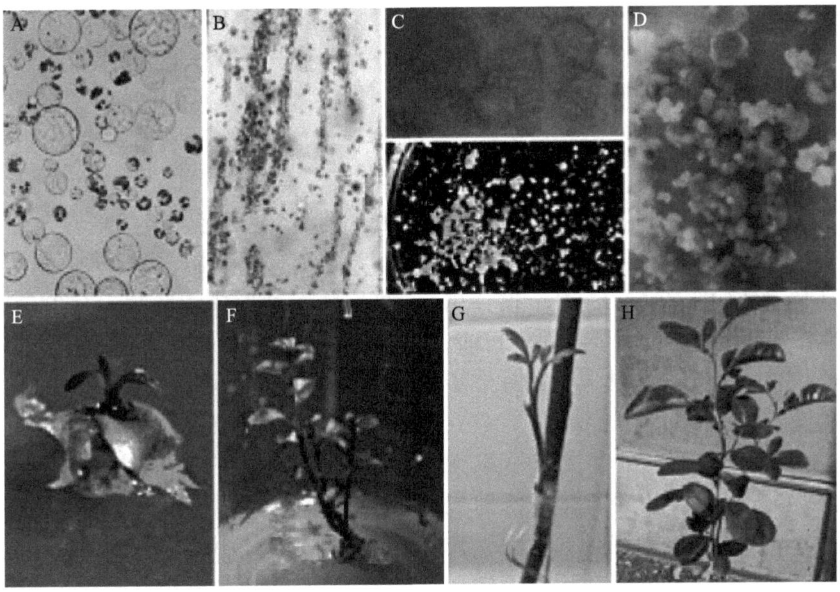


图 19-5　柑橘原生质体电融合及其再生植株（Dambier et al.，2011）

A. 叶肉原生质体（小）和胚性细胞原生质体（大）的混合；B. 原生质体在电场下成排列状；C. 培养 30d 胚性愈伤组织；D. 培养 60d 胚性愈伤组织；E. 培养 80d 胚性愈伤组织；F. 体细胞胚发芽；G. 印度酸橘和波美枳体细胞杂交异源四倍体植株；H. 嫁接驯化

因植株。Ghorbel 等将 *GFP* 基因转入酸橙、来檬和枳橙，并分别从细胞、组织、植株水平检测到该基因的高水平表达。Fleming 等用 PEG 法将增强 GFP 基因 *EGFP*（enhanced green fluorescent protein）基因转入甜橙原生质体，并获得再生植株。

2．缩短童期相关基因　Peña 等将拟南芥 *LEAFY* 和 *APETALA1* 基因转入到枳橙中，转基因植株在第二年就开花结果，和非转基因植株一样，开花受环境调控，花器官发育正常，且早花性状无论是合子苗还是珠心苗都能稳定遗传。

3．抗病相关基因　柑橘溃疡病是一种世界柑橘检疫性病害，转化昆虫抗菌肽基因 *attacin A*、水稻 *Xa21* 抗稻瘟病基因的甜橙提高了对柑橘抗溃疡病的抗性；He 等将人工合成的抗菌肽片段 *Shiva A* 及 *Cecropin B* 同时导入成年态锦橙和纽荷尔甜橙中，温室及田间接种试验均表明再生转基因植株提高了柑橘溃疡病抗性，且转化植株果实品质没有显著改变。将柑橘衰退病毒（citrus tristeza virus，CTV）外壳蛋白基因 *P25*、*P23* 转化柑橘，获得抗 CTV 的转基因植株。Peng 等（2017）利用 CRISPR/Cas9 基因编辑技术修饰晚锦橙易感溃疡病基因 *CsLOB1* 启动子，获得抗溃疡病的突变株。

4．抗非生物逆境相关基因　如将 ACC 合成酶反义基因分别导入 Carrizo 枳橙、甜橙和枳，转基因植株体内乙烯合成受到抑制，从而提高其抗寒性。将脯氨酸合成关键酶基因 *P5CS*、甜菜碱合成酶 *BADH* 基因导入 Carrizo 枳橙提高其抗盐性。

5．改善果实品质相关基因　Koca 等将催化黄烷酮生物合成前两步的查尔酮合酶（CHS）和查尔酮异构酶（CHI）基因的正向（S）和反向（AS）序列转入葡萄柚中，获得了叶片柚皮苷水平明显降低的转 *CHS-AS* 基因植株。

## 第三节　香　　蕉

香蕉为芭蕉科（Musaceae）芭蕉属（*Musa*）的常绿多年生单子叶大型草本果树，是世界上主要水果种类之一。香蕉栽培品种多为三倍体，具有高度不育的特性，生产上主要以吸芽、球茎和组织培养等无性繁殖方式进行苗木繁育，但吸芽和球茎繁殖存在繁殖率低、种苗规格不一和容易携带病虫害等问题。自 1960 年 Cox 等首先开始长梗蕉的胚培养以来，人们已从香蕉的茎尖、花序轴切片和花序顶端分生组织等离体培养中获得了再生植株，种苗实现了组培工厂化生产。香蕉成为组织培养技术应用最成功、最广泛的果树树种之一。

## 一、香蕉离体繁殖及工厂化育苗

香蕉的离体繁殖方式主要为茎尖培养和花序轴切片培养。

### （一）香蕉离体繁殖

1．茎尖培养　香蕉茎尖培养常用假茎基部球茎的顶芽和侧芽（吸芽）（图 19-6A），由于顶芽材料有限，故吸芽为香蕉茎尖培养的主要材料。目前，以吸芽为外植体的快繁技术已经非常成熟，具体步骤如下。

（1）取材和消毒　一般在早春或秋季取无病害的吸芽作为外植体，把含茎尖的球茎修剪成 5～8cm 长，3cm×3cm 见方的材料带回实验室，先用自来水冲洗，75% 乙醇浸润 15s，在超净工作台上，用 1.5% 次氯酸钠溶液（加数滴 Tween 效果更好）灭菌 20min，再用无菌水冲洗数次。剥去苞片露出茎尖，接种在培养基上（图 19-6$B_1$）。

（2）培养基和培养条件　常以 MS、SM 或改良的 MS 培养基作为基本培养基，蔗糖浓度为 2%～4%，琼脂浓度为 0.6%～0.8%，pH5.6～6.0，附加 1～5mg/L BA（或 0.5～1mg/L KT），添加适量 NAA 有促进生长，提高芽分化率的作用。

培养温度多控制在 25℃，可根据生产需要进行必要的调节，但不能低于 14℃或高于 32℃。光照时间为 16h，光照强度 1000～2000lx，培养初期需弱光，有利于诱导不定芽的发生。

（3）芽的诱导及增殖　芽诱导培养基一般采用较高浓度的细胞分裂素与较低浓度（或不含）生长素组合。以 1.0～5.0mg/L 浓度的 BA 和 0.1～0.2mg/L 浓度的 NAA 为宜。初代培养在芽诱导培养基上预培养 30d，外植体开始膨大，生长点露白，叶原基伸长并逐渐形成小叶片，茎尖长成 3～5cm 长的芽（图 19-6$B_2$）。然后在无菌条件下，将芽纵切成两半，转移到芽增殖培养基。接种后 2 周，基部侧面产生淡绿色、圆锥状突起，接种 4 周后，可见多个增殖芽形成（图 19-6$B_3$，$B_4$）。将这些芽切取下来（带苞叶可促进增殖）转接于增殖培养基，经 15～25d 培养，每个芽又可形成 3～10 个新芽。如此反复可获大量增殖。

（4）根诱导成苗　将 5～7cm 长的芽切下转至 MS（或 1/2 MS）附加 0.1～1mg/L NAA 的生根培养基。培养 2～4 周，即可生根发育成完整植株。每升培养基中加入 1～3g 活性炭，有利于根的生长（图 19-6$B_5$）。

（5）移栽　当小苗长至 2～4 片叶时，即可经炼苗后移栽于苗床。移栽时，小心清洗苗根部的培养基，将其移栽于营养土与蛭石 1∶1 的营养钵或营养袋中。在移栽后 1 周特别注意保湿遮阴，当苗高 20～30cm 时即可出圃移至大田，此阶段还可以浇施营养液以促进苗的生长（图 19-6$B_6$）。

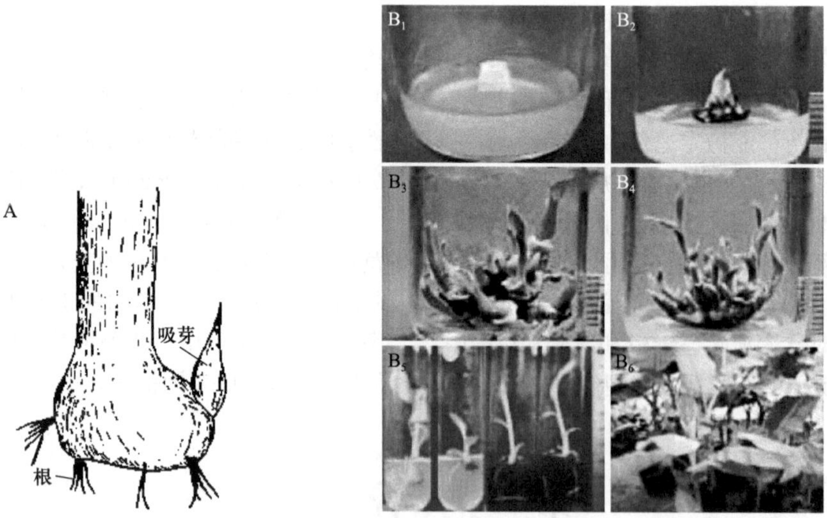


图 19-6　香蕉茎尖培养（Srangsam et al.，2007）

A．香蕉吸芽示意图；$B_1$．含有茎尖的外植体；$B_2$．外植体培养 30d 后茎尖开始隆起；$B_3$，$B_4$．形成丛生芽；$B_5$．比较芽在含有和不含有活性炭的生根培养基上诱导生根情况；$B_6$．移栽入营养钵培养 8 个月的小苗

2．香蕉花序轴切片培养　花序轴也是香蕉离体培养常用的外植体，其繁殖系数高于茎尖培养，但其繁殖后代变异性较大，应用时需要注意。

（1）取材和消毒　取顶端未结实的花序轴 8～15cm，在超净工作台上消毒，无菌水冲洗，剥去苞叶，两端各切去 2～5mm 后，剩下的部分横切成 2～3mm 厚的薄片（也可再纵切成数片），接种到培养基上培养。

（2）培养基及培养条件　花序轴切片培养与茎尖培养所用培养基类似，一般基本培养基为MS，蔗糖浓度2%～3%，琼脂浓度0.7%～0.8%，pH 5.8～6.0，附加2mg/L 6-BA，2mg/L IAA和200mg/L CH。培养温度25～28℃，光照1000lx（14h/d）条件下培养，通过胚状体途径诱导再生植株时应在黑暗条件下进行。培养初始切片为嫩白色，一周后切面逐渐转褐色变黑色，其皮层转为绿色。1个月左右，切片体积增加4～5倍，并在子房与花序轴的结合处周围长出许多似芽组织。将其转移到继代培养基上，似芽组织仍不断增殖，并形成幼芽。

（3）生根成苗　当幼芽长到2～3cm时，将无根芽苗转至生根培养基1/2 MS附加1.0mg/L NAA（或附加0.2～1.0mg/L IBA），培养15d左右，选择健壮幼苗，进行驯化、移栽。

### （二）香蕉脱毒苗工厂化生产

由于香蕉离体繁殖技术程序简单，设备投资较小，且繁殖速度快，香蕉脱毒苗繁育已实现工厂化生产。香蕉是无毒试管苗应用最为广泛和成功的果树种类之一。

1．脱毒苗工厂化生产的意义　在香蕉的生产中，一些病毒病害如香蕉束顶病、花叶心腐病等常给生产造成严重的损失。香蕉束顶病是由病原香蕉束顶病毒（banana bunchy top virus，BBTV）引起的，植株感染此病，表现为不能抽蕾结果，或结果少而瘦小，无经济价值。香蕉花叶心腐病的病原是黄瓜花叶病毒（cucumber mosaic virus，CMV）的一个株系，香蕉感染此病表现植株矮缩，生长较弱，不能结实，甚至植株死亡。传统的无性繁殖方式如吸芽繁殖，病毒积累严重，而利用组织培养技术既可建立无病毒繁殖系，又可工厂化大量生产，且比传统繁殖苗增产30%～50%，有利于优良品种的快速推广。香蕉无毒试管苗工厂化生产及应用使香蕉生产方式发生了革命性变化。

2．无病毒苗工厂化生产体系　香蕉无毒苗工厂化生产体系包括茎尖脱毒培养和工厂化快速繁殖两个主要阶段。

香蕉脱毒苗的培育，大多数采用热处理结合茎尖分生组织培养方法。取健壮的吸芽至盆里，进行38～40℃的湿热处理15d左右，经无菌处理后，进行顶端分生组织培养，可同时去除花叶心腐病和束顶病的病毒。若先建立无菌株体系，再进行热处理和茎尖分生组织和培养，可更彻底的脱除病毒。经鉴定为无病毒的组培苗，可增殖芽苗、生根及移栽，经农艺性状鉴定后，选出优质无病毒无性系作为种源，进行快速繁殖。

扩大繁殖过程中，应注意选择生长健壮、形态正常的芽苗用于进一步增殖，防止劣质苗的增殖“放大”。为了有效防止试管苗的变异，保证试管苗品种纯正，无病毒原种继代增殖到一定世代后，应重新从无病母本园植株上取茎尖进行扩繁。

3．无毒苗工厂化生产应注意的问题　组织培养方法在香蕉工厂化育苗上已广泛使用，但是在离体快繁的过程中往往会出现下列一些常见的问题，不仅影响了试管苗的质量，而且还增加了生产成本，给生产带来许多不便。

（1）品种选择　选择综合性状良好，市场上受欢迎的香蕉品种用于繁殖。母树选择，一般在栽培管理水平较高，无香蕉花叶心腐病、香蕉束顶病和巴拿马病等危害的种质圃或香蕉种植区选择优良母株。

（2）病毒的检测、脱除与控制　做好检疫工作是香蕉种苗工厂化生产中应解决的首要问题。从无病区（或母本园）采集吸芽，采取脱毒处理并进行脱毒苗的病毒检测，若发现可疑症状，立即检测，及时去除病株，以防病毒蔓延。经脱毒后的试管苗，移栽时应有严格的隔离措施。

（3）防止外植体褐变　组织褐变是香蕉组织培养中的一大障碍。接种时，严格选择外植体的部位，避免外植体在空气中暴露的时间过长，以缓解氧化速度。培养基中可以添加一些抗酚类氧化药剂如聚乙烯吡咯烷酮（PVP）、维生素C和甘露醇等，以防止组织材料褐变。选择最佳培养条件，适当降低培养基中的无机盐、糖和激素的浓度，加入适量活性炭等吸附剂和采取连续转接的方法都可以有效降低褐变的发生。

（4）降低污染和玻璃化现象　污染是植物组织培养中普遍存在的问题，也是影响香蕉试管苗生产成本最重要的因素之一。种苗工厂化生产的污染率必须控制在5%以下。

香蕉组培苗玻璃化现象主要表现为叶片呈现透明或者半透明状，叶片卷曲，失绿没有色泽，而且植株矮小等症状。出现玻璃化苗很难得以恢复，而且分化能力极差，严重影响繁殖速度。通过缩短光照的时间，提高光照强度，控制温度在25～30℃，降低激素的浓度，调节pH等可以减少玻璃化现象的发生。

（5）高效增殖　香蕉试管苗工厂化生产不仅要有较高的增殖效率，同时又要保证其遗传稳定性。不同香蕉品种、培养条件（尤其是附加生长调剂的种类和浓度）、继代次数等对香蕉增殖和变异都有很大的影响。需要通过试验摸索出最佳的培养条件，既能保持一定的增殖倍数，又能保证芽苗的质量。

（6）控制成本　香蕉工厂化育苗生产成本控制，一般采取的措施主要包括：①成本核算。通过成本分析，帮助生产厂商做出最好的技术决策和筛选最优技术方案。②简化培养基。③节省水电。充分利用自然光，室内生根转向室外生根，采用自来水代替蒸馏水、去离子水等。④降低污染。据统计，污染率每上升 5%，生产成本将递增 10% 以上。

### （三）减少无性系变异措施

在香蕉微繁殖过程中，常发生 3%～25% 的无性系变异。变异频率受内外因素的影响，如用于微繁殖材料的遗传稳定性、培养过程中外植体的类型、培养基、培养周期的长短、继代次数和微繁殖的途径（芽直接增殖、体细胞胚、愈伤组织）等。在培养过程中，减少生长调节剂的用量如降低 BA 的用量，给予充分的光照（保证 1500～2000lx，16h/d）和合适的蔗糖浓度；控制每个茎尖继代 6～7 次，繁殖 2000～4000 株，并通过芽直接增殖的方式可以减少变异的发生。在培养各个阶段，记录变异情况，尽可能除去变异株，减少变异率。

## 二、香蕉悬浮细胞及原生质体培养与融合

### （一）香蕉悬浮细胞培养

香蕉悬浮细胞培养，尤其是香蕉胚性细胞悬浮系（embryogenic cell suspensions，ECS）的建立不仅可以通过胚状体发生方式获得大量幼苗，进行快速繁殖，而且还为香蕉原生质体分离和遗传转化提供了良好材料和受体系统。目前已有多个香蕉品种建立了悬浮细胞培养系。

1．愈伤组织诱导　诱导愈伤组织主要材料来源是未成熟合子胚、茎尖分生组织、未成熟花序、果实组织、花序轴切片和球茎组织等不同的外植体，但利用未成熟的花序和茎尖分生组织诱导愈伤组织相对重复性好。

将未成熟的雄花序（图 19-7A）或茎尖切片经常规灭菌，接种于 MS 基本培养基添加 6mg/L 2,4-D，1mg/L 生物素、1mg/L IAA、1mg/L NAA、100mg/L 麦芽抽提物、100mg/L 谷氨酰胺，30g/L 蔗糖和 6.5g/L 琼脂粉（或附加 2.0mg/L 2,4-D、0.2mg/L ZT 和 2g/L gelrite）的培养基上，pH 5.7，(28±2)℃条件下暗培养 4～6 个月，可见生长均匀、质地松散易碎的淡黄色胚性愈伤组织（图 19-7B）。胚性愈伤组织的诱导率受基因型、外植体的来源及年龄、培养基成分、生长素和细胞分裂浓度及比例等因素的影响。

2．胚性悬浮细胞（ECS）建立　将淡黄色、松脆的胚性愈伤组织切下，放入盛有 2mL MS 培养基附加有 100mg/L 麦芽抽提物，1mg/L 2,4-D、1mg/L 生物素，100mg/L 谷氨酰胺和 45g/L 蔗糖，pH 5.3 的 2×3 或 3×4 的 Microwell 微孔板中，或者取胚性愈伤组织约 2g，接种到装有 30mL 液体培养基的 100mL 锥形瓶中，置于摇床上，于 28℃，16h/8h 光 / 暗周期，100r/min 悬浮培养。在悬浮培养的初期，每 3～4d 继代 1 次，1～2 个月后每周继代 1 次，培养 3～4 周，体细胞胚分化成紧密的胚性细胞团，在连续继代的刺激下，接种后 3～4 个月即可获得质地均匀良好的 ECS（图 19-7C）。良好的 ECS 外观为卵黄色、淡黄色至淡黄褐色，多数胚性细胞团边缘呈不规则的云雾状。

3．体细胞胚的诱导及成熟　吸取其中的悬浮细胞（团），在 1/2 MS 基本培养基上附加 200mg/L 磷酸二氢钾＋100mg/L 肌醇＋10mg/L 抗坏血酸＋45g/L 蔗糖＋7.0g/L 琼脂上进行暗培养，促进体胚的再生。然后转入 1/2 MS 培养基附加 0.225mg/L 6-BA＋100mg/L 肌醇＋10mg/L 抗坏血酸＋30g/L 蔗糖＋7g/L 琼脂培养 1 个月，再在 MS 培养基附加 0.175mg/L IAA＋0.225mg/L 6-BA＋10mg/L 抗坏血酸＋30g/L 蔗糖＋10g/L 琼脂上培养 1 个月，以促进体胚的进一步成熟与萌发（图 19-7 E～H）。培养温度为 28±2℃，每天光照 10h，光照强度为 4500lx。

4．植株再生　将上述成熟胚在含有 10.0μmol/L 6-BA 的 MS 培养基中，可萌发为完整植株，萌发率为 10%～25%。萌发后的体细胞胚被转移到不含任何植物生长调节剂的生根培养基中生根，进一步发育成为完整的小植株，经驯化后，移栽入土壤中（图 19-7 I，J）。

### （二）原生质体培养及融合

1．原生质体分离　取生理状态稳定的胚性细胞悬浮系，经 200μm 细胞筛过滤，取 0.5mL 细胞密实体积（packed cell volume，PCV），加入 10mL 酶液进行酶解。香蕉原生质体分离常用的酶及浓度范围为：1%～5% 纤维素酶，0.1%～0.5% 果胶酶，0.5%～1% 离析酶，酶的溶解液为 15.2g/L KCl、7.8g/L $CaCl_2$、100mg/L MES，以甘露醇作为渗透压调节剂，pH5.7，酶溶解后经 0.22μm 微孔滤膜过滤除菌。在摇床上，40r/min，黑暗条件下 27℃酶解 12～24h。不同材料使用的最适酶液组成、酶液浓度和酶解时间不同，提高酶的浓度虽然可以提高原生质体的产量，但却导致原生质体的生活力下降。酶

图 19-7 ‘大蕉’（*M. paradisiaca* ABB Linn.）胚性愈伤组织的诱导及植株再生（Dai et al.，2010）

A. 用于愈伤组织诱导的未成熟雄花序；B. 培养 6 个月，诱导出的黄色易碎的愈伤组织；C. 愈伤组织经破碎、过滤，获得均一的胚性细胞悬浮系；D. 倒置显微镜下观察胚性细胞悬浮系形态；E. 从 ECS 上起始诱导体细胞胚；F. 诱导出的球形胚；G. 体细胞胚；H. 体细胞胚发芽状，箭头所示为芽；I. 在生根培养基上培养一个月，获得再生植株；J. 再生植株移到土壤中

解后，原生质体液经离心，20%～25% 的蔗糖溶液纯化。采用血细胞计数器计算原生质体产量，用荧光素二乙酸酯（FDA）染色法进行原生质体活力检测。一般原生质体得率为每克愈伤组织 $10^6$ 个原生质体，成活率可达 90%～100%。

2．原生质体培养　原生质体培养和植株再生是原生质体培养整个过程最重要环节。许多研究表明，液体培养法、半固体培养法和固体培养法都不适合香蕉原生质体的培养，不能使原生质体进行持续的分裂。采用看护培养（饲喂层培养）和高密度接种（$10^5$～$10^6$ 个原生质体 /mL 培养基）相结合是目前进行香蕉原生质体培养最成功的方法。具体做法如下：采用香蕉或其他植物的悬浮细胞作为看护细胞，先将固体培养基（1/2 MS 基本培养基＋5% 甘露醇＋5μmol/L 2,4-D＋2g/L gelrite）倒入培养皿，再将看护细胞铺在固体培养基上，上面覆盖孔径 0.45μm 微孔滤膜，取 1mL 原生质体悬浮培养液（密度调整为 $1\times10^6$ 个 /mL）均匀加入到滤膜上，27℃黑暗条件下培养。

随后将至少含有 100 个细胞的细胞团或愈伤组织转移到无看护细胞、无甘露醇和无激素的培养基上培养，这些细胞团发育成体胚并萌发成小植株。小植株转移到温室可长成健壮的植株（图 19-8）。

3．原生质体融合与植株再生　香蕉原生质体融合研究目前还处于探索阶段，获得的体细胞杂种还很少。香蕉原生质体融合目前常用的方法有电融合法和聚乙二醇（PEG）融合法。Matsumoto 等（2002）采用电融合方法将来源于三倍体香蕉品种（AAB）和二倍体野生蕉（AA）的原生质体融合在一起，采用水稻 ECS 作看护细胞，经过培养，观察到香蕉融合子的体细胞胚的形成，经过 60d 培养后获得再生植株。Assani 等（2005）将三倍体香蕉‘Gros Michel’（AAA）和二倍体香蕉‘SF265’（AA）两个品种胚性悬浮细胞的原生质体进行融合，比较了电融合法和聚乙二醇（PEG）融合法对香蕉原生质体融合的影响，发现采用 PEG 法原生质体双融合频率比较高，采用电融合法细胞分裂频率、体胚发生频率和植株再生频率较高。Xiao 等（2009）采用不对称融合方法，对受体过山蕉的原生质体用碘乙酰胺处理，对供体贡蕉的原生质体采用紫外线进行照射处理，通过 PEG 融合方法，成功地获得原生质体不对称融合再生植株。

## 三、香蕉遗传转化

香蕉栽培种多为三倍体，具有雌雄性不育、果实无种子的特性，传统的育种方法难以达到改良品种特性的目的，因此基因工程技术的研究和发展对于香蕉自身性状的改良具有重要意义。

1．香蕉转基因受体系统　建立适于基因转化

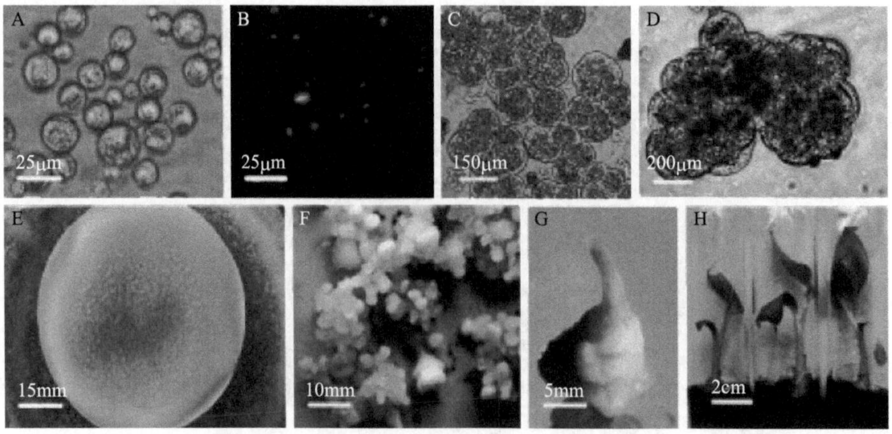


图 19-8 ‘大蕉’（*M. paradisiaca* ABB Linn.）原生质体饲喂层培养及再生植株

A. 新分离的原生质体；B. 染色观察，发荧光的为细胞壁碎片，没有荧光的为原生质体；C. 起始培养 7d，原生质体分裂成 3～5 个细胞组成的细胞团；D. 在饲喂层上培养 1 个月，分裂成由 100 个左右细胞组成的细胞团；E. 在饲喂层上培养 1 个月，形成可见的微型愈伤组织；F. 在 M6 培养基上培养两个月，从微型愈伤组织上发育成体细胞胚；G. 体细胞胚萌发；H. 体细胞胚萌发成正常的植株

的高频率离体再生体系，即转基因受体系统是进行植物基因工程研究的前提和关键。目前香蕉已经成功建立了横切薄层培养、胚性细胞悬浮培养和原生质体培养体系。其中，胚性细胞悬浮培养是目前主要的香蕉转化受体系统。

2．香蕉遗传转化系统　目前在香蕉的基因转化上取得成功的方法主要有以下三种。

（1）电击法　即采用高压脉冲，在原生质体上“电激穿孔”，形成可逆的瞬间通道，进而促进外源基因的摄取，它能在原生质体的细胞膜上造成微小的创口，以便外源基因进入。

（2）基因枪法　基因枪法以香蕉细胞悬浮系为受体，将被包裹的目的基因射入胚性细胞，经同源重组，外源基因整合入香蕉基因组，获得转基因再生植株。由于基因枪法不受香蕉品种基因型限制，具有转化频率高、转化品种广泛的优点，是目前香蕉转化用得较多的方法。

（3）根癌农杆菌介导法　与基因枪转化技术相比，使用农杆菌介导的基因转化具有转化效率高，外源基因在转基因植株中表达稳定的优点。

3．转基因香蕉的应用　早期香蕉遗传转化目的基因多为报告基因。近年来一些有重要经济价值的目的基因应用于香蕉的遗传转化，并获得成功。如利用不同来源的对病原菌有直接杀伤作用的或能激发植物防御反应的几丁质酶、抗菌肽、*Xa21* 和 *MSI-99* 等基因，进行香蕉的遗传转化，提高了香蕉抗病性。此外，还有将抗除草剂 *Bar* 基因，转录因子 *CBF1* 基因、铁转运、贮存相关蛋白 *IRT*、*FER*、*FRO* 基因转入香蕉，获得转基因植株，表 19-1 列举了香蕉遗传转化所用的目的基因及表型。

**表 19-1　转基因香蕉的目的基因及表型**

| 目的基因 | 表型 | 参考文献 |
|---|---|---|
| *Bar* | 抗除草剂 | Becker et al.，2000 |
| CBF1 | 抗寒 | Hu et al.，2016 |
| *MSI-99* | 抗香蕉枯萎病和黄条叶斑病 | Chakrabarti et al.，2003 |
| 几丁质酶基因 | 抗香蕉黑条叶斑病 | Kovács et al.，2013 |
| 抗菌肽 | 抗香蕉枯萎病和黑条叶斑病 | Remy et al.，2000<br>Tripathi，2003 |
| 抗菌肽 | 抗香蕉轮枝菌冠腐病、黄萎病 | Cary et al.，2000 |
| 抗菌肽（*Ace-AMP1*） | 抗香蕉枯萎病 | Mohandas et al.，2013 |
| 半胱氨酸蛋白酶抑制剂 | 抗香蕉穿孔线虫<br>抗香蕉象甲 | Atkinson et al.，2004<br>Kiggundu et al.，2002 |
| 合成尾孢毒素 | 抗香蕉细菌性枯萎病 | Rajasekaran et al.，2001 |
| 铁氧化还原蛋白 | 抗香蕉细菌性枯萎病 | Namukwaya et al.，2012 |
| *Xa21* | 抗香蕉细菌性枯萎病 | Tripathi et al.，2014 |
| 抗逆转录病毒（*adefovir, tenofovir*） | 抗香蕉条状病毒 | Helliot et al.，2003 |
| 人溶菌酶 | 抗枯萎病 | Pei et al.，2005 |
| 抗细胞凋亡（*Bcl-xL*，*Ced9*；*Bcl-2 3' UTR*） | 抗枯萎病 | Paul et al.，2011<br>Magambo，2012 |
| RNAi | 抗 BBTV 病毒 | Elayabalan et al.，2013<br>Shekhawat et al.，2012 |
| RNAi | 抗枯萎病 | Ghag et al.，2015 |
| 水通道蛋白基因 *MusaPIP1;2* | 抗非生物胁迫 | Sreedharan et al.，2013 |
| *WRKY* 基因 | 提高抗非生物和生物胁迫适应 | Shekhawat et al.，2013 |
| 类胡萝卜素合成相关酶基因 *psy*、*CrtI*，尼克酰胺合成酶基因（*NAS*），铁运输、贮存及氧化还原相关基因 *FER*、*FRO*、*IRT*、*YSL* | 提高维生素 A 含量、提高铁的含量 | Khanna et al.，2011 Dale et al.，2013 |

# 第四节 葡萄

葡萄属葡萄科（Vitaceae）葡萄属（*Vitis*）多年生藤本浆果类果树，是世界五大水果之一。生物技术不仅有利于加速优良葡萄品种繁殖和无病毒苗木的推广，还为葡萄种质资源保存和创新开辟了一条新的途径。

## 一、葡萄的快繁与脱毒

### （一）葡萄的离体快繁

1．外植体选取与培养　选用生长旺盛、无病虫害、顶芽及侧芽饱满，当年未木质化或未完全木质化的嫩枝条。除去幼叶，剪成3～5cm长带有1～2个芽的茎段，在流水中冲洗2～3h后，用70%乙醇浸泡30s，然后用1.0%次氯酸钠溶液灭菌15～20min，无菌水冲洗4～5次，在无菌条件下，剪成1～2cm的单芽茎段用以接种。

2．培养基及培养条件　基本培养基一般为MS、B5、GS或NN培养基等。初代培养通常用较低浓度的生长调节物质，如MS附加0.05～0.3mg/L IAA和0～0.5mg/L 6-BA，继代增殖培养基MS附加1.0mg/L 6-BA和0.1mg/L IBA；生根培养基的组成是1/2 MS附加0.1～0.3mg/L IBA。

培养条件为温度25～28℃，光照16h/d，光照强度1800lx。2周左右可以看到有许多绿色的芽点和小的不定芽出现，再经过一段时间培养，会长出丛生芽。

3．试管苗的驯化和移栽　葡萄试管苗驯化步骤如下。

（1）光培炼苗　当培养室中试管苗生长达瓶口，有3～4枚正常叶片时，且根系良好，将培养瓶去掉瓶盖，转入温室或大棚内，在20000～40000lx的自然光下炼苗5～7d，当瓶口长出油亮的叶片，幼茎变淡红色时即可出瓶。

（2）沙培炼苗　将培养瓶内经过光培炼苗的葡萄幼苗轻轻倒出，洗净根上的培养基，栽入沙床，株距3～4cm，行距8～10cm，栽植密度400～500株/$m^2$。栽入沙床后，盖好小拱棚，最初3d，棚内温度保持在25℃左右，相对湿度保持在80%～95%，光照7000～10000lx。然后逐渐通风，6～7d后，拆除临时小拱棚。

（3）温室营养钵炼苗　将经过沙培后葡萄苗，小心挖出，在空气湿度不低于70%，温度20～25℃，无直射光的条件下，栽入肥土：沙：腐熟有机肥为1：1：0.2的营养钵中。初始几天光、温、湿的管理与沙培苗相同。

（4）大田苗圃移栽　选疏松肥沃、排灌水方便，距温室较近且光照良好的地块作苗圃，将营养袋苗移栽苗圃即可。小苗有3个月的生长期，及时抹去副梢，促进枝芽老化成熟，达到合格优质苗。

### （二）葡萄无病毒苗培育

病毒病是葡萄世界性病害，侵染葡萄的病毒种类有60多种，其中葡萄扇叶病、卷叶病、栓皮病和斑点病等在我国分布广泛、危害严重。葡萄被病毒侵染后，会造成产量减少，成熟期延迟，含糖量降低，影响着色和风味，有的甚至使树势衰弱，落叶乃至死亡。培育和使用无病毒苗木是防控葡萄病毒病的最根本、有效的方法。

1．微茎尖培养法脱毒　选择生长健壮、性状优良的植株作为繁殖材料。取当年生葡萄枝条，经常规灭菌，在解剖镜下剥去鳞片与幼叶，切取0.1～0.2mm长、带有2～3片叶原基的茎尖接种到1/2 MS附加1.0mg/L 6-BA、0.2mg/L IAA和1.0mg/L KT的芽诱导培养基上，可以脱除多数葡萄病毒。脱除效果与茎尖采集时间、部位和不同病毒种类有关。

2．热处理结合茎尖培养脱毒法　将准备脱毒的葡萄试管苗在25℃的培养基连续培养15d，转移到32℃培养箱中，连续培养1周，然后逐渐升温到37～40℃，热处理30d，剥取2mm的茎尖，接种到MS附加0.5～1mg/L BA＋0.1～0.2mg/L IBA，30g/L蔗糖和5g/L的琼脂的培养基上进行培养。芽苗长到3～5cm转移到生根培养基上诱导生根，长成幼苗后检测无毒即可移栽至原种圃，供大量繁殖用。

3．抑制剂结合茎尖培养　病毒抑制剂能抑制病毒再生，与茎尖培养结合可脱去植株体内的病毒。目前主要的病毒抑制剂如病毒唑、板蓝根、抗病毒醚等。例如，将50～100μmol/L病毒唑加入培养葡萄茎尖的培养基中，即使茎尖稍大于1.0mm，也可以获得较高的脱毒率，但这种方法在实际应用中还需要进一步研究，以便找到更好的强力病毒抑制剂。

4．脱毒苗鉴定　常用方法如下。

（1）指示植物嫁接法　利用对某些病毒敏感的葡萄品种如‘LN-33’‘巴柯’‘品丽珠’‘圣乔治’等作指示植物进行病毒鉴定的方法。这些指示植物一旦被病毒感染便能很快地表现出病征，可用于葡萄脱毒效果的检测。葡萄扇叶病毒、葡萄卷叶病毒、葡萄病毒A和葡萄斑点病毒均可采用指示植物法进行检测。应用时常用汁液摩擦和嫁接传染的病毒接种方法，接种后一个月开始观察症状反应，直到秋季落叶，第二年继续观察，确认无病毒存在，才可以大量繁殖，在生产上推广应用。运用指示植物法鉴定植物病毒病具有鉴定谱广、不需要贵重仪器和设备、操作技术简便、易于掌握、结果直观性好等特点，因此在葡萄病毒检测中应用广泛。其缺点就是耗时较长，时效性差，易受周围环境影响。

（2）抗血清法　血清学检测法中常用的是酶联免疫吸附测定（ELISA），该法是利用抗原抗体体外特异性免疫性反应检测葡萄病毒。目前，已成功制备了葡萄扇叶病毒、葡萄病毒A、葡萄卷叶病毒和葡萄斑点病毒等病毒外壳蛋白的抗血清，对这些病毒检测均可采用酶联免疫法进行，但该方法不能用于类病毒和不稳定病毒的检测。

（3）分子生物学鉴定法　分子生物学检测是从核酸水平来检测病毒是否存在，主要包括聚合酶链反应（PCR）、双链RNA（dsRNA）法及分子杂交法等。分子生物学方法极大提高了检测的灵敏度，无论对DNA、RNA还是类病毒均可用此方法，克服了血清法的不足。目前许多种类的葡萄病毒，如葡萄卷叶病毒、葡萄扇叶病毒等核酸探针都已合成且已成功用于病毒检测。

## 二、葡萄胚胎和花药培养

葡萄胚胎培养在葡萄远缘杂交育种和培育优质无核、早熟品种上具有重要作用。葡萄花药培养可以获得单倍体植株，经加倍易获纯合体，在葡萄育种和遗传研究中有着特殊的意义。

### （一）葡萄的胚胎培养

1．胚培养　葡萄胚培养分为成熟胚培养和幼胚培养。

（1）成熟胚培养　成熟胚一般指子叶期后至发育完全的胚。取成熟的葡萄浆果，常规消毒后，在无菌条件下解剖出胚，接种到附加有一定浓度IAA和$GA_3$的Nitch培养基中，长出真叶后，转移到1/2 MS＋1mg/L IAA培养基中成苗。

（2）葡萄幼胚培养　采集葡萄的幼果，消毒灭菌后在无菌条件下解剖出幼胚，接种到锥形瓶，置于5～8℃培养箱中低温处理60d，转入培养室中进行培养，一个月后，横切处理转接入胚萌发培养基中，待其萌发后立即转入成苗培养基中进行培养，萌发培养基以MS为基本培养基，附加0.5mg/L $GA_3$、0.5～1.0mg/L IAA和0.5～1.0mg/L 6-BA等生长调节物质。成苗培养基选择1/2 MS＋0.2mg/L IBA＋3%蔗糖＋0.7%琼脂。培养条件为温度（25±1）℃，湿度50%～60%，光强2000～3000lx，光周期16h/8h（光照/黑暗）。

2. 胚珠培养　胚和胚珠培养在无核葡萄品种选育等育种实践上有重要意义，大大提高了无核葡萄品种选育效果。对于具有胚败育特征的葡萄，若直接剥离发育早期的幼胚进行培养，往往不易成功，而胚珠培养能使胚在胚珠中进一步发育，提高胚培养成功率。1983年，Cain报道用胚珠培养技术克服葡萄胚的败育，获得了试管苗，为无核葡萄育种建立了一条新途径。多数研究表明，胚珠接种时间是培养能否成功的关键，胚珠培养最佳接种时期是花后1～2个月。胚珠发育的培养基常用Nitsh、$NN_{69}$，并添加一定浓度的IAA、$GA_3$和活性炭。胚珠横切有利于胚与培养基营养物质的交流。胚珠经培养，然后转接到1/2 MS添加0.5mg/L 6-BA＋0.2mg/L IBA的胚萌发和成苗培养基，萌发成苗。

### （二）葡萄花药培养

到目前为止，葡萄花药培养诱导出的胚状体和再生植株多为二倍体，也有三倍体和混倍体，很少有获得单倍体植株的报道。1974年，Gresshoff等从欧亚葡萄花药培养中得到单倍体愈伤组织。邹昌杰等（1981）报道葡萄花药培养诱导出单倍体植株，但无确切证据证明来自花粉，也无遗传学纯合证明。曹孜义等（1993）以欧亚种二倍体‘Grenach’的花药为材料，培养获得三倍体植株。1998年，Salunkhe等诱导宽叶野葡萄（*Vitis latifolia*）花药体细胞胚获得再生植株，经检测多为混倍体。

花药所处的发育时期对花药培养十分关键。通常选取处于花粉单核靠边期的花药进行培养，容易诱导体细胞胚。葡萄花药培养基本培养基有B5或改良B5、$NN_{69}$或改良MS等，在附加2mg/L BA和0.5mg/L 2,4-D时诱导产生愈伤组织，将愈伤组织转移到添加4mg/L BA和0.2mg/L NAA的培养基中诱发体细胞胚，当胚状体长成3～5mm，转入1/2 MS附加0.1mg/L BA和0.01mg/L IBA的成苗培养基，连续光照数昼夜后体细胞胚变绿，而后逐步长根和子叶，直至形成再生植株。

## 三、葡萄原生质体培养

葡萄原生质体分离和培养始于20世纪70年代，早期原生质体培养大多停留在形成小细胞团及愈伤组织阶段。直到1990年才从欧洲葡萄‘赤霞珠’（Cabernet Sauvignon）悬浮细胞来源的原生质体获得再生植株。Reustle等（1994）、Zhu等（1997）以叶片诱导的体细胞胚或胚性愈伤组织为材料分离原生质体获得再生植株。宋锡全等（1999）获得了葡萄与狭叶柴胡（*Bupleurum scorzonerifolium* Willd）原生质体融合科间杂种再生植株。

### （一）葡萄原生质体分离

1．分离材料　选择适宜材料是分离培养原生质体成功的关键因素，主要包括基因型的选择、材料类型及材料生理状态等三个方面。原生质的分裂和再生能力很大程度上取决于所选择材料的基因型。材料类型有组培苗的幼叶、茎段、细胞悬浮系、愈伤组织和从叶片诱导的体细胞胚等，其中以愈伤组织和细胞悬浮系分离的原生质体产量高、生活力强，因而最为常用。材料的生理状态如叶龄等也影响原生质体的产量和质量。分离前，黑暗条件下将材料在预备培养基中培养72h，可提高了原生质体的产量和活力。

2．酶混合液　分离葡萄原生质体的酶混合液主要包括酶、渗透压稳定剂、原生质膜稳定剂等。常用酶混合液如下：0.1%～1%纤维素酶（Cellulase Onozuka R-10或RS），0.1%～0.5%果胶酶（Pectolyase Y-23），1.0%离析酶（Macerozyme R-10），添加0.7mol/L甘露醇作为渗透压的稳定剂，pH为5.5～6.0，在酶混合液中加入MES和PVP有助于稳定酶液的pH和防止材料褐变。在原生质体分离时，将酶混合液和材料按10：1混合，在黑暗或弱光下，25～28℃进行酶解。低速摇动（35～40r/min）能够加速原生质体的释放。酶解时间因材料和酶液的不同而有差别，通常为10～20h。酶解完毕，采用过滤、离心、界面离心法收集和纯化原生质体。

### （二）葡萄原生质体培养

葡萄原生质体培养多采用B5、MS、CPW-13M和$D_2$基本培养基，通常附加0.5～2.0mg/L BA，2.0mg/L NAA或0.2～1.0mg/L 2,4-D等生长调节物质，不同品种对生长素的反应有所不同。渗透压与原生质体活力保持有密切的关系，通常用0.5mg/L甘露醇作渗透压稳定剂，用葡萄糖取代甘露醇可以提高原生质体分裂率，培养密度以$10^5$个/mL为宜。在培养基中加入椰汁、水解酪蛋白或氨基酸等有机物，有利于提高原生质体成活率，促进细胞伸长和分裂。葡萄原生质体采用液体浅层法培养常发生聚集，且易褐化死亡，一般仅能维持几次分裂，而采用固体包埋法培养能显著提高原生质体的分裂率，获得愈伤组织。培养过程中注意经常更换和添加新鲜培养基，在培养基中添加0.05%～0.5%的活性炭能够有效降低材料的褐变。

### （三）葡萄原生质体再生植株

原生质体培养形成愈伤组织后，胚状体的诱导就成为原生质体植株再生的关键。迄今为止，已获得原生质体再生植株大多是通过胚状体发生途径获得的。将形成的愈伤组织转移到附加4.0mg/L NAA，0.9mg/L TDZ的$NN_{69}$培养基，或附加2.0mg/L NAA和0.5mg/L BA的Nitsch培养基中可诱导胚状体的发生，然后转到LS培养基上诱导再生植株（图19-9）。

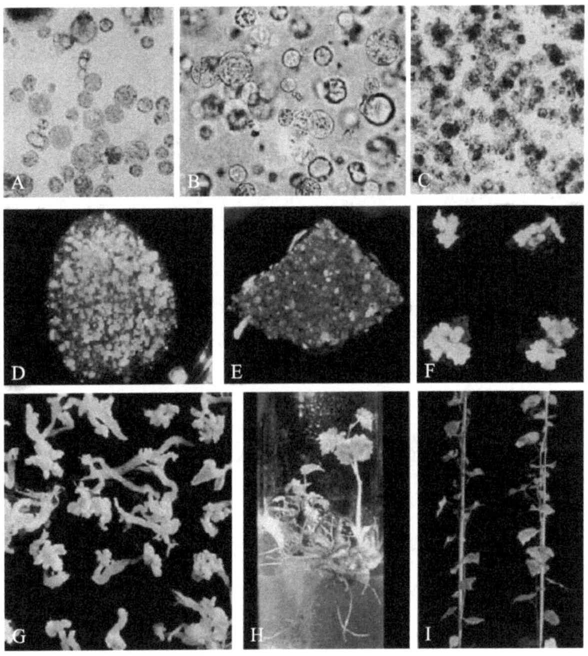


图19-9　葡萄原生质体的再生（Reustle et al.,1995）
A．从*Vitis* sp. Seyval blanc. 体细胞胚中分离的新鲜原生质体；B．培养第二周细胞第一次分裂；C．启动培养后，培养三周，形成微愈伤组织；D．培养6～8周，形成大的、块状愈伤组织；E，F．培养8～10周，在大块状的愈伤组织上形成体细胞胚结构；G．在没有添加生长调节剂的Nitsch培养基上，体细胞胚的转换；H．在LS培养基上，体细胞胚再生植株；I．转移到温室内‘Seyval blanc’原生质体培养再生植株

## 四、葡萄遗传转化

葡萄遗传转化研究起步较晚，直到20世纪90年代Mullins等（1990）以沙地葡萄花粉为材料，通过农杆菌介导的遗传转化首次获得表达*GUS*和*NPTII*的转基因葡萄植株。此后，葡萄遗传转化技术获得很快发展，通过遗传转化技术导入目的基因提高葡萄抗生物和非生物胁迫能力、改善果实品质等方面的研究都有报道。转基因技术为葡萄品种改良和新品种选育开辟了一条新的路径。

### （一）葡萄再生体系的建立

建立稳定、高效的葡萄再生体系是葡萄遗传转化的关键。尽管葡萄再生体系的研究已取得了很大进展，许多葡萄基因型已成功地进行了再生，但与其他植物相比，再生困难、再生率低是葡萄遗传转化主要障碍之一。葡萄再生主要有两种途径。

1．器官发生途径　葡萄器官发生途径采用的外植体材料主要包括叶片、叶柄、茎段和花药等。20世纪90年代初，Mullins等（1990）、Colby等（1991）及Berres等（1992）通过葡萄叶片、叶柄和茎段等器官获得再生不定芽及植株。器官发生途径再生过程简便，获得再生植株容易，但通过此种途径获得的葡萄转基因植株易产生嵌合体。

2．体细胞胚胎发生途径　胚状体一般源于单个细胞，更易产生均一的转化克隆，转化体不存在嵌合体现象，并且胚性细胞再生能力强于叶片、叶柄、茎段等器官发生途径，因此在葡萄遗传转化中具有很大应用价值，迄今转基因葡萄大多是通过该途径获得的。但体细胞胚诱导较难，诱导过程烦琐，需要时间较长。体细胞胚胎发生途径主要以葡萄生殖器官如子房、柱头、花药及整花等为外植体诱导获得体细胞胚（图19-10），其中以未成熟的花药及合子胚等更易于诱导产生胚状体。此外也有少量研究从叶片、叶柄、卷须和茎段等营养器官诱导体细胞胚进而获得再生葡萄植株。

图19-10　葡萄（*V. vinifera*）体细胞胚的诱导及植株再生

A．1/2 MS培养基；B．1/2 MS培养基＋活性炭；C，D．体细胞胚诱导不同发育阶段；E．非体细胞胚愈伤组织；F．体细胞胚在含有IAA、$GA_3$和活性炭的培养基上萌发；G．在1/2 MS培养基上生根培养，H，I．再生植株驯化移栽

### （二）葡萄遗传转化方法

1．葡萄遗传转化的方法

（1）农杆菌介导法　绝大多数转基因葡萄都是通过该方法实现的，且主要是根癌农杆菌介导的葡萄遗传转化，利用发根农杆菌介导的遗传转化报道较少。早期使用的基因多为报告基因，研究影响遗传转化的各种因子，探索葡萄遗传转化的可能性。目前利用根癌农杆菌介导法已成功将一些目的基因导入葡萄砧木和栽培品种，获得了转基因植株。

超声波辅助农杆菌介导法（sonieation-assisted agrobacterium-mediated transformation，SAAT）是通过超声波处理植物受体材料，利用超声波空化效应造成目标细胞微损伤，扩大农杆菌的感染部位，可提高转化效率。

（2）基因枪法　基因枪法应用于葡萄遗传转化研究得不多。Hebert等（1993）和Kikkert等（1996）用裹有*GUS*和*NPT II*基因的微粒轰击葡萄胚性培养物，获得了转基因植株。Vidal等（2003）通过改良条件参数提高了基因枪法转化效率，建立了稳定高效的‘霞多丽’遗传转化体系，分别获得了*GUS*、*NPT II*和抗真菌基因共转化植株，共转化频率达48%～56%，并证实外源基因可在植株中获得稳定遗传。

此外，将基因枪法与根癌农杆菌结合转化葡萄，获得了较好的转化效果。Scorza等（1995，1996）

先用基因枪轰击葡萄体细胞胚两次后，再与含外源基因的农杆菌共培养，获得导入报告基因、溶菌酶 *Shirva-1* 基因或番茄环斑病毒（*Tomato ringspot virus*，ToRSV）*CP* 基因的‘无核白’葡萄。

2．影响转化的主要因素

（1）受体的选择对遗传转化的影响　缺乏良好的再生系统是葡萄转基因研究中的主要障碍之一。不同的基因型、材料组织生理状态及部位对于转化成功率有着重要的影响，葡萄基因型不同，再生能力差异很大，通常砧木品种再生能力明显高于栽培品种，幼年器官或组织比老年器官或组织具有更高的形态发生能力。花药和未成熟的合子胚易产生胚状体，叶片和叶柄不易再生体细胞胚。

（2）农杆菌类型　葡萄遗传转化采用最多的根癌农杆菌，包括 LBA4404，GV2260，GV3101 等菌株。Gall 等的研究结果表明，菌株 LBA4404 是一种弱毒菌株，对葡萄胚性愈伤组织的侵染效率较高，转化率较高。Huss 等研究表明，菌株 GV3101 与野生型菌系 Tm4 一样含有可侵染植物细胞的致癌基因，侵染葡萄胚性愈伤组织可有效提高转化效率。

（3）共培养条件　农杆菌侵染的菌液浓度、共培养时间及培养条件都影响转化率。一般农杆菌培养至菌液 $OD_{600}$ 值为 0.6～0.8 时，对植物细胞侵染转化能力比较强，在共培养前对受体材料预培养及添加乙酰丁香酮（AS）可以明显提高转化效率。农杆菌侵染过程中，常常使葡萄受体出现褐化和坏死现象，影响遗传转化率。在共培养基中加入聚乙烯吡咯烷酮（PVP）和二硫苏糖醇（DTT）等抗氧化剂可以抑制坏死，而农杆菌的致病力不受影响。

3．转化植株的筛选　选择合适的筛选标记基因及选择压对转化体的筛选尤为重要，葡萄常用的筛选抗生素为卡那霉素、潮霉素等。适宜的抗生素浓度既能保证抗性细胞分化和再生，又能有效地抑制嵌合体和假阳性植株发生。在筛选培养基中配合使用头孢霉素和羧苄青霉素，扩大外植体与培养基接触面积，缩短继代培养时间均可有效抑制农杆菌生长。

4．转基因植株再生及检测　葡萄再生困难，建立高效再生途径是葡萄遗传转化的关键。虽然通过器官发生途径可以获得较高频率的不定芽，但通过此种途径获得的葡萄转基因植株易产生嵌合体。目前，转基因葡萄植株大多是通过胚状体发生途径获得的。

对抗生素筛选获得的再生植株需要进一步进行检测。通常用基因组 PCR、Southern 杂交检测外源基因整合基因组情况，然后通过 RT-PCR 或荧光定量 PCR 检测外源基因转录表达水平，还可以用 Western 杂交检测外源基因蛋白表达活性等。

### （三）葡萄遗传转化的应用

1．抗病毒病害　葡萄抗病毒基因工程采用的主要策略是转化病毒外壳蛋白基因（*CP*）、复制酶基因、反义 RNA、移动蛋白基因（*MP*）等。目前已成功导入的目的基因多为病毒外壳蛋白基因，如葡萄扇叶病毒（grapevine faleaf virus，GFLV）、葡萄卷叶伴随病毒2 和3（grapevine leaf roll associated virus 2 and 3，GLRaV-2，GLRaV-3）、葡萄 A 病毒（grapevine virus A，GVA）和葡萄 B 病毒（grapevine virus B，GVB）等的 *CP* 基因，其次还包括 GFLV 和 GVA 等病毒的 *MP* 基因，已有 10 余个葡萄品种获得转病毒基因植株，其中大多为‘41B’‘SO4’‘110R’等葡萄砧木品种。

2．抗真菌病害　在葡萄抗真菌病害转基因方面，利用不同来源的几丁质酶基因进行葡萄的遗传转化，例如，转水稻几丁质酶基因 *RCC2* 可以抑制葡萄白粉病（*Uncinula necator*）菌丝生长及分生孢子繁殖和形成，从而提高转基因葡萄对白粉病的抗性，同时对黑痘病菌（*Elsinoe ampelina*）也表现出一定的抗性。转葡萄芪合酶（vitis stilbene synthase1，Vst1）的基因可以提高转基因葡萄试管苗对灰霉病（*Botrytis cinerea*）的抗性。转莱豆 Eutypine 还原酶（vigna radiata eutypine-reducing enzyme，VR-ERE）的基因可以提高转基因葡萄对顶枯病（*Eutypa lata*）的抗性。

3．抗细菌病害　主要有抗菌肽基因如天然和人工合成的蛙皮素基因（*mag2*，*MSI99*）、肽基-甘氨酸-亮氨酸（peptidyl-glycine-leucine，PGL）的基因等。转 *mag2*、*MSI99* 的葡萄‘Chardonnay’不仅表现出对冠瘿病有抗性，而且对白粉病也表现一定的抗性。

4．抗非生物胁迫　在抗非生物胁迫转基因育种方面，如将抗冻蛋白 *Arf* 基因、转录因子 At*DREB1b*（Jin et al.，2009）转入葡萄，提高了葡萄抗寒性。转化脯氨酸合成酶基因（*Vvp5cs*）、超氧化物歧化酶基因 *SOD*、甜菜碱合成酶基因等，提高了葡萄抗渗透胁迫及其他非生物胁迫的能力。

5．品质改良　通过转基因技术将致死基因与种子发育特异调节基因，或者将生长素合成酶基因与胚珠发育特异调节基因融合转化有核葡萄品种，可以获得无核品种，如目前已获得转 *DefH9-iaaM* 基因（*DefH9* 为子房特异表达启动子，*iaaM* 为色氨酸单加氧酶基因）的转基因葡萄。通过基因沉默技术，使多酚氧化酶基因沉默，从而降低无核葡萄干的褐化；或者通过转 *UFGT* 基因及其调节基因、异种植物 *DFR* 基因，以改变葡萄果色或使葡萄产生花葵素。

# 第五节　猕　猴　桃

猕猴桃属猕猴桃科（Actinidiaceae）猕猴桃属（*Actinidia* Lindl）的浆果果树，富含维生素 C，猕猴桃属雌雄异株，倍性复杂，育种周期长。组织培养及遗传转化技术为猕猴桃种质资源保存、快速繁殖无病毒苗木、种质创新和品种改良开辟了一条新的途径。

## 一、猕猴桃组织快繁

猕猴桃雌雄异株，常规繁殖方式有扦插、嫁接和种子播种等。扦插和嫁接等繁殖系数低，采用种子繁育，实生苗性状不稳定，难以鉴别幼株性别，不易获得大批雌株群体。利用组织培养方法，可以选择优良的雌株品种作母株进行快速繁殖，而且可实现周年繁育，成本低廉。

1．取材及消毒　猕猴桃组织快繁常以一年生嫩茎、带腋芽茎段、嫩叶或茎段薄片作为外植体。从优良植株上采集表面光滑、无病虫害的嫩枝，除去茎段上的叶片，在自来水流水冲洗 2～3h，先用 75% 乙醇消毒 30s，无菌水冲洗 1 次，然后用 1.5% NaClO 消毒 10～20min，无菌水冲洗 3 次，以备接种。

2．接种及继代增殖　猕猴桃常用的快速繁殖方式有两种：一种是将带茎尖或腋芽的茎段用于接种，组织培养时可通过芽直接发育成苗；另一种是用茎段薄片等外植体，通过脱分化成愈伤组织，然后诱导分化成不定芽的方式。所用的基本培养基包括 MS、1/2 MS、N6、MT、B5 等，但常用的是 MS 和 1/2 MS 培养基。

（1）茎尖或带腋芽茎段接种　切取长 1～1.5cm 的茎尖或带腋芽的茎段，接种于附加 0.5mg/L BA、1.0mg/L GA 和 1.0mg/L ZT 的 MS 培养基中。培养温度 26℃，每天 12h 光照，光照强度 1000～3000lx。15d 后，顶芽向上伸长，4cm 左右，并长出小叶，此后顶芽基本不再生长，下部腋芽又分化出具有绿叶的新枝。

（2）茎段薄片接种　将茎段切成 0.5～0.8cm 的薄片，接种到附加有 1～2mg/L ZT，含 3.0% 蔗糖，0.75% 琼脂，pH 5.7～5.9 的 MS 培养基上进行培养（每瓶 1～3 个茎段），诱导愈伤组织。7～10d 茎段开始脱分化，在切口周围出现膨大致密的黄绿色愈伤组织，20d 左右表面开始出现颗粒状突起，继续培养这些突起，将分化出不定芽，2～3 周即可长成高 2～3cm 的试管苗，分化出 3～5 片幼叶。在培养基中加入 0.01% 的抗氧化剂 PVP 或 0.3% 的活性炭可防止组织的褐化。

（3）继代繁殖　对于第（1）种方式，将侧芽长成的小苗，再切割繁殖，每 25～30d 可增殖 3～5 倍，反复切割继代，可获得大量试管苗。对第（2）种方式，将已诱导分化出芽的猕猴桃愈伤组织切成数量不等但大小相近的小块，接种到含 1mg/L ZT 的 MS 继代培养基中进行增殖培养。培养温度 25～28℃，光照 12～14h/d，光照度 2500lx 左右的条件下进行培养。

3．诱导生根、炼苗及移栽　诱导生根方法可选择试管内生根和室内浸泡生根。选择试管内生根时，切取 2cm 以上的幼茎，转入附加 1.0mg/L IBA 的 1/2 MS 的生根培养基中，生根率可达 100%，培养 2 周左右可进行炼苗移栽。在培养室内拧松瓶盖，3～7d 后移出培养瓶，用自来水洗去根部附着的培养基，移栽到河沙、腐质土（1∶1）的基质中，保持基质湿润，25℃，空气湿度 90%，30d 后可将小苗移栽露地。

选择室内浸泡生根时，将继代培养长至 3cm 的幼茎，用 200mg/L 的 IBA 浸泡 2h，转到湿沙中覆膜保湿 10d，幼苗生根后揭膜炼苗，5～10d 后移至田间。浸泡生根法出苗集中，节省生根育苗时间，节能，省人工。

## 二、原生质体培养与融合

猕猴桃原生质体培养始于 1983 年，Cassio 等从中华猕猴桃（*A. chinensis*）叶片和愈伤组织分离原生质体获得成功，至今在毛花猕猴桃（*A. eriantha*）、美味猕猴桃（*A. deliciosa*）、葛枣猕猴桃（*A. polygama*）、狗枣猕猴桃（*A. kolomikta*）和软枣猕猴桃（*A. arguta*）等基因型中进行了原生质体分离和培养研究，但仅在中华猕猴桃、毛花猕猴桃和美味猕猴桃 3 个种中获得了再生植株。

### （一）原生质体分离材料

1．基因型的选择　原生质体培养成功与否，很大程度上取决于所选材料的基因型，自猕猴桃原生质体分离与培养以来，仅在中华猕猴桃、美味猕猴桃、毛花猕猴桃种内体细胞杂种，中华猕猴桃与美味猕猴桃、狗枣猕猴桃种间体细胞杂种获得再生植株。其他基因型未见成功的报道。

2. 材料类型　幼嫩子叶、胚性悬浮细胞及愈伤组织等是分离原生质体的良好材料。选择原生质体分离材料时，应特别注意材料所处的生理状态，如选择叶片作为分离材料时，多取幼叶作为分离材料。用子叶、幼叶、茎段、叶柄诱导愈伤组织作为起始材料，经多次继代培养后用于分离原生质体。对于猕猴桃大多数基因型，愈伤组织来源比叶肉等来源的原生质体产量高得多，且绝大多数猕猴桃原生质体植株是由愈伤组织作为起始材料获得的。

3. 材料预处理　酶解前对材料预处理有利于原生质体的分离。在MS培养基中生长的中华猕猴桃子叶愈伤组织，在分离前转至降低了蔗糖的浓度$NN_{69}$培养基预培养3～4周，其原生质体产量大大增加。在酶解前加入高渗透压溶液，对材料进行质壁分离，可以促进酶解时细胞壁在小面积破损条件下释放原生质体，从而提高产量，如采用CPW-13SM（CPW附加0.08mol/L蔗糖，0.55mol/L甘露醇）处理1h，亦可用5% $CaCl_2$处理40min，以提高原生质体产量。

## （二）原生质体的分离

1. 酶的种类　原生质体分离常采用的酶是纤维素酶（Cellulase Onozuka R-10），果胶酶（Pectolyase Y-23）和离析酶（Macerozyme R-10）。分离猕猴桃叶肉原生质体时使用的酶液组合是：1%纤维素酶，0.05%果胶酶和0.5%离析酶；分离猕猴桃愈伤组织和悬浮细胞原生质体时使用的酶液组合是2%纤维素酶和0.3%果胶酶。

2. 酶解　植物材料与酶液按1：10的比例混合，当酶解材料为愈伤组织和悬浮细胞时需要加大酶液用量，每克材料用量为10～20mL。酶解时，在黑暗或弱光条件下，恒温25～28℃，低速摇动（20～30r/min）游离和释放原生质体，用倒置显微镜观察原生质体游离效果，以确定游离的时间，通常为4～8h。酶解后即可用过滤、离心和界面离心等方法进行原生质体的收集与纯化。

3. 渗透压　甘露醇和山梨醇是最常用的渗透压稳定剂，可以分别或者结合使用，适宜的浓度因所用的组织和细胞来源而异，一般为0.3～0.8mol/L。加入适量的$CaCl_2$可以提高细胞膜的稳定性，有利于原生质体稳定。此外，还可以通过加入3～5mmol/L的MES稳定酶解过程中的pH，加入适量的PVP，可有效抑制原生质体的褐变。

4. 原生质体的分离与纯化　材料酶解处理后是一个由原生质体、细胞团与细胞碎片等组成的混合液，在培养前需要去除杂质、细胞碎片和酶液，将原生质体纯化，原生质体纯化最常用的方法是漂浮法和离心法。

（1）漂浮法　根据原生质体与细胞器或细胞碎片比重不同进行分离。高浓度的蔗糖溶液比重大于原生质体，离心后原生质体会漂浮在蔗糖溶液上，而残渣则会沉到管底。具体操作如下：在无菌条件下，将5～6mL的20%～25%蔗糖溶液加入10mL离心管中，然后轻轻加入1～2mL含有原生质体的酶液，用锡箔纸封口，100*g*离心10min。用移液管小心地将两液体的界面中的纯净的原生质带吸出，转入到另一个离心管中。用液体培养基洗涤3次，经过3次离心和重新悬浮后，最后将纯化的原生质体悬浮于1～2mL的液体培养基中备用。

（2）过滤-离心法　根据原生质体、细胞器和细胞碎片的比重不同，利用低速离心，使原生质体沉于底部，从而达到分离的目的。将酶解后的混合物经镍丝网过滤，滤出液移入离心管中，在75～100*g*下离心3～5min，倒掉含细胞碎片的上清液和酶液。然后用原生质体洗液或液体培养基重新悬浮沉淀物，在50*g*下离心3～5min再悬浮。重复2～3次。

## （三）原生质体培养

1. 培养方式　猕猴桃原生质体培养方式主要采用液体浅层培养和固体培养。液体浅层培养操作简单，容易进行培养基稀释以降低渗透压，而且有利于原生质体的分裂和细胞团的形成，但在某些情况下，原生质体常常聚合在一起而褐变，以至造成原生质体的失活。固体培养包括双层培养和琼脂糖包埋培养。不同猕猴桃基因型对原生质体培养方式有选择性，如中华猕猴桃原生质体用液体浅层培养，原生质体再生细胞持续分裂能力及分裂率比固体培养好，而对于美味猕猴桃和葛枣猕猴桃以琼脂糖平板培养最佳。

2. 培养基的种类及成分　猕猴桃原生质体起始培养所用基本培养基有MS、KM8P、B5和TCCW等。低浓度的$NH_4^+$态氮有利于猕猴桃原生质体的持续分裂。根据不同的培养材料在培养基中添加ZT、6-BA、2,4-D、NAA和IAA等生长调节剂和水解酪蛋白、椰汁等有机附加物。

3. 原生质体植板密度　植板密度影响原生

质体培养效果。密度过大，原生质体再生细胞团小，影响生长；密度过小，原生质体内含物外渗，只有在合适的植板密度下原生质体才能再生。猕猴桃原生质体培养植板密度一般为（1～2）$\times10^5$个/mL。不同基因型及同一基因型不同材料来源的原生质体植板密度差异较大，如以中华猕猴桃子叶诱导的愈伤组织来源的原生质体，植板密度要高于$1\times10^4$个/mL；而海沃德原生质体培养植板密度需$1\times10^6$个/mL。

4．原生质体再生植株　猕猴桃原生质体再生植株常用分步诱导法，即逐步降低培养基中生长素类浓度，增加细胞分裂素类浓度，如把2～4mm的原生质体诱导的愈伤组织转移到$NN_{69}$培养基添加1mg/L ZT、0.2mg/L 2,4-D、200mg/L水解酪蛋白、3%蔗糖、0.5%葡萄糖和0.6%琼脂的第一分化培养基上。培养2～3周后，再将其转移到$NN_{69}$添加1mg/L ZT，200mg/L水解酪蛋白，3%蔗糖，0.2%葡萄糖和0.6%的琼脂的第二分化培养基。再经过3～4周培养，将其转移到MS添加1mg/L的ZT，400mg/L的水解酪蛋白，2%蔗糖和0.6%琼脂的第三分化培养基。当再生苗长到1cm以上，将茎基部在50mg/L吲哚丁酸中浸泡2～3h，接种于不含激素的1/2MS培养基中诱导生根。

5．原生质体融合　随着原生质体培养技术的不断完善，利用原生质体融合技术改良猕猴桃也取得了一定进展。肖尊安等通过PEG融合法，进行了中华猕猴桃、美味猕猴桃以及狗枣猕猴桃种间的原生质体融合，获得了再生植株，经鉴定证明得到了猕猴桃属种间体细胞杂种。

## 小　结

果树生命周期长，遗传性高度杂合，自交大多不育，给育种工作造成了许多困难。生产上，大多数果树繁殖通过嫁接、扦插等无性繁殖方式，长期无性繁殖易出现病毒积累，品种退化等现象。组织培养及现代生物技术的发展，为果树种质资源保存、种质创新及新品种育种开辟了新的途径。通过微繁殖技术在柑橘、苹果、葡萄、香蕉等果树苗木繁育上已实现了商品化生产，它不仅大大提高了繁殖系数，还可以实现工厂化育苗。微茎尖培养结合热处理、加入病毒抑制物和微芽嫁接等技术进行果树病毒脱除，品种复壮。胚培养技术在克服果树远缘杂交胚败育，排除柑橘杂交育种珠心胚的干扰，获得真正杂种植株，提高育种效率等方面具有重要应用意义。

植物原生质体是去除细胞壁后仍具有生命活力的微球体。原生质体融合亦称体细胞杂交，克服了对亲本亲缘关系的限制，对于品种改良和远缘杂种创制具有重要的意义。柑橘原生质体培养和体细胞融合研究在果树甚至在木本植物中居于领先地位。目前已在柑橘、香蕉和猕猴桃等果树上获得体细胞杂种。

转基因技术可打破物种之间的杂交障碍，实现果树遗传性状的定向改良，扩展了育种范围，为果树育种开辟了一条新途径。果树基因工程育种尽管难度大、起步晚，但已取得了令人瞩目的成就，在果树抗盐、抗旱、抗寒、抗病等抗性育种、品质育种等方面获得了转基因植株。

## 复习思考题

1. 果树无病毒苗的培育常用的脱毒方法有哪些？苹果、柑橘、葡萄和香蕉脱除病毒采用的外植体有何不同？
2. 脱毒苗的检测方法有哪些？比较不同方法的优缺点。
3. 香蕉工厂化育苗应注意哪些问题？如何减少香蕉无性系变异？
4. 简述转基因技术在果树遗传改良上的应用。

## 主要参考文献

曹孜义，李保证．1993．三倍体葡萄花药植株的诱导．科学通报，38（5）：451~454

陈振光．1983．诱导柑桔花粉植株的研究．园艺学报，02：73~78

程家胜，Dandekar AM，Uratsu SL．1992．苹果基因转移技术研究初报．园艺学报，19（2）：101~104

沈德绪，王元裕，陈力耕．1998．柑橘遗传育种学．北京：科学出版社

王大元，张进仁．1978．从胚乳培养再生三倍体柑桔植株．中国科学，04：452~456

王军．2009．生物技术与葡萄遗传育种．中国农业科学，42（8）：2862~2874

肖望，黄霞，魏岳荣．2009．香蕉原生质体培养和体细胞杂交研究进展．果树学报，6（3）：369~374

肖望. 2009. 贡蕉胚性悬浮细胞原生质体分离的研究. 生物技术, 19 (3): 46~48

徐春香, Bart P, Hannelore S, 等. 2004. 影响体胚发生途径香蕉 (*Musa* spp., AAB Group) 植株再生的因素. 植物生理学通讯, 40 (3): 293~296

徐春香, 陈厚彬, 李建国, 等. 2004. 从香蕉胚性细胞悬浮系获得再生植株. 植物生理学通讯, 40 (2): 161~163.

徐春香, 李华平, 肖火根, 等. 2003. 香蕉分生小球体途径胚性细胞悬浮系的建立. 园艺学报, 30 (5): 580~582

徐小勇. 2006. 柑橘原生质体融合及体细胞杂种核质遗传研究. 武汉: 华中农业大学博士学位论文: 95

赵密珍, 苏家乐, 钱亚明, 等. 2005. 红宝石无核葡萄胚珠培养成苗技术研究. 果树学报. 22 (2): 166~168, 192

Cardoso JC, Martinelli AP, Germana MA, et al. 2014. In vitro anther culture of sweet orange (*Citrus sinensis* L. Osbeck) genotypes and of a *C. clementina* × *C. sinensis* 'Hamlin' hybrid. Plant Cell Tiss Org, 117: 455~464

Chakrabarti A, GanapathiT R, Mukherjec PK, et al 2003. MIS-99, a magaininan analogue imparts enhanced disease resistance in transgenic tobacco and banana. Planta, 216(4): 587~596

Dai XM, Xiao W, Huang X, et al. 2010. Plant regeneration from embryogenic cell suspensions and protoplasts of dessert banana cv. 'Da Jiao' (*Musa paradisiacal* ABB Linn.) via somatic embryogenesis. *In Vitro* cell Rer Biol Plant, 46(5): 403~410

Dambier D, Benyahia H, Pensabene-Bellavia G, et al. 2011. Somatic hybridization for citrus rootstock breeding: an effective tool to solve some important issues of the Mediterranean citrus industry. Plant Cell Rep, 30: 883~900

Dandekar AM, Teo G, Defilippi BG, et al. 2004. Effect of down-regulation of ethylene biosynthesis on fruit flavor complex in apple fruit. Transgenic Res, 13: 373~384

Dobránszki J, Teixeira Da Silva JA. 2010. Micropropagation of apple — A review. Biotechnol Adv, 28: 462~488

Flachowsky H, Peil A, Sopanen T, et al. 2007. Overexpression of BpMADS4 from silver birch (*Betula pendula* Roth.) induces early-flowering in apple (*Malus* × *domestica* Borkh.). Plant Breeding, 126(2): 137~145

Flachowsky H, Szankowski I, Waidmann S, et al. 2012. The *MdTFL1* gene of apple (*Malus* × *domestica* Borkh.) reduces vegetative growth and generation time. Tree Physiol, 32: 1288~1301

Fleming GH, Olivares-Fuster O, Fatta Del-Bosco S, et al. 2000. An alternative method for the genetic transformatin of sweet orange. *In Vitro* Cell Dev Biol Plant, 36(6): 450~455

He Y, Chen S, Peng A, et al. 2011. Production and evaluation of transgenic sweet orange (*Citrus sinensis* Osbeck) containing bivalent antibacterial peptide genes (*Shiva A* and *Cecropin B*) via a novel *Agrobacterium*-mediated transformation of mature axillary buds. Scientia Horticulturae, 128: 99~107

Hu CH, Wei YR, Huang YH, et al. 2013. An efficient protocol for the production of *chit42* transgenic Furenzhi banana (*Musa spp*. AA group) resistant to *Fusarium oxysporum*. *In Vitro* Call Per Biol Plant, 49(5): 584~592

Hurwitz CD, Agrios GN. 1984. Isolation and culture of protoplasts from apple callus and cell suspension cultures. J. Amer Soc Hort Sci, 109: 348~350

Igarashi M, Hatsuyama Y, Harada T, et al. 2016. Biotechnology and apple breeding in Japan. Breeding Sci, 66: 18~33

James DJ, Passey AJ, Barbara DJ, et al. 1989. Genetic transformation of apple (*Malus pumila* Mill.) using a disarmed Ti-binary vector. Plant Cell Reports, 7(8): 658~661

Kobayashi S, Ohgawara T, Ohgawara E, et al. 1988. A somatic hybrid plant obtained by protoplast fusion between navel orange (*Citrus sinensis*) and satsuma mandarin (*Citrus unshiu*). Plant Cell Tiss Org, 14: 63~69

Koca U, Berhow MA, Febres VJ, et al. 2009. Decreasing unpalatable flavonoid components in citrus: the effect of transformation construct.Physiologia Plantarum, 137(2): 101~114

Kotoda N, Iwanami H, Takahashi S. 2006. Antisense expression of *MdTFL1*, a *TFL1-like* gene, reduces the juvenile phase in apple. J Amer Soc Hort Sci, 131: 74~81

Kovács G, Sági L, Jacon G, et al. 2013. Expression of a rice chitinase gene in transgenic banana ('Gros Michel', AAA genome group) confers resistance to black leaf streak disease. Transgenic research, 22(1): 117~130

Mahdavi F, Sariah M, Maziah M. 2012. Expression of rice thaumatin-like protein gene in transgenic banana plants enhances resistance to fusarium wilt. Applied Biochemistry and Biotechnology, 166(4): 1008~1019

McCown BH, Lloyd G. 1981. Woody plant medium (WPM)-a mineral nutrient formulation for microculture of woody plant-species. HortScience. 701 NORTH SAINT ASAPH STREET, ALEXANDRIA, VA 22314-1998: AMER SOC HORTICULTURAL SCIENCE. 16(3): 453~453

Megia R, Haicour R, Tizroutine S, et al. 1993. Plant regeneration from cultured protoplasts of the cooking banana cv. Bluggoe (*Musa* spp., ABB group). Plant Cell Reports, 13(1): 41~44

Megia R, Haicour R, Tizroutine S, et al. 1993. Plant-regeneration from cultured protoplasts of the cooking banana cv bluggoe (*musa* spp, abb-group). Plant cell reports, 13: 41~44

Mohd Afendy Abd Talib, Mohd Puad Abdullah, Sariah Meon et al. International congress on Musa：Harnessing research to improve livelihoods, Penang, Malaysia, 2004：28

Murashige T, Bitters WP, Rangan TS, et al. 1972. A technique of shoot apex grafting and its utilization towards recovering virus-free *Citrus* clones. HortScience, 7：118~119

Ohgawara T, Kobayashi S, Ishii S, et al. 1989. Somatic hybridization in *Citrus*：navel orange (*C. sinensis* Osb.) and grapefruit (*C. paradisi* Macf.). Theor Appl Genet, 78：609~612

Patat-Ochatt EM, Boccon-Gibod J, Duron M, et al. 1993. Organogenesis of stem and leaf protoplasts of a haploid golden delicious apple clone (*Malus* x *domestica* Borkh.). Plant cell reports, 12(2)：118~120

Peña L, Martín-Trillo M, Juárez J, et al. 2001. Constitutive expression of Arabidopsis LEAFY or APETALA1 genes in citrus reduces their generation time. Nature biotechnology, 19(3)：263~267

Peng A, Chen S, Lei T, et al. 2017. Engineering canker-resistant plants through CRISPR/Cas9-targeted editing of the susceptibility gene *CsLOB1* promoter in citrus. Plant Biotechnology Journal,15(12)：1509~1519

Reustle G, Harst M, Alleweldt G. 1995. Plant regeneration of grapevine (*Vitis* sp.) protoplasts isolated from embryogenic tissue. Plant Cell Rep, 15：238~241

Saito A, Suzuki M. 1999. Plant regeneration from meristem-derived callus protoplasts of apple (*Malus* x *domestica* cv. `Fuji' ). Plant Cell Rep, 18：549~553

Salunkhe CK, Rao PS, Mhatre M. 1999. Plantlet regeneration via somatic embryogenesis in anther callus of *Vitis latifolia* L. Plant Cell Reports, 18(7)：670~673

Srangsam A, Kanchanapoom K. 2007. Establishment of *in vitro* culture of *Musa* AA group ‘ Kluai Sa ’ and Musa AA group ‘ Kluai Leb Mue Nang ’ and the analysis of ploidy stability. Scienceasia, 33：437

Trifonova A, Savova D, Ivanova K. 1994. *Agrobacterium* -mediated transformation of the apple cultivar Granny Smith. *In*：schmiat H, kellerhas M. Progress In the Temperate Fwit Breeding Revelophent in Plant Breeding. Dordrecht：Voll. Springer

Tripathi L, Mwaka H, Tripathi JN, et al. 2010. Expression of sweet pepper Hrap gene in banana enhances resistance to *Xanthomonas campestris* pv. *musacearum*. Molecular plant pathology, 11(6)：721~731

Vardi A, Bleichman S, Aviv D. 1990. Genetic transformation of citrus protoplasts and regeneration of transgenic plants. Plant Science,69：199~206

Vardi A. 1977. Isolation of protoplast in Citrus. Proc Int Soc Citriculture, 2：575~578

Zhang Z, Sun A, Cong Y, et al. 2006. *Agrobacterium*-mediated transformation of the apple rootstock *Malus micromalus* Makino with the *RolC* gene. *In vitro* Cell Ber Biol Plant, 42：491~497

Zhu L, Holefors A, Ahlman A, et al. 2001. Transformation of the apple rootstock M.9/29 with the *rolB* gene and its influence on rooting and growth. Plant Sci, 160：433~439

# 第二十章 药用植物组织培养与生物技术

药用植物（medicinal herbs）是含有生物活性成分，用于防病、治病的植物。全球有40万～50万种药用植物，但仅有极少部分被进行过化学成分及药理研究。我国已发现11000余种药用植物，种类和数量均居世界首位。药用植物多为野生，由于过度采挖，许多种类已出现资源枯竭现象，通过组织培养、细胞培养等工业化手段来生产某些重要的药用植物及其活性成分已受到重视。目前，药用植物组织培养主要应用于快速繁殖、茎尖脱毒、通过悬浮细胞培养、从细胞或培养基直接提取活性成分、通过生物转化或酶促反应生产活性成分等方面。

研究表明，在适宜的培养条件下，每种植物细胞内都含有与天然植物相同的药用成分，如糖类、苷类、萜类、生物碱、挥发油、有机酸、氨基酸、多肽、蛋白质和酶类、植物色素等，并且药效成分的含量是天然植物体含量的几倍到几十倍，这就为药用植物细胞的工业化生产提供了基础。此外研究还发现，亲本植物能够合成的次生代谢产物都可通过毛状根培养来生产，这也成为获得有用次生代谢产物的有效途径。目前已有40多种植物建立了毛状根培养系统。

## 第一节 金线莲

金线莲的基原植物主要有兰科开唇兰属植物金线兰（*Anoectochilus roxburghii*）、兴仁金线兰（*A. xingrenensis*）和台湾银线兰（*A. formosanus*）等，均为多年生草本植物，全草入药，性平、微寒，味甘，具有消热解毒、祛风利湿、固肺平肝、降血压等功效。闵、台两地民间用其治疗腰膝痹痛、吐血、血淋、遗精、肾炎、膀胱炎、小儿惊风、妇女白带、糖尿病、高血压、毒蛇咬伤、血虚、肝火、心火、口干发热、小儿发育不良、肺病、腹痛、肝脾疾患等多种病症。台湾学者从高雄金线莲中提取出的生物碱成分，对实验动物有强烈的镇痛作用，较吗啡强10～40倍。

金线莲种子胚发育不完全，不具胚芽、胚根和子叶等构造。自然条件下金线莲种子极难发芽，分株繁殖则耗时长且繁殖系数低。近年来，金线莲生存的自然环境发生变化，加上长期采挖，过度开发利用，野生资源已濒临灭绝。目前，金线莲的组培快繁技术在各个环节上的研究取得了较大进展，已进入规模化、产业化生产。

### 一、金线莲种子培养

金线莲的种子呈粉状，极为细小，一枚蒴果含有上千至数万粒种子，种子由未发育分化的椭圆形胚及单层细胞构成的种皮所组成。已有报道利用金线莲的胚离体培养可获得原球茎，由原球茎离体发育成幼苗。

金线莲种子成熟度以授粉后第40～50天采收播种为宜。兴仁金线兰授粉后55d种子达到生理成熟状态，种子萌发率最高达97.28%，授粉后75d种子趋于形态成熟，萌发率可达94.44%，授粉后115d的种子过度成熟，萌发率反而仅为23.34%。

1. 外植体灭菌　采摘尚未开裂的蒴果，用75%乙醇擦拭果皮，置10% NaClO溶液中浸泡12min，后用无菌水冲洗5～6次。在超净工作台上，用无菌解剖针将消毒后的蒴果纵向剖成两半，用无菌镊子夹取少量种子，洒入液体培养基中，摇匀。

2. 种子萌发培养基　金线兰种子在培养基1/2 MS＋6～1.0mg/L BA＋1.0mg/L NAA上萌发后可形成原球茎，原球茎可以直接发育成幼苗，也可以由原球茎产生愈伤组织，再由愈伤组织发育成类原球茎而分化成幼苗。诱导金线兰种子萌发成原球茎的适宜培养基是Knudson C，萌发率约60%，促使原球茎分化成苗的适宜培养基是Knudson C＋0.5mg/L 6-BA＋20%马铃薯提取物，成苗率可达51%。

## 二、金线莲营养器官培养——茎段繁殖

### 茎段繁殖

1．外植体的选择与处理　取生长健壮、无病虫害的植株，去叶后放入低浓度的洗衣粉水中漂洗3～5min，然后用流水冲洗30min。用75%乙醇湿润5～6s，放入0.1%的$HgCl_2$溶液灭菌12～13min，用无菌水冲洗5～6次。

2．培养条件　以MS为基本培养基。①芽诱导培养基：MS＋3.0mg/L 6-BA＋0.2mg/L NAA＋300mg/L CH（水解酪蛋白）。②增殖培养基：MS＋4.0mg/L 6-BA＋0.1mg/L NAA＋300mg/L CH。③生根培养基：1/4 MS＋0.5mg/L NAA＋300mg/LCH。培养基中均加入3%的蔗糖、6.5g/L琼脂，pH5.2～5.6。光照时间12h/d，光照强度1500lx，培养温度（22±1）℃。吕镇城等（2016）采用445nm及465nm的LED蓝光处理能显著提高金线莲鲜重、根系活力，促进可溶性糖、可溶性蛋白及总黄酮积累。

3．生长分化　①侧芽诱导培养：金线莲当年生带节茎段从母株上采下，灭菌后带一个芽点切一段，接种到芽诱导培养基上。15d左右茎节处开始萌动，逐渐长出红色幼芽。②幼芽继代与增殖培养：将获得的侧芽切分成小植株，转接入增殖培养基上进行继代培养，35～40d为1个继代增殖周期，一般由1个侧芽可增殖形成3～5个丛生芽；以后随着继代次数的增加，增殖速度渐加快，增殖系数可达6～8倍。③壮苗与生根培养：将丛生芽接入新鲜培养基中，20～30d时开始壮苗。再将丛生芽切成单个苗，将高3cm的植株接入生根培养基上进行生根培养。30d时幼苗生根率达90%，根长2～3cm，根数可达3～4条。④炼苗与移栽：移栽时提前将瓶盖打开，2d后再将小苗取出，洗净根部琼脂，栽入滤水性良好的细兰石与碳渣的混合基质中，盖膜保湿，保持环境温度20～25℃，成活率可达95%（图20-1）。

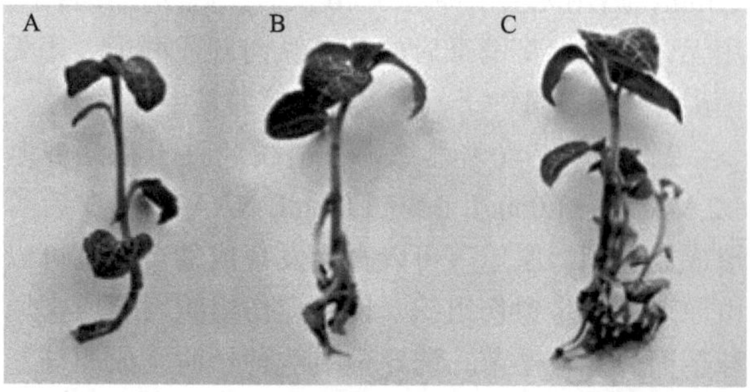


图20-1　不同栽培方式对组培苗移栽驯化的影响（林亮亮，2012）

A．土培法；B．定期更换营养液水培法；C．流动营养液水培法

## 三、金线莲“人工种子”

### （一）原球茎的诱导增殖及原球茎悬浮系的建立

以新鲜、健壮的野生金线莲茎段为外植体，经充分消毒后用无菌刀片将其切成约1cm长的带节小段，接种于高压灭菌后的原球茎诱导培养基上，原球茎诱导培养基组成为：MS＋2.0mg/L 6-BA＋0.2mg/L NAA＋0.5mg/L ZT＋30.0g/L蔗糖＋8.0g/L琼脂，pH5.8。培养室温度为（25±1）℃，光照10h/d，光照强度为25μmol/（$m^2$·s）。

当外植体长出乳白色原球茎后，将其接种于增殖培养基上，增殖培养基的组成及培养条件均与原球茎诱导相同。待产生团块状丛生形原球茎后，将其分散，按4g/瓶（鲜重）的接种量接种于盛有50mL液体培养基的250mL锥形瓶中，培养基组成为1/2 MS（大量元素减半）＋2.0mg/L 6-BA＋0.2mg/L NAA＋0.5mg/L ZT＋30.0g/L蔗糖，pH5.8，（25±1）℃漫射光下，摇床转速为60r/min的条件下培养，每10d更换培养基1次，培养30d后，用尼龙网从原球茎悬浮系中筛选适宜大小的原球茎，用作金线莲人工种子的繁殖体。

金线莲原球茎在无激素的条件下，其顶端不断延伸，形成根状茎，根状茎进一步分化长成植株。因此需要在激素的调节下使得原球茎不断增殖。培养基KC＋2.0mg/L 6-BA＋1.5mg/L NAA＋0.2mg/L KT增殖效果最好，增殖倍率最高，但原球茎在这种培养基上容易分化，经过继代3次，就会分化长出小叶。而邱玥（2010）在1/2MS＋0.5mg/L ZT＋1.0mg/L NAA培养基上培养了半年的原球茎，增殖效果良好，只有少数原球茎分化成根状茎。

### （二）人工种子制作

以金线莲原球茎为繁殖体，4.0%海藻酸钠＋2.0%壳聚糖＋2.0% $CaCl_2$等为人工种皮基质，0.2mg/L NAA＋0.1mg/L $GA_3$＋0.5mg/L BA＋0.4mg/L青霉素＋0.3%多菌灵粉剂＋0.2%苯甲酸钠＋1.0%蔗糖＋1.0%活性炭等为人工胚乳成分，制作金线莲人工种子。张明生（2007）等以4%海藻酸钠＋2% $CaCl_2$＋2%壳聚糖为人工种皮基质，1/2 MS液体培养基＋0.2mg/L NAA＋0.1mg/L $GA_3$＋0.5mg/L BA＋0.4mg/L青霉素＋0.3%多菌灵粉剂＋0.2%苯甲酸钠＋1.0%蔗糖＋1.0%活性炭作为人工胚乳成分，制作金线莲人工种子，在MS琼脂培养基上，金线莲人工种子的萌发率和成苗率均最高，在蛭石中的萌发率和成苗率次之。

# 第二节　白　　及

字距白及［*Bletilla striata*（Thunb.）Reichb.f.］为兰科植物，干燥块茎入药，其块茎习惯称为假鳞茎。白及具有收敛止血，消肿生肌的功效，主要用于咯血、吐血、外伤出血、疮疡肿毒、皮肤皲裂的治疗。野生白及广泛分布于四川、贵州、安徽、江苏等地，朝鲜和日本也有分布。在自然环境下，其种子成苗率极低，人工栽培主要采用分株繁殖，但繁殖系数较低，生产周期长，难以满足市场需求，因此，对白及进行组培快繁是解决此问题的有效途径（图 20-2）。

图 20-2　白及（杨嘉伟摄，2016）

## 一、白及组织和器官培养

### （一）白及种子培养

1．外植体的选择与处理　白及种子细小且无胚乳，随着白及胚龄增大，胚成熟度不断增加，有胚率和萌发率逐渐提高，种子萌发时间逐渐变短，1 个月胚龄的胚不萌发，2 个月胚龄的只有极少数萌发，4 个月胚龄的萌发率可达到 64%～85%，萌发期为 30d。胚萌发后，将胚状体继代培养，1～2 个月胚的胚状体产生愈伤组织较多，成苗较少。

取未开裂的成熟蒴果，用洗涤剂清洗表面，流水冲洗 20min 后，在超净台上，用 75% 乙醇消毒 30s，5% NaClO 溶液中消毒 15min，无菌水冲洗 3 次，用灭菌滤纸吸干水分，纵向切开，将种子抖落到配制好的 1/2 MS＋1.0mg/L NAA 培养基上进行培养。

2．生长与分化　白及种子的发育共经过种胚、原球茎、根状茎和假鳞茎 4 个阶段。白及种子在培养后胚即突破种皮开始萌发，形成原球茎，原球茎顶端先产生叶原基，接着分化出幼叶，长成小苗，小苗继续培养，产生根原基，长成具有根的健壮小苗。种子萌发期间，环境条件控制在温度（25±2）℃，有无光照均可。将小苗接种在 MS＋0.5～2.0mg/L 6-BA＋0.15mg/L NAA 培养基上，15d 后便可观察到原球茎出现多个小突起，30d 左右即可观察到丛生芽长出。

白及种子在 1/2MS、N6、PT、V&W 和 Kundson C 培养基上均有较高的萌发率与成苗率，但在 MS、G3 和 B5 培养基上萌发率及成苗率相对较低。10% 椰汁能促进胚的萌发与成苗。从生芽增殖的培养基为 1/2 MS＋4.0mg/L 6-BA＋0.2mg/L NAA＋100g/L CM，其增殖倍数达 4.41 倍，诱导生根的培养基为 1/2 MS＋0.2mg/L NAA，生根率达 90%。白及种子在花宝 1 号＋1mg/L TDZ 培养基上的生长较快，但有玻璃化现象出现，而无生长调节剂培养基上的种子萌发后生长缓慢。培养基中加入适量活性炭有利于种子的萌发，在增殖培养中，加入适量豌豆粉，可显著提高增殖率；在生根培养基中，加入香蕉泥利于白及苗的生根，且根系健壮，提高了移栽成活率。白及组培苗在 LED 红光下徒长，4 红＋2 蓝＋1 绿光源处理假鳞茎生长良好。

3．炼苗、移栽及管理　将组培苗在室温下炼苗 3～5d，再打开瓶盖炼苗 2～3d，洗去根部培养基，放于阴凉通风处晾干后移植于透水良好的基质，并置于阴凉处，保持较高的空气湿度和适当通风，成活率均可达 90% 以上。组培苗种植 3～4 年后可作为药材收获。

### （二）白及其他外植体培养

1．外植体的选择与处理　新鲜白及的茎尖、块茎、侧芽以及幼根也都可以作为白及组培的外植体。以侧芽为外植体的培养效果较块茎好一些，主要因为侧芽的灭菌效果较好且恢复生长较快，但利用块茎培养可以使外植体的采集不受季节的限制，即使在白及的休眠期也可以培养。

以侧芽或块茎作为外植体需要严格的消毒，清水洗净后，用洗衣粉溶液浸泡 20min，清水冲洗后用 75% 乙醇浸泡 30s，再用 0.2% 升汞表面消毒，侧芽消毒 8min，块茎消毒 12min，无菌水冲洗 5～6 次后即可切取培养。以幼根为外植体时，先将其消毒处理，再剪成 0.5cm 左右长的根段作为诱导原球茎的外植体材料。

2．生长与分化　利用侧芽或块茎以及茎尖和根尖等为外植体时，不经过原球茎增殖而直接进行丛生芽诱导。叶片诱导愈伤组织较困难，诱导率只有 3.3%。因此，叶片不适合作为愈伤组织诱导的外植体（图 20-3）。

图 20-3　白及不同外植体愈伤组织诱导实验（刘军凯，2012）
A. 白及种子诱导出愈伤组织；B. 假鳞茎诱导出的愈伤组织；C. 白及根的褐化；D. 白及幼叶的褐化

3. 培养条件　MS 对茎尖诱导芽及增殖的效果较好。以茎尖为外植体时，加入 2,4-D 会抑制芽的形成和增殖，产生较多愈伤组织；6-BA 能促进丛生芽的形成，但浓度超过 0.5mg/L 时对芽的生长有抑制作用。侧芽和茎尖的培养条件为：诱导和增殖培养采用 MS，生根采用 1/2 MS 培养基，蔗糖 2.5%，pH6.0～6.5，琼脂 0.7%。培养基 MS＋4.0mg/L KT＋0.2mg/L NAA 对以茎尖和侧芽为外植体的材料的丛生芽的增殖效果较好，培养 40d 后达到 450%。幼根的培养条件：诱导原球茎的培养基为 ZW＋1.0mg/L BA＋2.0mg/L NAA＋10% 椰汁＋2g/L CH＋30g/L 蔗糖，增殖和分化的适宜培养基为 ZW＋0.5mg/L NAA＋1.0mg/L BA＋30g/L 蔗糖。生根壮苗培养基为 1/2MS＋1.0mg/L NAA＋1.0mg/L GA＋200g/L 番茄汁。

4. 炼苗与移栽　选取碎砖、蕨根、碎炭、粗椰糠混合基质或黄土：炭渣：椰壳（2：2：1）、珍珠岩：泥炭土（1：3），以及 60% 腐叶土＋30% 珍珠岩＋10% 素红土等都能使移栽苗成活率达到 90% 以上。移栽的季节尽量选在春季，气温逐渐回升有利于试管苗适应自然环境。

## 二、白及悬浮细胞培养

### （一）悬浮培养系的建立

将生长良好的愈伤组织接种于液体培养基中进行悬浮振荡培养。培养基为 340mg/L $KH_2PO_4$＋3300mg/L $NH_4NO_3$＋100mg/L 肌醇＋30g/L 蔗糖改良的 1/2 MS 为基本培养基并添加 10% 土豆汁，激素配方为 0.2mg/L NAA＋1.0mg/L 6-BA＋2.0mg/L IBA，每 20mL 培养液中接种 0.0038g DW/L 左右的细胞。

### （二）影响白及悬浮培养物生长的因素

1. 光照时间　不同光照时间对细胞悬浮系细胞的生长影响大。12～24h/d 光照下白及悬浮细胞的生长量差异不大，且有着较高的生长量；0～6h/d 光照下细胞生长量较低，无光条件下细胞基本无法生长。

2. 温度　温度过低不利于白及悬浮细胞的生长，温度过高，反而使细胞生长量下降。在 10～25℃时白及细胞生长量随着温度的升高而增加，但 30℃以后生长量反而开始减小。

3. 接种量　以含量为 0.0038g DW/L 的细胞液为接种材料时，20mL 培养基中接种量不应低于 6mL，以 10mL 为宜。

4. 激素种类及水平　NAA、6-BA、IBA 三种激素中，对细胞生长量影响最大的是 NAA。NAA 浓度为 0.2mg/L 时，细胞生长量最高；NAA 浓度为 1.0mg/L 时，细胞生长量最低。激素组合为 1/2 MS＋0.2mg/L NAA＋1.0mg/L 6-BA＋2.0mg/L IBA 时，白及细胞生长量最高。

### （三）悬浮培养下白及细胞培养物的生长

将稳定继代 3 次含量为 0.0038g DW/L 的白及悬浮细胞液接种于 20mL 培养液中，25℃组培室光照 24h/d，用振荡式摇床以 100r/min 进行悬浮培养，培养 60d。白及悬浮细胞的生长曲线基本符合“S”形，表现出植物的生长大周期特性。白及细胞生长经过短暂的延迟期（0～12d），期间细胞生长不明显；12～30d 进入对数生长期，细胞生长快速，细胞生长量为 0.26～2.46g FW/L；在 30～33d 内细胞生长进入稳定期，细胞在 33d 达到最大生长量，为 2.78g FW/L；33d 以后细胞干重下降，进入生长静止期、衰亡期（图 20-4）。

## 三、白及“人工种子”

### （一）初步萌发与培养

取白及蒴果，用洗衣粉浸泡 10min，用自来水冲洗 5min。然后用 75% 乙醇消毒 2min，无菌水冲洗，0.1% $HgCl_2$ 消毒 15min，无菌水将残留的 $HgCl_2$ 冲洗干净，无菌吸水纸将蒴果表面残留的水吸干，切开，将种子抖入不含琼脂的 1/2MS 培养基中，在温度为（25±2）℃，光照度 2000～2500lx，光照 12h/d 的条件下培养 10d。

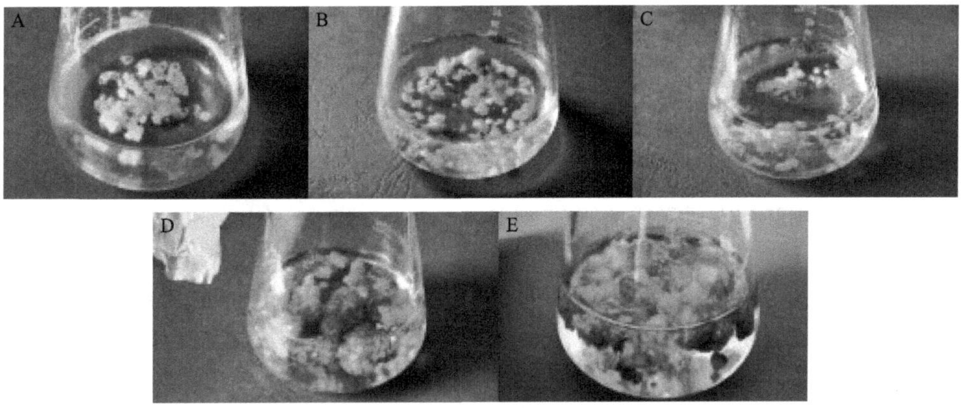


图 20-4　白及悬浮细胞培养（刘军凯，2012）
A. 1d；B. 15d；C. 24d；D. 45d；E. 60d

### （二）人工种子制作

以 4% 海藻酸钠＋0.2mol/L $CaCl_2$＋0.4mg/L 青霉素＋0.3% 多菌灵粉剂＋0.2% 苯甲酸钠为人工种皮基质，MS＋1.0mg/L NAA＋2.0mg/L KT 为白及人工种子的胚乳。种子在 1/2 MS 培养液中萌发 10d 后再包埋，可大大提高人工种子的萌发率（高达 95% 以上）。人工种子贮藏温度为 4℃。

# 第三节　石　　斛

石斛属（*Dendrobium*）植物为兰科附生植物的重要代表，许多种具有重要的药用价值，为传统的贵重中药材，有悠久的应用历史。《中华人民共和国药典》规定药用石斛的基源植物有金钗石斛（*Dendrobium nobile* Lindl.）、鼓槌石斛（*D. chrysotoxum* Lindl.）或流苏石斛（*D. fimbriatum* Hook.）的栽培种及其同属植物近似种的新鲜或干燥茎。具有滋阴清热、生津益胃、润肺止咳等功效，被誉为“中华九仙草”之首。据《本草纲目》记载，石斛“强阴益精，久服，厚肠胃，补内绝不足，平胃气长肌肉，益智除惊，轻身延年”。现代药理研究表明，石斛还具有抗肿瘤、抗衰老、增强人体免疫力及扩张血管的作用。过去我国的石斛药材主要来自野生资源，长期的过量采集使野生资源量急剧下降，难以满足日益增长的需求，迫切需要对石斛进行大量繁殖。由于石斛种子自然条件下繁殖率低，通常采用营养繁殖，但该方法生产周期长，存活率低，一定时期内提供的种苗量有限。因此，对石斛进行组培快速繁殖非常有必要，目前已实现了产业化和商品化生产。

## 一、石斛种子培养

兰科植物种子的无菌萌发是由美国学者 Kundson 于 1922 年建立的，他首次证明兰花种子可以在无机盐、糖、琼脂所组成的人工培养基上萌发，而不需要共生菌的存在。石斛的果实内种子量大，但种子无胚乳，自然条件下常需要某种真菌的帮助才能萌发，因此繁殖率很低，不易发育成植株。

### （一）外植体的选择与处理

以种子作为外植体进行培养的研究很多，胚龄在 45d 以下，萌发率很低，取成熟蒴果［铁皮石斛（*Dendrobium officinale*）、曲茎石斛（*D. flexicaule*）］，无菌条件下用 70% 乙醇表面灭菌 1～2min 后，5% 次氯酸钠浸泡 8～10min，切开蒴果，将少许微尘状种子倾入锥形瓶中，加入无菌水使种子呈悬浮状态，用吸管吸取悬浮液，接种在培养基上，并使种子均匀布满培养基表面。

### （二）生长和分化

石斛种胚黄草石斛种子（种胚）接种在 1/2 N6＋1.0～2.0mg/L NAA 的培养基上，有 13%～65% 的种胚出现特异的持续分裂，形成椹状或菠萝状胚状体群，经分离接种在 N6、MS 等培养基上，很快形成正常的石斛组培苗。若将分离的胚状体还接种在 1/2 N6＋1.0mg/L NAA 或 1/2 N6＋2.0mg/L NAA 培养基上，胚状体仍保持其分生增殖能力。蒋慧萍（2009）将成熟铁皮石斛种子接种在 MS＋0.5mg/L

6-BA＋0.2mg/L NAA＋10% 椰汁＋3% 蔗糖的培养基上，萌发率达 89.8%。在自然光或 2000lx 光强下，接种 3d 后种子转绿，30d 后陆续有种胚突破种皮，长成顶端有绿色的叶原基，球体基部有丝状毛的原球茎。暗培养有利于胚萌发，但萌发后应及时转入光条件下培养，否则胚萌发后形成的原球茎纤细瘦弱，出现白化现象，最终导致死亡。

石斛种胚在合适的培养基上，25～27℃下暗培养，可先诱导出愈伤组织，每月继代 1 次，3 次后可将愈伤组织置于光照条件下培养（每天光照 12h，光强为 1000～1500lx），愈伤组织会逐渐变绿，再继续培养就可形成原球茎，原球茎增殖很快，同时原球茎无性系长期继代培养仍可保持较强的再生植株能力。原球茎在不含激素的 1/2 MS 培养基上，2 个月可再生出完整的小植株。

### （三）培养条件

石斛组培以种子作外植体所需的培养基以 N6 为好。与其他培养基相比，N6、MS、SH 可提高石斛种胚成苗率，对种胚苗茎粗生长有利。培养基中加入 3% 的蔗糖，可使原球茎比对照更易增殖与保存。石斛种子在无激素的条件下可以正常成苗，但使用激素有一定促进作用。如 NAA 在 0～1.0mg/L 范围内随浓度升高，石斛种胚苗的株高增加，茎变粗，叶数和根数增多，鲜重增加，说明适量的 NAA 对石斛种胚苗生长发育起促进作用，但过高则抑制生长发育。6-BA 抑制石斛种胚苗生长发育，导致出现畸形苗。石斛种子萌发和生长发育的不同阶段，对天然提取物的需求是不同的。原球茎增殖时不需要添加天然提取物，但在原球茎分化阶段，马铃薯提取液有良好的促进作用，香蕉提取液对幼苗的生长是必要的。

## 二、石斛营养器官培养

### （一）茎尖培养

1．外植体的选择与处理　金钗石斛的组织培养以茎尖作为外植体效果较好。取材前 2～3 周，最好把母株置于温室内培养，不要喷水。在接种前选择健壮无病的茎尖剪下，进行常规消毒，然后接种到愈伤组织诱导培养基上。

2．生长和分化　经过 4～5 周的培养，外植体形成愈伤组织。将愈伤组织转接到芽诱导培养基上继续培养，便会分化出原球茎，并萌发出不定芽。将培养材料切成数丛，转移到继代培养基上。当小苗长到 1～2cm 高时将其切下，转移到生根培养基上，经过 5～6 周的培养后，试管苗可达 3～4cm，并形成健壮的根系。

3．培养基及培养条件　愈伤组织诱导可采用添加 2.0mg/L 6-BA＋0.1mg/L NAA 的 MS 培养基；芽诱导可采用添加 0.5mg/L 6-BA＋0.05mg/L NAA＋1.0mg/L 腺嘌呤＋50mg/L 椰汁的 MS 培养基；根诱导可采用添加 0.5mg/L NAA 的 1/2MS 培养基。继代培养可采用添加 0.5mg/L 6-BA＋0.05mg/L NAA 的 MS 培养基。所有培养基均要添加 30g/L 蔗糖、8g/L 琼脂，调整 pH 为 5.6～5.8。培养温度为 26～28℃，每天光照 10～12h，光照度 1500～2000lx。

张启香（2009）以铁皮石斛 *D. officinale* 的茎尖为外植体，诱导产生拟原球茎，进一步培养形成幼苗。原球茎诱导培养基为 1/2 MS＋0.5mg/L 6-BA＋0.05mg/L NAA＋0.1mg/L KT＋1.0g/L LH。外植体接种后 20d 左右外植体基部开始膨大，40d 左右出现肉眼可见的乳白色突起，这些突起逐渐增大，成为圆形至卵圆形的乳白色拟原球茎。解剖学研究表明，拟原球茎是由位于顶端分生组织下的薄壁细胞脱分化形成的胚性细胞发育而来。

### （二）茎段培养

1．外植体的选择与处理　选取生长健壮、无病虫害的（金钗石斛）植株，剪取新萌发的嫩茎段作为外植体。将嫩茎去掉叶片，用棉花蘸淡肥皂水轻轻擦洗，自来水冲洗 0.5h，超净工作台上用 70% 乙醇灭菌 30s，2% 次氯酸钠溶液灭菌 8min，无菌水冲洗 5 次后，用镊子轻轻将膜质叶鞘剥去，切取带有芽眼的嫩茎段（长 1～2cm），接种于芽诱导培养基上。

2．培养基及培养条件　金钗石斛茎段培养时，在 MS 与 B5 上均能进行较好的诱导分化，培养基中加入一定量的激素，有利于芽的诱导。例如，MS 培养基附加 0.5mg/L 6-BA＋0.2mg/L NAA 诱导分化最佳；附加 3.0mg/L 6-BA＋0.5mg/L NAA 增殖最适，附加 0.3mg/L IBA＋0.1mg/L NAA 对生根最适（生根率 95%）。霍山石斛茎段培养时，当 IBA 的用量高于 NAA 时，有利于诱导出芽；当 IBA 用量低于 NAA 时，有利于诱导生根。而 MS＋1.0mg/L IBA＋0.5mg/L NAA 或 MS＋0.5mg/L IBA＋0.5mg/L NAA 培养基是带节间茎段较好的出芽培养基，MS＋0.15mg/L IBA＋0.5mg/L NAA 是适宜的生根培养基。培养温度为 25～27℃，光强 2000lx，光照时间 10～12h/d（图 20-5）。闻婧（2016）研究发现单色红光在短期内可以有效促进多糖积累，红黄蓝组合光有利于铁皮石斛的生长，干物质积累和多糖的积累。

图 20-5 铁皮石斛茎段再生植株（李洪林，2012）
A. 芽诱导；B. 芽增殖；C. 壮苗；D. 生根；E. 出瓶苗；F. 移植苗

### （三）其他营养器官培养

除种子、茎段外，石斛的离体培养还可用叶片和幼根等作为外植体。石斛叶片在适宜的培养基上，能从叶脉处诱导愈伤组织，但诱导频率较低。采用石斛苗长 0.4～0.6cm 的根段，消毒后在 N6＋0.5mg/L NAA 培养基上，可诱导愈伤组织，并分化原球茎或芽簇，将形成的原球茎分离，接在 N6＋1.0mg/L NAA 培养基上可迅速分化出愈伤组织，并产生胚状体群或芽簇，分离后再转接在不含激素的 N6 或 MS 上，可培养大批石斛组培苗。或者将石斛根作为外植体接在 N6＋1.0mg/L NAA＋1.0mg/L 6-BA 或 N6＋0.5mg/L NAA＋0.5mg/L 6-BA 培养基上，所形成的胚状体群或芽簇极易分离，转接在无激素 N6 或 MS 上也能在短期内培养大批优质石斛组培苗。

## 三、试管苗移栽与管理

石斛试管苗移栽前，打开瓶盖炼苗 2～3d，当试管苗高约 3cm 并有 3～4 条 1cm 左右长的新根时，即可进行移栽。移栽前，洗净组培苗根上培养基，用 0.1% 灭菌灵消毒，以防止栽培后的石斛苗根腐烂。基质可采用经过灭菌处理的蛭石。移栽后最初几天，要将空气湿度保持在 85%～95%，遮光率为 60%，环境温度控制在 18～22℃。经 1～2 个月的管理，即可定植于由泥炭、碎砖屑以体积 3：2 所配成的混合基质中。石斛喜湿润的土壤环境，在管理期间应多喷水。基质不需要施用追肥。当小苗完全适应外界环境后，可每隔 1～2 周在其叶面喷施一次 1/4MS 培养基作为追肥。试管苗在定植后必须先进行遮阴，然后再逐渐增加光照强度。石斛喜温暖，怕低温，最好将环境温度保持在 15～25℃。

## 四、石斛的“人工种子”

### （一）原球茎诱导与培养

黄草石斛的人工种子是由原球茎经包埋形成的。具体过程如下：取黄草石斛的成熟蒴果经洗洁精洗涤，75% 乙醇和 5% 次氯酸钠表面灭菌，无菌剥离的种胚用 MS 液体培养基悬浮，再接种到含有 0.5mg/L NAA 的改良 N6 固体培养基上，置 25℃、2000lx 连续光照下培养 30d，然后转入含有 0.5mg/L ABA 的 MS 培养液内振荡培养（100r/min），每 10d 更换培养液 1 次。30d 后用 6 目尼龙网筛选择长 × 宽为（0.5～1.5mm）×（2.0～3.4mm）的种胚原球茎备用。王丽萍（2010）以铁皮石斛嫩茎为外植体诱导原球茎，诱导培养基为 MS＋0.5mg/L 6-BA＋0.5mg/L NAA＋1.0mg/L 2,4-D，原球茎增殖培养基为 MS＋3.0mg/L 6-BA＋0.3mg/L NAA。

### （二）“人工种子”制作

取黏土 100 目过筛。蛭石自然风干、粉碎，8 目网筛过筛，得 0.15～1.00mm 蛭石粉。去除黏土与蛭石中的有机质和可溶性盐分。按质量比例（2：1：2）混合黏土、蛭石和 MS 培养液制成基质，置人工种胚制成人工种子，萌发率可达 56.8%。在固形基质内添加 1.0% 活性炭和 0.5% 淀粉，能显著提高人工种子的萌发率。

秦自清（2008）以腋芽、原球茎、不定芽为繁殖体，制作霍山石斛人工种子，发现麦芽糖是影响霍山石斛人工种子萌发的主要因素，适宜的处理组合为麦芽糖含量为 4%、6-BA：NAA＝10：1，活性炭 0.1%，海藻酸钠 4.0%，将含有繁殖体的此配方溶液滴入 2%

$CaCl_2$溶液中，进行离子交换反应，反应时间10min。以腋芽、原球茎和不定芽为繁殖体的霍山石斛人工种子萌发率分别可达到65.6%、90.1%和75.2%，萌发后幼苗的存活率分别为16.1%、80.6%和19.1%。

# 第四节 人 参

人参（*Panax ginseng* C.A. Mey）是一味名贵中药，以根入药，具有大补元气、强心固脱、安神生津等功效。现代药理证明，人参具有抗氧化，促进血液循环，降血糖，镇痛，抗癌和提高免疫等作用。人参在古代多为野生，近代在韩国、日本及我国东北地区广泛栽培，但生长缓慢，一般需5～7年才能收获，而且人参的栽培过程中存在砍伐林木、占用耕地、易受病虫害影响、存在农药残留等缺点。因此，人们希望通过组织和细胞培养等生物技术，在人为控制条件下通过工厂化生产来部分解决人参资源问题，生产具有生理活性的生物碱、皂苷类、萜类、甾体类等人参药用活性成分。

人参的组织培养很早就有研究报道。1964年，罗士韦最早报道了人参愈伤组织的培养，苏联、日本、美国、韩国也陆续有相关的研究报道。Butenko等（1968）成功地从人参叶片、叶柄、花冠柄和根的外植体上诱导出愈伤组织，并观察到这些器官在培养最初的12～18个月内，具有很强的形成愈伤组织能力及体细胞自发形成胚胎状分化物的趋势。但随着继代培养，愈伤组织自发分化能力逐渐降低直至丧失。1999年，Choi等以子叶为外植体通过体细胞胚胎发生获得了再生植株。

## 一、人参愈伤组织诱导及培养

### （一）愈伤组织诱导

1．取材　人参植株的根、子叶、下胚轴、胚根、叶片、叶柄、花冠柄、果肉及花药均可作为外植体诱导愈伤组织，其中以根和茎作外植体最为常见，嫩茎切段愈伤组织诱导频率比根切段更高。

2．外植体的灭菌与接种　将根、嫩茎或叶等外植体用水冲洗干净。无菌条件下用75%乙醇擦洗表皮，2%次氯酸钠浸泡15～20min（或用0.1%$HgCl_2$消毒10min），无菌水冲洗3～4次，每次2～3min，吸干水分。根切成3～5mm的薄片，嫩茎切成7～16mm的切段，叶片切成3～5$mm^2$的小块，接种到添加2,4-D的培养基上，在20～25℃条件下进行暗培养。

3．人参愈伤组织生长特性　人参嫩茎切段接种后4d便开始产生愈伤组织。起初茎切段表面部分呈泡状突起，然后隆起部分的表皮破裂，露出白色带微黄的松散或较坚实透明的糊状细胞团块。大约一个月后可从母体剥离，转移到新的培养基上继代培养。人参根切片发生愈伤组织的时间比茎切段要晚，多数自形成层区带发生，有时也由髓部发生，其形状往往呈马蹄形，色微黄白。一般根切段发生的愈伤组织，要在发生后2～3个月才能从母体剥离，再进行继代培养。

愈伤组织继代培养初期，生长甚为缓慢，并且在前半年左右时间内，愈伤组织上经常见到有细小的再生根分化形成。将愈伤组织转移到2,4-D浓度较高的琼脂培养基上，随着继代培养时间的延长，转移代数的增多，再分化根的形成逐渐减少，而愈伤组织的生长加快。培养1年左右，再分化根在组织块上完全消失，组织生长速度逐渐加快，到2～3年以后达到高峰，并在一定时期内维持在相当高的生长速度水平上。继代培养4年后，其生长速度有所下降。愈伤组织一般每月继代1次，在每次继代培养过程中，愈伤组织的生长是不均衡的。愈伤组织从转移后开始培养到细胞增长停止的一个培养周期内，细胞生长呈典型的“S”形曲线。如人参愈伤组织45d的培养周期中，延迟期为2d左右，对数生长期为5～20d，此时细胞的有丝分裂活动最旺盛，而在15d时发生最大数量的细胞分裂，细胞体积减小，此时人参组织培养物的生长量为13～14g/（L·d）。在25～28d为直线生长期，是培养物最大量积累时期，组织生物量达350～400g/L，此时细胞分裂活性下降，细胞体积增大，在细胞中观察到皂苷积累。30d生长进入缓慢过程，干物质百分率下降，人参皂苷积累稳定。此后进入静止期，此时细胞生长趋于停止，为了保持培养物的新鲜状态，需在直线生长后期将愈伤组织转移到新的培养基上，而培养物的收获可在减慢期进行。

4．培养基　用于诱导愈伤组织的培养基有多种，常用的为MS和White。大豆粉、棉籽饼粉、玉米芽汁、大麦芽汁、椰汁、腐殖酸钠、牛肉提取物等天然补充物单独或相互配合使用，都能促进人参愈伤组织的生长。例如，附加10%椰汁的MS、

White 和改良的 FOX 三种培养基上的愈伤组织诱导率均高于 White 培养基，其中以附加 10% 椰汁改良的 FOX 愈伤组织诱导率最高，SH 培养基上愈伤组织的生长速率最快。诱导愈伤组织所用的培养基中还需添加外源激素，其中 2,4-D 和 NAA 的效果最为显著。愈伤组织诱导培养基 MS＋3.0mg/L 2,4-D＋0.5mg/L BA＋0.5mg/L NAA＋0.5mg/L KT，愈伤组织生长培养基为 MS＋3.0mg/L 2,4-D＋1mg/L KT。另外多胺类物质也是人参愈伤组织生长的重要因子，其中腐胺与精胺对愈伤组织的生长均起促进作用。

5．培养条件　愈伤组织形成过程中温度应控制在 20～25℃，在（23±1）℃时生长速率最快，但光照对愈伤组织生长有抑制作用。

### （二）胚状体及芽和根的诱导

1．胚状体的诱导　在 MS 培养基上，人参叶片、茎段和根的愈伤组织上均能诱导出胚状体，并且经过较长时间的继代，胚状体的分化能力仍能继续保持。由人参愈伤组织诱导形成的胚状体中有许多是畸形的，只有少数正常的胚状体可以发育形成植株。由愈伤组织分化的胚状体多数是具两极性的，即子叶和胚根，与合子胚发育相似。把正常的胚状体转移到含赤霉素的分化培养基上，在黑暗条件下形成芽和黄化苗，若给予光照则长成正常苗；若不转移到分化培养基上，则不形成完整植株，某些胚状体还可再度愈伤化。通过胚状体发生诱导再生植株是人参快速繁殖的较好途径。

2．芽和根的诱导　人参组织培养过程中，根比较容易分化，而芽的分化一般发生在根之后。由人参根、茎、叶外植体诱导的愈伤组织均能分化形成根和芽。继代培养 2 年多的人参愈伤组织，在含 1.5mg/L 2,4-D、盐酸硫胺素和 IAA 各 5.0mg/L 的 6,7-V 琼脂培养基上，分化出再生根和幼芽的疣状物。将这种疣状物转移到 0.5mg/L 2,4-D 和 0.2～0.5mg/L KT 的 6,7-V 琼脂培养基上光照条件下培养，发现这些组织块的颜色部分变紫红，部分转绿色，有些疣状物逐渐增大并形成单一或从生的人参再生小苗，且有的组织块再生的小苗有根。由愈伤组织分化形成的人参再生小苗均较矮小，最大高度为 5～6cm，多数 1 片三出复叶。这些再生小苗经适当转移操作，其基部附近形成芽苞并能继续发育增大。

## 二、人参花药的培养

人参花药培养的主要目的是获得单倍体植株，克服常规育种周期长的缺点，加快人参育种。1987 年杜林阁等对人参花药培养获得了成功。

### （一）花药培养的基本程序

人参花药培养的基本程序为：①取材接种。不同发育时期的花药，即小孢子四分体期、单核早期、单核中期、单核晚期、双核期的花药，均可诱导出花粉愈伤组织，其中以单核中期的诱导率最高。花粉愈伤组织的植株再生也是单核中期的频率最高。②花药预处理。低温（6～9℃）预处理可以明显提高诱导频率，但处理 12d 以上，诱导频率反而下降。另外在接种前应确定花粉小孢子的发育时期。即在人参未开花之前，将花蕾摘下，放于 4℃冰箱中低温预处理 4～8d，并在花药接种前，预先用醋酸洋红染色法压片镜检，以找出小孢子发育时期与花蕾和花药大小、颜色等外部特征之间的对应关系。③灭菌接种。镜检后，将花蕾先浸入 70% 乙醇 20s，再浸入 5% 次氯酸钠或 0.1% 升汞中消毒 10min，无菌水冲洗 4～5 次。无菌条件下风干后剥取花药，接种在培养基上。④培养。由于花药对离体培养的反应存在“密度效应”，因此每瓶中接种的花药个数不宜太少，以形成一个合理的群体密度。接种后将培养物置于 25～28℃室温下，进行散光或暗培养，诱导愈伤组织。在 22～26℃室温下，每天光照 10h，进行器官分化。

### （二）花药植株的形成

1．愈伤组织的诱导　基本培养基包含了植物生长所需的大量和微量无机盐类，它对花药培养的成败影响很大。花药常用的基本培养基如 MS、B5、N6 和改良 White 等培养基都具有较高的花粉愈伤组织的诱导频率。一般而言，花药离体培养中需加入植物激素以利于花药愈伤组织的形成及花器官的分化和胚状体的形成，人参花药在培养基中添加 2,4-D、IAA、IBA、KT、6-BA、$GA_3$ 等外源激素及 LH 等有机添加物时，愈伤组织诱导率明显提高，如 MS＋1.5mg/L 2,4-D＋0.5mg/L KT＋500mg/L LH＋6% 蔗糖和 MS＋1.5mg/L 2,4-D＋0.5mg/L 6-BA＋1.0mg/L IAA＋6% 蔗糖的培养基愈伤组织诱导率最高。

2．器官分化　花药愈伤组织形成 25～30d 达 2mm 左右时，将其转入分化培养基上进行分化培养。分化培养基是在原脱分化培养基中去掉 2,4-D，再调节激素的种类与用量，使蔗糖的浓度降低为 3%。例如，MS＋2.0mg/L KT＋2.0mg/L $GA_3$＋0.5mg/L IBA＋1000mg/L LH＋3% 蔗糖的培养基分化率为 6.8%。相对于苗的分化而言，人参愈伤组织根的分化比较容易，但是先分化出根的愈伤组织，却很难再分化成苗。$GA_3$ 和 CH 对绿苗分化有良好作用。花粉愈伤组织再生植株的细胞组织学观察表明，愈伤组织成苗存在三条不同的途径：①愈伤组织表面形成芽苞，芽从里面破苞而出，形成苗后再诱导生根形成植株；②愈伤组织表面形成胚状体，胚状体直接发育成植株；③愈伤组织表面直接分化出变态苗。后将小植株转到1/2 MS培养基上，能形成完整的具有1片三出复叶或1片五出复叶或2片五出复叶的植株。

3．继代和扩繁　成苗30d以后，将花粉植株和基部的丛生芽转移到新的培养基上，进行继代培养，每隔40d左右继代一次，建立起以丛生芽方式大量扩繁的人参植株无性系。

4．花药培养物的倍性鉴定　在花药培养过程中，由于受体细胞因子（花药壁、药膈、绒毡层）的影响，培养物混倍现象普遍存在，特别是由愈伤组织分化而来的植株，往往是单倍体、双单倍体、三倍体、四倍体、多倍体、杂合体等组成的混合群体。花药培养物倍性鉴定主要有染色体计数法、形态学鉴定法、细胞学鉴定、分子水平鉴定等方法。

## 三、人参原生质体培养

人参原生质体培养研究起步较晚。Harn等在1974年以人参幼叶、幼根以及上胚轴作为外植体材料进行了原生质体的分离实验，但所得原生质体数量极少。程强等在1988年用人参愈伤组织为起始材料研究了人参原生质体的培养和愈伤组织再生的方法，探讨培养过程中的各种影响因素。李乐工等在1989年以人参根诱导的愈伤组织作为起始材料进行了原生质体分离，最终培养原生质体获得再生愈伤组织。Arya等在1991年培养人参原生质体通过胚胎途径得到了再生植株。

### （一）人参原生质体分离

1．外植体材料　人参根诱导的愈伤组织。

2．原生质体分离　用于分离原生质体的酶液组成：2%纤维素酶，0.7%果胶酶，666mg/L $CaCl_2$，95mg/L $KH_2PO_4$，0.6mol/L甘露醇。酶液配好后用0.45μm微孔过滤灭菌后备用。

将培养的人参培养细胞2g放入5mL酶液中，25℃黑暗条件下处理5h后，用100目尼龙网过滤去掉大块组织碎片。滤液放入5mL离心管，在1000r/min条件下离心3min，将酶液用吸管吸掉，再用0.6mmol/L甘露醇将留在离心管底部的原生质体洗三遍。然后使原生质体重新悬浮于3mL 0.6mol/L蔗糖溶液中，再小心加人2mL 0.6mol/L甘露醇（不要使两种溶液混合），在1000r/min条件下离心10min，取浮在两种溶液界面处的原生质体进行培养。

### （二）人参原生质体培养

1．培养基　用67-V-D培养基进行人参原生质体培养。培养基成分为67-V无机盐，K8P有机成分及维生素，0.2mg/L 2,4-D，0.5mg/L玉米素，0.5mg/L 6-BA，1mg/L NAA，2mL/L椰汁，2%蔗糖，2%甘露醇，11%葡萄糖。

2．培养方法　将洗涤后原生质体与67-V-D培养基混合制成悬浮液，使其密度为$10^6$～$10^7$个/mL。取1mL原生质体悬浮液放人25mL培养瓶，25℃黑暗条件下浅层培养，3d后加入0.5mL 67-V-D培养基。以后每3d加入0.1mL去掉葡萄糖的67-V-D培养基，共10次。

培养至35d，原生质体长成为数十细胞的团块。这时将这些小细胞团转移到装有67-V-E培养基的培养皿中（67-V-E培养基成分为67-V无机盐，K8P有机成分及维生素，0.2mg/L 2,4-D，0.1mg/L NAA，0.5mg/L 6-BA，2%蔗糖，0.4%琼脂）。25d后小细胞团长到2～3mm时转移到67-V培养基上形成愈伤组织。

当愈伤组织长至0.5cm时，转移到分化培养基上诱导分化。以MS＋0.1mg/L NAA＋0.5mg/L KT＋3%蔗糖为分化培养基。培养14d后，可见愈伤组织表面产生大量白色突出，经进一步培养可以形成大量不定根。

## 四、人参细胞悬浮培养

植物细胞悬浮培养是工业化生产的必经步骤。日本在20世纪70年代就开始了人参细胞大规模发酵培养工作，到80年代已筛选出人参皂苷含量高、稳定的高产愈伤组织细胞株系。

在人参细胞悬浮培养中，需要解决的主要问题包括：细胞株的选择，加速细胞生长和提高有效成分含量的方法，有效成分的分离手段等。目前我国和日本学者在这些方面均取得了一定的成果。在细胞悬浮培养中，要获得优良性状的细胞株首先要选择长势较旺盛的愈伤组织，进行单细胞培养，建立单细胞无性系，再通过悬浮培养使这些无性系增殖并获得性状一致的细胞系，最后经化学分析筛选出有效成分高和生长速度快的细胞株。另外，还可利用人工诱变等手段来筛选出具有优良性状的细胞株。

### （一）悬浮细胞系的选择

选择生长快而旺盛的愈伤组织，接种于液体培养基中，进行悬浮振荡培养，待生长旺盛时，静置0.5h，取上清液（其中含有单个细胞），均匀地植板于培养皿平板上，培养15d左右，选长势旺盛的细胞团，再进行液体振荡培养。如此反复多次，直至选出生长快、性状一致、有效成分含量高的细胞系。

### （二）悬浮培养

人参悬浮培养的方式有摇床培养和发酵罐培养。前者是把人参细胞接种在含液体培养基的三角瓶或圆瓶中，然后在摇床或转床上培养，通过摇床转动使人参细胞得到充足的空气和营养；后者是把人参细胞接种在含液体培养基的无菌发酵罐内，通过搅拌和通气，使细胞获得充足的氧气和营养。

### （三）影响人参细胞悬浮培养物生长的因素

1．摇床种类和速度　植物细胞悬浮培养时，使用的摇床种类和速度对细胞培养物的生长有很大的影响。在220r/min高速旋转摇床上，人参细胞培养物生长缓慢，显微镜检察，很多细胞被击碎和损伤，严重影响其繁殖和生长；在转速120r/min的旋转摇床上，细胞生长正常，培养物产量高；而在80r/min或100r/min的往返摇床上，虽然细胞也能正常生长，但培养物的产量比在120r/min旋转摇床上低得多。人参皂苷含量不受摇床转数的影响，但在120r/min的处理中由于细胞干重值高，导致皂苷生产量出现最高值。因此，进行人参细胞培养时将摇床的转速调节为120r/min较为适宜。

2．光　固体静置培养时，光线对人参愈伤组织培养物的生长有抑制作用，但在悬浮培养时，人参细胞培养物对光的反应与固体培养时正好相反，在光照条件下，细胞悬浮培养物生长快，产量较高。此外，不同颜色的光对人参细胞悬浮培养物生长的作用也不相同，其中以白光的效果最好，蓝、绿光次之，红光的效果最差，红光下细胞培养物的生长速度和黑暗下相近。

3．培养瓶盖有无换气膜　培养基中溶氧量不足时，细胞的新陈代谢受到抑制，细胞的生长和皂苷的合成速率也会相应下降。瓶盖有换气膜时，人参细胞的鲜重和干重、人参皂苷含量显著高于无换气膜处理。

4．培养基　改良的MS培养基作为基本培养基效果较好。培养基中添加生长素可提高细胞产量和皂苷含量。如以起始培养基含1.0mg/L IBA所得到的愈伤组织作接种体，IBA与BA或KT组合效果较好；而以起始培养基含2,4-D得到的愈伤组织作接种体，做各种生长素试验时，2,4-D的效果最好。但是，人参组织培养研究的最终目标是工业化生产人参制剂，所以应考虑2,4-D对人体的毒害作用（如对中枢神经的损害中毒现象）。因此，以药用为目标的药物培养应该将培养基中的2,4-D去除，并对培养基做进一步的筛选。

另外，在培养液中加入各类生物合成的中间体，也能增加有效成分的产量，如添加皂苷生物合成的中间体3-甲基-3,5-二羟基戊酸和法尼醇，皂苷含量可提高2倍以上。研究发现，培养基中只有维生素$B_1$是人参细胞生长必需的，而肌醇、烟酸、甘氨酸、维生素$B_6$对培养中皂苷、多糖产量均无不利影响；细胞培养生产人参寡糖素时可用无离子水和白糖代替重蒸水和蔗糖，降低成本。

5．继代培养次数　人参愈伤组织由固体培养转移到液体培养时，愈伤组织块分散为小细胞团和游离单细胞，在培养液中悬浮生长，有一个适应过程。第一代悬浮培养时，细胞生长较慢，产量较低，随着转移代数的增多，培养物生长加快，产量逐渐增高；至第五代达到高峰，而培养物中皂苷含量除个别情况外，变化不甚明显；第三代细胞培养物的生长速度和产量虽然都有较明显的提高，但培养物中的皂苷含量却有较大的降低。其原因可能与培养时间较短有关。

### （四）悬浮培养下人参细胞生长与次生代谢物累积

人参愈伤组织在6,7-V培养液中开始第一代悬浮培养时，最初1周左右变化不大，但培养液颜色较刚接种时为深，基本上仍为暗黄至橙黄色澄清液体；培养10～20d时，培养液中游离的粒状细胞团逐渐增加，培养液颜色稍变浅并呈混浊状态；3周后，由于细胞培养物生长加速，粒状和直径在0.5cm以下的小块细胞团显著增加，培养液变稠呈淡黄色稀糊状，并有黏附瓶壁现象，或为鲜黄澄清液体充满嫩黄小细胞团块。以后各代细胞培养物的生长情况，基本上与第一代相同，只是以后各代培养物接种后恢复期减短，生长提早加速。经显微镜观察，人参细胞悬浮培养物为由几个或多数细胞聚集而成的粒状或小块状细胞团，并有或多或少的游离单细胞悬浮在培养液中。培养的人参细胞的体积和形状有多种多样，有圆形、葫芦形、肾形、长圆形、不定形的巨型细胞等。

人参细胞培养液的pH在培养过程中先迅速降低然后缓缓回升，后又趋于平稳。合成皂苷高峰在细胞生长对数期稍后出现，皂苷最佳收获期为细胞悬浮培养20～25d。

## 五、人参毛状根的培养

发根农杆菌（*Agrobacterium rhizogenes*）是瘤菌科的一种土壤杆菌，含有Ri质粒，它侵染植物后，Ri质粒的一段DNA（T-DNA）在植物细胞基因组的整合和表达导致毛状根的产生。发根农杆菌是一种能使Ri质粒的T-DNA转进植物细胞并导致细胞转化的常用细菌。在人参毛状根的培养上，通过发根农杆菌侵染人参根愈伤组织，建立了生长迅速、激素自养、具有稳定而高含量次生代谢产物的毛状根培养系统。

人参毛状根培养可产生大量分支，并且主根在增长的同时不分化其他组织或器官。毛状根的生长不需要外源激素，生长速度快，皂苷占组织干重的百分比是天然根的2倍。人参毛状根培养成功为生产大量人参皂苷提供了新途径。

### （一）外植体的转化

1．人参根愈伤组织毛状根培养系统的建立　首先用纤维素酶和果胶酶预处理人参根愈伤组织，使愈伤组织细胞形成原生质体。然后将它们与发根农杆菌一起培养，使细菌侵染发生。侵染28d后，在无激素固体培养基上的愈伤组织块表面有根状物出现，这些根状物进一步长成主根。当主根长到1～2cm时将它们从愈伤组织块上分离下来，放进无激素培养液中旋转培养。这时培养液中主根上产生许多不定根，并不断形成分枝，即为毛状根。

2．人参根的转化　取生长健壮的人参根，75%乙醇消毒30s，再用1%升汞消毒7～9min，无菌水冲洗3次。将参根切成0.2～0.3mm厚的薄片，投入发根农杆菌$A_4$菌液中培养6h。然后接入无激素的MS固体培养基上，25℃黑暗条件下共培养。经过5～6周，在根的切面上长出白色发根，将长至1cm左右的发根切下，接种于含500mg/L羧苄青霉素的MS培养基上进行除菌培养。5～7d转移一次，直至完全无细菌为止（图20-6）。

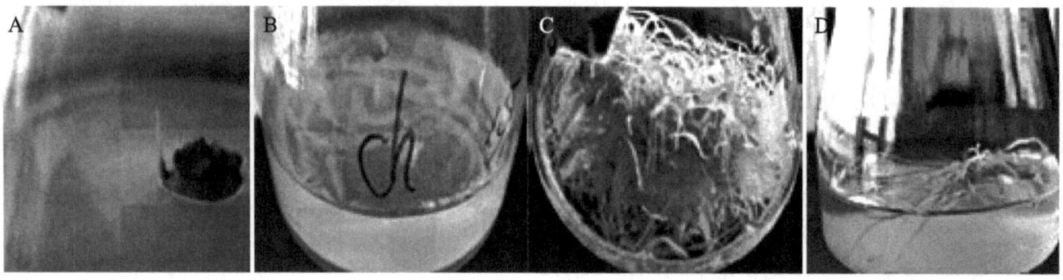


图20-6　人参毛状根的诱导与筛选（郜玉刚，2010）

A．$A_4$菌株侵染；B．筛选的人参毛状根；C．毛状根在液体培养基上继代培养；D．毛状根在固体培养基上继代培养

### （二）Ri质粒转化根的产生与鉴定

Ri质粒T-DNA带有合成生长激素的基因和冠瘿碱合成酶基因，转化的植物细胞可以产生冠瘿碱并能在不含植物生长激素的培养基上生长。可以根据冠瘿碱的有无和激素自主生长特性筛选转化根。在转化过程中，需要注意的是：①人参对不同发根农杆菌的敏感性不同，因此要选择适合的发根农杆菌菌株；②外植体中分化程度低的幼嫩组织比分化程度高的成熟组织诱导成功率高，带叶幼茎的诱导成功率明显比其他外植体高；③在转化过程中最好加入一些活化因子（如10%胡萝卜汁），因活化因子能够活化发根农杆菌的致病区（*vir*区），这也是发根农杆菌转化的决定性因素；④Ri质粒转化人参时，对于先形成的愈伤组织及分裂态的细胞更容易整合，可提高外源基因的瞬时表达和转化率；⑤培养过程应在20～23℃黑暗条件下进行；⑥选择合适的抗生素是保证外植体成活及成功转化的重要因素。因有的抗生素能基本抑制发根农杆菌菌株，且对外植体损伤小，使外植体能成功转化。

# 第五节　红　豆　杉

红豆杉为红豆杉科（Taxaceae）红豆杉属（*Taxus*）植物总称。全世界共14种，我国有4种及1变种，即东北红豆杉（*Taxus cuspidata*）、云南红豆杉（*T. yunnanensis*）、西藏红豆杉（*T. wallichiana*）、中国红豆杉（*T. chinensis* Rehd.）和南方红豆杉（*Taxus chinensis* var. *mairei*）。另外，还有近年从国外引进栽培的曼地亚红豆杉（*T. media*），它是以欧洲红豆杉（*T. baccata*）为父本，东北红豆杉为母本的天然杂交种，又称杂种紫杉，枝叶中紫杉醇含量较高，可全株利用。早在1856年Lucas就从欧洲红豆杉（*T. baccata*）叶片中提取到粉末状的紫杉碱（taxine）。1963年，美国化学家Wani和Wall首先从短枝红豆杉（*Taxus brevifolia*）的树皮中分离出紫杉醇（taxol）浓缩物，发现它是一种有效的抗癌药物，并于1971年确定了其化学结构（图20-7）。1992年，美国FDA首先正式批准紫杉醇作为治疗晚期卵巢癌新药（Paclitaxael）上市。1995年2月，经中国卫生部批准，国产紫杉醇注射液进入临床试验研究。结果表明，适当剂量的紫杉醇单独使用或与其他药剂联合使用，对卵巢癌、睾丸胚胎癌、乳腺癌、食管癌、肺癌等多种晚期癌症有效果。紫杉醇的抗癌机理是它可结合于微管蛋白的P亚基的N端的31个氨基酸上，诱导和稳定微管聚合，阻止其解体，使癌细胞的有丝分裂不能正常进行，而停止于$G_2$/M期，直至死亡。因此，紫杉醇是一种非常有前途的抗肿瘤新药。

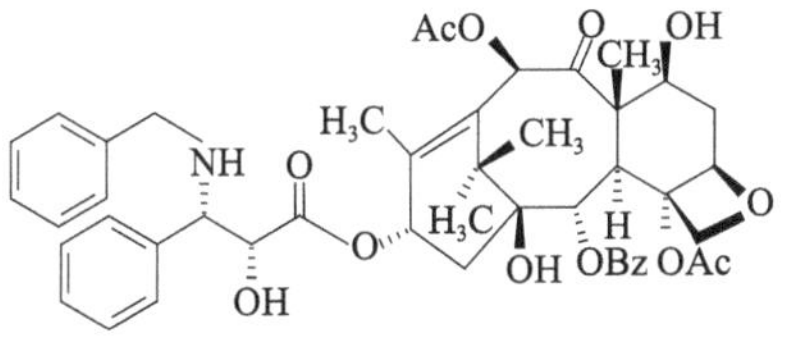


图20-7　紫杉醇分子结构式

目前，紫杉醇主要从红豆杉植物中提取，但含量低，且资源有限，自然状态下生长缓慢，难以满足日益增长的抗癌药物研究和医疗用药的需要。为了保护资源和扩大药源，采用组织培养、细胞培养等生物技术进行红豆杉的快速繁殖和生产以及紫杉醇的直接分离，具有较好的应用前景。

## 一、红豆杉离体无性繁殖

### （一）红豆杉愈伤组织的诱导

1．外植体的选择与处理　用于诱导愈伤组织的外植体很多，如种子、雌配子体、根、树皮、形成层、茎段、叶和芽等，一般选择紫杉醇含量高的外植体，如幼茎、形成层、树皮，以幼茎效果最好。幼茎外植体的处理方法是：取新生的幼茎，清水漂洗后在超净台上，70%乙醇浸泡30s～1min，无菌水清洗3次，5%次氯酸钠浸泡5～8min，无菌水清洗3～5次，无菌滤纸吸去材料表面水分，接种在培养基上。

2．生长和分化情况　外植体培养2～3周开始形成愈伤组织，幼茎愈伤组织的诱导率多在70%以上。但由嫩枝诱导而来的愈伤组织，需经10代的继代培养，才能形成生长及性状比较均一稳定的无性系。

3．培养基及培养条件　用于愈伤组织诱导和继代培养的培养基有多种，主要是MS、B5、White、SH、6,7-V等，因品种和取材部位的不同所用培养基的种类也不相同。多数结果表明，适合于愈伤组织诱导的培养基为MS、B5、6,7-V，且MS还比较适宜愈伤组织的生长。如以幼叶及幼茎作为外植体，在MS培养基上7d即有愈伤组织发生，但愈伤组织易褐化，B5和N6培养基愈伤组织机构紧密，褐化少。基本培养基添加的外源激素主要为2,4-D、NAA、KT，浓度分别为1.0～2.0mg/L、1.0mg/L、0.1～0.25mg/L。其中，2,4-D比NAA更有利于愈伤组织的形成。2,4-D/NAA高于0.4mg/L时，不利于南方红豆杉愈伤组织的诱导。另外，在培养基中加入LH（2000mg/L），可增加愈伤组织的诱导率，添加10%的椰汁可提高愈伤组织的生长势和诱导率。继代培养时，细胞会向培养基中分泌一些酚类化合物，导致细胞褐变和生长缓慢，可在培养基中加入活性炭或聚乙烯吡咯烷酮（PVP）、植酸等，防止褐变发生。

诱导愈伤组织培养基的pH为5.5～6.0，继代培养基的pH为4.8～7.8。如东北红豆杉愈伤组织培养时，pH7.0左右愈伤组织生长情况最好，但其次生代谢产物量却远低于pH6.0以下。光培养条件下，愈伤组织结构紧密，生长较慢，易再分化芽和根；暗培养下，愈伤组织结构分散，生长较快，但不能分化芽，较难分化根，不过暗培养的愈伤组织诱导率高于光培养。适合愈伤组织诱导的培养温度为20～26℃、继代培养温度为24～26℃。

### （二）红豆杉植株再生

红豆杉属植物愈伤组织进行芽的诱导，并进一步诱导生根形成完整植物的报道很少。目前，这类植物芽的分化和增生途径主要有两种，即愈伤组织诱导不定芽和外植体直接形成不定芽途径。

1．芽的分化　云南红豆杉嫩枝在6,7-V基本培养基＋2.0mg/L 2,4-D＋1.0mg/L NAA＋0.25mg/L KT＋2000mg/L LH培养基中培养60d后，开始从愈伤组织上分化出芽，或者在外植体基部长出不定芽，分化率为30%。愈伤组织结构较紧密，生长较快，较易诱导芽分化。东北红豆杉在诱导芽时，以未展开的芽苞为外植体时生长旺盛，不定芽分化数量多。以茎尖和茎段为外植体时，不定芽或侧芽发生数量少。因此，在早春芽苞片未展开时，剪取芽苞为外植体较适宜。MS培养基中加入NAA有利于东北红豆杉不定芽的发生，当NAA浓度达到2.0mg/L时，外植体产芽的平均数最大，NAA浓度达到1.0mg/L

时，外植体的产芽率最高。当NAA与6-BA配合使用时，最适浓度为NAA 1.0mg/L＋6-BA 0.1mg/L。

2．根的形成　将云南红豆杉不定芽长成的嫩枝切取2～3cm，转接在White＋0.5mg/L IBA＋2000mg/L活性炭＋100mg/L $Ca(NO_3)_2 \cdot 4H_2O$的培养基中培养，45d后可长出根，每株有3～5条，根系健壮且生长较快，发根率为85%，根形成后20d可长达10cm。将东北红豆杉的不定芽转移到1/2MS生根培养基上，培养60d后才开始分化出不定根。

培养基中激素种类与浓度影响东北红豆杉试管苗不定根的发生。IBA可促进东北红豆杉试管苗的生根。并且在一定浓度范围内（4.0～6.0mg/L），不定根发生率有随着IBA浓度升高而增大的趋势。如当IBA为5.0mg/L时，不定根发生率达72%。东北红豆杉母树年龄也与试管苗不定根的发生关系密切。来自树龄较小母树上的芽诱导形成的小苗，生根率高，如母树是一年生时，试管苗生根率达83%，母树是30年生时，试管苗生根率仅为41%。

3．再生植株的移栽　云南红豆杉的移栽是当再生植株的根长2cm时，将组培瓶移到与外界气温一致的室内靠窗处接受自然光，3～5d后将植株取出移栽。移栽基质为黄沙与泥炭按2∶1混合。东北红豆杉再生植株的不定根长到1.5cm左右时，将其从瓶中取出，为防止污染，先将其浸入浓度为1.2g/L的多菌灵水溶液中药浴20min。移栽基质可为苔藓与河沙。先将基质在高温、高压条件下灭菌，冷却至常温后把经过药浴的小苗移栽到盛有基质的秧盘中，将秧盘置于恒温、恒湿培养箱内进行驯化。条件为第一周温度25℃，相对湿度为90%；第二周温度23℃，相对湿度80%；第三周温度20℃，相对湿度65%。驯化期间每周喷一次浓度为1.2g/L的多菌灵水溶液。经过3周的驯化培养后，小苗便可适应外界条件。苔藓中成活率为91%，河沙中为73%，可能是苔藓基质保湿透气性好，pH偏低（pH4.7）的缘故，因为东北红豆杉适生于半阴坡林冠下的偏酸（pH4.5～6.0）土壤环境。

## 二、红豆杉胚培养

### （一）外植体的预处理与接种

红豆杉种子为典型的形态和生理休眠种子，休眠期较长，生产上一般将其变温层积处理1年以后播种，但效果仍不理想。张长河等（2000）将中国红豆杉种子用自来水冲洗9d，萌发率可达100%。李志良（2001）研究中国红豆杉与短叶红豆杉的胚培养时发现，胚培养前，先将种子在4℃下贮藏4～6个月，可促进中国红豆杉种子后熟，提高成苗率。胚培养的方法如下：先将种子去假种皮，蒸馏水浸泡3h，70%乙醇灭菌2min，5%次氯酸钠灭菌30min，无菌水冲洗4～5次后，在无菌滤纸上剥离胚，接种于培养皿中。

### （二）试管苗形成

接种在培养基上的胚先进行25℃暗培养，萌发后移至光照条件下（12h/d），待芽长至2cm以上时，转移至试管内培养。不萌发的种胚不能诱导出愈伤组织。胚接入培养基后1d颜色变白；2～3d后增大；5～7d少数胚轴开始伸长，子叶颜色变绿并伸长，开张；10d后大部分胚均萌发变绿，此时可移至光照条件下培养；2周后将芽较长者移至试管内继续培养，20～30d后根长可达5cm，大部分长出侧根，同时长出嫩芽，形成完整幼苗。

胚培养所用培养基为McCown＋1000mg/L CH＋1.0mg/L YE＋5000mg/L活性炭＋0.08mg/L维生素$B_1$＋3%蔗糖＋0.7%琼脂，或McCown＋0.5g/L LH＋0.1g/L维生素C＋4g/L活性炭＋0.5mg/L 6-BA＋0.1mg/L 2,4-D＋30g/L蔗糖＋8g/L琼脂。中国红豆杉用B5培养时与McCown差异不大，但短叶红豆杉胚用B5培养时萌芽率显著降低。幼苗的生长可用1/4 McCown，适当降低大量元素有利于幼苗的生长。臧新（2006）认为6-BA对2种红豆杉种胚的萌发促进作用大。

### （三）愈伤组织的诱导

种子发芽后，将生长至0.5～1cm长的淡绿色种胚转入诱导愈伤组织形成的培养基中培养。诱导培养基为B5＋0.5mg/L KT＋0.05mg/L 2,4-D＋0.01mg/L 6-BA＋0.01mg/L NAA或B5＋0.01mg/L 6-BA＋0.25mg/L 2,4-D＋20g/L蔗糖＋0.5g/L LH。幼胚培养6d后，愈伤组织的发生率为100%，愈伤组织早期生长迅速，培养30d直径可达0.6cm，之后生长停止。在红豆杉愈伤组织的诱导及继代培养过程中，常常发生培养细胞褐变现象，一般认为这是由于多酚氧化酶使植物组织细胞中含有的单宁及酚类物质氧化为醌类物质所致。另外，使用看护培养和条件培养基培养可使愈伤组织的成活率提高。经过12代左右的继代培养，成活率和细胞生长速率都明显提高。

## 三、红豆杉悬浮细胞培养

利用植物细胞大规模培养生产其次生代谢产物，甚至进行工厂化生产是解决一些天然药物短缺的较好方法，目前制约红豆杉组织培养工业化进程的关键因素是紫杉醇含量低与培养细胞生长缓慢。因此，红豆杉的细胞培养研究多集中在如何加速细胞生长和提高紫杉醇产量上。

### （一）悬浮细胞培养方法

悬浮细胞培养是通过将愈伤组织接种在液体增殖培养基中，在摇床上振荡培养建立起来的。将灭过菌的液体培养基装入250mL或500mL锥形瓶中，取培养15～20d生长良好的细胞，接种于液体培养基中，置旋转摇床，在25℃、120～130r/min的条件下培养，如云南红豆杉细胞培养18～21d时，紫杉醇产量达到最大。在细胞悬浮培养过程中，形成大小不等的细胞团，细胞团从外向里具明显的三个区域：①表层细胞，含大量的淀粉颗粒；②中层细胞，由增殖能力旺盛的细胞组成；③中心细胞，该区域出现分化现象（图20-8）。

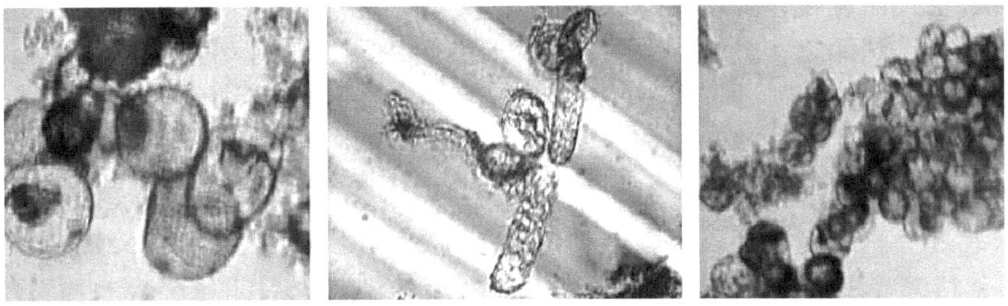

A型　　B型　　C型

图20-8 悬浮细胞的三种类型

### （二）影响悬浮细胞培养与紫杉醇代谢的因素

1．外植体　云南红豆杉和中国红豆杉茎段形成的愈伤组织，其紫杉醇含量普遍比东北红豆杉和杂种红豆杉高。同种红豆杉单株紫杉醇含量也存在差异，如云南红豆杉的单株差异可达10倍，说明紫杉醇含量存在着基因型的差异。

2．培养基　多数采用B5培养基，也有的采用MS培养基。B5培养基对细胞生长较适宜，而MS培养基有利于紫杉醇的产生。悬浮培养中使用的碳源多为蔗糖，细胞正常生长最适的蔗糖浓度为20g/L，但高浓度的蔗糖可提高次生代谢产物的产量，如B5培养基加30g/L蔗糖，在悬浮培养后期，仍因碳源缺乏而限制了细胞的生长，需补充碳源。Kim等（1995）认为果糖是紫杉醇合成的最适碳源，甘露醇和山梨醇虽然不能促进细胞生长，但也可以刺激紫杉醇的合成。氮和磷则基本满足了培养要求。激素的种类与使用比例对于不同种的红豆杉效果不同。单独使用低浓度的2,4-D（0.5～1.0mg/L）更适合于紫杉醇的合成，而较高浓度的2,4-D（1.0～2.5mg/L）则较适合于细胞的生长；使用NAA时，紫杉醇的产量变化与使用2,4-D的结果相差不大，而使用IAA时，它比2,4-D更能有效地提高紫杉醇的产量。KT和6-BA单独使用均不能促进细胞生长，但6-BA在缓解褐变上有一定作用。因此，合理使用植物激素对细胞培养十分重要，如在中国红豆杉细胞培养中，细胞生长时2,4-D、NAA、6-BA的最适配比为0.23∶1∶0.62，KT与2,4-D为1∶（5～10），紫杉醇含量达较高水平。

3．培养基中添加前体物和有机附加物　一些氨基酸等小分子物质与紫杉醇的分子结构有关，如苯丙氨酸参与紫杉醇分子侧链的合成，苯甲酸本身即是侧链的一个组成成分。因此，在细胞培养液中加入苯丙氨酸、苯甲酸、苯甲酰甘氨酸和丝氨酸都能显著提高紫杉醇的产量。另外，培养基中加入适当浓度的有机附加物，如椰汁、水解酪蛋白、水解乳蛋白，可增加细胞的生长量及紫杉醇的含量。

4．培养基中添加诱导子　在植物细胞的培养中引入诱导子一般可以提高次生代谢物的产量，同时促进产物分泌到培养基中。近年来，利用诱导子提高植物培养细胞中目的产物含量一直是国内外研究的热点，研究较多的是真菌诱导子、茉莉酸甲酯诱导子、水杨酸诱导子、铜离子诱导子等。茉莉酸甲酯对培养物中紫杉醇含量的增加具有明显的促进作用，而且对紫杉醇的一系列前体物质及其类似物的含量均有较大影响。水杨酸作为一种重要的细胞信使与植物抗毒素，可以诱导呼吸方式从细胞色素呼吸途径到交替呼吸途径的转变，为植物病理反应提供物质、能量以及信号传导的基础，红豆杉细胞培养时加入水杨酸可诱导紫杉醇的大量合成。铜离子可强烈促进一些次生代谢产物的合成，如$CuCl_2$可作为若干次生代谢产物的非生物诱导子，$Cu^{2+}$诱导处理可能促进细胞内与紫杉醇合成相关的酶的合成，且在细胞指数生长末期诱导效果最佳，如中国红豆杉细胞悬浮培养中添加$CuCl_2$可促进紫杉醇的形成。真菌诱导子是来源于真菌的一种确定的化学信号，在植物与真菌的相互作用中能够快速、高度专一和选择性地诱导植物特定基因的表达，进而活化特定的次生代谢途径，积累特定的目的产物。例如，南方红豆杉细胞悬浮培养过程中，在细胞指数生长末期加入真菌诱导子 Fo［来源于尖孢镰刀菌（*Fusarium oxysporum*），主要成分为糖和多肽］，能够调控细胞的次生代谢，使次生代谢途径中一些重要的酶被合成或其活力得到提高，一些特定的次生代谢途径，如苯丙烷类代谢途径和萜类代谢途径得到活化，最终导致目的产物——紫杉醇产量的明显提高。周玉洁（2008）采用固定化培养法模拟东北红豆杉和美丽镰刀菌（*Fusarium mairei* K178）的共生环境，结果表明美丽镰刀菌对东北红豆杉细胞的生长有强烈抑制作用，但能诱导紫杉醇等次生代谢物向胞外分泌。目前有研究表明，添加稀土元素也能够增加多种细胞株系释放紫杉醇，如硝酸镧、硫酸铈铵、硝酸亚铈能显著促进紫杉醇的释放，硝酸亚铈还能够明显促进多种细胞的产紫杉醇能力，使培养物中紫杉醇的含量大幅度提高。

5．培养基中添加抑制剂　在中国红豆杉悬浮培养细胞中添加单萜合成抑制剂 α-蒎烯、松油醇、樟脑，除松油醇外，α-蒎烯、樟脑、α-蒎烯＋松油醇以及 α-蒎烯＋松油醇＋樟脑对红豆杉细胞生长有较大影响，但对紫杉醇的生物合成都有促进作用。三者同时添加将全面阻止能量和物流过多流向单萜3个旁路途径，使更多的能量和物流集中到由单萜合成二萜的途径，从而提高了紫杉醇的产量。添加 $GA_3$、细胞分裂素和嘧啶醇可以促进针叶红豆杉中紫杉醇的生物合成，这与一些代谢旁路被底物反馈抑制有关。甾体合成代谢抑制剂氯化氯胆碱（CCC）也能提高紫杉醇含量。另外，加入胡萝卜素类化合物合成抑制剂 MPTA 等，以及加入固醇类化合物合成抑制剂 TmAB、Alar 等，亦可以通过减少 GGPPi 的旁路代谢途径，间接提高紫杉醇生物合成途径通量，达到提高产量的目的。

6．接种量　细胞接种量不应低于 2g/L（干重），细胞生长速率在接种量为 6g/L 时达最高，此后便开始下降，因此细胞接种量以 0.5～0.8g/100mL 细胞为宜。

7．培养条件　培养基的 pH 在 5～7 时对细胞产量影响不大；黑暗条件下细胞生长速度约为光照条件下的 3 倍，紫杉醇的产量也约为光照下的 3 倍；培养液中气体成分也影响细胞悬浮培养生产紫杉醇的时间和产量，合适的气体组成和比例为氨气：二氧化碳：乙烯为 $10:0.5:5\times10^{-6}$。

叶红（2005）发现对数前期的红豆杉悬浮细胞经 30min 的电场诱导后，细胞生长没有明显变化，但紫杉烷的含量提高了近 30%。范寰（2005）发现磁场可提高红豆杉细胞的抗酸胁迫能力、细胞活力、生物量和蛋白含量、胞外多酚氧化酶（PPO）活力，抑制酚类物质积累。

目前，紫杉醇的工业化生产仍在起步阶段，如何使红豆杉细胞工业化生产成为可能，还需要对紫杉醇的生物合成途径、代谢调控等方面进行更加深入的研究。

# 第六节　紫　　草

紫草基原植物为紫草科植物新疆紫草（*Arnebia euchroma*）或内蒙紫草（*Arnebia guttata*），干燥根入药，临床用于抗菌、消炎，治疗斑疹、丹毒、麻疹、痛肿、皮肤烧伤、冻伤、烫伤及溃疡久治不愈、妇科炎症等，还具有抗促性腺激素及抗肿瘤活性。同时还是理想的天然色素和染料，可用于食品、化妆品的添加剂，如口红的原料。我国具有多种紫草资源，其中以新疆紫草的药用有效成分萘醌类化合物的含量最高，临床疗效好，但资源有限，它主要生长在海拔约 3000m 的高山地带，生长周期长达几年。有研究表明利用组织培养技术由紫草细胞可直接生产紫草素，周期短，产量高，国外已经实现了工业化生产，但国内工业化生产依然存在产量不稳定等众多问题。

## 一、紫草细胞培养

紫草细胞的生长和紫草素的合成属于非生长偶联型，需分阶段使用不同培养基的“二阶段培养法”培养。第一阶段一般采用 LS 改良培养基［将 $NH_4NO_3$ 改为 463mg/L $(NH_4)_2SO_4$、2830mg/L $KNO_3$、166mg/L $CaCl_2\cdot2H_2O$、185mg/L $MgSO_4\cdot7H_2O$、400mg/L $KH_2PO_4$］；第二阶段采用 M-9 培养基（White 改良培养基）作为生产紫草素的培养基。M-9 培养基以硝酸盐为唯一的氮源，磷酸盐的浓度低，但铜及硫酸盐的浓度高。以 M-9 培养基培养紫草细胞，细胞倍增率较低，细胞中紫草素却较高。

### （一）愈伤组织的诱导

将新疆紫草成熟种子灭菌后，置于LS＋1.0mg/L KT＋1.0mg/L 2,4-D琼脂培养基上，25℃条件下暗培养（图20-9）。种子萌发后于幼根部形成愈伤组织。

图20-9　新疆紫草无菌苗（陈永芳，2008）

### （二）细胞系的建立

从愈伤组织筛选具有优异生物合成能力的细胞株对细胞培养的成败起着决定性作用，通常培养细胞较易发生变异，而愈伤组织为具有不同生物合成能力的细胞混合体。因此，需从细胞小块、单细胞或原生质的克隆培养中得到的大量细胞团中，筛选高含量的细胞团。Tabata从紫草组织中根据颜色的深浅，采用目视法选出色素含量高的细胞株。

将纯净细胞群以一定的密度接种在1mm厚度的薄层固体培养基上，进行平板培养，使之形成细胞团，尽可能地使每个细胞团均来自一个单细胞。采用显微镜观察细胞的颜色，初步筛选出色素含量高的细胞系。此外，还可通过诱变、筛选高产的细胞突变体。

### （三）高产细胞系的扩大培养

采用LS＋0.2mg/L IAA＋0.5mg/L KT液体培养基在（25±1）℃下进行暗培养，摇床转速100～110r/min，细胞培养周期12d。后对培养物进行色素鉴定，多次重复鉴定确定细胞的稳定性。

### （四）继代培养

将高产细胞系装入80mL LS＋1.0mg/L IAA＋0.5mg/L KT液体培养基的300mL锥形瓶中，在100～110r/min转速下振荡培养，使细胞增殖。培养初期由于琼脂培养细胞产生紫草素易变质，细胞外观不均一，但经过14d培养的细胞移入新鲜培养基后，白色细胞大量增殖，以后每隔15d移入新鲜培养基，即可获得均一的细胞团。细胞移植时，用不锈钢制孔径40μm的筛网，收集细胞按80mL培养基加5.0g鲜重的比例进行接种。

## 二、紫草素的生产培养

目前国内紫草的细胞培养，多应用小体积的反应器摸索培养条件。

### （一）气升式反应器扩大培养

陈士云等（1994）采用两步培养法培养新疆紫草细胞以生产紫草宁及其衍生物。先将继代培养2～3代，培养10d的悬浮细胞滤去培养液，接入装有LS＋1.0mg/L IAA＋0.5mg/L KT培养基的反应器培养15d后，经反应器内的过滤装置滤掉生长培养基，再换入M-9＋0.75～1.0mg/L IAA＋0.1～0.5mg/L KT培养基培养20d后收获。反应器的扩大培养过程中，培养基中各种无机离子被消耗，电导率、可溶性糖含量迅速下降。在生产培养基中，培养初期电导率也开始下降，但当色素合成达到高峰并有一部分外泌到培养基后，电导率又开始回升。通气率是影响细胞生长及色素合成的因素之一，气升式反应器是通过通气来提供细胞生长所需的氧气，并起到混合的作用，因此在不同通气率下植物细胞的生长及次生产物的合成也会受到较大的影响，通气率过高或过低，对细胞生长及色素合成均有不利影响。

中国科学院化工冶金研究所研制了适应植物细胞培养要求的低剪切力、周期长、培养基容积可变的新型气升式生物反应器及培养系统。30L气升式反应器最后的培养物总含量平均达到干重的12.06%（最高达14.58%），是国内第一个在30L规模气升式反应器中培养新疆紫草细胞以生产紫草宁及其衍生物获得成功的培养系统。

近几年来，又尝试添加吸附树脂进行细胞培养与分离相耦合的连续化操作，在对硬紫草细胞培养的研究中，AB-8树脂的吸附及洗脱性能较好，对细胞生长没有影响，同时还可以适当提高色素产量，是一种比较理想的分离介质。

### （二）固定化培养紫草细胞

固定化细胞培养加强了细胞之间的接触，有利于细胞进行次生代谢，提高产量；使细胞保持休止状态，可以解决植物细胞在悬浮培养中容易变异的问题。植物细胞的固定化方法有凝胶包埋、吸附、泡沫固定及应用膜反应器等。凝胶包埋法因固定条件温和而得到广泛应用。但凝胶作为固定化材料具有较大的传质阻力，如在海藻酸钙包埋法中，由于培养基中的磷酸根结合$Ca^{2+}$生成沉淀而对凝胶造成一定破坏。吸附法操作简单，细胞活性能保持最高水平，所以有人尝试将它应用于植物细胞的固定化。

对紫草的研究表明，以微生物菌体制备的絮状生物作为活性载体，可提高操作的稳定性，同时还具有刺激细胞分泌次生代谢物的作用。

### （三）两相培养技术

两相培养是指在植物细胞培养体系中加入水溶性或脂溶性的有机化合物，或者是具有吸附作用的多聚化合物，使培养体系由于分配系数不同而形成上、下两相，细胞在其中一相中生长并合成次生代谢物，这些次生代谢物又通过主动或被动运输的方式释放到胞外，并被另一相所吸附。这样由于产物的不断释放与回收，可以减少由于产物积累在胞内形成的反馈抑制，有利于提高产物含量，从而真正实现植物细胞的连续培养，进而大大降低生产成本。

Kim 等在紫草培养细胞中加入正十六烷后，紫草色素含量比对照提高 7.4 倍。如果经藻酸钙固定后的细胞再加入正十六烷，含量提高更加显著。研究发现在培养的前 15 天加入效果较好，15d 以后加入则强烈抑制紫草色素的合成。

陈士云（1995）采用固-液两相系统进行紫草细胞悬浮培养研究，比较了 Amberlite XAD 系列大孔吸附树脂，认为 XAD-2 吸附效果较好。在细胞生长高峰期每升培养基加入 30～40g 树脂效果较好，可使紫草色素含量提高 27%～30%。

## 三、影响紫草培养细胞生长和有用化学物质累积的因素

植物细胞培养中，影响细胞生长和有用化学物质累积的因素可归纳为四个方面，即植物本身的特性、环境和培养条件（物理、化学因素）、筛选和选择以及生化遗传操作。

### （一）组织的来源

原植物的遗传特性是影响植物细胞培养物次生物质累积的主要因素。一般认为，应用次生产物含量高的植物或器官作外植体诱导出来的愈伤组织进行培养时，其培养物中次生产物的含量相对也较高。

### （二）生长状况

植物迅速生长时，累积很少或不积累次生代谢产物，而在植物成熟甚至进入衰老时，次生代谢产物的积累量明显增多。1980 年，Yeaman 提出植物生长与次生物质形成相矛盾的概念，认为细胞生长慢时，次生物质累积反而多。Tabata（1977）把细胞生长与次生产物形成的关系概括为三个主要类型：①产物形成与细胞生长平行进行，如烟碱的形成。②产物形成延迟到细胞生长衰减或终止，如紫草素的形成。③产物形成的曲线落在生长曲线后面，如薯蓣皂苷元的形成。Fijita 等（1982）提出两段培养基的培养方法，即先把紫草细胞培养在适于生长的 LS 培养基中，然后转移到适合于生产紫草宁衍生物的 White 培养基中，紫草宁衍生物生产率比仅培养在 White 培养基的翻一番，而仅培养在 LS 培养中的紫草细胞，未检出紫草宁衍生物。严海燕（2001）在硬紫草（*Lithospermum erythrorizon*）细胞培养中发现，分裂高峰期以后，细胞合成紫草宁的能力开始增加，细胞生长静止期色素合成能力达到饱和状态，且色素合成同细胞生长均呈“S”形曲线。

在紫草细胞培养过程中，细胞将紫草素从胞内分泌到胞外附着在细胞壁表面，影响了细胞对氧气和营养物质的吸收，从而抑制细胞生长和紫草素的合成。因此，使用某些有机溶剂在培养过程中同步萃取紫草素，可降低产物的反馈抑制，提高紫草素的产率。

### （三）形态分化

某些化合物只在高等植物的特殊器官或组织中合成和积累，如香精油贮存在多细胞腺体或特化了的腺毛中，树脂积累在多细胞的乳管中等。研究结果证明这类次生物质的形成与细胞形态分化存在密切的关系。不过这里所指的分化，除器官形成外，未器官化和组织形态变化的细胞，胞腔大、原生质呈网状、胞壁的次生加厚等都是分化的标志。

### （四）培养基

1．培养基种类　改良 B5 培养基为硬紫草适宜的细胞生长培养基。细胞分裂素和生长素是紫草素形成所必需的植物激素，1.1mg/L 6-BA 与 0.1mg/L IAA 为较佳配比。生长培养基中 $CaCl_2$ 浓度为 250mg/L，$MgSO_4$ 为 500mg/L 是愈伤组织生长和紫草素形成的最佳条件。且紫草素形成培养基中 $CuSO_4$ 为 M9 浓度的 3 倍时，紫草素产量较高。

2．碳水化合物　蔗糖不仅是紫草细胞生长所必需的碳源，还可以维持细胞的渗透压，在培养紫草细胞生长过程中起不可替代的作用，同时也影响细胞次生代谢产物的形成。例如，在紫草愈伤组织培养中，蔗糖含量从 1% 增至 5%，然后保持在 7%～10% 时，每克鲜重中紫草宁衍生物的产量增加，但在高浓度蔗糖下愈伤组织的鲜重却减少了。Mizukami 等（1977）曾用葡萄糖、果糖和蔗糖作为 LS 培养基的碳源，发现三种糖在一定的浓度范

围内均能促进紫草愈伤组织的生长，但对紫草素及其衍生物形成的影响，葡萄糖和果糖不及蔗糖的效果好。周立刚（1992）将椰汁加入滇紫草（*Onosma paniculatum*）细胞培养基中，也能明显地促进色素的合成，色素的含量为对照的3～5倍。

3．氮素　$NO_3^-$和$NH_4^+$是植物细胞培养的主要氮源。此外，尿素、酪蛋白水解物和简单氨基酸亦可作为氮源。氮素的形态和用量对细胞生长及次生物质形成作用因植物种类不同而异。Mizukami等报道了紫草愈伤组织培养中，当培养基中总氮从67mmol/L增至104mmol/L时，紫草素衍生物的产量增加，但随着总氮继续增加，这些化合物的形成却减少。Fujita等（1981）将White培养基与LS、Blades、B-5、Nitsh和Nitsch培养基中的氮源进行了比较，发现$NO_3^-$和$NH_4^+$对紫草素及其衍生物的生成的影响不同。一定浓度的硝酸盐，用于White培养基，则有利于紫草色素的产生，用于LS培养基则有利于细胞生长。White培养基在氮源（$NO_3^-$和$NH_4^+$）总浓度固定不变的情况下，升高铵盐浓度对紫草素及其衍生物的产生具有一定的抑制作用。在紫草愈伤组织培养中高浓度的氮源抑制紫草色素的形成，如在基本培养基里添加0.3%的有机氮（蛋白质、酪素或酵母浸出液），紫草素及其衍生物的产量显著降低。另外，将蛋白质合成抑制剂（如链霉素）加到培养基中，随着水溶性蛋白质含量的降低，紫草素及其衍生物的含量逐渐增加，表明细胞内C/N可能是紫草素及其衍生物产生的重要调节因子。

4．其他无机营养物　在紫草愈伤组织培养过程中，当钙离子浓度超过3mol/L，培养物的生长及紫草素的产量会随之下降。紫草愈伤组织的生长随$Fe^{2+}$浓度的升高而加快，紫草素产量却随$Fe^{2+}$浓度的升高而下降。铜离子有强烈刺激紫草素及其衍生物形成的作用，但当铜离子浓度超过0.8mol/L时产量不再增加。徐敏源等（1998）通过对紫草培养细胞的电镜观察和细胞超微结构分析，发现添加促进剂$Cu^{2+}$的新疆紫草细胞在培养15d时形成的色素颗粒（紫草宁及其衍生物）最多。而形成紫草素及其衍生物的最适磷酸盐浓度为0.12mol/L。

5．维生素　培养基中含有多种水溶性B族维生素。许多试验证明它影响细胞生长和产物的形成，并在细胞悬浮培养中可增加细胞的分散性。Mizukami等证明，紫草愈伤组织培养基中加入$10^{-4}$mol/L的维生素C，可促进紫草宁的生产。

6．植物激素　Tabata等（1974）发现，紫草色素的形成能被2,4-D或NAA完全抑制，但几乎不受IAA的影响。在紫草色素的生产中，若能降低生长素浓度则可以有效地缩短细胞生长周期中的延迟期，较早地进入对数生长期和稳定期，以便于细胞大量合成紫草色素。Inouye等（1979）曾用同位素示踪法证明2,4-D能阻断牻牛儿基氢醌的代谢，而牻牛儿基氢醌是紫草色素生物合成过程中的一个中间代谢产物。

激动素（KT）能延长培养根分生组织的活性，但对紫草素及其衍生物合成的抑制作用可被IAA所拮抗。有实验证明，产生色素的细胞株系中内源性赤霉素类物质的含量较不产生色素的变异株系明显偏低，而且$10^{-7}$mol/L浓度的$GA_3$就能强烈地抑制紫草愈伤组织培养物色素的产生。

## （五）前体

在培养基中补加次生物质生物合成的前体，以提高最终产物的产量。Tabata将L-苯丙氨酸加入紫草组织培养基中，可使紫草素的产量提高三倍以上。

## （六）培养条件

1．温度　植物细胞在体外生长最适的温度一般为25～30℃。

2．pH　一般适宜植物细胞悬浮培养pH为5～6。在植物细胞培养过程中，培养液中pH的变化通常是由于培养液中氮源的消耗产生的。当植物细胞在以$NO_3^-$为主要氮源的培养液中培养，培养液的pH随植物细胞生长上升；培养过程中有机酸的产生和$NH_4^+$被利用而使溶液变酸。

在紫草色素生产培养液中，随着细胞中紫草色素的增加，培养液中pH有规律地下降。紫草细胞培养液pH与紫草细胞生长及紫草色素在细胞中形成相关的规律，可用于监测紫草细胞生物反应器大规模培养中紫草细胞生长及紫草色素生产动态，为生物反应器扩大设计提供一个方便有效的检测依据。

3．光　光对培养的植物细胞生长、发育和代谢具有重要作用，且与光强度、光谱成分和每天曝光时间的长短紧密相关。Tabata等（1974）指出，在紫草愈伤组织的培养过程中，白光和蓝光几乎都有完全抑制紫草素及其衍生物形成的现象，且认为培养物中有一种参与中间产物转化的黄色物质存在，该中间产物与紫草素及其衍生物的生物合成有关。用蓝光预处理的培养物中，加入黄嘌呤单核苷（FMN，是生物合成中与氧化还原酶系统有关的一种必需的辅酶）可提高紫草素及其衍生物合成的速度，但加入经蓝光处理FMN溶液则抑制紫草素及其衍生物合成，是因为经蓝光处理的FMN已被分解，并产生一种不再有辅酶活性的化合物。

4．吸附剂 生物合成的紫草色素颗粒位于原生质膜和细胞壁之间，如果不移出（分泌出）到细胞外，就会阻碍紫草色素的进一步合成，降低其单位产量和增加生产成本。Shimomura等在1991年报道了几种吸附剂或烷烃在紫草色素生产中的研究结果，表明吸附剂和烷烃能使紫草色素的产量成倍增加。

## 小 结

药用植物是指含有生物活性成分，用于防病、治病的植物。植物组织培养的应用主要有两个方面：一是利用试管微繁生产大量种苗以满足药用植物人工栽培的需要；二是通过愈伤组织或悬浮细胞的大量培养，从细胞或培养基直接提取药物，或通过生物转化、酶促反应生产药物。

白及、石斛等为传统的贵重中药材，野生资源已不能满足社会需求，同时存在自然繁殖系数低等问题，采用快速繁殖是解决白及、石斛等药材紧张的有效措施。紫杉醇是一种抗肿瘤新药，可从红豆杉植物中提取，但含量低，且资源有限。采用组织培养、细胞培养等生物技术进行红豆杉的快速繁殖和生产、紫杉醇的直接分离，具有较好的应用前景。植物细胞悬浮培养是工业化生产的必经步骤。它的特点是培养规模较大，细胞增殖速度快并能提供较大量均匀一致的培养物。人参细胞悬浮培养主要需要解决细胞株的选择、加速细胞生长和提高有效成分含量的方法、有效成分的分离手段等。利用生物反应器培养紫草细胞直接获取紫草素，必须加快生物反应器及生产条件的研究。

## 复习思考题

1. 植物组织培养技术在药用植物生产中的应用情况如何？
2. 金线莲在产业化生产的过程中会遇到哪些问题？
3. 培养基中添加诱导子对红豆杉有效成分的积累有何影响？
4. 影响人参细胞悬浮培养物生长的因素有哪些？
5. 白及、石斛快繁存在哪些问题？
6. 利用生物反应器培养植物细胞规模生产有用成分存在哪些问题？
7. 药用植物的快繁相比于传统繁殖方式有哪些优点，又存在哪些问题？
8. “人工种子”技术在药用植物栽培上有何应用？

## 主要参考文献


程强，韩碧文，丁家宜．1988．人参原生质体培养再生愈伤组织．北京农业大学学报，14：25~29

邸雪峰，吴松权，朴锦，等．2016．人参茎愈伤组织的诱导和分化研究．延边大学农学学报，38：31~34

丁家宜．1988．人参细胞悬浮培养．植物生理学报，（1）：76

杜令阁，侯艳华，常维春，等．1987．人参花粉植株的诱导及体细胞无性系的建立．中国科学：化学，01：37~44

凡利，王义强，王启业．2012．南方红豆杉细胞培养中生产紫杉醇的研究进展．经济林研究，02：134~139

范寰，商桂敏，元英进．2005．酸胁迫作用下悬浮培养红豆杉细胞的磁场生物学效应．过程工程学报，5：345~348

高文远，贾伟．2005．药用植物大规模组织培养．北京：化学工业出版社

管常东，叶静，郑晓君等．2010．白芨组织快繁育苗技术研究进展．云南大学学报：自然科学版，（51）：416~421

何康，樊正球，李丽，等．2007．南方红豆杉组织培养研究进展．中国生态报，05：215~218

李存芳，刘勇，董玫，等．2007．南方红豆杉化学成分的研究进展．中草药，08：1121~1132

李乐工．1989．人参原生质体培养再生愈伤组织．植物学报，31：815~816

李伟平，田莎莎，鲁光耀，等．2012．利用人工种子技术快速繁殖白及．中国中药杂志，37（22）：3386~3390

李志良．2001．中国红豆杉和短叶红豆杉的胚胎培养．植物资源与环境学报，10（1）：62~63

梁世中，高建华，高孔荣，等．1996．气升环流式反应器大规模培养紫草细胞．药物生物技术，3：229~234

刘军凯．2012．白芨细胞悬浮体系的建立及其次生代谢产物的测定．昆明：云南农业大学硕士学位论文

刘铁燕，刘昀等，赵彩凤．2002．东北红豆杉愈伤组织诱导及组织培养研究．东北师大学报自然科学版，34：67~71

刘新星，余响华，刘学端．2015．红豆杉分布与培育技术研究进展．生物技术通报，07：51~57

陆文梁，夏晓娣．1991．人参组织与细胞培养研究的进展．植物学通报，8：14~21
吕镇城，叶露露，彭永宏．2016．蓝光LED对台湾金线莲生长及生理指标的影响．亚热带植物科学，45：221~224
苗志奇，未作君，英进，等．2000．水杨酸在紫杉醇生物合成中诱导作用的研究．生物工程学报，16：509~512
聂宁，朱艳，田梅，等．2016．白及种子萌发及原球茎发育过程的细胞组织学观察．中国中药杂志，41（8）：1446~1449
邱玥，龚宁，张奎一．2010．金线兰种子萌发及其原球茎的增殖培养．广西植物，30：555~559
盛长忠，王淑芳．2001．pH对红豆杉愈伤组织生长、PAL活性和紫杉醇含量的影响．中草药，32：929~931
唐巍，吴绛云．1994．人参悬浮细胞系的建立及其生长特性的研究．生物技术，4：26~29
王博，潘利华，罗建平．2009．水杨酸对霍山石斛类原球茎细胞生长及多糖合成的影响．生物工程学报，25：1062~1068
王俊丽，刘海英，杨林，等．2007．红豆杉组织培养及其产物紫杉醇研究进展．生物技术，03：89~92
王启业，王义强，凡利．2012．南方红豆杉生物技术研究进展．中国农学通报，04：8~12
王水，贾勇炯，魏峰，等．1997．云南红豆杉的组织培养及植株再生．云南植物研究，19：407~410
闻婧，李倩中，李淑顺，等．2016．不同LED光源对铁皮石斛生长和叶绿素荧光参数的影响．江苏农业学报，32：910~916
闻永慧，孟英，李慧敏，等．2014．LED不同光质对白及组培苗生长及可溶性糖含量的影响．北方园艺，（15）：58~62
吴明纲，康春风，许智宏．2001．霍山石斛带节间的茎段在IBA/NAA诱导下的组织培养．中国科学技术大学学报，31：624~628
薛莲，孟琴，吕德伟．2002．用吸附法固定化培养紫草细胞．植物生理与分子生物学学报，28：369~374
严海燕，曹日强．2001．紫草组织培养中细胞发育时期与紫草宁形成关系的研究．中草药，32：264~266
姚晓，步达，陈建伟，等．2014．南方红豆杉愈伤组织培养及其紫杉烷二萜类成分的分析．中草药，18：2696~2702
叶静，郑晓君，管常东，等．2010．白芨的无菌萌发与组织培养．云南大学学报：自然科学版，（51）：422~425
曾余力，林新春，桂仁意，等．2010．南方红豆杉离体胚培养诱导不定芽研究．浙江林学院学报，04：614~619
张芳芳，王鹏，姬丹丹，等．2010．南方红豆杉愈伤组织培养条件的优化及紫杉醇积累的基因表达效应分析．中草药，12：2058~2062
张桂芳，黄松，刘宏源，等．2011．铁皮石斛人工种子制作及影响因素研究．中草药，09：1812~1816
张明生，李花，阚世超，等．2007．金线莲人工种子制作技术及萌发研究．种子，26：50~53
张启香，付素，方炎明，等．2009．铁皮石斛拟原球茎的发生过程．浙江林学院学报，26：444~448
张长河，梅兴国，余龙江，等．2000．红豆杉胚源细胞株的培养和紫杉醇的生产．华中理工大学学报，28：82~84
张长平，李春，元英进，等．2002．真菌诱导子对悬浮培养南方红豆杉细胞次生代谢的影响．化工学报，53：498~502
赵继鹏，杨淑慎．2014．曼地亚红豆杉细胞悬浮培养体系的建立．西北农林科技大学学报（自然科学版），01：189~195
郑裕国，薛亚平．2007．生物工程设备．北京：化学工业出版社．
周立刚，郑光植，王世林．1992．寡糖素和椰乳对滇紫草愈伤组织培养的影响．云南植物研究，14：193~197
周玉洁，程龙，陶文沂，等．2008．美丽镰刀菌与固定化东北红豆杉的共生培养．中国生物工程杂志，28：84~90
Fujita Y, Hara Y, Suga C, et al. 1981. Production of shikonin derivatives by cell suspension cultures of *Lithospermum erythrorhizon*. Plant Cell Rep,1：61~63
Furmanowa M, Glowniak K. 1997. Effect of picloram and methyljasmonate on growth and taxane accumulation in callus culture of *Taxus* ×*media* var. *hatfieldii*. Plant Cell Tiss Org, 49：75~79
Hong FS, Zhou J , Liu C, et al. 2005. Effect of nano-$TiO_2$ on photochemical reaction of chloroplasts of spinach. Biol Trace Elem Res, 105：269~279
Huang CY, Li KP, Yang MC, et al. 2013. Effect of different culture media on micropropagation of *Dendrobium candidum* Wallex Lindl. J SouthAgric, 41：57~64
Ketchum REB, Gibson DM. 1996. Paclitaxel Production in suspension cell culture of Taxus. Plant Cell Tiss Org, 46：9~16
Mirjalili N, lindden JC. 1995. Gas phase composition effects on suspension cultures of *Taxus cuspidata*.Biotechnol Bioeng, 48：123~132
Yoshikawa T. 1987. Saponin Production by cultures of Panax ginseng Transformed with *Agrobacterium rhizogenes*. Plant Cell Rep, 6(6)：449~453

# 第二十一章　茶树组织培养与生物技术

茶树［*Camellia Sinensis*（L.）O. Kuntze］，山茶科山茶属多年生常绿木本植物。目前用于茶树育种的现代生物技术大体上有组织培养和营养繁殖技术、花粉（药）培养和单倍体培育技术、原生质体培养和体细胞杂交技术，以及广义的分子标记技术和转基因技术等。

## 第一节　茶树组织与器官培养

### 一、培养的步骤与方法

植物组织与器官培养分为四个阶段。

#### （一）无菌培养体系的建立

无菌培养的目的是为建立供试植物的无菌培养体系，形成愈伤组织，有的甚至发育成有根的植株。无菌培养的建立过程包括外植体的选择、灭菌、接种、培养等。

无菌培养体系建立阶段主要考虑三个方面，即外植体的选择，培养基的种类及添加成分，以及培养环境。选用外植体时应考虑供体植株的生理状况及所取的部位，尽管每个器官或组织均可作为外植体，但成功的难易程度有所不同。一般来说，如果离体培养的目的只是快速繁殖，作为外植体的植物组织和器官可以相对大一些，因为离体培养外植体的存活率和分化能力往往与开始接种时外植体的大小呈正相关；如果离体培养的目的是为获得脱病毒苗时，所用的植物茎尖或根尖分生组织应该尽可能小一些（通常为0.1～1mm），因为脱病毒的效果往往与接种外植体的大小呈负相关。外植体的选择是植物组织培养能否成功的关键因素之一。目前，茶树已经从茎尖、腋芽、茎段、叶片、子叶、下胚轴、胚和花药等成熟或未成熟组织中通过愈伤组织或直接产生不定芽的方式成功地进行器官发生和植株再生。外植体种类及灭菌如下。

（1）未成熟胚的取材和灭菌　在茶树幼果生长季节，从田间取需要培养的茶树品种的幼果，经水清洗，剥去绿色果皮，取出未成熟的乳白色种子，用饱和的漂白粉溶液消毒15min，再用1%次氯酸钠溶液消毒10min，用无菌水冲洗4～5次，在无菌条件下取出不同成熟度的胚、子叶、下胚轴等材料，接种在相应的培养基上。

（2）茎尖及相关材料的取材和灭菌　田间生长的茶树、扦插苗、实生苗、室内培养的实生苗、组织培养苗等均可作为茎尖及相关培养材料的来源。室内控制条件下培养实生苗和组织培养苗比田间开放条件下生长的茶树污染轻，消毒处理比较方便，是组织与器官培养较好的材料来源。取一芽1、2叶新梢，小心摘除叶片，在无菌条件切取所需的外植体，先用蒸馏水冲洗，在70%乙醇浸泡30s，移入1%次氯酸钠溶液中消毒10min，用无菌水冲洗干净。

（3）叶片取材和灭菌　取茶树采摘面中央春季生长健壮的芽下1、2叶。茶树叶片多酚类含量高，在切取过程中容易因多酚类氧化而产生褐变；为了防止褐变，将叶片用清水冲洗后，浸泡于4～5mg/L抗坏血酸溶液中20min。因为主脉与支脉交界处常有真菌休眠孢子存在，所以切割时首先切除主脉，同时去掉叶子的顶端、基部和边缘部分，以减少污染。按照要求大小切出外植体材料，放入1.3%的次氯酸盐溶液中（商品漂白粉25%的溶液），消毒30min。在无菌蒸馏水中漂洗3次，将材料封闭在无菌培养皿中保持一定温度过夜，次日将叶片用2.6%的次氯酸盐溶液灭菌30min，然后用蒸馏水冲洗3次。

在培养基方面，首先应考虑外植体能够存活。茶树是木本植物，多酚类物质含量高，褐化现象显著，严重阻碍了组培的后续工作。因此，有效地控制茶树外植体褐化至关重要。

茶树初次培养中多用MS培养基为基本培养基。为了使组织或细胞群体增生，在所用的生长调节物质中，细胞分裂素类物质以6-BA效果最好，其次是Kin、ZT等。在生长素类物质中，以2,4-D或NAA使用较多，也有用IAA的。在适合的细胞分裂素类和生长素类物质的浓度和配比下，往往脱分化形成愈伤组织或者腋芽萌动而增殖。茶树材料初次培养选用的培养基及其附加物见表21-1。

**表21-1　茶树营养器官与组织培养**

| 外植体材料 | 基本培养基 | 添加物 | 资料来源 |
|---|---|---|---|
| 腋芽 | MS | 0.5～10mg/L 6-BA, 4mg/L 2,4-D, 0.2～0.5mg/L NAA, 0.2mg/L $GA_3$ | 李家华等，2001 |
| 腋芽 | MS | 4mg/L 6-BA, 2mg/L IAA，3mg/L $GA_3$，2～3mg 活性炭， | 王毅军等，1994 |
| 嫩茎 | MS | 0.5～0.8mg/L ZT，0.5～1.5mg/L6-BA，4mg/L 2,4-D，0.2～0.5mg/L NAA，0.2mg/L $GA_3$ | 孙仲序等，2000 |
| 嫩茎 | MS | 6～10mg/L 6-BA，5mg/L 2,4-D，0.5mg/L NAA | 张亚萍等，2002 |
| 嫩茎 | MS，ER | 0.04～4mg/L 6-BA,0.04～0.5mg/L NAA | 王立等，1996 |
| 腋芽 | MS | 2～3mg/L 6-BA，0.5mg/L IBA | 奚彪等，1994 |
| 幼胚 | ER | 0.5～3mg/L 6-BA，0.1～0.5mg/L NAA | 杨素娟等，1989 |
| 子叶柄 | MS，N6 | 4～10mg/L 6-BA，0.5～2mg/L IBA, 0.5～1mg/LNAA，1mg/L $GA_3$ | 刘德华等，1990 |

### （二）营养繁殖体的增殖

营养繁殖体（propagule）增殖阶段的目的是使繁殖体实现最大限度的增殖。增殖的方式主要有以下三种。

1．诱导腋芽（axillary bud）发生　在自然生长条件下，植株许多腋芽处于潜伏状态，但在离体条件下则可以正常伸长生长，甚至从一个芽可以产生多个新梢。

2．诱导产生不定芽（adventitious bud）或新梢　在许多植物中，通过组织与器官培养都有可能诱导产生不定芽或新梢。这种增殖方式比诱导腋芽发生具有更大的潜力。例如，接种一个子叶或叶片外植体就有可能产生数个甚至数十个不定芽或新梢。

3．体细胞胚胎发生（somatic embryogenesis）　无性增殖的最大潜力是通过体细胞胚胎发生。培养中的单个细胞先形成胚状体（embryoid），再发育成为完整的植株。这已在许多植物离体培养中获得成功，如胡萝卜、石刁柏等。

在这一阶段，影响离体培养增殖率的重要因素主要有培养基的种类及添加成分，尤其是培养基中的添加植物激素种类和浓度，它不仅在一定程度上影响外植体的增殖方式，还影响继代培养（subculture）的速度。在组织培养中采用何种方式进行增殖，往往决定于植物的种类和增殖的目的。就增殖速度而言，通过诱导腋芽最慢，诱导不定芽次之，体细胞胚胎发生途径最快。但从目前成功的植物种类数量来看，却是依次递减，说明所要求的技术是前者较为简单，后者相对复杂。另一方面，诱导腋芽途径，虽然增殖速度比其他的两种要慢，但它遗传性稳定，适用于大量繁殖，而后两种途径对于育种较为有利。

### （三）生根

这个阶段的目的是使在第二阶段诱导的无根或根系很弱的新梢形成根系，从而获得完整植株。生根阶段一般都在试管中进行，近年来的试验证明，也可把新梢移植到相对高温（30～35℃）高湿（相对湿度80%）和周期性喷水雾的盆钵中，促使其生根。

生根阶段要求的培养基成分和培养条件与前述两阶段稍有不同。诱导不定根的产生大多只需要在培养基中添加一些促进生根的生长素激素，对于细胞分裂素类，一般都不再需要。有些植物的新梢中含有生根所需要的内源激素，这样就不需在培养基中添加任何激素，只需将新梢接种到基本培养基上。在诱导生根阶段，适当提高光照强度和延长光照时间对生根是有利的，而且还会提高以后的试管植株移盆钵的成活率。

本阶段还包括对再生的完整植株进行驯化锻炼，使其逐渐适应外界的自然环境。通常的做法是，取出试管苗后，彻底清洗掉根、茎基部培养基，再移入预先已消毒的蛭石或培养土中。移栽初期，用薄膜和纱网覆盖，并适时喷水雾保湿以及避免强光照射，然后逐渐揭去覆盖薄膜。

### （四）试管苗移栽大田

本阶段的主要目的是提高移栽成活率。当将驯化后的试管苗移栽大田时，面临的最主要问题是会出现组织失水和病菌感染。因此，在移栽初期，应保持土壤适当的湿度，切忌水分过多，植株出现轻度失水时，可喷雾解决。其次，是如何使其由异养为主转变为完全自养状态，方法是使移栽小苗经过一段生长后，逐渐适应自然光照。

## 二、茶树组织与器官培养的概况

茶树组织与器官培养是茶树生物技术研究最早的领域，早在20世纪60年代末，英国剑桥大学化学系开始了茶树幼茎切块培养，用以研究茶树咖啡碱合成途径。随后，以茶树各种组织和器官为材料，在细胞生长、形态建成等多方面进行了较深入的研究，并在许多方面获得了进展。

### （一）腋芽培养

腋芽培养应在春季取材。培养时，可先在外植体上诱导出愈伤组织，愈伤组织分化成胚状体或芽，在生根培养基上诱导根的分化。Nakamura、刘德华、奚彪等均从茶树腋芽培养中获得了再生植株。用试管苗的腋芽作外植体，萌发生长较好，但成梢率低，生长慢，这是腋芽快繁研究中尚待解决的问题。

### （二）子叶、成熟胚、未成熟胚的培养

在茶树上利用子叶、子叶柄、下胚轴作为外植体诱导再生植株在国内外都有较多研究成果。1975年吴振铎用祁门种的子叶诱导愈伤组织，经6～8次的继代培养和移植，再生出一批试管苗；1980年安间舜等用去除子叶的胚培养形成芽和根；1981年莫典义和黄雁萍通过种胚培养（子叶切去一半，保留其胚芽的部分）诱导出完整植株；1982年加藤用子叶的愈伤组织，在培养基中添加BA、NAA、IBA等激素的组合先分化出胚状体，然后再生获得幼苗；1983年颜幕勤等用改良ER培养基，通过成熟子叶基部及子叶柄分别诱导出红色愈伤组织和胚状体，并获得完整植株；1985年中村顺行培养子胚获得完整植株；1986年加藤从子叶切片的表皮细胞也直接得到体细胞胚；1988年王立等用13个品种的未成熟胚在ER+2.5mg/L NAA等培养基诱导胚生长形成了植株；1988年Santhchandra同样用子叶培养得到了类胚体；1988～1990年刘德华报道了子叶柄和下胚轴培养获得完整植株，子叶培养物在500lx光照下培养，胚状体分化率较高，而子叶柄的胚状体、不定芽分化率随光照强度下降而降低，在连续黑暗条件下培养，畸形胚发生率高。

茶树体胚发生的研究仍有许多有待解决的问题：一是成年茶树外植体的体胚发生问题；二是如何建立高频率、高重复、稳定的再生体系。

### （三）茎尖和嫩茎培养

1981年土井芳宪取薮北种茶树的茎切段为外植体成功地培养出完整茶树植株。1983年中村顺行为解决茶树优良品种的保存和繁殖，以薮北种一芽一叶展的嫩芽（2～3mm）为外植体，在MS、Nitsh、Camborg培养基试验，证明BA与NAA组合，有利于愈伤组织形成；BA与GA组合，有利于促进愈伤组织生长，用1/2 MS或1/4 MS培养基能诱导生根。1984年加藤从薮北种实生茎愈伤组织再分化幼苗获得成功。印度选用繁殖力低的实生苗带腋芽的成熟新梢和茎尖作外植体，在MS培养基上培养一个月后形成粉红色愈伤组织，2～3个月后形成丛生芽。1990年，Phukan等以茶树田间生长的成熟植株和无菌苗茎切段为外植体，在MS附加1mg/L IAA培养基上获得丛生芽，在MS附加1mg/L NAA+3mg/L 6-BA培养，从愈伤组织获得丛生芽。1988年，在苏联有人以茎切段为外植体，获得植株。1986年，金在生等在MS基本培养上以茎切段为外植体，诱导分化出根。1994年，奚彪等的研究表明，外植体类型、部位、季节、时间、叶位以及是否留叶等因素的良好组合，将使外植体表现出优良的萌发潜力和生长表现；从实生苗的春季新梢取合适大小的部分留叶茎尖，对培养有良好促进作用；从试管苗取外植体时，萌发生长良好，但成梢率低，生长慢。王立等于1996年用茶树茎切段实验表明，外植体以春梢为好，但不同品种间有较大差异；如果利用组织培养进行茶树种质资源保存，弱光照、较低温和适当添加化学抑制剂（如甘露醇、NAA等）有利于延缓培养物生长，增加培养物保存期。孙仲序等2000年对山东茶树品种进行嫩茎段培养，在MS培养基添加1.5mg/LBA、0.5mg/LZT，获得最佳分化率为83%，在1/2MS添加0.2mg/LIBA和0.2mg/LIBA、20g蔗糖，获得最佳生根率为80%。

### （四）叶片培养

1981年土井芳宪用薮北种茶树第一轮新梢的第一叶为材料，对叶切片愈伤组织的诱导和根的分化条件进行了研究，当培养基中植物激素NAA为0.1mmol/L和KT为0.1mmol/L时能较好地诱导愈

伤组织，根分化的激素浓度包含在诱导愈伤组织的浓度之中，以取 IAA 为 0.1mmol/L 最有效。1989 年刘德华等以毛蟹品种的叶柄作外植体，对愈伤组织、胚状体的形成、芽和小植株的分化进行了研究，在 MS 培养基上激素为 10mg/L 6-BA、0.5mg/LNAA、3mg/L $GA_3$ 时，叶柄切片形成的愈伤组织能分化出芽，将此芽垂直插入 MS 附加 4mg/L 6-BA、2mg/L IBA、1mg/L $GA_3$ 的培养基中便能发根形成完整的小植株。试验证明，从叶柄基部诱导出愈伤组织比较容易，也能诱导生根，但形成完整植株比较困难。1994 年王毅军等以茶树叶片为外植体，在 MS 培养基上附加 4mg/L 6-BA、2mg/L IAA、3mg/L $GA_3$ 和 0.2～0.3mg/L 活性炭培养，诱导出愈伤组织和胚状体，进一步形成小植株。

# 第二节　花药和花粉培养与单倍体育种

## 一、花药和花粉培养技术

### （一）花药培养

花药培养是以未成熟花药作为外植体的离体培养技术，其目的主要是获得纯系育种材料和进行单倍体育种。茶树花药培养是茶树组织培养研究中开始较早的一种组织培养方法，也是我国最早开展的茶树组织培养方法，利用花药培养诱导茶树单倍体植株作为茶树育种的一个突破口已得到国内外育种者的共识。花药培养具体方法大致可分为以下几个步骤。

1．取材　花药培养材料的选择，关键在于选取花粉处于一定发育期的花药。小孢子的发育时期是影响花药培养效率的重要因素。就多数植物而言，单核中期至晚期的花粉容易形成花粉胚或花粉愈伤组织。王玉英等学者对比了单核早期、单核靠边期双核期，指出单核靠边期的效果是最佳的。检查花粉发育时期，一般可用乙酸洋红和碘-碘化钾染色压片，然后在显微镜下进行观察，确定选取花药培养的材料。

2．灭菌　为了保证无菌培养，接种前培养物必须进行彻底灭菌。将花蕾在 70% 乙醇浸一定时间，转移到 1% 次氯酸钠消毒，用无菌水冲洗残留的消毒液。

3．接种　在无菌条件下，将花药从花蕾中取出并及时接种到培养基上。切取花药时，应注意两点：一是尽量避免损伤花药，否则接种后容易从受伤部分产生愈伤组织，与小孢子所产生愈伤组织竞争，甚至使小孢子不能产生愈伤组织或胚状体；二是彻底去除花丝部分，因为接种与花丝相连的花药时，往往不利于花药内小孢子的启动以及愈伤组织或胚状体形成。花药培养的方式有固体培养和液体培养两种，培养条件与其他组织培养基本相同。

4．再生　通过花药培养诱导单倍体植株再生模式有两种途径。第一条是经胚状体的再生途径，即培养花药中的花粉在药室内侧首先分裂形成原胚多细胞团，然后经过球形胚、心形胚、鱼雷形胚等发育阶段，最后以胚状体形式突出于花药壁。第二条是经愈伤组织，将其转移到分化培养基上，使单倍性愈伤组织分化出不定芽，再形成不定根，从而获得单体植株。但两条途径并不是完全独立的，许多植物可以通过改变培养基种类及其添加成分，而改变单倍体的诱导形成途径或使两种途径并存。

5．移栽　把成苗的单倍体植株或染色体加倍后的纯合二倍体试管苗，转移到渗透压较低而无生长素等物质的培养基上，直到根、茎，叶生长都较正常和健壮时，移出进行沙培或土培。试管苗移入土壤栽培，由于环境条件的急剧变化，经常中途夭折，其中最严重的是感染病害引起溃烂死亡，如果移苗时在小苗根颈部涂抹 50% 可湿性多菌灵粉剂，则可以防止小苗根颈部感病溃烂，提高移苗成活率。此外还要注意小苗的保温、适宜的光照强度及其他管理。经过 20～30d 后，小苗即可适应自然环境条件并正常生长。

据报道，日本的胜尾清于 1968 年开始进行茶树花药培养，1969 年获得愈伤组织，1972 报道获得了根的分化；土井宪芳于 1981 年进一步进行了茶树花药培养中根的分化研究，认为附加 $10^{-5}$mol/L NAA、$10^{-5}$mol/L Kin 激素组合，根的分化率最高。1972 年，中国农业科学院茶叶研究所开展了同类研究，并诱导出愈伤组织。1979 年，林知兴、陈秀珠诱导出单倍体根。陈振光等于 1974 年用茶树花药诱导出根，1980 年首次获得根、茎、叶完整植株，1981 年移苗试验获得成功，但小苗根系少、生长弱，移植于土壤中的成活率低。

### （二）花粉培养

虽然实践已证明花药培养对诱导形成单倍体植株是有效的，但也存在不足之处。最主要的问题是通过花药培养途径所获得的植株往往不只是来源于花粉，有些是来源于花药壁、绒毡层等不同部位的体细胞，所以，造成所获得的植株群体常常是一个既有单倍体，又有二倍体、甚至多倍体的混合群体，这就给以后的鉴定及利用带来一定的困难。花粉培养则可以完全排除花药组织的干扰，使诱导形成的植株全部来源于单倍体的花粉，从而省略对其鉴定的程序或可以直接利用。此外，如果结合突变体筛选以及进行基因操作等研究时，花粉培养更具有其独特的优越性。但是花粉培养所要求的技术比花药培养复杂，许多不明的因素有待研究。

花粉培养的全过程除了材料的选择和灭菌与花药培养基本相同外，还包括花粉的分离和培养两个步骤。花粉的分离主要有机械分离法和自然散落法，常用的花粉培养有浅层液体培养法和看护培养法。

## （三）影响花药及花粉培养的因素

应用花药和花粉培养于育种实践时，必须获得足够数量以供选择的单倍体植株。因此，在离体条件下如何启动雄核发育以及提高单倍体植株再生率是花药和花粉培养研究面临的主要问题之一。影响花药和花粉培养的因素非常多，概括起来主要有以下几个方面。

1．供体植株的基因型　在许多植物的花药和花粉培养过程中都发现，由于植物的种类不同，对其诱导形成花粉植株的难易程度存在很大差异，且不同品种间也存在较大差异。因此，在进行花药或花粉培养时，必须对供体植株的基因型有所选择，或者通过改善培养条件及调整其他因素，才能有效地诱导形成单倍体植株。

用于单倍体育种的材料，多数来自杂交育种 $F_1$ 的花药。所以杂交育种的亲本选配原则，也适用于单倍体育种。这就是说，花药应来自性状优良亲本的杂交后代。据中国农业科学院茶叶研究所报道，选用‘福鼎大白茶’‘龙井 43’‘紫阳种’‘格鲁吉亚 1 号’‘平云’等茶树品种的花药进行培养，都能产生愈伤组织，但差异悬殊，以云南大叶种天然杂种-平云最高，其次为有性群体品种紫阳种，最低的是有性系‘格鲁吉亚 1 号’。无性系‘龙井 43’虽然产生愈伤组织频率也较高，但是生长一直处于僵化状态。陈振光等的研究也表明，以‘福云 6 号’‘福云 7 号’‘赤叶奇兰’‘政和大白茶’等品种为培养材料，只有‘福云 7 号’的花药能诱导出植株。

2．供体植株的生理状态　供体植株的年龄及其所处的生长条件也能影响花药对离体培养的反应。一般来说，幼年植株的花药反应能力较好。在开花末期采集的花药，不但形成孢子体的频率很低，而且发生反应的时间也较迟。在辣椒、烟草花药培养中均发现，采集开花早期的花药诱导率较高，并随着植株年龄的增长而呈下降趋势。根据一般经验，在适宜条件下生长的健康植株，其花药和花粉培养的胚诱导率和植株再生率高。从季节上看，冬春季较夏秋季更适合进行花药培养，这可能是温度与光周期共同作用的结果。

3．培养基　花药和花粉培养所需的培养基成分在不同植物种类及品种间存在差异。对于绝大多数植物而言，培养基中添加的植物激素种类和浓度对花药和花粉培养起着决定性作用，它不仅影响小孢子的分裂，还影响着其后的生长和发育方式。另外，培养基的 pH，添加的一些有机成分如氨基酸、酵母提取液、椰汁等也对培养效果有影响。

由于接种材料的不同，其最适培养基也就表现出差异。根据培养基组成成分所起的作用，可分为诱导产生愈伤组织的诱导培养基或第一培养基，以及促使愈伤组织分化成苗的分化培养基或第二培养基等，它们都是由基本培养基加上附加植物激素等成分组成。一般使用的基本培养基有 White、Miller 或 Blaydes、Nitsch、MS、H 等。无论采用哪一种培养基，pH 一般为 5.5～6.5，琼脂量为 0.6%～1%。

关于第一培养基的选择，已经有很多研究，陈振光等证明，用 SJ-1 为基本培养基（pH 6.8）作为愈伤组织诱导培养基（表 21-2），愈伤组织诱导率最高，其次为 MS 培养基和 H 培养基，Blaydes 和 N6 培养基最低。中国农业科学院茶叶研究所采用 MS 和 Miller 两种培养基作为基本培养基，诱导茶树花药愈伤组织，因其附加成分不同而有差异，如附加 2mg/L 2,4-D 和 10% 椰汁的比仅加 2,4-D 的诱导频率高，且生长较正常。当愈伤组织长到绿豆大小时，即将其转移到附加有 0.5mg/L IAA 和 15% 椰汁的培养基上进行分化苗的培养。

**表 21-2　SJ-1 培养基组成**

| 化合物 | 浓度 /（mg/L） | 化合物 | 浓度 /（mg/L） |
|---|---|---|---|
| $Ca(NO_3)_2\cdot 4H_2O$ | 172 | $MnSO_4\cdot 7H_2O$ | 10 |
| $MgSO_4\cdot 7H_2O$ | 247 | $H_3BO_3$ | 10 |
| $KH_2PO_4$ | 136 | $CuSO_4\cdot 5H_2O$ | 0.025 |
| $KNO_3$ | 506 | $Na_2M\ O_4\cdot 2H_2O$ | 0.025 |
| $FeSO_4\cdot 7H_2O$ | 27.5 | Na-EDTA | 33.7 |
| 甘氨酸 | 2.0 | 烟酸 | 0.5 |
| 盐酸硫胺素 | 1.0 | 盐酸吡哆醇 | 0.5 |
| 水解乳蛋白 | 500 | 肌醇 | 100 |
| 硫酸腺嘌呤 | 10 | 蔗糖 | 20 000 |
| 琼脂 | 8 000 | | |

茶树花药愈伤组织诱导研究表明，在同一细胞分裂素下，随着2,4-D浓度的增加，花药体细胞愈伤组织诱导率亦提高。当2,4-D为0.3mg/L时，愈伤组织诱导率为30.4%；2,4-D上升到0.5mg/L时为35.6%；2,4-D提高到1mg/L时为45%，表明2,4-D浓度提高能促进花药壁体细胞脱分化。为了控制体细胞的过度增殖，常采用0.2～0.5mg/L浓度水平的2,4-D。

蔗糖浓度对愈伤组织诱导也有影响。研究表明50g/L的蔗糖浓度时花药愈伤组织诱导率最高，达到81.6%；蔗糖浓度提高到80～100g/L时，花药愈伤组织诱导率下降到47.8%～42.3%；蔗糖浓度提高到150g/L时，花药愈伤组织诱导率进一步下降到4.4%。一般采用100g/L左右比较合适，既可以抑制体细胞过度增殖，也有利于小孢子脱分化。

第二培养基选择的目的是促进芽和根的分化形成完整的植株。由愈伤组织再分化成苗的过程叫作“再分化”，统称分化。一般来说，在组织培养中先形成芽，再从茎部诱导出根比较容易；反之，先有根，再诱导芽往往会遇到困难。从愈伤组织形成芽还是形成根，主要决定于生长素与细胞激动素的相对浓度。一般情况下，当生长素与细胞激动素的比值高时，有利于长根；比值低时，有利于长芽；比值适中时，继续长愈伤组织。具体浓度因培养物种类而异。在有些植物中，决定因素并不是两者的相对浓度，而是生长素的绝对含量，当提高生长素浓度时，反而促进茎叶的形成，加入细胞激动素却抑制芽的形成。也有把再分化中的激素全部去掉，不加任何激素，亦能分化成苗。

4．小孢子发育阶段　接种时小孢子所处的发育阶段是影响培养效果的重要因素，只有处于一定发育阶段的小孢子，才对外界刺激较为敏感，从而改变其发育途径，使在离体条件下诱导产生愈伤组织或胚状体，多数植物以单核期特别是中后期比较敏感。

茶树花药组织培养试验表明，通常在11月前后取发育正常健壮的花蕾，雄核发育处于单核中晚期的花药接种较好。但由于气候及花蕾着生位置等的影响，不同花蕾颜色及大小略有差异，而且同一个花蕾中的花药之间也有发育期差异，一般取橙黄色花药为佳。经冷处理（花蕾在0℃冰箱中贮藏24h）产生花药愈伤组织的频率较高，质量也较好。

5．培养前的预处理　已有大量文献报道，培养前温度预处理对花粉胚状体或愈伤组织的诱导形成有明显的促进作用。这些预处理通常包括两种情况：一种是在离体培养之前，将花蕾置于一定低温条件下处理一段时间。另一种是在离体培养的初期，通常是将接种后的花药或药粉置于一定高温下处理一段时间。除此之外，还有一些如离心处理、减压处理、渗透压处理、碳源饥饿处理以及$CO_2$处理等的报道，它们对某些植物的花药和花粉培养具有一定的促进效果。

## 二、单倍体植株的染色体加倍

通过花药或花粉培养获得单倍体植株并非育种工作的最终目的，单倍体植株只有经过染色体加倍，使之成为纯合的二倍体可育植株，才能给育种工作者提供可选择的材料。目前单倍体植株的染色体加倍主要有以下三种途径。

### （一）自然加倍

在诱导形成单倍体植株的过程中，往往有一些植株会自然加倍。另外，单倍体植株还存在低频率的自然结籽现象，这也可达到自然加倍的目的。自然加倍发生的频率与植物种类及培养基中的植物激素浓度有较大关系。需要注意的是，在花药培养时，要区分由花药壁、花丝等亲本二倍性愈伤组织分化的植株与真正由花粉分化而自然加倍的植株。

### （二）人工诱导加倍

常用的方法是利用秋水仙碱处理，多以处理幼苗（以浸没生长点为限）或生长点，但这样处理的材料，往往也只是部分得到了加倍。

### （三）从愈伤组织再生二倍体植株

切取单倍体植株的茎、叶等组织进行培养，使其通过愈伤组织、器官分化途径再生植株，这样利用单倍性细胞的不稳定特性，经过再培养过程往往可以获得较高比例的加倍植株。

对于染色体的加倍，事先和事后都要进行细胞学检查，因为在诱导单倍体植株和加倍过程中都有可能出现除单倍体、二倍体外的其他倍性变异，如三倍体、四倍体以至更高倍性的多倍体，有时也会出现非整倍体，只有通过细胞学检查才能确定其倍性，以便于利用。一般是取植株根尖进行细胞学观察，将根尖用卡诺固定液固定，铁矾苏木精染色，制成石蜡切片或者涂片，在光学显微镜下观察。

# 第三节　茶树的遗传转化

## 一、目的基因的分离和克隆

目前，大多利用基因芯片技术、基因文库技术、功能蛋白组技术进行目的基因的分离和克隆。随着基因工程技术在植物中的广泛应用，迄今从茶树中已克隆出部分功能性基因见表 21-3。

**表 21-3　从茶树中已克隆的功能性基因或 cDNA**

| 登录序列号 | 基因或 cDNA 名称 | 作者、登录时间 |
|---|---|---|
| AB117934 | mRNA for glutamine synthetase, complete cds（谷氨酰胺合成酶） | Tanaka J, Taniguchi F, Japan, 21-FEB-2004 |
| AY364443 | aluminum-tolerant associated protein（ata1）mRNA（耐铝相关蛋白），partial cds | Lu J, Liang YR, Zhejiang in China, 09-SEP- 2003 |
| AB088027 | mRNA for beta-primeverosidase（β-樱草糖苷酶），complete cds | Ijima Y, Ogawa K , Japan, 19-AUG-2003 |
| AF537127 | beta-1,3-glucosidase-like mRNA（似 β-1,3-葡萄糖苷酶） | Jiang CJ, Yang SL, Hefei in China, 19-NOV-2002 |
| AF421034 | maturase（matR）gene（成熟酶），partial cds | Anderberg AA, Rydin C, Kallersjo M , 23-APR- 2002 |
| AF420986 | ATP synthase beta subunit（atpB）（ATP 合成酶 β 亚基）gene, partial cds | Anderberg A A, Rydin C, Kallersjo M, 23-APR -2002 |
| AF421077 | NADH dehydrogenase（ndhF）gene（NADH 脱氢酶），partial cds | Anderberg A A, Rydin C, Kallersjo M, 21-APR -2002 |
| AF420952 | ATP synthase alpha subunit（atp1）（ATP 合成酶 α 亚基）gene, partial cds | Anderberg A A, Rydin C, Kallersjo M, 13-APR- 2002 |
| AF462269 | violaxanthin de-epoxidase（vde）mRNA（紫黄素脱环氧化酶），complete cds | Wei CL, Jiang CJ,05-MAR-2002 |
| AF380077 | maturase K（matK）gene（成熟酶 K 基因），complete cds | Prince LM, Parks CR, 14-JAN-2002 |
| AF399920 | beta-1,3-glucanase mRNA（β-1,3-葡聚糖酶），partial cds | Jiang CJ, Wang ZX , 14- AUG-2001 |
| AB031280 | TCS1 mRNA for caffeine synthase（咖啡碱合成酶），complete cds | Kato M. Mizuno K, Crozier A, 31-AUG-2000 |
| AF269192 | polyphenol oxidase gene（多酚氧化酶），partial cds | Xi B, Zhao D, Liu ZS, 23-AUG-2000 |
| AB041534 | SAM mRNA for s-adenosylmethionine synthetase（*S*-腺苷蛋氨酸合成酶），complete cds. | Feng YF, Liang YR，18-APR-2000 |
| AB018686 | dihydroflavonol 4-reductase（二氢黄酮醇 4-还原酶），complete cds | Takeuchi A, MatsumotoS, 05-OCT-1999 |
| AB015047 | mRNA for PR-1 like protein（似病程相关蛋白），complete cds | Tomimoto Y, Yamaguchi S, 09-JUL-999 |
| D26596 | mRNA for phenylalanine ammonia-lyase（PAL）（苯丙氨酸解氨酶），complete cds | Matsumoto S, Takeuchi A, 06-FEB-1999 |
| D265956 | mRNA for chalcone synthase（查尔酮合成酶）（CHS3），complete cds | Takeuchi A, Matsumoto S, Hayatsu MO, 6-FEB-1999 |

## 二、目的基因的转化

外源（目的）基因转化到植物中，主要是赋予植物新的产物或性状，使之成为新品种。此外，外源基因的转化也用于研究基因表达或用于基因作图和基因克隆。

### （一）农杆菌介导和病毒介导的间接转化

农杆菌介导法是以农杆菌为媒介对植物进行遗传转化的方法。农杆菌基因转化可分为三大部分工作，即受体系统的建立、Ti 质粒转化载体的构建及目的基因的转化。已建立的转化方法有：整体植株接种共感染法、叶盘法、真空渗入法、原生质体法和原生质球法。应用最为广泛的是叶盘法，该方法优点是适用性广，对于能被农杆菌感染并能从叶子再生植株的各种植物都能适用。改良的叶盘法可适用于其他外植体如茎段、叶柄、胚轴、子叶，甚至萌发的种子等，不仅操作简单而且重复性很高。但是叶盘法不是对所有的植物都适用，实验证明该技术用于茶树的转化相当困难，主要是因为茶树的叶盘很难分化成再生植株。所以，是否采取该方法要视其叶片的再生能力。此外，发根农杆菌及其 Ri 质粒也可用于植物的基因转化。

病毒介导法是以病毒为媒介对植物进行遗传转化的载体系统。具体来说就是将外源基因插入病毒基因组中，通过病毒对植物细胞的感染而将外源基因导入植物细胞的一种植物转基因方法。目前正在研究开发的植物病毒载体系统有三类：单链RNA植物病毒载体系统、单链DNA植物病毒载体系统和双链DNA植物病毒载体系统。利用植物病毒介导法对植物基因进行遗传转化效率比较高。

### （二）化学和物理法诱导DNA直接转化

化学和物理法就是不依赖载体和其他生物媒体，将特殊处理的裸露DNA直接导入植物细胞实现基因转化的技术，具体的方法有：

1．聚乙二醇（PEG）法　PEG可以使细胞膜之间或使DNA与膜形成分子桥，促使相互间的接触。PEG通过引起膜表面电荷的紊乱，干扰细胞间的识别，而有利于细胞膜间的融合外源DNA进入原生质体。

2．脂质体法　用脂类化学物质包裹DNA成球体，通过植物原生质体的吞噬或融合作用把内含物转入受体细胞。

3．电击法　利用高压电脉冲作用在原生质体膜上形成可逆的瞬间通道，促进外源DNA的摄取。

4．超声波法　利用低声强脉冲超声波的物理作用，击穿细胞膜造成通道。

5．显微注射法　利用显微注射仪将外源DNA直接注入受体的细胞质或细胞核中。显微注射中一个重要问题是必须把受体细胞进行固定，动物细胞具有独特的贴壁生长特性（黏附于玻片表面生长），为显微注射创造了有利条件。但是，植物细胞的显微注射必须首先建立固定细胞技术。目前有琼脂糖包埋法、多聚-L-赖氨酸粘连法及吸管支持法。受体细胞最早仅可用原生质体，现在可用带壁的悬浮细胞，甚至直接注射组织或器官中的某一细胞。

6．激光微束法　将激光引入光学显微镜聚焦成微米级的微束照射培养细胞，在细胞膜上可形成能自我愈合的小孔，使加入细胞培养基中的外源DNA流入细胞，实现基因转移。

7．基因枪法　将外源DNA包被在微小的金粒或钨粒表面，在高压的作用下微粒高速射入受体细胞或组织。微粒上的外源DNA进入细胞后，整合到植物染色体上，实现基因的转化。根癌农杆菌只对某些双子叶植物敏感，而对多数单子叶植物尤其是重要的禾谷类作物不敏感。但基因枪技术没有物种限制，对双子叶和单子叶植物都可适用，对动物、微生物也同样适用。另外，PEG法、脂质体法、电击法等介导基因转化，需要以原生质体作为受体细胞。由于原生质体不易培养和再生，或再生周期长，基因型依赖性强，使这些方法的应用受到限制。而基因枪技术可以选用易于再生的受体，绕过原生质体再生的困难，它可以以原生质体、叶圆片、悬浮培养细胞、茎或根切段、种子胚、分生组织、幼穗、幼胚、愈伤组织、花粉细胞、子房等几乎所有具有潜在分生能力的组织和细胞作受体进行转化。

### （三）种质系统介导的基因转化

第三类基因转化系统，也称为生物媒体转化系统是外源DNA借助生物自身的种质细胞为媒体，特别是植物的生殖系统的细胞（花粉、卵细胞、子房、幼胚等）以及细胞结构来实现转化目的，特点是：转化的DNA可以是裸露的，也可以重组在质粒DNA上；转化过程不是依靠物理化学过程，而是依靠生物自身的种质系统或细胞结构功能来实现的；植物整体水平上的转化；方法简便易行，并与常规育种紧密结合；不需要植物组织、细胞、原生质体等离体培养过程，这点对于离体培养平台还未完善的茶树尤为重要。方法有如下。

1．花粉管通道法　使外源DNA沿着花粉管渗入，经过珠心通道进入胚囊，转化尚不具备正常细胞壁的卵、合子或早期胚胎细胞。尽管已经通过这一技术培育出多种植物的新品种，但有许多理论问题没有得到圆满的解释。

2．生殖细胞浸泡法　将供试外植体如种子、胚、胚珠、子房、花粉粒等直接浸泡在外源DNA溶液中，利用渗透作用把外源基因导入受体细胞，整合并稳定地表达与遗传。

3．胚囊、子房注射法　使用显微注射仪把外源DNA溶液注入子房或胚囊中，由于子房或胚囊中产生高的压力及卵细胞的吸收使外源DNA进入受精的卵细胞中，从而获得转基因植株。

## 三、转基因植株的鉴定

目前，应用于转基因植株的鉴定方法有利用标记基因进行鉴定、分子标记和分子杂交以及免疫技术。

### （一）标记基因的使用

标记基因，包括选择标记基因和报告基因。它常常用于植物遗传转化中筛选和鉴定转化的细胞、组织、器官和再生植株，通常与目的基因构建在同一植物表达载体上，一起转入受体。标记基因在转基因工程中处于很重要的地位，它是外源目的基因是否转化的常用鉴定手段，而且方法简单。

### （二）分子标记

转基因植株的分子检测主要包括分子标记和分子杂交。分子标记常用的方法有 RFLP、PCR、RAPD 及 DNA 指纹技术。RFLP 即限制性片段长度多态性，它可以检测个体间基因微细差别。由于基因内个别碱基的突变以及序列的缺失、插入或重组，造成核苷酸序列出现差异，从而导致限制性内切酶的识别位点不同，酶切时，产生 DNA 片段的数目和大小不同，电泳会出现不同的片段；PCR 即聚合酶链反应，是在体外对特定的 DNA 顺序进行扩增。PCR 检测方法简单，将少量的扩增产物和分子标记（Marker）进行琼脂糖凝胶电泳，经溴化乙锭（EB）染色，在紫外光下观察，不同转化受体是否出现目的基因片段。具有目的基因片段的植株为转基因植株，未扩增出目的基因的为非转基因植株。此外，利用 RAPD（random amplified polymorphic DNA）、AFLP（amplified fragment length polymorphism）、DNA 指纹技术进行转基因植株的鉴定亦有许多报道。

### （三）分子杂交

分子杂交有 Southern 杂交、Northern 杂交及 Western 杂交。其原理是依据外源目的基因碱基同源性配对进行的，杂交后能产生杂交印迹或杂交带的转化植株为转基因植株，未产生杂交印迹或杂交带的为非转基因植株。Southern 杂交，是外源目的基因序列作探针与转化植株的总的 DNA 进行杂交，它是 DNA 水平上的分子鉴定方法；Northern 杂交，是外源目的基因序列作探针与 DNA 杂交，它是在转录水平上进行的分子鉴定方法；Western 杂交则是在翻译水平上或蛋白质水平上进行的分子鉴定方法。分子杂交是鉴定转基因植株在各调控水平上是否整合或表达的重要方法，也可与分子标记鉴定方法配合使用，现已广泛应用于转基因植物的鉴定。

### （四）免疫技术

酶联免疫吸附测定（enzyme-linked immunosorbent assay，ELISA）法为特殊的抗体被结合固定在固体表面如微孔板上，加入样品，未被结合的成分被洗掉，然后通过加上酶的抗体来检测抗原，未被结合的成分再次被洗掉，酶与底物反应的颜色与样品中抗原的含量成正比。在转基因植株中，含有抗体的均可采用此方法进行。还有免疫荧光技术（immunofluorescence），也是以抗体为基础，一抗与结合有荧光色素的二抗结合，所发出的荧光可由免疫荧光显微镜进行检测。

# 第四节　茶树分子标记与育种

分子标记技术是指能够提供标记的分子生物学技术，它以 DNA 为基础，不受环境限制，数量多，多态性高，能区别纯合体和杂合体，已广泛应用于植物遗传结构分析、遗传图谱构建、系统发育分析、种质资源分类鉴定、体细胞杂种鉴定、分子标记辅助育种等诸多方面。分子标记根据原理不同分为 RFLP、AFLP、RAPD、SSR、ISSR、SNP 等。

## 一、常用分子标记的原理

### （一）限制性片段长度多态性

RFLP 标记是第一代分子标记技术。所谓 RFLP，是指用限制性内切酶酶切不同个体基因组 DNA 后，含同源序列的酶切片段在长度上的差异，其差异的检测是利用标记的同源序列 DNA 片段作探针（即 RFLP 标记）进行分子杂交，再通过放射自显影（或非同位素技术）实现的。与传统的遗传标记相比，RFLP 标记具有下列优点：① RFLP 标记无表型效应，其检测不受外界条件、性别及发育阶段的影响；② RFLP 标记等位基因间是共显性的，非等位基因间不存在上位效应，互不干扰；③ RFLP 起源于基因组 DNA 的自然变异，这些变异在数量上几乎不受限制，可以选取足够数量能代表整个基因组的 RFLP 标记。RFLP 标记也有其自身的不足，RFLP 分析需要大量高纯度的 DNA，而且通常都用同位素来鉴定，对技术、劳力及费用要求都比较高。同时，它的检测结果与内切酶的选用密切相关，只能选用一定的内切酶，某个位点才可能表现出多态性，而且它不能检测出酶切后相同长度 DNA 片段内的碱基变异。

### （二）随机扩增多态性 DNA

RAPD 是以 PCR 为基础，利用一系列不同的引物（通常是10个核苷酸的寡聚核苷酸），对所研究的基因组DNA进行PCR扩增，扩增产物通过PAGE或琼脂糖凝胶电泳分离，经EB染色或放射自显影来检测扩增产物DNA片段的多态性。这些扩增产物（DNA片段）的多态性反映了基因组相应区域的DNA多态性。RAPD技术具有快速、简便、高效、大容量等优点。其不足之处是每个标记提供的信息量少，检测受反应条件的影响较大，小片段的重复性和可靠性差。

### （三）扩增片段长度多态性

AFLP基本原理是通过PCR选择性地扩增整个基因组DNA的内切酶片段，在高分辨率的聚丙烯酰胺凝胶上电泳，产生一组特异的DNA限制性片段的指纹图。AFLP分析兼具上述RFLP和RAPD两种方法的优点。AFLP分析的接头和引物适用于不同的生物类型，而且AFLP分析能提供比RFLP和RAPD分析更多的基因组的多态性信息。在遗传上AFLP标记可能是共显性或显性。AFLP技术主要缺点在于很难鉴别等位基因，如对杂合子进行分析，不能准确了解其等位基因的状况，另外由于AFLP产生的带多，对其分析及结果的解释较困难，要依赖于先进的计算机程序才能完成。同时，鉴于一般的PCR反应要求，在进行AFLP分析之前，必须根据基因组中被扩增的DNA片断两端的序列设计或合成相应的引物，这是AFLP分析的最大限制因素。

### （四）简单重复序列标记和简单重复间序列

SSR标记根据微卫星序列两侧的保守序列设计引物，对串联重复的微卫星序列进行PCR扩增，结果可以显示出微卫星序列拷贝数的差异，该技术重复性和稳定性都较好，被广泛用于遗传作图、种质鉴定等研究中，但由于SSR两侧引物具有物种特异性，具体实验中引物设计费时耗力，要检测多个基因座是不现实的，这在一定程度上阻碍了该技术的广泛应用。ISSR基本原理与SSR相似，是近几年人们发展的一种新的分子标记，该技术以加锚SSR寡聚核苷酸作引物，对位于反向排列的SSR之间的DNA序列进行PCR扩增，而不是扩增SSR本身，它在引物设计上比SSR技术简单得多，不需知道DNA序列即可用引物进行扩增，又可以揭示比RFLP、RAPD、SSR更多的多态性，现已在遗传作图、基因定位、遗传多样性、进化、系统发育等研究方面被广泛应用。

### （五）单核苷酸多态性

单核苷酸多态性标记（SNP）是继酶切片段长度多态性标记（RFLP）和简单重复序列标记（SSR）之后的第三代分子标记。单核苷酸多态性是指由于单个核苷酸替换以及较短片段的插入或缺失所引起的多态性。主要由单个碱基的转换（C⟷T，A⟷G）、颠换（A⟷C，C⟷G，A⟷T，G⟷T）以及小片段的插入缺失组成。根据SNPs的分布位置可分为基因编码区SNPs、基因周边SNPs和基因间SNPs等。其中，位于基因编码区的SNPs数量较少，但它们可能会引起氨基酸的改变，而具有实际的功能。所以基于编码区的SNPs构建的遗传图谱，可能会真正建立起基因和复杂性状之间的相互对应关系。而大多数SNPs位于非编码区，它们并不对个体的表型直接产生影响，但对群体而言，这些SNPs作为遗传标记对群体遗传和生物进化等研究却很有用。单核苷酸多态性标记数量多，并广泛分布于基因组中，而且，它对不同基因型之间的比较更加直接，更适应于对复杂性状的遗传分析，对构建高密度遗传图谱、克隆新基因以及分子标记辅助育种等具有十分重要的作用。但是，该技术也存在缺点，如检测成本高、多态性信息含量低等。

## 二、分子标记在茶树育种中的应用

### （一）构建遗传图谱

遗传图谱是植物遗传育种及分子克隆等许多应用研究的理论依据和基础，由于形态标记和生化标记数目少，特殊遗传材料培养困难及细胞学研究工作量大等原因，应用这些标记所得到的较为完整的植物遗传图谱很少。运用分子标记已经在很多作物中构建出部分或饱和的遗传图谱，随着分子生物学在茶树中的应用，将来也会在茶树中构建出部分或饱和的遗传图谱，为茶树品种资源的研究，育种材料的选配、育种方案的制定提供依据，为基因定位、物理图谱的构建、基因克隆等奠定基础。

与一年生农作物相比，利用传统的育种方法和技术培育茶树新品种周期长，效率低，原因之一是茶树难以在生长发育早期进行目标性状的选择。建立高密度分子遗传图谱，定位与目标性状紧密连锁的分子标记，有助于在茶树生长发育早期对群体中含有目标基因的植株进行选择，从而大大提高育种效率，缩短育种周期。

进行图谱构建一是要有合适的分离群体，二是要有能揭示亲本多态性的分子标记。茶树是异花授粉木本植物，生活周期长，遗传组成高度杂合，人工授粉杂交比较困难，不可能像水稻、大豆等一年生作物利用近交系或其他高世代群体构建遗传图谱。但茶树其多年生特性允许在较长的一段时间内对同一材料进行作图研究，更多新增标记可陆续定位在连锁图上，使得图谱的密度不断增加。另外，茶树无性繁殖的特点可使许多标记对同一作图群体进行研究。

拟测交（pseudo-testcross）理论解决了茶树遗传作图存在的困难，其原理是：两杂合亲本获得的 $F_1$ 其遗传位点发生分离重组，一些对亲本为杂合，而对另一亲本为纯合的基因位点，在 $F_1$ 中 1：1 分离，相当于“测交”，这些位点可用于构建两亲本的分子连锁图；而对两亲本均为杂合的基因位点，在 $F_1$ 中出现 1：2：1 或 3：1 分离，这些位点可用于构建两亲本共同的分子连锁图。如果采用 RAPD 一类的显性分子标记，就可以对那些在一个亲本中杂合而另一亲本中纯合或在双亲中均杂合的位点进行检测，然后利用回交群体的模式对双亲分别进行遗传图谱的构建和数量性状（QFL）定位。对于类似 RFLP 的共显性标记，由于复等位基因的存在，连锁信息比较复杂，使得构建图谱和 QFL 定位更为复杂，但借助复等位标记位点可检验 QFL 是否存在复等位基因以及 QFL 等位基因间是否存在互作，可以丰富 QTL 分析的内容。

茶树分子遗传图谱的构建和基因标记研究也取得了初步进展。田中淳一以薮北与静-印杂 131 的 46 个 $F_1$ 个体为作图材料，初步构建了两亲本的部分 RAPD 分子连锁图，并且检测到了与萌芽期、茶氨酸、炭疽病抗性、抗寒性等性状连锁的 RAPD 标记。Hackett 等利用 RAPD 和 AFLP 标记，构建了母本 SFS150 的遗传连锁图，该图谱包含 15 个连锁群，共 126 个标记，覆盖的基因组长度为 1349.7cM，标记位点间的平均距离为 11.7cM。由于受作图群体、标记种类和数目的影响，上述连锁图的标记密度比较低。黄建安（2004）根据“双假测交理论”，构建了综合 AFLP、RAPD 和 ISSR3 种标记的茶树分子连锁图谱，父（祁门 4 号）、母（潮安大乌叶）本均有 17 个连锁群，总图距分别为 2728.5cM 和 2916.5cM，平均图距分别为 12.2cM 和 13.0cM，所包含的标记数分别为 224 和 225 个。

### （二）分析亲缘关系

分子标记所检测的是植物基因组 DNA 水平的差异，如利用 RAPD、RFLP 等上述方法，具有稳定客观的特点，且引物多，借助分子遗传图谱对品种之间的比较可覆盖整个基因组，从而可为物种、变种、品种和亲缘类群间的系统发育关系提供大量的 DNA 分子水平的证据。为品种资源的鉴定与保存、探研植物的起源与进化、远缘杂交亲本的选配、预测杂种优势等提供理论依据。

过去，品种鉴定和种苗纯度检验主要采用形态检验法和蛋白质电泳法。形态检验虽然简单明了，但往往只能利用种苗的少数外部性状，这些外部性状易受环境条件影响，准确度不高，有时还需进行田间小区种植，费时耗力。蛋白质电泳法主要包括种子贮藏蛋白电泳和同工酶电泳两类，由于种子贮藏蛋白的类型很有限，同工酶的位点较少，还具有组织器官和发育时期的特异性，易出现误差，且难以区分亲缘关系较近的材料。在基因水平上的品种鉴定和种苗纯度检验无组织器官特异性，不受环境的影响，准确度高，重复性好。

### （三）分子标记辅助选择

分子标记辅助选择技术应用于作物遗传育种有很多报道，包括发现、鉴定和定位了一批与抗性、品质和产量相关的基因或数量性状紧密连锁的分子标记，并将其中一些分子标记转化为稳定的 PCR 标记；其次是在育种实际中将一些目标基因共分离或紧密连锁的分子标记聚合到一个品种中，获得了很有价值的育种材料；另外是对分子标记辅助选择对作物遗传育种的策略、途径和方法等提出了很有价值的见解。

常规方法进行新品种选育主要包括亲本选择；杂交、回交等育种过程；$F_1$ 比较、分离群体中的个体选择等三个阶段。从基因的角度来看，亲本选择实际上就是优良基因的选择；杂交、回交等育种过程就是优良基因的导入和遗传重组的过程；而 $F_1$ 比较和分离群体中个体选择的目的就是选择具有优良基因型的个体，即对优良基因和优良基因型个体的选择是新品种选育的中心环节。

亲本选择是根据育种目标选择具有优良性状的品种类型作为亲本，选择是否得当对育种目标的实现非常重要。目前，亲本的选择大多仍是基于田间表型的选择，而不是对基因型的选择。但也存在一些问题：①基因的多效性影响，调节基因、修饰基因等的作用，表型是基因型与环境相互作用的结果，许多性状与基因间并非一对一的线性关系。因此，依表型来推测基因型并不总是可靠的或是比较困难的。在育种过程中，如何将基因型选择与表现型选择有机的结合，提高选择效率，是加快新品种选育进程的关键。②表型选择本身要求具有丰富的实践经验。③对某些特殊性状的直接鉴定受到许多条件的限制，例如，对某些抗病虫性的选择，有时依靠自然鉴定难以进行，采用人工接种或接虫的方法也很困难或费用太高，或基于安全考虑受到明令禁止。依据基因型选择，根据标记的分析检测就可以初步确定哪些是含有该目标基因的植株，避免因环境、人工接种等带来的不利影响。找到与目标性状共分离或紧密连锁的分子标记的间接选择来选择所期望的基因型，可以进行早期选择，把不具备所期望性状基因型的个体淘汰掉。这对于多年生茶树来说非常重要，因为茶树很多重要的经济性状需要在茶树4～5龄之后，才能依据表型进行选择。如果能进行早期选择既可节约开支，又可加快育种进度。

### （四）育种过程监测和个体鉴定

在杂交和回交等过程中，仍然存在分离群体大小和对分离个体进行选择和鉴定的问题，应用分子标记辅助选择会大大提高选择的效率，加快育种进程，原因如下。

1）可以快速有效地选择含有目标基因的单株，并为有益基因的聚合提供了工具。利用与目标基因共分离或紧密连锁的分子标记，可以在早期筛选出含有目标基因的单株。育种者只需从供试单株中提取少量DNA，采用已知的PCR引物，对PCR产物进行一次琼脂糖凝胶电泳，即可通过特定片段的有无来判断各单株的基因型，无碍于植株的生长发育。特别是当该目标基因为隐性基因时，通过分子标记可直接确认目标基因存在与否，而常规的表现型选择方法则需要通过下一轮自交或测交来确认。抗病虫育种中，在一些植物上已找到抗线虫、抗细菌枯萎病等基因的标记，这就可以不依赖病虫害的发生，直接筛选抗病虫品种，省去人工接种的麻烦，提高抗病虫育种的效率。借助分子标记，还可以有效地对多个抗性基因同时进行选择，将来自不同抗源的抗性基因聚合到一个品种之中，以提高抗性，拓宽抗谱，达到持久抗性的目的。在多年生木本作物上，由于找到一些品质基因标记，这就可在苗期阶段进行早期鉴定和预测。大多数重要的农艺性状常常是由多个基因控制的，其中以产量尤为突出，与由单基因或寡基因控制的质量性状相比，尽管采用分子标记进行数量性状改良存在一些问题，但还是取得了突破性的进展。

2）可以有效地选择目标基因附近发生的重组个体。在杂交过程中，不利基因常常随目标基因一起转移，致使改良的品种与预期目标不尽一致，这种连锁累赘现象是常规杂交育种中长期未能很好解决的问题。利用分子标记跟踪目标基因及其附近的重组，则可快速有效地减轻连锁累赘的程度。

此外，分子标记还可应用于自交不亲和、不良性状基因的分析鉴定和遗传背景的选择等。

## 主要参考文献


《中国茶树品种志》编写委员会. 2001. 中国茶树品种志. 上海：上海科学技术出版社

陈宗懋. 2000. 中国茶叶大辞典. 北京：中国轻工业出版社

程柳，汤浩如. 2007. 茶树组织培养及影响因素. 安徽农业科学. 35：1960~1963

贾继增. 1996. 分子标记种质资源鉴定和分子标记育种. 中国农业科学，29（4）：1~10

江昌俊. 2005. 茶树育种学. 2版. 北京：人民文学出版社

金万枚，巩振辉，李桂荣，等. 2000. 植物遗传转化方法和转基因植株的鉴定. 陕西农业科学，（1）：24~29

李守岭，庄南生. 2006. 植物花药培养及其影响因素研究进展（综述）. 亚热带植物科学，35（3）：76~80

梁慧玲，梁月荣. 2003. 植物分子标记技术原理及其在茶树育种中的应用. 茶叶，29：191~194

刘德华，周带娣，熊格生，等. 1999. 茶树体细胞植株再生的光照效应. 湖南农业大学学报，25：112~115

刘振，赵洋，杨培迪，等. 2013. 花药培养育种意义及在茶树育种中研究进展. 茶叶通讯，40：25~27

刘振，赵洋，杨阳. 2009. 分子标记技术在茶树资源与育种中的研究进展. 茶叶通讯，36：30~31

冉翠香. 2007. 植物基因工程中目的基因的转化方法. 吕梁高等专科学校学报，23：3~5

束际林，陈亮. 2000. 茶树优质资源花粉的遗传稳定性. 茶叶科学，20：12~18

王延玲，丰震，赵兰勇. 2006. 植物花药培养研究进展. 山东农业大学学报（自然科学版），37：149~151

王毅军，严学成，暨淑仪，等. 1994. 茶离体培养体细胞胚胎发生的组织细胞学研究. 热带亚热带植物学报，2：47~51

叶梅. 2005. 植物组织褐变的研究进展. 重庆工商大学学报. 自然科学版，22：326~329

张成才. 2012. 茶树SNP标记的开发与应用. 北京：中国农业科学院硕士学位论文

# 第二十二章 大田作物组织培养与生物技术

大田作物（field crop）是人们生活的物质基础，为人类的生存提供了产量高、种类丰富和营养价值好的农产品。植物组织培养技术与生物技术的结合应用，在大田作物的良种繁育、无性繁殖、种质创新、脱毒苗生产和品种改良方面起到了非常重要的作用。本章以马铃薯、水稻、玉米、小麦和棉花为例，阐述植物组织培养与生物技术在大田作物上的应用。

## 第一节 马 铃 薯

马铃薯是茄科（Solanaceae）茄属（*Solanum*）的同源四倍体植物，无性繁殖。马铃薯在种植过程中容易感染病毒而导致大幅度减产，且在生产和育种过程中还存在栽培种基因库狭窄，抗逆抗病基因缺乏；无性繁殖使病毒积累，品质退化；杂种后代基因分离复杂，隐性基因出现概率低，育种效率低等问题。植物组织培养技术在解决上述问题中起到了非常重要的作用，已在马铃薯育种、试管苗快繁和脱毒种薯的生产上取得了引人注目的成绩，使马铃薯成为植物组织和细胞培养的模式作物之一。

### 一、马铃薯组织和器官培养

#### （一）马铃薯茎尖培养

1．马铃薯种薯的生产　马铃薯在长期栽培过程中会由于病毒的侵染而导致质量退化和产量下降，一般减产20%～30%，严重者减产80%以上。在我国马铃薯产区危害马铃薯的6种主要病毒为马铃薯A病毒（PVA）、S病毒（PVS）、X病毒（PVX），Y病毒（PVY）、卷叶病毒（PLRV）及纺锤块茎类病毒（PSTV），其中PYV和PLRV是危害最严重的病毒。由于大部分病毒不能感染马铃薯分生组织，因此利用茎尖培养技术进行无病毒植株培养并快速繁殖是目前国际上防治马铃薯病毒病，提高马铃薯产量和质量的有效方法。

（1）取材　通常健壮的顶芽和腋芽（图22-1A）都可用于茎尖培养脱毒。但直接从田间采下进行接种时污染率高。因此，通常将带顶芽茎段（6～8cm）切下带回后在室内营养液中生长2～3周，然后去除顶芽，促进腋芽生长，当腋芽长至1～2cm时，剪去腋生枝进行灭菌，剥离茎尖接种。一般来说离体茎尖越大越易成活，但病毒也越难去除。而叶原基是茎尖成活的必要条件，因此在培养中必须保留1～2个叶原基。同时，生长点附近的组织要尽量少，这样的茎尖为0.1～0.3mm（图22-1B,C），既保证了成活率，又能排除大多数病毒。

（2）培养基和培养条件　马铃薯茎尖培养常用Morel、MS、MA等培养基。培养基中添加生长素、细胞分裂素中的一种或配合使用，可以促进茎尖的生长发育。生长素NAA（0.1～0.5mg/L）的效果较好，细胞分裂素以6-BA（0.05μL/L）为主，而赤霉素$GA_3$（0.1μL/L以下）也是诱导茎尖生长的物质。培养条件：适宜温度为21～26℃，光照强度为2500～4000lx，茎尖培养1.5～2个月更换一次培养基。例如，茎尖培养在MS＋2mg/L 6-BA＋0.1mg/L NAA的培养基上（pH5.8），在（25±1）℃、光照强度2500～3000lx下每天光照12h，茎尖产生丛生芽的速度快，个数多，可提高繁殖倍数5～8倍。

（3）病毒鉴定　对茎尖分生组织培养所得到的试管苗（图22-1D）进行病毒鉴定。鉴定方法主要有寄主生物学检测法、抗血清检测法、电镜检测法、酶联免疫吸附检测法和分子生物学检测法。以病毒为基础的抗血清和酶联免疫检测法灵敏度较高，是目前常用的检测方法，但不能很好地检测休眠种薯中的病毒及含量极少的韧皮部病毒。而分子生物学检测法从核酸水平检测病毒，能克服血清学及其他检测方法中的一些缺点，灵敏度高，特异性强，是病毒检测的理想方法。

（4）试管苗移栽　经检测无毒的试管苗通过茎段快繁（图 22-1E）后具有 3～5 片展开叶时进行移栽（图 22-1F）。将试管苗取出并洗去根上附着的培养基，移栽到装有灭菌蛭石的育苗盘中，用无菌水浇透，覆盖薄膜和遮光率 60%～70% 的遮阳网，保持空气湿度和防止强光暴晒，3d 后于清晨和傍晚适当通风，而后逐渐放到自然光下炼苗，温度控制在 25～30℃，并定时浇灌营养液，最终获得脱毒的微型薯。

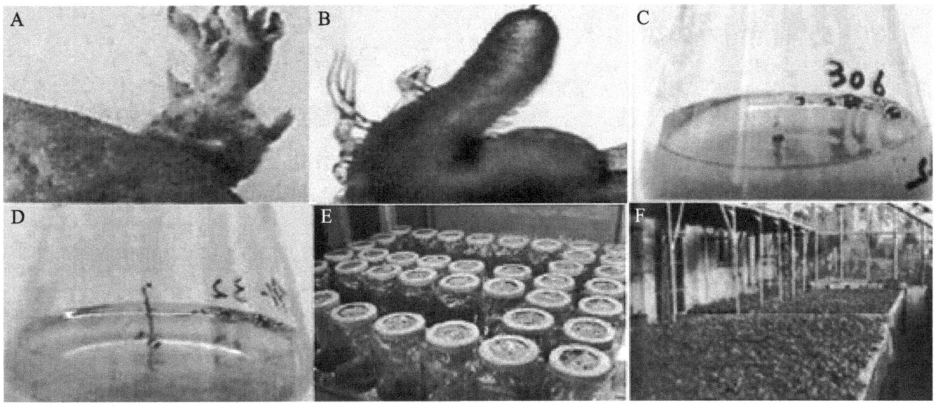

图 22-1　马铃薯茎尖脱毒与快繁（卢翠华等，2009）

A. 马铃薯芽；B. 马铃薯茎尖（体视显微镜下）；C. 马铃薯茎尖接种；D. 马铃薯茎尖再生苗；E. 马铃薯试管苗快繁；F. 试管苗温室移栽

2. 马铃薯试管薯生产　马铃薯试管薯是指利用组织培养的方法，在培养瓶内通过诱导，于试管苗叶腋间形成的，通常直径为 2～10mm 的块茎。试管薯具有试管苗的所有优点，比试管苗栽培管理更容易，成活率高，且试管薯能够储藏，使得基础种薯可周年化生产，缩短了种薯繁育年限，提高了种薯质量。试管薯生产技术流程如下：

（1）试管薯母株培养　选择健壮无毒的基础苗，剪去其顶芽和基部，利用浅层静止培养方法在 MS 液体培养基中培养母株。每瓶放 5～6 个茎段，培养温度白天以 23～25℃，夜间以 16～20℃为宜，光照强度 4000lx 以上，光照时间 16h，3～4 周后每个茎段发育成一株具有 5～7 个节的健壮苗。

（2）试管薯诱导　将原来的培养基倒出，加入诱导结薯培养基（MS＋5mg/L 6-BA＋500mg/L CCC，80g/L 白糖，pH 为 5.8），在 16h 光照条件下培养 2d 以促进匍匐茎的形成，然后转入 20℃暗培养，3～4 天便可产生试管薯，40～45d 试管薯发育到 5mm 左右便可收获。

（3）试管薯收获和保存　试管薯收获后用清水多次冲洗，滤纸吸去表面水分，于阴凉处阴干后贮藏于透气的保鲜袋或保鲜盒中，置于 4℃冰箱保存。

## （二）马铃薯花药和花粉培养

马铃薯栽培种为同源四倍体，利用花粉和花药培养具有以下优势：可以快速获得纯合四倍体材料；使得隐性基因得以表达，提高选择效率；双单倍体容易和二倍体野生种杂交，可有效利用野生种质；为选育不分离的实生种子提供优良亲本。

1. 花药和花粉取样及培养　通常选取发育阶段为单核中期到单核后期的花药。马铃薯花蕾为 4～5mm 时（图 22-2A）为花粉发育的单核高峰期，将花蕾消毒后在 4～7℃的低温处理 3～11d 后，在超净台上剥离出花药，接种到适宜的培养基上进行诱导（图 22-2B）。如果是花粉培养，则将花药置于经过灭菌的 0.3mol/L 的甘露醇中饥饿处理 1～3d，用无菌注射器内径轻轻挤压出花粉，5000g 离心收集花粉粒，用血细胞计数板调整花粉粒密度到（1～5）×$10^4$ 粒/mL，后移入液体培养基中进行浅层静置培养。花药（花粉）的基本培养基为 MS，诱导培养基中添加 2mg/L NAA＋1mg/L 2,4-D＋0.5mg/L KT＋6% 蔗糖＋0.3% 活性炭＋5% 马铃薯块茎提取液＋0.7% 琼脂。

2. 植株再生　通过花药和花粉培养，可形成胚状体、愈伤组织（图 22-2C）或胚性细胞团，进一步诱导可产生再生植株（图 22-2D）。花药培养前期 35℃高温预培养或在基本诱导培养基中加乙烯抑制剂 $AgNO_3$ 50～100μmol/L 都可促进胚状体的产生。对再生植株的花粉母细胞减数分裂、根尖细胞有丝分裂、气孔保卫细胞和叶绿体数进行观察，可确定是否获得了单倍体植株。

花粉细胞是否处于启动状态决定了花粉细胞是否能脱分化形成愈伤组织或胚状体。而小孢子的启动是在花药中进行的，因此必须由离体培养的花药提供必要的物质才能启动花粉的脱分化。分化培养在25℃，12～16h/d，2000lx的光照下进行。分化培养基是在MS培养基中添加0.5mg/L IAA＋2.0mg/L 6-BA＋2.0mg/L KT＋5%蔗糖＋0.5%活性炭＋0.7%琼脂。

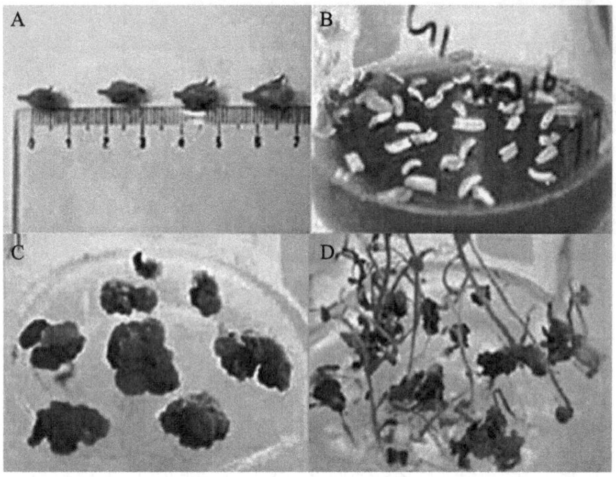


图22-2 马铃薯花药培养（卢翠华等，2009）
A．花蕾取材；B．花药接种；C．愈伤组织；D．再生植株

3．染色体加倍 花药或花粉培养产生的单倍体或双单倍体常利用秋水仙素处理获得纯合四倍体或二倍体植株。可用秋水仙素直接浸泡植株生长点、腋芽生长点、茎段和块茎芽眼。

### （三）马铃薯胚胎培养

1．子房培养 对花药培养难以成功、诱导率极低的马铃薯品种（系）、雄性不育的品种或由于环境因素而不能开花的品种（系），利用子房培养是获得单倍体植株的一条重要途径。马铃薯通过子房培养愈伤组织的诱导率可达70%～100%，但愈伤组织的绿苗诱导率仅为2.8%～3.3%。培养基的组成和基因型是绿苗诱导率的重要影响因素。

2．胚培养 胚培养技术可以克服马铃薯种间杂交形成的杂种胚败育问题。通常杂交后10d以上的幼胚才可形成完整植株，将籽粒灭菌处理后，接种在MS＋2mg/L IAA＋0.25mg/L $GA_3$＋50～80mg/L蔗糖＋0.7%琼脂的培养基中。早期在23～27℃下暗处理25d有助于幼胚发育成植株，再进行1000～3000lx的连续光照，可使杂种胚发育成熟，胚成熟后对蔗糖浓度和光照的选择性降低。

3．胚乳培养 胚乳倍性不同于胚，通过胚乳培养可能得到不同倍性的植株，可应用于马铃薯染色体工程研究。马铃薯胚乳在MS＋2.0mg/L NAA＋0.1mg/L 6-BA＋500mg/L CH＋5%蔗糖的培养基上培养，愈伤组织的诱导频率为12.6%，但愈伤组织分化出的芽和植株较少。

## 二、马铃薯细胞培养

细胞培养为马铃薯外源基因的遗传转化、原生质体的分离和培养、突变体筛选、种质保存等奠定了良好的基础。

### （一）马铃薯悬浮细胞培养

马铃薯悬浮细胞系建立的主要步骤包括无菌苗培养，愈伤组织诱导、继代培养，单细胞分离及细胞悬浮培养，愈伤组织和细胞团的再形成及植株再生。幼嫩组织是马铃薯建立悬浮细胞系的优良外植体。

采用茎段扩大繁殖脱毒试管苗，每个茎段带1～2个腋芽，培养基：MS＋1.0mg/L NAA＋3%蔗糖（pH5.8）。培养条件：16h光照，光照强度为2000lx，培养温度为（26±2）℃。将无菌苗叶片切口后转接在MS＋2.5ml/L 2,4-D＋0.8mg/L KT＋0.7g/L LH＋3%蔗糖（pH5.8）的培养基上。4周后将诱导出的愈伤组织继代培养，每3周继代1次，共继代3次。继代后的愈伤组织用镊子夹碎后置于液体培养基中，培养基组成为MS＋2.0mg/L 2,4-D＋1.0mg/L NAA＋250mg/L CH＋3%蔗糖。在120r/min，（24±2）℃下黑暗培养，5d继代1次。悬浮细胞继代培养4周后经过滤离心即可获得大量单细胞，单细胞培养密度为$1\times10^5$个/mL，每7d继代一次。单细胞形成的愈伤组织转接至MS＋1.0mg/L ZT＋1.0mg/L NAA＋1.0mg/L 6-BA的培养基上诱导芽分化。

### （二）马铃薯单细胞培养

悬浮细胞系生长旺盛，具有分化能力是马铃薯单细胞培养成功的关键。利用子叶、下胚轴和茎尖诱导愈伤组织的效果较好。过滤法能更好地分离单细胞。液体浅层培养和固液双层培养操作简便，所获得的单细胞分裂时间早、成愈率高。看护培养使细胞培养密度降低到$1\times10^3$个/mL时，仍有11.8%的植板率。单细胞持续分裂，当愈伤组织块为5mm时，可将其转移到分化培养基中诱导绿芽，最终形成小植株。

## 三、马铃薯原生质体培养与融合

目前已建立了马铃薯原生质体培养再生植株的体系，获得了种间体细胞杂种植株，且通过回交的方法对马铃薯杂种植株进行了遗传改良。

### （一）马铃薯原生质体培养

1. 原生质体分离的供体材料　马铃薯原生质体培养的供体材料主要有叶片、芽、根尖、块茎、实生种子子叶及下胚轴、悬浮培养细胞等，其中无菌试管苗叶片和实生种子子叶及下胚轴是最常用的供体材料。将原生质体供体材料进行叶片离体培养及黑暗预处理，或将其培养于附加硫代硫酸银的培养基上都有利于原生质体的分离和培养。

2. 原生质体的分离和纯化　将供体材料剪成 0.5cm 在培养皿中酶解分离原生质体。酶液组成为：1/10 RA 培养基＋0.25% 离析酶（R-10）＋1% 纤维素酶（R-10）＋2% 聚乙烯吡咯烷酮＋3mmol/L 2-（*N*-吗啉）乙烷磺酸＋0.3mol/L 蔗糖或甘露醇，pH5.6。用量为 10mL，25℃下黑暗酶解 14～16h。加入酶液后酶解前对供体材料进行真空渗透处理能显著提高原生质体的产量。分离出的原生质体用尼龙网（400 目）过滤，除去较大组织后 500r/min 离心 3～5min，收集原生质体后用甘露醇或蔗糖配制的洗液悬浮清洗 3 次，最后用原生质体培养基洗涤一次。

3. 原生质体培养　用液体浅层静止培养法进行马铃薯原生质体培养，原生质体密度为 $2\times10^4$～$1\times10^5$ 个/mL。培养基组成为 RA＋1mg/L NAA＋0.4mg/L 6-BA＋0.025mol/L 肌醇＋0.025mol/L 山梨醇＋0.025mol/L 木糖醇＋0.175mol/L 甘露醇＋0.05mol/L 蔗糖＋0.05mol/L 葡萄糖＋40mg/L 硫酸腺嘌呤，pH5.6。（25±2）℃下暗培养，30d 左右可形成 1mm 左右的愈伤组织。

4. 愈伤组织培养及植株再生　将愈伤组织转移到 RA＋0.1mg/L IAA＋0.5mg/L 6-BA＋0.1mg/L KT＋0.6% 琼脂，pH 5.7 的培养基上，在（25±2）℃，1000lx 下连续光照培养一个月。将愈伤组织转移到 RA＋1mg/L IAA＋2.5mg/L ZT＋100mg/L 肌醇＋0.2mol/L 甘露醇＋0.25% 蔗糖＋80mg/L 硫酸腺嘌呤＋0.7% 琼脂，pH 5.8 的分化培养基上。在 2000lx 的连续光照下诱导芽分化，当芽长到 1cm 时切下，转到 MS＋0.5mg/L IAA ＋ 1mg/L 6-BA＋1.0mg/L KT＋100mg/L 肌醇＋2mg/L 甘氨酸＋3% 蔗糖＋0.5% 活性炭＋0.7% 琼脂，pH5.8 的生根培养基上形成完整小植株。再生的植株常在形态、染色体数目、块茎的数量和大小方面表现出广泛的遗传变异。有些原生质体株系的块茎产量比亲代高 80%，数量是亲代的 2 倍，染色体容易出现非整倍体变异，变异频率高达 94%。

### （二）马铃薯体细胞融合

1. 融合方法

（1）PEG 法　用原生质体培养基调整两亲本原生质体密度为 $1\times10^6$ 个/mL，按 1∶1 比例混合。将 2mL 原生质体混合液转移到 60mm×15mm 培养皿中，用滴管逐滴缓慢地加 2mL 组成为 30% PEG＋10mmol/L $CaCl_2\cdot2H_2O$＋0.7mmol/L $KH_2PO_4$＋0.1mol/L 葡萄糖，pH5.6 的融合液，边加边摇使其充分混合。之后静置培养 15min，缓慢加入 2mL 0.08mol/L $CaCl_2$ 溶液（pH10），混合物再静置培养 10min 后加入原生质体培养基 5mL。在 750r/min 下离心 5min，弃上清液，沉淀物用原生质体培养基洗涤两次后再进行培养。

（2）电融合法　将两亲本原生质体分别悬浮于与原生质体等渗的甘露醇融合液中，密度为 $1\times10^6$ 个/mL，按 1∶1 比例混合。在融合室的电极内用滴管将其悬浮液加入，选定正弦波的频率后，逐渐加大其峰-峰电压，当显微镜下观察到形成 2～3 个原生质体的细胞串时，施加瞬时高压直流电脉冲。所用的电压及脉冲宽度的标准以能使细胞串轻微振动但又不使其断裂为度。融合完毕后在 500r/min 下离心 5min，弃融合液后将沉淀的原生质体稀释到 $10^3$～$14^4$ 密度后进行培养。

2. 杂种细胞筛选　杂种细胞的筛选主要有以下几种方法：①形态特征法。筛选愈伤组织在基本培养基上生长快且外部形态特征与亲本差异明显的即为杂种细胞。②组织培养法。原生质体融合后形成的愈伤组织在苗分化阶段不同基因型对培养基的要求比较严格，而杂种对培养基的适应能力强，因此将融合愈伤组织在亲本不能分化苗的培养基上培养，能生长的即为杂种细胞。③抗性互补法。利用不同抗性亲本融合后的杂种细胞具有双重抗性的特点，筛选在选择性培养基上能生长的为杂种细胞。④机械法。利用不同颜色标记的亲本细胞融合形成的杂种细胞含有两种颜色，在倒置显微镜下将其挑选出来进行单独培养。⑤流式细胞仪法。

3. 杂种植株鉴定　筛选出的杂种细胞是否为真正的杂种植株还需鉴定。主要的鉴定方法有：①形态学鉴定。对植株的生长势、农艺性状、育性及田间抗病虫性等进行鉴定。②细胞学鉴定。对根尖的染色体数目和单位面积气孔数目进行鉴定。

③同工酶鉴定。对过氧化物同工酶的酶谱进行鉴定。④DNA分子标记鉴定。利用RAPD、RFLP、AFLP、SSR等标记技术进行鉴定。

## 四、马铃薯遗传转化

### （一）马铃薯遗传转化的目的基因

马铃薯遗传改良主要着眼于抗病虫、抗逆境胁迫和品质改良。目前获得成功转化的基因类型如下。①抗病基因：抗马铃薯晚疫病基因（烟草Osmotin蛋白基因、苹果火疫病菌的harpin蛋白基因、水稻几丁质酶基因、甜蛋白基因*TLP*）、抗青枯病基因（杀菌肽基因*Cecropin B*及*Shiva A*基因）、抗马铃薯卷叶病毒、抗马铃薯X病毒、抗马铃薯Y病毒、抗马铃薯纺锤形病毒基因。②抗虫基因：雪花凝集素、蛋白酶抑制剂系列基因、几丁质酶基因、苏云金芽孢杆菌杀虫晶体蛋白基因、*Bt*和*Bt-CryV*等。③抗逆基因：与脱落酸合成相关的*CBP80*基因、提高马铃薯低温耐受的基因（抗冻蛋白基因*PHA-AFP*）、耐低钾抗性基因（*aAtCIPK23*）。④改善马铃薯品质的相关基因：编码玉米黄质环氧酶基因、编码花青素合成的二氢黄酮醇4-还原酶基因、延长块茎切割后褐化的反义多酚氧化酶基因、马铃薯淀粉酶抑制基因*SbAI*等。

### （二）马铃薯根癌农杆菌介导的体系

目前在马铃薯的遗传转化中主要有愈伤组织再生体系和直接分化再生体系。愈伤组织再生体系主要是以茎段及叶片为外植体，经过离体培养获得再生植株。直接分化再生体系主要以微型薯为外植体，不经过愈伤组织阶段而直接分化出不定芽获得再生植株。微型薯做外植体材料伤口面积大，侵染能力强，再生和转化频率高。卢翠华等（2009）建立的微型薯转化体系为：马铃薯脱毒微型薯表面消毒后去皮切成1～2mm厚的薄片，用$OD_{600}$=0.5工程菌液进行侵染6min，转入MS+4mg/L ZT+1mg/L IAA的培养基中在28℃下黑暗共培养3d。共培养结束后转入MS+4mg/L ZT+1mg/L IAA+草丁膦（PPT）+300mg/L头孢霉素或450mg/L羧苄青霉素的分化培养基中诱导薯片出芽。芽长2～3cm时，切下转入生根培养基中。生根阶段进行抗性筛选，筛选出的植株经PCR鉴定为转基因植株。

# 第二节 玉 米

玉米是禾本科（Poaceae）玉蜀黍属（*Zea*）植物，是全球分布最广的粮食作物之一。1975年，首次利用幼胚作外植体，诱导出玉米二倍体愈伤组织，并获得再生植株。到目前为止，已从幼胚、幼胚的芽顶分生组织、成熟胚、花药、切段、幼苗、幼苗叶基部、幼苗基部叶片、幼苗芽顶分生组织、雄幼穗颖片、雌雄幼穗、未成熟花序、节间芽组织诱导出愈伤组织，并再生出植株。其中幼胚和幼穗是诱导率最高和再生能力最强的外植体。玉米的组织培养为重要遗传材料和脱毒种苗的快繁和基因工程植株的获得提供了十分重要的技术支持。

## 一、玉米组织和器官培养

### （一）幼胚培养

1．取材　幼胚是获得玉米胚性愈伤组织并再生植株的理想外植体。胚龄是玉米胚性愈伤组织诱导的重要影响因素。通常选择授粉后9～14d的幼胚，或幼胚大小在1.0～2.0mm时，胚性愈伤组织诱导率高，幼胚易从雌穗上剥离。

2．愈伤组织诱导　玉米愈伤组织分为Ⅰ型、Ⅱ型、Ⅲ型三种类型。Ⅰ型为胚性愈伤组织，白色、结构紧密、坚硬、不易分开，干燥、表面有条状突然起，在继代过程中易丧失胚性，不能长期继代。Ⅱ型也为胚性愈伤组织，白色或淡黄色、颗粒状，结构松散易碎，生长速度较快，易发生胚状体，继代力强。Ⅲ型为非胚性愈伤组织，不发生胚状体，白色透明或半透明，结构黏软、水浸状，在适宜的培养基中继代培养可转化成胚性愈伤组织。

3．植株再生　胚性愈伤组织继代培养2～3次后接种到MS分化培养基上，在分化培养基中经过3～4周培养可形成再生苗。再生苗长到3～5cm时转移到1/2 MS生根培养基中，待长出3～4个主根时进行移栽。

4．培养基和培养条件　玉米幼胚培养常用的培养基有N6、改良MS和8114等。例如，愈伤组织诱导培养基为MS+2.0mg/L 2,4-D+500mg/L水解酪蛋白+500mg/L脯氨酸。2,4-D在玉米幼胚培养过程中是影响组织再分化的关键因素。高浓度的2,4-D（2～4mg/L）能诱导外植体脱分化出愈伤组织，降低或不加 2,4-D 愈伤组织就不能再分化成完整的胚状体结构。分化培养基为 MS＋0.5mg/L 6-BA＋500mg/L 水解酪蛋白＋200mg/L 谷氨酰胺＋2.0mg/L PP333。生根培养基为 1/2 MS＋0.5mg/L 6-BA＋2.0mg/L NAA＋2.0mg/L PP333＋0.2% 活性炭。

愈伤组织诱导一般在 25～28℃下暗培养。继代温度可在 25～27℃，光照强度 800～1000lx 的条件下照光 12h。再生苗分化时可在 27℃，2000lx 的光强下照光 16h。

### （二）玉米花药和花粉培养

1．花药发育时期　玉米花粉以单核中后期和靠边期为宜，形态上看顶部距剑叶叶尖 5～10cm，花药长度大约 4mm，颜色呈淡绿色。

2．小孢子游离　玉米花药一般在 4～14℃的低温下预处理 7～14d。之后置于低温（4℃）保存的研钵中，加入小孢子提取液 5～10mL，快速研磨 30s，用 100 目的不锈钢筛过滤。滤液在 80*g* 下离心 3min，沉淀中加入 20mL 提取液摇匀后放入含有 20%～30% Percoll 梯度提取液的顶部，在 250*g* 下离心 3min。发育适期的小孢子一般处于 20% 和 30% 的交界处，将其吸出后加入 5mL 的诱导培养基，100*g* 下离心并漂洗 2～3 次，以 50 万～60 万 /mL 密度接种到 6cm 的培养皿内，密封后置于（27±1）℃的摇床上（80～100r/min）培养。

3．愈伤组织或胚状体诱导和植株再生　花药接种 21～28d 可观察到愈伤组织和胚状体，35～45d 时最多。有的花药形成胚状体，有的用胚状体诱导可再生愈伤组织，有的愈伤组织和胚状体同时产生。胚状体在适宜的条件下即可形成完整植株。愈伤组织在分化培养基中形成绿芽，进而发育成植株。一般情况下，当胚状体达到 1～2mm 时转入再生培养基中诱导芽和植株的形成。玉米的小孢子发育途径有营养细胞发育途径、生殖细胞发育途径、营养细胞和生殖细胞同时发育途径，其中营养细胞发育途径是发育成胚的主要途径。

4．培养基和培养条件　花药培养常用的培养基为 N6、玉培和正 14。生长素（2,4-D 1～2mg/L）和细胞分裂素（KT 或 6-BA）的比例适当能促进孢子体的小孢子发育。如玉培培养基中加入 2mg/L 2,4-D 和 1.5mg/L KT，同时添加 12%～15% 蔗糖、0.5% 活性炭、0.5% 琼脂。此外在愈伤组织诱导培养基中加入适量的氨基酸、水解酪蛋白、乳清蛋白也可增加诱导率。分化培养基为 2mg/L KT＋0.5mg/L IBA＋5% 蔗糖＋0.5% 活性炭或 1mg/L KT＋3% 蔗糖＋0.3% 琼脂或 2mg/L 6-BA＋0.2mg/L NAA＋3% 蔗糖＋0.6% 琼脂。小孢子提取液为 1/2 玉培培养基＋6% 蔗糖＋1g/L 肌醇＋0.1g/L 丝氨酸＋0.1g/L 谷氨酰胺＋2.5g/L MOPS，诱导培养基为玉培＋12% 蔗糖＋0.1mg/L TIBA＋0.1g/L 谷氨酰胺＋0.1g/L 丝氨酸。分化培养基为 MS＋2.5% 蔗糖＋1mg/L KT。愈伤组织诱导在（27±1）℃暗光或散射光下培养；绿芽分化时在 20～25℃下培养，每日光照 10h，光照强度为 700lx。

## 二、玉米原生质体培养

### （一）愈伤组织的诱导和改造

在授粉后 10～12d，分离玉米单交种的幼胚作为愈伤组织诱导的外植体。将幼胚接种于 N6＋4mg/L 2,4-D＋9mg/L $AgNO_3$ 的培养基上诱导愈伤组织。愈伤组织形成后挑选结构致密、黏液少的类型转接到 MS 培养基，根据愈伤组织的状态调整 2,4-D 的浓度（2～6mg/L），对愈伤组织进行继代改造。筛选出的愈伤组织转入 DM＋2mg/L 2,4-D 的培养基上继代 2 次。

### （二）悬浮细胞系的建立

取松脆型愈伤组织，加入 LM＋2mg/L 2,4-D 的培养基于摇床上振荡培养，5d 继代一次。继代的过程中将瓶内的细小培养物分离出来，淘汰长弯型细胞。每 2 个继代周期用补加有 0.2mg/L KT 的 LM 培养基继代一次，保持细胞的分化能力。继代过程中培养物与液体培养基的体积比为 1∶（5～8）。

### （三）原生质体分离

取继代 4d 的悬浮细胞（0.5g），加入 15mL 混合酶液，在 40r/min 的摇床上黑暗酶解 2h。混合酶的成分为：2% Cellulase RS、0.2% Pectolyase Y-23 和 0.5% MES 溶解于 CPW13 的溶液中，pH5.6。酶解后的产物分别用 150 目和 300 目的不锈钢筛过滤，滤液中的原生质体用蔗糖 222.2g/L 和 MES 5g/L 的漂浮液漂浮后收集。用改良的 FDA 法测定原生质体活力的高低。

### （四）原生质体培养和植株再生

原生质体可采用琼脂糖包埋的涂板培养、滴状培养、看护培养和液体浅层培养 4 种方式进行。涂板培养和滴状培养法是将含有适当密度原生质体的原生质体悬液，与含有 2mg/L 2,4-D、0.4mg/L KT 和 1.2% 低熔点琼脂糖的 PM 培养基等体积混匀，然后以涂板或滴状方式接种在培养皿上；看护培养是用低熔点琼脂糖培养基将 BMS 细胞固定在培养皿上，在其上面放一层普通滤纸，然后以涂板的方式将原生质体植板于滤纸上；液体浅层培养则是将原生质体悬浮于含有2mg/L 2,4-D和0.4mg/L KT的PM培养基里，然后以一定密度注入培养皿（6cm）里，每个培养皿注入2～2.5mL，形成浅层。

原生质体在28℃的黑暗条件下培养。将直径为0.2mm的原生质体再生愈伤组织转移到含有2,4-D 1.0mg/L的PHM培养基上培养，再转入补加1.5mg/L ABA和20g/L甘露醇的PHM培养基上继代，最终转入含有10mg/L 6-BAP和0.25mg/L 2,4-D的PRM分化培养基上分化，当分化出小芽或胚状体时，转入无激素的N6培养基上长成完整植株。

## 三、玉米的遗传转化

### （一）玉米的遗传转化基因

玉米转基因方法目前主要采用的是农杆菌介导法和基因枪法。通过农杆菌转化技术体系对抗虫、抗病和抗逆等相关基因进行了功能研究。例如，抗虫基因：转*Cry1Ie*的转基因玉米能有效杀死对*Cry1Ac*产生抗性的棉铃虫。抗病基因：如特异性内切核糖核酸酶基因转化玉米，获得的转基因玉米株系对粗缩病抗性良好；将甘蔗花叶病毒复制酶基因的反向重复序列转化玉米幼胚，获得了稳定的高抗花叶病毒的无标记转基因玉米株系。抗逆基因：转化拟南芥*LOS5*和玉米*PIS*基因使玉米转基因植株抗旱性增强；*betA*转基因玉米使甜菜碱合成量提高，耐冷性增强。利用基因枪法也获得了抗虫、抗除草剂、耐盐碱、低植酸等转基因玉米新材料，如将来源于苏云金芽孢杆菌的*Cry1Ab*、抗除草剂基因*2mG2-epsps*导入优良玉米自交系获得转基因材料；将马铃薯赖氨酸丰富蛋白基因*SBgLR*和乙烯应答因子*TSRF1*共转化到玉米中，所获得的转基因玉米植株耐盐性提高；转植酸酶基因玉米种子中植酸酶活性比非转基因种子提高了50倍。

### （二）农杆菌介导转化方法

目前玉米转化受体材料主要分为幼胚和非幼胚类型。幼胚类型包括直接用幼胚或幼胚诱导的胚性愈伤组织，非幼胚类型包括直接用茎尖分生组织转化和利用叶片、茎尖和成熟胚等诱导的胚性愈伤组织等作为受体。其中直接用幼胚或幼胚诱导的胚性愈伤组织再生植株容易，操作简单，是玉米转化最常用的受体材料。其基本操作流程为剥胚（诱导愈伤组织）、农杆菌侵染、共培养、筛选生根、植株再生、移栽等（图22-3）。研究者对这种转化方法进行了系统优化，建立了基于幼胚的玉米规模化转基因技术体系。以国际上常用的玉米杂交种‘HiII’及优良自交系‘综31’等为转化受体，发现温室相对湿度保持在60%种植的外植体材料，玉米幼胚的组织培养特性好，农杆菌侵染效率高。农杆菌侵染前对幼胚进行45℃加热处理，并在共培养培养基中添加半胱氨酸，两种方法结合使用，极大地提高了侵染效率。同时，在共培养培养基中添加0.1～1mg/L ABA能有效抑制幼胚的分化，提高农杆菌侵染后愈伤诱导率，也使转化效率大幅度提高。另外缩短或取消侵染后的恢复期直接进入筛选，进行高压短时间筛选，提高了转基因再生植株的阳性率。

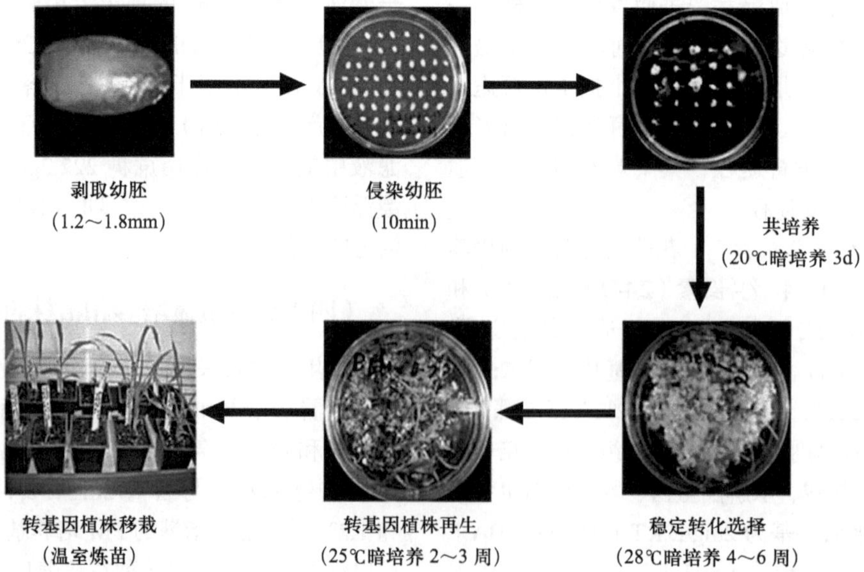


图22-3 以幼胚为受体的农杆菌介导的玉米转化基本步骤（吴锁伟等，2012）

# 第三节 水 稻

水稻是禾本科（Poaceae）稻属（*Oryza*）植物，是世界上超过一半人口的主食。我国水稻组织培养的研究工作始于20世纪70年代的花药培养。近年来，已在幼胚培养、幼穗培养、原生质体培养等重要领域取得了突破性进展，其中胚胎培养、原生质体培养已在育种上广泛应用，水稻遗传转化技术体系也已比较完善。

## 一、水稻组织和器官培养

### （一）水稻胚培养

水稻的成熟胚和幼胚都可以作为水稻组织培养的外植体或材料。取成熟饱满的水稻种子去壳或开花后7～9d的水稻子房用70%乙醇浸泡1min消毒，0.1%的氯化汞浸泡10min消毒，无菌水冲洗3～4次。将成熟胚或从子房中剥离的完整幼胚接种在诱导培养基上进行培养。

幼胚经过培养，多在盾片处出现白色愈伤组织，其生长速度超过了成熟胚愈伤组织。来源于成熟胚的愈伤组织继代能力较来源于幼胚的继代困难，因此培养基中添加2,4-D对愈伤组织的诱导和形态发生影响较大。例如，对30多个粳稻品种的成熟胚培养时发现，MS或N6培养基上添加2mg/L 2,4-D和1mg/L KT时有利于愈伤组织诱导，诱导率达90%以上。成熟胚愈伤组织的诱导率随着2,4-D浓度的升高而降低，但由成熟胚诱导形成的愈伤组织对2,4-D的忍耐力强，在2～10mg/L浓度下愈伤组织都能保持较大的生长量，即使在20mg/L时愈伤组织仍能生长。如果在使用2,4-D的基础上再添加ABA、6-BA、KT等激素，对籼稻愈伤组织的质量、成愈率和胚性有显著作用。培养基中添加30g/L的蔗糖适于愈伤组织的诱导，适当增加蔗糖的浓度可以提高成熟胚愈伤组织的质量和出愈率，但60g/L时会起抑制作用。有机附加物如酵母浸出物，对提高粳稻成熟胚愈伤组织的质量和加快生长速度十分有利。添加山梨醇和TDZ可促进水稻离体形态发生和植株再生。如用NB+1.0mg/L NAA+5.0mg/L ABA+3.0～3.5mg/L KT培养基，可使籼稻成熟胚愈伤组织的诱导率达70%～80%。

### （二）水稻花药培养

1．外植体取样时期　单核中期和单核靠边期是水稻花药培养最适宜的时期，通常表现为叶枕距5～15cm，颖花浅绿色，花药伸至颖壳的2/5～1/2处。

2．预处理　水稻花药培养从接种到愈伤组织产生期间有一段明显的发育停滞期，大约为5～10d，通过低温预处理后可消除这段时期，使愈伤组织诱导率提高几倍到几十倍。一般7～9℃下处理7～15d较为合适。

3．培养基和培养条件　诱导水稻花药培养的最佳培养基为N6大量+MS微量+4mg/L NAA+4mg/L KT。水稻花药培养一般分为暗培养与光培养两个阶段。脱分化一般在暗培养条件下进行，再分化则需要光暗交替培养。培养的最适温度都为26～28℃，但籼稻的暗培养以25℃左右最佳，温度过高会产生大量白化苗，且诱导出的愈伤组织结构疏松，分化能力较差。光培养的最适温度为25～27℃，温度过高增大了白化苗率，绿苗的生活力也受到明显影响。光照强度为2000lx，光照时间为12h，以日光灯照射为主。另外，愈伤组织从暗培养转到光培养的时间对绿苗也有一定的影响；过早转移，再分化率低，出苗率降低；过迟转移，组织老化，容易褐化，难以分化或分化出白化苗。一般3～5mm时转移较为合适。

4．白化现象　白化是指离体培养得到的幼苗部分或整株失绿，表现为白色或黄色。水稻花药培养很容易产生白化苗，有的甚至可达80%～90%，是花药培养和研究的主要障碍。陈启伟等（2003）认为液体培养基能提高绿苗率。降低培养基中无机盐的浓度和锰元素的含量，在不影响正常生长和分化的前提下降低温度，减少光照均可以降低白苗率。另外，愈伤组织形成时期温度过高，增加染色体的断裂和丢失，使得白化苗产生的频率升高，特别是在愈伤组织分裂旺盛的阶段，温度升高影响更为严重。目前，白苗现象仍然是一个难题。

### （三）水稻幼穗培养

幼穗培养不同的材料对诱导率、分化率影响不大，但幼穗的不同发育时期对愈伤组织的诱导有明显差异，且这种培养方式出现白化苗的频率很低，仅占4%左右。幼穗长度为1～2mm时愈伤组织的诱导率最高，但当幼穗3～4mm长时，分化胚状体或根芽的比例最高。由幼穗愈伤组织表层出现的光滑且致密的结节状物在LS＋1～2.5mg/L 2,4-D的培养基上发育成植株，在无2,4-D的培养基上变为白色后出现盾片或类似盾片的胚结构。这种胚胎有明显的胚芽鞘、胚根鞘的两极组织，大约80%胚胎表现出早熟萌发并再生成小植株。幼穗培养形成的愈伤组织可能来源于胚囊内的单倍体细胞或珠背、子房壁的二倍体细胞，从而得到单倍体植株、二倍体或四倍体植株，这样就可以解释水稻幼穗培养时为什么会出现不同倍性的植株。

## 二、水稻原生质体培养

水稻原生质体培养通常是由胚或幼穗等材料诱导胚性愈伤组织后建立悬浮细胞系，再由之分离原生质体。

### （一）愈伤组织诱导

以成熟种子为例，将种子脱去外壳后，置于70%乙醇中消毒3min，取出后用无菌水冲洗干净，之后用10%次氯酸钠消毒20min，再用无菌水冲洗3次。米粒表面的水分吸干后接种在MS＋2mg/L 2,4-D＋3%蔗糖的培养基上，27℃暗培养15～20d后形成愈伤组织，将其转接到MS＋1mg/L 2,4-D＋0.5mg/L BA＋1mg/L NAA＋3%蔗糖的培养基上继代增殖。

### （二）悬浮细胞系的建立

将诱导产生的愈伤组织细胞团连同母体，接入液体培养基中进行悬浮培养。培养基采用AA培养基或N6＋1.5mg/L 2,4-D＋0.2mg/L玉米素＋2g/L脯氨酸培养基。培养温度为27℃，振荡速度为120r/min。培养初期7～10d继代一次，悬浮系建立后3～4d继代一次。

### （三）原生质体分离和纯化

取已建立的细胞悬浮系1g左右，加入含有10mL CPW盐配制的混合酶液中，酶液组成为2%纤维素酶RS＋0.1%果胶酶Y-23＋5mmol/L MES＋0.5mol/L甘露醇，pH 5.6，置于摇床上60r/min温育3～4h。酶解完成后用600目金属网过滤，500r/min离心收集原生质体，再用培养基清洗2次。

### （四）原生质体培养

原生质体培养通常采用KPR培养基，培养密度为（0.5～1.0）×$10^5$个/mL。可采用琼脂糖包埋培养、液体浅层培养和固-液双层培养。固-液双层培养的具体步骤为：在60mm×50mm的培养皿内，放入1mL含1%琼脂糖的原生质体培养基，待其凝固后加入含有原生质体的液体培养基0.5～0.7mL，将培养皿封口后培养。

### （五）愈伤组织分化和植株再生

当原生质体形成可见的愈伤组织时，将愈伤组织转移到含蔗糖8%的N6培养基上诱导胚胎的发生。转移后约15d有部分愈伤组织分化出具有盾片和胚芽鞘的胚状体，进一步萌发形成小的植株。

## 三、水稻的遗传转化

已报道的水稻遗传转化法有花粉管通道法、PEG转化法、电击法、基因枪法及农杆菌介导法。常见的水稻转基因技术主要是农杆菌介导法和基因枪法。其中，农杆菌介导的水稻遗传转化方法已达到了应用的阶段并成为水稻转化的主流技术。

### （一）粳稻规模化转基因技术体系构建

1．基于成熟胚的转化技术优化　以成熟胚愈伤组织为材料的农杆菌介导水稻转化法虽已建立，但转化频率仍有待提高。中国农业科学院作物科学研究所针对35个粳稻品种（‘日本晴’‘Kitaake’‘中花11’‘宁粳1号’‘宁粳4号’‘台中65’‘超优号’‘吉粳88’‘武运粳’‘武育粳号’等），以成熟胚为外植体材料进行农杆菌介导转化。采用潮霉素、Paramomycine或G418、PPT等多种植物抗性选择标记，对多个环节进行优化。在优化阶段，以绿色或红色荧光蛋白基因为标记基因，对转化的各个环节进行示踪并对转基因材料进行分子鉴定。结果发现多数粳稻品种的转化效率相差不大，从愈伤到分化出苗效率平均在40%～60%。其中一些品种如‘日本晴’‘武运粳’‘中花’系列品种等，具有较高的转化效率，从愈伤到分化出苗可达到70%～80%。利用优化的转基因技术体系，可将转化周期（成熟胚接种到试管苗移栽）从5～6个月缩短到2.5～3个月，粳稻转化的模式品种Kitaake转化效率可达83%。每年每人可转化120～150个载体，每个载体获得30～50株独立转基因苗，每年每人获得独立转化体4000～6000株，实现了粳稻转基因技术的规模化和工厂化。

2．基于幼胚的转化技术改进　幼胚是水稻转基因的主要受体材料，但幼胚的采集和分离比较麻烦，且受生长季节的限制。张欣等（2014）提出当地分期播种和海南南繁相结合的方案，有效地延长了取样时间。同时采用镊子和刮牙器挤出幼胚的方法，接种1个培养皿（约50个胚）的时间从1h以上缩短到10～15min，接种速度提高了5～6倍，污染也显著减少。在水稻愈伤组织和农杆菌的共培养过程中，直接将划线培养的农杆菌配成悬浮液侵染愈伤组织，省去农杆菌在液体培养基上培养的环节；经农杆菌感染的愈伤组织不需要用无菌水多次冲洗，直接用无菌滤纸吸去多余菌液后转移到铺有无菌滤纸的固体共培养基上暗培养；经共培养的愈伤组织直接在分化培养基中分化，可节省10d的预培养时间，获得转基因水稻的时间（幼胚接种到试管苗移栽）从4～6个月缩短到2.5～3个月，粳稻的转基因阳性率达93%。另外，通过改善转基因苗的移栽方法，使转基因苗移栽成活率稳定的超过95%。

### （二）籼稻规模化转基因技术体系的构建

1．基于成熟胚再生体系及转化体系的改进　与粳稻相比，籼稻愈伤组织诱导和再生不敏感，对基因型依赖性较强，转化相对困难，规模化转化频率低。中国农业科学院水稻研究所以籼稻成熟胚为受体材料，比较了籼稻品种‘Kasalath’‘南京11’‘N22’‘9311’‘PA64S’‘IR24’‘IR64’‘明恢63’和‘R463’等15个基因型的愈伤组织诱导能力、愈伤质量、转化后抗性愈伤的产生能力及分化效率，结果表明不同基因型在诱导胚性愈伤以及转化后产生抗性愈伤和分化的能力上相差较大，其中‘Kasalath’可作为籼稻规模化转化的模式品种，而‘9311’‘明恢63’‘绵恢501’转化效率只有1%～3%。通过优化培养基配方提高胚性愈伤诱导率及抗性愈伤分化能力，‘Kasalath’的转化效率可高达50%，部分籼稻品种的转化效率能稳定在10%以上，而较难转化的基因型如‘绵恢501’等也可稳定在3%～5%。初步建立了以Kasalath为籼稻模式品种的规模化籼稻转化技术平台。

2．基于幼胚转化技术创新　以幼胚为外植体材料进行愈伤诱导转化，将MS培养基换成N6培养基，分化时将6-BA提高到2.5mg/L，KT降至0.5mg/L，共培养2d，显著提高了籼稻的转化效率，特别是利用‘中鉴100’转抗稻瘟病基因*Pi25*，得到250株转基因植株，经PCR检测有75株含有目的基因，阳性率达到30%；除此之外，‘R463’和‘明恢63’转化效率也达到15%以上。

# 第四节　小　　麦

小麦是禾本科（Poaceae）小麦属（*Triticum*）的重要栽培作物。培育优良小麦品种，改良小麦品质和抗逆性，提高产量是小麦安全生产的关键措施。利用植物组织培养和基因工程改良小麦性状是一条行之有效的途径。小麦幼胚因其具有较强的植株再生能力被认为是最理想的外植体类型，但低效率的遗传转化技术仍然是限制转基因小麦研发的主要环节。

## 一、小麦组织和器官培养

### （一）小麦幼胚培养

取开花后8～15d、0.5～1.5mm的幼胚，70%乙醇浸泡1min，3% NaClO浸种15min，无菌水冲洗5～8次。用镊子将幼胚挤压出，盾片向上转接于诱导培养基上，培养基的组成为：MS盐＋0.5mg/L维生素$B_1$＋150mg/L天冬氨酸＋1.5mg/L 2,4-D＋20g/L蔗糖＋2.5g/L gelrite，pH5.8，置于26℃暗培养，5～7d即可产生愈伤组织。幼胚诱导出的愈伤组织主要有两种形态：淡黄致密和白至灰色水浸状。挑取色鲜致密的部分在相同培养基上继代，26℃下暗培养，2周继代一次。将继代后10d左右的愈伤组织表面出现的绿色芽苗及叶状结构转至分化培养基进行芽苗的诱导和伸长，培养基组成为条件为：MS盐＋0.5mg/L维生素$B_1$＋150mg/L天冬氨酸＋20g/L蔗糖＋2.5g/L gelrite，pH5.8，温度约26℃，光照12～14h/d，光强为22μmol/（$m^2$·s）。待芽苗长至58cm高时，将芽苗或分蘖从基部切下，再转至生根培养基上进行芽苗的生根，生根培养基为：1/2 MS大量元素＋MS微量元素、铁盐及维生素＋0.1mg/L NAA＋30g/L蔗糖＋2.5g/L gelrite，pH5.8。

### （二）小麦幼穗培养

取小麦生长锥处于小穗分化期（肉眼观察幼穗长度为0.5～1.0cm）前后的含嫩叶的幼穗，消毒后剥去外围的叶鞘和幼叶，取出幼穗切成2～3mm的小段，接种到诱导培养基上暗培养15d后转入新的诱导培养基上，培养温度为24℃，光照强度3000lx，光照时间为14h/d，每2周继代1次。诱导培养基为MS培养基＋2mg/L 2,4-D＋500mg/L水解酪蛋白。将继代后的幼穗愈伤转入分化培养基中，分化培养基为MS培养基+1mg/L KT+0.5mg/L 2,4-D+500mg/L水解酪蛋白，培养温度20～22℃，光照强度3000lx，光照时间14～16h/d，培养15d。之后将分化出的小苗转至生根培养基上，生根培养基为1/2 MS培养基+0.5mg/L NAA，在22℃、光照强度3000lx、光照时间14h/d条件下诱导生根。

### （三）小麦花药培养

1．花药发育时期和预处理　花药培养的适宜时期是单核中期至晚期。不同基因型的小孢子发育对低温等环境条件较为敏感，因此对其进行预处理可改变其正常发育途径，具有胚胎发生的潜力，形成花粉胚，也可以提高愈伤组织诱导的效率，如2～5℃低温预处理48～72h对愈伤组织诱导率和绿苗分化率具有显著的促进作用。

2．愈伤组织或胚状体的形成和植株再生　小麦花药离体培养可以通过两种方式获得植株：一种是由花粉细胞先脱分化形成愈伤组织再分化形成植株。另一种是形成胚状体—花粉胚—发育成植株。离体花药培养经24h培养，小孢子进入第一次均等或不均等分裂，之后进入第二次有丝分裂，出现三核和四核小孢子。培养4～5d时异常花粉频率升高，这些不正常的花粉才能形成花粉胚。7d后花药中存活的花粉发育成多细胞花粉，15d后多细胞花粉撑破花粉壁，出现愈伤组织或不同发育时期的花粉胚，最终在分化培养基中形成绿苗。

3．培养基和培养条件　常用的培养基为N6、MS、$C_17$、$W_{14}$、癸培养基等。诱导培养基中添加2mg/L 2,4-D+0.5mg/L KT+9%～11%蔗糖。分化培养基为1mg/L NAA+1mg/L KT+3%蔗糖或0.5mg/L IAA+1.5mg/L KT+3%蔗糖。愈伤组织或花粉胚在26～29℃下暗培养或自然光照下培养；分化培养在23～28℃，光照强度800lx下光照时间10h/d。

## 二、小麦原生质体培养

### （一）悬浮细胞系的建立

小麦愈伤组织的诱导常用的外植体有成熟胚、未成熟胚、幼穗和花粉等。取小麦继代培养5～8个月的淡黄或鲜黄、结构致密的瘤状胚性愈伤组织1～2g，切碎或弄散后转移到40mL MS或N6液体培养基中，于25～26℃在摇床上以120～150r/min在黑暗或散射光条件下悬浮培养，4～5d继代1次，悬浮培养2～3个月就可建立起生长旺盛、分散性好的胚性悬浮细胞系。培养基为MS+2mg/L 2,4-D+250mg/L CH+300mg/L谷氨酸+3%蔗糖。

### （二）原生质体的游离和培养

选择培养3～4d的细胞系，离心收集沉于培养瓶底的新生小细胞团1g加入5～10mL酶液中。酶液的组成：3%纤维素酶+0.2%果胶酶+1% $CaCl_2 \cdot H_2O$+0.1% $MgSO_4 \cdot 7H_2O$+95mg/L $KH_2PO_4$+11%甘露醇，pH5.6。酶液与悬浮细胞的混合物在28～30℃、30r/min的恒温水浴摇床上振荡酶解7～9h，或在25～27℃黑暗静置酶解7～9h。用400目镍网过滤，收集原生质体后用漂洗液漂洗2次，再用原生质体培养基洗1次并测定原生质体总量。

将纯化后的原生质体以密度为（1.0～8.0）×$10^8$个/mL接种于直径为6cm培养皿上，在25℃无光照条件下进行液体浅层培养或添加0.3%～1.5%低熔点琼脂糖包埋培养，并不断添加新鲜培养基。原生质体培养基为KM8P或MS+1%蔗糖+0.5mol/L葡萄糖+250mg/L CH+20ml/L CM+8ml/L小牛血清+0.8%琼脂糖+1mg/L 2,4-D+0.2mg/L KT+0.5mg/L NAA。

### （三）愈伤组织分化和植株再生

愈伤组织为1mm大小时，转入分化培养基上诱导，或继代增殖至2mm时再转入分化培养基中。愈伤组织增殖培养基为MS+5%蔗糖+250mg/L CH+300mg/L谷氨酰胺+2mg/L 2,4-D+0.8%琼脂；愈伤组织分化培养基为MS+3%蔗糖+250mg/L CH+300mg/L谷氨酰胺+6mg/L KT+琼脂0.8%。1mm大小的愈伤组织在分化培养基上生长缓慢，继代后形成绿色芽点；2mm的愈伤组织在7d时出现芽点，3～4周分化成芽，芽长到1cm时，转入无激素的MS或1/2 MS培养基上生根培养，7d后发根，发育成完整植株。

## 三、小麦的遗传转化

小麦属于遗传转化较为困难的作物，遗传转化效率较低，重复性较差，基因工程育种进程明显落后于水稻、玉米、棉花、大豆等农作物。到目前为止，全球只有孟山都公司培育的耐草甘膦除草剂小麦MON71800被美国FDA和哥伦比亚批准可用于食物和饲料，但该转基因小麦却至今尚未获得田间种植许可。

### （一）小麦遗传转化利用的主要外植体

离体培养小麦幼胚、幼穗、成熟胚、花药、叶片和生长点等外植体片都可以获得完整的再生植株，其中幼胚的再生能力最强，利用幼胚进行小麦转基因的研究最多，但小麦幼胚的获得受生长季节、环境条件和人工气候设施的影响，限制了小麦转基因工作的有效开展。成熟胚取材方便，不受上述因素的限制，是开展小麦遗传转化较为方便的外植体，但小麦成熟胚组织培养植株再生率很低，限制了其在小麦遗传转化中的应用。

### （二）小麦遗传转化方法

目前在小麦中应用的转基因技术主要是基因枪介导法和农杆菌介导法，也有研究者采用花粉管通道法，以及激光微束穿刺、离子束注入、PEG、农杆菌浸花和花粉介导等方法。

1．基因枪转化方法　基因枪介导法是多年来小麦转基因的首选方法（图 22-4 A-E）。Vasil 等（1992）利用该方法将抗除草剂基因 *bar* 导入小麦中，获得了世界上第一例转基因小麦植株。之后的研究对基因枪转化小麦的主要轰击参数进行了优化，认为金粉用量为 29～235μg、金粉粒径为 0.6μm、DNA 用量为 294ng DNA/ 枪、轰击强度为 650～900psi、轰击距离为 12cm 转化效果最好。在抗病性和抗逆性改良方面，利用基因枪法将类甜蛋白、*FsTRI101*、葡聚糖酶和几丁质酶等基因转入小麦，获得的转基因小麦植株对赤霉病表现一定抗性；将多聚半乳糖醛酸酶抑制剂蛋白酶（PGIP）基因转入小麦，转基因小麦对根腐病的抗性增强；将小麦梭条花叶病毒 *NIa* 发卡结构的 RNAi 载体转入小麦，转基因植株对该病毒的侵染表现免疫；将 At*DREB1A* 转入小麦，明显提高转基因小麦苗期的耐旱性；将 *GmREB* 转入小麦，转基因小麦植株对水分胁迫表现较强耐性。在品质改良方面，利用该方法沉默淀粉合成途径中的 *SBElla*，硬粒小麦支链淀粉的含量提高；将编码 35kDa、富集人体必需氨基酸的 AmA1 种子蛋白基因 *ama1* 转入小麦，不仅小麦籽粒中必需氨基酸的含量增加，而且面粉相关的品质参数得到改善。

2．农杆菌介导法　小麦为单子叶植物，不是农杆菌的天然寄主，但经过不断地研究，已取得了突破性进展，转化体系不断地被优化。以张月婷（2012）建立的小麦农杆菌介导方法为例。用 70% 乙醇对小麦开花后 12～15d 的幼嫩颖果消毒 30s，无菌水冲洗一次后用 1% $HgCl_2$ 灭菌 5min，再用无菌水冲洗 2～5 次。剥取 0.5～1.0mm 的幼胚，盾片向上接种于诱导培养基上。培养基组成为无 MS 有机＋B5 有机＋100mg/L 肌醇＋200mg/L 脯氨酸＋300mg/L 水解酪蛋白＋2mg/L 2,4-D＋30g/L 麦芽糖＋7g/L 琼脂。在 25℃黑暗条件下培养 10～20d 诱导愈伤组织。用农杆菌菌液侵染愈伤组织，取出侵染的愈伤组织后在无菌滤纸上吸干表层菌液，在 23℃黑暗条件下干燥共培养 3d 后，之后转接到恢复培养基中，25℃下暗培养 2～3 周。在含 5mg/L PPT 的分化筛选培养基中筛选出绿苗后转移至含 4mg/L PPT 的生根筛选培养基中筛选。筛选出的抗性苗转接到不含筛选压的生根壮苗培养基中培养 2～3 周。从分化阶段开始均在 25℃光照条件下培养。长出健壮根系的绿苗在 4℃下春化 2 周，室温下炼苗 5d 后移栽，经鉴定后得到转基因植株。

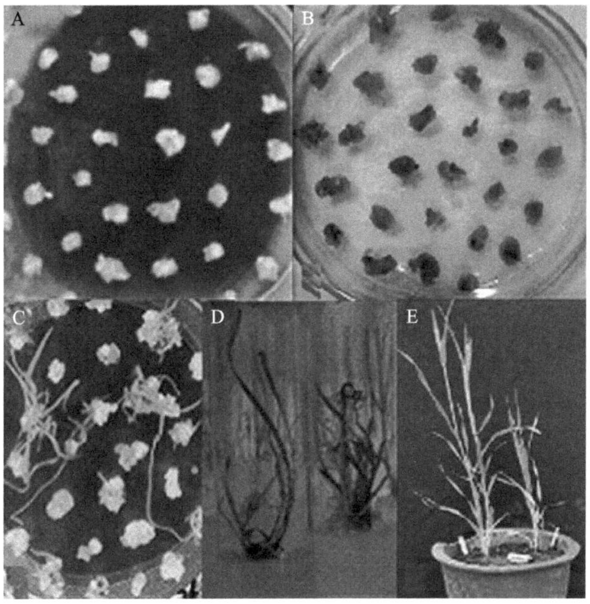


图 22-4　幼胚愈伤的基因枪遗传转化和再生（李明浩等，2010）

A．幼胚形成的愈伤组织；B．抗性愈伤组织的筛选；C．愈伤组织的分化；D．再生植株；E．移栽成活的再生植株

## 第五节　棉　　花

棉花是锦葵科（Malvaceae）棉属（*Gossypium*）植物。棉花的组织培养技术为棉花种质资源的鉴定和保存、抗性突变体的筛选、杂种优势的利用及基因工程的遗传操作奠定了可靠的基础。国内外研究已经获得了雷蒙德氏棉（*Gossypium raimondii* Ulbrich）、戴维逊氏棉（*Gossypium davidsonii* Kellogg）、瑟伯氏

棉（*Gossypium thurberi* Todaro）、拟似棉（*Gossypium gossypioides* Ulbrich）、亚洲棉（*Gossypium arboreum* L.）、草棉（*Gossypium herbaceum* L.）、海岛棉（*Gossypium barbadense* L.）和陆地棉（*Gossypium hirsutum* L.）等棉种的再生植株，并建立起了茎尖培养、体细胞培养、胚珠和胚培养、花药培养以及原生质体培养等不同的培养体系。

## 一、棉花组织和器官培养

### （一）棉花离体培养

1．外植体　棉花的子叶、叶片、叶柄、茎段、幼胚、胚轴、花药都可以作为棉花组织培养的外植体，其中幼胚和下胚轴易诱发愈伤组织或再生植株。

2．培养基和培养条件　以‘中棉所CCR124’棉花材料为例，不同阶段使用的培养基组成如下。

无菌苗培养基：MS＋25g/L 蔗糖＋2.5g/L Gel，加自来水定容到1L。

愈伤组织诱导培养基：MSB＋0.1mg/L IAA＋0.1mg/L KT＋0.1mg/L 2,4-D＋25g/L 葡萄糖＋2g/L Gel，pH6.5。

分化培养基：MSB＋0.05mg/L IAA＋0.15mg/L KT＋25g/L 葡萄糖＋2.5g/L Gel，pH6.5。

胚性愈伤增殖培养基：MSB＋0.1mg/L KT＋0.15mg/L 6-BA，pH6.8。

胚状体萌发成苗培养基：MSB＋0.1mg/L KT＋0.2mg/L 6-BA＋25g/L 蔗糖＋2.5g/L Gel，pH6.8。

培养温度为（25±2）℃，光照强度2000lx，光暗周期为10～14h。

3．植株再生　棉花组织培养的植株再生途径包括器官分化和胚胎发生两种途径。器官分化途径即外植体经过愈伤组织诱导、器官发生、器官生长而成为再生植株。胚性愈伤组织由大小近乎相等的、呈颗粒状的圆球形多细胞组成，细胞间结合紧密，几乎看不到空隙，但细胞团间结合疏松，容易分离。愈伤组织中的细胞分化形成单极性的不定芽或不定根，然后在不定根上方形成不定芽或在不定芽上方形成不定根，二者之间发育出维管组织，形成完整的植株。胚胎发生途径即通过愈伤组织诱导和增殖、体细胞胚的形成、胚状体萌发而再生植株。该途径与有性合子胚发育相似，可能来源于单个体细胞，其胚芽和胚根同时发生，在适宜的条件下形成完整植株。

### （二）棉花胚珠培养

离体胚培养是研究棉纤维发育和离体受精的重要手段。1973年Eid将棉花种植不同天数的胚珠成功地培养成植株，结果表明开花前3～4天胚珠不产生纤维，但加入激素后可形成纤维，而开花后2d胚珠不加激素也可产生纤维且可继续发育，同时还发现离体胚珠在产生纤维的同时还产生愈伤组织。进一步对胚珠的完整性和发育时间进行研究表明，切块胚珠和完整胚珠都能形成纤维，但只有近开花时或开花当天的纤维细胞才能伸长。

胚珠培养的方法：取开花后2d的花铃，除去苞叶、花萼、花冠和雄蕊等部分，将幼铃用70%乙醇浸泡10～20min后在酒精灯上引燃后移离火焰，待火熄灭后剥取胚珠，接种于50mL含有Beasley＋20mmol/L 蔗糖＋5μmol/L NAA＋1μmol/L $GA_3$ 培养基的100mL培养瓶中，每瓶接种胚珠20～30粒，在23～34℃的黑暗条件下培养，14d继代一次，继代培养基在上述培养基中添加5g/L 活性炭。培养28d时，取出部分种子置于载玻片上用水流将纤维冲直，测量长度。

## 二、棉花原生质体培养与融合

棉花原生质体培养起始于1974年，Beasley和Ting首次从陆地棉开花后2d的纤维中游离出原生质体，培养后得到了小细胞团。直到1989年，佘建明等才以下胚轴诱导的胚性愈伤组织为材料分离原生质体，经培养首次获得了陆地棉原生质体的再生植株。到目前为止，已对棉花的子叶、叶片和茎等不同外植体进行了原生质体分离和培养研究，其中海岛棉、陆地棉和克劳茨基棉已成功获得了再生植株。2004年，首次通过电融合法对陆地棉和克劳茨基棉进行了种间原生质体融合，获得了再生植株。

1．外植体材料及悬浮细胞培养　棉花主要用愈伤组织、胚性悬浮细胞系作为分离原生质体的材料。棉籽消毒后，在含有MS和蔗糖2%的琼脂培养基上发芽4d，切取无菌苗下胚轴0.5cm进行愈伤组织诱导。愈伤组织诱导培养基为MS＋0.1mg/L 2,4-D＋0.1～0.5mg/L KT，用0.75g氯化镁和gelrite固化，培养3～5d后肉眼可见外植体膨大，2周内可见愈伤组织，4周时外植体被愈伤组织覆盖。将愈伤组织在无激素的液体悬浮培养基（MS＋30g/L 葡萄糖＋100mg/L 肌醇，pH5.8）上悬浮培养一周后，用30目网过滤，分离筛选大小一致的淡黄绿色颗粒状细胞团，在体培养基上继代，继代培养基为MS＋0.5mg/L IAA＋0.5mg/L KT＋7.5mg/L 琼脂，每两周继代一次。原生质体分离前几周每周继代一次，用于分离原生质体的细胞系应继代培养一年以上，并保持一定的胚胎发生能力。在光照强度为2000lx下光照16h，培养温度为（28±1）℃，转速为110～120r/min。

2．原生质体分离和培养 用于原生质体分离的酶一般为果胶酶或离析酶、纤维素酶和半纤维素酶。不同材料选用不同的酶液组合，酶解时间6～24h。例如，将继代3～7d的胚性细胞团放入3.0%纤维素酶（Onozuka R-10）+1.5%果胶酶（serva）+0.5%半纤维素酶（Sigma）的混合酶液中，在摇床上以10r/min酶解20h后过滤。滤液在800r/min下离心5～10min后除去较大杂质，用原生质体洗液（CPW）添加不同物质（蔗糖和甘露醇）进行密度梯度离心，即获得纯净的原生质体。原生质体的活性用FDA法检测，即以一个视野中在暗场中发绿色荧光的原生质体占在亮场中总的原生质体数的百分比来衡量。棉花原生质体培养比较适宜的密度为$10^4$～$10^5$个/mL，可采用液体浅层培养、看护培养和固液双层培养。如培养基为$K_3$无机盐+改良KM8P有机化合物+0.05～0.1mg/L 2,4-D+0.2～0.5mg/L 2ip+30g/L 葡萄糖+90g/L 甘露醇。每3～4周用新鲜的培养基稀释1次，共进行2次，愈伤组织形成后转移到诱导培养基（MS+2.46mg/L IBA+2.685mg/L NAA+0.697mg/L KT+0.289mg/L $GA_3$）上进行分化。25d后可看到少数胚状体形成，之后每月在相同的培养基上继代培养一次，二、三次后即可形成大量胚状体。胚状体中除少数发育正常外，多数为畸形，有的也可再次愈伤组织化，将发育正常的植株转入幼苗生长培养基上。

3．棉花体细胞融合 电融合法是棉花原生质体理想的融合方法，已经取得了较大的成功。孙玉强（2004）将陆地棉和野生棉经分离纯化的原生质体以$10^6$个/mL的密度悬浮在含有0.5mmol/L甘露醇和0.25mmol/L $CaCl_2$的电融合液中，将两种原生质体以1∶1混合，吸取1.6mL混合液加入SSH-2型融合仪的融合室内，交变电场（AC）为100V/cm，作用时间45s，直流脉冲（DC）1625V/cm，DC个数6，DC印加时间3min，脉冲间隔0.5s。融合细胞静置10～15min，之后在700r/min下离心6min。融合细胞以$2.5\times10^5$个/mL在KM8P+0.5μmol/L甘露醇+2.685μmol/L NAA+0.465μmol/L KT+3%葡萄糖的培养基上暗培养。每隔一周将新鲜的KM8P+1.343μmol/L NAA+0.233μmol/L KT加入培养基中以便稀释甘露醇的量。6周后将形成的愈伤组织转移到MSB+0.054μmol/L 2,4-D+0.223μmol/L KT+3%葡萄糖+0.25%植物凝胶的培养基上。愈伤组织分化出的植株在MSB+0.555mmol/L肌醇+0.27%植物凝胶+3%葡萄糖+0.05%活性炭上培养。

## 三、棉花遗传转化

### （一）棉花遗传转化的目的基因

目前外源基因主要应用于棉花的抗虫育种、抗病育种、抗除草剂育种和纤维品质改良等方面。抗虫基因如*Bt*基因、蛋白酶抑制剂基因和外源凝集素基因在棉花抗虫基因工程中应用较多，其中*Bt*抗虫棉最为成功。抗黄萎病抗病基因工程中主要应用的基因有葡萄糖氧化酶（GO）、β-1,3葡聚糖酶、几丁质酶（CHI）、硫素、植物防卫素等外源抗病基因。抗除草剂基因主要是来源于细菌的抗草甘膦基因，作用方式一种是修饰除草剂靶蛋白，使其对除草剂不敏感或促使其过量表达从而使作物吸收除草剂后仍能正常代谢；另一种是导入降解的酶或酶系统，在除草剂发生作用前将其分解。编码腈水解酶的*bnx*基因属于第二种类型，可以降解溴苯腈从而对其解毒。品质改良基因有使棉花纤维中产生脂肪聚酯复合物的多羟基丁酸脂（PHB）基因，提高棉纤维保暖性；兔角蛋白基因*KAP*，导入常规棉花品种中，改善棉花纤维品质特性。

### （二）棉花遗传转化方法

棉花遗传转化的方法主要有农杆菌介导法、基因枪轰击法和花粉管通道法。

1．农杆菌介导法 农杆菌介导转化法是目前棉花高效的遗传转化方法，外源基因可以在棉花中稳定遗传和高效表达。自1987年首次报道农杆菌介导的棉花遗传转化成功以来，先后建立了以‘珂字棉’等品种为受体的再生体系。遗传转化以组织培养为基础，不同类型外植体的体细胞胚胎发生能力差别较大，即使同一棉花品种的不同外植体的体细胞胚胎胎发生能力差异也很大。下胚轴的体细胞胚胎发生能力最强，子叶较差，真叶和茎最差。

目前，陆地棉组织培养的外植体主要以下胚轴为主，通过脱分化和再分化得到再生植株。张朝军等（2006）发现‘中棉所24号’的叶柄分化能力较强，并建立了以叶柄为外植体的转化体系。刘传亮等（2014）建立了高效的棉花遗传转化体系（图22-5）。转化方法为：①外植体准备。以棉花大田活体材料的叶柄为外植体进行组织培养。②转化载体选择。利用大量植物转基因载体进行转基因验证，筛选出3类适宜农杆菌介导转化棉花的高效转化载体：pBI121 类、pCAMBIA2300 类和 pKGWFS7 类。③农杆菌活化。农杆菌菌株为 LBA4404，35S 启动子，标记基因为 NPT Ⅱ，目的基因为 7～20kb；采用 YEB 或 LB 培养基，取 $OD_{600}$ 值 0.1～0.3 的菌液侵染可提高愈伤组织发生率。④侵染和共培养。取棉花无菌苗下胚轴 0.5～0.7cm 转入 $OD_{600}$ 值为 0.1～0.3 的菌液中侵染 5～10min，之后将菌液倒出，用灭菌滤纸吸去多余菌液，将下胚轴放入培养皿（加有愈伤组织诱导培养基）中密封条件下黑暗共培养 2d（22～27℃）。⑤愈伤组织诱导。经过共培养的胚轴在添加选择压的培养基上培养，通常培养 2 个月（1 月换一次同样的培养基）。愈伤组织诱导培养基为：改良 B29 培养基＋0.1mg/L IAA＋0.1mg/L KT＋0.1mg/L 2,4-D；LX 培养基＋0.1mg/L KT＋0.1mg/L 2,4- D；L4 培养基＋0.1mg/L IAA＋0.1mg/L ZT＋0.1mg/L 2,4-D。⑥胚性愈伤组织及胚状体诱导培养。此步骤是棉花农杆菌介导的关键，培养基的调整至关重要。培养基的成分为 MS 盐＋无激素或低浓度激素＋谷氨酰胺 0.5g＋天门冬氨酸 0.5g＋酪氨酸各 0.5g＋维生素 $B_5$1～5 倍。大约 40d 愈伤组织继代一次，经 3～5 次继代后有的愈伤组织分化成米粒状颗粒，进一步分化成胚状体。⑦再生苗的诱导和培养。将胚状体转移到 MS 盐类（大量、微量及铁盐）＋维生素 $B_5$ 1～5 倍＋3% 蔗糖＋活性炭 1～2g＋0.1mg/L IAA＋0.005～0.2mg/L 6-BA 的培养基上诱导再生苗。30d 左右可形成再生苗。再生苗的培养采用 MS 培养基，长期培养时需要添加 IAA 进行生根处理。⑧再生植株移栽。用劈接法将转基因再生植株嫁接到砧木苗上，嫁接苗保湿 7d 左右。

图 22-5 棉花农杆菌介导法转化的流程（刘转亮等，2014）

2．基因枪轰击法 基因枪轰击法在棉花转化中的应用仅次于农杆菌介导法。该方法受体类型广泛（下胚轴、茎尖、胚性细胞悬浮系等），不受基因型限制。1990 年，美国俄亥俄州立大学首次将此技术应用于棉花遗传转化中。随着研究的开展，基因枪的转化率由原来的 0.001%～0.01% 提高到 4% 左右，转化周期缩短为 3～4 个月，成功率高达 94.1%，且转化效率的提升潜力仍很大。棉花基因枪法多以茎尖分生组织和胚性愈伤组织作为受体材料，以 1μg/μL 的高纯度质粒包裹金粉粒进行轰击。基因枪转化后的培养非常重要，其中恢复培养和抗性筛选尤为重要。目前中国农业科学院棉花研究所年转化规模可达到约 1200 转化体 / 年。

3．花粉管通道转化法 1983 年，Zhou 等利用棉花花粉管导入外源 DNA 获得成功。目前棉花转化中通过此方法已获得了多个转基因抗虫棉新品种（品系），且部分已审定并在生产上大面积推广应用。但该方法田间进行操作易受环境和人为操作等因素的影响，转化过程的随机性很大，转化率较低，外源基因的多拷贝插入比例高。另外应用总DNA片段的导入，筛选到的子代仍可能带入目的基因以外的片段，这也是目前应用此法存在的一个问题。此法虽然简单，但外源基因能否与受体基因整合，取决于目的基因的性状与功能是否与受体基因组DNA及细胞代谢相容。

## 小　结

植物组织培养与生物技术的结合在大田作物的良种繁育、无性繁殖、品种改良、种质资源保存和创新、脱毒与生产等方面起到了重要的作用。马铃薯为同源四倍体，是植物组织和细胞培养的模式作物之一，与生物技术的结合应用，为解决马铃薯遗传资源狭窄开辟了新的途径，在马铃薯育种、试管苗快繁和脱毒种薯的生产上取得了引人注目的成绩；玉米、水稻和小麦是单子叶植物，曾一度被认为是离体条件下难以作出反应的一类植物，能够成功诱导再生植株形成的外植体源相当有限。但随着研究的不断深入，目前用于这类植物组织培养的外植体类型也很多，研究内容涉及组织和器官的培养、原生质体培养和细胞融合、转基因研究，其中籼稻已建立了规模化转基因体系，转基因玉米全球种植面积已位居第二。棉花的组织培养在作物中是最难的一个，但多个类型的品种已获得了再生植株，并建立起了茎尖培养、体细胞培养、胚珠和胚培养、花药培养以及原生质体培养等不同的培养体系。

## 复习思考题

1. 如何获得马铃薯脱毒苗？
2. 简述马铃薯花药培养的技术路线。如何进行花粉植株的染色体加倍？
3. 玉米愈伤组织的类型有几种？它们有哪些特征？
4. 试分析水稻试管苗白化的原因及其解决问题的对策。
5. 试述小麦幼穗在离体条件下如何产生再生植株？
6. 如何利用叶柄获得棉花的转基因植株？

## 主要参考文献

李明浩，陈炜，邢莉萍，等. 2010. 普通小麦品种Alondra's遗传转化体系的建立. 植物学报，45(4)：466~471

栗亮，文钢，杨涛，等. 2009. 根癌农杆菌介导的基因转化马铃薯的研究. 生物技术，(3)：16~19

刘传亮，田瑞平，孔德培，等. 2014. 棉花规模化转基因技术体系构建及其应用. 中国农业科学，47(21)：4183~4197

刘允军，贾志伟，刘艳，等. 2014. 玉米规模化转基因技术体系构建及其应用. 中国农业科学，47(21)：4172~4182

卢翠华，邸宏，石瑛. 2009. 马铃薯微型薯外植体遗传转化体系的优化. 作物杂志，(1)：31~34

卢翠华. 2009. 马铃薯组织培养原理与技术. 北京：中国农业科学技术出版社

司怀军，王蒂，戴朝曦，等. 2000. 我国马铃薯组织和细胞培养研究进展. 中国马铃薯，14(4)：220~224

宋运贤，周素英，杜雪玲，等. 2012. 小麦花药培养效率的影响因素研究. 西北农林科技大学学报（自然科学版），40(5)：62~68

孙玉强. 2011. 棉花原生质体培养和原生质体对称融合研究. 华中农业大学学报，30(6)：784~786

陶丽莉，殷桂香，叶兴国. 2008. 小麦成熟胚组织培养及遗传转化研究进展. 麦类作物学报，28(4)：713~718

汪静儿，孙玉强，祝水金. 2007. 棉花原生质体培养与体细胞杂交研究进展. 棉花学报，19(2)：139~144

王蒂，陈劲枫. 2013. 植物组织培养. 北京：中国农业出版社

吴锁伟，张丹凤，方才臣，等. 2012. 玉米高效农杆菌转化体系的研究进展及其影响因素分析. 玉米科学，20(5)：59~64

武秀明，刘传亮，张朝军，等. 2008. 棉花体细胞胚胎发生影响因子的研究. 植物学通报，25(4)：469~475

叶兴国，徐惠君，杜丽璞，等. 2014. 小麦规模化转基因技术体系构建及其应用. 中国农业科学，47(21)：4155~4171

张丽，宋玉霞，巩檑，等. 2015. 农杆菌介导的马铃薯转化研究进展. 分子植物育种，13(7)：1660~1667

张欣，付亚萍，周君莉，等. 2014. 水稻规模化转基因技术体系构建与应用. 中国农业科学，47(21)：4141~4154

Duan Y, Zhai C, Li H, et al. 2012. An efficient and high-throughput protocol for Agrobacterium mediated transformation based on phosphomannose isomerase positive selection in japonica rice (*Oryza sativa* L.). Plant Cell Rep, 31：1611~1624

Hiei Y, Komari T. 2008. Agrobacterium-mediated transformation of rice using immature embryos or calli induced from mature seed. Nat Protoc, 3：824~834

Ozawa K. 2009. Establishment of a high efficiency *Agrobacterium*-mediated transformation system of rice (*Oryza sativa* L.). Plant Sci, 176：522~527

Sidorov V, Duncan D. 2009. Agrobacterium-mediated maize transformation：immature embryos versus callus. Methods Mol Biol, 526：47~58

Sun YQ, Zhang XL, Nie YC, et al. 2004. Production and characterization of somatic hybrids between upland cotton (*Gossypium hirsutum*) and wild cotton (*G. klotzschianum Anderss*) via electrofusion. Theor Appl Genet, 109：472~479

Wang X, Li Y, Fang G, et al. 2014. Nitrite promotes the growth and decreases the lignin content of indica rice calli：A comprehensive transcriptome analysis of nitrite-responsive genes during *in vitro* culture of rice. PLoS One, 9(4)：e95105

Zhang Y, Liu Y, Ren Y, et al. 2013. Overexpression of a novel *Cry1Ie* gene confers resistance to *Cry1Ac*-resistant cotton bollworm in transgenic lines of maize. Plant Cell Tiss Org, 115：151~158

Zhang ZY, Liu X, Wang XD, et al. 2012. An R2R3 MYB transcription factor in wheat, TaPIMP1, mediates host resistance to *Bipolaris sorokiniana* and drought stresses through regulation of defense- and stress-related genes. New Phytol, 196：1155~1170

# 附录 植株组织培养中常用培养基配方

**AA 培养基**

（Thompson et al.，1986；用于水稻等植物的悬浮细胞培养）

| 成分 | 含量 /（mg/L） | 成分 | 含量 /（mg/L） | 成分 | 含量 /（mg/L） |
|---|---|---|---|---|---|
| $CaCl_2 \cdot 2H_2O$ | 440 | $Na_2MoO_4 \cdot 2H_2O$ | 0.25 | 盐酸硫胺素 | 0.5 |
| $KH_2PO_4$ | 170 | $MnSO_4 \cdot 4H_2O$ | 22.3 | 甘氨酸 | 75 |
| $MgSO_4 \cdot 7H_2O$ | 370 | $CuSO_4 \cdot 5H_2O$ | 0.025 | L-谷氨酰胺 | 877 |
| KCl | 2 940 | $ZnSO_4 \cdot 7H_2O$ | 8.6 | L-天冬氨酸 | 266 |
| KI | 0.83 | $Na_2$-EDTA | 37.25 | L-精氨酸 | 228 |
| $CoCl_2 \cdot 6H_2O$ | 0.025 | $FeSO_4 \cdot 7H_2O$ | 27.85 | 蔗糖 | 30 000 |
| $H_3BO_3$ | 6.5 | 肌醇 | 100 | | |

注：pH 为 5.6

**B5 培养基**

（Gamborg et al.，1968；用于一般组织培养）

| 成分 | 含量 /（mg/L） | 成分 | 含量 /（mg/L） | 成分 | 含量 /（mg/L） |
|---|---|---|---|---|---|
| $KNO_3$ | 2 500 | $ZnSO_4 \cdot 7H_2O$ | 2 | 盐酸硫胺素 | 10 |
| $(NH_4)_2SO_4$ | 134 | $H_3BO_3$ | 3 | 盐酸吡哆醇 | 1 |
| $NaH_2PO_4$ | 150 | KI | 0.75 | 烟酸 | 1 |
| $CaCl_2 \cdot 2H_2O$ | 150 | $Na_2MoO_4 \cdot 2H_2O$ | 0.25 | 蔗糖 | 20 000 |
| $MgSO_4 \cdot 7H_2O$ | 500 | $CuSO_4 \cdot 5H_2O$ | 0.025 | 琼脂 | 10 000 |
| $FeNa_2$-EDTA | 28 | $CoCl_2 \cdot 6H_2O$ | 0.025 | 肌醇 | 100 |
| $MnSO_4 \cdot 4H_2O$ | 10 | | | | |

注：pH 为 5.5

**C17 培养基**

（王培等，1986；用于小麦花药培养）

| 成分 | 含量 /（mg/L） | 成分 | 含量 /（mg/L） | 成分 | 含量 /（mg/L） |
|---|---|---|---|---|---|
| $NH_4NO_3$ | 300 | $MnSO_4 \cdot 4H_2O$ | 11.2 | 盐酸硫胺素 | 0.5 |
| $KNO_3$ | 1 400 | $ZnSO_4 \cdot 7H_2O$ | 8.6 | 盐酸吡哆醇 | 0.5 |
| $KH_2PO_4$ | 400 | $H_3BO_3$ | 6.2 | 烟酸 | 0.5 |
| $CaCl_2 \cdot 2H_2O$ | 150 | KI | 0.83 | 生物素 | 1.5 |
| $MgSO_4 \cdot 7H_2O$ | 150 | $CuSO_4 \cdot 5H_2O$ | 0.025 | 蔗糖 | 90 000 |
| $FeSO_4 \cdot 7H_2O$ | 27.8 | 肌醇 | 100 | 琼脂 | 7 000 |
| $Na_2$-EDTA | 37.3 | 甘氨酸 | 2 | | |

注：pH 为 5.8

**CHB 培养基或改良 N6 培养基**

（Chu et al.，1990；用于小麦花药、小孢子与合子培养）

| 成分 | 含量 /（mg/L） | 成分 | 含量 /（mg/L） | 成分 | 含量 /（mg/L） |
|---|---|---|---|---|---|
| $KNO_3$ | 1415 | $H_3BO_3$ | 5 | 盐酸吡哆醇 | 0.5 |
| $(NH_4)_2SO_4$ | 232 | KI | 0.4 | 烟酸 | 0.5 |
| $NaH_2PO_4$ | 200 | $Na_2MoO_4 \cdot 2H_2O$ | 0.0125 | 生物素 | 0.25 |
| $CaCl_2 \cdot 2H_2O$ | 83 | $CuSO_4 \cdot 5H_2O$ | 0.0125 | 泛酸钙 | 0.25 |
| $MgSO_4 \cdot 7H_2O$ | 93 | $CoCl_2 \cdot 6H_2O$ | 0.0125 | 维生素 C | 0.5 |
| $FeNa_2$-EDTA | 32 | 肌醇 | 300 | 麦芽糖或葡萄糖 | 0.21mol/L |
| $MnSO_4 \cdot 4H_2O$ | 5 | 甘氨酸 | 1 | | |
| $ZnSO_4 \cdot 7H_2O$ | 5 | 盐酸硫胺素 | 2.5 | | |

注：该培养基为液体培养基，用过滤消毒法灭菌；pH 为 5.4

**ER 培养基**

（Eriksson et al.，1965；用于多种植物组织培养）

| 成分 | 含量 /（mg/L） | 成分 | 含量 /（mg/L） | 成分 | 含量 /（mg/L） |
|---|---|---|---|---|---|
| $KNO_3$ | 1 900 | $H_3BO_3$ | 0.63 | $ZnSO_4 \cdot 7H_2O$ | 8.6 |
| $NH_4NO_3$ | 1 200 | $CoCl_2$ | 0.002 5 | 盐酸硫胺素 | 0.5 |
| $KH_2PO_4$ | 340 | $NiCl_2$ | 0.002 5 | 盐酸吡哆醇 | 0.5 |
| $CaCl_2 \cdot 2H_2O$ | 400 | $Na_2MoO_4 \cdot 2H_2O$ | 0.027 | 甘氨酸 | 2 |
| $MgSO_4 \cdot 7H_2O$ | 370 | $FeSO_4 \cdot 7H_2O$ | 27.8 | 蔗糖 | 40 000 |
| $MnSO_4 \cdot H_2O$ | 2.23 | $Na_2$-EDTA $\cdot H_2O$ | 37.3 | | |

注：PH 为 5.8

**FHG 培养基**

（Hunter，1988；用于大麦及其他禾谷类花药及花粉培养）

| 成分 | 含量 /（mg/L） | 成分 | 含量 /（mg/L） | 成分 | 含量 /（mg/L） |
|---|---|---|---|---|---|
| $KNO_3$ | 1 900 | $MnSO_4 \cdot 4H_2O$ | 22.3 | $CoCl_2 \cdot 6H_2O$ | 0.025 |
| $NH_4NO_3$ | 1 650 | $ZnSO_4 \cdot 7H_2O$ | 8.6 | 肌醇 | 100 |
| $CaCl_2 \cdot 2H_2O$ | 440 | $H_3BO_3$ | 6.2 | 盐酸硫胺素 | 0.4 |
| $KH_2PO_4$ | 170 | KI | 0.83 | 谷酰胺 | 730 |
| $MgSO_4 \cdot 7H_2O$ | 370 | $Na_2MoO_4 \cdot 2H_2O$ | 0.25 | 麦芽糖 | 62 000 |
| $FeNa_2$-EDTA | 40 | $CuSO_4 \cdot 5H_2O$ | 0.025 | Ficoll-400 | 20 000 |

注：该培养基为液体培养基，用过滤消毒法灭菌；pH 为 5.6

**GS 培养基**

（曹孜义等，1986；用于葡萄试管苗培养）

| 成分 | 含量 /（mg/L） | 成分 | 含量 /（mg/L） | 成分 | 含量 /（mg/L） |
|---|---|---|---|---|---|
| $KNO_3$ | 1 250 | $MnSO_4 \cdot H_2O$ | 5 | 盐酸硫胺素 | 10 |
| $(NH_4)_2SO_4$ | 67 | $ZnSO_4 \cdot 7H_2O$ | 1 | 盐酸吡哆醇 | 1 |
| $CaCl_2 \cdot 2H_2O$ | 150 | $H_3BO_3$ | 1.5 | 烟酸 | 1 |
| $MgSO_4 \cdot 7H_2O$ | 125 | KI | 0.375 | 蔗糖 | 15 000 |
| $Na_2$-EDTA | 18.65 | $CuSO_4 \cdot 5H_2O$ | 0.012 5 | 琼脂 | 4 000～7 000 |
| $FeSO_4 \cdot 7H_2O$ | 13.9 | $CoCl_2 \cdot 6H_2O$ | 0.012 5 | 肌醇 | 25 |

注：pH 为 5.9

## H 培养基

（Bourgin and Nitsch，1967；用于烟草花药培养和一般组织培养）

| 成分 | 含量 /（mg/L） | 成分 | 含量 /（mg/L） | 成分 | 含量 /（mg/L） |
|---|---|---|---|---|---|
| $NH_4NO_3$ | 720 | $MnSO_4 \cdot 4H_2O$ | 25 | 盐酸硫胺素 | 0.5 |
| $KNO_3$ | 950 | $ZnSO_4 \cdot 7H_2O$ | 10 | 盐酸吡哆醇 | 0.5 |
| $KH_2PO_4$ | 68 | $H_3BO_3$ | 10 | 叶酸 | 0.5 |
| $CaCl_2 \cdot 2H_2O$ | 166 | $Na_2MoO_4 \cdot 2H_2O$ | 0.25 | 生物素 | 0.05 |
| $MgSO_4 \cdot 7H_2O$ | 185 | $CuSO_4 \cdot 5H_2O$ | 0.025 | 蔗糖 | 30 000 |
| $FeSO_4 \cdot 7H_2O$ | 27.8 | 肌醇 | 100 | 琼脂 | 8 000 |
| $Na_2$-EDTA | 37.3 | 甘氨酸 | 2 | | |

注：pH 为 5.5

## KPR 培养基

（Kao，1977；用于原生质体培养）

| 成分 | 含量 /（mg/L） | 成分 | 含量 /（mg/L） | 成分 | 含量 /（mg/L） |
|---|---|---|---|---|---|
| $NH_4NO_3$ | 600 | 蔗糖 | 250 | 盐酸硫胺素 | 10 |
| $KNO_3$ | 1 900 | 果糖 | 125 | 盐酸吡哆醇 | 1 |
| $KH_2PO_4$ | 170 | 核糖 | 125 | 叶酸 | 0.2 |
| $CaCl_2 \cdot 2H_2O$ | 600 | 木糖 | 125 | 生物素 | 0.005 |
| $MgSO_4 \cdot 7H_2O$ | 300 | 甘露糖 | 125 | D-泛酸钙 | 0.5 |
| KCl | 300 | 鼠李糖 | 125 | 对氨基苯甲酸 | 0.01 |
| Sequestrene 330Fe | 28 | 纤维二糖 | 125 | 氯化胆碱 | 0.5 |
| KI | 0.75 | 山梨糖 | 125 | 核黄素 | 0.1 |
| $H_3BO_3$ | 3.00 | 丙酮酸钠 | 5 | 抗坏血酸 | 1 |
| $MnSO_4 \cdot 4H_2O$ | 10.00 | 苹果酸 | 10 | 维生素 A | 0.005 |
| $ZnSO_4 \cdot 7H_2O$ | 2.00 | 柠檬酸 | 10 | 维生素 $D_3$ | 0.005 |
| $Na_2MoO_4 \cdot 2H_2O$ | 0.25 | 延胡索酸 | 10 | 维生素 $B_{12}$ | 0.01 |
| $CuSO_4 \cdot 5H_2O$ | 0.025 | 肌醇 | 100 | 水解络蛋白 | 125 |
| $CoCl_2 \cdot 6H_2O$ | 0.025 | 烟酸 | 1 | 椰汁 | 10mL/L |
| 葡萄糖 | 68 400 | | | | |

注：pH 为 5.7

## Kyoto 培养基

（用于兰花组织培养）

| 成分 | 含量 | 成分 | 含量 | 成分 | 含量 |
|---|---|---|---|---|---|
| 复合肥料（7 ∶ 6 ∶ 19） | 3g | 10%～20% 苹果汁 | 1 000 mg/L | 蔗糖 | 35 000 mg/L |
| 琼脂 | 1.5% | | | | |

注：pH 为 5.3

## MS 培养基

（Murashige and Skoog，1962；广泛用于多种植物的各类组织培养）

| 成分 | 含量 /（mg/L） | 成分 | 含量 /（mg/L） | 成分 | 含量 /（mg/L） |
|---|---|---|---|---|---|
| $KNO_3$ | 1 900 | $MnSO_4 \cdot 4H_2O$ | 22.3 | 肌醇 | 100 |
| $NH_4NO_3$ | 1 650 | $ZnSO_4 \cdot 7H_2O$ | 8.6 | 甘氨酸 | 2 |
| $KH_2PO_4$ | 170 | $H_3BO_3$ | 6.2 | 盐酸硫胺素 | 0.1 |
| $CaCl_2 \cdot 2H_2O$ | 440 | KI | 0.83 | 盐酸吡哆醇 | 0.5 |
| $MgSO_4 \cdot 7H_2O$ | 370 | $Na_2MoO_4 \cdot 2H_2O$ | 0.25 | 烟酸 | 0.5 |
| $FeSO_4 \cdot 7H_2O$ | 27.8 | $CuSO_4 \cdot 5H_2O$ | 0.025 | 蔗糖 | 30 000 |
| $Na_2$-EDTA | 37.3 | $CoCl_2 \cdot 6H_2O$ | 0.025 | 琼脂 | 8 000 |

注：pH 为 5.8

### N6 培养基

（朱自清等，1975；用于禾谷类花药、原生质体培养和诱导玉米体细胞胚胎发生）

| 成分 | 含量 /（mg/L） | 成分 | 含量 /（mg/L） | 成分 | 含量 /（mg/L） |
|---|---|---|---|---|---|
| $KNO_3$ | 2 830 | $Na_2$-EDTA | 37.3 | 盐酸硫胺素 | 1 |
| $(NH_4)_2SO_4$ | 463 | $MnSO_4 \cdot H_2O$ | 4.4 | 盐酸吡哆醇 | 0.5 |
| $KH_2PO_4$ | 400 | $ZnSO_4 \cdot 7H_2O$ | 1.5 | 烟酸 | 0.5 |
| $CaCl_2 \cdot 2H_2O$ | 166 | $H_3BO_3$ | 1.6 | 蔗糖 | 50 000 |
| $MgSO_4 \cdot 7H_2O$ | 185 | KI | 0.8 | 琼脂 | 8 000 |
| $FeSO_4 \cdot 7H_2O$ | 27.8 | 甘氨酸 | 2 | | |

注：诱导玉米体细胞胚胎发生时在基本培养基中添加脯氨酸 690mg/L；pH 为 5.8

### 改良 Nitsch 培养基

（Kanta and Maheshwari，1963；用于传粉后子房培养）

| 成分 | 含量 /（mg/L） | 成分 | 含量 /（mg/L） | 成分 | 含量 /（mg/L） |
|---|---|---|---|---|---|
| $KNO_3$ | 125 | $H_3BO_3$ | 0.5 | 盐酸硫胺素 | 0.25 |
| $Ca(NO_3)_2 \cdot 4H_2O$ | 500 | $ZnSO_4 \cdot 7H_2O$ | 0.05 | 盐酸吡哆醇 | 0.25 |
| $KH_2PO_4$ | 125 | $Na_2MoO_4 \cdot 2H_2O$ | 0.025 | 烟酸 | 1.25 |
| $MgSO_4 \cdot 7H_2O$ | 125 | $CuSO_4 \cdot 5H_2O$ | 0.025 | 蔗糖 | 50 000 |
| 柠檬酸铁 | 10 | 甘氨酸 | 7.5 | 琼脂 | 7 000 |
| $MnSO_4 \cdot 4H_2O$ | 3 | 泛酸钙 | 0.25 | | |

注：pH 为 6.0

### NT 培养基

（Nagata and Takebe，1971；用于烟草和其他双子叶植物的原生质体培养）

| 成分 | 含量 /（mg/L） | 成分 | 含量 /（mg/L） | 成分 | 含量 /（mg/L） |
|---|---|---|---|---|---|
| $KNO_3$ | 950 | $Na_2$-EDTA | 37.3 | $CuSO_4 \cdot 5H_2O$ | 0.025 |
| $NH_4NO_3$ | 825 | $MnSO_4 \cdot 4H_2O$ | 22.3 | $CoSO_4 \cdot 7H_2O$ | 0.030 |
| $CaCl_2 \cdot 2H_2O$ | 220 | $ZnSO_4 \cdot 7H_2O$ | 8.6 | 肌醇 | 100 |
| $KH_2PO_4$ | 680 | $H_3BO_3$ | 6.2 | 盐酸硫胺素 | 1 |
| $MgSO_4 \cdot 7H_2O$ | 1 233 | KI | 0.83 | 蔗糖 | 10 000 |
| $FeSO_4 \cdot 7H_2O$ | 27.8 | $Na_2MoO_4 \cdot 2H_2O$ | 0.25 | 甘露醇 | 0.7mol/L |

注：pH 为 5.8

### RA 培养基

（Shepard，1980；用于马铃薯原生质体培养）

| 成分 | 含量 /（mg/L） | 成分 | 含量 /（mg/L） | 成分 | 含量 /（mg/L） |
|---|---|---|---|---|---|
| $KNO_3$ | 1 900 | $ZnSO_4 \cdot 7H_2O$ | 4.6 | 盐酸吡哆醇 | 0.5 |
| $NH_4Cl$ | 267.5 | $H_3BO_3$ | 3.1 | 烟酸 | 5 |
| $KH_2PO_4$ | 170 | KI | 0.42 | 生物素 | 0.05 |
| $CaCl_2 \cdot 2H_2O$ | 440 | $Na_2MoO_4 \cdot 2H_2O$ | 0.13 | 叶酸 | 0.5 |
| $MgSO_4 \cdot 7H_2O$ | 370 | $CuSO_4 \cdot 5H_2O$ | 0.013 | 水解络蛋白 | 100 |
| $FeSO_4 \cdot 7H_2O$ | 13.9 | $CoSO_4 \cdot 7H_2O$ | 0.015 | 甘氨酸 | 2 |
| $Na_2$-EDTA | 18.5 | 琼脂 | 10 000 | 蔗糖 | 30 000 |
| $MnCl_2 \cdot 4H_2O$ | 9.9 | 盐酸硫胺素 | 0.5 | | |

注：pH 为 5.4

**RM 培养基**

（Reinent et al.，1967；用于兰花组织培养）

| 成分 | 含量 /（mg/L） | 成分 | 含量 /（mg/L） | 成分 | 含量 /（mg/L） |
|---|---|---|---|---|---|
| $Ca(NO_3)_2 \cdot 4H_2O$ | 1 000 | $Na_2$-EDTA | 22.4 | 盐酸硫胺素 | 0.1 |
| $(NH_4)_2SO_4$ | 400 | $MnSO_4 \cdot 4H_2O$ | 7.5 | 盐酸吡哆醇 | 0.5 |
| KCl | 500 | $H_3BO_3$ | 0.03 | 烟酸 | 0.5 |
| $KH_2PO_4$ | 250 | $ZnSO_4 \cdot 7H_2O$ | 0.03 | 柠檬酸 | 150 |
| $MgSO_4 \cdot 7H_2O$ | 400 | $CuSO_4 \cdot 5H_2O$ | 0.001 | 蔗糖 | 20 000 |
| $FeSO_4 \cdot 7H_2O$ | 10.67 | 甘氨酸 | 2 | 琼脂 | 10 000 |

注：pH 为 5.4

**Steward 和 Hsu 培养基**

（Steward and Hsu，1978；用于棉花杂种幼龄胚培养）

| 成分 | 含量 /（mg/L） | 成分 | 含量 /（mg/L） | 成分 | 含量 /（mg/L） |
|---|---|---|---|---|---|
| $KNO_3$ | 5 055 | $ZnSO_4 \cdot 7H_2O$ | 8.6 | 盐酸硫胺素 | 1.35 |
| $(NH_4)_2SO_4$ | 1 200 | $H_3BO_3$ | 6.18 | 盐酸吡哆醇 | 0.82 |
| $KH_2PO_4$ | 272 | KI | 0.83 | 烟酸 | 0.49 |
| $MgSO_4 \cdot 7H_2O$ | 493 | $Na_2MoO_4 \cdot 2H_2O$ | 0.24 | 蔗糖 | 40 000 |
| $CaCl_2 \cdot 2H_2O$ | 441 | $CuSO_4 \cdot 5H_2O$ | 0.025 | D-果糖 | 3 600 |
| $FeSO_4 \cdot 7H_2O$ | 8.3 | $CoCl_2 \cdot 6H_2O$ | 0.024 | 琼脂 | 10 000 |
| $Na_2$-EDTA | 11 | 肌醇 | 180 | | |
| $MnSO_4 \cdot H_2O$ | 16.9 | IAA | $5 \times 10^{-5}$mol/L | | |

注：pH 为 5.8

**$W_{14}$ 培养基**

（欧阳俊闻等，1989；用于小麦花药培养）

| 成分 | 含量 /（mg/L） | 成分 | 含量 /（mg/L） | 成分 | 含量 /（mg/L） |
|---|---|---|---|---|---|
| $KNO_3$ | 2 000 | $MnSO_4 \cdot 4H_2O$ | 8 | 甘氨酸 | 2 |
| $NH_4H_2PO_4$ | 380 | $ZnSO_4 \cdot 7H_2O$ | 3 | 盐酸硫胺素 | 2 |
| $KH_2PO_4$ | 440 | $H_3BO_3$ | 3 | 盐酸吡哆醇 | 0.5 |
| $CaCl_2 \cdot 2H_2O$ | 140 | KI | 0.5 | 烟酸 | 0.5 |
| $MgSO_4 \cdot 7H_2O$ | 200 | $Na_2MoO_4 \cdot 2H_2O$ | 0.005 | 蔗糖 | 110 000 |
| $FeSO_4 \cdot 7H_2O$ | 27.8 | $CuSO_4 \cdot 5H_2O$ | 0.025 | 琼脂 | 5 000 |
| $Na_2$-EDTA | 37.3 | $CoCl_2 \cdot 6H_2O$ | 0.025 | | |

注：pH 为 6.0

**White 培养基**

（White，1963；用于试管苗生根培养）

| 成分 | 含量 /（mg/L） | 成分 | 含量 /（mg/L） | 成分 | 含量 /（mg/L） |
|---|---|---|---|---|---|
| $KNO_3$ | 80 | $Fe_2(SO_4)_3$ | 2.5 | 盐酸吡哆醇 | 0.1 |
| $Ca(NO_3)_2 \cdot 4H_2O$ | 200 | $MnSO_4 \cdot 4H_2O$ | 7 | 烟酸 | 0.3 |
| $MgSO_4 \cdot 7H_2O$ | 720 | $ZnSO_4 \cdot 7H_2O$ | 3 | 甘氨酸 | 3 |
| $NaH_2PO_4 \cdot H_2O$ | 16.5 | $H_3BO_3$ | 1.5 | 蔗糖 | 20 000 |
| $Na_2SO_4$ | 200 | KI | 0.75 | 琼脂 | 10 000 |
| KCl | 65 | 盐酸硫胺素 | 0.1 | | |

注：pH 为 5.6

**改良 White 培养基**

（White，1981；用于胚培养）

| 成分 | 含量 /（mg/L） | 成分 | 含量 /（mg/L） | 成分 | 含量 /（mg/L） |
| --- | --- | --- | --- | --- | --- |
| $KNO_3$ | 80 | $Fe_2(SO_4)_3$ | 2.5 | 盐酸硫胺素 | 0.1 |
| $Ca(NO_3)_2 \cdot 4H_2O$ | 288 | $MnSO_4 \cdot 4H_2O$ | 6.65 | 盐酸吡哆醇 | 0.1 |
| $MgSO_4 \cdot 7H_2O$ | 737 | $ZnSO_4 \cdot 7H_2O$ | 2.67 | 烟酸 | 0.3 |
| $NaH_2PO_4 \cdot H_2O$ | 19 | $H_3BO_3$ | 1.5 | 甘氨酸 | 3 |
| $Na_2SO_4$ | 200 | KI | 0.75 | 蔗糖 | 20 000 |
| KCl | 65 | $CuSO_4 \cdot 5H_2O$ | 0.001 | 琼脂 | 10 000 |
| 肌醇 | 100 | $MoO_3$ | 0.000 1 | | |

注：pH 为 5.6

**WPM 培养基**

（McCown and Lloyd，1982；用于木本植物组织培养）

| 成分 | 含量 /（mg/L） | 成分 | 含量 /（mg/L） | 成分 | 含量 /（mg/L） |
| --- | --- | --- | --- | --- | --- |
| $NH_4NO_3$ | 400 | $Na_2$-EDTA | 37.3 | 盐酸吡哆醇 | 0.5 |
| $Ca(NO_3)_2 \cdot 4H_2O$ | 556 | $H_3BO_3$ | 6.2 | 烟酸 | 0.5 |
| $K_2SO_4$ | 990 | $Na_2MoO_4 \cdot 2H_2O$ | 0.25 | 甘氨酸 | 2 |
| $CaCl_2 \cdot 2H_2O$ | 96 | $MnSO_4 \cdot H_2O$ | 22.5 | 肌醇 | 100 |
| $KH_2PO_4$ | 170 | $ZnSO_4 \cdot 7H_2O$ | 8.6 | 蔗糖 | 20 000 |
| $MgSO_4$ | 370 | $CuSO_4 \cdot 5H_2O$ | 0.25 | 琼脂 | 10 000 |
| $FeSO_4 \cdot 7H_2O$ | 27.8 | 盐酸硫胺素 | 1 | | |

注：pH 为 5.8

**正 14 培养基**

（母秋华等，1980；用于玉米花药培养）

| 成分 | 含量 /（mg/L） | 成分 | 含量 /（mg/L） | 成分 | 含量 /（mg/L） |
| --- | --- | --- | --- | --- | --- |
| $KNO_3$ | 3 000 | $H_3BO_3$ | 3 | 盐酸硫胺素 | 10 |
| $(NH_4)_2SO_4$ | 150 | KI | 0.75 | 盐酸吡哆醇 | 1 |
| $MgSO_4 \cdot 7H_2O$ | 450 | $CuSO_4 \cdot 5H_2O$ | 0.025 | 烟酸 | 1 |
| $CaCl_2 \cdot 2H_2O$ | 150 | $CoCl_2 \cdot 6H_2O$ | 0.025 | 甘氨酸 | 2 |
| $KH_2PO_4$ | 600 | $Na_2MoO_4 \cdot 2H_2O$ | 0.25 | 蔗糖 | 150 000 |
| $MnSO_4 \cdot H_2O$ | 10 | $FeSO_4 \cdot 7H_2O$ | 27.8 | 琼脂 | 6 000 |
| $ZnSO_4 \cdot 7H_2O$ | 2 | $Na_2\text{-}EDTA_2 \cdot 2H_2O$ | 37.3 | | |

注：pH 为 5.8